건설공학 기술자를 위한

기초수학

전 시 영 저

도서출판 동화기술

머리말

30여 년간 원광대학교 토목환경공학과에서 '수리학 · 수문학' 등의 전공과목을 가르치면서 많은 학생들이 이 과목들뿐만 아니라 본 학과에 개설되는 모든 전공과목의 이해를 위해 필요한 수학이나 물리 등의 학습이 중 · 고등학교 때 기초를 제대로 다지지 못하고 대학에 진학한 것을 아쉽게 생각했다. 그 결과 전공과목 강의 도중에 수학과 관련된 부분의 이해를 돕기 위하여 기초 수학도 같이 설명하다보니 전공과목의 진행에도 종종 시간이 충분하지 못하다는 것을 경험해오고 있다. 따라서 전공과목의 주별 강의계획에 맞춘다는 것은 해를 거듭하면 할수록 여러 면에서 힘들어진다는 것을 같은 입장의 대학 교수들께서도 느끼는 공통의 현상일 것이다.

지금 토목환경(건설)공학의 기초과목이나 전공과목 등을 수강하는 학생들은 다양하게 자연계, 인문계 및 전문계 고등학교 출신이다. 이로 인해 이 학생들의 전공과 관련된 수리적인 배경이나 수준이 서로 달라 가르치는 교육자들은 이들의 수준에 맞는 강의준비, 수업방법 및 보고서 작성 등에서 심각하게 어려움을 겪고 있는 것이 현실이다.

본 교재는 이러한 문제점을 조금이라도 해결하기 위한 시작단계로 토목이나 건설 분야를 전공하는 1, 2학년 및 수학의 기초가 부족한 3, 4학년 학생, 대학을 졸업한지 오래 되었고 현재 본 학과와 관련된 실무에 종사하고 있는 졸업생 등을 위해서 쓴 것이다. 특히, 현장에서 전공과목과 관련된 문제 등을 해결 시 수학적인 계산이 필요하거나 실무에서 발생된 문제점에 대한 검토가 필요한 경우 또는 현장에서 측정한 자료를 가지고 분석 시 수학의 기초가 필요한 기술자를 대상으로 본 책 한 권만 있으면 문제해결에 참고가 되면서 조금이라도 도움을 주기 위하여 만든 책이다.

사실상, 대부분의 토목(건설)공학을 전공하는 학생이나 실무를 담당하는 기술자에게 수학은 선택이 아니라 필수이고, 전공과목을 이해하는데 도움을 주거나 하나의 결과를 얻기 위하여 계산은 매우 중요하고 필수적인 도구라 생각된다. 예를 들면, 어떤 방정식의 도함수를 구할 수 있는 것도 중요하지만 그 의미를 제대로 이해하지 못한다면 그것의 활용성이 결핍되거나 이것을 이용한 응용은 **'그림의 떡'**일 수밖에 없다. 따라서 이 책에서는 이러한 문제점을 고려하여 각 장에서 다룬 이론적인 내용은 알기 쉽게 풀어서 썼고, 필요하면 그림으로 도시하여 가능한 한 이해하기 쉽도록 집필하였다.

이 책에서 다루는 내용은 다음과 같이 총 10장으로 구성하였다.

1장 공학에서 다루는 수량과 계산법에서는 차원, 단위와 그의 변환 및 틀린 단위 사용 시의 문제점에 대하여 다룬다.

2장 수와 식, 연산과 도형을 다루는 방법에서는 수의 체계와 집합, 식의 전개, 유리식(분수식), 무리식의 계산, 기본도형의 성질 그리고 호도법과 일반각에 대하여 다룬다.

3장 삼각함수에서는 삼각함수의 정의, 기본성질과 그래프, 삼각형과 삼각함수, 역삼각함수, 각을 구하는 방법 및 덧셈정리와 그 응용(단진동)에 대하여 다룬다.

4장 지수함수와 로그함수에서는 지수함수(의미, 확장 그리고 그의 그래프), 로그(log)함수(의미, 성질, 그의 그래프 및 응용)에 대하여 다룬다.

5장 함수와 그래프에서는 함수의 정의와 기본이 되는 함수, 역함수, 다항함수(1차, 2차, 3차 함수 및 그래프), 특히 2차 방정식을 푸는 여러 가지 방법, 그래프의 중요성, 그래프용지 쓰는 법 그리고 그래프 그리는 법과 보는 법에 대하여 다룬다.

6장 행렬과 행렬식에서는 행렬의 연산(합, 차, 곱 및 역행렬과 그 것을 구하는 법)과 응용, 연립방정식의 다양한 해법, 행렬식의 정의, 성질 및 토목(건설)공학에의 응용을 다룬다.

7장 좌표, 원과 원추곡선에서는 평면에서의 좌표계, 두 점사이의 거리와 방향각, 직선의 방정식, 좌표변환, 포물선, 원, 타원과 쌍곡선(정의, 방정식 및 특성), 공간 내의 좌표계(직교, 원통 및 구면) 그리고 방향코사인에 대하여 다룬다.

8장 벡터에서는 벡터의 기본성질, 표기법, 연산, 성분, 벡터의 스칼라곱(내적)과 벡터곱(외적) 그리고 이들의 응용(모멘트와 바리뇽의 정리)에 대하여 다룬다.

9장 미분・적분에서는 미분법의 기본개념을 구체적으로 설명, 미분법과 기하학적 의미, 2계 이상의 고계도함수, 미분의 활용과 응용, 함수의 전개, 편미분과 전미분, 적분법의 개념과 적분법을 상세히 설명, 부정적분의 의미와 기본함수의 부정적분, 정적분의 의미, 계산 및 응용[면적, 체적과 클로소이드(완화곡선)], 이상적분, 정적분의 근사값[수치적분 및 응용(토공량과 유량 등)] 그리고 미분・적분의 응용 등을 다룬다.

마지막 10장 자료의 정리방법에서는 자료와 오차의 종류, 계통오차, 자료의 다른 측정값에 대한 처리, 히스토그램, 산점도 및 관리도의 종류와 그들의 특성, 중심위치의 종류와 그들의 특성, 산포도의 의미와 필요성 그리고 회귀분석과 상관분석에 대하여 다룬다.

이 책은 폭넓게 중학교 과정부터 고등학교 및 대학의 교양과정 정도를 다루고 있다. 이 책의 이론적인 내용 및 문제들도 그리 어렵거나 복잡하지 않아 대부분은 기초수학만 이해해도 따라 갈 수 있는 내용이므로 주로 이와 관련된 부분을 바탕 하여 집필하였다. 또한, 각 장에 주어진 예제는 책에 쓰인 이론적인 내용에 대해 어느 정도 이해하면 스스로 풀 수 있으며 문제풀이 과정은 문제의 접근 방법부터 해를 얻을 때까지 매우 자세하게 쓰인 것이 **이 책의 특징**이다. 수학을 전혀 모르는 학생들도 책의 목차의 내용을 살펴보고 그중에서 본인이 자신 있는 부분부터 공부를 시작한다면 수학 또는 전공과목을 이해하는데 도움이 되어 좋은 결과를 얻을 수 있을 것으로 확신한다. 그리고 각 장의 마지막에 주어진 연습문제를 하나씩 풀면서 필요하면 앞에서 다룬 예제의 풀이과정을 참고하고 학습도 게을리 하지 않으면 한 단계 위 수준으로 발전해 가는 자신의 정진된 모습을 보게 될 것이다. 이 책이 학생들이나 수학을 다룬지 오래된 현업 종사자들에게 전공과목의 이해나 응용에 필요한 도구과목으로서 교량과 같은 역할을 충분히 해 이들이 공부하는데 흥미나 동기유발과 함께 조금이나마 도움이 된다면 다시없는 기쁨이 될 것이다.

본 책은 학생이나 독자들에게 미비한 점이 많을 것이라 사료된다. 이와 관련하여 아낌없는 조언과 지적을 해주길 기대하며, 이를 바탕 하여 지속적으로 수정・보완해서 알차고 좋은 결실을 맺는 책으로 다시 태어나는데 많은 노력을 기울이겠다.

이 책이 출판되기까지 성심껏 애써주신 도서출판 동화기술 정우용 회장님, 서철종 상무님, 도서출판 동화기술 직원 여러분들께 고마운 마음을 전합니다.

신용뻘에서 **전 시 영**

Chapter 4 ❙ 지수함수와 로그함수 • 147

Chapter 5 ❙ 함수와 그래프 • 175

Chapter 6 | 행렬과 행렬식 · 241

Chapter 7 | 좌표, 원과 원추곡선 · 315

Chapter 9 ❙ 미분 · 적분 · 469

CHAPTER
서론

1 수학공식(數學公式, mathematical formulas)

다음 수학공식과 그래프(graph)의 목록은 초등수학(初等數學, elementary mathematics)에 있어서 계산에 관한 것을 간단히 요약하여 앞으로의 공부에 참고가 되도록 수록한 것이다.

2 기하(幾何, Geometry)

다음 공식에서 r은 반경(半徑), b는 밑변, h는 높이, l은 비탈높이 $(=\sqrt{b^2+h^2})$, A는 밑면의 면적(面積), θ는 호도(弧度 또는 라디안)법(法)으로 나타낸 중심각(中心角)을 표시한다.

1. **삼각형(三角形, Triangle).** 면적(面積) $=\frac{1}{2}bh.$
2. **직사각형(直四角形, Rectangular).** 면적(面積) $=bh$, 대각선(對角線) $=\sqrt{b^2+h^2}.$
3. **사다리꼴(梯形, Trapezoid).** 면적(面積) $=\frac{1}{2}h(b_1+b_2).$
4. **원(圓, Circle).** 호(弧) $=r\theta$, 원주(圓周) $=2\pi r$, 면적(面積) $=\pi r^2.$
5. **부채꼴(扇形, Circular sector).** 면적(面積) $=\frac{1}{2}r^2\theta.$
6. **궁형(弓形, Circular segment).** 면적(面積) $=\frac{1}{2}r^2(\theta-\sin\theta).$
7. **직육면체(直六面體, Rectangular parallelepiped).** 세 모서리를 a, b, c라 하면
   체적(體積) $=abc$, 대각선(對角線) $=\sqrt{a^2+b^2+c^2}.$
8. **각기둥(角柱, Prism).** 체적(體積) $=Ah.$
9. **각뿔(角錐, Pyramid).** 체적(體積) $=\frac{1}{3}Ah.$
10. **직원기둥(直圓柱, Right circular cylinder).** 측면적(側面積) $=2\pi rh$, 체적(體積) $=\pi r^2h.$
11. **직원뿔(直圓錐, Right circular cone).** 측면적(側面積) $=\pi rl$, 체적(體積) $=\frac{1}{3}\pi r^2h.$
12. **구(球, Sphere).** 표면적(表面積) $=4\pi r^2$, 체적(體積) $=\frac{4}{3}\pi r^3.$
13. **구면대(球面臺, Spherical segment).** 체적(體積) $=\frac{1}{3}\pi h^2(3r-h).$

14. **각뿔대(角錐臺, Frustum of a pyramid).** 체적(體積) $= \frac{1}{3}h(A_1 + A_2 + \sqrt{A_1 A_2})$.

15. **직원뿔대(直圓錐臺, Frustum of a right circular cone).**

측면적(側面積) $= \pi l(r_1 + r_2)$, 체적(體積) $= \frac{1}{3}\pi h(r_1^2 + r_2^2 + r_1 r_2)$.

16. **다면대(多面臺, Prismatoid).** 체적(體積) $= \frac{1}{6}h(A_1 + 4A_m + A_2)$.

3 대수(代數, Algebra)

17. **이차방정식(二次方程式)의 근(根)의 공식(公式)(Quadratic formula).**

$ax^2 + bx + c = 0$, $a \neq 0$이면, 그 때

$$x = \frac{-b \pm \sqrt{b^2 - 4ac}}{2a}$$

18. **로그(log)의 성질(Properties of logarithms).**

(a) $\log(MN) = \log M + \log N$ (b) $\log(M/N) = \log M - \log N$

(c) $\log M^n = n \log M$ (d) $\log \sqrt[n]{M} = (1/n)\log M$

(e) $\log_b b = 1$ (f) $\log_b 1 = 0$

19. **계승(階乘, Factorial numbers).** $n! = 1 \cdot 2 \cdot 3 \cdots (n-1) \cdot n$. $0! = 1$.

20. **이항전개(二項展開, Binomial expansion).**

$$(a+b)^n = a^n + {}_nC_1 a^{n-1}b + {}_nC_2 a^{n-2}b^2 + \cdots + {}_nC_r a^{n-r}b^r + \cdots + b^n$$

여기서, ${}_nC_1 = \frac{n}{1}$, ${}_nC_2 = \frac{n(n-1)}{1 \cdot 2}$, $\cdots$, ${}_nC_r = \frac{n!}{r!(n-r)!}$, $\cdots$

21. **등차급수(等差級數, Arithmetic progression).**

a_1를 첫째 항, d를 공차(公差), n을 항수(項數), a_n을 끝항, S_n를 총합(總合)이라 하면,

그 때 $a_n = a_1 + (n-1)d$, $S_n = \frac{1}{2}n(a_1 + a_n)$, $S_n = \frac{1}{2}n[2a_1 + (n-1)d]$.

22. **등비급수(等比級數, Geometric progression).**

a_1을 첫째 항, r을 공비(公比), n을 항수(項數), a_n을 끝항, S_n를 총합(總合)이라 하면,

그 때 $a_n = a_1 r^{n-1}$, $r \neq 1$일 때, $S_n = a_1 \frac{1-r^n}{1-r}$ 또는 $S_n = \frac{a_1 - r a_n}{1-r}$.

$r = 1$일 때, $S_n = n a_1$.

23. 무한등비급수(無限等比級數, Infinite geometric progression).

$r^2 < 1$(또는 $|r| < 1$)이면, $S_n = \frac{a_1}{1-r}$.

4 삼각법(三角法, Trigonometry)

24. 호도(弧度, Radians)와 도수(度數, degrees). $360° = 2\pi$ 라디안 $= 1$ 회전(回轉, rev.)

1라디안 = 57.295 7 ⋯ 도(度). 1도(度) = 0.017 453 2 ⋯ 라디안

25. 특수각(特殊角)에 관(關)한 삼각함수값(三角函數値).

(Values of trigonometric functions for certain angles)

角 (度數)	sin	cos	tan	cot	sec	csc	각(角) (라디안)
0°	0	1	0	∞	1	∞	0
30°	$\frac{1}{2}$	$\frac{1}{2}\sqrt{3}$	$\frac{1}{3}\sqrt{3}$	$\sqrt{3}$	$\frac{2}{3}\sqrt{3}$	2	$\frac{1}{6}\pi$
45°	$\frac{1}{2}\sqrt{2}$	$\frac{1}{2}\sqrt{2}$	1	1	$\sqrt{2}$	$\sqrt{2}$	$\frac{1}{4}\pi$
60°	$\frac{1}{2}\sqrt{3}$	$\frac{1}{2}$	$\sqrt{3}$	$\frac{1}{3}\sqrt{3}$	2	$\frac{2}{3}\sqrt{3}$	$\frac{1}{3}\pi$
90°	1	0	∞	0	∞	1	$\frac{1}{2}\pi$
180°	0	−1	0	∞	−1	∞	π
270°	−1	0	∞	0	∞	−1	$\frac{3}{2}\pi$
360°	0	1	0	∞	1	∞	2π

26. 기본항등식(基本恒等式, Fundamental identities).

$\csc x = 1/\sin x$, $\sec x = 1/\cos x$, $\cot x = 1/\tan x$,

$\tan x = \sin x/\cos x$, $\cot x = \cos x/\sin x$,

$\sin^2 x + \cos^2 x = 1$, $1 + \tan^2 x = \sec^2 x$, $1 + \cot^2 x = \csc^2 x$.

27. 환원관계(還元關係, Reduction relations).

각(角)	Sine	Cosine	Tangent	Cotan-gent	Secant	Cosecant
$-x$	$-\sin x$	$\cos x$	$-\tan x$	$-\cot x$	$\sec x$	$-\csc x$
$90°-x$	$\cos x$	$\sin x$	$\cot x$	$\tan x$	$\csc x$	$\sec x$
$90°+x$	$\cos x$	$-\sin x$	$-\cot x$	$-\tan x$	$-\csc x$	$\sec x$
$180°-x$	$\sin x$	$-\cos x$	$-\tan x$	$-\cot x$	$-\sec x$	$\csc x$
$180°+x$	$-\sin x$	$-\cos x$	$\tan x$	$\cot x$	$-\sec x$	$-\csc x$
$270°-x$	$-\cos x$	$-\sin x$	$\cot x$	$\tan x$	$-\csc x$	$-\sec x$
$270°+x$	$-\cos x$	$\sin x$	$-\cot x$	$-\tan x$	$\csc x$	$-\sec x$
$360°-x$	$-\sin x$	$\cos x$	$-\tan x$	$-\cot x$	$\sec x$	$-\csc x$

28. 두 각(角)의 합(合)과 차(差)에 관한 공식(公式)

(Formulas for the sum and difference of two angles).

$$\sin(x \pm y) = \sin x \cos y \pm \cos x \sin y$$

$$\cos(x \pm y) = \cos x \cos y \mp \sin x \sin y$$

$$\tan(x \pm y) = \frac{\tan x \pm \tan y}{1 \mp \tan x \tan y}$$

29. 배각(倍角)의 공식(公式)(Double-angle formulas).

$$\sin 2x = 2 \sin x \cos x$$

$$\cos 2x = \cos^2 x - \sin^2 x$$

$$\tan 2x = \frac{2 \tan x}{1 - \tan^2 x}$$

30. 반각(半角)의 공식(公式)(Half-angle formulas).

$$\sin \frac{x}{2} = \pm\sqrt{\frac{1-\cos x}{2}}$$

$$\cos \frac{x}{2} = \pm\sqrt{\frac{1+\cos x}{2}}$$

$$\tan \frac{x}{2} = \pm\sqrt{\frac{1-\cos x}{1+\cos x}} = \frac{1-\cos x}{\sin x} = \frac{\sin x}{1+\cos x}$$

31. 합(合)의 공식(公式)(Sum formulas).

$$\sin x + \sin y = 2 \sin \frac{1}{2}(x+y) \cos \frac{1}{2}(x-y)$$

$$\sin x - \sin y = 2 \cos \frac{1}{2}(x+y) \sin \frac{1}{2}(x-y)$$

$$\cos x + \cos y = 2\cos\frac{1}{2}(x+y)\cos\frac{1}{2}(x-y)$$

$$\cos x - \cos y = -2\sin\frac{1}{2}(x+y)\sin\frac{1}{2}(x-y)$$

32. 곱의 공식(公式)(Product formulas).

$$\sin x \sin y = \frac{1}{2}\cos(x-y) - \frac{1}{2}\cos(x+y)$$

$$\sin x \cos y = \frac{1}{2}\sin(x-y) + \frac{1}{2}\sin(x+y)$$

$$\cos x \cos y = \frac{1}{2}\cos(x-y) + \frac{1}{2}\cos(x+y)$$

33. 역삼각함수(逆三角函數)의 공식(公式)(Inverse formulas).

$a>0$이면

$$\mathrm{Sin}^{-1}(-a) = -\mathrm{Sin}^{-1}a, \quad \mathrm{Cot}^{-1}(-a) = \pi - \mathrm{Tan}^{-1}(1/a)$$

$$\mathrm{Cos}^{-1}(-a) = -\mathrm{Cos}^{-1}a, \quad \mathrm{Sec}^{-1}(-a) = \mathrm{Cos}^{-1}(1/a) - \pi$$

$$\mathrm{Tan}^{-1}(-a) = -\mathrm{Tan}^{-1}a, \quad \mathrm{Csc}^{-1}(-a) = \mathrm{Sin}^{-1}(1/a) - \pi$$

$$\mathrm{Sin}^{-1}a = \mathrm{Cos}^{-1}\sqrt{1-a^2}, \quad \mathrm{Cos}^{-1}a = \mathrm{Sin}^{-1}\sqrt{1-a^2}$$

$a>0$, $b>0$일 때,

$$\mathrm{Sin}^{-1}a - \mathrm{Sin}^{-1}b = \mathrm{Sin}^{-1}(a\sqrt{1-b^2} - b\sqrt{1-a^2})$$

$$\mathrm{Tan}^{-1}a - \mathrm{Tan}^{-1}b = \mathrm{Tan}^{-1}(a-b)/(1+ab)$$

$$\mathrm{Cos}^{-1}a + \cos^{-1}b = \begin{cases} \mathrm{Cos}^{-1}[ab - \sqrt{(1-a^2)(1-b^2)}], & (a^2+b^2>1\text{일 때}) \\ \pi/2, & (a^2+b^2=1\text{일 때}) \\ \pi - \mathrm{Cos}^{-1}[\sqrt{(1-a^2)(1-b^2)} - ab], & (a^2+b^2<1\text{일 때}) \end{cases}$$

$$\mathrm{Tan}^{-1}a + \mathrm{Tan}^{-1}b = \begin{cases} \mathrm{Tan}^{-1}(a+b)/(1-ab), & (ab<1\text{일 때}) \\ \pi/2, & (a=b\text{ 일 때}) \\ \pi - \mathrm{Tan}^{-1}(a+b)/(ab-1), & (ab>1\text{일 때}) \end{cases}$$

34. 임의의 삼각형(三角形)에 관한 공식(公式)(Formulas for any triangles).

변(邊)의 길이를 a, b, c; 그 대각(對角)을 A, B, C; $s = \frac{1}{2}(a+b+c)$; 외접원(外接圓)의 반경(半徑)을 R; 내접원(內接圓)의 반경(半徑)을 r이라 하면

싸인법칙(法則)(Law of sines). $\dfrac{a}{\sin A} = \dfrac{b}{\sin B} = \dfrac{c}{\sin C} = 2R,$

코싸인법칙(法則)(Law of cosines). $a^2 = b^2 + c^2 - 2bc\cos A,$

$$r = \sqrt{\frac{(s-a)(s-b)(s-c)}{s}}.$$

$$\begin{aligned}\text{면적(面積)} &= \frac{1}{2}ab\sin C \\ &= \frac{a^2\sin B\sin C}{2\sin(B+C)} \\ &= \sqrt{s(s-a)(s-b)(s-c)}\,.\end{aligned}$$

5 평면해석기하(平面解析幾何, Plane analytic geometry)

35. 두 점(點) $P_1(x_1, y_1)$과 $P_2(x_2, y_2)$에 관하여

[For two points $P_1(x_1, y_1)$ and $P_2(x_2, y_2)$].

거리(距離) P_1P_2 (Distance P_1P_2). $d = \sqrt{(x_1 - x_2)^2 + (y_1 - y_2)^2}\,.$

P_1P_2의 기울기(Slope of P_1P_2). $m = \dfrac{y_1 - y_2}{x_1 - x_2}\,.$

P_1P_2의 중점(中點)(Mid-point of P_1P_2). $x = \frac{1}{2}(x_1 + x_2),\quad y = \frac{1}{2}(y_1 + y_2).$

36. 기울기가 m_1, m_2인 두 직선(直線) 사이의 각(角)

(Angle between two lines with slopes m_1 and m_2).

$$\tan\theta = \frac{m_1 - m_2}{1 + m_1m_2}\,.$$

평행(平行)인 직선(直線)에 대해서는 $m_1 = m_2$, 수직(垂直)인 직선(直線)에 대해서는

$m_1 = -\dfrac{1}{m_2}$ 이다.

37. 직선(直線)의 방정식(方程式)(Equations of straight lines).

점(點)-기울기 형(形)(Point-slope form). $y - y_1 = m(x - x_1)$.

기울기-절편형(截片形)(Slope-intercept form). $y = mx + b$.

두 점형(點形)(Two-point form). $\dfrac{y - y_1}{x - x_1} = \dfrac{y_2 - y_1}{x_2 - x_1}\,.$

절편형(截片形)(Intercept form). $\dfrac{x}{a} + \dfrac{y}{b} = 1.$

수평선(水平線)(Horizontal line). $y = b$.

수직선(垂直線)(Vertical line). $x = a$.

38. $P(x_1, y_1)$에서 직선(直線) $Ax + By + C = 0$에 이르는 거리(距離)

(Distance from $P(x_1, y_1)$ to the line $Ax + By + C = 0$).

$$d = \frac{Ax_1 + By_1 + C}{\pm\sqrt{A^2 + B^2}}$$

39. 직교좌표(直交座標)와 극좌표(極座標)와의 관계(關係)

(Relations between rectangular and polar coordinates).

$$x = r\cos\theta, \quad r = \sqrt{x^2 + y^2},$$

$$y = r\sin\theta, \quad \theta = \tan^{-1}(y/x),$$

40. 원(圓)의 방정식(方程式)(Equation of circle).

중심(中心)이 (h, k), 반경(半徑)이 r.

$$(x-h)^2 + (y-k)^2 = r^2.$$

41. 타원(楕圓)의 방정식(方程式)(Equation of ellipse).

중심(中心)이 (h, k), 반장축(半長軸)의 길이 a, 반단축(半短軸)의 길이 b.

$$\frac{(x-h)^2}{a^2} + \frac{(y-k)^2}{b^2} = 1 \text{ 혹은 } \frac{(y-k)^2}{a^2} + \frac{(x-h)^2}{b^2} = 1.$$

42. 쌍곡선(双曲線)의 방정식(方程式)(Equation of hyperbola).

중심(中心)이 (h, k), 반주축(半主軸)의 길이 a, 반켤레축의 길이 b.

$$\frac{(x-h)^2}{a^2} - \frac{(y-h)^2}{b^2} = 1 \text{ 혹은 } \frac{(y-k)^2}{a^2} - \frac{(x-h)^2}{b^2} = 1.$$

원점(原點)을 중심(中心)으로 가지는 직교쌍곡선(直交双曲線). $xy = C$.

43. 포물선(抛物線)의 방정식(方程式)(Equation of parabola).

꼭짓점(頂點)이 (h, k), 초점거리(焦點距離)가 p.

$$(y-k)^2 = 4p(x-h) \text{ 혹은 } (x-h)^2 = 4p(y-k).$$

6 입체해석기하(立體解析幾何, Solid analytic geometry)

44. 두 점(點) $P_1(x_1, y_1, z_1)$와 $P_2(x_2, y_2, z_2)$에 대하여

[For two points $P_1(x_1, y_1, z_1)$ and $P_2(x_2, y_2, z_2)$].

거리(距離) P_1P_2 (Distance P_1P_2). $d = \sqrt{(x_1 - x_2)^2 + (y_1 - y_2)^2 + (z_1 - z_2)^2}$.

P_1P_2의 방향수(方向數)(Direction numbers of P_1P_2). $[x_1 - x_2, y_1 - y_2, z_1 - z_2]$.

P_1P_2의 중점(中點)(Midpoint of P_1P_2).

$$x=\frac{1}{2}(x_1+x_2),\ y=\frac{1}{2}(y_1+y_2),\ z=\frac{1}{2}(z_1+z_2).$$

45. 방향수(方向數)가 $[a_1, b_1, c_1]$, $[a_2, b_2, c_2]$인 두 직선(直線) 사이의 각(角)

(Angle between two lines whose direction numbers are $[a_1, b_1, c_1]$ and $[a_2, b_2, c_2]$).

$$\cos\phi=\pm\frac{a_1a_2+b_1b_2+c_1c_2}{\sqrt{a_1^2+b_1^2+c_1^2}\sqrt{a_2^2+b_2^2+c_2^2}}.$$

평행(平行)인 직선(直線)(Parallel lines). $\frac{a_1}{a_2}=\frac{b_1}{b_2}=\frac{c_1}{c_2}$.

수직(垂直)인 직선(直線)(Perpendicular lines). $a_1a_2+b_1b_2+c_1c_2=0$.

46. 점(點) $P(x_1, y_1, z_1)$을 지나고 방향수(方向數)가 $[A, B, C]$인 직선(直線)과 수직(垂直)인 평면(平面)의 방정식(方程式)

(Equations of a plane through $P(x_1, y_1, z_1)$ and perpendicular to a line with direction numbers $[A, B, C]$).

$$A(x-x_1)+B(y-y_1)+C(z-z_1)=0.$$

47. $P(x_1, y_1, z_1)$을 지나고 방향수(方向數)가 $[a, b, c]$인 직선(直線)의 방정식(方程式)

(Equations of a line through $P(x_1, y_1, z_1)$ with direction numbers $[a, b, c]$).

$$\frac{x-x_1}{a}=\frac{y-y_1}{b}=\frac{z-z_1}{c}.$$

48. $P(x_1, y_1, z_1)$에서 평면(平面) $Ax+By+Cz+D=0$에 이르는 거리(距離)

(Distance from $P(x_1, y_1, z_1)$ to the plane $Ax+By+Cz+D=0$).

$$d=\frac{Ax_1+By_1+Cz_1+D}{\pm\sqrt{A^2+B^2+C^2}}.$$

49. 직교좌표(直交座標)와 원통좌표(圓筒座標)와의 관계(關係)

(Relations between rectangular and cylindrical coordinates).

$$x=r\cos\theta,\qquad y=r\sin\theta,\qquad z=z;$$

$$r=\sqrt{x^2+y^2},\qquad \theta=\tan^{-1}(y/x),\qquad z=z.$$

50. 직교좌표(直交座標)와 구면좌표(球面座標)와의 관계(關係)

(Relations between rectangular and spherical coordinates).

$$x=\rho\sin\varphi\cos\theta,\qquad y=\rho\sin\varphi\sin\theta,\qquad z=\rho\cos\varphi;$$

$$\rho=\pm\sqrt{x^2+y^2+z^2},\qquad \varphi=\tan^{-1}(\sqrt{x^2+y^2})/z,\qquad \theta=\tan^{-1}(y/x)$$

51. 사인곡선(Sine curve).

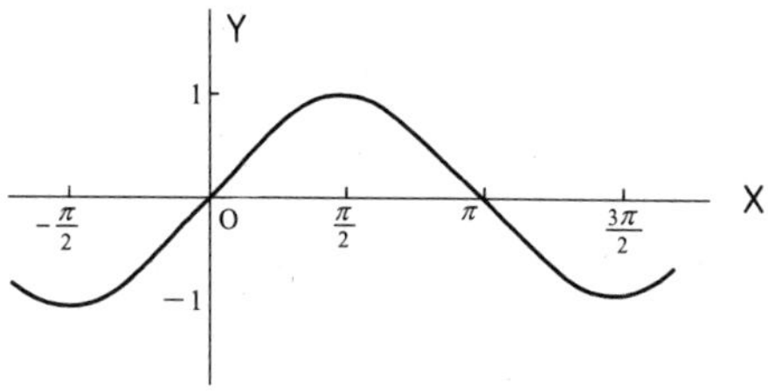

y = sin x

52. 코사인곡선(Cosine curve).

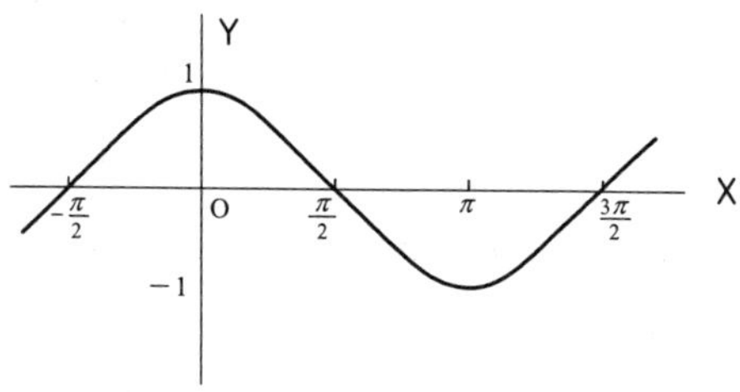

y = cos x

53. 탄젠트곡선(Tangent curve).

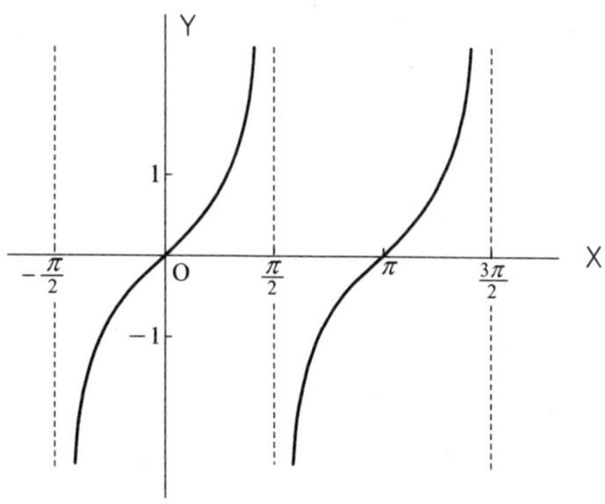

y = tan x

54. 시컨트곡선(Secant curve).

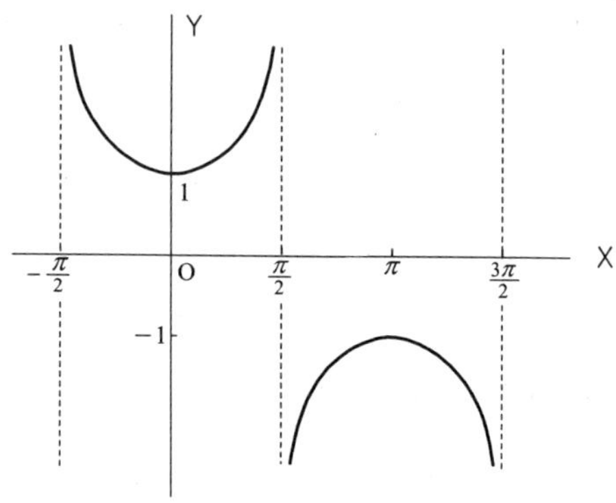

y = sec x

55. 역 사인곡선(Inverse sine curve).

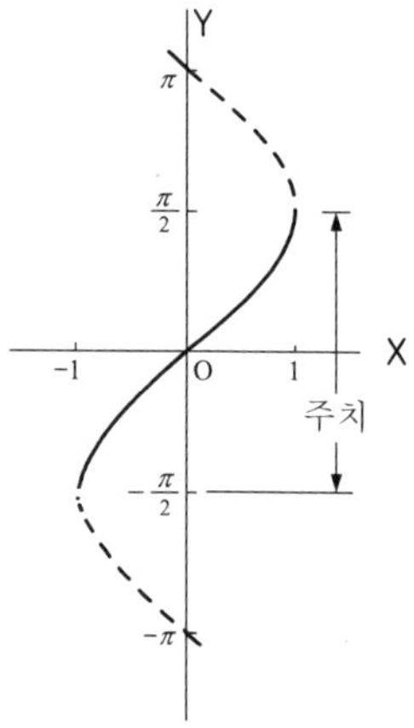

$y = \sin^{-1} x$

56. 역 코사인곡선(Inverse cosine curve).

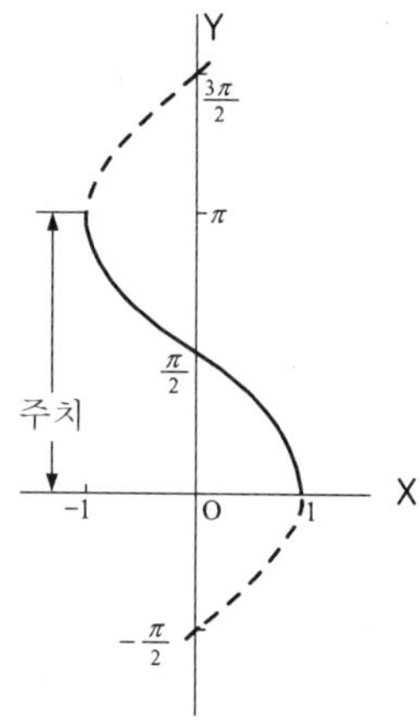

$y = \cos^{-1} x$

57. 역 탄젠트곡선(Inverse tangent curve).

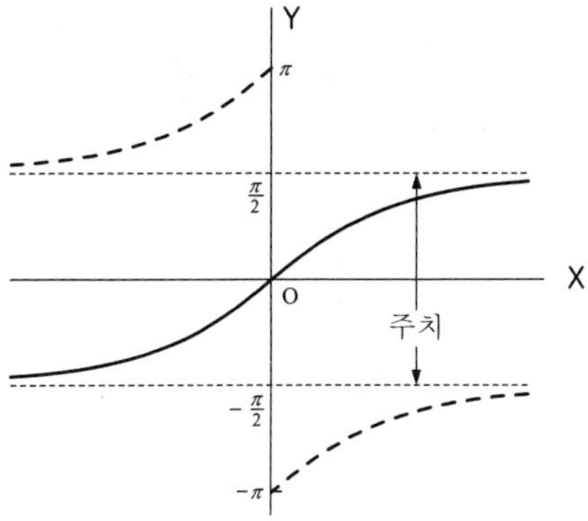

$y = \tan^{-1} x$

58. 역 시컨트곡선(Inverse secant curve).

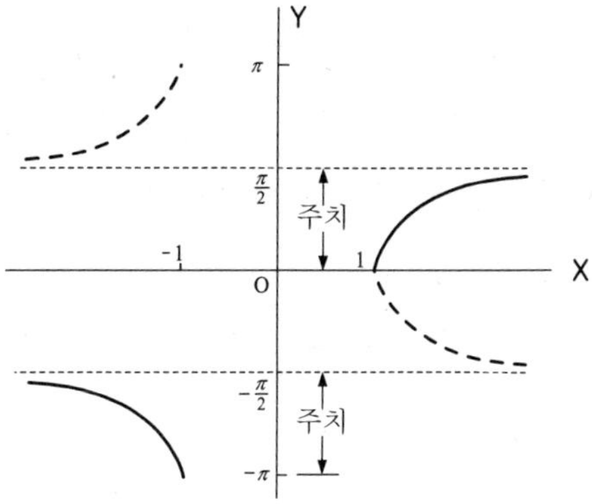

$y = \sec^{-1} x$

59. 로그곡선(Logarithmic curve).

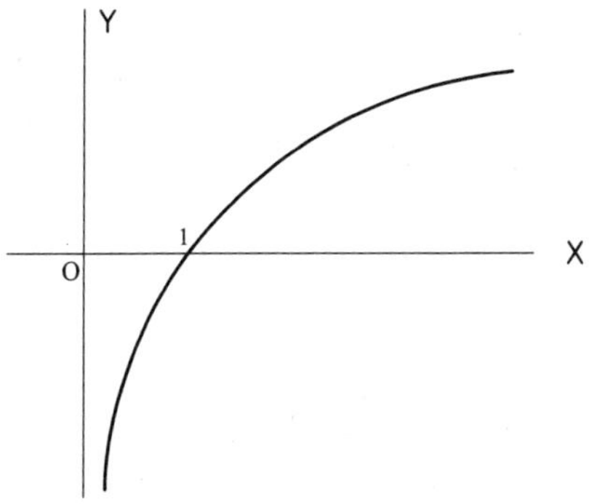

$y = \log_b x,\ (b > 1)$

60. 지수곡선(Exponential curve).

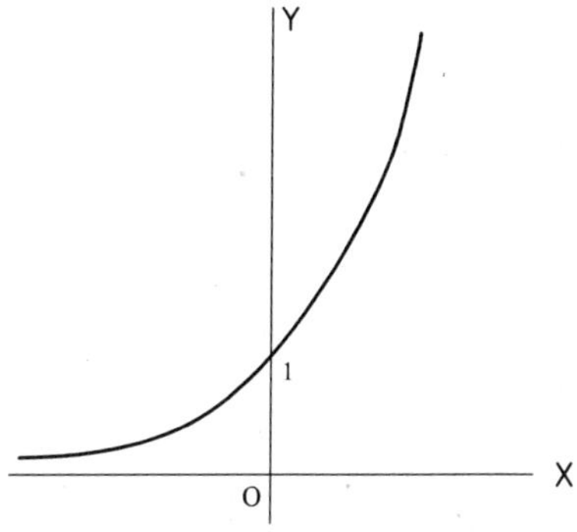

$y = e^x$

61. 쌍곡(선)사인곡선(Hyperbolic sine curve).

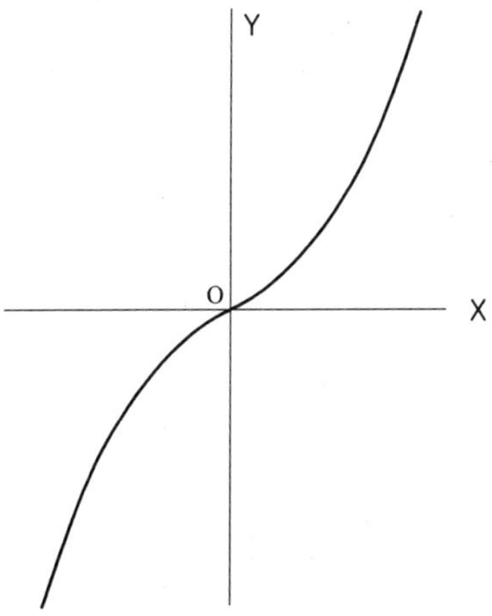

$y = \sinh x$

62. 쌍곡(선)코사인곡선(Hyperbolic cosine curve).

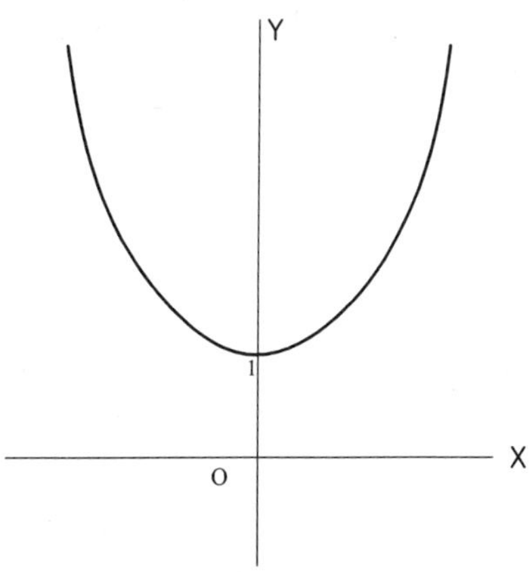

$y = \cosh x$

63. 3차포물선(Cubical parabola).

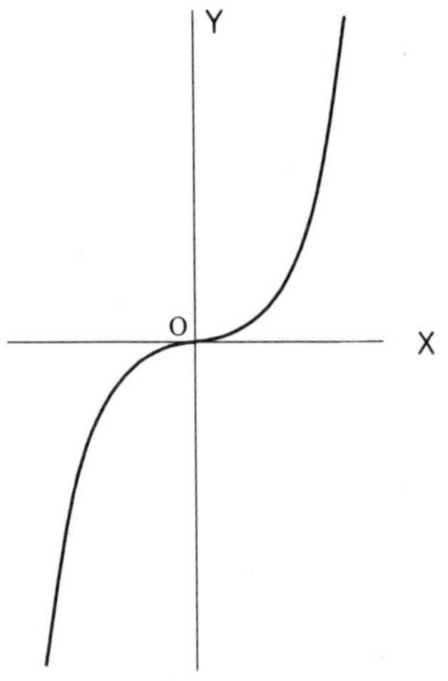

$y = ax^3$, $(a > 0)$

64. 반3차포물선(Semicubical parabola).

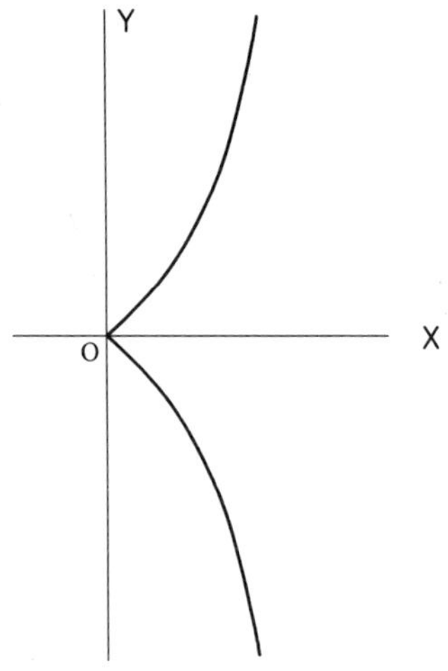

$y^2 = ax^3$, $(a > 0)$

65. 확률곡선(Probability curve).

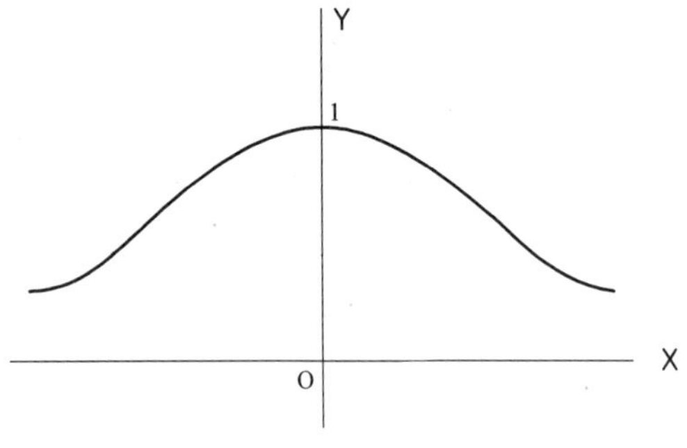

$y = e^{-x^2}$

66. 포물호(Parabolic arc).

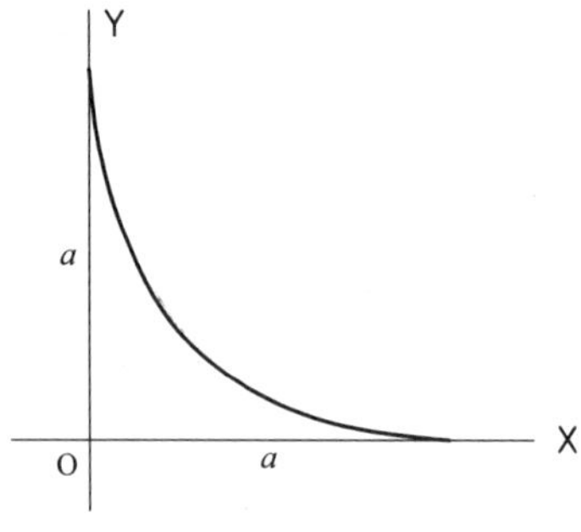

$x^{\frac{1}{2}} + y^{\frac{1}{2}} = a^{\frac{1}{2}}$

67. Descartes의 Folium(Folium of Descartes).

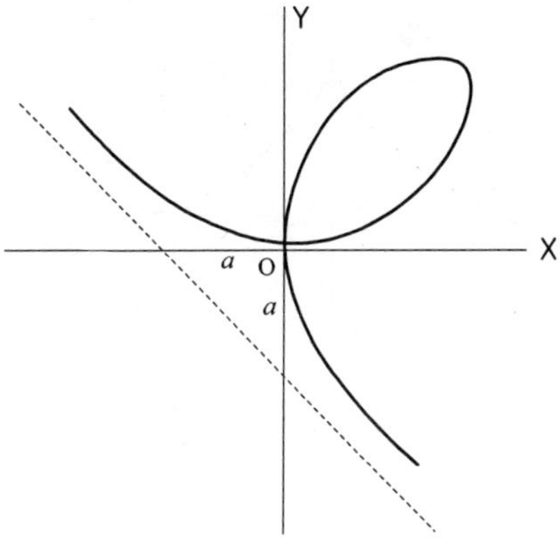

$x^3 + y^3 - 3axy = 0$

68. The cissoid of Diocles.

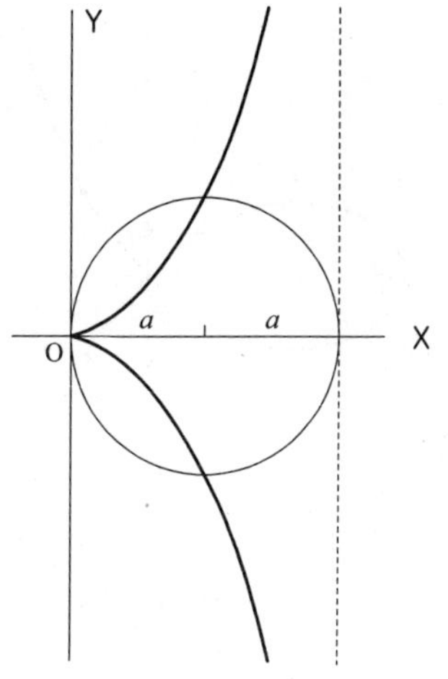

$y^2 = x^3/(2a - x)$

69. Astroid.

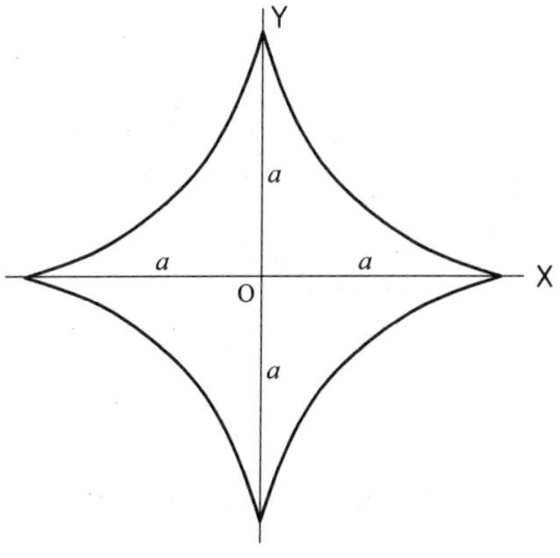

$x^{\frac{2}{3}} + y^{\frac{2}{3}} = a^{\frac{2}{3}}$

70. The witch of Agnesi.

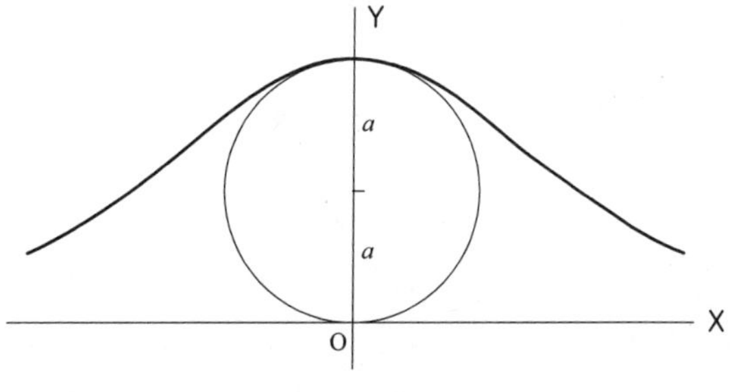

$x^2y = 4a^2(2a - y)$

71. Strophoid.

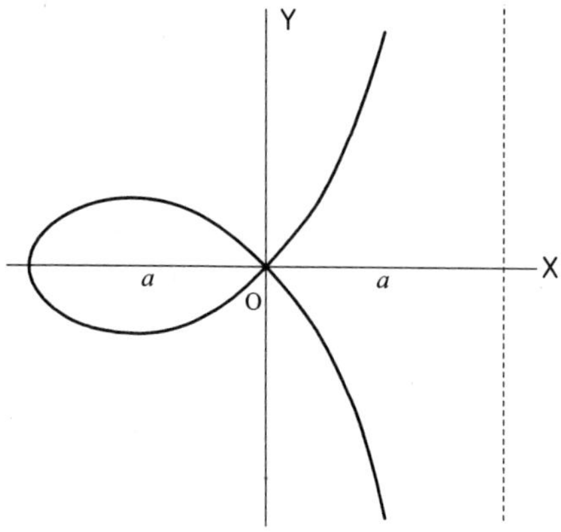

$y^2 = x^2 \frac{a + x}{a - x}$

72. Tractrix.

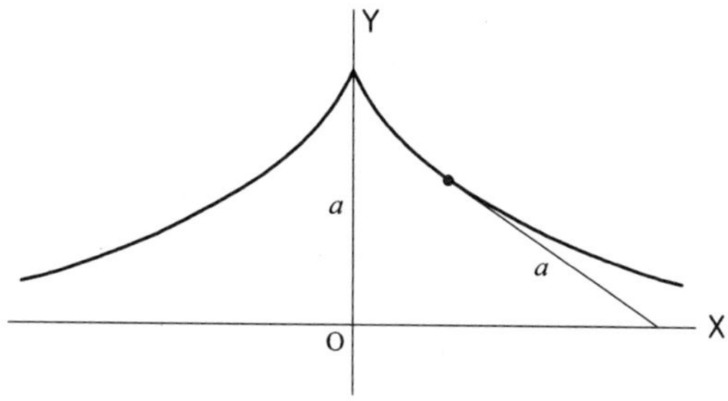

$x = \frac{a}{2} \ln \frac{a + \sqrt{a^2 - y^2}}{a - \sqrt{a^2 - y^2}} - \sqrt{a^2 - y^2}$

73. Cardioid.

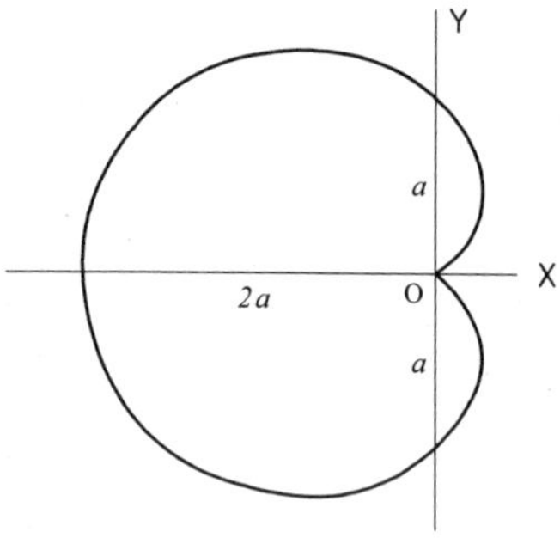

$r = a(1 - \cos\theta)$

74. Limacon.

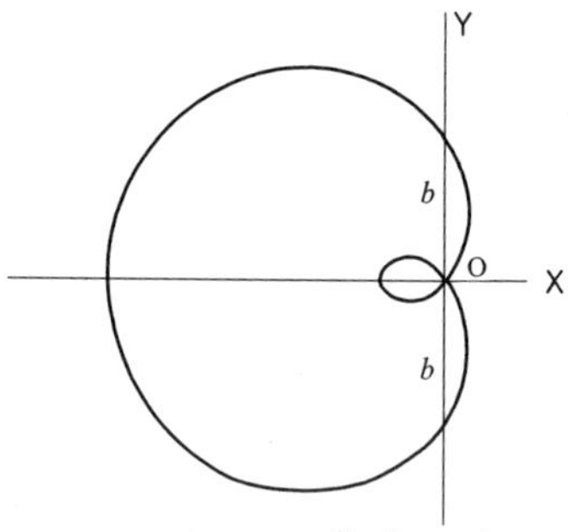

$r = b - a\cos\theta,\ (b < a)$

75. 아르키메데스나선(Spiral of Archimedes)

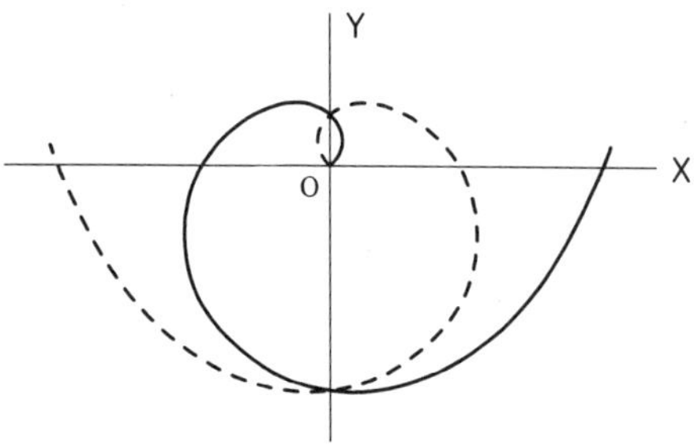

$r = a\theta$

76. 쌍곡(선)나선(Hyperbolic spiral)

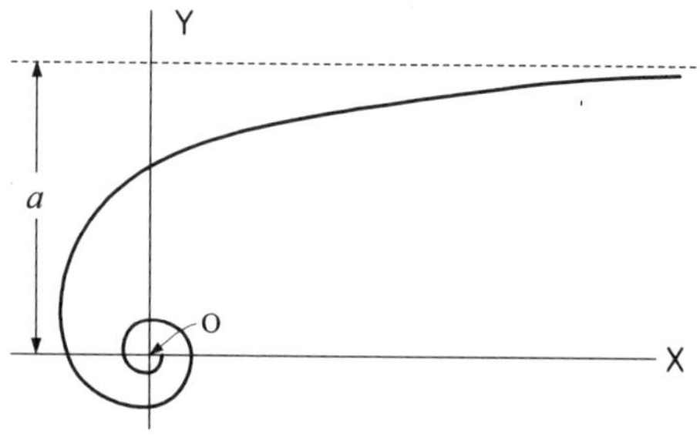

$r\theta = a$

77. 베르누이연주형(The leminiscate of Bernoulli)

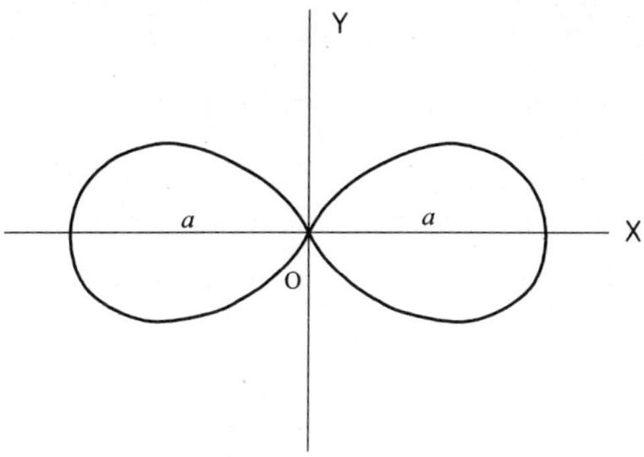

$r^2 = a^2 \cos 2\theta$

78. The conchoid of Nicomedes

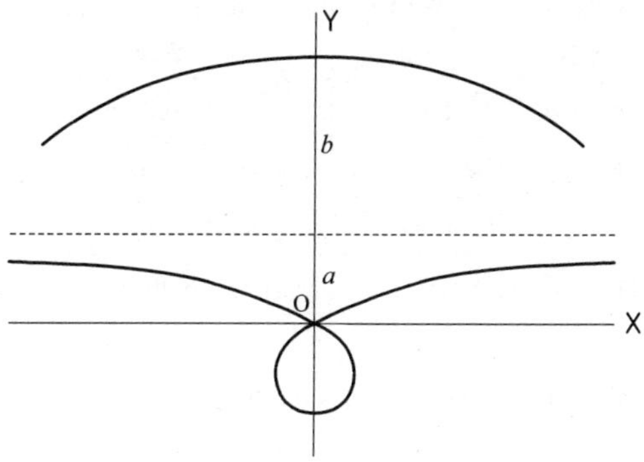

$r = a \csc \theta + b, \ (a < b)$

79. 3엽장미선(Three-leaved rose)

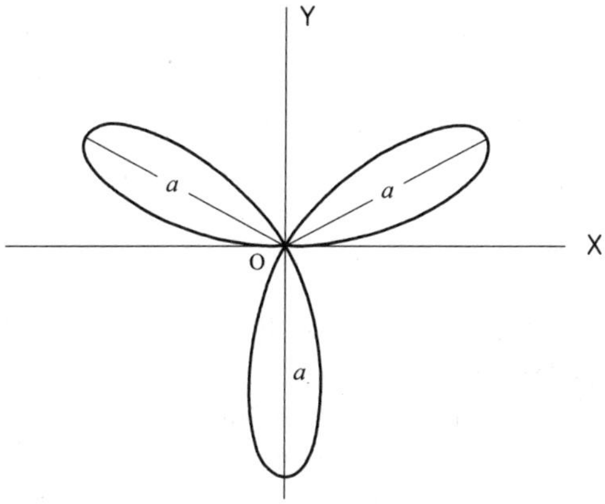

$r = a \sin 3\theta$

80. 4엽장미선(Four-leaved rose)

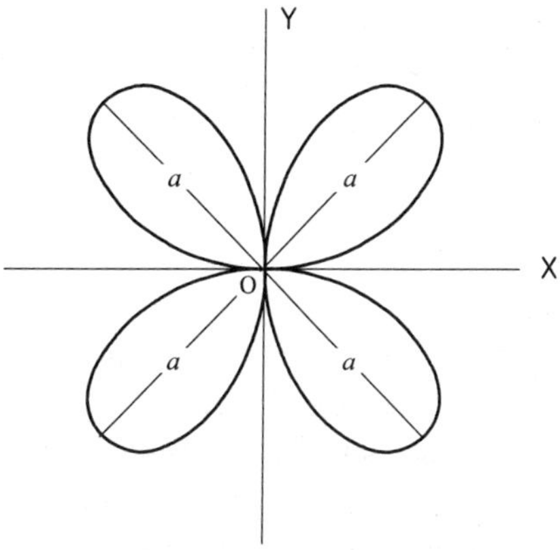

$r = a \sin 2\theta$

81. 사이클로이드(Cycloid)

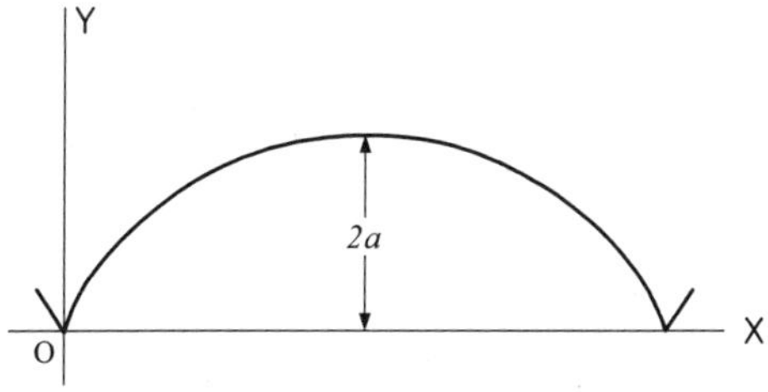

$\begin{cases} x = a(\theta - \sin \theta), \\ y = a(1 - \cos \theta) \end{cases}$

82. 트로코이드(Trochoid)

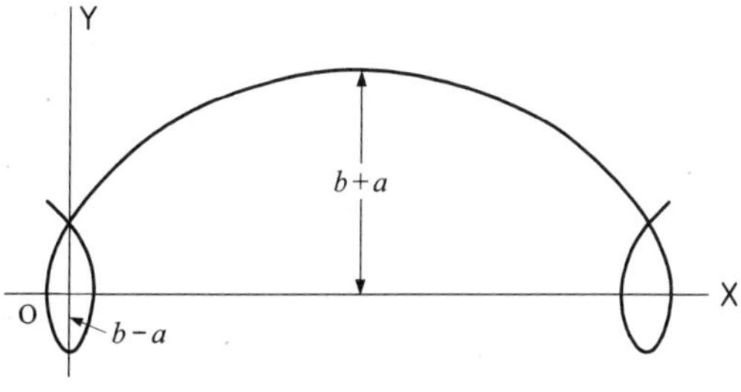

$\begin{cases} x = a\theta - b \sin \theta, \\ y = a - b \cos \theta, \ (a < b) \end{cases}$

83. 그리스어 알파벳(Greek alphabet)

그리스어 문자	그리스어 이름	상당 영어와 발음	그리스어 문자	그리스어 이름	상당 영어와 발음
Α α	Alpha	a, a as in father	Ν ν	Nu	n, /n/ as in nose
Β β	Beta	b, v as in vote	Ξ ξ	Xi	ks, /ks/ as in kicks
Γ γ	Gamma	g, g as in go	Ο ο	Omicron	o, /o/ as in boat
Δ δ	Delta	d, th as in then	Π π	Pi	p, /p/ as in pan
Ε ε	Epsilon	e, e as in set	Ρ ρ	Rho	r, /r/ more like the Spanish trilled r than English r
Ζ ζ	Zeta	z, z as in zoo	Σ σ	Sigma	s, /s/ as in sister
Η η	Eta	e, ee (/i/) as in meet	Τ τ	Tau	t, /t/ as in stop (but un-like top)
Θ θ ϑ	Theta	th, th as in thin	ϒ υ	Upsilon	u or y, Like German ü
Ι ι	Iota	i, ee (/i/) as in meet	Φ ϕ φ	Phi	ph, /f/ as in fan or phone
Κ κ	Kappa	k, ck as in sack	Χ χ	Chi	ch, Not found in English. Much like Spanish "j".
Λ λ	Lambda	l, /l/ as in light	Ψ ψ	Psi	ps, /ps/ as in lips
Μ μ	Mu	m, /m/ as in mouse	Ω ω	Omega	o, /o/ as in tote

주) 그리스 문자(그리스어 : Ελληυικό αλφάβητο)는 그리스어를 쓰는데 사용되는 자모 문자이다. 자음과 모음이 따로 있는 자모 문자 중 가장 오래된 문자로서, 자모 문자를 뜻하는 영어 단어 '알파벳(alphabet)'은 그리스 문자의 첫 두 글자인 알파와 베타에서 왔다. 기원전 9세기경 발달하여 현재까지 그리스어 표기에 사용된다. 그밖에 그리스 숫자를 비롯하여 원주율 등의 여러 수학 기호, 물리학의 여러 입자 이름, 토목공학에서도 각 전공분야에서 물리적 특성 등을 나타내는 여러 기호, 항성의 이름 등 다양한 용도로도 쓰인다.

또한 그리스 문자는 페니키아 문자에서 비롯되었으며, 오늘날 널리 쓰이는 로마 문자와 키릴 문자의 발달에 큰 영향을 주었다.

84. 수학적 기호(記號, Mathematical symbols)

기호	한글 표현	영어 표현	기호	한글 표현	영어 표현
$\pm$	플러스 또는 마이너스	Plus or minus	$\mp$	마이너스 또는 플러스	Minus or plus
$=$	같다.	Equal to	$\neq$	같지 않다.	Not equal to
$\equiv$	항등적으로 같다.	Identically equal to	$\not\equiv$	항등적으로 같지 않다.	Not identically equal to
$\times$, $\cdot$	곱하기	Multiplication	$\div$, /	나누기	Division
$>$	보다 크다.	Greater than	$<$	보다 작다	Less than
$\geqq$	보다 크거나 또는 같다.	Greater than or equal to	$\leqq$	보다 작거나 또는 같다.	Less than or equal to
$\cong$	합동이다.	Congruent to	$\approx$	근사적으로 같다.	Approximately equal to
$\sim$	닮았다.	Similar to	$\rightarrow$	접근한다.	Approaches
$\propto$	비례한다.	Varies as	ln	자연로그	Natural loga rithm
$\perp$	수직이다.	Perpendicular to	$\parallel$	평행이다.	Parallel to
$\sqrt{\ }$	제곱근	Square root	$\sqrt[n]{\ }$	n제곱근	nth root
i	허수단위 $\sqrt{-1}$	Imaginary unit $\sqrt{-1}$	∞	무한대	Infinity
${}_nC_r$	$n!/r!(n-r)!$	$n!/r!(n-r)!$	${}_nP_r$	$n!/(n-r)!$	$n!/(n-r)!$
$\lvert a \rvert$	a의 절대값	Absolute value of a	$\cdots$	등등	And so on

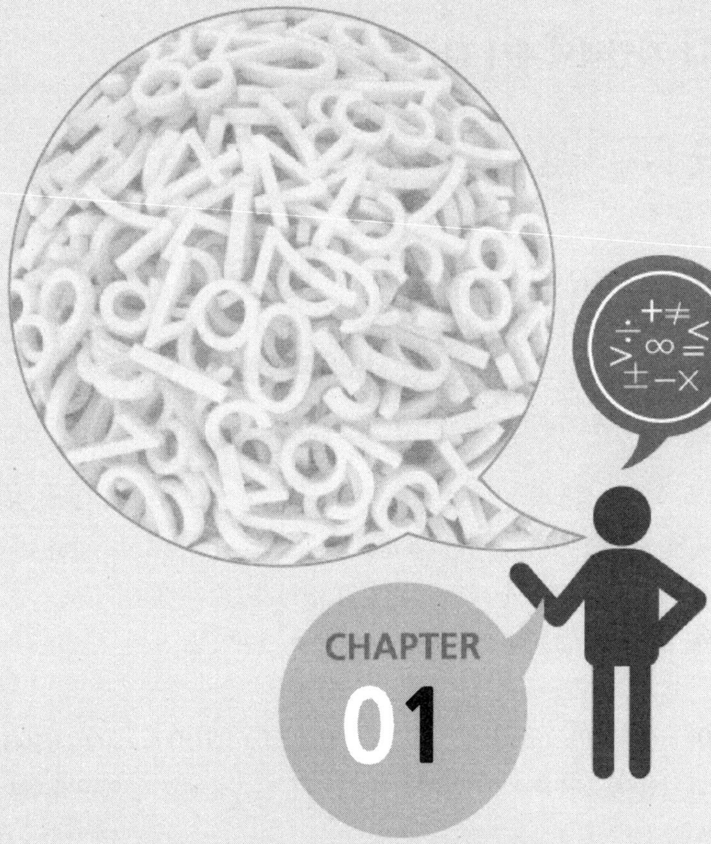

CHAPTER

01

공학에서 다루는 수량

1.1 공학에서 다루는 수량과 계산법

1.1.1 공학이나 자연과학에서 다루는 수량

공학이나 자연과학에서 다루는 수량(이하, 간단하게 물리량)이나 그 계산 시에는 다음과 같은 중요한 주의사항이 있다.

① 수치는 오차를 포함한다는 것(10장 참조).
② 쓸데없는 계산(여분의 자릿수까지 구하는 것)을 피할 것(1.1.3항에서 자세히 설명).
③ 계산결과로 생기는 오차를 줄이도록 연구할 것.
④ 수량의 차원과 단위에 유의할 것(이에 대한 예는 3.8절 참조).

물리량에서는 그 종류와 성질을 나타내는 차원이라는 것이 반드시 있다. 또한 물리량의 크기, 질량, 시간 및 그 외의 수량은 단위 없이는 의미가 없다. 단순히 “12”라고 말하는 것은 12 cm인지, 12 km인지, 12 kg인지, 또는 단순히 12라는 수인지 전혀 알 수가 없다. 그래서 보통의 수가 아닌 한, 수량은 수치와 단위로 구성된다. 즉, **수량 = 수치 + 단위**이다. 또한, 단위는 차원과 밀접한 관계가 있다.

이하 100, 1000, … 을 10^2, 10^3, … 으로 0.1(=1/10), 0.01(1/100), 0.001(1/1000), … 을 10^{-1}, 10^{-2}, 10^{-3}으로 표기한다. −(음)의 거듭제곱이라는 것은 거듭제곱의 역수이다(4장 참조).

1.1.2 유효숫자

앞의 ①항에서 서술한대로 물리량의 수치에는 반드시 오차를 포함한다. 오차보다 작은 수치를 생각해도 의미가 없다. 때문에 수치의 마지막 자리수는 오차(엄밀히 오차의 한계)까지가 된다. 숫자에서는 그 이상 자세한 자리수를 표시해도 무의미하다. 즉, 그 자리수까지가 유효한 것이다. 이것이 **유효숫자**(有效數字, significant digit)의 의미이다. 예를 들어 23.46 m는 유효 4자리의 수치, 23.460 m는 유효 5자리의 수치, 2.3×10^3은 유효 2자리의 수치이다.

자료를 어느 유효자리에서 자르는 것을 “절단한다”라고 한다. 자르는 방법에는 ① 사사오입(또는 반올림), ② 버림, ③ 올림 등이 있으나 사사오입을 하는 경우가 많다. 23.46 m는 사사오입 관계에서 23.455 m보다 크고 23.456 m보다 작으므로 23.46 m ± 0.005 m가 된다. 이 0.005 m라는 값은 23.46 m의 값이 23.455 m에서 23.464 m를 포함하는 범위를 나타낸다. 이 0.005의 값을 측정치 오차의 한계라고 한다. 이 한계라는 것은 오차가 생길 수 있는 최대한도의 값을 말하는 것이므로 조금이라도 줄여서는 안 되며, 좀 넉넉하게 잡는 것이 좋다.

일반적으로 오차의 한계는 소수 제$(n+1)$ 자리 이하를 사사오입해서 n자리까지 구한다면 그 오차의 한계는 0.5×10^{-n}이 된다.

유효숫자란 근사값을 나타내는 숫자 가운데 반올림 등에 의하여 처리되지 않은 부분이나 측정하여 얻은 믿을 수 있는 숫자를 말한다.

① 측정계기의 최소 눈금이 주어지는 경우 : 최소눈금의 자리까지가 유효숫자이다.
② 반올림한 경우 : 반올림한 자리의 바로 윗자리까지가 유효숫자이다.

근사값과 오차

우리들이 가지고 있는 수학책의 가로와 세로의 길이를 각자 자를 사용하여 재어 보자. 이 때 수학책의 가로와 세로의 실제 길이가 각각 18 cm, 25 cm이다.

물건의 값, 무게, 길이, 넓이(면적), 부피(체적), 각도 등과 같이 여러 가지 양의 실제의 크기를 나타내는 값을 **참값**이라 하고, 측정하여 얻은 값을 **측정값**이라 한다.

앞에서 수학책의 가로와 세로의 길이를 각각 자로 재어서 얻은 값은 측정값이고, 실제 길이라고 제시한 값은 참값이다. 측정값은 참값과 같을 수도 있으나 일반적으로 측정값은 참값에 가까운 값이다.

이와 같이 참값은 아니지만 참값에 가까운 값을 참값에 대한 **근사값**이라고 한다. 레벨, 저울, 자, 시계 및 각도기 등을 사용하여 눈금을 읽어서 재는 측정값은 대부분 근사값이다. 그리고 측정값은 측정하는 사람이나 기구에 따라서 차이가 날 수 있으므로, 근사값도 여러 가지로 나타날 수 있다.

이 때 근사값에서 참값을 뺀 값을 **오차**라고 한다.

예 (1) 몸무게가 52 kg이라고 할 때의 52은 근사값이지만, 우리 가족의 수가 5명이라고 할 때의 5는 참값이다.

(2) 우리나라의 인구가 5천만 명이라고 할 때의 5천만은 매일 새로운 사람이 태어나고 죽는 사람이 있으므로 근사값이다.

(3) 240평 규모의 강당에서 열린 ○○중학교 알뜰시장에서 240평은 측정값이고 의류 1 000여 점을 포함에서 1 000여 점은 근사값이며, 어머니 회원 58명이 참가에서 58명은 참값이고 먹거리도 풍성했다.

예 어느 인터넷 사이트 홈페이지의 하루 접속 건수는 5 817건을 일의 자리에서 반올림한 근사값이 5 820건이다 이 때 오차를 구하여라.

풀이 오차 = 근사값 − 참값 = 5 820 − 5 817 = 3(건)

근사값과 오차

(1) 참값과 근사값

측정값 : 여러 가지의 양을 측정하여 얻은 값

참값 : 여러 가지의 양의 실제의 크기를 나타낸 값

근사값 : 측정값과 같이 참값은 아니지만 참값에 가까운 값

(2) 오차

오차 = 근사값 − 참값

유효숫자의 판별

- 근사값에서 0이 아닌 숫자는 모두 유효숫자이다.
- 0이 아닌 숫자 사이에 있는 0은 유효숫자이다.
- 소수점 아래의 끝자리에 있는 0은 유효숫자이다.
- 0.037과 같이 앞자리에 있는 0은 유효숫자가 아니다.
- 0이 뒤에 나온 양의 크기는 몇 개의 0이 유효숫자가 되는지는 정확치 않다.

예제 1-1

다음과 같은 수들의 유효숫자는 몇 개인가?

0.000 024 83, 0.000 248 3 0.002 483

풀이

모두 4개

예제 1-2

28 600의 유효숫자는 몇 개인가?

풀이

주어진 수가 액면으로 0을 몇 개까지 확실히 알 수 있느냐에 따라 유효숫자가 달라질 수 있으며, 이것은 지수형태의 표기법을 씀으로써 해결될 수 있다. 즉, 2.86×10^4(유효숫자 3개), 2.860×10^4(유효숫자 4개), 2.8600×10^4(유효숫자 5개).

사사오입, 올림과 버림

(1) **사사오입** : 구하려는 자리의 아래 숫자가 0, 1, 2, 3, 4이면 버리고 5, 6, 7, 8, 9이면 올리는 방법이다.

(2) **버림** : 구하려는 자리의 아래 수를 버려서 나타내는 방법이다.

(3) **올림** : 구하려는 자리의 아래 수를 올려서 나타내는 방법이다.

어떤 수를 사사오입, 올림 및 버림 하여 n자리(또는 소수점 아래 n자리) 까지 나타내려면 $n-1$ 의 자리(또는 소수점 아래 $n+1$ 자리)에서 사사오입, 올림 및 버림 하면 된다. 다음의 예를 참조하여라.

예제 1-3

다음의 수에 대한 물음에 답하라.

① 916을 사사오입, 올림 및 버림 하여 십의 자리까지 나타내어라.

② 12 340을 버림하여 백의 자리, 천의 자리 및 만의 자리까지 나타내어라.

③ 익산시의 2004년도 말의 인구가 324 533명일 때 반올림 하여 약 몇 천 명 및 몇 만 명으로 나타내어라.

▌풀이

① 사사오입 920, 올림 920, 버림 910

② 백의 자리 12 300, 천의 자리 12 000, 만의 자리 10 000.

③ 325 000명과 320 000명이다.

▌ 오차의 한계와 참값의 범위 ▌

(1) **오차의 한계**

① 측정값의 오차의 한계는 측정계기 최소눈금의 $\frac{1}{2}$ 이다.

② 반올림하여 얻은 근사값의 오차의 한계는 끝자리 단위 값의 $\frac{1}{2}$ 이다.

(2) **참값의 범위** : 측정값에서는 참값을 모르는 경우가 대부분이지만 근사값으로부터 참값의 범위는 구할 수 있으며, 이 범위는 오차의 한계를 이용하여 나타내면 다음과 같다.

(근사값) − (오차의 한계) ≦ (참값) < (근사값) + (오차의 한계)

예제 1-4

최소눈금이 10 g인 저울로 측정한 값이 350 g일 때, 오차의 한계와 참값의 범위를 구하라.

▌풀이

최소눈금이 10 g이므로 오차의 한계는 바로 앞 (1)의 ①항에 의하여 $10 \times \frac{1}{2} = 5\ \text{g}$

따라서 (2)에 의하여 참값의 범위는 520 − 5 ≦ (참값) < 520 + 5

∴ 515 g ≦ (참값) < 525 g

예제 1-5

울릉도의 넓이를 측정하여 소수 둘째 자리에서 반올림한 값이 72.9 km^2일 때, 오차의 한계를 구하라.

풀이

끝자리의 단위값이 0.1 km^2이므로 (1)의 ①항에 의하여 $0.1 \times \frac{1}{2} = 5\ km^2$

참값의 범위는 $72.9 - 0.05 \leqq (\text{참값}) < 72.9 + 0.05$

$\therefore\ 72.85\ km^2 \leqq (\text{참값}) < 72.95\ km^2$

1.1.3 유효숫자의 계산법

1) 사사오입

① 사사오입(혹은 반올림)할 때 **유효숫자**들은 남기지만 그렇지 않은 것들은 버린다.

② 첫 버림수가 5 이상이면 마지막 남김수는 반올림한다. 만약에 5 미만이라면 마지막 남김수는 변하지 않는다. 첫 버림수가 5이거나 그 뒤에 0이 따라 오는 5일 때에는 남김수가 오로지 홀수일 때만 1이 증가된다.

예 다음은 사사오입법칙을 적용한 계산 예이다.

5.6723 → 5.67 : 3개의 유효숫자
10.406 → 10.41 : 4개의 유효숫자
7.3500 → 7.4 : 2개의 유효숫자
88.21650 → 88.216 : 5개의 유효숫자
1.25001 → 1.3 : 2개의 유효숫자

2) 덧셈 또는 뺄셈

① 각 항의 유효숫자의 끝 자리수가 일치하는 경우 보통 덧셈 또는 뺄셈과 똑같이 계산한다.

② 각 항의 끝자리수가 일치하지 않는 경우에는 주어진 수를 더하거나 뺀 후 근사값 중 오차의 한계가 큰 수의 끝자리(또는 적은 자리수)에 맞추어 반올림(또는 계산)한다.

예제 1-6

다음 근사값을 계산하라.

(1) 16.5 + 8.943　　　　(2) 483 − 46.8

풀이

(1) 16.5 + 8.943 = 25.443에서 16.5의 오차 한계가 더 크므로 끝자리를 소수 첫째자리로 맞추어 반올림하면 25.443 ≒ 25.4이다.

(2) 483 − 46.8 = 436.2에서 483의 오차 한계가 더 크므로 끝자리를 소수 첫째 자리로 맞추어 반올림하면 436.2 ≒ 436이다.

3) 곱셈 또는 나눗셈

① 유효숫자 n자리수의 곱셈과 나눗셈에 있어서는 결과치를 n자리수 혹은 $(n+1)$자리수로 표시한다.

② 유효숫자 m자리와, n자리의 수($m<n$인 경우)의 곱셈과 나눗셈은 결과치를 m자리 혹은 $(m+1)$자리수로 표시한다.

예　43.59 × 6.148 =268.0

예　(4.359 × 102) × (6.148 × 10-3) = 2.679 9

예　8.51 ÷ 23.492 = 0.362

▌ 계산기 사용에 관하여 ▌

① 간단한 계산은 반드시 암산으로 할 것. 적어도 3자리 × 3자리 정도의 계산은 숫자를 써서 셈할 수 있도록 해둘 것

이유 : 간단한 계산에 계산기를 사용하는 것은 아주 가까운 곳에 가는데 자동차를 사용하는 것과 같으므로 능률도 안 오르고, 수에 대한 감을 둔하게 만들어 버린다. 이것은 평소 닦아 쌓은 기술자로써의 기본적 교양을 손상시키는 것이 된다.

② 수치계산을 할 때에는 식을 충분히 변형해서 쓸데없는 계산을 없애고, 더욱이 정도를 갖도록 계산할 것

이유 : 식의 내용을 음미하고, 좌변에서 산출해야하는 양을 정리한 후에 수치계산을 하는 것이 필요 없는 계산을 줄이고, 틀리는 것도 줄여준다.

1.1.4 정확도와 정밀도

기술자들이 꼭 알아야할 것 중의 하나는 정확도나 정밀도사이의 차이점이라 할 수 있다. 계산 및 측정과 관련된 오차들은 그들의 정확도나 정밀도와 연관 지어 특징지을 수 있다. **정확도**(正確度, accuracy)는 근사값 또는 측정값이 실제 나타내는 값(참값)에 얼마만큼 접근해 있느냐의 정도(혹은 분포의 정도)를 뜻한다. **정밀도**(精密度, precision)는 ① 어떤 양을 나타내는 유효숫자의 개수, 혹은 ② 특정한 물리적 성질을 측정기기로부터 반복하여 얻은 값들의 분포를 뜻한다.

이러한 개념들은 연습용 총의 십자선 조정을 위한 사격의 결과인 과녁지 그림 1.1을 인용하여 도식적으로 설명하면 쉽게 이해할 수 있다. 이 그림에서 과녁에서의 총알구멍들은 수치해석기법들로부터의 예측값이라 생각하고 과녁의 중심을 참값(truth)으로 보자. **부정확도**(inaccuracy, 혹은 **바이어스**(bias)라고도 한다)는 구조적으로 근사값 또는 측정값이 참값과 얼마나 떨어져 있느냐로 정의된다. 따라서 그림 1.1의 (c)의 탄알구멍들은 그림 (a)보다 훨씬 더 밀집되어 정밀도가 높지만, 두 경우 모두 과녁의 왼쪽 윗부분에 놓여있기 때문에 똑같이 부정확도를 갖는다. 따라서 그림 1.1의 (b)와 (d)는 똑같은 정확성을 갖지만(즉, 그 중심이 과녁의 중심으로 향해 있다), 이들 두 그림 중에서 그림(d)는 탄알 구멍들이 훨씬 더 촘촘하게 밀집되어 있으므로 더 정밀도가 크다.

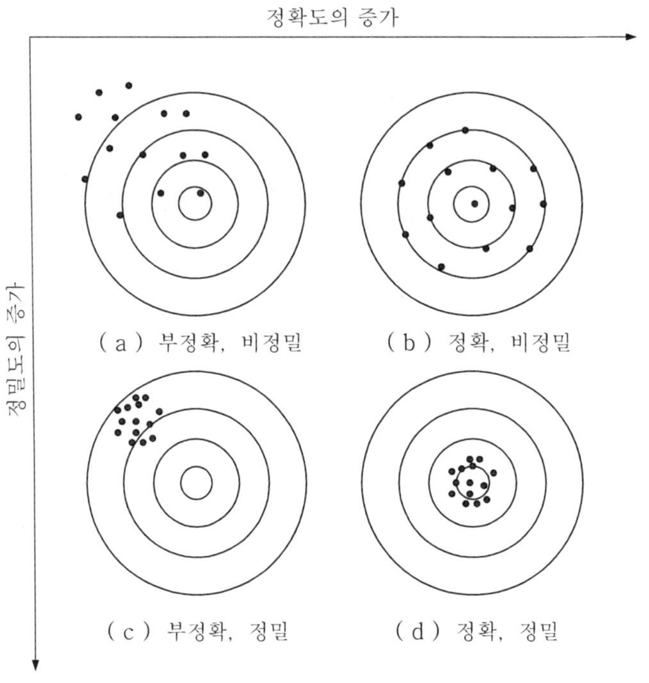

그림 1.1 정확도와 정밀도의 개념을 설명하는 사격에서의 과녁인용

하나의 다른 예를 들어보자. 만약 당신이 당신의 계산기 자판의 π키를 친다면 3.141 592 654의 값이 뜰 것이다. 이 값은 소수점 아래 9자리수를 가지며, 이 자리수는 대부분의 상황에서 필요한 자릿수보다 매우 길다. 만약 네가 π값으로서 3.142를 취했다면, 이 값은 사람들이 기억할 수 있는 값이고, 이 근사값에 의하여 초래하는 백분율(%) 오차는 단지 0.013% 밖에 되지 않으므로 대부분 계산 시에 미소한 값이다. 따라서 다음을 이야기 할 수 있을 것이다.

- 3.141592654는 매우 정확하고 정밀한 π값이다.
- 3.142는 정확하나 덜 정밀한 값이다.
- 3은 부정확(4.5% 상대오차)하고 정밀하지 못한 값이다.
- 2.5635792689023은 완전히 부정확하지만 매우 정밀한 값이다.

1.2 차원(dimension)

1.2.1 차원

지구와 태양의 반경(둘 다 길이)의 대소는 비교할 수 있지만, 5 m(길이)와 30 kg(질량)의 대소는 비교할 수 없다. 또한 5 m^3(체적)에 15 km(길이)를 더하는 것도 무의미하다.

이처럼 우리가 다루는 물리현상을 나타내기 위해서는 그 현상과 관계하는 힘, 질량, 길이, 시간, 속도 및 가속도 등과 같은 여러 가지의 물리량의 특징을 규정하는 기본량이 필요하다. 이러한 기본량을 나타내는 것이 **차원**(次元, dimension)이라 하고 이것은 **물리량을 정성적(定性的)으로 나타내는 것**이다. 정성적인 면은 중량, 속도 및 압력 등의 특성에 대한 본질을 설명하는 것이다. 일반적으로 물리량은 반드시 차원을 가지며 차원이 서로 다르면, 비교하거나 더할 수 없다. 다만 0(零), 단순한 수나 같은 차원량들에 대한 비(比)의 비교 등은 다른 차원량으로 보이나, 이것들은 무차원량 또는 무차원수로 이해하자.

일이나 모멘트와 같은 물리량을 나타낼 때 MLT계와 FLT계를 이용하여 차원으로 나타내면 단위(單位, units)를 금방 알게 되고 식을 유도할 때에도 쉽다.

물리나 화학과 같은 이학(理學)에서 주로 쓰이는 MLT계는 각각 질량(mass, M), 길이(length, L) 및 시간(time, T)을 나타내며, 토목(또는 건설)공학이나 기계공학 등의 공학에서 쓰이는 FLT계는 F

만이 힘(force, F)으로 다르고, L과 T는 MLT계와 같다.

여기서 힘(F 또는 질량, M), 길이(L) 및 시간(T)을 기본차원이라 부르고 모든 물리적 성질의 차원은 이들 기본차원의 2개 이상으로 구성된다. 일(work)의 차원은 FL로서 에너지, 모멘트 및 토크(torque)의 차원과 같으나 물리적인 내용은 각각 서로 다르다.

1.2.2 차원을 생각하는 방법

어떤 도형이라도 면적은 (길이)×(길이), 또한 체적은 (길이)×(길이)×(길이)이다. 이하 길이의 차원은 $[L]$로 나타낸다. 그리고 면적은 $[L^2]$의 차원을 갖는다. 같은 뜻으로 체적의 차원은 $[L^3]$이 된다. 여기서 대괄호 [ ]의 의미는 차원적 그리고 정성적인 것을 나타낸다.

모든 물리량은 일반적으로 길이, 질량 및 시간 등의 차원을 조합시킨 차원을 갖는다. 질량의 차원을 [M], 시간의 차원을 [T]로 나타낸다.

어떤 물리량 X의 차원을 dim(X)로도 표시한다.

X의 차원을 [X]로 나타내는 경우도 있다.

예 [면적] = $[L^2]$

예	속도	속도는 진행 거리를 그 경과 시간으로 나눈 양 따라서, dim(속도) = $[L/T]$ = $[LT^{-1}]$(마이너스는 역수)
	가속도	가속도는 단위시간(예를 들면 1초)동안의 속도 변화(증가 또는 감소) 따라서, dim(가속도) = dim(속도/시간) = $[(L/T)/T]$ = $[LT^{-2}]$
	밀도	밀도는 단위 체적당의 질량(즉, 1세제곱미터(m^3)당의 질량) 즉, dim(밀도) = $[M/L^3]$ = $[ML^{-3}]$
	힘	(Newton의 제 2법칙에 의해) 힘 = 질량 × 가속도 즉, dim(힘) = $[MLT^{-2}]$
	압력	압력은 단위면적(1제곱미터, $1m^2$)당 작용하는 힘 = 힘/면적 즉, dim(압력) = $[MLT^{-2}/L^2]$ = $[ML^{-1}T^{-2}]$
	에너지와 일	이것은 질량 × (속도)^2, 또는 힘 × (그 힘이 작용하는 점이 움직이거나 반대로 움직인 거리), 즉 dim(에너지나 일)= $[ML^2T^{-2}]$
	일률	단위시간동안 한 일 또는 단위시간동안 발생한 에너지 즉, dim(일률) = $[ML^2T^{-3}]$
	힘의 모멘트	힘의 모멘트는 시점에서 힘의 작용점까지의 거리 × 힘 즉, dim(힘의 모멘트) = $[ML^2T^{-2}]$

1.2.3 차원의 중요성

물리량에는 다음과 같은 기본 법칙이 있다(일부는 1.2.1절에서 이미 기술했다).

① 방정식이나 부등식에서 양변은 같은 차원이 아니면 안 된다. 즉, 서로 같거나 크거나 작은 비교는 같은 차원의 양 사이에서만 허락된다.

② 양을 더하거나 빼는 것은 같은 차원의 양 일 때만 가능하다.

③ 양을 곱하거나 나누는 것은 다른 차원끼리도 가능하다.

어느 것이든 매우 상식적인 규칙이다.

차원이 중요한 것은 다음과 같은 성질이 있기 때문이다.

ⓐ 식을 세울 때 검사 : 식이 성립하기 위해서는 좌변과 우변의 차원이 일치하고, 동시에 식 중에 서로 다른 차원끼리 더하거나 빼서는 안 된다. 이것은 식이 성립하기 위한 필요조건이지 충분조건은 아니다.

ⓑ 어떤 양이 나왔을 때, 그 양의 물리적 의미를 판단하면 이해하는데 많은 도움이 된다.

ⓒ 미지의 자연법칙의 발견[**차원해석**(次元解析, dimensional analysis)이라고 한다].

우선 ⓐ를 이해해 두면 좋을 것이다. 기술자는 언제나 물리량의 차원을 생각하거나, 식의 차원을 검토하는 습관을 가질 것.

예제 1-7

a, b, c 는 길이의 차원을 갖고, S는 면적의 차원을 갖는다. 다음 식은 올바른가?

$S = ab^2 + c^4$

▌풀이

두 가지 점에서 틀렸다. 첫 번째는 우변의 제1항의 차원은 $[L^3]$, 제2항은 $[L^4]$이므로 각 항들을 더할 수가 없다. 두 번째는 좌변은 면적이므로 차원은 $[L^2]$, 즉 양변은 차원이 다르므로 이 식은 옳지 않다.

예제 1-8

뉴턴(Newton)의 제2법칙을 이용하여 질량[M]과 힘[F]의 관계를 [F]와 [M]으로 정리하라.

▌풀이

뉴턴의 제2법칙은 $F = ma$이므로 힘 F의 차원식은

$$[F] = [m][a] = [M][LT^{-2}] = [MLT^{-2}]$$

또는 질량 m의 차원식은 $[m] = [F][a^{-1}]$이므로

$$[M] = [F][a^{-1}] = [F][L^{-1}T^2] = [FL^{-1}T^2]$$

1.3 단위(unit)와 그 변환

1.3.1 단위

단위(單位, unit)는 물리량의 크기를 정량적(定量的)으로 나타내기 위해서는 일정한 기준을 정해 놓고, 그 물리량이 그 기준량의 몇 배에 해당하는 가로 그 크기를 나타내게 되는데, 이 때 그 기준량을 말한다. 즉, 정량적인 면은 다양한 양들을 서로 비교할 수 있도록 국제표준규격에 맞추어 구체적인 숫자로 나타내는 것이다.

과거에는 세계 여러 나라 간에 교역이 활발하지 않았던 때에는 각 나라마다 고유의 여러 종류의 단위가 사용되어 많은 혼동을 야기하고 국제간의 교역과 과학기술의 발전, 정보 및 학술교류 등에 많은 불편함이 초래되었기 때문에 국제적으로 측정단위의 통일은 불가피하게 되었다. 이러한 불편을 해소하기 위하여 1960년 제11회 프랑스의 파리에 본부를 둔 국제도량형 총회[1875년 5월 20일 미터조약 체결에 따라서 **국제단위계(SI 단위계)**를 유지하기 위하여 만들어진 3개 기구 중의 하나이다.]에서 SI 단위계로 통일되었다. 그러나 전통적인 단위의 사용에 익숙한 일반인들이나 과학자 및 기술자들이 새로운 국제단위를 받아들이는 것이 늦어짐으로써 측정단위의 통일은 매우 어려운 상황이다. 전 세계적으로 이 제도를 받아들이는 국가는 많지 않으나 미국, 영국 등 선진 국가를 비롯하여 일본 등에서 부분적으로 채택하고 있다. 우리나라에서도 1964년 1월 1일부터 계량법에 의하여 SI 단위제를 사용하도록 하였으나 아직은 미터단위계가 일반적으로 사용되고 있는 실정이다.

공학에서는 국제단위계(Systeme International d'Unites : SI)를 사용한다. SI 단위계에서는 수치가 너무 크거나 작을 때 붙이는 접두어가 사용되기도 한다. 예를 들면, 1 kN은 10^3 N, 1 MW는 10^6 W(watt)를 의미하고, mm는 10^{-3} m을 뜻한다.

1.3.2 기본단위

SI 기본단위는 SI의 기본이 되는 명확하게 7개의 단위를 정의하여 표 1.1에 나타내었다.

표 1.1 SI의 기본단위

양	단 위	
	명 칭	기 호
길이	미터	m
질량	킬로그램	kg
시간	초	s
전류	암페어	A
열역학온도 *	캘빈	K
물질의 양	몰	mol
광도(빛의 세기)	칸데라	cd

표 1.1의 주 * 에서 SI 단위로서 섭씨온도(celsius)[℃]를 사용해도 좋다. 섭씨온도에서 나타난 온도의 값은 켈빈온도에서 273.15를 뺀 것과 같다. 온도간격을 나타내는 데에 켈빈온도의 대용으로 섭씨온도를 사용해도 좋다.

SI 기본단위 7개 중에서 특히 토목공학(土木工學)에서의 주요한 기본단위는 다음과 같은 길이(m), 질량(kg) 및 시간(s)의 3개이며 이들은 다음과 같이 정의할 수 있다.

길이 1미터(m)	빛이 진공 중을 1/299 792 458초 동안 진행한 거리
질량 1킬로그램(kg)	국제 킬로그램 원기(原器)의 질량과 같음
시간 1초(s)	^{133}Cs (세시움)원자가 어떤 상태에서 다른 어떤 상태로 이동할 때 방사 또는 흡수하는 전자파의 진동주기인 9 192 631 770배의 시간

▌ 국제 킬로그램(kg) 원기(原器)의 질량 ▌

1875년 미터 조약에 의하여, 1 kg의 질량을 갖는 것으로 결정된 기준 분동(分銅). 백금 90%, 이리듐 10%의 합금으로, 높이, 지름이 다 같이 3.9 cm인 원기둥체이다. 이 원기둥체는 현재 파리의 국제 도량형국에 보관되어 있고, 이와 똑같이 만든 부원기(副原器)가 각국에 배포되어 있다.

1.3.3 유도단위

힘 및 압력 등의 단위는 기본단위를 조합하여 만들어 졌다. 토목공학에서 주로 다루어지는 것의 이름, 기호 및 기본단위의 표시방법은 다음과 같다.

- 힘 − Newton(N), $kg \cdot m/s^2$
- 압력 − Pascal(Pa), $kg \cdot m^{-1}/ s^2 (= N/m^2)$
- 에너지 또는 일 − Joule(J), $kg \cdot m^2/s^2 (= N \cdot m)$
- 일률 − Watt(W), $kg \cdot m^2/s^3 (= J/s)$

당연한 것이지만 유도단위의 구성은 차원도 같다. 따라서 차원을 알고 있다면 유도단위는 쉽게 쓸 수 있다.

이 외에도 cm, g, s를 기본 단위로 하는 CGS 단위계 등 SI 이외의 단위가 지금도 자주 사용되고 있다. 중요한 몇 가지의 명칭과 기호(嗜好)를 살펴보면 다음과 같다.

- 가속도 − gal, $1\,Gal = 1\,cm/s^2 = 0.01\,m/s^2$, $1\,g = 980\,cm/s^2 = 980\,Gal$
- 힘 − dyne, $1\,dyne = 1\,g \cdot cm/s^{-2}$; 1킬로그램 중, $1\,kgf = 9.806\ 65\,N$
- 압력 − bar, $1\,bar = 10^6\,dyne/cm^2$
- 에너지 혹은 일 − erg, $1\,erg = 1\,dyne \cdot cm = 10^{-7}\,J$
- 일률 − 마력(프랑스, HP), $1\,HP = 75\,kgf \cdot m/s = 735.5\,W$

가속도에서 gal은 16~17C 이탈리아 물리학자이자 천문학자인 갈릴레오 갈릴레이(Galileo Galilei)의 이름에서 유래하며, 상하, 좌우 흔들림을 단위시간당 속도변화량을 나타내는 (진동)가속도로 나타낸 단위이며 기호(記號, symbol) Gal로 표기한다.

1.3.4 측정단위 기호의 표시방법

모든 물리량을 나타내는 단위의 올바른 사용방법을 알아보기로 하자.

SI 단위의 축약형(예를 들면 millimeter를 mm이라고 하는 경우)을 **기호**(記號, symbol)라 하며 **약자**(略字, abbreviation)라고는 하지 않는다.

1) 측정단위 기호의 표시방법

① 단위기호를 인쇄체로 사용하는 경우에는 본문외의 문자와는 관계없이 **직립체(로마)문자**로 하고 대·소문자를 바꾸어 쓰지 말고, 복수형을 만들기 위해 ‘s’를 붙이지 말고(예 : kgs → kg), 약자를 사용하지 말고 그리고 문장의 끝이 아니면 끝에 점을 찍지 마라. 사람의 이름을 인용한 단위는 대문자 기호를 사용하고 리터(liter)도 대문자 L만을 사용하는 이유는 소문자 l (엘)이 숫자 1과 혼돈되기 쉽기 때문이다. **모든 단위**는 대문자로 쓰인 문장 안에 있는 경우라도 **항상 소문자 기호**를 사용해야 한다. 그리고 양을 나타내는 모든 숫자의 뒤에는 그 숫자와 단위 사이에 활자 폭의 1/2(반자)를 띄워서 나타낸다.

- 단위기호는 단위의 명칭이 고유명사에서 유래된 경우에는 첫 번째의 문자만을 대문자로 하고 그 외의 것(보통명사)은 모두 소문자로 한다.

  예 고유명사에서 유래 A(암페어), W(와트), Wb(웨버), N(뉴턴) 등
  보통명사에서 유래 m(미터), s(초), t(톤) 등은 소문자로 나타냄.

- 필기체의 경우에도 이에 따른다.

② 유도단위가 2개 또는 그 이상의 단위가 곱의 형태로 이루어지는 복합단위에서는 단위사이에 점(dot)을 사용해야 한다.

예 N · m, kg · m/s 그리고 $\mathrm{g \cdot cm \cdot s^{-2}}$

③ 유도단위가 2개 이상의 단위, 즉 하나의 단위를 다른 단위로 나누어 구성된 경우에는 다음의 방법으로도 사용한다.

예 $\frac{\mathrm{m}}{\mathrm{s}}$ 또는 m/s, 그렇지 않으면 m과 $\mathrm{s^{-1}}$처럼 $\mathrm{m \cdot s^{-1}}$같이 사용한다.

④ 유도단위가 2개 이상으로 나누는 경우, 모호함을 피하기 위해 어떠한 경우에서라도 괄호를 붙이지 않고(m/s와 같이) 사선을 동일한 행에 두 개 이상을 붙여서는 안 된다. 또 복잡한 경우에는 −(부, 負)의 멱수배나 괄호를 사용하면 된다.

예 t / (ms), t / (m · s), t / m / s처럼 나타내고 t / ms 또는 t / m · s는 안 된다.

⑤ 멱수배는 통상의 경우가 0.1∼1 000사이에 들어가도록 한다.

예 12 000 N은 12 kN, 0.003 94 m은 3.94 mm로, 1 401 Pa는 1.401 kPa로 쓴다.

2) 잘못 사용되고 있는 단위의 기호들

① 길이에서 M은 m (M은 특수단위인 해리), MM은 mm (앞의 M은 메가(=10^6), 뒤의 M은 해리가 됨), KM은 km (킬로는 소문자).

② 유량을 나타내는 CMS는 $\mathrm{m^3/s}$로 써야 한다. CMS는 cubic meter per second의 약자이나 법률

에는 없다.

③ 저수량과 수자원량은 t (톤)보다는 m^3이 사용되어야 한다. 왜냐하면 물은 온도에 따라 비중 또는 단위중량이 변하므로 톤으로 나타내면 부정확하기 때문에 용적으로 표시해야 한다.

④ 일률(hp)은 엔진, 모터, 펌프 및 터빈 등에서 사용되는 단위이나 이 때 hp는 W(watt) 또는 kgf · m/s로 사용해야 한다. 마력(馬力, horse power, hp)은 비법정단위로 한국산업규격에서도 폐기되었다.

⑤ 면적을 나타내는 평(坪)은 m^2, a 및 ha를 사용해야 하며 평은 비법정단위이다.

다음 표 1.2는 잘못된 사용 예와 올바른 사용 예를 비교하였으니 잘 기억하여 올바른 사용을 하기 바란다. 그리고 표 1.3은 보조단위(접두어)를 기호 및 배수와 함께 나타내었다.

표 1.2 단위기호 표현 시 잘못된 사용과 올바른 사용

단위 표기	잘못된 사용	올바른 사용
단위는 이탤릭체가 아닌 **직립체**로 쓰기	50 *m*, 30 *kg*, 60*s*, 20*°C*	50 m, 30 kg, 60s, 20 °C
숫자와 단위는 반드시 **띄어쓰기** [단 도(°), 분(′), 초(″)는 띄우지 않음	50m, 30kg, 60s, 20°C, 50%, 90 °	50 m, 30 kg, 60 s, 20 °C, 50 %, 90°
소문자와 대문자를 정확히 사용 [리터(liter)는 대·소문자 같이 사용]	50 M, 30 KG, 60 S, 100 g(giga), 40 ℓ, 200 w	50 m, 30 kg, 60 s, 100 G(giga), 40 L (또는 40 l), 200 W

표 1.3 보조단위(접두어, prefix)

배수	접두어 명칭	기호(symbol)	배수	접두어 명칭	기호(symbol)
10^{24}	요타(yotta)	Y	10^{-1}	데시(deci)	d
			10^{-2}	센티(centi)	c
10^{21}	제타(zetta)	Z	10^{-3}	밀리(mili)	m
10^{18}	엑사(exa)	E			
10^{15}	페타(peta)	P	10^{-6}	마이크로(micro)	μ
			10^{-9}	나노(nano)	n
10^{12}	테라(tera)	T	10^{-12}	피코(pico)	p
10^{9}	기가(giga)	G			
10^{6}	메가(mega)	M	10^{-15}	펨토(femto)	f
			10^{-18}	아토(atto)	a
10^{3}	킬로(kilo)	k	10^{-21}	젭토(zepto)	z
10^{2}	헥토(hecto)	h			
10	데카(deca)	da	10^{-24}	욕토(yocto)	y

1.3.5 단위 변환

학문적으로 단위 통일을 하였으나 실제의 생활에서 사용하는 단위는 아직도 각 국가마다 또 지역마다 다르게 써오고 있는 실정이다. 따라서 단위계 사이에서 **단위변환**(單位變換, conversion of units)이 필요할 때가 종종 발생한다. 같은 양에서도 단위가 변하면 수치도 같이 변한다(봉의 길이를 cm로 측정한 경우와 m로 측정한 경우를 생각해 보라). 여기서 그 계산하는 방법을 정리해 보자.

단위변환 방법은 다음과 같다. 기존 단위의 양 X를 동등한 양의 새 단위로 변환하기 위하여 새 단위와 기존 단위 사이의 **변환인자**(變換因子, conversion factor) Y를 다음과 같이 이용한다.

$$(X\text{ 기존 단위})\left(Y\frac{\text{새 단위}}{\text{기존 단위}}\right) = XY\text{ 새 단위}$$

예를 들면,

$$(23.9\text{ ft})\left(\frac{1\text{ m}}{3.28\text{ ft}}\right) = 7.29\text{ m}$$

앞 식에서 변환인자 Y는 $\frac{1}{3.28}$이며, 그 계산 결과는 기존 단위의 수치에 변환인자 Y를 곱하여 나온 값이 새 단위의 수치가 됨을 알 수 있다.

만약 양이 차원적으로 조금 더 복잡하다면, 다음 공식을 이용한다.

$$\left(X\frac{\text{기존 단위 1}}{\text{기존 단위 2}}\right)\left(Y\frac{\text{새 단위 1}}{\text{기존 단위 1}}\right)\left(Z\frac{\text{기존 단위 2}}{\text{새 단위 2}}\right) = XYZ\frac{\text{새 단위 1}}{\text{새 단위 2}}$$

여기서 Y와 Z는 변환인자이다. 예를 들면

$$\left(6.35\frac{\text{m}}{\text{s}}\right)\left(\frac{3.28\text{ ft}}{1\text{ m}}\right)\left(\frac{3\,600\text{ s}}{1\text{ h}}\right) \approx 74\,981\text{ ft/h}$$

단위 변환하는데 있어 조금 더 복잡하게 되는 경우는 화씨(Fahrenheit)온도(°F)와 섭씨(Celsius)온도(℃)사이의 변환이다. 왜냐하면 이 식들은 추가 인자가 포함되기 때문이다.

$$°\text{F} = °\text{C}\left(\frac{9°\text{F}}{5°\text{C}}\right) + 32°\text{F};$$

$$°\text{C} = (°\text{F} - 32°\text{F})\frac{5°\text{C}}{9°\text{F}}$$

절대온도에 대한 변환은 단지 상수 추가를 포함한다.

$$\text{K} = °\text{C} + 273.16; \quad °\text{R} = °\text{F} + 460$$

CGS와 영국단위계를 SI 단위계로 전환하기 위한 인자가 표 1.4에 주어졌다.

표 1.4 Non-SI 단위에 대한 변환인자

기호	단위(unit)	SI 단위 변환인자	
ac	acre	× 4 047	$= m^2$
Btu	British thermal unit	× 1 055	= J
cal	calorie	× 4.187	= J
cm	centimeter	$\times 1 \times 10^{-2}$	= m
cm H_2O	centimeter of water	× 101.99	= Pa
cP	centipoise	$\times 1 \times 10^{-3}$	= Pa·s
day	day	× 86 400	= s
^{o}	degree of angle	× 0.017 45	= rad
^oC	degree Celsius	+ 273.16	= K
^oF	degree Fahrenheit	+ 459.69/1.8	= K
^oR	degree Rankine	$\times \frac{5}{9}$	= K
dyn	dyne	$\times 1 \times 10^{-5}$	= N
ft	foot	× 0.304 8	= m
gal	gallon	× 0.003 785	$= m^3$
g	gram	$\times 1 \times 10^{-3}$	= kg
ha	hectare	$\times 1 \times 10^{4}$	$= m^2$
hp	horsepower	× 746	= W
h	hour	× 3 600	= s
in.	inch	× 0.002 54	= m
in. Hg	inch of mercury	× 3 386	= Pa
L or l(엘)	liter	$\times 1 \times 10^{-3}$	$= m^3$
mi	mile	× 1 609	= m
mb	millibar	× 100	= Pa
min	minute	× 60	= s
lb	pound	× 4.448	= N
rev	revolution	× 6.282	= rad
yr	year	× 31 557 600	= s

이후부터 시간의 초(sec)를 s, 시(hr)를 h로 나타내도록 하겠다(법률에서 규정).

1.3.6 틀린 단위 사용 시의 문제점

틀린 단위 사용에 따라 외국과의 기술교류나 학술교류가 잘 안 되고 기술발전이 어려운 점 등은 일반적인 사항 외에 입찰 및 계약 업무 등에서 심각한 문제가 발생할 수 있다.

동아일보(1997.9.5) 기사에 의하면 스웨덴의 통신업자가 브라질 상파울루주의 이동통신 입찰에서 1,326,943,944.00 레알을 적어냈으나 브라질에서는 . 과 , 를 반대로 사용하고 있어 그 결과 1.326 레알을 적어낸 꼴이 되어 응찰에서 떨어졌다는 기사가 있다.

그러므로 입찰서와 같은 서류에 다른 단위를 써냈을 경우 입찰에서 제외될 수밖에 없다. 만약, 1 000 m 대신에 1 000 M(길이인 경우 M은 특수단위인 해리, 1 M = 1 852 m)라고 써내었다면 이는 1 852 000 m으로 쓴 것이 되고, 100 t 대신에 100 T [질량에서 T는 용적톤(선박의 부피), 1 T= 1.132 67 m^3]라고 썼다면 이는 113.267 4 m^3라고 쓴 것이 되기 때문에 응찰에 떨어져도 할 말이 없게 되어 이는 계량법을 위반한 것이라 법적으로도 대항할 방법이 전혀 없다.

예제 1-9

1 m/min와 1 m/s의 관계를 구하라.

▌풀이

$$1\frac{\text{m}}{\text{min}} = 1\frac{\text{m}}{\text{min}} \times \frac{1\ \text{min}}{60\ s} = \frac{1}{60}\ \text{m/s}$$, 즉 $1\frac{\text{m}}{\text{min}}$의 속도는 $\frac{1}{60}$ m/s이 되며,

여기서 $\frac{1}{60}$이 변환인자이다.

이와 같이 **구(또는 기존)단위(min)**에서 **신(또는 새)단위(s)로 변환할 때**에는 구단위에서 나타낸 단위가 분모(min)에 있으므로 신단위에 맞추기 위하여 같은 크기의 단위를 분모(1 min)에 분자(60 s)에 넣은 다음 각 단위를 정리하면 된다.

예제 1-10

50 km/h을 m/s로 환산하라.

▌풀이

구단위는 km와 h, 신단위는 m와 s, 1 km = 1,000 m, 1 h = 3 600 s

따라서, $50\frac{\text{km}}{\text{h}} = 50\frac{\text{km}}{\text{h}} \times \frac{1000\ \text{m}}{\text{km}} \times \frac{1\ \text{h}}{3\,600\ \text{s}} \approx 14\ \text{m/s}$

예제 1-11

체적이 2 m^3이고 질량이 5 ton인 암석이 있다. 이 암석의 밀도 ρ를 CGS단위로 계산하여라.

▌풀이

구단위는 m와 ton으로, 신단위는 cm와 g로 나타낸다.

$1\ \text{m} = 100\ \text{cm} = 10^2\,\text{cm}$,

$1\ \text{ton} = 1\ \text{ton} \times \frac{1\,000\ \text{kg}}{1\ \text{ton}} \times \frac{1\,000\ \text{g}}{1\ \text{kg}} = 1\,000\,000\ \text{g} = 10^6\,\text{g}$이므로

$$\rho = \frac{질량}{체적} = \frac{5\,\text{ton}}{2\,\text{m}^3} = \frac{5\,\text{ton}}{2\,\text{m}^3} \times \frac{1\,\text{m}^3}{(100)^3\,\text{cm}^3} \times \frac{(100)^3\,\text{g}}{1\,\text{ton}} = 2.5\ \text{g/cm}^3$$

예제 1-12

500 kgf의 힘은 몇 N인가? 또, 이 힘은 3 m^2의 토지에 걸쳐져 작용하고 있을 때 토지에서 받는 압력 p는 몇 Pa인가?

▍풀이

$1\,\text{kgf} = 9.806\,65\,\text{N}$

따라서 $F = 500\,\text{kgf} = 500\,\text{kgf} \times 9.806\,65\,\text{N/kgf} \approx 4.90 \times 10^3\,\text{N}$

압력은 $p = F/A = 4.90 \times 10^3\,\text{N}/3\text{m}^2 = 1.63 \times 10^3\,\text{N/m}^2 = 1.63 \times 10^3\,\text{Pa}$

예제 1-13

어떤 하천에서 유량이 6 m^3/h였다. (1) 분당 흐르는 유량을 구하여라. (2) 6 m^3/h는 몇 ton/min에 해당하는가?

▍풀이

$$1\,\text{m} = 1\,\text{m} \times \frac{100\,\text{cm}}{1\,\text{m}} = 100\ \text{cm},\quad 1\,\text{ton} = 1\,\text{ton} \times \frac{1\,000\,\text{kg}}{1\,\text{ton}} \times \frac{1\,000\,\text{g}}{1\,\text{kg}} = 10^6\ \text{g},$$

$$1\,\text{h} = 1\,\text{h} \times \frac{60\ \text{min}}{1\,\text{h}} = 60\ \text{min}$$ 이다.

(1) 이 유량을 m^3/min으로 나타내면,

$$6\frac{\text{m}^3}{\text{h}} = 6 \times \frac{\text{m}^3}{1\text{h}} \times \frac{1\,\text{h}}{60\ \text{min}} = 0.1\ \text{m}^3/\text{min}$$

(2) 먼저 물의 밀도를 ton/m^3으로 나타내면,

$$1\frac{\text{g}}{\text{cm}^3} = 1\frac{1\text{g}}{1\,\text{cm}^3} \times \frac{1\text{ton}}{10^6\,\text{g}} \times \frac{(100)^3\,\text{cm}^3}{1\,\text{m}^3} = 1\ \text{ton/m}^3$$

따라서, 해답은 6 m^3/h에 물의 밀도를 곱하고, h를 min으로 변환하면 된다.

즉, $$6\frac{\text{m}^3}{\text{h}} \times \frac{1\,\text{ton}}{1\,\text{m}^3} \times \frac{1\,\text{h}}{60\ \text{min}} = 0.1\ \text{ton/min}$$

예제 1-14

수심 100 m의 해저의 수압은 얼마인가? 단, 해수의 비중은 1.025로 한다.

▍풀이

해수의 단위중량 γ는 비중이 1.025이므로

$\gamma = 1.025\ \text{tf/m}^3$(왜냐하면 단위중량, γ = 비중 × 물의 단위중량)

수압 p는 수심 h와 단위중량 γ에 비례하고, 수심이 $h = 100\ \text{m}$이므로

$$p = \gamma h = 1.025\ \text{tf/m}^3 \times 100\ \text{m}$$

$$= 102.5\frac{\text{tf}}{\text{m}^2} \times \frac{1000\ \text{kgf}}{1\,\text{tf}} \times \frac{1\,\text{m}^2}{(100)^2\,\text{cm}^2}$$

$$= 10.25\ \text{kgf/cm}^2$$

예제 1-15

다음 물리량(物理量)을 지정한 단위로 환산하여라.

(1) 1 000 gal/min 을 m^3/s 단위로

(2) 1 acre · ft/day의 유량을 m^3/s 단위로

(3) 2 000 lb/ft^2의 압력을 kN과 kgf/m^2 단위로

(4) 60 mile/h의 속력을 m^3/s 단위로

(5) 50 $slug/ft^3$의 밀도를 kg/m^3 단위로

단, 1 kg = 0.068 5 slug, 1 m = 3.281 ft, 1 mile = 1.608 km, 1 lb = 4.448 N, 1 acre = 43 560 ft^2, 1 gal = $3.785\times10^{-3}m^3$ = 3.785 L (gal → gallon)이다.

풀이

(1) $1\,000\ \dfrac{\text{gal}}{\text{min}} = 1\,000\ \dfrac{\text{gal}}{\text{min}} \times \dfrac{3.785\times10^{-3}\,\text{m}^3}{1\ \text{gal}} \times \dfrac{1\,\text{min}}{60\text{s}} = 0.0631\ \text{m}^3/\text{s}$

(2) $1\ \text{acre}\cdot\text{ft/day} = \dfrac{1\ \text{acre}\cdot\text{ft}}{\text{day}} \times \dfrac{43\,560\ \text{ft}^2}{1\ \text{acre}} \times \dfrac{1\ \text{day}}{24\ \text{h}} \times \dfrac{1\ \text{h}}{3\,600\ \text{s}}$

$= 0.504\,2\ \dfrac{\text{ft}^3}{\text{s}} \times \left(\dfrac{1\ \text{m}}{3.281\ \text{ft}}\right)^3 = 0.014\,3\ \text{m}^3/\text{s}$

(3) $2\,000\ \text{lb/ft}^2 = \dfrac{2\,000\ \text{lb}}{\text{ft}^2} \times \dfrac{4.448\ \text{N}}{1\ \text{lb}} \times \dfrac{1\ \text{kN}}{1\,000\ \text{N}} \times \left(\dfrac{3.281\ \text{ft}}{1\ \text{m}}\right)^2$

$= 95.765\ \text{kN/m}^2$

(4) $70\ \text{mile/h} = \dfrac{70\ \text{mile}}{\text{h}} \times \dfrac{1.608\ \text{km}}{1\ \text{mile}} \times \dfrac{1\,000\ \text{m}}{1\ \text{km}} \times \dfrac{1\ \text{h}}{3\,600\ \text{s}} = 31.267\ \text{m/s}$

(5) $50\ \text{slug/ft}^3 = \dfrac{50\ \text{slug}}{\text{ft}^3} \times \dfrac{1\ \text{kg}}{0.068\,5\ \text{slug}} \times \left(\dfrac{3.281\ \text{ft}}{1\ \text{m}}\right)^3 = 25\ 781\ \text{kg/m}^3$

lb_m : 영국단위제(절대단위제)에서 질량의 기본단위 (1 slug = 32.174 lb_m)

lb_f : 영국단위제(공학단위제)에서 힘의 기본단위

($lb_f = 1\ \text{slug}\times1\ \text{ft}^2/\text{s}^2 = lb_m\times32.174\ \text{ft/s}^2$)

연 습 문 제

1.1 최소 눈금이 0.1 cm인 줄자로 문제 그림 1.1과 같은 야구공의 둘레를 재었더니 16.7 cm이었다. 이 근사 값의 오차의 한계와 참값의 범위를 구하라.

문제 그림 1.1

0.05 cm, $16.65\ \text{cm} \leqq$ 참값 $< 16.75\ \text{cm}$

1.2 딸기를 사기 위하여 최소 눈금이 10 g인 저울로 달았더니 무게가 3 200 g이었다. 이 측정 값의 유효숫자를 구하라.

3개(3, 2, 0)

1.3 다음 근사 값 중 유효숫자의 개수를 구하라.

① 358　② 0.094　③ 8.02×10^{-2}
④ 3.40　⑤ 5.40×10^2

① 3개(3, 5, 8)　② 2개(9, 4)　③ 3개(8, 0, 2)
④ 3개(3, 4, 0)　⑤ 3개(5, 4, 0)

1.4 통신에서 사용하는 인공위성은 지구로부터 약 780 000 m 상공의 궤도를 돌고 있다. 지구에서 인공위성까지의 거리는 십의 자리에서 반올림하여 얻은 값이라고 할 때 이 값을 $a \times 10^n$($1 \leqq a < 10$, n은 양의 정수)의 꼴로 나타내라.

780 000 m 또는 7.80×10^5 m

1.5 직사각형의 가로와 세로의 길이를 측정한 값이 각각 38.49 cm와 26.6 m이었다. 이 직사각형의 둘레를 구하라.

130.2 cm

1.6 지구의 적도반경 r은 $r = 6\ 377.397\ 155$ km이다. r을 m단위로 유효숫자 6자리까지 구하라.

$6.377\ 40 \times 10^6$ m

1.7 초속 9.8 m는 시속 몇 km가 되는가?

35.28 km/h

1.8 0.874 tf/m^{2}는 몇 N/mm^{2}가 되는가? 또 몇 Pa가 되는가?

8.57×10^{-6} N/mm^2, 8.57×10^3 Pa

1.9 길이를 x, y, z로 하고, γ을 무차원 상수로 할 때, 어떤 물체의 체적 $\forall$는 다음 ①~⑤ 중 무엇인지 구하라.

① $\gamma \cdot x$ ② γy^2 ③ $\gamma \cdot x \cdot z$ ④ $\gamma \cdot x \cdot y \cdot z$ ⑤ $\gamma \cdot \frac{x \cdot z}{y}$

④

1.10 문제 그림 1.2와 같은 좁고 긴 상자(암거, culvert)가 있다. 이 상자의 a, b, c를 측정하면 각각 $a = 25.82$ cm, $b = 43.86$ mm, $c = 2.58$ m였다. 이 상자의 체적을 cm^3 단위로 소수 둘째자리까지 구하라.

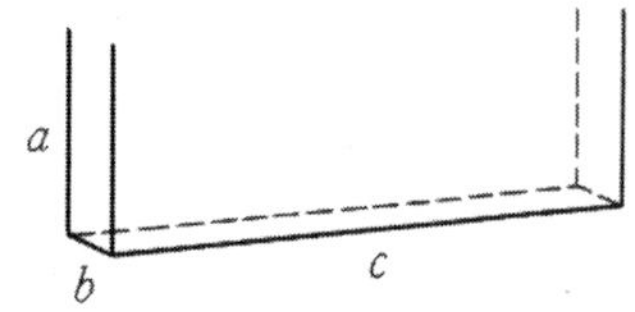

문제 그림 1.2

29 217.60 cm^3

1.11 용적이 5.8 m^{3}의 액체의 중량이 6.35 tf이다. 이 액체의 단위중량, γ 밀도, ρ 및 비중, S를 구하라.

$\gamma = 1\ 095$ kgf/m^3, $\rho = 111.73$ kgf · s^2/m^4, $S = 1.025$

1.12 100 lb/ft^{3}는 몇 kgf/m^{3}인가? (단, 1 kgf = 2.2046 lb이다) 필요하면 표 1.4를 이용하라.

1 602 kgf/m^3

1.13 2 000 m^3/s를 gal/s로 나타내어라. 필요하면 표 1.4를 이용하라.

528 401.59 gal/s

1.14 수심 10 m의 물(담수, 淡水) 속에서의 압력을 구하라. 또 같은 수심의 바닷물(해수, 海水) 속에는 압력이 얼마인가? 단 바닷물의 비중 S = 1.025이다.

담수에서 압력 = 10 tf/m^2, 해수에서 압력 = 10.25 tf/m^2

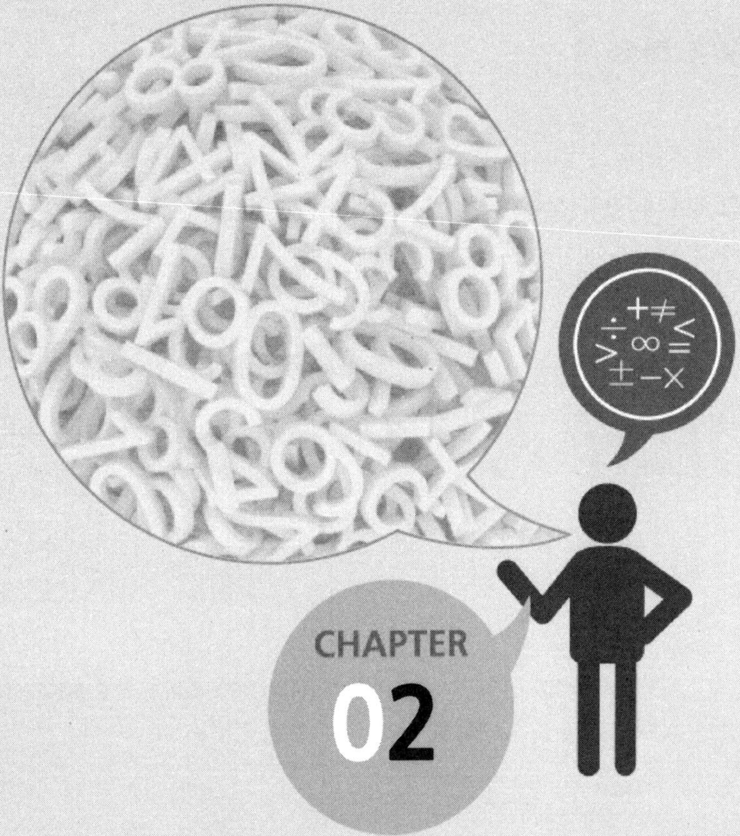

수와 식, 연산과 도형을 다루는 방법

2.1 수의 체계와 집합

2.1.1 실수의 체계

물건의 개수를 센다던가 또는 순서의 번호를 붙일 때 기본이 되는 수를 **양의 정수**(또는 **자연수**)라 하며, **음의 정수**와 **양의 정수** 및 **영(0)**을 통틀어서 **정수**(整數, integer)한다.

다음은 실수의 체계를 나타난 것이다.

- 실수
  - 유리수
    - 정수
      - 양의 정수(자연수)
      - 영(0)
      - 음의 정수
    - 정수가 아닌 유리수
      - 유한소수 : 0.2, 0.34, ···
      - 순환소수 : $0.\dot{2}$, $0.\dot{3}\dot{4}$, ··· } 무한소수
  - 무리수(순환하지 않는 무한소수) } 무한소수

실수의 포함관계

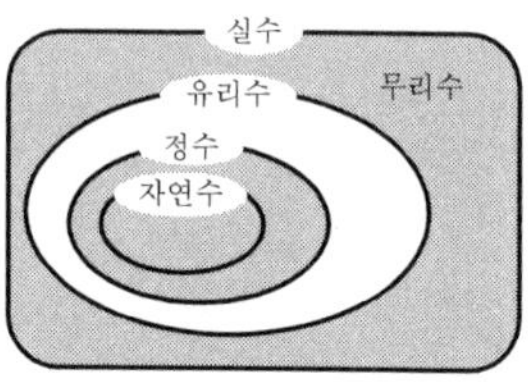

정수가 아닌 유리수를 **소수**로 나타내면 유한소수 또는 무한소수가 된다.

① **유한소수**(有限小數) : 소수점 아래의 0이 아닌 숫자가 유한개인 소수
② **무한소수**(無限小數) : 소수점 아래의 0이 아닌 숫자가 무한히 많은 소수

▌실수의 기본성질 ▌

① 임의의 실수 a에 대하여 다음 중 어느 하나만 성립한다.
   $a > 0$, $a = 0$, $a < 0$
② $a > 0$, $b > 0$ 이면 $a + b > 0$, $ab > 0$
③ $a > 0$ 이면 $-a < 0$ 그리고 $a < 0$ 이면 $-a > 0$
④ $a^2 \geq 0$ 이다. 특히, $a^2 = 0$ 이면 $a = 0$ 이다.

▌ 실수의 대소에 대한 기본성질 ▌

① 두 실수 a와 b사이에는 다음 중에서 반드시 어느 하나만 성립한다. 즉,
$a-b>0 \Leftrightarrow a>b$, $a-b=0 \Leftrightarrow a=b$, $a-b<0, \Leftrightarrow a<b$

② $a>b$이고 $b>c$이면 $a>c$이다.

③ $a>b$이면 모든 실수 c에 대하여 $a+c>b+c$, $a-c>b-c$이다.

④ $a>b$이고 $c>0$이면 $ac>bc$, $\frac{a}{c}>\frac{b}{c}$ 이다.

⑤ $a>b$이고 $c<0$이면 $ac<bc$, $\frac{a}{c}<\frac{b}{c}$ 이다.

(1) **유리수**

$a\neq 0$일 때, $\frac{a}{b}$(단, a와 b은 정수)인 분수의 꼴로 나타낼 수 있는 수

예 $0.1=\frac{1}{10}$, $0.22\cdots=\frac{2}{9}$

(2) **무리수**

순환하지 않는 무한소수로서 분수의 꼴로 나타낼 수 없는 수, 즉 유리수가 아닌 수

예 $\pm\sqrt{2}$, $\pm\sqrt{3}$, $\pm\pi$, $\pm\sin 10^{o}$, $\cdots$

(3) 모든 유리수는 **순환소수**로 나타낼 수 있다.

예 $2=1.\dot{9}$, $0=0.\dot{0}$, $0.5=0.4\dot{9}$, $\frac{1}{3}=0.\dot{3}$

(4) 모든 순환소수는 유리수로 나타낼 수 있다.

예 $0.\dot{3}\dot{7}=\frac{37}{99}$, $0.1\dot{2}\dot{6}=\frac{125}{990}$

2.1.2 집합과 원소

1) 집합

우리가 살아가면서 생각하는 모임 중에는 그 대상을 명확하게 구분할 수 있는 것도 있지만 그렇지 못한 것도 있다. 예를 들면, "**키가 큰 여자미인들의 모임**"하면 키 큰 정도의 판단을 어디에 기준을 둘 것인가는 그 때의 상황이나 판단하는 사람의 생각에 따라 달라질 수 있기 때문에 그 대상을 명확히 구분할 수 없다. 따라서 수학에서는 그 대상을 명확히 구분할 수 없는 모임은 생각하지 않는다. 이에 대하여 1보다 크고 7보다 작은 정수의 모임하면 구체적으로 자연수 2, 3, 4, 5, 6의 모

임으로 그 대상을 명확히 구분할 수 있다.

이와 같이 어떤 기준(또는 조건)에 의하여 그 대상을 분명하게 구별할 수 있는 것들의 모임을 **집합(集合, set)**이라 한다.

2) 원소

집합을 구성하고 있는 하나하나를 그 집합의 **원소**(元素, element) 또는 **원**이라 한다.

(1) a가 집합 A의 원소일 때 a는 A에 속한다고 하며 $a \in A$(읽는 법, a is a member of the set A)로 나타낸다.

(2) a가 집합 A의 원소가 아닐 때 a는 A에 속하지 않는다고 하며 $a \notin A$로 나타낸다.

① 집합은 일반적으로 대문자 A, B, C, $\cdots$ 등으로 나타내고, 원소는 소문자 a, b, c, $\cdots$ 등으로 나타낸다.

② 집합은 원소의 나열순서에는 관계없다. 즉, $\{1, 2, 3\} = \{3, 1, 2\}$

③ 같은 원소를 되풀이(중복)하여 나열하지 않는다. 즉, $\{1, 2, 3, 2\}$ ⇨ $\{1, 2, 3\}$

④ 원소의 개수가 유한개일 때 **유한집합**이라 하고, 원소의 개수가 무수히 많을 때 **무한집합**이라 한다.

3) 집합의 표시법

(1) **원소나열법**

원소 a, b, c를 { } 안에 나열하여 집합 A를 나타내는 방법, 즉 $A = \{a, b, c\}$로 표시한다.

(2) **조건제시법**

B에 속하는 원소 x가 가져야 할 성질을 $\{x | x$의 조건 (x의 공통된 성질)$\}$으로 나타내는 방법, 즉 $B = \{1, 2, 3, 4\}$는 $B = \{x \mid x$는 4 이하의 자연수$\}$로 표시한다.

예제 2-1

1부터 7까지 홀수의 집합을 나타내보자.

▎풀이

원소나열법 : $A = \{1, 3, 4, 7\}$

조건제시법 : $A = \{n \mid n$은 홀수, $1 \leq n \leq 7\}$

4) 공집합

(1) 원소가 하나도 없는 집합을 **공집합**(空集合, null set)이라 하며 ϕ로서 표시한다.

(2) 공집합은 모든 집합의 부분집합이고 유한집합이다.

① $\{0\}$은 공집합이 아니고 0을 원소로 갖는 집합이다.

② $\{\phi\}$는 ϕ를 원소로 갖는 집합이다.

2.1.3 집합의 포함관계

1) 부분집합

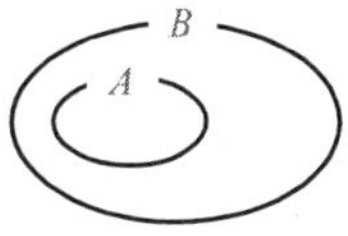

집합 A의 모든 원소가 집합 B에 속할 때, 즉 $a \in A$ (읽는 법 : A contains a)이면 반드시 $a \in B$일 때 A는 B에 포함된다.

또는 B는 A를 포함한다고 하며 $A \subset B$ 또는 $B \supset A$로 나타낸다. 이때 집합 A를 집합 B의 **부분집합**(部分集合, subset)이라 한다.

▌ 부분집합의 개수 ▌

2^n개(여기서 n은 집합 A의 원소의 개수)

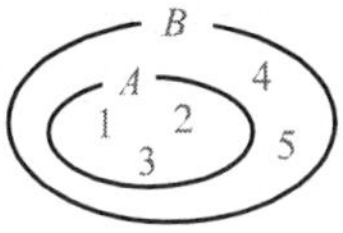

예 집합 $A = \{1, 2, 3\}$, $B = \{1, 2, 3, 4, 5\}$에서 집합 A의 모든 원소는 집합 B의 원소가 되므로 A는 B의 부분집합이고 $A \subset B$로 나타낸다.

예제 2-2

집합 $\{4, 6\}$의 부분집합의 개수를 구하여라.

▌풀이

원소가 한 개인 것과 두 개인 것의 순서로 부분집합을 구하면 $\{4\}, \{6\}, \{4, 6\}$이고, 공집합 ϕ은 모든 집합의 부분집합이므로 집합 $\{4, 6\}$의 부분 $\phi, \{4\}, \{6\}, \{4, 6\}$의 4개이다(공식으로 구하면 $2^n = 2^2 = 4$개).

2) 진부분집합

(1) $A \subset B$ (A is a proper subset of B)이고 $A \neq B$일 때 A를 B의 진부분집합이라 한다.

(2) 집합 A의 진부분집합의 개수 : $(2^n - 1)$개 (여기서 n은 집합 A의 원소의 개수)

❚ 설명 ❚

두 집합 $A = \{2, 4\}$, $B = \{2, 4, 6, 8\}$이면 $A \subset B$이고 $A \neq B$가 되므로 A는 B의 진부분집합이다.

예제 2-3

집합 $\{1, 3\}$의 부분집합과 진부분집합의 개수를 구하라.

❚ 풀이

부분집합은 $\phi, \{1\}, \{3\}, \{1, 3\}$의 4개이고, 진부분집합 $\phi, \{1\}, \{3\}$의 3개이다. 공식을 이용하면 원소 $n = 2$이므로 부분집합의 개수는 $2^n = 2^2 = 4$개와 진부분집합의 개수는 $2^n - 1 = 2^2 - 1 = 3$개이다.

3) 두 집합이 같을 조건

$A \subset B$이고 $B \supset A$이면 두 집합 A와 B는 **서로 같다** 또는 A와 B는 **상등**(相等)이다 라고 하며, $A = B$로 나타난다.

두 집합 $A = \{2, 4, 6, 8\}$, $B = \{x \mid x \text{는 } 8 \text{ 이하의 짝수}\}$에 대하여 $B = \{2, 4, 6, 8\}$이므로 A의 모든 원소는 B에 속하고 B의 모든 원소는 A에 속함을 알 수 있다. 즉, $A \subset B$, $B \supset A$이다. 이와 같이 두 집합 A와 B에 대하여 $A \subset B$이고 $B \supset A$이면 두 집합 A와 B는 $A = B$이다.

2.1.4 집합의 연산

- 집합과 원소 ⇨ $\in$ (속하는 관계), (원소) $\in$ (집합)
- 집합과 집합 ⇨ $\subset$ (포함관계), (집합) $\subset$ (집합)
- 집합 속의 집합은 원소로 생각한다.

1) 합집합

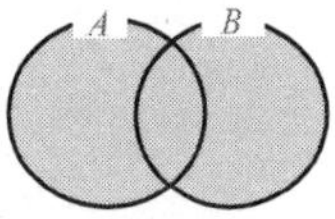

오른쪽 그림(**벤 다이어그램**, Venn diagram)과 같이 두 집합 A, B에 대하여 집합 A에 속하거나 집합 B에 속하는 원소로 된 집합을 A와 B의 **합집합**이라 하고, $A \cup B$와 같이 표시하며 A union B(또는 A cup B)라고 읽는다.

$A \cup B = \{x \mid x \in A$ 또는 $x \mid x \in B\}$: 조건제시법

▌ 벤 다이어그램 ▌

벤 다이어그램(Venn diagram)은 집합(부분 집합, 합집합 및 교집합 등)의 포함 관계나 집합 사이의 연산을 쉽게 설명하기 위하여 원이나 타원을 그려서 나타낸 도식

예제 2-4

두 집합 $A = \{1,\ 2,\ 3\}$, $B = \{1,\ 3,\ 5,\ 7,\ 9\}$의 합집합을 구하라.

▌풀이

$A \cup B = \{1,\ 2,\ 3,\ 5,\ 7,\ 9\}$

2) 교집합

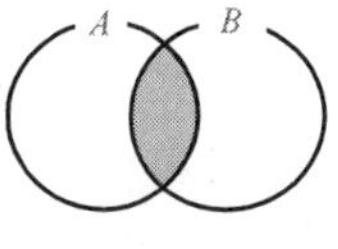

오른쪽 그림과 같이 두 집합 A, B에 대하여 집합 A에 속하고 동시에 집합 B에 속하는 원소로 된 집합을 A와 B의 **교집합**(交集合)이라 하고, $A \cap B$와 같이 표시하며 A intersection B (또는 A cap B)라고 읽는다.

$A \cap B = \{x \mid x \in A$ 그리고 $x \mid x \in B\}$: 조건제시법

예제 2-5

두 집합 $A = \{1,\ 2,\ 3\}$, $B = \{1,\ 3,\ 5,\ 7,\ 9\}$의 교집합을 구하라.

▌풀이

$A \cap B = \{1,\ 3\}$

3) 서로소

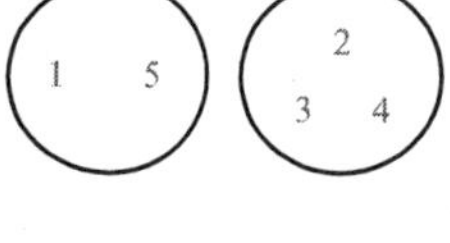

두 집합 A, B에 공통인 원소가 하나도 없을 때, 즉 $A \cap B = \phi$ 일 때 A와 B는 **서로소**라고 한다.

예제 2-6

두 집합 $A=\{1,\ 5\}$, $B=\{2,\ 3,\ 4\}$의 $A\cap B$를 구하라.

풀이

두 집합은 공통인 원소가 하나도 없고, 즉 $A\cap B=\phi$ 이므로 두 집합 A와 B는 서로소이다.

4) 차집합

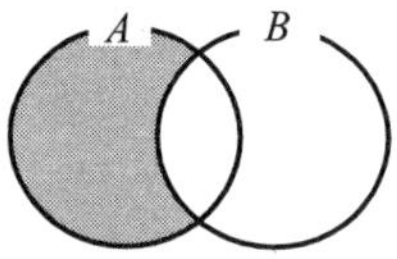

오른쪽 그림 같이 두 집합 A, B에 대하여 집합 A에는 속하나 집합 B에 속하지 않는 원소로 된 집합을 A에 대한 B의 **차집합**이라 하고, $A-B$로 나타낸다.

$A-B=\{x\mid x\in U$ 그리고 $x\mid x\notin B\}$: 조건제시법

예제 2-7

두 집합 $A=\{1,\ 3,\ 5,\ 7,\ 9\}$, $B=\{1,\ 2,\ 3\}$의 차집합을 구하라.

풀이

$A-B=\{5,\ 7,\ 9\}$

5) 여집합

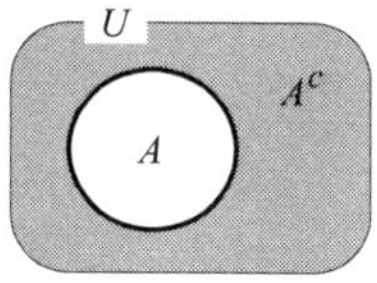

오른쪽 그림 같이 전체집합 U와 그 부분집합 A에 대하여 U에는 속하나 집합 A에는 속하지 않는 원소로 된 집합을 A에 대한 **여집합**(餘集合)이라 하고, A^C 또는 $\overline{A}$(읽는 법 : the complement of the set A)로 나타낸다.

$A^C=\{x\mid x\in U$ 그리고 $x\mid x\notin A\}$: 조건제시법

① $A^C=U-A$

② A^C에서 C는 complement의 첫 글자이다.

예제 2-8

전체집합 $U=\{1,\ 2,\ 3,\ 4,\ 5,\ 6,\ 7,\ 8,\ 9\}$, $A=\{1,\ 2,\ 3\}$일 때 A의 여집합 A^C를 구하라.

풀이

$A^C=U-A=\{4,\ 5,\ 6,\ 7,\ 8,\ 9\}$

2.2 식의 전개, 유리식(분수식), 무리식의 계산

2.2.1 다항식과 그 연산

1) 다항식

(1) 단항식

숫자와 몇 개의 문자, 문자와 문자 사이에 곱셈(기호)으로만 이루어진 식을 말한다.

x, $x^2(=x\times x$, 즉 x의 제곱은 한 변이 x인 정사각형의 면적을 계산할 수 있다), x^3(즉, x의 세제곱은 한 변의 길이가 x인 정육면체의 부피를 구하는데 쓰인다), … 등을 x의 **거듭제곱**이라 하고, x^2, $2x^4y$, … 등을 **단항식**이라 한다. 단항식은 $2x^4y$와 같이 수의 부분을 처음에, 그 다음은 문자를 알파벳순으로 써내려 간다.

(2) 다항식(또는 정식)

단항식 또는 다항식의 합으로 이루어진 식을 말한다.

단항식이 모인 $2x^2-x-3+5x^3$이나 x^2-5x 등을 **다항식**이라 한다. **다항식의 차수**는 그 식에서 포함된 최고차수를 가지고 말한다.

(3) 항

다항식에 포함된 각각의 단항식을 그 다항식의 **항**이라 말한다.

다항식 x^2-5x-6에서 x^2, $-5x$, -6을 항이라 한다.

(4) 계수

문자를 제외한 나머지 부분을 그 문자의 **계수**라 말한다.

단항식 $-3ab^2x$에서 x에 대한 계수는 $-3ab^2$이다.

(5) 차수

항에 어떤 문자가 있을 때, 곱해진 문자의 개수를 **차수**라 말한다. $-2a^3b$에서

① a에 대하여서는 3차식이고 계수는 $-2b$이다.

② b에 대하여서는 1차식이고 계수는 $-2a^3$이다.

③ a와 b에 대하여서는 4차식이고 계수는 -2이다.

(6) 상수항

문자를 포함하지 않는 항을 **상수항**이라 말한다.

다항식 x^2-5x-6에서 -6을 상수항이라 한다.

(7) 동류항

계수는 다르지만 문자와 차수가 같은 항을 **동류항**이라 말한다.

두 개의 다항식 x^2-5x-6, $3x^2+2x+4$에서 x^2과 $3x^2$, $-5x$와 $2x$, -6과 4를 동류항이라 한다.

(8) 내림차순

한 개의 문자에 대하여 차수가 높은 항부터 낮아지는 차례로 정리한 것을 **내림차순**이라 말한다.

$5x^3+2x^2-x+3$으로 정리하는 것은 x에 관한 내림차순이다.

(9) 오름차순

한 개의 문자에 대하여 차수가 낮은 항부터 높아지는 차례로 정리한 것을 **오름차순**이라 말한다.

$3-x+2x^2+5x^3$으로 정리하는 것은 x에 관한 오름차순이다.

수열 $A_0, A_1, A_2, \cdots, A_n$의 합, $A_0+A_1+A_2+\cdots+A_n=\sum_{i=0}^{n} A_i$를 급수로 한다.

특히 $a_0+a_1x+\cdots+a_nx^n=\sum_{i=0}^{n} a_ix^i$ ($a_0, a_1, \cdots, a_n$은 정수) 거듭 제곱 급수라 한다.

2) 다항식 계산의 기본법칙

A, B, C가 다항식일 때 다음의 기본 법칙이 성립한다.

	덧 셈	곱 셈
교환법칙	$A+B=B+A$	$AB=BA$
결합법칙	$(A+B)+C=A+(B+C)$	$(AB)C=A(BC)$
분배법칙	$A(B+C)=AB+AC$	

3) 지수법칙

다항식의 곱셈과 나눗셈을 공부하기 전에 다음과 같은 간단한 지수법칙을 정리해보자. m, n을 양의 정수(또는 자연수)라 할 때, 다음 법칙이 성립한다.

(1) $a^m \times a^n = a^{m+n}$

(2) $(a^m)^n = a^{mn}$

(3) $(ab)^n = a^n b^n$

(4) $\left(\frac{b}{a}\right)^n = \frac{b^n}{a^n}$

(5) $a^m \div a^n = \frac{a^m}{a^n} = \begin{cases} a^{m-n} & (m > n\text{일 때}) \\ 1 & (m = n\text{일 때}) \\ \frac{1}{a^{n-m}} & (m < n\text{일 때}) \end{cases}$

단, (4)와 (5)에서는 $a \neq 0$이다.

- (0을 제외한 모든 수)$^0 = 1$

4) 거듭제곱

(1) **거듭제곱** : 같은 수나 문자를 거듭하여 곱한 것

(2) **밑** : 거듭 곱한 수나 문자

(3) **지수** : 거듭하여 곱해진 수나 문자의 개수

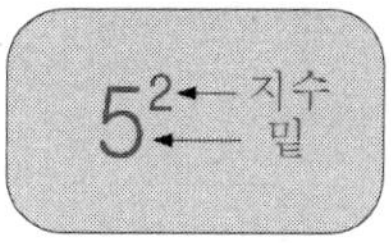

수학의 미니 상식

데카르트

거듭제곱의 지수를 작게 써서 2^3, a^n 등으로 나타내기 시작한 사람은 근대철학의 아버지로 불리는 프랑스의 수학자로서 기하학에 대수적 해법을 적용한 해석기하학의 창시자로 알려진 데카르트(Descartes, R. ; 1596~1650)이다. 스웨덴의 크리스티나 여왕으로부터 초청을 받아 1649년 가을 스톡홀름으로 가서 지내던 중 폐렴에 걸려 생애를 마쳤다.

예제 2-9

[내림차순과 오름차순]

$P = 3x^3 - 3x^2y^4 - 10x^2 + 6xy^2 + 3y^2 - 6y - 2$에 대하여 다음 물음에 답하라.

① P를 x에 관하여 내림차순으로 정리하라.

② P를 y에 관하여 오름차순으로 정리하라.

▌풀이

① x에 관하여 차수가 높은 항부터 정리하면 다음과 같다.

$$P = 3x^3 - (3y^4 + 10)x^2 + 6y^2x + (3y^2 - 6y - 2)$$

② y에 관하여 차수가 낮은 항부터 정리하면 다음과 같다.

$$P = (3x^3 - 10x^2 - 2) - 6y + (6x + 3)y^2 - 3x^2y^4$$

예제 2-10

[다항식의 덧셈과 뺄셈]

다음 식 $(2x^2 - x^3 + 2) - (-4x^3 + x - 2) + (5x^3 - x^2 + x)$을 간단히 하라.

▌풀이

주어진 식을 x에 관하여 내림차순으로 정리하면 다음과 같다.

$$2x^2 - x^3 + 2 + 4x^3 - x + 2 + 5x^3 - x^2 + x = 8x^3 + x^2 + 4$$

▌ 단항식의 곱셈과 나눗셈의 셈 또는 혼합셈은 다음과 같은 순서로 계산한다. ▌

(1) 괄호가 있으면 지수법칙을 써서 괄호를 푼다.

(2) 나눗셈은 곱셈으로 고친다.

(3) 계수는 계수끼리, 문자는 문자끼리 계산한다.

예제 2-11

[단항식의 곱셈과 나눗셈] 다음 식을 간단히 하라.

① $5x \times (-3y)$ ② $3x^2 \times 2xy^2$ ③ $x^2 \times (-5xy)^3$

④ $4x^2y \times \frac{5}{6}xy^2$ ⑤ $(2ab)^2 \times (3ab^2)^2$ ⑥ $8x^5 \div 6x^2$

▌풀이

① $5x \times (-3y) = -15xy$

② $3x^2 \times 2xy^2 = 6x^{(2+1)}3y^{(1+2)} = 6x^3y^3$

③ $x^2 \times (-5xy)^3 = x^2 \times [(-5)^3x^3y^3] = -125x^{(2+3)}y^3 = -125x^5y^3$

④ $4x^2y \times \frac{5}{6}xy^2 = \frac{10}{3}x^{(2+1)}y^{(1+2)} = \frac{10}{3}x^3y^3$

⑤ $(2ab)^2 \times (3ab^2)^2 = (4a^2b^2) \times (9a^2b^{(2\times2)}) = 36a^{(2+2)}b^{(2+4)} = 36a^4b^6$

⑥ $8x^5 \div 6x^2 = \dfrac{8}{6}x^{(5-2)} = \dfrac{4}{3}x^3$

예제 2-12

[지수법칙] 다음 식 $(-a)^2(-a)^4(-a)^3$을 간단히 하라.

❙ 풀이

$$(-a)^2(-a)^4(-a)^3 = (-1)^{(2+4+3)}a^{(2+4+3)} = (-1)^9a^9 = -a^9$$

a가 양수일 때, $(-a)^n = \begin{cases} a^n & (n\text{은 짝수}) \\ -a^n & (n\text{은 홀수}) \end{cases}$, $\quad a^0 = 1$

2.2.2 다항식의 곱셈

1) 전개와 전개식

다항식 곱의 괄호를 풀어서 하나의 다항식으로 나타내는 것을 전개라 하고, 전개하여 얻은 식을 **전개식**이라고 한다.

2) 다항식과 다항식의 곱셈

$$(a+b)(c+d) = \underset{①}{ac} + \underset{②}{ad} + \underset{③}{bc} + \underset{④}{bd}$$

두 다항식의 곱은 **분배법칙**을 이용하여 다음과 같은 순서로 전개한다. 이 때, 전개식에 동류항이 있으면 **동류항**을 모아서 간단히 한다.

예제 2-13

다항식 $(a+b)(2a-3b)$을 전개하라.

❙ 풀이

$$(a+b)(2a\text{-}3b) = a(2a) + a(\text{-}3b) + b(2a) + b(\text{-}3b)$$
$$= 2a^2\text{-}3ab + 2ab\text{-}3b^2$$
$$= 2a^2\text{-}ab\text{-}3b^2$$

2.2.3 유용한 곱셈공식

다음과 같은 곱셈공식은 (1)에서 (10)까지 어느 식이나 좌변의 곱셈 계산을 완성하면 우변의 결과를 얻을 수 있다.

(1) $(a \pm b)^2 = a^2 \pm 2ab + b^2$

(2) $(a+b)(a-b) = a^2 - b^2$

(3) $(x+a)(x+b) = x^2 + (a+b)x + ab$

(4) $(ax+b)(cx+d) = acx^2 + (ad+bc)x + bd$

(5) $(x \pm a)(x \pm b)(x \pm c) = x^3 \pm (a+b+c)x^2 + (ab+bc+ca)x \pm abc$

(6) $(a+b+c)^2 = a^2 + b^2 + c^2 + 2(ab+bc+ca)$

(7) $(a \pm b)^3 = a^3 \pm 3a^2b + 3ab^2 \pm b^3$

(8) $(a \pm b)(a^2 \mp ab + b^2) = a^3 \pm b^3$

(9) $(a+b+c)(a^2+b^2+c^2-ab-bc-ca) = a^3+b^3+c^3-3abc$

(10) $(a^2+ab+b^2)(a^2-ab+b^2) = a^4 + a^2b^2 + b^4$

더욱더 위 (1)의 n항까지 $(a+b)^n$의 전개는 아래와 같이 할 수 있다.

<table>
<tr><td>

파스칼 삼각형(Pascal triangle)

1 1
1 2 1
1 3 3 1
1 4 6 4 1
1 5 10 10 5 1
1 6 15 20 15 6 1

</td><td>

: $(a+b)^1$의 계수
: $(a+b)^2$의 계수
: $(a+b)^3$의 계수
: $(a+b)^4$의 계수
: $(a+b)^5$의 계수
: $(a+b)^6$의 계수

</td><td>

왼쪽의 표시는 프랑스 수학자 · 물리학자 · 철학자 블래즈 파스칼(Blaise Pascal, 1623~1662)이 죽은 후에 붙여진 이름인 파스칼 삼각형이라 한다.
압력의 단위 pascal, Pa는 그의 이름을 기념한 것이다.

</td></tr>
<tr><td colspan="3">

위의 계수는 $(a+b)^n$의 각 항의 계수를 나타낸다. 예를 들면, $(a+b)^5$는 위에서 다섯 행 째부터 각 계수를 이용하면

$$(a+b)^5 = a^5 + 5a^4b + 10a^3b^2 + 10a^2b^3 + 5ab^4 + b^5$$

라고 쓸 수 있으며 차원에 주의하라. a, b는 동차원으로 좌변은 a^5, 따라서 우변의 각 항도 동차원이다. 그러므로 a^3b 등 다른 차원의 항이 들어있어서는 안 된다. 또한, 임의의 다른 각각의 계수를 얻기 위하여, 바로 위 가로에 있는 가장 가까운 두 계수를 더하기만 하면 된다.
따라서 우리는 파스칼 삼각형을 이용하면 $(a+b)^{100}$의 전개식이라도 나타낼 수 있다.

</td></tr>
</table>

예제 2-14

곱셈공식을 이용하여 다음의 각 식을 전개하라.

(1) $(2x+1)^2$ (2) $(3x+2a)(3x-2a)$

(3) $(x+2)(x+4)$ (4) $(2x-3)^3$

풀이

(1) $(2x+1)^2=(2x)^2+2(2x)1+1^2=4x^2+4x+1$

(2) $(3x+2a)(3x-2a)=(3x)^2-(2a)^2=9x^2-4a^2$

(3) $(x+2)(x+4)=x^2+(2+4)x+2\cdot 4=x^2+6x+8$

(4) $(2x-3)^3=(2x)^3-3(2x)^2\cdot 3+3(2x)\cdot 3^2-3^3=8x^3-36x^2+54x-27$

2.2.4 유리식과 그 계산

(1) **유리식** : 두 다항식 A, B에 대하여 $\frac{A}{B}$ $(B\neq 0)$꼴로 나타내어지는 식

(2) **분수식** : 유리식 가운데 특히 B가 상수가 아닌 다항식으로 나타내어지는 식

(3) **기약분수식** : 분모, 분자가 서로소인 분수식, 즉 더 이상 약분되지 않는 분수식

(4) **약분** : 분모와 분자를 공통인수로 나누어서 분수식을 간단히 하는 것

(5) **통분** : 분수식의 분모를 같게 하는 것으로 분모의 최소공배수를 공통분모로 한다.

1) 유리식

$$\text{유리식 } \frac{A}{B}\begin{cases}\text{다항식 : } B\text{가 숫자일 때}\left(3x,\ x^2+2,\ \dfrac{x^2-5}{3},\cdots\right)\\ \text{분수식 : } B\text{가 문자를 포함할 때}\left(\dfrac{2}{x},\ \dfrac{x-2}{2x^2+3},\cdots\right)\end{cases}$$

2) 유리식의 성질

유리식의 분모, 분자에 0이 아닌 같은 수 또는 같은 식을 곱하거나 분모, 분자를 같은 수 또는 같은 식으로 나누어도 유리식의 값은 변하지 않는다.

$$\frac{B}{A}=\frac{B\times C}{A\times C},\ \frac{B}{A}=\frac{B\div C}{A\div C}\quad (\text{단, } C\neq 0)$$

3) 유리식의 사칙연산

분수식의 모양을 간단한 꼴로(또는 차수가 낮은 꼴)로 변형한다.

(1) 덧셈과 뺄셈

- 분모가 같을 때 : $\frac{A}{C} \pm \frac{B}{C} = \frac{A \pm B}{C}$
- 분모가 다를 때 : 분모의 최소공배수를 분모로 하는 분수로 통분하여 계산한다.

$$\frac{A}{C} + \frac{B}{D} = \frac{AD+BC}{CD}$$

(2) 곱셈 : 통분할 필요 없이 분자는 분자끼리, 분모는 분모끼리 곱한다.

$$\frac{B}{A} \times \frac{D}{C} = \frac{BD}{AC}$$

(3) 나눗셈 : 역수를 취해서 곱한다.

$$\frac{B}{A} \div \frac{D}{C} = \frac{B}{A} \times \frac{C}{D} = \frac{BC}{AD}$$

> 유리식의 **사칙연산**(덧셈, 뺄셈, 곱셈 및 나눗셈)에서 분모·분자를 인수분해 할 수 있으면 인수분해하고, 또 약분할 수 있으면 약분하여 **기약분수식**을 만든다.

2.2.5 분수식의 계산

1) 분수식

2.2.1에서 설명한 바와 같이 두 다항식 A, B에 대하여 $\frac{A}{B}$ $\left(= \frac{\text{다항식}}{\text{다항식}}\right)$ $(B \neq 0)$ 꼴로 나타내어지는 **유리식**(有理式) 가운데 특히 B가 상수가 아닌 다항식으로 나타내어지는 식이다.

> 분수식 계산에서 분수식의 모양을 간단한 꼴(차수가 낮은 꼴)로 변형하여 계산한다.

2) 약수와 배수

(1) 약수와 배수의 정의

세 개의 정수 또는 다항식 A, B, Q 사이에 $A = B \cdot Q\,(B \neq 0)$인 관계가 성립하면 A는 B, Q의 배수(倍數), B, Q는 A의 약수(約數)라고 한다. 약수에서의 약(約)은 '간략히 한다.'라는 뜻과 '묶고 다발 짓는다.'라는 뜻이 있다.

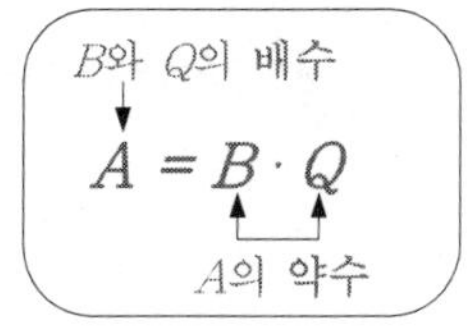

▌ 소수와 합성수 ▌

- **소수**(素數) : 1과 그 자신 이외에 약수를 가지고 있지 않은 수를 소수라고 한다. (단, 1은 소수에 포함되지 않는다)
- **합성수**(合成數) : 1과 자신의 수 외에 다른 수를 약수로 가지는 자연수를 말하며, 1은 소수도 합성수도 아니다.

예제 2-15

1에서 50까지 사이에 있는 자연수 중에서 소수를 모두 써라.

▌풀이

1은 소수에서 제외되고 합성수를 계속 지워나가면 남는 수가 소수이다. 즉,

① 1을 지운다.
② 2를 남기고 2의 배수를 지운다.
③ 3을 남기고 3의 배수를 지운다.
④ 5를 남기고 5의 배수를 지운다.

이와 같은 방법으로 계속 지워나가면 남는 수가 소수이다.

[답] 2, 3, 5, 7, 11, 13, 17, 19, 23, 29, 31, 37, 41, 43, 47

▌ 소인수분해 ▌

① **소인수** : **약수**를 **인수**라고도 하며 특히 소수인·인수를 소인수라 한다.
② **소인수분해** : 자연수를 소인수들만의 곱으로 나타내는 것

예 6의 약수 1, 2, 3, 6을 6의 인수라고도 하며, 이 중 2, 3과 같이 소수인 인수를 소인수라 한다. 따라서, $6 = 2 \times 3$과 같이 소인수 분해된다.

예제 2-16

다음 수를 소인수분해하고, 그 수의 소인수도 구하라.

(1) 60 (2) 84

▎풀이

소수인 인수를 찾아 몫이 소수가 될 때까지 나누어 그 수들을 모두 곱한다.

(1)
$$\begin{array}{r|l} 2 & 60 \\ \hline 2 & 30 \\ \hline 3 & 15 \\ \hline & 5 \end{array}$$

(2)
$$\begin{array}{r|l} 2 & 84 \\ \hline 2 & 42 \\ \hline 3 & 21 \\ \hline & 7 \end{array}$$

∴ $60 = 2^2 \times 3 \times 5$, 소인수는 2, 3, 5 (3개)

$84 = 2^2 \times 3 \times 5$, 소인수는 2, 3, 7 (3개)

예제 2-17

소인수분해를 이용하여 24의 약수를 모두 구하라.

▎풀이

$24 = 2^3 \times 3$이므로 24의 약수는 2^3의 약수 1, 2, 2^2, 2^3과 3의 약수 1, 3의 곱으로 다음 표와 같다.

$$\begin{array}{r|l} 2 & 24 \\ \hline 2 & 12 \\ \hline 2 & 6 \\ \hline & 3 \end{array}$$

×	1	3
1	1×1	1×3
2	2×1	2×3
2^2	$2^2\times1$	$2^2\times3$
2^3	$2^3\times1$	$2^3\times3$

따라서, 24의 약수는 1, 2, 3, 4, 6, 8, 12, 24

(2) 최대공약수와 최소공배수

① 최대공약수(G.C.D. 또는 G.C.M.)

두 개 이상의 정수(또는 다항식)가 있을 때. 이들 모두에 공통인 약수를 공약수라 하고, 공약수 중 가장(차수가) 큰 것을 최대공약수라고 한다.

② 최소공배수(L.C.M.)

두 개 이상의 정수(또는 다항식)가 있을 때. 이들 모두에 공통인 배수를 공배수라 하고, 공배수 중 가장(차수가) 작은 것을 최소공배수라고 한다.

G.C.D.(또는 G.C.M.), L.C.M.은 각각 Greatest Common Divisor(또는 Greatest Common Measure, 최대공약수), Least Common Multiple(최소공배수)의 첫 글자를 따온 것이다.

(3) 최대공약수와 최소공배수 구하는 방법

① **최대공약수**(最大公約數) 구하는 방법

- 인수분해 하여 각 다항식의 공통인수를 모두 찾아서 곱한다.
- 각 다항식의 문자인수의 최저차수를 적는다.

$$\begin{aligned} x^2y^3 &= x \times x \times y \times y \times y \\ xy^2z &= x \times \phantom{x \times{}} y \times y \times z \\ \hline & x \times \phantom{x \times{}} y \times y \end{aligned}$$

② **최소공배수**(最小公倍數) 구하는 방법

- 인수분해하여 각 다항식 중 적어도 어느 한 곳이라도 들어 있는 인수를 모두 곱한다.
- 각 다항식의 문자인수의 최고차수를 적는다.

$$\begin{aligned} xy^2z &= x \times \phantom{x \times{}} y \times y \times \phantom{y \times{}} z \\ x^2y^3 &= x \times x \times y \times y \times y \\ \hline & x \times x \times y \times y \times y \times z \end{aligned}$$

> 다항식의 약수와 배수에서 **수인수**(數因數, 인수 중 숫자의 인수)는 고려하지 않는다.

예제 2-18

a^2x, ax^2y, a^2xy^2의 최대공약수와 최소공배수를 구하라.

풀이

최대공약수 : ax, 최소공배수 : $a^2x^2y^2$

예제 2-19

두 다항식 $2(x+2)(x-5)$, $4x(x-5)^2$의 최대공약수와 최소공배수를 구하라.

풀이

최대공약수 : $(x-5)$, 최소공배수 : $x(x+2)(x-5)^2$

예제 2-20

24와 18의 최대공약수와 최소공배수를 구하라.

풀이

$$\begin{array}{r|ll} 6 & 24 & 18 \\ \hline & 4 & 3 \end{array}$$

(4와 3: 서로소)

최대공약수 : 6
최소공배수 : 6 × 4 × 3 = 72

(4) 서로소

두 개의 다항식이 상수 이외의 공약수를 갖지 않을 때, 이 두 다항식은 **서로소**라고 한다.

예 $2(x+3)$, $4x(x-5)$의 공약수는 숫자 2뿐이므로 이 두 다항식은 서로소이다.

(5) 최대공약수와 최소공배수사이의 관계 및 성질

두 다항식 $A=aG$, $B=bG$(a, b는 서로소)의 최대공약수를 G, 최소공배수를 L이라 할 때

① 두 수의 최대공약수와 최소공배수를 구할 때는 다음과 같이 한다.

$$G \underline{\big| \; A \quad B} \atop \quad\; a \quad\; b \quad \Rightarrow L=abG=bA=aB, \; AB=abG^2=LG$$

② $A \pm B=G(a \pm b)$ ⇨ 두 다항식의 합과 차 속에 최대공약수가 포함되어 있다.

③ $A=BQ+R$에서 A, B의 최대공약수는 B, R의 최대공약수와 같다.

4) 번분수식의 계산

번분수식(繁分數式)이란 $\dfrac{(\text{분수식})}{(\text{분수식})}$ 을 말하며, 즉 분수식의 분자 또는 분모가 다시 분수식이 될 때의 식이다. 여기서 "번(繁)"은 많다 또는 복잡하다는 뜻이다.

▌번분수의 꼴▐

(1) 분모의 제일 아래에서부터 차례로 계산한다.
(2) 분모와 분자를 분리하여 계산한다.

$$\frac{\frac{A}{B}}{\frac{C}{D}}=\frac{A}{B} \div \frac{C}{D}=\frac{A}{B} \times \frac{D}{C}=\frac{AD}{BC}, \qquad \frac{\frac{A}{B}}{\frac{C}{D}}=\frac{\frac{A}{B} \times BD}{\frac{C}{D} \times BD}=\frac{AD}{BC}$$

예제 2-21

x^2-x-2와 x^2-x-2의 최대 공약수와 최소 공배수를 구하라.

▌풀이

$x^2-x-2=1 \cdot (x-2) \cdot (x+1)$, $x^2-2x-3=1 \cdot (x-3) \cdot (x+1)$에서
최대공약수는 $=(x+1)$, 최소공배수는 $=(x+1) \cdot (x-2) \cdot (x-3)$

예제 2-22

$\dfrac{x-8}{x^2-x-2}-\dfrac{x-11}{x^2-2x-3}$ 을 계산하라.

▌풀이

분모의 최소공배수가 $(x+1)\cdot(x-2)\cdot(x-3)$이므로 공식 6을 써서,

$$\frac{x-8}{x^2-x-2}-\frac{x-11}{x^2-2x-3}=\frac{(x-8)(x-3)}{(x+1)(x-2)(x-3)}-\frac{(x-11)(x-2)}{(x+1)(x-3)(x-2)}$$

$$=\frac{(x^2-11x+24)-(x^2-13x+22)}{(x+1)(x-2)(x-3)}$$

$$=\frac{2x+2}{(x+1)(x-2)(x-3)}$$

(공식 4에서) $$=\frac{2(x+1)}{(x+1)(x-2)(x-3)}$$

$$=\frac{2}{(x-2)(x-3)}$$

예제 2-23

$\dfrac{3x}{x^2-x-2}\times\dfrac{4}{x^2-x}$ 를 계산하라.

▌풀이

$$\frac{3x}{x^2-x-2}\times\frac{4}{x^2-x}=\frac{3x}{(x+1)(x-2)}\times\frac{4}{x(x-1)}$$

(공식 7에서) $$=\frac{3x\cdot 4}{(x+1)(x-2)x(x-1)}$$

(공식 4에서) $$=\frac{12}{(x+1)(x-2)(x-1)}$$

예제 2-24

$\dfrac{x+1}{x^2-4}\div\dfrac{x^2+3x+2}{x-2}$ 을 계산하라.

▌풀이

(공식 8에서) $$=\frac{(x+1)}{(x-2)(x+2)}\times\frac{(x-2)}{(x+1)(x+2)}$$

$$=\frac{(x+1)(x-2)}{(x+2)(x-2)(x+1)(x+2)}$$

(공식 4에서) $$=\frac{1}{(x+2)^2}$$

예제 2-25

$\dfrac{x-1}{1-\dfrac{1}{1-\dfrac{1}{x}}}$ 을 계산하라.

풀이

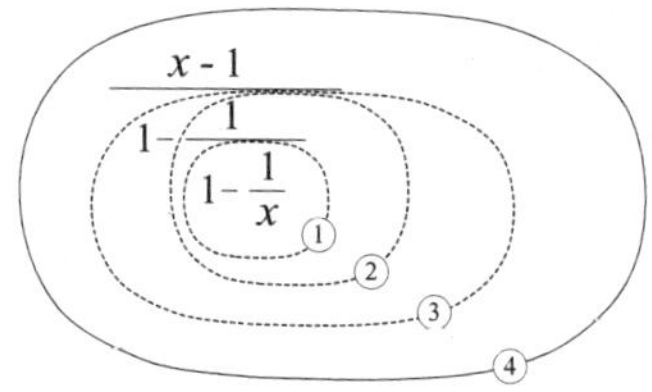

단계 ① : x로 통분하면, $1-\dfrac{1}{x}=\dfrac{x-1}{x}$

단계 ② : 단계①의 결과를 분모에 대입하여 정리하면

$$\frac{1}{1-\dfrac{1}{x}}=\frac{1}{\dfrac{x-1}{x}}=\frac{x}{x-1}$$

단계 ③ : 단계 ②의 결과를 두 번째항에 대입하고 $(x-1)$로 통분하여 정리하면

$$1-\frac{1}{1-\dfrac{1}{x}}=1-\frac{x}{x-1}=\frac{x-1-x}{x-1}=\frac{-1}{x-1}$$

단계 ④ : 단계 ③의 결과를 분모에 대입하여 정리하면 아래와 같다.

$$\frac{x-1}{1-\dfrac{1}{1-\dfrac{1}{x}}}=\frac{x-1}{\dfrac{-1}{x-1}}=(x-1)\cdot\frac{(x-1)}{-1}=\frac{(x-1)^2}{-1}$$

$$=-(x-1)^2$$

2.2.6 무리식의 계산

1) 무리수와 무리식

분수로 나타낼 수 없는 비순환소수(무한소수)를 **무리수**(無理數)라 하고, 근호($\sqrt{\ }$)안에 문자를 포함한 식을 **무리식**(無理式)이라 한다.

식 { 유리식 { 다항식, 분수식 }, 무리식 }

예 무리수 : $\sqrt{2}=1.414\cdots$, $\sqrt{3}=1.732\cdots$, $\pi=3.141\cdots$,

무리식 : $\sqrt{x}$, $\sqrt{3x+1}$, $\cdots$

▌ 제곱근과 세제곱근 ▌

(1) **제곱근** : 제곱하여 $a(a>0)$가 되는 수, 즉 $x^2=a$를 만족하는 수 x를 a의 제곱근이라 한다. 이 때, 양수의 제곱근을 $\sqrt{a}$, 음수의 제곱근을 $-\sqrt{a}$로 나타낸다. 특히 $\sqrt{0}=0$이다.

$$\sqrt{a^2}=|a|=\begin{cases} a\ (a\geq 0\text{일 때}) \\ -a\ (a<0\text{일 때}) \end{cases}$$

(2) **세제곱근** : 세제곱하여 a가 되는 수를 a의 세제곱근이라 한다.

$\sqrt[3]{a^3}=a$ (a가 양, 음 그리고 0인 것에 관계없이 성립)

예제 2-26

다음 수의 제곱근을 구하라.

(1) 16　　(2) $(-5)^2$　　(3) $\frac{4}{9}$　　(4) 0.36

▌풀이

(1) $4^2=(-4)^2=16$이므로 16의 제곱근은 4, -4이다.

(2) $(-5)^2=25$이고 $5^2=(-5)^2=25$이므로 $(-5)^2$의 제곱근은 5, -5이다.

(3) $\left(\frac{2}{3}\right)^2=\left(-\frac{2}{3}\right)^2=\frac{4}{9}$이므로 $\frac{4}{9}$의 제곱근은 $\frac{2}{3}$, $-\frac{2}{3}$이다.

(4) $0.6^2=(-0.6)^2=0.36$이므로 0.36의 제곱근은 0.6, -0.6이다.

2) 무리식이 실수가 되기 위한 조건

근호 안에 값이 0 또는 양수가 되도록 문자의 범위를 제한해야 된다.

(근호 안에 식의 값) ≥ 0

예제 2-27

무리식 $\sqrt{x-3}$의 값이 실수가 되도록 하는 x값의 범위를 구하라.

▌풀이

근호 안의 값이 항상 0 이상이어야 하므로 $x-3\geq 0$　　$\therefore\ x\geq 3$

3) 무리식의 계산

분모의 유리화, 이중근호 풀기 등을 이용하여 계산한다. 그리고 $\sqrt{a^2}$ 등과 같이 문자를 다룰 때는 좀 주의해서 다루지 않으면 안 된다.

(1) $\sqrt{a}$를 제곱근 a 또는 루트(root) a라고 읽는다.

(2) ① 제곱근 a : $\sqrt{a}$ (예 : 제곱근 4 ⇨ $\sqrt{4}=2$)

② a의 제곱근 : $\pm\sqrt{a}$ (예 : 4의 제곱근 ⇨ $\pm\sqrt{4}=\pm 2$)

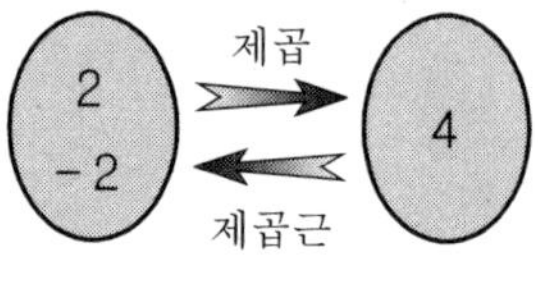

(3) 0의 제곱근은 0 하나뿐이다.

(4) 제곱하여 음수가 되는 수는 없으므로 음수의 제곱근은 없다.

예 $\sqrt[3]{(-2)^3}=-2$

$\sqrt{2^2}=2,\ \sqrt[4]{16}=\sqrt[4]{2^4}=2,\ \sqrt[3]{8}=\sqrt[3]{2^3}=2,\ \sqrt[3]{-8}=\sqrt[3]{(-2)^3}=-2$

예제 2-28

$\dfrac{3}{\sqrt{2x-1}+\sqrt{x}}$의 분모를 유리화 하라.

❙풀이

분모의 유리화란, 분모, 분자에 분모의 켤레식(또는 공액식) $(\sqrt{2x-1}-\sqrt{x})$을 곱해, 분모를 $\sqrt{\ }$가 없는 형태로 다음과 같이 계산하는 것을 말한다.

$$\frac{3}{\sqrt{2x-1}+\sqrt{x}}=\frac{3(\sqrt{2x-1}-\sqrt{x})}{(\sqrt{2x-1}+\sqrt{x})(\sqrt{2x-1}-\sqrt{x})}=\frac{3(\sqrt{2x-1}-\sqrt{x})}{(2x-1)-(x)}$$
$$=\frac{3(\sqrt{2x-1}-\sqrt{x})}{x-1}$$

예제 2-29

$\dfrac{3\sqrt{x}}{x-1}+\dfrac{3}{\sqrt{2x-1}+\sqrt{x}}$를 계산하라.

❙풀이

주어진 식의 두 번째 항 분모의 유리화를 예제 2-28과 같이 실시하면 다음과 같다.

$$\frac{3\sqrt{x}}{x-1}+\frac{3}{\sqrt{2x-1}+\sqrt{x}}=\frac{3\sqrt{x}}{x-1}+\frac{3(\sqrt{2x-1}-\sqrt{x})}{(\sqrt{2x-1}+\sqrt{x})(\sqrt{2x-1}-\sqrt{x})}$$
$$=\frac{3\sqrt{x}}{x-1}+\frac{3(\sqrt{2x-1}-\sqrt{x})}{x-1}$$
$$=\frac{3\sqrt{x}+3\sqrt{2x-1}-3\sqrt{x})}{x-1}=\frac{3\sqrt{2x-1}}{x-1}$$

4) 제곱근의 계산

(1) $a>0,\ b>0$일 때

① $\sqrt{a^2}=a$

② $m\sqrt{a} \pm n\sqrt{a} = (m \pm n)\sqrt{a}$ (복호 동순)

③ $\sqrt{a}\sqrt{b} = \sqrt{ab}$, $\dfrac{\sqrt{a}}{\sqrt{b}} = \sqrt{\dfrac{a}{b}}$ $(b \neq 0)$

④ $\sqrt{a^2 b} = a\sqrt{b}$, $\dfrac{\sqrt{a}}{\sqrt{b^2}} = \dfrac{\sqrt{a}}{b}$ $(b \neq 0)$

(2) $a < 0$, $b < 0$일 때 $\sqrt{a}\sqrt{b} = -\sqrt{ab}$

(3) $a > 0$, $b < 0$일 때 $\dfrac{\sqrt{a}}{\sqrt{b}} = -\sqrt{\dfrac{a}{b}}$

예 (1) $\sqrt{2^2} = 2$, $3\sqrt{3} + 2\sqrt{3} = (3+2)\sqrt{3} = 5\sqrt{3}$

(2) $\sqrt{2}\sqrt{3} = \sqrt{2 \times 3} = \sqrt{6}$, $\dfrac{\sqrt{8}}{\sqrt{2}} = \sqrt{\dfrac{8}{2}} = \sqrt{4} = 2$

(3) $\sqrt{12} = \sqrt{4 \times 3} = \sqrt{2^2 \times 3} = 2\sqrt{3}$, $\sqrt{\dfrac{3}{4}} = \dfrac{\sqrt{3}}{\sqrt{4}} = \dfrac{\sqrt{3}}{2}$

5) 분모의 유리화

분모가 근호($\sqrt{}$)를 포함하고 있을 때, 근호를 없애는 것을 **분모의 유리화**라고 한다.

(1) $\dfrac{a}{\sqrt{b}} = \dfrac{a\sqrt{b}}{\sqrt{b} \cdot \sqrt{b}} = \dfrac{a\sqrt{b}}{b}$

(2) $\dfrac{A}{\sqrt{a}+\sqrt{b}} = \dfrac{A(\sqrt{a}-\sqrt{b})}{(\sqrt{a}+\sqrt{b})(\sqrt{a}-\sqrt{b})} = \dfrac{A(\sqrt{a}-\sqrt{b})}{\sqrt{a}^2-\sqrt{b}^2} = \dfrac{A(\sqrt{a}-\sqrt{b})}{a-b}$

(3) $\dfrac{A}{\sqrt{a}-\sqrt{b}} = \dfrac{A(\sqrt{a}+\sqrt{b})}{(\sqrt{a}-\sqrt{b})(\sqrt{a}+\sqrt{b})} = \dfrac{A(\sqrt{a}+\sqrt{b})}{\sqrt{a}^2-\sqrt{b}^2} = \dfrac{A(\sqrt{a}+\sqrt{b})}{a-b}$

(4) $\dfrac{A}{\sqrt[3]{a} \pm \sqrt[3]{b}} = \dfrac{A(\sqrt[3]{a^2} \mp \sqrt[3]{ab} + \sqrt[3]{b^2})}{(\sqrt[3]{a} \pm \sqrt[3]{b})(\sqrt[3]{a^2} \mp \sqrt[3]{ab} + \sqrt[3]{b^2})} = \dfrac{A(\sqrt[3]{a^2} \mp \sqrt[3]{ab} + \sqrt[3]{b^2})}{a \pm b}$

① $(\sqrt{a}+\sqrt{b})(\sqrt{a}-\sqrt{b}) = \sqrt{a}^2 - \sqrt{b}^2 = a-b$
② $(a+b)(a^2-ab+b^2) = a^3+b^3$
③ $(a-b)(a^2+ab+b^2) = a^3-b^3$

예 $\dfrac{1}{\sqrt[3]{5}-\sqrt[3]{2}} = \dfrac{1 \times (\sqrt[3]{5^2} + \sqrt[3]{5 \cdot 2} + \sqrt[3]{2^2})}{(\sqrt[3]{5}-\sqrt[3]{2})(\sqrt[3]{5^2} + \sqrt[3]{5 \cdot 2} + \sqrt[3]{2^2})} = \dfrac{\sqrt[3]{25} + \sqrt[3]{10} + \sqrt[3]{4}}{3}$

2.3 기본 도형의 성질

각종 도형을 취급하기 위한 기본적 요소는 직선, 삼각형 및 원이다. 그래서 이들의 기본적인 성질을 알아보기로 하자.

2.3.1 기본 도형

1) 점, 선, 면

(1) 삼각형, 원과 같은 도형을 **평면도형**(平面圖形)이라 하고, 직육면체, 원기둥과 같은 도형을 **입체도형**(立體圖形)이라 한다.

(2) 평면도형과 입체도형은 모두 **점**(點), **선**(線), **면**(面)으로 이루어져 있다. 따라서 점, 선, 면은 **기본도형**이다. 이 때, 선은 무수히 많은 점으로, 면은 무수히 많은 선으로 이루어져 있다.

(3) **교선** : 면과 면이 만나서 생기는 선

(4) **교점** : 선과 선 또는 선과 면이 만나서 생기는 점

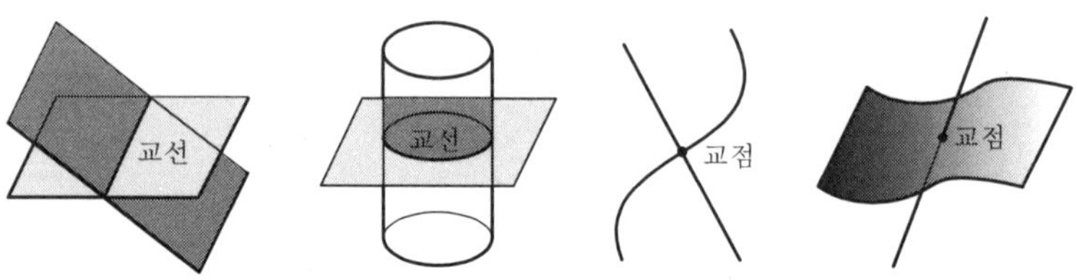

2) 직선, 선분, 반직선

(1) **직선 AB** : 서로 다른 두 점 A, B를 지나는 직선은 오직 하나이고, 이것을 기호로 $\overleftrightarrow{AB}$로 나타내며 직선 AB로 읽는다. 이 때, $\overleftrightarrow{AB}$는 $\overleftrightarrow{BA}$와 같다.

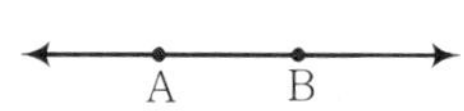

(2) **선분 AB** : 직선 AB에서 양 끝점이 A, B인 직선의 부분을 기호로 $\overline{AB}$로 나타내고, 선분 AB로 읽는다. 이 때, $\overline{AB}$는 $\overline{BA}$와 같다.

(3) **반직선 AB** : 직선 AB 위의 점 A에서 시작하여 점 B쪽으로만

뻗은 직선의 한 부분을 기호로 $\overrightarrow{AB}$로 쓰고, 반직선 AB로 읽는다. 이 때, $\overrightarrow{AB}$는 $\overrightarrow{BA}$와 같다.

3) 직선의 성질

① 서로 다른 두 점을 지나는 직선은 단 하나로 정한다.
② 하나의 직선과, 이 직선상에 없는 한 점을 지나, 이 직선에 평행한 직선을 단 하나로 정한다.
③ 다른 두 직선은 단 한 점에서 교차한다.
④ 다른 세 직선 l, m, n은 α와 γ, β와 δ, α'와 γ', β'와 δ'를 맞꼭지각(또는 대정각), α와 α', β와 β', γ와 γ', δ와 δ'를 동위각이라 한다. l, m, n이 평행한 경우 동위각이 같다(그림 2.1).

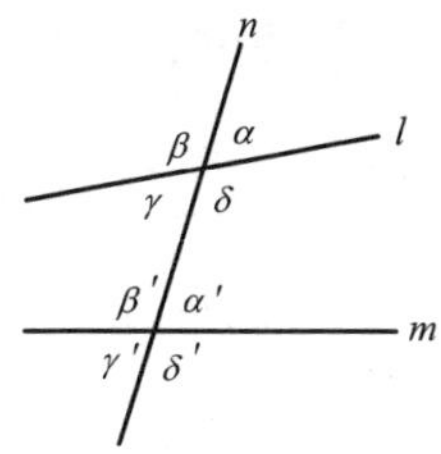

그림 2.1

▌ 동위각과 엇각 ▌

동위각이란 같은 위치에 있는 각을 말하며, **엇각**이란 엇갈린 위치에 있는 각을 말한다.

▌ 직선의 결정 ▌

한 점을 지나는 직선은 무수히 많으나 두 점을 지나는 직선은 오직 하나이다.

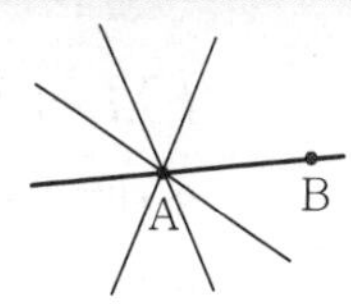

2.3.2 삼각형과 사각형의 성질

1) 이등변삼각형의 성질

(1) 이등변삼각형의 정의 : 두 변의 길이가 같은 삼각형
(2) 이등변삼각형의 성질
　① 이등변삼각형의 두 밑각의 크기는 같다.
　② 이등변삼각형의 꼭지각의 이등분선은 밑변을 수직 이등분한다.

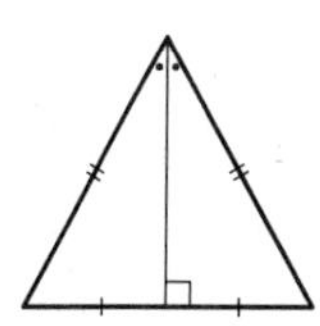

(3) 이등변삼각형에서

- **꼭지각** : 길이가 같은 두 변이 이루는 각
- **밑변** : 꼭지각의 대변
- **밑각** : 밑변의 양 끝 각

2) 직각삼각형의 합동조건

(1) 빗변의 길이와 한 예각의 크기가 각각 같은 두 직각삼각형은 합동이다(RHA 합동).

(2) 빗변의 길이와 다른 한 변의 길이가 각각 같은 두 직각삼각형은 합동이다(RHS 합동).

> RHA 합동, RHS 합동은 직각삼각형에서만 사용한다.
> R (Right angle : 직각), H(Hypotenuse : 빗변), A(Angle : 각), 그리고 S(Side : 변)

3) 사각형의 성질

(1) 평형사변형

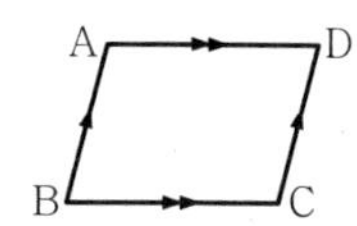

① 평형사변형의 정의 : 두 쌍의 대변이 각각 평행한 사각형

($\overline{AB} // \overline{DC}$, $\overline{AD} // \overline{BC}$)

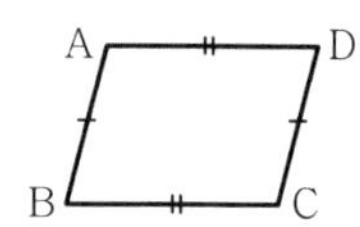

② 평형사변형의 성질 (1) : 두 쌍의 대변의 길이가 각각 같다.

($\overline{AB} = \overline{DC}$, $\overline{AD} = \overline{BC}$)

- **대변** : 마주 보고 있는 변
- **대각** : 마주 보고 있는 각

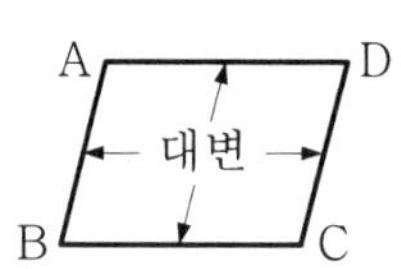

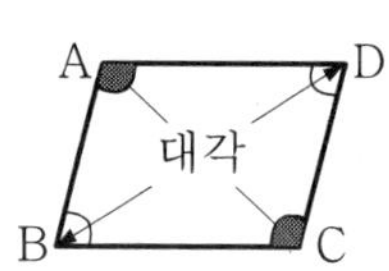

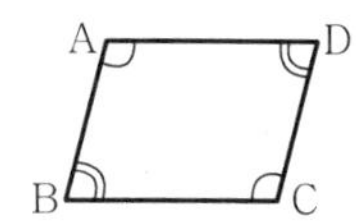

③ 평형사변형의 성질 (2) : 두 쌍의 대각의 크기가 각각 같다.

($\angle A = \angle C$, $\angle B = \angle D$)

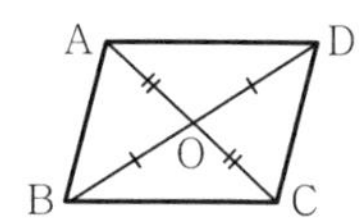

④ 평형사변형의 성질 (3) : 두 대각선은 서로 다른 것을 이등분한다.

($\overline{AO} = \overline{CO}$, $\overline{BO} = \overline{DO}$)

4) 삼각형과 사각형

(1) 삼각형의 내각의 합은 180° 이다.

참고로 n각형의 내각의 합은 $180° \times (n-2)$ 이다.

(2) 삼각형의 닮음조건

두 삼각형은 다음 중 어느 한 조건만 만족하면 서로 닮음 도형이 된다(그림 2.2).

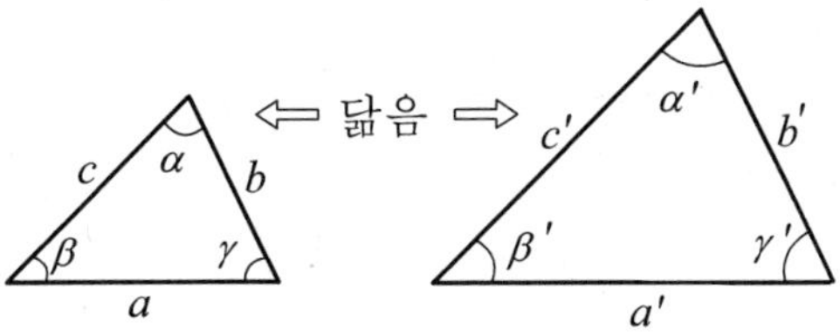

그림 2.2 두 삼각형의 닮음

① 세 쌍의 대응하는 변의 길이의 비가 각각 같다.

$\frac{a}{a'} = \frac{b}{b'} = \frac{c}{c'}$ (=일정) ⇨ SSS 닮음

② 두 쌍의 대응하는 변의 길이의 비가 각각 같고, 그 끼인각의 크기가 같다.

$\frac{a}{a'} = \frac{c}{c'}$, $\angle\beta = \angle\beta'$ ⇨ SAS 닮음

③ 두 쌍의 대응하는 각의 크기가 각각 같다.

$\angle\beta = \angle\beta'$, $\angle\gamma = \angle\gamma'$ ⇨ AA 닮음

(3) 직각삼각형의 3변을 r, a, b 라고 하면 3변의 사이에

$$r^2 = a^2 + b^2 \tag{2.1}$$

의 관계가 성립한다(피타고라스의 정리, 그림 2.3).

(4) 삼각형의 면적

밑변을 a, 높이를 h 라 하면 $\frac{a \cdot h}{2}$ 이다(그림 2.4).

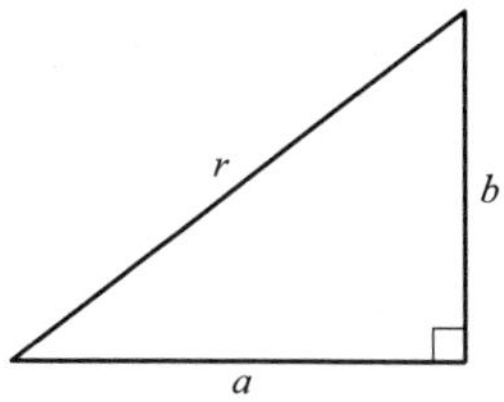

그림 2.3 피타고라스의 정리

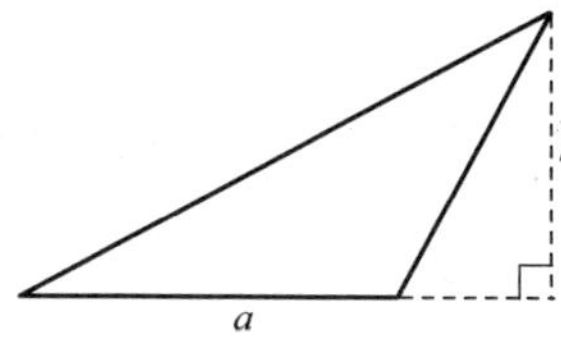

그림 2.4 삼각형의 면적

(5) 평행사변형의 면적

밑변을 a, 높이를 h라 하면, $a \cdot h$ 이다.

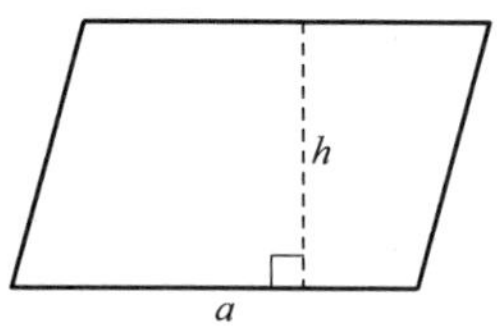

그림 2.5 평행사변형

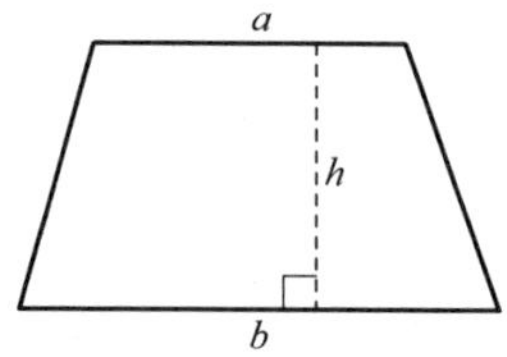

그림 2.6 사다리꼴

(6) 제형(사다리꼴)의 면적

윗변 a, 아랫변 b, 높이 h라 하면 $\dfrac{(a+b)\cdot h}{2}$ 이다.

2.3.3 원 (7.6절 참조)

1) 원과 부채꼴

(1) **원** : 평면 위의 한 점 O로부터 일정한 거리에 있는 점들의 집합을 원이라 하고, 원 O로 나타낸다.

(2) **호 AB** : 원 위의 점 A에서 점 B까지의 원의 일부분 ($\overset{\frown}{AB}$)

(3) **현 AB** : 원 위의 두 점 A와 B를 이은 선분

(4) **활꼴** : 원의 호와 현으로 둘러싸인 도형

(5) **부채꼴** : 원이 두 반지름과 호로 둘러싸인 도형

(6) **중심각** : 원에서 두 반지름 OA와 OB로 이루어진 ∠AOB를 호 AB의 중심각이라고 한다.

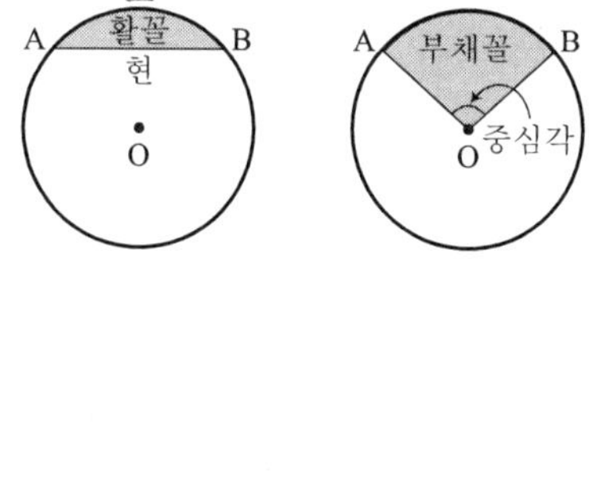

2) 원의 중심각과 호 또는 현의 관계

한 원 또는 합동인 두 원에서

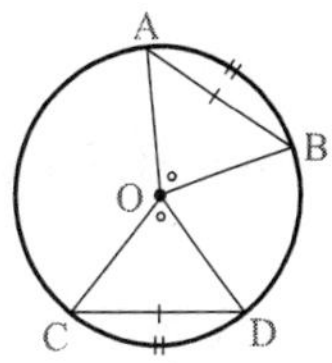

(1) 같은 크기의 중심각에 대한 호의 길이는 같다.

$\angle AOB = \angle COD$ 이면 $\overset{\frown}{AB} = \overset{\frown}{CD}$

(2) 같은 크기의 중심각에 대한 현의 길이는 같다.

$\angle AOB = \angle COD$ 이면 $\overline{AB} = \overline{CD}$

(3) 부채꼴의 호의 길이는 중심각의 크기에 정비례한다.

(4) 부채꼴의 현의 길이는 중심각의 크기에 정비례하지 않는다.

(5) 부채꼴의 넓이는 중심각의 크기에 정비례한다.

예제 2-30

다음 그림에서 x의 값을 구하라.

(1)

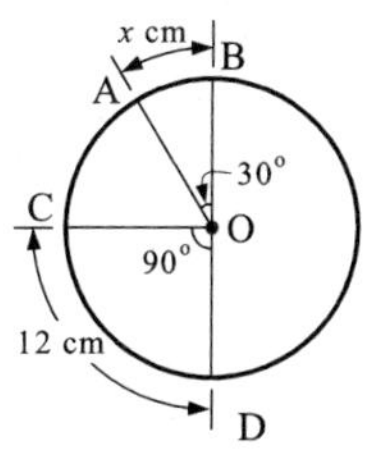

(2)

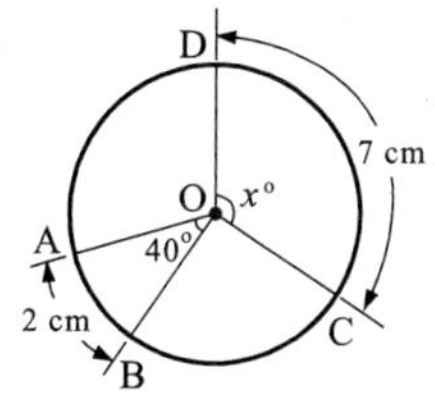

풀이

(1) $\angle AOB : \angle COD = \overset{\frown}{AB} : \overset{\frown}{CD}$, $30° : 90° = x : 12$ $\quad \therefore x = 4$

(2) $\angle AOB : \angle COD = \overset{\frown}{AB} : \overset{\frown}{CD}$, $40° : x° = 2 : 7$ $\quad \therefore x = 140$

3) 원주의 길이와 면적

반지름(또는 반경)이 r 인 원주의 길이는 $2\pi r$이고, 면적은 πr^2이다.

($\pi = 3.141\ 592\ \cdots$, 원주율)

4) 원의 접선과 반지름

① 원의 접선은 그 접점을 지나는 반지름에 수직이다.

② 원 위의 한 점을 지나고, 그 점을 지나는 반지름에 수직인 직선은 그 원의 접선이다(즉, 원과 한 점에서 만나는 직선).

③ 접선의 길이는 원의 외부에 있는 한 점에서 그 원에 그은 두 접선의 길이는 같다.

$\overline{PA} = \overline{PB}$

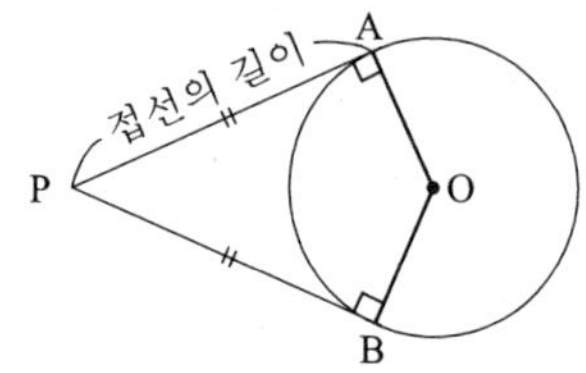

5) 원주각과 중심각

(1) 원주각

원 O에서 $\overset{\frown}{AB}$를 제외한 호 위의 한 점 P가 있을 때, $\angle APB$를 $\overset{\frown}{AB}$에 대한 **원주각**이라고 한다.

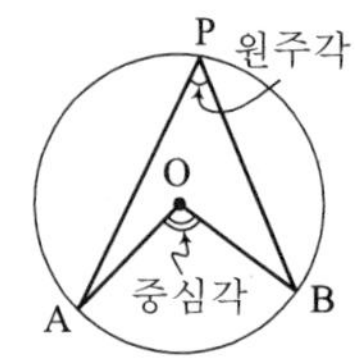

(2) 원주각의 크기

① 한 호에 대한 원주각의 크기는 그 호에 대한 중심각의 크기의 1/2이다.

$\angle APB = \frac{1}{2}\angle AOB$

② 반원에 대한 원주각의 크기는 $90°$이다.

$\angle APB = \angle AQB = 90°$

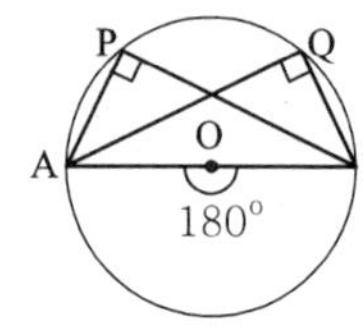

③ 한 원에서 같은 호에 대한 원주각의 크기는 모두 같다.

$\angle APB = \angle AQB = \angle ARB$

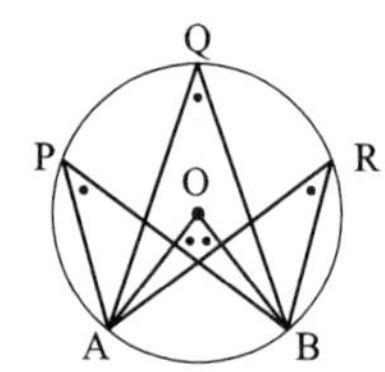

예제 2-31

다음 그림에서 x의 값을 구하라.

(1)

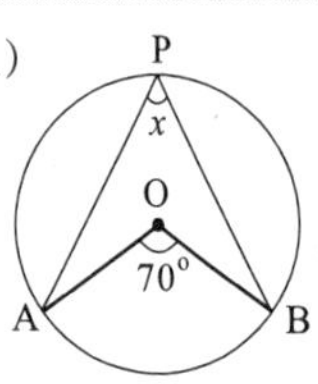

(2)

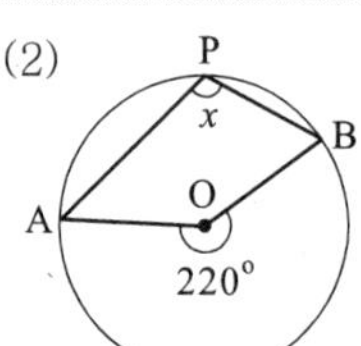

(3)

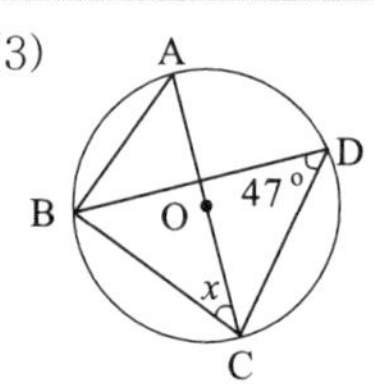

▌풀이

(1) $x = \angle APB = \frac{1}{2}\angle AOB = \frac{1}{2} \times 70° = 35°$

(2) $x = \angle APB = \frac{1}{2}\angle AOB = \frac{1}{2} \times 220° = 110°$

(3) 호 BC ($\overset{\frown}{BC}$)에 대한 원주각이므로 $\angle BAC = \angle BDC = 47°$

$\angle ABC$를 $\overset{\frown}{AC}$에 대한 원주각이므로 $90°$이다.

$\therefore\ x = 180° - (90° + 47°) = 43°$

수학의 미니 상식

2000년 전 지구의 크기를 잰 에라토스테네스

지구가 둥글다는 것은 지금은 누구나 다 잘 알고 있는 사실이지만, 확실히 밝혀진 것은 약 500년 전 콜럼버스(Columbus, Christopher, 이탈리아 1451～1506)와 마젤란(Magellan, Ferdinand, 에스파냐, 1480～1521)이 목숨을 건 항해에 의해 밝혀졌다.

그러나 지금으로부터 2000년보다도 더 먼 옛날, 지구가 둥글다는 것을 안 것은 말할 것도 없고 지구의 크기를 계산한 사람이 있었다. 그 사람이 바로 고대 그리스의 수학자이며 천문학자이고 지리학자이기도 했던 에라토스테네스(B.C. 273～192)였다.

별로 신통한 측량계기도 없던 시대에 그가 정확히 지구를 측정할 수 있었던 것은 오직 수학의 힘이라고 밖에 말할 수 없다.

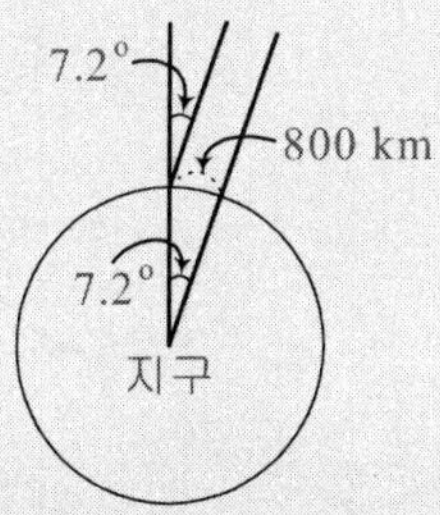

그는 하지(夏至)만 되면 이집트의 시에네에 있는 어느 우물 바로 위에 태양이 왔을 때와, 거기서부터 800 km 정도 떨어진 알렉산드리아에서 같은 시각의 태양을 쳐다보면 7.2° 기울어진다는 사실을 알았다. 그래서 '원의 호의 길이는 중심각에 비례한다.'라는 이론을 이용하여

$$(\text{지구의 둘레}) : 800\text{ km} = 360° : 7.2°$$

$$(\text{지구의 둘레}) = \frac{360°}{7.2°} \times 800\text{ km} = 40{,}000\text{ km}$$

라고 계산했는데, 지금 우리가 알고 있는 값 40,077 km와 비교하면 얼마나 정확한가를 알 수 있다.

2.4 호도법과 일반각

사실상 어떤 "단위"를 정한다는 것은 약속에 불과한 것으로 사용하는 목적에 따라 편리한대로 여러 가지 단위를 정할 수 있다.

각을 나타내는 측정단위에는 **호도법**(弧度法)과 **60분법**(60分法)의 두 가지가 있다.

2.4.1 호도법과 60분법

1) 호도법이란

반지름의 길이가 r인 원에서 길이가 r인 호 AB의 길이가 같을 때, ∠AOB의 크기(중심각의 크기)를 **1라디안**(radian, rad)이라 하고, 이것을 단위로 하여 각도를 나타내는 방법을 **호도법**(弧度法)이라 한다.

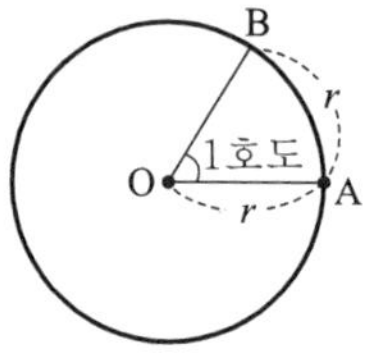

1호도를 1라디안(radian)이라고도 하며, radian은 radial angle(반지름각)에서 유래되었다.

2) 호도법과 60분법(도)의 관계

$$\pi \text{ rad} = 180^\circ \text{에서} \begin{cases} 1 \text{ rad} = \dfrac{180^\circ}{\pi} \fallingdotseq 57^\circ 17' 45'' \\ 1^\circ = \dfrac{\pi}{180} \text{ rad} \fallingdotseq 0.017\ 45 \text{ rad} \end{cases}$$

▌60분법▐

30°, −60° 등과 같이 각의 크기를 '도(度, degree)'를 사용하여 나타내는 방법이며, 즉 직각을 90 등분하여 그 하나를 1°라고 하며 1° =60′(분), 1′=60″(초)라고 정한 것

3) 호도법과 60분법의 환산공식

- 60분법을 호도법으로 고칠 때 ⇨ (60분법의 각) × $\frac{\pi}{180^{o}}$
- 호도법을 60분법으로 고칠 때 ⇨ (호도법의 각) × $\frac{180^{o}}{\pi}$

60분법(도)	0°	30°	45°	60°	90°	180°	270°	360°
호도법(rad)	0	$\frac{\pi}{6}$	$\frac{\pi}{4}$	$\frac{\pi}{3}$	$\frac{\pi}{2}$	π	$\frac{3}{2}\pi$	2π

① 호도법에서는 흔히 단위인 라디안(rad)을 생략한다.

② 문제에서 사용된 단위가 60분법이면 답안도 60분법으로, 호도법이면 답안도 호도법으로 나타내는 것이 좋다.

예제 2-32

(1) 30°를 호도법으로, (2) $\frac{\pi}{3}$(rad)를 60분법으로 나타내라.

▌풀이

(1) $30^{\circ} = \frac{30^{\circ}}{1^{\circ}} \times \frac{\pi}{180} = \frac{\pi}{6}\,(\text{rad})$

(2) $\frac{\pi}{3}\,(\text{rad}) = \frac{\pi}{3}\,(\text{rad})/1(\text{rad}) \times \frac{180^{\circ}}{\pi} = 60^{\circ}$

2.4.2 부채꼴의 호의 길이와 면적

반지름이 r인 원에서 중심각의 크기가 θ(rad)에 대한 부채꼴의 호의 길이를 l, 면적(넓이)을 S라 하면 다음 관계를 얻을 수 있다.

- 호의 길이 : $l = r\theta$
- 호의 면적 : $S = \frac{1}{2}r^{2}\theta = \frac{1}{2}rl$

여기서, **중심각은 반드시 호도법(라디안, rad)**으로 나타내어야 한다.

▌설명▌

호의 길이 l은 중심각 θ(rad)의 크기에 비례하므로

$$l : 2\pi r = \theta(\text{rad}) : 2\pi(\text{rad}) \Rightarrow \frac{l}{2\pi r} = \frac{\theta(\text{rad})}{2\pi(\text{rad})}$$ 를 정리하면

$\therefore\ l = r\theta$

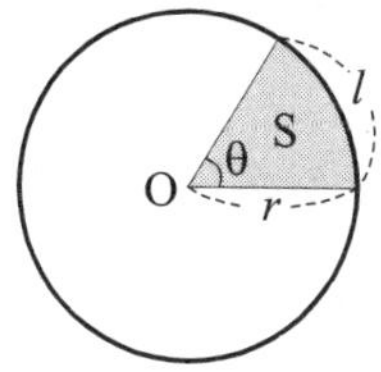

또한 부채꼴의 면적(넓이) S도 중심각 θ(rad)의 크기에 비례하므로

$$S : \pi r^2 = \theta(\text{rad}) : 2\pi(\text{rad}) \Rightarrow \frac{S}{\pi r^2} = \frac{\theta(\text{rad})}{2\pi(\text{rad})}$$ 를 정리하면

$\therefore\ S = \frac{1}{2} r^2 \theta = \frac{1}{2} rl$

예제 2-33

길이 20 cm인 단진자의 하단이 5 cm의 원호 위를 진동하면 이 단진자가 그리는 부채꼴의 면적과 그 중심각은 몇 도인가?

▌풀이

(1) 반지름 r, 호의 길이 l인 부채꼴의 면적 S는

$$S = \frac{1}{2} rl = \frac{1}{2} \times 20 \times 5 = 50\ \text{cm}^2$$

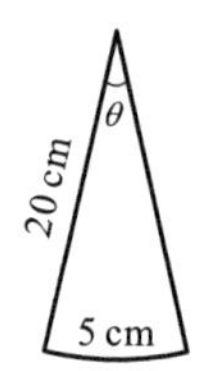

(2) 중심각을 θ (rad)이라 하면

$$l = r\theta \rightarrow \theta = \frac{l}{r} = \frac{5}{20} = \frac{1}{4}\ (\text{호도})$$

$$\frac{1}{4}\ (\text{호도}) = \frac{1}{4} \times \frac{180°}{\pi} = 14.33° = 14°20'$$

2.4.3 일반각의 정의

1) 일반각의 표시

오른쪽 그림에서 **동경**(動徑 : **움직이는 반경**이란 뜻) OP가 시초선 OX를 출발하여 현 위치에 있을 때, 동경 OP와 시초선 OX가 이루는 최소의 양의 각을 $\alpha°$라 하면, **일반각** θ는 다음과 같다.

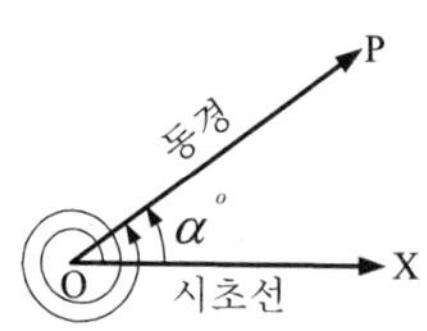

$$\theta = 360° \times n + \alpha°$$

(단, n은 정수, 즉 $n = 0,\ \pm 1,\ \pm 2,\ \cdots$)

최소의 양의 각이 α (rad) 로 주어질 때는 다음과 같이 나타내어진다.

$\theta = 2n\pi + \alpha$

▌설명▐

동경 OP가 **정점**(頂點)(또는 **꼭짓점**, vertex) O를 중심으로 회전한 양을 각의 크기라 하고, 회전하는 방법에는 두 가지가 있으며 동경 OP가 시계바늘과 반대 방향으로 회전하는 것을 **양(陽)의 각(角)**, 시계바늘과 같은 방향으로 회전하는 것을 **음(陰)의 각(角)**이라 한다.

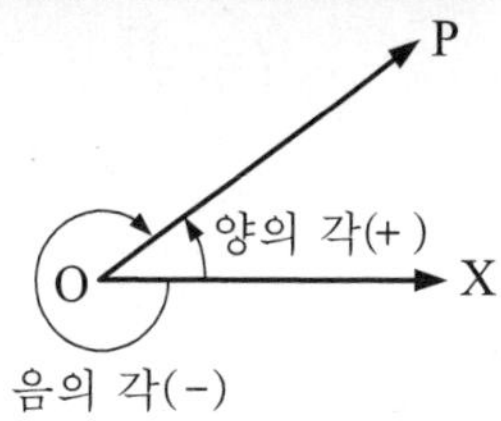

2) 사분면의 각

좌표평면 위의 원점 O에서 x축 위 양의 방향을 시초선으로 잡았을 때, 동경 OP가 제 1, 2, 3, 4사분면 중 어느 곳에 있느냐에 따라 각각 제 1, 2, 3, 4사분면의 각이라고 한다.

단, **x축, y축은 어느 사분면에도 속하지 않는다.** 즉 0°, 90°, 180°, 270°, 360° … 등은 어느 사분면에도 속하지 않는다.

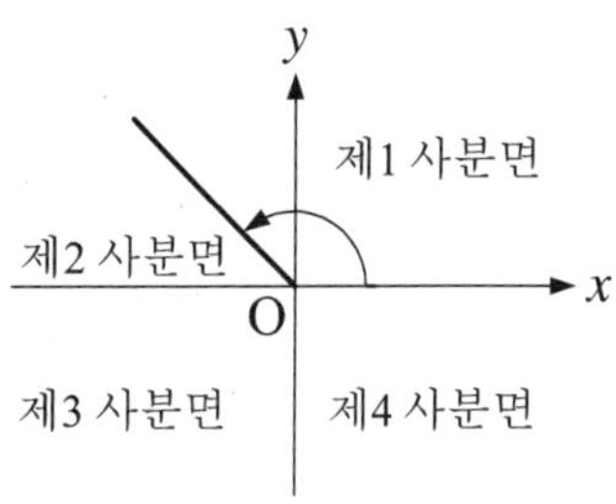

예 60°는 제 1사분면의 각이며 −60°는 제 4사분면의 각이다.

▌기하의 두 종류▐

기하(幾何, geometry)에는 두 종류가 있다. **하나는 점(點, point), 선(線, line) 및 면(面, plain)처럼 정성(定性)적인 분야**를 다루고, **다른 하나는 양(量)이나 수치(數値)를 다루는 정량(定量)적인 분야**이다. 선분의 길이를 구하거나 평면의 면적을 구하거나 각도를 구하는 것은 정량적인 분야에 속한다.

사실은 **각**(角, angle)의 개념에는 모호한 점이 있다. 각은 교차하는 두 직선간의 “엇갈림”이라는 정성적인 개념을 내포하는 반면 또한 이 엇갈림의 크기를 나타내기 때문이다. 다행히도 우리는 이러한 모호함에 신경 쓸 필요가 없다. 왜냐하면 다음 3장에서 다루는 **삼각함수(삼각법)는 선분이나 각도 같은 정량적인 측면에만 관련**이 있기 때문이다.

연 습 문 제

2.1 다음 분수를 소수로 나타내고, 유한소수와 무한소수로 구분하라.

(1) $\frac{4}{5}$ (2) $-\frac{4}{9}$

(3) $\frac{11}{20}$ (4) $\frac{4}{33}$

유한소수 : (1), (3)

무한소수 : (2), (4)

2.2 1부터 10까지 짝수의 집합 A를 두 가지 방법으로 나열하라.

원소나열법 : $A = \{2, 4, 6, 8, 10\}$

조건제시법 : $A = \{n \mid n$는 짝수, $2 \leq n \leq 10\}$

2.3 집합 $A = \{1, 2, 3\}$의 부분집합과 진부분집합을 모두 구하라.

부분집합 : ϕ, $\{1\}$, $\{2\}$, $\{3\}$, $\{1, 2\}$, $\{1, 3\}$, $\{2, 3\}$, $\{1, 2, 3\}$

진부분집합 : ϕ, $\{1\}$, $\{2\}$, $\{3\}$, $\{1, 2\}$, $\{1, 3\}$, $\{2, 3\}$

2.4 전체집합 $U = \{x \mid 1 \leq n \leq 9$, x는 정수$\}$의 두 부분집합 $A = \{x \mid x$는 짝수$\}$ $B = \{x \mid x$는 3의 배수$\}$에 대하여 다음 집합을 원소나열법으로 나타내라.

(1) $A \cup B$ (2) $A \cap B$ (3) $A - B$

(4) A^C (5) B^C (6) $(A \cap B)^C$

(7) $(A \cup B)^C$ (8) $A^C \cup B^C$ (9) $A \cap B^C$

(1) $A \cup B = \{2, 3, 4, 6, 8, 9\}$

(2) $A \cap B = \{6\}$

(3) $A - B = \{2, 4, 8\}$

(4) $A^C = \{1, 3, 5, 7, 9\}$

(5) $B^C = \{1, 2, 4, 5, 7, 8\}$

(6) $(A \cap B)^C = U - (A \cap B) = \{1, 2, 3, 4, 5, 7, 8, 9\}$

(7) $(A \cup B)^C = U - (A \cup B) = \{1, 5, 7\}$

(8) $A^C \cup B^C = \{1, 2, 3, 4, 5, 7, 8, 9\}$

(9) $A \cap B^C = \{2, 4, 8\}$

2.5 두 집합이 $A=\{x \mid 0 \leqq x \leqq 5\}$, $B=\{x \mid -3 \leqq x \leqq 3\}$일 때
(1) $A \cup B$, (2) $A \cap B$, (3) $A-B$를 구하라.

(1) $A \cup B=\{x \mid -3 \leqq x \leqq 5\}$
(2) $A \cap B=\{x \mid 0 \leqq x \leqq 3\}$
(3) $A-B=\{x \mid 3 < x \leqq 5\}$

2.6 다음 물음에 답하라.
(1) P, Q, R이 다음과 같을 때, P－Q－5R을 계산하고 $P=4x^2y+7y^2+x^3$,
$Q=2x^3-y^3+5xy^2$, $R=-xy^2-2x^2y-x^3+y^3$
(2) $\frac{1}{4}xy^2 \times \left(\frac{2}{3}x^2y^2\right)^2 \div \left(-\frac{1}{3}xy\right)^3$을 간단히 하라.

(1) $4x^3+14x^2y+3y^3$
(2) $-3x^2y^3$

2.7 $(a+b)^3=a^3+3a^2b+3ab^2+b^3$이다. 이것을 이용해 $(2x-3)^3$을 전개하라.

$8x^3-36x^2+54x-27$

2.8 파스칼의 삼각형을 이용해서 $(2x-y)^6$을 전개하라.

$64x^6-192x^5y+240x^4y^2-160x^3y^3+60x^2y^4-12xy^5+y^6$

2.9 다음의 분수식을 간단하게 하라.
(1) $\frac{x-2}{x^2-x-6}+\frac{5}{x-3}$ (2) $\frac{2x}{x^2-1}-\frac{x^2+3x}{x^3-1}$

(1) $\frac{2(3x+4)}{(x-3)(x+2)}$
(2) $\frac{x(x^2-2x-1)}{(x+1)(x-1)(x^2+x+1)}$

2.10 다음 수나 식의 약수를 모두 구하고 또한, 약수의 개수도 말하라.
(1) $2^2 \times 3^2$ (2) 75
(3) xy^2 (4) x^2+4x+3

(1) 1, 2, 3, 4, 6, 9, 12, 18, 36의 9개
(2) 1, 3, 5, 15, 25, 75의 6개

(3) x, y^2, y, xy의 4개

(4) $(x+1)$, $(x+3)$의 2개

2.11 다음 수를 소인수분해하고, 그 수의 소인수도 구하라.

(1) 72 (2) 105

(3) 120 (4) 200

(1) $2^3 \times 3^2$, 소인수는 2, 3

(2) $3 \times 5 \times 7$, 소인수는 3, 5, 7

(3) $2^3 \times 3 \times 5$가 되고, 소인수는 2, 3, 5

(4) $2^3 \times 5^2$이 되고, 소인수는 2, 5

2.12 다음 식의 최대공약수와 최소공배수를 구하라.

(1) $x^3y^2z^2$, $x^2y^3z^3$, $x^2y^4z^4$

(2) x^2-4x+3, x^2-1, x^3-1

(1) 최대공약수 : $x^2y^2z^2$, 최소공배수 : $x^3x^4y^4$

(2) 최대공약수 : $x-1$, 최소공배수 : $(x-1)(x-3)(x+1)(x^2+x+1)$

2.13 다음의 번분수식을 간단히 하여라.

(1) $\dfrac{\dfrac{x^2-1}{2x}}{x-1}$ (2) $\dfrac{\dfrac{3x}{x^2-x-2}}{x-\dfrac{2}{x+5}}$

(1) $\dfrac{(x+1)(x-1)^2}{2x}$

(2) $\dfrac{3x(x+5)}{(x^2-x-2)(x^2+5x-2)}$

2.14 다음 수의 제곱근을 근호를 사용하여 나타내라.

(1) 3 (2) 25

(3) 0.1 (4) $\dfrac{1}{2}$

(1) $\sqrt{3}$, $-\sqrt{3}$ (또는 $\pm\sqrt{3}$)

(2) $\sqrt{25}$, $-\sqrt{25}$ (또는 $\pm\sqrt{25}$)

(3) $\sqrt{0.1}$, $-\sqrt{0.1}$ (또는 $\pm\sqrt{0.1}$)

(4) $\sqrt{\dfrac{1}{2}}$, $-\sqrt{\dfrac{1}{2}}$ (또는 $\pm\sqrt{\dfrac{1}{2}}$)

2.15 다음 식을 계산하라.

(1) $\sqrt{2}+\sqrt{3}+\sqrt{8}+\sqrt{12}-\sqrt{18}-\sqrt{27}$

(2) $(3\sqrt{2}-2\sqrt{3})^2$

(3) $(\sqrt{10}-\sqrt{2})(\sqrt{18}+\sqrt{90})$

(4) $\sqrt{\frac{5}{6}}\left(\sqrt{\frac{3}{10}}-\sqrt{\frac{2}{15}}\right)$

답 (1) 0 (2) $30-12\sqrt{6}$

(3) 24 (4) $\frac{1}{6}$

2.16 다음 식을 간단히 하라.

(1) $\frac{3-\sqrt{7}}{3+\sqrt{7}}$ (2) $\frac{\sqrt{3}-\sqrt{2}}{2\sqrt{3}-3\sqrt{2}}$

답 (1) $8-3\sqrt{7}$

(2) $-\frac{\sqrt{6}}{6}$

2.17 오른쪽 그림의 $\triangle ABC$에서 $\overline{AB}=\overline{AC}=8$ cm이고 $\overline{BC}=10$ cm, $\angle BAD=\angle CAD$일 때, $\angle ADB$의 크기와 $\overline{BD}$의 길이를 각각 구하라.

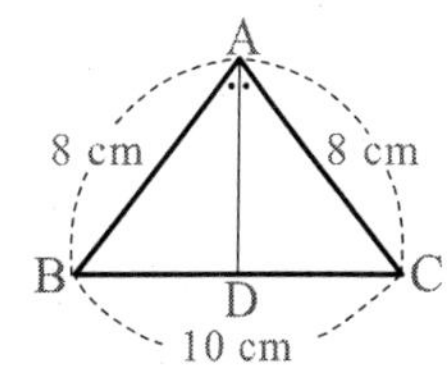

답 $\angle ADB=90°$, $\overline{BD}=\frac{1}{2}\overline{BC}=5$ cm

2.18 오른쪽 그림과 같은 평행사변형 ABCD에서 $\overline{AB}=7$, $\overline{BC}=3x-1$, $\overline{CD}=2y+1$, $\overline{AB}=5$일 때, $x+y$의 값을 구하라.

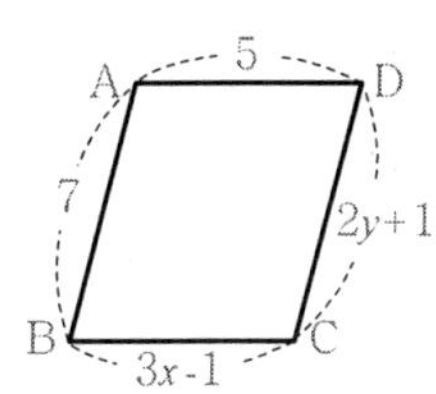

답 5

2.19 다음 그림과 같은 □ ABCD가 평행사변형일 때 $\angle x$, $\angle y$의 크기를 각각 구하라.

(1)

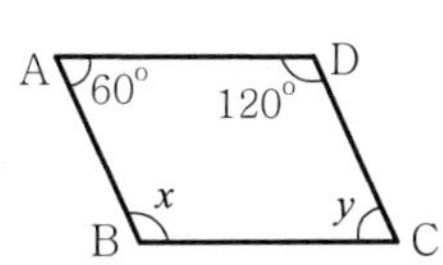

(2)

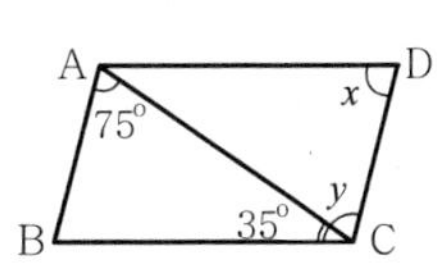

(단, ∠BCA=35°, ∠BCD=∠y)

답 (1) $\angle x=120°$, $\angle y=60°$

(2) $\angle x=70°$, $\angle y=110°$

2.20 오른쪽 그림에서 $\overline{AB}=12$ cm이고 $\overline{BD}=8$ cm, $\overline{AD}=\overline{CD}=10$ cm일 때, $\overline{AC}$의 길이를 구하라.

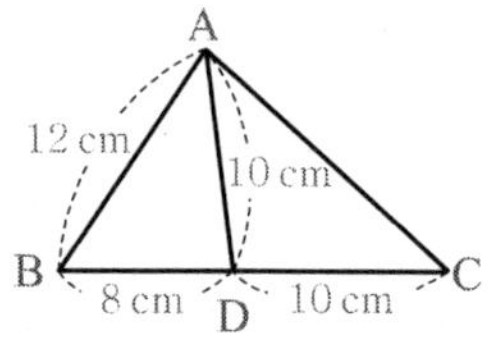

15 cm

2.21 사변형 ABCD에서 $\angle B=53°\ 26'$, $\angle C=49°\ 31'$, $\angle D=72°\ 5'$일 때, $\angle A$의 크기를 구하라.

184° 58′

2.22 문제 그림 2.1의 삼각형 ABC의 면적을 구하라.

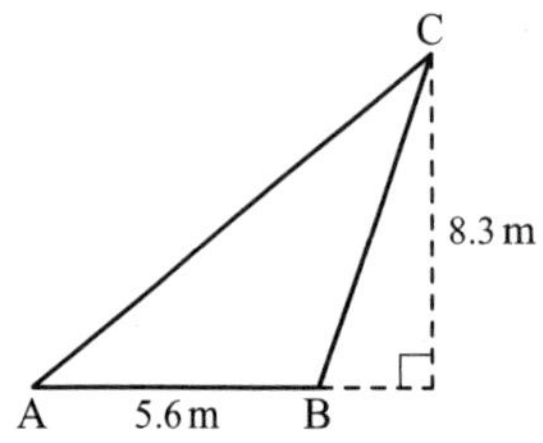

문제 그림 2.1

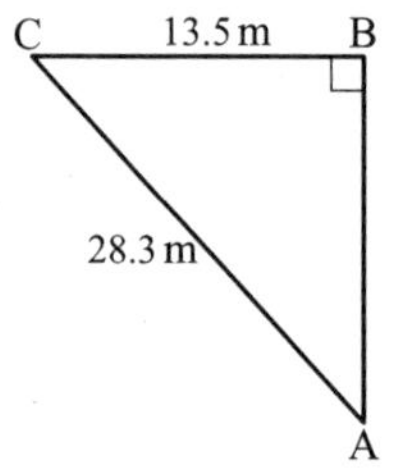

문제 그림 2.2

23.24 m^2

2.23 문제 그림 2.2의 직각삼각형 A B C에서, AC = 28.3 m, BC = 13.5 m일 때, AB의 길이를 m 단위로 소수점 첫째자리까지 구하라.

24.9 m

2.24 오른쪽 그림에서 $\overline{AB}$는 원 O의 지름이고 $\overline{AC} /\!/ \overline{OD}$일 때, 호 AC의 길이를 구하라.

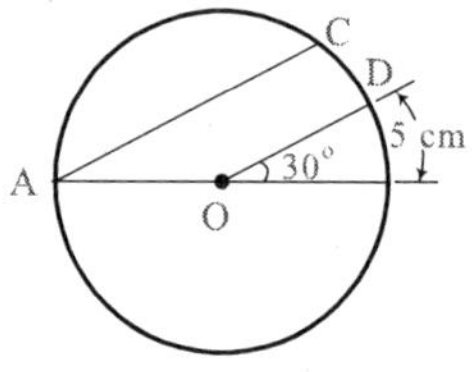

20 cm

2.25 다음 그림에서 x의 값을 구하라.

(1)

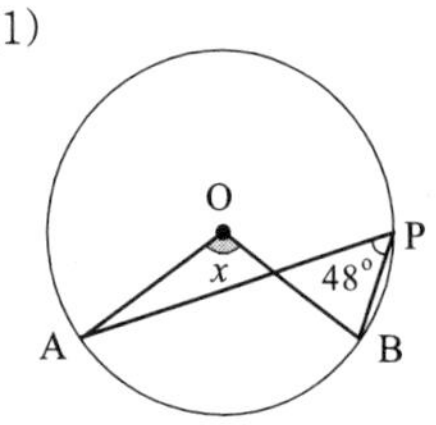

(2)

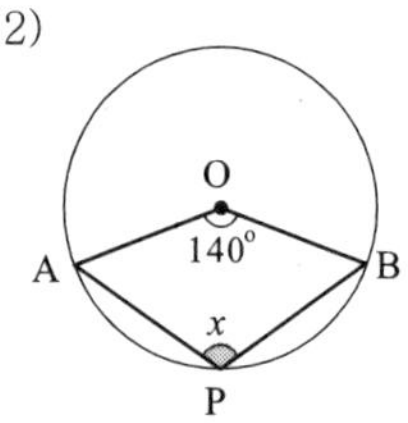

(3)

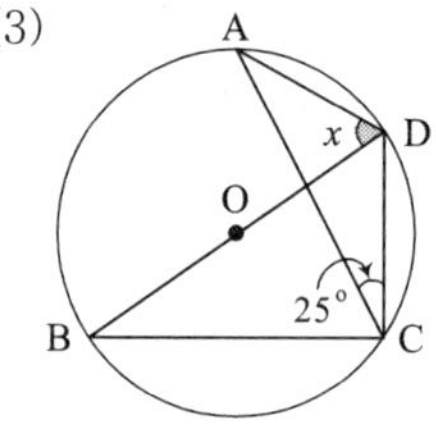

($\overline{BD}$는 원 O의 지름)

(1) $96°$

(2) $110°$

(3) $65°$

2.26 반지름의 길이가 4 cm, 중심각의 크기가 $60°$인 부채꼴의 호의 길이 l과 면적 S를 구하라.

$\frac{4}{3}\pi$ cm, $\frac{8}{3}\pi$ cm^2

2.27 다음 각의 동경이 나타내는 일반각을 $2n\pi + \theta$의 꼴로 나타내라(단, n은 정수)

(1) 5π　　(2) $\frac{17}{6}\pi$　　(3) $-\frac{16}{3}\pi$

(1) $2n\pi + \pi$

(2) $2n\pi + \frac{5}{6}\pi$

(3) $2n\pi + \frac{2}{3}\pi$ (n은 정수)

2.28 직경 23.5 cm의 원판을 관측점에서 50 m 떨어진 지점에 두었을 때, 이 원판은 몇 초의 각으로 보이는가?

969″

2.29 길이 4.0 m, 폭 3.0 m, 높이 5.0 m, 아랫면의 두께 0.5 m, 측벽의 두께 0.2 m의 콘크리트 케이슨을 해면에 띄울 때 케이슨의 흘수는 얼마가 되는가? 단, 콘크리트의 단위중량은 2,400 kgf/m^3, 해수의 단위중량은 1.025 gf/cm^3으로 한다.

2.36 m

CHAPTER 03

삼각함수

삼각함수는 토목공학을 비롯해 공학계산에 절대적으로 필요한 도구이다. 어림각을 취급할 경우에는 반드시 라고 해도 좋을 만큼 많이 사용한다. 다음과 같은 간단한 예를 들어보자.

예 (1) 그림 3.1에서와 같이 경사진 지층(경사각 30°)이 있다. 지표면 위의 지점 O에서 지층에 30° 기울여 500 m를 팠더니 금광맥을 발견했다. 이 지표면(수평면)에서 연직으로 파서 이 금광맥을 채굴하고 싶다. 이 때 지표면의 어느 지점에서 몇 m 아래로 파면 이 광맥을 채굴할 수 있겠는가?

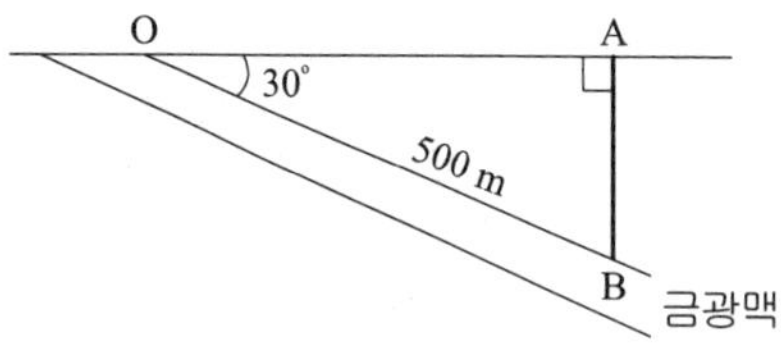

그림 3.1

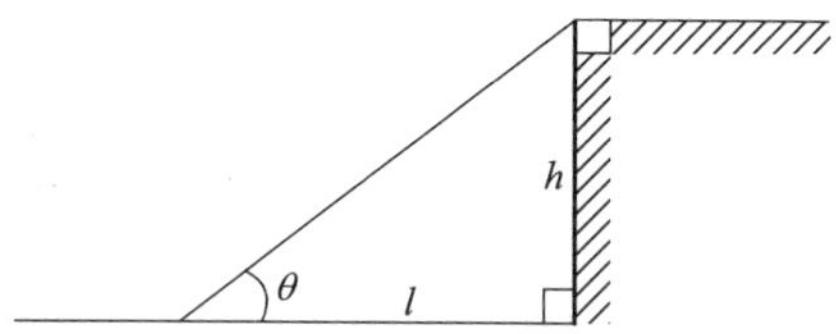

그림 3.2

예 (2) 그림 3.2와 같은 절벽이 있다. 지점 C에서 절벽의 밑까지의 거리 l과 절벽정상의 **앙각**[仰角 : **올려다보는 각** 또는 **고도(高度)**]을 측정해 절벽의 높이 h를 구하고 싶다. 어떻게 하면 h를 계산할 수 있겠는가?

이것들을 삼각함수를 이용한다면 모두 해결할 수 있다. 이 장에서는 삼각함수란 무엇이고, 어떻게 쓰는가를 설명하겠다. 또한 함수라는 용어는 5.1절에서 설명하겠다.

3.1 삼각함수의 정의

임의의 다각형은 ① 몇 개의 삼각형으로 분할할 수 있고, ② 한 개의 삼각형은 2개의 직각삼각형으로 분할할 수 있다. 또한 ③ 닮은 직각삼각형에서는 서로 대응하는 각은 같고, 두 변의 비는 일정하다. 이러한 성질에서 삼각함수는 직각삼각형에서 하나의 각과 두 변의 비의 관계를 표로 나타낸다고 정의되어져 왔다.

3.1.1 삼각비

1) 삼각비의 뜻

$\angle C = 90^\circ$, $0^\circ < \angle A (= \theta) < 90^\circ$일 때 $\angle A$를 한 각으로 가지는 직각삼각형 ABC에서 $\angle A$, $\angle B$, $\angle C$의 대변의 길이를 각각 a, b, c라고 하면 다음 식이 성립한다(그림 3.3).

$$\sin\theta = \frac{y}{r} = \frac{(\text{높이[또는 } \angle A\text{의 대변의 길이]})}{(\text{빗변의 길이})} \ (\theta\text{의 정현})$$

$$\operatorname{cosec}\theta = \frac{r}{y} \ (\theta\text{의 여할})$$

$$\cos\theta = \frac{x}{r} = \frac{(\text{밑변[또는 } \angle A\text{의 이웃변]의 길이})}{(\text{빗변의 길이})} \ (\theta\text{의 여현})$$

$$\sec\theta = \frac{r}{x} \ (\theta\text{의 정할})$$

$$\tan\theta = \frac{y}{x} = \frac{(\text{높이[또는 } \angle A\text{의 대변의 길이]})}{(\text{밑변[또는 } \angle A\text{의 이웃변]의 길이})} \ (\theta\text{의 정접})$$

$$\cot\theta = \frac{x}{y} \ (\theta\text{의 여접})$$

이 때 $\sin\theta$, $\cos\theta$, $\tan\theta$를 θ의 삼각비라고 한다.

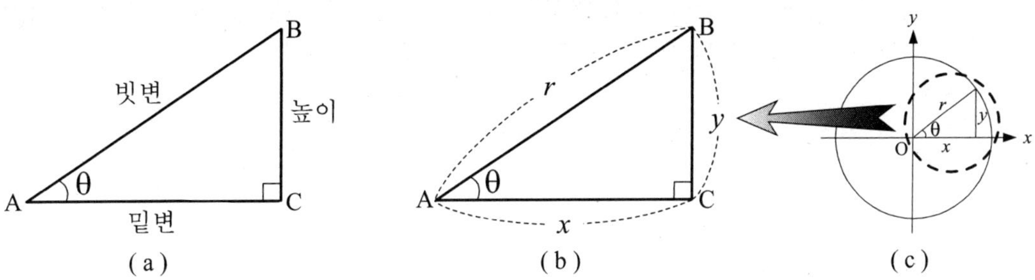

그림 3.3 삼각비

그림 3.3에서와 같은 직각삼각형에서 각 θ가 결정되면 삼각형의 크기에는 관계없이 **밑변**, **높이** 및 **빗변** 사이에는 일정한 비 값을 가지게 된다. 그런데 수학에서는 모든 말의 뜻을 기호를 사용하여 간단히 표시하는데 그 힘이 생기는 것이므로 여기서도 sin, cos 및 tan와 같은 새로운 기호를 만들어서 다음과 같이 사용하기로 약속을 한다.

- $\angle A = 40^\circ$일 때 $\dfrac{\text{높이}}{\text{빗변}}$의 비 값을 간단히 $\sin 40^\circ$라는 기호로 표시하며,

- $\angle A = 40°$일 때 $\dfrac{\text{밑변}}{\text{빗변}}$의 비 값을 간단히 $\cos 40°$라는 기호로 표시하고,
- $\angle A = 40°$일 때 $\dfrac{\text{높이}}{\text{밑변}}$의 비 값을 간단히 $\tan 40°$라는 기호로 표시하기로 한다.

(1) 역수로 정의되는 함수

$\sin\theta$, $\cos\theta$, $\tan\theta$의 역수로 정의되는 함수, 즉 다음과 같이 나타낸다.

$\operatorname{cosec}\theta\left(=\dfrac{1}{\sin\theta}\right)=\dfrac{r}{y}$, $\sec\theta\left(=\dfrac{1}{\cos\theta}\right)=\dfrac{r}{x}$, $\cot\theta\left(=\dfrac{1}{\tan\theta}\right)=\dfrac{x}{y}$을 차례로 코시컨트(cosecant)함수, 시컨트(secant)함수, 코탄젠트(cotangent)함수라 한다.

$\operatorname{cosec}\theta$는 $\csc\theta$로 줄여서 나타내기도 한다.

(2) 빗변, 높이, 밑변

- 빗변 : 언제나 직각에 대응하는 변을 **빗변**이라고 한다.
- 높이 : ∠A에 대변(또는 대응하는 변)을 **높이**라고 한다.
- 밑변 : 나머지 변을 **밑변**이라고 한다.

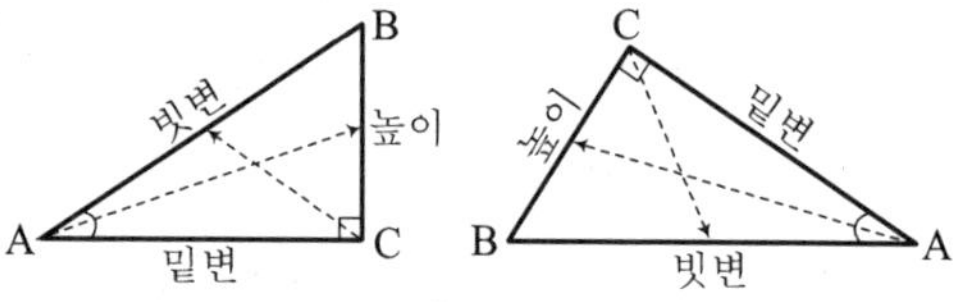

예제 3-1

오른쪽 그림을 보고 삼각비의 값을 구하여라.

(1) $\sin A$ (2) $\cos A$ (3) $\tan A$

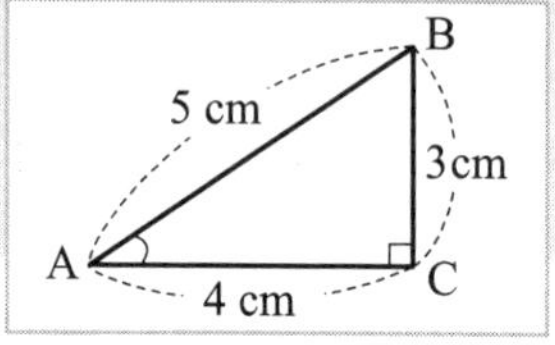

풀이

빗변의 길이가 $\overline{AB}=5$ cm

(1) $\sin A=\dfrac{\text{높이}}{\text{빗변}}=\dfrac{3}{5}$

(2) $\cos A=\dfrac{\text{밑변}}{\text{빗변}}=\dfrac{4}{5}$

(3) $\tan A=\dfrac{\text{높이}}{\text{밑변}}=\dfrac{3}{4}$

각 및 삼각함수는 모두 **무차원량**(단위가 없거나 차원을 갖지 않고 수치로만 나타낸 양)이다.

수학의 미니 상식

sin, cos, tan 용어의 역사

사인과 탄젠트를 나타내기 위해 사용되는 기호는 각각 sin, tan이다. 이 기호는 1624년에 영국의 수학자 군터(Edmund Gunter : 1581~1626)가 처음으로 사용하였다. 기호 sin은 sine, tan는 tangent를 축약한 것으로 각각 '사인', '탄젠트'라고 읽는다. sin은 '길의 곡선', '땅의 움푹 들어간 곳', '꼬불꼬불한 길', '옷의 주름', '주머니', '만(灣)', '가슴' 등 다양한 의미를 갖는 라틴어 sinus에서 온 곳이고, 더 거슬러 올라가면 아라비아어에서 유래되었던 것이다. tangent는 '접촉하고 있다'는 의미를 가진 라틴어 tangens에서 온 것이다. 이러한 이유로 tangent가 '접선'으로 번역되기도 한다. '탄젠트'라는 용어는 덴마크의 수학자 핑케(Thomas Fincke : 1561~1656)가 만든 것으로 알려져 있다.
기호 cos는 1729년 스위스의 대수학자 오일러(Euler, Leonhard : 1707~1783)에 의하여 보급되었고, 라틴어 cosinus(영어로는 cosine)를 축약한 것으로 '코사인'이라 읽는다. cosine은 라틴어 cosinus에서 온 것으로, 1620년에 군터가 complementum(영어로는 complement)과 sinus를 합친 co.sinus를 제안했었고, 1658년에 뉴턴에 의해 cosinus로 수정되었다. 이것은 대체로 '**여각**(餘角, 어떤 각의 **여각이란 그 각과 직각과의 차**)의 사인'이라는 의미를 가진다. 그러나 이 기호는 오일러가 독창적으로 고안한 것이 아니며, 그 이전에 쓰였던 기호를 개량한 것이다. 또한 접두어 co는 여각의 sine, tangent, secant를 의미한다.
그러면 $\sin\alpha$ 등을 공부하지 않는 학생이 $\sin\times\alpha$ 를 생각하는 것은 논의에서 제외되지만, 함수라는 것을 확실시하는 데에는 미리 컴퓨터 내부에 저장된 **내장함수**(library function 또는 intrinsic function)와 같이 $\sin(\alpha)$라고 표현하는 것이 나을지도 모른다. 그러나 오래된 습관이기도해서 $\sin\alpha$ 라 쓰는 것이 식이 간단해진다는 이점도 있다.
또한 $(\sin\alpha)^n$을 $\sin^n\alpha$로 쓰는 것도 옛날부터의 습관이고, 현재는 약속이고 규칙이다. 때문에 이것을 $\sin\alpha^n$라고 쓴 것은 규칙위반이다. 이 규칙은 초보자가 오해하기 쉬우며, $1/\sin\alpha$를 $\sin^{-1}\alpha$로 쓰는 것도 무리가 아니다. 물론 이것은 역삼각함수의 기호이고 뒤에 다시 기술된다 [α^2의 sin을 쓰면, $\sin(\alpha^2)$으로 ( )를 쓰는 것이 좋다]. 그러므로 습관・약속・규칙은 항상 지키지 않으면 안 되는 것이다.

2) 특수각의 삼각비의 값

θ가 0°에서 90°까지 변할 때 $\sin\theta$, $\cos\theta$, $\tan\theta$의 값을 계산한 표를 삼각비의 표(삼각함수표)라 한다.

삼각비의 값은 삼각함수표에 의해 공학용 계산기를 사용하면 구할 수 있으나 0°, 30°, 45°, 60°, 90°, 180°, 270° 등의 값은 정삼각형과 정사각형의 성질을 이용하면 쉽게 구할 수 있다. 그림과 같이 한 변의 길이가 2인 정삼각형과 한 변의 길이가 1인 정사각형으로부터 각각 직각삼각형을 나누어서 보면 삼각비의 값을 쉽게 얻어낼 수 있다(그림 3.4).

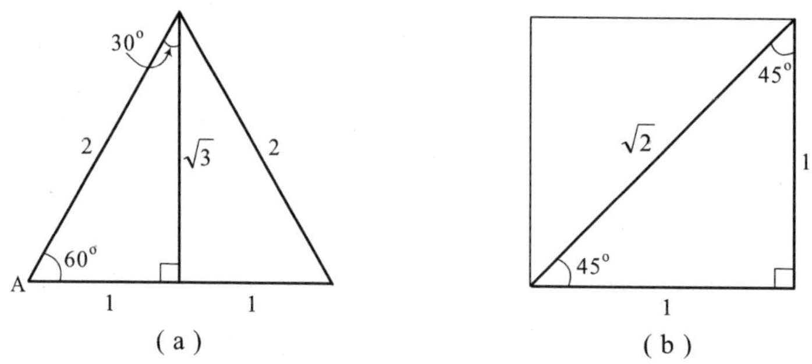

그림 3.4 특수각의 삼각비의 값

예 (1) 30°와 60°일 때의 값 : 정삼각형을 이등분해서 얻는다[그림 3.4 (a)].

예 (2) 45°일 때의 값 : 정사각형을 이등분한 직각2등변삼각형에서 얻는다[그림 3.4 (b)].

(1) 각각의 특수각에 대한 삼각비의 값을 계산한 결과는 표 3.1과 같다.

표 3.1 특수각의 삼각비의 값

삼각비 \ 각도	0°	30°	45°	60°	90°	180°	270°
$\sin\theta$	0	$\frac{1}{2}$	$\frac{1}{\sqrt{2}}$	$\frac{\sqrt{3}}{2}$	1	0	-1
$\cos\theta$	1	$\frac{\sqrt{3}}{2}$	$\frac{1}{\sqrt{2}}$	$\frac{1}{2}$	0	-1	0
$\tan\theta$	0	$\frac{1}{\sqrt{3}}$	1	$\sqrt{3}$	없음	0	없음

> $\tan\theta$는 90° (혹은 270°)보다 작은 각에서 90° (혹은 270°)에 가까워지면 양(+)의 무한대이고, 90° (혹은 270°)보다 큰 각에서 90° (혹은 270°)에 가까워지면 음(−)의 무한대가 된다. 따라서, tan 90°와 tan 270°의 값은 없다.

이제까지 삼각함수의 정의와 특수각의 삼각비의 값을 복습하였다. 여기서 3장의 서두의 예 (1), 예 (2)의 풀이를 생각해 보자.

풀이 (1) 그림 3.1에서 $\overline{OB} = 500\text{ m}$, $\angle AOB = 30°$이므로 $\sin 30° = \dfrac{\overline{AB}}{500\text{ m}}$

따라서, $\overline{AB} = 500\text{ m} \times \sin 30° = 500\text{ m} \times \dfrac{1}{2} = 250\text{ m}$

풀이 (2) 그림 3.2에서 $\tan\theta = \dfrac{h}{l}$

따라서, $h = l \cdot \tan\theta$

예제 3-2

다음 그림에서 x, y의 값을 구하여라.

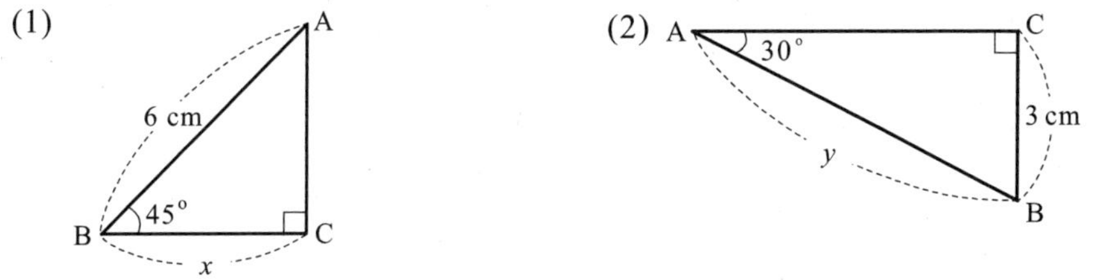

풀이

(1) $\cos 45° = \dfrac{x}{6}$에서 $\cos 45° = \dfrac{\sqrt{2}}{2}$이므로 두 식은 같아야 한다.

즉, $\dfrac{\sqrt{2}}{2} = \dfrac{x}{6}$ $\qquad\therefore\ x = 3\sqrt{2}\text{ cm}$

(2) $\sin 30° = \dfrac{3}{y}$에서 $\sin 30° = \dfrac{1}{2}$이므로 두 식은 같아야 한다.

즉, $\dfrac{1}{2} = \dfrac{3}{y}$ $\qquad\therefore\ y = 6\text{ cm}$

(2) 0°와 90°의 삼각비

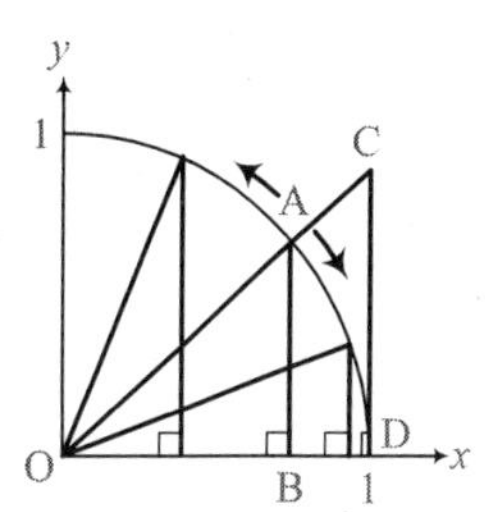

$\sin 0° = 0$, $\cos 0° = 1$, $\tan 0° = 0$

$\sin 90° = 1$, $\cos 90° = 0$

$\tan 90° = ?$: $\angle AOB$의 크기가 $90°$에 가까워지면 $\overline{CD}$의 길이는 한없이 커지므로 $\tan 90°$의 값은 정할 수 없다.

삼각비의 표에 있는 값은 대부분 근사값이다. 그러나 삼각비의 값을 나타낼 때는 보통 기호 ≒를 쓰지 않고 등호(=)를 써서 나타낸다.

3.1.2 삼각함수 값의 부호

오른쪽 그림에서 동경 r은 원점으로부터의 '거리'이므로 항상 양수이지만, 양 직교축에 대한 그림자는 θ 또는 x, y가 어느 사분면인가에 따라 부호가 결정되며, 다시 그에 따라 [그림 3.5]와 같이 3개의 삼각함수의 부호가 결정된다. 즉, 제1사분면(0°~90°), 제2사분면(90°~180°), 제3사분면(180°~270°), 제4사분면(270°~360°)에 따라 원주 위의 점 P의 x좌표와 y좌표의 부호가 결정되므로 θ에 대한 삼각함수의 값의 부호는 다음과 같이 정해진다.

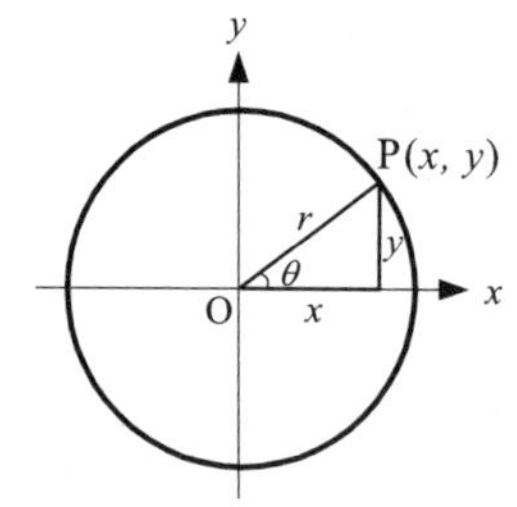

표 3.2 삼각함수의 각 사분면에 따른 부호

θ의 사분면	제1사분면	제2사분면	제3사분면	제4사분면
x, y의 부호	$x>0,\ y>0$	$x<0,\ y>0$	$x<0,\ y<0$	$x>0,\ y<0$
$\sin\theta = \frac{y}{r}$	+	+	−	−
$\cos\theta = \frac{x}{r}$	+	−	−	+
$\tan\theta = \frac{y}{x}$	+	−	+	−

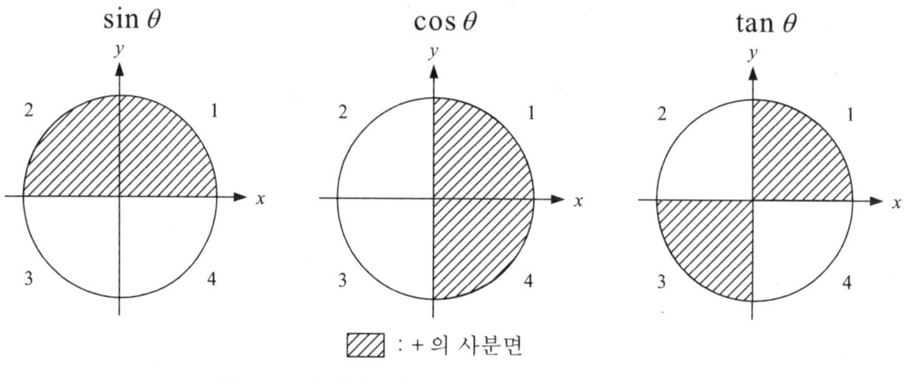

그림 3.5 삼각함수가 양의 부호를 나타내는 사분면

- $\sin\theta$와 $\mathrm{cosec}\,\theta$, $\cos\theta$와 $\sec\theta$, $\tan\theta$와 $\cot\theta$는 **서로 역수 관계이므로 그 부호는 각각 일치**한다.

예제 3-3

다음 조건을 만족하는 각 θ는 제 몇 사분면의 각인지 말하여라.

(1) $\sin\theta < 0$, $\tan\theta > 0$ (2) $\sec\theta > 0$, $\cot\theta < 0$

풀이

(1) $\sin\theta < 0$이므로 θ는 제 3, 4사분면의 각
$\tan\theta > 0$이므로 θ는 제 1, 3사분면의 각
$\therefore$ θ는 제3사분면의 각

(2) $\sec\theta > 0$ 이므로 θ는 제 1, 4사분면의 각
$\cot\theta < 0$이므로 θ는 제 2, 4사분면의 각
$\therefore$ θ는 제4사분면의 각

예제 3-4

원점과 점 P(5, -12)를 연결한 선분을 동경으로 하는 각을 θ라 할 때, 다음 값을 구하여라.

(1) $\sin\theta$ (2) $\cos\theta$
(3) $\tan\theta$ (4) $\mathrm{cosec}\,\theta$
(5) $\sec\theta$ (6) $\cot\theta$

풀이

피타고라스의 정리에 의하여 $\overline{OP} = 13$

(1) $\sin\theta = -\dfrac{12}{13}$ (2) $\cos\theta = \dfrac{5}{13}$

(3) $\tan\theta = -\dfrac{12}{5}$ (4) $\mathrm{cosec}\,\theta = -\dfrac{13}{12}$

(5) $\sec\theta = \dfrac{13}{5}$ (6) $\cot\theta = -\dfrac{5}{12}$

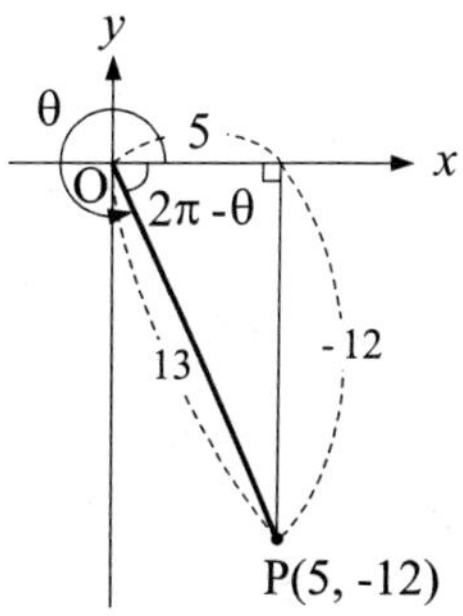

3.2 삼각함수의 기본성질

3.2.1 삼각함수의 기본공식

삼각함수 사이의 관계에서 삼각함수는 서로 독립적이 아니고 기본적으로 다음과 같은 관계가 있다. 삼각함수의 정의로부터 $\sin\theta$와 $\csc\theta$, $\cos\theta$와 $\sec\theta$, $\tan\theta$와 $\cot\theta$는 서로 역수 관계가 있음을 알 수 있다. 또한 오른쪽 그림에서 각 θ의 동경의 크기를 $\overline{OP} = r$이라 하면 다음 관계가 성립한다.

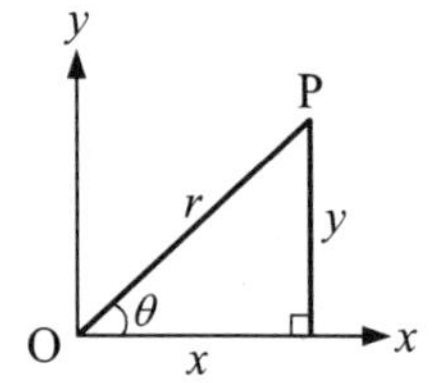

- $\tan\theta = \dfrac{y}{x} = \dfrac{\frac{y}{r}}{\frac{x}{r}} = \dfrac{\sin\theta}{\cos\theta}$
- $\sin^2\theta + \cos^2\theta = \left(\dfrac{y}{r}\right)^2 + \left(\dfrac{x}{r}\right)^2 = \dfrac{y^2+x^2}{r^2} = \dfrac{r^2}{r^2} = 1$
- $\tan^2\theta + 1 = \left(\dfrac{y}{x}\right)^2 + 1 = \dfrac{y^2+x^2}{x^2} = \dfrac{r^2}{x^2} = \sec^2\theta$
- $1 + \cot^2\theta = +1 + \left(\dfrac{x}{y}\right)^2 = \dfrac{y^2+x^2}{y^2} = \dfrac{r^2}{y^2} = \csc^2\theta$

일반적으로 모든 실수 θ에 대하여 항상 다음 관계가 성립한다.

① **역수 관계** : $\csc\theta = \dfrac{1}{\sin\theta}$, $\sec\theta = \dfrac{1}{\cos\theta}$, $\cot\theta = \dfrac{1}{\tan\theta}$

② **상제 관계** : $\tan\theta = \dfrac{\sin\theta}{\cos\theta}$, $\cot\theta = \dfrac{\cos\theta}{\sin\theta}$

③ **제곱 관계** : $\sin^2\theta + \cos^2\theta = 1$, $\tan^2\theta + 1 = \sec^2\theta$, $1 + \cot^2\theta = \csc^2\theta$

예제 3-5

θ가 제3사분면의 각이고 $\cos\theta = -\dfrac{3}{5}$ 일 때, $\sin\theta$의 값을 구하여라.

| 풀이

$\sin^2\theta + \cos^2\theta = 1$에서 이 식을 다시 정리하면

$\sin^2\theta = 1 - \cos^2\theta = 1 - \left(-\dfrac{3}{5}\right)^2 = \dfrac{16}{25}$

그런데 θ가 제3사분면의 각이므로 $\sin\theta < 0$

$\therefore \sin\theta = -\dfrac{4}{5}$

3.2.2 삼각함수의 변환공식

$90°n \pm \theta$의 삼각함수의 공식에서 모든 실수 θ에 대하여 항상 다음 관계가 성립한다.

① **음각공식**

$\sin(-\theta) = -\sin\theta,\quad \cos(-\theta) = \cos\theta,\quad \tan(-\theta) = -\tan\theta$

② **주기공식**

$\sin(360°n + \theta) = \sin\theta,\quad \cos(360°n + \theta) = \cos\theta,\quad \tan(180°n + \theta) = -\tan\theta$

(단, $n = 0,\ \pm1,\ \pm2$)

③ **보각공식**

$\sin(180° - \theta) = \sin\theta,\quad \cos(180° - \theta) = \cos\theta,\quad \tan(180° - \theta) = -\tan\theta$

④ **여각공식**

$\sin(90° - \theta) = \cos\theta,\quad \cos(90° - \theta) = \sin\theta,\quad \tan(90° - \theta) = \cot\theta$

위의 공식들은 일반각의 삼각함수의 정의로부터 쉽게 이해할 수 있다. 이를테면 (1) 음각공식의 경우, 그림에서

- $\sin(-\theta) = \dfrac{-y}{r} = -\sin\theta$
- $\cos(-\theta) = \dfrac{x}{r} = \cos\theta$
- $\tan(-\theta) = \dfrac{-y}{x} = -\tan\theta$

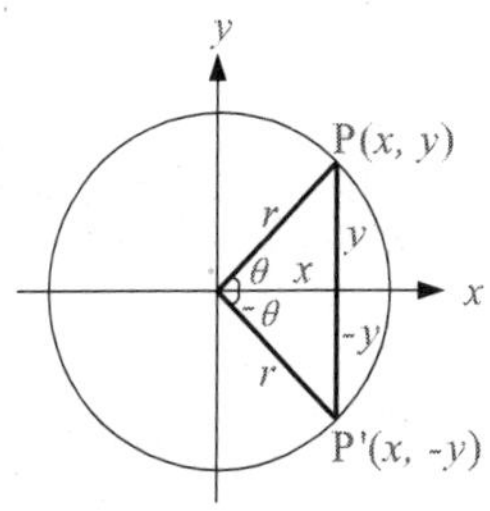

$90°n \pm \theta$의 삼각함수 암기 요령

- 모든 각을 $90°n \pm \theta$로 고친다.
- n이 짝수 ⇨ 그대로 : sin → sin, cos → cos, tan → tan
  n이 홀수 ⇨ 반대로 : sin → cos, cos → sin, tan → cot
- 원래 삼각함수의 부호가 양이면 '+', 음이면 '−'를 앞에 붙인다.
  (단, θ는 항상 어떤 각이든 항상 **예각** $(0° < (\text{예각}) < 90°)$으로 간주한다)

예제 3-6

다음 삼각함수의 값을 구하여라($90°n \pm \theta$의 꼴).

(1) $\sin 210°$ (2) $\tan \frac{8}{3}\pi$ (3) $\cos 225°$ (4) $\sin 330°$

풀이

(1) $\sin 210° = \sin(90°\times 2 + 30°)$ ← n은 짝수($n=2$)

$= -\sin 30°$ ← $210°$는 제3사분면의 각이므로 $\sin\theta < 0$

$= -\frac{1}{2}$

(2) $\tan \frac{8}{3}\pi = \tan\left(2\pi + \frac{2}{3}\pi\right) = \tan \frac{2}{3}\pi = -\sqrt{3}$

(3) $\cos 225° = \cos(90°\times 2 + 45°) = -\cos 45° = -\frac{1}{\sqrt{2}} = -\frac{\sqrt{2}}{2}$

(4) $\cos 330° = \cos(90°\times 3 + 60°) = \sin 60° = \frac{\sqrt{3}}{2}$

3.3 삼각함수의 그래프

각 θ의 범위를 확장해서 일반각으로 나타내면 그림 3.6과 같다.

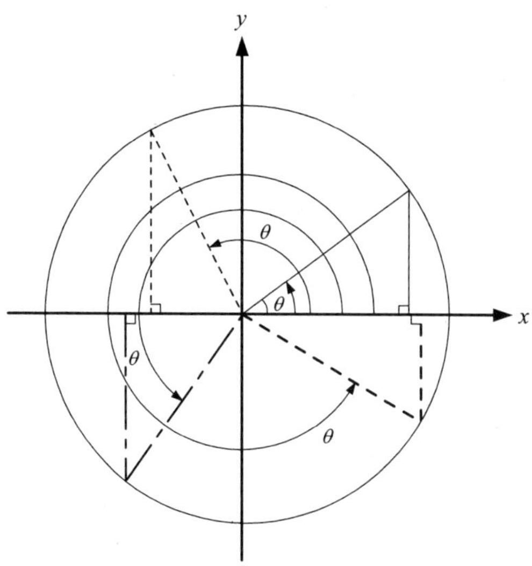

그림 3.6 각 θ의 범위를 확대한 일반각의 표시

3.3.1 삼각함수의 선분표시

단위원, 즉 반지름의 길이가 1인 원을 써서 삼각함수의 값을 선분의 길이로 표시한다. 각 θ의 동경을 $\overline{OP}$라 하면 $\sin\theta$, $\cos\theta$, $\tan\theta$는 다음과 같이 표시된다.

(1) $\sin\theta = \dfrac{\overline{PH}}{\overline{OP}} = \dfrac{\overline{PH}}{1} = \overline{PH}$

(2) $\cos\theta = \dfrac{\overline{OH}}{\overline{OP}} = \dfrac{\overline{OH}}{1} = \overline{OH}$

(3) $\tan\theta = \dfrac{\overline{TM}}{\overline{OM}} = \dfrac{\overline{TM}}{1} = \overline{TM}$

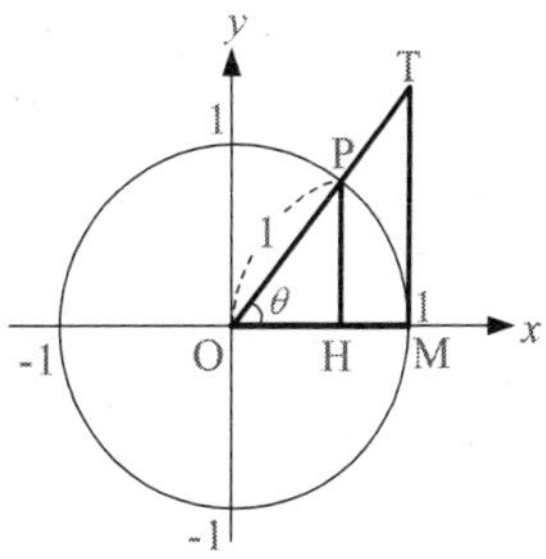

3.3.2 삼각함수의 그래프

1) 주기함수

함수 $f(x)$의 정의역에 속하는 모든 x에 대하여 $f(x+T)=f(x)$가 성립하는 0이 아닌 상수 T가 존재할 때, 함수 $f(x)$를 **주기함수**(週期函數)라 하고, 이런 상수 T 가운데 최소의 양수 T를 함수의 주기라고 한다.

예 함수 $\sin(x+2\pi)=\sin x$이므로 $y=\sin x$의 주기는 $T=2\pi$이다.

2) 삼각함수의 그래프

$\sin x=\overline{PH}$, $\cos x=\overline{OH}$, $\tan x=\overline{TM}$에서 x의 값의 us화에 따른 PH, OH, TM의 변화를 조사하면 다음과 같은 $\sin x$, $\cos x$, $\tan x$의 그래프를 얻게 된다.

(1) $y=\sin x$의 그래프 : 아래 그림(단위원)에서 $\sin x=\overline{\text{PH}}$

그래프	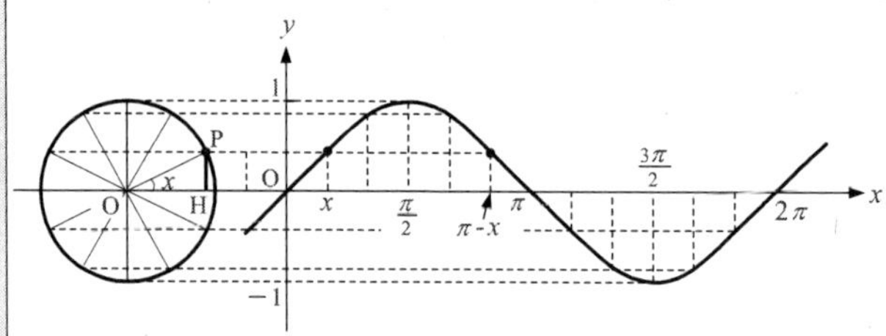
정의역	실수 전체의 집합
치 역	$-1 \leqq \sin x \leqq 1$, 최대값 : 1, 최소값 : 1
주 기	$2\pi(=360°)$: x가 $2\pi(=360°)$ 변할 때마다 y는 같은 변화를 반복
대칭성	그래프는 원점에 대하여 대칭이다(기함수 또는 홀함수).

(2) $y=\cos x$의 그래프 : 아래 그림(단위원)에서 $\cos x=\overline{\text{OH}}$

그래프	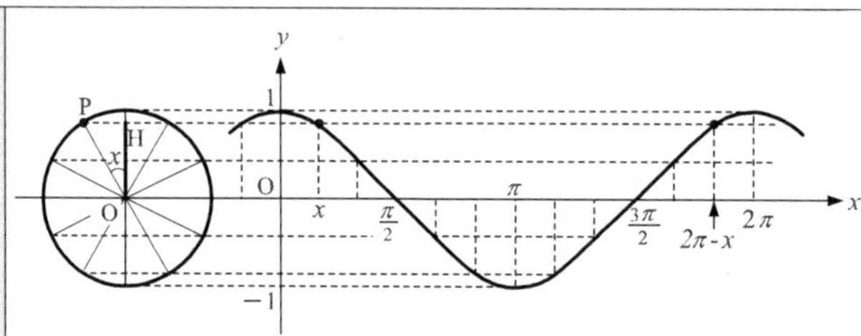
정의역	실수 전체의 집합
치 역	$-1 \leqq \cos x \leqq 1$, 최대값 : 1, 최소값 : 1
주 기	$2\pi(=360°)$: x가 $2\pi(=360°)$ 변할 때마다 y는 같은 변화를 반복
대칭성	그래프는 y축에 대하여 대칭이다(우함수 또는 짝함수).

(3) $y=\tan x$의 그래프 : 아래 그림(단위원)에서 $\tan x=\overline{\text{MT}}$

그래프	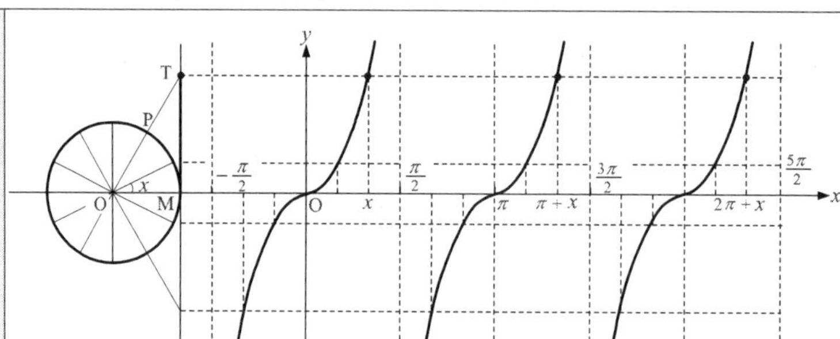
정의역	$R-\left\{x \mid x=\frac{\pi}{2}+n\pi\right\}$ ← $x=\frac{\pi}{2}+n\pi$(n은 정수)인 실수를 제외한 실수 전체의 집합
치 역	실수 전체의 집합, 최대값과 최소값은 없다.
주 기	$\pi(=180°)$: x가 $\pi(=180°)$ 변할 때마다 y는 같은 변화를 반복
대칭성	그래프는 원점에 대하여 대칭이다(기함수 또는 홀함수).

3) $\sin x$와 $\cos x$의 그래프의 평행이동

그림 3.7 (c)는 두 그래프를 함께 나타내었는데 이는 두 그래프간의 관계를 확실히 시각화하기 위함이다. 이 그림으로부터 쉽게 알 수 있듯이 두 그림은 좌우로 (즉, x축 좌우 방향으로) $\pi/2$ $(=90°)$ 만큼 이동시키면 서로 겹치게 된다.

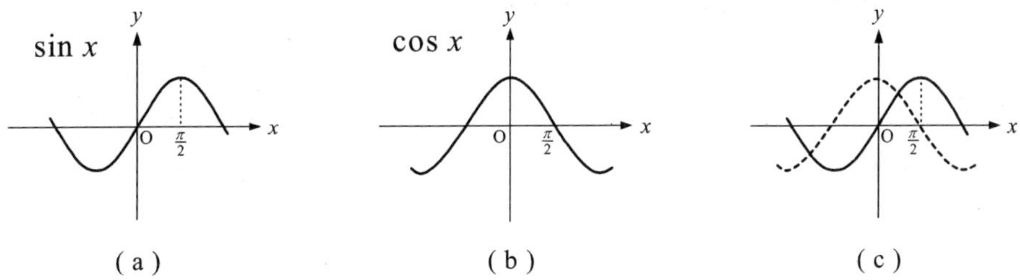

그림 3.7 $\sin x$와 $\cos x$의 그래프의 평행이동

위의 그림에서 두 그래프가 좌우로 $\pi/2(=90°)$ 만큼 이동시키면 서로 겹치게 된다는 사실, 좀 더 정확히 말해서 $\sin x$의 그래프를 x축 음의 방향으로 $\pi/2(=90°)$ 만큼 이동시키면 $\cos x$의 그래프가 나온다는 사실로부터 다음의 공식은 자연스럽게 얻어진다.

$$\sin\left(x+\frac{\pi}{2}\right)=\cos x$$

한편 앞의 그림은 $\cos x$의 그래프를 x축 양의 방향으로 $\pi/2(=90°)$ 만큼 이동시키면 $\sin x$의 그래프가 되며, 이에 의하여 다음의 공식도 쉽게 얻을 수 있다.

$$\cos\left(x-\frac{\pi}{2}\right)=\sin x$$

이번에는 $\sin x$의 그래프를 $\pi(=180°)$ 만큼 좌우로 평행이동 시킨 그림을 살펴보자. 이 경우에는 좌 또는 우로 $\pi(=180°)$ 만큼 이동시키는 결과와 같으며, 그 결과는 원래 $\sin x$ 그래프를 y축에 대하여 대칭 이동시킨 것과 같다. 즉, $-\sin x$가 되는데, 이 내용은 $\cos x$의 그래프에도 마찬가지로 성립하므로 다음과 같은 두 공식으로 함께 표현할 수 있다.

$$\sin(x\pm\pi)=-\sin x,\quad \cos(x\pm\pi)=-\cos x$$

지금까지는 $\pi/2(=90°)$와 $\pi(=180°)$만을 생각했지만, 이를 확장하면 270°, 360°, 450° 등 $\frac{n\pi}{2}$에 해당하는 어떠한 각에 대한 공식도 쉽게 유도할 수 있다.

3.4 삼각형과 삼각함수

삼각형의 세 변과 세 각을 **삼각형의 6요소**라 한다. 6요소 중에 3요소(① 한 변과 두 각, ② 두 변과 한 각, ③ 세 변. 단, 세 각은 주어지지 않은 경우)를 알면 나머지 세 요소를 구할 수 있다. 이들을 구하는 것을 **삼각형을 푼다**고 한다. 이를 위하여 여러 가지 공식들이 사용되고 있으나, 기본적인 것은 **사인(정현)법칙**과 **코사인(여현)법칙**에 의한 두 개의 공식이다.

3.4.1 사인법칙

1) 사인(Sine)법칙

△ABC의 세 각 ∠A, ∠B, ∠C의 크기를 각각 A, B, C로 나타내고, 세 변 BC, CA, AB의 길이를 각각 a, b, c로 나타낼 때 3.4 서두에 언급한 바와 같이 A, B, C, a, b, c를 삼각형의 6요소라 한다. 이들 6요소와 외접원 반지름의 길이 R사이에는 다음 관계가 성립하며 이를 사인법칙이라 한다.

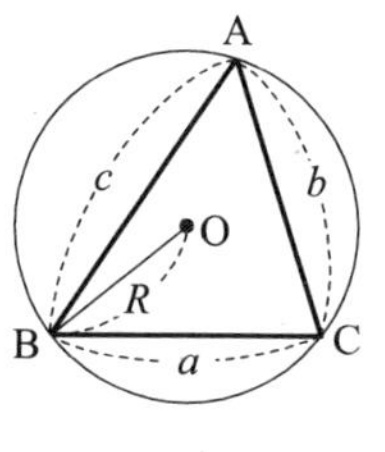

$$\frac{a}{\sin A}=\frac{b}{\sin B}=\frac{c}{\sin C}=2R$$

▌사인법칙▐

① 변의 비를 각의 비로 → $a : b : c = \sin A : \sin B : \sin C$

② 각을 변으로 → $\sin A=\frac{a}{2R},\ \sin B=\frac{b}{2R},\ \sin C=\frac{c}{2R}$

③ 변을 각으로 → $a=2R\sin A,\ b=2R\sin B,\ c=2R\sin C$

예제 3-7

△ABC에서 ∠A=48°, ∠B=61°, a=53.6 m일 때, c와 b를 구하여라.

▌풀이

∠C = 180° − ∠A − ∠B = 71°

△ABC에서 사인법칙을 이용하면

$$\frac{a}{\sin A}=\frac{b}{\sin B}=\frac{c}{\sin C} \quad \rightarrow \quad \frac{c}{\sin 71^{\circ}}=\frac{b}{\sin 61^{\circ}}=\frac{53.6\ \text{m}}{\sin 48^{\circ}}$$

따라서 $c = \dfrac{53.6\ \text{m} \cdot \sin 71°}{\sin 48°} \fallingdotseq 68.2\ \text{m}$

$b = \dfrac{53.6\ \text{m} \cdot \sin 61°}{\sin 48°} \fallingdotseq 63.1\ \text{m}$

2) 사인법칙을 적용할 때

(1) 한 변과 그 양 끝각이 주어질 때

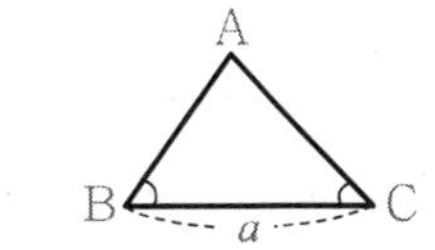

- $A+B+C=180°$로부터 나머지 한 각을 구한다.
- 나머지 두 변은 사인법칙을 이용하여 구한다.

(2) 두 변과 끼인각이 아닌 한 각이 주어질 때

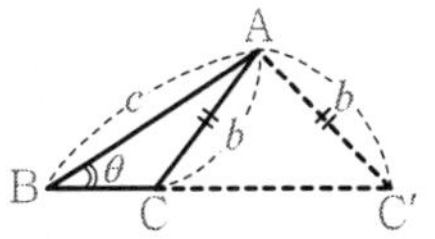

- 두 개의 삼각형이 존재한다. ← $\triangle ABC$, $\triangle ABC'$
- 사인법칙을 이용하여 나머지를 구한다.

예제 3-8

다음 $\triangle ABC$에서 $\angle A=30°$, $a=2$, $b=2\sqrt{3}$일 때 이 삼각형을 풀어라.

풀이

이 문제의 경우는 나머지 요소인 B, C 및 c를 구하는 문제이다.

$A+B+C=180°$와 $\dfrac{a}{\sin A}=\dfrac{b}{\sin B}=\dfrac{c}{\sin C}$을 활용하는 문제이다.

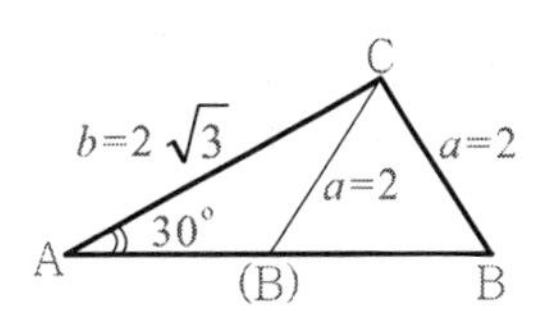

$\triangle ABC$에서 사인법칙을 쓰면

$$\frac{a}{\sin A}=\frac{b}{\sin B} \quad \rightarrow \quad \frac{2}{\sin 30°}=\frac{2\sqrt{3}}{\sin B}$$

$$\sin B=\sqrt{3}\sin 30°=\frac{\sqrt{3}}{2}$$

$\therefore$ $B=60°$ 또는 $120°$

(1) $B=60°$인 경우 $C=180°-(A+B)=180°-(30°+60°)=90°$

$$\frac{c}{\sin C}=\frac{a}{\sin A} \quad \rightarrow \quad \frac{c}{\sin 90°}=\frac{2}{\sin 30°}$$

$\therefore$ $c=4$

(2) $B=120°$인 경우, 같은 방법으로 구하면 $C=30°$, $c=2$

[답] $B=60°$, $C=90°$, $c=4$ 또는 $B=120°$, $C=30°$, $c=2$

3.4.2 코사인법칙

1) 코사인(Cosine)법칙

삼각형의 6요소 사이에는 사인법칙 이외에 다음과 같은 두 법칙도 성립한다.

(1) 제1코사인법칙

$$a = b\cos C + c\cos B$$
$$b = c\cos A + a\cos C$$
$$c = a\cos B + b\cos A$$

(2) 제2코사인법칙

$$a^2 = b^2 + c^2 - 2bc\cos A$$
$$b^2 = c^2 + a^2 - 2ca\cos B$$
$$c^2 = a^2 + b^2 - 2ab\cos C$$

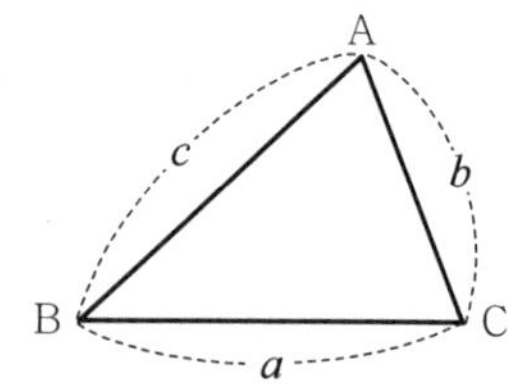

예제 3-9

(1) 다음 $\triangle$ABC에서 $c=4\sqrt{2}$, $b=4$, $B=30°$, $C=45°$일 때, a의 값을 구하여라.

(2) 다음 $\triangle$ABC에서 $c=5$, $b=3$, $A=60°$일 때, a의 값을 구하여라.

| 풀이

(1) 제1코사인법칙에 의하여

$$a = b\cos C + c\cos B = 4\cos 45° + 4\sqrt{2}\cos 30°$$
$$= 2\sqrt{2} + 2\sqrt{6}$$

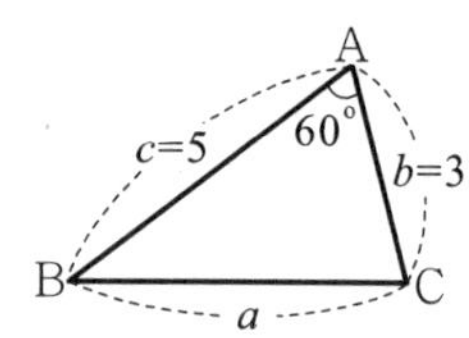

(2) 제2코사인법칙에 의하여

$$a^2 = b^2 + c^2 - 2bc\cos A = 3^2 + 5^2 - 2\times3\times5\cos 60°$$
$$= 19$$

$a > 0$이어야 하므로 $a = \sqrt{19}$

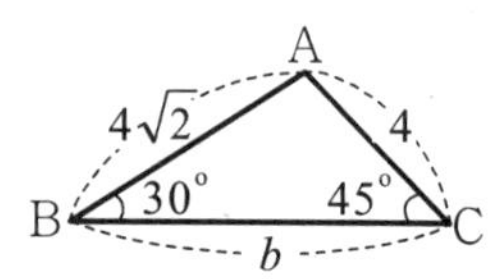

2) 코사인법칙을 적용할 때

(1) 두 변의 길이와 그 끼인각이 주어질 때

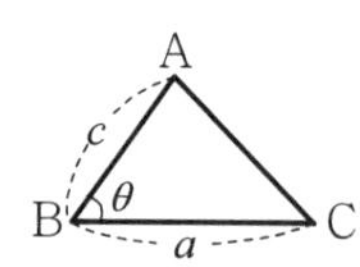

- 나머지 한 변은 제2코사인법칙을 이용하여 구한다.
- 나머지 두 각은 사인법칙을 이용하여 구한다.

(2) 세 변이 주어질 때

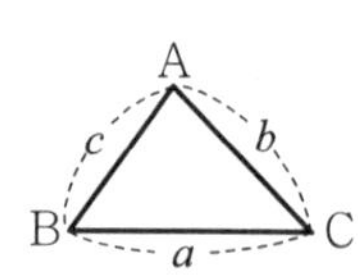

- 제2코사인법칙의 변형공식을 이용하여 각을 구한다.

예제 3-10

△ABC 에서 $a=6$, $b=5, c=4$ 일 때 $\cos A$ 를 구하여라.

❙풀이

제2코사인법칙의 $a^2=b^2+c^2-2bc\cos A$ 를 변형하면

$$\cos A=\frac{b^2+c^2-a^2}{2bc}=\frac{5^2+4^2-6^2}{2\cdot 5\cdot 4}=\frac{41-36}{40}=\frac{1}{8}$$

3.4.3 삼각형의 면적

임의의 다각형은 몇 개의 다각형으로 분할할 수 있다. 따라서 이 다각형의 면적은 분할한 삼각형 면적의 합이 된다. 여기서 삼각형의 면적을 구하는 몇 가지 방법을 알아보자.

1) 두 변의 길이와 끼인각을 알 때

△ABC 에서 두 변의 길이 b, c와 그 끼인각 A가 주어졌을 때, 점 C에서 선분 AB에 수선의 발 CH를 내리면 삼각형의 면적 S는 다음과 같다.

(1) ∠A 가 예각일 때

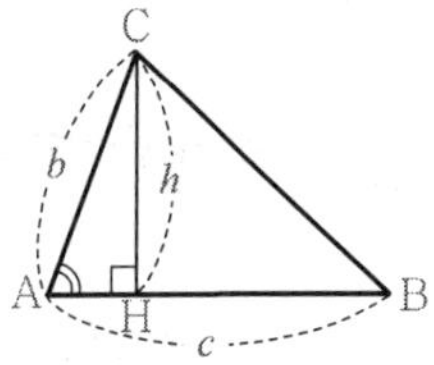

$$S=\frac{1}{2}\times\overline{AB}\times\overline{CH}$$

그런데 $\overline{AB}=c$, $\overline{CH}=h=b\sin A$ 이므로

$$\therefore\ S=\frac{1}{2}ch=\frac{1}{2}bc\sin A$$

(2) ∠A 가 둔각일 때

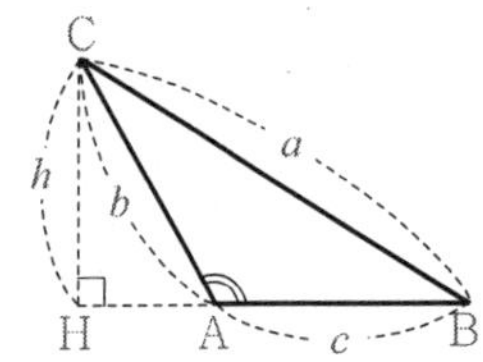

$$S=\frac{1}{2}\times\overline{AB}\times\overline{CH}$$

$$\angle CAH=180°-\angle A$$

$$\overline{CH}=h=b\sin(\angle CAH)=b\sin(180°-\angle A)$$

$$\therefore\ S=\frac{1}{2}ch=\frac{1}{2}bc\sin(180°-\angle A)=\frac{1}{2}bc\sin A$$

각 A가 직각, 둔각일 때에도 같은 결과를 얻었다. 이것을 같은 방법으로 적용하면 다음과

같은 면적 S에 관한 식을 얻는다. 즉,

$$S=\frac{1}{2}bc\sin A=\frac{1}{2}ac\sin B=\frac{1}{2}ab\sin C$$

예제 3-11

다음 조건이 주어질 때, △ABC의 면적을 구하여라.

(1) $b=4,\ c=5,\ A=60°$　　　　(2) $a=2\sqrt{3},\ b=2,\ B=30°$

풀이

(1) $S=\frac{1}{2}bc\sin A=\frac{1}{2}\times 4\times 5\sin 60°=5\sqrt{3}$

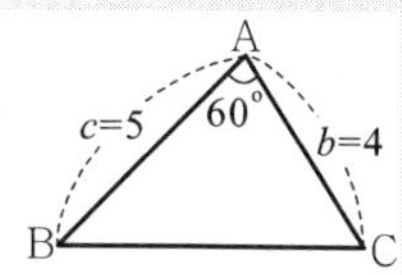

(2) $\frac{a}{\sin A}=\frac{b}{\sin B}\ \rightarrow\ \frac{2\sqrt{3}}{\sin A}=\frac{2}{\sin 30°}$

$\rightarrow\ \sin A=\frac{\sqrt{3}}{2}$

$\therefore\ A=60°$ 또는 $\therefore\ A=120°$

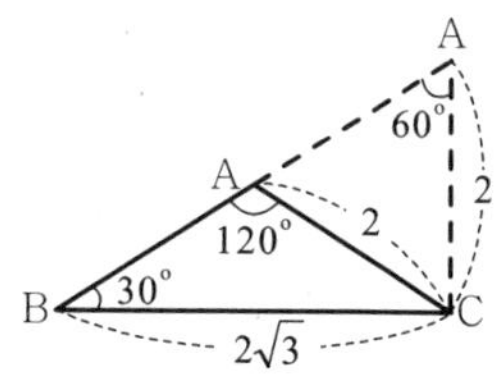

(a) $A=60°$일 때 $C=180°-(60°+30°)=90°$

$\therefore\ S=\frac{1}{2}ab\sin C=\frac{1}{2}\times 2\sqrt{3}\times 2\sin 90°=2\sqrt{3}$

(b) $A=120°$일 때 $C=180°-(120°+30°)=30°$

$\therefore\ S=\frac{1}{2}ab\sin C=\frac{1}{2}\times 2\sqrt{3}\times 2\sin 30°=\sqrt{3}$

$\therefore\ S=2\sqrt{3}$ 또는 $\sqrt{3}$

2) 세 변의 길이를 알 때 [헤론(Heron)의 공식]

$$S=\sqrt{s(s-a)(s-b)(s-c)}$$

$\left(단,\ s=\frac{a+b+c}{2}\right)$

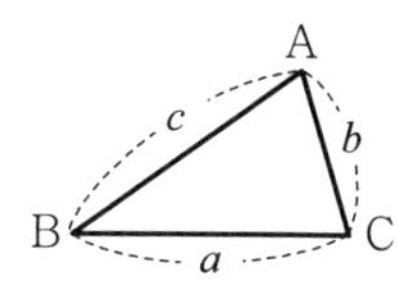

3) 외접원의 반지름의 길이 R을 알 때

$$\begin{aligned}S&=\frac{1}{2}bc\sin A\\&=\frac{1}{2}bc\cdot\frac{a}{2R}=\frac{abc}{4R}\end{aligned}\quad\leftarrow\quad\begin{cases}\frac{a}{\sin A}=2R\text{에서}\\ \sin A=\frac{a}{2R}\end{cases}$$

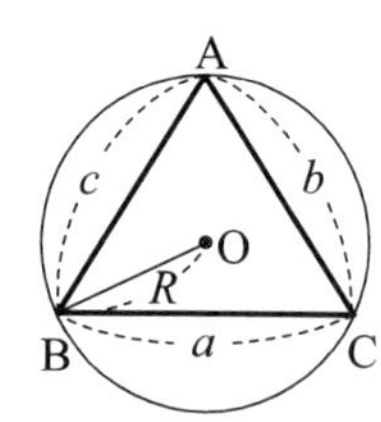

또한, $\dfrac{b}{\sin B}=\dfrac{c}{\sin C}=2R$에서 $b=2R\sin B$, $c=2R\sin C$이므로

$$\begin{aligned} S &= \frac{1}{2}bc\sin A \\ &= \frac{1}{2}\cdot 2R\sin B\cdot 2R\sin C\cdot \sin A \\ &= 2R^2\sin A\sin B\sin C \end{aligned}$$

4) 내접원의 반지름의 길이 r을 알 때

오른쪽 그림과 같이 △ABC의 내접원의 중심을 O, 반지름의 길이를 r이라 하면 △ABC의 면적 S는 다음과 같다.

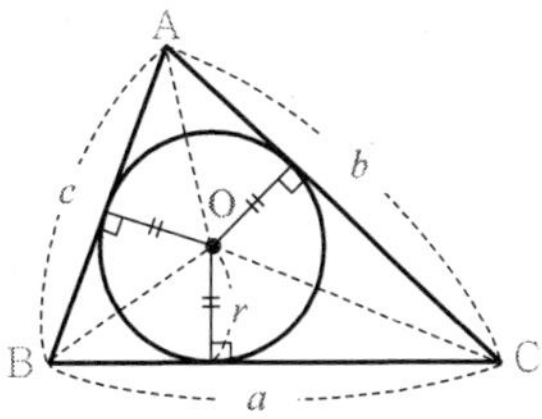

$$\begin{aligned} S &= \triangle ABC = \triangle OAB + \triangle OBC + \triangle OCA \\ &= \frac{1}{2}cr+\frac{1}{2}ar+\frac{1}{2}br \\ &= \frac{1}{2}(a+b+c)r \end{aligned}$$

여기서, $\frac{1}{2}(a+b+c)=s$로 놓으면 $S=rs$

예제 3-12

△ABC의 세 변의 길이가 5, 7, 8일 때, 다음을 구하시오.

(1) 삼각형의 면적　　(2) 외접원의 반지름의 길이 R　　(3) 내접원의 반지름의 길이 r

▌풀이

(1) 삼각형의 면적

헤론의 공식을 이용하면 $s=\frac{1}{2}(a+b+c)=\frac{1}{2}(5+7+8)=10$

$\therefore\ S=\sqrt{s(s-a)(s-b)(s-c)}=\sqrt{10(10-5)(10-7)(10-8)}=10\sqrt{3}$

(2) 외접원의 반지름의 길이 R

$S=\dfrac{abc}{4R}\ \rightarrow\ R=\dfrac{abc}{4S}\ \rightarrow\ R=\dfrac{5\cdot 7\cdot 8}{4\cdot 10\sqrt{3}}$

$\therefore\ R=\dfrac{7\sqrt{3}}{3}$

(3) 내접원의 반지름의 길이 r

$S=rs$에서 $10\sqrt{3}=r\cdot 10$

$\therefore\ r=\sqrt{3}$

3.5 역삼각함수

3.5.1 역사인함수

$y = \sin x$의 그래프는 그림 3.8에 나타내었다. 이 그림에서 모든 가로 직선에서 $y = b$ $(-1 < b < 1)$는 무한 번 $y = \sin x$의 그래프와 만나므로, 가로 직선 판정법으로부터 함수 $y = \sin x$는 1대 1이 아니다.

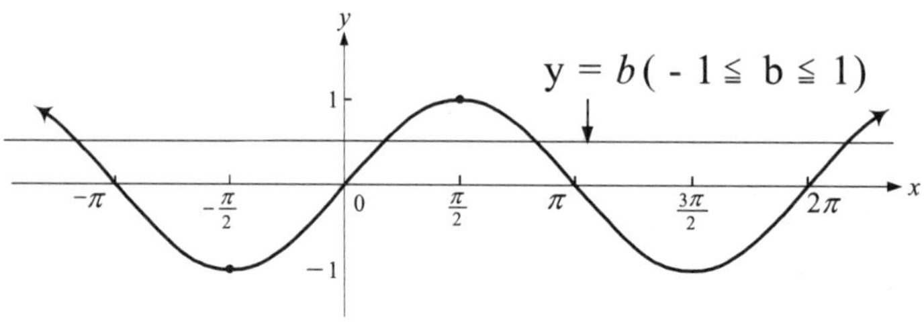

그림 3.8 $y = \sin x$, $-\infty < x < \infty$, $-1 \leqq y \leqq 1$

그러나 $y = \sin x$의 정의역을 구간 $\left[-\frac{\pi}{2}, \frac{\pi}{2}\right]$으로 제한하면 제한된 함수

$$y = \sin x, \ -\frac{\pi}{2} \leqq x \leqq \frac{\pi}{2}$$

는 1대 1이므로 역함수를 갖는다(정의역을 제한하여 1대 1 함수를 얻는 방법은 많이 있더라도 수학자들은 $y = \sin x$의 역을 정의하기 위하여 구간 $\left[-\frac{\pi}{2}, \frac{\pi}{2}\right]$를 일관되게 사용함을 동감해왔다). 그림 3.9를 보라.

$y = f(x) = \sin x$의 역에 대한 방정식은 y가 관계식 $\sin y = x$에 의하여 결정되는 x의 함수일 때, 즉 x와 y를 바꿈으로써 얻어지는 곡선이다.

역함수의 음함수의 꼴은 $x = \sin y \left(-\frac{\pi}{2} \leqq y \leqq \frac{\pi}{2}\right)$다. 이 때 양함수의 꼴은 y를 x의 역사인함수(inverse sine function)라 하고 다음과 같이 쓴다.

$$y = \sin^{-1} x \quad \text{또는} \quad y = \arcsin x$$

여기서 $-1 \leqq x \leqq 1$이고 $-\frac{\pi}{2} \leqq y \leqq \frac{\pi}{2}$, 기호를 "$y$는 각(角) 또는 사인(sine)이 x와 같은 실수이다"라고 읽는다. 바꾸어 말하면 우리는 "y는 x의 역사인함수이다"라고 말할 수 있다.

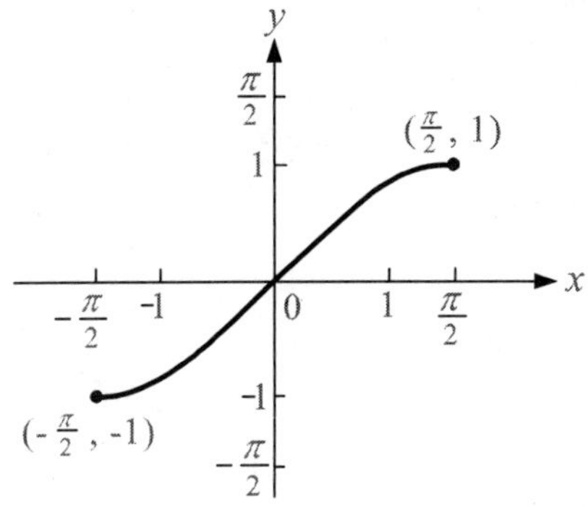

그림 3.9 $y = \sin x, \left(-\frac{\pi}{2} \leqq x \leqq \frac{\pi}{2}\right)$

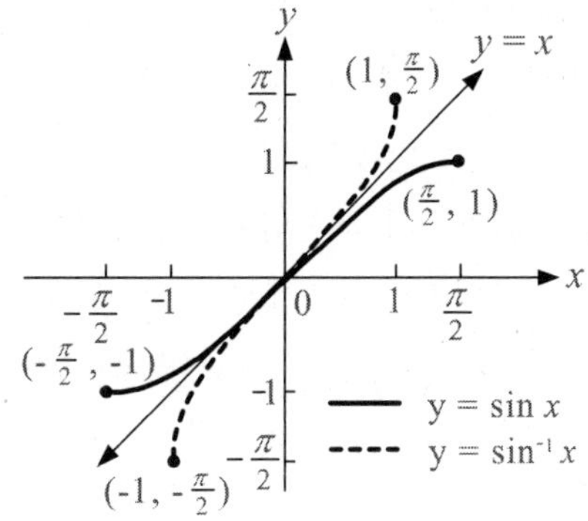

그림 3.10 $y = \sin^{-1}x, \left(-\frac{\pi}{2} \leqq y \leqq \frac{\pi}{2}\right)$

사용된 표시에서 $y = \sin^{-1}x$에 나타나는 -1은 지수가 아니라 f의 역함수를 나타내기 위하여 사용된 상징적인 뜻 f^{-1}를 암시한다(이 표시를 피하기 위하여 $y = \sin^{-1}x$ 대신에 $y = \arcsin x$를 사용하기도 한다).

함수 f의 역은 f의 치역의 원을 입력으로 받고 f의 정의역의 원을 출력으로 돌려보낸다. 제한된 사인함수 $y = f(x) = \sin x$는 구간 $\left[-\frac{\pi}{2}, \frac{\pi}{2}\right]$에 있는 각 또는 실수를 입력으로 그리고 구간 $[-1, 1]$에 있는 실수를 출력으로 받는다.

그러므로 역사인함수는 구간 $[-1, 1]$에 있는 실수를 입력으로 그리고 구간 $\left[-\frac{\pi}{2}, \frac{\pi}{2}\right]$에 있는 실수를 출력으로 받는다.

f의 정의역 $= f^{-1}$의 치역이고 f의 치역 $= f^{-1}$의 정의역이므로 역사인함수 $y = f^{-1}(x) = \sin^{-1}x$의 정의역은 $[-1, 1]$이고, 치역은 $\left[-\frac{\pi}{2}, \frac{\pi}{2}\right]$이다.

역사인함수의 그래프는 그림 3.10에서 보이는 바와 같이, $y = f(x) = \sin x$의 그래프의 제한된 부분을 직선 $y = x$에 관하여 반사함으로써 얻어질 수 있다.

같은 방법으로

$\cos y = x$이면 $y = \cos^{-1}x$

$\tan y = x$이면 $y = \tan^{-1}x$

등과 같이 정의하며 이와 같은 함수를 역삼각함수(逆三角函數)라 한다. $y = \cos^{-1}x$와 $y = \tan^{-1}x$는 뒤에 기술하기로 한다.

> $\sin^{-1}$은 아크사인, $\cos^{-1}$은 아크코사인, $\tan^{-1}$은 아크탄젠트라고 읽는다.

그림 3.11에 보이는 바와 같이 역사인곡선(inverse sine curve)은 직선 $y=x$에 대하여 sine 곡선인 $y=\sin x$와 대칭인 곡선, 즉 x와 y를 바꿈으로써 얻어지는 곡선이다.

이 그래프에서 역사인함수는 연속다가함수(連續多價函數)이고 -1에서 1까지의 구간에서만 정의됨을 알 수 있다.

한 함수의 미분을 생각하려면 그 함수는 **1가함수**라야만 한다. 그렇게 때문에 그림 3.11의 호 AB를 곡선 $y=\sin^{-1}x$의 **주지**(主枝, principal branch)라 정의한다. 주지를 표시할 때는 함수기호의 첫 자(字)를 대문자로 쓴다. 즉, 호 AB의 방정식은 $y=\text{Sin}^{-1}x$ 또는 $y=\text{Arc}\sin x$이다. 그리고 함수 $\text{Sin}^{-1}x$에 의하여 결정되는 하나의 값을 $\sin^{-1}x$의 **주치**(主値, principal value)라 한다.

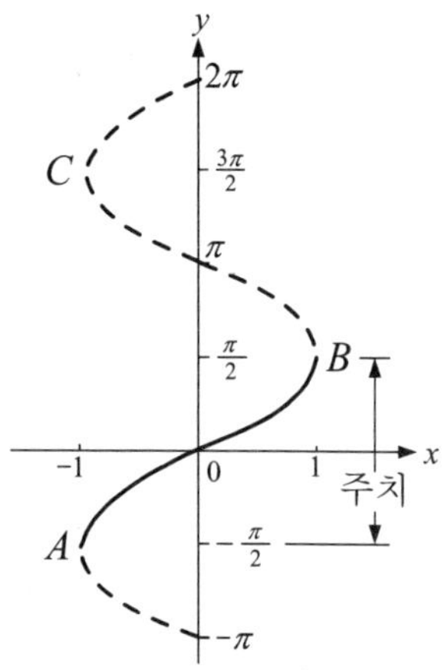

그림 3.11 역사인함수

> **1가함수**(一價函數, single valued function)는 함수 $y=f(x)$에서 y값이 변수 x의 값에 단 1개만 대응하는 함수를 말하며 특별한 제한이 없는 함수를 말한다(5.1.3항 참조).

예 $\text{Sin}^{-1}(-1)$의 값은 $-\frac{\pi}{2}$이다. 그렇지만 $\sin^{-1}(-1)$은 무한히 많은 값 $-\frac{\pi}{2}$, $\frac{3\pi}{2}$, $\frac{7\pi}{2}$, … 등 이들 중에서 임의의 한 값을 표시한다.

예제 3-13

역사인함수 $\sin^{-1}1$의 정확한 값을 구하라.

풀이

$\theta=\sin^{-1}1$이라 하자. 그러면 $\theta=\sin^{-1}1$, $-\frac{\pi}{2}\leqq\theta\leqq\frac{\pi}{2}$

$\sin\theta=1$, $-\frac{\pi}{2}\leqq\theta\leqq\frac{\pi}{2}$. $y=\sin^{-1}x$의 정의에 의하여.

각 θ의 값에 따른 $\sin\theta$의 값은 표 3.3과 그림 3. 12에 도시하였다.

표 3.3 각 θ의 값에 따른 $\sin\theta$ 값의 변화

θ	$-\frac{\pi}{2}$	$-\frac{\pi}{3}$	$-\frac{\pi}{4}$	$-\frac{\pi}{6}$	0	$\frac{\pi}{6}$	$\frac{\pi}{4}$	$\frac{\pi}{3}$	$\frac{\pi}{2}$
$\sin\theta$	-1	$-\frac{\sqrt{3}}{2}$	$-\frac{\sqrt{2}}{2}$	$-\frac{1}{2}$	0	$\frac{1}{2}$	$\frac{\sqrt{2}}{2}$	$\frac{\sqrt{3}}{2}$	1

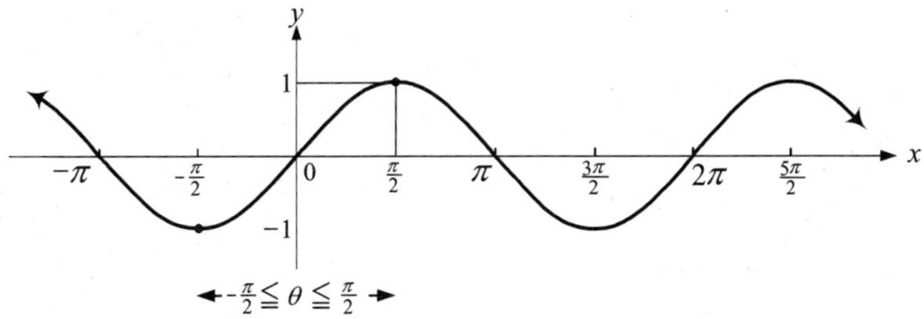

그림 3.12 각 θ의 값에 따른 $\sin\theta$ 값의 그래프

앞의 결과로부터 $\sin\theta = 1$이 되는 $\left[-\frac{\pi}{2}, \frac{\pi}{2}\right]$ 내에 있는 각이 $\frac{\pi}{2}$뿐이라는 것을 알게 된다($\sin\frac{5\pi}{2} = 1$이지만 $\frac{5\pi}{2} \notin \left[-\frac{\pi}{2}, \frac{\pi}{2}\right]$에 유의하라).

따라서 $\theta = \sin^{-1} 1 = \frac{\pi}{2}$.

3.5.2 역코사인함수

$y = \cos x(-\infty < x < \infty)$의 그래프는 그림 3.13에 나타내었다. 이 그림에서 모든 가로 직선에서 $y = b(-1 < b < 1)$는 무한 번 $y = \cos x$의 그래프와 만나므로 함수 $y = \cos x$는 1대 1이 아니다.

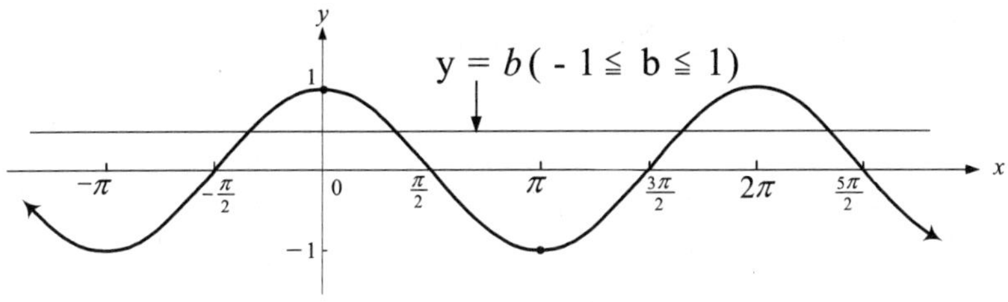

그림 3.13 $y = \cos x$, $-\infty < x < \infty$, $-1 \leqq y \leqq 1$

그러나 $y = \cos x$의 정의역을 구간 $[0, \pi]$로 제한하면, 제한된 함수

$$y = \cos x,\ 0 \leqq x \leqq \pi$$

는 1대 1이므로 역함수를 갖는다(일반적으로 코사인함수가 1대 1이 되도록 정의역을 제한할 때, 구간 $[0, \pi]$를 사용한다). 그림 3.14를 보라.

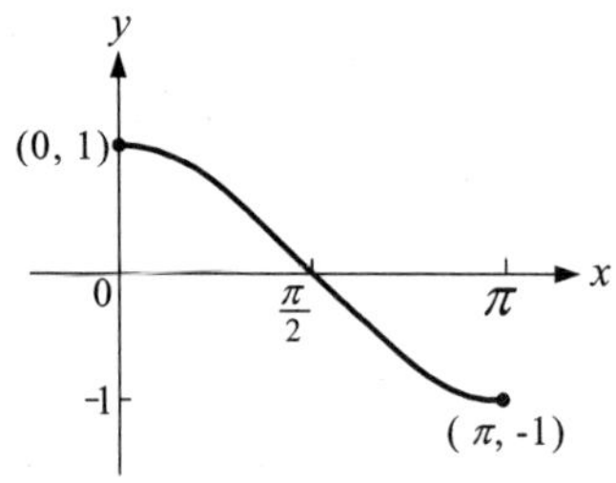

그림 3.14 $y = \cos x,\ 0 \leqq x \leqq \pi$

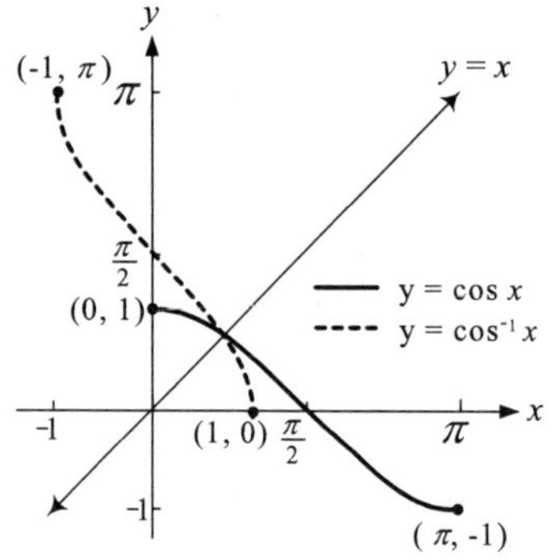

그림 3.15 $y = \cos^{-1}x,\ 0 \leqq y \leqq \pi$

$y = f(x) = \cos x$의 역에 대한 방정식은 y가 관계식 $\cos y = x$에 의하여 결정되는 x의 함수일 때, 즉 x와 y를 서로 바꿈으로써 얻어지는 곡선이다. 역함수의 음함수의 꼴은 $x = \cos y$ $(0 \leqq y \leqq \pi)$다. 이 때 양함수의 꼴은 y를 x의 역코사인함수(inverse cosine function)라 하고 다음과 같이 쓴다.

$$y = \cos^{-1}x \quad \text{또는} \quad y = \arccos x$$

여기서 $-1 \leqq x \leqq 1$이고 $0 \leqq y \leqq \pi$, y는 코사인(cosine)이 x가 되는 각이다. 바꾸어 말하면 우리는 "y는 x의 역코사인함수이다"라고 말할 수 있다. 함수 $y = \cos^{-1}x$의 정의역은 $[-1,\ 1]$이고 치역은 $[0,\ \pi]$이다. $y = \cos^{-1}x$의 그래프는 그림 3.15에서 보는 바와 같이, $y = f(x) = \cos x$의 그래프의 제한된 부분을 직선 $y = x$에 관하여 반사함으로써 얻어질 수 있다.

예제 3-14

역코사인함수 $\cos^{-1}0$의 정확한 값을 구하라.

풀이

$\theta = \cos^{-1}0$라 하자. 그러면 $y = \cos^{-1}x$의 정의에 의하여,

$$\theta = \cos^{-1}0,\ 0 \leqq \theta \leqq \pi$$

$$\cos\theta = 0,\ 0 \leqq \theta \leqq \pi$$

각 θ의 값에 따른 $\cos\theta$의 값은 표 3.4와 그림 3. 16에 도시하였다.

표 3.4 각 θ의 값에 따른 $\cos\theta$ 값의 변화

θ	0	$\frac{\pi}{6}$	$\frac{\pi}{4}$	$\frac{\pi}{3}$	$\frac{\pi}{2}$	$\frac{2\pi}{3}$	$\frac{3\pi}{4}$	$\frac{5\pi}{6}$	π
$\cos\theta$	1	$\frac{\sqrt{3}}{2}$	$\frac{\sqrt{2}}{2}$	$\frac{1}{2}$	0	$-\frac{1}{2}$	$-\frac{\sqrt{2}}{2}$	$-\frac{\sqrt{3}}{2}$	-1

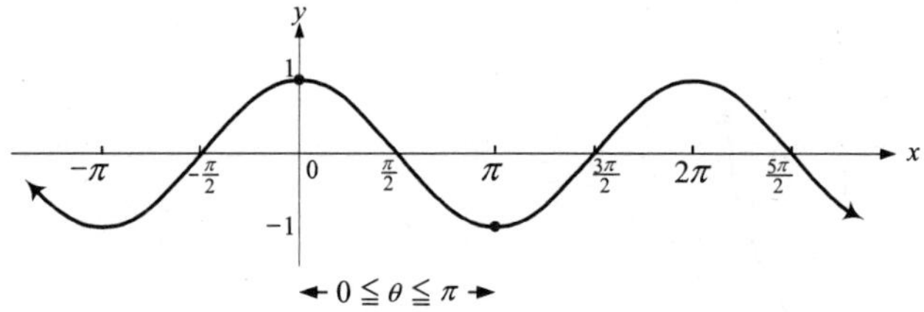

그림 3.16 각 θ의 값에 따른 $\cos\theta$ 값의 그래프

앞의 결과로부터 $\cos\theta = 0$이 되는 구간 $[0, \pi]$ 내의 유일한 θ는 $\frac{\pi}{2}$이다. 즉, $\cos 0 = \frac{\pi}{2}$이고 $\frac{\pi}{2} \in [0, \pi]$ ($\cos\frac{3\pi}{2} = 0$이지만 $\frac{3\pi}{2} \notin [0, \pi]$임에 유의하라), 따라서 $\cos^{-1}0 = \frac{\pi}{2}$

3.5.3 역탄젠트함수

$y = \tan x(-\infty < x < \infty)$의 그래프는 그림 3.17에 나타내었다. 이 그림에서 모든 가로 직선이 이 그래프와 무한 번 만나므로 함수 $y = \tan x$는 1대 1이 아니다.

그러나 $y = \tan x$의 정의역을 구간 $\left[-\frac{\pi}{2}, \frac{\pi}{2}\right]$로 제한하면, 제한된 함수

$$y = \tan x, \quad -\frac{\pi}{2} < x < \frac{\pi}{2}$$

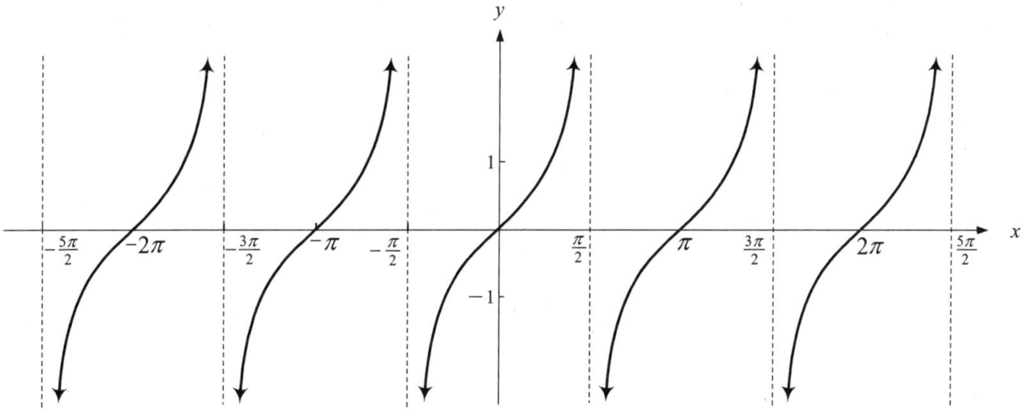

그림 3.17 $y = \tan x$, $-\infty < x < \infty$, x는 $\frac{\pi}{2}$의 홀수배수와 같지 않음

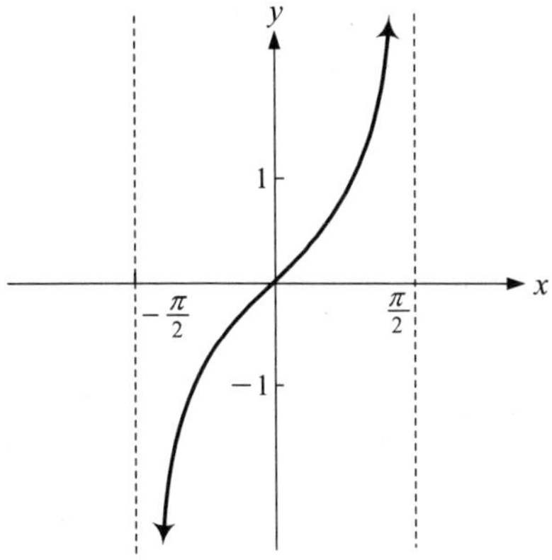

그림 3.18 $y=\tan x,\ -\frac{\pi}{2}<x<\frac{\pi}{2}$

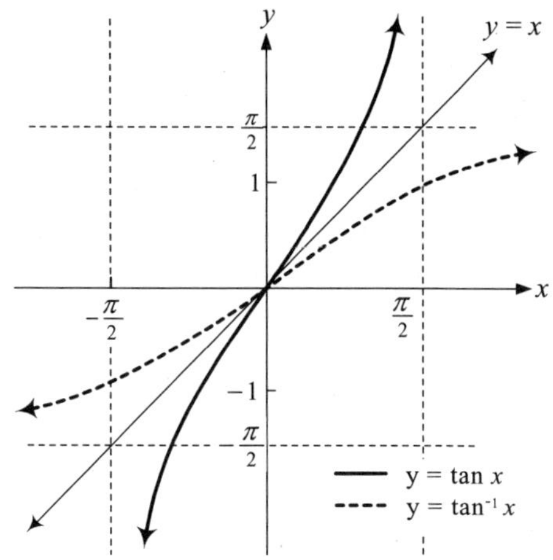

그림 3.19 $y=\tan^{-1}x,\ -\frac{\pi}{2}<y<\frac{\pi}{2}$

는 1대 1이고 따라서 역함수를 갖는다($y=\tan x$가 1대 1 함수가 되도록 정의역을 구간 $\left[-\frac{\pi}{2},\ \frac{\pi}{2}\right]$로 제한하는 것이 일반적이다). 그림 3.18을 보라.

$y=f(x)=\tan x$의 역에 대한 방정식은 x와 y를 서로 바꿈으로써 얻어지는 곡선이다. 역함수의 음함수의 꼴은 $x=\tan y,\ -\frac{\pi}{2}<y<\frac{\pi}{2}$다. 이 때 양함수의 꼴은 y를 x의 역탄젠트함수(inverse tangent function)라 하고 다음과 같이 쓴다.

$$y=\tan^{-1}x \quad \text{또는} \quad y=\arctan x$$

여기서 $-\infty<x<\infty$이고 $-\frac{\pi}{2}<y<\frac{\pi}{2}$, y는 탄젠트가 x가 되는 각이다.

함수 $y=\tan^{-1}x$의 정의역은 $\mathbb{R}$이고, 치역은 $\left[-\frac{\pi}{2},\ \frac{\pi}{2}\right]$이다. $y=\tan^{-1}x$의 그래프는 그림 3.19에서 보는 바와 같이, $y=\tan x$의 그래프의 제한된 부분을 직선 $y=x$에 관하여 반사함으로써 얻어질 수 있다.

예제 3-15

역탄젠트함수 $\tan^{-1}1$의 정확한 값을 구하라.

❙ 풀이

$\theta=\tan^{-1}(-1)$ 라 하자. 그러면 역탄젠트함수의 정의에 의하여,

$$\theta=\tan^{-1}1, \quad -\frac{\pi}{2} \leqq \theta \leqq \frac{\pi}{2}$$

$$\tan\theta=1, \quad -\frac{\pi}{2} \leqq \theta \leqq \frac{\pi}{2}$$

각 θ의 값에 따른 $\tan\theta$의 값은 표 3.5와 그림 3.19에 도시하였다.

표 3.5 각 θ의 값에 따른 $\tan\theta$ 값의 변화

θ	$-\frac{\pi}{2}$	$-\frac{\pi}{3}$	$-\frac{\pi}{4}$	$-\frac{\pi}{6}$	0	$\frac{\pi}{6}$	$\frac{\pi}{4}$	$\frac{\pi}{3}$	$\frac{\pi}{2}$
$\sin\theta$	정의되지 않음	$-\sqrt{3}$	-1	$-\frac{\sqrt{3}}{3}$	0	$\frac{\sqrt{3}}{3}$	1	$\sqrt{3}$	정의되지 않음

$\tan\theta=1$인 구간 $\left[-\frac{\pi}{2}, \frac{\pi}{2}\right]$내의 유일한 각 θ는 $\frac{\pi}{4}$이다.

즉, $\tan\frac{\pi}{4}=1$이고 $\frac{\pi}{4}\in\left[-\frac{\pi}{2}, \frac{\pi}{2}\right]$

따라서 $\tan^{-1}1=\frac{\pi}{4}$

서론의 그림 55~57에 표시된 바와 같이 다른 역삼각함수의 주치는 다음 구간에서 취하여진다.

$$-\frac{1}{2}\pi \leqq \mathrm{Sin}^{-1}x \leqq \frac{1}{2}\pi, \quad 0 \leqq \mathrm{Cos}^{-1}x \leqq \pi, \quad -\frac{1}{2}\pi \leqq \mathrm{Tan}^{-1}x \leqq \frac{1}{2}\pi$$

따라서 예를 들면, $\mathrm{Cos}^{-1}\left(-\frac{1}{2}\right)=\frac{2}{3}\pi$, $\mathrm{Tan}^{-1}(-1)=-\frac{1}{4}\pi$

3.6 각을 구하는 방법

삼각함수의 값을 알고, 여기서 그것을 만족하는 각 θ를 구할 때는 반드시 $\tan^{-1}y$에 의해 산정해야 한다. 이것은 구하는 각에서 가능한 오차가 생기는 것을 줄이기 위해서 이다. 그 이유는

① θ가 $90°$부근에서는 $\sin\theta(=y)$의 값의 변화가 작다. 반대로 말하면 y의 미소 변화에 대해, 각 θ의 변화가 커지면 오차도 커진다(θ가 $0°$부근에서의 $\cos\theta$의 변화도 같다).

② $\tan\theta(=y)$의 변화는 $\sin\theta$, $\cos\theta$에 비해 크다. 반대로 y의 미소 변화에 대해, 각 θ의 변화가 작아지면 오차도 작아진다.

예제 3-16

$\sin\theta = 0.875$ 일 때, 이것을 만족하는 θ의 값을 구하시오. 단, θ는 제2사분면의 각으로 한다.

풀이

$\sin^2\theta + \cos^2\theta = 1$에 의해 $\cos\theta = \pm\sqrt{1-\sin^2\theta}$

여기서 θ가 제2사분면의 각이므로 $\cos\theta(<0) = -\sqrt{1-\sin^2\theta}$.

따라서, $\tan\theta = \dfrac{\sin\theta}{\cos\theta} = \dfrac{\sin\theta}{-\sqrt{1-\sin^2\theta}} = \dfrac{0.875}{-\sqrt{1-(0.875)^2}} = 1.807\ 4$가 된다.

탁상용 계산기를 사용하면, θ의 주치는 $\tan^{-1}(1.807\ 4) = -61°2'42''$

또한, θ는 제2사분면의 각이므로 $180° - 61°2'42'' = 118°57'18''$가 된다.

$\tan^{-1}y$의 주치를 α, 구하는 각을 θ로 하면 각 사분면에서의 값은 다음과 같다.

제1사분면 : $\theta = \alpha(\alpha > 0)$

제2사분면 : $\theta = 180° + \alpha(\alpha < 0)$

제3사분면 : $\theta = 180° + \alpha(\alpha > 0)$

제4사분면 : $\theta = 360° + \alpha(\alpha < 0)$

3.7 덧셈정리와 그의 응용

3.7.1 덧셈정리

삼각함수를 더욱 깊게 공부하려면 $\sin(\alpha \pm \beta)$, $\cos(\alpha \pm \beta)$ 등을 α, β의 삼각함수로 나타낼 필요가 종종 생긴다. 수(數)의 계산에서는 a, α, β를 모두 수라고 하면 $a \cdot (\alpha + \beta) = a\alpha + a\beta$이다.

그러면 $\sin(\alpha + \beta) = \sin\alpha + \sin\beta$와 $\cos(\alpha + \beta) = \cos\alpha + \cos\beta$가 성립되는가? 이에 대한 답은 다음과 같다.

$$\sin(\alpha \pm \beta) = \sin\alpha\cos\beta \pm \cos\alpha\sin\beta$$
$$\cos(\alpha \pm \beta) = \cos\alpha\cos\beta \mp \sin\alpha\sin\beta$$
$$\tan(\alpha \pm \beta) = \frac{\tan\alpha \pm \tan\beta}{1 \mp \tan\alpha\tan\beta}$$

이 공식을 삼각함수의 덧셈정리라 한다. 이상의 덧셈정리를 이용하면 α, β의 삼각함수 값으로 $\alpha \pm \beta$의 삼각함수의 값을 구할 수 있다.

이들 공식은 앞으로 삼각함수를 발전시키는 데 가장 기초가 되는 중요한 공식이다.

예제 3-17

$\sin 75°$, $\cos 75°$, $\tan 75°$의 값을 각각 구하여라.

▌풀이

$75° = 45° + 30°$에 착안해서

$$\sin 75° = \sin(45° + 30°) = \sin 45°\cos 30° + \cos 45°\sin 30°$$
$$= \frac{1}{\sqrt{2}} \cdot \frac{\sqrt{3}}{2} + \frac{1}{\sqrt{2}} \cdot \frac{1}{2} = \frac{\sqrt{3}+1}{2\sqrt{2}} = \frac{\sqrt{6}+\sqrt{2}}{4}$$

$$\cos 75° = \cos(45° + 30°) = \cos 45°\cos 30° - \sin 45°\sin 30°$$
$$= \frac{1}{\sqrt{2}} \cdot \frac{\sqrt{3}}{2} - \frac{1}{\sqrt{2}} \cdot \frac{1}{2} = \frac{\sqrt{3}-1}{2\sqrt{2}} = \frac{\sqrt{6}-\sqrt{2}}{4}$$

$$\tan 75° = \tan(45° + 30°) = \frac{\tan 45° + \tan 30°}{1 - \tan 45°\tan 30°} = \frac{1 + \frac{1}{\sqrt{3}}}{1 - 1 \cdot \frac{1}{\sqrt{3}}}$$
$$= \frac{\sqrt{3}+1}{\sqrt{3}-1} = \frac{(\sqrt{3}+1)(\sqrt{3}+1)}{(\sqrt{3}-1)(\sqrt{3}+1)} = 2 + \sqrt{3}$$

3.7.2 단진동과 그의 합성

1) 단진동

질점(質點, material point) P가 어느 한 점을 중심으로 일정한 원주 위에서 등속도운동을 할 때, 질점 P의 일정한 지름 위에서 투영한 정사영(正射影)은 그 지름 위에서 주기적으로 왕복운동을 한다. 이 운동을 **단진동**(單振動) 또는 **단진동운동**(또는 **단순조화운동**, simple harmonic oscillation)이라 한다.

역학적으로는 단진자(單振子)의 운동이나 스프링의 탄성운동처럼 운동체가 항상 어떤 정점(定點)을 향하고, 또 그 정점으로부터의 거리에 비례하는 힘을 받을 때 하는 운동을 말한다. 이 때 운동체는 그 정점을 평형의 중심(평형점)으로 하여 진동한다.

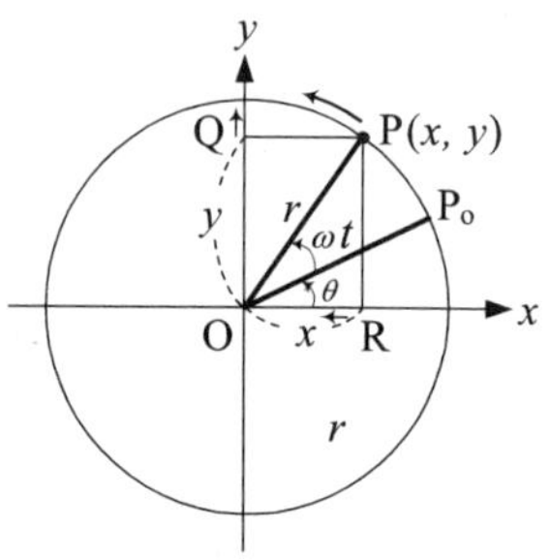

질점 P가 원점 O를 중심으로 하는 반지름 r cm인 원주 위를 매초 ω의 각속도로 P_0을 출발하여 t초 후의 위치를 $P(x, y)$, $\angle xOP_0 = \theta$ 라고 하면 $\angle xOP = \omega t + \theta$ 이므로

$$x = r\cos(\omega t + \theta) \qquad (3.1)$$

$$y = r\sin(\omega t + \theta) \qquad (3.2)$$

이들이 각각 x축 상의 정사영 R, y축 상의 정사영 Q의 단진동을 나타내는 식이다.

식 (1)과 (2)의 우변은 $T = \dfrac{2\pi}{\omega}$ 를 주기로 하는 주기함수이므로 Q, R은 각각 T초마다 같은 상태의 운동을 되풀이하게 된다.

이 때 $T = \dfrac{2\pi}{\omega}$ (s, 초)를 **주기**(週期, period), $f = \dfrac{1}{T} = \dfrac{\omega}{2\pi}$ (1/s)를 **진동수**(振動數, frequency), r (cm)을 **진폭**(振幅, amplitude), θ를 **초기위상**(初期位相, initial phase)이라고 한다.

▌ 질점 ▌

역학적으로 물체의 크기(또는 부피)를 무시하고 질량이 모여 있다고 보는 점. 이 점으로 물체의 위치나 운동을 표시할 수 있으며, 역학 원리 및 모든 법칙의 기초가 된다. 질점계의 역학 중에서 강체(剛體)를 다루는 것은 강체역학, 유체(流體)를 다루는 것은 유체역학이라 한다.

예제 3-18

다음 식으로 나타내지는 단진동의 진폭, 주기, 진동수 및 초기위상을 구하여라.

(1) $y = 2\sin\left(\dfrac{\pi}{3}t + \dfrac{\pi}{6}\right)$ (2) $x = 3\cos\left(\dfrac{\pi}{4}t + \dfrac{\pi}{3}\right)$

▌풀이

(1) $y = 2\sin\left(\frac{\pi}{3}t + \frac{\pi}{6}\right) = r\sin(\omega t + \theta)$에서

진폭 $r = 2$, 주기 $\mathrm{T} = \frac{2\pi}{\omega} = \frac{2\pi}{\pi/3} = 6\ (\mathrm{s})$

진동수 $f = \frac{1}{\mathrm{T}} = \frac{1}{6}\ (1/\mathrm{s})$, 초기위상 $\theta = \frac{\pi}{6}$

(2) $x = 3\cos\left(\frac{\pi}{4}t + \frac{\pi}{3}\right) = r\cos(\omega t + \theta)$로부터

진폭 $r = 3$, 주기 $\mathrm{T} = \frac{2\pi}{\omega} = \frac{2\pi}{\pi/4} = 8\ (\mathrm{s})$

진동수 $f = \frac{1}{\mathrm{T}} = \frac{1}{8}\ (1/\mathrm{s})$, 초기위상 $\theta = \frac{\pi}{3}$

2) 단진동의 합성

a, b가 0이 아닌 수이고, 주기가 같은 2개의 단진동을

$$y_1 = a\sin\omega t,\quad y_2 = b\cos\omega t$$

라고 하면

$$y = y_1 + y_2 = a\sin\omega t + b\cos\omega t = \sqrt{a^2 + b^2}\,\sin(\omega t + \theta)\quad \left(\text{단, } \tan\theta = \frac{b}{a}\right)$$

그림과 같이 좌표평면 위에 점 $\mathrm{P}(a, b)$를 잡고, 선분 $\overline{\mathrm{OP}}$와 x축의 양의 방향이 이루는 각의 크기를 θ라 하면 $\overline{\mathrm{OP}} = \sqrt{a^2 + b^2}$이고,

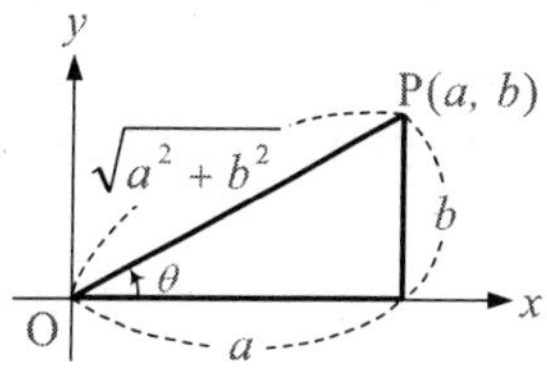

$$\cos\theta = \frac{a}{\sqrt{a^2 + b^2}},\quad \sin\theta = \frac{b}{\sqrt{a^2 + b^2}} \qquad (3.3)$$

이다. 이 때

$$\begin{aligned} a\sin\omega t + b\cos\omega t &= \sqrt{a^2 + b^2}\left(\frac{a}{\sqrt{a^2 + b^2}}\cdot\sin\omega t + \frac{b}{\sqrt{a^2 + b^2}}\cdot\cos\omega t\right) \\ &= \sqrt{a^2 + b^2}(\cos\theta\cdot\sin\omega t + \sin\theta\cdot\cos\omega t) \\ &= \sqrt{a^2 + b^2}\,\sin(\omega t + \theta) \qquad (3.4) \end{aligned}$$

여기에서 θ의 값은 식 (3)에 적합한 θ 중에서 간단한 것을 하나 택하면 된다.

이와 같이 $a\sin\omega t + b\cos\omega t$인 꼴의 삼각함수를 $r\sin(\omega t + \theta)$인 꼴로 변형하는 것을 **삼각함수의 합성**이라고 한다.

예제 3-19

두 개의 단진동 $y_1 = \sin \omega t$, $y_2 = 2\cos \omega t$를 합성 $(y_1 + y_2)$하여라.

❙풀이

$$y = y_1 + y_2 = \sin \omega t + 2\cos \omega t = \sqrt{5}\left(\frac{1}{\sqrt{5}}\sin \omega t + (\frac{2}{\sqrt{5}}\cos \omega t\right)$$

$$= \sqrt{5}(\cos\theta \cdot \sin \omega t + \sin\theta \cdot \cos \omega t)$$

$$= \sqrt{5}(\sin \omega t + \theta)$$

즉, 두 개의 진동 $\sin \omega t$, $\cos \omega t$를 합하면 진폭이 $\sqrt{5}$이고, 위상차 $\theta(\tan\theta = 2)$의 진동이 생긴다. 일반적으로 $a\sin \omega t$와 $b\cos \omega t$를 합성하면, 앞에서 설명한 바와 같이 $\sqrt{a^2 + b^2}\sin(\omega t + \theta)$의 진동이 된다$\left(\text{단, } \tan\theta = \frac{b}{a}\right)$.

3.7.3 삼각함수의 여러 가지 공식

덧셈정리에서 배각의 공식. 합(차)에서 곱으로 바꾸는 공식, 곱에서 합(차)으로 바꾸는 공식 등 여러 가지 공식이 나온다. 모든 공식은 공식집을 참고하여라.

여기서 나오는 공식들은 삼각함수의 덧셈정리를 직접 사용하면 유도된다. (1) 2배각의 공식, (2) 반각의 공식 등의 계산에 대하여 생각해보기로 하자.

1) 2배각 · 반각의 공식

(1) 2배각의 공식

우선 $\sin(\alpha + \beta)$, $\cos(\alpha + \beta)$, $\tan(\alpha + \beta)$의 공식에서 $\beta = \alpha$로 놓으면 다음의 2배각의 공식이 성립함을 알 수 있다.

① $\sin 2\alpha = 2\sin\alpha\cos\alpha$
② $\cos 2\alpha = \cos^2\alpha - \sin^2\alpha = 2\cos^2\alpha - 1 = 1 - 2\sin^2\alpha$
③ $\tan 2\alpha = \dfrac{2\tan\alpha}{1 - \tan^2\alpha}$

삼각함수의 덧셈정리를 직접 사용하면

① $\sin(\alpha + \beta) = \sin\alpha\cos\beta + \cos\alpha\sin\beta$에서 $\beta = \alpha$로 놓으면

$\sin(\alpha+\alpha) = \sin\alpha\cos\alpha + \cos\alpha\sin\alpha = 2\sin\alpha\cos\alpha$

$\therefore\ \sin 2\alpha = 2\sin\alpha\cos\alpha$

② $\cos(\alpha+\beta) = \cos\alpha\cos\beta - \sin\alpha\sin\beta$에서 $\beta = \alpha$로 놓으면

$\cos(\alpha+\alpha) = \cos\alpha\cos\alpha - \sin\alpha\sin\alpha$

$$\begin{aligned}\therefore\ \cos 2\alpha &= \cos^2\alpha - \sin^2\alpha \\ &= 2\cos^2\alpha - 1 \qquad \Leftarrow\ \sin^2\alpha = 1-\cos^2\alpha \\ &= 1-2\sin^2\alpha \qquad \Leftarrow\ \cos^2\alpha = 1-\sin^2\alpha\end{aligned}$$

③ $\tan(\alpha+\beta) = \dfrac{\tan\alpha + \tan\beta}{1-\tan\alpha\tan\beta}$에서 $\beta = \alpha$로 놓으면

$\tan(\alpha+\alpha) = \dfrac{\tan\alpha + \tan\alpha}{1-\tan\alpha\tan\alpha}$

$\therefore\ \tan 2\alpha = \dfrac{2\tan\alpha}{1-\tan^2\alpha}$

예제 3-20

$\sin x = \dfrac{3}{5}$ 일 때 (1) $\sin 2x$, (2) $\cos 2x$, (3) $\tan 2x$의 값을 구하여라.

풀이

앞에서 얻은 2배각의 공식을 이용하면

$\sin x = \dfrac{3}{5}$ 일 때 $\cos x = \pm\dfrac{4}{5}$, $\tan x = \pm\dfrac{3}{4}$ (복호동순)이므로

(1) $\sin 2x = 2\sin x\cos x = 2\times\dfrac{3}{5}\times\left(\pm\dfrac{4}{5}\right) = \pm\dfrac{24}{25}$

(2) $\cos 2\alpha = 1-2\sin^2\alpha = 1-2\times\left(\dfrac{3}{5}\right)^2 = 1-\dfrac{18}{25} = \dfrac{7}{25}$

(3) $\tan 2\alpha = \dfrac{2\tan\alpha}{1-\tan^2\alpha} = \dfrac{2\times\left(\pm\dfrac{3}{4}\right)}{1-\left(\pm\dfrac{3}{4}\right)^2} = \pm\dfrac{24}{7}$

(2) 반각의 공식

$\cos 2\alpha$의 공식에서 α대신에 $\dfrac{\alpha}{2}$로 놓으면, 다음 반각의 공식이 성립함을 알 수 있다.

① $\sin^2\dfrac{\alpha}{2} = \dfrac{1-\cos\alpha}{2}$　　② $\cos^2\dfrac{\alpha}{2} = \dfrac{1+\cos\alpha}{2}$　　③ $\tan^2\dfrac{\alpha}{2} = \dfrac{1-\cos\alpha}{1+\cos\alpha}$

> $\frac{\alpha}{2}$의 크기에 따라서 $\sin\frac{\alpha}{2}$, $\cos\frac{\alpha}{2}$, $\tan\frac{\alpha}{2}$의 부호가 결정된다.

배각의 공식 $\cos 2\alpha$ 에서

① $\cos 2\alpha = 1 - 2\sin^2\alpha \rightarrow \sin^2\alpha = \frac{1-\cos 2\alpha}{2}$ 에서 α대신에 $\frac{\alpha}{2}$로 놓으면

$\therefore\ \sin^2\frac{\alpha}{2} = \frac{1-\cos\alpha}{2}$

또한,

② $\cos 2\alpha = 2\cos^2\alpha - 1$에서 $\cos^2\alpha = \frac{1+\cos 2\alpha}{2} \rightarrow \cos^2\frac{\alpha}{2} = \frac{1+\cos\alpha}{2}$

이들을 조합하면

③ $\tan^2\frac{\alpha}{2} = \dfrac{\sin^2\frac{\alpha}{2}}{\cos^2\frac{\alpha}{2}} = \dfrac{1-\cos\alpha}{1+\cos\alpha}$

예제 3-21

$\sin 22°30'$, $\cos 22°30'$, $\tan 22°30'$의 값을 구하여라.

풀이

$$\sin^2 22°30' = \sin^2\frac{45°}{2} = \frac{1-\cos 45°}{2} = \frac{2-\sqrt{2}}{4}$$

$$\cos^2 22°30' = \cos^2\frac{45°}{2} = \frac{1+\cos 45°}{2} = \frac{2+\sqrt{2}}{4}$$

$$\tan^2 22°30' = \tan^2\frac{45°}{2} = \frac{1-\cos 45°}{1+\cos 45°} = \frac{2-\sqrt{2}}{2+\sqrt{2}}$$

그런데 $\sin 22°30' > 0$, $\cos 22°30' > 0$, $\tan 22°30' > 0$ 이므로

$$\sin 22°30' = \frac{\sqrt{2-\sqrt{2}}}{2},\quad \cos 22°30' = \frac{\sqrt{2+\sqrt{2}}}{2}$$

$$\tan 22°30' = \sqrt{\frac{2-\sqrt{2}}{2+\sqrt{2}}} = \sqrt{\frac{(2-\sqrt{2})^2}{(2+\sqrt{2})(2-\sqrt{2})}} = \frac{2-\sqrt{2}}{\sqrt{2}} = \sqrt{2}-1$$

2) 곱을 합 또는 차로, 합 또는 차를 곱으로 변형하는 공식

(1) 곱을 합 또는 차로 변형하는 공식

$$\sin\alpha\cos\beta = \frac{1}{2}\{\sin(\alpha+\beta)+\sin(\alpha-\beta)\}$$
$$\cos\alpha\sin\beta = \frac{1}{2}\{\sin(\alpha+\beta)-\sin(\alpha-\beta)\}$$
$$\cos\alpha\cos\beta = \frac{1}{2}\{\cos(\alpha+\beta)+\cos(\alpha-\beta)\}$$
$$\sin\alpha\sin\beta = -\frac{1}{2}\{\cos(\alpha+\beta)-\cos(\alpha-\beta)\}$$

사인의 덧셈정리

$$\sin(\alpha+\beta) = \sin\alpha\cos\beta + \cos\alpha\sin\beta \quad ①$$
$$\sin(\alpha-\beta) = \sin\alpha\cos\beta - \cos\alpha\sin\beta \quad ②$$

를 이용하면 곱을 합(또는 차)으로 고칠 수 있다. 즉, 식 ①+②하면

$$\sin(\alpha+\beta) + \sin(\alpha-\beta) = 2\sin\alpha\cos\beta \quad ③$$
$$\therefore \sin\alpha\cos\beta = \frac{1}{2}\{\sin(\alpha+\beta)+\sin(\alpha-\beta)\}$$

식 ①−② 하면

$$\sin(\alpha+\beta) - \sin(\alpha-\beta) = 2\cos\alpha\sin\beta \quad ④$$
$$\therefore \cos\alpha\sin\beta = \frac{1}{2}\{\sin(\alpha+\beta)-\sin(\alpha-\beta)\}$$

코사인의 덧셈정리

$$\cos(\alpha+\beta) = \cos\alpha\cos\beta - \sin\alpha\sin\beta \quad ⑤$$
$$\cos(\alpha-\beta) = \cos\alpha\cos\beta + \sin\alpha\sin\beta \quad ⑥$$

에서 식 ⑤+⑥ 하면

$$\cos(\alpha+\beta) + \cos(\alpha-\beta) = 2\cos\alpha\cos\beta \quad ⑦$$
$$\therefore \cos\alpha\cos\beta = \frac{1}{2}\{\cos(\alpha+\beta)+\cos(\alpha-\beta)\}$$

식 ⑤−⑥ 하면

$$\cos(\alpha+\beta) - \cos(\alpha-\beta) = -2\sin\alpha\sin\beta \quad ⑧$$
$$\therefore \sin\alpha\sin\beta = -\frac{1}{2}\{\cos(\alpha+\beta)-\cos(\alpha-\beta)\}$$

(2) 합 또는 차를 곱으로 변형하는 공식

$$\sin A + \sin B = 2\sin\frac{A+B}{2}\cos\frac{A-B}{2}$$
$$\sin A - \sin B = 2\cos\frac{A+B}{2}\sin\frac{A-B}{2}$$
$$\cos A + \cos B = 2\cos\frac{A+B}{2}\cos\frac{A-B}{2}$$
$$\cos A - \cos B = -2\sin\frac{A+B}{2}\sin\frac{A-B}{2}$$

앞의 식 ③과 ⑦는 곱을 합으로, 식 ④와 ⑧은 곱을 차로 변형하는 공식이 된다.

다음에는 $\begin{cases} \alpha+\beta = A \\ \alpha-\beta = B \end{cases}$ 로 놓고 이것을 α와 β에 관해서 풀면, 즉

$$\begin{cases} \alpha = \dfrac{A+B}{2} \\ \beta = \dfrac{A-B}{2} \end{cases}$$

가 되므로 두 관계식을 식 ③, ④, ⑦ 및 ⑧에 대입하면 다음 공식이 얻어진다.

$$\sin A + \sin B = 2\sin\frac{A+B}{2}\cos\frac{A-B}{2}$$
$$\sin A - \sin B = 2\cos\frac{A+B}{2}\sin\frac{A-B}{2}$$
$$\cos A + \cos B = 2\cos\frac{A+B}{2}\cos\frac{A-B}{2}$$
$$\cos A - \cos B = -2\sin\frac{A+B}{2}\sin\frac{A-B}{2}$$

예제 3-22

다음 식을 곱 또는 합으로 변형해서 그 값을 구하여라.

(1) $\sin 15° + \sin 75°$ (2) $8\sin 20°\sin 40°\sin 80°$

풀이

(1) $$\sin 15° + \sin 75° = 2\sin\frac{15° + 75°}{2}\cos\frac{15° - 75°}{2}$$
$$= 2\sin 45°\cos(-30°)$$
$$= 2\sin 45°\cos 30° = 2\cdot\frac{1}{\sqrt{2}}\cdot\frac{\sqrt{3}}{2} = \frac{\sqrt{6}}{2}$$

(2) $$8\sin 20°\sin 40°\sin 80°$$
$$= 4\sin 20°(2\sin 40°\sin 80°)$$
$$= 4\sin 20°\left[-\frac{1}{2}\cdot 2\{\cos(40° + 80°) - \cos(40° - 80°)\}\right]$$
$$= 4\sin 20°[-\cos 120° + \cos(-40°)]$$
$$= 4\sin 20°[\cos 40° - \cos 120°)]$$
$$= 4\sin 20°\cos 40° - 4\sin 20°\cos 120°$$
$$= 4\left[\frac{1}{2}\{\sin(20° + 40°) + \sin(20° - 40°)\}\right] - 4\sin 20°\cos(180° - 60°)$$
$$= 2\sin 60° + 2\sin(-20°) - 4\sin 20°\cos(-60°)$$
$$= 2\sin 60° - 2\sin 20° - 4\sin 20°\left(-\frac{1}{2}\right)$$
$$= 2\sin 60° - 2\sin 20° + 2\sin 20°$$
$$= 2\frac{\sqrt{3}}{2} = \sqrt{3}$$

연 습 문 제

3.1 다음을 계산하여라.

(1) $\sin 30° + \cos 60°$ (2) $\cos 45° - \sin 60°$

(3) $\tan 30° \times \cos 30°$ (4) $\tan 45° \div \cos 60°$

(1) 1 (2) $\frac{\sqrt{2}-\sqrt{3}}{2}$

(3) $\frac{1}{2}$ (4) $\frac{\sqrt{3}}{3}$

3.2 다음 식을 만족하는 x의 값을 구하여라 (단, $0° \leqq x \leqq 90°$).

(1) $\sin(x - 25°) = \frac{\sqrt{3}}{2}$ (2) $\cos 3x = \frac{\sqrt{2}}{2}$

(3) $\tan \frac{x + 10°}{2} = \frac{\sqrt{3}}{3}$

(1) 85°
(2) 15°
(3) 50°

3.3 문제 그림 3.1의 삼각형에서 $\sin\theta$, $\cos\theta$, $\tan\theta$의 값을 a, b, c로 나타내어라.

$\sin\theta = \frac{b}{a}$, $\cos\theta = \frac{c}{a}$, $\tan\theta = \frac{b}{c}$

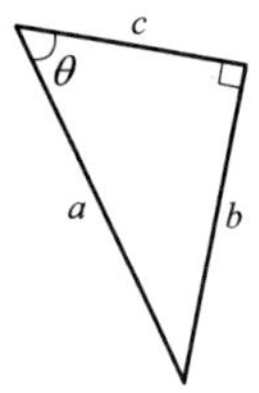

문제 그림 3.1

3.4 $\sin\theta = 0.805\,7$일 때, $\cos\theta$ 및 $\cot\theta$의 값을 소수 넷째 자리까지 구하여라. 단, $90° < \theta < 180°$로 한다.

$\cos\theta = -0.592\,3$, $\cot\theta = -0.735\,1$

3.5 문제 그림 3.2에서 BD의 길이를 구하시오. 단, 삼각형 ABC는 직각삼각형으로 $\angle B = 90°$, $\angle C = 30°$, $\overline{AC} = 20$ m로 한다.

$5\sqrt{3}$ m ≈ 8.66 m

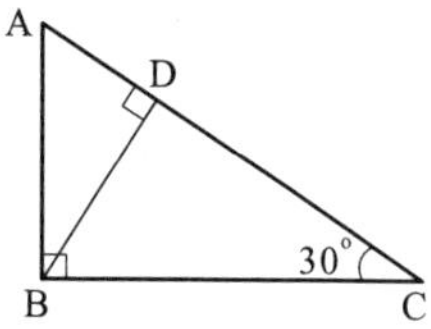

문제 그림 3.2

3.6 문제 그림 3.3과 같은 높이 5 m인 국기 게양대가 있다. 태양의 고도가 다음과 같을 때 국기 게양대의 그림자의 길이 x는 각각 몇 m인가?

(1) 30° (2) 45° (3) 60°

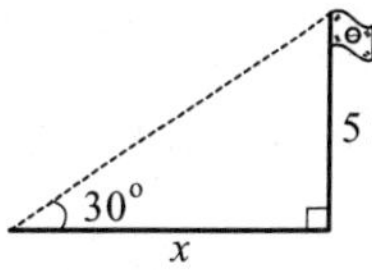

문제 그림 3.3

(1) $5\sqrt{3}$

(2) 5

(3) $\frac{5\sqrt{3}}{3}$

3.7 문제 그림 3.4와 같은 △ABC에서 $\overline{AC}$의 길이를 구하여라.

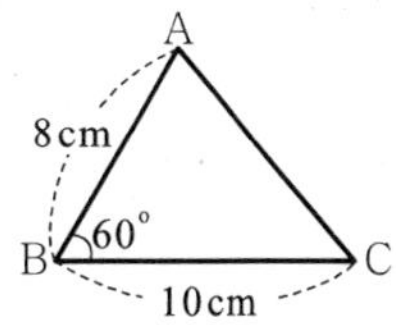

문제 그림 3.4

$2\sqrt{21}$ m

3.8 문제 그림 3.5와 같이 절벽 높이를 측정하는데 절벽 가까이 C 지점에서 올려다보면 60°였다. 그 지점에서 200m 절벽과 반대방향으로 걸어가서 올려다보면 30°였다. 이 절벽 높이는 얼마인가?

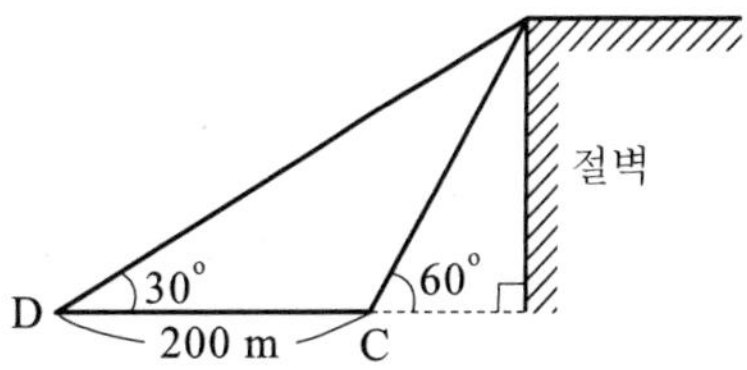

문제 그림 3.5

$100\sqrt{3}$ m ≈ 173.2 m

3.9 문제 그림 3.6과 같은 높이 $h = 5$ m인 옹벽이 점착력이 없는 흙을 떠받치고 있는 경우, 주동토압강도는 얼마인가? 단, 흙의 단위중량 $w = 1.7$ tf/m³, 내부마찰력 $\phi = 30°$로 하고, 주동토압강도 p_a는 $p_a = wh\tan^2(45° - \frac{\phi}{2})$로 한다.

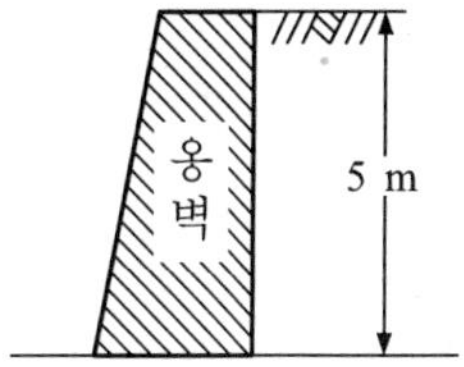

문제 그림 3.6

2.83 tf/m²

3.10 다음 조건을 만족하는 각 θ는 제 몇 사분면의 각인가?

(1) $\sin\theta\cos\theta < 0$ (2) $\sin\theta\tan\theta > 0$

(1) 제2, 4사분면

(2) 제1, 4사분면

3.11 다음 삼각함수의 값을 구하여라.

(1) $\sin(-225°)$ (2) $\cos\left(-\frac{10}{3}\pi\right)$

(3) $\cos 495°$ (4) $\tan\frac{7}{6}\pi$

(1) $\frac{\sqrt{2}}{2}$ (2) $-\frac{1}{2}$

(3) $-\frac{\sqrt{2}}{2}$ (4) $\frac{\sqrt{3}}{3}$

3.12 문제 그림 3.7에 나타난 금광맥을 포함한 지층(A층)의 두께 t와 점 A에서의 심도 d를 구하여라. 단, 지표부에서의 A층의 노출 폭을 W[m], 경사각 $\beta°$로 한다.

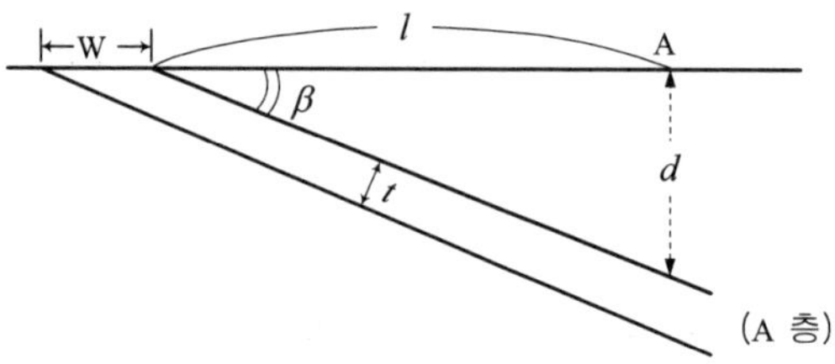

문제 그림 3.7

$t = W \cdot \sin\beta$, $d = l \cdot \tan\beta$

3.13 문제 그림 3.8과 같은 선분 $\overline{AB}$의 길이 s를 구하기 위해 s_0 및 $\theta_1 \sim \theta_6$의 각을 측정했다. 여기서 s를 s_0 및 $\theta_1 \sim \theta_6$의 각을 이용해 나타내어라.

$\frac{s_o \cdot \sin\theta_1 \sin\theta_3}{\sin\theta_4 \cdot \sin\theta_6}$

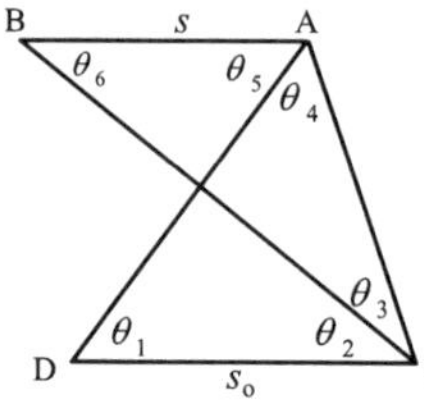

문제 그림 3.8

3.14 $\triangle$ABC에서 $\angle A = 60°$, $\angle B = 45°$, $a = 3$일 때, b와 외접원의 반지름 R을 구하여라.

(1) $\sqrt{6}$, (2) $\sqrt{3}$

3.15 $\triangle$ABC에서 $B = 30°$, $C = 45°$, $b=2$, $c = 2\sqrt{2}$ 일 때 A와 a의 값을 구하여라.

$105°$, $\sqrt{2} + \sqrt{6}$

3.16 △ABC에서 $a=\sqrt{2}$, $b=2$, $c=\sqrt{3}+1$일 때 A, B, C의 값을 구하여라.

$A=30°$, $B=45°$, $C=105°$

3.17 △ABC에서 세 변의 길이가 5, 6, 7일 때, 다음을 구하시오.

(1) 삼각형의 면적 S

(2) 외접원의 반지름의 길이 R

(3) 내접원의 반지름의 길이 r

(1) $6\sqrt{6}$

(2) $\dfrac{35\sqrt{6}}{24}$

(3) $\dfrac{2\sqrt{6}}{3}$

3.18 삼각형의 3변을 a, b, c로 하면 이 삼각형의 면적은 다음 식으로 나타냄을 증명해라.

$S=\sqrt{s(s-a)(s-b)(s-c)}$ 단, $s=\dfrac{a+b+c}{2}$이다.

생략

3.19 다음 역삼각함수의 정확한 값을 구하여라.

(1) $\sin^{-1}\left(\dfrac{1}{2}\right)$ (2) $\cos^{-1}\left(\dfrac{\sqrt{2}}{2}\right)$

(3) $\tan^{-1}(-\sqrt{3})$

(1) $\dfrac{\pi}{6}$

(2) $\dfrac{\pi}{4}$

(3) $-\dfrac{\pi}{3}$

3.20 다음 $\sin 15°$, $\cos 15°$, $\tan 15°$의 값을 각각 구하여라.

(1) $\dfrac{\sqrt{6}-\sqrt{2}}{4}$

(2) $\dfrac{\sqrt{6}+\sqrt{2}}{4}$

(3) $2-\sqrt{3}$

3.21 다음 $\sin\alpha=\frac{13}{14}$, $\sin\beta=\frac{11}{14}$ 일 때 (단, α, β는 모두 예각), 다음의 값을 구하여라.

(1) $\sin(\alpha+\beta)$, $\cos(\alpha+\beta)$, $\tan(\alpha+\beta)$

(2) $\alpha+\beta$

(1) $\frac{\sqrt{3}}{2}$, $-\frac{1}{2}$, $-\sqrt{3}$

(2) $120°$

3.22 합의 공식을 사용하여 $\sin\frac{7}{12}\pi$의 값을 구하여라.

$\frac{\sqrt{2}+\sqrt{6}}{4}$

3.23 차의 공식을 사용하여 $\sin 80°\cos 20° - \cos 80°\sin 20°$의 값을 구하여라.

$\frac{\sqrt{3}}{2}$

3.24 $y=3\sin\left(4\pi t+\frac{\pi}{4}\right)$로 운동하는 단진자가 있다. 이 단진자의 진폭, 주기, 진동수 및 초기위상을 구하여라.

3, $\frac{1}{2}(s)$, $2\left(\frac{1}{s}\right)$, $\frac{\pi}{4}$

3.25 두 개의 단진동이 $y_1=3\sin\omega t$, $y_2=2\cos\omega t$ 일 때, 이들을 y_1+y_2, 즉 합성하여 $y=a\sin(\omega t+\theta)$으로 나타내어라.

$y=\sqrt{13}\sin(\omega t+\delta)$, 여기서 $\delta=\tan^{-1}\left(\frac{2}{3}\right)$

3.26 $\sin\alpha=\frac{3}{5}$ 일 때 $\sin 2\alpha$, $\sin\frac{\alpha}{2}$ (단, $\frac{\pi}{2}<\alpha<\pi$)의 값을 구하여라.

$-\frac{24}{25}$, $\frac{3\sqrt{10}}{10}$

3.27 초기속도 v_o를 갖는 물이 문제 그림 3.9와 같은 소방호수의 끝(노즐, nozzle)에서 자유 jet (또는 free jet) 형태로 수평면과 위쪽 경사각 θ로 분출되었다. 이 때 공기저항을 무시하면 수평도달거리 x가 다음과 같은 식으로 주어질 때, 다음에 답하라.

$$x=\frac{1}{4.9}v_o^2\cos\theta\sin\theta$$

(1) $x=\frac{1}{9.8}v_o^2\sin 2\theta$임을 보이고, (2) x가 최대가 되는 각 θ을 구하여라.

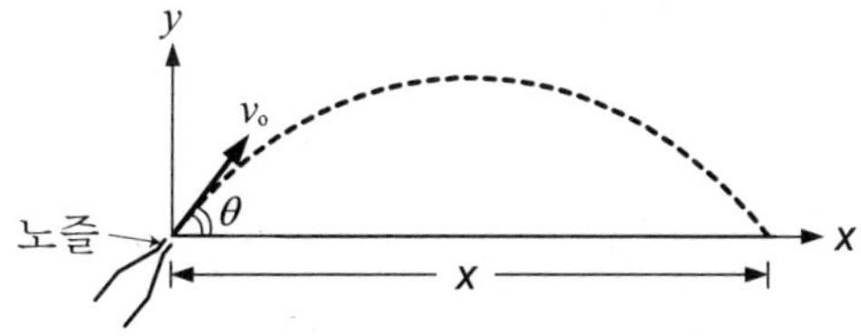

문제 그림 3.9

(1) 사인의 2배각의 공식이용

(2) $\theta = 45°$

3.28 그림상에서 북극에서 위도 ϕ까지의 직선거리 r은 $r = 2R\sin\frac{\delta}{2}s$로 구한다. $R=$ 6,370 km, 축척 $s = 1/300\ 000\ 000$로 했을 때, 적도까지의 도상거리는 몇 cm인가? 유효수자 2자리까지 구하여라. 단, $\delta = 90 - \phi$ (ϕ : 위도)이다.

$r = 3.0$ cm

3.29 다음에 주어진 각 곱을 사인 또는 코사인만을 포함하는 합으로 나타내어라.

(1) $\sin 6\theta \sin 4\theta$ (2) $\sin 3\theta \cos 5\theta$

(1) $\frac{1}{2}(\cos 2\theta - \cos 10\theta)$

(2) $\frac{1}{2}(\sin 8\theta - \sin 2\theta)$

3.30 다음에 주어진 각 합 또는 차를 사인 및 또는 코사인만을 포함하는 합으로 나타내어라.

(1) $\sin 5\theta - \sin 3\theta$ (2) $\cos 3\theta + \cos 2\theta$

(1) $2\sin\theta\cos 4\theta$

(2) $2\cos\frac{5\theta}{2}\cos\frac{\theta}{2}$

CHAPTER 04

지수함수와 로그함수

4.1 지수함수

4.1.1 지수란?

$a \times a$는 a^2, $a \times a \times a$는 a^3이라 쓰고 a의 위 첨자의 수를 지수, a를 밑이라 부른다. 그러나 공학이나 자연과학에서는 $a^{3/2}$이나 a^{-4}와 같은 지수가 양의 정수가 아닌 법칙이나 식들이 자주 나온다. 예를 들면, 후술되는 개수로(開水路)의 평균유속 V에 대한 **매닝**(Manning)의 공식에서 수로의 동수경사(動水傾斜) I 의 1/2승 등이 나온다.

지수(指數)를 양의 정수 이외의 수에도 확장하여 법칙이나 식의 의미를 생각하면 그러한 계산이 편리해진다는 이점도 있다. 또한 지수함수는 다음에 기술되는 로그함수를 이해하는 데에도 많은 도움을 줄 것이다.

4.1.2 지수의 확장

우리들은 지금까지 정수가 양의 정수(자연수)인 경우만 생각하였으나 지수가 0과 음의 정수인 경우 더 나아가 유리수의 범위까지 정리하고 발전시켜 보기로 하자. 이와 같이 생각하는 범위가 넓어지는 것을 **지수의 확장**이라 한다.

1) 지수의 정의

0 또는 음의 지수 : $a \neq 0$, n이 양의 정수일 때,

$$a^0 = 1, \quad a^{-n} = \frac{1}{a^n}$$

0^0은 정의되지 않는다. 그러므로 $0^0 \neq 1$이다.

예제 4-1

다음의 각 식의 값을 구하여라.

(1) $\left(\frac{2}{3}\right)^0$ (2) $(-25)^0$ (3) $(-3)^{-2}$ (4) $8^{-\frac{1}{3}}$

▌풀이

(1) 1 (2) 1

(3) $(-3)^{-2} = \dfrac{1}{(-3)^2} = \dfrac{1}{9}$ (4) $8^{-\frac{1}{3}} = (2^3)^{-\frac{1}{3}} = \dfrac{1}{2}$

2) 지수법칙

지금까지 배워온 지수법칙을 정리하면 다음과 같은 것들을 들 수 있겠다.

$a > 0,\ b > 0$ 이고 $m,\ n$이 유리수(有理數)일 때

① $a^m \times a^n = a^{m+n}$ ② $a^m \div a^n = a^{m-n}$

③ $(a^m)^n = a^{mn}$ ④ $(ab)^n = a^n b^n$

⑤ $\left(\dfrac{b}{a}\right)^n = \dfrac{b^n}{a^n}$

0의 지수 공식 ②에서 $m = n = 5$라고 하면

좌변 : $a^m \div a^n = a^5 \div a^5 = 1$, 우변 : $a^{m-n} = a^{5-5} = a^0$

이므로, 이것을

$$a^0 = 1\,(a \neq 0)$$

로 정하면, 지수법칙 공식 ②는 $m = n$일 때도 성립하므로 결국 지수가 0, 즉 0의 지수일 때도 성립한다는 것이 된다.

음의 지수 $m < n$일 때 예를 들면, $m = 3,\ n = 5$일 때, 지수법칙 공식 ②는 어떻게 되는가를 조사해보자. 이 공식의

좌변 : $a^m \div a^n = a^3 \div a^5 = \dfrac{1}{a^2}$, 우변 : $a^{m-n} = a^{3-5} = a^{-2}$

이므로, 이것을

$$a^{-2} = \frac{1}{a^2}\,(a \neq 0)$$

로 정하면 지수법칙 공식 ②는 $m < n$일 때도 성립하므로 결국 지수가 음수, 즉 음의 지수일 때도 성립한다는 것이 된다.

이를테면 $3^{-2} = \dfrac{1}{3^2}$, $5^{-3} = \dfrac{1}{5^3}$, $10^{-1} = \dfrac{1}{10}$, $\left(\dfrac{1}{7}\right)^{-2} = 7^2$이다.

예제 4-2

다음 각 식을 간단히 하여라.

(1) $3^4 \times 3^2 \times 3^{-5}$

(2) $a^{-4} \times a^5 \div a^{-2}$

(3) $(a^{-3}b^2)^{-3}$

(4) $\left\{\left(\frac{4}{9}\right)^{-\frac{3}{4}}\right\}^{\frac{2}{3}}$

풀이

(1) $3^4 \times 3^2 \times 3^{-5} = 3^{4+2-5} = 3$

(2) $a^{-4} \times a^5 \div a^{-2} = a^{-4+5-(-2)} = a^3$

(3) $(a^{-3}b^2)^{-3} = \dfrac{1}{(a^{-3}b^2)^3} = \dfrac{1}{a^{-9}b^6} = a^9 b^{-6} = \dfrac{a^9}{b^6}$

(4) $\left\{\left(\frac{4}{9}\right)^{-\frac{3}{4}}\right\}^{\frac{2}{3}} = \left(\frac{2}{3}\right)^{2\times\left(-\frac{3}{4}\right)\times\frac{2}{3}} = \left(\frac{2}{3}\right)^{-1} = \frac{3}{2}$

3) 분수지수

$a > 0$, m은 정수, n은 2 이상의 정수일 때

$$a^{\frac{1}{n}} = \sqrt[n]{a},\quad a^{\frac{m}{n}} = \sqrt[n]{a^m},\quad a^{-\frac{m}{n}} = \frac{1}{a^{\frac{m}{n}}} = \frac{1}{\sqrt[n]{a^m}},\quad \left(\frac{b}{a}\right)^n = \left(\frac{a}{b}\right)^{-n}$$

이런 결과는 반드시 알아두지 않으면 안 된다.

밑이 양수가 아니면 다음과 같은 잘못 계산되는 일이 발생되기도 한다.

$$-27 = (-3)^3 = (-3)^{6/2} = 729^{1/2} = 27$$

예제 4-3

다음 각 식을 간단히 하여라.

(1) $\sqrt[4]{a^3} \div \sqrt[3]{a^2}$

(2) $\sqrt[5]{yz^7} \div \sqrt[5]{yz^2}$

(3) $\sqrt{a\sqrt{a\sqrt{a}}}$

(4) $\sqrt{\dfrac{a}{\sqrt[3]{a}} \times \sqrt{a}}$

풀이

(1) (준식) $= a^{\frac{3}{4}} \div a^{\frac{2}{3}} = a^{\frac{3}{4}-\frac{2}{3}} = a^{\frac{1}{12}} = \sqrt[12]{a}$

(2) (준식) $= (yz^7)^{\frac{1}{5}} \div (yz^2)^{\frac{1}{5}} = y^{\frac{1}{5}} z^{\frac{7}{5}} \div (y^{\frac{1}{5}} z^{\frac{2}{5}}) = y^{\frac{1}{5}-\frac{1}{5}} z^{\frac{7}{5}-\frac{2}{5}} = y^0 z = z$

(3) $\sqrt{a\sqrt{a\sqrt{a}}} = a^{\frac{1}{2}+\left(\frac{1}{2}\right)^2+\left(\frac{1}{2}\right)^3} = a^{\frac{7}{8}}$

(4) 먼저 $\sqrt{\ }$ 안을 간단히 하면

$$\frac{a}{\sqrt[3]{a}} \times \sqrt{a} = \frac{a}{a^{\frac{1}{3}}} \times \sqrt{a} = a \div a^{\frac{1}{3}} \times a^{\frac{1}{2}} = a^{1-\frac{1}{3}+\frac{1}{2}} = a^{\frac{7}{6}}$$

따라서, (준식) $= \sqrt{a^{\frac{7}{6}}} = a^{\frac{7}{12}}$

예제 4-4

$9^{1/2} \times 64^{-1/3}$을 구하여라.

❙풀이

$9 = 3^2,\ 64 = 4^3$

따라서 $9^{1/2} \times 64^{-1/3} = 3 \times 1/4 = 3/4$

예제 4-5

$2^x = 4\sqrt{2}$를 풀어라.

❙풀이

우변에서 $4 = 2^2,\ \sqrt{2} = 2^{1/2}$이므로 우변 $= 2^{2+1/2} = 2^{5/2}$

$\therefore\ x = 5/2$

4.1.3 오일러(Euler)의 수, e

이제 무한수열 $\mathrm{A} = \left(1+\frac{1}{n}\right)^n$라는 식에서 $n = 1,\ 2,\ 3,\ \cdots$ 으로 되어 있는 값이 한없이 커지면($n \to \infty$ 라 쓴다), 이 수열의 값 A은 다음 쪽의 표와 같이 어느 정해진 수에 가까워진다(각자 자신의 탁상용 계산기로 시험해 보라). 이때의 극한값을 e라 하고 이 e를 **오일러의 수**라 하며 다음과 같은 식으로 나타낸다.

일반적으로 n이 실수일 때

$\mathrm{e} = \lim_{n\to\infty}\left(1+\frac{1}{n}\right)^n = 2.718\ 281\ 828 \cdots$ 가 성립하는 것으로 알려져 있다.

또한 e는 다음과 같은 무한급수에서도 나타난다($n!$은 n의 계승이라 하고, $n! = 1\cdot 2\cdot 3\cdots n$).

$$\mathrm{e} = 1 + \frac{1}{1!} + \frac{1}{2!} + \frac{1}{3!} + \cdots + \frac{1}{n!} + \cdots$$

e는 미분, 적분이나 오차론 등에서 매우 중요한 수이다(9장 또는 10장 참조).

n	$\left(1+\frac{1}{n}\right)^n$	
1	$(1+1)^1$	$=2$
10	$(1+0.1)^{10}$	$=2.593\,7\cdots$
100	$(1+0.01)^{100}$	$=2.704\,8\cdots$
1 000	$(1+0.001)^{1\,000}$	$=2.716\,9\cdots$
10 000	$(1+0.000\,1)^{10\,000}$	$=2.718\,1\cdots$
100 000	$(1+0.000\,01)^{100\,000}$	$=2.718\,2\cdots$
⋮	⋮	⋮

lim은 본래 리미스(limes, 라틴어)로 읽는다. 통상 영어의 리미트(limit)라고 부르고 있으며 극한(極限)의 의미이다.

4.1.4 지수함수와 그의 그래프

1) 지수함수

일반적으로 a가 1이 아닌 양수, 즉 $a \neq 1$, $a>0$일 때 $y=a^x$로 정의되는 a를 밑으로 하는 함수 y를 x의 **지수함수**(指數函數)라 한다. 특히, e^x는 중요하므로 이것을 지수함수라 부르는 경우도 많다. e^x를 **exp *x*** 또는 **exp (*x*)**라고 쓰는 경우도 있다(exponential이라 읽는다).

2) 지수함수 $y=a^x$의 성질

지수함수 $y=a^x$의 성질을 조사해보자.

① 정의역은 실수 전체의 집합 R이고, 치역은 양의 실수 전체의 집합 $\{y \mid y>0\}$이다.

② $x-$절편은 존재하지 않고, $y-$절편은 1이다.

③ 그래프는 x축 위의 점 (0, 1), 함수 a^x 위의 점 $(1,\ a)$와 $\left(-1,\ \frac{1}{a}\right)$를 지난다.

④ 이 함수는 양(陽, +)의 일가연속함수이며, 세로 점근선(漸近線)은 x축$(y=0)$이다.

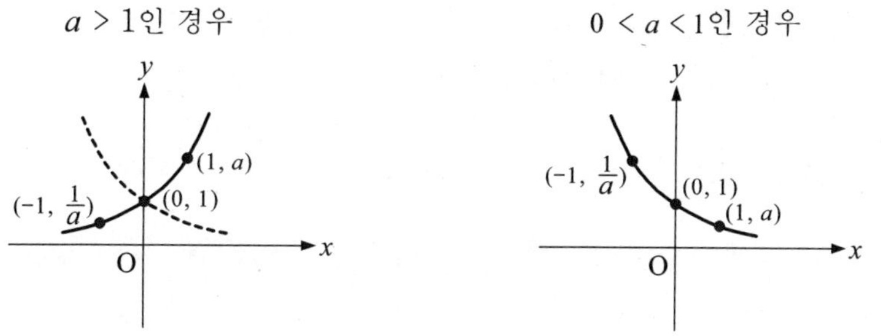

그림 4.1 지수함수 $y=a^x$의 그래프

⑤ $a>1$일 때, x의 값이 증가하면 y의 값도 항상 증가한다(**단조증가함수**).
$0<a<1$일 때, x의 값이 증가하면 y의 값은 항상 감소한다(**단조감소함수**).

⑥ $y=a^x$의 그래프와 $y=\left(\frac{1}{a}\right)^x$의 그래프는 **$y$축에 관하여 대칭**이다.

> 평행이동에 관한 공식은 1차, 2차 함수 때와 똑같다.

$y=a^x$의 그래프[그림 4.2 (a),(b)]에서 x가 증가할 때, 다음에 주목하라.

① $a>1$일 때 : a^x는 $x<0$에서 완만하게, $x>0$에서 급하게 증가한다.

② $0<a<1$일 때 : a^x는 $x<0$에서 급격히, $x>0$에서 완만하게 감소한다.

그림 4.2는 밑 a의 값에 따른 그래프를 도시한 것이다. 이 그림에서 알 수 있듯이 a^x의 그래프는 ③항에서 설명한 바와 같이 항상 x축 위의 점 (0, 1)을 지남을 알 수 있다.

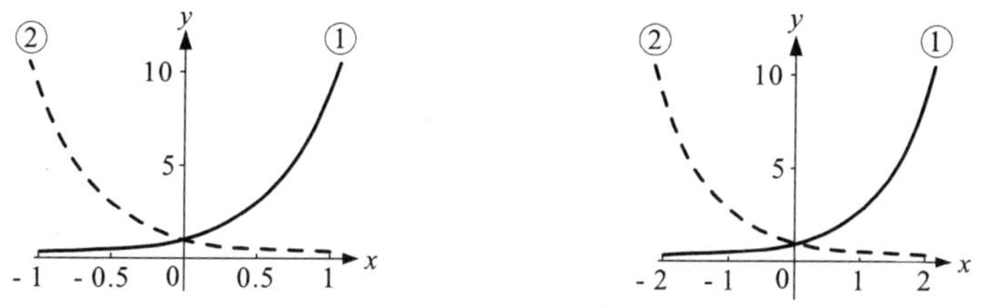

(a) ① $a=10$, ② $a=1/10$ (b) ① $a=\mathrm{e}$, ② $a=1/\mathrm{e}$

그림 4.2 a값 변화에 따른 지수함수 $y=a^x$의 그래프

> 지수는 반드시 무차원, 그리고 e^x 등의 무차원량의 x제곱도 무차원이다.

예제 4-6

$a > 1$일 때, a^{-x}는 위의 그래프 ①과 ② 중 어느 것이 되겠는가?

▌풀이

x가 증가할 때 a^{-x}는 감소하기 때문에 ②의 그래프가 된다.

예제 4-7

다음 각 함수의 그래프를 그리고 $y = 3^x$의 그래프와 비교하여라.

(1) $y = \left(\frac{1}{3}\right)^x$ (2) $y = -3^x$ (3) $y = 3^{x-1}$ (4) $y = 3^x + 2$

▌풀이

(1) $y = \left(\frac{1}{3}\right)^x = 3^{-x}$

$\therefore$ $y = \left(\frac{1}{3}\right)^x$는 $y = 3^x$와 y축에 관하여 대칭인 그래프

(2) $y = -3^x \rightarrow -y = 3^x$

$\therefore$ $y = -3^x$는 $y = 3^x$와 x축에 관하여 대칭인 그래프

(3) $y = 3^{x-1}$

$y = 3^x$의 그래프를 x축 양의 방향으로 1만큼 평행 이동한 그래프

(4) $y = 3^x + 2$

$y = 3^x$의 그래프를 y축 양의 방향으로 2만큼 평행 이동한 그래프

위에 설명한 내용을 각각 그래프로 나타내면 아래의 그림과 같다.

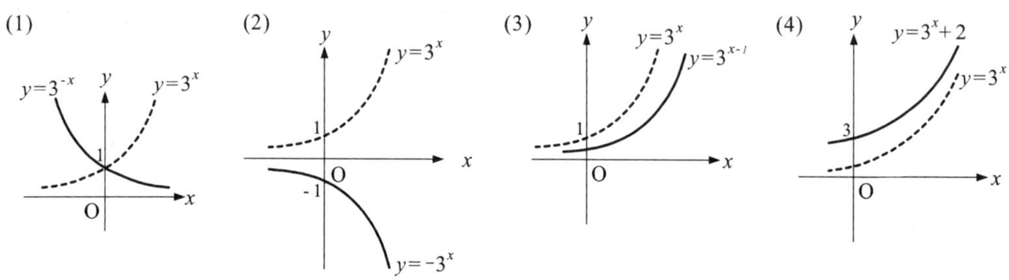

3) 지수함수의 대소

밑을 같게 할 수 있을 때 ➡ 지수를 비교한다.

① $a > 1$일 때(밑이 1보다 클 때) ⇨ 지수가 큰 쪽이 크다(증가함수).

② $0 < a < 1$일 때(밑이 1보다 작을 때) ⇨ 지수가 작은 쪽이 크다(감소함수).

예제 4-8

다음 수를 작은 것부터 차례로 나열하라.

(1) $3^{0.5}$, $\sqrt[2]{27}$, $\sqrt[3]{9}$ (2) $(0.1)^{-0.1}$, $(0.1)^{-\frac{1}{2}}$, $(0.1)^{-4}$

▌풀이

(1) $\sqrt[2]{27} = 27^{\frac{1}{2}} = 3^{\frac{3}{2}}$, $\sqrt[3]{9} = 9^{\frac{1}{3}} = 3^{\frac{2}{3}}$

밑이 1보다 크므로 지수가 큰 쪽이 크다(증가함수).

$$0.5 < \frac{2}{3} < \frac{3}{2}$$

$$\therefore\ 3^{0.5} < \sqrt[3]{9} < \sqrt[2]{27}$$

(2) 밑이 1보다 작으므로 지수가 작은 쪽이 크다(감소함수).

$$-4 < -\frac{1}{2} < -0.1$$

$$\therefore\ (0.1)^{-0.1} < (0.1)^{-\frac{1}{2}} < (0.1)^{-4}$$

예제 4-9

그림 4.2는 개수로의 단면이다. 단면적을 $A\,[\mathrm{m}^2]$, 단면의 길이(윤변)를 $P\,[\mathrm{m}]$, Manning의 조도계수를 n, 동수구배를 I 라고 하면, 평균유속 $v\,[\mathrm{m/s}]$는 다음과 같은 매닝(Manning) 공식으로 주어진다.

$$v = \frac{1}{n} R^{2/3} I^{1/2}$$

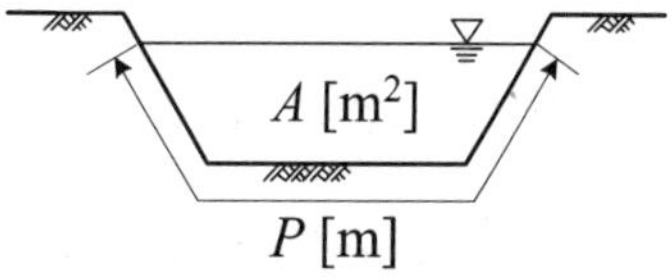

그림 4.3 개수로 단면

여기서 $R\,[\mathrm{m}]$은 경심(또는 동수반경)으로 $R = A/P$, $A = 100\,[\mathrm{m}^2]$, $P = 20\,[\mathrm{m}]$, $I = 1/1\,000$, $n = 0.013$ 인 개수로의 평균유속 $v\,[\mathrm{m/s}]$를 구하라.

▌풀이

$R = A/P = 100/20 = 5\,[\mathrm{m}]$이므로

$$v = \frac{1}{n} R^{2/3} I^{1/2} = \frac{1}{0.013} \cdot 5^{2/3} \cdot \left(\frac{1}{1\,000}\right)^{1/2} = 7.1\ \ [\mathrm{m/s}]$$

4.2 로그(log)함수

로그는 수량간의 함수관계 등 우리들이 만나는 자연계의 움직임이나 법칙을 날카롭게 관찰하는데 대단한 위력을 발휘한다. 지수에서와 같이 공학, 자연과학에서 빼놓을 수 없고 토목기술자가 되는데 필수적인 것이다. 로그(특히 상용로그)의 효능이나 사용법은 이 장에서도 다루겠으나(4.2.3항), 5장에서 더 자세히 설명하겠다.

4.2.1 로그의 정의

10을 몇 제곱하면 100, 1 000이 되는가? 답은 제곱, 세제곱이다.

그러면 $10^x = 100$이 되는 x를 $x = \log_{10}100$이라고 쓰고, 10을 밑으로 하는 100의 로그라 한다. 같은 방법으로 $2^x = 8$이 되는 x는 $x = \log_2 8 = 3$이 된다. 이것은 2를 밑으로 하는 8의 로그이다.

일반적으로 양의 수, $a > 0$, $a \neq 1$, $b > 0$일 때,

$$a^x = b \quad \Leftrightarrow \quad x = \log_a b$$

① a를 **밑**, b를 **진수**(眞數)라 한다.

② x는 a를 밑으로 하는 b의 로그라 한다.

③ 밑조건 : $a > 0$, $a \neq 1$ ← 1이 아닌 양수

진수조건 : $b > 0$ ← 양수

로그조건 : 실수

예제 4-10

다음 등식을 $x = \log_a b$의 꼴로 나타내라.

(1) $4^2 = 16$ (2) $10^{-3} = 0.001$

(3) $4^0 = 1$ (4) $5^1 = 5$

풀이

(1) $2 = \log_4 16$ (2) $-3 = \log_{10} 0.001$

(3) $0 = \log_4 1$ (4) $1 = \log_5 5$

예제 4-11

다음 등식을 $a^x = b$의 꼴로 나타내라.

(1) $\log_3 81 = 4$　　(2) $\log_{\sqrt{2}} 4 = 4$　　(3) $\log_{\frac{1}{3}} \frac{1}{27} = 3$

풀이

(1) $3^4 = 81$　　(2) $(\sqrt{2})^4 = 4$　　(3) $\left(\frac{1}{3}\right)^3 = \frac{1}{27}$

대수(對數)의 기호 log는 logarithm(로그)의 약자이며, 대수의 라틴어 logarithmus에서 왔다. 그리고 이 말은 그리스어의 λόγος(단어 혹은 비(比)의 뜻)과 ἀριθμός(수, 數)의 합성어이다. 로그는 나피어(Napier, 영국, 1550~1617)가 1614년에 발명하고, 그것은 **자연대수**에 가까운 것이었다. 한편, **상용대수**는 브리그스(Briggs, 영국, 1561~1631)가 1617년 무렵 제창했다.

4.2.2 로그의 성질

1) 로그의 성질

$A > 0$, $B > 0$이고 $a \neq 1$, $b > 0$일 때,

(1) $\log_a a = 1$, $\log_a 1 = 0$　　(2) $\log_a AB = \log_a A + \log_a B$

(3) $\log_a \frac{A}{B} = \log_a A - \log_a B$　　(4) $\log_a A^n = n\log_a A$ (n은 실수)

(5) ① $\log_a b = \frac{1}{\log_b a}$ $(b \neq 1)$

② $\log_c A = \frac{\log_a A}{\log_a c}$

③ $\log_a A = \log_a c \cdot \log_c A$

(5)는 밑을 변환하는데 ($c \to a$, $a \to c$)에 응용되는 공식이다.

(1) $a^1 = 1$로부터 $\log_a a = 1$, $a^0 = 1$로부터 $\log_a 1 = 0$

예 $\log_2 2 = 1$, $\log_4 1 = 0$

(2) $\log_a A = m$, $\log B = n$이라 하면 $a^m = A$, $a^n = B$

$\therefore \ AB = a^m \times a^n = a^{m+n}$

이를 로그꼴로 나타내면 $\log_a AB = m + n = \log_a A + \log_a B$

예 $\log_3 12 = \log_1 (3 \times 4) = \log_3 3 + \log_3 4 = 1 + \log_3 4$

(3) $\log_a A = m$, $\log_a B = n$이라 하면 $a^m = A$, $a^n = B$

$\therefore \ \dfrac{A}{B} = \dfrac{a^m}{a^n} = a^{m-n}$

이를 로그꼴로 나타내면 $\log_a \dfrac{A}{B} = m - n = \log_a A - \log_a B$

예 $\log_2 5 = \log_2 \dfrac{10}{2} = \log_2 10 - \log_2 2 = \log_2 10 - 1$

(4) $\log_a A = t$라 하면 $a^t = A$, $(a^t)^n = A^n$, $a^{nt} = A^n$

이를 로그꼴로 나타내면 $\log_a A^n = nt = n \log_a A$

예 $\log_a A^5 = 5 \log_a A$

(5) ① $\log_a b = x$라 놓으면 $a^x = b$

양변에 $b(b > 0,\ b \neq 1)$를 밑으로 하는 로그를 취하면

$\log_b a^x = \log_b b = 1 \quad \therefore \ x = \dfrac{1}{\log_b a}$ 즉 $\log_a b = \dfrac{1}{\log_b a}$

예 $\log_3 7 = \dfrac{1}{\log_7 3}$

② $\log_c A = x$라 놓으면 $c^x = A$

양변에 $a(a > 0,\ a \neq 1)$를 밑으로 하는 로그를 취하면

$\log_a c^x = \log_a A \rightarrow x \log_a c = \log_a A$

$\therefore \ x = \dfrac{\log_a A}{\log_a c}$, 즉 $\log_c A = \dfrac{\log_a A}{\log_a c}$

예 $\log_2 3 = \dfrac{\log_7 3}{\log_7 2}$

③ ②의 성질의 이용하면 $\log_a A = \dfrac{\log_c A}{\log_c a}$이 되고, 또한 ①의 성질의 이용하면

$\dfrac{1}{\log_c a} = \log_a c$이 되므로 $\log_a A = \dfrac{\log_c A}{\log_c a} = \log_a c \cdot \log_c A$

$\therefore \ \log_a A = \log_a c \cdot \log_c A$

예 $\log_3 5 = \log_3 7 \cdot \log_7 5$

▌ 혼동하기 쉬운 잘못된 계산 ▌

(1) $\log_a 0 \neq 1$

(2) $\log_a(A+B) \neq \log_a A + \log_a B$

(3) $\log_a A \cdot \log_a B \neq \log_a A + \log_a B$

(4) $\log_a(A-B) \neq \log_a A - \log_a B$

(5) $\dfrac{\log_c A}{\log_c B} \neq \log_c A - \log_c B$

(6) $(\log_a A)^n \neq n\log_a A$

2) 기타 주요 로그의 공식

(1) $\log_a b \cdot \log_b a = 1$, $\log_a b \cdot \log_b c \cdot \log_c a = 1$, $\log_a b \cdot \log_b c \cdot \log_c d = \log_a d$

(2) $a^{\log_a b} = b$

(3) $a^{\log_c b} = b^{\log_c a}$

(4) $\log_{a^m} b^n = \dfrac{n}{m}\log_a b$

▌ 설명 ▌

(1) 1) 로그의 성질 공식 (5)의 ①항에 의하여 $\log_a b \cdot \log_b a = \dfrac{1}{\log_b a} \cdot \log_b a = 1$

공식 (5)의 ②항에 의하여 $\log_a b \cdot \log_b c \cdot \log_c a = \dfrac{\log_d b}{\log_d a} \cdot \dfrac{\log_d c}{\log_d b} \cdot \dfrac{\log_d a}{\log_d c} = 1$

같은 방법으로 $\log_a b \cdot \log_b c \cdot \log_c d = \dfrac{\log_f b}{\log_f a} \cdot \dfrac{\log_f c}{\log_f b} \cdot \dfrac{\log_f d}{\log_f c} = \dfrac{\log_f d}{\log_f a} = \log_a d$

(2) $a^{\log_a b} = x$면 양변에 $a(a>0,\ a\neq 1)$를 밑으로 하는 로그를 취하면 $\log_a b = \log_a x$

$\therefore\ x = b$

(3) $a^{\log_c b} = b^{\log_c a}$ (A)이 성립된다면 양변에 $b(b>0,\ b\neq 1)$를 밑으로 하는 로그를 취하면 $\log_c b \cdot \log_c a = \log_c a \cdot \log_c b$ (B)를 얻는다. 그런데 이 등식 (B)는 훌륭히 성립되므로 등식 (A)도 역시 훌륭히 성립된다.

(4) $\log_{a^m} b^n = \dfrac{\log_c b^n}{\log_c a^m} = \dfrac{n\log_c b}{m\log_c a} = \dfrac{n}{m}\log_a b$

만약 $m=n$이라면 $\log_{a^n} b^n = \dfrac{\log_c b^n}{\log_c a^n} = \dfrac{\log_c b}{\log_c a} = \log_a b$이 된다.

예

(1) $\log_2 5 \cdot \log_5 2 = 1$, $\log_2 3 \cdot \log_3 7 \cdot \log_7 2 = 1$

(2) $10^{\log_{10} 3} = 3$

(3) $5^{\log_4 3} = 3^{\log_4 5}$

(4) $\log_{3^2} 2^7 = \dfrac{7}{2}\log_3 2$

4.2.3 로그함수와 그의 그래프

1) 로그함수의 정의

지수함수 $y=a^x$ $(a\neq1,\ a>0)$에서 로그의 정의로부터 $x=\log_a y$이다. 여기서 함수의 일반형 $y=f(x)$로 나타내기 위하여 이 등식에서 x와 y를 바꾸어 쓰면 $y=\log_a x$ $(a\neq1,\ a>0)$로 이미 배운 지수함수 $y=a^x$의 역함수가 된다. 이 함수를 a를 밑으로 하는 x의 **로그함수**라 한다. 그 중에서도 $\log_e x$는 중요하며 로그함수라 부르는 경우가 많다.

2) 로그함수 $y=\log_a x$의 성질

로그함수 $y=\log_a x$는 다음 그림 4.4에 나타나있으며 이 그래프의 성질을 알아보자.

① 정의역은 양의 실수 전체의 집합 $\{x\mid x>0\}$, 치역은 실수 전체의 집합 R이다.

② $y-$절편은 존재하지 않고, $x-$절편은 1이다.

③ 그래프는 x축 위의 점 $(1,\ 0)$, 함수 $\log_a x$ 위의 점 $(a,\ 1)$과 $\left(\frac{1}{a},\ -1\right)$를 지난다.

④ 이 함수는 일가연속함수이며, 세로 점근선(漸近線)은 y축$(x=0)$이다.

⑤ $a>1$일 때, x의 값이 증가하면 y의 값도 항상 증가한다(**단조증가함수**).

$0<a<1$일 때, x의 값이 증가하면 y의 값은 항상 감소한다(**단조감소함수**).

⑥ $y=a^x$과 $y=\log_a x$는 서로 **역함수** 관계이다. → 두 함수의 그래프는 $\boldsymbol{y=x}$에 관하여 대칭이다.

$a>1$인 경우

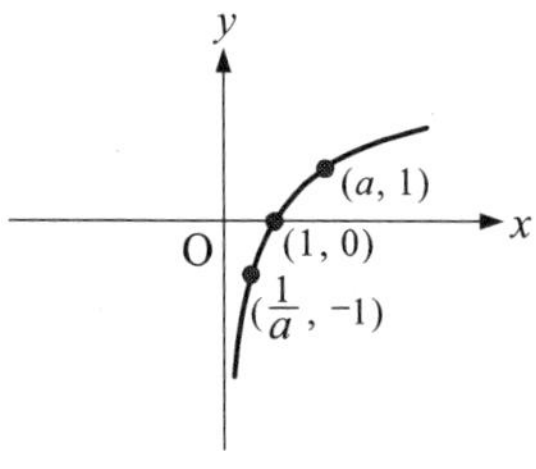

$0<a<1$인 경우

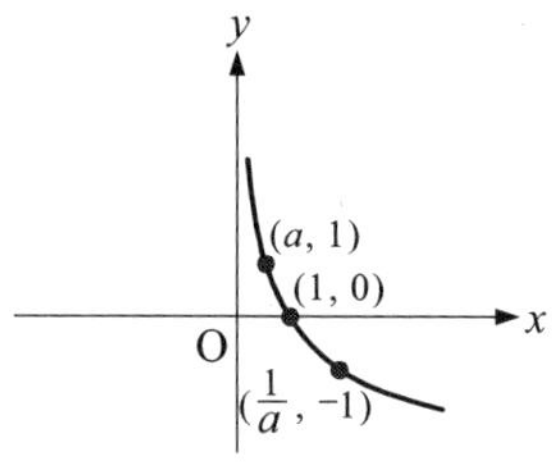

그림 4.4 로그함수 $y=\log_a x$의 그래프

평행이동에 관한 공식은 1차 · 2차 함수 때와 똑같다.

$y = \log_a x$의 그래프[그림 4.5 (a), (b)]에서 x가 증가할 때, 다음에 주목하라.

① $a > 1$일 때 : $\log_a x$는 $x < 1$에서 급하게, $x > 1$에서 완만하게 증가한다.

② $0 < a < 1$일 때 : a^x는 $x < 1$에서 급격히, $x > 1$에서 완만하게 감소한다.

그림 4.5는 밑 a의 값에 따른 그래프를 도시한 것이다. 이 그림에서 알 수 있듯이 $\log_a x$의 그래프는 ③항에서 설명한 바와 같이 항상 x축 위의 점 (1, 0)을 지남을 알 수 있다.

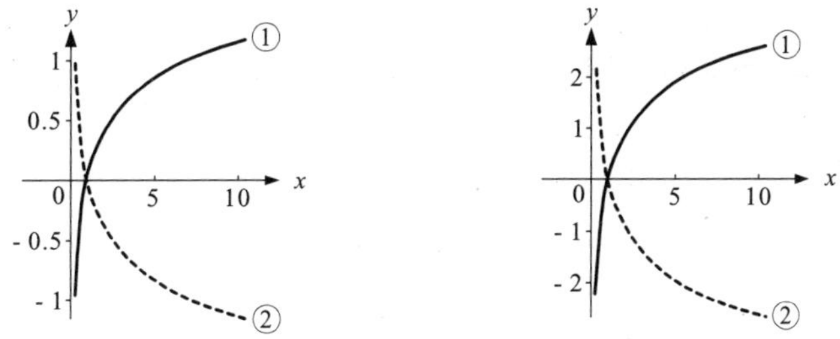

(a) ① $a=10$, ② $a=1/10$ (b) ① $a=\mathrm{e}$, ② $a=1/\mathrm{e}$

그림 4.5 a값 변화에 따른 로그함수 $\log_a x$의 그래프

예제 4-12

다음 각 함수의 그래프의 개형을 그리고 $y = \log_3 x$의 그래프와 비교하여라.

(1) $y = 3^x$ (2) $y = \log_{\frac{1}{3}} x$

(3) $y = \log_3(-x)$ (4) $y = \log_3 27x$

풀이

(1) $y = 3^x$은 $y = \log_3 x$의 그래프와 $\boldsymbol{y = x}$에 관하여 대칭(역함수)인 그래프

(2) $y = \log_{\frac{1}{3}} x = -\log_3 x$

$\therefore$ $y = \log_{\frac{1}{3}} x$는 $y = \log_3 x$와 x축에 대칭인 그래프

(3) $y = \log_3(-x)$는 $y = \log_3 x$와 y축에 대칭인 그래프

(4) $y = \log_3 27x = \log_3 27 + \log_3 x = \log_3 3^3 + \log_3 x = 3 + \log_3 x$

$\therefore$ $y = \log_3 x$의 그래프를 y축 양의 방향으로 3만큼 평행 이동한 그래프

위에 설명한 내용을 각각 그래프로 나타내면 다음의 그림과 같다.

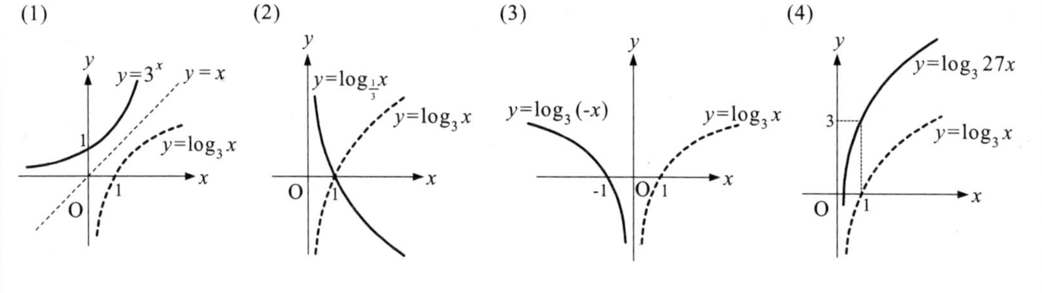

3) 로그의 대소와 진수의 대소

첫째, 주어진 식을 $\log_a A$, $\log_a B$ 꼴로 고친다.

둘째, 진수 A, B의 대소를 비교한다.

(1) $a > 1$일 때, **진수가 큰 쪽이 크다.** 즉, $0 < A < B \Leftrightarrow \log_a A < \log_a B$ (방향은 그대로)

(2) $0 < a < 1$일 때, **진수가 작은 쪽이 크다.** 즉, $0 < A < B \Leftrightarrow \log_a A > \log_a B$ (방향은 반대)

(3) $a \neq 1$, $a > 0$일 때, $A = B > 0 \Leftrightarrow \log_a A = \log_a B$

예제 4-13

$0 < a < b < 1$일 때, 다음의 로그의 대소를 부등식으로 나타내어라.

$\log_a b$, $\log_b a$, $\log_a \frac{b}{a}$

풀이

$0 < a < b < 1$에서 $\log_a a > \log_a b > \log_a 1$

$\therefore\ 1 > \log_a b > 0$ ①

$0 < a < b < 1$에서 $\log_b a > \log_b b > \log_b 1$

$\therefore\ \log_b a > 1$ ②

또한 $\log_a \frac{b}{a} = \log_a b - \log_a a = \log_a b - 1 < 0$ ($\because$ 식 ①에서) ③

식 ①, ② 및 ③에서 $\log_a \frac{b}{a} < \log_a b < \log_b a$,

4) 지수함수와 로그함수와의 관계

앞에서 로그함수의 정의에서도 알 수 있듯이 $y = a^x$를 x에 대하여 풀면 $x = \log_a y$이고, $x = \log_a y$의 x와 y를 바꾸어 쓰면 $y = \log_a x$이다. 이 때 끝의 함수 $y = \log_a x$가 처음의 함수 $y = a^x$의 **역함수**라고 함은 제5장에서 다룰 것이다. 그리고 또한 지수함수와 로그함수의 경우와 같이, 일반적으로, 어떤 함수의 그래프와 그 함수의 그래프는 직선 $y = x$에 관하여 대칭이라는 성질은 역함수의 한 특징이다.

4.2.4 상용로그

1) 상용로그

10을 밑으로 하는 로그를 **상용로그**(常用log, common, or Briggsian, logarithms)라 하고, 실제로 가장 자주 사용되고 있다. 따라서 공학 등에서는 보통 **밑 10을 생략**하고 $\log_{10} x = \log x$로 쓰는 경우가 많다.

x가 주어지면 $\log x$는 로그표 또는 전자계산기로 구할 수 있다. 또 $a = \log x$에서 a를 알고 x를 구하는 것(**역로그**라 한다. 즉, $x = 10^a$에서 x를 구하는 것)은 전자계산기로 하는 것이 보통이지만, 로그표를 반대로 인용하거나 역로그표를 쓰는 방법도 있다.

2) 상용로그의 지표와 가수

상용로그 $\log A$의 값을 $\log A = n$**(정수)** $+\ \alpha$ **(0 또는 양의 소수)**의 꼴로 나타낼 수 있다.

여기서 정수 부분 n을 **지표**, 소수부분 0 또는 양의 소수 α를 **가수**라 하며, n은 어떤 정수라도 좋으나 가수 $\boldsymbol{\alpha}$ **는 반드시** $\mathbf{0 \leq \alpha < 1}$이어야 한다.

예 $\log 2 = 0.301\,0\cdots$, $\log 3 = 0.477\,1\cdots$, 등

위에서의 로그값을 이용하면

$\log 300 = \log 3 + \log 100 = 0.477\,1 + 2.0 = 2.477\,1\cdots$

$\log 0.2 = \log(2/10) = \log 2 - \log 10 = 0.301\,0 - 1.0 = -0.699\,0\cdots$

으로 계산할 수 있다.

3) 지표와 가수의 성질

(1) 지표의 성질

① $\log A\ (A > 1)$의 진수 A의 정수 부분이 n자리이면 지표는 $n-1$이다.

즉, $\log\underbrace{\square\square\square\cdots\square\square\square}_{n\text{ 자리}}.\ \circ\circ\circ = (n-1).\times\times\times$

② $\log A\ (0 < A < 1)$의 진수 A가 소수 제 n자리에서 처음으로 0이 아닌 숫자가 나타나면 지표는 $\overline{n}\,(=-n)$이다.

즉, $\log \underbrace{\circ.\circ\circ\circ\cdots\circ}_{\text{소수 } n \text{ 자리}}\square\square\square.\ \circ\circ\circ = \overline{n}.\times\times\times$

예제 4-14

다음을 계산하여라.

(1) $\overline{1}.4238 + \overline{1}.3990$ (2) $\overline{2}.3896 \times 4$ (3) $\overline{4}.3562 \div 2$

풀이

$\overline{n}.\times\times\times = -n + 0.\times\times\times$를 이용한다.

(1) (준식) $= (-1 + 0.4238) + (-1 + 0.3990) = -2 + 0.8228 = \overline{2}.8228$

(2) (준식) $= (-2 + 0.3896) \times 4 = -8 + 1.5584 = -7 + 0.5584 = \overline{7}.5584$

(3) (준식) $= (-4 + 0.3562) \div 2 = -2 + 0.1781 = \overline{2}.1781$

예제 4-15

다음 상용로그의 지표를 구하여라.

(1) $\log 12\,345$ (2) $\log 19.19$

(3) $\log 0.0419$ (4) $\log 1.4$

풀이

(1) 진수 12 345는 정수 다섯 자리 수, 즉 $n=5$이므로
지표는 $n-1=5-1=4$

(2) 진수 19.19는 정수 부분이 두 자리 수이므로 지표는 1

(3) 진수 0.041 9는 소수 두 번째 자리에서 0이 아닌 수가 나타나므로 $\overline{2}$

(4) 진수 1.4는 정수 부분이 한 자리 수이므로 지표는 0

(2) 가수의 성질

① 진수의 숫자 배열이 같으면 가수는 같다(소수점의 위치와는 관계없음).

② $0 \leq (\text{가수}) < 1$

③ 두 A, B의 가수가 같으면 두 로그의 차는 정수이다. 즉, $\log A = \log B = (\text{정수})$

역으로, 어떤 수의 로그의 값을 알면 지표로서 그 수의 자릿수 또는 소수 몇 째 자리에 처음으로 0이 아닌 숫자가 나타나는가를 알 수 있고, 가수로서 그 숫자의 배열을 알 수 있다. 다음 예를 통하여 확인해보자.

예제 4-16

다음은 로그의 값이다. 지표와 가수를 구하여라.

(1) $3.256\,4$ (2) $\overline{2}.377\,8$ (3) $-2.168\,2$

풀이

(1) $3.256\,4 = 3 + 0.256\,4$

$\therefore$ 지표는 3, 가수는 $0.256\,4$

(2) $\overline{2}.377\,8 = -2 + 0.377\,8$

$\therefore$ 지표는 -2, 가수는 $0.377\,8$

(3) $-2.168\,2 = -2 - 0.168\,2 = (-2 - 1) + (1 - 0.168\,2) = -3 + 0.831\,8$

← 가수를 양의 소수로 만들기 위해 1을 빼주고 더해 준 다음 지표를 결정한다.

$\therefore$ 지표는 -3, 가수는 $0.831\,8$

예제 4-17

$\log 56.7 = 1.753\,6$일 때, 다음 식의 x값을 구하여라.

(1) $\log x = 4.753\,6$ (2) $\log x = \overline{3}.753\,6$

풀이

가수가 같으면 진수의 숫자 배열이 같다.

가수가 모두 $0.753\,6$이므로 진수 x의 숫자 배열은 조건식의 진수 56.7의 숫자의 배열과 같다.

(1) $\log x = 4.753\,6$에서 지표가 4이므로 진수 x는 정수 부분이 5 자리수이다.

$\therefore \ x = 56\,700$

(2) $\log x = \overline{3}.753\,6$에서 지표가 $\overline{3}$이므로 x는 소수 셋째 자리에서 처음으로 0이 아닌 숫자가 나타난다.

$\therefore \ x = 0.005\,67$

어떤 수 N의 상용로그를 로그표에서 구하는 데는 $N = x.xxx \cdots \times 10^n$의 형태로 고쳐서, $\log N = n + \log x.xxx \cdots$ 로 해서 $\log x.xxx \cdots$ 를 표에서 찾으면 된다.

$10^{0.3010\cdots}$ 의 의미를 잘못 생각하는 사람을 위하여 해설을 추가하면, 지수법칙 ①에 의하여 $10^{0.3010\cdots} = 10^0 \times 10^{\frac{3}{10}} \times 10^0 \times 10^{\frac{1}{1000}} \times 10^0 \times \cdots$ 이 된다.

예제 4-18

$\log 2 = 0.3010$, $\log 3 = 0.4771$이다. 이것을 이용해 $\log 200$, $\log 0.03$, $\log 1.2$ 및 $\log \sqrt[4]{150}$을 구하여라(단, 전자계산기 사용 불가).

풀이

4.2.2항 로그의 성질 (2)~(4)를 이용한다. 그렇게 하면

$$\log 200 = \log(2\times10^2) = \log 2 + \log 10^2 = 0.3010 + 2\log 10 = 0.3010 + 2$$
$$= 2.3010$$
$$\log 0.03 = (3\times10^{-2}) = \log 3 + \log 10^{-2} = 0.4771 - 2\log 10 = 0.4771 - 2$$
$$= -1.5229$$
$$\log 1.2 = \log(2^2\times3\times10^{-1}) = \log 2^2 + \log 3 + \log 10^{-1} = 2\log 2 + 0.4771 - 1$$
$$= 2\times0.3010 - 0.5229 = 0.0791$$
$$\log \sqrt[4]{150} = \log 150^{1/4} = 1/4 \log(3\times100/2) = 1/4(\log 3 + \log 100 - \log 2)$$
$$= 1/4(\log 3 + \log 10^2 - \log 2) = 1/4(0.4771 + 2 - 0.3010)$$
$$= 1/4(2.1761) = 0.5440$$

예제 4-19

다음의 값을 구하여라(단, 전자계산기 사용가능).

(1) $\log_2 5$ (2) $\log_7 0.12$

풀이

4.2.2항 로그의 성질 (5)를 이용하여 각 로그를 상용로그, 두 밑을 10으로 치환한다.

(1) 성질 (5)의 ②를 이용하여 $c=2$, $a=10$, $A=5$를 대입하면

$$\log_2 5 = \log_{10}5/\log_{10}2 = \log_{10}\left(\frac{10}{2}\right)/\log_{10}2 = \frac{\log_{10}10 - \log_{10}2}{\log_{10}2}$$
$$= \frac{1-0.3010}{0.3010} = \frac{0.6990}{0.3010} = 2.3222$$

(2) 같은 방법으로

$$\log_7 0.12 = \log_{10} 0.12 / \log_{10} 7 = \frac{-0.920\,82}{0.845\,10} = -1.089\,6$$

예제 4-20

어떤 흙의 변수위 투수시험은 흙 시료를 이용해, 그림 4.6과 같은 방법으로 했다. 흙 시료의 직경은 D (cm), 길이는 L (cm), 스탠드 파이프의 내경은 d (cm)이다. 이 때 투수계수 k (cm/s)는 다음의 공식에 의해 구할 수 있다.

$$k = \frac{2.3 \cdot a \cdot L}{A \cdot t} \log_{10}\left(\frac{h_1}{h_2}\right) \text{ (cm/s)}$$

여기서, a는 스탠드 파이프의 단면적(cm^2), A는 흐르는 방향에 직각인 시료단면적(cm^2), t는 투수시간(s), h_1, h_2는 투수 시작 및 종료 시의 스탠드 파이프 수위(水位, cm)를 나타낸다. $D = 8$ cm, $L = 10$ cm, $d = 1.5$ cm일 때, 5분간 스탠드 파이프의 수위가 100 cm에서 85 cm로 내려갔다. 이 시료의 투수계수 k (cm/s)를 구하여라.

풀이

주어진 자료에서 시료와 스탠드 파이프의 단면적을 각각 A 및 a라면

$$A = \pi(D/2)^2 = \pi(8/2)^2 = 50.27 \text{ cm}^2, \quad a = \pi(d/2)^2 = \pi(1.5/2)^2 = 1.77 \text{ cm}^2$$

문제에서 주어진 투수계수 공식을 이용하여 투수계수 k를 구하면

$$\begin{aligned} k &= \frac{2.3 \cdot a \cdot L}{A \cdot t} \log_{10}\left(\frac{h_1}{h_2}\right) = \frac{2.3 \cdot 1.77 \cdot 10}{50.27 \cdot (5 \cdot 60)} \log_{10}\left(\frac{100}{85}\right) \\ &= 0.002\,699 \times 0.070\,58 = 0.000\,190\,5 = 1.905 \times 10^{-4} \text{ (cm/s)} \end{aligned}$$

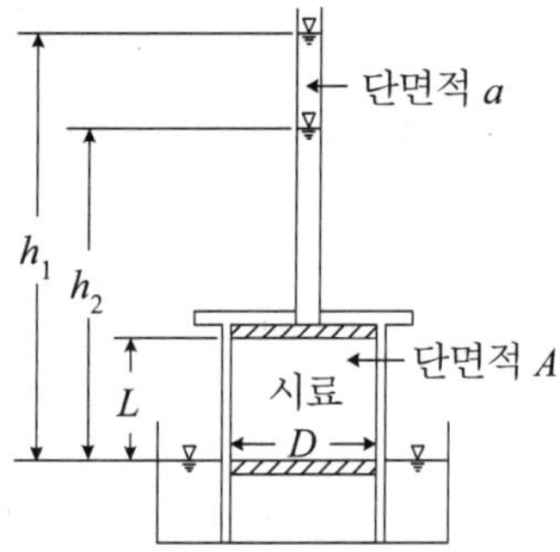

그림 4.6 변수위 투수시험 장치

예제 4-21

$\log 2 = 0.3010$, $\log 3 = 0.4771$일 때, 다음 각 수는 몇 자리수인가? 또는 소수 몇 자리에서 처음으로 0이 아닌 숫자가 나타나는가?

(1) 6^{52}　　(2) $\left(\frac{1}{5}\right)^{100}$　　(3) $2^{20}\times 3^{30}$

풀이

자리수의 결정은 로그를 취하여 지표를 구한다.
먼저 상용로그를 취하면

(1) $\log 6^{52} = 52\log(2\times 3) = 52\log(\log 2\times\log 3) = 52(0.3010 + 0.4771)$

$= 40.4612$

$\log 6^{52}$의 지표가 40이므로 6^{52}은 41자리수이다.

(2) $\log\left(\frac{1}{5}\right)^{100} = \log 5^{-100} = -100\log 5 = -100\log\frac{10}{2}$

$= -100(\log 10 - \log 2) = -100(1 - 0.3010)$

$= -69.90 = -69 - 0.90 = (-69 - 1) + (1 - 0.90)$

$= -70 + 0.10 = \overline{70}.10$

$\log\left(\frac{1}{5}\right)^{100}$의 지표가 $\overline{70}$이므로 소수 제70자리에서 처음으로 0이 아닌 숫자가 나타난다.

(3) $\log 2^{20}\times 3^{30} = \log 2^{20} + \log 3^{30} = 20\log 2 + 30\log 3$

$= 20\times 0.3010 + 30\times 0.4771 = 20.3330$

$\log 2^{20}\times 3^{30}$의 지표가 20이므로 $2^{20}\times 3^{30}$은 21자리수이다.

예제 4-22

다음의 값을 구하여라(단, 계산기 사용가능). (1) $\log_2 5$, (2) $\log_7 0.12$. 이다.

풀이

4.2.2항 로그의 성질 (5)을 이용하여 각 로그를 상용로그, 두 밑수를 10으로 치환한다.

(1) 성질 (5) ②를 이용하여 $c=2$, $a=10$, $A=5$를 대입하면

$$\log_2 5 = \log_{10}5/\log_{10}2 = \log_{10}\left(\frac{10}{2}\right)/\log_{10}2 = \frac{\log_{10}10 - \log_{10}2}{\log_{10}2}$$

$$= \frac{1-0.3010}{0.3010} = \frac{0.6990}{0.3010} = 2.3222$$

(2) 같은 방법으로

$$\log_7 0.12 = \log_{10}0.12/\log_{10}7 = \frac{-0.92082}{0.84510} = -1.0896$$

4.2.5 자연로그

수학에서는 특히 두 종류의 로그(log)가 중요하다. 이미 4.2.4항에서 설명한바 있는 10을 밑으로 하는 **상용로그**는 계산기가 널리 사용되기 전에 산수계산을 쉽게 하기 위하여 매우 편리하게 사용하였다. 그리고 e를 밑으로 하는 $\log_e x$, x의 **자연로그**(natural, or Napierian, logarithms)는 이론적인 계산 또는 자연현상의 연구에 자주 발생하며, 특히 미분·적분에 중요하며 주로 사용한다. 보통 자연로그는 $\ln x$로 나타내기도 한다. 즉, $y = \log x$는 $x = 10^y$를 의미하고 $y = \ln x$는 $x = e^y$를 의미한다.

$\log N$과 $\ln N$사이의 관계 4.2.2의 성질 (5)에 의하여 이들의 관계는 $N = e^x$의 상용로그와 자연로그를 취함으로써 구할 수 있다. 즉, $\log N = x \log e$와 $\ln N = x \ln e = x$이므로 x를 소거하면, 즉 후자를 전자에 대입하면

$$\log N = \ln N \cdot \log e \quad (\text{또는 } \ln N = \frac{\log N}{\log_{10} e} = \log_e 10 \cdot \log N)$$

한편, $\log e = \ln 2.718 = 0.434\,294\,481 \cdots$ 이고

$$\log_e 10 = \frac{\log 10}{\log e} = \frac{1}{\log e} = 2.302\,585\,093 \cdots \text{ 이므로}$$

$$\log N = 0.434\,294\,481 \ln N \fallingdotseq 0.434\,3 \ln N \text{ 과}$$

$$\ln N = 2.302\,585\,093 \log N \fallingdotseq 2.303 \log N$$

을 얻는다. 계수 $M = 0.434\,3$을 상용로그의 modulus라 한다.

4.3 로그의 효능과 그 응용

로그(특히 상용로그)에는 어떤 효능이 있는지 중요한 예를 들어보면,

① 매우 길이가 긴 수치(예를 들어, 분자의 직경에서 지구의 직경까지)를 한눈에 알아볼 수 있다.

② 두 가지의 측정치(실험이나 관측에서 얻은 자료)사이의 관계를 발견하고, 이들 관계는 실험식을 만드는데 매우 유용하다.

4.3.1 ①에 대하여

5.4.2항 참조하라. 그러면 거기서 나타난 예는 흙입자의 직경 D[mm]를 문제로 하고 있다. 그러나 직경 D[mm]는 흙의 입도분석 결과, 작게는 0.074 mm에서 크게는 9.5 mm까지 분류되어 있다. 이것을 1장의 그래프에 나타내는 것을 생각해 보자. 작은 부분을 나타내려면 큰 부분이 그래프 상에서 벗어나고, 큰 부분을 나타내려면 작은 부분이 너무 세밀해서 나타내기가 매우 어렵다.

이런 경우에 $\log D$를 쓰면 쉽게 해결할 수 있다. 이것을 쓰면 $\log D = -1.131 \sim 0.978$의 범위가 되므로, 1장의 그래프용지 상에서도 입도 분석결과를 충분히 나타낼 수가 있다는 것을 알 수 있다(나중에 서술하겠으나 실제로는 **로그**[또는 **대수**(對數)]**그래프**라는 것을 이용한다).

4.3.2 ②에 대하여

자연계에서 두 개의 양 x, y의 관계식을 나타내는 것은 과학이나 기술에서 매우 중요하다. 왜냐하면, 이 식에 의해서 x의 임의의 값에 대한 y의 값을 구할 수 있을 뿐만 아니라, 더욱 깊게 이 법칙의 근원이 되는 원인이나 자연계의 메커니즘(mechanism)을 명확하게 할 수 있기 때문이다.

실험(實驗)이나 관측(觀測)에서 얻어진 자료(資料, data)사이의 관계식을 **실험식**(또는 **경험식**)이라 한다(5.2절 참조). 그래서 자연계에서는 두 가지의 양 x, y가

$$y = Cx^n \quad \text{또는} \quad y = Ce^{kx}, \ y = C \cdot 10^{kx} \quad (\text{여기서 } C,\ n,\ k\text{는 상수})$$

로 표현되는 법칙이 많다. 이러한 경우는 각각 $\log x$대 $\log y$[전대수지(全代數紙), log-log paper] 또는 x대 $\log y$[반대수지(半對數紙), semi-log paper]의 그래프를 고찰한다. 다음의 5장에서 자세히 서술할 것이다.

▌ 로그의 효용성(效用性) ▌

계산기나 컴퓨터가 생기기 이전에는 자리수가 많은 수 a, b의 곱셈이나 나눗셈은 계산의 수고를 덜기 위하여, 로그의 성질[4.2.2항의 (2), (3)]을 이용하고, $\log a$, $\log b$의 덧셈이나 뺄셈으로 바꾸면, 그 결과를 진수(眞數)로 되돌려서 구했다.

또 a^x도 로그의 성질 (4)를 써서 $x \log a$로 고쳐 구한 것이다. 로그를 구하거나, 역으로 진수를 구하는 데 로그표라고 하는 수표(數表)를 사용했다. 이 때문에 로그표는 계산에 빠질 수 없는 필수적인 것이었다.

연 습 문 제

4.1 다음의 각 식의 값을 구하여라.

(1) $\left(-\frac{1}{3}\right)^0$ (2) 2^{-2}

(3) $9^{\frac{1}{2}}$ (4) $8^{\frac{1}{3}}$

(1) 1 (2) $\frac{1}{4}$

(3) 3 (4) 2

4.2 다음 각 식을 간단히 하여라.

(1) $2^5 \times 2^3 \times 2^{-6}$ (2) $a^4 \times a^{-2} \div a^{-5}$

(3) $(a^2 b^{-3})^{-2}$ (4) $\left\{\left(\frac{9}{16}\right)^{-\frac{2}{3}}\right\}^{\frac{3}{5}}$

(1) 4 (2) a^7

(3) $\frac{a^4}{b^6}$ (4) $\frac{4}{3}$

4.3 다음을 구하여라(전자계산기 사용 불가).

(1) $2^{5/2}$ $2^{5/2} \times 4^{-3/4}$ (2) $36^{-1/2} \div 81^{1/4}$

(1) 2

(2) $\frac{1}{18}$

4.4 다음을 구하여라(전자계산기 사용 불가).

(1) $\left(\frac{1}{5}\right)^x = 25 \cdot \sqrt[4]{5}$ (2) $8^{2x} = 16^{x+1}$

(1) $-\frac{9}{4}$

(2) 2

4.5 다음 함수의 그래프를 그리고 치역을 구하여라.

(1) $y = 2^{x-1} - 1$ (2) $y = 2^{|x|}$

(1) $\{y \mid y > -1\}$ (2) $\{y \mid y \geq 1\}$

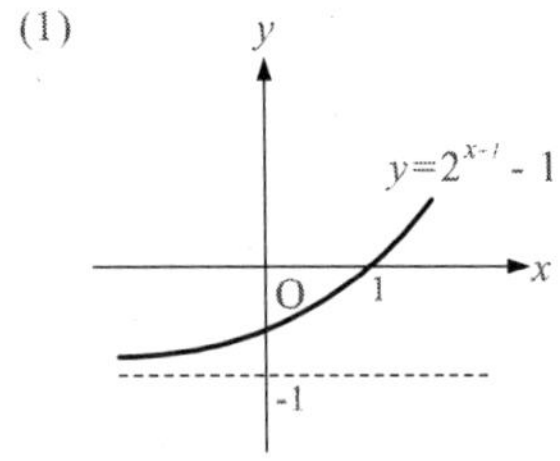

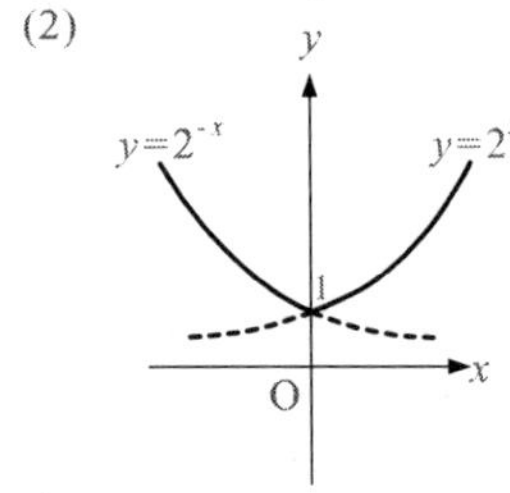

4.6 $\sqrt[3]{3}$, $\sqrt[4]{4}$, $\sqrt[6]{6}$ 의 대소를 부등식으로 나타내어라.

답 $\sqrt[3]{3} > \sqrt[4]{4} > \sqrt[6]{6}$

4.7 다음 등식을 $x = \log_a b$의 꼴로 나타내어라.

(1) $3^3 = 27$ (2) $10^{-2} = 0.01$

(3) $7^0 = 1$ (4) $4^1 = 4$

답 (1) $3 = \log_3 27$ (2) $-2 = \log_{10} 0.01$

(3) $0 = \log_7 1$ (4) $1 = \log_4 4$

4.8 다음 등식을 $a^x = b$의 꼴로 나타내어라.

(1) $\log_2 32 = 5$ (2) $\log_{\sqrt{3}} 9 = 4$ (3) $\log_{\frac{1}{2}} \frac{1}{16} = 4$

답 (1) $2^5 = 32$

(2) $(\sqrt{3})^4 = 9$

(3) $\left(\frac{1}{2}\right)^4 = \frac{1}{16}$

4.9 세 실수 $A = \sqrt[7]{8}$, $B = \sqrt[6]{5}$, $C = \sqrt[5]{6}$ 의 대소를 나타내어라.
(단, $\log 2 = 0.301\,0$, $\log 3 = 0.477\,1$)

답 $B < A < C$

4.10 $\log_{10} 2 = 0.301\,0$, $\log_{10} 3 = 0.477\,1$이다. 이것을 이용해 다음 계산을 풀어라.
(답은 소수점 이하 넷째 자리까지 구함).
log 4, log 5, log 6, log 8, log 9, log 12, log (2/3), log (3/8), $\log\sqrt{2}$,
$\log 3^{2.3}$, $\log (3^{0.2} \cdot 2^{1.5})$

0.602 0, 0.699 0, 0.778 1, 0.903 0, 0.954 2, 1.079 1, −0.176 1, −0. 425 9, 0.150 5, 1.097 3, 0.546 9

4.11 다음 값을 문제 4.10의 로그를 이용해 구하여라. (역로그를 구할 때만 전자계산기사용 가능, 유효숫자 4자리까지) : $10^{3/2}$, $12^{-2/5}$, $24^{-5/3}$

31.62, 0.370 1, 0.005 010

4.12 다음의 식을 $\log_{10} 2$로 나타내라(전자계산기 사용 불가).

$3\log\sqrt{2} + \log 64$, $\log 125 + \log 8 - \log 1\,000$

$\frac{15}{2}\log 2$, 0

4.13 다음의 로그를 구하여라(답은 소수점 이하 넷째 자리까지).

$\log_2 10$, $\log_{3.2} 6$, $\log_4 1.5$, $\log_5 9$

3.321 9, 1.540 4, 0.292 5, 1.365 2

4.14 다음 x를 구하여라(답은 유효숫자 4자리까지).

(1) $\log 11 = \log_2 x$ (2) $\log 25 = \log_{16} x$

(3) $\log_3 15 = \log_5 x$ (4) $\log_7 8 = \log_3 x$

(5) $\log C = x\log_e C$ (6) $\log_e Q = x\log Q$

(1) 2.058 (2) 48.23 (3) 52.84

(4) 3.235 (5) $\log e = 0.434\,3$ (6) $\frac{1}{\log e} = 2.303$

4.15 $\log 2 = 0.301\,0$이라 하면, 2^{35}은 몇 자리 수인가?

8자리 수

4.16 17^{50}이 62자리 수일 때, 17^{50}은 몇 자리 수인가?

19자리 수

4.17 $\log 112.5 = 2.0512$일 때, 다음 식의 x값을 구하여라.

(1) $\log x = 5.0512$　　　(2) $\log x = \overline{4}.0512$

(1) 112 500

(2) 0.000 112 5

4.18 연이율 5%로 1년마다 복리에 의해, 원리금의 합계가 원금의 2배 이상이 되는 것은 몇 년 후 인가?

15년 이후

4.19 어떤 원소의 방사성 동위원소의 **반감기**(半減期, half-life, 동위원소가 붕괴해서 처음 양의 반으로 감소되는데 필요한 시간)가 24.10일이다. 이 동위원소의 양이 처음의 18%가 되는 것은 붕괴 시작 일부터 며칠 후 인가?

59.6일

4.20 어떤 광물에 포함되어 있는 방사성물질의 처음 양을 P, 반감된 후의 양을 D라 하면, 이 광물의 현재부터의 생성년대(즉, 연령) t는 $t = \frac{1}{\lambda}\log_e\left(1 + \frac{D}{P}\right)$로 구해진다. 여기서 λ는 붕괴의 "속도"를 나타내는 그 물질 고유의 상수[**붕괴상수**(崩壞常數), 단위시간에 붕괴되는 수]이다. 지금 $\lambda = 4.75\times10^{-9}$, $P = 1.3\times10^{-5}$ g, $D = 4.0\times10^{-6}$ g일 때 t(년)을 구하여라. 또, λ의 차원과 단위는 무엇인가? 그리고 λ, P, D의 대소(大小)에 따라 t의 대소는 어떠한 영향을 미치는가?

$t = 5.7\times10^7$년, $\dim(\lambda) = T^{-1}$, λ와 P가 증가하면 t는 감소, 감소하면 증가 그리고 D의 증가와 감소에 따라 각각 증가와 감소한다.

함수와 그래프

5.1 함수

지금까지 3장과 4장에서 함수라고 하는 용어가 나왔으나 이장에서 다시 한 번 함수라는 것을 생각해 보자.

함수라는 것은 도형의 수량적 성질이나 정리 또는 자연법칙의 응용이 중심이다. 일반적으로 이러한 것은 두 가지(또는 두 가지 이상)의 양 사이의 관계로 나타낼 수 있다.

5.1.1 함수의 정의

1) 관계가 함수를 나타내는지의 결정

관계란 두 집합 사이의 대응을 말한다. x와 y가 이 두 집합의 원소이고 x와 y 사이에 어떤 관계가 있으면, y는 x에 **대응(對應)**한다(correspond) 또는 y는 x에 종속(從屬)이다(depend on)라 하고, 기호 $x \to y$로 쓴다. 우리는 역시 $x \to y$를 순서짝 (x, y)로 쓸 수 있다.

> 일반적으로 두 집합 A, B의 각 원소에 하나씩 짝을 맺을 수 있는 것을 **대응**이라고 한다. A에서 B에의 대응에서, 특히 B이 어느 원소도 빠짐없이 A의 어느 원소와 대응할 때, A와 B는 **일대일 대응**한다고 한다[치역과 공역이 같은 함수(후술)].

2) 함수의 정의

우리들이 취급하려는 함수는 수학과 그 응용에서는 매우 중요한 역할을 한다. 1차 함수, 2차 함수 등의 정함수, 분수함수, 무리함수, 삼각함수, 지수함수, 로그함수를 비롯해 각종 함수가 나온다. 그래서 미분・적분은 함수의 성질을 조사하거나 응용하는데 빠질 수 없는 도구이다. 그리고 이들에 대하여 공통적으로 말할 수 있는 것은

[두 변수 x, y가 있어서 x의 변화에 따라서 y가 어떤 특별한 법칙에 따라 변화한다]

는 것이었다. 「어떤 특별한 법칙」이란 결국 x와 y사이의 함수관계를 의미한다. 일반적으로 다음과 같이 정의할 수 있다.

공집합이 아닌 두 집합 X, Y에 있어서 집합 X의 각 원소에 대하여 집합 y의 원소가 꼭 하나씩만 대응할 때, 이 대응을 **X에서 Y로의 함수** 또는 **상**이라고 한다.

이를테면 두 집합 $X=$ {서울, 북경, 워싱턴, 런던}, $Y=$ {한국, 중국, 미국, 영국}이 있다고 하자.

X에 속하는 각 도시가 Y에 속하는 나라 중에서 어느 나라에 있는지를 조사하여, X의 각 도시에서 Y의 각 나라로의 대응을 ' → '표로 나타내면 오른 쪽의 그림과 같음을 알 수 있다.

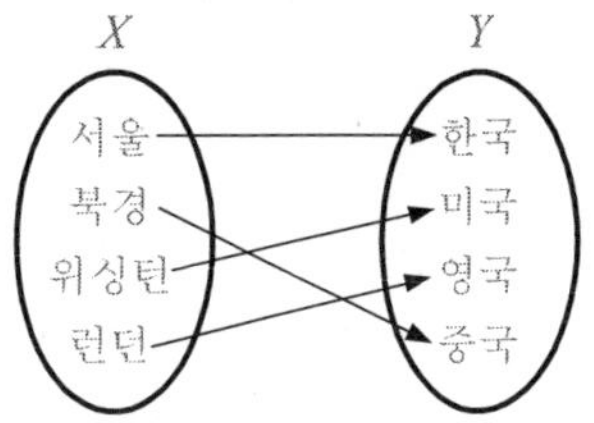

이 대응에서는 X의 원소를 하나 정하면 그 원소에 대하여 Y의 원소가 반드시, 그리고 꼭 하나씩만 결정된다는 사실을 알 수 있다.

이와 같이 X의 각 원소에 Y의 원소가 하나씩 대응할 때, 이 대응을 $\boldsymbol{X}$에서 $\boldsymbol{Y}$로의 **함수**(函數) 또는 **상**(像)이라고 하며, 즉 X의 각 원소에 대응하는 Y의 원소가 반드시 하나만 있어야 함을 뜻한다.

또한 이 때 한국을 서울의 상, 중국을 북경의 상 … 이라고 하고, 서울을 한국의 **역상**(또는 **원상**), 북경을 영국의 역상 … 이라고 한다.

앞의 예에서, 상 전체의 집합 {한국, 중국, 미국, 영국}은 집합 Y와 일치되어 있으나, 일반적으로 집합 X에서 집합 Y로의 함수라 할 때 상 전체의 집합이 Y와 일치되지 않아도 좋다.

- 3장의 삼각함수란 각 θ의 값에 대응해서 직각삼각형의 변의 비($\sin\theta$ 등)가 결정된다는 함수, 또 4장의 지수함수란 x의 값에 대응해서 a^x가 정해진다는 함수이다.
- 흔히 "x가 변화할 때 y가 그에 따라서 변화하는 경우, y는 x의 함수이다"라고 말할 때가 있다. 그러나 이것은 엄밀히 말해서는 아니다. x와 y의 대응관계가 중요하다.

예제 5-1

다음 그림 5.1에서 관계가 함수를 나타내는지를 결정하여라.

(1) 그림 5.1 (a)는 이 관계에 대하여, 정의역은 4명의 토목환경공학과 학생의 성인 김군, 이군, 박군, 최군을 나타내고, 공역은 이들의 생일을 나타낸다.

(2) 그림 5.1 (b)는 이 관계에 대하여, 정의역은 어떤 동사무소의 직원 조씨, 정씨, 이씨, 오양을 나타내고, 공역은 이들의 전화번호를 나타낸다.

(a) (b)

그림 5.1 관계와 함수

풀이

(1) 그림 5.1 (a)에 있는 관계는 함수다. 왜냐하면, 정의역의 각 원소는 공역의 꼭 하나의 원소에 대응하기 때문이다. 정의역 두 개 이상의 원소가 공역의 같은 원소에 대응할 수 있음에 주목하라(이군과 박군은 생일이 같은 날이다).

(2) 그림 5.1 (b)에 있는 관계는 함수가 아니다. 왜냐하면, 정의역의 각 원소는 공역의 꼭 하나의 원소에 대응되지 않기 때문이다. 그러므로 정의역에서 이씨를 택하면 하나의 전화번호만이 여기에 할당될 수 없다.

3) 함수의 표시

(1) X에서 Y로의 함수 또는 사상

$f : X \rightarrow Y$ 또는 $X \xrightarrow{f} Y$로 나타낸다.

(2) X의 원소 x에 Y의 원소 y가 대응하는 것을

$f : x \rightarrow y$ 또는 $x \xrightarrow{f} y$, $y = f(x)$로 나타낸다.

[주] $f(x)$는 "x의 함수 f" 또는 간단히 "f (of) x"라 읽는다.

$f : X \rightarrow Y,\ x \rightarrow y$의 의미

우리에게 잘 알려진 함수 $y = 2x + 1$을 생각해 보자.

$x = 0$일 때 $y = 1$ ⬅ $0 \rightarrow 1$
$x = 1$일 때 $y = 3$ ⬅ $1 \rightarrow 3$
· · · · · · · ·

와 같이 x의 값 하나 하나에 대하여 y의 값이 하나씩 대응한다.

다시 말하면 $y = 2x + 1$이라는 함수는 실수 x에 실수 y를 대응시키면 대응관계나 대응규칙을 나타내는 것이라 할 수 있다.

따라서 우리가 함수 $y = 2x + 1$이 주어졌다고 말할 때 이것은 정확하게는 실수 x에 실수 $2x + 1$을 대응시키는 대응관계 f가 주어져 있다는 것을 말할 수 있다. 이런 의미에서 $y = 2x + 1$이라는 함수를 ' f : $x \rightarrow 2x + 1 \leftarrow y = 2x + 1$와 같은 뜻'이라고 표기하는 것이 더욱 바람직하다.

함수가 될 수 없는 경우는 다음의 두 가지 경우이다.

(1) X의 원소 중 대응하지 않고 남아 있는 원소가 있을 때(그림 ②)

(2) X의 한 개의 원소에 Y의 두 개 이상의 원소가 대응할 때(그림 ③)

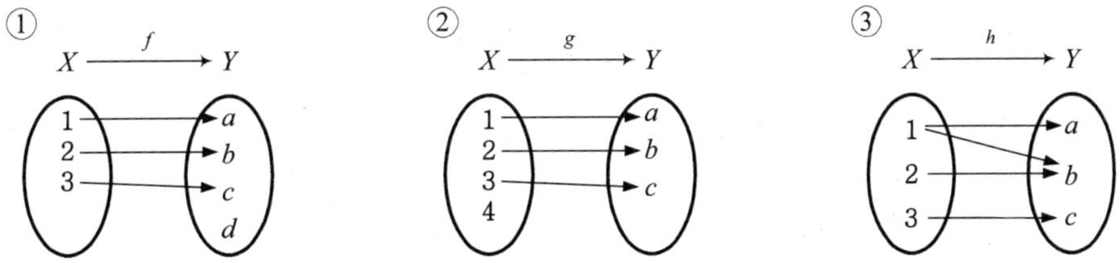

[설명] ①은 집합 X의 각 원소에 대하여 집합 Y의 원소가 하나씩만 대응하므로 함수이다 ($1 \rightarrow a$, $2 \rightarrow b$, $3 \rightarrow c$와 같이 한 개씩 대응).

②는 집합 X의 원소 4에 대응되는 Y의 원소가 없으므로 함수가 아니다.

③은 $1 \rightarrow a$, $1 \rightarrow b$와 같이 집합 X의 원소 1에 Y의 원소 a, b 두 개가 대응하므로 함수가 아니다.

4) 함수의 표시 방법

x의 함수 y를 나타내는데 다음과 같이 주요한 3가지 방법이 있다.

(1) 양함수 꼴(Explicit form) : $y = f(x)$의 형태로 표시하는 방법(9.2절 참조)

주어진 방정식을 x에 의하여 y를 푸는 것이 가능하면, $y = f(x)$로 쓰고, 이 함수는 명백하게 (explicitly) 주어진다고 말한다. 이에 대한 예를 들면 다음과 같다.

양함수 꼴(Explicit form)	음함수 꼴(Implicit form)
$y = f(x) = -2x + 6$	$2x + y = 6$
$y = f(x) = -x^2 + 3$	$x^2 + y = 3$
$y = f(x) = \dfrac{2}{x}$	$xy = 2$

(2) **음함수 꼴(Implicit form)** : $f(x, y) = 0$형태로 표시하는 방법
(9.2.1항과 9.8.5항 참조)

일반적으로 함수 f가 x와 y의 함수로 정의될 때, 우리는 이 함수가 암시적(暗示的)으로 (implicitly) 주어진다고 말한다. 특히 $x^3 + 3axy + y^3 = 0$으로 쓰는 경우, y는 x의 양함수 꼴로 나타내는 것은 매우 어렵다.

(3) **매개변수 꼴(Parametric form)** : $x = x(t)$, $y = y(t)$형태로 표시하는 방법
(9.2절 참조)

예를 들면, $x = a\cos t$, $y = b\sin 5t$와 같이 x, y를 다른 변수를 이용해 나타내는 방법. 이것은 **매개변수 꼴**로 표시한다고 한다.

x와 y의 방정식이 모두가 $y = f(x)$를 정의하는 것이 아니다. 주어진 x의 값에 대하여 방정식 y에 대하여 풀었을 때 두 개 이상의 y의 값이 얻어지면, 이 방정식은 함수를 정의하지 못한다.

예제 5-2

다음 방정식 $x^2 + y^2 = 9$가 함수인지를 결정하라.

풀이

$x^2 + y^2 = 9$가 함수를 정의하는지를 결정하기 위하여 이 방정식을 y에 대하여 풀어야 한다.

$$x^2 + y^2 = 9 \rightarrow y^2 = 9 - x^2$$

$$\therefore\ y = \pm\sqrt{9 - x^2}$$

-3와 3 사이의 x의 값에 대하여 y값이 두 개 생긴다.
예로써, $x = 0$이면 $y = \pm\sqrt{9} = \pm 3$
이것은 주어진 방정식 $x^2 + y^2 = 9$가 함수가 아니라는 것을 의미한다.

f라는 것은 라틴어 functio(영어의 function)의 f에서 유래되었다. $y = f(x)$라는 표기법은 Euler가 1734년에 사용하기 시작했다고 한다. 옛날 유럽에서는 학술적 기술에 라틴어나 그리스어가 사용되었다. 이것은 우리나라에서도 학문에 한문이 사용되고 있는 것이나 마찬가지이다. 그래서 삼각함수나 로그를 비롯한 수학용어에도 이러한 언어를 쓰는 경우가 많다.

5) 정의역 · 공역 · 치역 · 독립변수 · 종속변수

(1) 함수 $f : X \to Y$가 주어졌을 때 집합 X를 f의 정의역(定義域), 집합 Y를 f의 공역(共域)이라 한다.

(2) $x \in X$인 x의 함수값 $f(x)$ 전체의 집합 $\{f(x) \mid x \in X\}$를 함수 f의 치역이라 하고, $f(X)$로 나타낸다.

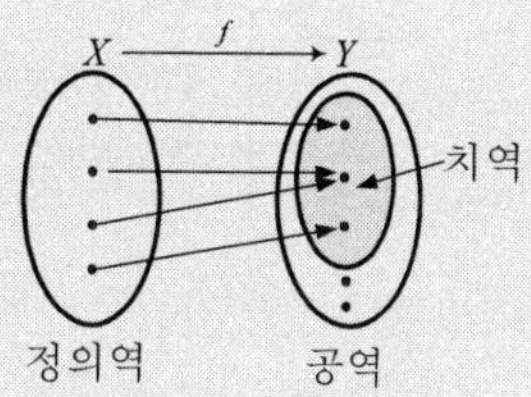

(3) 함수 f의 치역 $f(X)$는 Y(또는 f의 공역)의 부분집합이다. ← 치역⊂공역

또한 정의역의 원소를 나타내는 변수 x를 독립변수(獨立變數), 공역의 원소를 나타내는 변수 y를 종속변수(從屬變數)라 한다.

- 정의역과 공역이 주어지지 않을 때 정의역, 공역을 실수 전체의 집합 R로 본다.

이를테면 두 집합

$$X=\{서울,\ 북경,\ 뉴욕\},\quad Y=\{중국,\ 한국,\ 미국,\ 이탈리아\}$$

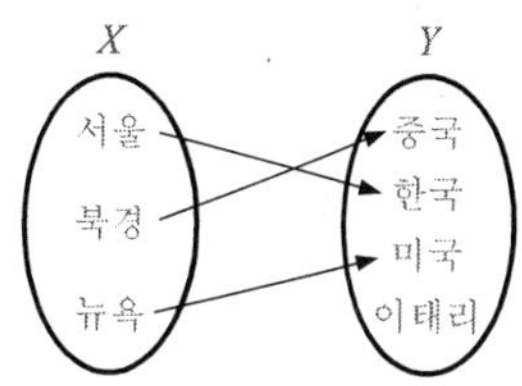

가 있다고 할 때, X의 각 원소가 Y의 원소 중에서 하나씩 대응하고 있으므로 역시 X에서 Y로의 함수라 할 수 있다.

이 때 X를 f의 정의역(定義域), 집합 Y를 f의 공역(共域) 또는 공변역(共變域)이라 하고, 상의 집합 {중국, 한국, 미국}을 이 함수의 치역(値域)이라 한다.

"2) 함수의 정의"에서 설명한 예는 치역이 공역 Y와 일치하는 경우라 하겠다.

[예]

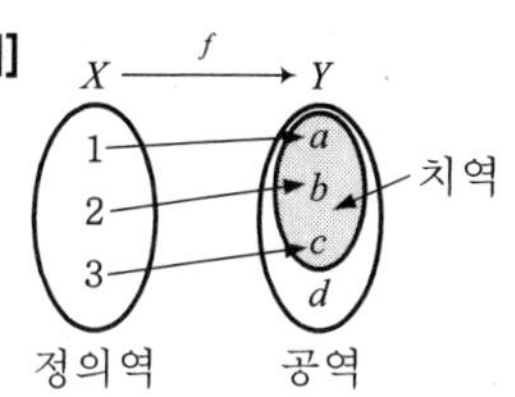

- 정의역 : $X=\{1,\ 2,\ 3\}$
- 공역 : $Y=\{a,\ b,\ c,\ d\}$
- 치역 : $f(X)=\{a,\ b,\ c\}$

이 예는 치역이 공역 Y와 일치하지 않는 경우이다.

예제 5-3

다음 대응관계 중 X에서 Y로의 함수인 것을 찾고 정의역, 공역, 치역을 찾아라.

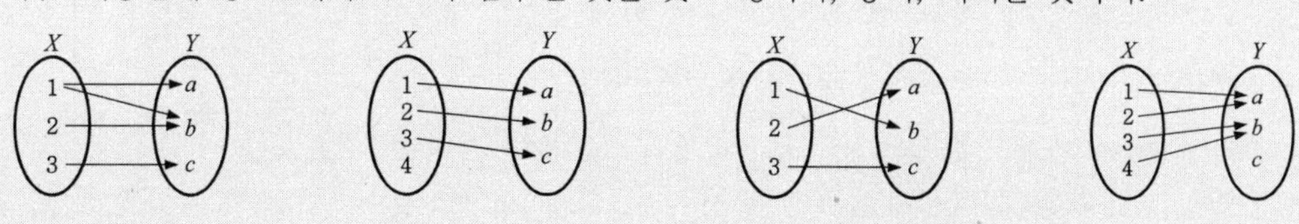

(1) (2) (3) (4)

▌풀이

집합 X의 각 원소에 대하여 집합 Y의 원소가 한 개씩만 대응할 때, X에서 Y로의 함수라고 한다.

①은 1에 대응하는 원소가 2개이다. ②는 4에 대응하는 원소가 없다.

③의 정의역 : $\{1, 2, 3\}$ ④의 정의역 : $\{1, 2, 3, 4\}$

공역 : $\{a, b, c\}$ 공역 : $\{a, b, c\}$

치역 : $\{a, b, c\}$ 치역 : $\{a, b\}$

이하 다루어지는 변수나 함수는 모두 실수로 한다.

6) 함수값

함수 $f : X \to Y$에서 X의 원소 a에 대응되는 Y의 원소를 $f(a)$로 나타낼 때, $f(a)$를 $\boldsymbol{a}$에 대한의 함수값 또는 상이라 한다.

- 함수값 구하는 방법

'x 대신 a를 대입하라 '는 뜻

$f(x)=3x-2$ $f(a)=3a-2$

x 대신 a를 대입하면

예제 5-4

다음 함수 $f(x) = 2x^2 - 3x$로 정의되는 함수에 대하여, 다음 각각의 값을 구하여라.

(1) $f(3)$ (2) $f(x) + f(3)$ (3) $f(-x)$

(4) $-f(x)$ (5) $f(x+3)$

▌풀이

(1) f에 대한 방정식에 있는 x대신에 3을 대입한다. 그러면

$f(3) = 2(3)^2 - 3(3) = 18 - 9 = 9$

(2) $f(x)+f(3)=(2x^2-3x)+\{2(3)^2-3(3)\} = 2x^2-3x+18-9 = 2x^2-3x+9.$

(3) f에 대한 방정식에 있는 x대신에 $-x$을 대입한다. 그러면

$f(-x) = 2(-x)^2 - 3(-x) = -2x^2 + 3x.$

(4) $-f(x) = -(2x^2 - 3x) = -2x^2 + 3x.$

(5) $f(x+3) = 2(x+3)^2 - 3(x+3) = 2(x^2+6x+9) - 3(x+3)$

$= 2x^2 + 12x + 18 - 3x - 9$

$= 2x^2 + 9x + 9.$

5.1.2 기본이 되는 함수

함수의 종류는 그야말로 무한하지만, 그 중에서 기본적인 것은 다음과 같다.

① 정식, 분수식, 이런 것들의 무리식(2장 참조)
② 삼각함수, 역삼각함수(3장 참조)
③ 지수함수, 대수함수(4장 참조)

일반적인 함수는 이런 것들을 조합시킨 것이다.

▌ 정식(整式) ▌

문자에 대하여 덧셈 · 뺄셈 · 곱셈만의 연산을 사용하여 얻어지는 대수식.
분모나 근호 속에 문자를 포함하고 있지 않은 식이다.

5.1.3 함수에 관한 몇 개의 사항

이 항과 다음 5.1.4항의 역함수는 처음은 건너뛰고, 9장에 들어가기 전에 읽어도 좋다.

본래 함수는 매우 엄밀하게 논의되고 있으나, 여기서는 실용적으로 꼭 알아야 하는 것만을 다음과 같이 서술할 것이다.

1) 구간에 대하여, 개구간과 폐구간

"x의 값이 a와 b의 범위(또는 구간)에 있다."라는 것을 조금 자세히 생각해 보겠다. 중요한 것은 x가 양 끝점 a나 b의 값이 되는가, 되지 않는가 이다. 그에 따라 구간은 다음과 같은 4종류를 생각해 볼 수 있다.

$$a < x < b,\quad a \leqq x < b,\quad a < x \leqq b,\quad a \leqq x \leqq b$$

=(등호)이 붙지 않는 끝점을 열린 끝점, =이 붙은 끝점을 닫힌 끝점이라고 한다. 그리고 앞에서 서술한 4종류의 구간 중에서. $a < x < b$를 **개구간**(閉區間), $a \leqq x \leqq b$를 **폐구간**(閉區間)이라 하고, 나머지 두 개를 **반개구간**(半閉區間)이라 한다. 그래프에서는 그림 5.2와 같이 열린 끝점은 ○, 닫힌 끝점은 ●로 표시한다.

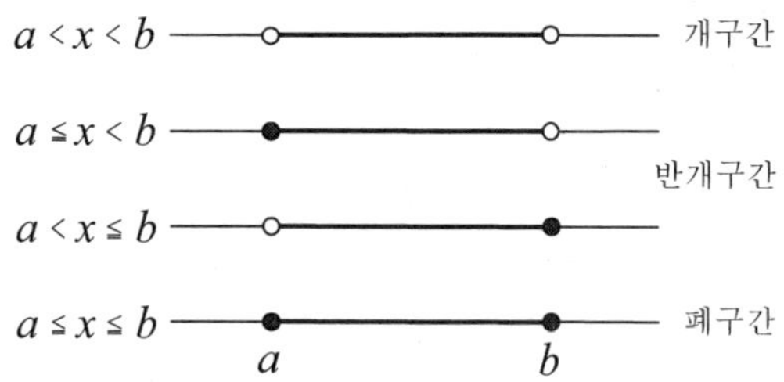

그림 5.2 개구간과 폐구간

2) 함수로써 성립해야 하는 x의 범위(정의역이라 한다)를 확인해 둘 것

이것은 그 구간 내에서만 $y = f(x)$가 의미를 갖는다(정의되고 있다)고 하는 범위이다.

> **예** $y = \sqrt{x}$. x도 y도 실수이므로 이 범위는 $x \geqq 0$
>
> $y = \sqrt{(3-x)(x-1)}$. 같은 이유로 이 범위는 $1 \leqq x \leqq 3$
>
> $y = \sin^{-1}x$, $y = \cos^{-1}x$에서는 $|x| \leqq 1$ (3.5절 참조)

3) 1가함수인지 다가함수인지를 확인할 것

$y = f(x)$에서 x의 하나의 값에 대한 y의 값이 1개뿐이라 했을 때, 이 함수를 **1가함수**, 그렇지 않은 함수를 다가(2가, 3가 …)함수라 한다. **다가함수**(多價函數)의 취급은 항상 주의가 필요하다.

> **예** $x^2 + y^2 = 1$이 되는 함수로 정해진 $y = y(x)$인 함수. 이것은 하나의 x값에 대해, y는 $\pm\sqrt{1-x^2}$라는 두 개의 값을 가지므로, $y = y(x)$는 x의 2가함수. 그러나 $+\sqrt{1-x^2}$, $-\sqrt{1-x^2}$ 두 개로 나누면, 각각은 x의 1가함수.
>
> **예** $y = \sin^{-1}x$, $y = \cos^{-1}x$, $y = \tan^{-1}x$ 이것들은 무한 다가함수(3.5절 참조).

4) 함수의 연속 · 불연속에 유의할 것

이것은 함수의 이론 중에서도 가장 중요한 개념의 하나이지만, 여기서는 매우 간단히 생각해 보겠다. 함수를 쓸 때는 특히 불연속점에 주의하여야 한다.

(1) 연속함수란 $y = f(x)$가

① x의 어떤 값 c에서 $f(c)$인 값을 갖고, 동시에

② x가 c에 한없이 가까워질 때($x < c$의 쪽에서 가까워져도, $x > c$의 쪽에서 가까워져도, $f(x)$가 $f(c)$ 에서 한없이 접근하면 $y = f(x)$는 **c에서 연속이다** 라고 한다. 간단히 말하면, $x = c$에서 $f(x)$의 값에 "도약(跳躍)"이 없다고 하는 것이다. 이것을 식으로 나타내면 $\lim_{x \to c} f(x) = f(c)$ 일 때, $f(x)$는 $x = c$에서 연속(5.1)이 된다(lim의 의미는 4.1.3항 참조).

연속함수의 예 : 정식 ($2x^2 + x$ 등), 삼각함수 중에서 $\sin x$, $\cos x$, 지수함수(a^x, e^x).

(2) 불연속함수란

식 (5.1)의 극한값 $f(c)$가 없든지, 또는 있어도 $\lim_{x \to c} f(x) \neq f(c)$ 일 때 $f(x)$는 $x = c$에서 불연속이라 한다.

$f(x)$의 값에서 c로 "단차가 있다"일 경우도 그것에 포함된다.

이하, 불연속함수의 예를 들어보겠다(그림 5.3).

예 $y = f(x) = 1/x$. 불연속점은 $x = 0$. 여기서는 $f(x)$의 값은 없다[그림 (a)].

예 $y = f(x) = 1/x^2$. 불연속점은 $x = 0$. 여기서는 $f(x)$의 값은 없다[그림 (b)].

예 $y = f(x) = \tan x$. 불연속점은 $x = \pm n\pi/2$ [n은 짝수(또는 기수)]. 여기서는 $f(x)$의 값은 없다(그림은 3장의 그림 3.17 참조).

예 $x = a$에서 값이 도약하는 함수 $y = f(x)$. $f(x)$는 •의 값을 갖는다[그림 (c)].

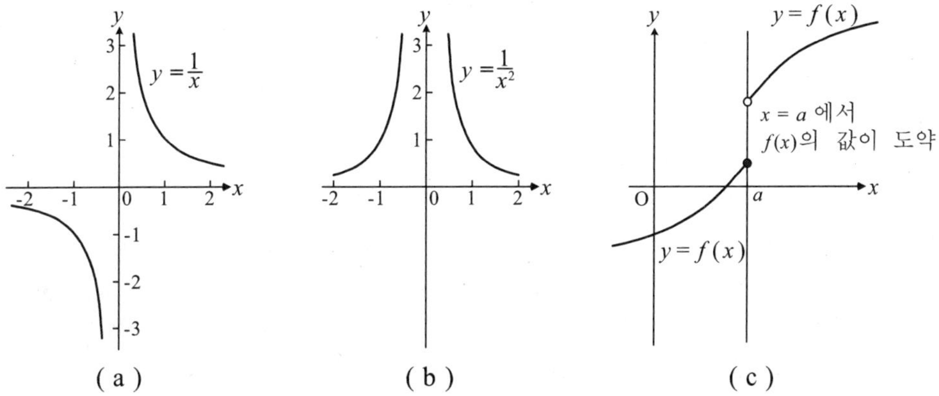

그림 5.3 불연속함수의 예

불연속점의 유무, 특히 예 1, 2, 3과 같이 $f(x)$의 값이 한없이 커지는(이것을 간단히 "무한대가 된다"고 하기도 한다.) 경우는 충분한 주의가 특히 미분·적분에서 필요하다.

이상의 설명은 한 번 보면 현실이 없다고 생각할지도 모르겠으나 그렇지는 않고, 일반적으로 일어나는 일이다. 예로써, 우편물의 중량과 우편요금의 관계가 그것이다(5.5.5항 참조).

5.1.4 역함수

1) 역함수

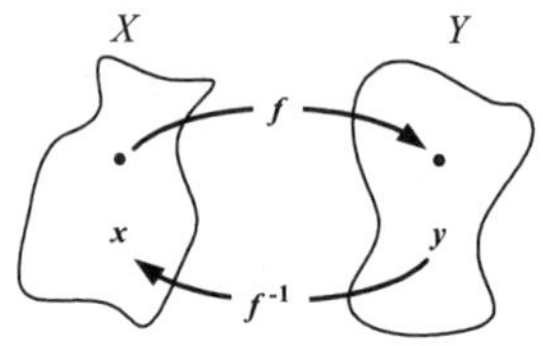

함수 $f: X \to Y$가 일대일 대응일 때, Y의 임의의 한 원소에 X의 원소가 하나씩만 대응하므로 Y에서의 X로의 새로운 함수를 얻을 수 있다.

이 때 Y를 **정의역**, X를 **공역**으로 하는 함수가 된다. 이 새로운 함수를 f의 **역함수**(逆函數, inverse function)라 하고, f^{-1}로 나타낸다. 즉, $f^{-1}: Y \to X$, $x = f^{-1}(y)$이다.

- f^{-1}는 'f의 역함수' 또는 'f inverse'라고 읽는다.

2) 역함수의 표시

$f: X \to Y,\ x \to y$의 역함수는 $f^{-1}: Y \to X,\ y \to x$

3) 역함수의 계산 방법

첫째 : 주어진 함수가 **일대일 대응**인가를 확인한다.
둘째 : $y = f(x)$를 x에 관하여 정리하여 $x = g(y)$로 고친다.
셋째 : $x = g(y)$에서 x 대신에 y, y 대신에 x를 대입하여 $y = g(x)$로 만든다.
(이 때 정의역은 치역으로, 치역은 정의역으로 바꾸어야 한다)

4) 함수 그래프와 역함수 그래프와의 관계

원래 함수 $y=f(x)$의 곡선과 그 역함수의 그래프 $y=f^{-1}(x)$는 그림 5.4에서와 같이 직선 $y=x$에 관하여 서로 대칭이 된다.

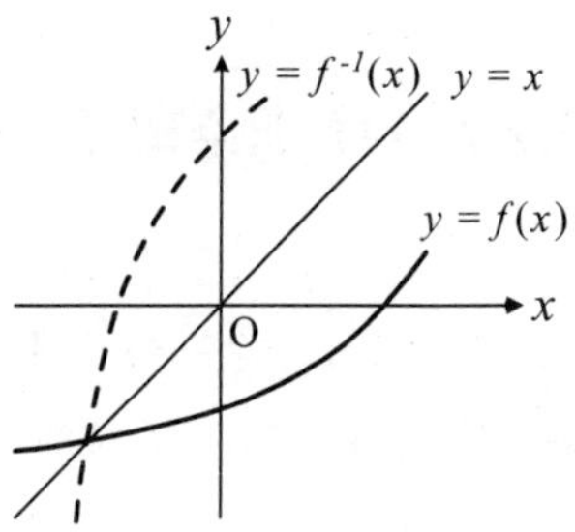

그림 5.4 역함수

예제 5-5

$y=x+2$ 그래프의 역함수 그래프를 그려라.

풀이

$y=x+2$ 그래프의 역함수 그래프는 주어진 식을 x에 대해 풀면

$x=f^{-1}(y)=y-2$

x와 y를 바꾸면 $f(x)$의 역함수는

$y=x-2$

가 되며, 오른쪽 그림에서 보는 바와 같이 $y=x$에 대칭인 그래프가 된다.

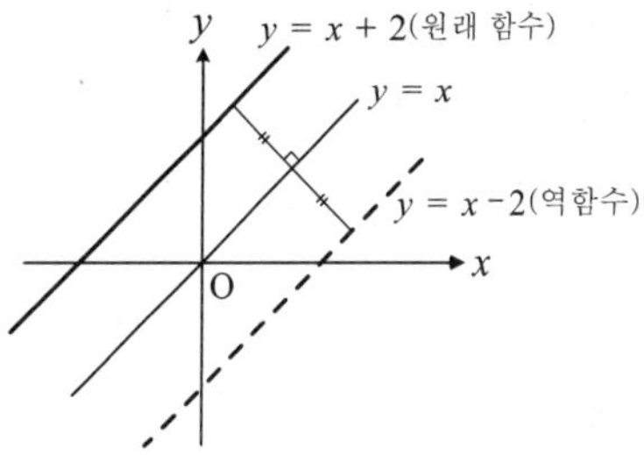

예제 5-5 그림 역함수

예제 5-6

$y=f(x)=2x+1$의 역함수를 구하여라.

풀이

주어진 식 $y=2x+1$는 일대일 대응하므로 이 식을 x에 대해 풀면, $x=f^{-1}(y)=(y-1)/2$. x와 y를 서로 바꾸면, $y=(x-1)/2$이 되므로 $f(x)$의 역함수는 $f^{-1}(x)=(x-1)/2$가 된다.

예제 5-7

$y=f(x)=x^2$의 역함수를 구하여라.

풀이

$y=x^2$는 일대일 대응하므로 주어진 식을 x에 대해 풀면 $x=\pm\sqrt{y}\ (y \geqq 0)$ x와 y를 서로 바꾸면 $y=\pm\sqrt{x}\ (x \geqq 0)$이 되므로 $f(x)$의 역함수는 $f^{-1}(x)=\pm\sqrt{x}\ (x \geqq 0)$. 이럴 때에 주의할 점은 +와 −로 나누어서 처리하는 것이다.

5.2 다항 함수

5.2.1 1차 함수의 그래프

아마도 모든 함수들 중에서 가장 간단한 것은 1차 함수일 것이다. 이러한 이유 때문에, 우리가 특별한 형태의 함수들 중에서 가장 먼저 1차 함수에 대한 연구부터 시작하는 것이 논리적인 입장이다.

1) 다항 함수의 정의

함수 $y=f(x)$가 x에 대한 다항식($x+3$, $2x^2-2x+1$, x^3-5x^2+2x-2 등)일 때, 이 함수를 **다항 함수**라 하고, 특히 다항식이 1차, 2차, 3차 … 의 다항식일 때 그 다항함수를 1차 함수, 2차 함수, 3차 함수 … 라고 한다. 특히 $y=f(x)$가 0차 다항식일 때 다항함수는 $y=c$ 꼴의 상수함수이다.

2) 1차 함수 $y=ax+b$의 그래프의 성질

(1) $y=ax+b$

① 기울기가 a이고, y의 절편이 b인 직선

② 직선이 x축의 양의 방향과 이루는 각을 θ라 하면 기울기 $a=\tan\theta$

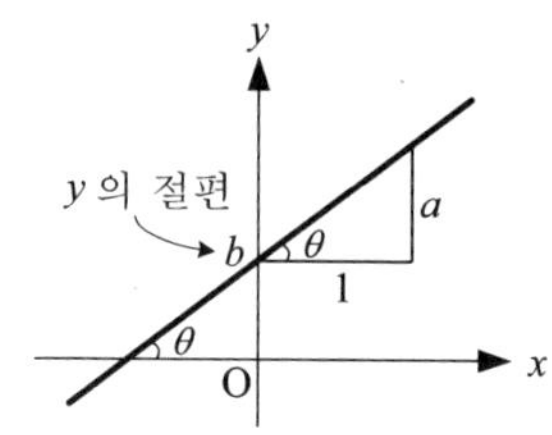

(2) y의 기울기 a의 성질

$a>0$이면 오른쪽 위로 올라가는 직선(증가함수)

$a<0$이면 왼쪽 위로 올라가는 직선(감소함수)

$a=0$이면 x축에 평행한 직선(상수함수)

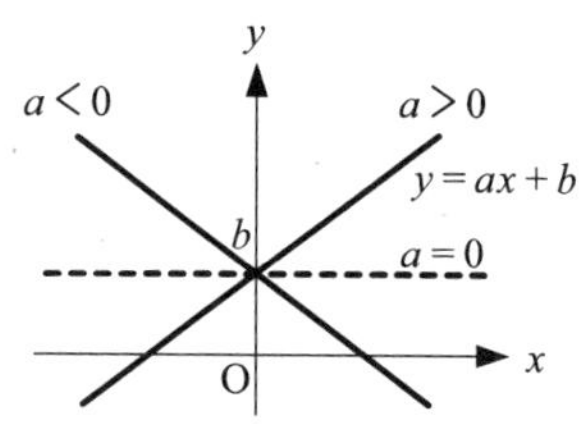

(3) y의 절편 b의 성질

$b>0$이면 원점 위쪽에서 y축과 만나고,

$b<0$이면 원점 아래쪽에서 y축과 만나고,

$b=0$이면 원점을 지난다.

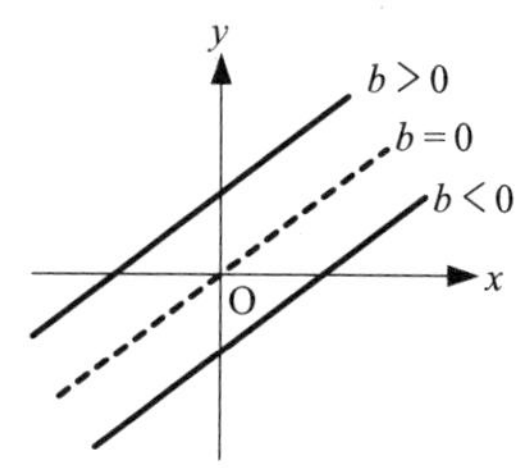

직선의 식 $y = ax + b$에서 x의 절편은 $y = 0$일 때의 x의 값이고, y의 절편은 $x = 0$일 때의 y의 값이다.

예제 5-8

직선 $x - y - 1 = 0$의 그래프에 대하여 다음을 구하여라.

(1) 기울기 (2) x의 절편

(3) y의 절편 (4) x축이 양의 방향과 이루는 각

▮풀이

주어진 직선의 방정식을 일반식의 꼴로 다시 쓰면 $y = x - 1$이므로

(1) 기울기 : 1

(2) x의 절편 : $y = 0$일 때의 x축과 만난 교점(또는 x의 값)이므로 이 값을 주어진 식에 대입하여 정리하면

$x - 0 - 1 = 0 \rightarrow x = 1$ $\therefore$ x의 절편 : 1

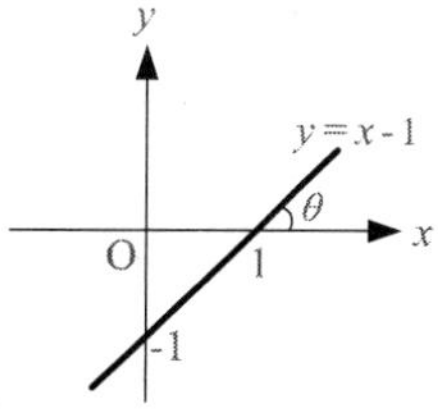

(3) y의 절편 : $x = 0$일 때 y축과 만난 교점(또는 y의 값)이므로 이 값을 주어진 식에 대입하면

$0 - y - 1 = 0 \rightarrow y = -1$ $\therefore$ y의 절편 : -1

(4) x축이 양의 방향과 이루는 각을 θ라 하면

$\tan\theta = 1/1 = 1 \rightarrow \theta = \tan^{-1}(1) = 45^{\circ}$ $\therefore$ $\theta = 45^{\circ}$

3) $ax + by + c = 0$의 그래프

직선의 일반방정식을 $ax + by + c = 0$(단지, 여기에서 a, b 중 적어도 하나가 0이 아닐 때)라 하면

(1) $a \neq 0$, $b \neq 0$일 때, $y = -\frac{a}{b}x - \frac{c}{b}$(기울어진 직선)

기울기 $-\frac{a}{b}$, y의 절편 $-\frac{c}{b}$인 직선

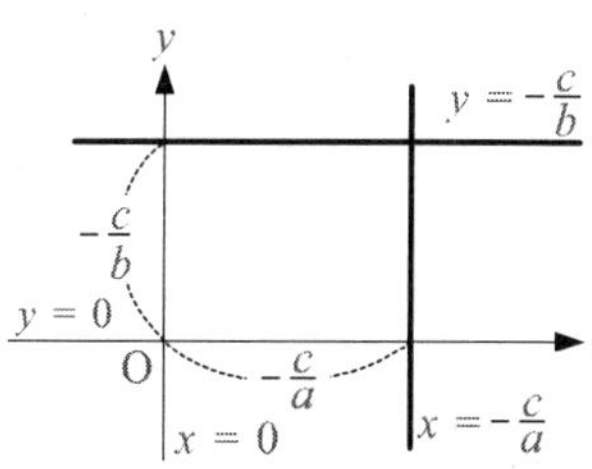

(2) $a \neq 0$, $b = 0$일 때, $ax + c = 0$

$\therefore$ $x = -\frac{c}{a}$

y축에 평행한 직선

(3) $a = 0$, $b \neq 0$일 때, $by + c = 0$

$\therefore$ $y = -\frac{c}{b}$

x축에 평행한 직선

4) 그래프를 그리는 방법

x의 절편과 y의 절편을 다음과 같이 구하여 좌표평면에 나타낸 다음 연결시킨다.

- x의 절편 : $y=0$일 때, x축과 만난 교점(또는 x의 값)을 구한다.
- y의 절편 : $x=0$일 때, y축과 만난 교점(또는 y의 값)을 구한다.

예제 5-9

직선 $2x-3y-6=0$의 그래프를 그려라.

풀이

x의 절편 : $y=0$을 주어진 식에 대입하고 정리하면
x의 값은 $2x=6$ $\quad\therefore\ x=3$
y의 절편 : $x=0$을 주어진 식에 대입하고 정리하면
y의 값은 $-3y=6$ $\quad\therefore\ y=-2$
$x=3$과 $y=-2$를 각각 x축과 y축 상에 나타내고 연결하면 된다.

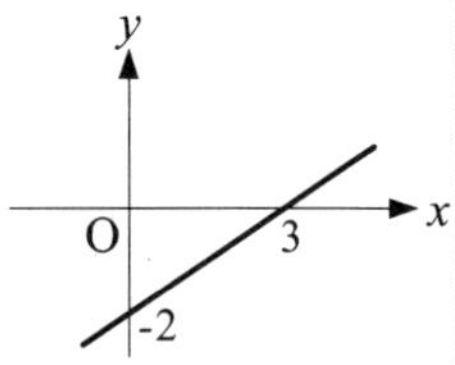

예제 5-10

다음 방정식의 그래프를 그려라.

(1) $y=|x|$ (2) $|y|=x$ (3) $|x|+|y|=2$

풀이

(1) $y=|x|$에서
$x\geq 0$일 때 $y=x$
$x<0$일 때 $y=-x$

(2) $|y|=x$에서
$y\geq 0$일 때 $y=x$
$y<0$일 때 $-y=x$

(3) $|x|+|y|=2$에서
$x\geq 0,\ y\geq 0$일 때 $x+y=2$ $\quad\therefore\ y=-x+2$
$x\geq 0,\ y<0$일 때 $x-y=2$ $\quad\therefore\ y=x-2$
$x<0,\ y\geq 0$일 때 $-x+y=2$ $\quad\therefore\ y=x+2$
$x<0,\ y<0$일 때 $-x-y=2$ $\quad\therefore\ y=-x-2$

(1)
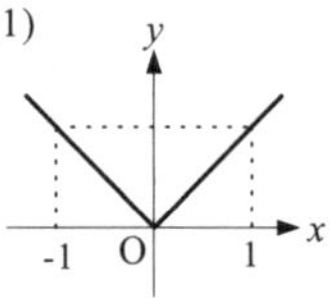

(2)
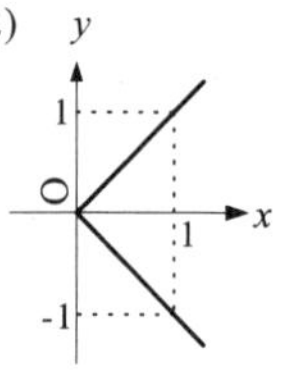

(3)
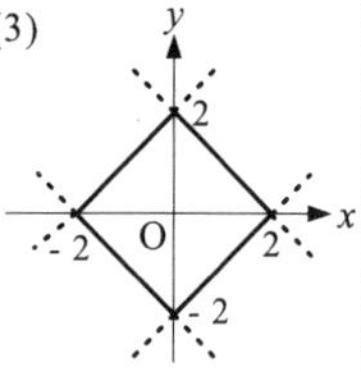

이들 그래프를 각각 도시하면 오른쪽 그림과 같다.

5.2.2 2차 함수의 그래프

많은 응용들은 2차 함수 그래프의 성질들에 대한 지식을 필요로 하고 있다. 예로써, A회사에서는 한 대당 p원에 팔리는 전자사전의 수 x와 관계에 관한 자료를 수집하여 분석한 결과 $x = 230\ 000 - 0.36p$인 1차 방정식을 얻을 수 있었고, 대당 가격 p원에 팔리는 전자사전 x대를 얻은 판매수입을 W라 하면 $W = xp$가 된다. 따라서 x와 p는 분석 결과에 의하여 1차 함수 관계이고, W는 가격 p와는 2차 함수 관계 $W = (230\ 000 - 0.36p)p$임을 알 수 있다.

2차 함수가 나타나는 두 번째 경우는 소방호수 노즐 끝에서 나오는 자유 jet(또는 분류)이 위 방향으로 운동하는 경우에 나타나는 포물선이다. Newton의 제 2운동법칙, 즉 힘 $\boldsymbol{F}$는 질량 m에 가속도 a를 곱한 것과 같다. 즉, $F = ma$에 근거하여 노즐 끝에서 분출되는 자유 jet의 운동경로는 2차 함수라는 것을 보일 수 있다.

1) 2차 함수의 정의

함수 $f(x)$가 x의 2차 식으로 표시될 때, 즉 $f(x) = ax^2 + bx + c = 0\,(a \neq 0)$ 일 때, $f(x)$를 x의 **2차 함수**라고 한다.

2) 2차 함수의 그래프

(1) $y = ax^2$의 그래프 $(a \neq 0)$ 기본형

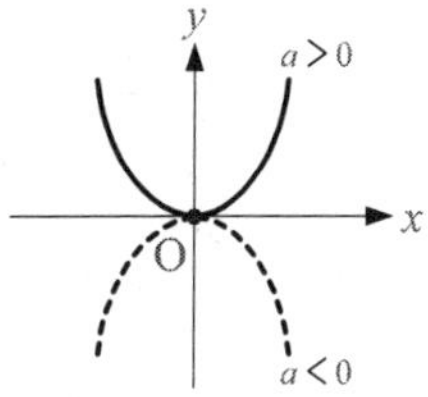

① 꼭짓점은 원점 (0, 0)

② 대칭축 $x = 0\,(y$축)

③ $a > 0$이면 아래로 볼록(∪의 꼴)

$a < 0$이면 위로 볼록(∩의 꼴)

④ $|a|$의 값이 클수록 y축에 가깝다(폭이 좁다).

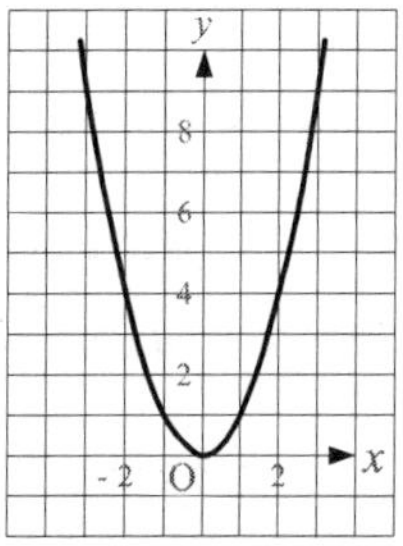

기본형 식에서 $a = 1$인 $y = x^2$의 그래프를 그려보자.

x에 여러 가지 값을 대입하고, 이에 대응하는 y의 값을 구하면 다음과 같은 표를 얻는다.

x	…, −3, −2, −1, 0, 1, 2, 3, …
y	…, 9, 4, 1, 0, 1, 4, 9, …

이들 x, y의 값에 따른 (x, y)의 집합을 R^2위에 나타내면 오른쪽 위 그림과 같이 된다. 이와 같은 곡선을 **포물선**(抛物線, parabola)이라 하며, y축을 **축**, 원점을 **꼭짓점**(vertex)이라고 한다.

다음에 $y = ax^2$에서 a의 값을 $\frac{1}{2}$, 1, 2, 3, $-\frac{1}{2}$, -1, -2, -3과 같이 여러 가지로 변화시켜 각 경우의 그래프를 그려보면 아래와 같은 그림을 얻을 수 있다. 아래 그래프에서 $a > 0$인 경우는 a값이 증가할수록 y축에 가까워지고, $a < 0$인 경우는 a값이 증가할수록 y축에 멀어짐을 알 수 있다. 이러한 포물선들은 모든 2차 함수의 그래프 중에서 대표적이다.

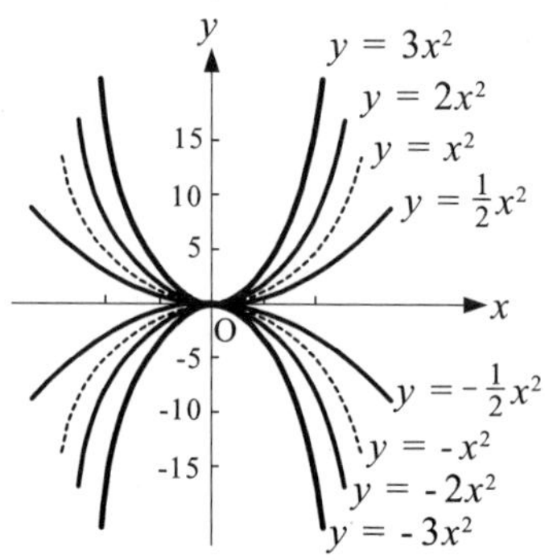

(2) $y = a(x - m)^2$의 그래프 $(a \neq 0)$

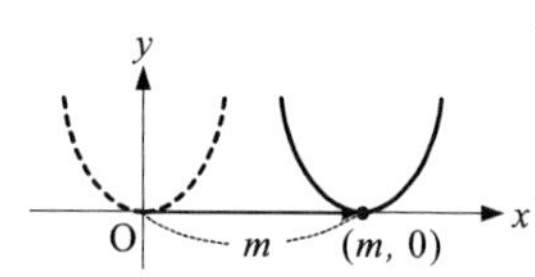

$y = ax^2$의 그래프를 x축으로 m만큼 평행이동한 그래프

① 꼭짓점 $(m, 0)$

② 대칭축 $x = m$

(3) $y = ax^2 + n$의 그래프 $(a \neq 0)$

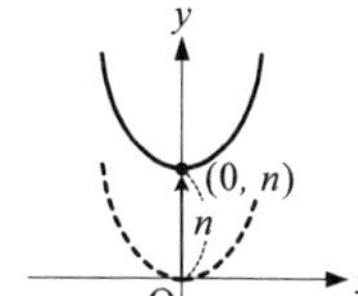

$y = ax^2$의 그래프를 y축으로 n만큼 평행이동한 그래프

① 꼭짓점 $(0, n)$

② 대칭축 $x = 0$

(4) $y = a(x - m)^2 + n$의 그래프 $(a \neq 0)$ 표준형

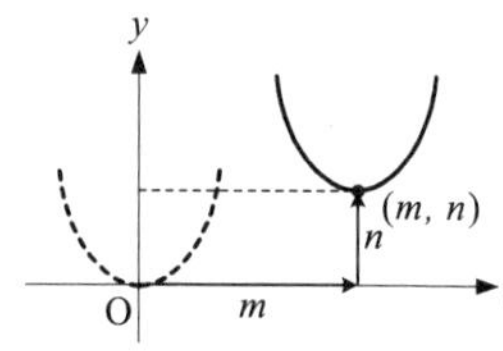

$y = ax^2$의 그래프를 x축으로 m만큼, y축으로 n만큼 평행이동한 그래프

① 꼭짓점 (m, n)

② 대칭축 $x = m$

따라서 이 그래프는 $y = ax^2$의 그래프에서 x대신 $(x-m)$, y대신 $(y-n)$을 대입하여 정리하면 되며, $y = ax^2$의 그래프와 합동인 포물선이다.

(5) $y = ax^2 + bx + c$의 그래프 $(a \neq 0)$ 일반형

① 꼭짓점 $\left(-\dfrac{b}{2a},\ -\dfrac{b^2-4ac}{4a}\right)$

$a > 0$이면 아래로 볼록 (∪의 꼴) : 꼭짓점은 최소점

$a < 0$이면 위로 볼록 (∩의 꼴) : 꼭짓점은 최대점

② 대칭축은 직선 $x = -\dfrac{b}{2a}$

③ y의 절편 c

$y = ax^2 + bx + c\ (a \neq 0)$의 꼴은 반드시 아래와 같은 꼴로 변형할 수 있다.

$y = a(x-m)^2 + n$

이 변형은 2차 함수의 기본변형으로서 중요하며 다음과 같다.

$$
\begin{aligned}
y &= ax^2 + bx + c = a\left(x^2 + \frac{b}{a}x\right) + c = a\left\{x^2 + \frac{b}{a}x + \left(\frac{b}{2a}\right)^2 - \left(\frac{b}{2a}\right)^2\right\} + c \\
&= a\left\{\left(x + \frac{b}{2a}\right)^2 - \frac{b^2}{4a^2}\right\} + c = a\left(x + \frac{b}{2a}\right)^2 - a \times \frac{b^2}{4a^2} + c \\
&= a\left(x + \frac{b}{2a}\right)^2 - \frac{b^2}{4a} + c \\
&= a\left(x + \frac{b}{2a}\right)^2 - \frac{b^2 - 4ac}{4a}
\end{aligned}
$$

3) 그래프를 보고 계수의 부호를 결정하는 방법

부호 결정 ➡ 그래프 볼록의 방향, 대칭축의 위치, y 절편의 위치를 조사한다.

$y = ax^2 + bx + c$에서

(1) a의 부호 : 그래프의 모양으로 결정

∪의 꼴은 $a > 0$, ∩의 꼴은 $a < 0$

(2) b의 부호 : 대칭축의 위치로 결정

- 대칭축이 y축의 오른쪽에 있으면 ➡ a, b는 다른 부호
- 대칭축이 y축의 왼쪽에 있으면 ➡ a, b는 같은 부호
- 대칭축이 y축과 일치할 때 ➡ $b = 0$(1차 항이 없다)

(3) c의 부호 : y 절편의 위치로 결정

y 절편이 x축의 위쪽에 있으면 $c > 0$

y 절편이 x축의 아래쪽에 있으면 $c < 0$

4) 2차 함수(포물선)의 식을 구하는 방법

(1) 꼭짓점 $(m,\ n)$이 주어지는 경우 ➡ $y = a(x-m)^2 + n$을 이용한다.

(2) x축과의 두 교점 $(\alpha,\ 0)$, $(\beta,\ 0)$이 주어지는 경우 ➡ $y = a(x-\alpha)(x-\beta)$를 이용한다.

(3) 세 점이 주어지면 ➡ $y = ax^2 + bx + c$에 대입한다.

(4) $x = m$에서 x축과 접할 때 ➡ $y = a(x-m)^2$을 이용한다.

예제 5-11

다음 2차 함수의 꼭짓점, 대칭축, x절편과 y절편을 구하고 그래프를 그려라.

(1) $y = x^2 - 2$ (2) $y = 2x^2 + 4x - 4$

(3) $y = \frac{1}{2}x^2 - 2x + 2$ (4) $y = -2x^2 - 3x$

풀이

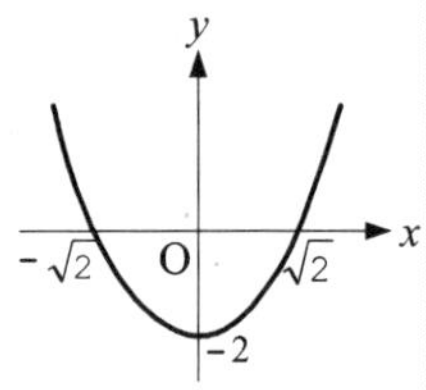

(1) $y = x^2 - 2$: 1차 항이 없으므로 2)의 (3)항에 해당

- 꼭짓점 : $(0,\ -2)$
  □□ $x = 0$을 원 식에 대입하면 $y = -2$를 얻는다.
- 대칭축 : $x = 0$
- x 절편 : $y = 0$일 때 $x^2 = 2$ $x = \pm\sqrt{2}$
  $\therefore\ \pm\sqrt{2}$
- y 절편 : $x = 0$일 때 $y = -2$
  $\therefore\ -2$

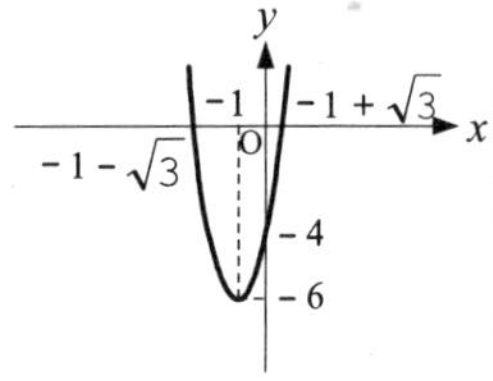

(2) $y = 2x^2 + 4x - 4$의 그래프는 2)의 (5)항에 해당하므로 $y = a(x-m)^2 + n$의 꼴로 변형하면 다음과 같다.

$$y = 2x^2 + 4x - 4 = 2(x^2 + 2x) - 4$$
$$= 2(x^2 + 2x + 1 - 1) - 4$$
$$= 2(x+1)^2 - 6$$

- 꼭짓점 : $(-1,\ -6)$
- 대칭축 : $x = -1$
- x 절편 : $y = 0$일 때 $2x^2 + 4x - 4 = 0 \rightarrow x^2 + 2x - 2 = 0$

근의 공식에 의하여 $x = -1 \pm \sqrt{3}$

$\therefore\ -1 \pm \sqrt{3}$

- y 절편 : $x = 0$일 때 $y = -4$

  $\therefore\ -4$

(3) $y = \frac{1}{2}x^2 - 2x + 2$의 그래프도 예제 5-11의 (2)번과 같이 2)의 (5)항에 해당하므로 $y = a(x-m)^2 + n$의 꼴로 변형하면 다음과 같다.

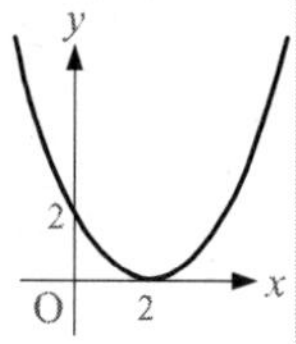

$$\begin{aligned} y &= \frac{1}{2}x^2 - 2x + 2 = \frac{1}{2}(x^2 - 4x) + 2 \\ &= \frac{1}{2}(x^2 - 4x + 4 - 4) + 2 = \frac{1}{2}(x^2 - 4x + 4) \\ &= \frac{1}{2}(x-2)^2 \end{aligned}$$

- 꼭짓점 : $(2,\ 0)$
- 대칭축 : $x = 2$
- x 절편 : $y = 0$일 때 $(x-2)^2 = x^2 - 4x + 4 = 0,\ x = 2$

  $\therefore\ 2$

- y 절편 : $x = 0$일 때 $y = 2$

  $\therefore\ 2$

(4) $y = -2x^2 - 3x$의 그래프도 예제 5-11의 (2)와 (3)번과 같이 2)의 (5)항에 해당되고 y의 절편 $c = 0$인 경우이므로 $y = a(x-m)^2 + n$의 꼴로 변형하면 다음과 같다.

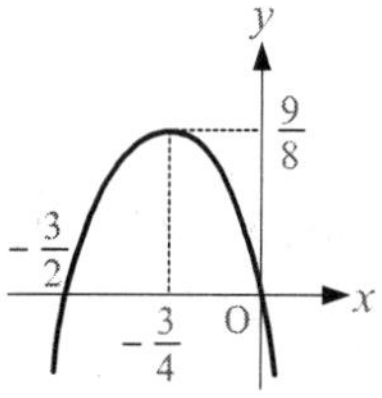

$$\begin{aligned} y &= -2x^2 - 3x = -2\left(x^2 + \frac{3}{2}x\right) = -2\left\{x^2 + \frac{3}{2}x + \left(\frac{3}{4}\right)^2 - \left(\frac{3}{4}\right)^2\right\} \\ &= -2\left(x + \frac{3}{4}\right)^2 + \frac{9}{8} \end{aligned}$$

- 꼭짓점 : $\left(-\frac{3}{4},\ \frac{9}{8}\right)$
- 대칭축 : $x = -\frac{3}{4}$
- x 절편 : $y = 0$일 때 $2x^2 + 3x = 0 \rightarrow x(2x+3) = 0$

  $x = 0,\ -\frac{3}{2}$

  $\therefore\ 0,\ -\frac{3}{2}$

- y 절편 : $x = 0$일 때 $y = 0$

  $\therefore\ 0$

예제 5-12

꼭짓점이 점 $(-2,\ 3)$이고, 점 $(1,\ -6)$을 지나는 포물선 방정식을 구하여라. 단, 축은 y축에 평행하다.

▌풀이

꼭짓점 $(m,\ n)$이 주어졌으므로 2)의 (5)항에 해당되어 $y = a(x-m)^2 + n$을 이용한다.

꼭짓점은 점 $(-2,\ 3)$이므로, 이 값을 앞 식에 대입하면

$y = a\{x-(-2)\}^2 + 3 = a(x+2)^2 + 3$ ①

포물선 방정식이 점 $(1,\ -6)$을 지나므로 식 ①에 대입하여 정리하면 다음과 같다.

$-6 = a(1+2)^2 + 3 = 9a + 3 \rightarrow 9a = -9$

$\therefore\ a = -1$ ②

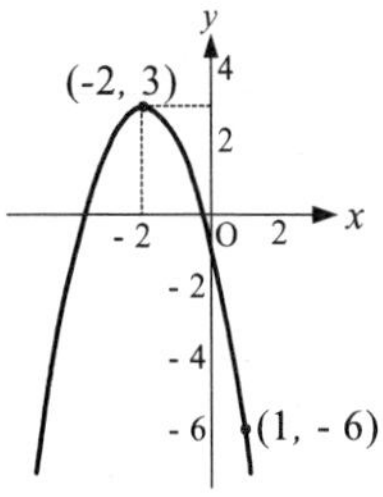

식 ②를 식 ①에 대입하여 정리하면 다음과 같은 포물선 식을 얻을 수 있다.

$y = -1\cdot(x+2)^2 + 3 = -x^2 - 4x - 1$

$\therefore\ y = -x^2 - 4x - 1$

5.2.3 3차 함수의 그래프

1) 3차 함수의 그래프

(1) $y = ax^3$의 그래프

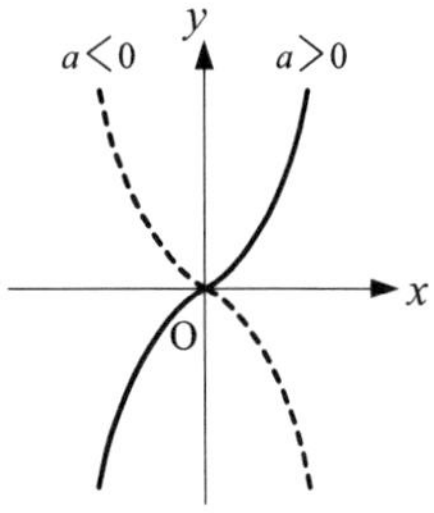

① $a > 0$이면 x가 증가할 때, y도 증가한다(**단조증가**).

$a < 0$이면 x가 증가할 때, y는 감소한다(**단조감소**).

② $|a|$가 클수록 y축에 가깝다.

③ 그래프는 원점 $(0,\ 0)$을 지나고 원점에 대하여 대칭이다.

(2) $y = a(x-m)^3 + n$의 그래프

① $y = ax^3$의 그래프를 x축을 따라 m만큼, y축을 따라 n만큼 평행이동한 것이다.

② 대칭의 중심 $(m,\ n)$

2) 짝함수와 홀함수

함수 f의 그래프의 x-절편을 역시 f의 영(零, zero)이라 하기도 한다. 비슷하게, 함수 f에 적용될 때, 짝(even)과 홀(odd)이라는 단어는 이 함수의 그래프에 대하여 존재하는 대칭성을 설명한다.

(1) 짝함수[우함수(偶函數), even function]

함수 f가 짝이기 위한 필요충분조건은 점 (x, y)가 f의 그래프 위에 있을 때에는 언제나 점 $(-x, y)$가 역시 이 그래프 위에 있다. 짝함수는 함수표시를 사용하여 다음과 같이 정의한다.

- $f(-x) = f(x)$인 성질을 갖는 함수
- 그래프는 y축에 관하여 대칭
- 지수가 짝수차만으로 이루어짐

예를 들면 x^2, $1/x^4$, $|x|$, $\cos x$ 및 $e^x + e^{-x}$ 등은 오른쪽 그림과 같이 짝함수이다. 짝함수와 짝함수의 더하기 · 빼기 · 곱하기 · 몫은 짝함수이다. 특히 x의 짝수차의 항으로만 이루어진 다항식, 예를 들면 $3x^4 - 2x^2 - 5$는 짝함수이다. 홀함수와 홀함수의 곱하기 · 몫은 짝함수이며, 홀함수와 짝함수의 곱하기 · 몫은 홀함수이다(몫 $f(x)/g(x)$를 생각할 경우는 $g(x) = 0$이 되는 x는 정의역에서 제외한다).

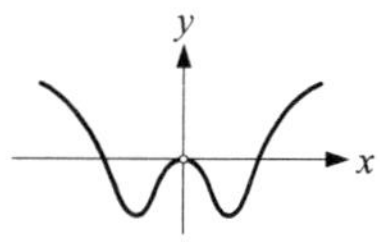

짝함수

(2) 홀함수[기함수(奇函數), odd function]

함수 f가 홀이기 위한 필요충분조건은 점 (x, y)가 f의 그래프 위에 있을 때에는 언제나 점 $(-x, -y)$가 역시 이 그래프 위에 있다. 홀함수는 함수표시를 사용하여 다음과 같이 정의한다.

- $f(-x) = -f(x)$인 성질을 갖는 함수
- 그래프는 원점에 관하여 대칭
- 지수가 홀수차만으로 이루어짐
- 상수항이 없다.

예를 들면 x, x^3, $\sin x$, $\tan x$ 및 $e^x - e^{-x}$ 등은 오른쪽 그림과 같이 홀함수이고, 홀함수의 합과 차 및 양수배(陽數倍)도 홀함수이다. 특히 x의 홀수차항만으로 이루어지는 다항식, 예로 $3x^5 - 4x^3 + 2x$는 홀함수이다.

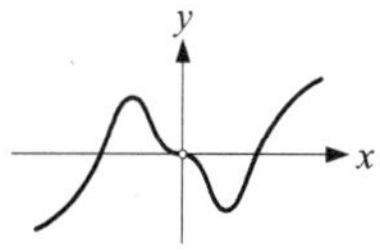

홀함수

짝수차와 홀수차가 함께 섞여 있으면 우함수도 기함수도 아니다.

예를 들면, 함수 $f(x)=x^3+2x^2-1$는 x의 짝수차와 홀수차가 함께 섞여 있으므로 짝함수도, 홀함수도 아니다.

예제 5-13

다음 함수 중 짝함수인지 홀함수인지 아니면 짝함수도 홀함수도 아닌지를 조사하여라.

(1) $f(x)=x^4-2x^2-3$ (2) $f(x)=x^3-x$

(3) $f(x)=2x^2-2x+1$ (4) $f(x)=\dfrac{3}{x^2}$

풀이

우선 주어진 모든 함수에 x대신 $-x$를 대입한 다음, 결과를 보고 판단한다.

(1) $f(-x)=(-x)^4-2(-x)^2-3=x^4-2x^2-3=f(x)$

➡ y축에 관하여 대칭

$\therefore$ $f(x)$는 짝함수

(2) $f(-x)=(-x)^3-(-x)=-x^3+x=-(x^3-x)=f(-x)$

➡ 상수항이 없으므로 원점에 관하여 대칭

$\therefore f(x)$는 홀함수

(3) $f(-x)=2(-x)^2-2(-x)+1=2x^2+2x+1$

그러므로 $f(-x)\neq f(x)$

$-f(x)=-(2x^2-2x+1)=-2x^2+2x-1$, 따라서 $f(-x)\neq -f(x)$

➡ y축 또는 원점에 관하여 대칭이 아니다.

$\therefore$ $f(x)$는 짝함수도 홀함수도 아니다.

(4) $f(-x)=\dfrac{3}{(-x)^2}=\dfrac{3}{x^2}=f(x)$ ➡ y축에 관하여 대칭

$\therefore$ $f(x)$는 짝함수

5.2.4 2차 함수와 판별식

1) 2차 함수의 그래프와 2차 방정식

2차 방정식 $ax^2+bx+c=0(a>0,\ a\neq 0)$의 두 근을 α, β라 하고 **판별식**(判別式, discriminant ; D)을 $D=b^2-4ac$라 할 때 판별식 D의 부호에 따라 다음과 같이 정리할 수 있다.

표 5.1 2차 함수의 그래프와 근(또는 해)의 관계

$y = f(x) = ax^2 + bx + c$에서 $D = b^2 - 4ac$라 하면

판별식	$D > 0$	$D = 0$	$D < 0$
$a > 0$일 때 y의 그래프	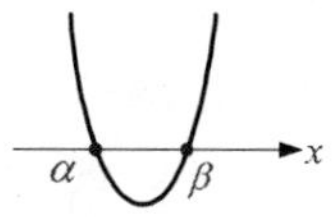	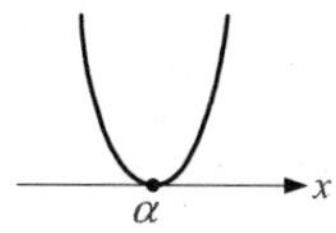	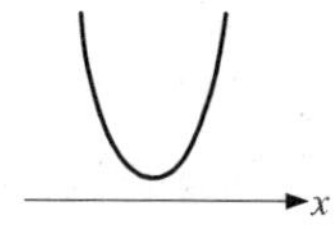
$a < 0$일 때 y의 그래프	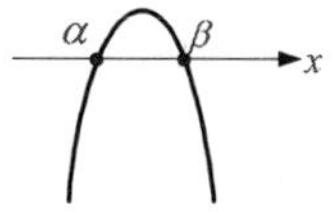	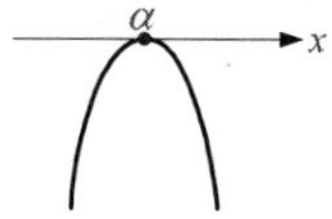	
x축과의 교점	x축과 서로 다른 두 점에서 만남	x축과 접한다	x축과 만나지 않는다
$f(x) = 0$의 해	$x = \alpha$, $x = \beta$(실근)	$x = \alpha$(중근)	허 근
$f(x) > 0$의 해	$x < \alpha$, $x > \beta$	$x \neq \alpha$인 모든 실수	모든 실수
$f(x) < 0$의 해	$\alpha < x < \beta$	**해가 없다**	**해가 없다**

- $y = ax^2 + bx + c = 0\,(a \neq 0)$와 x축과의 교점의 x좌표는
  ➡ $ax^2 + bx + c = 0\,(a \neq 0)$의 근에 해당한다.
- $ax^2 + bx + c > 0$ ➡ $y = ax^2 + bx + c$의 그래프가 x축보다 위쪽에 있는 x의 범위이다.
- $ax^2 + bx + c < 0$ ➡ $y = ax^2 + bx + c$의 그래프가 x축보다 아래쪽에 있는 x의 범위이다.

예제 5-14

다음 2차 방정식을 판별하고 근을 구하여라.

(1) $2x^2 - 6x - 5 = 0$　　(2) $x^2 - 16x + 64 = 0$　　(3) $x^2 - x + 2 = 0$

풀이

(1) $2x^2 - 6x - 5 = 0$에서 $a = 2$, $b = -6$, $c = -5$이므로 판별식 D에 대입하면
$D = b^2 - 4ac = (-6)^2 - 4 \times 2 \times (-5) = 36 + 40 = 76 > 0$, D가 0보다 크므로
∴ 서로 다른 **두 실근**을 갖는다.

(2) $x^2 - 16x + 64 = 0$에서 $a = 1$, $b = -16$, $c = 64$이므로 판별식 D에 대입하면
$D = b^2 - 4ac = (-16)^2 - 4 \times 1 \times 64 = 256 - 256 = 0$, D가 0이므로
∴ **중근**을 갖는다.

(3) $x^2 - x + 2 = 0$에서 $a = 1$ $b = -1$, $c = 2$이므로 판별식 D에 대입하면
$D = b^2 - 4ac = (-1)^2 - 4 \times 1 \times 2 = 1 - 8 = -7 < 0$, D가 0보다 작으므로
∴ 서로 다른 **두 허근**을 갖는다.

2) 2차 방정식을 푸는 3가지 방법

(1) 2차 방정식의 뜻

방정식의 모든 항을 좌변으로 이항하여 정리한 식이거나, 2차 함수의 그래프와 x축의 교점의 좌표[x의 해(解) 또는 근(根)]는 $y=0$으로 놓아 다음과 같은 꼴로 나타나는 방정식을 x에 관한 **2차 방정식(quadratic equation)**이라 한다. 이 식을 풀면 해를 얻을 수 있다.

$$(x\text{에 관한 2차식}) = 0, \text{ 즉 } \quad ax^2+bx+c=0$$

여기서, a, b와 c는 상수이고 $a \neq 0$이다. 이 꼴은 미지수가 1개이고 미지수 x의 차수가 2차인 1원 2차 방정식을 보통 2차 방정식이라 하며, 이 방정식을 **표준 꼴(standard form)**이라 한다. x에 관한 2차 방정식이 차수가 2차 항을 반드시 포함하고 있어야 한다는 것은 $ax^2+bx+c=0$에서 x^2의 계수 a가 0이 아니어야 한다는 것이다.

둘레의 길이가 24 m이고 면적이 32 m^2인 직사각형 모양의 잔디밭을 만들려고 한다. 잔디밭의 가로와 세로의 길이를 구하는 관계식을 생각하여 보자.

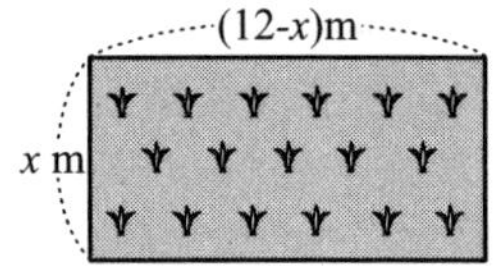

오른쪽 그림과 같이 잔디밭의 세로의 길이를 x m라 하면, 가로의 길이는

$$\frac{24-2x}{2} = 12-x\,(\text{m})$$

이 잔디밭의 면적은 가로 × 세로, 주어진 면적이 32 m^2이므로 다음의 등식이 성립한다.

$$x(12-x)=32$$

앞 식을 전개한 다음 이항하여 정리하면

$$12x-x^2=32 \quad \rightarrow \quad x^2-12x+32=0$$

을 얻을 수 있다.

이와 같이, 방정식의 모든 항을 좌변으로 이항하여 정리하였을 때, 위에서 설명한 표준 꼴로 변형되는 방정식, 즉 좌변이 x에 관한 2차식이 되는 방정식의 문제로 나타난다.

예제 5-15

다음 등식 중에서 2차 방정식을 모두 찾아라.

(1) $4x^2-x+5=3x^2-11$ (2) $2x(x-1)=5+2x^2$

(3) $2x^2=x-5$ (4) $(x-1)^2=x^2-3x$

▌풀이

(1) 우변을 좌변으로 이항하여 정리하면

$4x^2 - x + 5 - 3x^2 + 11 = 0$ ⇨ $x^2 - x + 16 = 0$ (2차 방정식)

(2) 좌변의 괄호를 풀고, 우변을 좌변으로 이항하여 정리하면

$2x^2 - 2x - 5 - 2x^2 = 0$ ⇨ $-2x - 5 = 0$ (1차 방정식)

(3) 우변을 좌변으로 이항하여 정리하면

$2x^2 = x - 5$ ⇨ $2x^2 - x + 5 = 0$ (2차 방정식)

(4) 좌변 2항식의 제곱을 구하고, 우변을 좌변으로 이항하여 정리하면

$x^2 - 2x + 1 - x^2 + 3x = 0$ ⇨ $x + 1 = 0$ (1차 방정식)

[주] 예제 5-15의 (2)와 (4)에서 알 수 있듯이, 등식이 x에 관한 2차 항이 있더라도 정리하면 2차 방정식이 아닌 것도 있다.

▌ 2차 방정식의 해 ▌

(1) 2차 방정식의 해(근) : 2차 방정식 $ax^2 + bx + c = 0$을 참이 되게 하는 미지수 x의 값
(2) 2차 방정식을 푼다 : 2차 방정식의 해(또는 근)를 모두 구하는 것

예제 5-16

x가 집합 $\{-1, 0, 1, 2\}$의 원소일 때, 2차 방정식 $x^2 - x - 2 = 0$의 해를 모두 구하여라.

▌풀이

집합의 각 x 원소들 $-1, 0, 1$ 및 2를 차례로 2차 방정식 $x^2 - x - 2$에 대입하면

$x = -1$ ⇨ $(-1)^2 - (-1) - 2 = 1 + 1 - 2 = 0$ (참)

$x = 0$ ⇨ $0^2 - 0 - 2 = -2 \neq 0$ (거짓)

$x = 1$ ⇨ $1^2 - 1 - 2 = -2 \neq 0$ (거짓)

$x = 2$ ⇨ $(2)^2 - (2) - 2 = 4 - 2 - 2 = 0$ (참)

따라서 $x^2 - x - 2 = 0$의 해는 등식이 성립한(참으로 나타난) $x = -1$ 또는 $x = 2$

[수학의 미니 상식]

1+1=1 ??

에디슨이 초등학교 1학년 때, 보통 사람들처럼 그가 배운 내용은「1+1=2」라는 것이었다. 그러나 에디슨은「1+1=2」가 되어야 하느냐고 질문을 해서 선생님은 물론 다른 학생들까지도 머리를 혼란하게 하여서 수업을 중단시킨 일이 있었다. 에디슨은「1+1=1」이 된 이유를 말했다. "1+1=1이란 것은 두 개의 물방울을 합쳐보면 하나의 물방울이 되는 것과 같고, 또 호랑이 한 마리에 토끼 한 마리를 합하면 호랑이는 토끼를 잡아먹어 버릴 테니까 결국 한 마리만 남게 되니까요"

즉, 1+1=2가 아니고 1+1=1이 분명한데도 오히려 모두가 그를 바보로 취급했다. 수학적인 훈련을 받지 못했던 그의 생각은 자유스러웠고, 문제의 본질을 잘 파악했다고 보아야 할 것이다.

소년 에디슨이 주장한「1+1=1」이라는 수학이 실제로 존재하고, 그것이 현대 과학의 중요한 산물인 전자계산기의 이론이 되었다.

에디슨[Edison, Thomas Alva, 미국의 발명가(1847~1931)]은 인쇄 전신기, 전화기, 백열전등, 자력선광법(磁力選鑛法), 알칼리 축전지, 축음기, 영화 촬영기 및 영사기 등을 발명하였으며, 1,300가지가 넘는 특허를 얻어 발명왕이라 불린다.

(2) 2차 방정식 푸는 방법

2차 방정식을 푸는 방법에는 다음과 같이 ① **인수분해** ② **완전제곱식** ③ **근의 공식**(일반적인 방법)의 3가지가 있으며 이들 방법에 대하여 기술한다.

① 인수분해를 이용한 2차 방정식 풀이

인수분해를 이용하여 2차 방정식을 풀 수 있다.

일반적으로, 수(數)에서와 마찬가지로 두 식 A, B에 대해서도 $AB=0$이면, 다음 중 반드시 한 가지가 성립한다.

(1) $A=0$, $B=0$ (2) $A=0$, $B\neq0$ (3) $A\neq0$, $B=0$

이것을 다음과 같이 나타낼 수 있다.

$AB=0$이면 $A=0$ 또는 $B=0$

또, 위의 역

$A=0$ 또는 $B=0$이면 $AB=0$

도 참임을 알 수 있다.

즉,「$AB=0$」과「$A=0$ 또는 $B=0$」은 같은 뜻이다. 이 성질을 이용하여 $(ax+b)(cx+d)=0$의 꼴의 2차 방정식을 풀어보자.

예제 5-17

다음 등식이 성립할 때, a, b의 값을 구하여라.

(1) $a(b-3)=0$　　　(2) $(a-3)(b+4)=0$

풀이

앞에서 설명한 두 식 A, B에 대한 $A=0$ 또는 $B=0$을 이용

(1) $a=0$ 또는 $b-3=0$　　$\therefore\ a=0$ 또는 $b=3$

(2) $a-3=0$ 또는 $b+4=0$　　$\therefore\ a=3$ 또는 $b=-4$

예제 5-18

2차 방정식 $(x-3)(x-4)=0$을 풀어라.

풀이

2차 방정식 $(x-3)(x-4)=0$에서

$$x-3=0 \text{ 또는 } x-4=0$$

따라서, $x=3$ 또는 $x=4$

앞의 예제에서 구한 해가 맞는지 검산해 보자.

구한 해 $x=3$과 $x=4$을 각각 주어진 식 $(x-3)(x-4)=0$에 대입하면

$$(\text{좌변})=(3-3)(3-4)=0(\text{우변})$$

$$(\text{좌변})=(4-3)(4-4)=0(\text{우변})$$

이므로, $x=3$과 $x=4$는 모두 2차 방정식 $(x-3)(x-4)=0$의 해이다.

[주] 보통 풀이하는 과정에서 검산하는 과정은 생략한다. 그러나 방정식을 푼 다음, 구한 해가 정확한지 확인하는 과정은 매우 중요하므로 평소 검산하는 습관을 익히도록 한다.

인수분해를 이용한 2차 방정식의 풀이

2차 방정식은 다음과 같은 순서로 푼다.

① 주어진 방정식을 $ax^2+bx+c=0$의 꼴로 나타낸다.

② 좌변을 인수분해한다.

③ $AB=0$이면 $A=0$ 또는 $B=0$임을 이용한다.

위의 ①에서 2차 방정식이 표준꼴 $ax^2+bx+c=0$로 나타낼 때 좌변의 식을 두 개의 1차방정식의 곱 $(px-q)(rx-s)=0$의 꼴로 인수분해 하는 것이 가능할 수 있다. 그러면 인수분해 된 두 개의 1차방정식을 각각 0으로 놓으면 2차 방정식의 근(정확해)은 다음과 같이 구할 수 있다. 즉,

$(px-q)(rx-s)=0$의 두 근은 $px-q=0 \Rightarrow x=\frac{q}{p}$와 $rx-s=0 \Rightarrow x=\frac{s}{r}$, 즉

$x=\frac{q}{p}$와 $x=\frac{s}{r}\ (p\neq 0,\ r\neq 0)$이다.

인수분해의 기본공식은 다음과 같다.

(1) $ma+mb-mc=m(a+b-c)$ [공통인수 공식]

(2) $a^2+2ab+b^2=(a+b)^2,\ \ a^2-2ab+b^2=(a-b)^2$ [완전제곱식]

(3) $a^2-b^2=(a+b)(a-b)$ [합 · 차의 공식]

(4) $x^2+(a+b)x+ab=(x+a)(x+b)$ [2차 3항식 공식]

(5) $abx^2+(aq+bq)x+pq=(ax+p)(bx+q)$ [2차 3항식 공식]

(6) $a^3+3a^2b+3ab^2+b^3=(a+b)^3$

$a^3-3a^2b+3ab^2-b^3=(a-b)^3$

(7) $a^3+b^3=(a+b)(a^2-ab+b^2)$ [세제곱의 합]

$a^3-b^3=(a-b)(a^2+ab+b^2)$ [세제곱의 차]

(8) $a^2+b^2+c^2+2ab+2bc+2ca=(a+b+c)^2$

(9) $a^3+b^3+c^3-3abc=(a+b+c)(a^2+b^2+c^2-ab-bc-ca)$

$$=\frac{1}{2}(a+b+c)\{(a-b)^2+(b-c)^2+(c-a)^2\}$$

(10) $a^4+a^2b^2+b^4=(a^2+ab+b^2)(a^2-ab+b^2)$ [복2차식]

(11) $(a+b+c)(ab+bc+ca)-abc=(a+b)(b+c)(c+a)$

▸ **인수분해 공식을 반드시 암기**하도록 한다.

공통인수의 처리로써만 앞에서 나타낸 **모든 공식을 증명**해보자.

(1) 다항식 각 항에 있는 공통의 단항식 인수 m을 밖으로 끌어낸다. 즉

$ma+mb-mc=m(a+b-c)$

(2) $a^2+2ab+b^2=a^2+ab+ab+b^2=a(a+b)+b(a+b)=(a+b)^2$

(3) $a^2-b^2=a^2+ab-ab-b^2=a(a+b)-b(a+b)=(a+b)(a-b)$

(4) $x^2+(a+b)x+ab=x^2+ax+bx+ab=x(x+a)+b(x+a)=(x+a)(x+b)$

(5) $abx^2+(aq+bq)x+pq=abx^2+aqx+bqx+pq=ax(bx+q)+p(bx+q)$

$=(ax+p)(bx+q)$

(6) $a^3+3a^2b+3ab^2+b^3=a^3+a^2b+2a^2b+2ab^2+ab^2+b^3$

$=a^2(a+b)+2ab(a+b)+b^2(a+b)$

$=(a+b)(a^2+2ab+b^2)=(a+b)^3$

(7) $a^3+b^3 = a^3+a^2b-a^2b-ab^2+ab^2+b^3$

$$= a^2(a+b)-ab(a+b)+b^2(a+b) = (a+b)(a^2-ab+b^2)$$

(8) $a^2+b^2+c^2+2ab+2bc+2ca = a^2+2ab+b^2+2ca+2bc+c^2$

$$= (a+b)^2+2(a+b)c+c^2 = (a+b+c)^2$$

(9) $a^3+b^3+c^3-3abc$

$= (a^3+b^3)+c^3-3abc$ ⇦ $a^3+b^3 = (a+b)^3-3ab(a+b)$

$= (a+b)^3-3ab(a+b)+c^3-3abc$

$= (a+b)^3+c^3-3ab(a+b+c)$ ⇦ $\alpha^3+\beta^3 = (\alpha+\beta)(\alpha^2-\alpha\beta+\beta^2)$ $(\alpha = a+b,\ \beta = c)$

$= (a+b+c)\{(a+b)^2-(a+b)c+c^2\}-3ab(a+b+c)$

$= (a+b+c)\{(a+b)^2-(a+b)c+c^2-3ab\}$

$= (a+b+c)(a^2+b^2+c^2+2ab-ac-bc-3ab)$

$= (a+b+c)(a^2+b^2+c^2-ab-bc-ca)$

$= \frac{1}{2}(a+b+c)\{(a-b)^2+(b-c)^2+(c-a)^2\}$

앞 식에서 $(a+b+c)(a^2+b^2+c^2-ab-bc-ca) = \frac{1}{2}(a+b+c)\{(a-b)^2+(b-c)^2+(c-a)^2\}$임을 보이자.

$(a+b+c)\ (a^2+b^2+c^2-ab-bc-ca)$

$$= \frac{1}{2}(a+b+c)(2a^2+2b^2+2c^2-2ab-2bc-2ca)$$

$$= \frac{1}{2}(a+b+c)\{(a^2-2ab+b^2)+(b^2-2bc+c^2)+(c^2-2ca+a^2)\}$$

$$= \frac{1}{2}(a+b+c)\{(a-b)^2+(b-c)^2+(c-a)^2\}$$

(10) $a^4+a^2b^2+b^4$

$= a^4+2a^2b^2+b^4-a^2b^2 = (a^2+b^2)^2-(ab)^2$ ⇦ $\alpha^2-\beta^2 = (\alpha+\beta)(\alpha-\beta)$ $(\alpha = a^2+b^2,\ \beta = ab)$

$= \{(a^2+b^2)+ab\}\{(a^2+b^2)-ab\} = (a^2+ab+b^2)(a^2-ab+b^2)$

(11) $(a+b+c)(ab+bc+ca)-abc$

$$= a^2b+abc+a^2c+ab^2+b^2c+abc+abc+bc^2+ac^2-abc$$

$$= a^2(b+c)+ac(b+c)+ab(b+c)+bc(b+c)$$

$$= (b+c)(a^2+ac+ab+bc) = (b+c)\{a(a+b)+c(a+b)\}$$

$$= (a+b)(b+c)(c+a)$$

위의 (1)~(10)항에서 나타난 인수분해의 공식들은 앞의 2.2.3항의 유용한 곱셈공식들을 역으로 나타낸 것에 불과하다. 우변을 전개하였을 때 좌변과 같게 되는가를 다시 한 번 확인해 보도록 하여라.

다만 바로 위에 있는 공식 (9)와 (10)은 단순히 곱셈공식의 역으로서 받아들이기 보다는 그 유도 과정까지를 함께 이해하고 잘 기억해두면 복잡한 인수 분해할 때 많은 도움을 줄 것이다.

주어진 하나의 다항식을 두 개 이상의 인수의 곱으로 표시하는 것, 즉 다항식의 **인수(因數, factor)**를 구하는 것을 **인수분해(因數分解, factorization)**라고 한다.

이를 테면, $(x+2)(x+3)=x^2+5x+6$에서 좌변을 전개하면 우변이 되고, 이것을 역으로 나타내면

$$x^2+5x+6=(x+2)(x+3)$$

이 된다.

이와 같이 하나의 다항식을 인수분해하여 다항식의 꼴로 나타내었을 때 $x+2$, $x+3$가 인수이다. 즉,

$$(x+2)(x+3) \underset{\text{인수분해}}{\overset{\text{전개}}{\rightleftarrows}} x^2+5x+6$$

이와 같이 인수분해는 전개의 역으로 생각하면 된다.

임의의 다항식을 그 자신의 1배의 곱 또는 그 다항식의 덧셈에 대한 역의 -1배의 곱으로 쓸 수 있다. 어떤 다항식을 (1과 -1을 제외한) 다른 두 다항식의 곱으로 쓸 수 있을 때, 이 다항식을 **소수다항식(prime polynobbmial)** 또는 **소인수(素因數, prime factor)**라 한다. 어떤 다항식을 소인수들만으로 이루어지는 곱으로 나타내는 것을 인수분해 한다고 말한다. 다음은 소수다항식의 예들이다.

$$2,\ 3,\ 5,\ x,\ x+1,\ x-1,\ 3x+5$$

인수분해 문제에서 찾을 첫 번째 인수는 주어진 다항식의 각 항에 있는 공통의 단항식 인수다. 공통의 단항식 인수가 하나 있으면, 분배성질을 사용하여 이 인수를 밖으로 끌어낸다. 이러한 내용은 표 5.2에 주어졌다.

표 5.2 공통의 단항식 인수 확인하기

다항식	공통의 단항식 인수	나머지 인수	인수분해 된 꼴
$3x+12$	3	$x+4$	$3x+12=3(x+4)$
$2x^2-8x+10$	2	x^2-4x+5	$2x^2-8x+10=2(x^2-4x+5)$
$4x-12$	4	$x-3$	$4x-12=4(x-3)$
x^4-5x^3	x^3	$x-5$	$x^4-5x^3=x^3(x-5)$
$9x^2+6x$	$3x$	$3x+2$	$9x^2+6x=3x(3x+2)$

일단 모든 공통의 단항식 인수를 주어진 다항식에서 제거했을 때, 나머지 인수는 1차의 다항식이거나 또는 2차 이상의 다항식이다.

인수분해를 하는 기본 요령

① 무엇보다 먼저 공통인수를 찾아보아라.
② 공식을 당장 사용할 수 있는가(인수분해 기본공식 적용) 없는가(치환이용, 한 문자로 내림차순으로 정리, 복 2차식 사용)를 생각하여라.
③ 공통인수로 묶을 수 있는 것을 찾아라.
④ 항을 적당히 배열하여 더하고 다시 빼거나, 곱하고 다시 나누는 것을 활용하며 공통인수를 살펴보고, 또 공식을 적용할 수 있도록 하여라.
⑤ 그 식에 사용된 문자 중에서 차수가 가장 낮은 문자에 관하여 내림차순으로 정리하여라.

인수분해의 3가지의 기본

일반적으로 인수분해는 ① **기본공식** ② **인수정리** ③ **근의 공식** 이용의 3가지 방법에 의해서 나타낼 수 있다.

인수정리는 주로 3차 이상의 다항식에 대하여 이용되고, 근의 공식은 주로 2차 다항식에 대하여 이용된다. 여기서는 후자에 대하여 기술한다.

예제 5-19

공통부분이 있을 때

다음 각 식을 인수분해하여라.

(1) $9a^3b^2-12a^2b^3$ (2) $x(a-b)-y(b-a)$

(3) $ax+bx+ay+by$ (4) $xy-x-y+1$

▍풀이

공통인수로 묶는 것, 즉 공식 $ma+mb-mc=m(a+b-c)$을 응용!

(1) $9a^3b^2-12a^2b^3=3a^2b^2(3a-4b)$

(2) $x(a-b)-y(b-a)=x(a-b)+y(a-b)=(a-b)(x+y)$

(3) $ax+bx+ay+by=x(a+b)+y(a+b)=(a+b)(x+y)$

(4) $xy-x-y+1=x(y-1)-(y-1)=(x-1)(y-1)$

예제 5-20

항이 3개일 때

다음 각 식을 인수분해하여라.

(1) $x^2+10x+25$

(2) $9a^2-12ab+4b^2$

(3) $-x^2-4y^2+4xy$

(4) $x^2-\frac{5}{3}x+\frac{25}{36}$

(5) $(a+b)^2+9c^2-6c(a+b)$

(6) $(y-z)^2-y^2+z^2$

▍풀이

공식 $A^2 \pm 2AB+B^2=(A \pm B)^2$의 응용!

(1) $x^2+10x+25=x^2+2\cdot 5\cdot x+5^2=(x+5)^2$

(2) $9a^2-12ab+4b^2=(3a)^2-2\cdot 3a\cdot 2b+(2b)^2$

$=(3a-2b)^2$ ⇦ $A=3a,\ B=2b$

(3) $-x^2-4y^2+4xy=-(x^2-4xy+4y^2)=-\{x^2-2\cdot x\cdot 2y+(2y)^2\}$

$=-(x-2y)^2$

(4) $x^2-\frac{5}{3}x+\frac{25}{36}=x^2-2\cdot\frac{5}{6}x+\left(\frac{5}{6}\right)^2=\left(x-\frac{5}{6}\right)^2$

(5) $(a+b)^2+9c^2-6c(a+b)=(a+b)^2-2\cdot 3c\cdot(a+b)+(3c)^2$

$=(a+b-3c)^2$ ⇦ $A=a+b,\ B=3c$

(6) $(y-z)^2-y^2+z^2=(y-z+y)(y-z-y)+z^2=-z\cdot(2y-z)+z^2$

$=z\{-(2y-z)+z\}=z(-2y+z+z)=2z(z-y)$

예제 5-21

항이 2개일 때

다음 각 식을 인수분해하여라.

(1) x^4-y^4

(2) $9-(5-2x)^2$

▍풀이

공식 $A^2-B^2=(A+B)(A-B)$의 응용!

(1) $x^4-y^4=(x^2)^2-(y^2)^2=(x^2+y^2)(x^2-y^2)$

$=(x^2+y^2)(x+y)(x-y)$ ⇦ $A=x^2,\ B=y^2$

(2) $9-(5-2x)^2 = 3^2-(5-2x)^2$

$= \{3+(5-2x)\}\{3-(5-2x)\}$ ⇦ $A=3,\ B=5-2x$

$=(8-2x)(-2+2x)$

$=2\cdot(4-x)\cdot 2\cdot(x-1)=4(4-x)(x-1)$

예제 5-22

다음 각 식을 인수분해하여라.

(1) $x^2+6x-16$ (2) $2x^4y+4x^3y^2+2x^2y^3-8x^3y-8x^2y^2+6x^2y$

▌풀이

공식 $x^2+(a+b)x+ab=(x+a)(x+b)$의 응용! [2차 3항식 공식]

(1) $x^2+6x-16=(x+8)(x-2)$

(두 수의 곱이 -16, 합이 6(양수), 두 수 중 큰 수가 양수 8이 되고 나머지 수는 -2)

(2) $2x^4y+4x^3y^2+2x^2y^3-8x^3y-8x^2y^2+6x^2y$ ⇦ 공통인수 $2x^2y$를 밖으로 빼내기

$=2x^2y(x^2+2xy+y^2-4x-4y+3)$

$=2x^2y\{(x+y)^2-4(x+y)+3\}$

$=2x^2y(x+y-1)(x+y-3)$

예제 5-23

항이 3개일 때

다음 각 식을 인수분해하여라.

(1) $6x^2+5x-6$ (2) $6x^4+x^2y^2-2y^4$

▌풀이

공식 $abx^2+(aq+bq)x+pq=(ax+p)(bx+q)$의 응용! [2차 3항식 공식]

(1) $6x^2+5x-6=(2x+3)(3x-2)$

$$\begin{array}{ccccc} 2x & \nearrow & +3 & \longrightarrow & \mathbf{9x} \\ \mathbf{3x} & \searrow & -2 & \longrightarrow & -4x \\ \hline 6x^2 & & -6 & & +5x \end{array}$$

(2) $6x^4+x^2y^2-2y^4=(3x^2+2y^2)(2x^2-y^2)$

$$\begin{array}{ccccc} 3x^2 & \nearrow & \mathbf{+2y^2} & \longrightarrow & \mathbf{4x^2y^2} \\ \mathbf{2x^2} & \searrow & -\ y^2 & \longrightarrow & -3x^2y^2 \\ \hline 6x^4 & & -2y^4 & & x^2y^2 \end{array}$$

※ 설명 : (1)에서 x^2의 계수와 상수 6은 2×3 또는 3×2(+, − : 부호를 포함)이므로 부호를 잘 조합해서 x의 계수 5를 맞출 것)

예제 5-24

항이 2개일 때

다음 각 식을 인수분해하여라.

(1) $8x^3+125$ (2) a^6-b^6

풀이

공식 $A^3 \pm B^3 = (A \pm B)(A^2 \mp AB + B^2)$의 응용!

(1) $8x^3 + 125 = (2x)^3 + 5^3$

$= (2x+5)\{(2x)^2 - (2x)\cdot 5 + 5^2\}$ ⇦ $A = 2x,\ B = 5$

$= (2x+5)(4x^2 - 10x + 25)$

(2) $a^6 - b^6 = (a^3)^2 - (b^3)^2 = (a^3 + b^3)(a^3 - b^3)$ ⇦ $p^2 - q^2 = (p+q)(p-q)$ $(p = a^3,\ q = b^3)$

$= (a+b)(a^2 - ab + b^2)(a-b)(a^2 + ab + b^2)$

$= (a+b)(a-b)(a^2 - ab + b^2)(a^2 + ab + b^2)$

예제 5-25

복이차식 인수분해

다음 각 식을 인수분해하여라.

(1) $x^4 - 4x^2 + 3$ (2) $x^4 - 7x^2y^2 + y^4$

(3) $a^4 - 8a^2 + 4$ (4) $a^4 - a^2b^2 + b^4$

풀이

[설명]

$ax^4 + b^2 + c(a \neq 0)$는 x에 대한 4차식이지만 $x^2 = t$로 치환하면, $ax^4 + bx^2 + c = at^2 + bt + c$로 되어 t에 대한 2차식이 된다. 이와 같은 4차식을 **복이차식**이라 한다.

(1), (2)는 $x^2 = t$로 치환하고 2차 3항식 공식을 적용하여 인수분해하고 다시 $t = x^2$로 바꾸어 대입한다.

(3), (4)는 완전제곱형으로 고치기 위해 항을 적당히 더하고 빼거나(4), 또는 항을 쪼개어서(3) $A^2 - B^2$꼴로 변형한 다음 인수분해한다. 이 때 인수분해는 더 이상 할 수 없을 때까지 계속한다.

완전제곱형으로 고치는 방법 ⇨ 4차 항과 상수항을 중심으로 2차 항의 계수를 조작한다.

[풀이]

(1) $x^2 = t$로 치환하면,

$x^4 - 4x^2 + 3 = t^2 - 4t + 3 = (t-1)(t-3)$ ⇦ $t = x^2$을 대입

$= (x^2 - 1)(x^2 - 31) = (x+1)(x-1)(x^2 - 3)$

(2) $x^2 = t$로 치환하면,

$x^4 - 7x^2y^2 + y^4 = x^4 + 2x^2y^2 + y^4 - 7x^2y^2 - 2x^2y^2$

$= (x^2 + y^2)^2 - 9x^2y^2 = (x^2 + y^2)^2 - (3xy)^2$ ⇦ $A^2 - B^2$

$= (x^2 + y^2 + 3xy)(x^2 + y^2 - 3xy)$

[주] $x^4-7x^2y^2+y^4 = x^4-2x^2y^2+y^4-5x^2y^2=(x^2-y^2)^2-(\sqrt{5}\,xy)^2$

$=(x^2-y^2+\sqrt{5}\,xy)(x^2-y^2-\sqrt{5}\,xy)$

와 같이 인수분해 할 수도 있겠으나 「인수분해 하여라」라고 하면 특별한 말이 없는 한 계수를 유리수의 범위로 하는 것이 보통이다.

(3) $a^4-8a^2+4 = a^4-4a^2+4-4a^2$

$=(a^2-2)^2-(2a)^2$ ⇦ A^2-B^2 이용$(A=a^2-2,\ B=2a)$

$=(a^2-2+2a)(a^2-2-2a)=(a^2+2a-2)(a^2-2a-2)$

(4) $a^4+a^2b^2+b^4 = a^4+2a^2b^2+b^4-a^2b^2$

$=(a^2+b^2)^2-(ab)^2$ ⇦ A^2-B^2 이용

$=(a^2+b^2+ab)(a^2+b^2-ab)=(a^2+ab+b^2)(a^2-ab+b^2)$

예제 5-26

공통부분이 있을 때

다음 각 식을 인수분해하여라.

(1) $(a^2+3a-2)(a^2+3a+4)-27$

(2) $(x^2-3x)^2-2x^2+6x-8$

(3) $(x-1)(x-3)(x+2)(x+4)+24$

풀이

(1) $a^2+3a=t$로 치환하면,

$(a^2+3a-2)(a^2+3a+4)-27$

$=(t-2)(t+4)-27=t^2+4t-2t-8-27$

$=t^2+2t-35=(t+7)(t-5)$ ⇦ $t=a^2+3a$를 다시 대입한다.

$=(a^2+3a+7)(a^2+3a-5)$

(2) $x^2-3x=t$로 치환하면,

$(x^2-3x)^2-2x^2+6x-8$

$=(x^2-3x)^2-2(x^2-3x)-8=t^2-2t-8$

$=(t-4)(t+2)$ ⇦ $t=x^2-3x$를 다시 대입한다.

$=(x^2-3x-4)(x^2-3x+2)$

$=(x-4)(x+1)(x-1)(x-2)$

(3) $(x-1)(x-3)(x+2)(x+4)+24$ ⇦ 치환하기 좋도록 다음과 같이 짝을 맞춘다.

$(x-1)(x-3)(x+2)(x+4)+24 = (x-1)(x+2)(x-3)(x+4)+24$

$=(x^2+x-2)(x^2+x-12)+24$

$x^2+x=t$로 치환하면,

$(x^2+x-2)(x^2+x-12)+24$

$=(t-2)(t-12)+24=t^2-12t-2t+24+24=t^2-14t+48$

$=(t-6)(t-8)$ ⇦ $t=x^2+x$를 다시 대입한다.

$=(x^2+x-6)(x^2+x-8)$ ⇦ 첫 번째 식을 다시 인수분해

$=(x+3)(x-2)(x^2+x-8)$

2차 방정식의 중근

(1) **중근** : 2차 방정식의 근이 중복되어 하나로 나타내어질 때, 이 근을 주어진 방정식의 중근(重根, multiple root)이라고 한다.

(2) **중근을 갖기 위한 조건** : 2차 방정식의 모든 항을 좌변으로 이항하여 정리한 식이 (완전제곱식) = 0의 꼴이면 주어진 방정식은 중근을 갖는다.

(예) $x^2-2x+1=0$은 $(x-1)^2=0$이므로 $x=1$ (중근)

▌ 2차 방정식의 중근 ▌

$(x-p)^2=0$ ⇨ $x-p=0$ 또는 $x-p=0$ ⇨ $x=p$ 또는 $x=p$

즉, 두 근은 중복되어 있으므로 $x=p$ (중근)이다.

예제 5-27

다음 2차 방정식을 완전제곱식[$(x+a)^2=b$]의 꼴로 고쳐서 풀어라.

(1) $x^2-10x+25=0$

(2) $3-x^2=6(x+2)$

▌풀이

(1) $x^2-10x+25=0$에서 $(x-5)^2=0$ ⇨ $x-5=0$

$\therefore\ x=5$ (중근)

(2) $3-x^2=6(x+2)$에서 우변을 전개하면

$3-x^2=6x+12$

이 식을 우변으로 좌변으로 모두 이항하면

$x^2+6x+9=0$, $(x+3)^2=0$ ⇨ $x+3=0$

$\therefore\ x=-3$ (중근)

▌ 제곱근을 이용한 2차 방정식의 풀이 ▌

(1) 2차 방정식 $x^2 = k(k \geq 0)$의 해는

$x=\sqrt{k}$ 또는 $x=-\sqrt{k}$ (즉, $x=\pm\sqrt{k}$)

(2) 2차 방정식 $(x-a)^2 = k(k \geq 0)$의 해는

$x=a+\sqrt{k}$ 또는 $x=a-\sqrt{k}$ (즉, $x=a\pm\sqrt{k}$)

예제 5-28

다음 2차 방정식을 제곱근을 이용하여 풀어라.

(1) $x^2 = 9$ (2) $2x^2 - 6 = 0$

(3) $(x-2)^2 = 16$ (4) $(2x-1)^2 - 3 = 0$

▌풀이

(1) $x^2 = 9$에서 양변에 제곱근을 취하면 $x = \pm\sqrt{9} = \pm\sqrt{3^2} = \pm 3$

$\therefore\ x = \pm 3$

(2) $2x^2 - 6 = 0$에서 $2x^2 = 6$, $x^2 = 3$ 양변에 제곱근을 취하면

$\therefore\ x = \pm\sqrt{3}$

(3) $(x-2)^2 = 16$에서 양변에 제곱근을 취하면 $x-2 = \pm\sqrt{16}$, $x-2 = \pm 4$

이 식 좌변의 상수항 -2를 우변으로 이항하여 정리하면 $x = 2\pm 4$

$\therefore\ x = 6$ 또는 -2

(4) $(2x-1)^2 - 3 = 0 \rightarrow (2x-1)^2 = 3$에서 양변에 제곱근을 취하면 $2x-1 = \pm\sqrt{3}$

이 식의 좌변에서 상수항 -1을 우변으로 이항하고 $2x = 1\pm\sqrt{3}$, 앞 식을 정리하면

$\therefore\ x = \dfrac{1\pm\sqrt{3}}{2}$

② 완전제곱식을 이용한 2차 방정식 풀이

2차 방정식의 $x^2 + bx + c = 0$은 다음과 같이 좌변을 완전제곱식으로 바꾼 다음 제곱근을 이용하여 푼다. 즉, 주어진 방정식의 좌변에서 상수항 c를 우변으로 이항하고, 양변에 $\left(\dfrac{b}{2}\right)^2$를 더한 다음 완전제곱식으로 나타내면

$$x^2 + bx + c = 0 \Rightarrow x^2 + bx + \left(\frac{b}{2}\right)^2 = -c + \left(\frac{b}{2}\right)^2 \Rightarrow \left(x + \frac{b}{2}\right)^2 = -c + \left(\frac{b}{2}\right)^2$$

예제 5-29

다음 2차 방정식을 완전제곱식[$(x+a)^2 = b$]의 꼴로 고쳐서 풀어라.

(1) $x^2 + 4x - 1 = 0$ (2) $x^2 - 10x + 7 = 0$

▌풀이

(1) $x^2+4x-1=0$에서 상수항 -1을 우변으로 이항하면 $x^2+4x=1$, $b=4$

양변에 $\left(\frac{b}{2}\right)^2=\left(4\cdot\frac{1}{2}\right)^2=4$를 더하면 $x^2+4x+4=1+4$

완전제곱식으로 나타내면 $(x+2)^2=5 \Rightarrow x+2=\pm\sqrt{5}$

$\therefore\ x=-2\pm\sqrt{5}$

(2) $x^2-10x+7=0$에서 상수항 7을 우변으로 이항하면 $x^2-10x=-7$, $b=-10$

양변에 $\left(\frac{b}{2}\right)^2=\left(-10\cdot\frac{1}{2}\right)^2=25$를 더하면 $x^2-10x+25=-7+25$

완전제곱식으로 나타내면

$(x-5)^2=18 \Rightarrow x-5=\pm\sqrt{18}=\pm\sqrt{3^2\cdot 2}=\pm 3\sqrt{2}$

$\therefore\ x=5\pm 3\sqrt{2}$

예제 5-30

다음 2차 방정식 $4x^2-16x+3=0$을 완전제곱식[$(x+a)^2=b$]의 꼴로 고쳐서 풀어라.

▌풀이

$4x^2-16x+3=0$에서 양변을 x^2의 계수 4로 나누면 $x^2-4x+\frac{3}{4}=0$

좌변의 상수항 $\frac{3}{4}$을 우변으로 이항하면 $x^2-4x=-\frac{3}{4}$, $b=-4$

양변에 $\left(-4\cdot\frac{1}{2}\right)^2=4$를 더하면 $x^2-4x+4=-\frac{3}{4}+4$

완전제곱식으로 나타내면

$(x-2)^2=\frac{-3+16}{4}=\frac{13}{4} \Rightarrow x-2=\pm\sqrt{\frac{13}{4}}=\pm\frac{\sqrt{13}}{2}$

$\therefore\ x=2\pm\frac{\sqrt{13}}{2}$

예제 5-30과 같은 2차 방정식 $4x^2-16x+3=0$과 같이 x^2의 계수가 1이 아닌 경우에는 양변을 x^2의 계수로 나눈 다음 완전제곱식의 꼴로 바꾸어 풀면 편리하다.

완전제곱식을 이용한 이차방정식의 풀이는 이차방정식 $ax^2+bx+c=0$에서 좌변이 인수분해가 되지 않는 경우에는 (완전제곱식) = (수)의 꼴로 바꾸어 풀 수 있다.

▌ 해를 갖지 않는 2차 방정식에 대하여 알아보자. ▌

2차 방정식 $x^2+2x+2=0$은 이 모양으로는 해를 갖는지, 갖지 않는지를 분명히 알 수 없다.
이 2차 방정식 $x^2+2x+2=0$을 완전제곱식의 꼴로 고치는 과정은

$x^2+2x+2=0$ ⇦ 좌변 상수항 2를 우변으로 이항하고 좌·우변에 1을 더하면

$x^2+2x+1=-2+1$ ⇦ 아래 식과 같이 완전제곱식의 꼴로 바꾸면

$(x+1)^2=-1$

이 된다.
그런데 이 식에서

(좌변) = $(x+1)^2 \geqq 0$ (양수)

(우변) = $-1 < 0$ (음수)

이므로 이 방정식은 등식이 성립하지 않아 해를 갖지 않음을 알 수 있다.
이와 같이, 2차 방정식을 완전제곱식

(일차식)^2 = 상수)

꼴로 고쳐 놓고 보면 그 방정식이 해를 갖는지, 갖지 않는지를 쉽게 알 수 있다.

③ 근의 공식을 이용한 2차 방정식 풀이

표준 꼴 2차 방정식의 일반 공식은 다음과 같은 과정을 통하여 구할 수 있다. 즉,

$$ax^2+bx+c=0,\ (a \neq 0) \qquad ①$$

식 ①에서 상수 c를 우변으로 이항하면 $ax^2+bx=-c$, 이 식의 양변을 x^2의 계수 $a(a \neq 0)$로 나누면 다음 식과 같다.

$$x^2+\frac{b}{a}x=-\frac{c}{a} \qquad ②$$

식 ②의 좌변을 완전제곱하기 위하여 x의 계수 $\frac{b}{a}$의 $\frac{1}{2}$을 제곱하면, 즉

$$\left(\frac{1}{2}\cdot\frac{b}{a}\right)^2=\left(\frac{b}{2a}\right)^2=\frac{b^2}{4a^2}$$

을 양변에 각각 더하여 정리하면 다음과 같은 완전제곱식을 만들 수 있다.

$$x^2+\frac{b}{a}x+\frac{b^2}{4a^2}=-\frac{c}{a}+\frac{b^2}{4a^2}=\frac{b^2}{4a^2}-\frac{c}{a}$$

$$\left(x+\frac{b}{2a}\right)^2=\frac{b^2-4ac}{4a^2} \qquad ③$$

여기서 우변은 $\frac{b^2}{4a^2}-\frac{c}{a}=\frac{b^2}{4a^2}-\frac{4ac}{4a^2}=\frac{b^2-4ac}{4a^2}$ 와 같이 정리된다.

식 ③에서 $b^2-4ac \geqq 0$ 이라 가정하면, 우리는 다음 식을 얻기 위하여 제곱근 방법을 사용할 수 있다.

$$x+\frac{b}{2a}=\pm\sqrt{\frac{b^2-4ac}{4a^2}}=\pm\frac{\sqrt{b^2-4ac}}{\sqrt{(2a)^2}}=\pm\frac{\sqrt{b^2-4ac}}{2a} \qquad ④$$

식 ④의 좌변 상수항 $\frac{b}{2a}$ 을 우변으로 이항하여 우변의 몫을 합하면 다음 식과 같은 근(해)을 얻게 된다.

$$x=-\frac{b}{2a}\pm\frac{\sqrt{b^2-4ac}}{2a}$$

$$=\frac{-b\pm\sqrt{b^2-4ac}}{2a} \quad (\text{단, } b^2-4ac \geqq 0) \qquad ⑤$$

식 ⑤에서 $D=b^2-4ac$ 를 이 2차 방정식의 **판별식**이라 한다. 그 이유는 $\boldsymbol{b^2-4ac}$ 의 값이 주어진 **방정식의 실수해를 갖는지 또는 갖지 않는지**를 우리에게 알려주기 때문이다.

특히 1차 항 x의 계수 b가 짝수 $(b=2b')$인 2차방정식 $ax^2+2b'x+c=0$ 의 근(해)은 다음 공식을 이용하면 간편하고 편리하다. 이 경우 판별식은 $D=b'^2-ac$이다.

$$x=\frac{-2b'\pm\sqrt{(2b')^2-4ac}}{2a}=\frac{-2b'\pm\sqrt{4b'^2-4ac}}{2a}=\frac{-2b'\pm\sqrt{4(b'^2-ac)}}{2a}$$

$$=\frac{-2b'\pm2\sqrt{b'^2-ac}}{2a}=\frac{-b'\pm\sqrt{b'^2-ac}}{a} \quad (\text{단, } b'^2-ac \geqq 0)$$

⑥ 이상을 정리하면 다음과 같은 공식을 얻는다. 이 공식을 2차 방정식의 **근의 공식**(quadratic formula)이라고 한다.

$ax^2+bx+c=0,\ (a\neq0)$ 의 근 ⇨ $x=\frac{-b\pm\sqrt{b^2-4ac}}{2a}$ [근의 공식(1)]

$ax^2+2b'x+c=0,\ (a\neq0)$ 의 근 ⇨ $x=\frac{-b'\pm\sqrt{b'^2-ac}}{a}$ [근의 공식 − **짝수공식**(2)]

[주] 앞에서 소개한 바와 같이 2차 방정식의 해법으로는 여러 가지 방법이 있으나 주로 인수분해를 이용하거나 근의 공식을 이용하는 방법이 쓰인다. 쉽게 인수분해가 되는 경우에는 근의 공식보다는 인수분해를 이용하는 것이 더욱 간편하고 편리하다. 그러나 인수분해가 힘들다든가, 인수분해가 되지 않는 문제는 근의 공식을 이용한다.

예제 5-31

다음 2차 방정식을 근의 공식을 이용하여 풀어라.

(1) $x^2+4x-6=0$ (2) $3x^2-6x+2=0$

(3) $15x^2-44x+32=0$ (4) $x^2-(a-b)x+ab=2b^2$

풀이

이 문제는 인수분해에 의한 방법도 가능하지만, 여기서는 근의 공식에 대입하여 푸는 방법을 익히기로 한다.

(1) $x^2+4x-6=0$에서 $a=1, b=4(b'=2), c=-6$을 짝수 공식에 대입하면

$$x=\frac{-b'\pm\sqrt{b'^2-ac}}{a}=\frac{-2\pm\sqrt{2^2-1\times(-6)}}{1}=-2\pm\sqrt{4+6}=-2\pm\sqrt{10}$$

(2) $3x^2-6x+2=0$에서 $a=3, b=-6(b'=-3), c=-6$을 짝수 공식에 대입하면

$$x=\frac{-b'\pm\sqrt{b'^2-ac}}{a}=\frac{-(-3)\pm\sqrt{(-3)^2-3\times2}}{3}=\frac{3\pm\sqrt{9-6}}{3}=\frac{3\pm\sqrt{3}}{3}$$

(3) $15x^2-44x+32=0$, $a=15$, $b=-44(b'=-22)$, $c=32$에서 b가 짝수이므로 $2b'$꼴의 근의 공식−짝수공식에 대입하면

$$x=\frac{-b'\pm\sqrt{b'^2-ac}}{a}=\frac{-(-22)\pm\sqrt{(-22)^2-15\times32}}{15}$$

$$=\frac{22\pm\sqrt{484-480}}{15}=\frac{22\pm\sqrt{4}}{15}=\frac{22\pm2}{15}$$

$$x=\frac{22+2}{15}=\frac{24}{15}=\frac{8}{5},\quad x=\frac{22-2}{15}=\frac{20}{15}=\frac{4}{3}$$

$\therefore\ x=\frac{8}{5}$ 또는 $x=\frac{4}{3}$

(4) $x^2-(a-b)x+ab=2b^2$에서 우변 항을 좌변으로 이항하면

$x^2-(a-b)x+ab-2b^2=0$

$a=1$, b는 $-(a-b)$이고, $c=ab$이므로 b꼴의 근의 공식에 대입하면

$$x=\frac{(a-b)\pm\sqrt{(a-b)^2-4(ab-2b^2)}}{2a}$$

$$=\frac{(a-b)\pm\sqrt{a^2-2ab+b^2-4ab+8b^2)}}{2}$$

$$=\frac{(a-b)\pm\sqrt{a^2-6ab+9b^2}}{2}=\frac{(a-b)\pm\sqrt{(a-3b)^2}}{2}$$

$$=\frac{(a-b)\pm(a-3b)}{2}$$

$$x=\frac{a-b+a-3b}{2}=\frac{2a-4b}{2}=a-2b$$

또는

$$x=\frac{a-b-a+3b}{2}=\frac{2b}{2}=b$$

$\therefore\ x=a-2b$ 또는 $x=b$

5.3 그래프의 중요성

여러 가지 수량관계를 알기 쉽게 하기 위해 이용하는 도표, 통계상의 결과를 도시하는 **통계(統計)그래프**와 함수의 값을 좌표로 나타내는 **함수(函數)그래프** 등이 있다.

(1) 이러한 그래프는 주어진 함수를 이해하는데 도움이 된다. 다시 말해, 정의역과 그에 대응한 y의 값의 범위, y의 변화의 상황 등 함수의 성질을 파악하고 이해하는 것이 훨씬 쉬워진다. 따라서 주어진 함수에 대하여, 먼저 그래프(**함수그래프**)를 생각하거나 보기도 하고, 가능한 한 스스로 그려보는 게 좋다.

(2) 4.3.2항에서 서술한 대로 토목공학·자연과학에서는 양의 관계(**통계그래프**)를 구하는 일이 매우 많다. 그러나 많은 경우 그 함수는 식에서는 나타나 있지 않다. 이런 양의 사이의 법칙을 명확하게 하는 데는 그래프를 만들어 도표화하는 것 이외에 다른 방법은 없다.

또한, 그 그래프에서 주어진 양 사이의 관계를 살펴보고 그들의 관계식을 구한다. 이렇게 해서 얻어진 식을 **실험식**(實驗式) 혹은 **경험식**(經驗式)이라 한다(4.3.2항 참조).

이러한 모든 현상이나 측정자료를 도표화함으로써 분석이 가능해지거나, 한층 더 이해하기도 쉬워진다(10장도 참고할 것).

5.4 그래프용지 쓰는 법

그래프용지는 용도에 따라 사용법이 구분된다. 이러한 그래프용지는 도표에서 쓰는 수량이나 분석하는 현상에 따라 다르다. 여기서는 도표화하기 위한 그래프의 취급법에 대하여 기술하겠다.

공학이나 자연과학의 분야에서 다음과 같은 그래프용지가 사용되고 있다.

- 진수에 관한 그래프 ➡ 모눈종이 또는 방안지(方眼紙)
- 로그(또는 대수)에 관한 그래프 ➡ 편(또는 반)대수·양(또는 전)대수 그래프용지
- 그 외 분석용 그래프 ➡ 삼각좌표 그래프, 원좌표 그래프 등

5.4.1 진수에 관한 그래프

일반적으로 진수에 관한 그래프가 자주 사용되고 있다. 이 그래프용지는 방안지를 이용해 종축과 횡축으로 각각 관련 있는 수치를 나타내고, 양자의 관계를 그림 5.5와 같은 그래프에 표현한다.

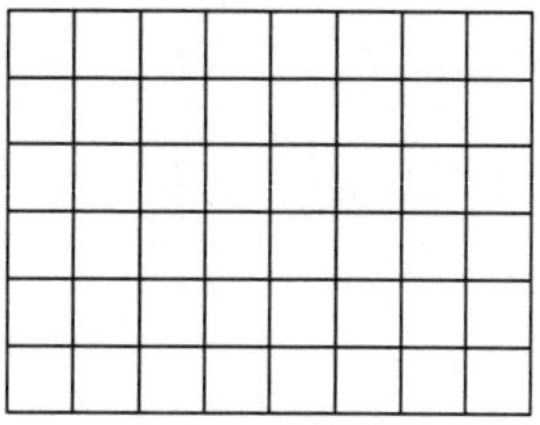

그림 5.5 진수에 관한 그래프용지

5.4.2 로그(또는 대수)에 관한 그래프

로그에 관한 그래프는 지수함수가 되는 측정 자료나 수량의 대소에 매우 폭이 넓은 모든 현상의 표현 등에 자주 사용된다. 그래프용지로 반(또는 편)대수 그래프용지와 전(또는 양)대수 그래프용지가 있다. 이러한 그래프용지는 진수에 관한 그래프에 사용되는 방안지와는 한눈에 다르다. 이들의 차이는 수치가 커질수록 "눈금"의 폭이 점점 좁아지고, 다른 눈금 폭이 반복되어 있다는 것을 알 수 있다[그림 5.6 (a), (b)].

이러한 대수(반대수 · 전대수) 그래프용지는 시판되고 있으므로 구입이 가능하다.

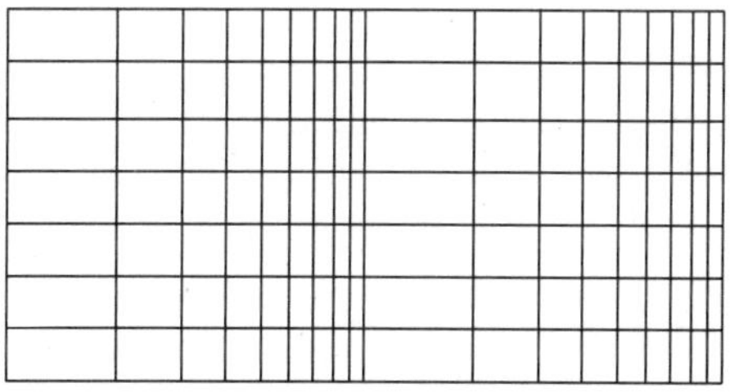

(a) 반(또는 편)대수 그래프 용지

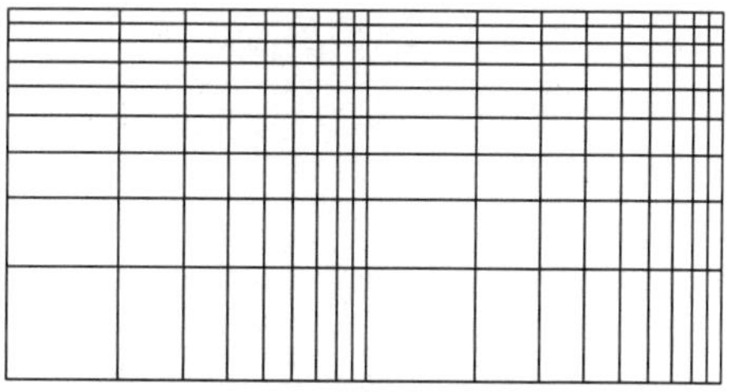

(b) 전(또는 양)대수 그래프 용지

그림 5.6 반대수 및 전대수 그래프용지

5.4.3 그 외 분석용 그래프

측정자료를 분석하거나, 이해도를 깊게 하기 위해, 여러 가지 그래프용지가 궁리・고안되고 있다. 여기서는 삼각좌표(三角座標) 그래프와 원좌표(圓座標) 그래프를 소개하겠다.

1) 삼각좌표 그래프

삼각좌표 그래프는 3가지 성질을 가지고 있는 것을 분류할 때 자주 사용된다(그림 5.7).

그림 5.7 삼각좌표 그래프용지

2) 원좌표 그래프

원좌표 그래프는 2가지 성질을 가진 것을 분류할 때 자주 쓰인다. 여기서는 울프넷(Wulff net)을 소개하겠다[그림 5.8 (a), (b)].

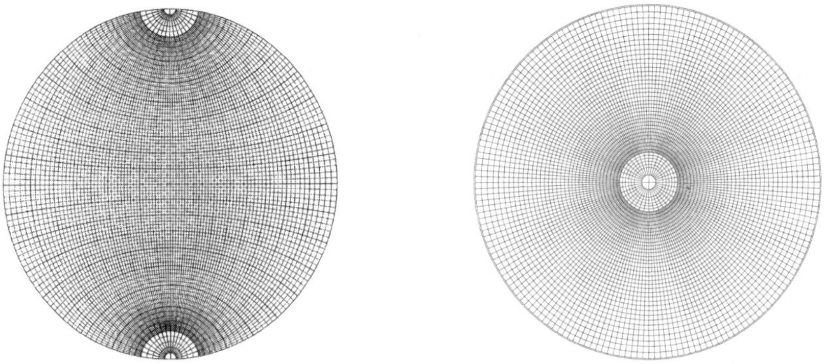

(a) 적도에서 본 그림 (b) 극에서 본 그림

그림 5.8 원좌표 그래프용지

5.5 그래프 그리는 법과 보는 법(실험식 또는 경험식의 예)

그래프용지는 수량이나 분석하는 현상에 따라 용도에 맞는 것을 각각 사용되고 있다. 여기서는 진수에 관한 그래프, 로그(또는 대수)에 관한 그래프, 분석용 그래프에 대해 구체적인 예를 이용하여 설명하겠다.

5.5.1 진수에 관한 그래프

예 도로의 노상(路床) 위에 평판재하시험을 했을 때, 표 5.2와 같은 결과를 얻는다. 이 표를 이용하여 하중－침하량 곡선을 그려라.

표 5.2 평판재하시험 결과

하중(kgf/cm^2)	침하량(mm)
0	0
0.36	0.41
0.72	0.82
0.95	1.13
1.24	1.50

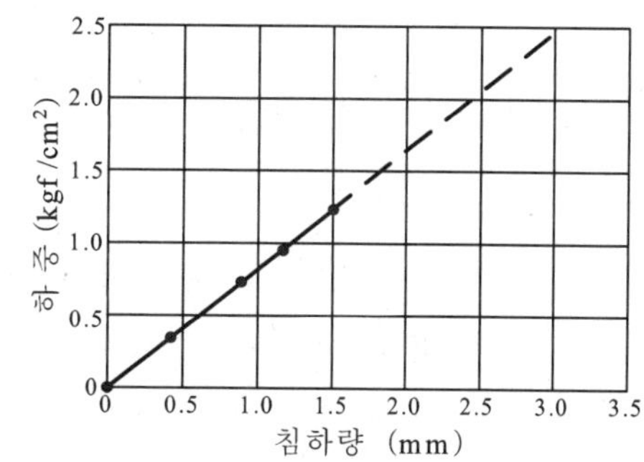

그림 5.9 하중–침하량 관계

그림 5.9에 도시된 바와 같이 하중과 침하량은 비례관계가 있다는 것을 알 수 있다. 즉, 침하량을 x, 하중을 y라 하면 $y = ax$의 관계식인 직선의 식을 얻는다. 여기서 a는 비례상수이다.

그림 5.9 및 표의 결과에서 침하량 1.25 mm에 대한 하중은 1.10 kgf/cm^2가 된다.

예 그래프 보는 법

발생된 현상이나 결과를 그래프에 표현하면, 서로의 관계가 명확해 진다. 따라서 얻어진 그래프에서 필요한 수치를 읽어내는 것이 가능하다.

하나의 예로, 경사진 땅의 사면에서 안정해석을 할 경우, 현장의 실적(實績)을 중요시하여 역산에 의하여 평균 전단력을 추정하는 경우가 많다. 경사면 위의 저항력과 활동력이 평형을 이루는 경우에 안전율 (F_s)는 1.0이다. 이 때 점착력 C [tf/m^2]과 내부마찰각 ϕ[°]의 관계식을 구하면, 그림 5.10과 같은 1차 관계 그래프를 얻을 수 있다.

$$F_s = \frac{\text{경사면 위의 전단강도의 합}}{\text{경사면 위의 전단응력의 합}}$$

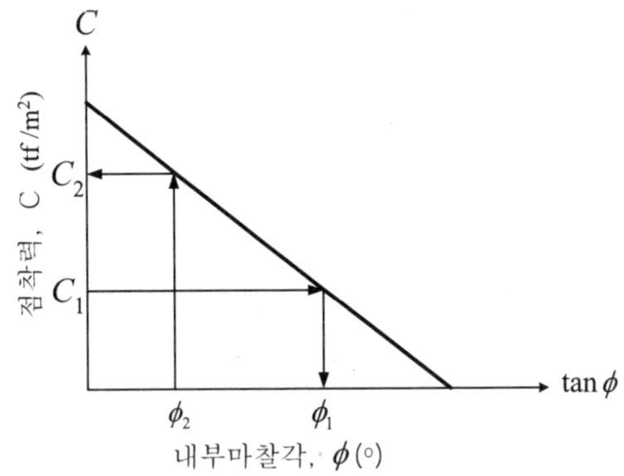

그림 5.10 점착력과 내부마찰각의 관계

이 그래프에서 읽을 수 있는 것은 다음과 같다.

① 점착력(C)이 결정되면 그림으로부터 내부마찰각(ϕ)를 얻을 수 있거나

② 역으로 경사면을 형성하는 흙의 입도에서 내부마찰각(ϕ)이 결정되면 그림으로부터 점착력(C)을 구할 수 있다.

5.5.2 대수에 관한 그래프

예 1 (반대수 그래프) 흙의 입도분석은 몇 가지로 분류된 입경(mm)과 통과중량백분율(%)에 의해 구해진다. 특히 흙의 입경은 숫자가 매우 작은 것에서(예를 들면, 0.074 mm) 큰 것까지(예를 들면, 9.5 mm) 분석하고(표 5.3), 방안지 위에 나타내려면 책상을 뒤덮는 상당한 길이의 그래프용지가 필요하다.

표 5.3 흙의 입도분석

입경(mm)	잔류율(%)	가적잔류율(%)	가적통과율(%)
9.5	0	0	100
4.75	1.80	1.80	98.20
2.0	7.38	9.18	90.82
0.85	5.20	14.38	85.62
0.425	13.00	27.38	72.62
0.250	6.30	33.68	66.32
0.106	34.24	67.92	32.08
0.074	22.03	89.95	10.05

이러한 그래프용지로 사용하기 쉬운 것은 반대수 그래프용지이다. 입자의 크기에 의해 분류된 자료로부터 얻어진 흙의 입경가적곡선(粒徑加積曲線, Grain size accumulation curve)을 구한 결과는 그림 5.11과 같다.

반대수 그래프용지는 이렇게 입경의 수치가 매우 작은 것에서부터 큰 것에 이르기까지 폭 넓게 분포하는 자료(또는 양)를 1장(또는 매)의 그래프용지에 나타낼 수 있는 장점이 있다.

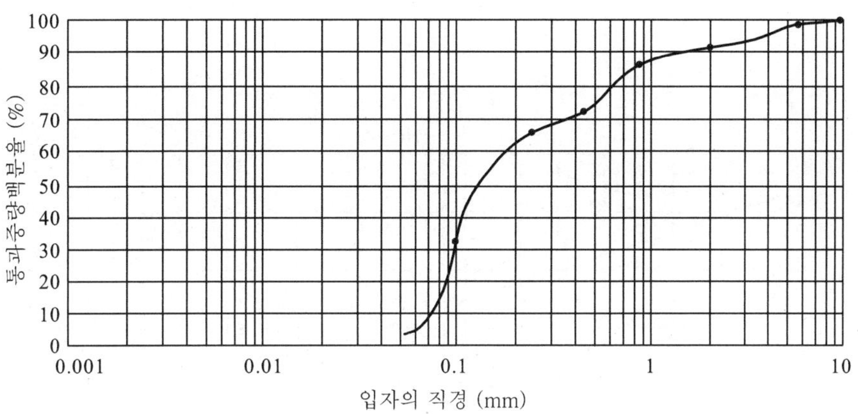

그림 5.11 입경가적곡선

예 2 (반대수 그래프) 점토지반의 압밀침하량과 경과시간(또는 압밀시간)의 관계는 표 5.4와 같고, 그것을 그래프로 나타내면 그림 5.12 (a)와 같다.

표 5.4 압밀침하량 (y) 과 경과시간 (x)

압밀침하량 y(cm)	1.40	3.00	4.00	7.10	8.00	9.50
압밀시간 x(월)	1.0	3.8	8.0	25.0	35.0	50.0

도시된 그래프에서 경과시간이 길어질수록 압밀침하량은 증대한다는 것을 알 수 있다. 이처럼 진수 그래프에서는 압밀침하량과 경과시간사이의 관계가 곡선으로 표현되지만[그림 (a)], 반대수 그래프에서는 직선으로 나타남을 알 수 있다[그림 (b)].

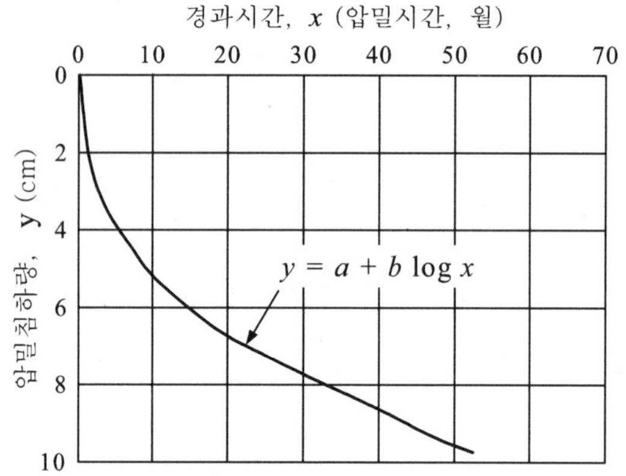

(a)

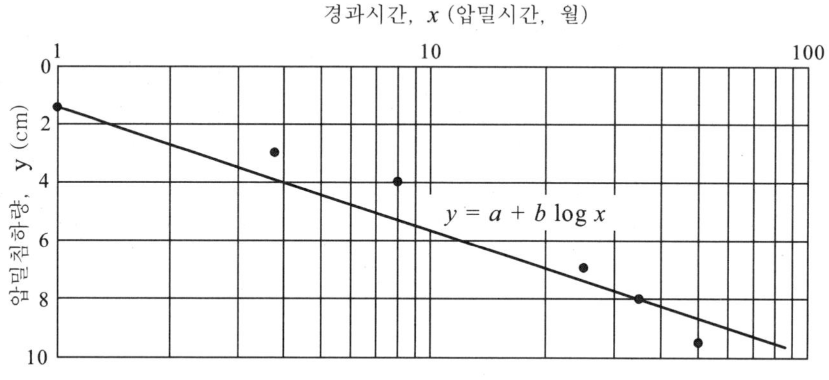

(b)

그림 5.12 압밀침하량과 경과시간

그림 5.12 (a), (b) 중 관계식의 상수 a, b는 $y = a + b \log x$의 관계식으로부터 결정할 수 있으며, 자세한 내용은 10장을 참조하라.

예 3 (전대수 그래프) 루지온 값과 시멘트 주입량(kgf/m)의 관계. 댐의 기초지반의 투수성(루지온 값)과 **지수**[止水 또는 **차수**(遮水)]를 위한 시멘트 주입량(kgf/m)의 관계는 그림 5.13 및 그림 5.14와 같다(10.7절 참조).

루지온 값이 커지면 투수성도 커진다. 따라서 시멘트 주입량(kgf/m)이 증대한다는 것을 판명할 수 있다.

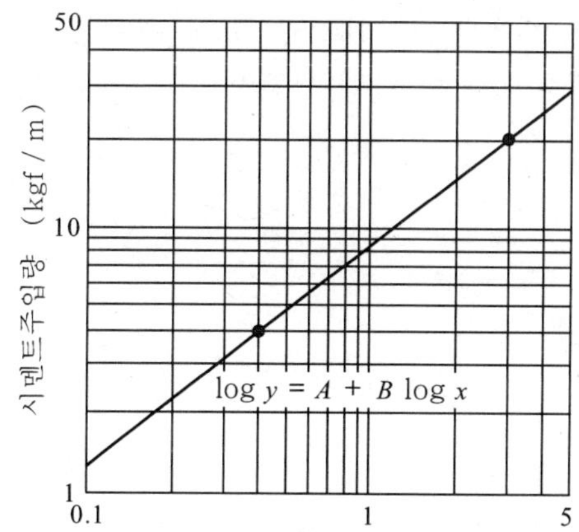

그림 5.13 루지온 값과 시멘트 주입량사이의 관계

앞에서 설명한 [예 3]과 같이 전대수 그래프 상에서 직선이 되는 경우가 많다. 이때는, $\log y = A + B \log x$라는 관계가 성립한다. 즉, 양변에 자연로그를 취하여 정리하면 $y = Cx^B$가 된다.

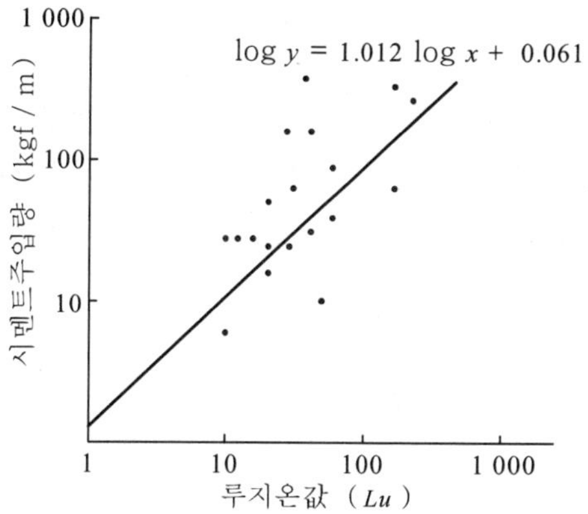

그림 5.14 루지온 값과 시멘트 주입량사이의 관계

예제 5-32

그림 5.13의 직선식 $\log y = A + B\log x$로 A, B를 구하여라. 또한 $y = Cx^B$로 C를 구하여라.

풀이

그림 5.13에서, 두 점의 좌표값을 읽으면 각각 (3, 20)과 (0.4, 4)를 읽은 후 주어진 식에 대입하면 $\log 20 = A + B\log 3$, $\log 4 = A + B\log 0.4$의 직선 식이 구해진다. 두 개의 직선 식을 풀면, $A = 0.920$, $B = 0.799$을 얻을 수 있다. 또한 이 두 개 값 중 $B = 0.799$와 두 점에서 한 점 (3, 20)을 주어진 식 $y = Cx^B$에 대입한 식 $20 = C \times 3^{0.799}$에서 $C = 8.314$가 구해지므로 $y = 8.314x^{0.799}$이 된다.

5.5.3 삼각좌표 그래프

흙이나 광물 등에서 요소가 3개인 것을 분류하는데, 삼각좌표에 조성역(組成域)을 분포시킨 분류도가 작성되고 있다. 이것을 **삼각좌표분류**라 한다.

그림 5.15는 미국 농무성(U.S. Department of Agricultare, USDA)에 의하여 만들어진 조성에 의한 분류법을 나타낸다. 이것은 USDA 조직에서 설명된 입자의 직경크기에 한계를 다음과 같이 두고 있다. 즉,

- 모래크기 : 직경 2.0~0.05 mm
- 실트크기 : 직경 0.05~0.002 mm
- 점토크기 : 직경 0.002 mm보다 가는 것

예 모래 32%, 실트 42%, 점토 26%의 조성을 가진 흙의 명칭을 삼각좌표분류에서 구하여라. 이것은 그림 5.15의 삼각좌표분류도로부터 점토질 롬의 조성역에 속한다는 것을 알 수 있다. 따라서, 이러한 조성을 가진 흙은 "점토질 롬"이 된다.

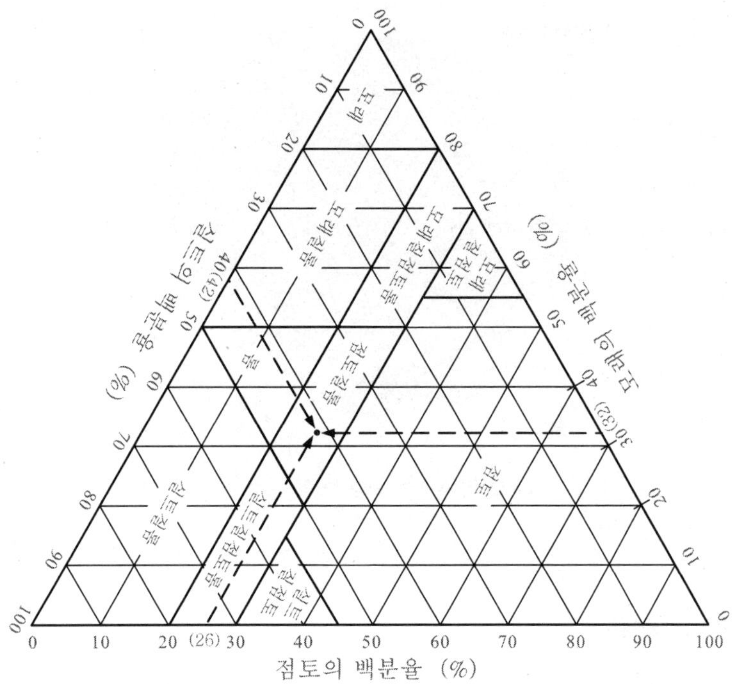

그림 5.15 미국 농무성의 입도·조성에 의한 분류

5.5.4 원좌표 그래프

두 개의 각도의 성질을 가진 것을 평면도상에서 표현할 수 있는 그래프로는 울프넷(wulff net)이 있다(그림 5.16).

예 어떤 지층을 해석할 때, 지층이 가진 주향(走向 또는 층향)과 경사를 표현하시오. 단, 주향은 N 30 W, 경사는 N 60으로 한다.
이 결과는 그림 5.16에 나타나 있다.

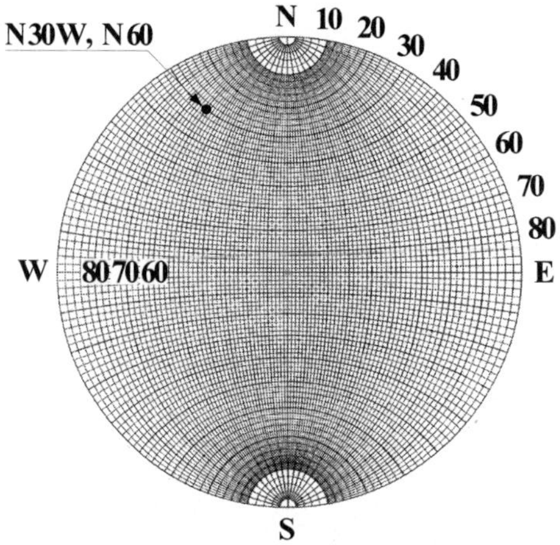

그림 5.16 울프넷(Wulff net)

5.5.5 그 외의 그래프

불연속 관계를 나타내는 것은 우편요금의 그래프가 있다(5.1.3항 참조). 이 그래프는 불연속이지만 중량과 요금을 한눈에 이해할 수 있는 장점이 있다.

예 2014년도 규격 외 일반우편물의 중량과 요금은 표 5.5와 같이 결정되어 있다. 이것을 그래프로 나타내면 그림 5.17과 같다.

표 5.5 규격 외 우편물의 중량과 요금

내 용	중 량	요금(원)
규격 외 우편물	50 gf 까지	390
	100 gf 까지	510
	50 gf 증가 시 마다	120원씩 추가
	2 kgf 까지	3 270
	1 kgf 증가 시 마다	400원씩 추가
	3 kgf 까지	3 670
	4 kgf 까지	4 070
	5 kgf 까지	4 470
	6 kgf 까지	4 870

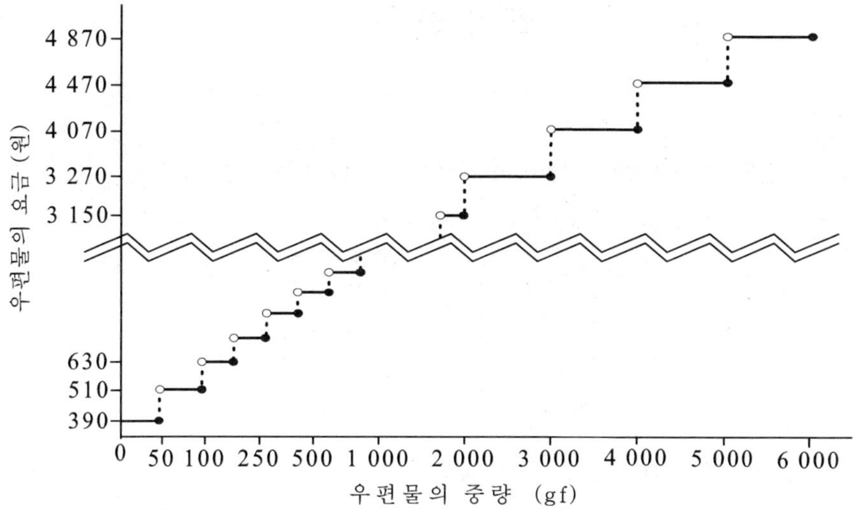

그림 5.17 규격 외 일반우편물의 중량과 요금

연 습 문 제

5.1 다음 그림은 각 여학생의 생일이며 이와 같은 관계가 함수를 나타내는지를 결정하여라. 함수면 이 함수의 정의역과 치역을 구하여라.

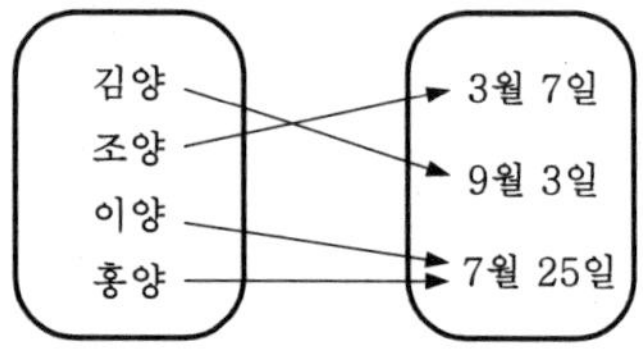

정의역 : { 김양, 조양, 이양, 홍양 }
치역 : { 3월 7일, 9월 3일, 7월 25일 }

5.2 다음 각 관계가 함수인지를 결정하여라. 함수면 이 함수의 정의역과 치역을 구하여라.
(1) { (1, a), (2, b), (3, c), (4, d) }
(2) { (1, a), (2, a), (3, b), (4, c) }

(1) 함수, 정의역 : { 1, 2, 3, 4 }, 치역 : { a, b, c, d }
(2) 함수, 정의역 : { 1, 2, 3, 4 }, 치역 : { a, b, c }

5.3 다음과 같은 방정식이 함수인지를 판단하여라.
$y = x - 4,\ 1 \leqq x \leqq 5$

함수

5.4 N을 자연수 전체의 집합이라하고, 함수 f를 $f : N \to N,\ f(x) = x^2$이라 할 때 이 함수의 정의역, 공역 및 치역을 각각 구하여라.

정의역은 $\{x \mid x$는 자연수$\}$, 공역은 $\{x \mid x$는 자연수$\}$, 치역은 $\{1, 4, 9, \cdots\}$

5.5 변수 x및 그의 함수가 실수일 때, 다음 함수의 정의역을 나타내라.
(1) $f(x) = \sqrt{\log_e x}$
(2) $f(x) = \sqrt{(x-1)(x+1)}$

(1) $x \geqq 1$
(2) $x \leqq -1$ 및 $x \geqq 1$

5.6 다음 함수의 정의역과 치역을 구하여라.

(1) $y = 2x+3$ (2) $y = x^2+1$

(3) $y = \sqrt{x-2}$ (4) $y = \dfrac{1}{x-1}$

(1) 정의역 : 실수 전체의 집합, 치역 : 실수 전체의 집합

(2) 정의역 : 실수 전체의 집합, 치역 : $\{y \mid y \geqq 1$인 모든 실수$\}$

(3) 정의역 : $\{x \mid x \geqq 2$인 모든 실수$\}$, 치역 : $\{y \mid y \geqq 0$인 모든 실수$\}$

(4) 정의역 : $\{x \mid x \neq 1$인 모든 실수$\}$, 치역 : $\{y \mid y \neq 0$인 모든 실수$\}$

5.7 함수 $f(x) = 3x^2+2x-4$에 대하여, 다음의 각 값을 구하여라.

(1) $f(0)$ (2) $f(1)$

(3) $f(-1)$ (4) $f(-x)$

(5) $-f(x)$ (6) $f(x+1)$

(7) $f(2x)$ (8) $f(x+h)$

(1) -4 (2) 1

(3) -3 (4) $3x^2-2x-4$

(5) $-3x^2-2x+4$ (6) $3x^2+8x+1$

(7) $12x^2+4x-4$ (8) $3x^2+6xh+3h^2+2x+2h-4$

5.8 다음 함수의 불연속점을 나타내고, 그 부근의 그래프를 그려보아 어떤 불연속점인가를 서술하여라.

(1) $f(x) = \dfrac{1}{(x-1)^2(x+1)}$ (2) $f(x) = \sec x\,(0 \leq x \leq \pi)$

(1) $x=1$ 및 $x=-1$

(2) $x=\pi/2$

5.9 다음 각 함수의 역함수를 구하여라.

(1) $y = x-1$ (2) $f(x) = x^2-2\,(x \geqq 0)$

(1) $\boldsymbol{f^{-1}(x) = x+1}$

(2) $\boldsymbol{f^{-1}(x) = \sqrt{x+2}\ (x \geqq -2)}$

5.10 $\sin x$와 $\sin^{-1}x$, $\cos x$와 $\cos^{-1}x$, $\tan x$와 $\tan^{-1}x$는 각각 서로 역함수라는 것을 확인하라(3장 참조). 단, $\sin x$의 x는 $-\pi/2 \leqq x \leqq \pi/2$, $\cos x$의 x는 $0 \leqq x \leqq \pi$, $\tan x$의 x는 $-\pi/2 < x < \pi/2$일 때, 역삼각함수는 모두 주치(主値)로 한다.

답 생략

5.11 a^x와 $\log_a x$, e^x와 $\log_e x$는 각각 서로 역함수가 되는 것을 확인하여라(4장 참조).

답 생략

5.12 직선 $-x+y-2=0$의 그래프에 대하여 다음을 구하여라.

(1) 기울기　　(2) x의 절편

(3) y의 절편　　(4) x축이 양의 방향과 이루는 각

답 (1) **1**　　(2) **-2**

(3) **2**　　(4) **$\theta = 45^o$**

5.13 다음 직선의 방정식을 구하여라.

(1) 점 $(3, -5)$를 지나고 x축에 평행한 직선

(2) 점 $(3, -5)$를 지나고 y축에 평행한 직선

답 (1) **$y = -5$**

(2) **$x = 3$**

5.14 다음 각 식의 그래프를 그려라.

(1) $y = |x+1| - 2$　　(2) $|y-2| = x+1$

답 (1)

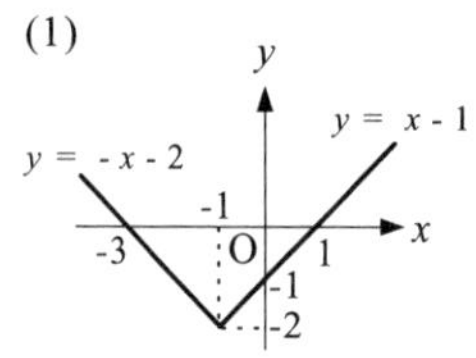

(2)

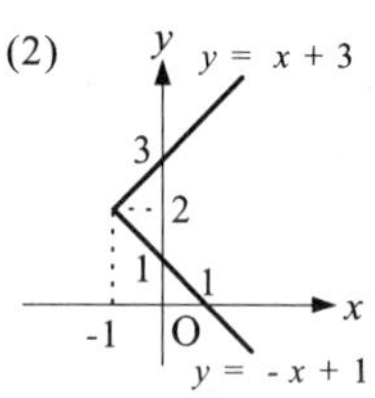

5.15 다음 2차 함수의 꼭짓점, 대칭축, x절편과 y절편을 구하고 그래프를 그려라.

(1) $y = x^2 - 2x - 3$　　(2) $y = -\frac{1}{2}x^2 + 2x$

(3) $y = 2x^2 - 2$　　(4) $y = 2x^2 + 4x + 2$

(1) 꼭짓점 : $(1,\ -4)$, 대칭축 : $x=1$, x절편 $-1,\ 3$, y절편 -4

(2) 꼭짓점 : $(2,\ 2)$, 대칭축 : $x=2$, x절편 $0,\ 4$, y절편 0

(3) 꼭짓점 : $(0,\ -2)$, 대칭축 : $x=0$, x절편 $-1,\ 1$, y절편 -2

(4) 꼭짓점 : $(-1,\ 0)$, 대칭축 : $x=-1$, x절편 -1, y절편 2

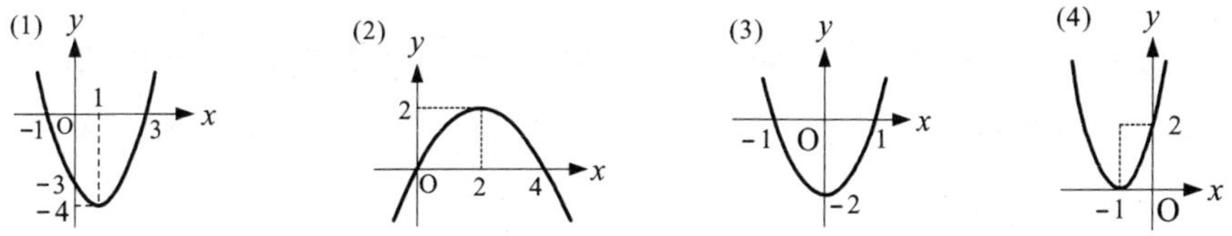

5.16 다음 조건을 만족하는 포물선의 방정식을 구하여라.

(1) 대칭축이 y축에 평행하며 꼭짓점이 $(-1,\ 2)$이고, 점 $(0,\ 3)$을 지난다.

(2) 세 점 $(0,\ 0)$, $(2,\ 1)$, $(1,\ -3)$을 지난다.

(3) x축과의 교점이 $(-2,\ 0)$, $(1,\ 0)$이고 y절편이 4이다.

(1) $y=(x+1)^2+2$

(2) $y=\dfrac{7}{2}x^2-\dfrac{13}{2}x$

(3) $y=-2x^2-2x+4$

5.17 다음과 같은 3차 함수는 $y=x^3$의 그래프를 x축의 방향과 y축의 방향으로 어느 정도 평행이동한 것인지 구하여라.

(1) $y=x^3-3$ (2) $y=(x+3)^3+1$

(1) y축의 방향으로만 -3이동

(2) x축의 방향으로 -3, y축의 방향으로 1 이동

5.18 다음 함수 중 짝함수인지 홀함수인지 아니면 짝함수도 홀함수도 아닌지를 조사하여라.

(1) $f(x)=x^2-2$ (2) $f(x)=x^3-1$

(3) $f(x)=5x^3-x$

(1) 짝함수

(2) 짝함수도 홀함수도 아니다.

(3) 홀함수

5.19 다음 2차 함수의 그래프와 x축 교점의 x좌표를 구하여라.

(1) $y = 2x^2 + 4x$ (2) $y = -x^2 + 8x - 16$

(1) $x = 0,\ -2$
(2) $x = 4$

5.20 다음과 같은 2차 함수의 그래프와 x축 교점의 개수를 구하여라.

(1) $y = x^2 - x + 2$ (2) $y = 2x^2 - 6x - 5$

(3) $y = -x^2 + 16x - 64$

(1) 0개
(2) 2개
(3) 1개

5.21 다음 등식 중에서 2차 방정식을 모두 찾아라.

(1) $2x(x+1) = x^2 - x + 3$ (2) $(x+1)(x+2) = x^2 + 6$

(3) $(x-3)^2 = 2$ (4) $(x^2+1)^2 = x^4 + 7$

(1), (3), (4)

5.22 x가 다음과 같을 때, 2차 방정식 $2x^2 + x - 1 = 0$의 해를 구하여라.

(1) x가 집합 $\{-1,\ 0,\ 1\}$의 원소일 때

(2) x가 집합 $\left\{-\frac{1}{2},\ \frac{1}{2}\right\}$의 원소일 때

(1) $x = -1$
(2) $x = \frac{1}{2}$

5.23 **공통부분이 있을 때**

다음 각 식을 인수분해하여라.

(1) $a(x-y) + b(y-x)$ (2) $ab + b^2 - ac - bc$

(3) $27a^3b^3 + 18a^2b^4 - 81ab^5$ (4) $x^2y - xy^2$

(1) $(a-b)(x-y)$
(2) $(a+b)(b-c)$
(3) $9ab^2(3a^2 + 2ab - 3b^2)$
(4) $xy(x-y)$

5.24 항이 3개일 때

다음 각 식을 인수분해하여라.

(1) $4x^2+20xy+25y^2$ (2) $-x^2-9y^2+6xy$

(3) $\frac{4}{9}x^2+2xy+\frac{9}{4}y^2$ (4) $a^2-14ax+49x^2$

(1) $(2x+5y)^2$

(2) $-(x-3y)^2$

(3) $\left(\frac{2}{3}x+\frac{3}{2}y\right)^2$

(4) $(a-7x)^2$

5.25 항이 2개일 때

다음 각 식을 인수분해하여라.

(1) $4a^2-(1+a^2-b^2)^2$ (2) x^4+5x^2+9

(3) x^4+4a^2

(1) $(a+b+1)(a-b+1)(a+b-1)(b-a+1)$

(2) $(x^2-x+3)(x^2+x+3)$

(3) $(x^2+2a^2-2ax)(x^2+2a^2+2ax)$

5.26 다음 각 식을 인수분해하여라.

(1) $mx^2-6mx-27m^3$ (2) $x^2(x+1)^2+6x(x+1)-16$

(3) $abx^2+(a^2+b^2)x+ab$

(1) $m(x+3m)(x-9m)$

(2) $(x^2+x+8)(x+2)(x-1)$

(3) $(ax+b)(bx+a)$

5.27 항이 3개일 때

다음 각 식을 인수분해하여라.

(1) $3x^2-20x+12$ (2) $9x^2-4x-5$

(1) $(3x-2)(x-6)$

(2) $(9x+5)(x-1)$

5.28 항이 2개일 때

다음 각 식을 인수분해하여라.

(1) x^3+1 (2) x^6+y^6

(3) $x^3-y^3+x^2+y^2-2xy$ (4) $(a^3+b^3)+b^3$

(1) $(x+1)(x^2-x+1)$

(2) $(x^2+y^2)(x^4-x^2y^2+y^4)$

(3) $(x-y)(x^2+xy+y^2+x+y)$

5.29 복이차식 인수분해

다음 각 식을 인수분해하여라.

(1) $3x^4-x^2-2$ (2) x^4-3x^2+2

(3) $a^4-11a^2b^2+b^4$

(1) $(x+1)(x-1)(3x^2+2)$

(2) $(x+1)(x-1)(3x^2+2)$

(3) $(a^2+3ab-b^2)(a^2-3ab-b^2)$

5.30 공통부분이 있을 때

다음 각 식을 인수분해하여라.

(1) $(x^2+5x+4)(x^2+5x+6)-24$ (2) $x(x+1)(x+2)(x+3)-15$

(3) $x^2(x+1)^2-6x(x+1)+5$ (4) $(x^2+5x+6)(x^2+7x+6)-3x^2$

(5) $(x-y)^2-3(x-y)-18$ (6) $(a+b)^2+16c^2-8c(a+b)$

(1) $x(x+5)(x^2+5x+10)$

(2) $(x^2+3x+5)(x^2+3x-3)$

(3) $(x^2+x-5)(x^2+x-1)$

(4) $(x^2+4x+6)(x^2+8x+6)$

(5) $(x-y-6)(x-y+3)$

(6) $(a+b-4c)^2$

5.31 다음 2차 방정식을 완전제곱식[$(x+a)^2=b$]의 꼴로 고쳐서 풀어라.

(1) $2x^2-12x+18=0$

(2) $4x^2+20x+25=0$

(1) $x=3$ (중근)

(2) $x=-\frac{5}{2}$ (중근)

5.32 다음 2차 방정식을 제곱근을 이용하여 풀어라.

(1) $4x^2=9$

(2) $16x^2-9=0$

(3) $9x^2-6=7x^2-5$

(4) $4-(2x-3)^2=0$

(1) $x=\pm\frac{3}{2}$

(2) $x=\pm\frac{3}{4}$

(3) $x=\pm\frac{\sqrt{2}}{2}$

(4) $x=\frac{5}{2}$ 또는 $x=\frac{1}{2}$

5.33 다음 2차 방정식을 인수분해를 이용하여 풀어라.

(1) $x^2+6x+8=0$

(2) $x^2-49=0$

(3) $x^2-2x+1=0$

(4) $2x^2+5x-3=0$

(5) $4x^2=-3(4x+3)$

(6) $(x+3)(x-5)=4x^2-15$

(1) $x=-2$ 또는 $x=-4$

(2) $x=-7$ 또는 $x=7$

(3) $x=1$ (중근)

(4) $x=-3$ 또는 $x=\frac{1}{2}$

(5) $x=-\frac{3}{2}$ (중근)

(6) $x=0$ 또는 $x=-\frac{3}{2}$

5.34 다음 2차 방정식을 근의 공식을 이용하여 풀어라.

(1) $2x^2+3x+1=0$

(2) $3x^2-9x+5=0$

(3) $6x^2-4x-3=0$

(4) $2x(x-3)=5$

(1) $x=-\frac{1}{2}$ 또는 $x=-1$

(2) $x=\frac{9\pm\sqrt{21}}{6}$

(3) $x=\frac{2\pm\sqrt{22}}{6}$

(4) $x=\frac{3\pm\sqrt{19}}{2}$

5.35 다음 2차 방정식을 완전제곱식을 이용하여 풀어라.

(1) $x^2 - 8x + 10 = 0$ (2) $x^2 + 14x + 9 = 0$

(3) $x^2 + 5x - 1 = 0$ (4) $x^2 + 3x - 2 = 0$

(5) $3x^2 - 12x + 3 = 0$ (6) $2x^2 - 4x - 5$

(1) $x = 4 \pm \sqrt{6}$

(2) $x = -7 \pm 2\sqrt{10}$

(3) $x = \dfrac{-5 \pm \sqrt{29}}{2}$

(4) $x = \dfrac{-3 \pm \sqrt{17}}{2}$

(5) $x = 2 \pm \sqrt{3}$

(6) $x = 1 \pm \dfrac{\sqrt{14}}{2}$

5.36 어느 단진자가 진동하고 있다. 그 진동은 시간의 경과에 따라 감쇠된다. 시간을 t (진동 시작의 시각을 $t=0$로 한다), $t=0$으로 진자의 단(끝)의 수평위치에서의 변위를 a, 시각 t에서 변위를 x, 진동 주기를 T로 하면, x는 t의 함수로 $x = ae^{-t/T_0}\cos\left(\dfrac{2\pi t}{T}\right)$라고 표현된다. $a = 10$ cm, $T = 24\ s$, $T_0 = 54\ s$일 때, $t = 36\ s$에서 변위 x [cm]을 구하여라. 단, ( )안은 물론 rad이다.

T_0의 차원은 무엇인가? 이 양은 무엇을 나타내는 것인가? $T_0 = 27\,s$, $54\ s$, 1.3 min의 $x(t)$의 그래프를 ($0 \leqq t \leqq 1.3$ min) 그려 고찰하라.

x의 변위 $= -5.13$ cm, $\dim(T_0) = T$ T_0는 진폭이 처음 ($t=0$)의 진폭이 e^{-1}($\fallingdotseq 0.368$)이 되는 시간으로, T_0가 길수록 진폭은 천천히 감쇠하고, 짧을수록 빨리 감쇠한다는 것을 나타내는 양이다. 그래프는 주어진 식의 e^{-t/T_0}를 $10^{-0.434t/T_0}$로 고치고, $\log x$를 반대수지에 도시하면 감쇠의 상황이 잘 나타난다.

5.37 콘크리트의 단열온도상승분포를 다음 각 재령시(材齡時)에 의해 구하고, 그래프로 나타내라. 단, 단열온도상승을 구하는 식은 다음과 같다.

$$T = 35.92(1 - e^{-0.83t})$$

여기서, T : 단열온도(℃), t : 재령(일)이다.

문제 표 5.1

재령 (t)	1	2	3	5	10	15
온도 (T)						

답 표 5.1과 답 그림 5.1로부터

답 표 5.1

재령 (t)	1	2	3	5	10	15
온도 (T)	20.26	29.09	32.94	35.35	35.91	35.92

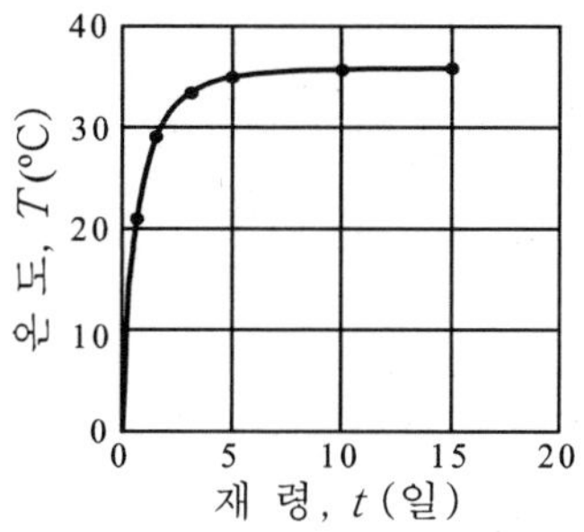

답 그림 5.1 재령-온도 관계

5.38 모래 30%, 실트 45%, 점토 24%의 조성을 가진 흙의 명칭을 그림 5.15의 삼각좌표분류에서 구하여라.

점토질 롬(답 그림 5.2로부터)

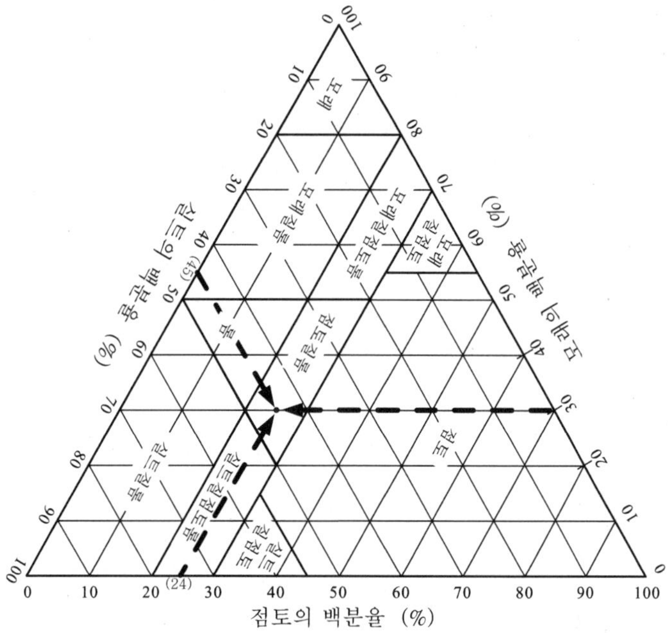

답 그림 5.2 미국 농무성의 입도·조성에 의한 분류

CHAPTER 06

행렬과 행렬식

6.1 행렬

행렬(行列, matrix)은 수학의 여러 분야에서는 물론 공학・물리학・경제학・통계학 등에서 널리 응용된다. 행렬에 대해서는 이미 고등학교 과정부터 배우는 경우가 많은데 원래 행렬이라는 것은 연립방정식을 기술하기 위하여 고안해 낸 것으로서 그 연산규칙 특히 곱의 경우에는 이 목적에 잘 들어맞게 정의되어 있다. 행렬은 행렬식과 같이 행과 열이 있다. 그러나 이것만으로는 간단한 수의 집합에 지나지 않는다. 행렬이란 다음 6.5절에 나오는 연산의 법칙에 따른 집합을 말한다.

행렬은 수나 수를 나타내는 문자를 괄호 [ ] 또는 ( ) 안에 직사각형 꼴로 배열한 것이다. 예를 들면,

$$\begin{bmatrix} 2 & -5 & 4 \\ 1 & 6 & 9 \end{bmatrix}, \begin{bmatrix} a \\ b \end{bmatrix}, [\, 2 \quad -5 \quad 9 \,], \begin{bmatrix} 3x & e^{2x} \\ x^2 & e^x \end{bmatrix}, \begin{bmatrix} a & b \\ c & d \end{bmatrix} \tag{6.1}$$

은 모두 행렬이다. 첫 번째 행렬[(2, 3) 행렬]은 두 개의 **행**(行, row)(수평선, 또는 가로 줄)과 세 개의 **열**(列, column)(연직선 또는 세로 줄)을 갖는다. 두 번째 행렬[(2, 1) 행렬]은 하나의 열로 구성되어 있고, 이를 **열벡터**(column vector)라 한다. 세 번째 행렬[(1, 3) 행렬]은 하나의 행으로 구성되어 있고, 그것을 **행벡터**(row vector)라 한다. 마지막 두 행렬[(2, 2) 행렬]은 같은 수의 열과 행(이 경우에는 두개)을 가진 **정사각행렬**(正四角行列, square matrix)이다.

행렬은 **선형변환**(線型變換, linear transformation)이나 연립1차방정식과 관련하여 나타난다. 예를 들어, 다음 방정식을 고찰해 보자.

$$\begin{aligned} 10\ x_1 - 2x_2 &= y_1 \\ 0.6x_1 + 5x_2 &= y_2 \end{aligned} \tag{6.2}$$

만일에 $y_1,\ y_2$가 주어진 수라면 식 (6.2)은 두 개의 미지수 $x_1,\ x_2$에 관한 2원 연립1차방정식이다. 그 계수는 10, −2, 0.6, 5이고 이 들의 위치를 기억하기 위하여 이들이 방정식에 나타나는 순서, 즉 다음과 같은 행렬의 형태로 쓸 수 있다.

$$\begin{bmatrix} 10 & -2 \\ 0.6 & 5 \end{bmatrix} \tag{6.3}$$

지금 $x_1,\ x_2$와 $y_1,\ y_2$을 변량(예로 평면에서 서로 다른 두 좌표계에 대응하는 좌표)이라면 이 들 한 쌍의 식 (6.2)은 선형변환을 나타낸다. 이 변환은 4개의 계수, 즉 행렬 식 (6.3)에 의하여 완전히 결정된다. 행렬은 굵은 대문자, 예로 $\boldsymbol{A}$로 나타내고 다음과 같은 꼴로 쓸 수 있다.

$$A = \begin{bmatrix} a_{11} & a_{12} \\ a_{21} & a_{22} \end{bmatrix}$$

여기서 $a_{11} = 10$, $a_{12} = -2$, $a_{21} = 0.6$, $a_{22} = 5$ 이다. 이와 같은 표기법은 계수 a_{ij}의 첫 번째 아래첨자는 행(수평선)의 수를, 두 번째 아래첨자는 열(연직선)의 수를 나타내기 때문에 계수 a_{ij}의 위치를 곧 알 수 있다는 이점이 있다.

이제 행렬의 일반적인 m행, n열$(m \times n)$인 행렬을 다음과 같이 정의하자.

$$A = [a_{ij}] = \begin{bmatrix} a_{11} & a_{12} & \cdots & a_{1n} \\ a_{21} & a_{22} & \cdots & a_{2n} \\ \vdots & \vdots & \ddots & \vdots \\ a_{m1} & a_{m2} & \cdots & a_{mn} \end{bmatrix} \begin{matrix} \rightarrow \text{제1행} \\ \rightarrow \text{제2행} \\ \vdots \\ \rightarrow \text{제m행} \end{matrix} \tag{6.4}$$

제1열 제2열 제n열

여기에 계수 a_{ij}는 i행 j열 즉, 행렬의 **원소**(元素, element)이다. 일반적으로 행의 개수가 m, 열의 개수가 n인 행렬을 (m, n)행렬, 또는 $m \times n$ 행렬이라 한다.

만약 같은 수의 행과 열을 가진 즉, $m = n$이면 A는 정사각형 꼴을 가지므로 $n \times n$ **정사각행렬**(正四角行列, square matrix) 이라 한다. 정사각행렬 A의 원소 a_{11}, a_{22}, $\cdots$, a_{nn}으로 이루어진 대각선을 행렬 A의 **주대각선**(main diagonal 또는 principle diagonal)이라 한다. 그러므로 식 (6.1)의 마지막 두 행렬은 정사각행렬이며, 그들의 주 대각선은 각각 $3x$, e^x와 a, d이다. 앞으로 알게 되겠지만 정사각행렬은 응용(應用) 면에서 특히 중요하다. 정사각행렬이 아닌 행렬은 **직사각행렬**(rectangular matrix)이라고 부른다.

삼각행렬(三角行列, triangular matrix)은 주대각선 아래 모든 원소가 0인 정사각행렬을 **위삼각행렬**(upper triangular matrix), 주대각선 위의 모든 원소가 0인 정사각행렬을 **아래삼각행렬**(lower triangular matrix)로 부른다. 삼각행렬의 주대각선 위의 원소는 0이거나 또는 0이 아닐 수도 있다. 아래삼각행렬인 동시에 위삼각행렬인 정사각행렬, 즉 임의의 정사각행렬 중에서 주대각선에 있지 않은 모든 원소가 0인 $n \times n$ 행렬을 **대각행렬**(對角行列, daigonal matrix)이라 한다. 즉, 주대각선의 위와 아래의 모든 원소는 0이다. 아래 그림에서 위삼각행렬은 U, 아래삼각행렬은 L, 대각행렬은 D로 나타내었다.

$$U = \begin{bmatrix} a_{11} & a_{12} & a_{13} \\ 0 & a_{22} & a_{23} \\ 0 & 0 & a_{33} \end{bmatrix}, \quad L = \begin{bmatrix} a_{11} & 0 & 0 \\ a_{21} & a_{22} & 0 \\ a_{31} & a_{32} & a_{33} \end{bmatrix}, \quad D = \begin{bmatrix} a_{11} & 0 & 0 \\ 0 & a_{22} & 0 \\ 0 & 0 & a_{33} \end{bmatrix}$$

특히 **벡터**(vector) 단 하나의 행만을 갖는 행렬은 **행벡터**(row vector)[또는 **행행렬**(行行列)], 또는 단 하나의 열만을 갖는 행렬은 **열벡터**(column vector) [또는 **열행렬**(列行列)]만으로 이루어진 행렬이다. 두 경우 모두 그것의 원소를 **성분**(成分, components)이라 하며, 그 벡터를 굵은 소문자 $\boldsymbol{a}$, $\boldsymbol{b}$, $\cdots$ 로 나타내거나 $\boldsymbol{a}=[a_{ij}]$, $\boldsymbol{b}=[b_{jk}]$ 등과 같이 괄호 안에 그 행렬의 일반적인 성분을 표시하여 나타낸다.

예제 6-1

다음 각 행렬의 꼴을 말하여라.

(1) $\begin{bmatrix} 2 & -5 & 4 \\ 1 & 6 & 9 \end{bmatrix}$ (2) $\begin{bmatrix} 3 \\ -5 \\ 1 \end{bmatrix}$

(3) $\begin{bmatrix} 2 & 4 \\ 1 & 9 \end{bmatrix}$ (4) $\begin{bmatrix} 5 & 1 & 2 \end{bmatrix}$

풀이

(1) 2×3행렬 (2) 3×1행렬(열벡터)

(3) 2×2행렬 (4) 1×3행렬(행벡터)

$(m\times n)$ 행렬 식 (6.4)의 **전치행렬**(轉置行列, transpose of a matrix)은 다음과 같이 정의된다. 어떤 행렬을 전치하려면 행을 열로 쓰면 된다. 즉, $m\times n$행렬 $\boldsymbol{A}=[a_{ij}]$의 전치행렬 $\boldsymbol{A}^T=[a_{ji}]$은 $\boldsymbol{A}$의 행과 열을 바꾼 $n\times m$행렬이다. 즉, $\boldsymbol{A}$의 i번째 행은 $\boldsymbol{A}^T$의 j번째 열이 된다. 그러므로 식 (6.4)의 행렬 $\boldsymbol{A}$의 전치행렬 $\boldsymbol{A}^T$은 다음과 같다.

$$\boldsymbol{A}^T=[a_{ij}]^T=[a_{ji}]=\begin{bmatrix} a_{11} & a_{21} & \cdots & a_{m1} \\ a_{12} & a_{22} & \cdots & a_{m2} \\ \vdots & \vdots & \ddots & \vdots \\ a_{1n} & a_{2n} & \cdots & a_{mn} \end{bmatrix} \tag{6.5}$$

행벡터는 전치(transposition)라는 연산에 의하여 열벡터로 바꾸어지며, 열벡터는 전치에 의하여 행벡터로 전환될 수 있다.

예제 6-2

다음 주어진 행렬 $\boldsymbol{A}$의 전치행렬 $\boldsymbol{A}^T$을 구하여라.

(1) $\begin{bmatrix} -4 \\ 6 \\ 5 \end{bmatrix}$ (2) $\begin{bmatrix} -4 & 6 & 3 \\ 0 & 1 & 2 \end{bmatrix}$

(3) $\begin{bmatrix} 3 & 1 & 4 \end{bmatrix}$ (4) $\begin{bmatrix} -2 & 5 & 4 \\ 3 & 2 & 6 \\ -5 & -3 & 2 \end{bmatrix}$

풀이

(1) $\begin{bmatrix} -4 & 6 & 5 \end{bmatrix}$ (2) $\begin{bmatrix} -4 & 0 \\ 6 & 1 \\ 3 & 2 \end{bmatrix}$

(3) $\begin{bmatrix} 3 \\ 1 \\ 4 \end{bmatrix}$ (4) $\begin{bmatrix} -2 & 3 & -5 \\ 5 & 2 & -3 \\ 4 & 6 & 2 \end{bmatrix}$

두 행렬 $\boldsymbol{A} = [a_{jk}]$와 $\boldsymbol{B} = [b_{jk}]$가 같기 위한 즉 $\boldsymbol{A} = \boldsymbol{B}$일 필요충분조건은 두 행렬의 크기가 서로 같고 대응되는 원소들이 모두 같을 경우 ($[a_{jk}] = [b_{jk}]$)이고, 이 경우를 행렬의 상등(相等)(equality of matrices)이라하며, 즉 $a_{11} = b_{11}$, $a_{12} = b_{12}$, $\cdots$ 인 경우이다. 즉, **행렬의 상등**이란 두 행렬이 같다는 것을 뜻한다.

> 행의 개수 또는 열의 개수가 다른 두 행렬은 상등이 될 수 없다.

예제 6-3

다음과 같은 두 행렬 $\boldsymbol{A}$와 $\boldsymbol{B}$가 상등일 필요충분조건을 써라.

$$\boldsymbol{A} = \begin{bmatrix} a_{11} & a_{12} \\ a_{21} & a_{22} \end{bmatrix}, \quad \boldsymbol{B} = \begin{bmatrix} 4 & 2 \\ -3 & 6 \end{bmatrix}$$

풀이

두 행렬이 상등일 필요충분조건은 $a_{11} = 4$, $a_{12} = 2$, $a_{21} = -3$, $a_{22} = 6$이다.

다음과 같은 크기 (2×2)의 행렬들은 행렬 $\boldsymbol{B}$의 원소와 비교하여 최소한 하나의 원소가 다르기 때문에 모두 상등이 아닌(다른) 행렬들이다.

$$\begin{bmatrix} 3 & 1 \\ 0 & 2 \end{bmatrix}, \quad \begin{bmatrix} 3 & 2 \\ 0 & 1 \end{bmatrix}, \quad \begin{bmatrix} 3 & -1 \\ 0 & 2 \end{bmatrix}, \quad \begin{bmatrix} 3 & \frac{1}{2} \\ 0 & 2 \end{bmatrix}$$

예제 6-2의 $\boldsymbol{A}$와 $\boldsymbol{A}^T$는 (1)~(3)은 제외하고 크기가 서로 다르기 때문에 상등이 아니고, (4)는 크기는 같으나 바로 앞의 행렬과 같이, 즉 각 원소가 서로 다르기 때문에 상등이 아니다.

6.2 행렬의 연산

6.1절에서 서술한 대로 수의 배열만으로는, 단순한 수의 집합일 뿐이다. 행렬이란 합, 차 및 곱이 다음의 규칙에 따른 배열이 있는 것이다.

6.2.1 행렬의 합과 차

행렬의 상등과 마찬가지로 두 행렬 $\boldsymbol{A}=[a_{jk}]$와 $\boldsymbol{B}=[b_{jk}]$의 합(또는 차)은 같은 크기의 행렬일 때만 성립된다. **행렬의 합**(合, sum) 또는 **차**(差, difference)란, 두 행렬 $\boldsymbol{A}$와 $\boldsymbol{B}$가 서로 대응하는 각 행렬의 각 원소들의 합 또는 차가 되는 행렬이고, $\boldsymbol{A} \pm \boldsymbol{B}=[a_{jk}] \pm [b_{jk}]$로 나타낸다.

> 크기가 서로 다른 두 행렬은 합(또는 덧셈) 또는 차(또는 뺄셈)를 구할 수 없다.

예제 6-4

다음과 같은 두 행렬 $\boldsymbol{A}$와 $\boldsymbol{B}$의 합(또는 덧셈)과 차(또는 뺄셈)를 구하여라.

(1) $\boldsymbol{A}=\begin{bmatrix} -4 & 6 & 3 \\ 0 & 1 & 2 \end{bmatrix}$, $\boldsymbol{B}=\begin{bmatrix} 5 & -1 & 1 \\ 3 & 1 & 4 \end{bmatrix}$

(2) $\boldsymbol{A}=\begin{bmatrix} 1 & 2 & 3 \\ 4 & 5 & 6 \end{bmatrix}$, $\boldsymbol{B}=\begin{bmatrix} 0 & 1 \\ 0 & 1 \end{bmatrix}$

▎풀이

(1) $\boldsymbol{A}+\boldsymbol{B}=[a_{jk}]+[b_{jk}]=\begin{bmatrix} -4+5 & 6-1 & 3+1 \\ 0+3 & 1+1 & 2+4 \end{bmatrix}=\begin{bmatrix} 1 & 5 & 4 \\ 3 & 2 & 6 \end{bmatrix}$

$\boldsymbol{A}-\boldsymbol{B}=[a_{jk}]-[b_{jk}]=\begin{bmatrix} -4-5 & 6-(-1) & 3-1 \\ 0-3 & 1-1 & 2-4 \end{bmatrix}=\begin{bmatrix} -9 & 7 & 2 \\ -3 & 0 & 2 \end{bmatrix}$

(2) 두 행렬 $\boldsymbol{A}(2\times3$ 행렬)와 $\boldsymbol{B}(2\times2$ 행렬)크기가 서로 다르므로 합과 차는 정의되지 않는다(구할 수 없다).

일반적으로 $\boldsymbol{A}=[a_{jk}]=\begin{bmatrix} a_{11} & a_{12} & \cdots & a_{1n} \\ a_{21} & a_{22} & \cdots & a_{2n} \\ \vdots & \vdots & \ddots & \vdots \\ a_{m1} & a_{m2} & \cdots & a_{mn} \end{bmatrix}$ 이고 $\boldsymbol{B}=[b_{jk}]=\begin{bmatrix} b_{11} & b_{12} & \cdots & b_{1n} \\ b_{21} & b_{22} & \cdots & b_{2n} \\ \vdots & \vdots & \ddots & \vdots \\ b_{m1} & b_{m2} & \cdots & b_{mn} \end{bmatrix}$ 일 때,

두 $m \times n$ 행렬 $\boldsymbol{A}$와 $\boldsymbol{B}$의 합(또는 차), $\boldsymbol{A} \pm \boldsymbol{B}=[a_{jk}]+[b_{jk}]$는 다음과 같은 식 (6)으로 나타낼 수 있다.

$$\boldsymbol{A} \pm B=[a_{jk}] \pm [b_{jk}]=\begin{bmatrix} a_{11} \pm b_{11} & a_{12} \pm b_{12} & \cdots & a_{1n} \pm b_{1n} \\ a_{21} \pm b_{21} & a_{22} \pm b_{22} & \cdots & a_{2n} \pm b_{2n} \\ \vdots & \vdots & \ddots & \vdots \\ a_{m1} \pm b_{m1} & a_{m2} \pm b_{m2} & \cdots & a_{mn} \pm b_{mn} \end{bmatrix} \tag{6.6}$$

6.2.2 행렬의 스칼라(또는 수)와의 곱

$m \times n$ 행렬 $\boldsymbol{A}=[a_{jk}]$와 스칼라 k(실수 k)와의 **곱**(product)은 $k\boldsymbol{A}$로 표시하고 $\boldsymbol{A}$의 각 원소에 k을 곱하여 얻어지는 $m \times n$ 행렬은 다음과 같다.

$$k\boldsymbol{A}=k[a_{jk}]=[k\,a_{jk}] \tag{6.7}$$

예를 들면, 다음과 같이 행렬 $\boldsymbol{A}$에 실수 k을 곱하면 행렬의 전 원소에 k가 나타나 있다.

$$\boldsymbol{A}=[a_{ij}]=\begin{bmatrix} a_{11} & a_{12} & a_{13} \\ a_{21} & a_{22} & a_{23} \end{bmatrix} \Rightarrow k\boldsymbol{A}=[ka_{ij}]=\begin{bmatrix} ka_{11} & ka_{12} & ka_{13} \\ ka_{21} & ka_{22} & ka_{23} \end{bmatrix}$$

▌ 행렬과 행렬식의 차이점에 유의 ▌

행렬에 상수 k을 곱할 때에는 각각의 행렬원소에 모두 k을 곱해야 한다. 그렇지만 행렬식에는 한 행에 k을 곱해도 행렬식 자체가 k배가 된다.

따라서, 2×2 행렬에 대하여는 $\det(k\boldsymbol{A})=k^2 \det \boldsymbol{A}$,

3×3 행렬에 대하여는 $\det(k\boldsymbol{A})=k^3 \det \boldsymbol{A}$

예제 6-5

다음과 같은 행렬 A에 실수를 곱(실수배)한 행렬을 구하여라.

$$A = \begin{bmatrix} -3 & 6 \\ 2 & 7 \end{bmatrix}$$

(1) $-A$　　(2) $\frac{5}{3}A$　　(3) $0A$

풀이

(1) $-A = -\begin{bmatrix} -3 & 6 \\ 2 & 7 \end{bmatrix} = \begin{bmatrix} 3 & -6 \\ -2 & -7 \end{bmatrix}$

(2) $\frac{5}{3}A = \frac{5}{3}\begin{bmatrix} -3 & 6 \\ 2 & 7 \end{bmatrix} = \begin{bmatrix} -3\left(\frac{5}{3}\right) & 6\left(\frac{5}{3}\right) \\ 2\left(\frac{5}{3}\right) & 7\left(\frac{5}{3}\right) \end{bmatrix} = \begin{bmatrix} -5 & 10 \\ \frac{10}{3} & \frac{35}{3} \end{bmatrix}$

(3) $0A = 0\begin{bmatrix} -3 & 6 \\ 2 & 7 \end{bmatrix} = \begin{bmatrix} -3(0) & 6(0) \\ 2(0) & 7(0) \end{bmatrix} = \begin{bmatrix} 0 & 0 \\ 0 & 0 \end{bmatrix}$

행렬의 곱과 수의 곱의 규칙과 절대 혼동하지 말 것. 6.6절의 정리 (4)와 비교하라.

행렬의 곱과 수의 곱의 과는 몇 가지 예외적인 성질에 의해 다르다. 물론 이것은 실제적으로 매우 중요하다.

6.2.3 행렬의 곱

행렬의 곱(matrix multiplication)은 행렬과 행렬의 곱을 뜻한다. 이것은 정의되어야 할 마지막 대수적 연산이다. 행렬의 덧셈은 대응하는 각 원소를 합하면 얻을 수 있다. 이것은 곱에 대해서도 사실일까? 물론 답은 사실이 아니다. 행렬의 곱의 정의는 인위적인 것처럼 보인다. 그러나 주의 깊게 잘 살펴보면 행렬의 곱은 행렬을 선형변환에 사용하도록 하려는 동기에서 제안되었다는 것을 알 수 있을 것이다.

일반적으로 $m \times p$행렬 $A = [a_{mp}]$와 $p \times n$행렬 $B = [b_{pn}]$의 곱 $C = AB$(이 순서대로)는 식 (6.8)을 원소로 하는 $m \times n$ 행렬 $C = [c_{jk}]$로 정의된다.

$$c_{ij} = \sum_{k=1}^{n} a_{ik} b_{kj} \tag{6.8}$$

여기서 $i = 1, 2, \cdots, m$이고 $j = 1, 2, \cdots, n$이다.

즉, 행렬 $\boldsymbol{A}$의 i번째 행의 각 원소에 행렬 $\boldsymbol{B}$의 j번째 열에서 대응하는 원소에 스칼라 곱을 하여 더하면 행렬 $\boldsymbol{C}$의 i번째 행과 j번째 열에 해당하는 원소 $[c_{jk}]$의 값이다. 다음은 이러한 내용을 나타낸 것이다.

$$\boldsymbol{A} = [a_{mp}] = \begin{bmatrix} a_{11} & a_{12} & \cdots & a_{1p} \\ a_{21} & a_{22} & \cdots & a_{2p} \\ \vdots & \vdots & \ddots & \vdots \\ a_{m1} & a_{m2} & \cdots & a_{mp} \end{bmatrix}, \quad \boldsymbol{B} = [b_{pn}] = \begin{bmatrix} b_{11} & b_{12} & \cdots & b_{1n} \\ b_{21} & b_{22} & \cdots & b_{2n} \\ \vdots & \vdots & \ddots & \vdots \\ b_{p1} & b_{p2} & \cdots & b_{pn} \end{bmatrix} \text{라 하면}$$

$$\boldsymbol{AB} = [a_{mp}][b_{pn}] = \begin{bmatrix} \sum_{i=1}^{p} a_{1i} b_{i1} & \sum_{i=1}^{p} a_{1i} b_{i2} & \cdots & \sum_{i=1}^{p} a_{1i} b_{in} \\ \sum_{i=1}^{p} a_{2i} b_{i1} & \sum_{i=1}^{p} a_{2i} b_{i2} & \cdots & \sum_{i=1}^{p} a_{2i} b_{in} \\ \vdots & \vdots & \ddots & \vdots \\ \sum_{i=1}^{p} a_{mi} b_{i1} & \sum_{i=1}^{p} a_{mi} b_{i2} & \cdots & \sum_{i=1}^{p} a_{mi} b_{in} \end{bmatrix}$$

$$= \left[\sum_{i=1}^{p} a_{ik} b_{kj} \right] = [c_{mn}] \tag{6.9}$$

앞에서 설명한 바와 같이 벡터에 의한 행렬의 곱셈은 행을 열에 곱하는 과정이므로 이에 대한 이해를 돕기 위하여 다음 그림 6.1을 예로서 나타내었다.

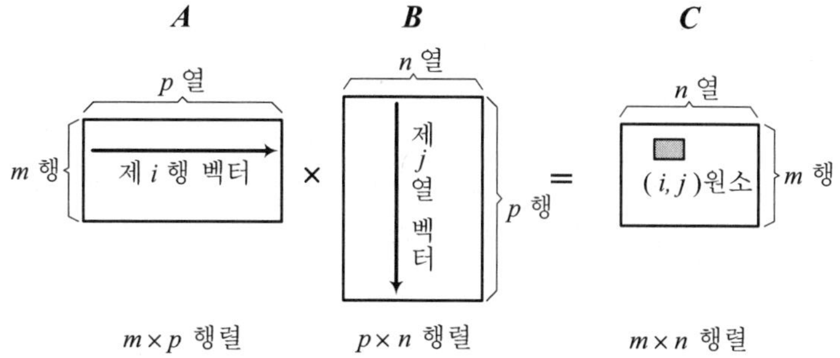

그림 6.1 행렬의 곱셈 AB=C

① 두 행렬의 곱 $\boldsymbol{AB}$(순서가 중요함)은 행렬 $\boldsymbol{A}$의 열의 수와 행렬 $\boldsymbol{B}$의 열의 수가 같을 때만 정의된다.
② 두 행렬의 곱이란 행벡터와 열벡터의 각 원소들을 곱하여 이들을 더한 것을 원소로 하는 행렬이다.

예제 6-6

다음 행렬의 곱(matrix multiplication)을 구하여라.

▌풀이

$$\boldsymbol{AB} = \begin{bmatrix} -1 & 5 \\ 4 & 1 \\ 5 & -3 \end{bmatrix} \begin{bmatrix} 3 & 2 & 4 & 1 \\ -5 & 4 & 8 & 9 \end{bmatrix}$$

$$= \begin{bmatrix} (-3)+(-25) & (-2)+20 & (-4)+40 & 1+45 \\ 12+(-5) & 8+4 & 16+8 & (-4)+9 \\ 9+(-10) & 6+8 & 12+16 & (-3)+18 \end{bmatrix}$$

$$= \begin{bmatrix} -28 & 18 & 36 & 46 \\ 7 & 12 & 24 & 5 \\ -1 & 14 & 28 & 15 \end{bmatrix}$$

여기서 $\boldsymbol{A}$는 3×2 행렬이고 $\boldsymbol{B}$는 2×4 행렬이므로 그 결과 $\boldsymbol{AB}$는 3×4 행렬이 된다. 반면에 $\boldsymbol{BA}$는 정의되지 않는다.

예제 6-7

행렬과 벡터의 곱(multiplication of a matrix and a vector)을 구하여라.

▌풀이

$$\boldsymbol{AB} = \begin{bmatrix} -3 & 4 & 1 \\ 2 & 5 & 8 \end{bmatrix} \begin{bmatrix} 3 \\ -5 \\ 6 \end{bmatrix} = \begin{bmatrix} (-3)\times3 & 4\times(-5) & 1\times6 \\ 2\times3 & 5\times(-5) & 8\times6 \end{bmatrix} = \begin{bmatrix} -23 \\ 29 \end{bmatrix}$$

여기서 $\boldsymbol{A}$는 2×3 행렬이고 $\boldsymbol{B}$는 3×1 행렬이므로 그 결과 $\boldsymbol{AB}$는 2×1 행렬이 된다. 반면에 $\boldsymbol{BA}$는 정의되지 않는다.

예제 6-8

행벡터와 열벡터의 곱(products of rows and column vectors)을 구하여라.

▎풀이

$$\boldsymbol{AB} = [3 \quad 6 \quad 1]\begin{bmatrix} 1 \\ 2 \\ 4 \end{bmatrix} = [3(1) + 6(2) + 1(4)] = [19]$$

$$\boldsymbol{BA} = \begin{bmatrix} 1 \\ 2 \\ 4 \end{bmatrix}[3 \quad 6 \quad 1] = \begin{bmatrix} 1(3) & 1(6) & 1(1) \\ 2(3) & 2(6) & 2(1) \\ 4(3) & 4(6) & 4(1) \end{bmatrix} = \begin{bmatrix} 3 & 6 & 1 \\ 6 & 12 & 2 \\ 12 & 24 & 4 \end{bmatrix}$$

여기서 첫 번째 $\boldsymbol{AB}$의 계산에서 $\boldsymbol{A}$는 1×3 행렬이고 $\boldsymbol{B}$는 3×1 행렬이므로 $\boldsymbol{AB}$는 1×1 행렬, 즉 수(數)가 된다. 두 번째 $\boldsymbol{BA}$의 계산에서 $\boldsymbol{B}$는 3×1 행렬이고 $\boldsymbol{A}$는 1×3 행렬이기 때문에 $\boldsymbol{BA}$는 3×3 행렬이 된다.

예제 6-9

다음 두 행렬의 (1) $\boldsymbol{AB}$와 (2) $\boldsymbol{BA}$을 구하여라.

$$\boldsymbol{A} = \begin{bmatrix} 2 & -3 \\ 1 & 5 \end{bmatrix}, \quad \boldsymbol{B} = \begin{bmatrix} -3 & 4 \\ 0 & 6 \end{bmatrix}$$

▎풀이

어떤 순서로든지 두 행렬 $\boldsymbol{AB}$와 $\boldsymbol{BA}$은 적합하므로 이들을 모두 구할 수 있다.

(1)
$$\boldsymbol{AB} = \begin{bmatrix} 2 & -3 \\ 1 & 5 \end{bmatrix}\begin{bmatrix} -3 & 4 \\ 0 & 6 \end{bmatrix} = \begin{bmatrix} 2(-3)+(-3)(0) & 2(4)+(-3)(6) \\ 1(-3)+5(0) & 1(4)+5(6) \end{bmatrix}$$
$$= \begin{bmatrix} -6 & -10 \\ -3 & 34 \end{bmatrix}$$

(2)
$$\boldsymbol{BA} = \begin{bmatrix} -3 & 4 \\ 0 & 6 \end{bmatrix}\begin{bmatrix} 2 & -3 \\ 1 & 5 \end{bmatrix} = \begin{bmatrix} (-3)(2)+4(1) & (-3)(-3)+4(5) \\ (0)(2)+6(1) & (0)(3)+6(5) \end{bmatrix}$$
$$= \begin{bmatrix} -2 & 29 \\ 6 & 30 \end{bmatrix}$$

위의 계산에서 보는 바와 같이 $\boldsymbol{AB}$와 $\boldsymbol{BA}$는 다르다 ($\boldsymbol{AB} \neq \boldsymbol{BA}$). 일반적으로 행렬들의 곱은 비가환적(非可換的, not commutative)이다. 물론 특별한 경우[예제 6-6]에는 가환적일 수도 있다.

예제 6-10

다음 두 행렬의 (1) $\boldsymbol{AI}$와 (2) $\boldsymbol{IA}$을 구하여라.

$$\boldsymbol{A}=\begin{bmatrix}2 & -3\\ 1 & 5\end{bmatrix},\quad \boldsymbol{I}=\begin{bmatrix}1 & 0\\ 0 & 1\end{bmatrix}$$

▌풀이

(1) $$\boldsymbol{AI}=\begin{bmatrix}2 & -3\\ 1 & 5\end{bmatrix}\begin{bmatrix}1 & 0\\ 0 & 1\end{bmatrix}=\begin{bmatrix}2(1)+(-3)(0) & 2(0)+(-3)(1)\\ 1(1)+5(0) & 1(0)+5(1)\end{bmatrix}$$
$$=\begin{bmatrix}2 & -3\\ 1 & 5\end{bmatrix}$$

(2) $$\boldsymbol{IA}=\begin{bmatrix}1 & 0\\ 0 & 1\end{bmatrix}\begin{bmatrix}2 & -3\\ 1 & 5\end{bmatrix}=\begin{bmatrix}1(2)+0(1) & 1(-3)+0(5)\\ 0(2)+1(1) & 0(-3)+1(5)\end{bmatrix}=\begin{bmatrix}2 & -3\\ 1 & 5\end{bmatrix}$$

$$\therefore\ \boldsymbol{AI}=\boldsymbol{IA}$$

[예제 6-9]에서 계산한 바와 같이 행렬의 곱은, 보통은 비가환적이지만 [예제 6-10]은 예외적인 경우를 보여주고 있다.

여기서 $\begin{bmatrix}1 & 0\\ 0 & 1\end{bmatrix}$과 같이 대각선(↘) 위의 원소가 모두 1이고, 그 밖의 원소가 0인 정사각행렬을 **단위행렬**(單位行列, unit matrix I)이라 한다. 지금 표시한 것은 **2차 단위행렬**을 나타낸다. $\boldsymbol{I}$는 같은 형의 모든 정사각행렬과 가환적이다. 이것은 보통 수의 계산에서 1에 상당(相當)하는 것이다.

예제 6-11

다음 두 행렬의 곱을 각각 구하여라.

▌풀이

$$\boldsymbol{AB}=\begin{bmatrix}1 & 1\\ 2 & 2\end{bmatrix}\begin{bmatrix}-1 & 1\\ 1 & -1\end{bmatrix}=\begin{bmatrix}0 & 0\\ 0 & 0\end{bmatrix}$$

$$\boldsymbol{BA}=\begin{bmatrix}-1 & 1\\ 1 & -1\end{bmatrix}\begin{bmatrix}1 & 1\\ 2 & 2\end{bmatrix}=\begin{bmatrix}1 & 1\\ -1 & -1\end{bmatrix}$$

위 결과로부터 $\boldsymbol{AB}=\boldsymbol{0}$이 반드시 $\boldsymbol{A}=\boldsymbol{0}$ 또는 $\boldsymbol{B}=\boldsymbol{0}$, 또는 $\boldsymbol{BA}=\boldsymbol{0}$을 의미하지는 않는다.

예제 6-12

다음 두 행렬의 곱을 각각 구하여라.

▌풀이

$$\begin{bmatrix}1 & 1\\ 2 & 2\end{bmatrix}\begin{bmatrix}2 & 1\\ 2 & 2\end{bmatrix}=\begin{bmatrix}4 & 3\\ 8 & 6\end{bmatrix}=\begin{bmatrix}1 & 1\\ 2 & 2\end{bmatrix}\begin{bmatrix}3 & 0\\ 1 & 3\end{bmatrix}$$

그러나 $\begin{bmatrix} 2 & 1 \\ 2 & 2 \end{bmatrix} \neq \begin{bmatrix} 3 & 0 \\ 1 & 3 \end{bmatrix}$이다.

수식(數式)에서의 **약분법**(約分法, cancellation law)이 행렬까지 확장되지 않는다. 즉, 첫 번째 두 행렬과 두 번째 등호 오른쪽의 두 행렬에서 첫 번째 행렬 $\begin{bmatrix} 1 & 1 \\ 2 & 2 \end{bmatrix}$은 같지만 수식에서와 같이 약분할 수 없다. 따라서 행렬의 곱의 처음 접하는 이들 중에는 약분법을 잘못 사용하는 경우가 종종 있다.

다음은 [예제 6-12]에 대한 응용으로 체중감량프로그램의 운동시간에 따른 일 칼로리 소모량에 대한 예제이다.

예제 6-13

체중감량 프로그램에 의하면 다음과 같은 효과 때문에 1주일에 4일(월, 수, 금 및 토)동안 사람에게 걷기, 자전거타기 및 조깅(jogging)을 추천하고 있다. 체중 81.6 kgf인 사람이 4.83 km/h의 속도로 걸을 때 300 cal/h, 19.31 km/h의 속도로 자전거를 탈 때 400 cal/h, 8.05 km/h의 속도로 조깅할 때 900 cal/h가 소비되는 것으로 알려졌다. 이 사람이 다음과 같은 주간 계획을 세웠을 때 소비되는 요일별 칼로리와 총 칼로리를 구하여라.

▍풀이

$$\begin{array}{c} \\ \text{월} \\ \text{수} \\ \text{금} \\ \text{토} \end{array} \begin{array}{c} \begin{array}{ccc} \text{걷기} & \text{자전거} & \text{조깅} \end{array} \\ \begin{bmatrix} 1.0 & 0 & 0.5 \\ 1.0 & 0.75 & 0 \\ 1.0 & 0 & 0.5 \\ 1.5 & 1.0 & 0.5 \end{bmatrix} \end{array} \begin{bmatrix} 300 \\ 400 \\ 900 \end{bmatrix} = \begin{bmatrix} 1.0(300) & 0(400) & 0.5(900) \\ 1.0(300) & 0.75(400) & 0(900) \\ 1.0(300) & 0(400) & 0.5(900) \\ 1.5(300) & 1.0(400) & 0.5(900) \end{bmatrix} = \begin{bmatrix} 750 \\ 600 \\ 750 \\ 1300 \end{bmatrix} \begin{array}{c} \text{월} \\ \text{수} \\ \text{금} \\ \text{토} \end{array}$$

즉, 월요일에는 750 cal, 수요일에는 600 cal, 금요일에는 750 cal, 그리고 토요일에는 1 300 cal을 소비하여 일주일에 총 3 400 cal을 소비하는 것으로 산정되었다.

▍ 행렬의 곱에서 스칼라(또는 수)의 곱과 다른 세 가지 성질 ▍

(1) [예제 6-9]에서와 같이 두 행렬의 곱은 순서를 바꾸어서는 안 된다(다른 결과 얻기 때문). 일반적으로 $AB \neq BA$이다. 이 성질을 비가환적(非可換的, not commutative)이라 한다. 예외의 경우 [예제 6-10]

(2) $AB = 0$이 반드시 $A = 0$ 또는 $B = 0$ 또는 $BA = 0$을 의미하지는 않는다. [예제 6-11]

(3) $AB = CD$가 반드시 $C = D$($A \neq 0$일 때조차도)를 의미하지는 않는다. [예제 6-12]

6.2.4 역행렬과 그것을 구하는 법

1) 역행렬의 뜻

수의 연산에서 어떤 실수 a에 다른 수 x을 곱했을 때, 그 결과가 1이 되는 수 x를 $a(\neq 0)$의 역수라 하고 $x = 1/a = a^{-1}$이라고 쓴다.

행렬식과 마찬가지로 역행렬은 $n \times n$ 정사각행렬 $\boldsymbol{A}$에 대해서만 정의된다. $\boldsymbol{A} = [a_{jk}]$의 역행렬(inverse matrix) $\boldsymbol{A}^{-1}$은 다음과 같은 식을 만족시킬 때 정의되는 정사각행렬이다.

$$\boldsymbol{A}\boldsymbol{A}^{-1} = \boldsymbol{A}^{-1}\boldsymbol{A} = \boldsymbol{I} \tag{6.10}$$

즉, 역행렬이란 $n \times n$ 정사각행렬 $\boldsymbol{A}$에 $\boldsymbol{A}$의 역행렬 $\boldsymbol{A}^{-1}$(역행렬 $\boldsymbol{A}$ 또는 inverse $\boldsymbol{A}$로 읽는다)을 곱했을 때 그 결과가 $n \times n$ 단위행렬 $\boldsymbol{I}$가 되는 행렬을 말한다. 정사각행렬에 관하여 단위행렬은 숫자의 1과 같은 역할을 한다. 즉, $\boldsymbol{A}\boldsymbol{I} = \boldsymbol{I}\boldsymbol{A}^{-1} = \boldsymbol{A}$이다. 역행렬 $\boldsymbol{A}^{-1}$은 $\boldsymbol{A}$와 가환적(可換的)이다. $\boldsymbol{A}^{-1}$에서 -1은 지수가 아니다. 다시 말하면 $\boldsymbol{A}^{-1}$은 역수도 아니므로 $\frac{1}{\boldsymbol{A}}$로 쓰지 않는다.

만일 $n \times n$ 행렬 $\boldsymbol{A}$가 역행렬을 가지면 **정칙행렬**(正則行列, nonsingular matrix : 정사각행렬 중에서 행렬식의 값이 0이 되지 않는 행렬), 그렇지 않으면 $\boldsymbol{A}$를 **특이행렬**(特異行列, singular matrix)이라 한다. 만일 $\boldsymbol{A}$가 역행렬 $\boldsymbol{A}^{-1}$을 가지면 그 역행렬은 유일하게 주어진다. 역행렬의 유일성 증명은 다음과 같다.

> **[증명]** 두 행렬 $\boldsymbol{B}$와 $\boldsymbol{C}$가 모두 $\boldsymbol{A}$의 역행렬이라고 가정하면 역행렬의 정의, 식 (6.10)을 이용하면 $\boldsymbol{A}\boldsymbol{B} = \boldsymbol{I}$, $\boldsymbol{C}\boldsymbol{A} = \boldsymbol{I}$가 성립한다.
> 그러면 $\boldsymbol{B} = \boldsymbol{I}\boldsymbol{B} = \boldsymbol{C}\boldsymbol{A}\boldsymbol{B} = \boldsymbol{C}\boldsymbol{I} = \boldsymbol{C}$, 즉 $\boldsymbol{B} = \boldsymbol{C}$

2) 역행렬을 구하는 방법

역행렬을 구하는 방법에는 (1) **역행렬의 정의에 의한 방법**, (2) **공식에 의한 방법**(단, 2차 정사각행렬일 때), (3) **소거법에 의한 방법**(3차 이상의 정사각행렬의 역행렬을 구할 때 자주 사용된다) 등이 있다.

(1) 역행렬의 정의에 의한 방법

이 방법은 식 (6.10)에 나타난 식 $\boldsymbol{A}\boldsymbol{A}^{-1} = \boldsymbol{A}^{-1}\boldsymbol{A} = \boldsymbol{I}$을 이용한다.

예제 6-14

다음 행렬 $\boldsymbol{A}$에 대한 역행렬을 정의에 의해 구하여라.

(1) $\boldsymbol{A}=\begin{bmatrix}3&4\\2&3\end{bmatrix}$ (2) $\boldsymbol{A}=\begin{bmatrix}2&3\\4&6\end{bmatrix}$

▌풀이

구하는 행렬을 $\boldsymbol{A}^{-1}=\boldsymbol{X}=\begin{bmatrix}a_{11}&a_{12}\\a_{21}&a_{22}\end{bmatrix}$로 놓고 $\boldsymbol{AX}=\boldsymbol{I}$을 만족시키는 행렬 $\boldsymbol{X}$를 구한다.

(1) $\boldsymbol{AX}=\begin{bmatrix}3&4\\2&3\end{bmatrix}\begin{bmatrix}a_{11}&a_{12}\\a_{21}&a_{22}\end{bmatrix}=\begin{bmatrix}3a_{11}+4a_{21}&3a_{12}+4a_{22}\\2a_{11}+3a_{21}&2a_{12}+3a_{22}\end{bmatrix}=\begin{bmatrix}1&0\\0&1\end{bmatrix}$

행렬의 상등 정의(6.1절)로부터

$3a_{11}+4a_{21}=1$ … ①　　$3a_{12}+4a_{22}=0$ … ②

$2a_{11}+3a_{21}=0$ … ③　　$2a_{12}+3a_{22}=1$ … ④

위 식에서 식 ①×2 − 식 ③×3하면 $a_{21}=-2$, 이 값을 식 ①에 대입하고 풀면 $a_{11}=3$을 얻고, 식 ②×2 − 식 ④×3하면 $a_{22}=3$, 이 값을 식 ②에 대입하고 풀면 $a_{12}=-4$을 얻는다.

$\therefore\ a_{11}=3,\ a_{12}=-4\ ,a_{21}=-2\ ,a_{22}=3$

앞의 값을 행렬 $\boldsymbol{X}$에 대입하면 다음의 역행렬을 구할 수 있다.

$$\boldsymbol{A}^{-1}=\begin{bmatrix}3&-4\\-2&3\end{bmatrix}$$

$$\det\boldsymbol{A}=\begin{vmatrix}a_{11}&a_{12}\\a_{21}&a_{22}\end{vmatrix}=a_{11}a_{22}-a_{12}a_{21}=3\times3-2\times4=9-8=1\neq0$$

이므로 역행렬은 존재한다.

(2) $\boldsymbol{AX}=\begin{bmatrix}2&3\\4&6\end{bmatrix}\begin{bmatrix}a_{11}&a_{12}\\a_{21}&a_{22}\end{bmatrix}=\begin{bmatrix}2a_{11}+3a_{21}&2a_{12}+3a_{22}\\4a_{11}+6a_{21}&4a_{12}+6a_{22}\end{bmatrix}=\begin{bmatrix}1&0\\0&1\end{bmatrix}$

행렬의 상등 정의로부터

$2a_{11}+3a_{21}=1$ … ⑤　　$2a_{12}+3a_{22}=0$ … ⑥

$4a_{11}+6a_{21}=0$ … ⑦　　$4a_{12}+6a_{22}=1$ … ⑧

위 식에서 식 ⑤와 ⑦을 만족시키는 a_{11}과 a_{21} 및 식 ⑥과 ⑧을 만족시키는 a_{12}와 a_{22}는 존재하지 않으므로 역행렬은 존재하지 않는다.

즉, $\det\boldsymbol{A}=\begin{vmatrix}a_{11}&a_{12}\\a_{21}&a_{22}\end{vmatrix}=a_{11}a_{22}-a_{12}a_{21}=2\times6-3\times4=12-12=0$

이므로 역행렬은 존재하지 않는다.

(2) 공식에 의한 방법(단, 2차 정사각행렬일 때)

$n \times n$ 정칙행렬 $\boldsymbol{A}=[a_{jk}]$의 역행렬은 다음 식으로 주어진다.

$$\boldsymbol{A}^{-1} = \frac{1}{\det \boldsymbol{A}}[\boldsymbol{C}_{jk}]^T = \frac{1}{\det \boldsymbol{A}}[\boldsymbol{C}_{kj}] = \frac{1}{\det \boldsymbol{A}}\begin{bmatrix} C_{11} & C_{21} & \cdots & C_{n1} \\ C_{12} & C_{22} & \cdots & C_{n2} \\ \vdots & \vdots & \ddots & \vdots \\ C_{1n} & C_{2n} & \cdots & C_{nn} \end{bmatrix} \tag{6.11}$$

단, $\boldsymbol{C}_{jk}$는 $\det \boldsymbol{A}$에서 $[a_{jk}]$의 수이다(6.5절 참조).

$\boldsymbol{A}^{-1}$에서 여인수 $\boldsymbol{C}_{jk}$는 $\boldsymbol{A}$에서 식 (6.11)의 행렬은 $\begin{bmatrix} C_{11} & C_{12} & \cdots & C_{1n} \\ \cdots\cdots & \cdots\cdots & \cdots\cdots & \cdots\cdots \end{bmatrix}$의 전치행렬

이라는 것에 주의해야 한다. 특히 2×2 정칙행렬 $\boldsymbol{A} = \begin{bmatrix} a_{11} & a_{12} \\ a_{21} & a_{22} \end{bmatrix}$의 역행렬은 다음과 같다.

$$\boldsymbol{A}^{-1} = \frac{1}{\det \boldsymbol{A}}\begin{bmatrix} a_{22} & -a_{12} \\ -a_{21} & a_{11} \end{bmatrix} \tag{6.12}$$

여기서, $\boldsymbol{D} = \det \boldsymbol{A} = a_{11}a_{22} - a_{12}a_{21} \neq 0$ 이어야 역행렬이 존재한다.

[증명]

주어진 행렬의 행렬식을 구하면 $\boldsymbol{D} = \det \boldsymbol{A} = a_{11}a_{22} - a_{12}a_{21}$

행렬 $\boldsymbol{A}$의 여인수는 $C_{jk} = (-1)^{j+k}M_{jk}$을 이용하여 구하면 다음과 같다.

$$C_{11} = (-1)^{1+1}M_{11} = M_{11} = a_{22}$$
$$C_{12} = (-1)^{1+2}M_{12} = -M_{12} = -a_{21}$$
$$C_{21} = (-1)^{2+1}M_{21} = -M_{21} = -a_{12}$$
$$C_{22} = (-1)^{2+2}M_{22} = M_{22} = a_{11}$$

그러므로 $C_{11} = a_{22},\ C_{12} = -a_{21},\ C_{21} = -a_{12},\ C_{22} = a_{11}$임을 관찰하자.

이 경우에 여인수의 전치행렬은 다음과 같다.

$$\begin{bmatrix} C_{11} & C_{12} \\ C_{21} & C_{22} \end{bmatrix}^T = \begin{bmatrix} a_{22} & -a_{21} \\ -a_{12} & a_{11} \end{bmatrix}^T = \begin{bmatrix} a_{22} & -a_{12} \\ -a_{21} & a_{11} \end{bmatrix}$$

식 (6.11)으로부터 $\boldsymbol{A}$의 역행렬은 식 (6.11)과 같다는 것이 증명되었다.

예제 6-15

다음 행렬 $\boldsymbol{A}=\begin{bmatrix} 3 & 4 \\ 2 & 3 \end{bmatrix}$의 역행렬 $\boldsymbol{A}^{-1}$을 역행렬 공식을 이용하여 구하여라.

| 풀이

$\det \boldsymbol{A} = \begin{vmatrix} a_{11} & a_{12} \\ a_{21} & a_{22} \end{vmatrix} = a_{11}a_{22} - a_{12}a_{21} = 3\times3 - 2\times4 = 9-8 = 1 \neq 0$이므로 역행렬은 존재한다.

식 (6.12)를 이용하면 역행렬은 다음과 같다.

$$\boldsymbol{A}^{-1} = \frac{1}{\det \boldsymbol{A}}\begin{bmatrix} a_{22} & -a_{12} \\ -a_{21} & a_{11} \end{bmatrix} = \frac{1}{1}\begin{bmatrix} 3 & -4 \\ -2 & 3 \end{bmatrix} = \begin{bmatrix} 3 & -4 \\ -2 & 3 \end{bmatrix}$$

이 결과는 [예제 6-14]에서 얻은 결과와 같음을 확인할 수 있다.

[검사] 즉, $\boldsymbol{AA}^{-1} = \boldsymbol{A}^{-1}\boldsymbol{A} = \boldsymbol{I}$을 만족하는가?

$$\boldsymbol{AA}^{-1} = \begin{bmatrix} 3 & 4 \\ 2 & 3 \end{bmatrix}\begin{bmatrix} 3 & -4 \\ -2 & 3 \end{bmatrix} = \begin{bmatrix} 3(3)+4(-2) & 3(-4)+4(3) \\ 2(3)+3(-2) & 2(-4)+3(3) \end{bmatrix} = \begin{bmatrix} 1 & 0 \\ 0 & 1 \end{bmatrix}$$

$$\boldsymbol{A}^{-1}\boldsymbol{A} = \begin{bmatrix} 3 & -4 \\ -2 & 3 \end{bmatrix}\begin{bmatrix} 3 & 4 \\ 2 & 3 \end{bmatrix} = \begin{bmatrix} 3(3)+(-4)(2) & 3(4)+(-4)(3) \\ -2(3)+3(2) & (-2)(4)+3(3) \end{bmatrix} = \begin{bmatrix} 1 & 0 \\ 0 & 1 \end{bmatrix}$$

앞의 결과로부터 $\boldsymbol{AA}^{-1} = \boldsymbol{A}^{-1}\boldsymbol{A} = \boldsymbol{I} = \begin{bmatrix} 1 & 0 \\ 0 & 1 \end{bmatrix}$의 관계가 만족한다는 것을 알 수 있다.

여기서 I는 단위행렬(2차 단위행렬)이다.

그리고 3×3 정칙행렬의 경우에 대해서는 다음과 같이 주어졌다.

$$\boldsymbol{A} = \begin{bmatrix} a_{11} & a_{12} & a_{13} \\ a_{21} & a_{22} & a_{23} \\ a_{31} & a_{32} & a_{33} \end{bmatrix}$$

이 행렬의 여인수

$$C_{11} = \begin{vmatrix} a_{22} & a_{23} \\ a_{32} & a_{33} \end{vmatrix} \qquad C_{12} = -\begin{vmatrix} a_{21} & a_{23} \\ a_{31} & a_{33} \end{vmatrix} \qquad C_{13} = \begin{vmatrix} a_{21} & a_{22} \\ a_{31} & a_{32} \end{vmatrix}$$

등을 구한 다음 2×2 정칙행렬에서와 같은 방법으로 $\boldsymbol{A}$의 역행렬을 식 (6.11)을 이용하여 다음과 같은 식으로 구할 수 있다.

$$\boldsymbol{A}^{-1} = \frac{1}{\det \boldsymbol{A}}\begin{bmatrix} C_{11} & C_{21} & C_{31} \\ C_{12} & C_{22} & C_{32} \\ C_{13} & C_{23} & C_{33} \end{bmatrix} \tag{6.13}$$

예제 6-16

주어진 행렬 $A = \begin{bmatrix} 1 & 0 & -2 \\ 0 & 3 & 1 \\ -4 & 1 & 0 \end{bmatrix}$의 역행렬 A^{-1}을 역행렬 공식을 이용하여 구하여라.

▌풀이

$$D = \det A = \begin{vmatrix} 1 & 0 & -2 \\ 0 & 3 & 1 \\ -4 & 1 & 0 \end{vmatrix} = 1(0-1) - 2(0+12) = -1-24 = -25 \neq 0$$

이므로 역행렬은 존재한다.

$$C_{11} = (-1)^{1+1} M_{11} = (-1)^2 \begin{vmatrix} 3 & 1 \\ 1 & 0 \end{vmatrix} = 1(0-1) = -1$$

$$C_{12} = (-1)^{1+2} M_{12} = (-1)^3 \begin{vmatrix} 0 & 1 \\ -4 & 0 \end{vmatrix} = -1(0+4) = -4$$

$$C_{13} = (-1)^{1+3} M_{13} = (-1)^4 \begin{vmatrix} 0 & 3 \\ -4 & 1 \end{vmatrix} = 1(0+12) = 12$$

같은 방법으로

$$C_{21} = (-1)^{2+1} M_{21} = -1(0+2) = -2$$

$$C_{22} = 1^{2+2} M_{22} = 1(0-8) = -8$$

$$C_{23} = (-1)^{2+3} M_{23} = -1(1-0) = -1$$

$$C_{31} = 1^{3+1} M_{31} = 1(0+6) = 6$$

$$C_{32} = (-1)^{3+2} M_{32} = -1(1-0) = -1$$

$$C_{33} = 1^{3+3} M_{33} = 1(3-0) = 3$$

을 구하여 정리하면 A의 역행렬 A^{-1}은 다음과 같다.

$$A^{-1} = \frac{1}{-25} \begin{bmatrix} -1 & -2 & 6 \\ -4 & -8 & -1 \\ 12 & -1 & 3 \end{bmatrix} = \frac{1}{25} \begin{bmatrix} 1 & 2 & -6 \\ 4 & 8 & 1 \\ -12 & 1 & -3 \end{bmatrix}$$

[검산]

$$AA^{-1} = A^{-1}A = \frac{1}{25} \begin{bmatrix} 1 & 0 & -2 \\ 0 & 3 & 1 \\ -4 & 1 & 0 \end{bmatrix} \begin{bmatrix} 1 & 2 & -6 \\ 4 & 8 & 1 \\ -12 & 1 & -3 \end{bmatrix}$$

$$= \frac{1}{25}\begin{bmatrix} 1\text{행}\times 1\text{열} & 1\text{행}\times 2\text{열} & 1\text{행}\times 3\text{열} \\ 2\text{행}\times 1\text{열} & 2\text{행}\times 2\text{열} & 2\text{행}\times 3\text{열} \\ 3\text{행}\times 1\text{열} & 3\text{행}\times 2\text{열} & 3\text{행}\times 3\text{열} \end{bmatrix}$$

$$= \frac{1}{25}\begin{bmatrix} 1(1)+0(4)+(-2)(-12) & 1(2)+0(8)+(-2)(1) & 1\times(-6)+0(1)+(-2)(-3) \\ 0(1)+3(4)+1\times(-12) & 0(2)+3(8)+1(1) & 0\times(-6)+3(1)+1\times(-3) \\ (-4)(1)+1(4)+0\times(-12) & (-4)(2)+1(8)+0(1) & (-4)(-6)+1(1)+0\times(-3) \end{bmatrix}$$

$$= \frac{1}{25}\begin{bmatrix} 1+24 & 2-2 & -6+6 \\ 12-12 & 24+1 & 3-3 \\ -4+4 & 8+8 & 24+1 \end{bmatrix} = \frac{1}{25}\begin{bmatrix} 25 & 0 & 0 \\ 0 & 25 & 0 \\ 0 & 0 & 25 \end{bmatrix} = \begin{bmatrix} 1 & 0 & 0 \\ 0 & 1 & 0 \\ 0 & 0 & 1 \end{bmatrix}$$

$$\therefore \quad \boldsymbol{A}\boldsymbol{A}^{-1} = \boldsymbol{A}^{-1}\boldsymbol{A} = \boldsymbol{I} = \begin{bmatrix} 1 & 0 & 0 \\ 0 & 1 & 0 \\ 0 & 0 & 1 \end{bmatrix}$$

여기서, $\boldsymbol{I}$ 는 단위행렬(3차 단위행렬)이다.

이 결과로부터 주어진 3×3 행렬(정방행렬인 경우) $\boldsymbol{A}$의 역행렬 $\boldsymbol{A}^{-1}$을 구하면 단위행렬이 된다는 것을 알 수 있다.

(3) 소거법(消去法)에 의한 방법

역행렬을 계산할 때, 각 **여인자**(餘因子, cofactor)를 구하지 않으면 안 되므로 컴퓨터 등으로 계산하는 경우는 매우 불편하다. 거기서 통상 방정식을 풀던가, 역행렬을 구하는 데는 소거법(消去法)이라 불리는 방법에 의한 경우가 많다.

$n\times n$ 행렬 $\boldsymbol{A}$의 역행렬 $\boldsymbol{A}^{-1}$을 실제로 결정하기 위해서는 Gauss 소거법(6.4절), 실제로 그 방법의 변형인 Gauss-Jordan 소거법이라 불리는 방법을 사용할 수 있다. 이 방법은 역행렬을 구하는 간단한 방법으로도 알려져 있으며, 이 방법을 적용하려면 계수행렬에 단위행렬이 첨가되면서 확장되어야 한다. 그 다음 Gauss-Jordan 소거법을 적용함으로써 계수행렬이 단위행렬 $\boldsymbol{I}$로 나타나게 된다. 이러한 과정이 완료되었을 때 확장되었던 행렬의 우측은 구하고자 하는 역행렬이 된다. 이 방법은 다음 [예제 6-17]과 [예제 6-18]에서 구체적으로 설명되어 있다.

다음과 같은 $n\times n$ 행렬 $\boldsymbol{A}$가 주어졌을 때,

$$A = \begin{bmatrix} a_{11} & a_{12} & \cdots & a_{1n} \\ a_{21} & a_{22} & \cdots & a_{2n} \\ \vdots & \vdots & \ddots & \vdots \\ a_{n1} & a_{n2} & \cdots & a_{nn} \end{bmatrix}$$

주어진 행렬 A을 이용하여 점선(┆)의 좌측을 [예제 17]의 1단계~5단계의 계산과정을 통하여 단위행렬이 되도록 한다. 그렇게 하면 점선(┆)의 우측 행렬이 A의 역행렬 A^{-1}이다.

다음에서 보인 바와 같이 A를 단위행렬 I에 붙여서 얻은 $n \times 2n$ 행렬에 의하여 A와 I에 이들 행연산을 동시에 취하는 것이 편리하다.

$$(A \mid I) = \left[\begin{array}{cccc|cccc} a_{11} & a_{12} & \cdots & a_{1n} & 1 & 0 & \cdots & 0 \\ a_{21} & a_{22} & \cdots & a_{2n} & 0 & 1 & \cdots & 0 \\ \vdots & \vdots & \ddots & \vdots & \vdots & \vdots & \ddots & \vdots \\ a_{n1} & a_{n2} & \cdots & a_{nn} & 0 & 0 & \cdots & 1 \end{array}\right]$$

↑ A ↑ n차 단위행렬

역행렬 A^{-1}를 구하는 과정의 그림은 다음과 같다.

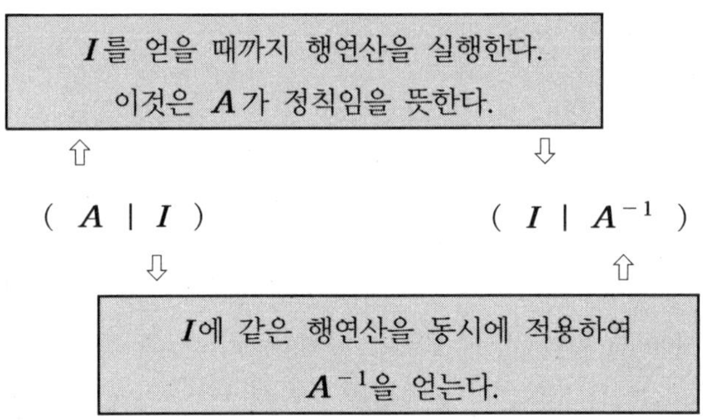

단, 식 (6.11)에서 기술한 공식에 의하여 3차 이상의 정사각행렬의 역행렬을 구할 때, 이 과정은 매우 번거롭다. 따라서, 6.4절에서 서술한 **소거법**(消去法, elimination method)을 쓰는 일이 많으며 좀 더 자세한 내용은 6.4절에서 다룰 것이다.

예제 6-17

Gauss-Jordan 소거법을 이용하여 다음과 같은 2×2 행렬 $\boldsymbol{A}$의 역행렬 $\boldsymbol{A}^{-1}$을 구하여라.

$$\boldsymbol{A} = \begin{bmatrix} 2 & -1 \\ -3 & 5 \end{bmatrix}$$

풀이

1단계

$$\left[\begin{array}{cc:cc} 2 & -1 & 1 & 0 \\ -3 & 5 & 0 & 1 \end{array}\right]$$

$\uparrow$ $\boldsymbol{A}$　　$\uparrow$ 단위행렬 $\boldsymbol{I}$

2단계 : 1행 원소를 2로 나눈다.

$$\left[\begin{array}{cc:cc} 1 & -\frac{1}{2} & \frac{1}{2} & 0 \\ -3 & 5 & 0 & 1 \end{array}\right]$$

3단계 : 1행에 3을 곱하여 2행에 더한다.

$$\left[\begin{array}{cc:cc} 1 & -\frac{1}{2} & \frac{1}{2} & 0 \\ 0 & \frac{7}{2} & \frac{3}{2} & 1 \end{array}\right]$$

4단계 : 2행을 $\frac{7}{2}$ 로 곱한다.

$$\left[\begin{array}{cc:cc} 1 & -\frac{1}{2} & \frac{1}{2} & 0 \\ 0 & 1 & \frac{3}{7} & \frac{2}{7} \end{array}\right]$$

5단계 : 2행에 $\frac{1}{2}$을 곱하여 1행에 더한다.

$$\left[\begin{array}{cc:cc} 1 & 0 & \frac{5}{7} & \frac{1}{7} \\ 0 & 1 & \frac{3}{7} & \frac{2}{7} \end{array}\right]$$

$\uparrow$ 단위행렬, $\boldsymbol{I}$　　$\uparrow$ 역행렬, $\boldsymbol{A}^{-1}$

따라서, 주어진 행렬 $\boldsymbol{A}$, $\begin{bmatrix} 2 & -1 \\ -3 & 5 \end{bmatrix}$의 역행렬 $\boldsymbol{A}^{-1}$은 $\begin{bmatrix} \frac{5}{7} & \frac{1}{7} \\ \frac{3}{7} & \frac{2}{7} \end{bmatrix}$이 된다.

[검산]

$$\boldsymbol{A}\boldsymbol{A}^{-1} = \begin{bmatrix} 2 & -1 \\ -3 & 5 \end{bmatrix}\begin{bmatrix} \frac{5}{7} & \frac{1}{7} \\ \frac{3}{7} & \frac{2}{7} \end{bmatrix} = \begin{bmatrix} 2\left(\frac{5}{7}\right)+(-1)\left(\frac{3}{7}\right) & 2\left(\frac{1}{7}\right)+(-1)\left(\frac{2}{7}\right) \\ -3\left(\frac{5}{7}\right)+5\left(\frac{3}{7}\right) & -3\left(\frac{1}{7}\right)+5\left(\frac{2}{7}\right) \end{bmatrix}$$

$$= \begin{bmatrix} \frac{10}{7}-\frac{3}{7} & \frac{2}{7}-\frac{2}{7} \\ -\frac{15}{7}+\frac{15}{7} & -\frac{3}{7}+\frac{10}{7} \end{bmatrix} = \begin{bmatrix} 1 & 0 \\ 0 & 1 \end{bmatrix}$$

같은 방법으로

$$A^{-1}A = \begin{bmatrix} \frac{5}{7} & \frac{1}{7} \\ \frac{3}{7} & \frac{2}{7} \end{bmatrix} \begin{bmatrix} 2 & -1 \\ -3 & 5 \end{bmatrix} = \begin{bmatrix} \frac{5}{7}(2)+\frac{1}{7}(-3) & \frac{5}{7}(-1)+\frac{1}{7}(5) \\ \frac{3}{7}(2)+\frac{2}{7}(-3) & \frac{3}{7}(-1)+\frac{2}{7}(5) \end{bmatrix}$$

$$= \begin{bmatrix} \frac{10}{7}-\frac{3}{7} & \frac{5}{7}-\frac{5}{7} \\ \frac{6}{7}-\frac{6}{7} & -\frac{3}{7}+\frac{10}{7} \end{bmatrix} = \begin{bmatrix} 1 & 0 \\ 0 & 1 \end{bmatrix}$$

$$\therefore \quad AA^{-1} = A^{-1}A = I = \begin{bmatrix} 1 & 0 \\ 0 & 1 \end{bmatrix}$$

예제 6-18

Gauss-Jordan 소거법을 이용하여 [예제 6-16]에서 주어진 다음 3×3 행렬 A의 역행렬 A^{-1}을 구하여라.

$$A = \begin{bmatrix} 1 & 0 & -2 \\ 0 & 3 & 1 \\ -4 & 1 & 0 \end{bmatrix}$$

▌풀이

$$(A \mid I) = \left[\begin{array}{ccc|ccc} 1 & 0 & -2 & 1 & 0 & 0 \\ 0 & 3 & 1 & 0 & 1 & 0 \\ -4 & 1 & 0 & 0 & 1 & 0 \end{array}\right] \overset{4R_1+R_3}{\Rightarrow} \left[\begin{array}{ccc|ccc} 1 & 0 & -2 & 1 & 0 & 0 \\ 0 & 3 & 1 & 0 & 1 & 0 \\ 0 & 1 & -8 & 4 & 0 & 1 \end{array}\right]$$

$$\overset{\frac{1}{3}R_2}{\Rightarrow} \left[\begin{array}{ccc|ccc} 1 & 0 & -2 & 1 & 0 & 0 \\ 0 & 1 & \frac{1}{3} & 0 & \frac{1}{3} & 0 \\ 0 & 1 & -8 & 4 & 0 & 1 \end{array}\right] \overset{R_2-R_3}{\Rightarrow} \left[\begin{array}{ccc|ccc} 1 & 0 & -2 & 1 & 0 & 0 \\ 0 & 1 & \frac{1}{3} & 0 & \frac{1}{3} & 0 \\ 0 & 0 & \frac{25}{3} & -4 & \frac{1}{3} & -1 \end{array}\right]$$

$$\overset{\frac{3}{25}R_3}{\Rightarrow} \left[\begin{array}{ccc|ccc} 1 & 0 & -2 & 1 & 0 & 0 \\ 0 & 1 & \frac{1}{3} & 0 & \frac{1}{3} & 0 \\ 0 & 0 & 1 & -\frac{12}{25} & \frac{1}{25} & -\frac{3}{25} \end{array}\right] \overset{2R_3+R_1}{\Rightarrow} \left[\begin{array}{ccc|ccc} 1 & 0 & 0 & \frac{1}{25} & \frac{2}{25} & -\frac{6}{25} \\ 0 & 1 & \frac{1}{3} & 0 & \frac{1}{3} & 0 \\ 0 & 0 & 1 & -\frac{12}{25} & \frac{1}{25} & -\frac{3}{25} \end{array}\right]$$

$$-\frac{1}{3}R_3+R_2 \Rightarrow \left[\begin{array}{ccc|ccc} 1 & 0 & 0 & \frac{1}{25} & \frac{2}{25} & -\frac{6}{25} \\ 0 & 1 & 0 & \frac{4}{25} & \frac{8}{25} & \frac{1}{25} \\ 0 & 0 & 1 & -\frac{12}{25} & \frac{1}{25} & -\frac{3}{25} \end{array}\right]$$

마지막 3열은 역행렬 A^{-1}를 만든다. 이 역행렬을 검산하면 다음과 같으며, 자세한 계산과정은 [예제 6-16]과 같은 예제이므로 그 풀이를 참고하기 바란다.

$$AA^{-1}=\begin{bmatrix} 1 & 0 & -2 \\ 0 & 3 & 1 \\ -4 & 1 & 0 \end{bmatrix}\begin{bmatrix} \frac{1}{25} & \frac{2}{25} & -\frac{6}{25} \\ \frac{4}{25} & \frac{8}{25} & \frac{1}{25} \\ -\frac{12}{25} & \frac{1}{25} & -\frac{3}{25} \end{bmatrix}=\begin{bmatrix} 1 & 0 & 0 \\ 0 & 1 & 0 \\ 0 & 0 & 1 \end{bmatrix}=I$$

따라서 같은 방법으로 $AA^{-1}=I$ 이다. 같은 방법으로 $A^{-1}A=I$이다.

6.3 행렬의 응용

행렬의 계산(합, 차 및 곱) 및 역행렬을 구하는 법에서 이것들을 이용하면 연립방정식을 풀 수가 있다.

- 1단계 : 주어진 연립 방정식을 다음과 같은 형식으로 바꿔 쓴다.
  (계수 행렬) × (미지수의 열벡터) = (정수의 열벡터)
- 2단계 : 계수 행렬의 역행렬을 구한다.
- 3단계 : 양변에(계수 행렬)의 역행렬을 왼쪽부터 곱하면 다음과 같은 답이 구해진다. 즉,
  (미지수의 열벡터) = (계수 행렬의 역행렬) × (정수의 열벡터)

이것은 계수행렬을 A, 그의 역행렬을 A^{-1}, 미지수의 열벡터를, 정수 X의 열벡터를 B로 하면 연립 방정식은 $AX=B$의 형이 되고, $A^{-1}A=I$, $IX=X$의 성질을 이용해 X을 구하기 위한 것이다. 즉,

$$AX=B \;\Rightarrow\; A^{-1}AX=A^{-1}B \;\Rightarrow\; IX=A^{-1}B \Rightarrow X=A^{-1}B$$

예제 6-19

행렬을 이용하여 다음의 연립방정식의 해를 구하여라.

$$\begin{cases} 2x - \ \ y = \ \ 3 \\ -3x + 5y = -1 \end{cases}$$

풀이

이 해는 6.2절의 역행렬을 공식에 의하여 푸는 과정에서 얻을 수 있다.

$$\boldsymbol{A} = \begin{bmatrix} 2 & -1 \\ -3 & 5 \end{bmatrix}, \quad \boldsymbol{X} = \begin{bmatrix} x \\ y \end{bmatrix}, \quad \boldsymbol{B} = \begin{bmatrix} 3 \\ -1 \end{bmatrix}$$

1단계 :

$$\begin{cases} 2x - \ \ y = \ \ 3 \\ -3x + 5y = -1 \end{cases} \Rightarrow \begin{bmatrix} 2 & -1 \\ -3 & 5 \end{bmatrix}\begin{bmatrix} x \\ y \end{bmatrix} = \begin{bmatrix} 3 \\ -1 \end{bmatrix} : \ \boldsymbol{AX} = \boldsymbol{B}$$

↑ 계수 행렬 ↑ 미지수의 열벡터 ↑ 정수의 열벡터

2단계 :

$$\begin{bmatrix} 2 & -1 \\ -3 & 5 \end{bmatrix}^{-1} = \frac{1}{7}\begin{bmatrix} 5 & 1 \\ 3 & 2 \end{bmatrix}$$ 에서

2단계 : 크래머 법칙(6.5절 참조)과 역행렬을 공식에 의하여 구하는 방법 (6.2.4항 [예제 6-15] 참조)

$$D = \det \boldsymbol{A} = \begin{vmatrix} 2 & -1 \\ -3 & 5 \end{vmatrix} = 2(5) - (-1)(-3) = 10 - 3 = 7$$

$$\boldsymbol{A}^{-1} = \frac{1}{\det \boldsymbol{A}}\begin{bmatrix} a_{22} & -a_{12} \\ -a_{21} & a_{11} \end{bmatrix} = \frac{1}{7}\begin{bmatrix} 5 & 1 \\ 3 & 2 \end{bmatrix}$$

3단계 :

$$\begin{bmatrix} x \\ y \end{bmatrix} = \frac{1}{7}\begin{bmatrix} 5 & 1 \\ 3 & 2 \end{bmatrix}\begin{bmatrix} 3 \\ -1 \end{bmatrix} = \frac{1}{7}\begin{bmatrix} 5(3) + 1(-1) \\ 3(3) + 2(-2) \end{bmatrix} = \frac{1}{7}\begin{bmatrix} 2 \cdot 7 \\ 1 \cdot 7 \end{bmatrix} = \begin{bmatrix} 2 \\ 1 \end{bmatrix}$$

$$\boldsymbol{X} = \boldsymbol{A}^{-1}\boldsymbol{B}$$

즉, 해는 $x = 2$, $y = 1$이 된다.

[검산]

$$\begin{cases} 2x - \ \ y = \ \ 3 : & 2(2) - 1 = 4 - 1 = 3 \\ -3x + 5y = -1 : & -3(2) + 5(1) = -6 + 5 = -1 \end{cases}$$

따라서, $x = 2$, $y = 1$는 주어진 방정식의 해이다.

방정식의 해를 얻으면 반드시 이를 원래의 방정식에 대입하여 검산하라.

6.4 연립방정식의 해법

가장 중요하고 실제적인 행렬의 이용은 선형연립1차방정식(이하 연립방정식으로 표기)의 해를 구하는데 있으며, 여러 가지 문제의 모형, 예를 들면 구조물, 전기회로, 교통량, 생산과 설비, 노동자 일의 할당, 통계학 및 미분방정식의 수치해법 등과 같은 많은 분야에서 자주 나타난다.

선형(linear)이란 용어의 의미는 각 미지수 x_j (또는 x, y, z 등)의 차수가 1이라는 것이다

6.4.1 연립방정식의 의미와 기하학적 해석

a, b 및 c가 실수일 때, 1차방정식이 $ax+by=c$인 꼴의 임의의 방정식은 변수 x, y의 1차방정식이라 것을 상기하자. 두 변수의 1차방정식의 그래프는 직선이다. 실수 a, b, c 및 d 변수 x, y 및 z의 1차 방정식이고, 평면 방정식이다.

일반적으로 n개의 다른 변수 $x_1, x_2, \cdots, x_n$들의 1차방정식은 다음과 같은 꼴의 방정식임을 뜻한다.

$$a_1x_1+a_2x_2+\cdots+a_nx_n=b$$

여기서, $a_1, a_2, \cdots, a_n$ 및 b는 실수이고, a_i들 중 적어도 하나는 0이 아니다.

연립방정식의 의미는 다음과 같다.

$$\begin{cases} x+\ \ y=1 \cdots ① \\ 2x+3y=1 \cdots ② \end{cases}$$

에서와 같이 두 방정식을 동시에 만족하는 방정식을 연립방정식이라 한다. 그리고 $x=2$, $y=-1$는 식 ①과 ②를 동시에 만족하는데, 이 때 $x=2$, $y=-1$을 연립방정식 ①과 ②의 **해**(解 solution) 또는 **근**(根, root)이라 하고 이것을 구하는 것을 연립방정식을 푼다고 한다. 그리고 연립방정식에 있는 각 방정식이 1차이면, 이 연립방정식을 **연립1차방정식**(聯立一次方程式, a system of linear equations)이라 한다.

1) 연립1차방정식의 기본형

n개의 미지수 $x_1, x_2, \cdots, x_n$들의 연립1차방정식의 기본형은 다음 꼴의 방정식임을 뜻한다.

$$
\begin{aligned}
a_{11}x_1 &+ a_{12}x_2 + \cdots + a_{1n}x_n = b_1 \\
a_{21}x_1 &+ a_{22}x_2 + \cdots + a_{2n}x_n = b_2 \\
\vdots \quad & \quad \vdots \qquad\quad \vdots \qquad\qquad \vdots \\
a_{m1}x_1 &+ a_{m2}x_2 + \cdots + a_{mn}x_n = b_m
\end{aligned}
\tag{6.14}
$$

연립1차방정식 (6.14)은 n개의 미지수와 m개의 방정식을 가지고 있다. 식 (6.14)에서의 미지수의 **계수**(係數, coefficient)는 a_{ij},(여기서, i와 j는 계수가 나타내는 곳의 행과 열을 각각 나타낸다)로 간단히 나타낼 수 있다. 예를 들어, a_{23}는 둘째 행과 셋째 열(즉, x_3)에 나오는 미지수의 계수이다. 따라서, $i = 1, 2, 3, \cdots, m$이고 $j = 1, 2, 3, \cdots, n$이다. 주어진 수 $b_1, b_2, \cdots, b_m$ 들을 그 **계**(系, system)의 **상수항**(常數項, constant term)이라 한다. 만일 모든 상수항 b_i가 영(零, zero)이면, 이 때 식 (6.14)은 **제차**(齊次 , homogeneous), 모든 상수항 b_i 중 적어도 하나가 영이 아니면 이 때 식 (6.14)은 **비제차연립방정식**(非齊次聯立方程式, nonhomogeneous simultaneous equation)이라고 한다.

이 때, m개의 방정식을 모두 만족하는 수 $x_1, x_2, \cdots, x_n$의 집합을 방정식 (6.14)의 **해**(解, solution)라 한다. 연립방정식 (6.14)의 **해벡터**(solution vector)란 그 성분이 연립방정식 (6.14)의 해가 되는 벡터 $\boldsymbol{x}$을 말한다. 만일 연립방정식 (6.14)이 제차, $\boldsymbol{b} = 0$이면 **자명한 해**(trivial solution) $x_1 = 0,\ x_2 = 0,\ \cdots,\ x_n = 0$을 갖는다. 또한 계수행렬이 정사각행렬(즉, $m = n$)이고 $\det \boldsymbol{A} \neq 0$인 경우의 해는 $\boldsymbol{x} = \boldsymbol{A}^{-1}\boldsymbol{b}$으로 주어진다(6.5 절의 크래머 법칙 참조).

일반적인 연립1차방정식은 m과 n의 값에 따라 다음과 같이 분류할 수 있다.

① 불완전연립 ($m < n$) : 항상 해를 갖는다.

② 완전연립 ($m = n$) : 해가 존재할 수도 있고 아닐 수도 있다.

③ 중복연립 ($m > n$) : 해가 존재할 수도 있고 아닐 수도 있다.

연립방정식 (6.14)의 m개의 방정식을 행렬의 곱의 정의를 써서 나타내면 $m \times n$ 행렬 $\boldsymbol{A}$, 열벡터 $\boldsymbol{x}$와 $\boldsymbol{b}$로, 즉 다음과 같은 하나의 벡터방정식으로 표시할 수 있다.

$$
\boldsymbol{A}\boldsymbol{x} = \boldsymbol{b} \tag{6.15}
$$

여기서, $\boldsymbol{A}$는 **계수행렬**(係數行列, coefficient matrix)이고, $\boldsymbol{x}$와 $\boldsymbol{b}$는 열벡터이며 아래와 같이 정의된다.

$$\boldsymbol{A} = [a_{jk}] = \begin{bmatrix} a_{11} & a_{12} & \cdots & a_{1n} \\ a_{21} & a_{22} & \cdots & a_{2n} \\ \vdots & \vdots & \ddots & \vdots \\ a_{m1} & a_{m2} & \cdots & a_{mn} \end{bmatrix}, \quad \boldsymbol{x} = \begin{bmatrix} x_1 \\ x_2 \\ \vdots \\ x_n \end{bmatrix} \text{와} \quad \boldsymbol{b} = \begin{bmatrix} b_1 \\ b_2 \\ \vdots \\ b_m \end{bmatrix}$$

모든 계수 a_{jk}가 0이 아니라고 가정하자. 따라서 $\boldsymbol{A}$는 **영행렬**(零行列, zero matrix : **행렬의 모든 성분이 0인 행렬**)이 아니다. 열벡터 $\boldsymbol{x}$는 n개의 성분을 그리고 열벡터 $\boldsymbol{b}$는 m개의 성분을 갖는다는 것에 유의하라.

일반적인 계수행렬 $\boldsymbol{A}$에 열벡터 $\boldsymbol{b}$을 첨가하여 얻은 아래와 같은 $m\times(n+1)$ 행렬이 연립방정식 (6.14)의 **첨가행렬**(添加行列, augmented matrix)이라고 한다.

$$\tilde{\boldsymbol{A}} = \left[\begin{array}{cccc|c} a_{11} & a_{12} & \cdots & a_{1n} & b_1 \\ a_{21} & a_{22} & \cdots & a_{2n} & b_2 \\ \vdots & \vdots & \ddots & \vdots & \cdots \\ a_{m1} & a_{m2} & \cdots & a_{mn} & b_m \end{array}\right]$$

여기서 행렬내의 연직으로 그은 점선은 $\tilde{\boldsymbol{A}}$의 마지막 열이 연립방정식의 우변, 즉 열벡터라는 것을 강조하기 위하여 사용된 것이다.

실제로 위와 같은 연립방정식을 m행과 n열로 확장한 방정식에서 변수를 완전히 떼어버리고 계수(a_{ij})와 상수(b_i)로 된 배열이다. 앞에서와 같은 첨가행렬 $\tilde{\boldsymbol{A}}$의 행에 연산을 실행하여 해를 구할 수 있다.

2) 연립방정식의 기하학적 해석 및 해의 존재성

다음과 같은 연립2원1차방정식이 주어졌다.

$$\begin{cases} ax + by = c \cdots ① \\ a'x + b'y = c' \cdots ② \end{cases}$$

식 ①과 ②를 연립으로 풀어서 얻은 해 x와 y는 방정식 ①과 ②가 나타내는 직선들의 교점의 좌표 (α, β)에 해당한다. 이러한 교점은 두 직선 위에 있는 것이다. 따라서 선형연립밥정식을 풀 때 야기될 수 있는 다음과 같은 표 6.1에 세 가지 경우들을 나타내고 있다.

표 6.1 연립방정식의 세 가지 경우

다음과 같은 연립2원1차방정식이 주어졌다.

$$\begin{cases} a_1x + b_1y = c_1 \cdots ① \\ a_2x + b_2y = c_2 \cdots ② \end{cases}$$

식 ①과 ②를 연립으로 풀어서 얻은 해 x와 y는 방정식 ①과 ②가 나타내는 직선들의 교점의 좌표 (α, β)에 해당한다. 이러한 교점은 두 직선 위에 있는 것이다. 따라서 다음과 같은 세 가지 경우가 생긴다.

두 직선이 한 점에서 만나는 경우	두 직선이 평행한 경우	두 직선이 일치하는 경우
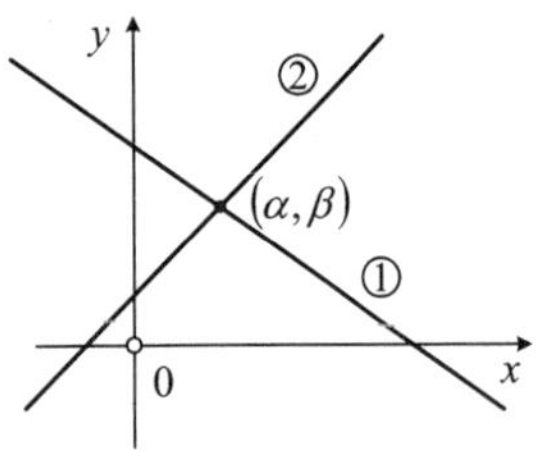	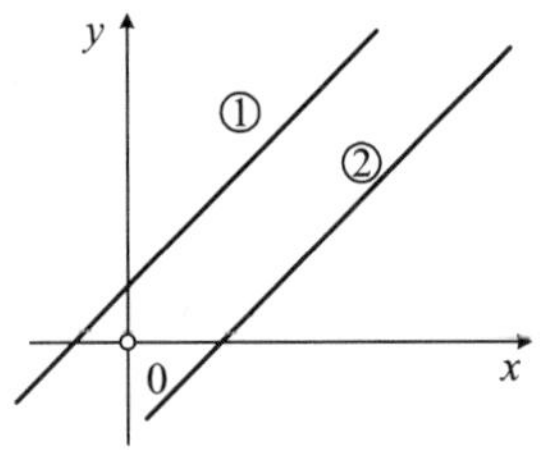	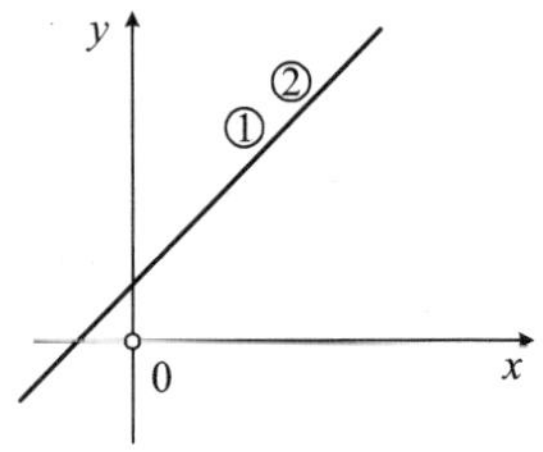
경우 (a)	경우 (b)	경우 (c)
이때는 $x=\alpha$, $y=\beta$의 단 하나의 해를 얻는다.	이때는 공유점이 없으므로 해도 없다. 불능	이때는 공유점이 무한히 많으므로 해도 무한히 많다. 부정

만일 주어진 연립방정식이 제차[$b_i = 0$: 식 (6.14)]이면 경우 (b)는 생길 수 없다. 왜냐하면 그때는 두 직선은 원점을 통과하고, 그 좌표 (0, 0)는 자명한 해가 되기 때문이다. 우리는 세 개의 미지수를 갖는 세 방정식을 공간에서 나타내는 식이라 생각하면서 같은 방법으로 여러 가능한 경우들을 논할 수 있을 것이다.

이 간단한 예로부터 연립방정식 (6.14)이 항상 해를 가질 수 없다는 것을 보여주고 있으며, 다음과 같은 문제가 뒤따른다. 즉, 주어진 연립방정식 (6.14)이 단 하나의 해를 갖는가? 만일 연립방정식 (6.14)이 둘 이상의 해를 갖는다면, 그 해집합은 어떻게 특징지을 수 있는가? 또 그 해를 어떻게 얻을 수 있는가? 아마도 가장 마지막 질문이 현실적인 관점에선 가장 우선적으로 제기되는 문제일 것이다.

6.4.2 연립방정식의 해법

컴퓨터를 이용하는 방법에 앞서, 컴퓨터를 필요로 하지 않는 작은 개수 $(n \leq 3)$의 연립방정식을 대수적으로 푸는 여러 가지 유용한 방법들이 있다. 이 방법에는 (1) **도식해법** (2) **대입법** (3) **가감법** (4) **등치법** (5) **크래머 법칙** 등이 있으며 그 이상의 연립방정식의 개수에도 적용할 수 있는 (6) **소**

거법 및 (7) **반복법**을 소개한다.

1) 도식해법(圖式解法, graphical method)

도식해법은 x에 상당하는 한 개의 축과 y에 상당하는 또 다른 축으로 이루어진 직교좌표계에 두 식을 그려봄으로써 구하는 방법이다. 지금 우리는 앞의 그림에서 경우 (a)와 같은 선형방정식에 대해서 알아보고 있으므로 두 방정식은 직선이 된다. 이 직선들은 다음과 같은 식으로 나타낼 수 있다.

$$a_1x + b_1y = c_1 \quad \cdots\cdots\cdots\cdots \quad ①$$

$$a_2x + b_2y = c_2 \quad \cdots\cdots\cdots\cdots \quad ②$$

앞의 두 방정식은 모두 y에 관하여 다음과 같이 정리할 수 있다.

$$y = -\left(\frac{a_1}{b_1}\right)x + \frac{c_1}{b_1}$$

$$y = -\left(\frac{a_2}{b_2}\right)x + \frac{c_2}{b_2}$$

즉, 앞의 두 방정식들은 $y=$기울기$(x)+$절편인 직선의 형태가 되었다. 이 두 직선들은 종축 y축과 횡축이 x축이 이루는 직교좌표에 그릴 수 있고, 두 직선들의 교차점이 나타내는 좌표 (x, y)값을 구하는 것이 문제의 해가 된다.

예제 6-20

도식해법을 이용하여 주어진 연립방정식의 해를 구하여라.

$$x + y = 4 \quad \cdots\cdots\cdots\cdots \quad ⓐ$$

$$-2x + y = 1 \quad \cdots\cdots\cdots\cdots \quad ⓑ$$

풀이

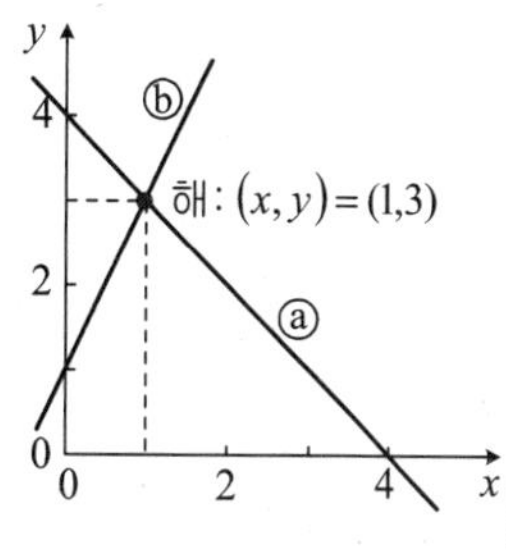

x를 횡축으로 식 ⓐ를 y에 대하여 풀면 다음과 같다.

$y = -x + 4$

오른쪽 그림을 보면, 앞 식은 절편이 4이고 기울기가 -1인 직선임을 알 수 있다. 이 때 두 직선의 교차점이 해를 나타낸다.

마찬가지로 식 ⓑ를 y에 대하여 풀면 다음과 같다.

$y = 2x + 1$

이 직선도 또한 오른쪽 위 그림에 나타나 있으며, 구하는 해는 두 직선의 교차점으로 그 점은 $x = 1$과 $y = 3$이고, 오른쪽 위 그림에 나타내었다. 이 결과를 주어진 식에 대입하여 다음과 같이 확인할 수 있다.

[검산]

$x + y = 4 \quad : \qquad 1 + 3 = 4$

$-2x + y = 1 \quad : \qquad -2(1) + 3 = 1$

즉, 결과는 주어진 식의 우변을 만족시키므로 해임이 증명되었다.

연립방정식의 미지수 소거법

미지수가 2개이고 차수가 1차만으로 되어있는 방정식을 연립2원1차연립방정식이라 하며, 해를 구하기 위하여 두개의 일차방정식에서 하나의 미지수를 없애는 것을 그 미지수를 소거(消去, ellimination)한다고 한다. 이때의 계산은 하나의 미지수를 소거하여 1원1차방정식으로 만드는 것이 기본적이다. 이 때 미지수 소거법은 앞에서도 설명한 다음의 세 가지가 있다.

2) 대입법(代入法, method of substitution)

한쪽의 방정식을 한 미지수(또는 변수) x(또는 y)에 관하여 풀어서 다른 방정식에 대입하여 연립방정식의 해를 구하는 방법

3) 가감법(加減法, method of addition and subtraction)

방정식의 한 미지수(또는 변수) x(또는 y)의 계수를 같게 한 후, 두 식을 더하거나 빼어서 한 미지수를 소거하여 연립방정식의 해를 구하는 방법

4) 등치법(等値法, method of equivalence)

2개의 방정식을 같은 미지수 y(또는 x)에 관하여 풀고 그들을 같게 놓고 다른 미지수 x(또는 y)만의 방정식으로 고쳐서 해를 구하는 방법이다.

앞에서 설명한 세 개의 방법들은 두 개의 변수에 대한, 두 선형 방정식과 같은 경우에는 편리하다. 그러나 더 복잡한 경우에는 체계적인 방법으로 풀어야 할 필요가 있다. 이 방법은 뒤의 6) 소거법에서 설명할 것이다.

예제 6-21

다음 연립방정식을 (1) 대입법 (2) 가감법 (3) 등치법으로 풀어라.

$$\begin{cases} -2x + y = 5 & \cdots\cdots ① \\ x - y = -2 & \cdots\cdots ② \end{cases}$$

▌풀이

(1) 대입법

식 ①을 y에 대하여 정리하면 $y = 2x + 5$ ⋯ ③

y를 소거하기 위하여 식 ③을 식 ②의 y에 대입하여 x에 대하여 정리하면 다음과 같다.

$x - (2x+5) = -2$ ➡ $x - 2x - 5 = -2$ ➡ $-x = -2 + 5 = 3$

$\therefore\ x = -3$

이 x값을 식 ③에 대입하여 정리하면 y를 구할 수 있다.

$y = 2x + 5 = 2(-3) + 5 = -6 + 5 = -1$

$\therefore\ y = -1$

따라서, 구하는 해는 $x = -3,\ y = -1$이다.

[검산]

$x = -3,\ y = -1$을 식 ①과 ②에 각각 대입하여 정리하면 다음과 같다.

식 ① ➡ (좌변) $= -2x + y = -2(-3) + (-1) = 6 - 1 = 5 =$(우변)

식 ② ➡ (좌변) $= x - y = (-3) - (-1) = -3 + 1 = -2 =$(우변)

따라서, $x = -3,\ y = -1$은 주어진 연립방정식의 해이다.

(2) 가감법

y를 소거하기 위하여 식 ①과 ②를 더하여 x에 대하여 정리하면 다음과 같다.

$-x = 3$ ➡ $\therefore\ x = -3$

이 x값을 식 ②에 대입하여 정리하면 다음과 같이 y를 구할 수 있다.

$x - y = -2$ ➡ $-3 - y = -2$ ➡ $-y = -2 + 3 = 1$

$\therefore\ \boldsymbol{y = -1}$

따라서, 구하는 해는 $x = -3,\ y = -1$

(3) 등치법

y를 소거하기 위하여 식 ①과 ②를 y에 대하여 정리하면 다음과 같다.

$y = 2x + 5$와 $y = x + 2$ ⋯⋯④

앞의 두 식을 우변끼리 같게 놓으면 다음과 같다.

$2x + 5 = x + 2$ ➡ $2x - x = 2 - 5 = -3$ $\quad\therefore\ x = -3$

이 x값을 식 ④에 대입하여 정리하면 y를 구할 수 있다.

$y = x + 2$ ➡ $y = -3 + 2$ $\quad\therefore\ y = -1$

따라서, 구하는 해는 $x = -3,\ y = -1$

이상으로부터 알 수 있듯이 연립방정식을 푸는 방법에는 대입법, 가감법 및 등치법이 있다. 이 세 방법은 모두 한 미지수를 소거하여 해를 구하는 방법으로 연립방정식을 풀 때에는 문제에 따라 계산하기 편리한 방법을 선택하여 풀면 된다.

▌ 연립방정식을 풀기 위하여 사용하는 세 가지 기본연산 ▌

① 한 방정식에 0이 아닌 상수를 곱하거나 나눈다.
② 연립방정식에 있는 두 방정식의 위치를 교환한다.
③ 한 방정식에 0이 아닌 상수배를 다른 방정식에 더하거나 뺀다.

미지수 소거법은 두 개, 세 개 이상 방정식들의 **계**(系, system)로 확장되어 적용될 수 있다. 그러나 계가 커질수록 수치계산은 손으로 풀기에는 매우 복잡하게 된다. 그러나 다음에 설명되는 가우스 소거법 등이 공식화되어 질 수 있고 개인용 컴퓨터(PC)를 위해 프로그램화될 수 있다.

5) 크래머 법칙(Cramer 法則, Cramer's rule)

크래머 법칙은 작은 개수의 연립방정식을 푸는 가장 적절한 방법 중의 하나이고 이론적 계산에서 필요한 공식이다. 이 법칙은 방정식이 세 개 이상이면 실용적이 되지 못하는데. 왜냐하면 방정식의 개수가 증가할수록 손으로 행렬식을 푸는데 많은 시간이 소비되기 때문이다. 따라서, 더 효과적인 방법들이 활용된다. 수치계수를 가지는 선형방정식의 경우에는 가우스 소거법이 크래머 법칙보다 간단하다. 그렇지만 **계수가 수치로 주어지지 않았든가, 이론적 계산에서 수치적인 답보다는 공식으로 나타나는 답을 원할 때에는 가우스 소거법은 실용적이 되지 못하고 크래머 법칙이 더 유용하다**([예제 6-22] 참조).

우선 두 개의 미지수에 대한 두 개의 방정식을 크래머 법칙을 써서 풀어보자. 그 다음에 이 공식은 n개의 미지수에 대한 n개의 방정식의 경우에 대한 풀이를 행렬식으로 일반화 할 것이다. 다음 방정식에서

$$\begin{cases} a_1x + b_1y = c_1 \\ a_2x + b_2y = c_2 \end{cases} \tag{6.16}$$

식 (6.16)의 첫째 방정식에 b_2를 곱하고 둘째 방정식에 b_1를 곱하여 그 결과들을 뺀 후 x에 대하여 풀면 ($a_1b_2 - a_2b_1 \neq 0$일 경우에 한함)

$$x = \frac{c_1b_2 - c_2b_1}{a_1b_2 - a_2b_1} \tag{6.17}$$

이 되고, 마찬가지로 y에 대하여 풀면 다음을 얻는다.

$$y = \frac{a_1c_2 - a_2c_1}{a_1b_2 - a_2b_1} \tag{6.18}$$

식 (6.17)과 (6.18)은 6.5절의 크래머 법칙으로부터 방정식 (6.16)의 풀이는 다음과 같이 바로 정리할 수 있다는 사실이 중요하다.

$$x = \frac{\begin{vmatrix} c_1 & b_1 \\ c_2 & b_2 \end{vmatrix}}{\begin{vmatrix} a_1 & b_1 \\ a_2 & b_2 \end{vmatrix}} = \frac{c_1b_2 - c_2b_1}{a_1b_2 - a_2b_1}, \quad y = \frac{\begin{vmatrix} a_1 & c_1 \\ a_2 & c_2 \end{vmatrix}}{\begin{vmatrix} a_1 & b_1 \\ a_2 & b_2 \end{vmatrix}} = \frac{a_1c_2 - a_2c_1}{a_1b_2 - a_2b_1} \tag{6.19}$$

식 (6.19)을 기억하려면 오히려 말로 설명하는 것이 도움이 된다. 방정식 (6.16)의 좌변에 있는 계수들의 배열로 이루어진 행렬식은 식 (6.19)의 분모에 있는 행렬식이다. 이것은 6.5.1에서 설명한 계수 행렬식 D로 표기할 수 있고, 식 (6.19)의 x와 y의 분자에 있는 행렬식도 각각 D_x와 D_y로 나타낼 수 있다. 즉, $x = \frac{D_x}{D}$, $y = \frac{D_y}{D}$이다.

크래머 법칙이 특히 유용할 경우는 미지수의 계수가 문자일 경우나, 실제로 많이 일어나는 바와 같이 단 한 개의 미지수에 대한 공식만 알고 싶을 때이다. 이 경우 대한 다음 [예제 6-22]는 크래머 법칙의 유용성을 보여준다.

예제 6-22

크래머 법칙을 사용하여 다음 방정식에서 x를 구하여라.

$$\begin{aligned} (a-b)x \qquad\qquad\qquad & + 2z = a^2 + b^2 \\ abx \qquad - a^3y \; & + bz = 0_2 \\ (a+b)x - a(a-b)y \qquad & = a(a-b) \end{aligned}$$

▌풀이

행렬식 D를 셋째 열에 대하여 라플라스 전개(Laplacian expansion)하면 다음과 같다. 여기서 라플라스 전개란 흔히 행렬식을 i행에 관하여 전개하거나 j열에 관하여 전개하는 것을 말한다.

$$D = \begin{vmatrix} a-b & 0 & 2 \\ ab & -a^3 & b \\ (a+b) & -a(a-b) & 0 \end{vmatrix}$$

$$= 2\begin{vmatrix} ab & -a^3 \\ (a+b) & -a(a-b) \end{vmatrix} - b\begin{vmatrix} a-b & 0 \\ (a+b) & -a(a-b) \end{vmatrix}$$

$$= 2[-a^2b(a-b) + a^3(a+b)] - b(-a(a-b)^2$$

$$= a(2a^3 + a^2b + b^3)$$

다음 단계에서 x의 분자에 있는 행렬식 D_x는 x의 분자에 있는 행렬식에서 둘째 열을 첫째 열에 더하여, 셋째 행과 첫째 열에 영(0)으로 만들어 준 다음, 셋째 행에 대하여 전개하면 다음 식을 얻는다.

$$D_x = \begin{vmatrix} a^2+b^2 & 0 & 2 \\ -a^3 b & -a^3 & b \\ a(a-b) & -a(a-b) & 0 \end{vmatrix} = \begin{vmatrix} a^2+b^2 & 0 & 2 \\ -a^3 b & -a^3 & b \\ 0 & -a(a-b) & 0 \end{vmatrix}$$

$$= a(a-b)\begin{vmatrix} a^2+b^2 & 2 \\ -a^3 & b \end{vmatrix} = a(a-b)[b(a^2+b^2)+2a^3]$$

$$= a(a-b)[2a^3 + a^2 b + b^3)]$$

앞의 결과로부터 주어진 방정식으로부터 해 x는 다음과 같이 구할 수 있다.

$$x = \frac{D_x}{D} = \frac{a(a-b)[2a^3 + a^2 b + b^3)}{a(2a^3 + a^2 b + b^3)} = a-b$$

6) 소거법(消去法, elimination method)

식 (6.14)과 같은 일반적인 연립방정식의 해는 소거법으로 알려진 첨가행렬(添加行列, augmented matrix)의 연산을 통하여 구한다. 이것을 푸는 방법에는 (1) **가우스 소거법**(Gauss 消去法, Gaussian elimination method) (2) **Gauss-Jordan 소거법**(Gauss-Jordan 消去法, Gauss－Jordan elimination method)이 있다. 두 방법은 직접적인 방법으로 분류되며 또한 방법 (2)는 기본적인 형태이다.

(1) 가우스 소거법(Gauss 消去法)

가우스 소거법은 선형대수연립방정식을 풀기 위한 표준적인 방법이면서 정밀한 기법이다. 이 방법은 Gauss가 제안한 대로 미지수를 소거하기 위하여 방정식들을 조합하는 일을 하기 때문에 가우스 소거법(Gaussian elimination)이라 부른다. 비록 **이 방법이 연립방정식들을 푸는 가장 최초의 방법 중의 하나**이지만, 현재에도 연립방정식을 풀기 위한 가장 중요한 연산방법 중의 하나로서 사용된다. 연립방정식을 풀기 위하여 사용하는 세 가지 기본연산에 의한 접근 방법은 미지수 소거법에서도 설명한 바와 같이 미지수들을 소거하고 대입하는 방법으로써 체계적으로 발전시켜 방정식의 숫자가 많아지는 연립방정식에도 확장할 수가 있다. 가우스 소거법은 이런 방법 중에서 가장 보편적인 방법이다.

이 방법은 수치계산에 특히 유용하며, 프로그램을 만들기가 쉽고 개인용컴퓨터(Personal Computr, PC)로도 사용하기가 쉽고 문제를 풀 때 매우 효율적이기 때문에 많이 사용되고 있다.

가우스 소거법은 다음과 같은 세 가지 기본적인 행의 연산을 이용한다. 즉,

▌ 행렬(가우스 소거법)에 대한 세 가지 기본연산 ▌

① 한 행에 0이 아닌 상수를 곱하거나 나눈다.
② 연립방정식에 있는 두 행의 위치를 교환한다.
③ 한 행에 0이 아닌 상수배를 다른 행에 더하거나 뺀다.

위의 기본 연산에 의하여 동치인 연립방정식(즉, 꼭 같은 해를 갖는 연립방정식)으로 변환할 수 있다.

예제 6-23

다음의 연립1차방정식을 가우스 소거법으로 풀어라.

$$\begin{aligned} 2x \qquad\; - z &= 2, \\ 6x + 5y + 3z &= 7, \\ 2x - y \qquad\; &= 4. \end{aligned}$$

▌풀이

방정식과 첨가행렬을 이용하여 다음과 같이 나타낸다.

주어진 방정식들은 다음과 같다.

$$\begin{aligned} 2x \qquad\; - z &= 2, \\ 6x + 5y + 3z &= 7, \\ 2x - y \qquad\; &= 4. \end{aligned}$$

해당되는 첨가행렬은 다음과 같다.

$$\left[\begin{array}{ccc|c} 2 & 0 & -1 & 2 \\ 6 & 5 & 3 & 7 \\ 2 & -1 & 0 & 4 \end{array}\right]$$

(a) 첫째방정식은 그대로 두고, 둘째방정식에서 첫째방정식의 3배를 빼고 셋째방정식에서 첫째방정식을 뺀다.

$$\begin{aligned} 2x \qquad\; - z &= 2, \\ 5y + 6z &= 1, \\ -y + z &= 2. \end{aligned}$$

(a) 2행에서 1행의 3배를 빼고, 3행에서 1행을 뺀다.

$$\left[\begin{array}{ccc|c} 2 & 0 & -1 & 2 \\ 0 & 5 & 6 & 1 \\ 0 & -1 & 1 & 2 \end{array}\right]$$

(b) 둘째방정식과 셋째방정식을 바꾼다.

$$\begin{aligned} 2x \qquad\; - z &= 2, \\ -y + z &= 2, \\ 5y + 6z &= 1. \end{aligned}$$

(b) 2행과 3행을 바꾼다.

$$\left[\begin{array}{ccc|c} 2 & 0 & -1 & 2 \\ 0 & -1 & 1 & 2 \\ 0 & 5 & 6 & 1 \end{array}\right]$$

(c) 둘째방정식에 5배하고, 셋째방정식에 더한다.

$$\begin{aligned} 2x \quad\quad - z &= 2, \\ -y + z &= 2, \\ 11z &= 11. \end{aligned}$$

(c) 2행에 5배하여 3행에 더한다.

$$\left[\begin{array}{ccc|c} 2 & 0 & -1 & 2 \\ 0 & -1 & 1 & 2 \\ 0 & 0 & 11 & 11 \end{array}\right]$$

(d) 셋째방정식을 11로 나눈다.

$$\begin{aligned} 2x \quad\quad - z &= 2, \\ -y + z &= 2, \\ z &= 1. \end{aligned}$$

(d) 3행을 11로 나눈다.

$$\left[\begin{array}{ccc|c} 2 & 0 & -1 & 2 \\ 0 & -1 & 1 & 2 \\ 0 & 0 & 1 & 1 \end{array}\right]$$

(e) $z=1$을 둘째와 첫째방정식에 대입하면 각각 $y=-1$과 $x=\frac{3}{2}$을 얻는다.

(e) $z=1$을 1행과 2행에 대입하면 각각 $y=-1$과 $x=\frac{3}{2}$을 얻는다.

마지막 행렬은 (d)에서와 같이 원소가 0으로 이루어진 사다리꼴을 포함하는 첨가행렬을 얻는다. 이 때, 소거된 첨가행렬에 대응하는 방정식은 처음 주어진 방정식과 같은 해를 갖는다는 것이 가우스 소거법의 원리이다.
앞의 결과 (d)로부터 후진대입(後進代入, back substitution)에 의해 연립방정식의 해는 $x=\frac{3}{2}$, $y=-1$, $z=1$로 결정된다.

[검산]

$$\begin{aligned} 2x \quad\quad - z = 2 &: \quad 2\left(\frac{3}{2}\right) - 3 = 3 - 1 = 2 \\ 6x + 5y + 3z = 7 &: \quad 6\left(\frac{3}{2}\right) + 5(-1) + 3(1) = 9 - 5 + 3 = 7 \\ 2x - y \quad\quad = 4 &: \quad 2\left(\frac{3}{2}\right) - (-1) = 3 + 1 = 4 \end{aligned}$$

따라서 $x=\frac{3}{2}$, $y=-1$, $z=1$는 주어진 방정식의 해이다.

가우스 소거법에서는 행사다리꼴의 첨가행렬이 얻어지면 그것으로 끝남을 주목해야 한다. 다시 말하면 다른 나열의 행연산을 이용하면, 다른 사다리꼴에 이를 수 있다. 이 때, 이 방법도 후진대입을 사용할 필요가 있다. 주어진 연립방정식[식 (6.14)]의 표현에 있어서는 이 방법의 목적은 첫 번째 방정식의 x_1의 계수가 1과 같도록 만든 다음 그 방정식의 배수를 이용하여 다른 방정식에서 x_1을 소거하는 것이다. 이 과정을 다른 변수에 대해서도 반복한다.

(2) Gauss-Jordan 소거법(Gauss-Jordan elimination method)

Gauss-Jordan 소거법은 가우스 소거법과 유사하지만 가장 큰 차이점은 미지수가 소거되는 시간인데, Gauss-Jordan 소거법에서는 미지수의 소거가 바로 다음 방정식에 의해서 소거되는 것이 아니라 다른 모든 방정식들로부터 소거가 된다. 그리하여 소거후의 상태는 삼각행렬(三角行列, triangular matrix)이 아닌 단위행렬이 된다. 즉, 이 방법은 해를 구하기 위하여 가우스 소거법에서와 같이 후진대입(back-substitution)할 필요가 없다.

이 방법을 소개하는 중요한 이유는 이 방법을 이용하여 구해내는 역행렬은 실제 공학적인 문제에서 매우 많이 적용되고 있으며 또한 계의 상태를 평가하는 역할을 하기 때문이다. 또한 이 방법이 많은 공학응용분야에서 역행렬을 구하는 목적으로 사용되고 있는 것은 간단하면서 정밀한 기법이기 때문이다.

주어진 연립 방정식을 이용하여 점선(¦)의 좌측을 [예제 6-24]의 (a)~(e)의 과정을 통하여 단위행렬이 되도록 한다. 그러면 점선(¦)의 우측 행렬이 연립 방정식의 해이다.

예제 6-24

6.7.1항 [예제 6-36]의 연립1차방정식을 Gauss-Jordan 소거법으로 풀어라.

$$\begin{cases} x - y + z = 2 \\ 3x + 2y - z = 4 \\ 2x + y - 3z = -5 \end{cases}$$

먼저, Gauss-Jordan 소거법에 의한 연립방정식의 해를 구하는 과정을 간단히 설명하면 다음과 같다.

주어진 연립방정식의 계수행렬을 다음과 같이 단위행렬로 바꾼다. 즉,

$$\begin{bmatrix} 1 & -1 & 1 \\ 3 & 2 & -1 \\ 2 & 1 & -3 \end{bmatrix}\begin{bmatrix} x \\ y \\ z \end{bmatrix} = \begin{bmatrix} 2 \\ 4 \\ -5 \end{bmatrix} \Rightarrow \begin{bmatrix} 1 & 0 & 0 \\ 0 & 1 & 0 \\ 0 & 0 & 1 \end{bmatrix}\begin{bmatrix} x \\ y \\ z \end{bmatrix} = \begin{bmatrix} a \\ b \\ c \end{bmatrix}$$

앞의 과정이 마지막 계산에서 단위행렬로 바뀌는 결과를 단계별로 정리하면 다음과 같다.

$$\begin{bmatrix} 1 & O & O \\ O & O & O \\ O & O & O \end{bmatrix} \Rightarrow \underset{(a)}{\begin{bmatrix} 1 & O & O \\ 0 & O & O \\ 0 & O & O \end{bmatrix}} \Rightarrow \underset{(b)}{\begin{bmatrix} 1 & O & O \\ 0 & 1 & O \\ 0 & O & O \end{bmatrix}} \Rightarrow \underset{(c)}{\begin{bmatrix} 1 & 0 & O \\ 0 & 1 & O \\ 0 & 0 & O \end{bmatrix}} \Rightarrow \underset{(d)}{\begin{bmatrix} 1 & 0 & O \\ 0 & 1 & O \\ 0 & 0 & 1 \end{bmatrix}} \Rightarrow \underset{(e)}{\begin{bmatrix} 1 & 0 & 0 \\ 0 & 1 & 0 \\ 0 & 0 & 1 \end{bmatrix}}$$

위의 행렬에서 O는 단계별 계산과정에서 나타나는 각 원소들의 수치이고 각 행렬 아래에 표시한 (a)~(e)(단위행렬)는 [예제 6-24]에서 각 단계별 계산되는 첨가행렬의 계수행렬 원소 값을 나타낸다.

풀이

방정식과 첨가행렬을 이용하여 다음과 같이 나타낸다.

주어진 방정식들은 다음과 같다.

$$\begin{cases} x - y + z = 2 \\ 3x + 2y - z = 4 \\ 2x + y - 3z = -5 \end{cases}$$

해당되는 첨가행렬은 다음과 같다.

$$\left[\begin{array}{ccc|c} 1 & -1 & 1 & 2 \\ 3 & 2 & -1 & 4 \\ 2 & 1 & -3 & -5 \end{array}\right]$$

(a) 첫째방정식에 (-3)을 곱하여 둘째방정식에 더하고, 첫째 방정식에 (-2)를 곱하여 첫째 방정식에 더한다.

$$\begin{cases} x - y + z = 2 \\ 5y - 4z = -2 \\ 3y - 5z = -9 \end{cases}$$

(a) 1행에 (-3)를 곱하여 2행에 더하고, 1행에 (-2)를 곱하여 1행에 더한다.

$$\left[\begin{array}{ccc|c} 1 & -1 & 1 & 2 \\ 0 & 5 & -4 & -2 \\ 0 & 3 & -5 & -9 \end{array}\right]$$

(b) 둘째방정식을 5로 나눈다.

$$\begin{cases} x - y + z = 2 \\ y - \frac{4}{5}z = -\frac{2}{5} \\ 3y - 5z = -9 \end{cases}$$

(b) 2행을 5로 나눈다.

$$\left[\begin{array}{ccc|c} 1 & -1 & 1 & 2 \\ 0 & 1 & -\frac{4}{5} & -\frac{2}{5} \\ 0 & 3 & -5 & -9 \end{array}\right]$$

(c) 둘째방정식을 1행에 더하고, 둘째방정식에 (-3)을 곱하여 셋째방정식에 더한다.

$$\begin{cases} x + \frac{1}{5}z = \frac{8}{5} \\ y - \frac{4}{5}z = -\frac{2}{5} \\ -\frac{13}{5}z = -\frac{39}{5} \end{cases}$$

(c) 2행을 1행에 더하고, 2행에 (-3)를 곱하여 3행에 더한다.

$$\left[\begin{array}{ccc|c} 1 & 0 & \frac{1}{5} & \frac{8}{5} \\ 0 & 1 & -\frac{4}{5} & -\frac{2}{5} \\ 0 & 0 & -\frac{13}{5} & -\frac{39}{5} \end{array}\right]$$

(d) 셋째방정식에 $-\frac{5}{13}$을 곱한다.

$$\begin{cases} x + \frac{1}{5}z = \frac{8}{5} \\ y - \frac{4}{5}z = -\frac{2}{5} \\ z = 3 \end{cases}$$

(d) 3행에 $-\frac{5}{13}$을 곱한다.

$$\left[\begin{array}{ccc|c} 1 & 0 & \frac{1}{5} & \frac{8}{5} \\ 0 & 1 & -\frac{4}{5} & -\frac{2}{5} \\ 0 & 0 & 1 & 3 \end{array}\right]$$

(e) 셋째방정식에 $-\frac{1}{5}$을 곱하여 첫째 식을 더하고, 셋째 식에 $\frac{4}{5}$를 곱하여 둘째방정식에 더하면 해를 구한다.

$$\begin{cases} x \qquad\qquad = 1 \\ \qquad y \qquad = 2 \\ \qquad\qquad z = 3 \end{cases}$$

(e) 3행에 $-\frac{1}{5}$을 곱하여 1행을 더하고, 3행에 $\frac{4}{5}$을 곱하여 2행에 더하면 단위행렬과 해를 구한다.

$$\left[\begin{array}{ccc:c} 1 & 0 & 0 & 1 \\ 0 & 1 & 0 & 2 \\ 0 & 0 & 1 & 3 \end{array}\right]$$

앞의 결과로부터 연립방정식의 해는 $x=1$, $y=2$, $z=3$이 된다.

[검산]

$$\begin{cases} x - y + z = 2 : & 1-(2)+3 = 1-2+3 = 2 \\ 3x+2y-z = 4 : & 3(1)+2(2)-1(3) = 3+4-3 = 4 \\ 2x+y-3z = -5 : & 2(1)+2-3(3) = 2+2-9 = -9 \end{cases}$$

따라서, $x=1$, $y=2$, $z=3$는 주어진 방정식의 해이다.

Gauss-Jordan 소거법에서는 사다리꼴의 첨가행렬을 얻었을 때 끝난다. 어떤 일련의 행연산을 하여도 꼭 같은 사다리꼴의 첨가행렬에 이를 것이다. 이 방법은 후진대입을 필요로 하지 않으며, 연립방정식의 해는 마지막 행렬을 조사함으로써 명백하게 된다. 따라서, 해는 단위행렬에 상수항, 열벡터가 추가된 첨가행렬의 형태로 얻어진다. 따라서 해는 첨가행렬의 단위행렬에 첨가된 열벡터이다.

주어진 연립방정식의 표현에 있어서는 이 방법의 목적도 가우스 소거법에서와 마찬가지로 첫 번째 방정식[식 (6.14)]의 x_1의 계수가 1과 같도록 만든 다음 그 방정식의 배수를 이용하여 다른 방정식에서 x_1을 소거하는 것이다. 이 과정을 다른 변수에 대해서도 반복한다.

첨가행렬에 사용한 행연산을 간단하게 추적하기 위해서는 다음 기호가 유용할 것이다.

기 호	뜻
R_{ij}	행 i와 j를 서로 바꾼다.
cR_i	i번째 행에 0이 아닌 상수 c를 곱한다.
$cR_i + R_j$	i번째 행에 c를 곱하고 j번째 행에 더한다.

예제 6-25

다음의 연립방정식을 (1) Gauss 소거법과 (2) Gauss-Jordan 소거법을 이용하여 풀어라.

$$\begin{aligned} 2x_1 + 6x_2 + x_3 &= 7 \\ x_1 + 2x_2 - x_3 &= -1 \\ 5x_1 + 7x_2 - 4x_3 &= 9 \end{aligned}$$

풀이

(1) Gauss 소거법 이용 : 연립방정식의 첨가행렬에 행연산을 사용하면 다음과 같다.

$$\left[\begin{array}{ccc|c} 2 & 6 & 1 & 7 \\ 1 & 2 & -1 & -1 \\ 5 & 7 & -4 & 9 \end{array}\right] \underset{\Rightarrow}{R_{12}} \left[\begin{array}{ccc|c} 1 & 2 & -1 & -1 \\ 2 & 6 & 1 & 7 \\ 5 & 7 & -4 & 9 \end{array}\right] \underset{\Rightarrow}{\begin{matrix} -2R_1 + R_2 \\ -5R_1 + R_3 \end{matrix}} \left[\begin{array}{ccc|c} 1 & 2 & -1 & -1 \\ 0 & 2 & 3 & 9 \\ 0 & -3 & 1 & 14 \end{array}\right]$$

$$\underset{\Rightarrow}{\frac{1}{2}R_2} \left[\begin{array}{ccc|c} 1 & 2 & -1 & -1 \\ 0 & 1 & \frac{3}{2} & \frac{9}{2} \\ 0 & -3 & 1 & 14 \end{array}\right] \underset{\Rightarrow}{3R_2 + R_3} \left[\begin{array}{ccc|c} 1 & 2 & -1 & -1 \\ 0 & 1 & \frac{3}{2} & \frac{9}{2} \\ 0 & 0 & \frac{11}{2} & \frac{55}{2} \end{array}\right] \underset{\Rightarrow}{\frac{2}{11}R_3} \left[\begin{array}{ccc|c} 1 & 2 & -1 & -1 \\ 0 & 1 & \frac{3}{2} & \frac{9}{2} \\ 0 & 0 & 1 & 5 \end{array}\right]$$

마지막 행렬은 사다리꼴이고, 연립방정식은 다음과 같이 나타낸다.

$$\begin{aligned} x_1 + 2x_2 - x_3 &= -1 \\ x_2 + \frac{3}{2}x_3 &= \frac{9}{2} \\ x_3 &= 5 \end{aligned}$$

후진대입법에 의해 마지막 식에서 얻은 $x_3 = 5$를 둘째 식에 대입하면 $x_2 = -3$을 얻는다. 이 두 값들을 첫째 식에 대입하면 $x_1 = 10$을 구할 수 있다.

$\therefore\ x_1 = 10,\ x_2 = -3,\ x_3 = 5$

(2) Gauss-Jordan 소거법을 이용 : 앞의 마지막 행렬에서 시작하자. 이 행렬을 단위행렬로 만들기 위하여, 이 행렬에서 둘째와 셋째 행의 첫째 원소는 1이므로 순서에 따라 둘째와 셋째 열의 나머지 원소들을 0으로 만들어야 한다.

$$\left[\begin{array}{ccc|c} 1 & 2 & -1 & -1 \\ 0 & 1 & \frac{3}{2} & \frac{9}{2} \\ 0 & 0 & 1 & 5 \end{array}\right] \underset{\Rightarrow}{-2R_2 + R_1} \left[\begin{array}{ccc|c} 1 & 0 & -4 & -10 \\ 0 & 1 & \frac{3}{2} & \frac{9}{2} \\ 0 & 0 & 1 & 5 \end{array}\right] \underset{\Rightarrow}{\begin{matrix} 4R_3 + R_1 \\ -\frac{3}{2}R_3 + R_2 \end{matrix}} \left[\begin{array}{ccc|c} 1 & 0 & 0 & 10 \\ 0 & 1 & 0 & -3 \\ 0 & 0 & 1 & 5 \end{array}\right]$$

마지막 행렬은 사다리꼴이다. 이 행렬의 방정식을 의미하게 되면 연립방정식의 해가 $x_1 = 10, x_2 = -3,\ x_3 = 5$ 임을 알 수 있다.

7) 반복법(反覆法, iteration method)

앞에서 살펴본 가우스 소거법, Gauss-Jordan 소거법과 이의 변형들은 선형연립방정식을 푸는 반복법이 아닌 **직접법**(直接法, direct method)으로 미리 예측되는 양을 계산한 후 해를 제공하게 된다. 이 두 가지의 소거법들은 대략 25개에서 50개 정도의 선형연립방정식들을 푸는데 사용된다.

그러나 사사오입 오차 때문에 소거법들은 때때로 큰 계에서는 적당하지 않다. 이러한 형태의 문제들은 반복법 등을 사용하여 문제를 해결할 수 있다. **간접법**(間接法 , indirect method) 또는 **반복법**(反覆法, iteration method)은 정확한 해에 대한 근사값에서 출발하여, 만약 계산이 성공적이라면, 계산을 반복함에 따라 점차적으로 정확한 근사값을 제공하기 때문에, 계산되는 양은 요구되는 **정확도**(精確度, accuracy)에 따라 결정되고 경우에 따라 각각 다른 것으로 알려졌다.

이러한 방법 중에는 ① **Jacobi 반복법**(Jacobi iteration method)과 ② **Gauss-Seidel 반복법**(反覆法)(Gauss-Seidel iteration method) 등이 있다. 두 방법 중 Jacobi 반복법은 해를 구하는 과정에서 가장 최근의 x_i값들을 이용하는 것이 아니라 현 단계에서 구한 모든 x_i값을 기반으로 다음 단계의 새로운 x_i값들을 계산하기 위하여 식 (6.21 a) ~(6.21 d)를 이용한다. 반면에, Gauss-Seidel 반복법은 가장 널리 쓰이고 있으며 또한, 매우 실용적인 방법이다. 이 방법은 새로운 값이 계산될 때마다 그 값은 즉시 또 다른 새로운 x_i값을 구하기 위하여 사용된다는 것을 잘 기억하라. 그리하여 해가 수렴된다면 가장 근접한 값이 선행될 것이다. 이 방법에 관하여 좀 더 자세한 내용은 수치해석이나 공업수학과 관련된 책 등의 참고문헌을 이용하기 바란다.

다음과 같은 n개의 연립방정식을 고려하자.

$$\begin{aligned} a_{11}x_1 &+ a_{12}x_2 + \cdots + a_{1n}x_n = c_1 \\ a_{21}x_1 &+ a_{22}x_2 + \cdots + a_{2n}x_n = c_2 \\ \vdots \quad & \quad \vdots \qquad \cdots \qquad \vdots \\ a_{n1}x_1 &+ a_{n2}x_2 + \cdots + a_{nn}x_n = c_n \end{aligned} \tag{6.20}$$

만약 대각선 원소들이 모두 0이 아니라면 첫 번째 방정식은 x_1에 대하여 풀 수 있고, 두 번째 방정식은 x_2에 대하여, 같은 방법으로 n번째까지 x_n에 대하여 풀 수 있다. 즉,

$$x_1 = \frac{c_1 - a_{12}x_2 - a_{13}x_3 - \cdots - a_{1n}x_n}{a_{11}} \tag{6.21 a}$$

$$x_2 = \frac{c_2 - a_{21}x_1 - a_{23}x_3 - \cdots - a_{2n}x_n}{a_{22}} \tag{6.21 b}$$

$$x_3 = \frac{c_3 - a_{31}x_1 - a_{32}x_2 - \cdots - a_{3n}x_n}{a_{33}} \tag{6.21 c}$$

$$\vdots \qquad\qquad\qquad \vdots$$

$$x_n = \frac{c_1 - a_{n1}x_1 - a_{n2}x_2 - \cdots - a_{nn}x_n}{a_{nn}} \tag{6.21 d}$$

이 과정은 해를 구하기 위하여 $x_i(i = 1, 2, \cdots, n)$에 대한 가정치를 결정해야 하는데 간단한 방법은 그들을 모두 0으로 가정하는 것이다. x_1의 새로운 값은 x_1을 제외한 나머지 값을 0라 하고 식 (6.21 a)에 대입하면 $x_1 = c_1/a_{11}$을 얻을 수 있다. 이 새로운 값 x_1과 x_2, $\cdots$, x_n의 가정치 0을 식 (6.21 b)에 대입하여 새로운 x_2를 구한다. 이 과정은 식 (6.21 d)에서 새로운 x_n을 구할 때까지 반복된다. 그리고 다시 첫 번째 방정식으로 옮겨가서 앞의 과정들을 충분히 해에 수렴하여 다음 조건식 (6.22), **상대오차**(또는 **근사상대오차백분율**)에 만족할 때까지 반복 수행한다.

$$\varepsilon_{a,i} = \left| \frac{x_i^j - x_i^{j-1}}{x_i^j} \right| 100(\%) < \varepsilon_s \tag{6.22}$$

여기서, 식 (6.22)은 모든 i에 대하여 성립하며, x_i의 위첨자 j와 $j-1$은 현재의 근사값과 이전의 근사값을 나타내는 반복되는 횟수를 나타내고, $\varepsilon_{a,i}$는 x_i를 반복 계산 시 i번째 x_i의 오차를 나타내며 ε_s는 최소한 허용되는 오차의 한계값을 뜻한다.

예제 6-26

Jacobi 반복법을 이용하여 다음 선형연립방정식의 해를 구하여라.

$$3x_1 + x_2 = 5 \quad \cdots\cdots\cdots \quad ①$$

$$x_1 + 2x_2 = 5 \quad \cdots\cdots\cdots \quad ②$$

풀이

정답은 $x = 1$, $x_2 = 2$ 임을 기억하자.

첫째로, 각각의 방정식들의 대각선상에 있는 미지수들에 대하여 정리하면 다음과 같다.

$$x_1 = \frac{5 - x_2}{3} = \frac{5}{3} - \frac{x_2}{3} \quad \cdots\cdots\cdots \quad ③$$

$$x_2 = \frac{5 - x_1}{2} = \frac{5}{2} - \frac{x_1}{2} \quad \cdots\cdots\cdots \quad ④$$

첫 번째 반복은 초기 근사치로써 $x_1 = 0$, $x_2 = 0$ 이라고 가정하고, 두 번째 반복은 각각 식 ④와 ③에 대입하면 다음과 같이 새로운 $x_1 = \frac{5}{3}$, $x_2 = \frac{5}{2}$ 를 얻는다. 세 번째 반복은 새로운 $x_1 = \frac{5}{3}$, $x_2 = \frac{5}{2}$ 값을 식 ④와 ③에 대입하여 풀면 끝난다.

$$x_1 = \frac{5}{3} - \frac{x_2}{3} = \frac{5}{3} - \frac{1}{3}\left(\frac{5}{2}\right) = \frac{5}{6}$$

$$x_2 = \frac{5}{2} - \frac{x_1}{2} = \frac{5}{2} - \frac{1}{2}\left(\frac{5}{3}\right) = \frac{5}{3}$$

네 번째 반복은 새로운 $x_1 = \frac{5}{6}$, $x_2 = \frac{5}{3}$ 값을 식 ④와 ③에 대입하여 정리하면 얻는다.

$$x_1 = \frac{5}{3} - \frac{x_2}{3} = \frac{5}{3} - \frac{1}{3}\left(\frac{5}{3}\right) = \frac{10}{9}$$

$$x_2 = \frac{5}{2} - \frac{x_1}{2} = \frac{5}{2} - \frac{1}{2}\left(\frac{5}{6}\right) = \frac{25}{12}$$

나머지 계산도 앞에서와 같은 반복으로 풀면 다음 표 6.2와 같다.
이러한 과정을 계속하면 결국 정답에 수렴하게 된다. 추가적인 반복계산은 정답에 좀 더 가까운 값을 제공할 수 있다. 그러나 실제적인 상황에서 우리는 정답을 전혀 알 수 없다. 즉, 식 (6.22)는 단지 오차를 어림하는 방법을 제공해 줄 뿐이다. 그러므로 식 (6.22)를 이용하면 첫 번째 상대오차는 다음의 결과를 얻는다.

$$\varepsilon_{a,1} = \left|\frac{\frac{5}{3} - 0}{\frac{5}{3}}\right| 100(\%) = 100\% > 0.001\%$$

$$\varepsilon_{a,2} = \left|\frac{\frac{5}{2} - 0}{\frac{5}{2}}\right| 100(\%) = 100\% > 0.001\%$$

두 번째 상대오차도 같은 방법을 이용한다.

$$\varepsilon_{a,1} = \left|\frac{\frac{5}{6} - \frac{5}{3}}{\frac{5}{6}}\right| 100(\%) = 100\% > 0.001\%$$

$$\varepsilon_{a,2} = \left|\frac{\frac{5}{3} - \frac{5}{2}}{\frac{5}{3}}\right| 100(\%) = 50\% > 0.001\%$$

세 번째 상대오차도 같은 방법을 이용한다.

$$\varepsilon_{a,1} = \left|\frac{\frac{10}{9} - \frac{5}{6}}{\frac{10}{9}}\right| 100(\%) = 25\% > 0.001\%$$

$$\varepsilon_{a,2} = \left|\frac{\frac{5}{12} - \frac{5}{3}}{\frac{5}{12}}\right| 100(\%) = 20\% > 0.001\%$$

나머지 상대오차도 앞에서와 같은 방법으로 계산한 결과는 표 6.2에 나타내었다. 이때 식 (6.20)에서 사용한 허용오차는 $\varepsilon_s = 0.000\ 01$(또는 0.001%)이다. 이 표에 의하면 주어진 허용오차의 범위 내에서 14회의 반복횟수에서 근사해 x_1과 x_2는 정확해와 비교하여 소수점 아래 5째 자리수에서 다르게 추정되어 정확치와 거의 같은 것으로 나타났다.

표 6.2 Jacobi 반복법에 의한 선형연립방정식 해의 수렴과정

반복횟수	x_1	x_2	x_1의 상대오차(%)	x_2의 상대오차(%)
1	0.00000	0.00000	100.000	100.000
2	1.66667	2.50000	100.000	50.000
3	0.83333	1.66667	25.000	20.000
4	1.11111	2.08333	14.286	7.143
5	0.97222	1.94444	4.545	3.448
6	1.01852	2.01389	2.326	1.163
7	0.99537	1.99074	0.769	0.578
8	1.00309	2.00231	0.386	0.193
9	0.99923	1.99846	0.129	0.096
10	1.00051	2.00039	0.064	0.032
11	0.99987	1.99974	0.021	0.016
12	1.00009	2.00006	0.011	0.005
13	0.99998	1.99996	0.004	0.003
14	1.00001	2.00001	0.002	0.001
정확해	1.00000	2.00000	0.000	0.000

예제 6-27

Gauss-Seidel 반복법을 이용하여 [예제 6-26]의 선형연립방정식의 해를 구하여라.

풀이

정답은 $x = 1$, $x_2 = 2$ 임을 기억하자.

첫째로, 각각의 방정식들의 대각선상에 있는 미지수들에 대하여 정리하면 다음과 같다.

$$x_1 = \frac{5 - x_2}{3} = \frac{5}{3} - \frac{x_2}{3} \qquad ③$$

$$x_2 = \frac{5 - x_1}{2} = \frac{5}{2} - \frac{x_1}{2} \qquad ④$$

첫 번째 반복은 초기 근사치로서 $x_1 = 0$, $x_2 = 0$ 이라고 가정하고, 두 번째 반복은 $x_2 = 0$를 식 ③에 대입하면 다음과 같다.

$$x_1 = \frac{5}{3} - \frac{x_2}{3} = \frac{5}{3} - \frac{1}{3}(0) = \frac{5}{3}$$

이 새로운 값을 식 ④에 대입하여 풀면 다음을 얻는다.

$$x_2 = \frac{5}{2} - \frac{x_1}{2} = \frac{5}{2} - \frac{1}{2}\left(\frac{5}{3}\right) = \frac{5}{3}$$

세 번째 반복은 새로운 $x_2 = \frac{5}{3}$ 값을 식 ③에 대입하여 풀면 새로운 x_1은 다음과 같다.

$$x_1 = \frac{5}{3} - \frac{x_2}{3} = \frac{5}{3} - \frac{1}{3}\left(\frac{5}{3}\right) = \frac{10}{9}$$

이 새로운 값 x_1을 식 ④에 대입하여 정리하면 다음과 같다.

$$x_2 = \frac{5}{2} - \frac{x_1}{2} = \frac{5}{2} - \frac{1}{2}\left(\frac{10}{9}\right) = \frac{35}{18}$$

네 번째 반복은 새로운 $x_2 = \frac{35}{18}$ 값을 식 ③에 대입하여 풀면, 새로운 x_1은 다음과 같다.

$$x_1 = \frac{5}{3} - \frac{x_2}{3} = \frac{5}{3} - \frac{1}{3}\left(\frac{35}{18}\right) = \frac{55}{54}$$

이 새로운 값 x_1을 식 ④에 대입하여 정리하면 다음과 같다.

$$x_2 = \frac{5}{2} - \frac{x_1}{2} = \frac{5}{2} - \frac{1}{2}\left(\frac{55}{54}\right) = \frac{215}{108}$$

나머지 계산도 앞에서와 같은 반복으로 풀면 다음 표 6.3과 같다.

표 6.3 Gauss-Seidel 반복법에 의한 선형연립방정식 해의 수렴과정

반복횟수	x_1	x_2	x_1의 상대오차(%)	x_2의 상대오차(%)
1	0.00000	0.00000	100.000	100.000
2	1.66667	1.66667	50.000	14.286
3	1.11111	1.94444	9.091	2.326
4	1.01852	1.99074	1.538	0.386
5	1.00309	1.99846	0.257	0.064
6	1.00051	1.99974	0.043	0.011
7	1.00009	1.99996	0.007	0.011
8	1.00001	1.99999	0.001	0.000
정확해	1.00000	2.00000	0.000	0.000

[예제 6-26]의 Jacobi 반복법과 같은 방법으로 이러한 과정을 계속하면 정답에 수렴하게 된다. 추가적인 반복계산은 더 정답에 가까운 값을 제공할 수 있다. 그러나 실제적인 상황에서 우리는 정답을 알 수 없다. 즉, 식 (6.22)는 오차를 어림하는 방법을 제공해 줄 뿐이다. 따라서 식 (6.22)를 이용하면 첫 번째 상대오차는 다음의 결과를 얻는다.

$$\varepsilon_{a,1} = \left|\frac{\frac{5}{3} - 0}{\frac{5}{3}}\right| 100(\%) = 100\% > 0.001\%$$

$$\varepsilon_{a,2} = \left|\frac{\frac{5}{2} - 0}{\frac{5}{2}}\right| 100(\%) = 100\% > 0.001\%$$

두 번째 상대오차도 같은 방법을 이용한다.

$$\varepsilon_{a,1} = \left|\frac{\frac{10}{9} - \frac{5}{3}}{\frac{10}{9}}\right| 100(\%) = 50\% > 0.001\%$$

$$\varepsilon_{a,2} = \left| \frac{\frac{35}{18} - \frac{5}{2}}{\frac{35}{18}} \right| 100(\%) = 14.286\% > 0.001\%$$

세 번째 상대오차도 같은 방법을 이용한다.

$$\varepsilon_{a,1} = \left| \frac{\frac{55}{54} - \frac{10}{9}}{\frac{55}{54}} \right| 100(\%) = 9.091\% > 0.001\%$$

$$\varepsilon_{a,2} = \left| \frac{\frac{215}{108} - \frac{35}{18}}{\frac{215}{108}} \right| 100(\%) = 2.326\% > 0.001\%$$

나머지 상대오차도 앞에서와 같은 방법으로 계산한 결과는 표 6.3에 나타내었다. 이때 식 (6.22)에서 사용한 허용오차는 $\varepsilon_s = 0.000\ 01$(또는 0.001%)이다.

Jacobi 반복법과 Gauss-Seidel 반복법의 수렴속도는 전자가 14회 만에 후자는 8회 만에 허용오차 $\varepsilon_s = 0.000\ 01$(또는 0.001%) 내로 계산되어 Gauss-Seidel 반복법이 Jacobi 반복법보다 빠르게 해에 수렴하는 것으로 나타났다.

여기에서 간단히 소개한 두 방법뿐만 아니라 다루지 않은 다른 방법들에 대한 특성이나 주의할 점 등을 상세하게 공부하려면 수치해석이나 공업수학 등의 참고문헌을 참고하면 많은 도움을 받을 것이다.

단 한 개의 방정식 해를 결정하는 경우처럼, 식 (6.22)는 주어진 연립방정식이 수렴하는지에 대한 판단을 하는데 이용된다는 사실을 명심해야 한다. 그 결과 그들의 계산 값이 일치하면, 얻어진 해(근사해)는 최소한의 허용오차 (ε_s) 내에 있다는 것을 보증하는 것이다.

Gauss – Seidel 반복법에서의 수렴의 판정

Gauss-Seidel 반복법으로 해를 구하는 경우 ① 수렴하지 않을 때도 있으며, ② 또한 매우 늦게 수렴할 수도 있다. 이 방법이 수렴하기 위한 조건은 식 (6.20)의 각 대각선 원소들이 다음의 조건, 즉 다른 원소의 계수들의 합보다 크다는 조건을 만족하면 해에 수렴된다.

$$|a_{ii}| > \sum_{j=1}^{n} |a_{ij}| \quad (i = 1, 2, \cdots, n) \tag{6.23}$$

여기서, $\sum$는 $i \neq j$일 때만 성립되며, 즉 대각선 요소들 a_{ii}는 제외된다.

예로서 [예제 6-26]의 연립방정식을 들어보자. 다음 조건이 증명됨을 확인할 수 있다.

$$|3| > |1| \quad \text{그리고} \quad |2| > |1|$$

이들 두 조건이 식 (6.23)을 만족하기 때문에 Gauss-Seidel 반복법은 수렴한다. 좀 더 자세한 내용은 수치해석 책 등을 참고하면 많은 도움을 얻을 수 있다.

6.5 행렬식

연립 1차방정식이나 좌표를 사용한 도형의 문제 및 벡터(8장의 문제, 예를 들면 힘의 평형이나 응력의 문제에 의해 많은 미지수를 구할 때)와 같이 많은 변수를 취급할 경우, 행렬식이나 행렬을 이용하면 조직적으로 보기 쉽고 간단하게 계산할 수 있어서 매우 유용하다. 행렬식은 행렬과 마찬가지로 연립방정식의 해를 구하는 과정에서 출현한 것이다. 단, 행렬식과 행렬은 명칭도 비슷하고 서로 밀접한 관계가 있지만, 전혀 다른 성격을 가지고 있으므로 혼동해서는 안 된다.

라이프니츠(G.W. Leibnitz, 독일, 1646~1716)가 연립방정식의 해법의 연구에서 '행렬식'을 생각해 냈다는 사실이 1693년 크래머(Cramer)에게 보내는 라이프니츠의 서신 내용에서 밝혀졌다. 이것이 행렬식의 시초라 하겠다.

6.5.1 행렬식의 정의

행렬식(行列式, determinant)은 정사각행렬 $\boldsymbol{A}$에 대해 정의되는 스칼라양($|\boldsymbol{A}|$ 또는 det $\boldsymbol{A}$로 표시)을 구하는 규칙이며 다양하게 응용된다. 이 절에서는 1 × 1 행렬에 대한 행렬식, 2 × 2 행렬에 대한 행렬식(또는 2차 행렬식)을 정의하고 일반적인 $n \times n$ 행렬(또는 정사각행렬 또는 n차 행렬)에 대한 행렬식(또는 n차 행렬식)의 개념을 확장할 것이다.

1 × 1행렬 $\boldsymbol{A} = [a]$에 대하여, $\det \boldsymbol{A} = |a| = a$로 정의한다. 예를 들면, $\boldsymbol{A} = [-3]$ 이라 하면 $\det \boldsymbol{A} = |-3| = -3$ 이다. 이 경우 숫자 -3의 좌·우측의 연직 직선(| |)은 절대값을 뜻하지 않는다.

2차 행렬식 : 2 × 2 행렬 $\boldsymbol{A}$에 대한 행렬식(2 by 2 determinant)

$\boldsymbol{A} = \begin{bmatrix} a_{11} & a_{12} \\ a_{21} & a_{22} \end{bmatrix}$의 행렬식은

$$D = \det \boldsymbol{A} = \begin{vmatrix} a_{11} & a_{12} \\ a_{21} & a_{22} \end{vmatrix} = a_{11}a_{22} - a_{12}a_{21} \tag{6.24}$$

으로 정의한다(행렬은 괄호를 사용하여 나타내는 반면에 행렬식은 연직 직선으로 나타낸다). 식

(6.23)에서 네 수 a_{11}, a_{12}, a_{21}, a_{22}를 행렬식의 **원소**(元素, element)라 한다. 가로 줄의 원소는 행렬식의 **행**(行, row)을, 세로 줄의 원소는 행렬식의 **열**(列, column)이라 한다. 즉,

$$\begin{array}{c} \begin{vmatrix} a_{11} & a_{12} \\ a_{21} & a_{22} \end{vmatrix} \begin{array}{l} \rightarrow \text{제1행} \\ \rightarrow \text{제2행} \end{array} \\ \uparrow \quad \uparrow \qquad \\ \text{제1열 제2열} \qquad \end{array}$$

2차 행렬식은 $\boldsymbol{A}$의 주대각선 원소의 곱에서 다른 대각선 원소의 곱을 뺀 값임을 기억하라.

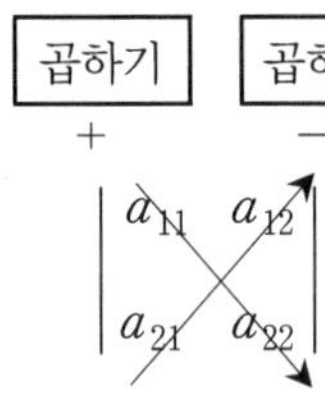

$$\begin{vmatrix} a_{11} & a_{12} \\ a_{21} & a_{22} \end{vmatrix} = a_{11}a_{22} - a_{12}a_{21}$$

예제 6-28

2차 행렬식(2 × 2 행렬로 나타낸 행렬식)을 구하여라.

▌풀이

$$\begin{vmatrix} 3 & -2 \\ 4 & 5 \end{vmatrix} = 3 \times 5 - (-2) \times 4 = 15 + 8 = 23$$

예제 6-29

$\boldsymbol{A} = \begin{bmatrix} 6 & -3 \\ 5 & 9 \end{bmatrix}$의 행렬식을 구하여라.

▌풀이

$$\begin{vmatrix} 6 & -3 \\ 5 & 9 \end{vmatrix} = 6(9) - (-3)(5) = 54 + 15 = 69$$

행렬식에서 가장 중요한 응용은 다음과 같은 연립방정식의 해를 구하는 것이다.

$$\begin{cases} a_{11}x_1 + a_{12}x_2 = b_1 \\ a_{21}x_1 + a_{22}x_2 = b_2 \end{cases} \Rightarrow \begin{bmatrix} a_{11} & a_{12} \\ a_{21} & a_{22} \end{bmatrix} \begin{bmatrix} x_1 \\ x_2 \end{bmatrix} = \begin{bmatrix} b_1 \\ b_2 \end{bmatrix} \tag{6.25}$$

식 (6.25)의 해는 2차 행렬식의 정의로부터 다음과 같이 쓸 수 있다.

$$x_1 = \frac{D_1}{D}, \quad x_2 = \frac{D_2}{D} \qquad (D \neq 0) \tag{6.26}$$

여기서, $D = \begin{vmatrix} a_{11} & a_{12} \\ a_{21} & a_{22} \end{vmatrix}$, $D_1 = \begin{vmatrix} b_1 & a_{12} \\ b_2 & a_{22} \end{vmatrix}$, $D_2 = \begin{vmatrix} a_{11} & b_1 \\ a_{21} & b_2 \end{vmatrix}$

이 공식을 **Cramer 법칙**(크래머 法則, Cramer's rule)이라 부르며, 이 법칙은 선형대수 방정식들의 각각 미지수들이 분수의 형태로 나타나며, 또한 행렬식의 개념에 근거한다. D는 **계수 행렬식**이라 부르며, D_1은 D의 첫째 열을, D_2은 D의 둘째 열을 각각 b_1, b_2를 원소로 하는 열로 대치함으로써 얻는다. 그래서 Cramer 등이 천재적 발상으로 이것을 다음 6.6절과 같이 정사각형으로 계수 등을 나열하는 방법을 쓰면 정말로 편리하다는 것, 또 계수간의 관계나 해의 성질이 매우 알기 쉽게 이해할 수 있다는 것을 발견했다.

3차 행렬식 : 3×3 행렬 $\boldsymbol{A}$에 대한 행렬식(3 by 3 determinant)

$\boldsymbol{A} = \begin{bmatrix} a_{11} & a_{12} & a_{13} \\ a_{21} & a_{22} & a_{23} \\ a_{31} & a_{32} & a_{33} \end{bmatrix}$의 행렬식은 2차 행렬식을 이용하여 다음과 같은 식 (6.27)로 정의된다.

$$D = \det \boldsymbol{A} = \begin{vmatrix} a_{11} & a_{12} & a_{13} \\ a_{21} & a_{22} & a_{23} \\ a_{31} & a_{32} & a_{33} \end{vmatrix}$$

$$= a_{11}\begin{vmatrix} a_{22} & a_{23} \\ a_{32} & a_{33} \end{vmatrix} - a_{12}\begin{vmatrix} a_{21} & a_{23} \\ a_{31} & a_{33} \end{vmatrix} + a_{13}\begin{vmatrix} a_{21} & a_{22} \\ a_{31} & a_{32} \end{vmatrix} \tag{6.27}$$

식 (6.27)에서 우변 2차 행렬식의 부호가 + − +의 순서로 번갈아 바뀌는 것에 주목하라. 계속하여, 2차 행렬식을 전개하면 3개의 양의 부호와 3개의 음의 부호가 나타난다.

$$\begin{vmatrix} a_{11} & a_{12} & a_{13} \\ a_{21} & a_{22} & a_{23} \\ a_{31} & a_{32} & a_{33} \end{vmatrix} = a_{11}a_{22}a_{33} + a_{12}a_{23}a_{31} + a_{13}a_{21}a_{32}$$

$$- a_{13}a_{22}a_{31} - a_{11}a_{23}a_{32} - a_{12}a_{21}a_{33}$$

앞에서 같은 수학과정에서 3차 행렬식의 값을 계산에 대한 다음과 같이 기억하는 경우가 많다.

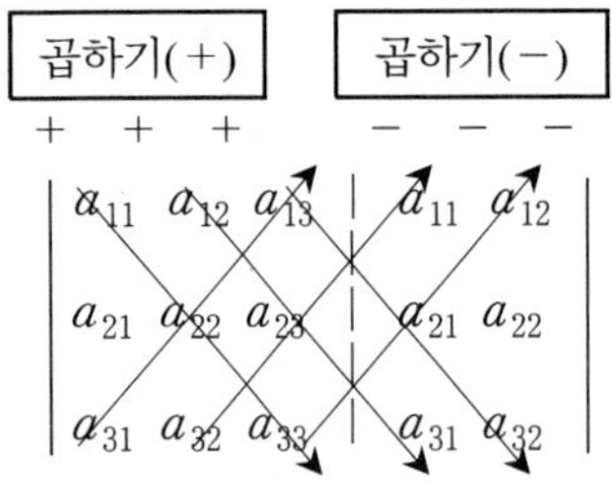

(6.28)

① 왼쪽에서 오른쪽으로 가는 사선을 그어 3개를 취할 때 이 선위에 있는 원소들의 곱(양의 부호로 기억).

② ①에서 구한 수에서 오른쪽에서 왼쪽으로 가는 사선을 그어 3개를 취할 때는 이 선위에 있는 원소들의 곱(음의 부호로 기억)의 합을 뺀다.

2차 행렬식과 마찬가지로 3차 행렬식도 다음과 같은 연립방정식의 해를 구하는 것이다.

$$\begin{cases} a_{11}x_1 + a_{12}x_2 + a_{13}x_3 = b_1 \\ a_{21}x_1 + a_{22}x_2 + a_{23}x_3 = b_2 \\ a_{31}x_1 + a_{32}x_2 + a_{33}x_3 = b_3 \end{cases} \Rightarrow \begin{bmatrix} a_{11} & a_{12} & a_{13} \\ a_{21} & a_{22} & a_{23} \\ a_{31} & a_{32} & a_{33} \end{bmatrix} \begin{bmatrix} x_1 \\ x_2 \\ x_3 \end{bmatrix} = \begin{bmatrix} b_1 \\ b_2 \\ b_3 \end{bmatrix} \tag{6.29}$$

식 (6.29)의 해는 3차 행렬식의 정의로부터 다음과 같이 쓸 수 있다.

$$x_1 = \frac{D_1}{D}, \quad x_2 = \frac{D_2}{D}, \quad x_3 = \frac{D_3}{D} \qquad (D \neq 0) \tag{6.30}$$

여기서,

$$D = \begin{vmatrix} a_{11} & a_{12} & a_{13} \\ a_{21} & a_{22} & a_{23} \\ a_{31} & a_{32} & a_{33} \end{vmatrix}, \quad D_1 = \begin{vmatrix} b_1 & a_{12} & a_{13} \\ b_2 & a_{22} & a_{23} \\ b_3 & a_{32} & a_{33} \end{vmatrix}, \quad D_2 = \begin{vmatrix} a_{11} & b_1 & a_{13} \\ a_{21} & b_2 & a_{23} \\ a_{31} & b_3 & a_{33} \end{vmatrix}, \quad D_3 = \begin{vmatrix} a_{11} & a_{12} & b_1 \\ a_{21} & a_{22} & b_2 \\ a_{31} & a_{32} & b_3 \end{vmatrix}$$

예제 6-30

3차 행렬식(3 × 3 행렬로 나타낸 행렬식)을 구하여라.

풀이

$$\begin{vmatrix} 4 & -1 & 5 \\ -3 & 4 & 0 \\ 1 & 3 & 6 \end{vmatrix} = 4\begin{vmatrix} 4 & 0 \\ 3 & 6 \end{vmatrix} - (-1)\begin{vmatrix} -3 & 0 \\ 1 & 6 \end{vmatrix} + 5\begin{vmatrix} -3 & 4 \\ 1 & 3 \end{vmatrix}$$

$$= 4 \cdot (24 - 0) + 1 \cdot (-18 - 0) + 5 \cdot (-9 - 4)$$

$$= 96 - 18 - 65 = 13$$

앞의 생각을 한 단계 더 계속하면, 4×4 행렬의 행렬식을 한 행(또는 열)의 원소와 그에 대응하는 여인수를 곱하고 그 곱들을 더하여 계산할 수 있다. 이 경우에, 각 여인수는 적당한 3×3 부분행렬의 부호가 붙은 소행렬식이고 다음과 같이 쓸 수 있다.

4차 행렬식

소행렬식이 3차 행렬식으로 나타내면 식 (6.30)을 이용하여 해를 구한다.

$$\begin{vmatrix} a_{11}{}^{(+)} & a_{12}{}^{(-)} & a_{13}{}^{(+)} & a_{14}{}^{(-)} \\ a_{21}{}^{(-)} & a_{22}{}^{(+)} & a_{23}{}^{(-)} & a_{24}{}^{(+)} \\ a_{31}{}^{(+)} & a_{32}{}^{(-)} & a_{33}{}^{(+)} & a_{34}{}^{(-)} \\ a_{41}{}^{(-)} & a_{42}{}^{(+)} & a_{43}{}^{(-)} & a_{44}{}^{(+)} \end{vmatrix} = a_{11}\begin{vmatrix} a_{22} & a_{32} & a_{33} \\ a_{32} & a_{33} & a_{34} \\ a_{42} & a_{43} & a_{44} \end{vmatrix} - a_{12}\begin{vmatrix} a_{21} & a_{23} & a_{24} \\ a_{31} & a_{33} & a_{34} \\ a_{41} & a_{43} & a_{44} \end{vmatrix}$$

$$+ a_{13}\begin{vmatrix} a_{21} & a_{22} & a_{24} \\ a_{31} & a_{32} & a_{34} \\ a_{41} & a_{42} & a_{44} \end{vmatrix} - a_{14}\begin{vmatrix} a_{21} & a_{22} & a_{23} \\ a_{31} & a_{32} & a_{33} \\ a_{41} & a_{42} & a_{43} \end{vmatrix} \qquad (6.31)$$

식 (6.31)에서와 같이 소행렬식이 3차 행렬식으로 나타나 식 (6.30)을 이용하면 해를 구할 수 있다.

예제 6-31

4차 행렬식(4 × 4 행렬로 나타낸 행렬식)을 구하여라.

▌풀이

$$\begin{vmatrix} 2 & 1 & 4 & 0 \\ -1 & 5 & 3 & 1 \\ 0 & 2 & -4 & 3 \\ 1 & 1 & -5 & 0 \end{vmatrix} = 2\begin{vmatrix} 5 & 3 & 1 \\ 2 & -4 & 3 \\ 1 & -5 & 0 \end{vmatrix} - 1\begin{vmatrix} -1 & 3 & 1 \\ 0 & -4 & 3 \\ 1 & -5 & 0 \end{vmatrix} + 4\begin{vmatrix} -1 & 5 & 1 \\ 0 & 2 & 3 \\ 1 & 1 & 0 \end{vmatrix}$$

$$\begin{aligned} &= 2[5(0+15) - 3(0-3) + 1(-10+4)] \\ &\quad -1[-1(0+15) - 3(0-3) + 1(0+4)] \\ &\quad +4[-1(0-3) - 5(0-3) + 1(0-2)] \\ &= 156 + 2 + 64 = 222 \end{aligned}$$

앞에서 기술한 방법은 2차 행렬식과 3차 행렬식에 대해서만 성립한다. 3차 이상의 행렬식을 정의하기 위하여 다음에서 다루게 될 소행렬식과 여인자의 의미를 알아야 한다.

소행렬식과 여인자 : n차 행렬식을 구하기 위한 준비

소행렬식(minor) A_{ij}은 계수행렬 $\boldsymbol{A} = (a_{ij})$의 원소 a_{ij}을 포함하는 행과 열을 소거하여 얻은 행렬식이다.

식 (6.26)에서 사용된 3개의 2차 행렬식은 다음과 같은 소행렬식으로 정의된다.

$$M_{11} = \begin{vmatrix} a_{22} & a_{23} \\ a_{32} & a_{33} \end{vmatrix}, \quad M_{12} = \begin{vmatrix} a_{21} & a_{23} \\ a_{31} & a_{33} \end{vmatrix}, \quad M_{13} = \begin{vmatrix} a_{21} & a_{22} \\ a_{31} & a_{32} \end{vmatrix}$$

앞의 소행렬식은 **부분행렬**(部分行列, submatrix)의 행렬식 값으로 이해할 수 있다.

여인수(餘因數, cofactor) C_{ij}는 계수행렬 $\boldsymbol{A} = (a_{ij})$에 대한 소행렬식 M_{ij}에 $(-1)^{i+j}$을 곱하여 다음과 같이 나타낼 수 있다. 즉, 여인수는 부호[$(-1)^{i+j}$]가 붙은 소행렬식이다.

$$C_{ij} = (-1)^{i+j} M_{ij} \tag{6.32}$$

식 (6.32)에서 $i+j$가 짝수이면 $C_{ij} = M_{ij}$이고, $i+j$가 홀수이면 $C_{ij} = -M_{ij}$이다.

3 × 3 행렬은 다음과 같은 9개의 여인수를 갖는다.

$$\begin{array}{lll} C_{11} = M_{11} & C_{12} = -M_{12} & C_{13} = M_{13} \\ C_{21} = -M_{21} & C_{22} = M_{22} & C_{23} = -M_{23} \\ C_{31} = M_{31} & C_{32} = -M_{32} & C_{33} = M_{33} \end{array}$$

식 (6.31)에서 정의한 여인수를 이용하여 식 (6.27)로 정의한 3차 행렬식은 다음과 같이 재배열하고 다시 인수분해 할 수 있다.

$$D = \det \boldsymbol{A} = \begin{vmatrix} a_{11} & a_{12} & a_{13} \\ a_{21} & a_{22} & a_{23} \\ a_{31} & a_{32} & a_{33} \end{vmatrix} = a_{11} \begin{vmatrix} a_{22} & a_{23} \\ a_{32} & a_{33} \end{vmatrix} - a_{12} \begin{vmatrix} a_{21} & a_{23} \\ a_{31} & a_{33} \end{vmatrix} + a_{13} \begin{vmatrix} a_{21} & a_{22} \\ a_{31} & a_{32} \end{vmatrix}$$

$$= a_{11} M_{11} - a_{12} M_{12} + a_{13} M_{13} = a_{11} C_{11} + a_{12 C_{12}} + a_{13} C_{13} \tag{6.33}$$

식 (6.32)는 제1행에 따라 전개한 $\det \boldsymbol{A}$의 여인수 전개식이다. $\det \boldsymbol{A}$는 또한 식 (6.27)로부터 제2행에 따라서 다음과 같이 여인수로 전개할 수 있음을 연습문제로 남겨둔다.

$$\det \boldsymbol{A} = a_{21} C_{21} + a_{22} C_{22} + a_{23} C_{23} \tag{6.34}$$

3 × 3 행렬의 행렬식은 임의의 행 또는 열에 따라 $\det \boldsymbol{A}$을 여인수로 전개시켜 값을 구할 수 있다. 지금까지 설명한 내용을 확장하면 $n \times n$ 행렬식에 대한 공식을 얻을 수 있다.

n차 행렬식 : $n \times n$ 행렬에 대한 n차 행렬식은 다음과 같은 식으로 구할 수 있다.

$A = [a_{ij}]_{n \times n}$을 $n \times n$ 행렬이라 하자.

각 $1 \le i \le n$에 대하여, i행에 대한 $\det A$의 여인수 전개는 다음 식과 같다.

$$\det A = a_{i1}C_{i1} + a_{i2}C_{i2} + \cdots + a_{in}C_{in} \tag{6.35}$$

앞의 공식에서 아래첨자 i는 $1, 2, 3, \cdots, n$ 중에서 임의 선택할 수 있는 양수이다.

각 $1 \le j \le n$에 대하여, j행에 대한 $\det A$의 여인수 전개는 다음 식과 같다.

$$\det A = a_{1j}C_{1j} + a_{2j}C_{2j} + \cdots + a_{nj}C_{nj} \tag{6.36}$$

앞의 공식에서 아래첨자 j는 $1, 2, 3, \cdots, n$ 중에서 임의 선택할 수 있는 양수이다.

예제 6-32

행렬식 $\begin{vmatrix} a_{11} & a_{12} & a_{13} \\ a_{21} & a_{22} & a_{23} \\ a_{31} & a_{32} & a_{33} \end{vmatrix}$을 3번째 열에 관하여 전개하라.

▌풀이

행렬식의 정의로부터 3번째 열에 관한 전개는 식 (6.36)에 $j = 3$으로 하고 여인수를 구하여 대입하면 다음과 같다.

$$\begin{aligned} \det A &= a_{13}C_{13} + a_{23}C_{23} + a_{33}C_{33} \\ &= a_{13}(-1)^{1+3}\begin{vmatrix} a_{21} & a_{22} \\ a_{31} & a_{32} \end{vmatrix} + a_{23}(-1)^{2+3}\begin{vmatrix} a_{11} & a_{12} \\ a_{31} & a_{32} \end{vmatrix} + a_{33}(-1)^{3+3}\begin{vmatrix} a_{11} & a_{12} \\ a_{21} & a_{22} \end{vmatrix} \\ &= a_{13}(a_{21}a_{32} - a_{22}a_{31}) - a_{23}(a_{11}a_{32} - a_{12}a_{31}) + a_{33}(a_{11}a_{22} - a_{12}a_{21}) \end{aligned}$$

▌ 행렬식의 연산은 다음 순서대로 한다. ▌

1단계 : (1,1) 요소에 +, 다음을 −, 서로 +와 −를 교대로 붙인다.

2단계 : 임의 행(또는 열)에 선택하여, 그의 각 요소를 제거한 소행렬식과 그 요소와의 곱을 한다.

3단계 : 그들을 대수적으로 합한다.

※ 1행 1열의 요소를 (1,1)요소, … 등으로 부르기로 한다.

6.6 행렬식의 성질

6.5절 [예제 6-31]에서 설명한 바와 같이 4차 이상 행렬식 계산은 매우 번거롭다. 그래서 행렬식의 계산에서 다음과 같은 행렬식의 성질에 대한 정리를 이용하면 계산이 비교적 간단하게 되는 경우가 많다.

아래의 예들은 모두 3차 행렬식으로 주어졌으나, 이것 외의 다른 행렬식에서도 같은 정리가 적용된다.

정리 1) 전치(轉置) : 한 행렬식에서 행과 열을 바꾸어 써도 그 행렬식의 값은 변하지 않는다.

$$\begin{vmatrix} -2 & 5 & 4 \\ 3 & 2 & 6 \\ -5 & -3 & 2 \end{vmatrix} = \begin{vmatrix} -2 & 3 & -5 \\ 5 & 2 & -3 \\ 4 & 6 & 2 \end{vmatrix}$$

정리 2) 두 행 또는 열 교환(交換) : 한 행렬식의 어떤 두 행(또는 열)을 교환하면 처음 행렬식에 -1을 곱한 것과 같다.

$$\begin{vmatrix} -2 & 5 & 4 \\ 3 & 2 & 6 \\ -5 & -3 & 2 \end{vmatrix} = -\begin{vmatrix} 3 & 2 & 6 \\ -2 & 5 & 4 \\ -5 & -3 & 2 \end{vmatrix}$$

정리 3) 열(또는 행)벡터의 비례(比例) : 한 행렬식의 어떤 두 행(또는 열)이 같은 원소[영(零, zero) 포함)]로 되어 있다면 그 행렬식의 값은 0이다.

$$\begin{vmatrix} 5 & 1 & 5 \\ -3 & 3 & -3 \\ 6 & 9 & 6 \end{vmatrix} = 0, \quad \begin{vmatrix} 5 & 1 & 0 \\ -3 & 3 & 0 \\ 6 & 9 & 0 \end{vmatrix} = 0$$

정리 4) 열(또는 행)벡터의 상수배(常數倍) : 한 행렬식의 어떤 한 행(또는 열)의 원소가 모두 상수(k) 배(또는 비례)로 되어 있다면 상수는 그 행렬식 앞으로 나올 수 있다.

$$\begin{vmatrix} 5 & 6 & 2 \\ -3 & 3 & -4 \\ 6 & 9 & 6 \end{vmatrix} = \begin{vmatrix} 5 & 2\times3 & 2 \\ -3 & 1\times3 & -4 \\ 6 & 3\times3 & 6 \end{vmatrix} = 3\begin{vmatrix} 5 & 2 & 1\times2 \\ -3 & 1 & -2\times2 \\ 6 & 3 & 3\times2 \end{vmatrix} = 6\begin{vmatrix} 5 & 2 & 1 \\ -3 & 1 & -2 \\ 6 & 3 & 3 \end{vmatrix}$$

정리 5) 행(또는 열)벡터의 분리(分離) : 한 행렬식의 어떤 하나의 행 또는 열이 두개의 원소의 합(또는 차)으로 되어 있다면 그 행렬식은 두개의 행렬식의 합(또는 차)으로 쓸 수 있다.

$$\begin{vmatrix} 5 & -3 & 2 \\ 1+2 & 2+5 & -1+3 \\ -4 & 9 & 8 \end{vmatrix} = \begin{vmatrix} 5 & -3 & 2 \\ 1 & 2 & -1 \\ -4 & 9 & 8 \end{vmatrix} + \begin{vmatrix} 5 & -3 & 2 \\ 2 & 5 & 3 \\ -4 & 9 & 8 \end{vmatrix}$$

정리 6) 열(또는 행)벡터의 가법(加法) : 한 행렬식의 어떤 하나의 행 (또는 열)을 상수(k) 배해서, 다른 행(또는 열)에 더해도 그 행렬식의 값은 변하지 않는다(이 성질은 매우 이용가치가 크다).

예제 6-33

$\begin{vmatrix} 2 & 1 & 4 & 0 \\ -1 & 5 & 3 & 1 \\ 0 & 2 & -4 & 3 \\ 1 & 1 & -5 & 0 \end{vmatrix}$ 의 계산과정을 써라.

풀이

$$\begin{vmatrix} 2 & 1 & 4 & 0 \\ -1 & 5 & 3 & 1 \\ 0 & 2 & -4 & 3 \\ 1 & 1 & -5 & 0 \end{vmatrix} \xrightarrow[\text{행과 열을 모두 바꿈}]{\text{정리 1에 의해}} = \begin{vmatrix} 2 & -1 & 0 & 1 \\ 1 & 5 & 2 & 1 \\ 4 & 3 & -4 & -5 \\ 0 & 1 & 3 & 0 \end{vmatrix} \xrightarrow[\text{1행과 4행을 바꾸면 원래행렬식 값에 }-1\text{을 곱한 것과 같음}]{\text{정리 2에 의해}}$$

$$\overset{\times(-3)+3\text{열}}{=-\begin{vmatrix} 0 & 1 & 3 & 0 \\ 1 & 5 & 2 & 1 \\ 4 & 3 & -4 & -5 \\ 2 & -1 & 0 & 1 \end{vmatrix}} \xrightarrow[\text{[2열}\times(-3)+3\text{열]해도 행렬식 값은 변하지 않음}]{\text{정리 6에 의해}} = \begin{vmatrix} 0 & 1 & 0 & 0 \\ 1 & 5 & -13 & 1 \\ 4 & 3 & -13 & -5 \\ 2 & -1 & 3 & 1 \end{vmatrix}$$

$$= -(-1)\begin{vmatrix} 1 & -13 & 1 \\ 4 & -13 & -5 \\ 2 & 3 & 1 \end{vmatrix} = 1\cdot \overset{\times 13 + 2\text{열}}{\begin{vmatrix} 1 & -13 & 1 \\ 4 & -13 & -5 \\ 2 & 3 & 1 \end{vmatrix}} \xrightarrow[\text{[1열}\times 13+2\text{열]해도 행렬식 값은 변하지 않음}]{\text{정리 6에 의해}}$$

×(−1) + 3열

$$= \begin{vmatrix} 1 & 0 & 1 \\ 4 & 39 & -5 \\ 2 & 29 & 1 \end{vmatrix} = \begin{vmatrix} 1 & 0 & 0 \\ 4 & 39 & -9 \\ 2 & 29 & -1 \end{vmatrix} = 1 \cdot \begin{vmatrix} 39 & -9 \\ 29 & -1 \end{vmatrix} = 1 \cdot (-39 + 261)$$

$$= 222$$

6.7 행렬식의 응용

행렬식은 공학문제의 해결에 있어, 여러 곳에서 나타난다. 여기서는 연립방정식의 해법과 힘의 모멘트 산출(벡터곱)을 예로 들겠다.

6.7.1 연립방정식의 해법 [크래머 법칙(Cramer's rule)]

연립방정식의 해를 구하는 방법인 크래머 법칙(6.5절 참고)에 의해 답을 구하는 단계는 다음과 같다.

▌ Cramer 법칙에 의해 답을 구하는 단계 ▌

단계 1 : 분모는 미지수가 $x, y, \cdots, n$개일 때, x의 계수, y의 계수를 각각 나열하고 미지수의 계수인 n차 행렬식으로 만든다.
단계 2 : 분자는 분모의 행렬식에서 각각 미지수의 열을 정수로 바꾼 행렬식을 만든다.
단계 3 : 분모·분자의 행렬식을 계산하고 답을 구한다.

예제 6-34

Cramer 법칙을 이용하여 연립방정식 $\begin{cases} 2x - y = 3 \\ -3x + 5y = -1 \end{cases}$의 해 $(x,\ y)$를 구하여라.

풀이

크래머 법칙[식 (6.25), 6.5절]을 이용한다.

$$D = \begin{vmatrix} 2 & -1 \\ -3 & 5 \end{vmatrix} = 10 - 3 = 7$$

$$D_x = \begin{vmatrix} 3 & -1 \\ -1 & 5 \end{vmatrix} = 15 - 1 = 14$$

$$D_y = \begin{vmatrix} 2 & 3 \\ -3 & -1 \end{vmatrix} = -2 + 9 = 7$$

$$x = \frac{D_x}{D} = \frac{14}{7} = 2,\quad y = \frac{D_y}{D} = \frac{7}{7} = 1$$

$$\therefore\ x = 2,\quad y = 1$$

[검산]

$$\begin{cases} 2x - y = 3 : & 2(2) - 1 = 4 - 1 = 3 \\ -3x + 5y = -1 : & -3(2) + 5(1) = -6 + 5 = -1 \end{cases}$$

따라서, $x = 2$, $y = 1$는 주어진 방정식의 해이다.

예제 6-35

다음 그림 6.2의 전선에 걸려있는 장력의 크기 $\boldsymbol{T}_1$과 $\boldsymbol{T}_2$는 다음 방정식을 만족한다.

$$(\cos 25^\circ)\ \boldsymbol{T}_1 - (\cos 15^\circ)\ \boldsymbol{T}_2 = 0$$

$$(\sin 25^\circ)\ \boldsymbol{T}_1 - (\sin 15^\circ)\ \boldsymbol{T}_2 = 136$$

Cramer 법칙을 이용하여 $\boldsymbol{T}_1$과 $\boldsymbol{T}_2$을 구하여라.

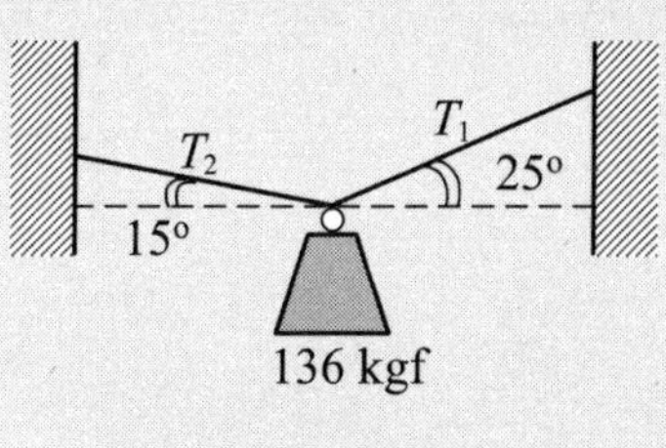

그림 6.2 전선에 걸린 장력

풀이

$$D = \begin{vmatrix} 0.906 & -0.966 \\ 0.423 & 0.259 \end{vmatrix} = 0.906(0.259) - (-0.966)0.423 = 0.235 + 0.409 = 0.644$$

$$D_{T_1} = \begin{vmatrix} 0 & -0.966 \\ 136 & 0.259 \end{vmatrix} = (0)(0.259) - (-0.966)(136) = 131.3.8 \ \text{kgf}$$

$$D_{T_2} = \begin{vmatrix} 0.906 & 0 \\ 0.423 & 360 \end{vmatrix} = (0.906)(136) - (0)(0.423) = 123.22 \ \text{kgf}$$

$$\boldsymbol{T}_1 = \frac{D_{T_1}}{D} = \frac{131.38}{0.644} = 204.01 \ \text{kgf}$$

$$\boldsymbol{T}_2 = \frac{D_{T_2}}{D} = \frac{123.22}{0.644} = 191.33 \ \text{kgf}$$

$\therefore \ \boldsymbol{T}_1 = 204.01$ kgf, $\mathbf{T}_2 = 191.33$ kgf

[검산]

$(\cos\ 25^{\circ})\ \boldsymbol{T}_1 - (\cos 15o)\ \boldsymbol{T}_2 = 0$

➡ $0.908(204.01) - 0.966(191.33) = 184.9 - 184.8 \approx 0$

$(\sin\ 25^{\circ})\ \boldsymbol{T}_1 - (\sin\ 15o)\ \boldsymbol{T}_2 = 136$

➡ $0.423(204.01) + 0.259(191.33) = 86.22 - 135.74 \approx 136$

따라서, $\boldsymbol{T}_1 = 204.01$ kgf, $\mathbf{T}_2 = 191.33$ kgf는 주어진 방정식의 해이다.

예제 6-36

Cramer 법칙을 이용하여 연립방정식 $\begin{cases} x - y + z = 2 \\ 3x + 2y - z = 4 \\ 2x + y - 3z = -5 \end{cases}$ 의 해 $(x,\ y,\ z)$를 구하여라.

풀이

$$D = \begin{vmatrix} 1 & -1 & 1 \\ 3 & 2 & -1 \\ 2 & 1 & -3 \end{vmatrix} = 1\begin{vmatrix} 2 & -1 \\ 1 & -3 \end{vmatrix} - (-1)\begin{vmatrix} 3 & -1 \\ 2 & -3 \end{vmatrix} + 1\begin{vmatrix} 3 & 2 \\ 2 & 1 \end{vmatrix}$$

$$= 1[2(-3) - (-1)(1)] + 1[(3(-3) - 2(-1)] + 1[(3)(1) - (2)(2)]$$

$$= -5 - 7 - 1 = -13$$

$$D_x = \begin{vmatrix} 2 & -1 & 1 \\ 4 & 2 & -1 \\ -5 & 1 & -3 \end{vmatrix} = 2\begin{vmatrix} 2 & -1 \\ 1 & -3 \end{vmatrix} - (-1)\begin{vmatrix} 4 & -1 \\ -5 & -3 \end{vmatrix} + 1\begin{vmatrix} 4 & 2 \\ -5 & 1 \end{vmatrix}$$

$$= 2[2(-3) - (-1)(1)] + 1[(4(-3) - (-1)(-5)] + 1[4(1) - 2(5)]$$

$$= -10 - 17 + 14 = -13$$

$$D_y = \begin{vmatrix} 1 & 2 & 1 \\ 3 & 4 & -1 \\ 2 & 5 & -3 \end{vmatrix} = 1\begin{vmatrix} 4 & -1 \\ 5 & -3 \end{vmatrix} - 2\begin{vmatrix} 3 & -1 \\ 2 & -3 \end{vmatrix} + 1\begin{vmatrix} 3 & 4 \\ 2 & 5 \end{vmatrix}$$

$$= 1[4(-3)-(-1)(-5)] - 2[(3(-3)-(-1)(2)] + 1[(3)(-5)-(4)2)]$$

$$= -17 + 14 - 23 = -26$$

$$D_z = \begin{vmatrix} 1 & -1 & 2 \\ 3 & 2 & 4 \\ 2 & 1 & -5 \end{vmatrix} = 1\begin{vmatrix} 2 & 4 \\ 1 & -5 \end{vmatrix} - (-1)\begin{vmatrix} 3 & 4 \\ 2 & -5 \end{vmatrix} + 2\begin{vmatrix} 3 & 2 \\ 2 & 1 \end{vmatrix}$$

$$= 1[2(-5)-(4)(1)] - 2[(3(-5)-(4)(2)] + 2[(3)(1)-(2)2)]$$

$$= -14 - 23 - 2 = -39$$

$$x = \frac{D_x}{D} = \frac{-13}{-13} = 1,\ y = \frac{D_y}{D} = \frac{-26}{-13} = 2,\ z = \frac{D_z}{D} = \frac{-39}{-13} = 3$$

$$\therefore\ x = 1,\ y = 2,\ z = 3$$

[검산]

$$\begin{cases} x - y + z = 2: & 1 - 2 + 3 = 2 \\ 3x + 2y - z = 4: & 3(1) + 2(2) - 3 = 4 \\ 2x + y - 3z = -5: & 2(1) + 2 - 3(3) = -5 \end{cases}$$

따라서, $x = 1$, $y = 2$, $z = 3$은 주어진 방정식의 해이다.

> 연립방정식의 답을 구했다면 그 결과를 반드시 원래의 방정식에 넣어 검산하라.

6.7.2 힘의 모멘트

8.5절에서 서술한 대로 힘의 모멘트 $\boldsymbol{M}$은 역학에서 많이 다루는 벡터곱의 대표적인 응용문제이며 다음 식으로 주어진다.

$$\boldsymbol{M} = \boldsymbol{r} \times \boldsymbol{F} \tag{6.37}$$

여기서, $\boldsymbol{r}$은 모멘트 팔의 길이, $\boldsymbol{F}$는 힘이다.

이 식은 x축, y축 및 z축 방향의 기본 벡터를 $\boldsymbol{i}$, $\boldsymbol{j}$, $\boldsymbol{k}$로 하고 $\boldsymbol{r} = (\boldsymbol{r}_x, \boldsymbol{r}_y, \boldsymbol{r}_z)$,

$\boldsymbol{F} = (\boldsymbol{F}_x, \boldsymbol{F}_y, \boldsymbol{F}_z)$로 하면 아래의 행렬식을 계산해서 모멘트의 방향과 크기를 구한다.

$$\boldsymbol{M} = \boldsymbol{r} \times \boldsymbol{F} = \begin{vmatrix} \boldsymbol{i} & \boldsymbol{j} & \boldsymbol{k} \\ \boldsymbol{r}_x & \boldsymbol{r}_y & \boldsymbol{r}_z \\ \boldsymbol{F}_x & \boldsymbol{F}_y & \boldsymbol{F}_z \end{vmatrix} \tag{6.38}$$

예제 6-37

그림 6.3과 같이 점 C에서, AB에 평행인 선상 30°의 각도를 가지고 100 kgf의 힘이 작용하고 있는 경우, 점 A에서의 힘의 모멘트를 구하여라.

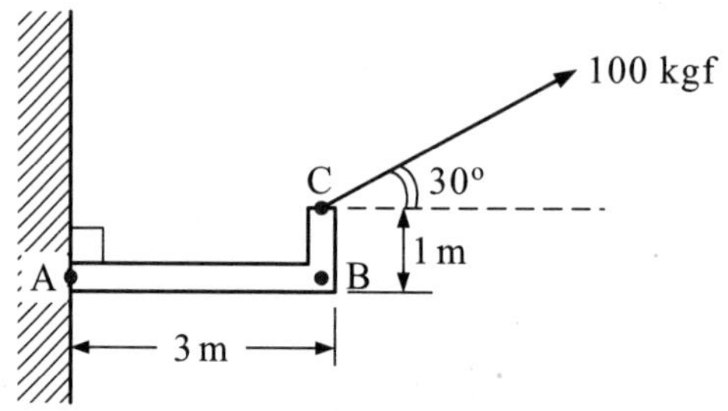

그림 6.3 힘의 모멘트(벡터 곱의 응용)

▌풀이

점 A에서의 힘의 모멘트는 식 (6.37)을 이용하면 다음과 같이 나타낼 수 있다.

$$\boldsymbol{M}_A = \boldsymbol{r} \times \boldsymbol{F} = \begin{vmatrix} i & j & k \\ 3 & 1 & 0 \\ 100 \cdot \cos 30^\circ & 100 \cdot \sin 30^\circ & 0 \end{vmatrix}$$

$$= 0i - 0j + [3(100 \sin 30^o) - 100(\cos 30^o)]k$$

$$= [300\left(\frac{1}{2}\right) - 300\left(\frac{\sqrt{3}}{2}\right)]k$$

$$= [\ 0,\ \ 0,\ \ -109.81\ ]$$

계산된 이 모멘트 벡터(단위 : kgf · m)는 주어진 그림이 만든 평면에 수직이다. 따라서 이 벡터의 방향은 그 힘이 작용하는 그림에 대한 축의 방향이다. $\boldsymbol{M}_A$의 방향은 오른손 나사(8.5장)가 진행하는 z축의 음의 방향(이 지면에서 안쪽으로 향하는 수직방향)이다.

6.8 토목공학에서의 응용

토목공학에서는 힘의 평형의 문제와 같이 많은 변수를 취급하는 경우 행렬이나 행렬식을 이용하면 답을 얻는데 편리하다.

예제 6-38

그림 6.4와 같은 단순보의 반력을 구하여라(하나의 집중하중이 작용의 경우).

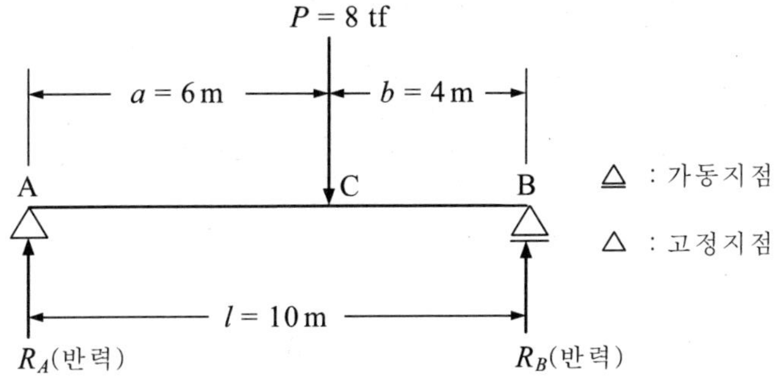

그림 6.4 단순보에 하나의 하중이 작용하는 경우에 대한 반력

▌풀이

(1) 응용역학(토목공학)에서의 해(참고)

반력 : $M_B = 0$, $R_A \times l - P \times b = 0$ 에서 $R_A \times 10\text{ m} - 8\text{tf} \times 4\text{ m} = 0$

$\therefore R_A = 3.2\text{ tf}$, $R_A + R_B = P$ 에서 $R_B = 8\text{ tf} - 3.2\text{ tf} = 4.8\text{ tf}$

(또는 $P \times a / l$ 에서, $8\text{ tf} \times 6\text{ m} / 10\text{ m} = 4.8\text{ tf}$)

휨모멘트 : $M_A = M_B = 0$, $M_C = R_A \times 6\text{ m} = 3.2\text{ tf} \times 6\text{ m} = 19.2\text{ tf} \cdot \text{m}$

(2) 행렬 및 행렬식에 의한 해

ⓐ 행렬에 의한 해법

$$\begin{bmatrix} l & 0 \\ 1 & 1 \end{bmatrix} \begin{bmatrix} R_A \\ R_B \end{bmatrix} = \begin{bmatrix} P \cdot b \\ P \end{bmatrix}$$

$$\therefore \begin{bmatrix} R_A \\ R_B \end{bmatrix} = \begin{bmatrix} l & 0 \\ 1 & 1 \end{bmatrix}^{-1} \cdot \begin{bmatrix} P \cdot b \\ P \end{bmatrix} = \frac{1}{l} \cdot \begin{bmatrix} 1 & 1 \\ -1 & l \end{bmatrix} \cdot \begin{bmatrix} P \cdot b \\ P \end{bmatrix}$$

$$= \frac{1}{l}\begin{bmatrix} P \cdot b \\ -P \cdot b + P \cdot l \end{bmatrix} = \begin{bmatrix} \dfrac{P \cdot b}{l} \\ \dfrac{-P \cdot b + P \cdot l}{l} \end{bmatrix}$$

$$= \begin{bmatrix} \dfrac{8 \cdot 4}{10} \\ \dfrac{-8 \cdot 4 + 8 \cdot 10}{10} \end{bmatrix} = \begin{bmatrix} 3.2 \\ 4.8 \end{bmatrix}$$

ⓑ 행렬식에 의한 해법

$l \cdot R_A = P \cdot b$, $R_A + R_B = P$에서

$$\therefore R_A = \frac{\begin{vmatrix} P \cdot b & 0 \\ P & 1 \end{vmatrix}}{\begin{vmatrix} l & 0 \\ 1 & 1 \end{vmatrix}} = \frac{P \cdot b}{l} = \frac{8\,\text{tf} \times 4\,\text{m}}{10\,\text{m}} = 3.2\,\text{tf}$$

$$R_B = \frac{\begin{vmatrix} l & P \cdot b \\ 1 & P \end{vmatrix}}{\begin{vmatrix} l & 0 \\ 1 & 1 \end{vmatrix}} = \frac{P \cdot l - P \cdot b}{l} = \frac{8\,\text{tf} \times 10\,\text{m} - 8\,\text{tf} \times 4\,\text{m}}{10\,\text{m}} = 4.8\,\text{tf}$$

예제 6-39

그림 6.5와 같은 단순보의 반력을 구하여라(두 개의 집중 하중이 작용하는 경우).

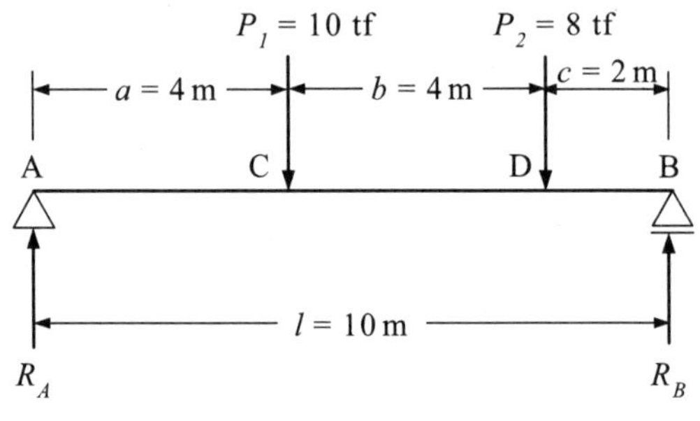

그림 6.5 단순보에 두 개의 집중 하중이 작용하는 경우에 대한 반력

| 풀이

(1) 응용역학(토목공학)에서의 해(참고)

반력 : $M_B = 0$, $R_A \times 10\text{ m} - 10\text{ tf} \times (4\text{ m} + 2\text{ m}) - 8\text{tf} \times 2\text{ m} = 0$

$\therefore\ R_A = 76\text{ tf}/10\text{ m} = 7.6\text{ tf}$,

$\sum M_A = 0$, $R_B \times 10\text{ m} - 8\text{tf} \times (4\text{ m} + 4\text{ m}) - 10\text{ tf} \times 4\text{ m} = 0$

$\therefore\ R_B = 104\ \text{tf}/10\ \text{m} = 10.4\ \text{tf},$

(또는 $R_A + R_B = P_1 + P_2$에서, $R_A + R_B = 7.6\ \text{tf} + 10.4\ \text{tf} = 18\ \text{tf}$

$P_1 + P_2 = 10\ \text{tf} + 9\ \text{tf} = 18\ \text{tf}$)

휨모멘트 : $M_A = M_B = 0,\ M_C = R_A \times 4\ \text{m} = 7.6\ \text{tf} \times 4\ \text{m} = 30.4\ \text{tf} \cdot \text{m}$

$M_D = R_B \times 2\ \text{m} = 10.4\ \text{tf} \times 2\ \text{m} = 20.8\ \text{tf} \cdot \text{m},$

또는 $M_D = R_A \times (4\ \text{m} + 4\ \text{m}) - 10.4\ \text{tf} \times 4\ \text{m} = 20.8\ \text{tf} \cdot \text{m}$

(2) 행렬 및 행렬식에 의한 해

ⓐ 행렬에 의한 해법

$$\begin{bmatrix} l & 0 \\ 1 & 1 \end{bmatrix} \begin{bmatrix} R_A \\ R_B \end{bmatrix} = \begin{bmatrix} P_1 \cdot (b+c) + P_2 \cdot c \\ P_1 + P_2 \end{bmatrix}$$

$$\therefore \begin{bmatrix} R_A \\ R_B \end{bmatrix} = \begin{bmatrix} l & 0 \\ 1 & 1 \end{bmatrix}^{-1} \begin{bmatrix} P_1 \cdot (b+c) + P_2 \cdot c \\ P_1 + P_2 \end{bmatrix}$$

$$= \frac{1}{l} \begin{bmatrix} 1 & 1 \\ -1 & l \end{bmatrix} \begin{bmatrix} P_1 \cdot (b+c) + P_2 c \\ P_1 + P_2 \end{bmatrix}$$

$$= \frac{1}{l} \begin{bmatrix} P_1 \cdot (b+c) + P_2 \cdot c \\ -P_1 \cdot (b+c) - P_2 \cdot c + l \cdot (P_1 + P_2) \end{bmatrix}$$

$$= \begin{bmatrix} \dfrac{P_1 \cdot (b+c) + P_2 \cdot c}{l} \\ \dfrac{-P_1 \cdot (b+c) - P_2 \cdot c + l \cdot (P_1 + P_2)}{l} \end{bmatrix}$$

$$= \begin{bmatrix} \dfrac{10\ \text{tf} \cdot (4\ \text{m} + 2\ \text{m}) + 8\ \text{tf} \cdot 2\ \text{m}}{10\ \text{m}} \\ \dfrac{-10\ \text{tf} \cdot (4\ \text{m} + 2\ \text{m}) - 8\ \text{tf} \cdot 4\ \text{m} + 10\ \text{m} \cdot (10\ \text{tf} + 8\ \text{tf})}{10\ \text{m}} \end{bmatrix}$$

$$= \begin{bmatrix} \dfrac{60\ \text{tf} \cdot \text{m} + 16\ \text{tf} \cdot \text{m}}{10\ \text{m}} \\ \dfrac{-60\ \text{tf} \cdot \text{m} - 16\ \text{tf} \cdot \text{m} + 180\ \text{tf} \cdot \text{m})}{10\ \text{m}} \end{bmatrix}$$

$$= \begin{bmatrix} 7.6\ \text{tf} \\ 10.4\ \text{tf} \end{bmatrix}$$

ⓑ 행렬식에 의한 해법

$l \cdot R_A = P_1 . (b + c) + P_2 \cdot c,\ R_A + R_B = P_1 + P_2$에서

$$\therefore\ R_A = \frac{\begin{vmatrix} P_1 \cdot (b+c) + P_2 \cdot c & 0 \\ P_1 + P_2 & 1 \end{vmatrix}}{\begin{vmatrix} l & 0 \\ 1 & 1 \end{vmatrix}} = \frac{P \cdot (b+c) + P_2 \cdot c}{l}$$

$$= \frac{10\,\text{tf} \times (4\ \text{m} + 2\,\text{m}) + 8\,\text{tf} \cdot 2\,\text{m}}{10\ \text{m}} = \frac{76\,\text{tf} \cdot \text{m}}{10\ \text{m}} = 7.6\,\text{tf}$$

$$R_B = \frac{\begin{vmatrix} l & P_1 \cdot (b+c) + P_2 \cdot c \\ 1 & P_1 + P_2 \end{vmatrix}}{\begin{vmatrix} l & 0 \\ 1 & 1 \end{vmatrix}}$$

$$= \frac{l \cdot (P_1 + P_2) - P_1 \cdot (b+c) - P_2 \cdot c}{l}$$

$$= \frac{10\ \text{m} \cdot (10\ \text{tf} + 8\ \text{tf}) - 10\ \text{t}_\text{f} \cdot (4\,\text{m} + 2\ \text{m}) - 8\ \text{tf} \cdot 2\ \text{m}}{10\ \text{m}}$$

$$= \frac{180\,\text{tf} \cdot \text{m} - 60\,\text{tf} \cdot \text{m} - 16\text{tf} \cdot \text{m}}{10\ \text{m}} = \frac{104\,\text{tf} \cdot \text{m}}{10\ \text{m}} = 10.4\ \text{tf}$$

연 습 문 제

6.1 다음 각 행렬의 꼴을 말하여라.

(1) $\begin{bmatrix} -4 & 0 \\ 6 & 1 \\ 3 & 2 \end{bmatrix}$ (2) $\begin{bmatrix} 3 \\ 1 \\ 4 \end{bmatrix}$

(3) $\begin{bmatrix} 2 & 3 & -6 \\ 1 & 2 & -2 \\ 5 & 3 & -4 \end{bmatrix}$ (4) $[\,-4 \quad 6 \quad 5\,]$

답 (1) 3×2 행렬 (2) 3×1 행렬(열벡터)

(3) 3×3 행렬 (4) 1×3 행렬(행벡터)

6.2 다음 주어진 행렬 $\boldsymbol{A}$의 전치행렬 $\boldsymbol{A}^T$을 구하여라.

(1) $[\,5 \quad 1 \quad 2\,]$ (2) $\begin{bmatrix} 4 & 3 \\ 2 & 4 \end{bmatrix}$

(3) $\begin{bmatrix} 2 & -5 & 4 \\ 1 & 6 & 9 \end{bmatrix}$ (4) $\begin{bmatrix} 3 \\ -5 \\ 1 \end{bmatrix}$

답 (1) $\begin{bmatrix} 5 \\ 1 \\ 2 \end{bmatrix}$ (2) $\begin{bmatrix} 4 & 2 \\ 3 & 4 \end{bmatrix}$

(3) $\begin{bmatrix} 2 & 1 \\ -5 & 6 \\ 4 & 9 \end{bmatrix}$ (4) $[\,3 \quad -5 \quad 1\,]$

6.3 다음과 같은 행렬 $\boldsymbol{A}$와 $\boldsymbol{B}$, $\boldsymbol{C}$ 및 $\boldsymbol{D}$가 상등일 필요충분조건을 써라.

$$\boldsymbol{A} = \begin{bmatrix} a_{11} & a_{12} \\ a_{21} & a_{22} \end{bmatrix}$$

(1) $\boldsymbol{B} = \begin{bmatrix} 3 & 1 \\ -2 & 4 \end{bmatrix}$ (2) $\boldsymbol{B} = \begin{bmatrix} 2 & -3 \\ 3 & 6 \end{bmatrix}$ (3) $\boldsymbol{B} = \begin{bmatrix} -5 & 4 \\ 3 & -2 \end{bmatrix}$

답 행렬의 상등이란 두 행렬이 같다는 것이므로 각 대응하는 원소가 같아야 한다.

(1) $a_{11} = 3$, $a_{12} = 1$, $a_{21} = -2$, $a_{22} = 4$

(2) $a_{11} = 2$, $a_{12} = -3$, $a_{21} = 3$, $a_{22} = 6$

(3) $a_{11} = -5$, $a_{12} = 4$, $a_{21} = 3$, $a_{22} = -2$

6.4 다음과 같은 두 행렬 $\boldsymbol{A}$와 $\boldsymbol{B}$의 합(또는 덧셈)과 차(또는 뺄셈)를 구하여라.

(1) $\begin{bmatrix} 1 & -1 & 3 \\ 2 & -4 & 6 \\ -1 & 1 & 2 \end{bmatrix}$와 $\begin{bmatrix} -4 & 0 & 0 \\ -2 & -1 & 6 \\ 8 & 15 & 4 \end{bmatrix}$

(2) $[-4 \quad 8 \quad 6]$와 $[22 \quad 17 \quad -3]$

(3) $\begin{bmatrix} 1 \\ 0 \\ -4 \end{bmatrix}$와 $\begin{bmatrix} -3 \\ 1 \\ 5 \end{bmatrix}$

(4) $\begin{bmatrix} 2 & 1 \\ 0 & 0 \\ 2 & 5 \end{bmatrix}$와 $\begin{bmatrix} -2 & 4 \\ -5 & 0 \\ -6 & 3 \end{bmatrix}$

(5) $\begin{bmatrix} 1 & 2 \\ 3 & 4 \end{bmatrix}$와 $\begin{bmatrix} 2 & 1 \\ -5 & 6 \\ 4 & 9 \end{bmatrix}$

(1) 합 : $\begin{bmatrix} -3 & -1 & 3 \\ 0 & -5 & 12 \\ 7 & 16 & 6 \end{bmatrix}$, 차 : $\begin{bmatrix} 5 & -1 & 0 \\ 4 & -3 & 0 \\ -9 & -14 & -2 \end{bmatrix}$

(2) 합 : $[18 \quad 25 \quad 3]$, 차 : $[-26 \quad -9 \quad 9]$

(3) 합 : $\begin{bmatrix} -2 \\ 1 \\ 1 \end{bmatrix}$, 차 : $\begin{bmatrix} 4 \\ -1 \\ -9 \end{bmatrix}$

(4) 합 : $\begin{bmatrix} 0 & 5 \\ -5 & 1 \\ -4 & 8 \end{bmatrix}$ 차 : $\begin{bmatrix} 4 & -3 \\ 5 & -1 \\ 2 & 2 \end{bmatrix}$

(5) 두 행렬은 2×2 행렬과 3×2 행렬이므로 크기가 서로 다르므로 합과 차는 구할 수 없다.

6.5 다음의 각 문제에서 주어진 행렬과 스칼라와의 곱(실수배)을 구하여라.

(1) $\begin{bmatrix} -4 & -3 \\ 2 & 1 \\ 6 & 8 \end{bmatrix}$, -4

(2) $\begin{bmatrix} 2 \\ 0 \\ -1 \end{bmatrix}$, 11

(3) $3\begin{bmatrix} -1 & 5 & 3 \\ 2 & 4 & 6 \end{bmatrix} - 2\begin{bmatrix} 8 & 6 & 2 \\ 4 & -5 & 0 \end{bmatrix}$

(1) $\begin{bmatrix} 16 & 12 \\ -8 & -4 \\ -24 & -32 \end{bmatrix}$

(2) $\begin{bmatrix} 22 \\ 0 \\ -11 \end{bmatrix}$

(3) $\begin{bmatrix} -19 & 3 & 5 \\ -2 & 22 & 18 \end{bmatrix}$

6.6 다음 행렬의 곱을 구하여라.

(1) $\begin{bmatrix} 5 & 7 \end{bmatrix}\begin{bmatrix} 3 \\ 2 \end{bmatrix}$

(2) $\begin{bmatrix} 3 & 0 \end{bmatrix}\begin{bmatrix} 2 & 1 \\ 1 & 2 \end{bmatrix}$

(3) $\begin{bmatrix} 3 \\ 2 \end{bmatrix}\begin{bmatrix} 1 & 4 \end{bmatrix}$

(4) $\begin{bmatrix} 4 & 1 & -1 \\ 3 & 2 & 0 \end{bmatrix}\begin{bmatrix} 2 & 6 \\ 1 & -4 \\ 5 & -2 \end{bmatrix}$

(5) $\begin{bmatrix} 1 & 2 & 3 \\ -1 & 0 & 1 \\ 3 & -2 & 4 \end{bmatrix}\begin{bmatrix} -2 & 0 & 4 \\ 1 & -1 & 2 \\ 2 & 1 & -3 \end{bmatrix}$

(6) $\begin{bmatrix} 5 & 4 & -3 \\ 2 & 1 & 9 \\ -7 & 0 & 8 \end{bmatrix}\begin{bmatrix} 1 & 4 \\ 3 & 1 \\ -2 & 5 \end{bmatrix}$

(7) $\begin{bmatrix} 5 & 6 \\ -2 & 1 \\ 4 & 9 \end{bmatrix}\begin{bmatrix} \cos\phi & \sin\phi \\ -\sin\phi & \cos\phi \end{bmatrix}$

답 (1) 29

(2) $\begin{bmatrix} 6 & 3 \end{bmatrix}$

(3) $\begin{bmatrix} 3 & 12 \\ 2 & 8 \end{bmatrix}$

(4) $\begin{bmatrix} 4 & 22 \\ 8 & 10 \end{bmatrix}$

(5) $\begin{bmatrix} 6 & 1 & -1 \\ 4 & 1 & -7 \\ 0 & 6 & -4 \end{bmatrix}$

(6) $\begin{bmatrix} 23 & 9 \\ -13 & 54 \\ -23 & 12 \end{bmatrix}$

(7) $\begin{pmatrix} 5\cos\phi - 6\sin\phi & 5\sin\phi + 6\cos\phi \\ -2\cos\phi - \sin\phi & -2\sin\phi + \cos\phi \\ 4\cos\phi - 9\sin\phi & 4\sin\phi + 9\cos\phi \end{pmatrix}$

6.7 다음 두 행렬의 $\boldsymbol{AB}$와 $\boldsymbol{BA}$을 구하여라.

(1) $\boldsymbol{A} = \begin{bmatrix} 3 & -1 \\ -4 & 2 \end{bmatrix}$, $\boldsymbol{B} = \begin{bmatrix} 5 & 2 \\ -7 & 3 \end{bmatrix}$

(2) $\boldsymbol{A} = \begin{bmatrix} 2 & -1 & 0 \\ 0 & -2 & 1 \\ 1 & 0 & 1 \end{bmatrix}$, $\boldsymbol{B} = \begin{bmatrix} -2 & 1 & -1 \\ 1 & 2 & -2 \\ 2 & -1 & -4 \end{bmatrix}$

(3) 두 행렬은 가환적인가, 비가환적인가?

답 (1) $\boldsymbol{AB} = \begin{bmatrix} 22 & 3 \\ -34 & -2 \end{bmatrix}$, $\boldsymbol{BA} = \begin{bmatrix} 7 & -1 \\ -33 & 13 \end{bmatrix}$, $\boldsymbol{AB} \neq \boldsymbol{BA}$,

두 행렬들의 곱은 비가환적

(2) $\boldsymbol{AB} = \begin{bmatrix} -5 & 0 & 0 \\ 0 & -5 & 0 \\ 0 & 0 & -5 \end{bmatrix}$, $\boldsymbol{BA} = \begin{bmatrix} -5 & 0 & 0 \\ 0 & -5 & 0 \\ 0 & 0 & -5 \end{bmatrix}$, $\boldsymbol{AB} = \boldsymbol{BA}$,

두 행렬들의 곱은 가환적

6.8 공지(空地 : 건폐율・용적률의 제한 때문에 한 필지 내에서 건축하지 못하고 비어 있게 되는 토지)가 없는 면적이 130 km^2인 한 도시에서 2013년 토지이용상태가 다음과 같다고 가정한다.

I (주거지역) 50%, II (상업지역) 20%, III (공업지역) 30%

5년마다 도시를 정비하여 세 지역의 전이확률(轉移確率, transition probability)이 다음과 같은 행렬 $\boldsymbol{A}=[a_{jk}]$로 주어질 때 (1) 2018년 (2) 2023년의 토지이용상태를 구하여라.

$$\begin{array}{cccccc} & & \text{I로} & \text{II로} & \text{III으로} & \\ \boldsymbol{A} = & \left[\begin{array}{c} \\ \\ \\ \end{array}\right. & 0.7 & 0.1 & 0.2 & \left.\begin{array}{c} \\ \\ \\ \end{array}\right] \text{I 에서} \\ & & 0.1 & 0.8 & 0.1 & \text{II 에서} \\ & & 0 & 0.1 & 0.9 & \text{III 에서} \end{array}$$

$$\boldsymbol{A} = \begin{bmatrix} 0.7 & 0.1 & 0.2 \\ 0.1 & 0.8 & 0.1 \\ 0 & 0.1 & 0.9 \end{bmatrix}$$

[주] 모든 원소가 음(−)이 아니고 행의 합이 모두 1인 정사각행렬은 확률행렬(stochastic matrix)이라 부른다. 그러므로 주어진 행렬 $\boldsymbol{A}$는 확률행렬이다. 어떤 상태에 들어갈 확률이 직전에 들어가 있는 상태(그리고 그 과정을 결정하는 행렬)에만 의존하게 되는 확률과정을 Markov 과정(Markov process)이라 부른다. 그러므로 이 예제는 Markov 과정과 관련이 있다.

(1) $[\,37 \quad 24 \quad 39\,]$

즉, 2018년 주거지역 37%(48.1 km^2), 상업지역 24%(31.2 km^2) 그리고 공업지역 39%(50.7 km^2)

(2) $[\,28.3 \quad 26.8 \quad 44.9\,]$

2023년에 대응하는 숫자들은 28.3%(36.79 km^2), 상업지역 26.8%(34.84 km^2) 그리고 공업지역 44.9%(58.37 km^2)이다.

두 경우 모두 합을 구하면 당연히 100%가 되어야 한다.

6.9 다음 행렬 $\boldsymbol{A}$의 역행렬의 존재여부를 판단하고, 이 행렬에 대한 역행렬 $\boldsymbol{A}^{-1}$을 정의, 공식 및 Gauss-Jordan 소거법에 의해 구하여라.

(1) $\begin{bmatrix} 1 & 4 \\ 2 & 10 \end{bmatrix}$ (2) $\begin{bmatrix} 1 & -1 \\ -1 & 2 \end{bmatrix}$

(3) $\begin{bmatrix} 3 & 1 \\ 2 & 4 \end{bmatrix}$ (4) $\begin{bmatrix} 2 & 2 & 0 \\ -2 & 1 & 1 \\ 3 & 0 & 1 \end{bmatrix}$

(5) $\begin{bmatrix} 2 & 0 & 1 \\ -2 & 3 & 4 \\ -5 & 5 & 6 \end{bmatrix}$ (6) $\begin{bmatrix} -1 & 1 & 2 \\ 3 & -1 & 1 \\ -1 & 3 & 4 \end{bmatrix}$

답 (1) $\det A = 2 \neq 0$
역행렬 존재
$$\begin{bmatrix} 5 & -2 \\ -1 & \frac{1}{2} \end{bmatrix}$$

(2) $\det A = 1 \neq 0$
역행렬 존재
$$\begin{bmatrix} 2 & 1 \\ 1 & 1 \end{bmatrix}$$

(3) $\det A = 0.14 \neq 0$
역행렬 존재
$$\begin{bmatrix} 0.4 & 0.1 \\ -0.2 & 0.3 \end{bmatrix}$$

(4) $\det A = 1/12 \neq 0$
역행렬 존재
$$\begin{bmatrix} \frac{1}{12} & -\frac{1}{6} & \frac{1}{6} \\ \frac{5}{12} & \frac{1}{6} & -\frac{1}{6} \\ -\frac{1}{4} & \frac{1}{2} & \frac{1}{2} \end{bmatrix}$$

(5) $\det A = -49 \neq 0$
역행렬 존재
$$\begin{bmatrix} -2 & 5 & -3 \\ -8 & 17 & -10 \\ 5 & -10 & 6 \end{bmatrix}$$

(6) $\det A = 0.164 \neq 0$
역행렬 존재
$$\begin{bmatrix} -0.7 & 0.2 & 0.3 \\ -1.3 & -0.2 & 0.7 \\ 0.8 & 0.2 & -0.2 \end{bmatrix}$$

독자는 $AA^{-1} = A^{-1}A = I$을 증명하기 바란다.

6.10 행렬을 이용하여 다음의 연립방정식의 해를 구하고 검산하라.

(1) $\begin{aligned} 3x + y &= -5 \\ 2x + 3y &= 6 \end{aligned}$ (2) $\begin{aligned} x - 2y &= -8 \\ 5x + 3y &= -1 \end{aligned}$ (3) $\begin{aligned} 5x - 2y &= 1 \\ 6x + 8y &= 22 \end{aligned}$

답 (1) $x = -3$, $y = 4$

(2) $x = -2$, $y = 3$

(3) $x = 1$, $y = 2$

[검산] $\begin{aligned} 3x + y &= -5 \;\rightarrow\; 3(-3)+4 = -5 \\ 2x + 3y &= 6 \;\rightarrow\; 2(-3) + 3(4) = 6 \end{aligned}$

따라서, $x = -3$, $y = 4$는 주어진 방정식의 해이다.
같은 방법으로 (2)와 (3)의 해도 검산한다.

6.11 주어진 연립방정식의 해를 ① 도식해법 ② 대입법 ③ 가감법 ④ 등치법으로 구하여라.

(1) $\begin{aligned} 3x + 2y &= 18 \\ -x + 2y &= 2 \end{aligned}$ (2) $\begin{aligned} 2x + 3y &= 4 \\ 3x + 2y &= -4 \end{aligned}$ (3) $\begin{aligned} x + y &= 4 \\ 2x - 2y &= 2 \end{aligned}$

답 (1) $x = 4$, $y = 3$

(2) $x = -4$, $y = 4$

(3) $x = 2$, $y = 2$

6.12 크래머 법칙을 사용하여 다음 연립방정식(계수행렬을 $\boldsymbol{A}$로 놓는다)의 해를 구하여라. 그리고 (1)번의 경우 연립방정식의 해를 갖지 않을 k값을 구하고, (2)와 (3)번은 해가 존재하는지를 판단하여라.

(1) $\begin{aligned}(2-k)x + \quad ky &= 4\\ kx + (3-k)y &= 2\end{aligned}$

(2) $\begin{aligned}-3x + \ y &= 3\\ x - 4y &= -6\end{aligned}$

(3) $\begin{aligned}x + y &= 4\\ 2x - y &= 2\end{aligned}$

(1) 계수행렬식, $D = \det \boldsymbol{A} = 6-5k,\ D_x = 12-7k,\ D_y = 6-7k,$

$x = \dfrac{D_x}{D} = \dfrac{12-7k}{6-5k},\ y = \dfrac{D_y}{D} = \dfrac{6-7k}{6-5k}$, 해를 갖지 않을 때 k값은 $\boldsymbol{k} = \dfrac{\mathbf{6}}{\mathbf{5}}$이다.

(2) 계수행렬식, $D = \det \boldsymbol{A} = 12-2 = 10 \neq 0$: 해가 존재 $D_x = -6,$

$D_y = 12,\ x = \dfrac{D_x}{D} = \dfrac{-6}{10} = -0.6,\ y = \dfrac{D_y}{D} = \dfrac{12}{10} = 1.2$

$\therefore\ \boldsymbol{x = 0.6,\ y = 1.2}$

(3) 계수행렬식, $D = \det \boldsymbol{A} = -1-2 = -3 \neq 0$: 해가 존재 $D_x = -6,$

$D_y = -6,\ x = \dfrac{D_x}{D} = \dfrac{-6}{-3} = 2,\ y = \dfrac{D_y}{D} = \dfrac{-6}{-3} = 2$

$\therefore\ \boldsymbol{x = 2,\ y = 2}$

6.13 다음의 연립1차방정식을 가우스 소거법과 Gauss-Jordan 소거법으로 풀어라.

(1) $\begin{aligned}x - 2y &= -8\\ 5x + 3y &= -1\end{aligned}$

(2) $\begin{aligned}3x + \ y &= -5\\ 2x + 3y &= 6\end{aligned}$

(3) $\begin{aligned}5x - 2y &= 1\\ 6x + 8y &= 22\end{aligned}$

(4) $\begin{aligned}3x - \ y + \ z &= -2\\ x + 5y - 2z &= 6\\ 2x + 3y + \ z &= 0\end{aligned}$

(5) $\begin{aligned}5x + 3y - 3z &= -1\\ 3x + 2y - 2z &= -1\\ 2x - \ y + 2z &= 8\end{aligned}$

(6) $\begin{aligned}x + 2y - \ 8z &= 0\\ 2x - 3y + \ 5z &= 0\\ 3x + 2y - 12z &= 0\end{aligned}$

가우스 소거법

(1) $\left[\begin{array}{cc|c}1 & -2 & 8\\ 5 & 3 & -1\end{array}\right] \ \overset{\boldsymbol{R}_2 - 5\boldsymbol{R}_1}{\Rightarrow}\ \left[\begin{array}{cc|c}1 & -2 & -8\\ 0 & 13 & 39\end{array}\right]$

마지막 행렬로부터

$13y = 39 \Rightarrow y = 3 \Rightarrow x - 2(3) = -8 \Rightarrow x = -2,\ \therefore\ x = -2,\ y = 3$

Gauss-Jordan 소거법(가우스 소거법의 마지막 행렬 이용)

(1) $\left[\begin{array}{cc:c} 1 & -2 & -8 \\ 0 & 13 & 39 \end{array}\right] \overset{\frac{1}{13}R_2}{\Rightarrow} \left[\begin{array}{cc:c} 1 & -2 & -8 \\ 0 & 1 & 3 \end{array}\right] \overset{2R_2+R_1}{\Rightarrow} \left[\begin{array}{cc:c} 1 & 0 & -2 \\ 0 & 1 & 3 \end{array}\right]$

$\therefore\ \boldsymbol{x}=-2,\ \boldsymbol{y}=3$

같은 방법으로 해를 구하면

(2) $\boldsymbol{x}=-3,\ \boldsymbol{y}=4$

(3) $\boldsymbol{x}=1,\ \boldsymbol{y}=2$

(4) $\boldsymbol{x}=-2,\ \boldsymbol{y}=0,\ \boldsymbol{z}=4$

(5) $\boldsymbol{x}=1,\ \boldsymbol{y}=2,\ \boldsymbol{z}=4$

(6) $\boldsymbol{x}=2\boldsymbol{z},\ \boldsymbol{y}=3\boldsymbol{z},\ \therefore\ \boldsymbol{x}:\boldsymbol{y}:\boldsymbol{z}=2\boldsymbol{z}:3\boldsymbol{z}:\boldsymbol{z}$, 해는 무수히 많다.

6.14 Jacobi 반복법과 Gauss-Seidel 반복법을 이용하여 다음의 선형연립방정식의 해를 구하여라.

(1) $\begin{aligned} 4x_1 - x_2 + x_3 &= 7 \\ 4x_1 - 8x_2 + x_3 &= -21 \\ -2x_1 + x_2 + 5x_3 &= 15 \end{aligned}$

(2) $\begin{aligned} 5x_1 - 5x_2 + x_3 &= 10 \\ 2x_1 + 8x_2 - x_3 &= 11 \\ -x_1 + x_2 + 4x_3 &= 3 \end{aligned}$

(3) $\begin{aligned} 4x_1 + x_2 - x_3 &= 7 \\ x_1 - 5x_2 - x_3 &= -8 \\ 2x_1 - x_2 - 6x_3 &= -2 \end{aligned}$

두 방법 초기값은 모두 $\boldsymbol{x}_1=\boldsymbol{x}_2=\boldsymbol{x}_3=\boldsymbol{0}$이다. [예제 6-27]의 풀이 참조

(1) $\boldsymbol{x}_1=2,\ \boldsymbol{x}_2=4,\ \boldsymbol{x}_3=3$, Jacobi 반복법(허용오차 1.0×10^{-6})

: 반복횟수 $n=15$에서 정확해에 수렴

Gauss-Seidel 반복법(허용오차 0.1×10^{-5}) : 반복횟수 $n=8$에서 해에 수렴

(2) $\boldsymbol{x}_1=2,\ \boldsymbol{x}_2=1,\ \boldsymbol{x}_3=1$, Jacobi 반복법(허용오차 1.0×10^{-6})

: 반복횟수 $n=17$에서 정확해에 수렴

Gauss-Seidel 반복법(허용오차 0.1×10^{-5}) : 반복횟수 $n=9$에서 해에 수렴

(3) $\boldsymbol{x}_1=3,\ \boldsymbol{x}_2=2,\ \boldsymbol{x}_3=1$, Jacobi 반복법(허용오차 1.0×10^{-6})

: 반복횟수 $n=11$에서 정확해에 수렴

Gauss-Seidel 반복법(허용오차 0.1×10^{-5}) : 반복횟수 $n=9$에서 해에 수렴

6.15 다음 행렬식의 값을 구하여라.

(1) $\begin{vmatrix} 1 & 2 \\ 5 & 3 \end{vmatrix}$

(2) $\begin{vmatrix} -3 & 2 \\ -2 & 5 \end{vmatrix}$

(3) $\begin{vmatrix} \cos n\theta & -\sin n\theta \\ \sin n\theta & \cos n\theta \end{vmatrix}$

(4) $\begin{vmatrix} 4 & 6 & 5 \\ 0 & 1 & -3 \\ 0 & 6 & 0 \end{vmatrix}$

(5) $\begin{vmatrix} 1 & 3 & 0 \\ 2 & 6 & 4 \\ -1 & 0 & 2 \end{vmatrix}$

(6) $\begin{vmatrix} 1 & a & a^2 \\ 1 & b & b^2 \\ 1 & c & c^2 \end{vmatrix}$

(7) $\begin{vmatrix} 2 & -3 & 1 \\ 5 & 0 & 7 \\ -3 & 4 & 8 \end{vmatrix}$ (8) $\begin{vmatrix} 4 & 5 & 0 & 2 \\ -1 & 3 & 8 & 9 \\ 2 & 0 & -3 & 2 \\ 1 & 2 & 7 & -5 \end{vmatrix}$

(1) **−7**

(2) **−11**

(3) $\cos^2 n\theta + \sin^2 n\theta = 1$

(4) 72

(5) **−12**

(6) $(\boldsymbol{a}-\boldsymbol{b})(\boldsymbol{b}-\boldsymbol{c})(\boldsymbol{c}-\boldsymbol{a})$: [힌트 : 인수분해 시에 $+abc-abc$]

(7) 147

(8) **−834**

6.16 4가지 가능한 방법으로 2차 행렬식[식 (6.24)]를 전개하고, 그 결과를 비교하여라.

첫 번째 행에 대하여 전개하면 $D = a_{11}a_{22} - a_{12}a_{21}$, 두 번째 행에 대하여 전개하면 $D = -a_{21}a_{12} + a_{22}a_{11}$, 첫 번째 행에 대하여 전개하면 $D = a_{11}a_{22} - a_{21}a_{12}$, 네 번째 행에 대하여 전개하면 $D = -a_{12}a_{21} + a_{22}a_{11}$이므로, 4가지 모두 같은 값을 가진다.

6.17 다음 연립1차방정식을 행렬식을 이용하여 풀어라.

(1) $\begin{aligned} x + y &= 1 \\ y + z &= 2 \\ z + x &= 5 \end{aligned}$ (2) $\begin{aligned} 2x + y - z &= 7 \\ -3x + 5y + z &= 2 \\ 4x + 2y + 3z &= 19 \end{aligned}$

(3) $\begin{aligned} 5x + 3y - 3z &= -1 \\ 3x + 2y - 2z &= -1 \\ 2x - y + 2z &= 8 \end{aligned}$

(1) $\boldsymbol{x} = 2,\ \boldsymbol{y} = -1,\ \boldsymbol{z} = 3$

(2) $\boldsymbol{x} = 3,\ \boldsymbol{y} = 2,\ \boldsymbol{z} = 1$

(3) $\boldsymbol{x}=1,\ \boldsymbol{y}=2,\ \boldsymbol{z}=4$

6.18 다음 행렬식의 결과는 행렬식의 어떠한 성질이나 정리를 이용하였는지 써라.

(1) $\begin{vmatrix} 0 & 1 & 4 \\ 0 & 2 & 5 \\ 0 & 3 & 6 \end{vmatrix} = 0$

(2) $\begin{vmatrix} 4 & 6 & 5 \\ 0 & 1 & -3 \\ 0 & 6 & 0 \end{vmatrix} = \begin{vmatrix} 4 & 0 & 0 \\ 6 & 1 & 6 \\ 5 & -3 & 0 \end{vmatrix}$

(3) $\begin{vmatrix} 1 & 3 & 0 \\ 2 & 6 & 4 \\ -1 & 0 & 2 \end{vmatrix} = 2\begin{vmatrix} 1 & 3 & 0 \\ 1 & 3 & 2 \\ -1 & 0 & 2 \end{vmatrix}$

(4) $\begin{vmatrix} 3 & 6 & -4 \\ 1 & -1 & 3 \\ -6 & -12 & 8 \end{vmatrix} = \begin{vmatrix} -6 & -12 & 8 \\ 1 & -1 & 3 \\ -6 & -12 & 8 \end{vmatrix}$

(5) $\begin{vmatrix} 2 & 1 & 5 \\ -3 & 4 & 7 \\ 6 & 2 & 9 \end{vmatrix} = \begin{vmatrix} -3 & 4 & 7 \\ 2 & 1 & 5 \\ 6 & 2 & 9 \end{vmatrix}$

(6) $\begin{vmatrix} 1 & 2 & 3 \\ 4 & 5 & 6 \\ 7 & 8 & 9 \end{vmatrix} = \begin{vmatrix} 1 & 2 & 3 \\ 3 & 4 & 5 \\ 7 & 8 & 9 \end{vmatrix} + \begin{vmatrix} 1 & 2 & 3 \\ 1 & 1 & 1 \\ 7 & 8 & 9 \end{vmatrix}$

(7) $\begin{vmatrix} 1 & 1 & 2 \\ 2 & 2 & 3 \\ 3 & 3 & 1 \end{vmatrix} = \begin{vmatrix} 1 & 3 & 2 \\ 2 & 6 & 3 \\ 3 & 9 & 1 \end{vmatrix}$

(1) [정리 3] 1열 원소 모두 0
(2) [정리 1] 전치
(3) [정리 4] 행벡터 상수배
(4) [정리 3], 행벡터 비례, 즉 1행 × (−2) = 3행
(5) [정리 2] 두 행 교환
(6) [정리 5] 행벡터 분리
(7) [정리 6] 열벡터 가법

6.19 다음 그림에서 180 kgf의 블록이 마찰과 크기가 F인 최소의 힘에 의하여 경사각이 30°로 기울어진 면을 따라 미끄러짐이 억제되고 평형상태로 있다. 블록과 기울어진 면 사이의 마찰계수가 0.5일 때, 마찰력의 크기는 0.5 N이다. 여기서 N은 블록의 면에 가하는 법선력의 크기이다. 이 장치는 평형이 되도록 F와 N에 대한 연립방정식이 만들어졌다는 사실을 이용하라. Cramer 법칙을 이용하여 F와 N에 대하여 풀어라.

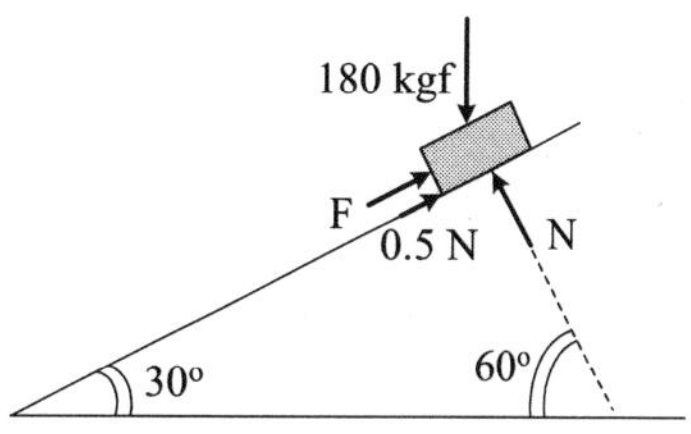

문제 그림 6.1

$$\sin 30^\circ(\mathbf{F}) + \sin 30^\circ(0.5\,\mathbf{N}) + \sin 60^\circ(\mathbf{N}) = 180$$
$$\cos 30^\circ(\mathbf{F}) + \cos 30^\circ(0.5\,\mathbf{N}) - \cos 60^\circ(\mathbf{N}) = 0$$

이 두 식에서 N을 정리하고 Cramer 법칙을 적용하면

$D = -1.038,\ D_F = -12.06,\ D_N = -155.88$

$$\therefore\ \boldsymbol{F} = \frac{D_F}{D} = \frac{-12.06}{-1.038} = 11.62\ \text{kgf}$$

$$\boldsymbol{N} = \frac{D_N}{D} = \frac{-155.88}{-1.038} = 150.17\ \text{kgf}$$

6.20 [예제 6-38]과 같은 단순보에서 $l = 20$ m, $a = 8$ m, $b = 12$ m이고 $P = 15$ tf일 때 (1) 반력 R_A와 R_B 그리고 (2) 휨모멘트 M_A, M_B 및 M_C를 이 예제에서 계산한 방법으로 구하여라.

(1) $R_A = 9.0$ tf, $R_A = 6.0$ tf

(2) $M_A = M_B = 0$, $M_C = 72$ tf · m

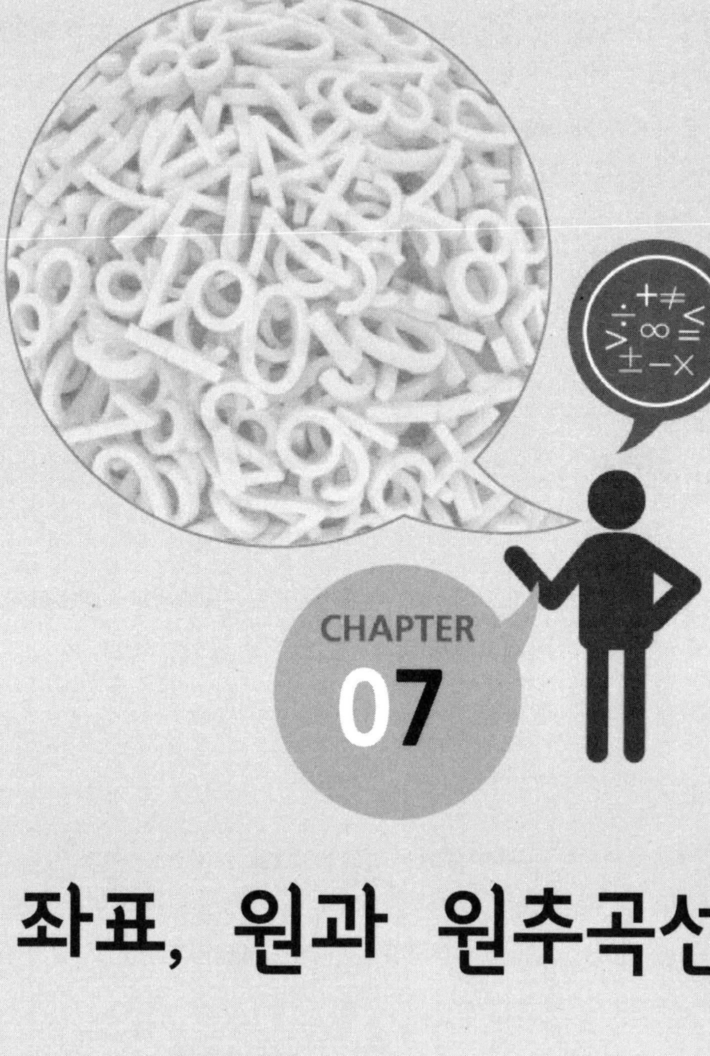

CHAPTER 07

좌표, 원과 원추곡선

우리는 한 점에 이 점에 좌표(座標, coordinates)라 부르는 하나의 실수(實數, real number)를 할당함으로써 실직선 위에 이 점의 위치를 정한다. 평면(때로는 곡면)이나 공간 내 도형의 위치나 형태 등을 수량적으로 취급하려면 어떻게 하는 것이 가장 좋겠는가? 그것은 앞에서 기술한 좌표로 나타내는 것이 가장 편리하면서 이상적이다. 이러한 좌표의 기준이 되는 것을 좌표계(座標系, coordinate system)라 한다.

좌표계는 문제에 응용될 때마다 보다 좋은 쪽으로 여러 가지가 고안되어 왔다. 이 장에서는 몇 가지 좌표계와 기본적인 도형(직선, 포물선, 원, 타원 및 쌍곡선 등)에 대하여 서술하겠다.

7.1 평면에서의 좌표계

평면에서도 직선처럼 좌표계의 도입이 필요하다. 이러한 좌표계에는 **직교좌표계**, **사교좌표계** 및 **극좌표계**가 있으며 이중에서 직교좌표계와 극좌표계가 가장 많이 쓰인다.

7.1.1 직교좌표계

우리는 같은 평면에 있는 두 직선에서 시작한다. 하나는 가로 직선이고 다른 하나는 세로 직선이다. 우리는 가로직선을 x축(x-axes), 세로직선을, y축(y-axes), 두 직선의 교점을 원점(原點, origin) O라 한다.

원점 O는 x축과 y축 위에서 다함께 0(영, 零, zero)의 값을 갖는다. 그림 7.1 (a)와 같이 서로 직교하는 두 직선 x, y 그리고 이런 두 직선의 교점(원점)에서 각 직선(축)에 따른 길이를 이용해 점의 위치를 점 $(a,\ b)$와 같이 나타낸다. 일반적으로 x축에서는 원점 0에서 왼쪽으로 $(-)$, 오른쪽으로 $(+)$, y축에서는 아래로 $(-)$, 위로 $(+)$가 된다. 그리고 우리는 **양의 방향**을 나타내기 위하여 **각 축의 끝에 화살표를 사용**해왔다.

이 좌표계는 평면의 위치를 나타내는데 가장 기본적이다. 여기에서 설명된 좌표계를 **직교좌표계**(rectagular coordinate system) 또는 **카테시언좌표계**(Cartesian coordinate system)라 한다. x축과 y축으로 구성되는 평면을 때때로 xy-평면(xy-plane)이라 하고, x축과 y축을 좌표축(coordinate axes)이라 한다.

> 카테시언좌표계는 르네 데카르트(René Descartes, 1596~1650)가 사망한 후에 붙여진 이름이다. 이것은 수학사상 가장 위대한 발명 중의 하나였다. 그는 프랑스의 수학자, 철학자이며 신학자였다. 또한 그는 근대철학의 아버지로 불리며, 수학자로서는 기하학에 대수적 해법을 적용한 해석기하학의 창시자로 알려져 있다.

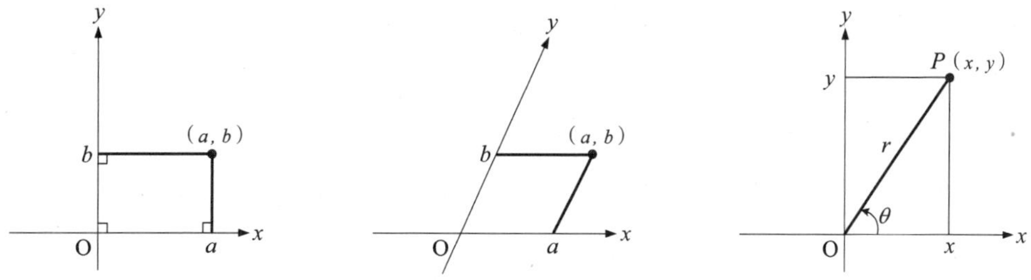

(a) 직교좌표계 (b) 사교좌표계 (c) 극좌표계

그림 7.1 직교, 사교 및 극좌표계

7.1.2 사교좌표계

문제에 따라 축이 기울어져 x축과 y축이 반드시 직교하지 않는 좌표계도 있다. 즉, 그림 7.1 (b)에서와 같이 평면상 1점의 위치를 표시하기 위해서 임의의 각도로 경사되어 교차하는 두개의 수치직선을 좌표축으로 도입한 좌표계를 **사교좌표계**(斜交座標系, oblique coordinate system)라 한다. 가끔 사교좌표계가 편리한 경우도 있다.

7.1.3 극좌표계

직교좌표와는 다른 어떤 형의 좌표계를 사용하면 평면 내의 점과 곡선에 관한 해석이 편리할 때가 있다. 이와 같은 좌표계는 많이 있다.

평면 위에 점 P의 위치를 나타내기 위해 원점 O에서 점 P까지의 거리 r (r 은 항상 +)이라 하고, 하나의 정직선 (통상 x축)에서 나오는 각 $\theta(0 \leqq \theta \leqq 2\pi, \quad -\pi \leqq \theta \leqq \pi)$로 표현하는 방법

도 있다. 이처럼 (r, θ)에서 점을 표시하는 방법을 **극좌표계**(極座標系, polar coordinate system)라 한다[그림 7.12 (c)].

> 각 θ는 반시계방향을 $+$[(양, 陽) 또는 (정, 正)], 시계방향을 $-$[(음, 陰)또는 (부, 負)]라 한다.

한 점의 극좌표를 알 때 **극좌표 방안지**(極座標 方案紙, polar coordinate paper)라 하는 특수한 형의 그래프 용지를 사용하면 그 점(點)을 대단히 간편하게 그릴 수 있다. 이 용지 위의 좌표의 분할은 **극**(極, pole)을 지나는 동경 직선족과, 극을 중심으로 하는 동심원족(同心圓族)으로 되어 있다. 점 $A(5, 30°)$, $B(-7, 60°)$, $C(9, -90°)$, $D(-8, -45°)$는 그러한 용지 위에 그리면 그림 7.2와 같다.

또한 임의의 극좌표는 여러 가지 방법으로 표시할 수 있다. 예로써 점 $(2, 30°)$, $(2, -330°)$ 및 $(-2, 210°)$ 등은 모두 같은 점을 나타낸다.

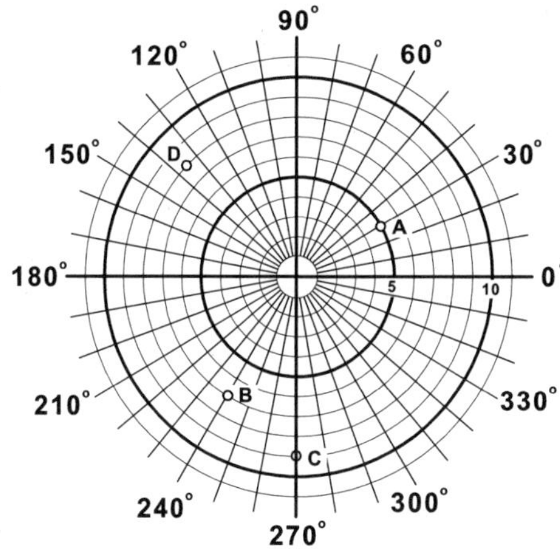

그림 7.2 극좌표 방안지

7.1.4 직교좌표계와 극좌표계의 관계

극좌표 축을, 그림 7.1 (c)에 나타난 바와 같이 양(陽)의 x축을 따라서 취하면 점 P의 직교좌표계 (x, y)와 극 좌표계 (r, θ)의 사이에는

$$\begin{cases} x = r\cos\theta \\ y = r\sin\theta \end{cases} \qquad \begin{cases} r = \sqrt{x^2+y^2} \\ \theta = \tan^{-1}\left(\dfrac{y}{x}\right) \end{cases} \tag{7.1}$$

의 관계가 있다.

이 관계식은 한 좌표계를 다른 좌표계로 바꾸고자할 때, 즉 직교좌표계 $(x,\ y)$를 극 좌표계 $(r,\ \theta)$로 또는 역의 경우에도 사용할 수 있다.

앞에서 서술한 바와 같이 좌표계의 취급법은 문제에 응용해 고려해야 하지만, **기본적 도형의 취급 시에는 직교좌표계가 편리**하다.

예제 7-1

극방정식 $r = a\cos\theta$ 또는 $r^2 = ar\cos\theta$를 직교좌표로 나타내어라.

❙풀이

식 (7.1)을 이용하면 $r=\sqrt{x^2+y^2}$이므로 양변을 제곱하여 $x = r\cos\theta$를 대입하면

$r^2 = x^2+y^2 = ar\cos\theta = ax$

$\therefore\ x^2+y^2 = ax$

예제 7-2

직교방정식 $y^2 = 4ax$를 극좌표로 나타내어라.

❙풀이

직교방정식 $y^2 = 4ax$에 식 (7.1)의 $x = r\cos\theta$와 $y = r\sin\theta$를 대입하여 정리하면 다음과 같다.

$(r\sin\theta)^2 = 4a(r\cos\theta)$

(또는 $r\sin^2\theta = 4a\cos\theta$)

또는 앞 식을 다시 정리하면

$$r = 4a\frac{\cos\theta}{\sin^2\theta} = 4a\frac{\cos\theta}{\sin\theta}\frac{1}{\sin\theta} = 4a\cot\theta\csc\theta$$

$\therefore\ r = 4a\cot\theta\csc\theta$

7.2 두 점 사이의 거리와 방향각

직교좌표계에서 두 점 $P(x_1,\ y_1)$과 $Q(x_2,\ y_2)$ 사이의 거리를 $d(P,\ Q)$라 하자. 그러면

$$d(P,\ Q)=\sqrt{(x_2-x_1)^2+(y_2-y_1)^2} \tag{7.2}$$

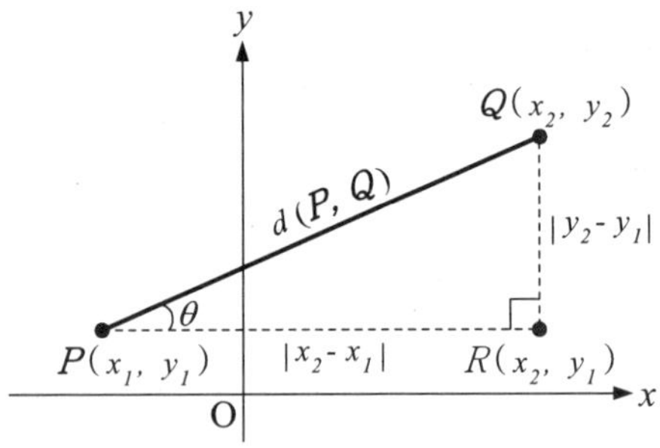

그림 7.3 두 점 사이의 거리와 방향각

❚ 설명 ❚

다음에 사선을 결정하는 점들 $P(x_1,\ y_1)$과 $Q(x_2,\ y_2)$을 생각해 보자. P를 지나고 x축에 평행한 직선과 Q을 지나고 y축에 평행한 직선을 그린다(그림 7.3 참고). 이 두 직선들은 가로좌표가 x_2이고 세로좌표가 y_1인 점을 R에서 만난다. x좌표의 차를 구하여 이것을 제곱하고, 이 값에 y좌표의 차의 제곱을 하여 더한 다음, 이들 합의 제곱근을 구하면 얻을 수 있으며, 그 과정은 다음과 같다.

$$\overline{PR}=x_2-x_1 \quad \text{그리고} \quad \overline{RQ}=y_2-y_1$$

피타고라스의 정리(Pythagoras theorem)를 이용하면

$$|\overline{PQ}|^2=(x_2-x_1)^2+(y_2-y_1)^2$$

선분 $\overline{PQ}$의 길이, 즉 두 점 사이의 거리 d로 나타내면 다음과 같은 공식을 얻는다.

$$d(P,\ Q)=\sqrt{(x_2-x_1)^2+(y_2-y_1)^2}$$

거리공식을 사용하는데 한 점은 $(x_1,\ y_1)$로 정하거나 다른 한 점은 $(x_2,\ y_2)$로 정할 수도 있다. 이것은 근호 안에 포함된 두 거리의 차가 제곱이라는 사실에 기인한다. 따라서 이 두 수들 차의 제곱은 뺄셈의 순서가 바뀌어도 절대로 변하지 않는다.

또 P에서 Q의 방향각 θ는 다음과 같이 쉽게 나타낼 수 있다.

$$\theta = \tan^{-1}\left(\frac{y_2 - y_1}{x_2 - x_1}\right) \tag{7.3}$$

n각형의 각 정점의 좌표 $(x_1, y_1), (x_2, y_2), \cdots, (x_n, y_n)$를 이미 알고 있을 때, 이 다각형의 면적 S는 다음 같은 식으로 산출할 수 있다.

$$S = \frac{1}{2}\sum_{i=1}^{n}(x_i - x_{i+1})(y_i + y_{i+1}) \tag{7.4}$$

여기서, $x_{n+1} \rightarrow x_1$, $y_{n+1} \rightarrow y_1$로 치환할 수 있다.

식 (7.4)는 각 꼭짓점에서 x축에 수선을 긋고, 그 곳에 생기는 n개의 사다리꼴 [또는 제형(梯形), trapezoidal]의 면적 차로부터 도출할 수 있다.

예제 7-3

그림에 나타난 (1) 선분의 길이와 (2) 방향각 θ를 구하여라.

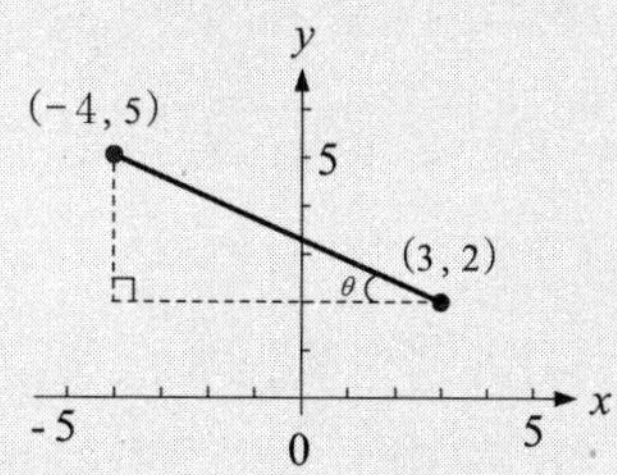

▌풀이

(1) 주어진 그림의 선분의 길이 d는 두 점 $(-4, 5)$와 $(3, 2)$사이의 거리이다.
식 (7.2)을 사용하면 길이 d는 다음과 같이 계산할 수 있다.
이 때 $(x_1, y_1) = (-4, 5)$, $(x_2, y_2) = (3, 2)$이다.

$$d = \sqrt{[3-(-4)]^2 + (2-5)^2} = \sqrt{7^2 + (-3)^2} = \sqrt{49+9} = \sqrt{58}$$

$$\approx 7.62$$

(2) 방향각 θ는 식 (7.3)을 사용하면 다음과 같이 구할 수 있다.

$$\theta = \tan^{-1}\left[\frac{2-5}{3-(-4)}\right] = -23.20° \text{ 또는 } -23°12' \text{ (}x\text{축과 시계방향으로)}$$

또는 x축과 반시계 방향으로 $180° - 23.20° = 156.80°$ 또는 $156°48'$이다.

7.3 직선의 방정식

직선의 방정식이란 무엇인가? 직선 위에 있는 모든 점의 x좌표와 y좌표 사이의 관계를 식으로 나타낸 것을 직선의 방정식이라 한다. 다시 말하면 직선상의 임의의 점을 P$(x,\ y)$라 할 때 x와 y사이에 성립하는 관계식을 직선의 방정식이라 한다. 따라서 직선의 방정식을 세우려면 다음과 같은 과정을 밟으면 된다.

첫째 : 주어진 직선 위에 임의의 점을 잡고 P$(x,\ y)$라 한다.

둘째 : 주어진 조건으로부터 x와 y사이의 관계를 찾아내면 그것이 곧 직선의 방정식이 된다.

7.3.1 직선의 방정식 [그림 7.4 (a), (b), (c) 참조]

직선의 방정식은 다음과 같은 6가지로 나타낼 수 있다.

(1) 기울기가 a이며 y축의 절편 b가 주어졌을 때 : $y = ax + b$ [그림 7.4 (a), (b)]

(2) 기울기 a와 한 점 $A(x_1,\ y_1)$가 주어졌을 때 : $y - y_1 = a(x - x_1)$

(3) 두 점 $A(x_1,\ y_1)$, $B(x_2,\ y_2)$가 주어졌을 때 :

① $x_1 \neq x_2$일 때, $y - y_1 = \dfrac{y_2 - y_1}{x_2 - x_1}(x - x_1)$

② $x_1 = x_2$일 때, $x = x_1$

(4) x축의 절편이 a, y축의 절편 b가 주어졌을 때 : [그림 7.4 (c)]

$\dfrac{x}{a} + \dfrac{y}{b} = 1 \Leftrightarrow y = -\dfrac{b}{a}x + b$

(5) 좌표축에 평행한 직선 : [그림 7.4 (d)]

x축의 절편이 a이고 y축에 평행한 직선의 방정식 : $x = a$

y축의 절편이 b이고 x축에 평행한 직선의 방정식 : $y = b$

(6) 원점에서의 수선거리 p와 그 수선이 x축의 +(양)방향이 되는 각 θ가 주어졌을 때 :

$x\cos\theta + y\sin\theta = p$ [그림 7.4 (c)]

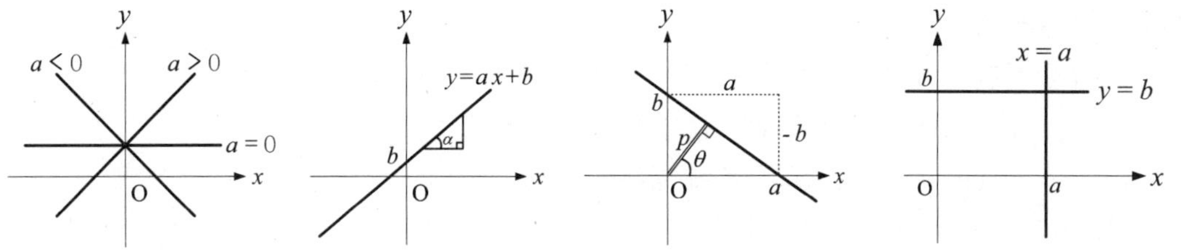

(a) 직선의 그래프 (b) 직선의 그래프 (c) 직선의 그래프 (d) 좌표축에 평행한 직선

그림 7.4 직선방정식

▌설명 ▌

(1) 기울기 a와 y축의 절편 b를 알 때 기울기 $a=\dfrac{y\text{의 증분}}{x\text{의 증분}}=\tan\alpha$, $a>0$일 때, 오른쪽 위로, $a<0$일 때, 오른쪽 아래로 $a=0$일 때, x축에 평행) 직선상의 임의의 점을 P(x, y)라 하면 $\dfrac{y-b}{x}=\dfrac{a}{1}$

$\therefore\ y=ax+b$ ①

(2) 기울기 a와 한 점 $A(x_1,\ y_1)$를 알 때 직선상의 임의의 점을 P(x, y)라 하면 언제나

$\dfrac{y-y_1}{x-x_1}=\dfrac{a}{1}$

$\therefore\ y-y_1=a(x-x_1)$ ②

(3) 직선상의 두 점 $A(x_1,\ y_1)$, $B(x_2,\ y_2)$를 알 때

① $x_1\neq x_2$일 때, 직선의 기울기 a는 $a=\dfrac{y_2-y_1}{x_2-x_1}$이므로 식 ②에 대입하면

$\therefore\ y-y_1=\dfrac{y_2-y_1}{x_2-x_1}(x-x_1)$ ③

② $x_1=x_2$일 때, x좌표는 항상 x_1이 된다.

$\therefore\ x=x_1$ (y축에 평행)

(4) x축의 절편 a, y축의 절편 b를 알 때(단, $ab\neq0$)

기울기는 $-\dfrac{b}{a}$, y축의 절편이 b인 직선의 방정식은 두 점 $(a,\ 0)$, $(0,\ b)$를 지나는 직선과 직선의 방정식이 같으므로 $y-0=\dfrac{b-0}{0-a}(x-a)=-\dfrac{b}{a}x+b\ \rightarrow\ \dfrac{b}{a}x+y=b$ 양변을 b로 나누어 정리하면 다음 식과 같다.

$\therefore\ \dfrac{x}{a}+\dfrac{y}{b}=1$ ④

(5) 좌표축에 평행한 직선

x축의 절편이 a이고 y축에 평행한 직선의 방정식 : $x = a$

① y의 값에 관계없이 x의 값이 항상 a로 일정하다.

② 점 $(a, 0)$을 지나고 y축에 평행한 직선

특히, y축의 방정식 ➡ $x = 0$

y축의 절편이 b이고 x축에 평행한 직선의 방정식 : $y = b$

① x의 값에 관계없이 y의 값이 항상 b로 일정하다.

② 점 $(0, b)$을 지나고 x축에 평행한 직선

특히, x축의 방정식 ➡ $y = 0$

(6) 원점 O에서의 수선거리 p와, 그 수선이 x축의 +(양 또는 반시계)방향이 되는 각 θ가 주어졌을 때 그림 7.4 (c)를 좀 자세히 나타내면 오른쪽 그림과 같다.

이 그림에서 $x\cos\theta = \overline{OC}$, $y\sin\theta = \overline{CB}$이므로 p는

$\overline{OC} + \overline{OB} = p \quad \therefore \ x\cos\theta + y\sin\theta = p$

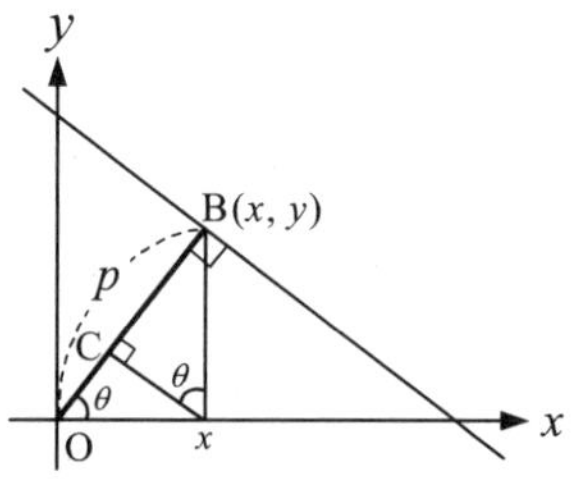

예제 7-4

다음과 같은 직선의 방정식을 구하여라.

(1) 점 (2, 1)을 지나며 기울기가 2인 직선

(2) x축의 양의 방향과 30°의 각을 이루며 점 (5, 6)을 지나는 직선

(3) 두 점 (−2, 3), (4, −2)를 지나는 직선

(4) 점 (5, 3)을 지나며 x축과 평행한 직선과 y축에 평행한 직선

(5) x축의 절편이 5, y축의 절편이 −3인 직선

▌풀이

(1) 점 (2, 1)을 지나며 기울기가 2인 직선은 7.3.1의 (2)에 해당되므로 식 ②를 이용

$y - y_1 = a(x - x_1) \ \rightarrow \ y - 1 = 2(x - 2)$

$\therefore \ y = 2x - 3$

(2) x축의 양의 방향과 30°의 각을 이루며, 점 (5, 6)을 지나는 직선은 7.3.1의 (2)에 해당되고 기울기 a는 $a = \tan\alpha = \dfrac{1}{\sqrt{3}}$, 식 ②를 이용

$\therefore \ y - 6 = \dfrac{1}{\sqrt{3}}(x - 5)$

(3) 두 점 (−2, 3), (4, −2)을 지나는 직선은 7.3.1의 (3)에 해당되므로 식 ③을 이용

$y - 3 = \dfrac{3-(-2)}{-2-4}[x-(-2)] \ \rightarrow \ y = -\dfrac{5}{6}x - \dfrac{5}{3} + 3$

$\rightarrow \ y = -\dfrac{5}{6}x + \dfrac{4}{3}$

(4) 점 (5, 3)을 지나며 x축과 평행한 직선과 y축에 평행한 직선은 7.3.1의 (5)에 해당된다.

$\therefore\ y=3,\quad x=5$

(5) x축의 절편이 5, y축의 절편이 -3인 직선은 7.3.1의 (4)에 해당되므로 식 ④를 이용 ($a=5,\ b=-3$)

$$\frac{x}{5}+\frac{y}{-3}=1$$

$$\therefore\ y=\frac{3}{5}x-3$$

7.3.2 두 직선 사이의 위치관계

1) 두 직선 $y=a_1x+b_1$과 $y=a_2x+b_2$사이의 위치관계

두 직선 사이의 위치관계는 (1) **평행**한 경우, (2) **일치**하는 경우, (3) **수직** 및 (4) **만날** 경우(**교차**)의 4가지로 나누어 생각할 수 있으며 그림 7.5에 나타나 있다.

두 직선의 교점의 x, y 좌표는 이 연립 방정식의 근(6.4.2항 참조)이므로 계수와 그래프의 근 사이에는 다음과 같은 관계가 있다.

(1) 두 직선의 평행조건 ➡ 두 직선의 기울기는 같고 y의 절편이 다르다. 즉,
$a_1=a_2,\ \ b_1\neq b_2$이고 공유점이 없으므로 근이 없다(불능).

(2) 두 직선의 일치조건 ➡ 두 직선의 기울기와 y의 절편이 같다. 즉,
$a_1=a_2,\ \ b_1=b_2$이고 공유점이 무수히 많으므로 근도 무수히 많다(부정).

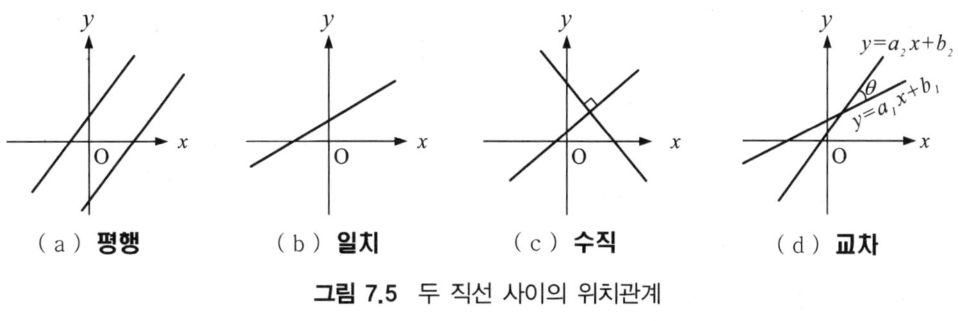

그림 7.5 두 직선 사이의 위치관계

(3) 두 직선의 수직조건 ➡ 두 직선의 기울기의 곱은 – 이다. 즉,

$a_1 \cdot a_2 = -1$ 이고 한 쌍의 근을 갖는다.

(4) 두 직선의 만날(교차)조건 ➡ 두 직선의 기울기는 다르다(한 점에서 만난다). 즉,

$a_1 \neq a_2$이고 한 쌍의 근을 갖는다.

예제 7-5

다음과 같은 두 직선 $y = ax + b$와 $y = 3x + 1$에서 다음 경우에 대하여 a와 b값을 구하여라. (1) 평행 (2) 일치 (3) 수직 (4) 교차

▌풀이

(1) 두 직선의 평행조건은 $a_1 = a_2$, $b_1 \neq b_2$이므로

$a_1 = a_2 \rightarrow a = 3$, $b_1 \neq b_2 \rightarrow b \neq 1$ $\qquad \therefore\ a = 3,\ b \neq 1$

(2) 두 직선의 일치조건은 $a_1 = a_2$, $b_1 = b_2$이므로

$a_1 = a_2 \rightarrow a = 3$, $b_1 = b_2 \rightarrow b \neq 1$ $\qquad \therefore\ a = 3,\ b = 1$

(3) 두 직선의 수직조건은 $a_1 \cdot a_2 = -1$이므로

$a_1 \cdot a_2 = a \cdot (3) = -1 \rightarrow$ $\qquad \therefore\ a = -\frac{1}{3}$, $b =$ 모든 실수

(4) 두 직선의 만날(교차)조건은 $a_1 \neq a_2$이므로

$a_1 \neq a_2 \rightarrow$ $\qquad \therefore\ a \neq 3$, $b =$ 모든 실수

2) 두 직선 $a_1x + b_1y + c_1 = 0$과 $a_2x + b_2y + c_2 = 0$ 사이의 위치관계

일반적으로 두 직선 사이의 위치관계는 $b_1 \neq 0$, $b_2 \neq 0$일 때, 다음과 같이 변형된다.

$$y = -\frac{a_1}{b_1}x - \frac{c_1}{b_1}, \quad y = -\frac{a_2}{b_2}x - \frac{c_2}{b_2}$$

(1) 두 직선의 평행조건 ➡ 두 직선의 기울기는 같고 y의 절편이 다르다. 즉,

기울기 : $-\frac{a_1}{b_1} = -\frac{a_2}{b_2}$ 에서 $\frac{a_1}{a_2} = \frac{b_1}{b_2}$

y의 절편 : $-\frac{c_1}{b_1} \neq -\frac{c_2}{b_2}$ 에서 $\frac{b_1}{b_2} \neq \frac{c_1}{c_2}$

$\therefore\ \frac{a_1}{a_2} = \frac{b_1}{b_2} \neq \frac{c_1}{c_2}$

이 때 두 직선은 공유점이 없으므로 근이 없다(불능).

(2) 두 직선의 일치조건 ➡ 두 직선의 기울기와 y의 절편이 같다. 즉,

기울기 : $-\dfrac{a_1}{b_1} = -\dfrac{a_2}{b_2}$ 에서 $\dfrac{a_1}{a_2} = \dfrac{b_1}{b_2}$

y의 절편 : $-\dfrac{c_1}{b_1} = -\dfrac{c_2}{b_2}$ 에서 $\dfrac{b_1}{b_2} = \dfrac{c_1}{c_2}$

$\therefore\ \dfrac{a_1}{a_2} = \dfrac{b_1}{b_2} = \dfrac{c_1}{c_2}$

이 때 두 직선은 공유점이 무수히 많으므로 근도 무수히 많다(부정).

(3) 두 직선의 수직조건 ➡ 두 직선의 기울기의 곱은 -1이다. 즉,

$\left(-\dfrac{a_1}{b_1}\right)\cdot\left(-\dfrac{a_2}{b_2}\right) = -1$ 에서 $\dfrac{a_1a_2}{b_1b_2} = -1 \rightarrow a_1a_2 = -b_1b_2$

$\therefore\ a_1a_2 + b_1b_2 = 0$

이 때 두 직선은 수직이고 한 점에서 만나므로(교점) 한 쌍의 근을 갖는다.

(4) 두 직선의 만날(교차)조건 ➡ 두 직선의 기울기는 다르다(한 점에서 만난다). 즉,

$-\dfrac{a_1}{b_1} \neq -\dfrac{a_2}{b_2}$ 이 식을 정리하면

$\therefore\ \dfrac{a_1}{a_2} \neq \dfrac{b_1}{b_2}$

이 때 두 직선은 한 쌍의 근을 갖는다.

▶ 직선방정식의 일반형은 $ax + by + c = 0$ 이다.

예제 7-6

다음과 같은 두 직선에 관하여 다음 물음에 답하여라.

$ax - 6y - 5a + 3 = 0,\ \ 2x + (a-7)y + 7a - 29 = 0$

(1) 이 두 직선이 평행할 때, a의 값을 구하여라.

(2) 이 두 직선이 일치할 때, a의 값을 구하여라.

(3) 이 두 직선이 서로 수직일 때, a의 값을 구하여라.

(4) 이 두 직선의 교점이 (20, 3)일 때, a의 값을 구하여라.

❙풀이

(1) 두 직선의 평행조건은 $\dfrac{a_1}{a_2} = \dfrac{b_1}{b_2} \neq \dfrac{c_1}{c_2}$ 이므로 처음의 두 항을 정리하면

$\dfrac{a_1}{a_2} = \dfrac{b_1}{b_2} \rightarrow \dfrac{a}{2} = \dfrac{-6}{a-7} \rightarrow a(a-7) = -12 \rightarrow a^2 - 7a + 12 = 0$

인수분해하면 $(a-4)(a-3) = 0$ $\therefore\ a = 4$ 또는 3

앞에서 설명된 두 직선의 평행조건 두 번째 항과 그 다음 항을 정리하면

$$\frac{b_1}{b_2} \neq \frac{c_1}{c_2} \quad \rightarrow \quad \frac{-6}{a-7} \neq \frac{-5a+3}{7a-29} \qquad ①$$

앞에서 구한 $a=4$를 식 ①에 대입하여 정리하면

$$\frac{-6}{4-7} \neq \frac{-5 \cdot 4+3}{7 \cdot 4-29} \rightarrow 2 \neq 17 \qquad \therefore \text{ 만족}$$

앞에서 구한 $a=3$을 식 ①에 대입하여 정리하면

$$\frac{-6}{3-7} \neq \frac{-5 \cdot 3+3}{7 \cdot 3-29} \rightarrow 1.5 \neq 1.5(\because\ 1.5=1.5) \qquad \therefore \text{ 만족시키지 못한다.}$$

$\therefore\ a=4$

(2) 두 직선의 일치조건은 $\frac{a_1}{a_2}=\frac{b_1}{b_2}=\frac{c_1}{c_2}$ 이므로 주어진 식의 계수 값을 대입하면

$$\frac{a}{2} = \frac{-6}{a-7} = \frac{-5a+3}{7a-29}$$

처음 두 항의 정리는 (1)에서 얻은 결과로부터

$\therefore\ a=4$ 또는 3 ②

두 직선의 일치조건의 두 번째 항과 그 다음 항을 정리하면

$5a^2-80a+195=0 \rightarrow a^2-16a+39=0$

인수분해하면 $(a-13)(a-3)=0$

$\therefore\ a=13$ 또는 3 ③

식 ②와 ③에서 동시에 만족하는 해는

$\therefore\ a=3$

(3) 두 직선의 수직조건은 $a_1a_2+b_1b_2=0$이므로 주어진 식의 계수 값을 대입하면

$a \cdot 2+(-6) \cdot (a-7)=0 \rightarrow 2a-6a=-42 \rightarrow 4a=42$

$\therefore\ a=\frac{21}{2}$

(4) 이 두 직선의 교점이 $(20,\ 3)$이므로 $x=20$, $y=3$을 주어진 식에 대입하여 만족해야하므로

$20a-18-5a+3=0 \rightarrow 15a=15 \qquad \therefore\ a=1$ ④

$40+3(a-7)+7a-29=0 \rightarrow 10a=10 \qquad \therefore\ a=1$ ⑤

식 ④와 ⑤에서 동시에 만족하는 해는 $\therefore\ a=1$

7.3.3 두 직선 사이의 교각

두 직선 $y = a_1x + b_1$과 $y = a_2x + b_2$이 만나 같은 각의 두 쌍을 형성하고 한 쌍의 각은 다른 쌍의 각의 **보각**(補角, complimentary angle)이다. 만약 반시계 방향으로 측정한 두 직선사이의 각, 즉 **교각**(交角, intersection angle) $\theta\,(0° \leqq \theta \leqq 90°)$[그림 7.5 참조]는

$$\theta = \tan^{-1}\left[\frac{a_2 - a_1}{1 + a_1a_2}\right] \tag{7.5}$$

이다(3.7절 참조).

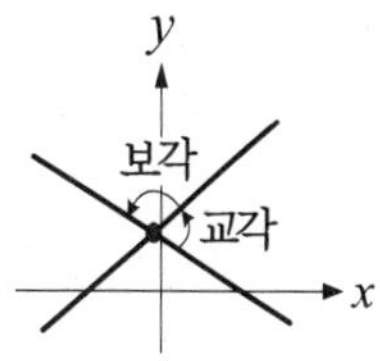

교각이란 두 직선이 만나서 만드는 각을 말한다. 보통은 작은 교각을 가리키며, 큰 교각을 보각이라 한다.

▌설명▐

그림 7.6에 의하면 삼각형의 외각이 가까운 내각들의 합임을 상기해 보면 다음의 관계를 쉽게 알 수 있다.

$$\theta + \phi_1 = \phi_2 \quad \text{또는} \quad \theta = \phi_2 - \phi_1$$

두 각 차의 탄젠트공식(3.7.1 참조)을 이용하면 다음과 같다.

$$\tan\theta = \tan(\phi_2 - \phi_1) = \frac{\tan\phi_2 - \tan\phi_1}{1 + \tan\phi_1 \tan\phi_2}$$

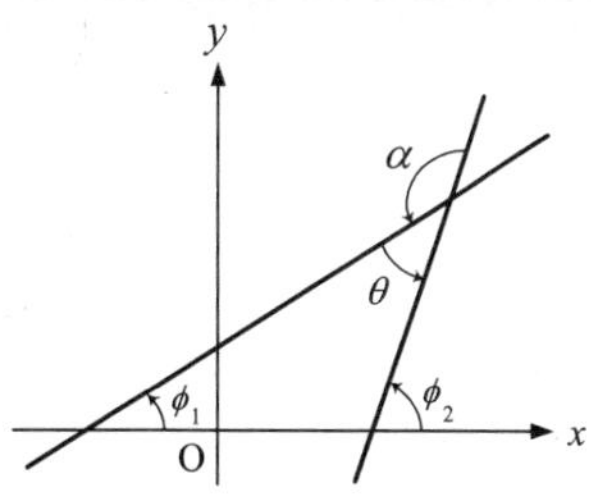

그림 7.6 두 직선 사이의 각

앞 식에서 $a_2 = \tan\phi_2$과 $a_1 = \tan\phi_1$으로 놓고 대입하여 정리하면 다음과 같다.

$$\tan\theta = \frac{a_2 - a_1}{1 + a_1a_2} \quad \text{또는} \quad \theta = \tan^{-1}\left[\frac{a_2 - a_1}{1 + a_1a_2}\right]$$

여기서 a_2는 끝나는 변의 기울기이고 a_1은 시작하는 변의 기울기이며 θ는 반시계 방향으로 측정한다. 각 α는 θ의 보각이고 $\alpha = 180° - \theta$ 이므로 다음과 같은 관계가 성립한다.

$$\tan\alpha = \tan(180° - \theta) = -\tan\theta = \frac{a_1 - a_2}{1 + a_1a_2} \quad \rightarrow$$

$$\tan\alpha = \frac{a_1 - a_2}{1 + a_1a_2} \quad \text{또는} \quad \alpha = \tan^{-1}\left[\frac{a_1 - a_2}{1 + a_1a_2}\right]$$

$\tan\alpha$에 대한 이 공식은 분자에서 항들이 서로 바뀐 것을 제외하고는 $\tan\theta$에 대한 공식과 똑같다. 앞 식의 자세한 증명은 독자의 몫으로 남겨둔다.

예제 7-7

주어진 삼각형의 꼭짓점들이 $A(2,\ -3)$, $B(-4,\ 5)$, $C(3,\ 4)$일 때 삼각형의 각들에 대한 탄젠트를 구하여라. 그리고 그들의 각각을 가장 가까운 각도로 나타내어라.

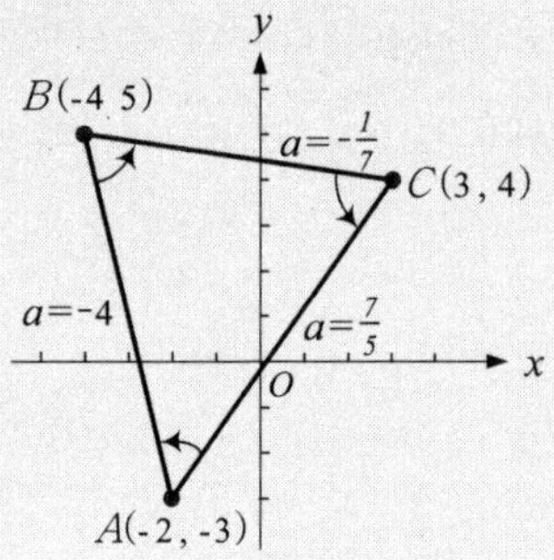

풀이

먼저 각 변의 기울기를 구한다. 위 그림으로부터

$$AB\text{의 기울기 : } a = \frac{-3-5}{-2-(-4)} = \frac{-8}{2} = -4$$

$$BC\text{의 기울기 : } a = \frac{5-4}{-4-3} = -\frac{1}{7}$$

$$AC\text{의 기울기 : } a = \frac{-3-4}{-2-3} = \frac{7}{5}$$

위의 값들을 식 (7.5)에 대입하여 정리하면 다음과 같다.

$$\tan A = \frac{-4-\frac{7}{5}}{1+\left(\frac{7}{5}\right)(-4)} = \frac{-\frac{27}{5}}{1-\frac{28}{5}} = \frac{27}{23} = 1.174, \quad \mathrm{A} = 49.6^\circ$$

$$\tan B = \frac{-\frac{1}{7}-(-4)}{1+(-4)\left(-\frac{1}{7}\right)} = \frac{-\frac{1}{7}+4}{1+\frac{4}{7}} = \frac{11}{27} = 2.455, \quad \mathrm{B} = 67.8^\circ$$

$$\tan C = \frac{\frac{7}{5}-\left(-\frac{1}{7}\right)}{1+\left(-\frac{1}{7}\right)\left(\frac{7}{5}\right)} = \frac{\frac{7}{5}+\frac{1}{7}}{1-\frac{7}{35}} = \frac{54}{28} = 1.929, \quad \mathrm{C} = 62.6^\circ$$

[검토]

$A+B+C = 49.6^\circ + 67.8^\circ + 62.6^\circ = 180^\circ$, 즉 삼각형 내각의 합이 180°이므로 계산이 잘 되었음을 알 수 있다.

7.4 좌표변환

어떤 문제를 해결하는 초기 단계에서 좌표축을 잘못 선택하여 방정식을 가장 간단한 모양으로 고칠 수 없는 일이 가끔 발생한다. 이제까지는 결정된 좌표계에서 도형을 표현해 왔지만, 문제의 특성에 따라 다른 좌표계로 나타내어 보다 효율적으로 해결할 수 있다. 하나의 좌표계에 관한 좌표를 다른 좌표계에 관한 좌표로 바꾸는 것을 **좌표변환**(座標變換, transformation of coordinates)이라 한다. 직선, 평면 위 또는 공간 내의 점은 하나의 좌표계를 정함으로써 좌표라고 불리는 수 또는 수의 쌍에 의해 표시되지만, 좌표계가 다르면 같은 점의 좌표도 일반적으로 다르게 표시된다. 그러나 두 좌표계가 주어졌을 때, 같은 점에 대한 이들 좌표계의 좌표 사이에는 일정한 관계식이 성립한다. 이 관계식을 기하학 용어로 **좌표변환식**이라 하거나 대수학으로 **변수변환**이라고 하는데 근본적인 수학은 같으며 이것에 의해 좌표변환이 이루어진다.

물리학 문제를 풀 때 첫 번째 과제는 적당한 좌표계를 선정하는 것이다. 기준좌표계를 잘 선택하면 문제가 한결 수월해진다. 다시 말하면, 풀려는 문제에 적합한 변수들을 골라야 한다. 부피나 관성모멘트에 대한 다중 적분에서 "올바른" 좌표계를 사용해야 편리한 것을 이미 알고 있다. 또한 미분방정식에도 문제를 간단히 하기 위해서 변수의 치환을 하는 수가 많다. 지표면 근처에서 움직이는 포물체의 운동을 기술할 때에는 보통 직교(직각)좌표를 사용할 것이다. 그러나 원주상을 움직이는 입자의 운동에 관하여서는 극좌표가 더 좋다.

각종 좌표변환이 있으나 여기서는 두 가지 직교좌표계 사이의 변환, 1. **평행이동**, 2. **회전이동**에 대하여 서술하겠다.

7.4.1 평행이동

한 도형을 일정한 거리만큼 이동하는 것을 **평행이동**(平行移動, translation 또는 parallel translation)이라 한다. 이러한 이동은 1) **축의 평형이동**과 2) **점과 도형의 평형이동**으로 나누어 설명할 수 있다.

1) 축의 평행이동

그림 7.7 (a)와 같이 원점 O를 O'로 x축, y축 방향을 따라 각 축을 평행 이동시켜 새로운 좌표축 $O'X$와 $O'Y$를 만든다.

본래의 좌표를 $(x,\ y)$, 평행 이동 후의 좌표를 $(X,\ Y)$라 하고, x축 방향으로 m만큼, y축 방향으로 n만큼 이동하였다고 하면, 그림 7.7 (a)에서 본래의 좌표 $(x,\ y)$와 새로운 좌표 $(X,\ Y)$의 사이에는 다음을 관계가 성립함을 알 수 있다.

$$\begin{cases} x = X + m \\ y = Y + n \end{cases} \text{(a)}, \quad \begin{cases} X = x - m \\ Y = y - n \end{cases} \text{(b)} \tag{7.6}$$

이러한 관계식은 평면상의 임의의 한 점 P에서 원래의 좌표와 새로운 좌표사이의 관계를 조사해보면 다음과 같이 쉽게 증명할 수 있다. 즉, 그림 7.7 (a)를 이용하면

$$x = \overline{OB} = \overline{OA} + \overline{AB} = m + X$$
$$y = \overline{BP} = \overline{AO'} + \overline{CP} = n + Y$$

그러므로

$$x = X + m,\ y = Y + n$$

이 공식은 본래의 좌표와 새로운 좌표사이의 관계를 보여주며 평면의 모든 점에 대하여 성립한다. 여기서 새로운 원점 O′는 평면상의 임의의 점이다. 결과적으로 본래의 축으로부터 본 방정식에서 x 대신에 $X+m$ 그리고 y 대신에 $Y+n$을 대입하면 평행이동 한 축으로 본 똑같은 방정식을 얻을 수 있다.

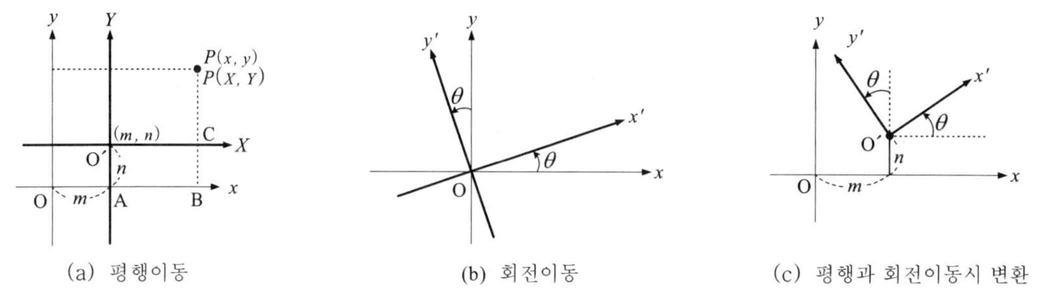

그림 7.7 축의 평행이동, 회전이동 및 평행과 회전이동시의 변환

예제 7-8

좌표축의 원점 O를 점 (3, 4)로 평행이동 시킬 때 점 $P(-3,\ -2)$의 새로운 좌표를 구하여라.

풀이

주어진 점 P의 새로운 좌표는 평행이동에 관한 식 (7.6) (b) $X = x - m$과 $Y = y - n$을 이용하면 구할 수 있다.

주어진 원점이 이동한 좌표는 점 (3, 4)로부터 $x = 3,\ y = 4$이므로 $m = 3$과 $n = 4$가 되며, 점 $P(-3,\ -2)$의 새로운 좌표는 $x = -3$과 $y = -2$을 식 (7.6) (b)에 대입

하여 정리하면 다음과 같다.

$X = x - m = -3 - 3 = -6$, $Y = y - n = -2 - 4 = -6$

∴ P의 새로운 좌표는 $(X, Y) = (-6, -6)$이다. 이 결과는 오른쪽 그림에서 직접 얻을 수 있다.

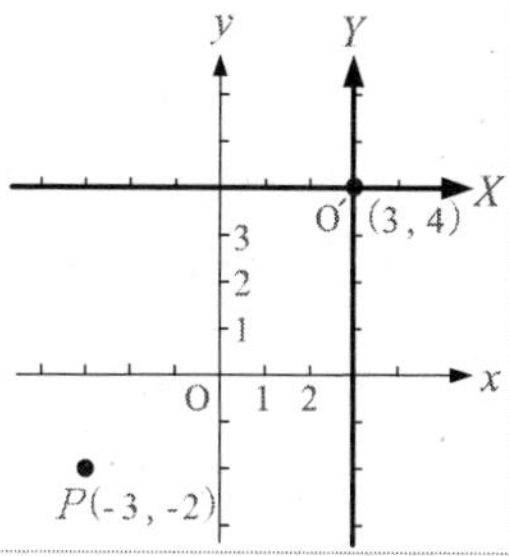

2) 점과 도형의 평행이동

평행이동은 (1) **점의 평행이동**과 (2) **도형의 평행이동**의 2가지로 생각할 수 있다.

(1) 점 (x, y)의 평행이동

좌표평면 위의 점 $P(x, y)$를 x축 방향으로 a만큼, y축 방향으로 b만큼 평행이동한 점을 Q라 하면 x대신에 $x+a$, y대신에 $y+b$를 대입한다. 즉,

$$P(x, y) \rightarrow Q(x+a, y+b)$$

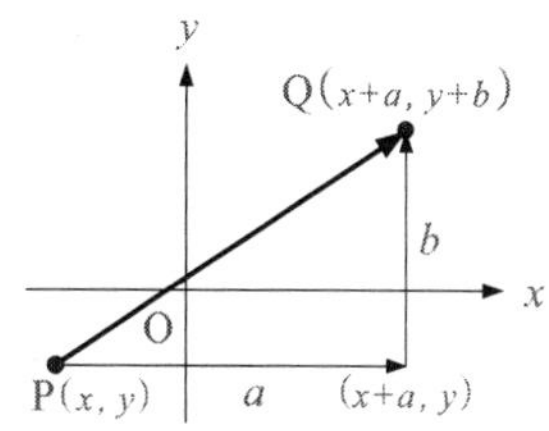

(2) 도형 $f(x, y)=0$[또는 $y=f(x)$]의 평행이동

좌표평면 위의 도형 $f(x, y)=0$ [또는 $y=f(x)$]를 x대신에 $x-a$, y대신에 $y-b$를 대입한다. 즉,

$$f(x, y)=0 \rightarrow f(x-a, y-b)=0$$

$$[\text{또는 } y=f(x) \rightarrow y-b=f(x-a)]$$

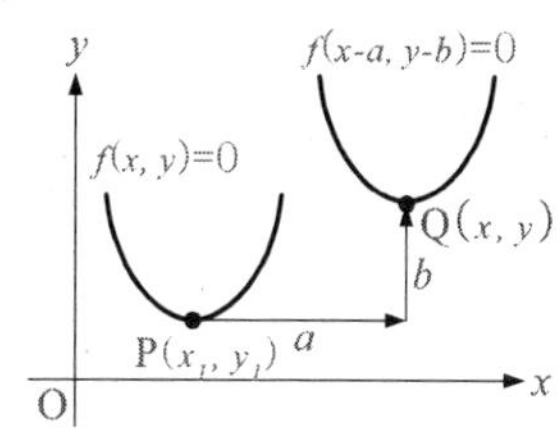

① 일반적으로 도형을 나타내는 방정식은 $f(x, y)=0$ 으로 나타낸다.

② 점과 도형의 평행이동에서 부호에 유의한다.

③ 축의 방향으로 a만큼 평행이동 한다는 것은 $a>0$이면 양의 방향으로, $a<0$이면 음의 방향으로 $|a|$ 만큼 평행이동함을 뜻한다.

예제 7-9

평행이동 $f:(x, y) \rightarrow (x-1, y+3)$에 의하여 다음은 어떤 점 또는 도형으로 이동되는지를 구하여라.

(1) 점 $(2, 4)$ (2) 직선 $x-2y=-3$

▌풀이

$f:(x,\ y) \rightarrow (x-1,\ y+3)$이란 x축으로 $a=-1$만큼, y축으로 $b=3$만큼 평행 이동함을 뜻한다.

(1) (2, 4)는 점의 이동이므로 2대신 $2-1$, 4대신 $4+3$을 대입한다. 즉,

$(2,\ 4) \rightarrow (2-1,\ 4+3)$

$\therefore\ (1,\ 7)$

(2) $x-2y=-3$은 도형의 이동이므로 x대신에 $x-a$, y대신에 $y-b$를 대입한다. 즉, $x-a=x-(-1)=x+1$, $y-b=y-3$을 주어진 식에 대입한다.

$x-2y=-3 \rightarrow (x+1)-2(y-3)+3=0 \rightarrow x+1-2y+6+3=0$

$\therefore\ x-2y+10=0$

7.4.2 회전이동

새로운 축들이 본래의 축들과 같은 원점을 갖지만 다른 방향을 갖는 좌표변환을 생각해 보고자 한다. 새로운 축들은 본래의 축들과 원점에 대해 회전하여 얻을 수 있기 때문에 이 변환을 축들의 **회전이동**(回轉移動, rotatory translation)이라 한다.

그림 7.7 (b)와 같이, 좌표축을 원점 O의 주변으로 각도 θ만큼 회전시켜 새로운 좌표축 Ox', Oy'를 만들었다 하자. 이 때 본래의 좌표를 $(x,\ y)$, θ만큼 회전시킨 새로운 좌표를 $(x',\ y')$라 하고 행렬방정식으로도 같이 나타내면

$$\begin{cases} x = x'\cos\theta - y'\sin\theta \\ y = x'\sin\theta + y'\cos\theta \end{cases} \quad \text{또는} \quad \begin{bmatrix} x \\ y \end{bmatrix} = \begin{bmatrix} \cos\theta & -\sin\theta \\ \sin\theta & \cos\theta \end{bmatrix} \begin{bmatrix} x' \\ y' \end{bmatrix} \quad \text{(a)}$$

$$\tag{7.7}$$

$$\begin{cases} x' = x\cos\theta + y\sin\theta \\ y' = -x\sin\theta + y\cos\theta \end{cases} \quad \text{또는} \quad \begin{bmatrix} x' \\ y' \end{bmatrix} = \begin{bmatrix} \cos\theta & \sin\theta \\ -\sin\theta & \cos\theta \end{bmatrix} \begin{bmatrix} x \\ y \end{bmatrix} \quad \text{(b)}$$

이 된다.

각도 θ만큼 회전시켜 본래 좌표를 회전각도 θ와 새로운 좌표로 표현하는 변환공식을 유도할 것이다. 그림 7.7 (b)를 좀 더 상세하게 나타낸 다음과 같은 그림에서 점 P의 좌표를 본래의 좌표로 보았을 때 $(x,\ y)$이고 θ만큼 회전시킨 새로운 좌표는 $(x',\ y')$이다. 회전이동 공식을 유도하기 위하여 다음과 같이 표시하기로 하자.

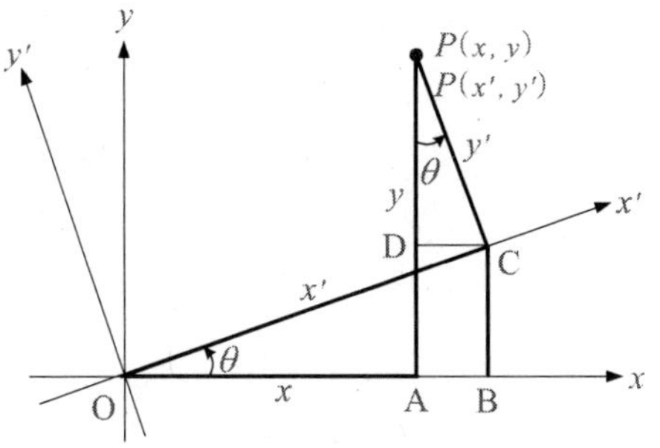

그림 7.7 (b) 회전이동의 상세도

$$x = \overline{OA} = \overline{OB} - \overline{AB} = \overline{OB} - \overline{DC} = x'\cos\theta - y'\sin\theta$$

$$y = \overline{AP} = \overline{AD} + \overline{DP} = \overline{BC} - \overline{DP} = x'\sin\theta + y'\cos\theta$$

그러므로 회전이동 공식은 다음과 같다.

$$\begin{cases} x = x'\cos\theta - y'\sin\theta \\ y = x'\sin\theta + y'\cos\theta \end{cases} \quad \text{또는} \quad \begin{bmatrix} x \\ y \end{bmatrix} = \begin{bmatrix} \cos\theta & -\sin\theta \\ \sin\theta & \cos\theta \end{bmatrix} \begin{bmatrix} x' \\ y' \end{bmatrix}$$

식 (7.7) (b)는 식 (7.7) (a)의 첫 번째 식(x에 관한 식)에 $\cos\theta$을 곱한 다음, 두 번째 식(y에 관한 식)에 $\sin\theta$을 곱한 것을 빼주고, 식 (7.7) (a)의 첫 번째 식에 $\sin\theta$을 곱하여 두 번째 식에 $\cos\theta$을 곱한 것을 빼주어 얻은 식들을 정리하면 얻을 수 있다. 이 식에 대한 자세한 증명은 독자에게 연습문제로 남겨둔다.

지금까지 유도한 공식들은 각도 θ가 예각이고 점 P가 두 축들 집합의 제1사분면에 있을 때의 특별한 경우이다. 그러나 이 공식들은 임의의 각 θ와 점 P의 모든 위치에 대하여서도 성립한다. 일반적으로 공식이 성립함을 증명한다는 것은 θ의 부호와 관련된 모든 거리들의 부호에 대한 적절한 약속을 잘 알아봄으로써 가능하다.

예제 7-10

축들을 각 60° 회전하여 방정식 $3\sqrt{x} - y = 4$를 변환시켜라.

▌풀이

각 $\theta = 60^o$일 때 회전이동 공식 7.7 (a)을 이용하여 변환하면

$$x = x'\cos\theta - y'\sin\theta = x'\cos 60^o - y'\sin 60^o = \frac{1}{2}x' - \frac{\sqrt{3}}{2}y'$$

$$y = x'\sin\theta + y'\cos\theta = x'\sin 60^o + y'\cos 60^o = \frac{\sqrt{3}}{2}x' + \frac{1}{2}y'$$

앞에서 계산된 값을 주어진 방정식에 대입하여 정리하면 다음과 같다.

$$\sqrt{3}\,x-y=\sqrt{3}\left(\frac{1}{2}x'-\frac{\sqrt{3}}{2}y'\right)-\left(\frac{\sqrt{3}}{2}x'+\frac{1}{2}y'\right)=4$$

$$\Rightarrow \frac{\sqrt{3}}{2}x'-\frac{3}{2}y'-\frac{\sqrt{3}}{2}x'-\frac{1}{2}y'=4 \Rightarrow -2y'=4$$

$$\therefore\ y'+2=0$$

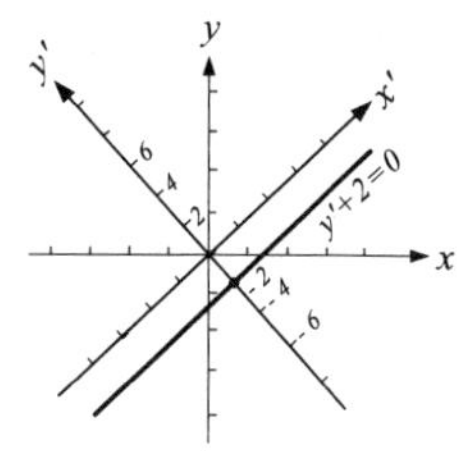

7.4.3 평행과 회전이동시의 변환

그림 (7.7) (c)과 같이 평행이동과 회전이동이 동시에 이루어지는 경우가 많다.

6장의 행렬을 이용해 평행이동과 회전이동시의 변환을 행렬방정식으로도 나타내면

$$\begin{cases} x=x'\cos\theta-y'\sin\theta+m \\ y=x'\sin\theta+y'\cos\theta+n \end{cases} \quad \text{또는} \quad \begin{bmatrix} x \\ y \end{bmatrix}=\begin{bmatrix} \cos\theta & -\sin\theta \\ \sin\theta & \cos\theta \end{bmatrix}\begin{bmatrix} x' \\ y' \end{bmatrix}+\begin{bmatrix} m \\ n \end{bmatrix} \qquad \text{(a)}$$

$$\text{(7.8)}$$

$$\begin{cases} x'=(x-m)\cos\theta+(y-n)\sin\theta \\ y'=-(x-m)\sin\theta+(y-n)\cos\theta \end{cases} \quad \text{또는} \quad \begin{bmatrix} x' \\ y' \end{bmatrix}=\begin{bmatrix} \cos\theta & \sin\theta \\ -\sin\theta & \cos\theta \end{bmatrix}\begin{bmatrix} x-m \\ y-n \end{bmatrix} \qquad \text{(b)}$$

이 된다.

식 (7.8) (a)과 (b)는 7.4.1항과 7.4.2항에서 기술한 내용을 기초로 하면 유도할 수 있다. 우선 원점 O와 본래의 좌표 $(x,\ y)$을, x축 방향으로 m만큼, y축 방향으로 n만큼 평행이동하여 새로운 원점 O'와 좌표 $(x',\ y')$로 나타내고, 다시 새로운 원점 O'의 주변으로 각도 θ만큼 회전시켜 새로운 좌표축 $O'x'$, $O'y'$을 만들었다고 하자. 이 때 본래의 좌표 $(x,\ y)$을, x축 방향으로 m만큼, y축 방향으로 n만큼 평행이동 한 후 θ만큼 회전시킨 새로운 좌표를 $(x',\ y')$라 하면 다음과 같은 관계가 있다.

$$\begin{cases} x=x'\cos\theta-y'\sin\theta+m \\ y=x'\sin\theta+y'\cos\theta+n \end{cases} \quad \text{또는} \quad \begin{bmatrix} x \\ y \end{bmatrix}=\begin{bmatrix} \cos\theta & -\sin\theta \\ \sin\theta & \cos\theta \end{bmatrix}\begin{bmatrix} x' \\ y' \end{bmatrix}+\begin{bmatrix} m \\ n \end{bmatrix}$$

앞 식은 축의 평행이동을 나타내는 식 (7.6) (a)에 회전각도 θ가 고려된 축의 회전이동을 표현하는 식 (7.7) (a)가 혼합된 결과라 할 수 있다.

그리고 식 (7.8) (b)는 식 (7.8) (a)의 첫 번째 식의 오른쪽항의 m과 n을 왼쪽 항으로 이항한 다음, 식 (7.7) (a)를 유도할 때와 같은 방법으로 다음과 같이 구할 수 있다. 즉, 식 (7.8) (a)의 첫

번째 식(x에 관한 식)에 $\cos\theta$을 곱한 다음, 두 번째 식(y에 관한 식)에 $\sin\theta$을 곱한 것을 빼주고, 식 (7.8) (a)의 첫 번째 식에 $\sin\theta$을 곱하고 두 번째 식에 $\cos\theta$을 곱한 것을 빼주어 얻은 식들을 정리하면 식 (7.8) (b)를 구할 수 있다.

7.5 포물선

2차 함수 $y = ax^2 + bx + c = 0\,(a \neq 0)$의 그래프는 포물선이라는 것을 우리는 이미 5.2절에서 다루었다. 이 절에서, 우리는 포물선을 기하학의 정의에서 시작하고 이 정의를 사용하여 방정식을 풀기로 한다.

포물선은 물체를 위쪽 어떠한 각으로 멀리 던졌을 때 물체의 궤도를 나타낸 것이다. 토목공학에서는 복잡한 곡선은 보통 포물선으로 근사(近似)시켜서 해석하는 경우가 많다.

7.5.1 포물선의 정의

포물선(抛物線, patabola)이란, 그림 7.8과 같이 한 평면 위 하나의 고정점(또는 초점) F와 고정직선[또는 준선(準線)] l상 임의의 한 점 Q로부터 같은 거리에 있는 점 $P(x,\ y)$의 자취이며, $PF = PQ$을 만족하는 점들의 집합이라 정의된다.

초점 F을 지나고 준선 l에 수직인 이 포물선의 **대칭축**(對稱軸, axis of symmetry)이라 한다. 이 포물선과 만나는 점 O을 **꼭짓점**(vertex)이라 하며, 이는 그림 7.8 (a)에서 y의 값이 최소(혹은 최대) 또는 그림 7.8 (b)에서 x의 값이 최소(혹은 최대)가 되는 지점을 말한다.

초점 F의 명칭은 “ y축에 평행인 광선(光線)이 포물선에서 반사하면, 모두 초점 F로 모인다는 것”에서 유래하였다. 그리고 반사 성질의 원리는 탐조등(探照燈, searchlight), 섬광등(閃光燈, flashlight), 자동차의 전조등(轉照燈, headlight) 등과 같은 장치(裝置, device)의 설계(設計, design)에 적용된다.

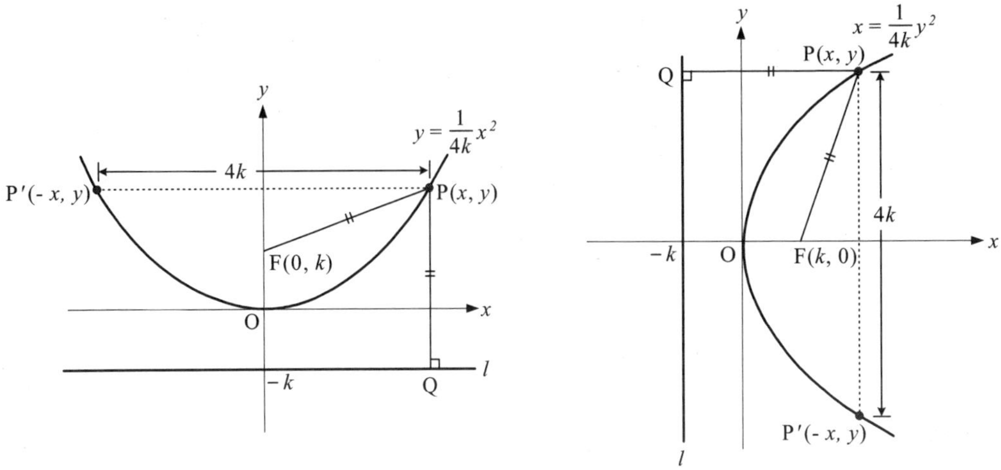

(a) $y=\frac{1}{4k}x^2(k>0)$ (b) $x=\frac{1}{4k}y^2(k>0)$

그림 7.8 포물선의 정의

7.5.2 포물선의 방정식

본 서에서는 주로 그림 7.8 (a)와 관련된 내용을 기술하고자 한다.

준선 l을 $y=-k(k>0)$, 고정점 F을 $F(0,k)$, 점 P을 $P(x, y)$라 하면 포물선의 방정식은 다음 식과 같다.

$$y=\frac{1}{4k}x^2 \quad \text{또는} \quad x^2=4ky \tag{7.9}$$

이 식을 **포물선의 기본 방정식**이라 부른다.

▌설명▐

포물선의 기본방정식을 유도해 보자[그림 7.8 (a) 참조].

임의의 점 $P(x, y)$가 점 $F(0,k)$와 직선 $y=-k(k>0)$로부터 같은 거리에 있으므로 거리의 공식을 사용하면 다음과 같다.

$$PF=\sqrt{x^2+(y-k)^2}\,,\quad PQ=\sqrt{(x-x)^2+(y+k)^2}=|y+k|$$

$PF=PQ$에서 $\sqrt{x^2+(y-k)^2}=|y+k|$ 이고 양변을 제곱하여 정리하면 다음 식과 같다.

$$x^2+(y-k)^2=(y+k)^2 \rightarrow x^2+y^2-2ky+k^2=y^2+2ky+k^2 \rightarrow x^2=4ky$$

$$\therefore\ y=\frac{1}{4k}x^2$$

일반적으로 초점 $(0, k)$의 왼쪽과 오른쪽에 있는 포물선 $x^2 = 4ky$ 위의 점들은 각각 초점에서 $2k$의 거리에 있다. 이것은 $y = k$면 $x^2 = 4ky = 4k^2$, 그러므로 $x = \pm 2k$인 사실의 결과이다. 이 두 점을 잇는 선분을 **통경**(通經, latus rectum)이라 하고, 그 길이는 $x = |4k|$이다.

7.4절에 의해 식 (7.9)를 좌표변환 하면 포물선 방정식의 일반형

$$y = ax^2 + bx + c \qquad (a \neq 0) \tag{7.10}$$

을 얻는다.

▮ 설명 ▮

포물선의 꼭짓점을 원점 $(0, 0)$에서 점 (m, n)으로 이동하면 포물선의 방정식은

$$y - n = \frac{1}{4k}(x - m)^2 \qquad ①$$

이 되고, 이 때 초점과 준선도 x축으로 m만큼, y축으로 n만큼 평행이동하므로 식 ①의 초점과 준선은 각각 다음과 같이 된다.

초점 $(m, k + n)$, 준선 $y = -k + n$

이 때 직선 $x = m$을 포물선 식 ①의 주축(主軸, principal axis)이라고 한다. 물론 표준형의 주축은 y축[그림 7.8 (b)는 x축]이 된다.

방정식 ①을 전개하여 정리하면 $y = \frac{1}{4k}x^2 - \frac{m}{2k}x + \left(\frac{1}{4k} + n\right) = ax^2 + bx + c\,(a \neq 0)$의 꼴이 된다.

식 (7.10)에서 꼭짓점의 좌표[5.2.2의 (5) 참조]는

$$y = ax^2 + bx + c = a\left(x + \frac{b}{2a}\right)^2 - \frac{b^2 - 4ac}{4a} = a(x - m)^2 + n \text{ 로부터}$$

$$\therefore \left(-\frac{b}{2a},\ -\frac{b^2 - 4ac}{4a}\right)$$

이 된다.

지금까지의 설명에서 $y-$축을 초점이 지나고 준선에 수직인 직선 위에 설정하였다. 이 위치로 $x-$축을 선택하면 x와 y의 임무를 서로 바꿀 수 있다.

준선 l을 $x = -k(k > 0)$, 고정점 F을 $F(k, 0)$, 점 P을 $\mathrm{P}(x, y)$라 하면 포물선의 방정식은 다음 식과 같다[그림 7.8 (b)].

$$x = \frac{1}{4k}y^2 \quad \text{또는} \quad y^2 = 4kx \tag{7.11}$$

예제 7-11

다음 포물선의 방정식을 구하여라.

(1) 초점 $\left(0,\ \frac{1}{2}\right)$, 준선 $y = -\frac{1}{2}$　　　(2) 초점 $(-3,\ 0)$, 준선 $x = 3$

▎풀이

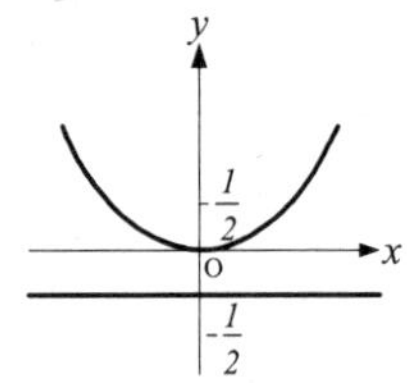

(1) $k = \frac{1}{2}$이므로 식 (7.9) $y = \frac{1}{4k}x^2$을 이용하면

$y = \frac{1}{4(1/2)}x^2 = \frac{1}{2}x^2$이다.

$\therefore\ y = \frac{1}{2}x^2$ 또는 $x^2 = 2y$

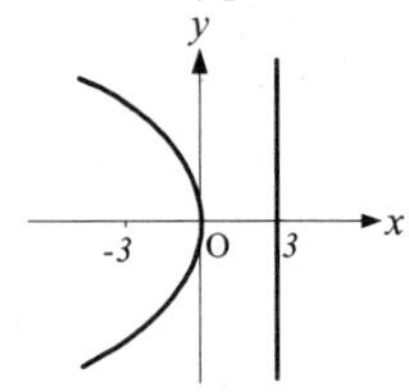

(2) $k = -3$이므로 식 (7.11) $x = \frac{1}{4k}y^2$에 대입하면

$x = \frac{1}{4(-3)}x^2 = -\frac{1}{12}x^2$이다.

$\therefore\ x = -\frac{1}{12}y^2$ 또는 $y^2 = -12x$

예제 7-12

다음 포물선의 초점, 준선 및 통경의 길이를 구하여라.

(1) $y = x^2$　　　(2) $y^2 = -8x$

▎풀이

(1) 식 (7.9)를 이용하면 $y = x^2 = \frac{1}{4k}x^2$, $k = \frac{1}{4}$이다. 초점은 $(0,\ k) = \left(0,\ \frac{1}{4}\right)$, 준선은 $y = -k = -\frac{1}{4}$, 그리고 통경의 길이는 $x = 4k = 4 \cdot \frac{1}{4} = 1$

$\therefore$ 초점 $\left(0,\ \frac{1}{4}\right)$, 준선 $y = -\frac{1}{4}$, 통경의 길이 1

(2) $y^2 = -8x$를 $x = -\frac{1}{8}y^2$로 변환하고, 식 (7.11)로부터 $x = -\frac{1}{8}y^2 = \frac{1}{4k}y^2$, $k = -2$이다. 초점은 $(k,\ 0) = (-2,\ 0)$, 준선은 $x = -k = -(-2) = 2$ 그리고 통경의 길이는 $y = |4k| = |4 \cdot (-2)| = 8$

$\therefore$ 초점 $(-2,\ 0)$, 준선 $x = 2$, 통경의 길이 8

7.5.3 凹凸 (9.4.3항 참조)와 y축의 절편, x축의 절편 [그림 7,9 (a), (b) 참조]

1) 凹凸 $y = ax^2 + bx + c\ (a \neq 0)$에서

$a > 0$일 때 : 포물선은 위로 凹(요로 읽는다)

$a < 0$일 때 : 포물선은 위로 凸(철로 읽는다)

2) **y축의 절편** $y=ax^2+bx+c(a\neq0)$에서, $x=0$이라 하면 $y=c$이고 이것이 y축의 절편이다.

3) **x축의 절편** $y=ax^2+bx+c(a\neq0)$에서, $y=0$이라 하면 $ax^2+bx+c=0$의 해가 x축 절편을 나타낸다(하단의 □ 또는 5.2.4항을 참조).

$b^2-4ac>0$일 때 : x축의 절편은 $\dfrac{-b+\sqrt{b^2-4ac}}{2a}$, $\dfrac{-b-\sqrt{b^2-4ac}}{2a}$

$b^2-4ac=0$ 일 때 : x축의 절편은 $-\dfrac{b}{2a}$

$b^2-4ac<0$일 때 : x축의 절편은 없다.

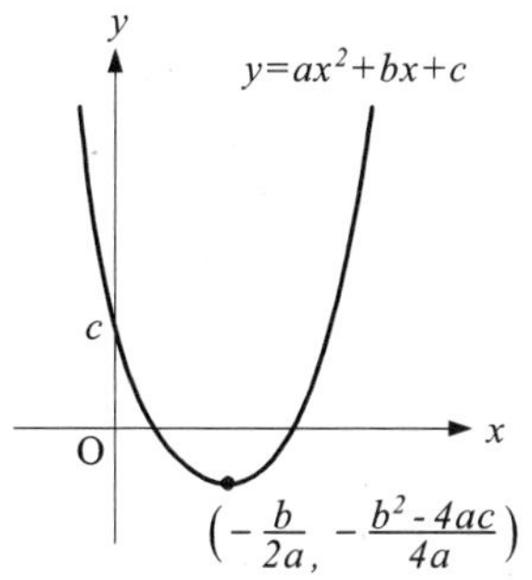

(a) 포물선의 y축의 절편

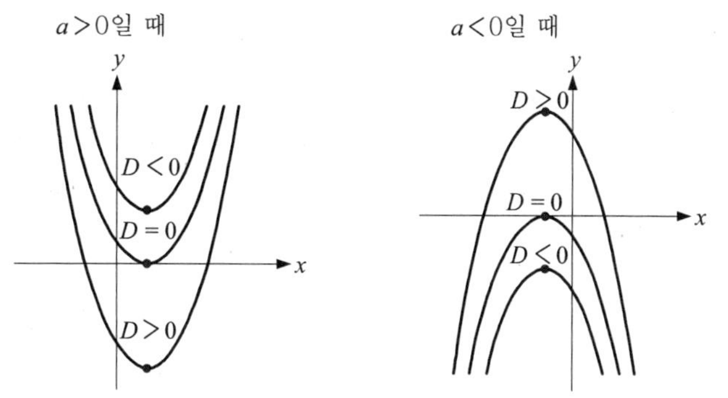

(b) a와 D(판별식)에 따른 x축의 절편

그림 7.9 포물선에서 x축의 절편과 y축의 절편

---

x축의 절편을 계산한다는 것은 2차 방정식 $y=ax^2+bx+c(a\neq0)$을 풀고, 이미 5.2.4에서 다룬 다음과 같은 2차 방정식의 해를 구하는 방법을 복습하면 쉽다.

① 2차 방정식 $y=ax^2+bx+c(a\neq0)$의 해는 공식 $\dfrac{-b\pm\sqrt{b^2-4ac}}{2a}$을 이용한다.

② $D=b^2-4ac$(판별식)로 두면

(a) $D>$ 일 때 : 두 개의 실수해(서로 다른 두 개의 실근)

$\dfrac{-b+\sqrt{b^2-4ac}}{2a}$, $\dfrac{-b-\sqrt{b^2-4ac}}{2a}$

(b) $D=0$일 때 : 하나의 실수해(중근) : $-\dfrac{b}{2a}$

(c) $D<0$일 때 : 서로 다른 두 개의 복소수해(허근)가 된다.

예 1 x^2-x-2의 해 : $a=1$, $b=-1$, $c=-2$에서, $D=9>0$이므로

$$x=\frac{-(-1)\pm\sqrt{(-1)^2-4\times1\times(-2)}}{2\times1}=\frac{1\pm\sqrt{9}}{2}=\frac{1\pm3}{2}\text{로}$$

$\therefore\ x=2$ 또는 $x=-1$

예 2 $x^2-2x+1=0$의 해 : $a=1$, $b=-2$, $c=1$에서, $D=0$이므로

$$x=\frac{-(-2)\pm\sqrt{(-2)^2-4\times1\times1}}{2\times1}=\frac{2}{2}=1$$

$\therefore\ x=1$

예 3 $x^2+x+3=0$의 해 : $a=1$, $b=1$, $c=3$에서, $D=-11<0$이므로

$$x=\frac{-1\pm\sqrt{1^2-4\times1\times3}}{2\times1}=\frac{-1\pm\sqrt{-11}}{2}$$

여기서 $\sqrt{-1}$는 i(허수단위 : $i^2=-1$)로 쓰고 해는 다음과 같다.

$$\therefore\ x=\frac{-1\pm\sqrt{11}\,i}{2}$$

보통 $a\pm bi$(a, b는 실수, $b\neq0$)의 수를 복소수(複素數, complex number)라고 한다(9.7.5항 참조).

7.6 원 (2.3.3항 참조)

7.6.1 원의 정의

한 고정점 $C(a, b)$에서 일정한 거리가 r인 xy평면에 있는 모든 점들의 집합(또는 자취)을 **원**(圓, circle)이라 한다. 이 때, 이 고정점을 **원의 중심**(中心, center), 중심으로부터 원의 임의 점까지의 일정한 거리(중심과 원 위의 임의 점을 잇는 선분)를 **반경**(半徑, radius) 또는 **반지름**이라고 한다.

7.6.2 원의 방정식

원의 방정식은 다음과 같은 3가지의 형으로 분류할 수 있다.

(1) **기본형** : 중심이 $C(0, 0)$이고 반지름의 길이가 r인 원의 방정식은

$$x^2+y^2=r^2 \quad (7.12)$$

(2) **표준형** : 중심이 $C(a, b)$이고 반지름의 길이가 r인 원의 방정식은

$$(x-a)^2+(y-b)^2=r^2 \quad (7.13)$$

(3) **일반형** : $x^2+y^2+Ax+By+C=0$ (7.14)

➡ 중심 : $\left(-\frac{A}{2},\ -\frac{B}{2}\right)$, 반지름의 길이 : $\frac{\sqrt{A^2+B^2-4C}}{2}$

▌설명▐

(1) 원의 방정식(표준형과 기본형)

그림 7.10에서 점 $C(a, b)$을 중심으로 하고 반지름이 r인 원 위의 점을 $P(x, y)$라 하면 $\overline{CP}=r$이므로 거리의 공식을 이용하면 원의 방정식은 다음과 같다.

$$\sqrt{(x-a)^2+(y-b)^2}=r \quad ①$$

식 ①에 양변을 제곱하면 $(x-a)^2+(y-b)^2=r^2$

역으로 방정식 (7.11)을 만족시키는 $P(x, y)$는 항상 $\overline{CP}=r$이므로 모두 이 원 위에 있다.

특히, 원점 $C(0, 0)$가 중심이면 $a=0,\ b=0$인 경우이므로 반지름이 r인 원의 방정식은 다음과 같다.

$$x^2+y^2=r^2$$

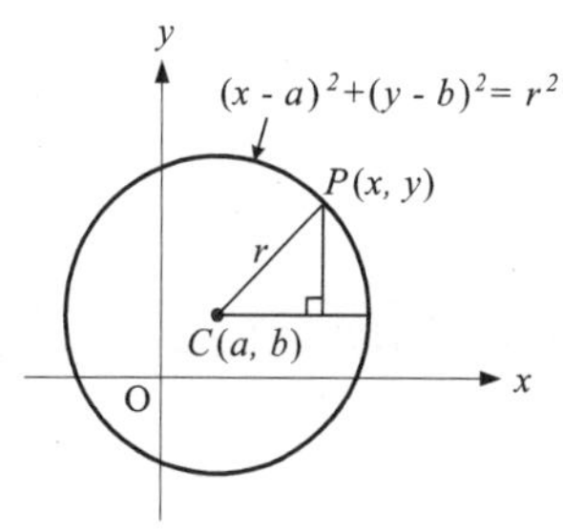

그림 7.10 표준형 원의 방정식

(2) 원의 방정식(일반형)

원의 방정식의 표준형 $(x-a)^2+(y-b)^2=r^2$을 전개하여 정리하면

$$x^2+y^2-2ax-2by+a^2+b^2-r^2=0 \quad ②$$

여기서 $-2a=A,\ -2b=B,\ a^2+b^2-r^2=C$로 놓으면 식 ②는

$$x^2+y^2+Ax+By+C=0 \quad ③$$

과 같은 원의 방정식의 일반형으로 나타낼 수 있다. 식 ③을 원의 중심과 반지름의 길이를 구하기 위해 완전제곱식으로 다음과 같이 고칠 수 있다.

$$x^2+Ax+\left(\frac{A}{2}\right)^2+y^2+By+\left(\frac{B}{2}\right)^2-\left(\frac{A}{2}\right)^2-\left(\frac{B}{2}\right)^2+C=0$$

$$\therefore\ \left(x+\frac{A}{2}\right)^2+\left(y+\frac{B}{2}\right)^2=\frac{A^2+B^2-4C}{4}$$

앞 식에서 $A^2+B^2-4C>0$이면

중심이 $\left(-\frac{A}{2},\ -\frac{B}{2}\right)$, 반지름의 길이가 $\frac{\sqrt{A^2+B^2-4C}}{2}$ 인 원이 된다.

예제 7-13

다음 조건을 만족시키는 원의 방정식을 구하여라.

(1) 중심이 원점이고 반지름이 2인 원

(2) 점 (1, −1)을 중심으로 하고 반지름이 2인 원

(3) 중심이 점 (2, 1)이고, 원점을 지나는 원

풀이

(1) 중심이 원점 (0, 0)이고 반지름이 주어져 기본형이므로 식 (7.12)에 대입하면

$x^2+y^2=2^2$

(2) 중심의 좌표와 반지름이 주어져 표준형이므로 식 (7.13)에 대입하면

$(x-1)^2+(y+1)^2=2^2$

(3) 중심이 점 (2, 1)이고, 원점 (0, 0)을 지나므로 반지름 r은 식 (7.13)을 이용하면 $r=\sqrt{(2-0)^2+(1-0)^2}=\sqrt{5}$이다. 따라서 원의 방정식도 표준형, 식 (7.13)에 대입하여 정리하면 다음과 같다.

$(x-2)^2+(y-1)^2=(\sqrt{5})^2$

7.6.3 원의 접선의 방정식

원에 접하는 직선(접선)의 방정식은 (1) 원 위의 점(접점)을 알 때의 접선의 방정식, (2) 기울기를 알 때의 접선의 방정식, (3) 원 밖의 한 점에서 그은 접선의 방정식의 세 가지 경우가 있다. 본 절에서는 (1)항에 대하여서만 다룬다.

(1) 원 $x^2+y^2=r^2$ 위의 점 $(x_1,\ y_1)$에서 접선의 방정식은

$$x_1x+y_1y=r^2 \tag{7.15}$$

(2) 원 $(x-a)^2+(y-b)^2=r^2$ 위의 점 $(x_1,\ y_1)$에서 접선의 방정식은

$$(x_1-a)(x-a)+(y_1-b)(y-b)=r^2 \tag{7.16}$$

(접선에 대해서는 9.6.1항 및 9.8.6항을 참조)

▌설명▌

(1) 원 $x^2+y^2=r^2$ 위의 점 (x_1, y_1)에서 접선의 방정식

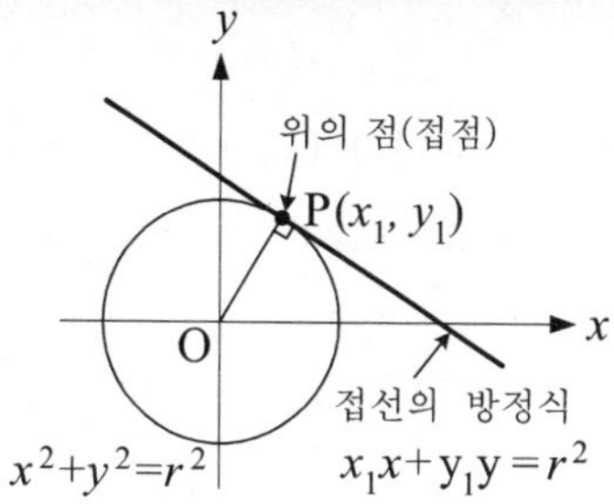

오른쪽 그림에서 $\overline{QP}$ 의 기울기는 $\frac{y_1}{x_1}$ 이므로 점 P에서 수직인 직선의 기울기는 $-\frac{x_1}{y_1}$ 이다.

따라서 원 위의 한 점 P에서의 접선의 방정식은 다음과 같다[7.3.1의 (2)항 참조].

$$y-y_1=-\frac{x_1}{y_1}(x-x_1)$$

$$\therefore\ x_1x+y_1y=x_1^2+y_1^2$$

그런데 점 $P(x_1, y_1)$은 원 $x^2+y^2=r^2$ 위의 점이므로 $x_1^2+y_1^2=r_1^2$이 되고, 이 식을 앞 식과 같게 놓아 정리하면 다음과 같은 식을 얻을 수 있다.

$$\therefore\ x_1x+y_1y=r^2$$

> x^2대신 x_1x, y^2대신 y_1y을 대입한 것이라 기억해 두자.

(2) 원 $(x-a)^2+(y-b)^2=r^2$ 위의 점 (x_1, y_1)에서 접선의 방정식

오른쪽 그림의 접점 $P(x_1, y_1)$에서 접선의 긋고, 이 접선 위의 임의 점의 좌표를 $Q(x, y)$라고 하면, 중심선과 접선은 서로 수직하여야 한다. 그런데 중심선의 기울기와 접선의 기울기는 각각 다음과 같다.

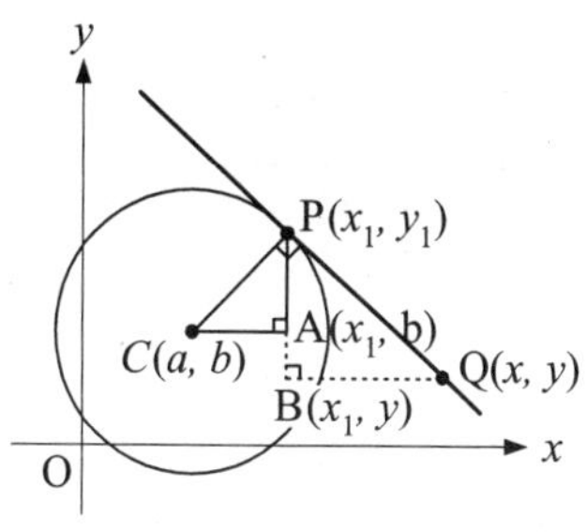

중심선 기울기 : $\frac{\overline{PA}}{\overline{CA}}=\frac{y_1-b}{x_1-a}$

접선 기울기 : $\frac{\overline{PB}}{\overline{BQ}}=\frac{y-y_1}{x-x_1}$

중심선과 접선은 수직조건[7.3.2의 1)의 (3)]을 이용하면

$\frac{\overline{PA}}{\overline{CA}}\times\frac{\overline{PB}}{\overline{BQ}}=\frac{y_1-b}{x_1-a}\times\frac{y-y_1}{x-x_1}=-1$과 같고

이를 정리하면 다음 식과 같다.

$$(x_1-a)(x-x_1)+(y_1-b)(y-y_1)=0 \qquad ①$$

식 ①의 첫 번째 항의 $(x-x_1)$에서 a를 빼고 더해주고, 두 번째 항의 $(y-y_1)$에서 b를 빼주고 더해주어 정리하면 다음과 같다.

$$(x_1-a)(x-a+a-x_1)+(y_1-b)(y-b+b-y_1)=$$

$$(x_1-a)[(x-a)-(x_1-a)]+(y_1-b)[(y-b)-(y_1-b)]=0$$

앞 식을 전개하여 정리하면 다음과 같다.

$$(x_1-a)(x-a)-(x_1-a)^2+(y_1-b)(y-b)-(y_1-b)^2=0$$

$$(x_1-a)(x-a)+(y_1-b)(y-b)=(x_1-a)^2+(y_1-b)^2 \quad ②$$

그런데 $P(x_1, y_1)$는 원 위의 점이므로 이 점을 $(x-a)^2+(y-b)^2=r^2$을 대입하면 다음 식을 얻는다.

$$(x_1-a)^2+(y_1-b)^2=r^2 \quad ③$$

식 ③을 식 ②에 대입하면 다음과 같은 원의 접선의 방정식을 얻는다.

$$(x_1-a)(x-a)+(y_1-b)(y-b)=r^2$$

예제 7-14

원 $x^2+y^2=5$ 위의 점 (1, 2)에서 접선의 방정식을 구하여라.

풀이

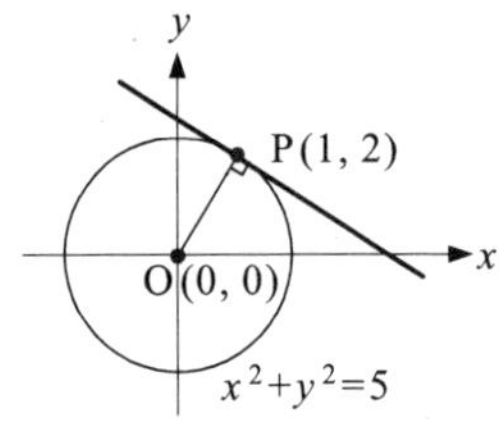

기본형이므로 식 (7.14) $x_1x+y_1y=r^2$에 $x_1=1$, $y_1=2$을 대입하면 $x+2y=5$

[다른 풀이]

오른쪽 그림에서 $\overline{OP}$의 기울기는 2이므로 점 P에서 수직인 직선의 기울기는 $-\frac{1}{2}$이다. 따라서, 기울기가 $-\frac{1}{2}$이고 점 P(1, 2)을 지나는 접선의 방정식은 다음과 같다[7.3.1의 (2)항 참조].

$$y-y_1=a(x-x_1) \rightarrow y-2=-\frac{1}{2}(x-1)$$

$$\therefore \ x+2y=5$$

예제 7-15

원 $(x-1)^2+(y+2)^2=10$ 위의 점 (0, 1)에서 접선의 방정식을 구하여라.

풀이

주어진 원의 방정식에서 중심은 (1, −2)이므로 식 (7.13)의 $(x-a)^2+(y-b)^2=r^2$과 비교하면 $a=1$, $b=-2$이고, 이 값과 접점 $(x_1, y_1)=(0, 1)$을 접선의 방정식 (7.16)에 대입하면 다음과 같다.

$$(0-1)(x-1)+(1+2)(y+2)=10 \rightarrow -x+1+3y+6=10$$

$$\therefore \ -x+3y=3$$

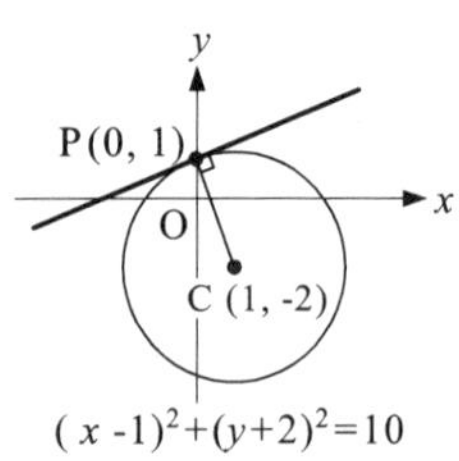

[다른 풀이]

오른쪽 그림에서 $\overline{CP}$의 기울기는 −3이므로 점 P에 서 수직인 직선의 기울기는 $\frac{1}{3}$이다. 따라서 기울기 a는 $\frac{1}{3}$이고 점 $(x_1, y_1)=(0, 1)$을 지나는 접선의 방정식[7.3.1의

(2)항 참조]은

$$y-y_1=a(x-x_1) \rightarrow y-1=\frac{1}{3}x \rightarrow y=\frac{1}{3}x+1$$

$$\therefore \quad -x+3y=3$$

7.7 타원

7.7.1 타원의 정의

원을 적당히 축소하면 타원이라는 곡선이 됨은 이미 배웠다. 타원은 평면 위에 두 고정점들로부터 점 P까지 거리의 합이 일정한 평면에 모든 점 P의 집합(또는 자취)을 말한다.

그림 7.11과 같이 두 고정점 $F'(-c,\ 0)$, $F(c,\ 0)$, $(c>0)$로 하고, 이들 고정점 각각을 **초점**(焦點, focus)이라 한다. 위에서의 정의는 실제로 타원을 그리기 위한 물리적인 방법을 자체 내에 포함한다. 일정한 길이의 하나의 실(위에서의 정의와 관련된 상수)을 준비하여 오른쪽 그림과 같이 실 끝들을 초점 F'와 F에 고정한 다음, 점 P에서 연필심을 사용하여 실을 팽팽하게 잡아당기면서 두 고정점 주위로 회전시켜 연필심이 움직임에 따라 지나간 곡선이 타원이다.

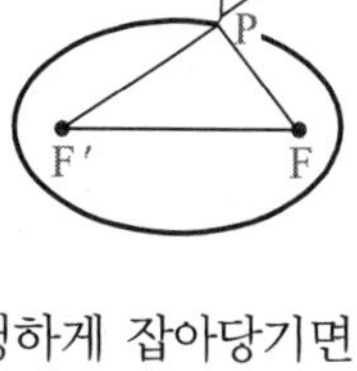

7.7.2 타원의 방정식

1) 두 고정점 $F'(-c,\ 0)$, $F(c,\ 0)$, $(c>0)$에서 거리의 합이 $2a(a>c>0)$인 경우

앞의 정의에 의하여 타원의 방정식을 구하여 보기로 하자. 두 고정점 F와 F'를 지나는 직선을 x축으로, 선분 $\overline{FF'}$의 수직이등분선을 y축으로 잡고, 초점들 사이의 거리를 $2c$로 나타낸다. 만약 그림 7.11에서와 같이 타원의 한 동점 $\mathrm{P}(x,\ y)$로부터 초점들 $F'(-c,\ 0)$, $F(c,\ 0)$까지의

거리의 합을 $2a(a>c>0)$라 하면 P의 이동조건은

$$\overline{PF'}+\overline{PF}=2a \quad ①$$

이다. 또한 $\overline{PF'}+\overline{PF}>\overline{FF'}$이므로 $a>c$,

$$\overline{PF'}=\sqrt{(x+c)^2+y^2}, \quad \overline{PF}=\sqrt{(x-c)^2+y^2}$$

이므로, 자취의 방정식은 식 ①을 좌표로 나타내면 다음 식과 같다.

$$\sqrt{(x+c)^2+y^2}+\sqrt{(x-c)^2+y^2}=2a \text{ (일정, } a>c) \quad ②$$

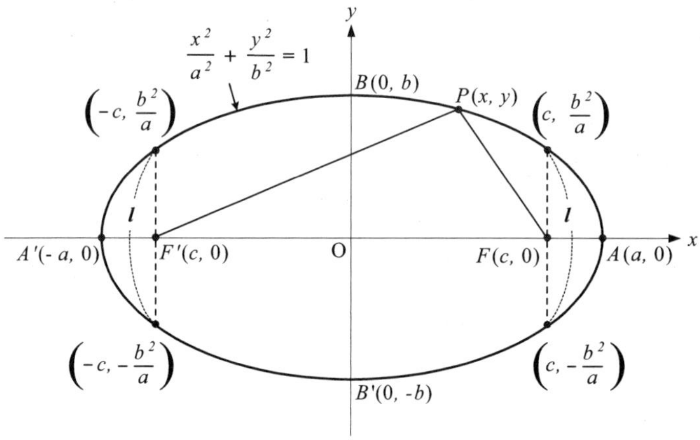

그림 7.11 타원의 정의

다시 식 ②를 간단히 하기 위하여, 왼쪽 항의 두 번째 근호를 이항한 다음 양변을 제곱하여 정리하면

$$\sqrt{(x+c)^2+y^2}=2a-\sqrt{(x-c)^2+y^2}$$
$$(x+c)^2+y^2=4a^2-4a\sqrt{(x-c)^2+y^2}+(x-c)^2+y^2$$
$$x^2+2cx+c^2+y^2=4a^2-4a\sqrt{(x-c)^2+y^2}+x^2-2cx+c^2+y^2$$
$$\therefore \; a\sqrt{(x-c)^2+y^2}=a^2-cx \quad ③$$

다시 식 ③의 양변을 제곱하고 간단히 하면

$$a^2[(x-c)^2+y^2]=(a^2-cx)^2 \quad ④$$
$$a^2x^2-2a^2cx+a^2c^2+a^2y^2=a^4-2a^2cx+c^2x^2$$
$$a^2x^2-c^2x^2+a^2y^2=a^4-a^2c^2$$
$$\therefore \; (a^2-c^2)x^2+a^2y^2=a^2(a^2-c^2) \quad ⑤$$

그림에서 삼각형 $F'PF$의 한 변의 길이는 $2c$이고 다른 변들의 합은 $2a$이다. 그러므로 $2a>2c$, 즉 $a>c$이다. 결과적으로 $a^2-c^2>0$. 여기서 $b^2=a^2-c^2(b>0)$으로 놓으면 식 ⑥은 다음과 같이 정리된다.

$$b^2x^2+a^2y^2=a^2b^2 \qquad ⑥$$

식 ⑥의 양변을 $a^2b^2(ab\neq 0)$으로 나누어 정리하면 다음과 같은 최종 식을 얻는다.

$$\frac{x^2}{a^2}+\frac{y^2}{b^2}=1 \ (\text{단, } a>b>0, \ c^2=a^2-b^2) \qquad (7.17)$$

이것이 **타원 방정식의 표준형**이다. 또한 역도 성립한다. 즉, 역으로 점 $\mathrm{P}(x, y)$가 식 (7.17)을 만족할 때는 위의 계산을 거꾸로 해서 식 ④가 유도된다. 식 (7.17)의 그래프는 x축, y축 및 원점에 관하여 대칭이다. x축의 절편이 $\pm a$, y축의 절편이 $\pm b$가 되기 때문에, 이 타원이 두 축과 만나는 네 점(꼭짓점) $(a, 0)$, $(0, b)$, $(-a, 0)$, $(0, -b)$을 지난다는 사실을 알 수가 있다.

선분 $AA'(=2a)$를 **타원의 장축**(長軸, major axis)이라 부르고 선분 $BB'(=2b)$를 **단축**(短軸, minor axis)이라 한다. 장축과 단축의 끝점들을 **꼭짓점**(vertex)이라 부른다. 타원 축들인 장축과 단축의 교점 O는 **중심**(中心, center)이다. 초점을 지나고 타원의 장축에 수직한 **현**(弦, chord)을 **통경**(通經, latus rectum)이라 부른다(그림 7.11 참조).

통경의 길이는 다음과 같이 구할 수 있다. 식 (7.17)에 $x=c$를 대입하고 $c^2=a^2-b^2$을 사용하면 한 통경의 끝점들이 되는 $(c, -b^2/a)$와 $(c, b^2/a)$을 구한다. 다른 통경의 끝점들은 $(-c, -b^2/a)$와 $(-c, b^2/a)$에 있으므로 이러한 결과로부터 각 **통경의 길이**는 $l=2b^2/a$임을 알 수 있다.

$c/a=\sqrt{a^2-b^2}/a(=e, \ 0<e<1)$를 **이심률**(離心率, eccentricity, =초점간의 거리/장축의 길이), $(a-b)/a$를 **편평도**(扁平度, oblateness)라 하고, 이것은 동시에 타원의 찌그러진 형상을 나타내는 양이다. 이심률과 편평도가 모두 0과 1 사이에 있으면 실제로 타원이고, 0에 가까운 값일수록 타원은 거의 원과 같으며, 1에 가까울수록 찌그러진 타원, 즉 상대적으로 길고 좁은 타원을 나타낸다. 앞에서 정의한 이심률이 $c/a=e$로부터 $c=ae$이므로 이것을 이용하여 초점의 좌표를 나타내면 다음과 같다.

$$F(c, 0), \ F'(-c, 0) \quad \Rightarrow \quad F(ae, 0), \ F'(-ae, 0)$$

또한, 이심률 e를 위와 같이 정의할 때, 다음과 같은 두 직선

$$x=\frac{a}{e}, \quad x=-\frac{a}{e}$$

을 초점 F, F'에 대응하는 타원의 **준선**(準線, directrix)이라 한다.

2) 두 고정점 $F'(0,\ c)$, $F(0,\ -c)$, $(c>0)$에서 거리의 합이 $2b(b>c>0)$인 경우

만약 오른쪽 그림과 같은 타원의 한 동점 $P(x,\ y)$로부터 초점들 $F(0,\ c)$, $F'(0,\ -c)$까지 거리의 합을 $2b(b>c>0)$라 하면 P의 이동조건에 따른 타원방정식은 다음과 같다.

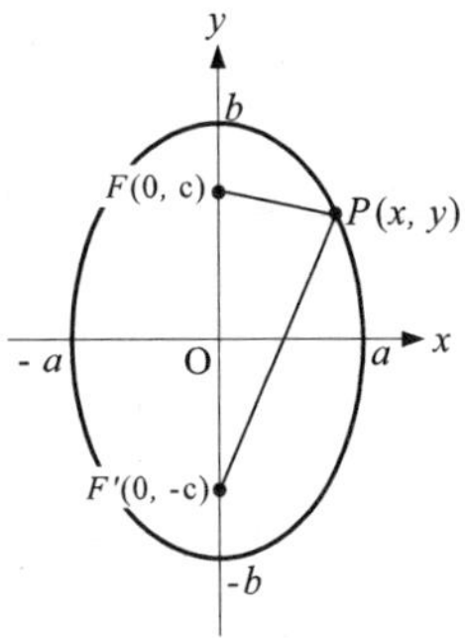

$$\frac{x^2}{a^2}+\frac{y^2}{b^2}=1 \text{ (단, } b>a>0,\ c^2=b^2-a^2) \qquad (7.18)$$

식 (7.18)은 식 (7.17)의 유도과정과 같은 방법으로 구할 수 있다. 이때 장축의 길이는 $2b$이고, 단축의 길이는 $2a$이고, 초점의 좌표는 $(0,\ c)$, $(0,\ -c)$, 이심률은 $e=c/b=\sqrt{b^2-a^2}/b$, 통경의 길이는 $l=\frac{2a^2}{b}$, 준선은 $y=b/e$, $y=-b/e$이다.

7.7.3 타원의 성질

타원에는 다음과 같은 성질이 있다.

① 타원은 반경 a인 원을 y축 방향으로 b/a의 비율로 찌그린 것이다.

② 타원의 면적은 πa^2(반경 a인 원의 면적)$\times b/a=\pi ab$이다.

예제 7-16

타원의 장축 및 단축의 길이, 초점의 좌표, 꼭짓점의 좌표, 이심률, 통경의 길이 및 준선의 방정식을 구하여라.

(1) $4x^2+7y^2=28$ (2) $5x^2+y^2=4$

풀이

(1) 주어진 식 $4x^2+7y^2=28$을 타원 방정식의 표준형 $(a>b>0,\ c^2=a^2-b^2)$ 식 (7.17)으로 고쳐 쓰기 위하여 양변을 28로 나누면 다음과 같다.

$$4x^2+7y^2=28 \rightarrow \frac{4x^2}{28}+\frac{7y^2}{28}=1 \rightarrow \frac{x^2}{(\sqrt{7})^2}+\frac{y^2}{2^2}=1$$

앞 식을 타원 방정식의 표준형, 식 (7.17) $\frac{x^2}{a^2}+\frac{y^2}{b^2}=1$과 비교하면

$$a=\sqrt{7},\ b=2,\ c=\sqrt{a^2-b^2}=\sqrt{(\sqrt{7})^2-2^2}=\sqrt{7-4}=\sqrt{3}$$

따라서 장축의 길이 $2a=2\sqrt{7}$, 단축의 길이 $2b=2\times2=4$

초점의 좌표 $(c,\ 0)$, $(-c,\ 0)$ → $(\sqrt{3},\ 0)$, $(-\sqrt{3},\ 0)$

꼭짓점의 좌표 $(a,\ 0), (0,\ b), (-a,\ 0), (0,\ -b)$ →

$(\sqrt{7},\ 0)$, $(0,\ 2)$, $(-\sqrt{7},\ 0)$, $(0,\ -2)$

이심률 $e=\dfrac{\sqrt{a^2-b^2}}{a}=\dfrac{c}{a}=\dfrac{\sqrt{3}}{\sqrt{7}}=\sqrt{\dfrac{3}{7}}$

통경의 길이 $l=\dfrac{2b^2}{a}=2\times\dfrac{2^2}{\sqrt{7}}=\dfrac{8}{\sqrt{7}}\left(\text{또는 } \dfrac{8\sqrt{7}}{7}\right)$

준선의 방정식 $x=\pm\dfrac{a}{e}=\pm\dfrac{\sqrt{7}}{\sqrt{3/7}}=\pm\dfrac{\sqrt{7}}{\sqrt{3}/\sqrt{7}}=\pm\dfrac{7}{\sqrt{3}}$

(2) 주어진 방정식 $5x^2+y^2=4$를 타원 방정식의 표준형($b>a>0,\ c^2=b^2-a^2$) 인 식 (7.18)로 고쳐 쓰기 위하여 양변을 4로 나누면 다음과 같다.

$$5x^2+y^2=4 \ \rightarrow\ \frac{5x^2}{4}+\frac{y^2}{4}=1 \ \rightarrow\ \frac{x^2}{(2/\sqrt{5})^2}+\frac{y^2}{2^2}=1$$

앞 식을 타원 방정식 표준형 식 (7.17) $\dfrac{x^2}{a^2}+\dfrac{y^2}{b^2}=1$과 비교하면

$a=2/\sqrt{5}$, $b=2$

$c=\sqrt{b^2-a^2}=\sqrt{2^2-(2/\sqrt{5})^2}=\sqrt{4-4/5}=\sqrt{(20-4)/5}=4/\sqrt{5}$

따라서 장축의 길이 $2a=2\times2/\sqrt{5}=4/\sqrt{5}$, 단축의 길이 $2b=2\times2=4$

초점의 좌표 $(0,\ c)$, $(0,\ -c)$ → $(0,\ 4/\sqrt{5})$, $(0,\ -4/\sqrt{5})$

꼭짓점의 좌표 $(a,\ 0), (0,\ b), (-a,\ 0), (0,\ -b)$ →

$(2/\sqrt{5},\ 0)$, $(0,\ 2)$, $(-2/\sqrt{5},\ 0)$, $(0,\ -2)$

이심률 $e=\sqrt{b^2-a^2}/b=c/b=\dfrac{4/\sqrt{5}}{2}=\dfrac{2}{\sqrt{5}}$

통경의 길이 $l=\dfrac{2a^2}{b}=2\times\dfrac{(2/\sqrt{5})^2}{2}=\dfrac{4}{5}$

준선의 방정식 $y=\pm\dfrac{b}{e}=\pm\dfrac{2}{2/\sqrt{5}}=\pm\sqrt{5}$

예제 7-17

원점을 중심으로 하고 하나의 초점이 (0, 3)이고 장축의 길이가 10인 타원의 방정식을 구하여라.

▌풀이

초점 $F(0,\ c)=F(0,\ 3)$이므로 $c=3$, 장축의 길이 $2b=10$ → $b=5$이다.

따라서 $a=\sqrt{b^2-c^2}=\sqrt{5^2-3^2}=4$

식 (7.18)을 이용하면 다음과 같은 타원 방정식을 얻을 수 있다.

$$\frac{x^2}{a^2}+\frac{y^2}{b^2}=1 \ \rightarrow\ \frac{x^2}{4^2}+\frac{y^2}{5^2}=1$$

$$\therefore\ \frac{x^2}{16}+\frac{y^2}{25}=1$$

7.8 쌍곡선

쌍곡선의 방정식들은 타원의 방정식과 유사하지만 이런 두 종류의 **원뿔곡선**의 성질들은 어떤 면에서 상당히 다르다.

원뿔곡선(conic section 또는 간단히 conic)이란 직원뿔면을 그 꼭짓점이 지나지 않는 평면으로 자르면 그 교선은 원, 타원, 쌍곡선 및 포물선의 어느 하나를 나타나며, 이때의 좌표는 x와 y인 2차 방정식의 그래프(또는 2차 곡선)이다. 이 명칭은 곡선을 직원뿔과 평면의 교점으로부터 얻을 수 있다는 사실에서 유래하였다.

7.8.1 쌍곡선의 정의

쌍곡선(雙曲線, hyperbola)이란 평면 위의 두 고정점에서 각 점 P까지 거리의 차가 일정한 점들 P의 자취를 말한다. 이 때 두 고정점을 쌍곡선의 초점이라 한다.

7.8.2 쌍곡선의 방정식

이 쌍곡선의 방정식도 타원의 경우와 같은 방법으로 구할 수 있다. 그림 7.12에서와 같이 쌍곡선의 초점 F, F'을 이은 직선을 x축으로, 선분 $\overline{FF'}$의 수직이등분선을 y축으로 잡고, 초점 F, F'의 좌표를 각각 $F(c,\ 0)$, $F'(-c,\ 0)$(단, $c>0$)과 같이 정하자. 지금 초점들 F, F'로부터 거리의 차가 $2a\ (c>a>0)$거리인 임의의 점들을 $\mathrm{P}(x,\ y)$라 하면, 이 점 P의 이동조건은 다음과 같다.

$$\overline{PF'} \sim \overline{PF} = 2a(c>a>0)$$

앞의 정의로부터 쌍곡선의 점 $\mathrm{P}(x,\ y)$가 y축의 오른쪽이냐 왼쪽이냐에 따라서

$$|\overline{PF'}| - |\overline{PF}| = 2a \quad \text{또는} \quad |\overline{PF'}| - |\overline{PF}| = -2a$$

이 방정식들을 합하여 쓰면

$$\overline{PF'} - \overline{PF} = \pm 2a \qquad ①$$

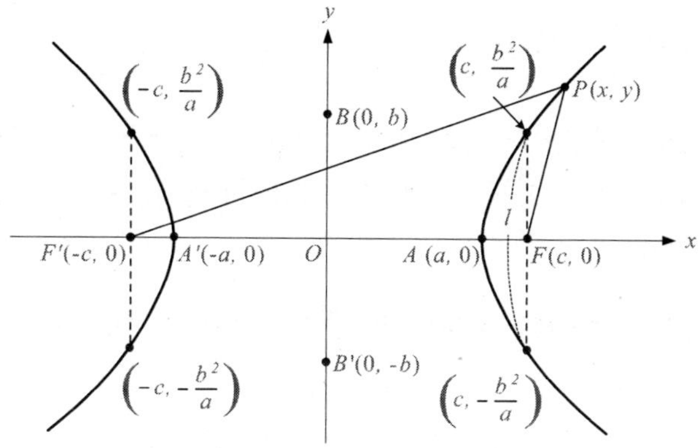

그림 7.12 쌍곡선의 정의

$$\overline{PF'}=\sqrt{(x+c)^2+y^2},\quad \overline{PF}=\sqrt{(x-c)^2+y^2}$$

이므로, 자취의 방정식은 식 ①을 좌표로 나타내면

$$\sqrt{(x+c)^2+y^2}-\sqrt{(x-c)^2+y^2}=\pm 2a \qquad ②$$

이다. 다시 식 ②를 간단히 하기 위하여, 왼쪽 항의 두 번째 근호를 이항한 다음 양변을 제곱하여 정리하면

$$\sqrt{(x+c)^2+y^2}=\pm 2a+\sqrt{(x-c)^2+y^2}$$

$$(x+c)^2+y^2=4a^2\pm 4a\sqrt{(x-c)^2+y^2}+(x-c)^2+y^2$$

$$x^2+2cx+c^2+y^2=4a^2\pm 4a\sqrt{(x-c)^2+y^2}+x^2-2cx+c^2+y^2$$

$$\therefore\quad \pm a\sqrt{(x-c)^2+y^2}=cx-a^2 \qquad ③$$

다시 식 ③의 양변을 제곱하고 간단히 하면

$$a^2[(x-c)^2+y^2]=(cx-a^2)^2 \qquad ④$$

$$a^2x^2-2a^2cx+a^2c^2+a^2y^2=c^2x^2-2a^2cx+a^4$$

$$c^2x^2-a^2x^2-a^2y^2=a^2c^2-a^4$$

$$\therefore\quad (c^2-a^2)x^2-a^2y^2=a^2(c^2-a^2) \qquad ⑤$$

여기서, $c^2-a^2=b^2(b>0)$으로 놓으면 식 ⑥은 다음과 같이 정리된다.

$$b^2x^2-a^2y^2=a^2b^2 \qquad ⑥$$

식 ⑥의 양변을 $a^2b^2(ab\neq 0)$으로 나누어 정리하면 다음과 같은 최종 식을 얻는다.

$$\frac{x^2}{a^2}-\frac{y^2}{b^2}=1 \text{ (단, } a>0,\ b>0,\ c^2=a^2+b^2) \tag{7.19}$$

이것이 **쌍곡선 방정식의 표준형**이다. 또한 역도 성립한다. 즉, 역으로 점 $P(x,\ y)$가 식 (7.19)을 만족할 때는 위의 계산을 거꾸로 해서 식 ④가 유도된다. 이 방정식은 타원의 경우와 같이 x축, y축 및 원점에 관하여 대칭이다.

선분 $\overline{AA'}$를 **쌍곡선의 가로축(transverse axis)**[또는 **주축**(principal axis)], 선분 $\overline{BB'}$을 **쌍곡선의 켤레축**(conjugate axis), 선분 $\overline{AA'}$의 중점 O(또는 두 축들의 교점)를 이 쌍곡선의 중심(center)이라 한다. 쌍곡선은 가로축, 켤레축과 중심에 관하여 대칭인, 가지(branch)라 부르는 분리된 두 곡선으로 이루어진다. 또한 이 쌍곡선과 가로축의 두 교점 $A,\ A'$는 이 쌍곡선의 꼭짓점(vertex)이라 한다. 초점을 지나고 가로축에 수직한 쌍곡선의 현을 통경이라 부른다. 식 (7.19)에 $x=c$를 대입하고 식 $c^2=a^2+b^2$을 이용하면 한 통경의 끝점들이 되는 $(c,\ -b^2/a)$와 $(c,\ b^2/a)$을 구한다. 다른 통경의 끝점들은 $(-c,\ -b^2/a)$와 $(-c,\ b^2/a)$에 있으므로 이러한 결과로부터 각 쌍곡선의 **통경의 길이**는 $\boldsymbol{l=2b^2/a}$임을 알 수 있다.

이심률은 $e=c/a=\sqrt{a^2+b^2}/a$와 같이 나타낼 수 있고, **준선**의 방정식은 초점이 x축에 있으므로 $\boldsymbol{x=\pm\frac{a}{e}}$ 이다.

같은 방법으로 두 고정점을 지나는 직선을 축으로, 선분 $F,\ F'$의 수직이등분선을 x축으로 잡고 초점들 $F,\ F'$ 좌표를 각각 $F(0,\ c)$, $F'(0,\ -c)$ (단, $c>0$)라 하면 이들로부터 거리의 차가 $2a(c>a>0)$거리인 임의의 점들 P의 자취방정식은 다음과 같다.

$$\overline{PF'}\sim\overline{PF}=2a(c>a>0)$$

$$\frac{y^2}{a^2}-\frac{x^2}{b^2}=1 \text{ (단, } a>0,\ b>0,\ c^2=a^2+b^2) \tag{7.20}$$

식 (7.19)은 식 (7.18)의 유도과정과 같은 방법으로 구할 수 있으며 초점과 꼭짓점은 $(0,\ a)$, $(0,\ -a)$은 y축을 따라서 있다. 식 (7.19)와 (7.20)은 **켤레쌍곡선**(conjugate hyperbola)이라 한다.

7.8.3 쌍곡선의 점근선

다른 원추곡선과는 달리 쌍곡선은 점근선들과 관련이 있는데 이 두 직선은 곡선과 중요한 관계가 있다. 이 직선들은 그림 7.13에서 직사각형을 확장한 대각선들이다.

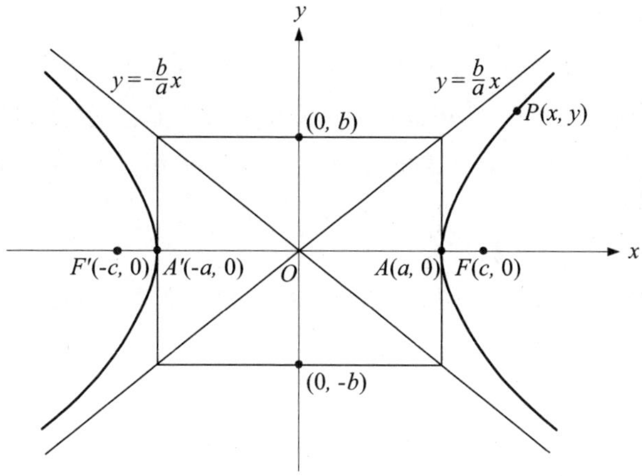

그림 7.13 쌍곡선의 점근선, $\boldsymbol{y=\pm\frac{b}{a}x}$

직사각형들의 한 쌍의 변들은 꼭짓점을 지나고 가로축에 수직하다. 다른 쌍은 켤레축의 끝점을 지난다. 쌍곡선 식 (7.19)는 다음과 같은 두 개의 점근선을 갖는다.

$$y=\pm\frac{b}{a}x \tag{7.21}$$

[증명]

식 (7.21)은 쌍곡선 방정식 (7.19)를 y에 관하여 다음과 같이 풀면 얻을 수 있다.

$\frac{x^2}{a^2}-\frac{y^2}{b^2}=1 \rightarrow \frac{y^2}{b^2}=\frac{x^2}{a^2}-1$, 양변에 b^2을 곱하면 다음과 같다.

$$y^2=b^2\left(\frac{x^2}{a^2}-1\right) \quad ①$$

$x\neq 0$이므로 식 ①을 다음과 같은 형태로 오른쪽 변을 다시 정리할 수 있다.

$$y^2=\frac{b^2x^2}{a^2}\left(1-\frac{a^2}{x^2}\right)$$

$$y=\frac{b}{a}x\sqrt{\left(1-\frac{a^2}{x^2}\right)} \quad ②$$

식 ②에 $|x|\rightarrow\infty$ (또는 $x\rightarrow\infty$ 또는 $x\rightarrow-\infty$)로 할 때, 항 $\frac{a^2}{x^2}$은 0에 접근하므로 괄호 안에 식은 1로 접근한다. 따라서 $|x|\rightarrow\infty$일 때 y의 값은 $\pm\frac{b}{a}x$로 접근하므로, 쌍곡선의 그래프는 다음과 같은 직선에 접근한다. 즉,

$$y = \pm \frac{b}{a}x \quad (\text{또는} \quad y = \frac{b}{a}x \text{와} \quad y = -\frac{b}{a}x)$$

그러므로 이 두 직선은 쌍곡선의 점근선이다. 이것은, 쌍곡선이 원점에서 멀어짐에 따라 식 (7.21)로 나타내는 두 직선에 한없이 가까워짐을 의미한다. 이러한 의미에서 식 (7.21)로 나타나는 두 직선을 쌍곡선의 **점근선**(漸近線, asymptote 또는 asymptotic line)이라고 한다. 따라서 쌍곡선은 꼭짓점 $A(a, 0)$, $A'(-a, 0)$을 지나서 점점 곡선을 점근선에 접근시키면서 그리는 것이 좋다.

그리고 식 (7.20)의 점근선은 다음과 같은 식으로 나타낼 수 있다.

$$y = \pm \frac{a}{b}x \tag{7.22}$$

식 (7.22)도 식 (7.21)의 점근선을 구하는 과정과 같은 방법으로 구할 수 있으며 정확한 유도는 해석기하학에 관한 책 등을 통하여 약간의 수학적인 변환과정을 거치면 얻을 수 있으므로 본 서에서는 생략한다.

예제 7-18

다음 방정식 $9x^2 - 16y^2 = 144$로 주어지는 쌍곡선의 가로축의 길이, 꼭짓점 및 초점의 좌표, 이심률, 통경의 길이, 준선 및 점근선의 방정식을 구하고 그래프를 그려라.

풀이

주어진 방정식 $9x^2 - 16y^2 = 144$를 쌍곡선 방정식의 표준형인 식 (7.19)로 고쳐 쓰기 위하여 양변을 144로 나누면 다음과 같다.

$$9x^2 - 16y^2 = 144 \quad \rightarrow \quad \frac{9x^2}{144} - \frac{16y^2}{144} = 1 \quad \rightarrow \quad \frac{x^2}{4^2} - \frac{y^2}{3^2} = 1$$

앞 식을 식 (7.19) $\frac{x^2}{a^2} - \frac{y^2}{b^2} = 1$과 비교하면 $a = 4$, $b = 3$, $c^2 = a^2 + b^2$이므로

$c = \sqrt{a^2 + b^2} = \sqrt{4^2 + 3^2} = \sqrt{25} = 5$

따라서 가로축의 길이 $2a = 2 \times 4 = 8$

꼭짓점의 좌표 $y = 0 \quad \rightarrow \quad (a, 0), (-a, 0) \quad \rightarrow \quad (4, 0), (-4, 0)$

초점의 좌표 $(c, 0), (-c, 0) \quad \rightarrow \quad (5, 0), (-5, 0)$

이심률 $e = \frac{\sqrt{a^2 + b^2}}{a} = \frac{c}{a} = \frac{5}{4} \quad \rightarrow \quad e = \frac{5}{4}$

준선의 방정식 $x = \pm \frac{a}{e} = \pm \frac{4}{5/4} = \pm \frac{16}{5} \quad \rightarrow \quad x = \pm \frac{16}{5}$

통경의 길이 $l = \frac{2b^2}{a} = \frac{2 \cdot (3)^2}{4} = \frac{9}{2} \quad \rightarrow \quad l = \frac{9}{2}$

점근선의 방정식 $y = \pm \frac{b}{a}x = \pm \frac{3}{4}x \quad \rightarrow \quad y = \pm \frac{3}{4}x$

앞에서 구한 쌍곡선 $\frac{x^2}{4^2} - \frac{y^2}{3^2} = 1$을 그리기 위하여 이 그래프 위의 다른 점들의 위

치를 정하는 것이 도움이 많이 된다. 예를 들면, 두 개의 초점 위와 아래에 있는 점들을 구하기 위하여 $x=\pm5$를 이미 구한 방정식에 대입하여 정리하면 다음과 같다.

$$\frac{x^2}{4^2}-\frac{y^2}{3^2}=1 \rightarrow \frac{(\pm5)^2}{4^2}-\frac{y^2}{3^2}=1 \rightarrow \frac{25}{16}-\frac{y^2}{3^2}=1$$

$$\rightarrow \frac{y^2}{3^2}=\frac{25}{16}-1=\frac{9}{16}$$

$$y^2=\frac{9}{16}\times9=\frac{81}{16}$$

$$\therefore \quad y=\pm\frac{9}{4}$$

그러므로 두 초점의 위와 아래에 있는 쌍곡선 위의 점들은 $\left(\pm5,\ \frac{9}{4}\right)$, $\left(\pm5,\ -\frac{9}{4}\right)$다. 이 점들은 쌍곡선의 "열림"을 결정하기 때문에 쌍곡선의 그래프를 그리는데 도움을 준다.

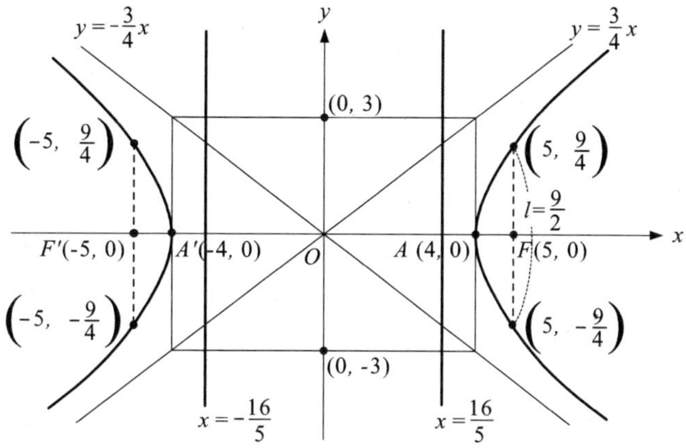

7.9 공간 내의 좌표계

지금까지 주로 2변수 문제를 다루었다. 공간내의 점의 위치를 나타내기 위해서는 평면 위의 좌표계로는 충분하지 않을 것이다. 이러한 목적으로 좌표계를 3차원으로 확장하고 이 좌표계는 평면 위의 좌표계를 쓰는 법과 같이 각종 방법이 있다. 대표적인 3대 기본좌표계로는 1. **직교(또는 직각) 좌표계**, 2. **원통(또는 원주)좌표계**, 3. **구면좌표계**가 가장 중요하다. 교과서마다 이들 좌표계에 대한 변수의 표기법이 달라서 혼동될 염려가 있으므로 주의해야 한다.

7.9.1 직교(또는 직각)좌표계

이 좌표계는 공간 내의 위치를 나타내는데 가장 기본적인 것이다. 그림 7.14와 같이 **직교(또는 직각)좌표계**[直交(또는 直角)座標系, orthgonal(rectangular) coordinate system]의 원점을 지나고, xy평면에 수직인 직선 z를 그린다. 직교좌표계는 이들이 서로 직교하는 세 직선을 축으로 하는 좌표계이다. 한 점 P의 위치는 $P(x_0, y_0, z_0)$로 나타낸다. 그림 7.14 (a)에서 점선은 음의 좌표축을 나타낸다.

> 공간 내에서는 두 종류의 직교좌표계가 가능하다. 즉, 오른쪽 손의 둘째(또는 집게)손가락[인지(人指), index finger]은 양의 x축 방향, 가운데 손가락[중지(中指), middle finger]은 양의 y축 방향, 엄지(thumb) 손가락은 양의 z축 방향으로 된 좌표계(**오른손 좌표계**, right-handed coordinate system, 그림 7.14)와 역으로 왼쪽의 손가락으로 된 계(**왼손 좌표계**, left-handed coordinate system)가 있다. 이하, 특별한 설명이 없는 한 오른손 좌표계를 사용하겠다.

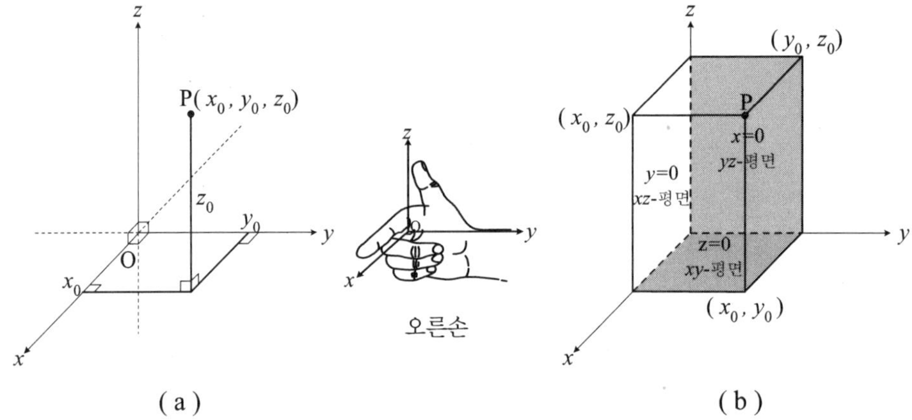

그림 7.14 직교좌표계

공간에서의 두 점 좌표사이의 거리에 대한 공식은 이러한 좌표계의 첫 번째 응용이며, 7.2절에서 주어진 평면에서 점들에 대한 거리공식의 확장이다.

3차원 공간에서 임의의 두 점을 $P_1(x_1, y_1, z_1)$, $P_2(x_2, y_2, z_2)$라 하면 두 점 좌표 사이의 거리 d는 다음 식과 같다.

$$d = \sqrt{(x_2 - x_1)^2 + (y_2 - y_1)^2 + (z_2 - z_1)^2} \tag{7.23}$$

공간 내의 두 점 P_1과 P_2사이의 거리는 피타고라스의 정리를 두 번 적용하면 구할 수 있다. 다음과 같은 그림에서 직각평행6면체의 각 모서리는 각 좌표축에 평행하고 각 면은 좌표평면에 평행하다. 그림에서 나타난 점들 P_1, P_2, Q, R 의 좌표를 각각 다음과 같이 나타내자.

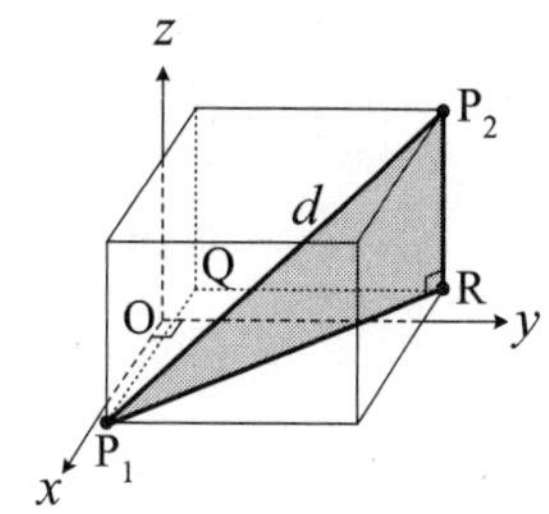

두 점 사이의 거리

$$P_1(x_1, y_1, z_1),\ P_2(x_2, y_2, z_2),$$
$$Q(x_2, y_1, z_1),\ R(x_2, y_2, z_2)$$

P_1QR과 P_1RP_2는 각각 직각삼각형이다. 그리고 선분 $\overline{P_1Q}$, $\overline{QR}$ 및 $\overline{P_2R}$의 크기는 각각 다음과 같이 나타낼 수 있다.

$$\overline{P_1Q} = |x_2 - x_1|,\quad \overline{QR} = |y_2 - y_1|,\quad \overline{P_2R} = |z_2 - z_1|$$

$(\overline{P_1R})^2$는 앞 식을 피타고라스의 정리에 적용하면

$$(\overline{P_1R})^2 = (\overline{P_1Q})^2 + (\overline{QR})^2 = |x_2 - x_1|^2 + |y_2 - y_1|^2 = (x_2 - x_1)^2 + (y_2 - y_1)^2$$

$(\overline{P_1P_2})^2$는 앞 식에 다시 피타고라스의 정리를 적용하면

$$d^2 = (\overline{P_1P_2})^2 = (\overline{P_1R})^2 + (\overline{RP_2})^2 = (x_2 - x_1)^2 + (y_2 - y_1)^2 + (z_2 - z_1)^2$$
$$\therefore\ d = \sqrt{(x_2 - x_1)^2 + (y_2 - y_1)^2 + (z_2 - z_1)^2}$$

특히 원점 O(0, 0, 0)과 점 $P(x_0, y_0, z_0)$의 사이의 거리 $\overline{OP}$는 $x_1 = y_1 = z_1 = 0$ 과 $x_2 = x_0$, $y_2 = y_0$, $z_2 = z_0$을 앞 식에 대입하여 간단히 하면

$$\overline{OP} = \sqrt{x_0^2 + y_0^2 + z_0^2}$$

을 얻을 수 있다.

예제 7-19

3차원 공간에서 다음과 같은 두 점 $P_1(-1, 3, 2)$, $P_2(4, -2, 5)$사이의 거리 d를 구하여라.

▌풀이

식 (7.23)에 $(x_1, y_1, z_1)=(-1, 3, 2)$, $(x_2, y_2, z_2)=(4, -2, 5)$를 대입하여 정리하면 다음과 같다.

$$\begin{aligned} d &= \sqrt{(x_2-x_1)^2+(y_2-y_1)^2+(z_2-z_1)^2} \\ &= \sqrt{[4-(-1)]^2+[-2-3]^2+[5-2]^2} \\ &= \sqrt{25+25+9} = \sqrt{59} \end{aligned}$$

7.9.2 원통(원주) 좌표계

원통좌표계[圓筒座標系 또는 **원주좌표계**(圓柱座標系), cylindrical coordinate systems]는 직교좌표계 (x, y)를 극좌표 (r, θ)라 표시하고, 거기에 $xy-$평면에 직교하는 z축을 더하여 공간내의 점의 위치를 나타낸다. 여기서 z는 P가 $xy-$평면 위 또는 아래의 거리인 반면에 r과 θ는 $xy-$평면 위에 P를 사영한 극좌표이다. 그림 7.15 (a)에서 나타난 바와 같이, 점 P의 원통좌표는 순서가 주어진 세 쌍 (r, θ, z)로 나타난다. $r=0$인 경우, 즉 원통좌표 $(0, \theta, z)$는 직교좌표 $(0, 0, z)$를 의미한다. 그리고 원통좌표 방정식 $r=a$는 원기둥을 나타낸다.

> 원통이란 말은 공간의 점이 평면들 $z=$상수, $\theta=$상수가 $r=$상수와 만남으로써 결정되며 [그림 7.15 (b)], $r=$상수인 표면이 원통이라는 사실로부터 나왔다.

직교좌표계 (x, y, z)와 원통좌표계 (r, θ, z)에서는 그림 7.15에 보인 바와 같이

$$\begin{cases} x=r\cos\theta \\ y=r\sin\theta \\ z=z \end{cases} \qquad \text{(a)}$$

$$\begin{cases} r=\sqrt{x^2+y^2} & r \geqq 0 \\ \theta=\tan^{-1}\left(\dfrac{y}{x}\right) & (0^\circ \leqq \theta \leqq 360^\circ) \\ z=z \end{cases} \qquad \text{(b)} \tag{7.24}$$

로 주어지는 좌표변환에 의한 곡면(曲面, curvilinear) 좌표계를 경우에 따라 각도 θ를 **방위각**(方位

角, azimuthal angle), z축을 포함하고 $\theta=$일정한 면을 **자오면**(子午面, merodional plane)이라고 한다.

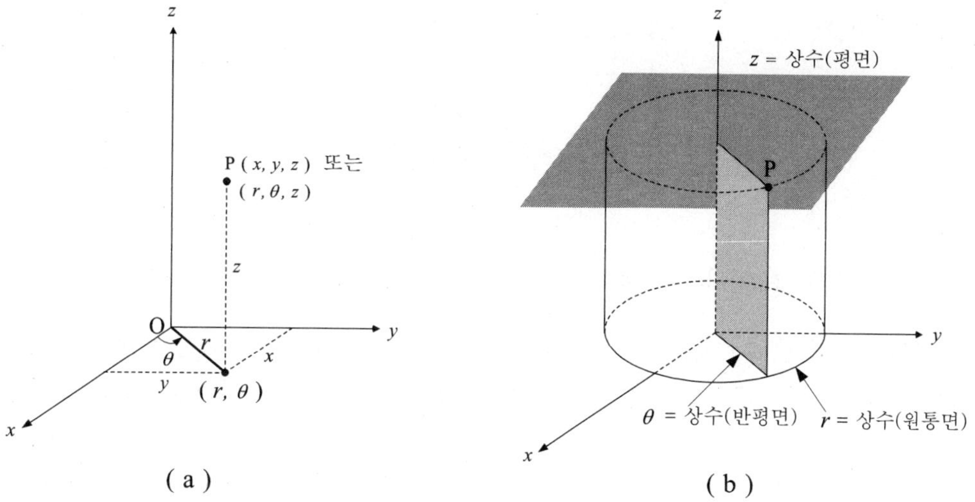

그림 7.15 원통좌표계

원통좌표를 직교좌표로의 변환과 직교좌표를 원통좌표로의 변환

그림 7.15 (a)로부터 한 점의 직교좌표 $(x,\ y,\ z)$는 식 (7.24) (a)에 의하여 원통좌표로부터 얻어질 수 있고, 그림 7.15 (a)로부터 한 점의 직교좌표 $(x,\ y,\ z)$를 원통좌표로 나타내기 위하여 식 (7.24) (b)를 사용한다.

원통 좌표계는 원기둥을 표시할 때나 대칭축이 발생할 때 편리하며, 경계면이 회전면일 때나 기둥의 진동(振動)문제 등을 다룰 때 특히 유용하다.

예제 7-20

원통좌표에서의 $(8,\ \pi/3,\ 7)$을 직교좌표 $(x,\ y,\ z)$로 변환하여라.

▮풀이

원통좌표 $(r,\ \theta,\ z)=(8,\ \pi/3,\ 7)$이므로 식 (7.24) (a)로부터

$$x = r\cos\theta = 8\cos(\pi/3) = 8\cos(180°/3)$$

$$= 8\cos 60° = 8\left(\frac{1}{2}\right) = 4 \ \rightarrow\ x=4$$

$$y = r\sin\theta = 8\sin(\pi/3) = 8\sin(180°/3)$$

$$= 8\sin 60° = 8\left(\frac{\sqrt{3}}{2}\right) = 4\sqrt{3} \ \rightarrow\ y=4\sqrt{3}$$

$$z=7 \rightarrow z=7$$

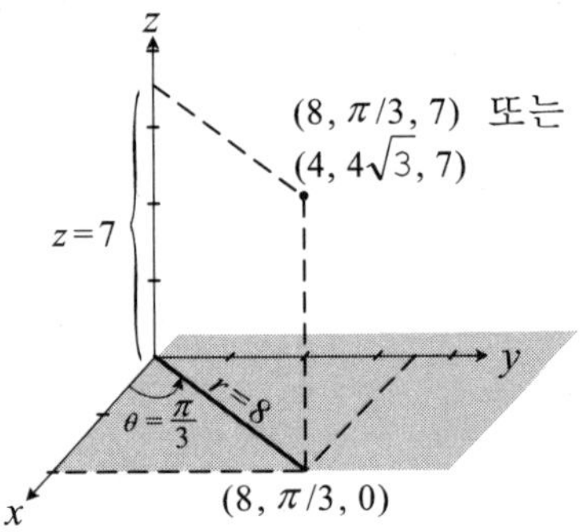

그러므로 원통좌표 $(8,\ \pi/3,\ 7)$은 직교좌표로는 $(4,\ 4\sqrt{3},\ 7)$과 같다.

예제 7-21

직교좌표에서의 $(-\sqrt{2},\ \sqrt{2},\ 1)$을 원통좌표 $(r,\ \theta,\ z)$로 변환하여라.

▌풀이

직교좌표 $(x,\ y,\ z)=(-\sqrt{2},\ \sqrt{2},\ 1)$이므로 식 (7.24) (b)를 약간 변형하여 계산하면

$$r^2=x^2+y^2=(-\sqrt{2})^2+(\sqrt{2})^2=4$$

$$\tan\theta=\frac{y}{x}=\frac{\sqrt{2}}{-\sqrt{2}}=-1$$

$$z=1 \rightarrow z=1$$

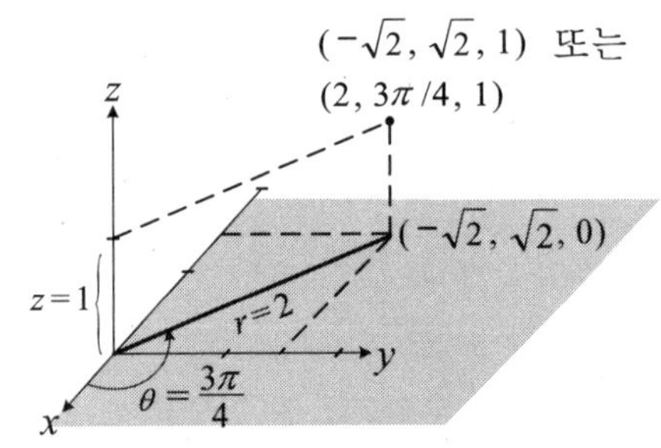

을 얻는다. $r=2$을 취하면, 주어진 직교좌표에서 $x<0$과 $y>0$인 사실로부터 우리는 다음 식을 얻는다.

$$\theta=\tan^{-1}(-1)=135°$$

또는 $3\pi/4$

따라서, 직교좌표 $(-\sqrt{2},\ \sqrt{2},\ 1)$은 원통좌표로는 $(2,\ 3\pi/4,\ 1)$와 같다(위 그림 참조).

7.9.3 구면좌표계

그림 7.16에서 나타난 바와 같이, **구면좌표계**(球面座標系, spherical coordinate systems)는 극좌표를 일반화하고 어떠한 문제에 대하여 중요한 가치를 갖는 다른 좌표계이다. 구면좌표에서 공간에서의 모든 점 P는 세 순서쌍 $(\rho,\ \varphi,\ \theta)$으로 주어지고, 이 때 ρ는 좌표원점 O에서 점 P까지 거리이고 항상 양수(陽數)이어야 하며, φ는 양의 z축과 선분 $\overline{OP}$ 사이의 각이고, θ는 양의 x축

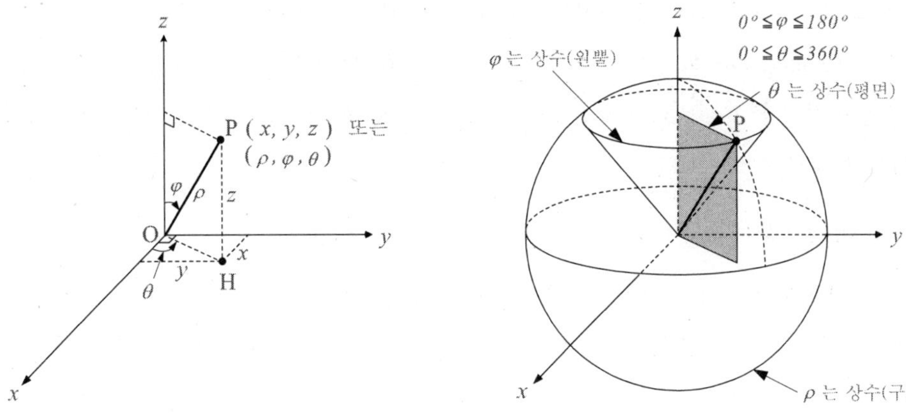

(a)　　　　(b)

그림 7.16 구면좌표계

에서 선분 $\overline{OH}$ 까지 측정한 각이다(여기서 H는 점 P에서 xy-평면에 내린 수선(垂線)의 발이다). 그림 7.16 (b)에서 공간의 점 P는 원뿔 φ=상수, 평면 θ=상수와 구 ρ=상수의 교점에 의하여 결정됨을 알 수 있다. 따라서 "구면"좌표라는 이름이 생기었다. P(ρ, φ, θ)에서 점 P의 위치를 나타낸 것이 구면좌표계이다.

직교좌표계 (x, y, z)와 구면좌표계 (ρ, φ, θ)의 사이에는 다음의 관계가 있다.

$$
\begin{cases} x = \rho \sin\varphi \cos\theta \\ y = \rho \sin\varphi \sin\theta \\ z = \rho \cos\varphi \end{cases} \qquad \text{(a)}
$$

$$
\begin{cases} \rho = \sqrt{x^2 + y^2 + z^2} \\ \varphi = \tan^{-1}\left(\dfrac{\sqrt{x^2+y^2}}{z}\right) \\ \theta = \tan^{-1}\left(\dfrac{y}{x}\right) \end{cases} \qquad \text{(b)} \qquad (7.25)
$$

구면좌표를 직교좌표와 원통좌표로의 변환

구면좌표 (ρ, φ, θ)을 직교좌표 (x, y, z)로 변환하기 위하여 그림 7.16 (a)로부터

$$
x = \overline{OH}\cos\theta, \quad y = \overline{OH}\sin\theta, \quad z = \overline{OP}\cos\varphi
$$

를 주목하라. 또한 이 그림으로부터 $\overline{OH} = \rho \sin \varphi$, $\overline{OP} = \rho$이므로 이 식들을 앞의 방정식들에 대입하면 $x = \rho \sin \varphi \cos \theta$, $y = \rho \sin \varphi \sin \theta$, $z = \rho \cos \varphi$가 된다. $\rho \geqq 0$이고 $0 \leqq \varphi \leqq \pi$로 택하는 것이 일반적이다. 또한 $\overline{OH} = \rho \sin \varphi = r$[그림 7. 16 (a) 참조]이므로 다음 공식을 얻을 수 있다. 다음과 같은 식들

$$r = \rho \sin \varphi,\ \ \theta = \theta,\ \ z = \rho \cos \varphi \tag{7.26}$$

을 이용하면 구면좌표 (ρ, φ, θ)를 원통좌표 (r, θ, z)로 변환할 수 있다.

이 좌표계는 대칭의 중심이 발생할 때, 지구와 같은 구체(球體)를 논하는 경우나 주로 항해(航海) 할 때 유용하다.

구면좌표계에서 ρ, θ는 그림 7.15의 원통좌표계나 극좌표계에서의 r, θ와 다른 점에 유의하라. 실제로 같은 문제에서 두 좌표계를 동시에 사용하는 것은 극히 드문 현상이므로 혼동할 여지는 거의 없다.

예제 7-22

구면좌표에서의 $(6, \pi/4, \pi/3)$을 (1) 직교좌표와 (2) 원통좌표로 바꾸어라.

풀이

(1) 구면좌표를 직교좌표로 바꾸어라.

구면좌표가 $(\rho, \varphi, \theta) = (6, \pi/4, \pi/3)$이므로 식 (7.25) (a)로부터

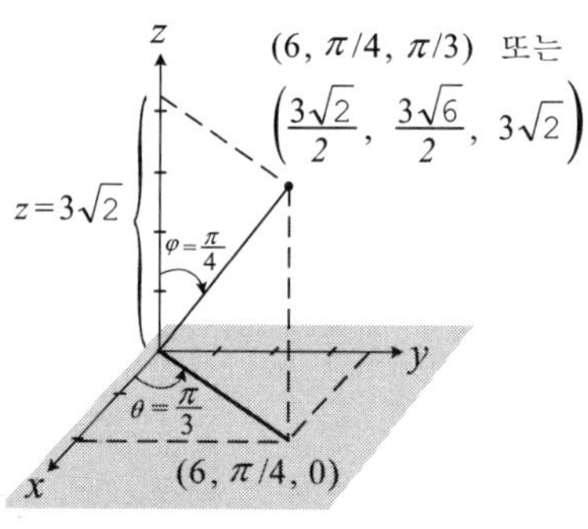

$$x = \rho \sin \varphi \cos \theta = 6 \sin \frac{\pi}{4} \cos \frac{\pi}{3} = 6\left(\frac{\sqrt{2}}{2}\right)\left(\frac{1}{2}\right) = \frac{3\sqrt{2}}{2}$$

$$\rightarrow x = \frac{3\sqrt{2}}{2}$$

$$y = \rho \sin \varphi \sin \theta = 6 \sin \frac{\pi}{4} \sin \frac{\pi}{3} = 6\left(\frac{\sqrt{2}}{2}\right)\left(\frac{\sqrt{3}}{2}\right) = \frac{3\sqrt{6}}{2}$$

$$\rightarrow y = \frac{3\sqrt{6}}{2}$$

$$z = \rho \cos \varphi = 6 \cos \frac{\pi}{4} = 6\left(\frac{\sqrt{2}}{2}\right) = 3\sqrt{2}$$

$$\rightarrow z = 3\sqrt{2}$$

$\therefore$ 구면좌표 $(6,\ \pi/4,\ \pi/3)$은 직교좌표로 $\left(\dfrac{3\sqrt{2}}{2},\ \dfrac{3\sqrt{6}}{2},\ 3\sqrt{2}\right)$와 같다.

(2) 구면좌표를 원통좌표로 바꾸어라.

구면좌표가 $(\rho,\ \varphi,\ \theta)=(6,\ \pi/4,\ \pi/3)$이므로 식 (7.26)으로부터

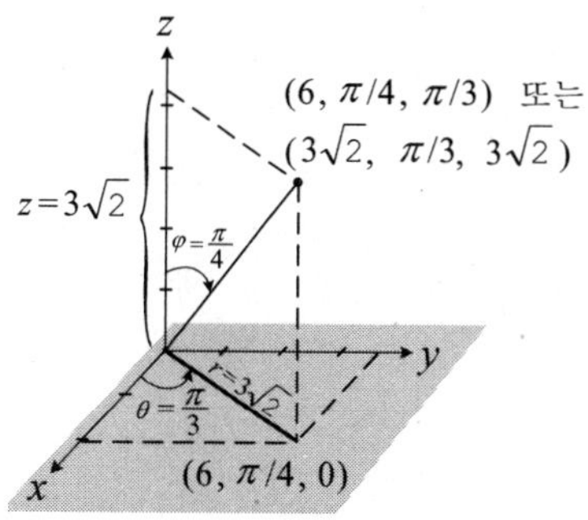

$$r=\rho\sin\varphi=6\sin\frac{\pi}{4}=6\left(\frac{\sqrt{2}}{2}\right)=3\sqrt{2}\ \rightarrow\ r=3\sqrt{2}$$

$$\theta=\frac{\pi}{3}$$

$$z=\rho\cos\varphi=6\cos\frac{\pi}{4}=6\left(\frac{\sqrt{2}}{2}\right)=3\sqrt{2}\ \rightarrow\ \boldsymbol{z=3\sqrt{2}}$$

$\therefore$ 구면좌표 $(6,\ \pi/4,\ \pi/3)$은 원통좌표로 $(3\sqrt{2},\ \pi/3,\ 3\sqrt{2})$이다.

7.9.4 방향코사인

그림 7.17에 나타난 바와 같이 직교좌표계 $(x,\ y,\ z)$ 위의 한 점 $\mathrm{P}(x_0,\ y_0,\ z_0)$에서 xy-평면에 내린 수선(垂線)의 발을 H라 한다. 원점 O와 P를 이은 직선 OP와 양(陽)의 x축, y축, z축과 이루는 사이각을 각각 $\alpha,\ \beta,\ \gamma$이라 하고[여기서, $\alpha,\ \beta,\ \gamma$를 **방향각**(方向角, direction angle)이라고 한다], $\cos\alpha,\ \cos\beta,\ \cos\gamma$는 직선 OP의 방향을 완전히 결정하기 때문에 이들을 직선 OP의 **방향코사인**(方向餘弦, direction cosine)이라고 한다. 그들은 다음과 같은 간단한 공식에 의하여 각 성분의 항으로 주어지기 때문에 기술하기가 편리하며, 또한 이들은 기울기가 평면에서 하는 것과 같은 역할을 공간에서도 한다.

$$l=\cos\alpha=\frac{x_0}{\rho},\quad m=\cos\beta=\frac{y_0}{\rho},\quad n=\cos\gamma=\frac{z_0}{\rho} \tag{7.27}$$

여기서, $\rho=\sqrt{x_0^2+y_0^2+z_0^2}$, $0°\leqq\alpha,\ \beta,\ \gamma\leqq180°$이다.

그림 7.17에서 선분 $\overline{\mathrm{OP}}$는 선분 $\overline{\mathrm{OH}}$와 $\overline{\mathrm{PH}}$에 피타고라스 정리를 적용하면 쉽게 얻을 수 있다. 즉, 이 정리로부터 $\overline{\mathrm{OH}}=\sqrt{x_0^2+y_0^2}$와 $\overline{\mathrm{PH}}=z_o$이므로, 바로 앞의 두 식에 다시 피타고라스의 정리를 적용하면 다음 식을 구할 수 있다.

$$\rho(=\overline{\mathrm{OP}})=\sqrt{x_0^2+y_0^2+z_0^2} \tag{7.28}$$

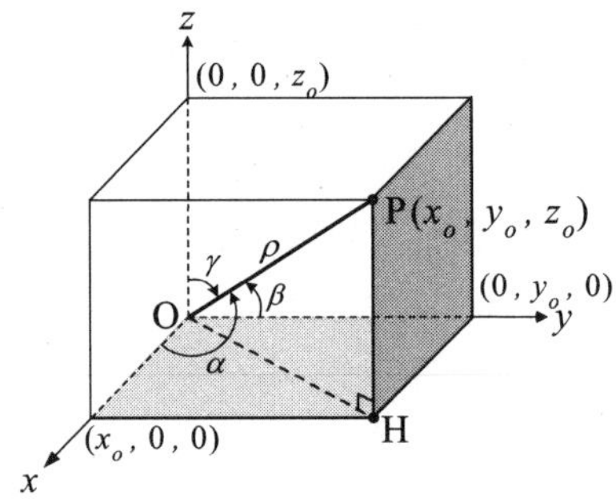

그림 7.17 방향코사인(원점)

식 (7.27)에서 l, m, n을 방향코사인 $\cos\alpha$, $\cos\beta$, $\cos\gamma$의 항으로 나타내면

$$l^2+m^2+n^2=\cos^2\alpha+\cos^2\beta+\cos^2\gamma=1 \tag{7.29}$$

의 관계가 성립한다. 즉, **직선의 방향코사인 제곱의 합은 1과 같다.**

식 (7.29)의 증명은 식 (7.27)과 (7.28)의 양변을 제곱하여 정리하면 다음과 같다. 즉,

$$l^2+m^2+n^2=\cos^2\alpha+\cos^2\beta+\cos^2\gamma$$

$$l^2+m^2+n^2=\left(\frac{x_0}{\rho}\right)^2+\left(\frac{y_0}{\rho}\right)^2+\left(\frac{z_0}{\rho}\right)^2=\frac{x_0^2+y_0^2+z_0^2}{\rho^2}=\frac{\rho^2}{\rho^2}=1$$

그러므로 $l^2+m^2+n^2=\cos^2\alpha+\cos^2\beta+\cos^2\gamma=1$인 관계를 만족한다.

만약 점 $\mathrm{P}_1(x_1, y_1, z_1)$와 $\mathrm{P}_2(x_2, y_2, z_2)$가 공간상의 점이라면 $\mathrm{P}_1\mathrm{P}_2$의 방향코사인은 다음과 같다.

$$\begin{aligned} l=\cos\alpha&=\frac{x_2-x_1}{\sqrt{(x_2-x_1)^2+(y_2-y_1)^2+(z_2-z_1)^2}}=\frac{x_2-x}{\rho} \\ m=\cos\beta&=\frac{y_2-y_1}{\sqrt{(x_2-x_1)^2+(y_2-y_1)^2+(z_2-z_1)^2}}=\frac{y_2-y_1}{\rho} \\ n=\cos\gamma&=\frac{z_2-z_1}{\sqrt{(x_2-x_1)^2+(y_2-y_1)^2+(z_2-z_1)^2}}=\frac{z_2-z_1}{\rho} \end{aligned} \tag{7.30}$$

여기서, $\rho=\sqrt{(x_2-x_1)^2+(y_2-y_1)^2+(z_2-z_1)^2}$, $0°\leqq\alpha, \beta, \gamma\leqq 180°$이다.

그림 7.18에서 선분 $\overline{\mathrm{P_1P_2}}$는 선분 $\overline{\mathrm{P_1H_2}}$와 $\overline{\mathrm{P_2H_2}}$에 피타고라스 정리를 적용하면 쉽게 얻을 수 있다. 즉, 이 정리로부터 $\overline{\mathrm{P_1H_2}}=\sqrt{(x_2-x_1)^2+(y_2-y_1)^2}$와 $\overline{\mathrm{P_2H_2}}=z_2-z_1$이므로, 바로 앞의 두 식에 다시 피타고라스의 정리를 적용하면 다음 식을 구할 수 있다.

$$\rho(=\overline{\mathrm{P_1P_2}})=\sqrt{(x_2-x_1)^2+(y_2-y_1)^2+(z_2-z_1)^2} \tag{7.31}$$

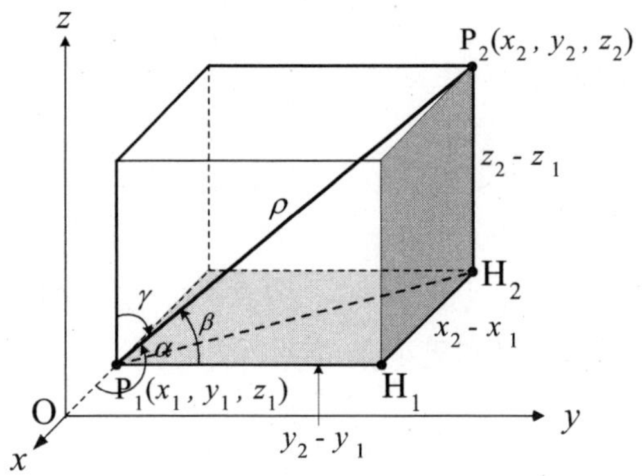

그림 7.18 방향코사인(P_1P_2)

식 (7.30)에서 l, m, n을 방향코사인 $\cos\alpha$, $\cos\beta$, $\cos\gamma$의 항으로 나타내면 $l^2 + m^2 + n^2 = \cos^2\alpha + \cos^2\beta + \cos^2\gamma = 1$의 관계가 성립한다. 즉, 원점에서의 방향코사인에서 유도한 식 (7.29)과 같이 직선의 방향코사인 제곱의 합은 1과 같다는 것을 알 수 있다. 즉, 이 식의 증명은 식 (7.30)과 (7.31)의 양변을 제곱하여 정리하면 다음과 같다. 즉,

$$l^2 + m^2 + n^2 = \cos^2\alpha + \cos^2\beta + \cos^2\gamma$$

$$l^2 + m^2 + n^2 = \left(\frac{x_2 - x_1}{\rho}\right)^2 + \left(\frac{y_2 - y_1}{\rho}\right)^2 + \left(\frac{z_2 - z_1}{\rho}\right)^2$$

$$= \frac{(x_2 - x_1)^2 + (y_2 - y_1)^2 + (z_2 - z_1)^2}{\rho^2} = \frac{\rho^2}{\rho^2} = 1$$

그러므로 $l^2 + m^2 + n^2 = \cos^2\alpha + \cos^2\beta + \cos^2\gamma = 1$인 관계를 만족한다.

두 직선 사이의 각

두 개 직선의 방향코사인을 (l_1, m_1, n_1), (l_2, m_2, n_2)라 하고, 두 직선이 이루는 사이각을 θ라 하면 다음 식이 성립한다.

$$\cos\theta = l_1 l_2 + m_1 m_2 + n_1 n_2 \quad (0° \leqq \theta \leqq 180°) \tag{7.32}$$

또는

$$\cos\theta = \cos\alpha_1 \cos\alpha_2 + \cos\beta_1 \cos\beta_2 + \cos\gamma_1 \cos\gamma_2$$

[증명]

3.4.2항의 코사인법칙에 의하여

$$\cos\theta = \frac{\rho_1^2+\rho_2^2-d^2}{2\rho_1\rho_2} \tag{7.33}$$

식 (7.28)을 이용하면 $\rho_1^2 = x_1^2+y_1^2+z_1^2$, $\rho_2^2 = x_2^2+y_2^2+z_2^2$ 그리고 d^2은 앞에서 기술한 식 (7.23)의 양변을 제곱하면 다음 식과 같다.

$$d^2 = (x_2-x_1)^2+(y_2-y_1)^2+(z_2-z_1)^2$$

앞의 식들을 식 (7.30)에 대입하여 간단히 하면 아래와 같다.

$$\begin{aligned}\cos\theta &= \frac{\rho_1^2+\rho_2^2-d^2}{2\rho_1\rho_2}\\ &= \frac{x_1^2+y_1^2+z_1^2+x_2^2+y_2^2+z_2^2-[(x_2-x_1)^2+(y_2-y_1)^2+(z_2-z_1)^2]}{\rho_1\rho_2}\\ &= \frac{x_1x_2+y_1y_2+z_1z_2}{\rho_1\rho_2} \qquad ①\end{aligned}$$

원점과 두 점 $P_1(x_1, y_1, z_1)$, $P_2(x_2, y_2, z_2)$에 대한 방향코사인은 식 (7.27)으로부터 다음과 같이 구할 수 있다.

②
$$\frac{x_1}{\rho_1} = \cos\alpha_1 = l_1,\ \frac{x_2}{\rho_2} = \cos\alpha_2 = l_2,\ \frac{y_1}{\rho_1} = \cos\beta_1 = m_1$$
$$\frac{y_2}{\rho_2} = \cos\beta_2 = m_2,\ \frac{z_1}{\rho_1} = \cos\gamma_1 = n_1 \text{ 및 } \frac{z_2}{\rho_2} = \cos\gamma_2 = n_2$$

식 ②를 ①에 대입하면

$$\begin{aligned}\cos\theta &= \cos\alpha_1\cos\alpha_2+\cos\beta_1\cos\beta_2+\cos\gamma_1\cos\gamma_2\\ &= l_1l_2+m_1m_2+n_1n_2\end{aligned}$$

인 관계를 확인할 수 있다.

만약 **두 직선이 평행**하다면, 두 직선 사이의 각 θ는 $0°$이므로 $\cos\theta = \cos 0° = 1$. 식 (7.29)과 식 (7.32)를 이용하면 다음과 같은 관계를 쉽게 얻을 수 있다. 즉,

$$\alpha_1 = \alpha_2,\ \beta_1 = \beta_2,\ \gamma_1 = \gamma_2 \tag{7.34}$$

만약 **두 직선이 수직**이라면, 두 직선 사이의 각 θ는 $90°$이므로 $\cos\theta = \cos 90° = 0$

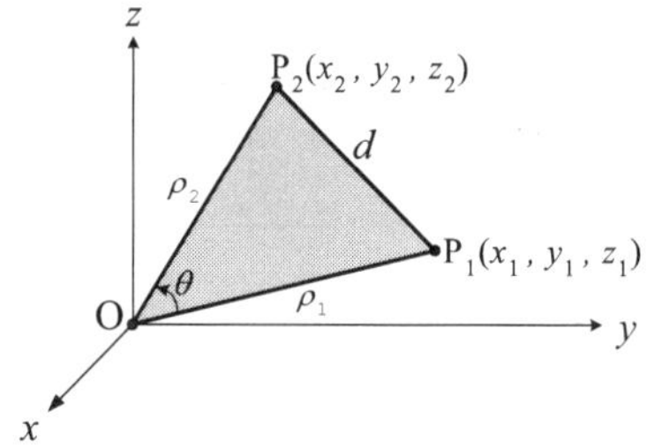

그림 7.19 두 직선 사이의 각

따라서

$$\cos\alpha_1\cos\alpha_2+\cos\beta_1\cos\beta_2+\cos\gamma_1\cos\gamma_2=0 \tag{7.35}$$

또는[식 (7.27)을 앞 식에 적용]

$$l_1l_2+m_1m_2+n_1n_2=0$$

인 관계가 성립한다.

예제 7-23

직교좌표계 (x, y, z) 위의 한 점 $P(6, -2, 3)$에서 방향코사인 l, m, n을 구하고, x축, y축 및 z축과 이루는 각을 구하여라.

풀이

식 (7.28)에 의하여

$$\rho=\sqrt{6^2+(-2)^2+3^2}=\sqrt{49}=7 \rightarrow \rho=7$$

또한 식 (7.27)을 이용하면 방향코사인은 다음과 같이 계산할 수 있다.

$$l=\frac{x_0}{\rho}=\frac{6}{7},\ m=\frac{y_0}{\rho}=\frac{-2}{7}=-\frac{2}{7},\ n=\frac{z_0}{\rho}=\frac{3}{7}$$

$$\therefore\ l=\frac{6}{7},\ m=-\frac{2}{7},\ n=\frac{3}{7}$$

그리고 각 축과 이루는 각은 식 (7.27)로부터 다음과 같이 구할 수 있다.

$$\cos\alpha=l=\frac{6}{7},\quad \alpha=\cos^{-1}\left(\frac{6}{7}\right)=31° \rightarrow \alpha=31°$$

$$\cos\beta=m=-\frac{2}{7},\quad \beta=\cos^{-1}\left(-\frac{2}{7}\right)=106.6° \rightarrow \beta=106.6°$$

$$\cos\gamma=n=\frac{3}{7},\quad \gamma=\cos^{-1}\left(\frac{3}{7}\right)=64.6° \rightarrow \gamma=64.6°$$

$$\therefore\ \alpha=31°,\ \beta=106.6°,\ \gamma=64.6°$$

예제 7-24

원점 O와 한 점 P를 지나는 유향직선(有向直線, directed line)이 양의 x축과 $\pi/3$의 각, 양의 y축과 $\pi/3$의 각, 그리고 양의 z축과 예각 γ를 만들 때, 이 각도 γ를 구하여라.

풀이

식 (7.29)에 의하여

$$\cos^2\alpha+\cos^2\beta+\cos^2\gamma=1 \rightarrow \cos^2\left(\frac{\pi}{3}\right)+\cos^2\left(\frac{\pi}{3}\right)+\cos^2\gamma=1$$

$$\rightarrow \left(\frac{1}{2}\right)^2+\left(\frac{1}{2}\right)^2+\cos^2\gamma=1 \rightarrow \cos^2\gamma=1-\frac{1}{4}-\frac{1}{4}=\frac{1}{2}$$

$$\therefore\ \cos\gamma=\pm\frac{\sqrt{2}}{2}\ \left(\cos\gamma=\frac{\sqrt{2}}{2}\ \text{또는}\ \cos\gamma=-\frac{\sqrt{2}}{2}\right)$$

① $\cos\gamma = \frac{\sqrt{2}}{2}$ 일 때, $\gamma = \cos^{-1}\left(\frac{\sqrt{2}}{2}\right) = \frac{\pi}{4}$ (예각)

② $\cos\gamma = -\frac{\sqrt{2}}{2}$ 일 때, $\gamma = \cos^{-1}\left(-\frac{\sqrt{2}}{2}\right) = \frac{3\pi}{4}$ (둔각)

양의 z축과 각도 γ는 문제에서 예각으로 제한하였으므로

$\therefore\ \gamma = \frac{\pi}{4}$ (또는 45°)

예제 7-25

직교좌표계 (x, y, z) 위의 점들 A$(-3, 2, 4)$, B$(2, 5, -2)$, C$(1, -2, 2)$, 그리고 D$(4, 2, 3)$로 주어질 때 두 직선 AB와 CD 사이의 각 θ를 구하여라.

풀이

직선 AB의 방향코사인을 $\cos\alpha_1$, $\cos\beta_1$, $\cos\gamma_1$라 하고, 직선 CD의 방향코사인을 $\cos\alpha_2$, $\cos\beta_2$, $\cos\gamma_2$라 할 때, 각 주어진 점을

A$(-3, 2, 4) =$ A(x_1, y_1, z_1)

B$(2, 5, 2) =$ B(x_2, y_2, z_2)

C$(1, -2, 2) =$ C(x_3, y_3, z_3)

D$(4, 2, 3) =$ D(x_4, y_4, z_4)

로 놓을 때 식 (7.31)을 이용하면

$$\rho_1(=\text{AB}) = \sqrt{(x_2-x_1)^2+(y_2-y_1)^2+(z_2-z_1)^2}$$
$$= \sqrt{[2-(-3)]^2+(5-2)^2+(-2-4)^2} = \sqrt{25+9+36} = \sqrt{70}$$

식 (7.30)에 의하여 직선 AB의 방향코사인은 다음과 같다.

$$\cos\alpha_1 = \frac{x_2-x_1}{\rho} = \frac{2-(-3)}{\sqrt{70}} = \frac{5}{\sqrt{70}}$$

$$\cos\beta_1 = \frac{y_2-y_1}{\rho} = \frac{5-2}{\sqrt{70}} = \frac{3}{\sqrt{70}}$$

$$\cos\gamma_1 = \frac{z_2-z_1}{\rho} = \frac{-2-4}{\sqrt{70}} = -\frac{6}{\sqrt{70}}$$

같은 방법으로 식 (7.31)에 의하여

$$\rho_2(=\text{CD}) = \sqrt{(x_4-x_3)^2+(y_4-y_3)^2+(z_4-z_3)^2}$$
$$= \sqrt{(4-1)^2+[2-(-2)]^2+(3-2)^2} = \sqrt{9+16+1} = \sqrt{26}$$

직선 CD의 방향코사인은 식 (7.30)에 의하여 다음과 같다.

$$\cos\alpha_2 = \frac{x_4-x_3}{\rho} = \frac{4-1}{\sqrt{26}} = \frac{3}{\sqrt{26}}$$

$$\cos\beta_2 = \frac{y_4-y_3}{\rho} = \frac{2-(-2)}{\sqrt{26}} = \frac{4}{\sqrt{26}}$$

$$\cos\gamma_2 = \frac{z_4-z_3}{\rho} = \frac{3-2}{\sqrt{26}} = \frac{1}{\sqrt{26}}$$

두 직선이 이루는 사이각 θ는 식 (7.32)에 의하여 다음과 같이 계산할 수 있다.

$$\cos\theta = \cos\alpha_1\cos\alpha_2 + \cos\beta_1\cos\beta_2 + \cos\gamma_1\cos\gamma_2$$

$$= \frac{5}{\sqrt{70}}\cdot\frac{3}{\sqrt{26}} + \frac{3}{\sqrt{70}}\cdot\frac{4}{\sqrt{26}} + \left(-\frac{6}{\sqrt{70}}\right)\cdot\frac{1}{\sqrt{26}}$$

$$= \frac{15+12-6}{\sqrt{1\,820}} = \frac{21}{42.661} = 0.492\,5$$

$$\therefore\ \theta = \cos^{-1}(0.492\,5) = 60.51^\circ \text{ 또는 } 60^\circ 30.7'$$

연 습 문 제

7.1 극방정식 $r = a \sec\theta$를 직교좌표로 바꾸어라.

$x = a$

7.2 직교방정식 $x^2 + y^2 = a^2$을 극좌표로 바꾸어라.

$r = a$

7.3 좌표평면상에 두 점, A$(-1,\ 2)$, B$(8,\ 17)$이 주어졌을 때, 다음을 구하여라.

(1) 두 점 AB 사이의 거리

(2) x축과 두 점 AB를 연장한 직선이 만든 각 θ

(1) $d = 3\sqrt{34}$　　(2) $\theta = -59.036°$ 또는 $-59°2'10''$

7.4 다음과 같은 각 조건을 만족시키는 직선의 방정식을 구하여라.

(1) x축의 양의 방향과 45°의 각을 이루며 점 $(2,\ 4)$를 지나는 직선

(2) 직선 $3x+2y+5=0$에 평행하고 점 $(1,\ 2)$를 지나는 직선

(3) 두 점 $(2,\ 4)$, $(6,\ 5)$를 지나는 직선에 수직이고 점 $(1,\ -3)$을 지나는 직선

(4) 두 점 $(2,\ 1)$, $(3,\ 4)$를 지나는 직선에 평행하고 x의 절편이 2인 직선

(5) 직선 $x+3y=3$에 수직이고 두 직선 $3x+y=-1$, $2x-y=-10$의 교점을 지나는 직선

(1) $y = x+2$　　(2) $y = -\frac{3}{2}x + \frac{7}{2}$

(3) $y = -4x+1$　　(4) $y = -3x-6$

(5) $y = 3x+13$

7.5 다음의 두 직선 $x+ay+1=0$, $ax+(a+2)y+2=0$이 다음 조건을 만족할 때, a의 값을 구하여라.

(1) 평행　　(2) 일치

(3) 서로 수직　　(4) 한 점에서 만날 때

(1) $a=-1$　　(2) $a=2$

(3) $a=0$ 또는 -3　　(4) $a \neq 2$ 또는 $a \neq -1$인 모든 실수

7.6 두 직선 $y=3x+2$, $y=-x-2$가 주어졌을 때

(1) 두 직선의 교점의 좌표 (x, y)을 구하여라.

(2) 두 직선의 교각을 구하여라. 단, 교각은 90° 이내의 각으로 한다.

답 (1) $x=-1$ 또는 $y=-1$

(2) $\theta=63.435°$ 또는 $63°26'6''$

7.7 주어진 삼각형의 꼭짓점들이 $A(3, -2)$, $B(-5, 8)$, $C(4, 5)$일 때 삼각형의 각들에 대한 탄젠트를 구하여라. 그리고 그들의 각각을 가장 가까운 각도로 나타내어라.

답 $A=47°$, $B=33°$, $C=100°$

7.8 한 점 $P(x_1, y_1)$에서 직선 $ax+by+c=0$까지 내린 수직거리 d는

$d=\dfrac{|ax_1+by_1+c|}{\sqrt{a^2+b^2}}$ 임을 증명하여라.

답 생략

7.9 좌표축의 원점 O을 점 $(-2, 3)$으로 평행이동 시킬 때 점 $P(4, -2)$의 새로운 좌표를 구하여라.

답 $(6, -5)$

7.10 좌표축의 원점 O를 점 $(3, -2)$로 평행이동 시킨 후에 아래 주어진 원의 방정식의 새로운 방정식을 구하여라.

$x^2+y^2-6x+4y-3=0$

답 $X^2+Y^2=16$

7.11 평행이동 $f:(x, y) \to (x+2, y-3)$에 의하여 다음은 어떤 점 또는 도형으로 이동되는지를 구하여라.

(1) 점 $(2, -2)$

(2) 직선 $2x+3y-2=0$

(3) $(x-2)^2+(y+1)^2=9$

답 (1) $(4, -6)$

(2) $2x+3y+3=0$

(3) $(x-4)^2+(y+4)^2=9$

7.12 식 (7.7) (b)를 증명하여라.

답 생략

7.13 좌표축들을 $\pi/4$ 만큼 회전할 때, 다음 주어진 방정식을 변환된 좌표계로 나타내어라.

(1) $2x+y+1=0$

(2) $x^2+y^2=4$

(3) $x^2+xy+2y^2-1=0$

답 (1) $3x'-y'+\sqrt{2}=0$

(2) $x'^2+y'^2=4$

(3) $2x'^2+y'^2+x'y'-1=0$

7.14 다음 포물선의 방정식을 구하여라.

(1) 초점 $(0,\ -2)$, 준선 $y=2$

(2) 초점 $(1,\ 0)$, 준선 $x=-1$

답 (1) $y=-\frac{1}{8}x^2$ 또는 $x^2=-8y$

(2) $x=\frac{1}{4}y^2$ 또는 $y^2=4x$

7.15 다음 포물선의 초점, 준선 및 통경의 길이를 구하여라.

(1) $y=-2x^2$ (2) $y^2=6x$

답 (1) $\left(0,\ -\frac{1}{8}\right)$, $y=\frac{1}{8}$, $\frac{1}{8}$

(2) $\left(\frac{3}{2},\ 0\right)$, $x=-\frac{3}{2}$, 6

7.16 다음 방정식의 해를 구하여라.

(1) $25x^2=9$ (2) $x^2+2x-15=0$

(3) $2x^2+5x=0$ (4) $(x-1)(3x-4)=6$

답 (1) $x=\pm\frac{3}{5}$

(2) $x=-5,\ x=3$

(3) $x=0.\ x=-\frac{5}{2}$

(4) $x=\frac{7\pm\sqrt{73}}{2}$

7.17 다음 2차 방정식의 근을 판별하고 근의 공식을 이용하여 해를 구하여라.

(1) $2x^2-5x-1=0$

(2) $3x^2-6\sqrt{2}x+6=0$

(3) $x^2+5x+7=0$

(1) 서로 다른 두 개의 실근, $x=\frac{5\pm\sqrt{33}}{4}$

(2) 중근(하나의 실수해), $x=\sqrt{2}$

(3) 서로 다른 두 개의 허근, $x=\frac{-5\pm\sqrt{3}i}{2}$

7.18 길이 200 m의 교량에서 이 교량의 구배를 포물선으로 설계하려고 한다. 중간지점을 50 cm 높게 할 때 (1) 이 교량의 포물선 방정식을 구하고, (2) 중간지점에서 50 m의 위치에서는 몇 cm 높게 하면 되는가?

(1) $y=-\frac{1}{20\,000}x^2+0.5$

(2) 37.5 cm

7.19 중심의 좌표가 (1, 0), 반지름이 2인 원이 있다.

(1) 이 원의 방정식을 구하여라.

(2) 이 원과 직선 $y=2x$의 교점의 좌표를 구하여라.

(3) (2)에서 구한 교점간의 거리를 구하여라.

(1) $(x-1)^2+y^2=4$

(2) $(1,\ 2)$, $\left(-\frac{3}{5},\ -\frac{3}{5}\right)$

(3) $d=\frac{8\sqrt{5}}{5}$

7.20 다음 조건을 만족시키는 원의 방정식을 구하여라.

(1) 중심이 점 $C(1,\ -1)$이고 반지름이 3인 원

(2) 점 $C(-2,\ 3)$을 중심으로 하고 점 $A(1,\ 6)$을 지나는 원

(3) 세 점 $A(4,\ 1)$, $B(6,\ -3)$, $C(-3,\ 0)$을 지나는 원

(1) $(x+1)^2+(y-2)^2=3^2$

(2) $(x+2)^2+(y-3)^2=18$

(3) $x^2+y^2-2x+6y-15=0$ 또는 $(x-1)^2+(y+3)^2=25$

7.21 다음 주어진 원의 방정식의 중심과 반지름을 구하여라.

(1) $x^2+y^2-8x-4y+11=0$

(2) $4x^2+4y^2+4x+12y+1=0$

(1) 중심 $(4,\ 2)$, 반지름 $r=2$

(2) 중심 $\left(-\frac{1}{2},\ -\frac{3}{2}\right)$, 반지름 $r=\frac{3}{2}$

7.22 다음 조건을 만족시키는 해를 구하여라.

(1) 원 $x^2+y^2=13$ 위의 점 $(2,\ 3)$에서 접선의 방정식

(2) 원 $(x-1)^2+(y-2)^2=3$ 위의 점 $(2,\ 2+\sqrt{2})$에서 접선의 방정식

(3) 원 $x^2+y^2=5$와 직선 $y=2x+a$가 접하도록 a의 값

(1) $2x+3y=13$

(2) $x+\sqrt{2}y-2\sqrt{2}-4=0$

(3) $a=\pm 5$

7.23 원점이 중심이고, x축 위에 장축이 있는 점 $(4,\ 3)$, $(6,\ 2)$을 지나는 타원의 방정식을 구하여라.

$\frac{x^2}{52}+\frac{y^2}{13}=1$ 또는 $x^2+4y^2=52$

7.24 타원 $3x^2+10y^2=12$의 (1) 장축 및 (2) 단축의 길이, (3) 초점의 좌표, (4) 꼭짓점의 좌표, (5) 이심률, (6) 통경의 길이 및 (7) 준선의 방정식을 구하여라.

(1) 4

(2) $2\sqrt{\frac{6}{5}}$

(3) $\left(2\sqrt{\frac{7}{10}},\ 0\right)$, $\left(-2\sqrt{\frac{7}{10}},\ 0\right)$

(4) $(2,\ 0)$, $\left(0,\ \sqrt{\frac{6}{5}}\right)$, $(-2,\ 0)$, $\left(0,\ -\sqrt{\frac{6}{5}}\right)$

(5) $\sqrt{\frac{7}{10}}$

(6) $\frac{6}{5}$

(7) $\pm 2\sqrt{\frac{10}{7}}$

7.25 원점이 중심이고, 가로축이 y축 위에 있으며 점 $(4, 6)$, $(1, -3)$을 지나는 쌍곡선의 방정식을 구하여라.

답: $\frac{5y^2}{36} - \frac{x^2}{4} = 1$ 또는 $5y^2 - 9x^2 = 36$

7.26 다음 방정식 $5x^2 - 4y^2 = 20$으로 주어지는 쌍곡선의 (1) 가로축의 길이, (2) 꼭짓점 및 (3) 초점의 좌표, (4) 이심률, (5) 통경의 길이, (6) 준선 및 (7) 점근선의 방정식을 구하고 그래프를 그려라.

답: (1) 4

(2) $(2, 0)$, $(-2, 0)$

(3) $(3, 0)$, $(-3, 0)$

(4) $\frac{3}{2}$

(5) 5

(6) $x = \pm\frac{4}{3}$

(7) $y = \pm\frac{\sqrt{5}}{2}x$

7.27 3차원 공간에서 다음과 같은 두 점 $(2, -3, 6)$, $(-1, -7, 4)$ 사이의 거리를 구하여라.

답: $\sqrt{29}$

7.28 원통좌표에서의 $(5, \pi/4, 3)$을 직교좌표로 (x, y, z)로 변환하여라.

답: $\left(\frac{5\sqrt{2}}{2}, \frac{5\sqrt{2}}{2}, 3\right)$

7.29 직교좌표에서의 $(4, 2, 3)$을 원통좌표 (r, θ, z)로 변환하여라.

답: $(2\sqrt{5}, 0.148\pi, 3)$

7.30 구면좌표에서의 $(4, \pi/6, -\pi/4)$를 (1) 직교좌표와 (2) 원통좌표로 변환하여라.

답: (1) $(\sqrt{2}, -\sqrt{2}, 2\sqrt{3})$

(2) $(2, -\pi/4, 2\sqrt{3})$

7.31 원점 O와 한 점 P을 지나는 유향직선(有向直線)이 양의 x축 및 y축과 각각 60° 및 45°의 각을 이룰 때, (1) 직선 OP가 양의 z축과 이루는 각 γ을 구하여라. 또한 (2) $\overline{OP}=6$일 때, 점 P의 좌표를 구하여라.

(1) 60° 또는 120°

(2) $(3,\ 3\sqrt{2},\ 3)$ 또는 $(3,\ 3\sqrt{2},\ -3)$

7.32 직교좌표계 $(x,\ y,\ z)$ 위의 한 점의 좌표 P가 $(2,\ 1,\ \sqrt{3})$으로 주어졌다. 이 점에서 (1) 방향코사인 $l,\ m,\ n$을 구하고, (2) x축, y축 및 z축과 이루는 각을 구하여라.

(1) $l=\dfrac{\sqrt{2}}{2},\ m=\dfrac{\sqrt{2}}{4},\ n=\dfrac{\sqrt{6}}{4}$

(2) $\alpha=45°,\ \beta=69.30°,\ \gamma=52.24°$

7.33 꼭짓점이 A(3, −1, 4), B(1, 2, −4), C(−3, 2, 1)인 삼각형의 내각을 구하여라.

$A=45°44.7',\ B=55°16.9',\ C=78°58.4'$

7.34 직각좌표계 위 어떤 점에서 방향코사인을 계산할 경우, $l=-0.43,\ m=0.51$이었다. 이 때 (1) n과 (2) 각 축과 이루는 각을 구하여라.

$A=45°44.7',\ B=55°16.9',\ C=78°58.4'$

7.35 식 (7.34)를 증명하여라.

생략

CHAPTER
08

벡터

8.1 벡터의 기본성질과 표기법

벡터(vectors) 또는 벡터량(vector quantities)은 공학이나 자연과학에서 공간적인 개념을 표현하는데 매우 편리하며 따라서 힘, 속도 및 가속도 등의 물리적인 현상을 설명하는 기본적인 도구이다. 특히 토목공학(土木工學)에 있어서 힘이나 모멘트 등이 문제로 나타나는 경우가 많으므로 벡터의 공부가 매우 중요하다.

8.1.1 벡터와 스칼라

지구가 태양주위 공전에 의한 힘은 그 **크기**(magnitude)만으로는 불충분하고 이것이 어느 **방향**(direction)으로 운동하는지를 나타내지 않으면 안 된다(그림 8.1). 속도도 그 크기(빠르기)뿐만 아니라 운동의 방향도 같이 나타내 주어야한다. 이처럼 크기뿐만 아니라 방향을 가진 물리량을 **벡터**(vector)라 한다. 크기는 그 물리량의 양적인 정보를 주는 반면에, 방향은 그 물리량이 향하는 방향에 대한 정보를 준다.

예를 들어, 그림 8.2와 같이 삼각형(도형)의 평행이동은 그 삼각형의 임의의 점 P가 원래 위치에서 마지막 위치 P로 옮겨질 때, 점 P에서 점 Q까지의 거리와 점 P에서 점 Q로 향하는 방향으로 결정된다.

따라서 이 평행이동은 점 P에서 점 Q로 향하는 선분에, 그림과 같이 화살표를 붙인 방향을 가진 선분으로 나타내어지는데, 이와 같은 선분을 **유향선분**(有向線分, directed line segment)이라 하고, 벡터(화살꼴)에서 꼬리를 **시작점**(또는 **처음점**, initial point)이라 하고, 앞 끝을 끝점(또는 종점, terminal point)이라 한다. 이 때 벡터 $\boldsymbol{A}$의 시작점 P는 한 점의 원래위치이고, 끝점 Q는 P의 평행이동 후의 점이다. 여러 응용 면에서, 벡터를 화살표로 표시하는 것은 편리하다.

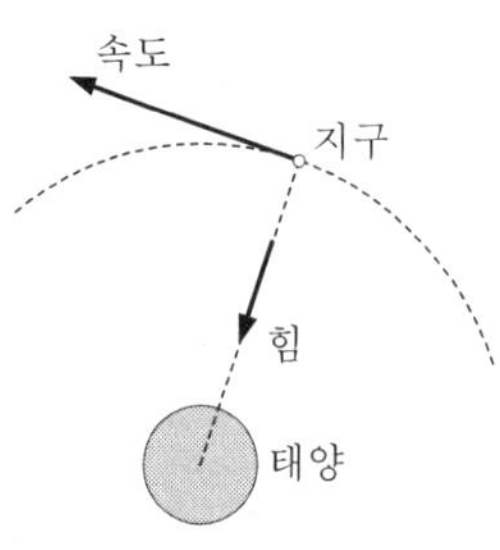

그림 8.1 힘과 속도

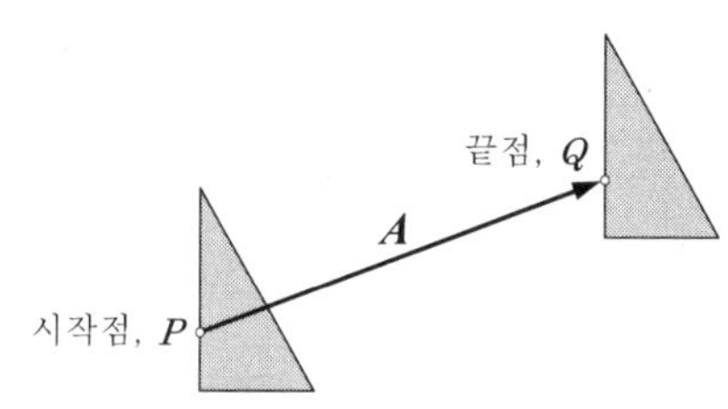

그림 8.2 평행이동

화살표로 표시되는 벡터는 화살의 길이와 방향에 의하여 결정되고 시작점의 위치는 어디에 있든 상관없다. 따라서 크기가 같고 서로 평행인 벡터들은 모두 같은 벡터들이다. 그러나 실제로 물리학이나 공학에서 이용되고 있는 벡터는 크기와 방향이 같더라도, 시작점의 위치가 다르면 서로 다른 벡터로 취급된다.

> **물리량**(物理量, physical value)이라 함은 우리가 측정 가능한(예를 들면 질량, 부피) 물리학에서의 양이거나 종종 수치 값과 물리 단위(주로 SI 단위)의 곱으로 표현되는 측정의 결과치, 즉 **자연계의 이해를 위하여 우리가 측정의 대상으로 하는 것을 총칭하는 말**이다.

그림 8.3 (a), (b) 및 (c)는 벡터의 예로 무게(W), 속도(V)와 마찰력(F_f)을 나타내고 있다.

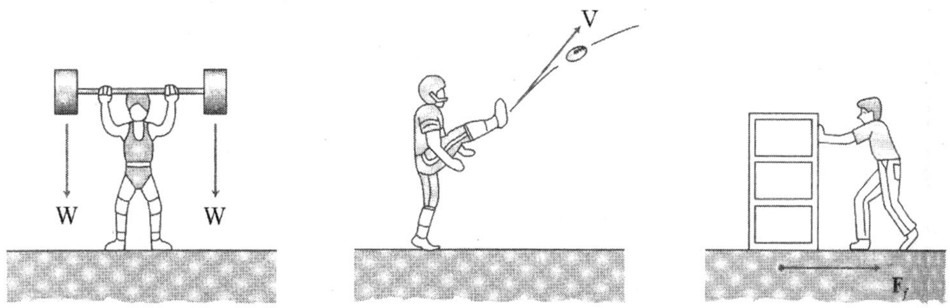

(a) (b) (c)

그림 8.3 여러 물리량(벡터)에 대한 예

이에 반해 **스칼라**(scalar)는 단순히 실수(예로 π, 3, $\sqrt{7}$ 등) 또는 하나의 실수로 측정될 수 있는 크기만을 갖는 양이다. 예를 들면 길이, 질량, 속력, 온도 및 혈압 등은 각각 80 m, 60 kg, 110 m/s, 20℃ 및 심장수축－이완비 120 / 80 등과 같은 수로 나타낸다. 대부분의 스칼라양은 +(양)이지만, 온도와 같이 +(양)일 수도 있고, −(음)일 수도 있는 대수적 스칼라양도 있다.

> **벡터**(vector)라는 단어는 '운반한다(to carry)'라는 뜻을 가진 라틴어 verher에서 유래하였으며, 스칼라(scalar)는 크기를 나타내는 scale에서 유래하였다(아직도 가끔 '어느 것이 운반되지'라는 의미를 사용하며, 예로 "모기는 말라리아 벡터이다"라고 말한다).

8.1.2 벡터의 표기법

보통, 벡터의 표기는 스칼라양과 구분하기 위하여 $\boldsymbol{A}$, $\boldsymbol{B}$, $\boldsymbol{a}$, $\boldsymbol{b}$, ⋯ 처럼 굵은 글자(bold type)로 표기하거나 $\vec{A}$, $\vec{B}$, $\vec{a}$, $\vec{b}$ 처럼 글자 위에 화살표를 쓰거나, 글자 아래에 밑줄을 그어, $\underline{A}$, $\underline{B}$, $\underline{a}$, $\underline{b}$로 나타내기도 한다. 이 책에서 벡터를 그림으로 나타낼 때는 그림 8.4 (a)와 같이 화살표의 길이는 벡터의 크기, 화살표 방향은 벡터의 방향, 굵은 글자로 나타내고, 본문에서도 굵은 글자로 표기하겠다.

벡터 $\boldsymbol{A}$의 길이(length)는 벡터 $\boldsymbol{A}$의 크기를 나타내며, **벡터 $\boldsymbol{A}$의 절대값**(absolute value)으로 표시한다. 또 벡터 $\boldsymbol{A}$의 절대값을 $|\boldsymbol{A}|$ 또는 간단하게 A로 나타낸다.

앞에서 기술한 바와 같이 방향은 화살이 놓인 상태로, 크기는 화살의 길이를 나타내면 되므로, 벡터에 관한 기본적이고 직관적인 이해에는 화살표가 가장 편리하고 유용하다. 그래서 우리의 중·고등학교 교재에는 벡터와 관련된 학습은 모두 **화살표법**으로 시작하는 반면에, 참고적으로 대학의 교과과정에서는 주로 **성분표시법**을 사용한다는 점을 알아두기 바란다. 따라서 두 방법은 그림 8.4에 나타났으며 서로 상호보완적으로 이용하는 것이 좋다.

성분표시법이란 벡터를 나타내는 화살표의 시작점을 좌표평면 위의 원점 O에 놓고 끝점의 성분을 표시하는 방법이다.

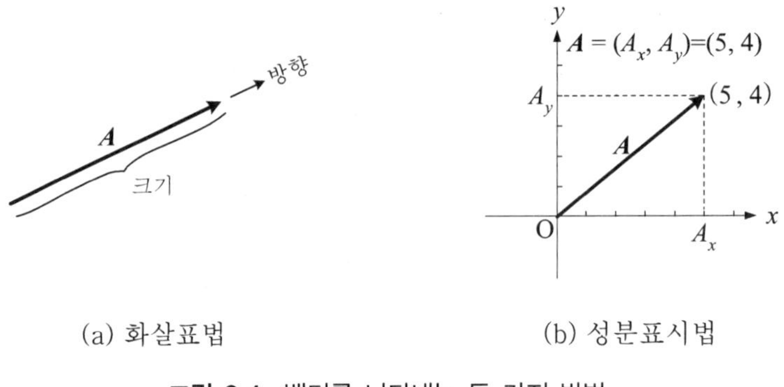

그림 8.4 벡터를 나타내는 두 가지 방법

1) 속도와 속력

앞에서 벡터와 스칼라의 예로 **속도**(速度, velocity)는 벡터이고, **속력**(速力, speed)은 스칼라라고 하였다. 그러므로 움직이는 물체의 속도는 운동의 속력(속도의 크기)과 방향에 의하여 결정된다. 따라서 어떤 차가 '남쪽으로 시속 130 km'로 달린다 라고 말하면 벡터로서의 '속도'를 말하며, 여기에서 방향만을 빼고 단순히 어떤 차가 '시속 130 km'로 달린다 라고 말하면 스칼라로서의 '속력'

을 뜻하는 것이다. 따라서 "얼마 전 최고제한시속 100 km인 ○○고속도로에서 시속 130 km로 달리다 30 km 속도위반으로 딱지를 뗐다"라는 일상적인 표현은 수학적으로 잘못된 것이고, 정확히 말하자면 '속도위반'이 아닌 '속력위반'이라고 해야 옳은 표현이다.

2) 벡터의 상등 또는 동치

그림 8.5 (a)에서와 같이 두 벡터 $\boldsymbol{A}$, $\boldsymbol{B}$의 방향과 길이가 같을 때, 이 **벡터가 같다**(equal)고 기호로 $\boldsymbol{A}=\boldsymbol{B}$로 표시한다. 따라서 두 벡터의 **상등** 또는 **동치**(相等 또는 同値, equality)의 정의에 의하여 벡터는 임으로 평행이동될 수 있다. 즉, 벡터의 시작점을 임의로 택할 수 있다. 이러한 정의는 힘과 다른 응용분야와 관련하여 유용하게 쓰인다.

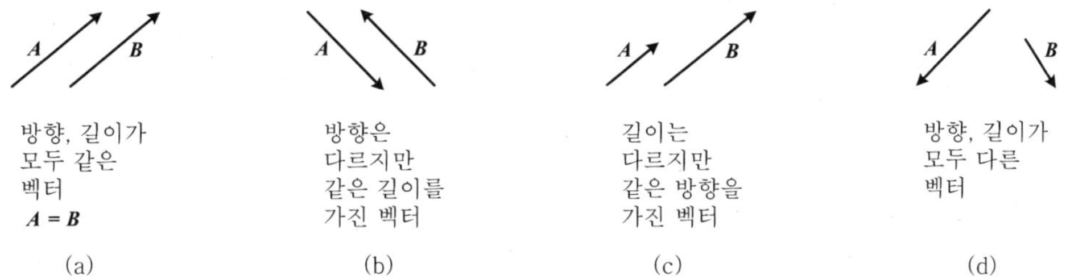

그림 8.5 두 벡터 사이의 관계

8.2 벡터의 연산

스칼라에서 우리가 잘 아는 사칙연산에는 덧셈, 뺄셈, 곱셈 및 나눗셈이 있다. 벡터도 이를 수학적이나 실제적으로 사용하려면 어떤 연산을 정해야한다. 그러나 스칼라에서 쓰던 연산을 그대로 적용되면 좋겠지만, 벡터의 고유한 특성 때문에 그대로 적용될 수는 없다. 따라서 스칼라에서 쓰이는 연산을 약간씩 변형하여 다음과 같이 적용하고 있다.

8.2.1 벡터의 덧셈

벡터의 덧셈은 다음과 같은 4가지 방법인 1) **평행사변형법칙**, 2) **삼각형법칙**, 3) **다각형법칙** 및 4) **해석적방법**으로 분류하여 행할 수 있다. 이들 중에서 방법 1), 2) 및 3)은 도해법(圖解法, graphical methods)이라 한다. 다음은 이에 대한 자세한 내용을 알아보기로 하자.

1) 평행사변형법칙(平行四邊形法則)

먼저 화살표법에 의하면, 같은 종류의 두 벡터(두 개의 힘 또는 두 개의 변위 등)의 덧셈은 그림 8.6 (b)과 같이 두 벡터를 양변으로 하는 평행사면형[그림 8.6 (c)]을 그리고, 그 대각선을 두 벡터의 합으로 정한다. 이 방법을 **평행사변형법칙**(平行四邊形法則, parallelogram law)이라고 부른다.

그림 8.6 (a), (b)와 같이 두 벡터가 평행이 아니고 시작점 O가 같은 벡터 $\boldsymbol{A}$와 $\boldsymbol{B}$의 합(合)은 $\boldsymbol{A}$와 $\boldsymbol{B}$를 두 변으로 하는 평행사면형을 그리면 된다. 이 그림에서 $\boldsymbol{AB}$의 시작점 O를 통과하는 대각선이 벡터 $\boldsymbol{A}$와 $\boldsymbol{B}$의 합이 되며 이 합을 $\boldsymbol{A}+\boldsymbol{B}$로 나타난다. 이와 같이 벡터의 합(合)을 만드는 것을 **벡터의 합성**(合成, resultant)이라 한다.

여기서 합성벡터 $\boldsymbol{A}+\boldsymbol{B}$의 크기는 벡터 $\boldsymbol{A}$와 벡터 $\boldsymbol{B}$의 크기의 합 $A+B$와 같지 않다는 사실에 유의할 필요가 있다. 즉, **벡터의 합은 대수적(代數的) 합과 다르다는 사실**에 주목하라.

> $\boldsymbol{A}$, $\boldsymbol{B}$의 시작점이 다를 때는, 어느 벡터든 시작점으로 평행이동 하면 된다.

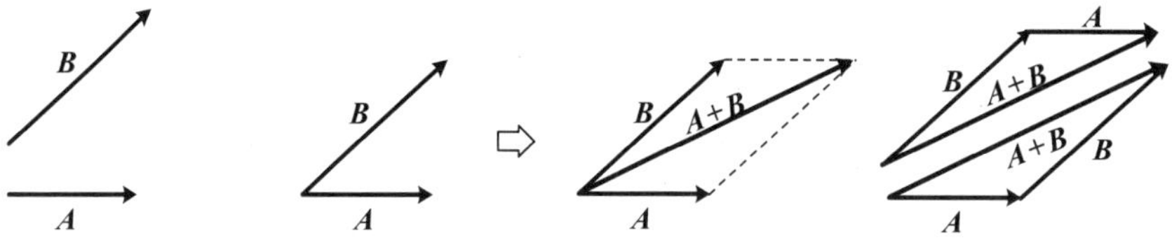

(a) 시작점이 다른 경우 (b) 시작점이 같은 경우 (c) 평행사변형법칙 (d) 삼각형법칙

그림 8.6 두 벡터의 덧셈을 위한 평행사변형법칙과 삼각형법칙

반면에 **성분표시법**에 의하면, 두 벡터의 덧셈은 다음 그림 8.7 (b)에 나타난 바와 같이 '각 대응 성분끼리의 합'으로 나타낼 수 있다. 이 내용은 8.3절 벡터의 연산에서 상세히 기술될 것이다.

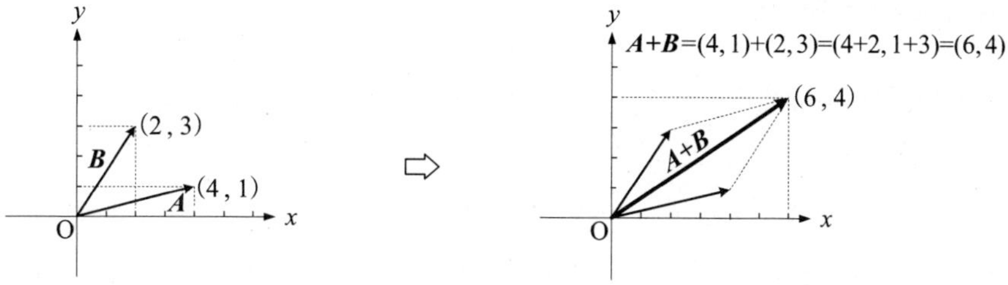

(a) 주어진 두 벡터 (b) 두 벡터의 성분을 덧셈한 후

그림 8.7 성분표시법에 의한 두 벡터의 덧셈

성분표시법은 다음과 같은 간단한 식으로 나타낼 수가 있다.

$$\boldsymbol{A} + \boldsymbol{B} = (A_x + B_x,\ A_y + B_y)$$

평행사변형법칙은 기억하기는 편하지만 실제로 계산하는 데는 다소 불편하다. 반면에 성분표시법은 계산이 편리하며, 세 개 이상의 벡터를 더하는 경우 평행사변형법칙보다 훨씬 간단할 뿐만 아니라 더하는 순서에 관계없이 항상 같은 결과를 준다는 점이다. 따라서 성분표시법이 수학적으로 자유롭게 다룰 때는 평행사변형법칙보다 좋다.

2) 삼각형법칙(三角形法則)

평행사변형법칙으로부터 두 벡터의 합을 구하는 또 다른 방법으로, 즉 **삼각형법칙**(三角形法則, triangle law)으로도 유도할 수 있다.

그림 8.6 (b)에서의 평행사변형법칙에서 이미 $\boldsymbol{A} + \boldsymbol{B}$의 합을 알고 있다고 하자. 그림 8.6 (c)를 그림 8.6 (d)에서와 같이 두 개의 삼각형으로 나누어 그릴 수 있다. 왜냐하면 그림 8.6 (d)에서 위의 삼각형과 아래의 삼각형에서 벡터 $\boldsymbol{A}$와 벡터 $\boldsymbol{B}$는 각각 크기와 방향이 같기 때문이다.

이것은 기하학적으로 그림 8.6 (d) 아래의 삼각형에서 벡터 $\boldsymbol{A}$의 끝점에 벡터 $\boldsymbol{B}$의 시작점을 연결하고, 벡터 $\boldsymbol{A}$의 시작점을 벡터 $\boldsymbol{B}$의 끝점을 연결하면 그 값은 $\boldsymbol{A} + \boldsymbol{B}$와 같게 된다는 것을 의미한다. 또한 이 그림 위의 삼각형도 같은 방법으로 구할 수 있다. 이렇게 세 벡터들 $\boldsymbol{A}$와 $\boldsymbol{B}$ 그리고 $\boldsymbol{A} + \boldsymbol{B}$로 만들어진 삼각형을 **벡터삼각형**(vector triangle)이라 한다. 벡터들을 더하는 이러한 방법이 물리학에서 자주 사용된다. 예를 들면, 물체의 한 점에서 작용하는 두 힘은 정확히 그들의 합력과 같은 하나의 힘과 똑같은 효력을 갖는다.

3) 다각형법칙(多角形法則)

벡터의 **다각형법칙**(多角形法則, polygon law)은 세 개 이상의 벡터의 합을 그림 위에서 구하는 매우 편리한 방법이다.

그림 8.8 (a)에서와 같이 제1의 벡터 $\boldsymbol{A}$의 끝점에 다음의 벡터 $\boldsymbol{B}$의 시작점을 연결하고 이것을 순차적으로 반복 시행한다. 마지막 벡터 $\boldsymbol{C}$의 끝점을 처음 벡터 $\boldsymbol{A}$의 시작점에서 연결한 벡터(그림에서는 굵은 선으로 나타냄)가 합력인 벡터그림 8.8 (b)가 된다. 이 때 생긴 다각형을 벡터다각형(多角形)(vector polygon)이라 하고, 벡터가 힘인 경우에 힘의 다각형(force polygon)이라 한다. 그림 8.8 (b)의 오른쪽 벡터다각형도 같은 방법으로 구한다.

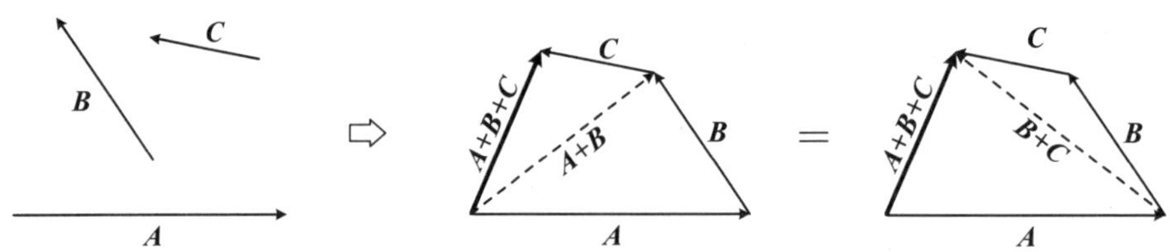

(a) 주어진 세 벡터 (b) 세 벡터를 연결한 후

그림 8.8 다각형법에 의한 세 개 이상 벡터의 합성

앞에서 설명한 바와 같이 벡터가 세 개 이상 있으면 먼저 임의의 두 개 벡터를 더한 다음, 그 합에 다른 벡터를 더하는 과정을 계속 반복한다. 그러나 최종적인 결과는 더하는 순서에 관계없이 항상 일정하다.

힘의 평형

물체(또는 강체)에 작용하는 평면력계는 강체의 임의의 점 O에 작용하는 한 개의 **합력**(合力) $\boldsymbol{R} = \sum \boldsymbol{F}_i$와 한 개의 합(合) 모멘트 $\boldsymbol{M}_o = \sum \boldsymbol{r}_i \times \boldsymbol{F}_i$로 합성된다는 사실을 역학시간에 학습할 것이다. 여기서 $\boldsymbol{r}_i$는 여러 힘들 $\boldsymbol{F}_i$가 작용하는 점의 위치벡터이다.

물체(또는 강체)에 작용하는 힘의 평형이란, 특히 토목공학(土木工學)에서 중요하다.

어느 한 점에서 힘 $\boldsymbol{F}_1$, $\boldsymbol{F}_2$, $\cdots$, $\boldsymbol{F}_n$이 작용하여 힘계의 합력(合力, resultant), $\boldsymbol{R}$이 영(零, 0)일 때 즉, 이 점이 움직이지 않을 때, 이것을 **힘의 평형**(平衡, equilibrium)이라고 하며, 다음 식과 같이 나타낼 수 있다(뒤에서 기술하는 우력에 대한 조건은 고려 안 됨).

$$\boldsymbol{R} = \boldsymbol{F}_1 + \boldsymbol{F}_2 + \cdots + \boldsymbol{F}_n = \sum \boldsymbol{F}_i = 0$$

힘 $\boldsymbol{F}_1$, $\boldsymbol{F}_2$, ⋯ , $\boldsymbol{F}_n$이 주어졌을 때 이것들과 평형이 되는 힘 $\boldsymbol{F}_n$은 물론

$$\boldsymbol{F}_n = -(\boldsymbol{F}_1 + \boldsymbol{F}_2 + \cdots + \boldsymbol{F}_{n-1})$$

이지만, 그려서 $\boldsymbol{F}_n$을 구하려면 $\boldsymbol{F}_1$, $\boldsymbol{F}_2$, ⋯ , $\boldsymbol{F}_{n-1}$으로 벡터 다각형을 만들어 $\boldsymbol{F}_{n-1}$의 끝점에서 $\boldsymbol{F}_1$의 시작점 O로 향하는 벡터를 만들면 이것이 합력 $\boldsymbol{F}_n$이 된다. 즉, $\boldsymbol{F}_1$, $\boldsymbol{F}_2$, ⋯ , $\boldsymbol{F}_n$이 만든 도형이 닫혀있는 것이 이들 힘의 평형이 되는 조건이다.

물체에 작용하는 평면력계는 임의의 점 O에 작용하는 한 개의 합력, $\boldsymbol{R}$은 점 O의 위치에 관계없이 같은 크기나 방향을 갖지만, 합 모멘트 $\boldsymbol{M}_o$는 점 O의 위치에 따라 그 크기와 방향이 달라진다. 평면력계에서는 합 모멘트 $\boldsymbol{M}_o$의 방향은 항상 힘들이 작용하는 평면에 수직이다. 따라서 임의의 한 힘계 내에서 한 물체가 평형이 되기 위한 조건은 이를 만족시킬 수 있는 몇 개의 대수방정식(對數方程式)으로 표시할 수 있다. 즉 물체에 작용하는 평면력계는 임의의 점 O에 작용하는 한 개의 합력, $\boldsymbol{R}$이 영이라는 조건과 또 합력이 영이라도 **우력**(偶力, 또는 **짝힘**, couple moment)이 작용하고 있을 때에는 회전을 하게 되므로 물체가 평형을 유지하기 위하여서는 물체에 작용하는 힘들의 모멘트(moment), $\boldsymbol{M}_i$의 합 $\boldsymbol{M}_o$가 영이 되어야 한다. 즉, 물체의 각 점에서 움직이는 힘이 평형이고 물체가 이동(移動)이나 회전(回轉)도 하지 않기 위한 두 조건은 다음과 같이 정리된다.

① 모든 힘의 합력, $\boldsymbol{R} = \sum \boldsymbol{F}_i = 0$

② 물체에 작용하는 힘들의 모멘트(moment)의 합, $\boldsymbol{M}_o = \sum \boldsymbol{M}_i = \sum \boldsymbol{r}_i \times \boldsymbol{F}_i = 0$
(모멘트에 대해서는 8.5.7항 참조).

이러한 조건 아래서 물체에 작용하는 힘도 우력도 없는 계가 되며 물체(또는 구조물)는 정력학(靜力學)적으로 평형상태에 있다고 한다. 즉, 평형상태란 힘과 모멘트가 균형(均衡)을 유지한 상태를 말한다.

우력이란 크기는 같고 반대 방향을 가진 두 개의 평행(平行)한 힘(평형력)으로 정의되며, 물체에 작용하는 우력은 이것을 회전시키고자 하는 효과를 갖는다.

그리고 **연력도**(連力図, funicular polygon)라는 물체에 작용하는 힘을 그리고 이들 힘을 합성하여 쉽게 합력을 구하는 방법도 있으나, 이것은 역학시간에 자세히 학습하고 여기서는 생략하겠다.

4) 해석적방법(解析的方法)에 의한 벡터의 합성(合成)

두 개의 벡터를 합성하는 경우에 그림 8.9에 나타난 바와 같이 사인법칙이나 코사인법칙과 같은 삼각함수의 법칙(3.4절)을 이용하여 해를 구하는 삼각법(三角法)을 이용할 수 있다. 이는 두 벡터의 **합성**(合成, composition)이 삼각형법칙에 기초를 두고 있다는 사실에 기인한다.

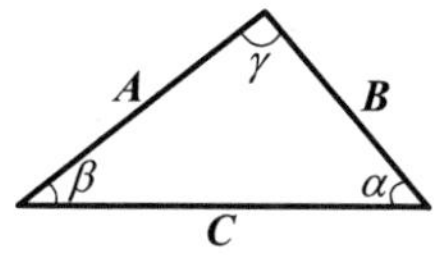

그림 8.9 벡터의 합성(삼각법)

> **합성**이란 **힘계**(系)(force system)를 그것의 합력으로 대치하는 과정이다. 여기서, **힘계**는 물체에 주어진 몇 개의 힘이 작용하였을 때 그 힘들을 말한다.

합력의 크기는 삼각형의 코사인법칙(3.4절의 3.4.2항)을 적용하여 얻을 수 있으며 그 중의 하나는 다음과 같다.

$$C^2 = A^2 + B^2 - 2AB\cos[180^\circ - (\alpha + \beta)] \tag{8.1}$$

그리고 합력이 힘과 이루는 각은 사인법칙(3.4절의 3.4.1항)으로 구할 수 있다. 그림 8.9에서 $\gamma = 180^\circ - (\alpha + \beta)$이므로 사인법칙은 다음과 같이 나타낼 수 있다.

$$\frac{A}{\sin\alpha} = \frac{B}{\sin\beta} = \frac{C}{\sin\gamma} = \frac{C}{\sin[180^\circ - (\alpha + \beta)]} \tag{8.2}$$

또한 여러 개의 벡터를 합성하는 경우에는 나중에 설명하게 될 직각성분의 대수합으로부터 합성을 구하는 해석적 방법이 있는데 이 대수적인 방법이 가장 실용적인 방법이라고 볼 수 있으며, 스칼라적인 방법과 벡터적인 방법이 있다.

일반적으로 힘의 분해(分解), 합성(合成), 평형(平衡) 문제를 포함하여 여러 가지 역학(力學) 문제를 풀 경우 벡터해법(解法)은 스칼라해법(解法)보다 수식 전개 등에서 더 체계적인 반면에 스칼라해법은 보다 직접적이며 하중(荷重)으로 인해 생기는 물리적인 효과를 더 쉽게 통찰할 수 있게 한다. 그러므로 일반적으로 **평면역계**(平面力系, coplanar force system, 또는 **2차원역계**)를 다룰 때는 스칼라해법이 바람직하고 복잡한 **공간역계**(空間力系, spatial force system, 또는 **3차원역계**)를 취급할 경우에는 벡터해법이 보다 더 효율적이다. **평면역계**는 힘계가 같은 평면 내에 작용하고, **공간역계**는 힘계가 공간 내에서 입체적으로 작용하는 것을 말한다.

> 공간역계 벡터의 합성에서 도해법이나 삼각법은 실용적이지 못하다.

힘과 Newton의 법칙

힘(force)은 한 물체 A가 다른 물체 B에 가하는 작용이며 주어진 방향으로 밀거나 당기는 것에 대한 과학적 표현(또는 효과)이며, 외부의 영향이라 말할 수 있다. 따라서 힘은 물체 B의 운동을 변화시키거나 변화시키려는 경향을 가지고 있다.

힘의 기준(基準) 또는 단위(單位)는 4℃의 순수한 물 1 cm^3의 무게(weight)를 1 g의 힘(또는 무게) 또는 1 gf라 부른다. 이것의 1000배를 1 kgf, 1000 kgf을 1 tf(톤)이라 한다. 이러한 힘은 **Newton의 법칙**(法則 : 항상 성립하는 관계), **즉 제1법칙(관성의 법칙)**, 가장 중요한 **제2법칙(가속의 법칙)** 그리고 **제3법칙(작용과 반작용의 법칙)**에 의하여 엄밀히 정의될 수 있다. 이러한 3가지 법칙의 전체를 압축하여 표현한다면 "힘은 운동의 원인"이라 요약할 수 있으며, 이 뜻은 "모든 변화의 출발은 힘에 의하여 이루어진다"는 뜻이다.

예제 8-1

다음 그림 8.10과 같은 한 점 O에 작용하는 힘 $\boldsymbol{A}$와 $\boldsymbol{B}$의 합력 $\boldsymbol{R}$을 (1) 도해법과 (2) 삼각법을 이용하여 구하여라.

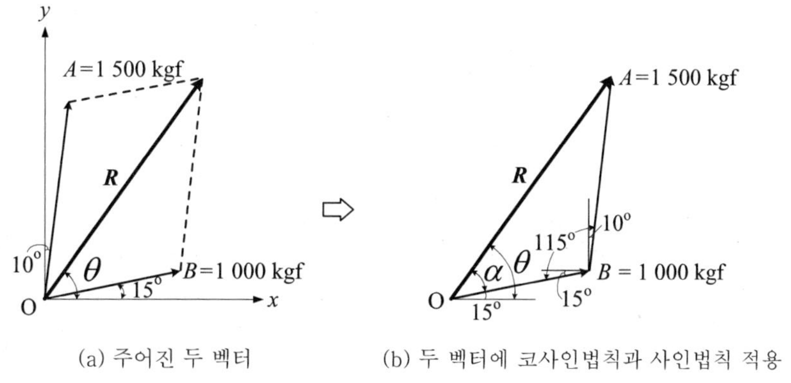

그림 8.10 두 벡터의 합성 – 도해법과 삼각법을 이용

▌풀이

(1) 도해법

그림 8.10 (a)과 같이 $\boldsymbol{A}$와 $\boldsymbol{B}$을 두 인접 변으로 하는 평행사변형을 **축척**(縮尺, scale)을 이용하여 그리고 이 그림에서 기하학(幾何學)적으로 합력 $\boldsymbol{R}$의 크기와 방향을 재면 다음과 같다.

$$\boldsymbol{R} = 2\ 130 \text{ kgf}, \quad \theta = 55^{\circ}$$

(2) 삼각법

합력 $\boldsymbol{R}$의 크기는 그림 8.10 (b)에 코사인법칙을 적용하면 다음과 같이 계산할 수 있다.

$$R = \sqrt{A^2 + B^2 - 2AB\cos\gamma}$$
$$= \sqrt{(1\ 500)^2 + (1\ 000)^2 - 2(1\ 500)(1\ 000)\cos 115°}$$
$$= 2\ 126\ \text{kgf}$$

합력의 방향은 사인법칙으로부터 다음과 같이 결정할 수 있다.

$$\frac{R}{\sin\beta} = \frac{A}{\sin\alpha} \quad \rightarrow \quad \sin\alpha = \frac{A}{R}\sin\beta = \frac{1\ 500}{2\ 126}\sin 115° = 0.639$$

$$\therefore\ \alpha = \sin^{-1}(0.639) = 39.8°$$

따라서 합력의 방향은

$$\theta = \alpha + 15° = 39.8° + 15° = 54.8°$$

$$\therefore\ \boldsymbol{R} = 2\ 126\ \text{kgf},\ \theta = 54.8°$$

수와 식의 경우에서와 같이 다음과 같은 벡터덧셈의 기본성질(또는 법칙)을 얻는다.

(1) 교환법칙(交換法則, commutative law) [그림 8.11]

$$\boldsymbol{A} + \boldsymbol{B} = \boldsymbol{B} + \boldsymbol{A}$$

여기서, $\boldsymbol{A}$, $\boldsymbol{B}$는 임의의 벡터이다.

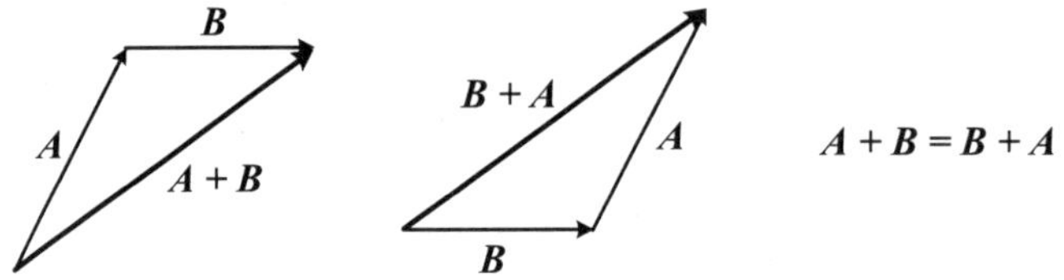

그림 8.11 벡터덧셈의 교환법칙

(2) 결합법칙(結合法則, associative law) [그림 8.12]

$$(\boldsymbol{A} + \boldsymbol{B}) + \boldsymbol{C} = \boldsymbol{A} + (\boldsymbol{B} + \boldsymbol{C})$$

여기서, $\boldsymbol{A}$, $\boldsymbol{B}$ 및 $\boldsymbol{C}$는 임의의 벡터이다.

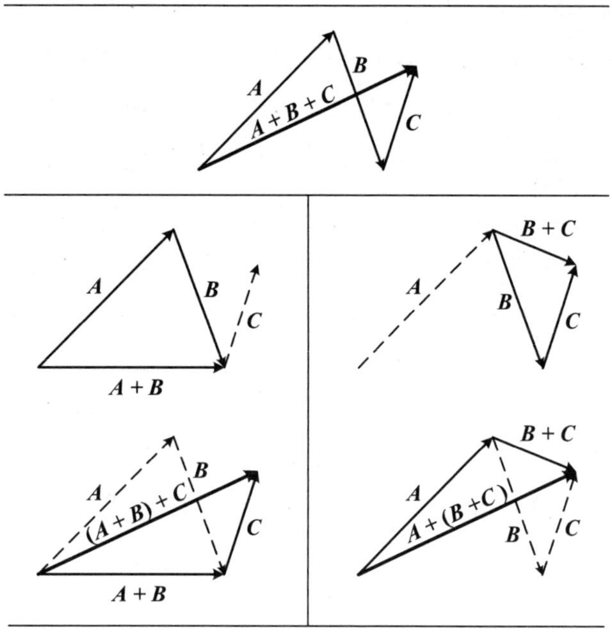

$$(A + B) + C = A + (B + C)$$

그림 8.12 벡터 덧셈의 결합법칙

(3) 덧셈에 관한 항등원(恒等元, identity element)

$$\boldsymbol{A} + \mathbf{0} = \mathbf{0} + \boldsymbol{A} = \boldsymbol{A}$$

여기서, $\boldsymbol{A}$는 임의의 벡터이고, $\mathbf{0}$은 **영벡터**(零, zero vector)이다. 영벡터는 크기가 0이고 명확한 방향을 가지고 있지 않다. 또한 **영스칼라**(zero scalar)와 구별되어야 한다.

(4) 덧셈에 관한 역원(逆元, inverse element)

$$\boldsymbol{A} + (-\boldsymbol{A}) = \mathbf{0}$$

여기서 $\boldsymbol{A}$가 임의의 벡터이면 그림 8.13에서 보이는 것과 같이, $-\boldsymbol{A}$는 $\boldsymbol{A}$와 같은 크기를 갖고 방향은 $\boldsymbol{A}$와 반대인 벡터이다.

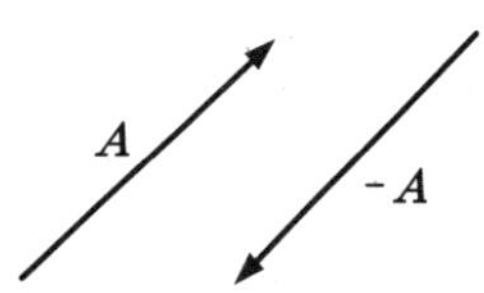

그림 8.13 덧셈에 대한 역원

앞에서 기술한 벡터덧셈의 기본성질로부터 다음에서 정의할 스칼라곱(실수에 의한 곱)으로 확장된다.

스칼라곱(실수에 의한 곱)

벡터의 합 $\boldsymbol{A}+\boldsymbol{A}$를 $2\boldsymbol{A}$로, $\boldsymbol{A}+\boldsymbol{A}+\boldsymbol{A}=3\boldsymbol{A}$로 쓰는 것이 합리적인 것 같다. 앞에서 벡터 덧셈의 정의에서 $\boldsymbol{A}+\boldsymbol{A}+\boldsymbol{A}$는 $\boldsymbol{A}$와 같은 방향으로 세배의 길이를 가진 벡터가 되고, $3\boldsymbol{A}$의 각 성분은 $\boldsymbol{A}$의 성분의 세 배씩 된다. 일반적으로 실수 n(이 때 n을 스칼라라 부름), 벡터 $\boldsymbol{A}=(A_x, A_y, A_z)$에 대한 임의의 벡터 $n\boldsymbol{A}$는 벡터 $\boldsymbol{A}$의 **스칼라곱**이라 부르며, 이 벡터는 벡터 $\boldsymbol{A}$의 각 성분에 n을 곱한 다음과 같은 식으로 정의한다.

$$n\boldsymbol{A}=(nA_x,\ nA_y,\ nA_z) \tag{8.3}$$

기하학적으로 벡터 $\boldsymbol{A}\neq\boldsymbol{0}$에 대하여 $n\boldsymbol{A}$의 크기는 $|n\boldsymbol{A}|=|n|A$이며, 방향은 (1) n이 $n>0$이면 $\boldsymbol{A}$와 같고, (2) n이 $n<0$이면 $\boldsymbol{A}$와 반대이다. 그리고 (3) $\boldsymbol{A}=\boldsymbol{0}$이거나 $n=0$ 또는 둘 다 0이면 $n\boldsymbol{A}=\boldsymbol{0}$, 즉 영벡터이다. 그림 8.14는 스칼라곱의 여러 가지 예들을 보여 주고 있다.

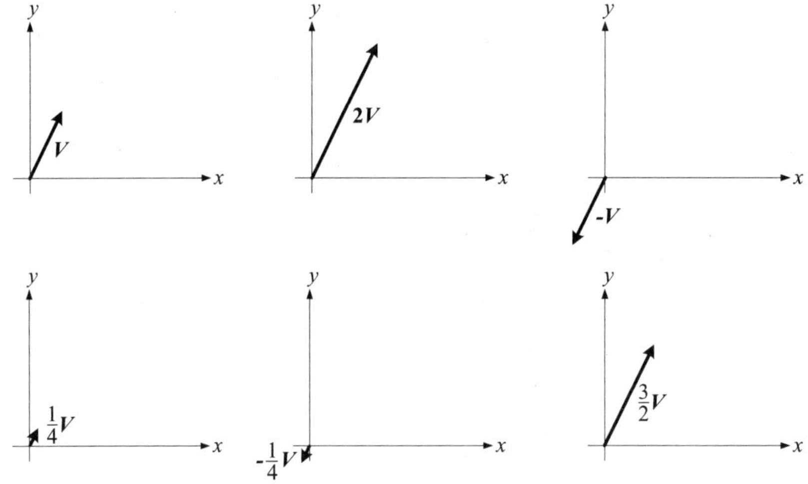

그림 8.14 벡터의 여러 가지 스칼라곱

벡터덧셈과 스칼라곱의 정의로부터, m과 n이 실수(또는 스칼라)라 할 때, 다음 **스칼라곱(벡터의 실수곱)**에 관한 기본성질을 얻는다.

$$
\begin{aligned}
&\text{(a)}\ \ (mn)\boldsymbol{A}=m(n\boldsymbol{A})==n(m\boldsymbol{A})=mn\boldsymbol{A} && \textbf{(결합법칙)}\\
&\text{(b)}\ \ (m+n)\boldsymbol{A}=m\boldsymbol{A}+n\boldsymbol{A},\ \ m(\boldsymbol{A}+\boldsymbol{B})=m\boldsymbol{A}+m\boldsymbol{B} && \textbf{(분배법칙)}\\
&\text{(c)}\ \ m\boldsymbol{A}=\boldsymbol{A}m && \textbf{(교환법칙)}\\
&\text{(d)}\ \ 0\boldsymbol{A}=\boldsymbol{0},\ \ 1\boldsymbol{A}=\boldsymbol{A},\ \ (-1)\boldsymbol{A}=-\boldsymbol{A},\ \ m\boldsymbol{0}=\boldsymbol{0}
\end{aligned}
\tag{8.4}
$$

여기서, $\boldsymbol{A}$와 $\boldsymbol{B}$는 임의의 벡터이고, $\mathbf{0}$는 영벡터이다.

예제 8-2

그림 8.15 (a)에서 두 벡터 $\boldsymbol{A}$, $\boldsymbol{B}$의 합 $\boldsymbol{C}=\boldsymbol{A}+\boldsymbol{B}$의 $|\boldsymbol{C}|$ 및 $\boldsymbol{C}$와 $\boldsymbol{B}$가 만든 각 α를 구하여라. 여기서 θ는 벡터 $\boldsymbol{A}$, $\boldsymbol{B}$의 교각(또는 사이각)이라 한다.

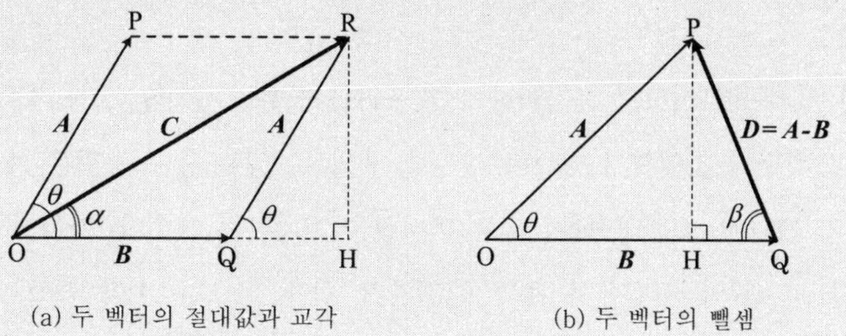

그림 8.15 두 벡터의 절대값, 교각 및 뺄셈

풀이

그림 8.15와 같이 $\boldsymbol{A}$를 오른쪽으로 평행이동 하여 $\boldsymbol{A}$의 시작점을 $\boldsymbol{B}$의 끝점으로 잇는다. 이 결과를 코사인법칙에 적용하면

$$|\boldsymbol{C}|=C=\sqrt{A^2+B^2-2AB\cos(180-\theta)}=\sqrt{A^2+B^2+2AB\cos\theta}$$

또한 $\tan\alpha=\dfrac{\mathrm{RH}}{\mathrm{OH}}=\dfrac{\mathrm{RH}}{\mathrm{OQ}+\mathrm{QH}}=\dfrac{A\sin\theta}{B+A\cos\theta}$이므로 $\boldsymbol{C}$와 $\boldsymbol{B}$가 만든 각 α는

$$\therefore\ \alpha=\tan^{-1}\left(\frac{A\sin\theta}{B+A\cos\theta}\right)$$

8.2.2 벡터의 뺄셈

만약 $\boldsymbol{B}$가 벡터이고, $-\boldsymbol{B}$는 $\boldsymbol{B}$와 크기는 같으나 방향이 반대인 벡터로 정의된다. 벡터의 뺄셈은 다음과 같이 '벡터 $\boldsymbol{A}$에서 벡터 $\boldsymbol{B}$를 뺀다'는 것은 '벡터 $\boldsymbol{A}$에 음의 벡터 $-\boldsymbol{B}$를 더한다'는 것과 같다는 정의를 이용하면 된다. 즉,

$$\boldsymbol{A}-\boldsymbol{B}=\boldsymbol{A}+(-\boldsymbol{B})$$

따라서 화살표법에 의하면, 벡터의 뺄셈은 빼는 벡터를 반대방향으로 만든 평행사변형의 대각선이 된다. 그림 8.16 (c)를 보면 쉽게 이해할 수 있을 것이다.

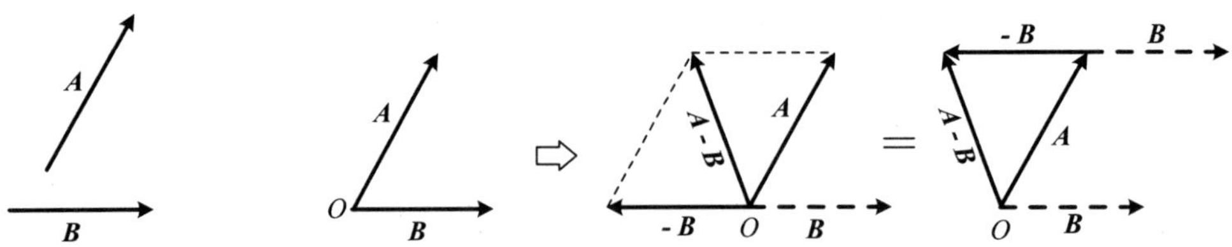

(a) 시작점이 같은 경우 (b) 시작점이 같은 경우 (c) 평행사변형법칙 (d) 삼각형법칙

그림 8.16 두 벡터의 뺄셈(평행사변형법칙과 삼각형법칙)

독자는 이러한 정의를 무시하고 불가피하게 $\boldsymbol{A}-\boldsymbol{B}$을 방향이 반대인 $\boldsymbol{B}-\boldsymbol{A}$로 혼동할 수 있으므로 그림 8.16을 간단히 기억하기 바란다. 혼동을 피할 수 있는 좋은 방법은 $\boldsymbol{A}-\boldsymbol{B}$가 대수적으로 $\boldsymbol{A}$를 연장하기 위하여 $\boldsymbol{B}$를 더해야 되는 벡터임을 기억하는 것이다. 따라서 $\boldsymbol{A}$와 $\boldsymbol{B}$가 같은 시작점을 공유할 때, $\boldsymbol{B}$의 끝점에서 $\boldsymbol{A}$의 끝점까지 선을 그으면 $\boldsymbol{A}$의 끝점으로 향하는 벡터 $\boldsymbol{D}=\boldsymbol{A}-\boldsymbol{B}$이다[그림 8.15 (b)]. 즉, 이 벡터는 그림 8.16 (c), (d)에서 $\boldsymbol{A}-\boldsymbol{B}$를 $\boldsymbol{B}$의 끝점까지 평행이동한 벡터와 같은 것이다.

성분표시법에 의하면 벡터의 뺄셈은 다음과 같은 식으로 간단히 표시할 수 있다.

$$\boldsymbol{A}-\boldsymbol{B}=(A_x-B_x,\ A_y-B_y)$$

예제 8-3

주어진 평면직교좌표계에서 두 벡터 $\boldsymbol{A}=(1, 4)$, $\boldsymbol{B}=(-6, 3)$이 주어졌을 때 다음을 계산하여라.

(1) $4\boldsymbol{A}$ (2) $-\boldsymbol{A}$ (3) $\boldsymbol{A}+\boldsymbol{B}$

(4) $(\boldsymbol{A}-\boldsymbol{B})$ (5) $2\boldsymbol{A}+3\boldsymbol{B}$

❙ 풀이

(1) $4A=4(1, 4)=(4, 16)$

(2) $-A=(-1)A=(-1)(1, 4)=(-1, -4)$

(3) $A+B=(1, 4)+(-6, 3)=(1-6, 4+3)=(-5, 7)$

(4) $A-B=(1, 4)-(-6, 3)=(1-(-6), 4-3)=(7, 1)$

(5) $2A+3B=2(1, 4)+3(-6, 3)=(2, 8)+(-18, 9)=(2-18, 8+9)$
$=(-16, 17)$

예제 8-4

벡터 $\boldsymbol{A}$, $\boldsymbol{B}$의 교각을 θ로 했을 때, 두 벡터의 차(差) $\boldsymbol{D}=\boldsymbol{A}-\boldsymbol{B}$의 $|\boldsymbol{D}|$ 및 $\boldsymbol{D}$와 $\boldsymbol{B}$가 만든 각 β을 구하여라.

▌풀이

그림 8.15 (b)의 코사인법칙에 의해

$$|\boldsymbol{D}| = D = \sqrt{A^2 + B^2 - 2AB\cos\theta}$$

또한

$$\tan\beta = \frac{\mathrm{PH}}{\mathrm{QH}} = \frac{\mathrm{PH}}{\mathrm{OQ} - \mathrm{OH}} = \frac{A\sin\theta}{B - A\cos\theta}$$

$$\therefore\ \beta = \tan^{-1}\left(\frac{A\sin\theta}{B - A\cos\theta}\right)$$

8.2.3 벡터의 분해

한 점에 작용하는 두 개 또는 그 이상의 어떤 벡터들은 그 점에 같은 효과를 주기 위하여 하나의 벡터로 합성할 수 있다[8.2.1항과 그림 8.6 (c)]. 반대로 어떤 점에 작용하는 하나의 벡터도 그 점에 같은 효과를 주는 두 개 또는 그 이상의 성분(또는 하나의 임의의 방향의 벡터 합)으로 나타내는 것을 **벡터의 분해**(分解, resolution)라고 한다. 이와 같이 한 힘을 분해하여 얻은 힘을 **분력**(分力, components)이라고 한다.

예로 힘 $\boldsymbol{F}$는 사실 무수한 분력(또는 성분)들로 분해가 가능하다. 그러나 실용적으로 두 개의 성분 $\boldsymbol{A}$와 $\boldsymbol{B}$로 분해하는 것이 일반적이다. 또한 힘 $\boldsymbol{F}$는 직각성분(直角成分)으로 분해할 수도 있고 비직각성분(非直角成分)으로 분해하기도 한다.

다음은 벡터를 직각성분으로 분해하는 경우이고 비직각성분으로 분해하는 경우는 예제 8-5에서 취급한다.

그림 8.17은 주어진 벡터를 평면력계에서 직각성분으로 분해하는 경우를 보여준다.

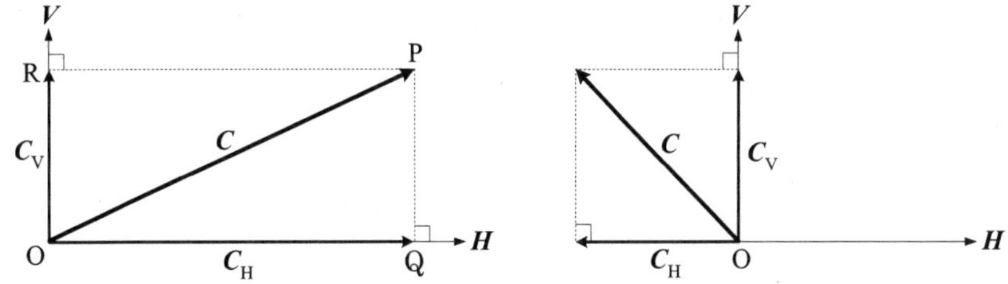

(a) 벡터 C의 분해　　(b) 벡터 C의 분해

그림 8.17 하나의 벡터를 두 개의 직각성분으로 분해

그림 8.17 (a)에서 주어진 벡터 $\boldsymbol{C}$를 두 개의 벡터로 분해하고자 한다. 그림 8.17 (a), (b)에서 $\boldsymbol{H}$에 평행인 $\boldsymbol{C}_H$와 $\boldsymbol{H}$에 수직인 $\boldsymbol{C}_V$를 볼 수 있을 것이다.

우선 $\boldsymbol{C}$의 끝점 P에서 $\boldsymbol{H}$를 포함하는 직선에 수선의 발을 그리고 만난 점을 각각 Q라 하고, 같은 방법으로 벡터 $\boldsymbol{C}$의 끝점 P에서 $\boldsymbol{V}$를 포함하는 직선에 수선의 발을 그리고 만난 점을 각각 R이라 한다. 이 때 만들어진 직사각형 ORPQ에서 $\boldsymbol{C}_H$는 점 O에서 Q까지의 벡터이고, $\boldsymbol{C}_V$는 점 O에서 R까지의 벡터이므로 이들 두 개의 벡터 $\boldsymbol{C}_H$와 $\boldsymbol{C}_V$가 분해된 벡터이다. 분해된 벡터 $\boldsymbol{C}_H$는 $\boldsymbol{H}$에 나란하고, $\boldsymbol{C}_V$는 $\boldsymbol{H}$에 수직임을 주목하라.

다음 경우는 수평면과 30°를 이루는 경사면에 그림 8.18 (a)과 같이 로프를 이용하여 $\boldsymbol{W}$ kgf의 자동차를 정지시키고자할 때, 로프에 걸리는 힘을 구하는 경우이다.

그림 8.18 (b)에서와 같이 주어진 직각좌표계에서 자동차의 무게(힘) $\boldsymbol{W}$는 y축의 음(-)의 방향을 향한다. 이 때 로프에 걸리는 힘을 구하려면 어떻게 해야 할까? 자동차의 무게와 같은 힘 $\boldsymbol{W}$는 경사면을 하나의 축으로 하여 그림 8.17에서 분해한 방법과 같은 방법으로 두 개의 성분 $\boldsymbol{W}_1$과 $\boldsymbol{W}_2$로 분해할 수 있다. 여기서 $\boldsymbol{W}_2$는 자동차가 경사로에 가하는 우리에게는 관심이 없는 힘이고, $\boldsymbol{W}_1$은 경사면과 평행한 자동차 무게에 의하여 발생한 경사면 아래쪽으로 향하는 힘이며 로프와 평행한 힘이다. 따라서 로프에 걸리는 힘은 자동차 무게에 의하여 발생한 힘 $\boldsymbol{W}_1$과 같고 방향은 반대임을 알 수 있다[그림 8.18 (b)]. 이 힘은 주어진 자동차의 무게를 직각성분으로 분해하여 얻을 수 있다는 또 다른 힘의 분해에 관한 응용이라는 것을 확인할 수 있을 것이다.

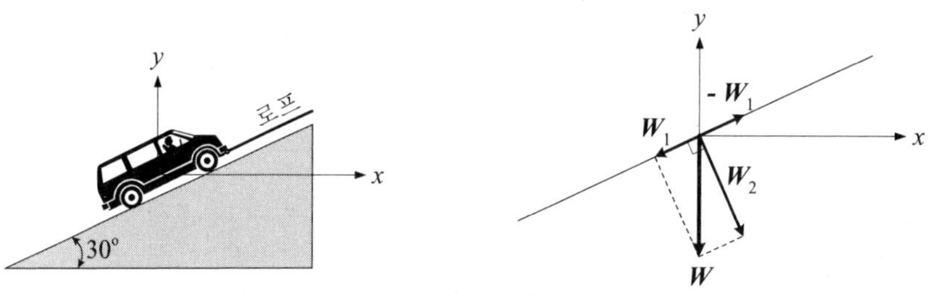

(a) 자동차 정지를 위한 로프에 걸리는 힘　　　(b) 자동차의 무게 $\boldsymbol{W}$의 분해

그림 8.18 경사면에 있는 자동차 정지를 위한 로프에 걸리는 힘

예제 8-5

그림 8.19에서와 같이 동일평면상에 있는 벡터 $\boldsymbol{A}$를 OP′와 OQ′의 방향에서 분해하여라.

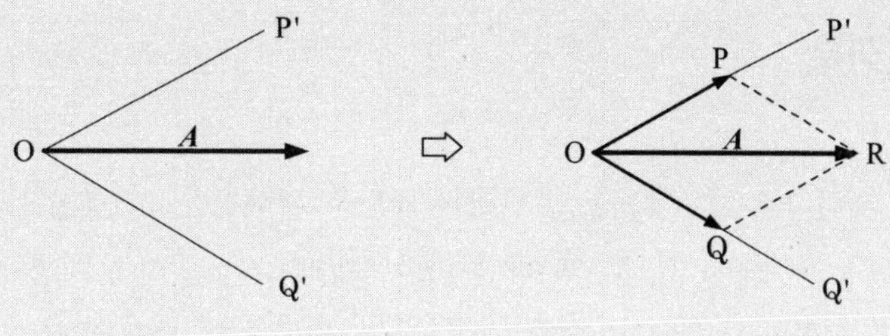

(a) 벡터의 분해 전 (b) 두 벡터로 분해 후

그림 8.19 벡터의 분해

▌풀이

그림 8. 19 (a)를 이용하여 그림 8. 19 (b)와 같이 $\boldsymbol{A}$의 끝점 R에서 OP′ 및 OQ′에 평행선을 긋고 평행사변형 OPRQ을 만들면 벡터 $\boldsymbol{OP}$와 $\boldsymbol{OQ}$가 분해된 두 개의 벡터가 된다. 그리고 $\boldsymbol{OP} /\!/ \boldsymbol{QR}$, $\boldsymbol{PR} /\!/ \boldsymbol{OQ}$이 된다.

예제 8-6

그림 8.20을 이용하여 주어진 문제를 풀라.

(1) $\boldsymbol{C}$를 $\boldsymbol{E}$, $\boldsymbol{D}$, $\boldsymbol{F}$의 항으로 써라.

(2) $\boldsymbol{G}$를 $\boldsymbol{C}$, $\boldsymbol{D}$, $\boldsymbol{E}$, $\boldsymbol{K}$의 항으로 써라.

(3) $\boldsymbol{x}+\boldsymbol{B}=\boldsymbol{F}$일 때, $\boldsymbol{x}$에 대하여 풀라.

(4) $\boldsymbol{x}+\boldsymbol{H}=\boldsymbol{D}-\boldsymbol{E}$일 때, $\boldsymbol{x}$에 대하여 풀라.

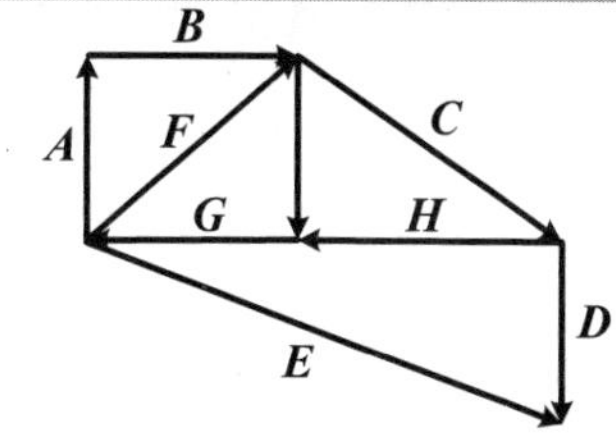

그림 8.20 여러 벡터의 연산

▌풀이

이런 종류의 문제에서는 변위로서의 벡터를 생각한다.

(1) 변위 $\boldsymbol{C}$는 우선 벡터 $\boldsymbol{F}$와 반대로, 그리고 $\boldsymbol{E}$를 따라 그리고 $\boldsymbol{D}$와 반대(위)방향으로 이동함으로써 얻을 수 있다. 즉,

$\boldsymbol{C}=-\boldsymbol{F}+\boldsymbol{E}-\boldsymbol{D}$ 또는 $\boldsymbol{C}+\boldsymbol{D}+(-\boldsymbol{E})+\boldsymbol{F}=0 \rightarrow \boldsymbol{C}=-\boldsymbol{F}+\boldsymbol{E}-\boldsymbol{D}$

(2) $\boldsymbol{G}+\boldsymbol{E}+(-\boldsymbol{D})+(-\boldsymbol{C})+\boldsymbol{K}=0 \rightarrow \boldsymbol{G}=-\boldsymbol{K}+\boldsymbol{C}+\boldsymbol{D}-\boldsymbol{E}=0$

(3) $\boldsymbol{x}+\boldsymbol{B}=\boldsymbol{F} \rightarrow \boldsymbol{x}=\boldsymbol{F}-\boldsymbol{B}=\boldsymbol{A}$ ($\leftarrow$ 또는 $\boldsymbol{F}+(-\boldsymbol{B})-\boldsymbol{A}=0$)

(4) $\boldsymbol{x}+\boldsymbol{H}=\boldsymbol{D}-\boldsymbol{E} \rightarrow \boldsymbol{x}=\boldsymbol{D}-\boldsymbol{E}-\boldsymbol{H}=?$

$\boldsymbol{E}+(-\boldsymbol{D})+\boldsymbol{H}+\boldsymbol{G}=0 \rightarrow \boldsymbol{G}=\boldsymbol{D}-\boldsymbol{E}-\boldsymbol{H}=\boldsymbol{x}$

8.3 벡터의 성분

8.3.1 벡터의 성분

지금까지는 주로 기하학적으로 벡터들을 더하는 방법을 논하였다. 이 방법은 좌표계의 선정여하에 관계없이 기하학적(幾何學的) 정리(定理)나 물리학적(物理學的) 법칙(法則)을 증명(證明)할 수 있기 때문에 중요하다. 그러나 대수학적(代數學的) 방법(方法)이 좋을 때도 많다. 이 방법으로 하나의 주어진 벡터 $\boldsymbol{A}$를 나타내려면 크기나 어떤 기준계에 대한 방향을 언급해야한다. 따라서 여기서는 평면직교좌표계와 공간직교좌표계에서 그러한 벡터의 성분을 사용하는 대수학적 방법을 기술하고자 한다.

1) 평면직교좌표계에서 벡터성분

평면에서 벡터 $\boldsymbol{A}$를 수량적으로 나타내고 싶을 때는 어떻게 해야 하는가? 이때에는 x, y축에 같은 단위길이를 갖고 서로 수직인 평면직교좌표계 (x, y)를 생각하자[그림 8.21 (a)].

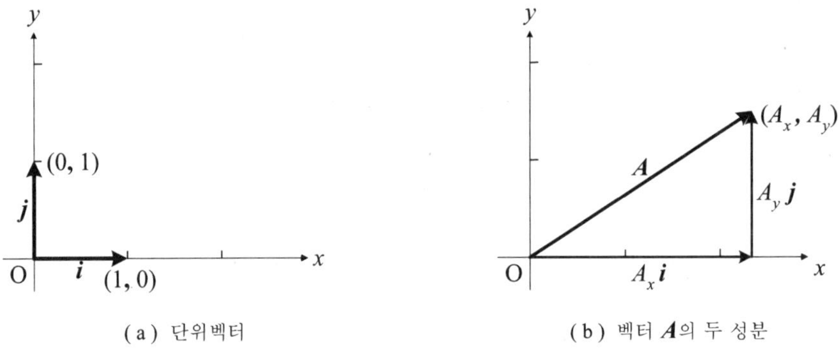

그림 8.21 평면직교좌표 각 좌표축에서의 단위벡터와 벡터의 성분

이 그림에서 $\boldsymbol{i}$는 양(陽, +)의 x축에 평행한 단위벡터, $\boldsymbol{j}$는 양(陽, +)의 y축에 평행한 단위벡터를 나타낸다. 여기서 **단위벡터**(unit vector)는 크기(또는 절대치)가 1이고 방향만을 나타내는 벡터를 말한다. 똑같은 길이와 방향을 갖는 벡터들은 서로 같기 때문에 각각 벡터 $\boldsymbol{i}$와 $\boldsymbol{j}$는 좌표평면의 임의의 주어진 점에서 확장할 수 있지만 그림 8.21 (a)에서와 같이 보통 원점 O에서 확장하는 것이 편리하다.

평면에서 어느 모든 벡터는 적당한 수 A_x와 A_y에 대하여 다음과 같은 두 가지 형태로 유일하게 쓸 수 있다.

$$\boldsymbol{A} = (A_x,\ A_y) \tag{8.5}$$

또는

$$\boldsymbol{A} = A_x\boldsymbol{i} + A_y\boldsymbol{j}. \tag{8.6}$$

이 수들 A_x와 A_y을 각각 x방향과 y방향에서 $\boldsymbol{A}$의 **성분**(成分, components)이라 하고, 주어진 방향에서 벡터의 성분은 각각 좌표축 이들 방향에서 벡터의 **정사영**(正射影, orthogonal projection)이다.

벡터 $\boldsymbol{A}$의 크기(또는 길이), $|\boldsymbol{A}|$는 시작점과 끝점사이의 길이이다. 이것은 그 성분으로부터 피타고라스 정리를 사용하면 다음과 같이 결정된다.

$$|\boldsymbol{A}| = A = \sqrt{A_x^2 + A_y^2} \tag{8.7}$$

벡터의 성분을 결정하기 위하여 임의의 유향성분을 나타내는 벡터가 사용될 수 있다. 이와 같이 $P_1(x_1,\ y_1)$와 $P_2(x_2,\ y_2)$가 xy평면의 점들이라면 유향성분 P_1P_2(시작점 P_1, 끝점 P_2)에 의하여 표시되는 벡터는 $(x_2 - x_1)\boldsymbol{i} + (y_2 - y_1)\boldsymbol{j}$이다. 즉,

$$P_1P_2 = (x_2 - x_1)\boldsymbol{i} + (y_2 - y_1)\boldsymbol{j}$$

P_1P_2와 똑같은 임의의 다른 유향성분도 같은 성분들을 주게 된다.

평면직교좌표계에서 벡터 성분에 의한 연산

어떤 두 벡터가 각각 $\boldsymbol{A} = (A_{x,}\ A_y)$, $\boldsymbol{B} = (B_{x,}\ B_y)$라 하면

(a) $\boldsymbol{A} = \boldsymbol{B} \Leftrightarrow A_x = B_x,\ A_y = B_y$

(b) $m\boldsymbol{A} = (mA_{x,}\ mA_y)$ [단, m은 스칼라(또는 실수)] (8.8)

(c) $\boldsymbol{A} + \boldsymbol{B} = (A_x + B_x,\ A_y + B_y)$, $\boldsymbol{A} - \boldsymbol{B} = (A_x - B_x,\ A_y - B_y)$

예제 8-7

다음과 같은 세 벡터 $A(5,\ 4)$, $B(-2,\ 3)$ 및 $C(3,\ -5)$일 때, 다음 벡터를 성분으로 나타내어라.

(1) $-\boldsymbol{A}$ (2) $2\boldsymbol{A} + 3\boldsymbol{B}$ (3) $3\boldsymbol{A} + \boldsymbol{B} - 2\boldsymbol{C}$

▎풀이

(1) (1) $-\boldsymbol{A} = -(5,\ 4) = (-5,\ -4)$

(2) $2\boldsymbol{A}+3\boldsymbol{B} = 2(5,\ 4)+3(-2,\ 3) = (10,\ 8)+(-6,\ 9) = (10-6,\ 8+9)$

$= (4,\ 17)$

(3) $3\boldsymbol{A}+\boldsymbol{B}-2\boldsymbol{C} = 3(5,\ 4)+(-2,\ 3)-2(3,\ -5)$

$= (15,\ 12)+(-2,\ 3)+(-6,\ 10)$

$= (15-2-6,\ 12+3+10) = (7,\ 25)$

어떤 벡터의 단위벡터

만약 벡터 $\boldsymbol{A}$를 $|\boldsymbol{A}|$로 나누면 똑같은 방향을 갖는 **단위벡터**(unit vector), $\boldsymbol{n}$이 된다. 즉,

$$\boldsymbol{n} = \frac{\text{벡터 } \boldsymbol{A}}{\text{벡터 } \boldsymbol{A}\text{의 크기}(=|\boldsymbol{A}|)} = \frac{A_x\boldsymbol{i}+A_y\boldsymbol{j}}{|\boldsymbol{A}|} = \frac{A_x}{|\boldsymbol{A}|}\boldsymbol{i}+\frac{A_y}{|\boldsymbol{A}|}\boldsymbol{j} \tag{8.9}$$

여기서 벡터 $\boldsymbol{A}$의 절대값 $|\boldsymbol{A}|$는 스칼라(또는 실수) A와 같다.

예제 8-8

다음과 같은 벡터 $\boldsymbol{A} = 3\boldsymbol{i}+4\boldsymbol{j}$의 단위벡터를 구하여라.

▎풀이

주어진 벡터 $\boldsymbol{A} = 3\boldsymbol{i}+4\boldsymbol{j}$의 크기(또는 길이)는 식 (8.7)을 이용하면

$$|\boldsymbol{A}| = \sqrt{A_x^2+A_y^2} = \sqrt{3^2+4^2} = \sqrt{25} = 5$$

이고, 단위벡터 $\boldsymbol{n}$는 식 (8.9)를 이용하여 계산하면 다음과 같다.

$$\boldsymbol{n} = \frac{\boldsymbol{A}}{|\boldsymbol{A}|} = \frac{3\boldsymbol{i}+4\boldsymbol{j}}{5} = \frac{3}{5}\boldsymbol{i}+\frac{4}{5}\boldsymbol{j}$$

바로 위의 계산된 벡터는 $3\boldsymbol{i}+4\boldsymbol{j}$와 같은 방향을 갖는 단위벡터이다.

예제 8-9

원점 O에서 점 $P(3,\ -2)$와 $Q(1,\ 5)$까지의 벡터들을 그리고 이 벡터들을 $\boldsymbol{OP} = \boldsymbol{A}$, $\boldsymbol{OQ} = \boldsymbol{B}$로 나타내면, 이 때 $\boldsymbol{A}+\boldsymbol{B}$와 $\boldsymbol{A}-\boldsymbol{B}$를 구하고, 그 결과를 그려라.

▎풀이

주어진 벡터의 x성분과 y성분은 다음과 같이 표시된다.

$\boldsymbol{A} = 3\boldsymbol{i}-2\boldsymbol{j}$ 그리고 $\boldsymbol{B} = \boldsymbol{i}+5\boldsymbol{j}$

두 벡터의 덧셈과 차(뺄셈)는 다음과 같다.

$$\boldsymbol{A}+\boldsymbol{B}=(3+1)\boldsymbol{i}+(-2+5)\boldsymbol{j}=4\boldsymbol{i}+3\boldsymbol{j}$$
$$\boldsymbol{A}-\boldsymbol{B}=(3-1)\boldsymbol{i}+(-2-5)\boldsymbol{j}=2\boldsymbol{i}-7\boldsymbol{j}$$

이러한 벡터의 계산결과는 그림 8.22 (b)와 같다. 벡터 $\boldsymbol{A}-\boldsymbol{B}$는 $\boldsymbol{B}$의 끝점 Q에서 $\boldsymbol{A}$의 끝점 P까지 연장한 벡터이다. 이 그림에서 $\boldsymbol{A}-\boldsymbol{B}$의 시작점은 원점 O에 있지 않다. 그러나 시작을 원점에서 갖는 $\boldsymbol{A}-\boldsymbol{B}$벡터는 (2, −7)을 끝점 좌표로 갖게 될 것이다.

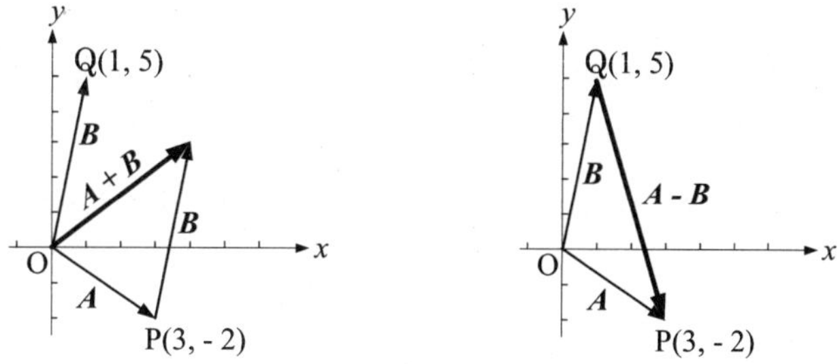

(a) 벡터의 덧셈　　(b) 벡터의 뺄셈

그림 8.22 두 벡터의 덧셈과 뺄셈

예제 8-10

항공운항기술에서 벡터 $\boldsymbol{V}$의 방위각(方位角)은 $\boldsymbol{V}$가 양의 y축(북쪽)과 이루는 각을 시계방향으로 측정한 것이다. 비행기는 800 km/h의 항공속력으로 동쪽(방위각 90°)으로 향하고 있다. 바람이 남서쪽에서 40 km/h로 불고 있을 때 비행기의 지상속력과 실제항로를 구하여라. 단, 공기의 저항은 무시한다.

풀이

만약 벡터 $\boldsymbol{H}$와 $\boldsymbol{W}$가 각각 비행기와 바람의 끝점을 나타난다면 $\boldsymbol{H}=800\boldsymbol{i}$, $|\boldsymbol{A}|=40$ 그리고 $\boldsymbol{W}$의 방위각은 45°이다. 따라서 $\boldsymbol{W}$는 $A_x\boldsymbol{i}+A_y\boldsymbol{j}$형태의 벡터로 표시할 수 있다.

여기서 $A_x=|\boldsymbol{A}|\cos 45°$, $A_y=|\boldsymbol{A}|\sin 45°$이므로 $A_x=A_y=A$이다.

$$\therefore\ A_x^2+A_y^2=A^2+A^2=40^2 \text{ 또는 } 2A^2=40^2 \rightarrow A=20\sqrt{2}$$

따라서 $\boldsymbol{W}=20\sqrt{2}\,\boldsymbol{i}+20\sqrt{2}\,\boldsymbol{j}$, 이제 벡터 $\boldsymbol{H}$와 $\boldsymbol{W}$을 아래와 같이 합성하면

$$\boldsymbol{H}+\boldsymbol{W}=800\boldsymbol{i}+20\sqrt{2}\,\boldsymbol{i}+20\sqrt{2}\,\boldsymbol{j}=(800+20\sqrt{2})\boldsymbol{i}+20\sqrt{2}\,\boldsymbol{j}$$

다음 단계로 $\boldsymbol{H}+\boldsymbol{W}$의 방위각과 크기를 구해보자.

그림 8.23에서 만약 $\boldsymbol{H}+\boldsymbol{W}$의 방위각을 θ로 하여 계산하면 다음과 같다.

$$\tan\theta=\frac{800+20\sqrt{2}}{20\sqrt{2}}=\frac{40+\sqrt{2}}{\sqrt{2}} \quad\rightarrow\quad \theta=\tan^{-1}\left(\frac{40+\sqrt{2}}{\sqrt{2}}\right)=88.04°$$

$\boldsymbol{H}+\boldsymbol{W}$의 크기 $|\boldsymbol{H}+\boldsymbol{W}|$는

$$|H + \boldsymbol{W}| = \sqrt{(800+20\sqrt{2})^2+(20\sqrt{2})^2}$$
$$= \sqrt{640\ 000 + 32\ 000\sqrt{2} + 800 + 800}$$
$$= 10\sqrt{6\ 416 + 320\sqrt{2}} = 10(82.88)$$
$$= 828.8 \text{ km/h}$$

비행기의 항로는 828.8 km/h의 지상속력으로 88.04°의 방위각을 향하고 있다.

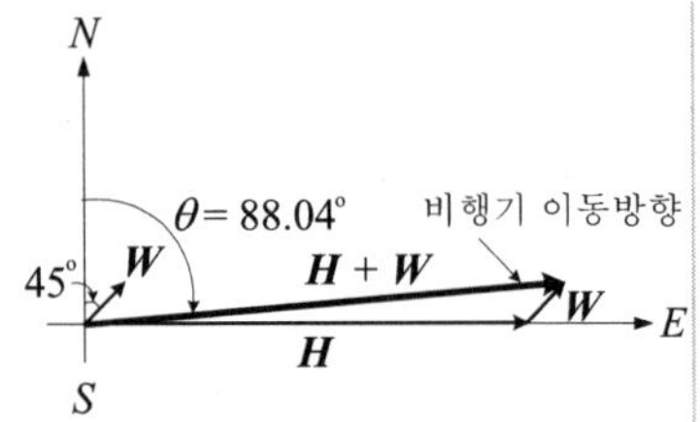

그림 8.23 비행기의 항로

예제 8-11

그림 8.24에 나타난 바와 같이 시작점 $P_1(4,\ 6)$부터 끝점 $P_2(7,\ 11)$까지 확장한 유향성분은 다른 시작점 $Q_1(-1,3)$부터 끝점 $Q_2(2,\ 8)$까지 확장한 유향성분과 상등(또는 동치)인가?

▌풀이

두 유향성분을 계산하면 다음과 같다.

$$P_1P_2 = (7-4)i + (11-6)j = 3i + 5j$$
$$Q_1Q_2 = [2-(-1)]i + (8-3)j = 3i + 5j$$

이들 두 유향성분들은 벡터 $3i + 5j$로 같게 계산되었으므로 서로 상등이다.

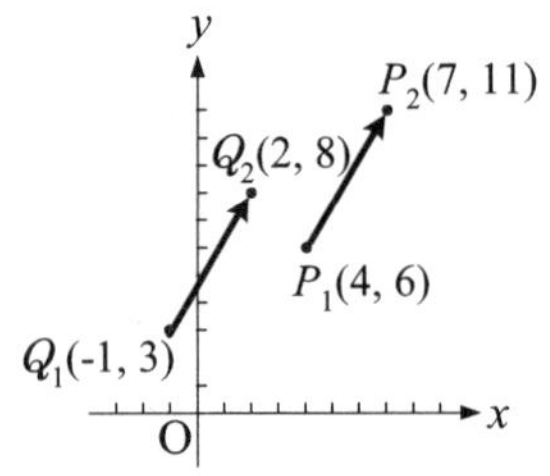

그림 8.24 두 벡터의 유향성분

2) 공간직교좌표계에서 벡터성분

공간에서 벡터 $\boldsymbol{A}$를 수량적으로 나타내고 싶을 때는 공간직교좌표계 $(x,\ y,\ z)$, 즉 서로 수직인 세 개의 축을 따라 같은 단위길이를 갖는 각각의 축, 일반적인 좌표계를 설정하자[그림 8.25 (a)].

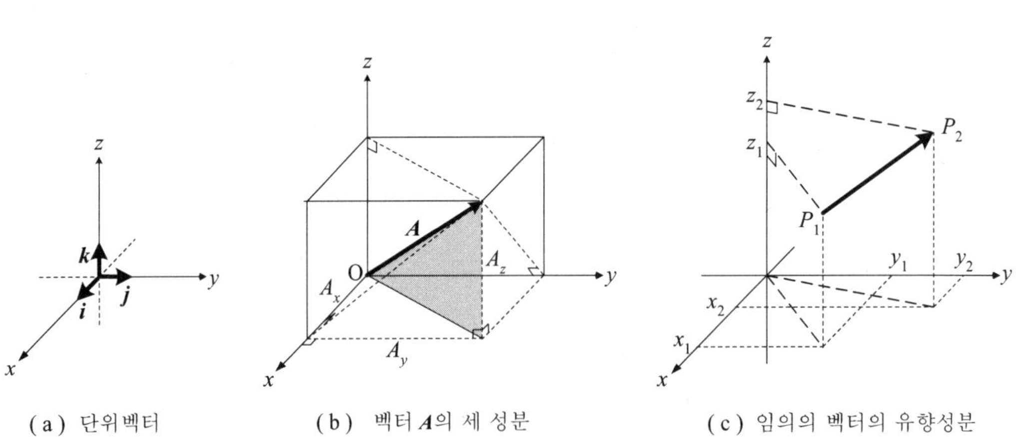

그림 8.25 공간직교좌표의 단위벡터, 정사영(각 벡터의 성분) 및 유향선분

그리고 설정된 각 좌표축에서 $\boldsymbol{A}$를 투영하면 된다. 이 때 각 좌표축에 투영된 벡터 $\boldsymbol{A}$의 각각 성분을 A_x, A_y, A_z로 나타낸다[그림 8.25 (b)]. 투영된 각 성분은 벡터의 계산에 매우 편리하다. 모든 벡터는 평면직교좌표계에서 z축이 확장된 다음과 같은 두 가지 형태로 표현할 수 있다.

(1) 벡터의 성분으로 나타내는 방법 1

모든 벡터는

$$\boldsymbol{A} = (A_x,\ A_y,\ A_z) \tag{8.10}$$

와 같이 1행 3열의 행렬로 표현하면 편리한 것이 있고, 때로는 연산의 특성에 따라 3행 1열의 행렬로 나타내는 것이 좋은 경우도 있다. 이것은 $\boldsymbol{A}$을 성분으로 나타낸 제1의 방법이다.

식 (8.10)에서 A_x, A_y 그리고 A_z는 실수(또는 스칼라)들, 즉 각각 양의 x, y 및 z방향에서 투영된 $\boldsymbol{A}$의 성분들 또는 정사영들이다.

> 벡터 $\boldsymbol{A}$가 xy평면 위에 있을 때는 $A_z = 0$로 하면 된다. yz, zx평면 위에 있을 때도 이에 준한다.

(2) 벡터의 성분으로 나타내는 방법 2

양의 x축에 따른 단위벡터를 $\boldsymbol{i}$, 양의 y축에 따른 것을 $\boldsymbol{j}$, 양의 z축에 따른 것을 $\boldsymbol{k}$라 하면 이들을 **기본벡터**(basis vectors)라 한다[그림 8.25 (a)]. 기본벡터의 성분은

$$\boldsymbol{i} = (1,\ 0,\ 0),\quad \boldsymbol{j} = (0,\ 1,\ 0),\quad \boldsymbol{k} = (0,\ 0,\ 1) \tag{8.11}$$

그러면

$$\boldsymbol{A} = (A_x,\ A_y,\ A_z) = A_x(1,0,0) + A_y(0,1,0) + A_z(0,0,1)$$

$$\boldsymbol{A} = A_x\boldsymbol{i} + A_y\boldsymbol{j} + A_z\boldsymbol{k} \tag{8.12}$$

식 (8.12)은 벡터 $\boldsymbol{A}$을 성분으로 표현한 제2의 방법이다.

벡터의 분해도 성분을 사용하면 구하기 쉽다. 만약 $P_1(x_1,\ y_1,\ z_1)$, $P_2(x_2,\ y_2,\ z_2)$ 그리고 $P_3(x_3,\ y_3,\ z_3)$가 공간에서의 점들이라면, 유향성분 $\boldsymbol{P}_1\boldsymbol{P}_2$에 의하여 표시되는 벡터는 다음과 같다[그림 8.25 (c)].

$$\boldsymbol{P}_1\boldsymbol{P}_2 = (x_2 - x_1)\boldsymbol{i} + (y_2 - y_1)\boldsymbol{j} + (z_2 - z_1)\boldsymbol{k}$$

같은 방법으로, $\boldsymbol{P_2P_3}$는 다음과 같은 식 $\boldsymbol{P}_3\boldsymbol{P}_2=(x_3-x_2)\boldsymbol{i}+(y_3-y_2)\boldsymbol{j}+(z_3-z_2)\boldsymbol{k}$에 의하여 표현되고, 그리고 $\boldsymbol{P}_1\boldsymbol{P}_3$는 다음 식으로 나타낼 수 있다.

$$\boldsymbol{P}_1\boldsymbol{P}_3=(x_3-x_1)\boldsymbol{i}+(y_3-y_1)\boldsymbol{j}+(z_3-z_1)\boldsymbol{k}$$

$\boldsymbol{P}_1\boldsymbol{P}_3$의 성분들은 $\boldsymbol{P}_1\boldsymbol{P}_2$과 $\boldsymbol{P}_2\boldsymbol{P}_3$의 해당 성분들을 더함으로써 주어진다는 것을 알 수 있다. 예를 들면, x방향에 대하여 우리는 다음 식을 얻는다.

$$(x_3-x_1)=(x_2-x_1)+(x_3-x_2)$$

더욱이 $\boldsymbol{P}_1\boldsymbol{P}_3$는 $\boldsymbol{P}_1\boldsymbol{P}_2$과 $\boldsymbol{P}_2\boldsymbol{P}_3$의 벡터의 합을 나타내기 때문에 우리는 벡터의 덧셈이 성분별로 진행된다는 것을 다음과 같이 보일 수 있다. 즉,

$$\boldsymbol{A}+\boldsymbol{B}=(A_x+B_x)\boldsymbol{i}+(A_y+B_y)\boldsymbol{j}+(A_z+B_z)\boldsymbol{k} \tag{8.13}$$

스칼라곱에 대한 비슷한 이유가 다음과 같은 성분들의 항으로 보여준다.

$$s\boldsymbol{A}=s(A_x, A_y, A_z)=(sA_x)\boldsymbol{i}+(sA_y)\boldsymbol{j}+(sA_z)\boldsymbol{k} \tag{8.14}$$

8.2절에서 주어진 것처럼, 덧셈의 교환법칙이나 결합법칙은 공간벡터들에 대해서도 타당하다. 우리는 그림 8.11과 8.12를 3차원으로도 간단히 해석할 수 있다.

예제 8-12

주어진 평면직교좌표계에서 두 벡터 $\boldsymbol{A}=(4, 0, 1)$, $\boldsymbol{B}=\left(2, -5, \frac{1}{3}\right)$가 주어졌을 때 다음을 계산하여라.

(1) $-\boldsymbol{A}$ (2) $7\boldsymbol{A}$ (3) $\boldsymbol{A}+\boldsymbol{B}$ (4) $2(\boldsymbol{A}-\boldsymbol{B})$

풀이

(1) $-A=(-1)A=(-1)(4, 0, 1)=(-4, 0, -1)$

(2) $7A=7(4, 0, 1)=(28, 0, 7)$

(3) $A+B=(4, 0, 1)+\left(2, -5, \frac{1}{3}\right)=\left(4+2, 0+(-5), 1+\frac{1}{3}\right)$
$=\left(6, -5, \frac{4}{3}\right)$

(4) $2(A-B)=2\left[(4, 0, 1)-\left(2, -5, \frac{1}{3}\right)\right]=2\left[\left(4-2, 0-(-5), 1-\frac{1}{3}\right)\right]$
$=2\left[\left(2, 5, \frac{2}{3}\right)\right]=\left(4, 10, \frac{4}{3}\right)=2A-2B$

$2(A-B)=2A-2B=2(4, 0, 1)-2\left(2, -5, \frac{1}{3}\right)$
$=(8, 0, 2)-\left(4, -10, \frac{2}{3}\right)=\left(8-4, 0-(-10), 2-\frac{2}{3}\right)=\left(4, 10, \frac{4}{3}\right)$

예제 8-13

다음 각 공간벡터를 기본벡터를 써서 나타내어라.

(1) $\boldsymbol{A}=(4, 2, 3)$ (2) $\boldsymbol{B}=(3, -4, 1)$ (3) $\boldsymbol{C}=(0, 5, -2)$

풀이

(1) 식 (8.12)를 이용하여 정리하면 다음과 같다.

$$\boldsymbol{A}=(A_x, A_y, A_z)=(4, 2, 3)=A_x\boldsymbol{i}+A_y\boldsymbol{j}+A_z\boldsymbol{k}=4\boldsymbol{i}+2\boldsymbol{j}+3\boldsymbol{k}$$

$$\therefore \boldsymbol{A}=4\boldsymbol{i}+2\boldsymbol{j}+3\boldsymbol{k}$$

같은 방법으로 구하면

(2) $\boldsymbol{B}=3\boldsymbol{i}-4\boldsymbol{j}+\boldsymbol{k}$

(3) $\boldsymbol{C}=5\boldsymbol{j}-2\boldsymbol{k}$

(3) 공간직교좌표계에서 벡터의 합성

공간직교좌표계에서 한 점에 작용하는 벡터들은 이미 8.2.1절 1)에서 설명한 바와 같이 평행사변형법칙, 삼각형법칙 및 다각형법칙 등의 **도해법**(圖解法, graphical method)을 사용하여 한 벡터로 합성이 가능하다. 이 때 합성된 벡터, 예를 힘으로 들 것이며, 이 힘을 **합력**(合力 resultant force, $\boldsymbol{R}$)이라고 한다.

그러나 벡터를 합성하는 실용적인 방법으로는 도해법이나 삼각법보다 **해석적 방법**(解析的方法, analytical method)을 많이 사용한다. 이 해석적방법에는 사인법칙, 코사인법칙 등을 주로 이용하여 두 힘의 합력을 구하는 삼각법이 있다. 그러나 더 일반적인 해석적방법으로는 여러 힘들이 작용하는 경우에 각 직각분력으로 분해하여 이들로부터 합력을 구하는 방법이라고 할 수 있다. 특히 공간역계의 합성에서 도해법이나 삼각법은 실용적이지 못하다.

공간직교좌표계 내에서 힘 $\boldsymbol{A}$, $\boldsymbol{B}$, $\boldsymbol{C}$가 한 점에 작용할 때 이들의 합력 $\boldsymbol{R}$을 다음과 같이 벡터로 나타내기로 한다.

$$\begin{aligned}\boldsymbol{R} &= \boldsymbol{A}+\boldsymbol{B}+\boldsymbol{C}\\ &=(A_x\boldsymbol{i}+A_y\boldsymbol{j}+A_z\boldsymbol{k})+(B_x\boldsymbol{i}+B_y\boldsymbol{j}+B_z\boldsymbol{k})+(C_x\boldsymbol{i}+C_y\boldsymbol{j}+C_z\boldsymbol{k})\\ &=(A_x+B_x+C_x)\boldsymbol{i}+(A_y+B_y+C_y)\boldsymbol{j}+(A_z+B_z+C_z)\boldsymbol{i}\\ &=(\sum F_x)\boldsymbol{i}+(\sum F_y)\boldsymbol{j}+(\sum F_z)\boldsymbol{k}\\ &=R_x\boldsymbol{i}+R_y\boldsymbol{j}+R_z\boldsymbol{k}\end{aligned} \tag{8.15}$$

여기서, $\boldsymbol{R}_x=\sum F_x$: 힘들의 x 방향성분의 대수합

$$\boldsymbol{R}_y = \sum F_y$$: 힘들의 y 방향성분의 대수합

$$\boldsymbol{R}_z = \sum F_z$$: 힘들의 z 방향성분의 대수합

식 (8.15)는 그 자체가, 즉 벡터를 나타내고 있으므로 합력 $\boldsymbol{R}$의 크기와 작용방향을 모두 포함하고 있다는 사실에 유의할 필요가 있다.

이 합력 $\boldsymbol{R}$의 크기를 스칼라양으로 표시하면 다음과 같다.

$$\begin{aligned} |\boldsymbol{R}| = R &= \sqrt{R_x^2 + R_y^2 + R_z^2} \\ &= \sqrt{(\sum F_x)^2 + (\sum F_y)^2 + (\sum F_z)^2} \end{aligned} \tag{8.16}$$

공간에서 합력 $\boldsymbol{R}$의 작용방향은 합력이 x, y, z축과 이루는 각을 각각 α, β, γ라 하면 그것의 방향코사인에 의하여 다음과 같이 구할 수 있다.

$$\cos\alpha = \frac{R_x}{R}, \quad \cos\beta = \frac{R_y}{R}, \quad \cos\gamma = \frac{R_z}{R} \tag{8.17}$$

식 (8.15)는 합력을 벡터로 표시한 것이라면, 식 (8.16)과 (8.17)은 합력을 스칼라량으로 나타낸 것이라는 것을 유의할 필요가 있다. 2차원으로 표현되는 평면력계에서의 힘의 합성은 공간력계를 나타내는 식 (8.15)에서 (8.17)까지에서 z성분만 빼고 계산하면 된다.

예제 8-14

그림 8.26에서와 같이 4개의 힘이 동일평면 위의 한 점 O에 작용하고 있을 때 (1) 합력 $\boldsymbol{R}$과 (2) 작용방향 θ을 구하여라.

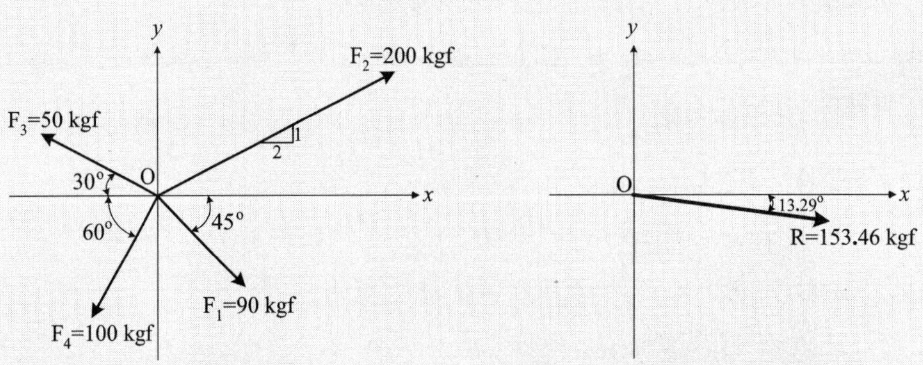

(a) 동일평면 위에 작용하는 4개의 힘 (b) 합력의 크기와 작용방향

그림 8.26 동일평면 위에서 작용하는 4개 힘의 합력과 그 작용방향

▌풀이

이 힘들을 벡터로 나타내면

$$\begin{aligned} \boldsymbol{F}_1 &= 90\ \cos 45°\boldsymbol{i} - 90\ \sin 45°\boldsymbol{i} = 90\cdot\frac{\sqrt{2}}{2}\boldsymbol{i} - 90\cdot\frac{\sqrt{2}}{2}\boldsymbol{i} \\ &= 63.64\boldsymbol{i} - 63.64\boldsymbol{j} \end{aligned}$$

$$\begin{aligned} \boldsymbol{F}_2 &= 200\cdot\frac{2}{\sqrt{5}}\boldsymbol{i} + 200\cdot\frac{1}{\sqrt{5}}\boldsymbol{j} = 80\sqrt{5}\,\boldsymbol{i} + 40\sqrt{5}\,\boldsymbol{j} \\ &= 178.89\boldsymbol{i} + 89.44\boldsymbol{j} \end{aligned}$$

$$\begin{aligned} \boldsymbol{F}_3 &= -50\ \cos 30°\boldsymbol{i} + 50\ \sin 30°\boldsymbol{i} = -50\cdot\frac{\sqrt{3}}{2}\boldsymbol{i} + 50\cdot\frac{1}{2}\boldsymbol{i} \\ &= -43.30\boldsymbol{i} + 25\boldsymbol{j} \end{aligned}$$

$$\begin{aligned} \boldsymbol{F}_4 &= -100\ \cos 60°\boldsymbol{i} - 100\ \sin 60°\boldsymbol{i} = -100\cdot\frac{1}{2}\boldsymbol{i} - 100\cdot\frac{\sqrt{3}}{2}\boldsymbol{i} \\ &= -50\boldsymbol{i} - 86.6\boldsymbol{j} \end{aligned}$$

따라서, 4개의 수평분력과 수직분력의 합력은 다음과 같다.

$$\begin{aligned} \boldsymbol{R} &= \sum \boldsymbol{F}_i = \boldsymbol{F}_1 + \boldsymbol{F}_2 + \boldsymbol{F}_3 + \boldsymbol{F}_4 \\ &= (63.64 + 178.89 - 43.30 - 50)\boldsymbol{i} + (-63.64 + 89.44 + 25 - 86.6)\boldsymbol{j} \\ &= 149.23\boldsymbol{i} - 35.8\boldsymbol{j} \end{aligned}$$

$$\therefore\ \ \boldsymbol{R} = 149.23\boldsymbol{i} - 35.8\boldsymbol{j}$$

(1) 합력의 크기 $|\boldsymbol{R}| = R$는 다음과 같으며, 점 O를 통과한다.

$$|\boldsymbol{R}| = R = \sqrt{F_x^2 + F_y^2} = \sqrt{(149.23)^2 + (-35.8)^2} = 153.46\ \text{kgf}$$

(2) 이 합력의 작용방향은 수평축(x축)과 이루는 합력 R의 양(+)의 방향각을 θ로 하여 계산하면

$$\tan\theta = \frac{F_y}{F_x} = \frac{35.8}{153.46} = 0.239\,9 \rightarrow \theta = \tan^{-1}(0.239\,9) = 13.29°$$

$$\therefore\ \ \theta = 13.29°$$

4개의 힘의 합력의 계산결과를 보면 4사분면에 있고, x축과 시계 방향으로 각도 13.29°를 만들고 있음을 알 수 있다(그림 8.26 (b) 참조).

예제 8-15

시작점 $P(4,\ 0,\ 2)$, 끝점 $Q(6,\ -1,\ 2)$을 갖는 벡터 $\boldsymbol{A}$의 (1) 성분과 (2) 길이를 구하고, (3) 그림 8.25 (b)에서처럼 벡터 $\boldsymbol{A}$를 그릴 수 있겠는가?

▌풀이

(1) 벡터 $\boldsymbol{A}$의 각 방향의 성분은 다음과 같다.

$$A_x = x_2 - x_1 = 6 - 4 = 2$$

$$A_y = y_2 - y_1 = -1 - 0 = -1$$

$$A_z = z_2 - z_1 = 2 - 2 = 0$$

따라서, $\boldsymbol{A} = (2,\ -1,\ 0)$

(2) 식 (8.18)을 이용하면 벡터 $\boldsymbol{A}$의 길이는 다음과 같다.

$$|\boldsymbol{A}| = A = \sqrt{A_x^2 + A_y^2 + A_z^2} = \sqrt{2^2 + (-1)^2 + 0^2} = \sqrt{5}$$

(3) 아래 그림 8.27과 같이 그릴 수 있다.

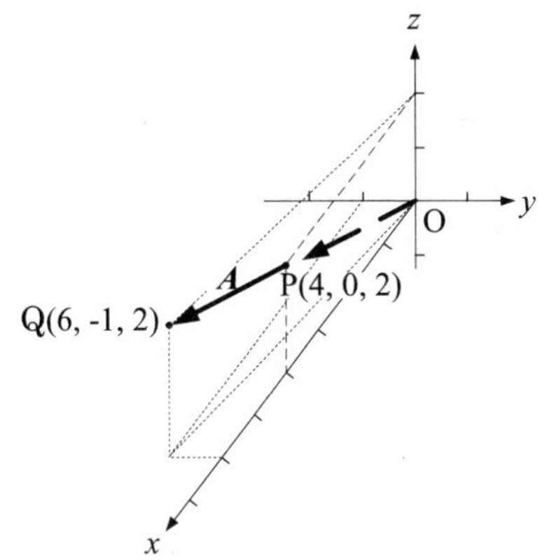

그림 8.27 두 점을 갖는 벡터 A의 성분과 길이

예제 8-15에서 벡터 $\boldsymbol{A}$의 시작점을 $(-1, 5, 8)$로 하면 끝점은 (1, 4, 8)이 된다. 또한 벡터 $\boldsymbol{A}$의 시작점을 원점 (0, 0, 0)으로 잡으면 끝점은 $(2, -1, 0)$이 되며, 그림 8.27에 파선으로 나타내었다. 이는 공간 위 임의의 점을 벡터로 간주할 수 있음을 뜻한다. 이러한 벡터는 뒤에서 설명되는 **위치벡터**로 설명할 수 있다는 것을 쉽게 알 수 있다.

(4) 공간직교좌표계에서 벡터 성분에 의한 연산

공간직교좌표계에서 벡터 성분에 의한 연산은 평면직교좌표계에서 벡터 성분에 의한 연산과정에서 z방향까지 확장함으로써 가능하다. 어떤 두 벡터가 각각 $\boldsymbol{A} = (A_x, A_y, A_z)$, $\boldsymbol{B} = (B_x, B_y, B_z)$라 하면

① $\boldsymbol{A} = \boldsymbol{B} \Leftrightarrow A_x = B_x,\ A_y = B_y,\ A_z = B_z$

② $m\boldsymbol{A} = (mA_x, mA_y, mA_z)$ [단, m은 스칼라(또는 실수)]

③ $\boldsymbol{A} \pm \boldsymbol{B} = (A_x \pm B_x, A_y \pm B_y, A_z \pm B_z)$ (단, 복호동순)

[왜 이렇게 되는지는 평면 위의 벡터에서 생각해 보면 쉽게 이해가 갈 것이다]

예제 8-16

세 개의 벡터 성분이 $\boldsymbol{A}=(1, 2, 3)$, $\boldsymbol{B}=(2, -1, 1)$, $\boldsymbol{C}=(4, -2, 1)$일 때 $2(\boldsymbol{A}-\boldsymbol{B})-3(\boldsymbol{A}-\boldsymbol{B}-\boldsymbol{C})$를 성분으로 나타내고, 그 크기를 구하여라.

▌풀이

$$\begin{aligned} 2(\boldsymbol{A}-\boldsymbol{B})-3(\boldsymbol{A}-\boldsymbol{B}-\boldsymbol{C}) &= 2\boldsymbol{A}-2\boldsymbol{B}-3\boldsymbol{A}+3\boldsymbol{B}+3\boldsymbol{C}=-\boldsymbol{A}+\boldsymbol{B}+3\boldsymbol{C} \\ &= -(1, 2, 3)+(2, -1, 1)+3\cdot(4, -2, 1) \\ &= (-1, -2, -3)+(2, -1, 1)+(12, -6, 3) \\ &= (-1+2+12, -2-1-6, -3+1+3) \\ &= (13, -9, 1) \end{aligned}$$

또한 $2(\boldsymbol{A}-\boldsymbol{B})-3(\boldsymbol{A}-\boldsymbol{B}-\boldsymbol{C})=\boldsymbol{D}$라 하면

$$\begin{aligned} |2(\boldsymbol{A}-\boldsymbol{B})-3(\boldsymbol{A}-\boldsymbol{B}-\boldsymbol{C})| = \boldsymbol{D} &= \sqrt{D_x^2+D_y^2+D_z^2} \\ &= \sqrt{13^2+(-9)^2+1^2}=\sqrt{251} \end{aligned}$$

(5) 벡터의 방향코사인

벡터 $\boldsymbol{A}$의 크기 $|\boldsymbol{A}|=A$는 그림 8.25 (b)에 피타고라스정리를 두 번 적용함으로써 다음 식을 얻는다.

$$|\boldsymbol{A}|=A=\sqrt{A_x^2+A_y^2+A_z^2} \tag{8.18}$$

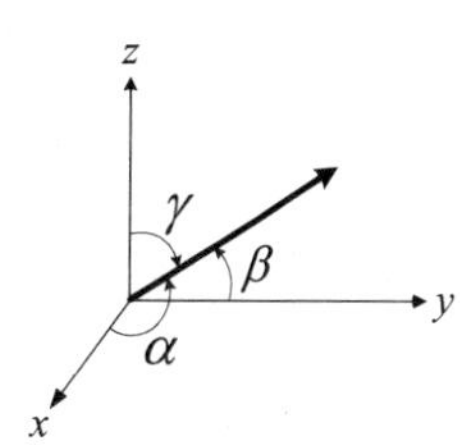

그림 8.28 방향각

공간에서 벡터의 다른 기술은 그의 크기나 방향을 줌으로써 얻어진다. 우리는 벡터와 각각 양의 x, y 및 z방향들 사이에 3개의 **방향각**(方向角) α, β 및 γ(단, $0° \leq \alpha, \beta, \gamma \leq 180°$)을 기술함으로써 벡터의 방향을 자세히 나타낼 수 있다. 가끔 방향각보다는 **방향코사인** $\cos\alpha$, $\cos\beta$ 및 $\cos\gamma$을 기술하는 것이 좀 더 편리하고, 이들을 간단히 하기 위해 각각 l, m, n으로 쓰기도 한다(7.9.4항 참조). 왜냐하면 방향코사인은 다음과 같은 간단한 공식으로 각 성분들의 항으로 주어지기 때문이다[그림 8.25 (b)와 그림 8.28을 비교하라].

$$\cos\alpha=\frac{A_x}{|\boldsymbol{A}|}, \quad \cos\beta=\frac{A_y}{|\boldsymbol{A}|}, \quad \cos\gamma=\frac{A_z}{|\boldsymbol{A}|} \tag{8.19}$$

또는

$$l = \frac{A_x}{|\boldsymbol{A}|}, \quad m = \frac{A_y}{|\boldsymbol{A}|}, \quad n = \frac{A_z}{|\boldsymbol{A}|}$$

방향코사인들은 다음 식과 관련이 있다는 것을 쉽게 증명할 수 있다(7.9.4항 참조).

$$\cos^2\alpha + \cos^2\beta + \cos^2\gamma = 1 \tag{8.20}$$

벡터의 크기가 얼마인지를 방향코사인으로부터 말할 수 있는 방법은 없다. 그 크기는 따로 기술되어야하기 때문이다. 예를 들면, yz평면에 평행이고 양의 y와 z방향의 방향각이 45°인 임의의 벡터는 다음과 같은 방향코사인을 갖는다. 즉, yz평면에 평행이므로 x축과의 방향각은 90°이다. 따라서,

$$\cos\alpha = \cos 90° = 0, \quad \cos\beta = \cos 45° = \frac{\sqrt{2}}{2}, \quad \cos\gamma = \cos 45° = \frac{\sqrt{2}}{2}$$

예제 8-17

그림 8.29에 나타난 힘 $\boldsymbol{F} = 500$ kgf에 대한 x축과 y축에서의 분력을 구하여라(즉, 이 힘의 벡터를 x와 y방향으로 분해하여 각각의 성분으로 나타낼 것).

풀이

그림 8.29에서와 같이 힘 $\boldsymbol{F} = 500$ kgf의 x축 위의 분력을 F_x, y축 위의 분력을 F_y, 이 힘이 양(+)의 x축과 이룬 각을 $\alpha = 45°$라 하면, 직교좌표축(x, y) 위의 분력은 다음과 같이 계산할 수 있다.

$$F_x = F \cdot \cos\alpha = 500 \text{ kgf} \cdot \cos 45° = 353.55 \text{ kgf} \approx 354 \text{ kgf}$$

$$F_y = F \cdot \sin\alpha = 500 \text{ kgf} \cdot \sin 45° = 353.55 \text{ kgf} \approx 354 \text{ kgf}$$

가 된다. 따라서 그림과 같이 힘 $F = 500$ kgf의 x축 및 y축 위의 성분은 각각 약 354 kgf이다.

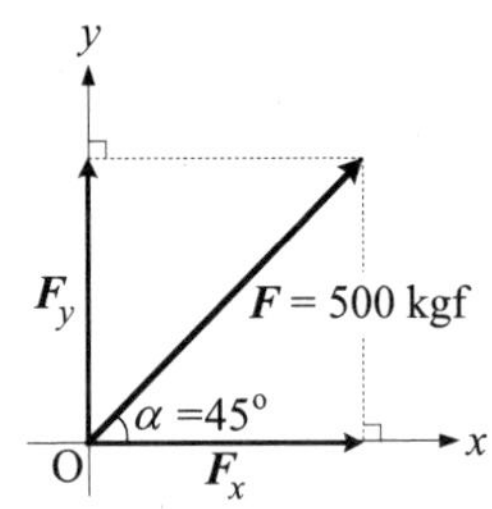

그림 8.29 힘 $\boldsymbol{F}$의 분력

예제 8-18

벡터 $\boldsymbol{A} = (3, -2, 6)$의 크기와 방향코사인을 구하여라.

풀이

벡터 $\boldsymbol{A}$의 크기는 식 (8.18)을 이용하면

$$|\boldsymbol{A}| = A = \sqrt{A_x^2 + A_y^2 + A_z^2} = \sqrt{3^2 + (-2)^2 + 6^2} = \sqrt{49} = 7$$

벡터 $\boldsymbol{A}$의 각 방향의 방향코사인은 $\boldsymbol{A} = (A_x, A_y, A_z) = (3, -2, 6)$와 식 (8.19)를 이용하여 계산하면 다음과 같다.

$$\cos\alpha = \frac{A_x}{|\boldsymbol{A}|} = \frac{3}{7},\ \cos\beta = \frac{A_y}{|\boldsymbol{A}|} = \frac{-2}{7} = -\frac{2}{7},\ \cos\gamma = \frac{A_z}{|\boldsymbol{A}|} = \frac{6}{7}$$

$$\therefore\ \cos\alpha = \frac{3}{7},\ \cos\beta = -\frac{2}{7},\ \cos\gamma = \frac{6}{7}$$

(6) 공간에서 위치벡터의 표시

직교좌표계에서 점 $P(x, y, z)$의 위치벡터 $\boldsymbol{r}$은 시작점이 원점 $(0, 0, 0)$이고, 끝점이 P인 벡터이다. 즉, **위치(位置)벡터(position vector)**는 공간의 한 점(시작점)에서 다른 점(끝점)의 위치를 결정하는 벡터이다. 그림 8.30에서 원점 O에 대한 P_1의 위치를 나타내는 위치벡터 $\boldsymbol{r}_1$은 다음과 같다.

$$\boldsymbol{r}_1 = x_1\boldsymbol{i} + y_1\boldsymbol{j} + z_1\boldsymbol{k}$$

마찬가지로 OP_2를 나타내는 위치벡터 $\boldsymbol{r}_2$는 아래와 같다.

$$\boldsymbol{r}_2 = x_2\boldsymbol{i} + y_2\boldsymbol{j} + z_2\boldsymbol{k}$$

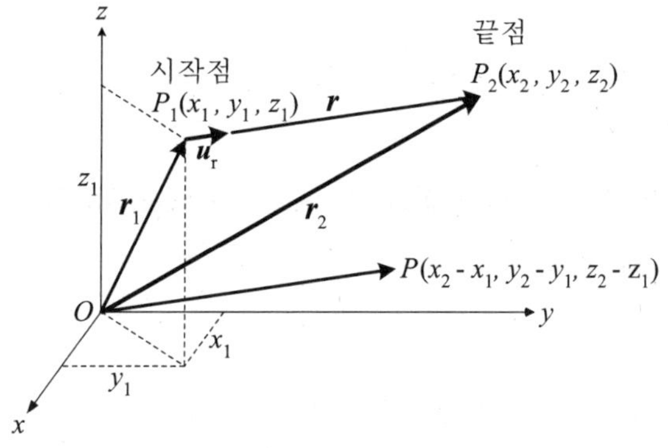

그림 8.30 공간직교좌표에서 위치벡터

임의의 두 점 P_1과 P_2사이에도 위치벡터를 구성할 수 있으며, 또한 이것은 **변위(變位)벡터**(displacement vector)로 나타낼 수 있다.

그림 8.30에서와 같이 시작점 $P_1(x_1, y_1, z_1)$에 대한 끝점 $P_2(x_2, y_2, z_2)$의 위치벡터는 위치벡터 $\boldsymbol{r}_1$과 $\boldsymbol{r}_2$를 이용하여 다음과 같이 쓸 수 있다.

$$\boldsymbol{r}_1 + \boldsymbol{r} = \boldsymbol{r}_2$$

따라서 변위벡터 $\boldsymbol{r}$는 다음 식으로 나타낼 수 있다.

$$\begin{aligned}\boldsymbol{r} = \boldsymbol{r}_2 - \boldsymbol{r}_1 &= (x_2\boldsymbol{i} + y_2\boldsymbol{j} + z_2\boldsymbol{k}) - (x_1\boldsymbol{i} + y_1\boldsymbol{j} + z_1\boldsymbol{k}) \\ &= (x_2 - x_1)\boldsymbol{i} + (y_2 - y_1)\boldsymbol{j} + (z_2 - z_1)\boldsymbol{k}\end{aligned} \tag{8.21}$$

또는

$$\boldsymbol{r} = (x_2 - x_1,\ y_2 - y_1,\ z_2 - z_1)$$

위치벡터 $\boldsymbol{r}$의 크기 $|\boldsymbol{r}|$ 또는 r는 아래와 같다.

$$r = \sqrt{(x_2 - x_1)^2 + (y_2 - y_1)^2 + (z_2 - z_1)^2} \tag{8.22}$$

평면벡터에서와 같이 벡터 $\boldsymbol{r}$는 시작점을 P_1, 끝점을 P_2로 하는 벡터 또는 시작점을 원점, 끝점을 $P(x_2 - x_1,\ y_2 - y_1,\ z_2 - z_1)$으로 하는 위치벡터 $\boldsymbol{OP}$로도 그릴 수 있다[그림 8.30].

위치벡터 $\boldsymbol{r}$의 방향은 P_1에서 P_2로 향하는 단위벡터 $\boldsymbol{n}_r$로 정해진다. 단위벡터 $\boldsymbol{n}_r$는 어떤 벡터를 그 크기로 나눈 값이므로, 식 (8.21)과 (8.22)를 이용하면 다음과 같다.

$$\begin{aligned}\boldsymbol{n}_r &= \frac{\text{벡터 } \boldsymbol{r}}{\text{벡터 } \boldsymbol{r}\text{의 크기}(=r)} = \frac{\boldsymbol{r}}{|\boldsymbol{r}|} = \frac{\boldsymbol{r}}{r} \\ &= \frac{(x_2 - x_1)\boldsymbol{i} + (y_2 - y_1)\boldsymbol{j} + (z_2 - z_1)\boldsymbol{k}}{r} \\ &= \frac{(x_2 - x_1)}{r}\boldsymbol{i} + \frac{(y_2 - y_1)}{r}\boldsymbol{j} + \frac{(z_2 - z_1)}{r}\boldsymbol{k}\end{aligned} \tag{8.23}$$

특히 $\boldsymbol{r}$와 같은 **위치벡터는 힘계(系)의 합성, 힘의 모멘트 또는 시간에 따라 변하는 동점(動點)의 위치를 나타내는데 매우 유용**하다.

예제 8-19

두 점 P_1과 P_2가 $P_1(4,\ 6,\ -2)$와 $P_2(1,\ 8,\ 3)$으로 주어질 때, 위치벡터 P_1P_2를 구하여라.

풀이

원점을 O라 하고, 두 점 P_1과 P_2의 위치벡터를

$$r_1(= OP_1) = (4,\ 6,\ -2) \text{과 } r_2(= OP_2) = (1,\ 8,\ 3)$$

라 놓으면, 식 (8. 10)으로부터

$$\begin{aligned}P_1P_2 &= (x_2 - x_1)\boldsymbol{i} + (y_2 - y_1)\boldsymbol{j} + (z_2 - z_1)\boldsymbol{k} \\ &= (1-4)\boldsymbol{i} + (8-6)\boldsymbol{j} + [3-(-2)]\boldsymbol{k} \\ &= -3\boldsymbol{i} + 2\boldsymbol{j} + 5\boldsymbol{k}\end{aligned}$$

$$\therefore\ P_1P_2 = -3\boldsymbol{i} + 2\boldsymbol{j} + 5\boldsymbol{k} \text{ 또는 } (-3,\ 2,\ 5)$$

예제 8-20

그림 8.31과 같이 역 V형에서 정지(靜止)해 있는 기둥이 있다. 정점 P에서 힘 $\boldsymbol{W}$가 아래방향으로 작용하고 있다. 이 때 두 다리에 미치는 분력 $\boldsymbol{S}$, $\boldsymbol{T}$를 구하여라. 또한 $\boldsymbol{S}$, $\boldsymbol{T}$의 각각의 발 A, B에서의 수평 및 수직 성분을 구하여라.

단 $\angle \mathrm{WPA} = \alpha$, $\angle \mathrm{WPB} = \beta$로 하고, $\boldsymbol{S}$의 수평 및 연직성분을 S_H, S_V, 같은 방법으로 $\boldsymbol{T}$의 그러한 성분을 T_H, T_V로 나타낸다. 또한 기둥의 자중은 무시한다.

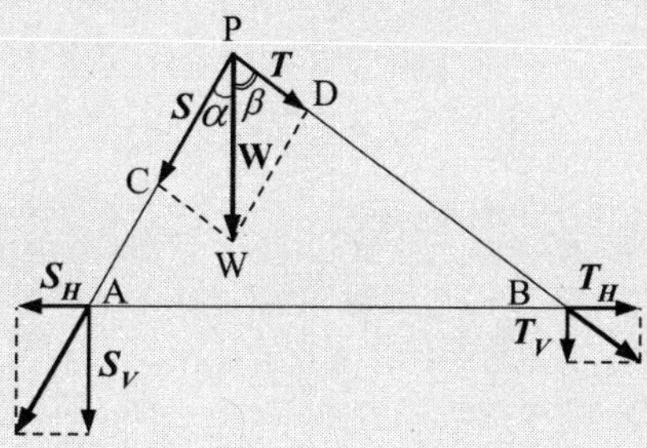

그림 8.31 힘 $\boldsymbol{W}$에 대한 수평성분과 수직성분

▎풀이

그림 8.31과 같이 힘 $\boldsymbol{W}$의 시작점 W에서 PB, PC에 평행선을 긋고 평행사변형 PCWD를 만들면, $\mathrm{PC} = \boldsymbol{S}$, $\mathrm{PD} = \boldsymbol{T}$가 된다(8.2.3항 [예제 8-5] 참조). $\boldsymbol{S}$, $\boldsymbol{T}$의 크기 S, T를 구하는데 다음의 두 가지 방법이 있다.

[방법 1] 삼각형의 사인법칙(3.4.1항 참조)을 응용하는 방법

먼저, S, T를 나타내고 S_H, S_V, T_H, T_V를 구하는 방법

$\triangle$PWC에서, PD∥CW이므로 $\angle \mathrm{PWC} = \angle \mathrm{DPW} = \beta$

따라서, 사인법칙에 의해

$$S = \mathrm{PC} = \frac{W \sin \beta}{\sin (180° - \alpha - \beta)} = \frac{W \sin \beta}{\sin (180° - (\alpha + \beta))} = \frac{W \sin \beta}{\sin (\alpha + \beta)} \quad ①$$

같은 방법으로

$$T = \mathrm{PD} = \frac{W \sin \alpha}{\sin (\alpha + \beta)} \quad ②$$

이므로 그림 8.31에 의하면

$$S_H = S \sin \alpha, \quad S_V = S \cos \alpha, \quad T_H = T \sin \beta, \quad T_V = T \cos \beta \quad ③$$

S_H는 A에서 왼쪽방향, T_H는 B에서 오른쪽방향, S_V, T_V는 물론 아랫방향이다.

[방법 2] 성분에 의하여 구하는 방법

P를 원점으로 해서 그림의 아래로 향하는 것은 x축, 오른쪽으로 향하는 것은 y축으로 하고, $\boldsymbol{S}$, $\boldsymbol{T}$의 x성분과 y성분을 각각 S_x, S_y, T_x, T_y라 하면, S_y는 y의 $(-)$ 방향을 향하므로 $(-)$ 부호를 붙여서

$$S_x = S \cos \alpha, \quad S_y = -S \sin \alpha, \quad T_x = T \cos \beta, \quad T_y = T \sin \beta$$

이 된다. 기둥은 정지해 있으므로

$$\boldsymbol{S}+\boldsymbol{T}=\boldsymbol{W},\ \text{즉}\ S_x+T_x=W,\ S_y+T_y=0$$

따라서

$$S\cos\alpha+T\cos\beta=W \quad ④$$

$$-S\sin\alpha+T\sin\beta=0 \quad ⑤$$

위의 연립방정식에서 미지수 S, T는 두 개의 식을 연립하여 풀면 구할 수 있다. 즉, 식 ④× $\sin\beta$ + 식 ⑤× $\cos\beta$하면 S를 구할 수 있고, 이 값을 식 ⑤에 대입하면 T를 얻을 수 있다(6장 참조). 이 S, T로부터 S_H, S_V, T_H, T_V는 방법 1에서와 같은 방법으로 차례로 구할 수 있다. [이 방법의 결과가 방법 1의 결과와 일치(식 ①과 ②)한다는 것을 스스로 확인하여라).

예제 8-21

공간의 3점 A, B, C에서 각각 와이어에 중량 W인 물체를 점 O에서 매달고 있다. 각 와이어 OA, OB, OC에 작용하는 장력을 각각의 방향코사인으로 구하여라.

풀이

물체 O를 원점으로, 수평면 내에서 x, y축을, 연직상향(鉛直上向)으로 z축으로 한다. OA, OB, OC에 작용하는 장력을 $\boldsymbol{P}$, $\boldsymbol{Q}$, $\boldsymbol{R}$로 놓고,

OA의 방향코사인을 $l_1,\ m_1,\ n_1$

OB의 방향코사인을 $l_2,\ m_2,\ n_2$ (8.24)

OC의 방향코사인을 $l_3,\ m_3,\ n_3$

로 한다.

$\boldsymbol{P}$, $\boldsymbol{Q}$, $\boldsymbol{R}$는 각각 OA, OB, OC와 반대방향으로 향하고 있으므로 $\boldsymbol{P}$, $\boldsymbol{Q}$, $\boldsymbol{R}$의 방향코사인은 식 (8.24)에 음(−)의 부호를 붙이면, 각 성분은 P, Q, R을 장력 $\boldsymbol{P}$, $\boldsymbol{Q}$, $\boldsymbol{R}$의 강도(크기)로 하면

$$\begin{aligned} P_x&=-l_1P, & P_y&=-m_1P, & P_z&=-n_1P \\ Q_x&=-l_2Q, & Q_y&=-m_2Q, & Q_z&=-n_2Q \\ R_x&=-l_3R, & R_y&=-m_3R, & R_z&=-n_3R \end{aligned} \quad (8.25)$$

한편, $\boldsymbol{P}+\boldsymbol{Q}+\boldsymbol{R}=\boldsymbol{W}$이므로

$$(P_x+Q_x+R_x,\ P_y+Q_y+R_y,\ P_z+Q_z+R_z)=(0,\ 0,\ -W) \quad (8.26)$$

$\boldsymbol{W}$는 아래 방향, 즉 z의 음(−)의 방향을 향하고 있으므로 음(−)의 부호를 붙였다. 식 (8.25)을 식 (8.26)에 대입하면, P, Q, R에 관한 주어진 연립방정식

$$l_1P+l_2Q+l_3R=0,\quad m_1P+m_2Q+m_3R=0,\quad n_1P+n_2Q+n_3R=0$$

을 얻는다. 이것을 풀면 P, Q, R이, 또한 식 (8.25)에서 각 성분이 구해진다. 이 답은 각자 구하여라(해법은 6장 참조).

방향코사인에 대해서는 7.9.4항 및 8.3.1항 참조. 복습 : 한 점 $D(x, y, z)$의 방향코사인을 l, m, n이라 한다. 원점 O에서 D까지의 거리를 ρ이라 하면 $[\rho=\sqrt{x^2+y^2+z^2}]$, $l=x/\rho$, $m=y/\rho$, $n=z/\rho$.

8.4 벡터의 스칼라곱(또는 내적)

지금까지 두 벡터의 곱을 정의하지 않았다. 실제로 두 벡터의 곱은 물리학(物理學), 공학(工學) 그리고 다른 분야에서 매우 중요하다.

벡터의 곱셈에는 벡터의 실수곱, 스칼라곱 및 벡터곱 등의 여러 가지가 있다. 이중에서 벡터의 실수곱은 앞에서 설명한 바와 같이 별다른 기호가 필요 없다. 그러나 다른 곱들은 서로 구별할 필요가 있으며, 이중에서 스칼라곱은 점 (•)으로 나타낸다.

8.4.1 두 벡터의 스칼라곱

평면이나 공간직교좌표계에서 두 벡터 $\boldsymbol{A}$와 $\boldsymbol{B}$의 **스칼라곱**(scalar product) 또는 **내적**(內積, inner product) 또는 **점곱**(dot product)은 $\boldsymbol{A}\cdot\boldsymbol{B}$로 표시되며, 그림 8.32 (a)과 같이 두 벡터 $\boldsymbol{A}$와 $\boldsymbol{B}$의 크기와 그 사이각 θ의 코사인 ($\cos\theta$)을 곱한 값으로 정의(定義)된다.

$$\boldsymbol{A}\neq 0,\ \boldsymbol{B}\neq 0 \text{이면} \quad \boldsymbol{A}\cdot\boldsymbol{B}=|\boldsymbol{A}|\cdot|\boldsymbol{B}|\cos\theta=AB\cos\theta \tag{8.27}$$

$$\boldsymbol{A}=0 \text{ 또는 } \boldsymbol{B}=0 \text{이면} \quad \boldsymbol{A}\cdot\boldsymbol{B}=0$$

이 식은 다른 벡터 $\boldsymbol{A}$위에 한 벡터 $\boldsymbol{B}$의 **스칼라 사영**(射影, projection)의 개념을 이용하여 기하학적으로 설명한 것이다. 이 사영은 $|\boldsymbol{B}|\cos\theta$로 정의한다. 그리고 그림 8.32 (a)에서와 같이 0이 아닌 두 벡터 $\boldsymbol{A}$와 $\boldsymbol{B}$의 시작점을 일치시키면 그들의 사이각 θ, $0°\leqq\theta\leqq 180°$가 정의된다(즉, 영벡터와의 사이각은 정의되지 않는다).

그림 8.32 (a)에서 점 Q는 벡터 $\boldsymbol{B}$의 끝점 P에서 그은 벡터 $\boldsymbol{A}$에 대한 수선의 발이다. 점 O부터 점 Q까지 벡터를 $\boldsymbol{A}$위에 $\boldsymbol{B}$의 **벡터사영**(vector projection)이라고 부른다.

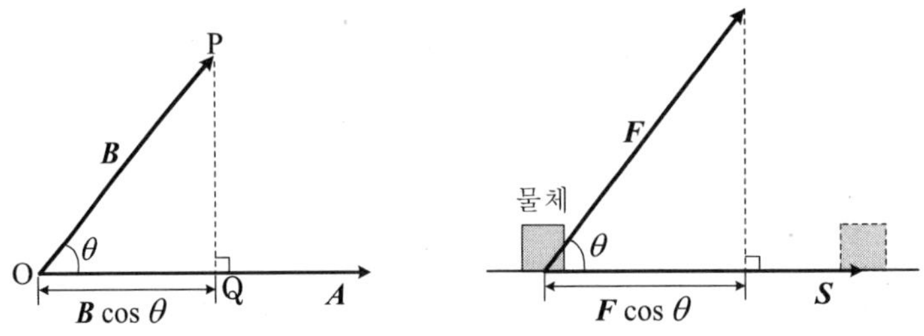

(a) 두 벡터 $\boldsymbol{A}$, $\boldsymbol{B}$ 및 벡터사영 (b) 두 벡터 $\boldsymbol{F}$, $\boldsymbol{S}$ 및 일(work)

그림 8.32 벡터의 스칼라곱(또는 내적)

$\boldsymbol{A}\cdot\boldsymbol{B}$로 표시되는 **스칼라곱은 그 계산결과가 스칼라이므로 붙여진 이름**이고, **점곱**은 '$\boldsymbol{A}$ dot $\mathbf{B}$'라고 읽기 때문에 점곱이라고 한다. 이 때 $\boldsymbol{A}$와 $\boldsymbol{B}$사이에 찍는 점 (•)은 곱셈에서 쓰는 점 (·)과 구별하기 위하여 약간 굵은 점을 찍는다.

오른쪽 그림에 나타난 바와 같이 두 벡터 $\boldsymbol{A}$와 $\boldsymbol{B}$의 스칼라곱은 다음과 같이 해석할 수 있다.

$|\boldsymbol{B}|=8, \quad |\boldsymbol{A}|=6$

$\boldsymbol{A}$위에 $\boldsymbol{B}$의 사영길이 = 4 $\qquad \boldsymbol{A}\cdot\boldsymbol{B}=6\cdot 4=24$

또는

$\boldsymbol{B}$위에 $\boldsymbol{A}$의 사영길이 = 3 $\qquad \boldsymbol{B}\cdot\boldsymbol{A}=3\cdot 8=24$

따라서 $\boldsymbol{A}\cdot\boldsymbol{B}=\boldsymbol{B}\cdot\boldsymbol{A}$이므로 교환법칙이 성립하며 이 결과는 8.4.2항에서도 설명한다.

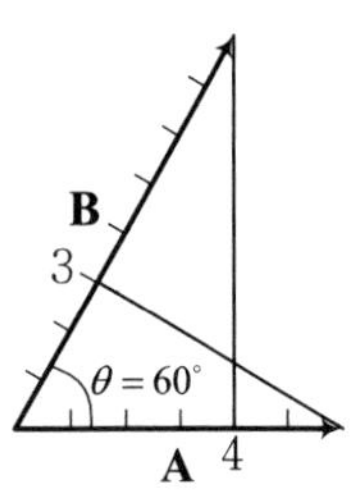

그림 스칼라곱

$|\boldsymbol{B}|\cos\theta$는 $\boldsymbol{A}$위에 $\boldsymbol{B}$의 사영길이이므로

$\boldsymbol{A}\cdot\boldsymbol{B}=|\boldsymbol{A}|\times$ ($\boldsymbol{A}$위에 $\boldsymbol{B}$의 사영길이)

또한 반대로

$\boldsymbol{B}\cdot\boldsymbol{A}=|\boldsymbol{B}|\times$ ($\boldsymbol{B}$위에 $\boldsymbol{A}$의 사영길이)

벡터사영은 스칼라사영과 $\boldsymbol{A}$방향에서 단위벡터의 곱이다.

[주의]

1. $\boldsymbol{A}$와 $\boldsymbol{B}$의 시작점은 일치하지도 않아도 된다. 그리고 사이각은 $\boldsymbol{A}$와 $\boldsymbol{B}$의 어느 쪽이든 평행 이동하여 시점을 일치시킬 때 만들어진 각을 말한다.
2. (벡터의)스칼라곱을 $\boldsymbol{AB}$ 또는 $\boldsymbol{A}\times\boldsymbol{B}$처럼 쓰면 안 된다.

$0 \leqq \theta < 90°$일 때	$\theta = 90°$일 때	$90° < \theta \leqq 180°$일 때
$\cos\theta > 0$	$\cos\theta = 0$	$\cos\theta < 0$
$\therefore\ \boldsymbol{A} \cdot \boldsymbol{B} > 0$	$\therefore\ \boldsymbol{A} \cdot \boldsymbol{B} = 0$	$\therefore\ \boldsymbol{A} \cdot \boldsymbol{B} < 0$

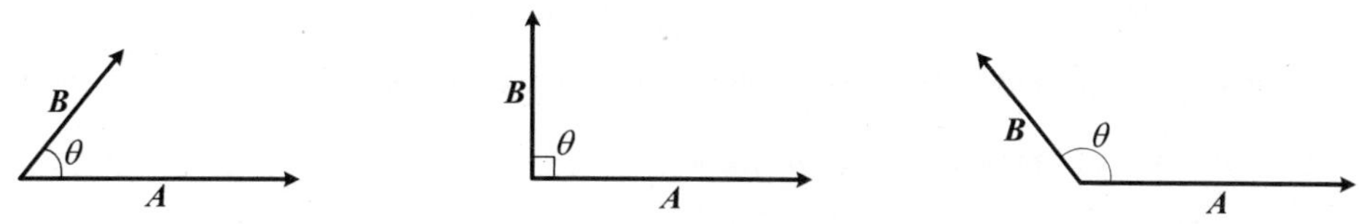

(a) θ = 예각 (b) θ = 직각 (c) θ = 둔각

그림 8.33 두 벡터의 사이각 $\boldsymbol{\theta}$의 세 경우에 대한 스칼라곱의 값

식 (8.27)에서 사이각 θ의 크기에 따라 코사인 값이 음수, 0 및 양수 모두를 가질 수 있으므로 스칼라곱 $\boldsymbol{A} \cdot \boldsymbol{B}$는 이 모든 값을 가질 수 있다. 특히 스칼라곱의 결과가 0이 되는 경우는 매우 중요하며 다음의 개념을 제공한다. 즉,

스칼라곱의 정의 $\boldsymbol{A} \cdot \boldsymbol{B} = |\boldsymbol{A}| \cdot |\boldsymbol{B}| \cos\theta = AB\cos\theta$ (단, $\boldsymbol{A} \neq \boldsymbol{0}$, $\boldsymbol{B} \neq \boldsymbol{0}$일 때)에서 두 벡터의 사이각 θ의 변화에 따른 세 경우에 대한 각 값들을 그림 8.33에 나타내었다.

두 벡터가 같은 경우, $\boldsymbol{B} = \boldsymbol{A}$, 사이각 $\theta = 0$이 되고, $\cos\theta = \cos 0° = 1$이므로

$$\boldsymbol{A} \cdot \boldsymbol{A} = |\boldsymbol{A}| \cdot |\boldsymbol{A}| \cos 0 = |\boldsymbol{A}|^2$$

즉, 벡터 자신과의 스칼라곱은 벡터의 길이, A의 제곱이므로 다음 식이 성립한다.

$$\boldsymbol{A} \cdot \boldsymbol{A} = |\boldsymbol{A}|^2 \tag{8.28}$$

이러한 성질은 벡터 문제해결에 자주 사용되므로 꼭 기억해두면 좋다.

벡터의 스칼라곱(또는 내적)이란 개념자체에는 앞에서 설명한 것처럼 특별하거나 어려운 점도 없다. 그러나 처음 배우는 사람들은 "도대체 벡터의 스칼라곱에는 별다른 의미도 없는 것 같은데, 왜 이런 것을 만들었을까?"라는 의문점을 갖게 된다.

이에 대하여서는 "스칼라곱은 주로 두 가지 용도, 즉 첫째, '**일**(work)'이라는 개념과 둘째, '**두 벡터의 직교(直交)관계**'를 나타내는데 중요하게 쓰인다"라는 것을 다음에서 살펴보기로 한다. 또한 이러한 내용은 그림 8.33에서 나타낸 내용을 기초로 하면 이해하는데 많은 도움을 줄 것이다.

벡터의 스칼라곱에 대한 물리적 응용과 해석

스칼라곱의 가장 간단한 예는 기계적인 일을 나타내는 일에서 찾을 수 있다. 어떤 물체에 힘 $\boldsymbol{F}$을 가하여 이 물체를 이 힘의 방향과 θ($0° \leqq \theta \leqq 180°$) 각을 이루는 다른 방향으로 이동벡터 또

는 변위벡터 $\boldsymbol{S}$의 크기 S만큼 평행이동 시켰다고 하자[그림 8.32 (b)]. 이 힘 $\boldsymbol{F}$는 물체에 대하여 일을 했다고 말한다. 이 때 기초물리학 실험 및 이론에 의하면, 이 힘 $\boldsymbol{F}$가 물체에 대하여 한 일의 양 W은 $S\times F$가 아니라 이동한 거리 S에 $\boldsymbol{S}$방향의 $\boldsymbol{F}$성분을 곱한 것으로 정의한다. 즉,

$$
\begin{aligned}
W(\text{일}) &= S\times[\,\boldsymbol{F}\text{를 } S\text{방향으로 투영한 길이(스칼라 사영)}] \\
&= |\boldsymbol{S}|\cdot|\boldsymbol{F}|\cos\theta = S\cdot F\cos\theta
\end{aligned}
\tag{8.29}
$$

여기서, θ는 두 벡터 $\boldsymbol{F}$와 $\boldsymbol{S}$사이의 각이다. 앞 식을 다음과 같이 나타낼 수도 있다.

$$W = \boldsymbol{F}\cdot\boldsymbol{S} \tag{8.30}$$

이렇게 공학(工學)이나 물리학(物理學)에서는 두 벡터 $\boldsymbol{A}$, $\boldsymbol{B}$에 대하여 $AB\cos\theta$이라는 양(量)이 자주 나온다.

다음 그림 8.34는 바로 앞에서 설명한 두 벡터 $\boldsymbol{F}$와 $\boldsymbol{S}$에 의한 스칼라곱이 두 벡터 사이각 $\theta(\,0°\leqq\theta\leqq 180°)$의 코사인 값 $(\cos\theta)$이 θ값의 변화함에 따라 어떻게 달라지는 지를 나타내고 있으며, 이러한 과정을 차례로 살펴보자.

두 벡터의 스칼라곱은 θ에 따라 $\cos\theta$가 달라지므로 두 벡터의 방향이 일치 $(\theta = 0°)$하면 $\cos\theta = \cos\ 0° = 1$ 이므로 최대(코사인 값은 최대값이 1, 3장 참조)가 되어 스칼라곱도 최대가 되고, 각이 증가할수록 $\cos\theta$가 계속 감소하며 두 벡터가 서로 수직 $(\theta = 90°)$이면, 즉 물체가 $\boldsymbol{F}$와 직각 방향으로 움직이면, 직교벡터가 되어 스칼라곱은 0이 되므로 힘 $\boldsymbol{F}$가 한 일은 없다. 스칼라곱은 각이 $90°$ 이상으로 증가하면서 $\cos\theta$가 음(−)의 값이 되므로 계속 감소하여 $\theta= 180°$가 되면 $\cos\theta = \cos\ 180° = -1$이 되어 최소(코사인 값은 최소값이 −1, 3장 참조)로 되어 최소가

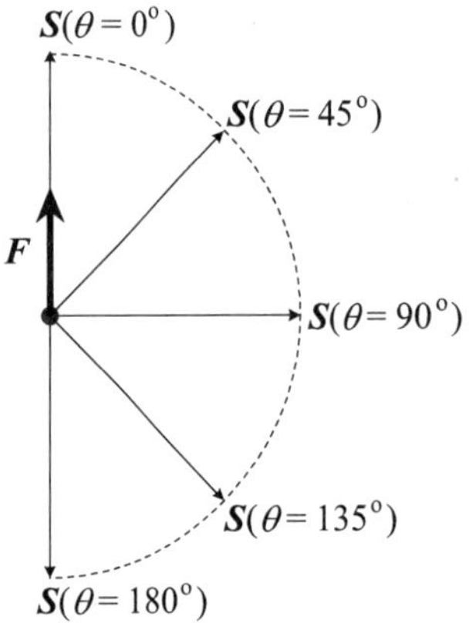

(a) θ의 변화에 따른 $\boldsymbol{F}$와 $\boldsymbol{S}$의 관계

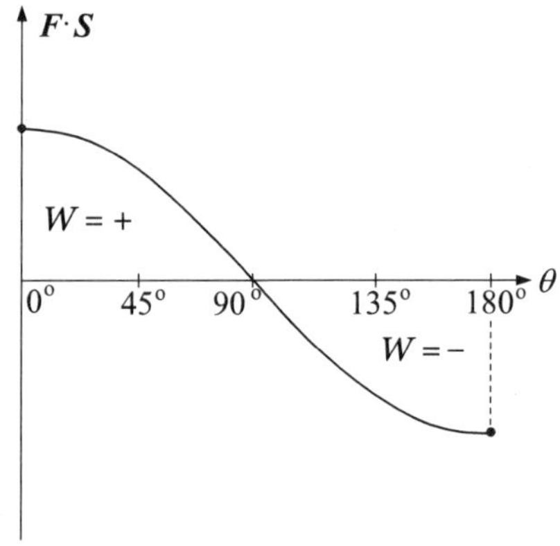

(b) θ의 변화에 따른 $\boldsymbol{F}\cdot\boldsymbol{S}$의 변화

그림 8.34 두 벡터의 사이각 θ의 변화에 따른 스칼라곱의 변화

된다. 즉, 두 벡터가 정반대 방향이 되어 스칼라곱도 최소값이 된다. 이러한 스칼라곱의 의미를 쉽y게 이해하려면 일(work)과 연관시키면 좋다. 앞의 기계적인 일의 예에서 설명한 바와 같이 두 벡터 $\boldsymbol{F}$와 $\boldsymbol{S}$의 스칼라 곱을 일로 나타낸 것이 각도 θ의 변화에 따른 물리적인 해석[그림 8.33 (a), (c)에서 $\boldsymbol{B}$를 $\boldsymbol{F}$로, $\boldsymbol{A}$를 $\boldsymbol{S}$로 놓음]을 해보자. 즉,

(1) $0° \leqq \theta < 90°$일 때, $F\cos\theta$와 $\boldsymbol{S}$의 방향이 같은 방향이므로 스칼라곱의 값은 양수가 되어 **일을 한 것으로 해석**하고,

(2) $90° < \theta \leqq 180°$일 때, $F\cos\theta$와 $\boldsymbol{S}$의 방향이 반대 방향이므로 스칼라곱의 값은 음수가 되어 **일을 받은 것으로 해석**하면,

스칼라곱은 일의 개념과 잘 부합되기 때문이다.

예제 8-22

어떤 사무실에 에어컨을 설치하기 위하여 설치기사가 그림 8.35에서와 같이 짐수레를 수평면과 30°의 각도를 유지하면서 50 kgf의 힘으로 잡아끌면서 50 m 떨어진 에어컨 설치장소까지 이동하고 있다. 이 때 한일은 얼마인지를 스칼라와 벡터의 개념을 이용하여 풀라.

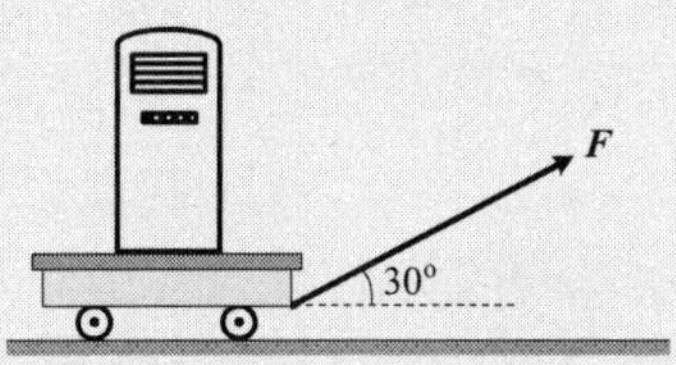

(a) 힘 $\boldsymbol{F}$로 짐수레를 끄는 경우

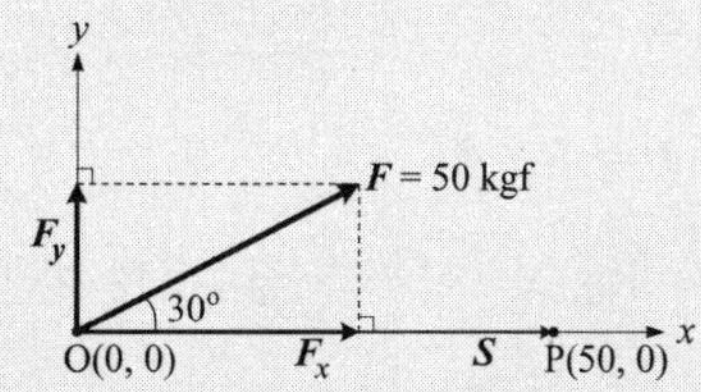

(b) 일을 계산하기 위한 힘 $\boldsymbol{F}$의 분해

그림 8.35 수평면과 30° 각도로 작용하는 힘 $\boldsymbol{F}$에 의한 일의 계산

▌풀이

평면직교좌표계에서 짐수레는 점 O(0, 0)에서 점 P(50, 0)까지 움직이므로 변위벡터는 $\boldsymbol{OP} = \boldsymbol{S} = 50\boldsymbol{i}$이고 스칼라로 나타내면 $S = 50$ m이다.

(1) 스칼라로 풀기

힘 벡터 $\boldsymbol{F}$의 x성분(변위벡터 $\boldsymbol{S}$와 같은 방향)은 다음과 같다.

$$F\cos\theta = 50\cos 30° = 50 \cdot \frac{\sqrt{3}}{2} = 25\sqrt{3} = 43.30 \text{ kgf}$$

따라서 한일 W은 식 (8.29)에 의하여 다음과 같이 구할 수 있다.

$$W = |\boldsymbol{S}| \cdot |\boldsymbol{F}| \cos\theta = S \cdot F\cos\theta = S \cdot F\cos 30° = 50 \cdot 43.30 = 2\ 165 \text{ kgf} \cdot \text{m}$$

(2) 벡터로 풀기

그림 8.35에 나타난 바와 같이 식 (8.6)을 이용하면 힘 벡터 $\boldsymbol{F}$는 다음과 같이 x, y 성분으로 나타낼 수 있다.

$$\boldsymbol{F} = F_x \boldsymbol{i} + F_y \boldsymbol{j} = F\cos 30^\circ \boldsymbol{i} + F\sin 30^\circ \boldsymbol{j} = 50 \cdot \frac{\sqrt{3}}{2}\boldsymbol{i} + 50 \cdot \frac{1}{2}\boldsymbol{j}$$
$$= 25\sqrt{3}\,\boldsymbol{i} + 25\,\boldsymbol{j} = 25(\sqrt{3}\,\boldsymbol{i} + \boldsymbol{j})$$

따라서 한일 W은 식 (8.30)과 식 (8.36)에 의하여 다음과 같다.

$$W = \boldsymbol{F} \cdot \boldsymbol{S} = 25(\sqrt{3}\,\boldsymbol{i} + \boldsymbol{j}) \cdot 50\,\boldsymbol{i} = 1\ 250\sqrt{3}\,\boldsymbol{i} \cdot \boldsymbol{i} + 1\ 250\boldsymbol{j} \cdot \boldsymbol{i} = 1\ 250\sqrt{3}$$
$$= 2\ 165\ \text{kgf} \cdot \text{m}$$

8.4.2 스칼라곱의 기본성질

벡터 $\boldsymbol{A}$, $\boldsymbol{B}$, $\boldsymbol{C}$가 평면 또는 공간직교좌표계에서의 벡터이고 m이 실수일 때, 스칼라곱의 기본성질은 다음과 같다. 여기서는 벡터를 주로 공간직교좌표계에서 기술한다.

(1) 교환법칙

$$\boldsymbol{A} \cdot \boldsymbol{B} = \boldsymbol{B} \cdot \boldsymbol{A} \tag{8.31}$$

이것은 후술되는 식 (8.37)과 실수곱의 가환성(可換性)을 이용하면

$$\boldsymbol{A} \cdot \boldsymbol{B} = A_x B_x + A_y B_y + A_z B_z = B_x A_x + B_y A_y + B_z A_z = \boldsymbol{B} \cdot \boldsymbol{A}$$

$A_x B_x = B_x A_x$, $A_y B_y = B_y A_y$, $A_z B_z = B_z A_z$이므로 $\boldsymbol{A} \cdot \boldsymbol{B} = \boldsymbol{B} \cdot \boldsymbol{A}$가 성립한다.

(2) 분배법칙

$$\begin{aligned} \boldsymbol{A} \cdot (\boldsymbol{B} + \boldsymbol{C}) &= \boldsymbol{A} \cdot \boldsymbol{B} + \boldsymbol{A} \cdot \boldsymbol{C} \\ (\boldsymbol{A} + \boldsymbol{B}) \cdot \boldsymbol{C} &= \boldsymbol{A} \cdot \boldsymbol{C} + \boldsymbol{B} \cdot \boldsymbol{C} \end{aligned} \tag{8.32}$$

식 (8.32)에서 첫 번째 관계식에 후술되는 식 (8.37)을 상세하게 적용하면

$$\begin{aligned} \boldsymbol{A} \cdot (\boldsymbol{B} + \boldsymbol{C}) &= A_x(B_x + C_x) + A_y(B_y + C_y) + A_z(B_z + C_z) \\ &= A_x B_x + A_x C_x + A_y B_y + A_y C_y + A_z B_z + A_z C_z \\ &= (A_x B_x + A_y B_y + A_z B_z) + (A_x C_x + A_y C_y + A_z C_z) \\ &= \boldsymbol{A} \cdot \boldsymbol{B} + \boldsymbol{A} \cdot \boldsymbol{C} \end{aligned}$$

이고 $\boldsymbol{A}\cdot(\boldsymbol{B}+\boldsymbol{C})=\boldsymbol{A}\cdot\boldsymbol{B}+\boldsymbol{A}\cdot\boldsymbol{C}$인 관계가 성립하고, 두 번째 식도 같은 방법으로 증명할 수 있다. 여기서는 분배법칙, 교환법칙 및 결합법칙이 차례로 사용되었다.

(3) 실수배

$$m(\boldsymbol{A}\cdot\boldsymbol{B})=(m\boldsymbol{A})\cdot\boldsymbol{B}=\boldsymbol{A}\cdot(m\boldsymbol{B})=(\boldsymbol{A}\cdot\boldsymbol{B})m \tag{8.33}$$

식 (8.37)에 의하면 $\boldsymbol{A}\cdot\boldsymbol{B}=A_xB_x+A_yB_y+A_zB_z$이므로

$$\begin{aligned} m(\boldsymbol{A}\cdot\boldsymbol{B}) &= m(A_xB_x+A_yB_y+A_zB_z) \\ &= mA_xB_x+mA_yB_y+mA_zB_z \\ &= (mA_x)B_x+(mA_y)B_y+(mA_z)B_z \\ &= (m\boldsymbol{A})\cdot\boldsymbol{B} \end{aligned}$$

로부터 $m(\boldsymbol{A}\cdot\boldsymbol{B})=(m\boldsymbol{A})\cdot\boldsymbol{B}$인 관계가 성립되므로 나머지 식도 같은 방법으로 증명할 수 있다. 여기서는 분배법칙 및 결합법칙이 차례로 사용되었다.

예제 8-23

$\boldsymbol{A}=(-3,\ 6)$, $\boldsymbol{B}=(4,\ -3)$에 대해서 $2\boldsymbol{A}-3\boldsymbol{B}$와 $\boldsymbol{A}\cdot\boldsymbol{B}$를 구하여라.

▌풀이

$$2\boldsymbol{A}-3\boldsymbol{B}=[2\cdot(-3)-3\cdot4,\ 2\cdot6-3(-3)]=(-18,\ 21)$$

그리고

$$\boldsymbol{A}\cdot\boldsymbol{B}=(-3)\cdot4+6\cdot(-3)=-12-18=-30$$

8.4.3 벡터의 직교(또는 수직)와 평행

1) 벡터의 내적과 직교조건, 평행조건

벡터의 직교와 평행조건은 두 벡터가 $\boldsymbol{A}\neq0$, $\boldsymbol{B}\neq0$인 경우에만 생각한다.

(1) 직교[直交 또는 수직(垂直)]조건

그림 8.33 (b)에서와 같이 두 벡터 $\boldsymbol{A}$와 $\boldsymbol{B}$가 직교할 때, 이들 두 벡터를 **직교벡터**(orthogonal vector)라 하고 다음 식으로 주어진다.

$$\boldsymbol{A} \cdot \boldsymbol{B} = 0 \quad (8.34)$$

이 때 $\boldsymbol{A} \perp \boldsymbol{B}$이면 $\theta = 90°$이므로 $\cos\theta = \cos 90° = 0$이다. 따라서 $\boldsymbol{A} \cdot \boldsymbol{B} = 0$ 을 다음과 같이 쉽게 얻을 수 있다.

$$\boldsymbol{A} \cdot \boldsymbol{B} = |\boldsymbol{A}| \cdot |\boldsymbol{B}| \cos 90° = |\mathbf{A}| \cdot |\mathbf{B}| \cdot 0 = 0$$

역으로 $\boldsymbol{A} \cdot \boldsymbol{B} = 0\ (\boldsymbol{A} \neq 0,\ \boldsymbol{B} \neq 0)$이면 $\cos\theta = 0$이므로 $\theta = \cos^{-1}(0) = 90°$이다.

$$\therefore\ \boldsymbol{A} \perp \boldsymbol{B} \quad \Leftrightarrow \quad \cos\theta = 0 \quad \Leftrightarrow \quad \boldsymbol{A} \cdot \boldsymbol{B} = 0$$

또한 $\boldsymbol{A} = (A_x,\ A_y,\ A_z)$, $\boldsymbol{B} = (B_x,\ B_y,\ B_z)$라 하면

$$\boldsymbol{A} \perp \boldsymbol{B} \quad \Leftrightarrow \quad \boldsymbol{A} \cdot \boldsymbol{B} = 0 \quad \Leftrightarrow \quad A_xB_x + A_yB_y + A_zB_z = 0$$

특히 **영벡터는 모든 벡터에 직교하는 유일한 벡터**이다. 0이 아닌 두 벡터가 직교하면 사이각은 반드시 $\theta = 90°$가 된다.

예제 8-24

두 벡터 $\boldsymbol{A} = -3\boldsymbol{i} - \boldsymbol{j} + 4\boldsymbol{k}$와 $\boldsymbol{B} = 2\boldsymbol{i} + 14\boldsymbol{j} + 5\boldsymbol{k}$가 서로 직교하는지를 결정하여라.

풀이

식 (8.37)으로부터 두 벡터의 스칼라곱은

$$\begin{aligned}\boldsymbol{A} \cdot \boldsymbol{B} = A_xB_x + A_yB_y + A_zB_z &= (-3) \cdot 2 + (-1) \cdot 14 + 4 \cdot 5 \\ &= -6 - 14 + 20 = \mathbf{0}\end{aligned}$$

스칼라곱의 계산결과가 0 (영)이므로 두 벡터는 직교(또는 수직)이다.

(2) 평행조건

벡터는 크기뿐만 아니라 방향도 고려해야하므로 평행조건을 두 벡터가 같은 방향인 경우와 반대 방향인 경우를 나누어서 설명한다.

① $\boldsymbol{A} /\!/ \boldsymbol{B}$이고, $\boldsymbol{A}$와 $\boldsymbol{B}$가 같은 방향이면 $\theta = 0°$이므로 $\cos\theta = \cos 0° = 1$이다.

$$\boldsymbol{A} \cdot \boldsymbol{B} = |\boldsymbol{A}| \cdot |\boldsymbol{B}| \cos\theta = |\boldsymbol{A}| \cdot |\boldsymbol{B}| \cdot 1 = |\boldsymbol{A}| \cdot |\boldsymbol{B}|$$

역으로, $\boldsymbol{A} \cdot \boldsymbol{B} = |\boldsymbol{A}| \cdot |\boldsymbol{B}|$이면 $\cos\theta = 1$이므로 $\theta = \cos^{-1}(1) = 0°$. $\therefore\ \boldsymbol{A} /\!/ \boldsymbol{B}$

② $\boldsymbol{A} /\!/ \boldsymbol{B}$이고, $\boldsymbol{A}$와 $\boldsymbol{B}$가 반대 방향이면 $\theta = 180°$이므로 $\cos 180° = -1$ 이다.

$$\boldsymbol{A} \cdot \boldsymbol{B} = |\boldsymbol{A}| \cdot |\boldsymbol{B}| \cos 180° = |\mathbf{A}| \cdot |\mathbf{B}| \cdot (-1) = -|\mathbf{A}| \cdot |\mathbf{B}|$$

역으로, $\boldsymbol{A} \cdot \boldsymbol{B} = -|\boldsymbol{A}| \cdot |\boldsymbol{B}|$이면 $\cos\theta = -1$이므로 $\theta = \cos^{-1}(-1) = 180°$. $\therefore\ \boldsymbol{A} /\!/ \boldsymbol{B}$

$$\therefore\ \boldsymbol{A} /\!/ \boldsymbol{B} \quad \Leftrightarrow \quad \cos\theta = \pm 1 \quad \Leftrightarrow \quad \boldsymbol{A} \cdot \boldsymbol{B} = \pm|\boldsymbol{A}| \cdot |\boldsymbol{B}|$$

따라서 두 벡터가 평행하다는 것은 다음과 같은 식과 동치이다.

$$\boldsymbol{A} \cdot \boldsymbol{B} = \pm|\boldsymbol{A}| \cdot |\boldsymbol{B}| \tag{8.35}$$

예제 8-25

두 벡터 $\boldsymbol{A} = 2\boldsymbol{i} - 3\boldsymbol{j} - 4\boldsymbol{k}$와 $\boldsymbol{B} = -6\boldsymbol{i} + 9\boldsymbol{j} + 12\boldsymbol{k}$가 평행하다는 것을 증명하여라.

풀이

식 (8.37)으로부터 두 벡터의 스칼라곱은

$$\boldsymbol{A} \cdot \boldsymbol{B} = A_xB_x + A_yB_y + A_zB_z = 2\cdot(-6) + (-3)\cdot 9 + (-4)\cdot 12$$

$$= -12 - 27 - 48 = \mathbf{-87}$$

그리고 $\boldsymbol{A}$와 $\boldsymbol{B}$의 크기와 $|\boldsymbol{A}|\cdot|\boldsymbol{B}|$는 아래와 같다.

$$|\boldsymbol{A}| = A = \sqrt{A_x^2 + A_y^2 + A_z^2} = \sqrt{2^2 + (-3)^2 + (-4)^2} = \sqrt{29}$$

$$|\boldsymbol{B}| = B = \sqrt{B_x^2 + B_y^2 + B_z^2} = \sqrt{(-6)^2 + 9^2 + 12^2} = \sqrt{261} = 3\sqrt{29}$$

$$|\boldsymbol{A}| \cdot |\boldsymbol{B}| = \sqrt{29} \cdot 3\sqrt{29} = 3 \cdot 29 = 87$$

따라서 $\boldsymbol{A} \cdot \boldsymbol{B}(=-87) = |\boldsymbol{A}|\cdot|\boldsymbol{B}|(=87) \rightarrow \boldsymbol{A} \cdot \boldsymbol{B} = -|\boldsymbol{A}|\cdot|\boldsymbol{B}|$이기 때문에 두 벡터는 평행하다.

2) 단위벡터 $\boldsymbol{i}$, $\boldsymbol{j}$, $\boldsymbol{k}$의 스칼라곱

이미 8.3절에서 기술한 바와 같이 공간직교좌표계에서 x, y, z방향을 나타내는 단위벡터 $\boldsymbol{i}$, $\boldsymbol{j}$, $\boldsymbol{k}$의 정의에서, 각 크기는 1이고, 또한, 서로 수직[그림 8.25 (a)]이므로 두 단위 벡터의 스칼라곱은 식 (8.27)을 이용하면

$$\boldsymbol{i} \cdot \boldsymbol{i} = |\boldsymbol{i}|\cdot|\boldsymbol{i}| \cos 0° = 1\cdot 1\cdot 1 = 1$$

$$\boldsymbol{i} \cdot \boldsymbol{j} = |\boldsymbol{i}|\cdot|\boldsymbol{j}| \cos 90° = 1\cdot 1\cdot 0 = 0$$

등이 되므로 다음과 같이 쓸 수 있다.

$$\boldsymbol{i}\cdot\boldsymbol{i}=1 \quad \boldsymbol{i}\cdot\boldsymbol{j}=0 \quad \boldsymbol{i}\cdot\boldsymbol{k}=0$$
$$\boldsymbol{j}\cdot\boldsymbol{j}=1 \quad \boldsymbol{j}\cdot\boldsymbol{j}=0 \quad \boldsymbol{j}\cdot\boldsymbol{k}=0 \tag{8.36}$$
$$\boldsymbol{k}\cdot\boldsymbol{k}=1 \quad \boldsymbol{k}\cdot\boldsymbol{i}=0 \quad \boldsymbol{k}\cdot\boldsymbol{j}=0$$

8.4.4 스칼라곱을 성분으로 나타내기

식 (8.12)를 이용하여 두 벡터 $\boldsymbol{A}$와 $\boldsymbol{B}$를 공간직교좌표계의 직각성분으로 표시(성분표시법)하면 다음과 같다.

$$\boldsymbol{A}=A_x\boldsymbol{i}+A_y\boldsymbol{j}+A_z\boldsymbol{k}$$
$$\boldsymbol{B}=B_x\boldsymbol{i}+B_y\boldsymbol{j}+B_z\boldsymbol{k}$$

따라서 스칼라곱에서 분배법칙이 성립[식 (8.32)]하므로 두 벡터의 스칼라곱은 다음과 같이 나타낼 수 있다.

$$\begin{aligned}\boldsymbol{A}\cdot\boldsymbol{B} &=(A_x\boldsymbol{i}+A_y\boldsymbol{j}+A_z\boldsymbol{k})\cdot(B_x\boldsymbol{i}+B_y\boldsymbol{j}+B_z\boldsymbol{k})\\ &=A_x\boldsymbol{i}\cdot(B_x\boldsymbol{i}+B_y\boldsymbol{j}+B_z\boldsymbol{k})+A_y\boldsymbol{j}\cdot(B_x\boldsymbol{i}+B_y\boldsymbol{j}+B_z\boldsymbol{k})\\ &\quad+A_z\boldsymbol{k}\cdot(B_x\boldsymbol{i}+B_y\boldsymbol{j}+B_z\boldsymbol{k})\\ &=A_xB_x(\boldsymbol{i}\cdot\boldsymbol{i})+A_xB_y(\boldsymbol{i}\cdot\boldsymbol{j})+A_xB_z(\boldsymbol{i}\cdot\boldsymbol{k})\\ &\quad+A_yB_x(\boldsymbol{j}\cdot\boldsymbol{i})+A_yB_y(\boldsymbol{j}\cdot\boldsymbol{j})+A_yB_z(\boldsymbol{j}\cdot\boldsymbol{k})\\ &\quad+A_zB_x(\boldsymbol{k}\cdot\boldsymbol{i})+A_zB_y(\boldsymbol{k}\cdot\boldsymbol{j})+A_zB_z(\boldsymbol{k}\cdot\boldsymbol{k})\end{aligned}$$

앞 식을 식 (8.36)에 적용하여 정리하면 다음과 같은 중요한 식 (8.37)을 얻는다.

$$\begin{aligned}\boldsymbol{A}\cdot\boldsymbol{B} &=A_xB_x(\boldsymbol{i}\cdot\boldsymbol{i})+0+0+0+A_yB_y(\boldsymbol{j}\cdot\boldsymbol{j})+0+0+0+A_zB_z(\boldsymbol{k}\cdot\boldsymbol{k})\\ &=A_xB_x+A_yB_y+A_zB_z\end{aligned}$$

$$\boldsymbol{A}\cdot\boldsymbol{B}=A_xB_x+A_yB_y+A_zB_z \tag{8.37}$$

식 (8.37)에서 스칼라곱은 $\boldsymbol{i}$, $\boldsymbol{j}$, $\boldsymbol{k}$에 대응하는 상수들의 곱들을 더하는 간단한 과정으로 얻어진다.

따라서, 스칼라곱에 대한 중요한 두 개의 식 (8.27)과 식 (8.37)이 주어졌다. 식 (8.27)은 $\boldsymbol{A}\cdot\boldsymbol{B}$

를 기하학적 개념에 의하여 나타내었으며, 그리고 시각화(視覺化)를 제공하는 반면에, 식 (8.37)은 성분별로 기술하여 계산에도 매우 편리하다.

또한 0이 아닌 두 벡터의 사이각 θ에 대한 $\cos\theta$는 식 (8.27)에서 $\boldsymbol{A}$, $\boldsymbol{B}$를 식 (8.37)을 이용하여 성분으로 표현하여 정리하면 다음 식과 같다.

$$\cos\theta = \frac{A_xB_x + A_yB_y + A_zB_z}{AB} = \frac{A_xB_x + A_yB_y + A_zB_z}{|\boldsymbol{A}|\cdot|\boldsymbol{B}|} \tag{8.38}$$

예제 8-26

$\boldsymbol{A} = (1, 2, 3)$, $\boldsymbol{B} = (4, 5, 6)$이다. 두 벡터의 사이각의 $\cos\theta$을 구하여라.

▌풀이

식 (8.37)과 식 (8.18)을 이용하면

$$\boldsymbol{A}\cdot\boldsymbol{B} = A_xB_x + A_yB_y + A_zB_z = 1\cdot 4 + 2\cdot 5 + 3\cdot 6 = 32$$

$$|\boldsymbol{A}| = A = \sqrt{A_x^2 + A_y^2 + A_z^2} = \sqrt{1^2 + 2^2 + 3^2} = \sqrt{14}$$

$$|\boldsymbol{B}| = B = \sqrt{B_x^2 + B_y^2 + B_z^2} = \sqrt{4^2 + 5^2 + 6^2} = \sqrt{77}$$

따라서, 두 벡터의 교각 방향코사인 $\cos\theta$은 식 (8.38)에 의해,

$$\cos\theta = 32 \,/\, (\sqrt{14}\cdot\sqrt{77}) = 32 \,/\, (\sqrt{2\cdot 7}\cdot\sqrt{11\cdot 7}) = 32/(7\sqrt{22})$$

예제 8-27

두 직선 $y = 5x + 2$, $y = 2x - 1$의 사이각 θ을 벡터의 스칼라곱을 이용해 구하여라.

▌풀이

첫 번째 식에 편의상 $x = 0$과 1을 대입하면 $y = 2$과 7을 얻을 수 있으므로 이 직선은 두 점 $\mathrm{P}(0, 2)$, $\mathrm{P}'(1, 7)$을 지난다. 이 두 점을 직선으로 연결한 $\boldsymbol{PP'}$를 벡터 $\boldsymbol{A}$로 나타내면 $\boldsymbol{A} = (1-0, 7-2) = (1, 5)$이다[그림 8.36].

두 번째 식에도 $x = 0$과 1을 대입하여 y를 계산하면 $y = -1$과 1을 구할 수 있다. 따라서, 이 직선은 두 점 $\mathrm{Q}(0, -1)$, $\mathrm{Q}'(1, 1)$을 지난다. 이 두 점을 직선으로 연결한 $\boldsymbol{QQ'}$를 벡터 $\boldsymbol{B}$로 표시하면 $\boldsymbol{B} = (1-0, 1-(-1)) = (1, 2)$이다.

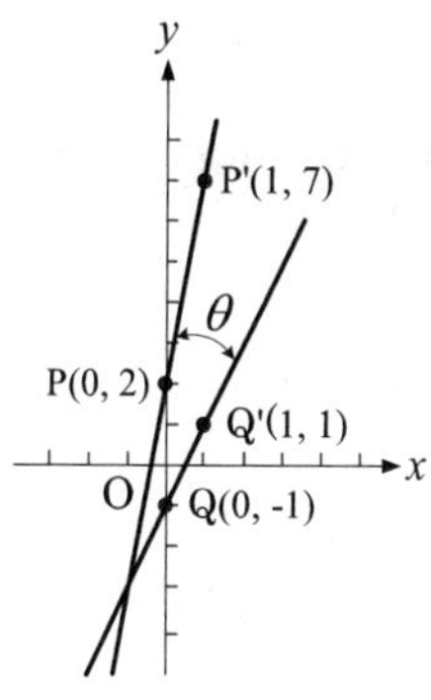

그림 8.36 벡터의 사이각

따라서, $A = \sqrt{1^2 + 5^2} = \sqrt{26}$, $B = \sqrt{1^2 + 2^2} = \sqrt{5}$, 문제에서 주어진 식이 x와 y에 관한 직선의 식이므로 $\boldsymbol{A}\cdot\boldsymbol{B}$는 식 (8.37)에서 z성분을 제외하고 계산하면 다음과 같다.

$$\boldsymbol{A}\cdot\boldsymbol{B} = A_xB_x + A_yB_y = 1\cdot 1 + 5\cdot 2 = 11$$

각 θ의 코사인은 식 (8.38)을 이용(z성분 제외)하면

$$\cos\theta = \frac{A_xB_x + A_yB_y}{AB} = \frac{11}{\sqrt{26}\cdot\sqrt{5}} = \frac{11}{\sqrt{130}}$$

3.6절의 $\tan\theta$ 계산과 같은 방법으로 θ를 구하면,

$$\theta = \cos^{-1}(11/\sqrt{130}) = 15°15'$$

8.5 벡터의 벡터곱(또는 외적)

두 벡터의 스칼라곱(scalar product 또는 **점곱**, dot product)**의 결과**는 **실수(스칼라)**라는 것을 8.4절에서 이미 배웠다. 이절에서는 **두 벡터의 곱의 결과가 다시 벡터가 되는 벡터곱**에 대하여 알아보겠다. 여러 가지 응용문제를 다루다 보면 두 벡터의 곱은 벡터의 스칼라곱과 함께 모멘트에 한정되지 않고 전자기학이나 유체역학 등, 공학이나 기하학 및 물리학에서 매우 중요한 역할을 한다. 토목(건설)공학에서 벡터곱은 힘의 모멘트, 우력(偶力), 강제회전에서의 상대운동(相對運動) 및 운동량의 모멘트(각운동량) 등에 자주 응용된다.

8.5.1 두 벡터의 벡터곱

O를 시작점으로 두 벡터를 $\boldsymbol{A}, \boldsymbol{B}$라 할 때(두 벡터의 시작점이 같지 않으면, 어느 쪽이든 평행이동 하여 시작점을 일치시키면 된다), 다음과 같이 벡터 $\boldsymbol{P}$로 정의되는 벡터를 $\boldsymbol{A}, \boldsymbol{B}$의 **벡터곱**(vector product)이라 하고 다음과 같은 식으로 정의된다. 즉,

$$\boldsymbol{P} = \boldsymbol{A}\times\boldsymbol{B} \tag{8.39}$$

식 (8.39)에서 $\boldsymbol{A}$, $\boldsymbol{B}$라고 하는 **순서(順序)가 매우 중요**(重要)[8.5.2항 참조]하다.

벡터곱[그림 8.37 (a), (b), (c) 참조]은 다음과 같이 3가지 조건을 만족시키는 벡터 $\boldsymbol{P}$로 정의된다.

(1) 두 벡터 $\boldsymbol{A}$와 $\boldsymbol{B}$의 곱, $\boldsymbol{P} = \boldsymbol{A}\times\boldsymbol{B}$는 $\boldsymbol{A}$와 $\boldsymbol{B}$를 모두 포함하는 평면에 수직이다.

(2) $\boldsymbol{P}$의 방향은 오른손좌표계(right-handed cooridinate system)에 따라 결정된다. 오른손좌표계는 오른손의 손가락들을 벡터 $\boldsymbol{A}$쪽으로 향해 $\boldsymbol{B}$쪽으로 손가락이 감기도록 뻗었을 때 엄지손가락이 향하는 방향, 즉 그림 8.37에서 보는 바와 같이 $\boldsymbol{A}$에서 $\boldsymbol{B}$로 오른 나사를 각 θ로 돌릴 때 오른 나사가 진행하는 방향이 바로 $\boldsymbol{A}\times\boldsymbol{B}$의 방향이 되도록 정한 규칙을 말한다. 조건 (1)에 의하여 $\boldsymbol{A}\times\boldsymbol{B}$는 이들 평면에 수직이어야 하므로 한 면 또는 다른 면으로부터 평면의 밖으로 향해야 한다(엄지손가락이 지시하는 방향). 즉

$\boldsymbol{A}$, $\boldsymbol{B}$, $\boldsymbol{A}\times\boldsymbol{B}$의 세 벡터는 이 순서로 오른손좌표계(7.9절 참조)를 이루며 그림 8.37 (a)에 나타나 있다.

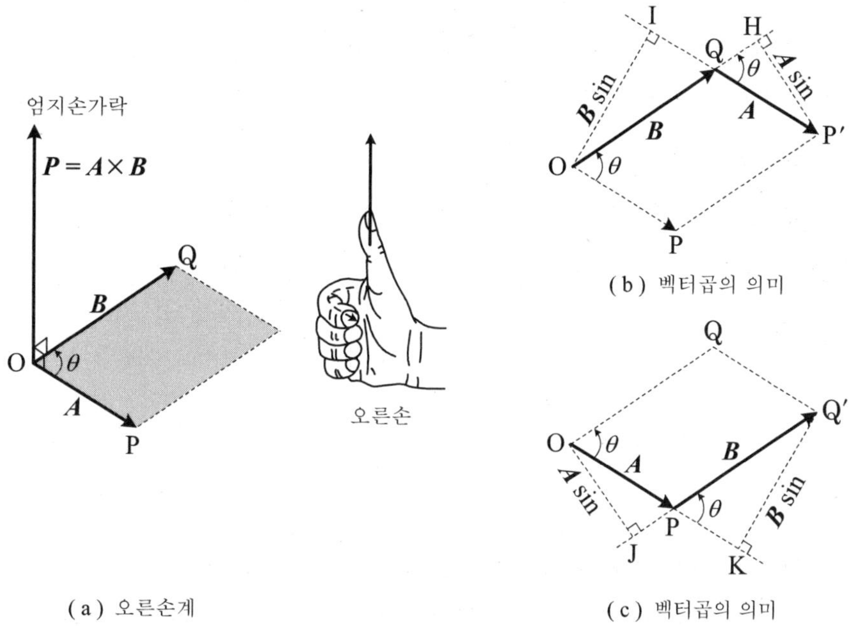

그림 8.37 벡터곱의 정의와 오른손 좌표계

(3) 또한 벡터곱의 크기, $|\boldsymbol{P}|=P$는 다음과 같이 정의되는 값이다.

$$|\boldsymbol{P}|=P=|\boldsymbol{A}\times\boldsymbol{B}|=|\boldsymbol{A}||\boldsymbol{B}|\sin\theta=AB\sin\theta \tag{8.40}$$

여기서 $\theta(0^\circ\leqq\theta\leqq180^\circ)$는 $\boldsymbol{A}$와 $\boldsymbol{B}$의 사이각이고, $\boldsymbol{P}$의 크기는 두 벡터 $\boldsymbol{A}$와 $\boldsymbol{B}$를 이웃하는 변으로 이루어진 평행사변형의 면적임을 주목하라.

벡터곱은 **외적**(外積, outer product) 또는 **크로스곱**(cross product)이라고도 한다. $\boldsymbol{A}\times\boldsymbol{B}$는 결과가 또 다른 하나의 벡터이므로 벡터곱이라는 이름을 붙였으며, 곱하기 부호(×)의 모양 때문에 크로스곱이라고도 한다.

8.5.2 벡터곱의 기본성질

벡터 $\boldsymbol{A}$, $\boldsymbol{B}$, $\boldsymbol{C}$가 평면 또는 공간직교좌표계에서의 벡터이고 m이 실수일 때, 벡터곱은 다음과 같은 기본성질을 갖는다.

(1) **교환법칙은 성립하지 않는다**(그림 8.38 참조). 주의하라!

$$\boldsymbol{A}\times\boldsymbol{B}=-(\boldsymbol{B}\times\boldsymbol{A}) \quad \text{또는} \quad \boldsymbol{B}\times\boldsymbol{A}=-(\boldsymbol{A}\times\boldsymbol{B}) \tag{8.41}$$

8.5.1항 조건 (2)에서 벡터곱의 요소들을 서로 바꾸면 요소의 순서가 바뀌게 되어 곱의 방향이 바뀌어 최종벡터의 방향이 바뀐다. 이것은 직관적으로 보아도 그림 8.38 (a), (b)로부터 명확함에 틀림없다. 따라서 이런 종류의 벡터 곱은 일반적으로 교환법칙이 성립하지 않고 각 요소들의 행이 서로 교환되므로 부호는 바뀌게 된다.

(2) **분배법칙은 성립한다.**

$$\boldsymbol{A}\times(\boldsymbol{B}+\boldsymbol{C})=\boldsymbol{A}\times\boldsymbol{B}+\boldsymbol{A}\times\boldsymbol{C},\ (\boldsymbol{A}+\boldsymbol{B})\times\boldsymbol{C}=\boldsymbol{A}\times\boldsymbol{C}+\boldsymbol{B}\times\boldsymbol{C} \tag{8.42}$$

(3) **결합법칙은 성립하지 않는다.**

$$\boldsymbol{A}\times(\boldsymbol{B}\times\boldsymbol{C})\neq(\boldsymbol{A}\times\boldsymbol{B})\times\boldsymbol{C} \tag{8.43}$$

그러므로 괄호를 생략할 수 없다.

(4) $\boldsymbol{A}$와 $\boldsymbol{B}$가 서로 평행일 때

$$\boldsymbol{A}\times\boldsymbol{B}=0 \tag{8.44}$$

성질 (1)항을 기하학적으로 생각할 때 만약 두 벡터 $\boldsymbol{A}$와 $\boldsymbol{B}$가 서로 평행이면 사이각 θ가 $\theta=0$ 또는 $\theta=180°$이므로, 벡터곱은 8.5.1항 조건 (3)으로 정의한다. 따라서, $\sin\theta=\sin 0°=0$ 또는 $\sin\theta=\sin 180°=0$이기 때문에 벡터곱 $\boldsymbol{A}\times\boldsymbol{B}=0$이다.

물론 $\boldsymbol{A}\times\boldsymbol{B}$는 $\boldsymbol{A}=0$ 또는 $\boldsymbol{B}=0$이거나 둘 다 0이면 또한 0이다. 만약 $\boldsymbol{A}$와 $\boldsymbol{B}$가 서로 평행이 아니면 그림 8.37 (a)에서와 같이 한 평면을 결정한다.

(5) $$\boldsymbol{A}\times(m\boldsymbol{B})=(m\boldsymbol{A})\times\boldsymbol{B}=m(\boldsymbol{A}\times\boldsymbol{B}) \tag{8.45}$$

여기서, m은 스칼라(또는 실수)이다.

벡터곱의 기본성질을 8.4.2항의 스칼라곱의 기본성질과 비교하는 것은 매우 중요하다.

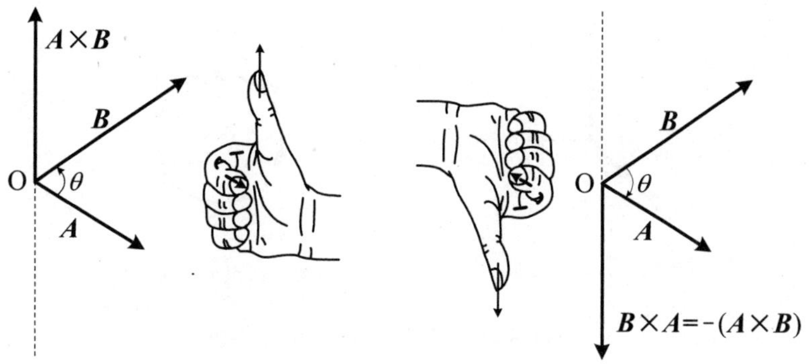

(a) 벡터곱, $\boldsymbol{A}\times\boldsymbol{B}$ (b) 벡터곱, $\boldsymbol{B}\times\boldsymbol{A}$

그림 8.38 벡터곱의 성질(주어진 두 벡터에 수직인 벡터)

벡터곱의 크기는 간단한 기하학적인 의미를 가지고 있다. 그림 8.39에서 두 벡터 $\boldsymbol{A}$와 $\boldsymbol{B}$를 평행사변형의 이웃하는 두 변이라 할 때, 두 변의 길이는 $|\boldsymbol{A}|$와 $|\boldsymbol{B}|$이다. 평행사변형의 높이는 $h=|\boldsymbol{B}|\sin\theta$이고, θ는 $\boldsymbol{A}$와 $\boldsymbol{B}$의 사이각이다. 따라서 평행사변형의 면적은 다음과 같다.

$$\text{평행사변형의 면적} = \text{밑변}\times\text{높이} = |\boldsymbol{A}|h=|\boldsymbol{A}||\boldsymbol{B}|\sin\theta=|\boldsymbol{A}\times\boldsymbol{B}| \tag{8.46}$$

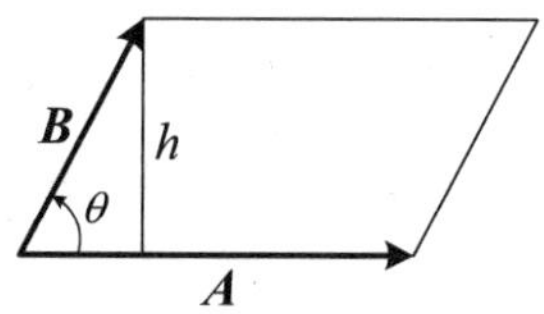

그림 8.39 벡터곱의 크기의 기하학적 의미

즉, 벡터곱 $|\boldsymbol{A}\times\boldsymbol{B}|$는 두 벡터 $\boldsymbol{A}$와 $\boldsymbol{B}$(밑변×높이로 계산된)에 의하여 결정된 평행사변형의 면적이라는 것이 주목된다. 따라서 이웃하는 두 변이 벡터인 평행사변형의 면적은 두 벡터의 벡터곱의 절대값과 같다. 물론 벡터곱의 절대값의 반은 벡터에 의해 결정된 삼각형의 면적과 같다.

8.5.3 단위벡터 $\boldsymbol{i}$, $\boldsymbol{j}$, $\boldsymbol{k}$의 벡터곱

이미 8.3절에서 기술한 바와 같이 그림 8.40과 같은 공간직각좌표계에서 x, y, z방향을 나타내는 단위벡터는 각각 $\boldsymbol{i}$, $\boldsymbol{j}$, $\boldsymbol{k}$로 표시된다. 그리고 그들의 각 크기는 1이고, 또한 서로 수직이다. 먼저 벡터곱의 정의, 식 (8.40)을 이들 단위 벡터 $\boldsymbol{i}$, $\boldsymbol{j}$, $\boldsymbol{k}$에 적용해 보기로 하자.

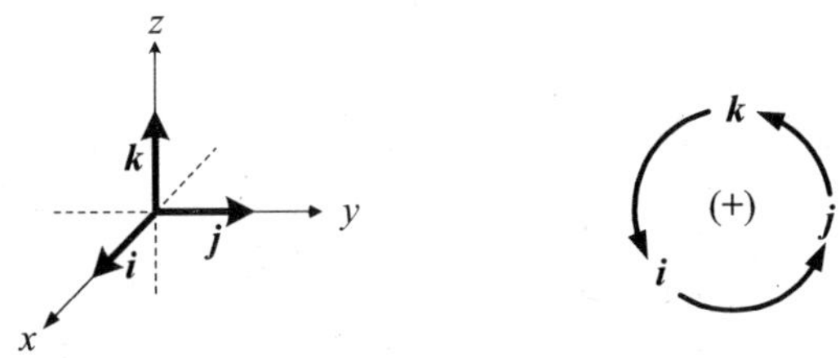

(a) 단위벡터　　　　　　　(b) 단위벡터의 순환

그림 8.40 단위벡터와 그들의 순환

① $|\boldsymbol{i}\times\boldsymbol{j}|$ 크기 ; $|\boldsymbol{i}\times\boldsymbol{j}|=|\boldsymbol{i}||\boldsymbol{j}|\sin\theta=|\boldsymbol{i}||\boldsymbol{j}|\sin 90°=1\cdot 1\cdot 1=1$

방향 ; 오른손좌표계에 의하여 양(+)의 z방향

크기가 1이면서 양의 z방향(원을 반시계방향으로 도는 경우)인 벡터는 단위벡터 $\boldsymbol{k}$이므로 $\boldsymbol{i}\times\boldsymbol{j}=\boldsymbol{k}$[$\boldsymbol{i}\times\boldsymbol{j}$는 서로 수직이므로 계산결과는 양(+)의 단위벡터 $\boldsymbol{k}$]이고, 나머지도 같은 방법으로 구하면 $\boldsymbol{j}\times\boldsymbol{k}=\boldsymbol{i}$, $\boldsymbol{k}\times\boldsymbol{i}=\boldsymbol{j}$이다.

② $|\boldsymbol{i}\times\boldsymbol{i}|$ 크기 ; $|\boldsymbol{i}\times\boldsymbol{i}|=|\boldsymbol{i}||\boldsymbol{i}|\sin\theta=|\boldsymbol{i}||\boldsymbol{i}|\sin 0°=1\cdot 1\cdot 0=0$

방향 ; 오른손좌표계에 의하여 z방향

크기가 0이면서 z방향인 벡터는 0벡터이므로 $\boldsymbol{i}\times\boldsymbol{i}=0$이고,

나머지도 같은 방법으로 구하면 $\boldsymbol{j}\times\boldsymbol{j}=0$, $\boldsymbol{k}\times\boldsymbol{k}=0$이다.

③ $|\boldsymbol{j}\times\boldsymbol{i}|$ 크기 ; $|\boldsymbol{i}\times\boldsymbol{j}|=|\boldsymbol{j}||\boldsymbol{i}|\sin\theta=|\boldsymbol{j}||\boldsymbol{i}|\sin 90°=1\cdot 1\cdot 1=1$

방향 ; 오른손좌표계에 의하여 음(−)의 z방향

크기가 1이면서 음의 z방향(원을 시계방향으로 도는 경우)인 벡터는 단위벡터 $-\boldsymbol{k}$이므로 $\boldsymbol{j}\times\boldsymbol{i}=-k$이고, 나머지도 같은 방법으로 구하면 $\boldsymbol{i}\times\boldsymbol{k}=-\boldsymbol{j}$, $\boldsymbol{k}\times\boldsymbol{j}=-\boldsymbol{i}$이다. 이 결과는 위의 $|\boldsymbol{i}\times\boldsymbol{j}|$ 등에 대한 설명과 기본성질을 나타내는 식 (8.41)에 의한 것이다.

앞의 계산에서 단위벡터의 벡터곱에서 그 부호는 그림 8.40 (b)의 순서에 따라 결정하면 매우 편리하다. 여기서 반시계방향으로서 두 단위벡터의 벡터곱은 이들 벡터가 서로 수직이면 계산결과는 나머지 단위벡터와 같고 그 부호가 양(+)이며, 시계방향이면 계산결과가 나머지 단위벡터에 음(−)의 부호를 붙이면 된다. 반면에 두 단위벡터의 벡터곱은 이들 벡터가 자기 자신이면 0벡터가 된다는 것을 알 수 있다. 앞에서 계산한 결과는 다음과 같은 식으로 요약할 수 있다.

$$\begin{aligned} &\boldsymbol{i}\times\boldsymbol{i}=0 &\quad \boldsymbol{j}\times\boldsymbol{j}=0 &\quad \boldsymbol{k}\times\boldsymbol{k}=0 \\ &\boldsymbol{i}\times\boldsymbol{j}=\boldsymbol{k} &\quad \boldsymbol{j}\times\boldsymbol{k}=\boldsymbol{i} &\quad \boldsymbol{k}\times\boldsymbol{i}=\boldsymbol{j} \\ &\boldsymbol{j}\times\boldsymbol{i}=-\boldsymbol{k} &\quad \boldsymbol{k}\times\boldsymbol{j}=-\boldsymbol{i} &\quad \boldsymbol{i}\times\boldsymbol{k}=-\boldsymbol{j} \end{aligned} \tag{8.47}$$

여기서 주의할 점은 식 (8.47)은 그림 8.40 (a)의 축의 선정에 관계된다는 것이다. 그림에서는 (x, y, z)축을 x축에서 y축으로 오른손 나사를 돌릴 때 그 진행방향이 z축이 되도록 하였다. 이러한 좌표계를 7.9절에서도 설명한 바와 같이 오른손좌표계라고 한다. 만일 왼손좌표계를 사용한다면(가령 x와 y축을 바꾸어서) 식 (8.47)에 있는 식들은 부호가 바뀔 것이다. 이렇게 되면 혼동이 일어나므로 이 책에서는 **항상 오른손 좌표계를 사용**할 것이다.

8.5.4 벡터곱을 성분으로 나타내기

식 (8.12)를 이용하여 두 벡터 $\boldsymbol{A}$와 $\boldsymbol{B}$를 공간직교좌표계의 직각성분으로 표시(성분표시법)하면 다음과 같다.

$$\boldsymbol{A}=A_x\boldsymbol{i}+A_y\boldsymbol{j}+A_z\boldsymbol{k},\quad \boldsymbol{B}=B_x\boldsymbol{i}+B_y\boldsymbol{j}+B_z\boldsymbol{k}$$

따라서 벡터곱에서 분배법칙이 성립[식 (8.42)]하므로 **두 벡터의 벡터곱에 대한 편리한 공식**은 다음과 같이 유도할 수 있다.

$$\begin{aligned} \boldsymbol{A}\times\boldsymbol{B} &=(A_x\boldsymbol{i}+A_y\boldsymbol{j}+A_z\boldsymbol{k})\times(B_x\boldsymbol{i}+B_y\boldsymbol{j}+B_z\boldsymbol{k}) \\ &=A_x\boldsymbol{i}\times(B_x\boldsymbol{i}+B_y\boldsymbol{j}+B_z\boldsymbol{k})+A_y\boldsymbol{j}\times(B_x\boldsymbol{i}+B_y\boldsymbol{j}+B_z\boldsymbol{k}) \\ &\quad +A_z\boldsymbol{k}\times(B_x\boldsymbol{i}+B_y\boldsymbol{j}+B_z\boldsymbol{k}) \\ &=A_xB_x(\boldsymbol{i}\times\boldsymbol{i})+A_xB_y(\boldsymbol{i}\times\boldsymbol{j})+A_xB_z(\boldsymbol{i}\times\boldsymbol{k}) \\ &\quad +A_yB_x(\boldsymbol{j}\times\boldsymbol{i})+A_yB_y(\boldsymbol{j}\times\boldsymbol{j})+A_yB_z(\boldsymbol{j}\times\boldsymbol{k}) \\ &\quad +A_zB_x(\boldsymbol{k}\times\boldsymbol{i})+A_zB_y(\boldsymbol{k}\times\boldsymbol{j})+A_zB_z(\boldsymbol{k}\times\boldsymbol{k}) \end{aligned}$$

앞 식을 식 (8.47)에 적용하여 정리하면 다음과 같은 중요한 식을 얻는다.

$$\begin{aligned} \boldsymbol{A}\times\boldsymbol{B} &=A_xB_x(0)+A_xB_y\boldsymbol{k}+A_xB_z(-\boldsymbol{j})+A_yB_x(-\boldsymbol{k})+A_yB_y(0) \\ &\quad +A_yB_z\boldsymbol{i}+A_zB_x\boldsymbol{j}+A_zB_y(-\boldsymbol{i})+A_zB_z(0) \\ &=(A_yB_z-A_zB_y)\boldsymbol{i}+(A_zB_x-A_xB_z)\boldsymbol{j}+(A_xB_y-A_yB_x)\boldsymbol{k} \end{aligned}$$

$$\boldsymbol{A}\times\boldsymbol{B} = (A_yB_z - A_zB_y)\boldsymbol{i} + (A_zB_x - A_xB_z)\boldsymbol{j} + (A_xB_y - A_yB_x)\boldsymbol{k} \tag{8.48}$$

또는

$$\boldsymbol{A}\times\boldsymbol{B} = (A_yB_z - A_zB_y,\ A_zB_x - A_xB_z,\ A_xB_y - A_yB_x)$$

식 (8.48), 즉 벡터곱의 정의를 기억하기에는 다음과 같은 3×3 행렬의 행렬식을 이용하면 편리하면서, 간단하고 보기 쉽게 쓸 수 있다.

$$\boldsymbol{A}\times\boldsymbol{B} = \begin{vmatrix} \boldsymbol{i} & \boldsymbol{j} & \boldsymbol{k} \\ A_x & A_y & A_z \\ B_x & B_y & B_z \end{vmatrix} \tag{8.49}$$

식 (8.49)는 전개함으로써 쉽게 증명된다. 식 (8.49)의 우변의 식은 행렬식의 성분 모두가 스칼라가 아니므로 실제로 행렬식은 아니다. 이 식은 단지 식 (8.48)의 복잡한 식을 기억하는 한 방법에 지나지 않는다.

벡터곱 $\boldsymbol{A}\times\boldsymbol{B}$는 $\boldsymbol{A}$에도 $\boldsymbol{B}$에도 모두 수직이므로 식 (8.49)를 써서 두 벡터에 수직인 벡터를 구할 수 있다.

예제 8-28

두 벡터 $\boldsymbol{A}=2\boldsymbol{i}+\boldsymbol{j}-\boldsymbol{k}$와 $\boldsymbol{B}=\boldsymbol{i}+3\boldsymbol{j}-2\boldsymbol{k}$에 모두 수직인 벡터를 구하라.

풀이

주어진 두 벡터 $\boldsymbol{A}$와 $\boldsymbol{B}$에 모두 수직인 벡터는 두 벡터의 벡터곱 $\boldsymbol{A}\times\boldsymbol{B}$[식 (8.49) 이용]이므로

$$\begin{aligned}\boldsymbol{A}\times\boldsymbol{B} &= (2\boldsymbol{i}+\boldsymbol{j}-\boldsymbol{k})\times(\boldsymbol{i}+3\boldsymbol{j}-2\boldsymbol{k}) \\ &= \begin{vmatrix} \boldsymbol{i} & \boldsymbol{j} & \boldsymbol{k} \\ 2 & 1 & -1 \\ 1 & 3 & -2 \end{vmatrix} = \begin{vmatrix} 1 & -1 \\ 3 & -2 \end{vmatrix}\boldsymbol{i} - \begin{vmatrix} 2 & -1 \\ 1 & -2 \end{vmatrix}\boldsymbol{j} + \begin{vmatrix} 2 & 1 \\ 1 & 3 \end{vmatrix}\boldsymbol{k} \\ &= (-2-(-3))\boldsymbol{i} - (-4-(-1))\boldsymbol{j} + (6-1)\boldsymbol{k} = \boldsymbol{i}+3\boldsymbol{j}+5\boldsymbol{k}\end{aligned}$$

$\therefore\ \boldsymbol{A}\times\boldsymbol{B} = \boldsymbol{i}+3\boldsymbol{j}+5\boldsymbol{k}$ (벡터곱의 결과는 벡터)

예제 8-29

오른손계 직교좌표계에 관하여 $\boldsymbol{A}=\boldsymbol{i}+\boldsymbol{j}$, $\boldsymbol{B}=-\boldsymbol{i}+2\boldsymbol{j}$, $\boldsymbol{C}=2\boldsymbol{i}+3\boldsymbol{j}+\boldsymbol{k}$라 하고 다음을 구하여라. 그리고 (1)은 벡터곱의 어떤 성질을 나타내고 있는가?

(1) $\boldsymbol{A}\times\boldsymbol{B}$, $\boldsymbol{B}\times\boldsymbol{A}$, $|\boldsymbol{A}\times\boldsymbol{B}|$, $|\boldsymbol{B}\times\boldsymbol{A}|$

(2) $(\boldsymbol{A}+\boldsymbol{B})\times\boldsymbol{C}$, $\boldsymbol{A}\times(\boldsymbol{B}+\boldsymbol{C})$

▌풀이

주어진 벡터를 이용한 벡터곱은 식 (8.49)를 적용하여 구한다.

(1) $\boldsymbol{A}\times\boldsymbol{B}= (\boldsymbol{i}+\boldsymbol{j})\times(-\boldsymbol{i}+2\boldsymbol{j})$

$$= \begin{vmatrix} \boldsymbol{i} & \boldsymbol{j} & \boldsymbol{k} \\ 1 & 1 & 0 \\ -1 & 2 & 0 \end{vmatrix} = \begin{vmatrix} 1 & 0 \\ 2 & 0 \end{vmatrix}\boldsymbol{i} - \begin{vmatrix} 1 & 0 \\ -1 & 0 \end{vmatrix}\boldsymbol{j} + \begin{vmatrix} 1 & 1 \\ -1 & 2 \end{vmatrix}\boldsymbol{k}$$

$$= 0+0+(2-(-1))\boldsymbol{k}=3\boldsymbol{k}$$

$\boldsymbol{B}\times\boldsymbol{A}= (-\boldsymbol{i}+2\boldsymbol{j})\times(\boldsymbol{i}+\boldsymbol{j})$

$$= \begin{vmatrix} \boldsymbol{i} & \boldsymbol{j} & \boldsymbol{k} \\ -1 & 2 & 0 \\ 1 & 1 & 0 \end{vmatrix} = \begin{vmatrix} 2 & 0 \\ 1 & 0 \end{vmatrix}\boldsymbol{i} - \begin{vmatrix} -1 & 0 \\ 1 & 0 \end{vmatrix}\boldsymbol{j} + \begin{vmatrix} -1 & 2 \\ 1 & 1 \end{vmatrix}\boldsymbol{k}$$

$$= 0+0+(-1-2)\boldsymbol{k}=-3\boldsymbol{k}$$

두 벡터곱의 교환법칙이 성립되지 않음.

($\because$ $\boldsymbol{A}\times\boldsymbol{B}=3\boldsymbol{k}\neq\boldsymbol{B}\times\boldsymbol{A}=-3\boldsymbol{k}$ $\rightarrow$ $\boldsymbol{A}\times\boldsymbol{B}=-\boldsymbol{B}\times\boldsymbol{A}$)

$|\boldsymbol{A}\times\boldsymbol{B}|=\sqrt{3^2}=\sqrt{9}=3$ (벡터곱의 절대값은 스칼라)

$|\boldsymbol{B}\times\boldsymbol{A}|==\sqrt{(-3)^2}=\sqrt{9}=3$ (벡터곱의 절대값은 스칼라)

두 벡터곱의 절대값은 스칼라이나 같은 결과를 얻음.

($\because$ $|\boldsymbol{A}\times\boldsymbol{B}|=|\boldsymbol{B}\times\boldsymbol{A}|=3$)

(2) $(\boldsymbol{A}+\boldsymbol{B})\times\boldsymbol{C}= ((\boldsymbol{i}+\boldsymbol{j})+(-\boldsymbol{i}+2\boldsymbol{j}))\times(2\boldsymbol{i}+3\boldsymbol{j}+\boldsymbol{k})=3\boldsymbol{j}\times(2\boldsymbol{i}+3\boldsymbol{j}+\boldsymbol{k})$

$$= \begin{vmatrix} \boldsymbol{i} & \boldsymbol{j} & \boldsymbol{k} \\ 0 & 3 & 0 \\ 2 & 3 & 1 \end{vmatrix} = \begin{vmatrix} 3 & 0 \\ 3 & 1 \end{vmatrix}\boldsymbol{i} - \begin{vmatrix} 0 & 0 \\ 2 & 1 \end{vmatrix}\boldsymbol{j} + \begin{vmatrix} 0 & 3 \\ 2 & 3 \end{vmatrix}\boldsymbol{k}=3\boldsymbol{i}-6\boldsymbol{k}$$

$\boldsymbol{A}\times(\boldsymbol{B}+\boldsymbol{C})= (\boldsymbol{i}+\boldsymbol{j})\times((-\boldsymbol{i}+2\boldsymbol{j})+(2\boldsymbol{i}+3\boldsymbol{j}+\boldsymbol{k}))$

$$= (\boldsymbol{i}+\boldsymbol{j})\times(\boldsymbol{i}+5\boldsymbol{j}+\boldsymbol{k})$$

$$= \begin{vmatrix} \boldsymbol{i} & \boldsymbol{j} & \boldsymbol{k} \\ 1 & 1 & 0 \\ 1 & 5 & 1 \end{vmatrix} = \begin{vmatrix} 1 & 0 \\ 5 & 1 \end{vmatrix}\boldsymbol{i} - \begin{vmatrix} 1 & 0 \\ 1 & 1 \end{vmatrix}\boldsymbol{j} + \begin{vmatrix} 1 & 0 \\ 1 & 5 \end{vmatrix}\boldsymbol{k}$$

$$= \boldsymbol{i}-\boldsymbol{j}+(5-1)\boldsymbol{k}=\boldsymbol{i}-\boldsymbol{j}+4\boldsymbol{k}$$

예제 8-30

다음 벡터 $\boldsymbol{A}=2\boldsymbol{i}+2\boldsymbol{j}-3\boldsymbol{k}$와 $\boldsymbol{B}=\boldsymbol{i}+3\boldsymbol{j}+\boldsymbol{k}$에 수직한 두 개의 단위벡터를 구하여라.

▌풀이

벡터곱 $\boldsymbol{A}\times\boldsymbol{B}$는 $\boldsymbol{A}$에도 $\boldsymbol{B}$에도 모두 수직이므로 식 (8.49)를 써서 구하면

$$\boldsymbol{A}\times\boldsymbol{B} = \begin{vmatrix} \boldsymbol{i} & \boldsymbol{j} & \boldsymbol{k} \\ 2 & 2 & -3 \\ 1 & 3 & 1 \end{vmatrix} = \begin{vmatrix} 2 & -3 \\ 3 & 1 \end{vmatrix}\boldsymbol{i} - \begin{vmatrix} 2 & -3 \\ 1 & 1 \end{vmatrix}\boldsymbol{j} + \begin{vmatrix} 2 & 2 \\ 1 & 3 \end{vmatrix}\boldsymbol{k}$$

$$= (2-(-9))\boldsymbol{i}-(2-(-3))\boldsymbol{j}+(6-2)\boldsymbol{k}=11\boldsymbol{i}-5\boldsymbol{j}+4\boldsymbol{k}$$

이 벡터의 크기(또는 길이)는

$$|11\boldsymbol{i}-5\boldsymbol{j}+4\boldsymbol{k}|=\sqrt{11^2+(-5)^2+4^2}=\sqrt{121+25+16}=\sqrt{162}=9\sqrt{2}$$

그러므로 요구되는 단위벡터 $\boldsymbol{u}$는 8.3.1항의 식 (8.9)를 이용하면

$$\boldsymbol{u}=\frac{11\boldsymbol{i}-5\boldsymbol{j}+4\boldsymbol{k}}{|11\boldsymbol{i}-5\boldsymbol{j}+4\boldsymbol{k}|}=\frac{11\boldsymbol{i}-5\boldsymbol{j}+4\boldsymbol{k}}{9\sqrt{2}}=\frac{11}{9\sqrt{2}}\boldsymbol{i}-\frac{5}{9\sqrt{2}}\boldsymbol{j}+\frac{4}{9\sqrt{2}}\boldsymbol{k}$$

같은 방법으로 대신 $\boldsymbol{B}\times\boldsymbol{A}$를 취하면 앞 벡터의 음의 값을 얻을 수 있다.
따라서 두 개의 단위벡터는

$$\pm\left(\frac{11}{9\sqrt{2}}\boldsymbol{i}-\frac{5}{9\sqrt{2}}\boldsymbol{j}+\frac{4}{9\sqrt{2}}\boldsymbol{k}\right)$$

예제 8-31

다음 주어진 벡터를 이웃하는 두 변으로 갖는 평행사변형의 면적을 구하여라.

(1) $\boldsymbol{i},\ \boldsymbol{i}+\boldsymbol{j}$ (2) $3\boldsymbol{i}+2\boldsymbol{j}+\boldsymbol{k},\ \boldsymbol{i}+2\boldsymbol{j}+3\boldsymbol{k}$

풀이

주어진 벡터를 이용하여 평행사변형의 면적은 식 (8.46)과 (8.49)를 적용하여 구한다.

(1) $$\boldsymbol{i}\times(\boldsymbol{i}+\boldsymbol{j})=\begin{vmatrix}\boldsymbol{i}&\boldsymbol{j}&\boldsymbol{k}\\1&0&0\\1&1&0\end{vmatrix}=\begin{vmatrix}0&0\\1&0\end{vmatrix}\boldsymbol{i}-\begin{vmatrix}1&0\\1&0\end{vmatrix}\boldsymbol{j}+\begin{vmatrix}1&0\\1&1\end{vmatrix}\boldsymbol{k}=\boldsymbol{k}$$

$\therefore$ 구하는 면적 $=|\boldsymbol{k}|=\sqrt{1^2}=1$ (단위의 제곱)

(2) $(3\boldsymbol{i}+2\boldsymbol{j}+\boldsymbol{k})\times(\boldsymbol{i}+2\boldsymbol{j}+3\boldsymbol{k})$

$$=\begin{vmatrix}\boldsymbol{i}&\boldsymbol{j}&\boldsymbol{k}\\3&2&1\\1&2&3\end{vmatrix}=\begin{vmatrix}2&1\\2&3\end{vmatrix}\boldsymbol{i}-\begin{vmatrix}3&1\\1&3\end{vmatrix}\boldsymbol{j}+\begin{vmatrix}3&2\\1&2\end{vmatrix}\boldsymbol{k}$$

$$=(6-2)\boldsymbol{i}-(9-1)\boldsymbol{j}+(6-2)\boldsymbol{k}=4\boldsymbol{i}-8\boldsymbol{j}+4\boldsymbol{k}$$

$\therefore$ 구하는 면적

$$=|4\boldsymbol{i}-8\boldsymbol{j}+4\boldsymbol{k}|=\sqrt{4^2+(-8)^2+4^2}=\sqrt{16+64+16}=\sqrt{96}$$

$=4\sqrt{6}$ (단위의 제곱)

8.5.5 벡터곱의 기본공식

여기서는 벡터의 곱에 대한 기본공식과 간단한 응용을 공부한다. 이러한 내용은 일반역학, 유체역학, 열역학, 양자역학, 전자기학 및 광학 등 광범위한 분야에서 배울 벡터방정식과 정리들의 활용을 위한 기초가 된다.

1) 벡터곱의 응용

8.4절과 8.5절의 8.5.4항까지 두 벡터 $\boldsymbol{A}$와 $\boldsymbol{B}$의 스칼라곱과 벡터곱은 두 벡터의 사잇각을 $\theta(\le 180^{\circ})$라 할 때 다음과 같이 정의되는 것을 이미 배웠다.

$$\boldsymbol{A}\cdot\boldsymbol{B}=|\boldsymbol{A}||\boldsymbol{B}|\cos\theta=AB\cos\theta=A_xB_x+A_yB_y+A_zB_z \tag{8.50}$$

$$\boldsymbol{A}\times\boldsymbol{B}=\boldsymbol{C} \tag{8.51}$$

$|\boldsymbol{C}|=AB\sin\theta$이고, $\boldsymbol{C}$의 방향은 두 벡터 $\boldsymbol{A}$와 $\boldsymbol{B}$가 만드는 평면에 수직이며 $\boldsymbol{A}$에서 $\boldsymbol{B}$로 각도 θ를 도는 방향이다(그림 8.41 참고).

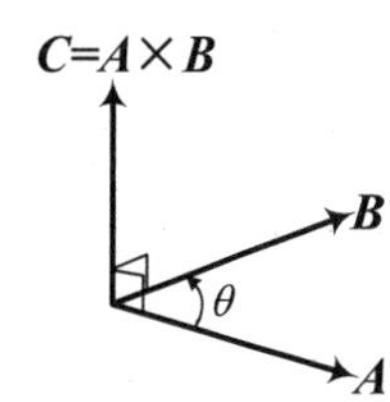

그림 8.41

다음 내적의 유용성과 벡터곱의 정의는 여러 분야에 적용되는데 그 중 이들을 사용하는 보기를 통하여 몇 가지 알아보기로 보자.

(1) 일(work)

일반물리학에서 일은 힘과 변위의 곱으로 배웠을 것이다. 힘의 방향과 변위가 평행하지 않을 때 변위에 수직인 힘의 성분은 아무 일도 하지 않는다. 따라서 이 경우에는 변위에 평행한 힘의 성분과 변위를 곱해야 일을 얻을 수 있다. 즉, 그림 8.42에서 보는 바와 같이 $W=(F\cos\theta)\cdot d=Fd\cos\theta$이므로 다음과 같이 간편하게 쓸 수 있다.

$$W=Fd\cos\theta=\boldsymbol{F}\cdot\boldsymbol{d} \tag{8.52}$$

앞 식에서 두 벡터의 사잇각 θ의 변화에 따른 세 경우에 대한 일 W값은 8.4.1항 그림 8.33을 참고하고 이것은 변위에서 힘에 대항하여 일해야 한다는 것을 뜻한다.

만일 힘이 위치에 따라 변하고 운동방향도 시간에 따라 변한다면, 무한히 짧은 벡터 변위 $d\boldsymbol{r}$(그림 8.43)에 대한 일을 다음과 같이 정의된다.

$$dW=\boldsymbol{F}\cdot d\boldsymbol{r} \tag{8.53}$$

즉, 힘 $\boldsymbol{F}$와 변위 $d\boldsymbol{r}$의 스칼라곱이다.

9장에서는 식 (8.53)에 있는 dW를 적분하여 일정하지 않은 힘 $\boldsymbol{F}$가 입자에 작용하여 어떤 경로를 따라 움직일 때 한 전체적인 일을 구할 것이다.

일은 스칼라 양이므로 크기와 부호는 갖지만 방향은 갖지 않는다. 그리고 일은 길이의 단위와 힘의 단위를 곱해서 얻어지는 단위로 나타내어야 함을 알 수 있다. 따라서 일은 $\mathrm{N \cdot m}$로 나타내고 이 단위 $\mathrm{N \cdot m}$를 주울(joule, J)이라 불린다.

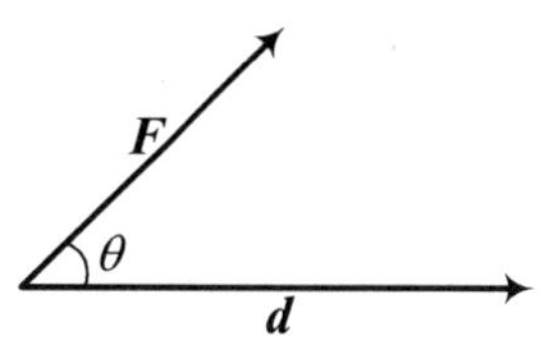

그림 8.42 힘이 한 일

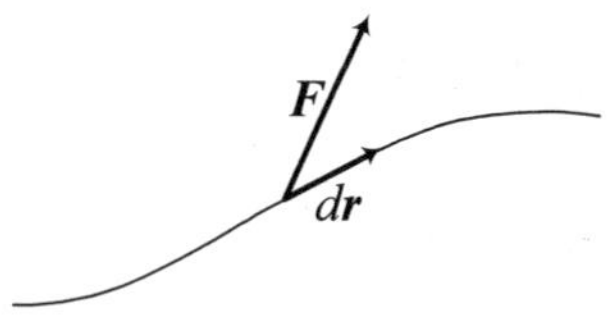

그림 8.43 벡터변위가 한 일

(2) 토크(torque) 또는 돌림힘, N

이것은 손으로 병뚜껑을 비틀어 열거나 마개를 돌릴 때와 같이 비틂과 회전에 대한 역학적인 용어이다. 시소대 문제를 다룰 때에는 힘과 거리를 곱한다(그림 8.44). 시소대 축 O에서 힘 $\boldsymbol{F}$의 작용선까지 수직 거리 $d=r\sin\theta$를 지레팔(lever arm)이라 하고 힘과 지레팔의 곱 Fd를 **토크**(torque)라고 한다. 일반적으로 그림 8.45에서와 같이 점 O(사실은 O를 지나고 지면에 수직인 축)에 대한 힘의 토크는 힘의 크기와 지레팔의 곱, 즉 $Fr\sin\theta=Fd$로 정의한다.

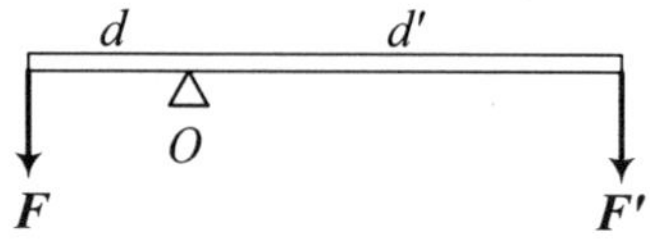

그림 8.44 시소대

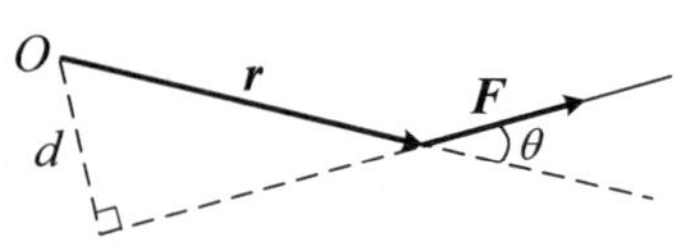

그림 8.45 힘의 모멘트

그런데 $\boldsymbol{r}\times\boldsymbol{F}$의 벡터는 크기가 $rF\sin\theta$이므로 토크의 크기는 $|\boldsymbol{r}\times\boldsymbol{F}|$이다. 이 때 θ는 $\boldsymbol{r}$과 $\boldsymbol{F}$의 사잇각이다. 또한 벡터 $\boldsymbol{r}\times\boldsymbol{F}$의 방향으로 토크를 다음과 같이 기술할 수 있다. 토크를 작용하여 회전하는 방향을 오른손의 손가락들을 구부려서 엄지손가락은 회전축에 평행하게 되는데, 관례상 이 때의 엄지손가락 방향을 토크의 방향이라고 부른다. 그림 8.45와 8.41을 비교하면 토크의 방향은 바로 $\boldsymbol{r}\times\boldsymbol{F}$의 방향과 같음을 알 수 있다. 따라서 $\boldsymbol{N}=\boldsymbol{r}\times\boldsymbol{F}$는 점 O에 대한 힘 $\boldsymbol{F}$의 토크라고 정의할 수 있다. 이 축, L은 $\boldsymbol{r}$과 $\boldsymbol{F}$에 동시에 수직이다.

일상 언어로 "단단한 물체를 비틀 때 긴 막대기를 사용하는 것이 도움이 된다"라고 말할 수 있다.

(3) 각속도(angular velocity)

마찬가지로 공간에서 강체 B의 회전 각속도를 나타낼 때에는 벡터 $\boldsymbol{\omega}$에 의하여 단순하고 유일하게 나타낼 수 있다. 각속도의 방향은 회전체와 같이 오른나사를 돌릴 때 나사가 회전축을 따라서 전진하는 방향으로 정한다. $\boldsymbol{\omega}$를 시점에서 끝점으로 바라볼 때, 회전은 시계방향이 된다. $\boldsymbol{\omega}$의 크기는 회전의 각속력(角速力, anglar speed) $\omega(>0)$이다. 즉, 강체 B의 한 점에서의 접선속력을 축으로부터 거리로 나눈 것과 같다 $(\omega=v/d)$. 가령 그림 8.46에서 각속도 $\boldsymbol{\omega}$로 회전하는 강체 내의 한 점을 P라 하고 d를 축으로부터 떨어진 거리라 하자. 이 때 P의 속력은 ωd이다.

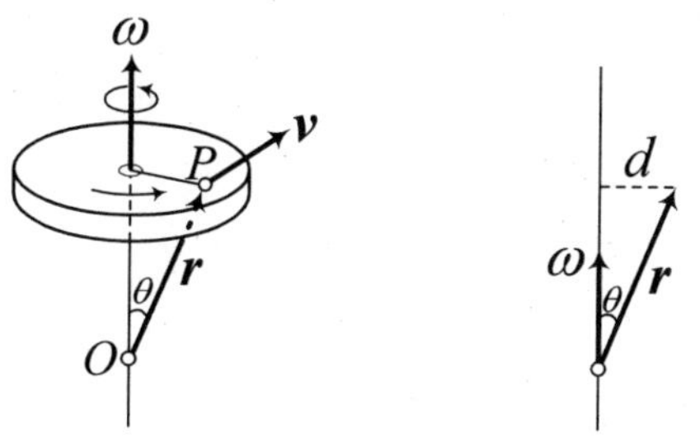

그림 8.46 강체의 회전

벡터 $\boldsymbol{r}$을 회전축 상에 원점 O를 갖는 좌표계에 관한 점 P의 위치벡터라 하자. 이 때 $d=|\boldsymbol{r}|\sin\theta=r\sin\theta$이다. 여기서 θ는 두 벡터 $\boldsymbol{\omega}$, $\boldsymbol{r}$이 이루는 사잇각이다. 따라서

$$\omega d=\omega r\sin\theta=|\boldsymbol{\omega}||\boldsymbol{r}|\sin\theta=|\boldsymbol{\omega}\times\boldsymbol{r}|$$

이다. 이 사실과 벡터곱의 정의로부터 점 P의 선속도(또는 속도벡터) $\boldsymbol{v}$는 $\boldsymbol{v}=\boldsymbol{\omega}\times\boldsymbol{r}$의 형태로 나타난다. 우선 $\boldsymbol{v}$는 올바른 방향을 가리키고 있다. 두 벡터 $\boldsymbol{r}$, $\boldsymbol{\omega}$가 만드는 평면에 수직이기 때문이다. 다음에는 크기를 살펴보자. 벡터 $\boldsymbol{\omega}\times\boldsymbol{r}$의 크기는 $|\boldsymbol{\omega}\times\boldsymbol{r}|=\omega r\sin\theta$인데 $r\sin\theta$는 점 P의 회전원의 반지름이고 $\boldsymbol{\omega}$는 각속도이므로 $(r\sin\theta)\omega$는 점 P의 속력 $|\boldsymbol{v}|$와 같다.

이 공식은 간단하지만 강체 B의 임의의 점에서 속도벡터 $\boldsymbol{v}$를 결정하는데 유용하다.

예제 8-32

힘의 모멘트 : 그림 8.47에서 바퀴중심에 대한 힘 $\boldsymbol{F}$의 모멘트를 구하여라.

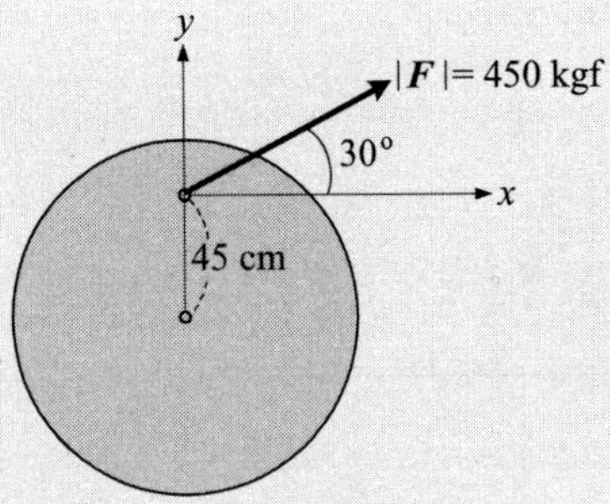

그림 8.47 힘 $\boldsymbol{F}$의 모멘트

풀이

그림 8.47에서처럼 좌표

$$\boldsymbol{F} = (450\ \cos 30°,\ 450\ \sin 30°,\ 0) = (390,\ 225,\ 0),$$

$$\boldsymbol{r} = (0,\ -0.45,\ 0)$$

(바퀴의 중심은 y축 상 $y = -0.45$(m)에 있다.)

따라서 식 (8.51)과 (8.49)에 의하여

$$\boldsymbol{N} = \boldsymbol{r} \times \boldsymbol{F} = \begin{vmatrix} \boldsymbol{i} & \boldsymbol{j} & \boldsymbol{k} \\ 0 & -0.45 & 0 \\ 390 & 225 & 0 \end{vmatrix} = 0\,\boldsymbol{i} - 0\,\boldsymbol{j} + \begin{vmatrix} 0 & -0.45 \\ 390 & 225 \end{vmatrix} \boldsymbol{k}$$

$$= (0,\ 0,\ -175.5)$$

이 모멘트벡터는 바퀴가 만든 평면에 수직이다. 따라서 이 벡터의 방향은 그 힘이 작용하는 바퀴의 중심에 대한 회전축의 방향이다. $\boldsymbol{N}$의 방향은 오른손 나사가 진행하는 z축의 음(陰, −)의 방향이다.

2) 벡터의 삼중곱

세 개의 벡터를 곱하는 방법은 특수한 곱이며 다음의 두 가지가 있다. 하나는 **스칼라 삼중곱**(마지막 결과가 스칼라)이고 다른 하나는 **벡터 삼중곱**(마지막 결과가 벡터)이다.

(1) 스칼라 삼중곱(scalar triple product) ; $\boldsymbol{A} \cdot (\boldsymbol{B} \times \boldsymbol{C})$

0이 아니고 평행하지 않은 두 벡터 $\boldsymbol{B}$와 $\boldsymbol{C}$는 평행사변형의 변들이라고 생각할 수 있다.

평행사변형의 면적 S는 S = (밑변)・(높이)이다. 그림 8.48 (a)에서

$$S = |\boldsymbol{B}| \cdot \mathrm{h} = |\boldsymbol{B}|\,|\boldsymbol{C}|\ \sin\theta \tag{8.54}$$

또는 $S = |\boldsymbol{B} \times \boldsymbol{C}|$이다. 그림 8.48 (b)에서도 마찬가지로, 변 $\boldsymbol{B}$와 $\boldsymbol{C}$를 갖는 **삼각형의 면적** S는

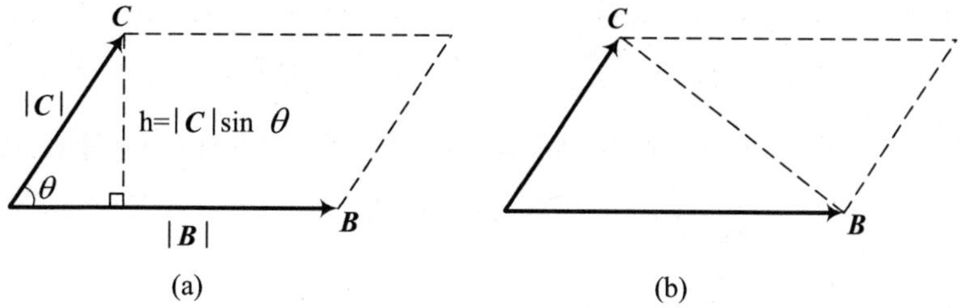

그림 8.48 평행사변형과 삼각형의 면적

다음과 같다.

$$S = \frac{1}{2} | \boldsymbol{B} \times \boldsymbol{C} | \tag{8.55}$$

스칼라 삼중곱은 기하학적으로 유용한 의미를 가지고 있다(그림 8.49 참고). 세 벡터 $\boldsymbol{A}$, $\boldsymbol{B}$, $\boldsymbol{C}$를 세변으로 하는 **평행육면체**(平行六面體, parallelepiped)를 생각해 보자. 그러면 $|\boldsymbol{B} \times \boldsymbol{C}|$는 두 변이 $|\boldsymbol{B}|$, $|\boldsymbol{C}|$이고 그 사잇각이 θ인 평행사변형의 면적[식 (8.54)]과 같고(그림 8.49 (b)), 그것은 평행육면체의 밑면의 면적이 된다. 또한 평행육면체의 높이는 $|\boldsymbol{A}| \cos\phi$이다(그림 8.49 (a)). 따라서 평행육면체의 체적 $\forall$은 다음과 같다.

$$\forall = |\boldsymbol{B}||\boldsymbol{C}| \sin\theta |\boldsymbol{A}| \cos\phi = |\boldsymbol{B} \times \boldsymbol{C}||\boldsymbol{A}| \cos\phi = \boldsymbol{A} \cdot (\boldsymbol{B} \times \boldsymbol{C}) \tag{8.56}$$

만일 $\phi > 90°$라면 이 값은 음수(陰數, $-$)이며 일반적으로 부피는 $|\boldsymbol{A} \cdot (\boldsymbol{B} \times \boldsymbol{C})|$라 할 수 있다. 밑면으로 어느 면을 사용해도 좋으므로 가령 $\boldsymbol{B} \cdot (\boldsymbol{C} \times \boldsymbol{A})$로 계산하여도 ± 부호 이외에는 체적은 같다.

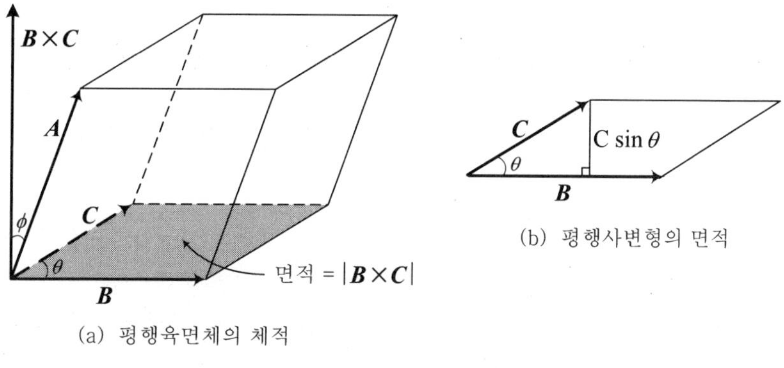

그림 8.49 스칼라 삼중곱의 기하학적인 해석

세 벡터로 만들 수 있는 스칼라 삼중곱은 여섯 가지[식 (8.60) 참고]가 있는데 [$\boldsymbol{A}\cdot(\boldsymbol{B}\times\boldsymbol{C})$와 $(\boldsymbol{B}\times\boldsymbol{C})\cdot\boldsymbol{A}$가 다르다고 간주하면 12가지] 이들은 부호 이외에는 크기가 모두 같다. 스칼라 삼중곱을 성분으로 쓰려면 우선 $\boldsymbol{B}\times\boldsymbol{C}$를 행렬식으로 나타내면 다음과 같다[식 (8.49) 참고].

$$\boldsymbol{B}\times\boldsymbol{C}=\begin{vmatrix}\boldsymbol{i} & \boldsymbol{j} & \boldsymbol{k}\\ B_x & B_y & B_z\\ C_x & C_y & C_z\end{vmatrix} \tag{8.57}$$

그런데 $\boldsymbol{A}\cdot(\boldsymbol{B}\times\boldsymbol{C})=A_x(\boldsymbol{B}\times\boldsymbol{C})_x+A_y(\boldsymbol{B}\times\boldsymbol{C})_y+A_z(\boldsymbol{B}\times\boldsymbol{C})_z$이고, 이 식은 바로 아래의 행렬식에서 첫 번째 행에 대하여 전개한 결과와 완전히 같다. 따라서 다음 식이 성립한다.

$$\boldsymbol{A}\cdot(\boldsymbol{B}\times\boldsymbol{C})=(A_x\boldsymbol{i}+A_y\boldsymbol{j}+A_z\boldsymbol{k})\cdot\begin{vmatrix}\boldsymbol{i} & \boldsymbol{j} & \boldsymbol{k}\\ B_x & B_y & B_z\\ C_x & C_y & C_z\end{vmatrix}=\begin{vmatrix}A_x & A_y & A_z\\ B_x & B_y & B_z\\ C_x & C_y & C_z\end{vmatrix} \tag{8.58}$$

행렬식의 두 행 또는 두 열의 항을 서로 교환하면 전체적인 부호만 바뀌고 절대값은 변하지 않는다는 행렬식의 잘 알려진 성질로부터 앞에서 언급한 여섯 개(또는 열두 개)의 곱을 쉽게 계산할 수 있다. 위의 식 (8.58)을 보면 세 벡터의 순서만이 중요할 뿐 ·와 ×는 바꿔 쓸 수 있는 것을 알 수 있다. **벡터들의 순서가 순환적(반시계방향)**이면, 즉 오른쪽 그림 8.50에서 원의 둘레를 따라 한쪽 방향으로 되어 있으면 **스칼라 삼중곱은 모두 같다.** 만일 원을 따라서 반대방향(시계방향)으로 가면, 또 다른 스칼라 삼중곱들을 얻는데, 이들의 크기는 모두 같고 먼저의 방향으로부터 얻은 삼중곱들과 부호가 반대이다.

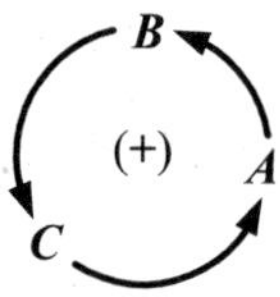

그림 8-50

예를 들면, 다음과 같다.

$$(\boldsymbol{A}\times\boldsymbol{B})\cdot\boldsymbol{C}=\boldsymbol{A}\cdot(\boldsymbol{B}\times\boldsymbol{C})=\boldsymbol{C}\cdot(\boldsymbol{A}\times\boldsymbol{B})=-(\boldsymbol{A}\times\boldsymbol{C})\cdot\boldsymbol{B}\ \text{등} \tag{8.59}$$

스칼라 삼중곱에서 ·와 ×의 위치는 중요하지 않으므로 $\boldsymbol{A}\cdot(\boldsymbol{B}\times\boldsymbol{C})$ 또는 $(\boldsymbol{A}\times\boldsymbol{B})\cdot\boldsymbol{C}$ 대신 $(\boldsymbol{ABC})$ 또는 $(\boldsymbol{A},\boldsymbol{B},\boldsymbol{C})$ 등으로 나타내기도 한다.

예제 8-33

xy 평면에서 꼭짓점이 $(2,3),(1,1),(5,6),(4,2)$인 평행사변형의 면적을 구하여라.

| 풀이

평행사변형의 변을 나타내는 두 벡터들을 각각 $\boldsymbol{B}$와 $\boldsymbol{C}$라고 하면

$$\boldsymbol{B}=(2,3)-(1,1)=(2-1,\ -3-1)=(1,\ -4)=\boldsymbol{i}-4\boldsymbol{j}$$

$$\boldsymbol{C} = (5,\ -6) - (1,1) = (5-1,\ -6-1) = (4,\ -7) = 4\boldsymbol{i} - 7\boldsymbol{j}$$

두 벡터 $\boldsymbol{B}$와 $\boldsymbol{C}$의 곱은

$$\boldsymbol{B} \times \boldsymbol{C} = \begin{vmatrix} \boldsymbol{i} & \boldsymbol{j} & \boldsymbol{k} \\ 1 & -4 & 0 \\ 4 & -7 & 0 \end{vmatrix} = \begin{vmatrix} -4 & 0 \\ -7 & 0 \end{vmatrix} \boldsymbol{i} - \begin{vmatrix} 1 & 0 \\ 4 & 0 \end{vmatrix} \boldsymbol{j} + \begin{vmatrix} 1 & -4 \\ 4 & -7 \end{vmatrix} \boldsymbol{k}$$

$$= (-7-(-16))\boldsymbol{k} = (-7+16)\boldsymbol{k} = 9\boldsymbol{k}$$

그러므로 평행사변형의 면적은

$$|\boldsymbol{B} \times \boldsymbol{C}| = |9\boldsymbol{k}| = \sqrt{9^2} = \sqrt{81} = 9 \text{ (단위의 제곱)}$$

예제 8-34

점 $P_1(1,1,1)$, $P_2(2,3,4)$, $P_3(3,0,-1)$에 의하여 결정되는 삼각형의 면적을 구하여라.

풀이

벡터 $\overrightarrow{P_1P_2} = \boldsymbol{B}$, $\overrightarrow{P_2P_3} = \boldsymbol{C}$는 평행사변형의 두 변으로 취급할 수 있다.

$$\overrightarrow{P_1P_2} = \boldsymbol{B} = (2,3,4) - (1,1,1) = (2-1, 3-1, 4-1) = (1,2,3)$$

$$= \boldsymbol{i} + 2\boldsymbol{j} + 3\boldsymbol{k}$$

$$\overrightarrow{P_2P_3} = \boldsymbol{C} = (2,3,4) - (1,1,1) = (2-1, 3-1, 4-1) = (1,2,3)$$

$$= \boldsymbol{i} + 2\boldsymbol{j} + 3\boldsymbol{k}$$

두 벡터 $\boldsymbol{B}$와 $\boldsymbol{C}$의 곱은

$$\boldsymbol{B} \times \boldsymbol{C} = \begin{vmatrix} \boldsymbol{i} & \boldsymbol{j} & \boldsymbol{k} \\ 1 & 2 & 3 \\ 1 & -3 & -5 \end{vmatrix} = \begin{vmatrix} 2 & 3 \\ -3 & -5 \end{vmatrix} \boldsymbol{i} - \begin{vmatrix} 1 & 3 \\ 1 & -5 \end{vmatrix} \boldsymbol{j} + \begin{vmatrix} 1 & 2 \\ 1 & -3 \end{vmatrix} \boldsymbol{k}$$

$$= (-10-(-9))\boldsymbol{k} = (-5-3)\boldsymbol{j} + (-3-2)\boldsymbol{k} = -\boldsymbol{i} + 8\boldsymbol{j} - 5\boldsymbol{k}$$

삼각형의 면적 S는 식 (8.55)으로부터

$$S = \frac{1}{2}|\boldsymbol{B} \times \boldsymbol{C}| = \frac{1}{2}|-\boldsymbol{i} + 8\boldsymbol{j} - 5\boldsymbol{k}| = \sqrt{(-1)^2 + 8^2 + (-5)^2}$$

$$= \frac{1}{2}\sqrt{1+64+25} = \frac{1}{2}\sqrt{90} = \frac{3}{2}\sqrt{10} \text{ (단위의 제곱)}$$

예제 8-35

다음 벡터 $\boldsymbol{A} = 8\boldsymbol{i} - 2\boldsymbol{j} + 3\boldsymbol{k}$와 $\boldsymbol{B} = 6\boldsymbol{i} + 4\boldsymbol{j} + 7\boldsymbol{k}$ 그리고 $\boldsymbol{C} = -7\boldsymbol{i} + 2\boldsymbol{j} - \boldsymbol{k}$의 스칼라 삼중곱을 구하고 그 결과를 검산하여라. 여기서 각 성분은 오른손좌표계에 관한 것이다.

풀이

세 벡터 $\boldsymbol{A}$, $\boldsymbol{B}$와 $\boldsymbol{C}$의 스칼라 삼중곱은 식 (8.58)을 이용하면 다음과 같다.

$$\boldsymbol{A} \cdot (\boldsymbol{B} \times \boldsymbol{C}) = \begin{vmatrix} 8 & -2 & 3 \\ 6 & 4 & 7 \\ -7 & 2 & -1 \end{vmatrix} = 8 \cdot \begin{vmatrix} 4 & 7 \\ 2 & -1 \end{vmatrix} - (-2) \cdot \begin{vmatrix} 6 & 7 \\ -7 & -1 \end{vmatrix} + 3 \cdot \begin{vmatrix} 6 & 4 \\ -7 & 2 \end{vmatrix}$$

$$= 8 \cdot (-4-14) + 2 \cdot (-6-(49)) + 3 \cdot (12-(-28))$$

$$= -144 + 86 + 120 = 62$$

[검산]

$$\boldsymbol{B} \times \boldsymbol{C} = \begin{vmatrix} \boldsymbol{i} & \boldsymbol{j} & \boldsymbol{k} \\ 6 & 4 & 7 \\ -7 & 2 & -1 \end{vmatrix} = \begin{vmatrix} 4 & 7 \\ 2 & -1 \end{vmatrix} \boldsymbol{i} - \begin{vmatrix} 6 & 7 \\ -7 & -1 \end{vmatrix} \boldsymbol{j} + \begin{vmatrix} 6 & 4 \\ -7 & 2 \end{vmatrix} \boldsymbol{k}$$

$$= (-4-14)\,\boldsymbol{i} + (-6-(49))\,\boldsymbol{j} + (12-(-28))\,\boldsymbol{k} = -18\,\boldsymbol{i} - 43\boldsymbol{j} + 40\,\boldsymbol{k}$$

따라서

$$\boldsymbol{A} \cdot (\boldsymbol{B} \times \boldsymbol{C}) = 8 \cdot (-18) - (-2) \cdot (-43) + 3 \cdot (40) = -144 + 86 + 120 = 62$$

이다. 두 결과가 같다는 것을 확인할 수 있다.

예제 8-36

오른손 직교좌표계에서 다음에 주어진 세 개의 벡터를 세변으로 하는 평행육면체와 사면체의 체적 $\forall$를 구하여라. $\boldsymbol{A} = \boldsymbol{i} + 2\boldsymbol{k}$, $\boldsymbol{B} = 4\boldsymbol{i} + 6\boldsymbol{j} + 2\boldsymbol{k}$, $\boldsymbol{C} = 3\boldsymbol{i} + 3\boldsymbol{j} - 6\boldsymbol{k}$

▌풀이

세 개의 벡터 $\boldsymbol{A}$, $\boldsymbol{B}$ 및 $\boldsymbol{C}$를 이웃하는 세 모서리를 갖는 평행육면체의 체적 $\forall$는 다음과 같은 스칼라 삼중곱으로 구한다.

$$\forall = \boldsymbol{A} \cdot (\boldsymbol{B} \times \boldsymbol{C}) = (\boldsymbol{ABC})$$

$$= \begin{vmatrix} 1 & 0 & 2 \\ 4 & 6 & 2 \\ 3 & 3 & -6 \end{vmatrix} = 1 \cdot \begin{vmatrix} 6 & 2 \\ 3 & -6 \end{vmatrix} - 0 \cdot \begin{vmatrix} 4 & 2 \\ 3 & -6 \end{vmatrix} + 2 \cdot \begin{vmatrix} 4 & 6 \\ 3 & 3 \end{vmatrix}$$

$$= -36 - 6 + 2 \cdot (12 - 18) = -42 - 12 = -54$$

이 값의 절대값 54를 얻고, 여기서 −(음)의 부호는 벡터 $\boldsymbol{A}$, $\boldsymbol{B}$ 및 $\boldsymbol{C}$가 이 순서대로 왼손좌표계를 따르기 때문이다. 사면체의 체적은 평행육면체의 체적 $\forall$의 1/6이므로 54/6 = 9이다.

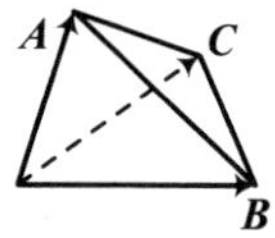

그림 사면체

사면체는 오른쪽 그림에 나타난 바와 같이 세 벡터 $\boldsymbol{A}$, $\boldsymbol{B}$ 및 $\boldsymbol{C}$에 의하여 결정된다.

독자들은 이들 벡터에 대해 순서를 바꾸어 시도할 수 있고, 순서가 바뀜에 따라 54 또는 −54를 얻을 수 있다.

벡터의 스칼라곱에 대해 다음 공식이 성립한다. 성분을 이용해 각 식을 각자 증명하여라.

$$\begin{aligned} \boldsymbol{A} \cdot (\boldsymbol{B} \times \boldsymbol{C}) &= \boldsymbol{B} \cdot (\boldsymbol{C} \times \boldsymbol{A}) = \boldsymbol{C} \cdot (\boldsymbol{A} \times \boldsymbol{B}) = -\boldsymbol{A} \cdot (\boldsymbol{C} \times \boldsymbol{B}) \\ &= -\boldsymbol{B} \cdot (\boldsymbol{A} \times \boldsymbol{C}) = -\boldsymbol{C} \cdot (\boldsymbol{B} \times \boldsymbol{A}) \end{aligned} \tag{8.60}$$

스칼라 삼중곱의 응용 ; 앞에서는 힘 $\boldsymbol{F}$의 토크에 관하여 특별한 경우, 즉 $\boldsymbol{r}$과 $\boldsymbol{F}$가 회전축에 수직인 평면 위에 있을 경우에 축에 대한 토크가 $\boldsymbol{r} \times \boldsymbol{F}$임을 보였다. 이번에는 일반적으로 그림 8.51의 임의로 직선(축) L에 대한 힘 $\boldsymbol{F}$의 토크를 고려해보자. 직선 L 위의 임의의 점 O에서의 힘 $\boldsymbol{F}$의 작용선까지의 벡터를 $\boldsymbol{r}$이라 하면 점 O에 대한 토크는 $\boldsymbol{r} \times \boldsymbol{F}$로 정의된다. 이 정의는 앞에서의 정의와 모순되지 않는데 앞에서는 직선(축)에 대하여 기술하였고, 이번에는 점에 대하여 정의하였기 때문이다. 그렇지만 두 가지 정의는 서로 연관되어 있다. 그림 8.51에서 벡터 $\boldsymbol{r}$의 머리(종점)를 $\boldsymbol{F}$ 위에서 움직이더라도 $\boldsymbol{r} \times \boldsymbol{F}$는 변하지 않는다. 왜냐 하면 이 결과로 $\boldsymbol{r}$에는 $\boldsymbol{F}$의 상수배가 추가되고 $\boldsymbol{F} \times \boldsymbol{F} = 0$이기 때문이다.

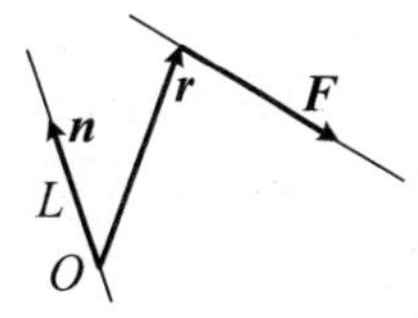

그림 8.51 힘의 토크

다음에는 점 O을 지나는 직선 L에 대한 힘 $\boldsymbol{F}$의 토크가 $\boldsymbol{n} \cdot (\boldsymbol{r} \times \boldsymbol{F})$임을 보이고자 한다. $\boldsymbol{n}$은 L 위에 있는 단위 벡터이다. 계산을 간단히 하기 위하여 z축을 $\boldsymbol{n}$벡터의 방향으로, 즉 $\boldsymbol{n} = \boldsymbol{k}$가 되도록 정하자. 그림 8.52에서 z축을 **돌쩌귀**(주로 한옥의 여닫이문에 다는 경첩이며 이것은 금속판을 서로 맞물려 돌아갈 수 있도록 만든 장치이다)로 움직이는 문을 생각하면 된다.

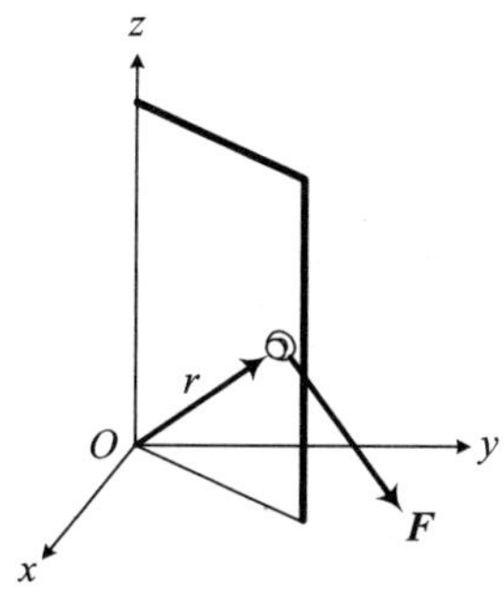

그림 8.52 힘 F의 토크

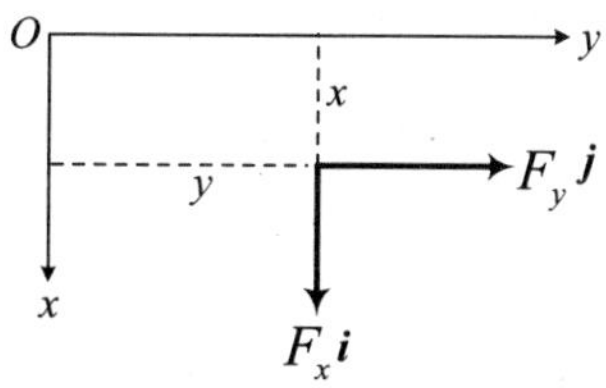

그림 8.53 힘 F의 토크

벡터 $\boldsymbol{r}$의 머리(종점), 즉 문의 손잡이에 힘 $\boldsymbol{F}$가 작용한다고 하자. 우선 z축에 대한 힘 $\boldsymbol{F}$의 토크를 초급적 방법과 정의로 구해보자. 힘 $\boldsymbol{F}$를 성분별로 나누면 회전축에 평행인 z성분은 아무 토크도 없다(문의 손잡이를 위로 들거나 아래로 누를 때 문은 닫히거나 열리지 않는다). 나머지 x 및 y성분은 (x, y) 평면에서 쉽게 생각할 수 있다(그림 8.53). (그림 8.52와 비교를 용이하게 하기 위해서 그림 8.53에서는 x 및 y축을 90° 회전하였다) 토크의 초급적 정의에 의하면 z축에 대한 F_x와 F_y의 토크는 $xF_y - yF_x$이다. 이것은 $\boldsymbol{n} \cdot (\boldsymbol{r} \times \boldsymbol{F})$, 즉 이 경우에는 $\boldsymbol{k} \cdot (\boldsymbol{r} \times \boldsymbol{F})$인데 식 (8.58)에 의하면 다음과 같다.

$$\boldsymbol{k} \cdot (\boldsymbol{r} \times \boldsymbol{F}) = \begin{vmatrix} 0 & 0 & 1 \\ x & y & z \\ F_x & F_y & F_z \end{vmatrix} = 1 \cdot \begin{vmatrix} x & y \\ F_x & F_y \end{vmatrix} = xF_y - yF_x$$

그러므로 다음과 같이 요약할 수 있다.

> 그림 8.51에서 점 O에 대한 힘 $\boldsymbol{F}$의 토크는 $\boldsymbol{r}\times\boldsymbol{F}$이다. 점 O을 지나는 직선 L에 대한 $\boldsymbol{F}$의 토크는 $\boldsymbol{n}\cdot(\boldsymbol{r}\times\boldsymbol{F})$이며, $\boldsymbol{n}$은 L 위에 있는 단위 벡터이다.

위의 결과는 좌표계에 관계없이 일반적으로도 증명할 수 있다. 회전축 $\boldsymbol{n}$에 평행 및 수직인 것을 기호 ∥과 ⊥로 나타내자. 그러면 어떤 벡터이든지 축 $\boldsymbol{n}$에 수직인 성분과 수평인 성분의 합으로 다음과 같이 나타낼 수 있다. 즉,

$$\boldsymbol{r}=\boldsymbol{r}_{\perp}+\boldsymbol{r}_{\parallel},\quad \boldsymbol{F}=\boldsymbol{F}_{\perp}+\boldsymbol{F}_{\parallel}$$

따라서 점 O에 대한 힘 $\boldsymbol{F}$의 토크는 다음과 같다.

$$\begin{aligned}\boldsymbol{r}\times\boldsymbol{F}&=(\boldsymbol{r}_{\perp}+\boldsymbol{r}_{\parallel})\times(\boldsymbol{F}_{\perp}+\boldsymbol{F}_{\parallel})\\&=\boldsymbol{r}_{\perp}\times\boldsymbol{F}_{\perp}+\boldsymbol{r}_{\perp}\times\boldsymbol{F}_{\parallel}+\boldsymbol{r}_{\parallel}\times\boldsymbol{F}_{\perp}+\boldsymbol{r}_{\parallel}\times\boldsymbol{F}_{\parallel}\end{aligned}$$

위의 식에서 마지막 항은 서로 평행인 두 벡터의 벡터곱이므로 영(零, 0)이다. 또한 $\boldsymbol{r}_{\parallel}$과 $\boldsymbol{F}_{\parallel}$는 $\boldsymbol{n}$과 평행이므로, 이들과 어떤 벡터의 벡터곱도 $\boldsymbol{n}$에 수직이고, 따라서 $\boldsymbol{n}$과 스칼라곱을 하면 영이 된다. 따라서 다음의 결과를 얻는다.

$$\boldsymbol{n}\cdot(\boldsymbol{r}\times\boldsymbol{F})=\boldsymbol{n}\cdot(\boldsymbol{r}_{\perp}\times\boldsymbol{F}_{\perp})$$

그런대 $\boldsymbol{r}_{\perp}$과 $\boldsymbol{F}_{\perp}$는 $\boldsymbol{n}$에 수직인 평면에 있으므로, $\boldsymbol{F}_{\perp}$의 $\boldsymbol{n}$에 대한 토크는 $\boldsymbol{r}_{\perp}\times\boldsymbol{F}_{\perp}$이다(제8.5절). 그러나 $\boldsymbol{F}$의 수직성분만 $\boldsymbol{n}$에 대하여 토크를 만들 수 있으므로 $\boldsymbol{r}_{\perp}\times\boldsymbol{F}_{\perp}$는 $\boldsymbol{F}$가 만드는 전체적인 토크와 같다. 두 벡터 $\boldsymbol{r}_{\perp}$과 $\boldsymbol{F}_{\perp}$는 $\boldsymbol{n}$에 수직이므로 $\boldsymbol{r}_{\perp}\times\boldsymbol{F}_{\perp}$는 $\pm\boldsymbol{n}$ 방향을 가리킨다. 따라서 이 토크 벡터와 $\boldsymbol{n}$의 스칼라 곱은, 토크의 크기와 방향이 $\pm\boldsymbol{n}$ 중의 어느 방향인지를 알려준다.

예제 8-37

가령 힘 $\boldsymbol{F}=\boldsymbol{i}+3\boldsymbol{j}-\boldsymbol{k}$가 점 (1, 1, 1)에 작용한다고 하자. 직선 $\boldsymbol{r}=3\boldsymbol{i}+2\boldsymbol{k}+(2\boldsymbol{i}-2\boldsymbol{j}+\boldsymbol{k})t$에 대한 $\boldsymbol{F}$의 토크를 구하여라.

▍풀이

우선 직선 위의 한 점, 가령 (3, 0, 2)에 대한 토크 벡터를 구해보자. 그림 8.51과 앞 페이지의 하단에 요약된 토크의 설명에서 이 토크는 $\boldsymbol{r}\times\boldsymbol{F}$인데 $\boldsymbol{r}$은 점 (3, 0, 2)에서 (1, 1, 1)까지의 벡터, 즉 $\boldsymbol{r}=(1,1,1)-(3,0,2)=(1-3,1-0,1-2)=(-2,1,-1)$이다. 따라서 토크 벡터는 다음과 같다.

$$\boldsymbol{r}\times\boldsymbol{F} = \begin{vmatrix} \boldsymbol{i} & \boldsymbol{j} & \boldsymbol{k} \\ -2 & 1 & -1 \\ 1 & 3 & -1 \end{vmatrix} = \begin{vmatrix} 1 & -1 \\ 3 & -1 \end{vmatrix}\boldsymbol{i} - \begin{vmatrix} -2 & -1 \\ 1 & -1 \end{vmatrix}\boldsymbol{j} + \begin{vmatrix} -2 & 1 \\ 1 & 3 \end{vmatrix}\boldsymbol{k}$$

$$= (-1-(-3))\,\boldsymbol{i} - (2-(-1))\,\boldsymbol{j} + (-6-1)\,\boldsymbol{k}$$

$$= 2\boldsymbol{i} - 3\boldsymbol{j} - 7\boldsymbol{k}$$

직선에 대한 토크는 $\boldsymbol{n}\cdot(\boldsymbol{r}\times\boldsymbol{F})$인데 $\boldsymbol{n}$은 직선상의 단위 벡터이며 다음과 같이 구한다. 주어진 직선 식

$$\boldsymbol{r} = 3\boldsymbol{i} + 2\boldsymbol{k} + (2\boldsymbol{i} - 2\boldsymbol{j} + \boldsymbol{k})t = \boldsymbol{C} + \boldsymbol{D}t$$

에서 $\boldsymbol{D}$의 크기는 $D = \sqrt{2^2+(-2)^2+1^2} = \sqrt{4+4+1} = \sqrt{9} = 3$

이므로 단위벡터 $\boldsymbol{n}$은 다음과 같이 구할 수 있다.

$$\boldsymbol{n} = \frac{\boldsymbol{D}}{|\boldsymbol{D}|} = \frac{2\boldsymbol{i}-2\boldsymbol{j}+\boldsymbol{k}}{|2\boldsymbol{i}-2\boldsymbol{j}+\boldsymbol{k}|} = \frac{1}{3}(2\boldsymbol{i}-2\boldsymbol{j}+\boldsymbol{k})$$

즉, $\boldsymbol{n} = \frac{1}{3}(2\boldsymbol{i}-2\boldsymbol{j}+\boldsymbol{k})$이다. 그러므로 직선에 대한 토크는 다음과 같다.

$$\boldsymbol{n}\cdot(\boldsymbol{r}\times\boldsymbol{F}) = \frac{1}{3}(2\boldsymbol{i}-2\boldsymbol{j}+\boldsymbol{k})\cdot(2\boldsymbol{i}-3\boldsymbol{j}-7\boldsymbol{k})$$

$$= \frac{1}{3}[2\cdot 2+(-2)\cdot(-3)+(1)\cdot(-7)]$$

$$= \frac{1}{3}(4+6-7) = 1.$$

(2) 벡터 삼중곱(vector triple product) ; $\boldsymbol{A}\times(\boldsymbol{B}\times\boldsymbol{C})$

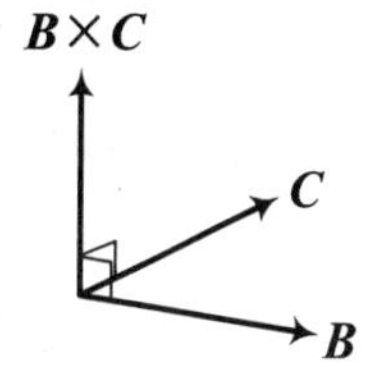

그림 8.54

계산에 앞서 우선 그림 8.54를 살펴보자. $\boldsymbol{B}\times\boldsymbol{C}$는 $\boldsymbol{B}$와 $\boldsymbol{C}$로 형성되는 평면에 수직인 벡터이다. 또한 $\boldsymbol{A}\times(\boldsymbol{B}\times\boldsymbol{C})$는 $\boldsymbol{A}$와 $(\boldsymbol{B}\times\boldsymbol{C})$로 형성되는 평면에 수직이다. 여기서 주의할 점은 $\boldsymbol{A}\times(\boldsymbol{B}\times\boldsymbol{C})$가 $(\boldsymbol{B}\times\boldsymbol{C})$에 수직이라는 점이다. 그런데 그림 8.54에서 보면 $\boldsymbol{B}\times\boldsymbol{C}$에 수직인 벡터는 어느 것이든지 $\boldsymbol{B}\times\boldsymbol{C}$에 수직인 평면, 즉 $\boldsymbol{B}$와 $\boldsymbol{C}$로 형성된 평면 위에 놓여 있다. 따라서 $\boldsymbol{A}\times(\boldsymbol{B}\times\boldsymbol{C})$는 $\boldsymbol{B}$와 $\boldsymbol{C}$로 형성된 평면 위에 있으므로 $a\boldsymbol{B}+b\boldsymbol{C}$의 **일차결합**(一次結合, linear combination)으로 쓸 수 있다. 여기서 상수 a, b는 결정해야 할 스칼라이다.

벡터의 삼중곱은 회전좌표계와 강체의 회전을 논할 때 특히 유용(有用)하다.

▌ 일차결합(一次結合, linear combination) ▌

일반적으로 a, b가 스칼라일 때 $a\boldsymbol{A}+b\boldsymbol{B}$를 두 벡터의 **일차결합**이라고 한다.

이들을 계산하는 한 가지 방법은 $\boldsymbol{A}\times(\boldsymbol{B}\times\boldsymbol{C})$를 성분으로 풀어서 쓰는 것이다. 그러나 좌표계를 현명하게 택하면 상당히 간단하게 할 수 있다. 벡터 방정식은 좌표계와 무관하므로 x축은 $\boldsymbol{B}$의 방향으로, y축은 $\boldsymbol{B}$와 $\boldsymbol{C}$로 형성된 평면 위에 택하자. 그러면 $\boldsymbol{B}\times\boldsymbol{C}$는 z축을 향한다. 이러한 좌표계에서 세 벡터는 성분형태로 다음과 같다.

$$\begin{aligned} \boldsymbol{B} &= B_x\boldsymbol{i}, \\ \boldsymbol{C} &= C_x\boldsymbol{i}+C_y\boldsymbol{j}, \\ \boldsymbol{A} &= A_x\boldsymbol{i}+A_y\boldsymbol{j}+A_z\boldsymbol{k}, \end{aligned} \tag{8.59}$$

앞의 표현을 써서 다음 식들을 얻는다.

$$\begin{aligned} \boldsymbol{B}\times\boldsymbol{C} &= B_x\boldsymbol{i}\times(C_x\boldsymbol{i}+C_y\boldsymbol{j}) = B_xC_y(\boldsymbol{i}\times\boldsymbol{j}) = B_xC_y\boldsymbol{k}, \\ \boldsymbol{A}\times(\boldsymbol{B}\times\boldsymbol{C}) &= A_xB_xC_y(\boldsymbol{i}\times\boldsymbol{k}) + A_yB_xC_y(\boldsymbol{j}\times\boldsymbol{k}) \\ &= A_xB_xC_y(-\boldsymbol{j}) + A_yB_xC_y(\boldsymbol{i}). \end{aligned} \tag{8.60}$$

앞의 식에서 $\boldsymbol{A}\times(\boldsymbol{B}\times\boldsymbol{C})$를 $\boldsymbol{B}$와 $\boldsymbol{C}$의 일차결합으로 나타내고 싶으면 $A_xB_xC_x\boldsymbol{i}$를 더한 후 같은 항을 뺀다. 그러면 다음 식을 얻는다.

$$\boldsymbol{A}\times(\boldsymbol{B}\times\boldsymbol{C}) = -A_xB_x(C_x\boldsymbol{i}+C_y\boldsymbol{j}) + (A_yC_y+A_xC_x)B_x\boldsymbol{i}. \tag{8.61}$$

위의 식에 나타난 표현을 벡터로 나타내면 다음과 같다.

$$\begin{aligned} &A_xB_x = \boldsymbol{A}\cdot\boldsymbol{B}, \qquad && A_yC_y+A_xC_x = \boldsymbol{A}\cdot\boldsymbol{C} \\ &C_x\boldsymbol{i}+C_y\boldsymbol{j} = \boldsymbol{C}, && B_x\boldsymbol{i} = \boldsymbol{B} \end{aligned} \tag{8.62}$$

그러므로 식 (8.61)과 (8.62)에서 다음 식을 얻을 수 있다.

$$\boldsymbol{A}\times(\boldsymbol{B}\times\boldsymbol{C}) = (\boldsymbol{A}\cdot\boldsymbol{C})\boldsymbol{B} - (\boldsymbol{A}\cdot\boldsymbol{B})\boldsymbol{C}. \tag{8.63}$$

이 공식은 중요해서 외워야 하지만 위 식에 나타난 대로 문자를 기억하려면 혼동하기 쉬우므로 다음과 같이 알아 두는 것이 좋다.

> **벡터 삼중곱**은 괄호 안에 있는 두 벡터 [식 (8.63)에서는 $\boldsymbol{B}$와 $\boldsymbol{C}$]의 **일차결합**이며, 각 벡터의 계수는 다른 두 벡터의 스칼라 곱이다. 삼중곱에서 가운데 있는 벡터 [식 (8.63)에서는 $\boldsymbol{B}$]가 항상 양(陽, +)의 계수를 갖는다.

위의 방법은 괄호가 처음에 있는 벡터 삼중곱에도 적용된다. 바로 위 상자 안의 설명에 의하면 $(\boldsymbol{B}\times\boldsymbol{C})\times\boldsymbol{A}$는 $(\boldsymbol{A}\cdot\boldsymbol{B})\boldsymbol{C}-(\boldsymbol{A}\cdot\boldsymbol{C})\boldsymbol{B}$인데 이것은 $\boldsymbol{A}\times(\boldsymbol{B}\times\boldsymbol{C})$의 음수이므로 옳은 식이 된다.

식 (8.64)는 식 (8.63)과 같은 방법으로 구할 수 있다.

$$(\boldsymbol{A}\times\boldsymbol{B})\times\boldsymbol{C}=(\boldsymbol{C}\cdot\boldsymbol{A})\boldsymbol{B}-(\boldsymbol{C}\cdot\boldsymbol{B})\boldsymbol{A} \tag{8.64}$$

식 (8.63)과 식 (8.64)의 결과를 비교하면 다음과 같은 결과를 얻을 수 있다.

벡터 삼중곱은 일반적으로 결합법칙을 만족하지 않는다(not associative). 즉, 일반적으로

$$\boldsymbol{A}\times(\boldsymbol{B}\times\boldsymbol{C})\neq(\boldsymbol{A}\times\boldsymbol{B})\times\boldsymbol{C} \tag{8.65}$$

이다. 따라서 괄호를 생략할 수 없다.

식 (8.63)과 식 (8.64)가 등호가 성립하지 않는다는 것[식 (8.65)]을 다음 예제 8-38 또는 예제 8-39를 통하여 확인하여 보자. 그리고 이 두 식에서 좌변에 나타낸 식들도 기본적으로 충분하다. 그러나 우변에 나타난 식들은 벡터 삼중곱을 계산할 때 좌변에 나타난 식들보다 계산이 쉽고 또한 중요한 식들이며 예제 8-39를 통하여 같다는 것을 알아보자.

예제 8-38

오른손 직교좌표계에서 주어진 세 개의 벡터 $\boldsymbol{A}=2\boldsymbol{i}-3\boldsymbol{j}+\boldsymbol{k}$, $\boldsymbol{B}=\boldsymbol{i}+2\boldsymbol{j}-\boldsymbol{k}$, $\boldsymbol{C}=3\boldsymbol{i}+\boldsymbol{j}+3\boldsymbol{k}$에 대한 벡터 삼중곱 (1) $\boldsymbol{A}\times(\boldsymbol{B}\times\boldsymbol{C})$와 (2) $(\boldsymbol{A}\times\boldsymbol{B})\times\boldsymbol{C}$를 구하고 그 결과를 비교·설명하라.

▌풀이

(1) 우선 벡터곱 $\boldsymbol{B}\times\boldsymbol{C}$로 시작하자.

$$\boldsymbol{B}\times\boldsymbol{C}=\begin{vmatrix}\boldsymbol{i}&\boldsymbol{j}&\boldsymbol{k}\\1&2&-1\\3&1&3\end{vmatrix}=\begin{vmatrix}2&-1\\1&3\end{vmatrix}\boldsymbol{i}-\begin{vmatrix}1&-1\\3&3\end{vmatrix}\boldsymbol{j}+\begin{vmatrix}1&2\\3&1\end{vmatrix}\boldsymbol{k}$$

$$=(6-(-1))\boldsymbol{i}-(3-(-3))\boldsymbol{j}+(1-6)\boldsymbol{k}=7\boldsymbol{i}-6\boldsymbol{j}-5\boldsymbol{k}$$

그리고 벡터의 삼중곱 $\boldsymbol{A}\times(\boldsymbol{B}\times\boldsymbol{C})$를 계산한다.

$$\boldsymbol{A}\times(\boldsymbol{B}\times\boldsymbol{C})=\begin{vmatrix}\boldsymbol{i}&\boldsymbol{j}&\boldsymbol{k}\\2&-3&1\\7&-6&-5\end{vmatrix}$$

$$=\begin{vmatrix}-3&1\\-6&-5\end{vmatrix}\boldsymbol{i}-\begin{vmatrix}2&1\\7&-5\end{vmatrix}\boldsymbol{j}+\begin{vmatrix}2&-3\\7&-6\end{vmatrix}\boldsymbol{k}$$

$$=(15-(-6))\boldsymbol{i}-(-10-7)\boldsymbol{j}+(-12-(-21))\boldsymbol{k}$$

$$=21\boldsymbol{i}+17\boldsymbol{j}+9\boldsymbol{k}$$

(2) 같은 방법으로 $\boldsymbol{A}\times\boldsymbol{B}$로 시작하자.

$$\boldsymbol{A}\times\boldsymbol{B}=\begin{vmatrix}\boldsymbol{i}&\boldsymbol{j}&\boldsymbol{k}\\2&-3&1\\1&2&-1\end{vmatrix}=\begin{vmatrix}-3&1\\2&-1\end{vmatrix}\boldsymbol{i}-\begin{vmatrix}2&1\\1&-1\end{vmatrix}\boldsymbol{j}+\begin{vmatrix}2&-3\\1&2\end{vmatrix}\boldsymbol{k}$$

$$=(3-2)\,\boldsymbol{i}-(-2-1)\,\boldsymbol{j}+(4-(-3))\,\boldsymbol{k}=\boldsymbol{i}+3\,\boldsymbol{j}+7\,\boldsymbol{k}$$

그리고 $(\boldsymbol{A}\times\boldsymbol{B})\times\boldsymbol{C}$를 계산한다.

$$(\boldsymbol{A}\times\boldsymbol{B})\times\boldsymbol{C}=\begin{vmatrix}\boldsymbol{i}&\boldsymbol{j}&\boldsymbol{k}\\1&3&7\\3&1&3\end{vmatrix}=\begin{vmatrix}3&7\\1&3\end{vmatrix}\boldsymbol{i}-\begin{vmatrix}1&7\\3&3\end{vmatrix}\boldsymbol{j}+\begin{vmatrix}1&3\\3&1\end{vmatrix}\boldsymbol{k}$$

$$=(9-7)\,\boldsymbol{i}-(3-21)\,\boldsymbol{j}+(1-9)\,\boldsymbol{k}$$

$$=2\boldsymbol{i}+18\boldsymbol{j}-8\,\boldsymbol{k}$$

이 결과를 통하여 $\boldsymbol{A}\times(\boldsymbol{B}\times\boldsymbol{C})\neq(\boldsymbol{A}\times\boldsymbol{B})\times\boldsymbol{C}$, 즉 벡터 삼중곱은 일반적으로 결합법칙을 만족하지 않는다는 것을 확인할 수 있었다.

예제 8-39

예제 8-38에서 나온 결과를 식 (8.63)과 식 (8.64)의 우측 식으로 계산해보자.

풀이

(1) $\boldsymbol{A}\times(\boldsymbol{B}\times\boldsymbol{C})=(\boldsymbol{A}\cdot\boldsymbol{C})\boldsymbol{B}-(\boldsymbol{A}\cdot\boldsymbol{B})\boldsymbol{C}$

$$=(2\boldsymbol{i}-3\boldsymbol{j}+\boldsymbol{k})\cdot(3\boldsymbol{i}+\boldsymbol{j}+3\boldsymbol{k})(\boldsymbol{i}+2\boldsymbol{j}-\boldsymbol{k})$$

$$-(2\boldsymbol{i}-3\boldsymbol{j}+\boldsymbol{k})\cdot(\boldsymbol{i}+2\boldsymbol{j}-\boldsymbol{k})(3\boldsymbol{i}+\boldsymbol{j}+3\boldsymbol{k})$$

$$=(6-3+3)(\boldsymbol{i}+2\boldsymbol{j}-\boldsymbol{k})-(2-6-1)(3\boldsymbol{i}+\boldsymbol{j}+3\boldsymbol{k})$$

$$=6(\boldsymbol{i}+2\boldsymbol{j}-\boldsymbol{k})+5(3\boldsymbol{i}+\boldsymbol{j}+3\boldsymbol{k})=21\boldsymbol{i}+17\boldsymbol{j}+9\boldsymbol{k}$$

(2) $(\boldsymbol{A}\times\boldsymbol{B})\times\boldsymbol{C}=(\boldsymbol{C}\cdot\boldsymbol{A})\boldsymbol{B}-(\boldsymbol{C}\cdot\boldsymbol{B})\boldsymbol{A}$

$$=(3\boldsymbol{i}+\boldsymbol{j}+3\boldsymbol{k})\cdot(2\boldsymbol{i}-3\boldsymbol{j}+\boldsymbol{k})(\boldsymbol{i}+2\boldsymbol{j}-\boldsymbol{k})$$

$$-(3\boldsymbol{i}+\boldsymbol{j}+3\boldsymbol{k})\cdot(\boldsymbol{i}+2\boldsymbol{j}-\boldsymbol{k})(2\boldsymbol{i}-3\boldsymbol{j}+\boldsymbol{k})$$

$$=(6-3+3)(\boldsymbol{i}+2\boldsymbol{j}-\boldsymbol{k})-(3+2-3)(2\boldsymbol{i}-3\boldsymbol{j}+\boldsymbol{k})$$

$$=6(\boldsymbol{i}+2\boldsymbol{j}-\boldsymbol{k})-2(2\boldsymbol{i}-3\boldsymbol{j}+\boldsymbol{k})=2\boldsymbol{i}+18\boldsymbol{j}-8\boldsymbol{k}$$

(1)과 (2)에서 얻은 결과는 예제 8-38에서 구한 값과 같다는 것을 알 수 있다.

예제 8-40

다음에서 제시한 스칼라와 벡터를 구하여라.

(1) $(2\boldsymbol{i})\times\boldsymbol{j}$　(2) $\boldsymbol{i}\times(\boldsymbol{j}\times\boldsymbol{k})$　(3) $(2\boldsymbol{i}-\boldsymbol{j}+5\boldsymbol{k})\times\boldsymbol{i}$

(4) $\boldsymbol{i}\cdot[\boldsymbol{j}\times(-\boldsymbol{k})]$　(5) $(\boldsymbol{i}\times\boldsymbol{i})\times\boldsymbol{j}$

▎풀이

이 문제를 계산할 때 단위벡터의 스칼라곱과 벡터곱에 관한 각각의 식 (8.36)과 식 (8.47)을 참고하라

(1) $(2\boldsymbol{i})\times\boldsymbol{j}=2(\boldsymbol{i}\times\boldsymbol{j})=2\boldsymbol{k}$

(2) $\boldsymbol{i}\times(\boldsymbol{j}\times\boldsymbol{k})=\boldsymbol{i}\times\boldsymbol{i}=0$

(3) $(2\boldsymbol{i}-\boldsymbol{j}+5\boldsymbol{k})\times\boldsymbol{i}=(2\boldsymbol{i}\times\boldsymbol{i})+(-\boldsymbol{j}\times\boldsymbol{i})+5(\boldsymbol{k}\times\boldsymbol{i})$

$$=2(\boldsymbol{i}\times\boldsymbol{i})+(\boldsymbol{i}\times\boldsymbol{j})+5(\boldsymbol{k}\times\boldsymbol{i})=0+\boldsymbol{k}+5\boldsymbol{j}=5\boldsymbol{j}+\boldsymbol{k}$$

(4) $\boldsymbol{i}\cdot[\boldsymbol{j}\times(-\boldsymbol{k})]=\boldsymbol{i}\cdot[-(\boldsymbol{j}\times\boldsymbol{k})]=\boldsymbol{i}\cdot(-\boldsymbol{i})=-(\boldsymbol{i}\cdot\boldsymbol{i})=-1$

(5) $(\boldsymbol{i}\times\boldsymbol{i})\times\boldsymbol{j}=0\times\boldsymbol{j}=0$

예제 8-41

그림 8.37에서 벡터 $\boldsymbol{A}$, $\boldsymbol{B}$를 두 변으로 하는 평행사변형의 면적을 구하여라.

▎풀이

면적을 S라 하면 그림 8.37 (b), (c)에서 $S=AB\sin\theta$이다. 따라서 S는 식 (8.40)에 의해 $S=|\boldsymbol{A}\times\boldsymbol{B}|$이다. [교각 θ는 식 (8.40) 또는 스칼라곱으로 구해진다.

벡터 삼중곱의 응용 ; 그림 8.55[그림 (8.46)과 비교할 것]에서와 같이, **질점**(質點, particle 또는 mass point)질량 m이 회전하는 강체 위에 놓여 있다고 하자. 운동량은 질량 m과 속도 $\boldsymbol{v}$의 곱 $m\boldsymbol{v}$로 정의된다, 그러면 벡터 $m\boldsymbol{v}$의 점 O에 대한 모멘트를 질점의 **각운동량**(角運動量, angular moment) 또는 **운동량의 모멘트**는 $\boldsymbol{L}=\boldsymbol{r}\times(m\boldsymbol{v})=m\boldsymbol{r}\times\boldsymbol{v}$로 정의된다. 그런데 그림 8.46의 강체의 회전과 관련된 논의에서 $\boldsymbol{v}=\boldsymbol{\omega}\times\boldsymbol{r}$임을 알았다. 그러므로 $\boldsymbol{L}=m\boldsymbol{r}\times(\boldsymbol{\omega}\times\boldsymbol{r})$이다.

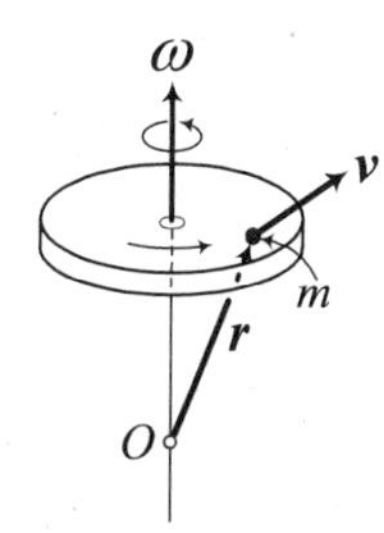

그림 8.55
질량 m의 각운동량

또 다른 보기로는 역학(力學)에서 그림 8.55에 있는 질량 m인 입자의 구심가속도는 $\boldsymbol{a}=\boldsymbol{\omega}\times(\boldsymbol{\omega}\times\boldsymbol{r})$이다. 이 결과에 대한 증명은 연습문제로 남겨둔다.

▎질점(質點, particle 또는 mass point) ▎

질량이 한 점에 집중되어 있으면서 부피(체적)가 없는 물체를 의미하며 그 물체의 질량중심에 대한 회전(回轉)은 무시한다(물체를 단순한 수학적인 점으로 취급).

8.5.6 모멘트에 대하여

그림 8.56과 같은 막대기(봉, 奉)의 OP (= $\boldsymbol{r}$)의 끝점 P에서 힘 $\boldsymbol{F}$가 작용할 때, 점 O에 관한 $\boldsymbol{F}$의 **모멘트**(moment), $\boldsymbol{M}_o$은 다음과 같은 공식으로 주어진다.

$$\boldsymbol{M}_o = \boldsymbol{r} \times \boldsymbol{F} \tag{8.66}$$

그림 8.57과 같은 파이프 렌치(pipe wrench)의 끝에 작용하는 힘은 관(管)을 $a-a$축에 관해서 비트는 경향이 있다. 비트는 효과를 극대화시키기 위해서 힘은 렌치 손잡이에 직각으로 작용해야 하며, 거리 d가 가능한 한 커야 한다. 이 힘의 $a-a$축에 대한 회전효과를 힘의 모멘트(moment)라고 정의한다. 어떤 경우에나 회전시키려는 경향은 힘 $\boldsymbol{F}$와 거리 d를 포함하는 평면에 수직한 축 $a-a$에 관하여 발생한다. 모멘트라는 양은 크기뿐만 아니라 돌린 방향도 갖는 양, 즉 벡터이므로 그 크기와 함께 방향도 구하라는 문제가 나온다. 이것은 아래에서 설명하는 **벡터곱**이라는 방법으로 풀 수가 있다.

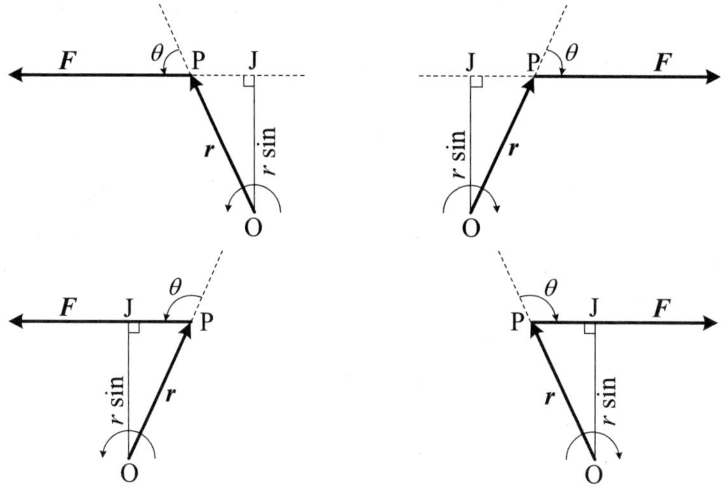

(a) 벡터곱의 정의에 의한 모멘트 (반시계방향)의 계산 (b) 벡터곱의 정의에 의한 모멘트 (시계방향)의 계산

그림 8.56 벡터곱의 모멘트

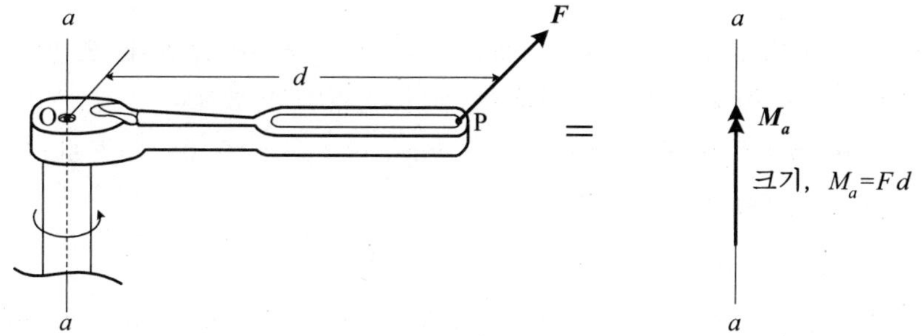

(a) 파이브 렌치의 끝에 작용하는 힘 (b) 모멘트의 방향(오른손 법칙)

그림 8.57 한 점에 작용하는 힘의 모멘트

예제 8-42

그림 8.57과 같이 점 P에 힘 $\boldsymbol{F}$가 작용한다. 점 O에서 P로의 벡터를 $\boldsymbol{r}$이라 할 때, O에 관한 $\boldsymbol{F}$의 모멘트 $\boldsymbol{M_o}$의 성분을 쓰지 말고, 벡터곱의 정의에 의해 직접 구하여라. 또 $r=10$ m, $F=15$ kgf, $\theta=60°$로 그림 8.56 (a)의 경우 $\boldsymbol{M_o}$을 구하여라(즉, 크기와 방향을 구하여라).

| 풀이

그림 8.37 (c)의 $\boldsymbol{A}$를 $\boldsymbol{r}$, $\boldsymbol{B}$를 $\boldsymbol{F}$로 한다.

O에서 $\boldsymbol{F}$로 수선 OJ를 내리면 $\text{OJ}=r\sin\theta$

따라서 벡터곱의 정의 (3), 식 (8.40)과 모멘트 정의의 식 (8.66)에 의해

$$M_o=|\boldsymbol{M_o}|=|r\times F|=rF\sin\theta=F\times\text{OJ}$$

방향은 정의 (1)에 의해 지면에서 수직, 방향은 정의 (2)에 의해

① 그림 8.56 (a)과 같은 경우에는 지면의 앞쪽, 바꿔 말하면 반시계 방향으로,

② 같은 그림 (b)와 같은 경우에는 지면의 반대쪽, 바꿔 말하면 시계방향으로 회전한다.

문제에서 주어진 값을 모멘트 정의의 식에 넣으면,

$$M_o=rF\sin\theta=10\cdot15\ \sin60°=10\cdot15\cdot\frac{\sqrt{3}}{2}=129.9\approx130\ \text{kgf}\cdot\text{m}$$

방향은 ①의 경우이므로 지면의 앞쪽, 다시 말하면 반시계 방향으로 회전한다.

예제 8-43

그림 8.58에서 모멘트 팔의 길이 AB$(=\boldsymbol{r})$의 점 B에 힘 $\boldsymbol{F}$가 작용하고 있다. 점 A에 관한 $\boldsymbol{F}$의 모멘트 $\boldsymbol{M}_A$을 구하는 식을 써라. 그리고 $\alpha=60°$, $\beta=15°$, $r=3$ m, $F=500$ kgf일 때 $\boldsymbol{M}_A$의 크기와 방향 그리고 회전방향을 구하여라.

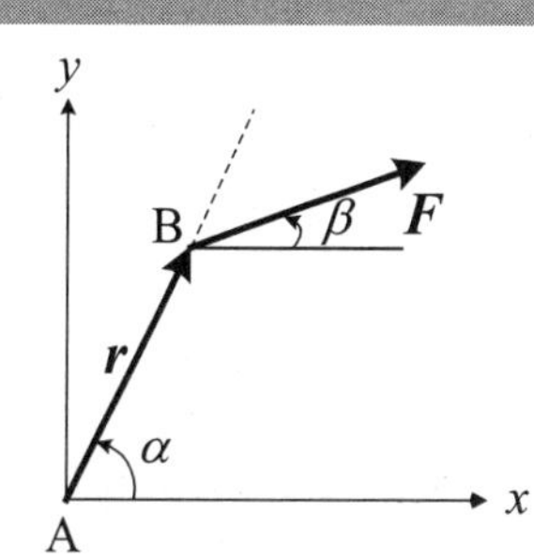

그림 8.58 힘 $\boldsymbol{F}$에 의한 모멘트

| 풀이

문제의 뜻에 의해 $\boldsymbol{r}=(r\cos\alpha,\ r\sin\alpha,\ 0)$, $\boldsymbol{F}=(F\cos\beta,\ F\sin\beta,\ 0)$
따라서, 식 (8.66)에 의해 식 (8.48) 또는 식 (8.49)를 이용하면

$$\boldsymbol{M_A}=rF(0,\ 0,\ \cos\alpha\sin\beta-\sin\alpha\cos\beta)=[0,0,-rF\sin(\alpha-\beta)]$$

앞 식에 문제에서 주어진 값을 넣으면

$$\boldsymbol{M_A}=(0,\ 0,\ -1\,500\cdot\sin 45°)=(0,\ 0,\ -1\,061.7)$$

따라서, 모멘트의 크기는 $M_A=1\,060.7$ kgf · m, 회전방향은 z축의 (−)방향(지면으로 향하는 쪽)이다. 보다 알기 쉽게 말하면, 이 힘은 시계방향으로($\boldsymbol{M_A}$의 회전방향이 z축의 양(+)의 방향이라면 반시계 방향으로) 돌게 될 것이다. 이와 같이 모멘트를 구하려고 할 때에는 보통 모멘트의 크기뿐만 아니라 회전방향, 즉 힘은 어느 쪽으로 돌아가려고 하는가 라는 것도 분명히 해두어야 한다.
또한 $\boldsymbol{r}$과 $\boldsymbol{F}$가 같이 xy 평면에 있을 때

$$\boldsymbol{M_A}\text{는 } \boldsymbol{M_A}=(0,\ 0,\ M_z),\ M_z=r_xF_y-r_yF_x$$

이 된다. 지면(紙面)을 xy평면에 두면
$M_z>0$일 때, $\boldsymbol{M_A}$는 지면의 앞쪽으로 향하고, $\boldsymbol{F}$는 $\boldsymbol{r}$을 반시계 방향으로 돌리려 한다.
$M_z<0$일 때, $\boldsymbol{M_A}$는 지면의 반대쪽으로 향하고, $\boldsymbol{F}$는 $\boldsymbol{r}$을 시계방향으로 돌리려 한다.

8.5.7 물체에 작용하는 몇 개의 힘의 모멘트

물체의 점(힘의 작용점) $A_1, A_2, \cdots, A_n$에 힘 $\boldsymbol{F}_1, \boldsymbol{F}_2, \cdots, \boldsymbol{F}_n$가 작용하고 있다. 이 때 물체의 한 점 O에 관한 모멘트의 총합 M은 어떻게 되는가? $\boldsymbol{r}_1=\boldsymbol{OA}_1$, $\boldsymbol{r}_2=\boldsymbol{OA}_2, \cdots$, $\boldsymbol{r}_n=\boldsymbol{OA}_n$으로 두면, 식 (8.66)에 의해서

$$\boldsymbol{M}_o=\sum_{i=1}^{n}(\boldsymbol{r}_i\times\boldsymbol{F}_i) \tag{8.67}$$

$\boldsymbol{M}_o=0$은 물체에 작용하는 힘이 평형을 이루는 필요조건(必要條件) 중 하나로, 물체가 회전(回轉)하지 않는다는 조건이다[(8.2.1항 3)의 힘의 평형을 참조].

예제 8-44

그림 8.59와 같이 한 변의 길이가 $2a$인 정삼각형 △ABC의 꼭짓점에 힘 $\boldsymbol{F}_A$, $\boldsymbol{F}_B$, $\boldsymbol{F}_C$가 작용하고 있다.

(1) 이들 힘의 작용점 O에 관한 모멘트 $\boldsymbol{M}_o$를 구하는 식을 써라.

(2) $a = 2$ m, $\boldsymbol{F}_A = 300$ kgf, $\alpha = 30°$, $\boldsymbol{F}_B = 200$ kgf, $\beta = 225°$, $\boldsymbol{F}_C = 250$ kgf, $\gamma = 45°$ 일 때 $\boldsymbol{M}_o$의 크기와 방향을 구하여라(유효숫자 3자리까지).

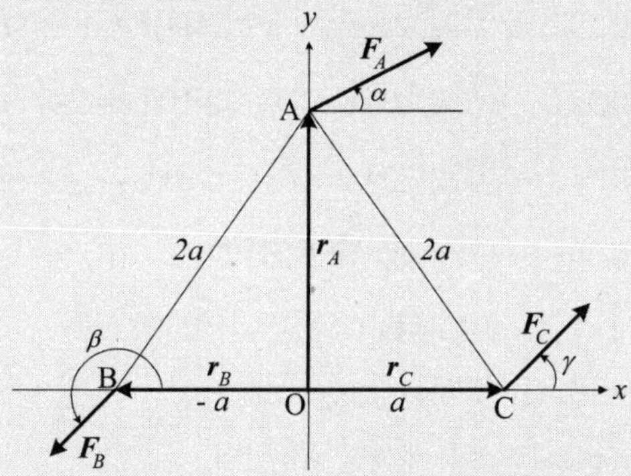

그림 8.59 힘의 작용점 O에 관한 모멘트

▍풀이

(1) $\boldsymbol{r}_A = \boldsymbol{OA}$, $\boldsymbol{r}_B = \boldsymbol{OB}$, $\boldsymbol{r}_C = \boldsymbol{OC}$로 하고, 식 (8.67)에 의해

$$\boldsymbol{M}_o = (\sum M_x, \sum M_y, \sum M_z) = \boldsymbol{r}_A \times \boldsymbol{F}_A + \boldsymbol{r}_B \times \boldsymbol{F}_B + \boldsymbol{r}_C \times \boldsymbol{F}_C$$

그림 8.59를 이용하면, 각 축에서 $\boldsymbol{r}_A$와 $\boldsymbol{F}_A$의 세 성분들은 각각 다음과 같다.

$$\boldsymbol{r}_A = (0, \sqrt{r_{A_x}^2 + r_{A_y}^2}, 0) = (0, \sqrt{(2a)^2 - a^2}, 0) = (0, \sqrt{3}\,a, 0),$$

$$\boldsymbol{F}_A = (F_A \cos\alpha, F_A \sin\alpha, 0)$$

그리고 점 O에 관한 $\boldsymbol{F}_A$의 모멘트는 식 (8.48)을 이용하면

$$\boldsymbol{r}_A \times \boldsymbol{F}_A = (r_y F_z - r_z F_y, r_z F_x - r_x F_z, r_x F_y - r_y F_x)$$

$$= (0, 0, -\sqrt{3}\,a F_A \cos\alpha)$$

같은 방법으로,

$$\boldsymbol{r}_B = (-a, 0, 0), \quad \boldsymbol{F}_B = (F_B \cos\beta, F_B \sin\beta, 0)$$

$$\boldsymbol{r}_B \times \boldsymbol{F}_B = (0, 0, a F_B \sin\beta)$$

$$\boldsymbol{r}_C = (a, 0, 0), \quad \boldsymbol{F}_C = (F_C \cos\gamma, F_C \sin\gamma, 0)$$

$$\boldsymbol{r}_C \times \boldsymbol{F}_C = (0, 0, a F_C \sin\gamma)$$

따라서,

$$\boldsymbol{M}_o = (\sum M_x, \sum M_y, \sum M_z)$$

$$= (0, 0, -\sqrt{3}\,a F_A \cos\alpha - a F_B \sin\beta + a F_C \sin\gamma)$$

이 되고,

$$|\boldsymbol{M}_o| = |\sqrt{3}\,a F_A \cos\alpha + a F_B \sin\beta - a F_C \sin\gamma|$$

$\boldsymbol{M}_o$의 방향은 $\sum M_x$, $\sum M_y$성분이 0이므로 xy평면에 수직, 방향은 $\sum M_z$의 부호가 (+)나 (−)에 따라 결정된다. 즉, 양(+) 또는 정(正)의 값이라면 지면 앞 방향

으로 △ABC는 반시계 방향으로 돌리려고 한다. 음(−) 또는 부(負)의 값이라면, 지면 반대 방향으로 △ABC는 시계 방향으로 돌리려고 한다.

(2) 주어진 값을 (1)항에서 구한 $\boldsymbol{M}_o$의 식에 넣으면

$$\begin{aligned}\boldsymbol{M}_o &= (0,\ 0,\ -\sqrt{3}aF_A\cos\alpha - aF_B\sin\beta + aF_C\sin\gamma)\\ &= (0,\ 0,\ -\sqrt{3}\cdot 2\cdot 300\cos 30° - 2\cdot 200\sin 225° + 2\cdot 250\ \sin 45°)\\ &= (0,\ 0,\ -\sqrt{3}\cdot 2\cdot 300\cdot\sqrt{3}/2 - 2\cdot 200\cdot(-\sqrt{2}/2) + 2\cdot 250\cdot\sqrt{2}/2)\\ &= (0,\ 0,\ -900 + 200\sqrt{2} + 250\sqrt{2}) = (0,\ 0,\ -900 + 450\sqrt{2})\\ &= (0,\ 0,\ -264)\ [\mathrm{kgf}\cdot\mathrm{m}]\end{aligned}$$

$$\therefore\ \boldsymbol{M}_o = (0,\ 0,\ -264)\ [\mathrm{kgf}\cdot\mathrm{m}]$$

$\boldsymbol{M}_o$의 크기는 다음과 같이 계산할 수 있다.

$$\begin{aligned}|\boldsymbol{M}_o| = M_o &= \sqrt{(\sum M_x)^2 + (\sum M_y)^2 + (\sum M_z)^2}\\ &= \sqrt{(\sum M_z)^2} = \sqrt{(-900 + 450\sqrt{2})^2}\\ &= 264\ [\mathrm{kgf}\cdot\mathrm{m}]\end{aligned}$$

따라서 $|\boldsymbol{M}_o| = M_o = 264$ kgf · m, 방향은 지면의 반대이고, 즉 △ABC는 시계방향으로 돌리려 한다.

8.5.8 바리뇽의 정리

분배법칙이 적용되는 벡터곱의 성질을 이용하면, 한 점에 모이는 여러 힘들의 합력 모멘트를 구할 수 있다. 한 점 A에 동일평면(同一平面) 내에 있는 여러 힘들 $\boldsymbol{F}_1$, $\boldsymbol{F}_2$, $\boldsymbol{F}_3, \cdots$, $\boldsymbol{F}_n$이 작용할 때, 같은 평면 내의 다른 점 O에 관한 각 힘의 모멘트의 대수합(代數合)은 이들 힘의 합력 모멘트와 같다.

이 정리는 프랑스의 수학자(數學者) 바리뇽(Varignon, 1654~1722)에 의하여 발표되었기 때문에 **바리뇽의 정리**(Varignon theorem)라고 한다. 식 (8.67)에서 $\boldsymbol{r} = \boldsymbol{OA}$라 하면 모멘트의 합 $\boldsymbol{M}_o$은

$$\begin{aligned}\boldsymbol{M}_o &= \boldsymbol{r}\times(\boldsymbol{F}_1 + \boldsymbol{F}_2 + \boldsymbol{F}_3 + \cdots + \boldsymbol{F}_n)\\ &= \boldsymbol{r}\times\boldsymbol{F}_1 + \boldsymbol{r}\times\boldsymbol{F}_2 + \boldsymbol{r}\times\boldsymbol{F}_3 + \cdots + \boldsymbol{r}\times\boldsymbol{F}_n\end{aligned} \tag{8.68}$$

로 표현된다.

[증명]

먼저 그림 8.60과 같이 두 개의 힘 $\boldsymbol{F}_1$, $\boldsymbol{F}_2$이 점 A에 미칠 경우를 생각해 보자. 점 O에서 $\square$ QQ_1AQ_2와 동일평면 내에 있고, 동시에 OA에 직교하는 직선 OX를 그어서 $\boldsymbol{F}_1$, $\boldsymbol{F}_2$, $\boldsymbol{F}_1+\boldsymbol{F}_2$의 끝점 Q_1, Q_2, Q로부터 O_x에 내린 수선의 발을 P_1, P_2, P로 한다. 그렇게 하면 모멘트의 정의에 의해(그림 8.56 참조)

$\boldsymbol{F}_1$의 O에 관한 모멘트의 크기 $= r \times OP_1$

$\boldsymbol{F}_2$의 O에 관한 모멘트의 크기 $= r \times OP_2$

$\boldsymbol{F}_1+\boldsymbol{F}_2$의 O에 관한 모멘트의 크기 $= r \times OP$

그러나 사변형 AQ_1QQ_2는 평행사변형, 따라서 벡터 $Q_1Q = AQ_2$

따라서, 아래의 그림에서 확인하면 $OP = OP_1 + OP_2$

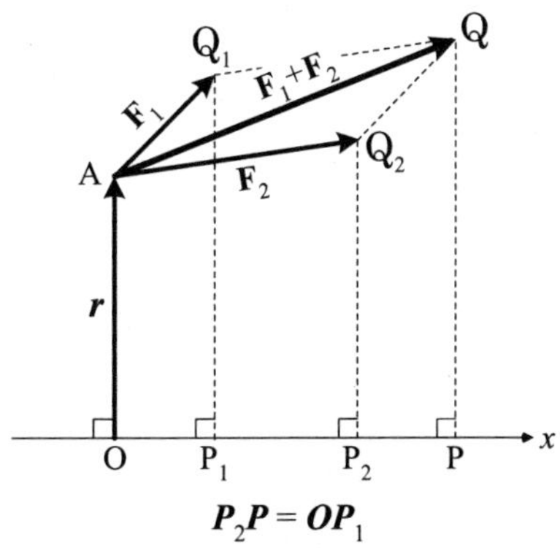

그림 8.60 동 일평면 위 힘계의 합성(Varignon의 정리)

따라서,

$$(\boldsymbol{F}_1+\boldsymbol{F}_2\text{의 모멘트의 크기}) = (\boldsymbol{F}_1\text{의 모멘트의 크기}) + (\boldsymbol{F}_2\text{의 모멘트의 크기})$$

즉, 각 힘의 모멘트의 합은 합력의 모멘트와 같다. **[증명완료]**

이처럼 두 개의 벡터 $\boldsymbol{F}_1$과 $\boldsymbol{F}_2$의 합 $\boldsymbol{F}_1+\boldsymbol{F}_2$에 대해 증명할 수 있다. 3개 이상인 경우는 $\boldsymbol{F}_1+\boldsymbol{F}_2$과 $\boldsymbol{F}_3$에 대해 똑같이 증명이 되고, 이하 여러 개의 벡터에 대해서도 이 정리가 성립한다(단, 이 증명은 이러한 힘, 점 O와 A가 동일평면 내에 있다는 조건아래에서 이루어진 것이다).

이 정리는 정력학(靜力學, statics), 응용역학(應用力學, applied mechanics) 및 구조역학(構造力學, structural mechanics) 등에서 자주 응용된다.

이 정리는 한 번 보기에 벡터 외적의 분배법칙 식 (8.42)에서 나온 것처럼 보이지만 그것은 이론적으로 오류(誤謬)이다. 분배법칙은 바리뇽의 정리나 그 확장($\boldsymbol{F}_1$, $\boldsymbol{F}_2$ 등이 동일평면 내에 없는 경우 등)에 의해 얻어진 법칙이기 때문이다. 따라서 바리뇽의 정리 증명에 분배법칙을 사용하는 것은 증명되어야만 한다는 것을 전제로 해서 이용되어 버리고 있는 실정이다.

예제 8-45

그림 8.61에 나타난 바와 같이 강판(鋼板)의 평면 위에 4개 힘이 작용할 때 (1) x, y분력과 (2) 합력, (3) 합력의 작용방향과 작용점의 위치를 구하여라.

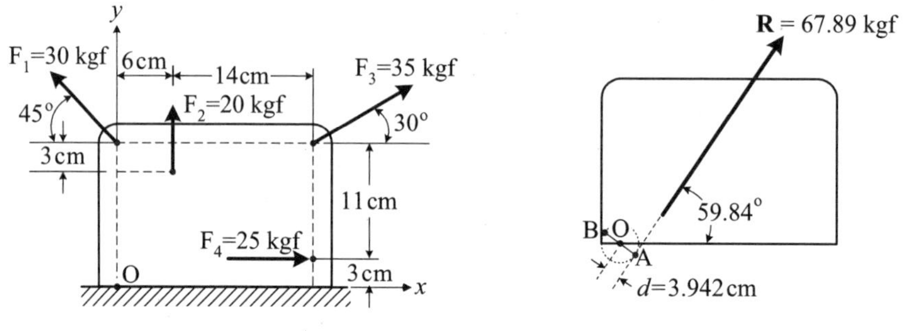

(a) 강판에 작용하는 4개 힘 (b) 합력의 크기와 작용점까지의 거리

그림 8.61 평면 위에서 작용하는 4개 힘의 합력과 그 작용점까지의 거리

❙ 풀이

점 O는 대수해(代數解)를 얻기 위하여 좌표의 원점으로서 임의로 설정할 수 있으므로 그림 8.61 (a)와 같이 계산에 편리한 곳을 선택하였다. 그러므로 두 방향의 **분력**(分力, component of force) $\boldsymbol{R_x}$와 $\boldsymbol{R_y}$, **합력**(合力, resultant force) $\boldsymbol{R}$ 및 **합력의 기울기**는 다음과 같이 스칼라양(量)으로 계산할 수 있다.

(1) x, y분력의 $\boldsymbol{R_x}$와 $\boldsymbol{R_y}$

$$\boldsymbol{R_x} = \sum F_x = -30\cos 45° + 35\cos 30° + 25 = -30\cdot\frac{1}{\sqrt{2}} + 35\cdot\frac{\sqrt{3}}{2} + 25$$
$$= 34.1 \text{ kgf}$$

$$\boldsymbol{R_y} = \sum F_y = 30\sin 45° + 20 + 35\sin 30° = -30\cdot\frac{1}{\sqrt{2}} + 20 + 35\cdot\frac{1}{2}$$
$$= 58.7 \text{ kgf}$$

(2) 따라서, 합력 $\boldsymbol{R}$은 피타고라스(Pythagoras)의 정리를 이용하면

$$\boldsymbol{R} = \sqrt{\boldsymbol{R_x}^2 + \boldsymbol{R_y}^2} = \sqrt{(34.1)^2 + (58.7)^2} = 67.89 \text{ kgf}$$

(3) 합력 $\boldsymbol{R}$의 작용방향은 수평축(x축)과 이루는 합력의 양(+)(x축의 위 방향)의 방향각을 θ로 하여 계산하면

$$\tan\theta = \frac{\boldsymbol{R}_y}{\boldsymbol{R}_x} = \frac{58.7}{34.1} = 1.7214 \rightarrow \theta = \tan^{-1}(1.7214) = 59.841^\circ$$

$$\approx 59^\circ 51'$$

다음 합력 $\boldsymbol{R}$의 작용선의 위치는 모멘트의 원리를 이용하여 구한다. 점 O를 모멘트 축으로 하여 시계방향을 정(正, +)으로 하고 점 O에서 합력까지의 수직거리, d는 다음과 같이 구할 수 있다.

$$\begin{aligned} 67.89d &= -30\times14\cos45^\circ - 20\times6 + 35\times14\cos30^\circ - 35\times20\sin30^\circ + 25\times3 \\ &= -30\times14\times\frac{\sqrt{2}}{2} - 20\times6 + 35\times14\frac{\sqrt{3}}{2} - 35\times20\times\frac{1}{2} + 25\times3 \\ &= -267.632 \end{aligned}$$

$$\therefore\ d = -\frac{267.632}{67.89} = -3.942\ \text{cm}$$

여기서 음(陰, −)의 부호는 모멘트의 합(合)이 반시계방향임을 나타내고 있다. 그러므로 그림 8.61 (b)와 같이 합력 $\boldsymbol{R}$은 x축과 59.84°의 각을 갖고 점 O에서 반경이 3.942 cm인 원에 접하여 아래에서 위로(기울기 59.84°)작용하며 크기가 67.89 kgf이 된다[그림 8.61 (b) 참조].

즉, 그 원의 점 A에 접한 작용선을 갖는다. 만약 합력 $\boldsymbol{R}$이 점 B에 작용한다면 그 모멘트의 방향은 지금의 문제에서 구한 것과 반대방향(시계방향)이 된다.

연 습 문 제

8.1 다음 문제에서 (a) $4\boldsymbol{A}-2\boldsymbol{B}$와 (b) $-3\boldsymbol{A}-5\boldsymbol{B}$를 구하라.

(1) $\boldsymbol{A}=(1,\ -3)$, $\boldsymbol{B}=(-1,\ 1)$

(2) $\boldsymbol{A}=\boldsymbol{i}+\boldsymbol{j}$, $\boldsymbol{B}=3\boldsymbol{i}-2\boldsymbol{j}$

(3) $\boldsymbol{A}=(4,\ 10)$, $\boldsymbol{B}=-2(1,\ 3)$

(4) $\boldsymbol{A}=(3,\ 1)+(-1,\ 2)$, $\boldsymbol{B}=(6,\ 5)-(1,\ 2)$

답 (1) (a) $(6,\ -14)$ (b) $(2,\ 4)$
(2) (a) $-2\boldsymbol{i}+8\boldsymbol{j}$ (b) $-18\boldsymbol{i}+7\boldsymbol{j}$
(3) (a) $(20,\ 52)$ (b) $(-2,\ 0)$
(4) (a) $(-2,\ 6)$ (b) $(-31,\ -24)$

8.2 다음과 같이 주어진 벡터의 (a) $\boldsymbol{A}$와 같은 방향과 (b) $\boldsymbol{A}$와 반대방향의 단위벡터를 구하여라.

(1) $\boldsymbol{A}=(2,\ 2)$ (2) $\boldsymbol{A}=(-3,\ 4)$

(3) $\boldsymbol{A}=5\boldsymbol{j}$ (4) $\boldsymbol{A}=\boldsymbol{i}-\sqrt{3}\,\boldsymbol{j}$

답 (1) (a) $\frac{\sqrt{2}}{2}\boldsymbol{i}+\frac{\sqrt{2}}{2}\boldsymbol{j}$ 또는 $\left(\frac{\sqrt{2}}{2},\ \frac{\sqrt{2}}{2}\right)$
(b) $-\frac{\sqrt{2}}{2}\boldsymbol{i}-\frac{\sqrt{2}}{2}\boldsymbol{j}$ 또는 $\left(-\frac{\sqrt{2}}{2},\ -\frac{\sqrt{2}}{2}\right)$
(2) (a) $\frac{-3}{5}\boldsymbol{i}+\frac{4}{5}\boldsymbol{j}$ (b) $\frac{3}{5}\boldsymbol{i}-\frac{4}{5}\boldsymbol{j}$
(3) (a) $-\boldsymbol{j}$ (b) $\boldsymbol{j}$
(4) (a) $\frac{1}{2}\boldsymbol{i}-\frac{\sqrt{3}}{2}\boldsymbol{j}$ (b) $-\frac{1}{2}\boldsymbol{i}+\frac{\sqrt{3}}{2}\boldsymbol{j}$

8.3 다음 문제에서 벡터 $\boldsymbol{PQ}$를 구하라. $\boldsymbol{PQ}$의 그래프도 그리고 그에 대응하는 위치벡터를 구하라. 그리고 원점 O에서 점 P와 Q까지의 벡터들을 $\boldsymbol{OP}=\boldsymbol{A}$, $\boldsymbol{OQ}=\boldsymbol{B}$로 나타낸다.

(1) $P(3,\ 2)$, $Q(5,\ 7)$ (2) $P(-2,\ -1)$, $Q(4,\ -5)$

답 (1) $\boldsymbol{PQ}=(2,\ 5)$ (2) $\boldsymbol{PQ}=(6,\ -4)$

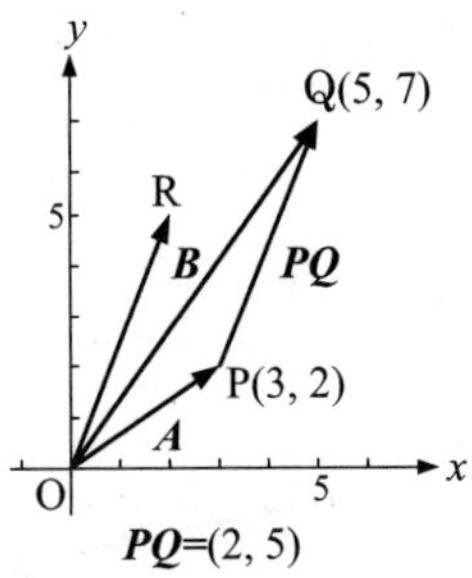

답 그림 8.3(1)

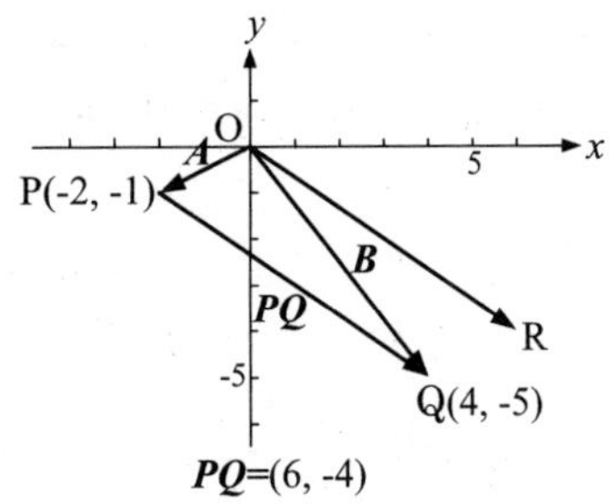

답 그림 8.3(2)

8.4 다음 벡터 중에서 $\boldsymbol{A}=4\boldsymbol{i}+6\boldsymbol{j}$에 평행인 것을 찾아라.

(1) $-4\boldsymbol{i}-6\boldsymbol{j}$

(2) $-\boldsymbol{i}-\dfrac{3}{2}\boldsymbol{j}$

(3) $10\boldsymbol{i}+15\boldsymbol{j}$

(4) $2(\boldsymbol{i}-\boldsymbol{j})-3\left(\dfrac{1}{2}\boldsymbol{i}-\dfrac{5}{12}\boldsymbol{j}\right)$

(5) $8\boldsymbol{i}+12\boldsymbol{j}$

(6) $(5\boldsymbol{i}+\boldsymbol{j})-(7\boldsymbol{i}+4\boldsymbol{j})$

(1), (2), (3), (4), (6)은 $\boldsymbol{A}=4\boldsymbol{i}+6\boldsymbol{j}$에 평행하다(비례관계가 성립).

8.5 비행기가 원점 O에 위치한 비행장을 출발하여 A도시를 향하여 북동쪽으로 20°방향으로 240 km 난다. 그리고 나서 A도시에서 이 비행기는 B도시를 향하여 북서쪽으로 23°방향으로 320 km 난다. B도시에서 이 비행기는 C도시를 향하여 남서쪽으로 10° 방향으로 384 km 난다. [문제 그림 8.1]에 보인 바와 같이 C도시의 위치를 벡터 $\boldsymbol{r}$로 나타내라. 그리고 원점 O에서 C도시까지의 거리를 구하라.

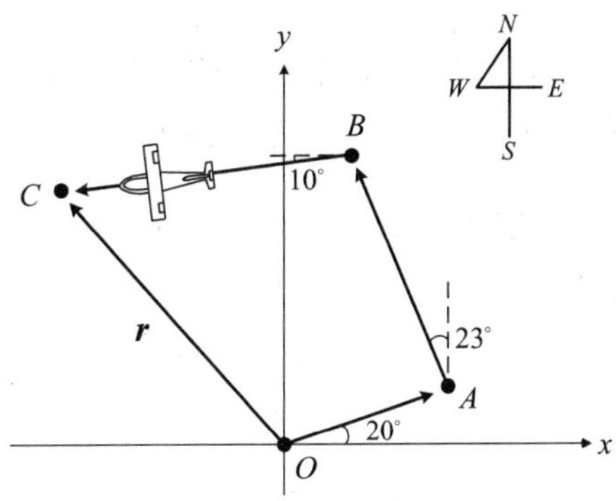

문제 그림 8.1

위치벡터 $\boldsymbol{r}=-277.67\boldsymbol{i}+309.97\boldsymbol{j}$, 거리, $|\boldsymbol{r}|=r=416.15$ km

8.6 [문제 그림 8.2]에서와 같이 3개의 힘이 동일평면 위의 한 점 O에 작용하고 있을 때 (1) 합력 $\boldsymbol{R}$과 (2) 작용방향 θ을 구하여라.

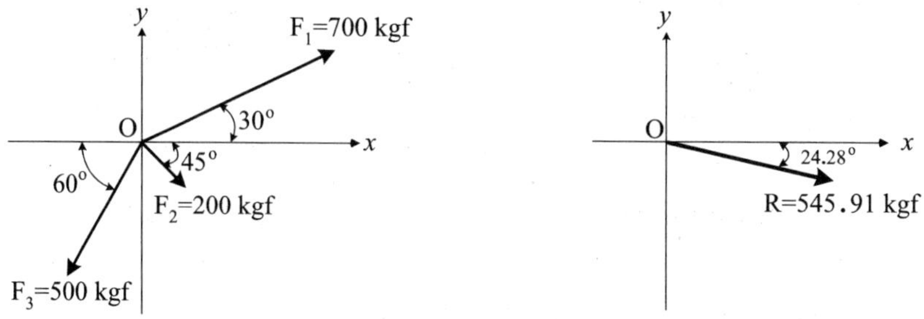

(a) 동일평면 위에 작용하는 3개의 힘　　(b) 합력의 크기와 작용방향

문제 그림 8.2 동일평면 위에서 작용하는 3개 힘의 합력과 그 작용방향

$\boldsymbol{R} = 545.91$ kgf, $\theta = 24.28°$ (x축 아래 방향으로)

8.7 [문제 그림 8.3]과 같이 핀 O에 같은 연직면 내에 있는 힘 $\boldsymbol{F}$, $\boldsymbol{G}$가 작용하고 있다. 수평면에서의 각을 각각 α, β라 한다. $\boldsymbol{F}$와 $\boldsymbol{G}$의 합력의 크기와 수평면에서의 각 γ을 구하라.

$|\boldsymbol{F}+\boldsymbol{G}| = \sqrt{F^2+G^2+2FG\cos(\alpha-\beta)}$

$\cos\gamma = (F\cos\alpha + G\cos\beta)/|\boldsymbol{F}+\boldsymbol{G}|$

정밀한 수치계산을 할 경우에는 $\cos\gamma$를 $\tan\gamma$로 고쳐 γ을 구한다.

8.8 [문제 그림 8.4]와 같이 유속 $\boldsymbol{c}$의 하천을 물에 대한 속도 $\boldsymbol{v}$의 배 O가 항해하고 있다. 육상에서 보면 배는 어느 방향으로 어떤 속도로 가고 있는가?

대지속도(배의 지면에 대한 속도)의 벡터를 $\boldsymbol{V}$라고 하면

$\boldsymbol{V} = \boldsymbol{c} + \boldsymbol{v}$

따라서 $\boldsymbol{c}$와 $\boldsymbol{v}$의 각을 $\alpha (0° \leqq \alpha \leqq 180°)$라 하면

$V = |\boldsymbol{V}| = \sqrt{c^2+v^2+2cv\cos\alpha}$

또 하천가(岸)에서 본 $\boldsymbol{V}$와 $\boldsymbol{c}$의 각을 γ라 하면

$\cos\gamma = (c + v\cos\alpha)/V$

8.9 [문제 그림 8.5]와 같이 점 C에 무게 W의 물체가 달려있다. 와이어 AC 및 BC에 작용하는 장력(張力)을 구하여라.

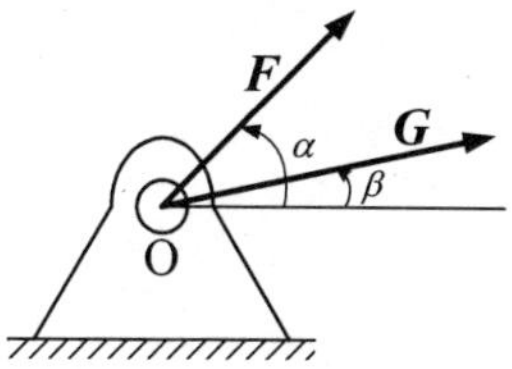

문제 그림 8.3

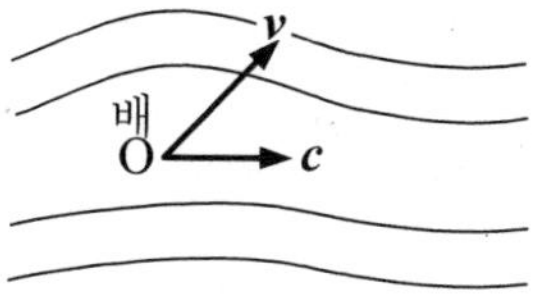

문제 그림 8.4

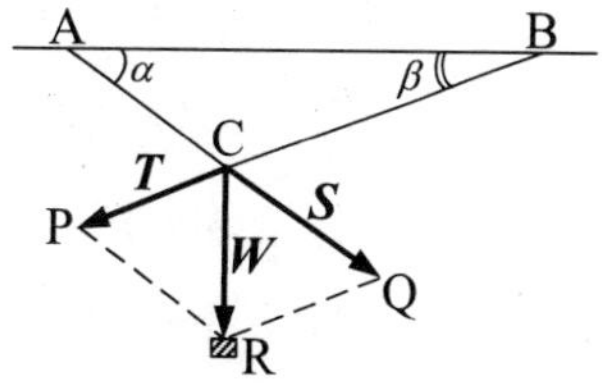

문제 그림 8.5

AC, BC에 미치는 장력을 각각 T, S라고 하면
$T = W\cos\beta / \sin(\alpha+\beta)$, $S = W\cos\alpha / \sin(\alpha+\beta)$

8.10 시작점 $P(x_1, y_1, z_1)$, 끝점 $Q(x_2, y_2, z_2)$로 주어진 벡터 $\mathbf{v}$의 성분과 길이 $|\mathbf{v}|$를 구하고, $\mathbf{v}$를 직교좌표평면공간에 그려라.

(1) $P(1, 1, 0)$, $Q(4, 5, 0)$ (2) $P(4, -4, 0)$, $Q(0, 0, 0)$
(3) $P(2, 3, 0)$, $Q(1, 7, 3)$ (4) $P(4, 0, -2)$, $Q(2, 0, -4)$

(1) $\mathbf{v} = (3, 4, 0)$, $|\mathbf{v}| = 5$
(2) $\mathbf{v} = (-4, 4, 0)$, $|\mathbf{v}| = 4\sqrt{2}$
(3) $\mathbf{v} = (-1, 4, 3)$, $|\mathbf{v}| = \sqrt{26}$
(4) $\mathbf{v} = (-2, 0, -2)$, $|\mathbf{v}| = 2\sqrt{2}$

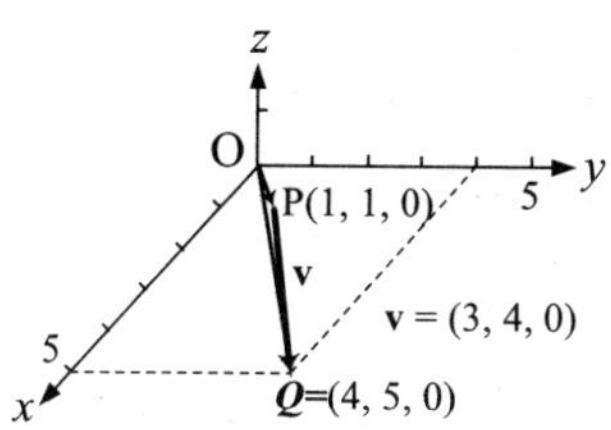

답 그림 8.10(1)

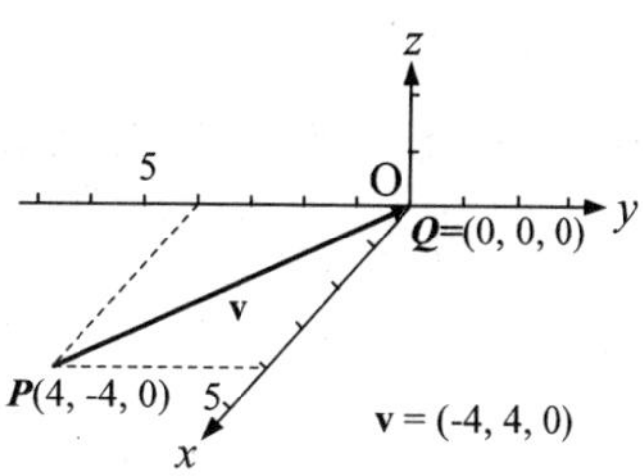

답 그림 8.10(2)

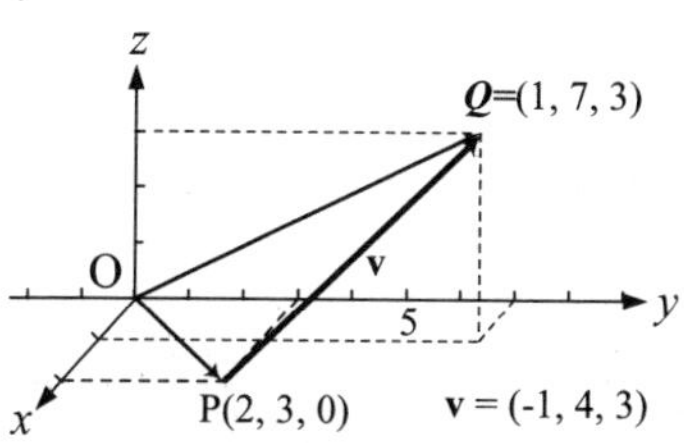

답 그림 8.10(3)

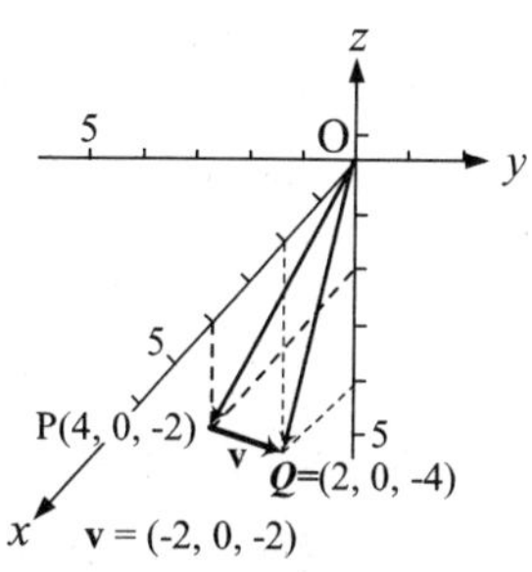

답 그림 8.10(4)

8.11 세 개의 벡터성분이 $\boldsymbol{A}=(3,\ -2,\ 1)$, $\boldsymbol{B}=(0,\ 3,\ 0)$, $\boldsymbol{C}=(4,\ 1,\ -1)$에 대하여 다음의 벡터를 구하라.

(1) $\boldsymbol{A}+\boldsymbol{C}$, $\boldsymbol{C}+\boldsymbol{A}$

(2) $-\boldsymbol{A}$, $3\boldsymbol{A}$, $-\frac{1}{2}\boldsymbol{A}$

(3) $|\boldsymbol{A}+\boldsymbol{B}|$, $|\boldsymbol{A}|+|\boldsymbol{B}|$

(4) $5\boldsymbol{A}-4\boldsymbol{B}+3\boldsymbol{C}$

(5) $6\boldsymbol{A}-12\boldsymbol{B}$, $3(2\boldsymbol{A}-4\boldsymbol{B})$

(1) $(7,\ 1,\ 0)$

(2) $-\boldsymbol{A}=(-3,\ 2,\ -1)$, $3\boldsymbol{A}=(9,\ -6,\ 3)$, $-\frac{1}{2}\boldsymbol{A}=(-1.5,\ 1,\ -0.5)$

(3) $\sqrt{11}$, $\sqrt{14}+3$

(4) $(27,\ -19,\ 2)$

(5) $(18,\ -48,\ 6)$, $(18,\ -48,\ 6)$

8.12 벡터 $\boldsymbol{A}=(2,3,7)$의 크기와 $\boldsymbol{A}$와 z축과의 각 θ를 구하여라.

$|\boldsymbol{A}|=\sqrt{62}$, $\theta=27°15$ ($0° \leqq \theta \leqq 180°$인 것에 주의)

8.13 A = (2, −1, 3), B = (1, 2, −1)이다. A와 B가 이룬 각 θ를 구하여라.

$\theta=109°06$ (또한 $0° \leqq \theta \leqq 180°$)

8.14 주어진 벡터의 크기, 방향코사인과 방향각을 구하여라.

(1) $\boldsymbol{A}=\boldsymbol{i}+2\boldsymbol{j}+3\boldsymbol{k}$
(2) $\boldsymbol{A}=6\boldsymbol{i}+6\boldsymbol{j}-3\boldsymbol{k}$

(3) $\boldsymbol{A}=(1,\ 0,\ -\sqrt{3})$
(4) $\boldsymbol{A}=(5,\ 7,\ 2)$

(1) $\sqrt{14}$; $\cos\alpha=1/\sqrt{14}$, $\alpha=74.50°$; $\cos\beta=2/\sqrt{14}$, $\beta=57.69°$;
$\cos\gamma=3/\sqrt{14}$, $\gamma=36.70°$

(2) 9; $\cos\alpha=2/3$, $\alpha=48.19°$; $\cos\beta=2/3$, $\beta=48.19°$;
$\cos\gamma=-1/3$, $\gamma=109.47°$

(3) 2; $\cos\alpha=1/2$, $\alpha=60°$; $\cos\beta=0$, $\beta=0°$;
$\cos\gamma=-\sqrt{3}/2$, $\gamma=150°$

(4) $\sqrt{78}$; $\cos\alpha=5/\sqrt{78}$, $\alpha=55.52°$; $\cos\beta=7/\sqrt{78}$, $\beta=37.57°$;
$\cos\gamma=2/\sqrt{78}$, $\gamma=76.91°$

8.15 비행기가 인천국제공항을 이륙하여 이 공항의 서쪽 7 km, 남쪽 5 km 그리고 높이 4 km 상공에 위치하여 목적지를 향해 날고 있다. 문제 그림 8.6에 주어진 이 비행기의 방향여현과 방향각 θ을 구하라. 여기서 S, E 및 위 방향을 각각 x, y, z축으로 하고 그때 방향여현은 각각 $\cos\alpha$, $\cos\beta$ 및 $\cos\gamma$로 한다.

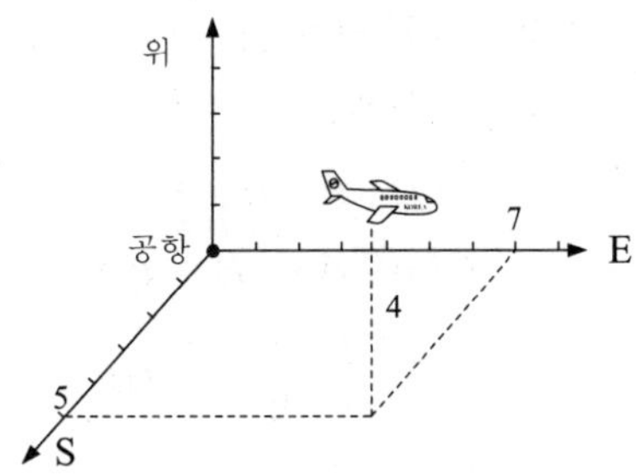

문제 그림 8.6

$$\boldsymbol{A}=(5,7,4),\ |\boldsymbol{A}|=3\sqrt{10}$$

$$\cos\alpha=\frac{5}{3\sqrt{10}},\quad \alpha=58.19^{\circ}$$

$$\cos\beta=\frac{7}{3\sqrt{10}},\quad \beta=42.45^{\circ},$$

$$\cos\gamma=\frac{4}{3\sqrt{10}},\quad \gamma=65.06^{\circ}$$

8.16 썰매 앞에 달린 끈으로 이 썰매를 얼음 위로 수평 되게 끈다고 한다. 이 때 수평선과 각이 60°되게 작용하는 10 kgf의 힘이 썰매를 30 m 움직인다고 했을 때 한 일을 구하라.

150 kgf · m

8.17 일정한 힘 $\boldsymbol{F}=4\boldsymbol{i}+3\boldsymbol{j}+5\boldsymbol{k}$가 한 물체에 가하여 어떤 점이 $P_1(3,\ 1,\ -2)$에서 $P_2(2,\ 4,\ 6)$으로 움직일 때, 한 일을 구하라. 힘 $|\boldsymbol{F}|$는 Newton(N)으로 측정되고, 변위 $|\boldsymbol{S}|$는 m로 측정된다고 가정한다.

45 N · m

8.18 윈치로 500 kgf의 힘 $\boldsymbol{F}$를 어떤 철재에 걸어, 이것을 지표면위에서 $S=6$ m만 F로 60°의 방향으로 이동했다. 이 힘이 한 일을 J(주울, Joule)로 나타내라. 또 이 이동에 2분 걸렸다면 이 윈치의 출력을 W(와트, watt)와 HP(마력, horse power)로 나타내라.

14 700 J, 123 W(watt), 0.167 HP

8.19 세 벡터 $\boldsymbol{A}=(2,\ -3,\ 4)$, $\boldsymbol{B}=(-1,\ 2,\ 5)$ 그리고 $\boldsymbol{C}=(3,\ 6,\ -1)$일 때 다음을 구하라.

(1) $\boldsymbol{A}\cdot\boldsymbol{B}$　(2) $\boldsymbol{B}\cdot\boldsymbol{C}$　(3) $\boldsymbol{A}\cdot\boldsymbol{C}$

(4) $\boldsymbol{A}\cdot(\boldsymbol{B}+\boldsymbol{C})$　(5) $\boldsymbol{A}\cdot(4\boldsymbol{B})$　(6) $(2\boldsymbol{B})\cdot(3\boldsymbol{C})$

(7) $\left(\dfrac{\boldsymbol{A}\cdot\boldsymbol{B}}{\boldsymbol{B}\cdot\boldsymbol{B}}\right)\boldsymbol{B}$　(8) $(\boldsymbol{C}\cdot\boldsymbol{B})\boldsymbol{A}$

(1) 12　(2) 4　(3) -16

(4) -4　(5) 48　(6) 24

(7) $\left(-\dfrac{2}{5},\ \dfrac{4}{5},\ 2\right)$　(8) $(8,\ -12,\ 16)$

8.20 각 문제에서 주어진 두 벡터들의 사이각의 $\cos\theta$와 사이각 θ를 구하여라.

(1) $\boldsymbol{A}=3\boldsymbol{i}-\boldsymbol{k}$, $\boldsymbol{B}=2\boldsymbol{i}+2\boldsymbol{k}$

(2) $\boldsymbol{A}=2\boldsymbol{i}+\boldsymbol{j}$, $\boldsymbol{B}=-3\boldsymbol{i}-4\boldsymbol{j}$

(3) $\boldsymbol{A}=(2,\ 4,\ 0)$, $\boldsymbol{B}=(-1,\ -1,\ 4)$

(4) $\boldsymbol{A}=\left(\dfrac{1}{2}\ \dfrac{1}{2},\ \dfrac{3}{2}\right)$, $\boldsymbol{B}=(2,\ -4,\ 6)$

(1) $\cos\theta=1/\sqrt{5}$, $\theta=63.43^{o}$

(2) $\cos\theta=-2/\sqrt{5}$, $\theta=153.43^{o}$

(3) $\cos\theta=-1/\sqrt{10}$, $\theta=108.43^{o}$

(4) $\cos\theta=8/\sqrt{154}$, $\theta=49.86^{o}$

8.21 A = $(-2,\ 1,\ -1)$, B = $(3,\ B_y,\ -2)$이다. $\boldsymbol{A}$, $\boldsymbol{B}$가 직교하도록 B_y를 결정하여라.

$B_y=4$

8.22 두 벡터 $\boldsymbol{A}=2\boldsymbol{i}+7\boldsymbol{j}-4\boldsymbol{k}$ 및 $\boldsymbol{B}=\boldsymbol{i}+\boldsymbol{j}-\boldsymbol{k}$에 모두 수직인 벡터를 구하라.

$-3\boldsymbol{i}-2\boldsymbol{j}-5\boldsymbol{k}$

8.23 오른손계 직교좌표계에 관하여 $\boldsymbol{A}=\boldsymbol{i}+\boldsymbol{j}$, $\boldsymbol{B}=-\boldsymbol{i}+2\boldsymbol{j}$, $\boldsymbol{C}=2\boldsymbol{i}+3\boldsymbol{j}+\boldsymbol{k}$라 하고 다음을 구하여라. 그리고 (1)의 앞의 두 개 벡터곱의 어떤 성질을 나타내고 있는가?

(1) $\boldsymbol{B}\times\boldsymbol{C}$, $\boldsymbol{C}\times\boldsymbol{B}$, $|\boldsymbol{B}\times\boldsymbol{C}|$, $|\boldsymbol{C}\times\boldsymbol{B}|$

(2) $(\boldsymbol{A}+\boldsymbol{B})\times\boldsymbol{C}$, $\boldsymbol{A}\times\boldsymbol{C}+\boldsymbol{B}\times\boldsymbol{C}$

(1) $2\boldsymbol{i}+\boldsymbol{j}-7\boldsymbol{k}$, $-2\boldsymbol{i}-\boldsymbol{j}+7\boldsymbol{k}$, 교환법칙이 성립하지 않음.
($\boldsymbol{B}\times\boldsymbol{C}=-\boldsymbol{C}\times\boldsymbol{B}$), $3\sqrt{6}$, $3\sqrt{6}$
(2) $3\boldsymbol{i}-6\boldsymbol{k}$, $3\boldsymbol{i}-6\boldsymbol{k}$, 분배법칙이 성립

8.24 오른손계 직교좌표계에 관하여 $\boldsymbol{A}=\boldsymbol{i}+\boldsymbol{j}$, $\boldsymbol{B}=-\boldsymbol{i}+2\boldsymbol{j}$, $\boldsymbol{C}=2\boldsymbol{i}+3\boldsymbol{j}+\boldsymbol{k}$라 하고 다음을 구하여라. 그리고 (1)은 벡터곱의 어떤 성질을 나타내고 있는가?
(1) $\boldsymbol{A}\times\boldsymbol{B}$, $\boldsymbol{B}\times\boldsymbol{A}$
(2) $(\boldsymbol{A}+\boldsymbol{B})\times\boldsymbol{C}$, $\boldsymbol{A}\times(\boldsymbol{B}+\boldsymbol{C})$

(1) $3\boldsymbol{k}$, $-3\boldsymbol{k}$
(2) $3\boldsymbol{i}-6\boldsymbol{k}$, $\boldsymbol{i}-\boldsymbol{j}+4\boldsymbol{k}$

8.25 다음 벡터에 수직한 두개의 단위벡터를 구하여라.
(1) $\boldsymbol{A}=3\boldsymbol{i}+2\boldsymbol{j}$, $\boldsymbol{B}=-\boldsymbol{i}-\boldsymbol{j}$
(2) $\boldsymbol{C}=2\boldsymbol{j}-3\boldsymbol{k}$, $\boldsymbol{D}=2\boldsymbol{i}$

(1) $\pm\boldsymbol{k}$
(2) $\pm\left(\frac{3}{\sqrt{13}}\boldsymbol{j}+\frac{2}{\sqrt{13}}\boldsymbol{k}\right)$

8.26 바퀴가 x축에 관하여 각속력 $3\,\mathrm{s}^{-1}$으로 회전하고 있다. 원점에서 양의 x축 방향으로 바라보았을 때, 시계방향으로 회전이 일어나고 있다. 점 (2, 2, 2)에서 속도와 속력을 구하라.

속도, $\boldsymbol{v}=-6\boldsymbol{j}+6\boldsymbol{k}$, 속력, $v=6\sqrt{2}$

8.27 다음 주어진 벡터를 이웃하는 두 변으로 갖는 평행사변형의 면적을 구하여라.
(1) $\boldsymbol{i}+2\boldsymbol{j}-4\boldsymbol{k}$, $\boldsymbol{j}+\boldsymbol{k}$
(2) $\boldsymbol{i}+\boldsymbol{j}$, $\boldsymbol{i}-\boldsymbol{j}$

(1) $\sqrt{11}$
(2) 2

8.28 xy평면에서 다음과 같은 꼭짓점을 갖는 평행사변형의 면적을 구하여라.
(1) $(-1, 2)$, $(2, 0)$, $(4, 3)$, $(7, 1)$
(2) $(0, 0)$, $(4, 1)$, $(2, 3)$, $(6, 4)$

(1) 13 (단위의 제곱)

(2) 10 (단위의 제곱)

8.29 주어진 점들에 의하여 정해진 삼각형의 면적을 구하라.

(1) $P_1(1, 1, 1)$, $P_2(1, 2, 1)$, $P_3(1, 1, 2)$

(2) $P_1(0, 0, 0)$, $P_2(0, 1, 2)$, $P_3(2, 2, 0)$

(1) 1 (단위의 제곱)

(2) 3 (단위의 제곱)

8.30 다음 벡터의 스칼라 삼중곱을 구하여라. 여기서 각 성분은 오른손좌표계에 관한 것이다.

(1) $\boldsymbol{i}, \boldsymbol{j}, \boldsymbol{k}$

(2) $3\boldsymbol{i}-4\boldsymbol{j},\ 2\boldsymbol{j}+\boldsymbol{k},\ -6\boldsymbol{i}+8\boldsymbol{j}$

(3) $2\boldsymbol{j}+3\boldsymbol{k},\ \boldsymbol{i}+4\boldsymbol{j},\ 6\boldsymbol{k}$

(1) 1

(2) 0

(3) −12

8.31 오른손 직교좌표계에서 다음에 주어진 세 개의 벡터를 세변으로 하는 평행육면체와 사면체의 체적 ∀를 구하여라.

(1) $2\boldsymbol{j}+\boldsymbol{k},\ \boldsymbol{i}-8\boldsymbol{j},\ -\boldsymbol{j}+4\boldsymbol{k}$

(2) $\boldsymbol{i}+4\boldsymbol{j},\ 6\boldsymbol{k},\ 2\boldsymbol{j}+3\boldsymbol{k}$

(1) 9, 1.5

(2) 12, 2

8.32 다음에서 제시한 스칼라와 벡터를 구하여라.

(1) $\boldsymbol{i}\times(-3\boldsymbol{k})$

(2) $[(2\boldsymbol{k})\times(3\boldsymbol{j})]\times(4\boldsymbol{j})$

(3) $|4\boldsymbol{j}-5(\boldsymbol{i}\times\boldsymbol{j})|$

(4) $(\boldsymbol{i}\cdot\boldsymbol{i})(\boldsymbol{i}\times\boldsymbol{j})$

(5) $(\boldsymbol{i}\times\boldsymbol{j})\cdot(3\boldsymbol{j}\times\boldsymbol{i})$

(1) $3\boldsymbol{j}$

(2) $-24\boldsymbol{k}$

(3) $\sqrt{41}$

(4) $\boldsymbol{k}$

(5) -3

8.33 [문제 그림 8.7]과 같이, 기둥(柱) OH의 정상(頂上)에 두 개의 힘 $\boldsymbol{F_A}$, $\boldsymbol{F_B}$가 작용하고 있다. 이들의 합력에 의한 점 O에 관한 모멘트를 구하여라. 단, 각 점의 좌표 및 힘의 강도는 다음과 같다. : A(2, 2, 0), B(2, −2, 0), H(0, 0, 3) (단위는 m), $|\boldsymbol{F_A}| = |\boldsymbol{F_B}| = 2$ tf로 한다.

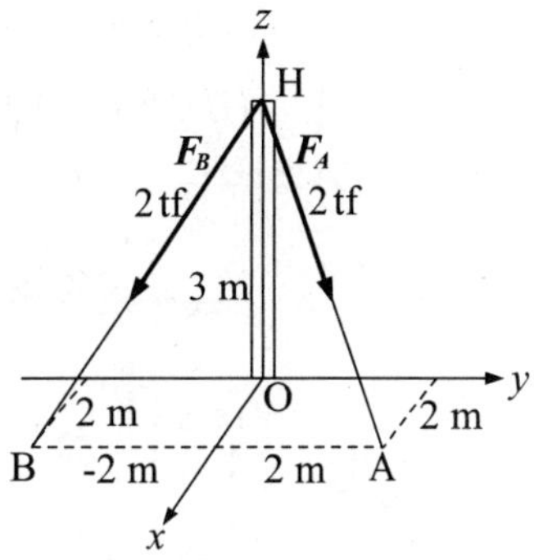

문제 그림 8.7

$\boldsymbol{r}$= OH 라고 하면 구하는 모멘트 $\boldsymbol{M}$은

$$\boldsymbol{M} = \boldsymbol{r} \times (\boldsymbol{F}_A + \boldsymbol{F}_B) = \boldsymbol{r} \times \boldsymbol{F}_A + \boldsymbol{r} \times \boldsymbol{F}_B$$

따라서 각 힘에 의한 O에 관한 모멘트 $\boldsymbol{M}_A$, $\boldsymbol{M}_B$을 구해서 그 합을 성분으로 계산하면 된다. $\boldsymbol{F}_A$의 방향 코사인을 그림에서 구하고, $\boldsymbol{F}_A$의 성분을 구한다. 같은 방법으로 $\boldsymbol{F}_B$의 성분을 구한다. 이것을 이용해 $\boldsymbol{M}_A$, $\boldsymbol{M}_B$를 벡터곱에서 계산해서 더한다. 결국 $|\boldsymbol{M}| = \dfrac{24}{\sqrt{17}}$ tf · m, 방향은 y축 정(+)방향, 즉 y축을 그 부(負, −)방향에서 정(正, +)방향으로 볼 때, 합력은 기둥(柱) OH를 시계방향으로 회전한다.

8.34 [문제 그림 8.8]과 같은 직사각형 □ABCD의 각 정점(頂点)에 각각 $\boldsymbol{F_A}$, $\boldsymbol{F_B}$, $\boldsymbol{F_C}$, $\boldsymbol{F_D}$라는 힘이 일을 하고 있다. 이들 힘의 직사각형 중심 O에 관한 모멘트의 식을 구하여라.

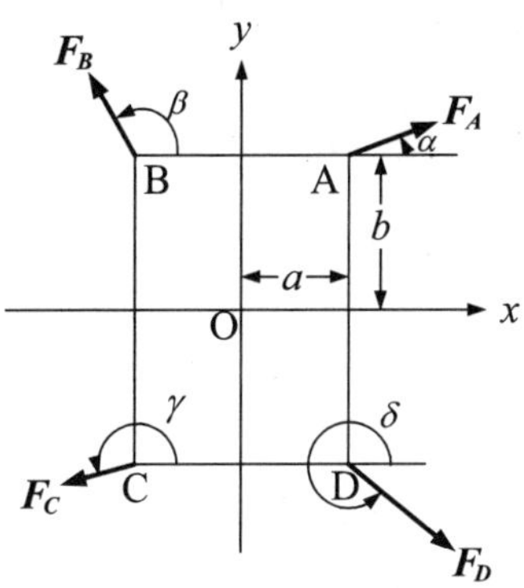

문제 그림 8.8

각 힘의 O에 관한 모멘트를 성분을 이용하여 구하고, 그것을 모두 합(合)한다. 즉,

$$\boldsymbol{M} = \boldsymbol{k}[(a\sin\alpha - b\cos\alpha)F_A - (a\sin\beta + b\cos\beta)F_B + (-a\sin\gamma + b\cos\gamma)F_c + [a\sin\delta + b\cos\delta)F_D]$$

8.35 문제 그림 8.9에 나타난 2개의 힘은 점 P에 작용하는 단일(單一) 힘으로 대치할 수 있다. AB로부터 이 단일 힘까지의 거리 $x(=\overline{OP})$를 정하고, 합력 $\boldsymbol{R}$의 크기와 수평선과 이루는 각 θ를 결정하라.

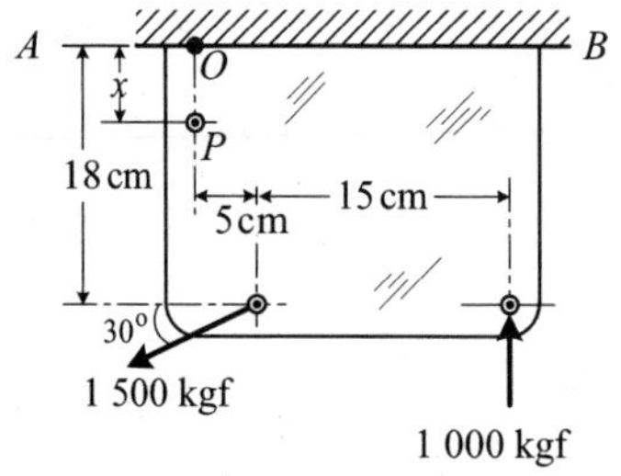

(a) 평판에 작용하는 2개의 힘

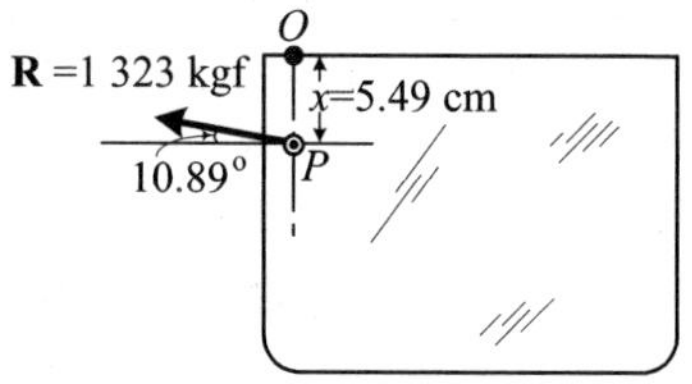

(b) 합력의 크기와 작용점까지의 거리

문제 그림 8.9 평면 위에서 작용하는 2개 힘의 합력과 그 작용점까지의 거리

$x = 5.49$ cm, 합력 $\boldsymbol{R} = 1\,323$ kgf, $\theta = 10.89°$
[문제 그림 8.9 (b) 참고]

미분 · 적분

▍미분적분학은 무엇인가?

미적분학(微積分學, calculus)은 원래 **극한**(極限, limit)의 개념에 기초를 둔 수학적 이론, 즉 속도와 가속도와 같은 변화에 대한 수학이다. 미분적분은 역시 과학자, 공학자 및 경제학자들이 실생활 상태를 모형화 할 수 있었던 접선, 기울기, 넓이, 부피, 호의 길이 중심(centroid), 곡률(curvature)과 다양한 개념의 수학이다.

실제로 미적분학은 세 가지 종류의 극한 과정과 밀접한 관계가 있다. 첫 번째 과정은 움직이고 있는 물체의 위치가 순간적으로 변하는 변화율을 결정하는 문제에서 쓰인다. 예를 들면, 사과가 나무에서 떨어질 때 어떤 순간에서 이 사과의 속도는 무엇인가? 이러한 문제를 다루려면 새로운 **도함수**(導函數, derivative)의 개념을 도입해야 하는데, 이 개념에 관한 연구는 **미분학**(微分學, differential calculus)의 기초를 이룬다.

두 번째 과정은 곡선으로 둘러싸인 기학학적 평면도형의 면적을 구하는 문제에서 쓰인다. 예를 들면, 원의 면적은 왜 πr^2인가? 이러한 문제를 고찰하려면 적분(積分, integral)의 개념을 도입해야 하는데, 이것은 **적분학**(積分學, integral calculus)의 기초를 이룬다.

세 번째 과정은 도함수 또는 적분과 같은 새로운 미적분공식이다.

극한에 관한 이 두 종류의 개념은 명백히 서로 아무런 관련성이 없어 보이나, 사실은 매우 밀접한 역(逆)의 관계에 있다. 그러므로 이 두 이론을 종합하여 **미적분학**(微積分學, 또는 differential and integral calculus, 또는 간단히 calculus)이라고 부른다.

왜 미분과 적분이 중요한 것일까? 그 근본의 개념은 무엇인가? 를 우선 생각해 보자.

먼저, 매우 소박하게 생각하면 인간은 본성이 곧은 것, 4각(四角)인 것은 생각하기 쉽다. 직선의 길이는 직접 자로 측정하거나 피타고라스의 정리로 구할 수 있고, 직사각형의 면적은 가로와 세로의 길이의 곱으로 쉽게 계산할 수 있다.

그러나 곡선의 길이나 곡선으로 둘러싸인 도형(예를 들면, 원)의 면적 또는 댐 본체의체적은 그렇게 생각해서는 안 된다.

그러면 어떻게 해야 되는가? 여기서 면적 계산을 예를 들어 생각해보자[그림 9.1 (a)].

① 도형을 미소한 부분으로 분할한다. → **미분**(微分)

② 각 미소부분을 직사각형 또는 제형(사다리꼴)으로 나누어 그 면적을 계산한다.

③ 각 미소부분의 면적을 계속해서 모두 합하면 이것이 도형의 면적이 된다. → **적분**(積分)

[이런 방법은 초등학생이라도 할 수 있을 것이다]

곡선의 길이도 같은 방법으로 ① 곡선을 미소 부분으로 나누고, ② 각 부분의 길이를 구해, ③ 그 길이를 합하면 전체의 길이가 나온다. 즉, 미분이란 미소하게 분해하고, 적분이란 미소부분을 계속 합한다는 생각에서 출발한다(구분구적법의 개념, 9.11.1항).

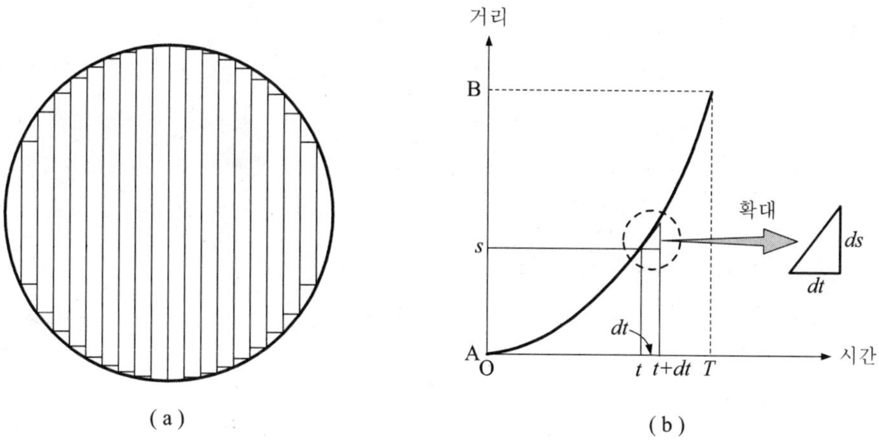

(a) 도형을 미소분할, 각 미소부분을 직사각형[또는 제형(사다리꼴), 삼각형]으로 간주해서 면적을 구한다.

(b) *dt* 시간은 그래프가 직선으로 여겨질 정도로 미소하다고 생각한다.

그림 9.1 미분 · 적분의 원리

이런 생각은 면적이나 길이를 구하기 위한 것이 아니다. 일부분을 생각해서 전체를 알아내는 방법은 자연현상의 해명이나 그 응용에 매우 큰 도움이 되는 방법 중 하나이다(9.14절 예제 9-143과 9-144를 참조하여라).

그러면 미소부분(微小部分)이란 어느 정도 작은 부분이라 생각하면 되는가?

수학적으로 엄밀하게 한없이 0에 가깝다고 하지만, 직관적으로 미소부분이란 곡선이라면 직선(선분, 線分)으로 간주될 정도, 면적이라면 직사각형이나 사다리꼴로 간주될 정도라고 생각하면 될 것이다.

▌미적분에 대한 공포감으로부터 벗어나기

처음으로 미적분을 접하는 사람들은 대부분의 경우 미적분에 대하여 처음부터 공포감을 갖게 된다. 그러나 미적분을 표시할 때 사용되는 두 개의 주요한 기호에 대한 일반 상식적인 의미를 알면 일단 공포감은 없어진다. 공포감을 주는 이 두개의 기호는 첫째 d라는 기호인데, 이것은 「어떠한 것의 아주 작은 부분」(a little bit of)이라는 것을 뜻하는 기호이다. 그러므로 dx라는 것은 x의 아주 작은 부분(미분, 微分)을 의미하며, du라는 것은 u의 아주 작은 부분을 의미한다. 그리고 이러한 아주 작은 부분이라는 것은 무한히 작은 것이라는 것을 알게 될 것이다.

미분 · 적분을 응용하는 것은 문제를 통해, 무엇을 분할하면 좋은가, 그 미소부분으로 무엇을 어떻게 계산하면 좋은가 등을 생각하는 연습(練習)이 필요하다.

예를 하나 더 들겠다. 시각(時刻) 0에 A역을 출발한 열차가, 차츰 속도를 바꿔서 시각 T에 B역에 도착했다고 한다[그림 9.1(b)]. 속도는 진행한 거리 s를 그 사이의 시간 t로 나눈 것이다. 말할 것도 없이 s는 t의 함수이고, 그래프는 그림과 같이 곡선이다(속도가 빠를수록 곡선은 급격히 올라간다). 이것을 마음속에 두고, AB사이의 어느 순간(시각 t)의 속도를 구하는 것을 생각해 보자. 이 때 t를 미소부분으로 분할한다. 미소부분 dt 사이에서는 그래프가 직선이라 여겨질 정도라 하겠다. t의 미소한 경과시간 dt사이 거리 s는 역시 미소거리 ds만큼 진행한다. 그래서 순간 속도는 ds/dt가 되는 것이다(AB사이의 평균속도는 AB/T).

다음은 둘째로 $\int$이라는 기호인데 이것은 S자를 길게 늘여서 표시한 것에 불과하며 「어떠한 것의 합」(the sum of)이라는 의미를 뜻하는 기호이다.

그러므로 $\int dx$라는 기호는 x의 아주 작은 부분(분량)을 모두 합한 것을 의미한다. 또 $\int dt$도 t의 아주 작은 부분(분량)을 모두 합한 것을 의미한다. 수학자들은 $\int$기호를 적분(積分, integral) 기호라 하며 「어떠한 것의 적분」(the integral of)이라고 부른다. 자, 그러면 이제는 잘 몰랐던 학생일지라도 x는 dx라고 하는 x의 아주 작은 미분들로 되어 있는 것이며, 이 작은 **미분** (dx)들을 한데 모아 더하면 모든 dx의 합을 얻게 된다는 것을 알았을 것이다(즉, 이것은 x의 전체와 같은 것이다). 그러므로 **적분**(integral)이라는 말은 전체(全體, the whole)라는 뜻이다. 만일 1시간이라는 기간을 생각해볼 때 1시간은 3,600개의 초라고 하는 아주 짧은 시간의 미분으로 잘라서 생각할 수 있다. 그리고 3,600개의 짧은 시간 초를 전부 한데 모아 합한 그 전체는, 즉 1시간이 되는 것이다.

그러면 이제부터 공포감을 주는 이 $\int$기호로써 시작하는 수학적인 표현에 대하여 이야기해 보면, $\int$은 그 다음에 오는 어떤 것의 작게 잘려진 부분(미분)들 모두를 합하게 되는 것이라는 의미가 있다는 것만을 알면 된다. 그것이 $\int$ 라는 기호를 뜻하는 전부이며 그 이외에는 아무런 의미가 없는 것이다.

크기가 다른 작은 것들의 비교

미적분에 있어서 dx는 x의 작은 분량이라는 것을 뜻한다. dx, du 및 dy같은 것들을 「**미분값**」(differentials)들이라고 부르며, 그것들은 각각 x의 미분값, u의 미분값 및 y의 미분값들이다(그리고 그것들을 디-엑쓰, 디-유, 디-와이라고 읽는다). 만일 dx가 x의 작은 분량이며 비교적 그것이 작다고 하더라도 $x \cdot dx$나 $x^2 \cdot dx$ 또는 $a^x \cdot dx$가 무시할 수 있을 만큼 작다고 할 수는 없다. 그렇지만 $dx \times dx$는 작은 분량을 다시 등분한 것이기 때문에 무시해 버릴 만큼 작은 것이 된다.

아주 간단한 예를 들어 설명해 보자.

x를 어떤 양으로 잡고 그 x는 작은 분량씩 증가하여 $x + dx$가 된다고 생각해보면 여기에서 dx는 증가함에 따른 첨가되는 작은 분량을 뜻한다. 이 $x + dx$를 제곱하면 $(x + dx)^2$, 즉

$x^2 + 2x \cdot dx + (dx)^2$ 이 된다. 이 때 $2x \cdot dx$는 어떤 분량을 처음으로 등분한 분량이므로 무시할 수 없다. 그러나 $(dx)^2$ 은 x의 작은 분량을 작은 분량으로서 다시 등분한 것이다. 그러므로 만일 dx를 숫자적으로 x의 1/60이라 한다면 $2x \cdot dx$는 x^2의 2/60가 되며 $(dx)^2$ 은 x^2의 1/3,600이 된다. 이 때 $(dx)^2$ 은 $2x \cdot dx$는 x^2의 2/1,000가 되며 $(dx)^2$ 은 단지 x^2의 1/1 000 000밖에 되지 않는다.

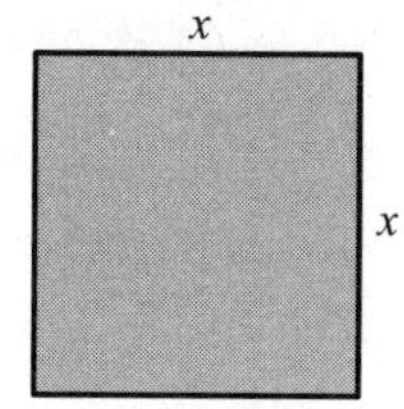

그림 9.2

이것은 다음과 같이 기하학적으로 그려볼 수 있다. 한 변이 x이 정사각형(그림 9.2)을 그려보자.

이 정사각형의 맞닿은 두 변이 각각 dx만큼씩 커진다고 생각해 보면 이 커진 사각형은 넓이가 x^2이 되는 본래의 사각형과 위와 오른편에 넓이가 $x \cdot dx$되는 직사각형을 각각 갖게 되며(모두 합쳐 $2x \cdot dx$) 또한 위의 오른쪽 귀퉁이의 넓이가 $(dx)^2$ 이 되는 작은 정사각형으로 된다. 그림 9.3에서 dx를 x의 1/5되는 만큼 잡았다. 그러나 dx를 가는 펜으로 그은 선과 같은 넓이가 되는 x의 1/100에 해당하도록 잡는다면 귀퉁이에 생기는 작은 정사각형은 그 넓이가 x^2의 1/10 000밖에 되지 않는다(그림 9.4).

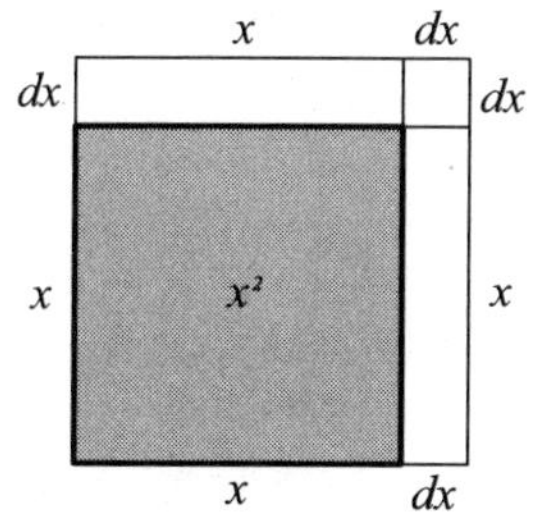

그림 9.3

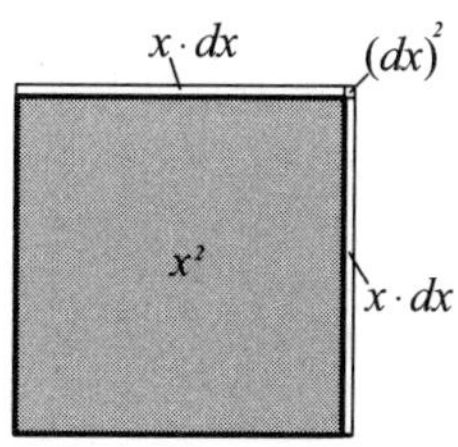

그림 9.4

예를 하나 들어보자. 돈 많은 사업가가 그의 비서에게 일주일간에 버는 돈의 1/100을 주급으로 주기로 했다고 하자. 그리고 그 비서는 그의 아들에게 아버지가 버는 돈의 1/100을 주기로 했을 때, 그 사업가의 총 수입이 일주일에 100만원이라고 가정하면 그의 비서는 만원을 받게 되고 비서의 아들은 그의 아버지로부터 100원을 받게 된다. 만원은 100만원에 비하여 적은 액수의 금액이다. 그러나 비서의 아들이 받은 100원은 100만원에 비하여 매우 적은 액수가 된다. 1/100이 아니고 만일 각각 1/1 000을 받기로 등분율을 정하였다면, 사업가의 비서는 1 000원을 비서의 아들은 단지 1원 밖에는 못 받게 된다는 계산이 나온다.

미분 · 적분의 바탕은 무한히 작게 한다, 또는 무한의 것을 무한히 크게 합한다는 극한의 조작이다. 역사적으로는 약 2000년 전 이미 그리스에서 생각법이 탄생했다. 근대적 미분 · 적분은 Newton(영국, 1642~1727), Leibnitz(독일, 1646~1716)에서 시작됐다. 뒤에 서술하는 미분의 dx나 적분의 $\int$같은 기호는 Leibnitz가 창안했다.

미분 · 적분학에 의해 함수나 무한이라는 것이 깊게 연구되고, 해석학이라는 학문이 크게 발전하게 되었다. 그래서 물리학을 중심으로 과학이나 기술로 넓게 응용되고, 현재의 과학과 기술은 미분 · 적분 없이는 있을 수 없다고 해도 과언이 아니다.

5장에 서술한대로 함수 성질의 연구에는 미분이 빠질 수 없다. 함수 $y=f(x)$에 대해 먼저 [x가 dx만 미소변화를 했을 때, y의 미소변화는 어떻게 되는가(이것을 식으로 계산하는 것을 미분법이라 부른다)]에서 시작해서, 이 함수의 증감의 상황, 극대 · 극소, 함수의 값의 근사계산(함수의 전개), 곡선의 접선, 법선, 곡률의 계산 및 오차의 추정 등 미분의 응용은 참으로 넓다. 또한 수리학 및 역학 등에서도 널리 응용된다.

한편, 적분(식에서의 계산은 미분의 역이다)은 면적, 체적 · 용량의 계산부터 예를 들면, 하천의 유량, 곡선의 길이 등 토목기술(土木技術)에도 여러 분야에 걸쳐서 이용되고, 또한 미분방정식이라는 공학적으로 중요한 수학적 도구에서 필요하다. 특히 토목(土木)[또는 건설(建設)]공학(工學)에서는 수치적분이라는 계산법은 필수과목 중의 하나이다.

9.1 미분법

전술한 속도의 예와 같이, 보통 어느 함수 $y=f(x)$에 대해 x의 미소변화에 대한 변화율(**y의 미소변화 / x의 미소변화**)을 구하는 것이 제1의 목표이다. 이 계산($f(x)$에 대한 조작)을 미분법(微分法)이라 부른다.

미분법은 "변화를 미소하게 극한"이라는 생각에 기초한다. 때문에 여기서 미분의 준비로써 극한에 관해 설명한다.

9.1.1 함수의 극한

(1) 함수 $f(x)$에서 $x \neq a$이고 변수 x가 한없이 일정한 값 a에 가까워 질 때($x < a$쪽에 가까워져도, $x > a$쪽에 가까워져도), 이에 따라서 변수 $f(x)$가 한없이 어느 정해진 일정한 값 b에 가깝다고 한다. x가 a에 한없이 가까워질 때, 함수 $f(x)$는 b에 수렴한다고 하고, b를 $f(x)$의 **극한값** 또는 **극한**이라고 한다. 그리고 이것을 기호로 다음과 같이 나타낸다(그림 9.5).

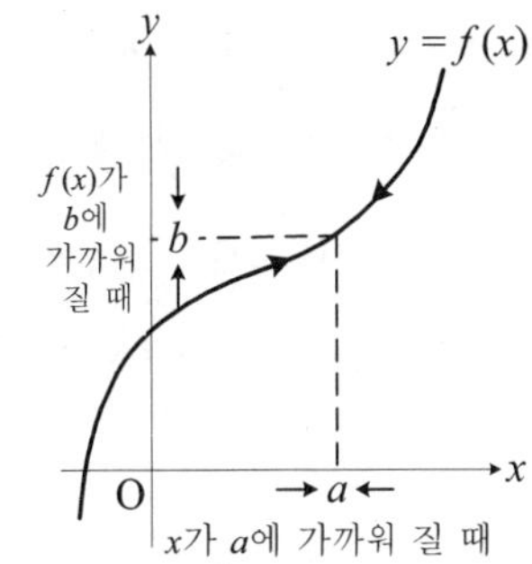

그림 9.5 함수의 극한

$$x \to a \text{일 때 } f(x) \to b \quad \text{또는} \quad \lim_{x \to a} f(x) = b$$

그래서 $f(x)$는 $x \to a$일 때 극한값 b를 갖는다고 한다.

> $b = f(a)$인 것도 있고, $b \neq f(a)$인 것도 있고, 또한 $f(a)$인 값 자체가 없는 것도 있다(5.1.4항 참조). 극한값이 없는 경우에는, a에 $x < a$에서 가까워질 때와, $x > a$에서 가까워질 때로 다른 경우(예를 들면, $\tan x$로 $x \to \pi/2$)나, $x \to a$로 함수값이 무한대로 진동하는 경우 등이 있다.

(2) 특히, 상수함수 $f(x) = c$ (c는 상수)는 모두 실수 x에 대하여 함수값이 항상 c이므로 a의 값에 관계없이 다음 식이 성립한다(그림 9.6).

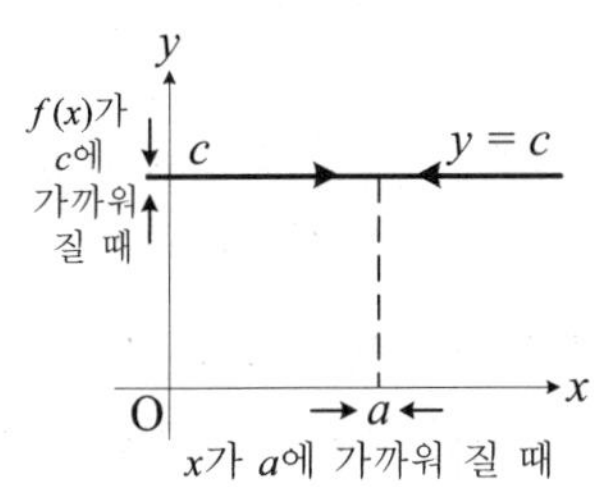

그림 9.6 상수의 극한

$$\lim_{x \to a} f(x) = \lim_{x \to a} c = c$$

주의

$x \to a$는 x가 $x = a$의 좌우에서 x축을 따라 a에 한없이 가까워짐을 뜻한다. 이 때, $x \neq a$에 유의한다.

(3) 함수의 극한값 구하는 방법

① 다항함수의 극한값

$f(x)$가 다항함수일 때, $\lim_{x \to a} f(x) = f(a)$

위의 결과는 $x \to a$를 $f(x)$에 대입하면 $f(a)$을 얻는 과정이다.

② 부정형의 극한값

$\frac{0}{0}$, $\frac{\infty}{\infty}$, $\infty-\infty$, $\infty\times 0$의 꼴을 부정형(不定形)이라 한다. 이러한 부정형의 극한값은 그대로는 그 값을 구할 수 없으므로 다음과 같은 부정형이 아닌 꼴로 변형하여 구한다.

(가) 부정형 $\frac{0}{0}$ 꼴의 극한값

분수식 : 분모와 분자를 인수분해 한 다음 약분한다(인수정리, 조립제법을 이용).

무리식 : (i) 먼저, 분모나 분자 중에서 근호($\sqrt{\ }$)가 있는 쪽을 유리화한다.

(ii) 분모와 분자 모두 $\sqrt{\ }$가 있을 때에는 분모와 분자에 컬레수를 곱한다.

(나) 부정형 $\frac{\infty}{\infty}$ 꼴의 극한값

분수식 : 먼저, 분모의 최고차항으로 분모와 분자를 나눈다.

무리식 : $\sqrt{\ }$ 밖의 최고차항으로 분모와 분자를 나눈다.

(다) 부정형 $\infty-\infty$ 꼴의 극한값

$\sqrt{\ }$가 없는 다항식 : 최고차항으로 묶는다.

$\sqrt{\ }$가 있는 다항식 : 유리화한다.

(라) 부정형 $\infty\times 0$ 꼴의 극한값

통분 또는 유리화에 의하여 $\frac{0}{0}$, $\frac{\infty}{\infty}$, $\infty\times c$, $\frac{c}{0}$, $\frac{\infty}{c}$, $\frac{c}{\infty}$ (c는 일정한 값) 등의 꼴로 변형할 수 있는지 확인한다.

$\frac{\infty}{\infty}$ 꼴과 $\infty\times 0$ 꼴에서 0(零)은 수(數)의 0이 아니라 0에 가까이 가는 것을 나타낸다.

다항함수(多項函數, polynomial function)는 함수 $y=f(x)$에서 $f(x)$가 x에 대한 다항식일 때 이 함수를 말한다.

다항식(多項式, polynomial)은 두 개 이상의 단항식이 덧셈(+)이나 뺄셈(−)으로 결합된 식

단항식(單項式, monomial)은 몇 개의 수나 문자들의 곱셈(×)만으로 이루어진 식

예제 9-1

다음 함수의 극한값을 구하여라.

(1) $\lim_{x\to 3} 4x$ (2) $\lim_{x\to 2}(x^2-3x+5)$ (3) $\lim_{h\to 0}(2+3h+4h^2)$

(4) $\lim_{x\to\infty}\frac{2}{x-1}$ (5) $\lim_{x\to 2}\frac{1}{x+3}$ (6) $\lim_{x\to 0}\left(3-\frac{1}{x^2}\right)$

▌풀이

(1) $\lim_{x\to 3} 4x = 4\lim_{x\to 3} x = 4\cdot 3 = 12$

(2) $\lim_{x\to 2}(x^2-3x+5) = 2^2-3\times 2+5 = 4-6+5 = 3$

(3) $\lim_{h\to 0}(2+3h+4h^2) = 2+3\cdot 0+4\cdot 0^2 = 2$

(4) $\lim_{x\to\infty}\frac{2}{x-1} = \frac{1}{\infty} = 0$

(5) $\lim_{x\to 2}\frac{1}{x+3} = \frac{1}{2+3} = \frac{1}{5}$

(6) $\lim_{x\to 0}\left(3-\frac{1}{x^2}\right) = 3-\frac{1}{0} = 3-\infty = -\infty$

예제 9-2

다음 함수 $f(x)$의 극한값을 구하여라.

(1) $\lim_{x\to 2} f(x) = \lim_{x\to 2}\frac{x^2-4}{x-2}$ (2) $\lim_{x\to\infty} f(x) = \lim_{x\to\infty}\frac{2x^2+4x+1}{3x^2-2}$

(3) $\lim_{x\to\infty} f(x) = \lim_{x\to\infty}(\sqrt{x+1}-\sqrt{x})$ (4) $\lim_{x\to 0} f(x) = \lim_{x\to 0}\frac{1}{x}\left(\frac{2}{\sqrt{x+1}}-2\right)$

▌풀이

(1) $f(x)$는 분수식이고 $x=2$를 대입하면 분모・분자가 0/0의 꼴이 되어 이럴 때 분모・분자에 각각 2를 대입해서는 안 된다. 그러므로 분모・분자를 인수분해 한 다음 약분해서 계산하면 다음과 같다.

$$\lim_{x\to 2} f(x) = \lim_{x\to 2}\frac{x^2-4}{x-2} = \lim_{x\to 2}\frac{(x+2)(x-2)}{x-2} = \lim_{x\to 2}(x+2) = 2+2 = 4$$

또는 $x\to 2$일 때, $f(x) = \frac{x^2-4}{x-2} = (x+2)\to 2$

(2) $f(x)$는 $\frac{\infty}{\infty}$ 꼴이므로 분모의 최고차항 x^2으로 분모와 분자를 나누면

$$\lim_{x\to\infty}\frac{2x^2+4x+1}{3x^2-2} = \lim_{x\to\infty}\frac{2+\frac{4}{x}+\frac{1}{x^2}}{3-\frac{2}{x}} = \frac{2+\frac{1}{\infty}+\frac{1}{\infty}}{3-\frac{1}{\infty}} = \frac{2+0+0}{3-0} = \frac{2}{3}$$

(3) $f(x)$는 $\infty-\infty$꼴이면서 $\sqrt{\ }$가 있는 다항식이므로 분자를 유리화한다.

$$\lim_{x\to\infty}(\sqrt{x+1}-\sqrt{x}) = \lim_{x\to\infty}\frac{(\sqrt{x+1}-\sqrt{x})(\sqrt{x+1}+\sqrt{x})}{\sqrt{x+1}+\sqrt{x}} \ (2.2.6\text{항 참조})$$

$$= \lim_{x\to\infty}\frac{x+1-x}{\sqrt{x+1}+\sqrt{x}} = \lim_{x\to\infty}\frac{1}{\sqrt{x+1}+\sqrt{x}} = \frac{1}{\infty} = 0$$

(4) $f(x)$는 $\infty\times 0$꼴이므로 괄호 안은 통분하고 분사를 유리화한다.

$$\lim_{x\to 0}\frac{1}{x}\left(\frac{2}{\sqrt{x+1}}-2\right) = \lim_{x\to 0}\frac{2}{x}\left(\frac{1}{\sqrt{x+1}}-1\right) = \lim_{x\to 0}\frac{2}{x}\left(\frac{1-\sqrt{x+1}}{\sqrt{x+1}}\right)$$

$$= \lim_{x\to 0}\frac{2}{x}\left(\frac{(1-\sqrt{x+1})(1+\sqrt{x+1})}{\sqrt{x+1}(1+\sqrt{x+1})}\right)(\text{분자 유리화})$$

$$= \lim_{x\to 0}\frac{2}{x}\frac{1-x-1}{\sqrt{x+1}(1+\sqrt{x+1})} = -\frac{2}{1\cdot(2)} = -1$$

9.1.2 미분계수와 도함수

(1) 평균변화율

함수값의 변화상태를 조사하는 데, 그 값의 변화량의 비율을 생각하는 일이 있다. 일반적으로 연속함수

$$y=f(x) \tag{9.1}$$

에 있어서 변수(變數) x가 하나의 고정된 값 x_1에서 다른 값 x_2로 변화하면, 함수 식 (9.1)은 y의 값은 $y_1=f(x_1)$에서 $y_2=f(x_2)$까지 변화한다. 이 때 오른쪽 그림 9.7로부터

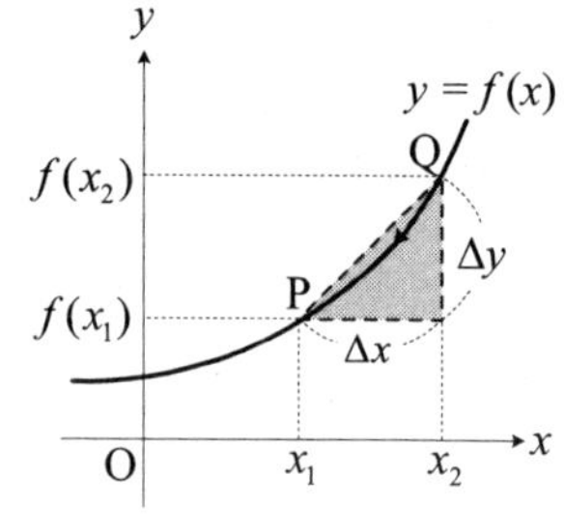

그림 9.7 평균변화율

$$\begin{cases} x_2-x_1=\Delta x \\ y_2-y_1=f(x_2)-f(x_1)=\Delta y \end{cases} \tag{9.2}$$

로 놓으면, Δx는 x의 변화량이고, Δy는 y의 변화량을 나타낸다.

그 차(差, difference) $\Delta x(=x_2-x_1)$을 x의 **증분**(增分, increment)이라 한다. 일반적으로, x의 증분은 양(陽, +)일수도 있고, 음(陰, −)일수도 있으며 이것을 기호 Δx로 나타내고 "델타 x"로 읽는다. 마찬가지로 Δx에 대한 y의 증분 Δy, $f(x)$의 증분을 $\Delta f(x)$로 나타낸다(여기서 Δ는 차를 뜻하는 영어 Difference의 첫 글자 D에 해당하는 그리스 문자 델타(delta)를 나타낸다).

▌ 평균변화율의 정의 ▌

$y=f(x)$ 에서 변수 x가 x_1에서 x_2로 변화할 때 Δx에 대한 Δy의 비율은

$$\frac{\Delta y}{\Delta x}=\frac{y_2-y_1}{x_2-x_1}=\frac{f(x_2)-f(x_1)}{\Delta x} \tag{9.3}$$

이것을 구간$[x_1,\ x_2]$에서 식 (9.1) $y=f(x)$ 의 **평균변화율**(平均變化率, average rate of change) 이라고 한다.

평균변화율의 기하학적 의미 평균변화율은 9.1절 그림 9.7에서 **직선 $\overline{PQ}$의 기울기**와 같다.

예 1 만약 $y=x^2$이면 $\Delta y=(x+\Delta x)^2-x^2=2x\Delta x+(\Delta x)^2$이다. 따라서 만약 x가 3에서 3.1로 변한다면 $x=3$, $\Delta x=0.1$이므로 $\Delta y=2(3)(0.1)+(0.1)^2=0.61$ 증가한다.

예 2 함수 $f(x)=2x^2-2x$에서 변수 x가 1에서 3까지 변할 때, 평균변화율을 구하라.

풀이 평균변화율은 식 (9.3)을 이용하면

$$\frac{\Delta y}{\Delta x}=\frac{y_2-y_1}{x_2-x_1}=\frac{f(x_2)-f(x_1)}{\Delta x}=\frac{2\cdot 3^2-2\cdot 3-(2\cdot 1^2-2\cdot 1)}{3-1}$$

$$=\frac{18-6-(2-2)}{2}=\frac{12}{2}=6$$

예제 9-3

다음 각 함수의 주어진 구간에서의 평균변화율을 구하여라.

(1) $y=x+2\quad[2,5]$ (2) $y=x^2\quad[2,\ 2+\Delta x]$

▌풀이

(1) $f(x)=x+2$로 놓으면 식 (9.3)에 의하여

$$\frac{\Delta y}{\Delta x}=\frac{f(5)-f(2)}{\Delta x}=\frac{5+2-(2+2)}{5-2}=\frac{7-4}{3}=\frac{3}{3}=1$$

(2) $f(x)=x^2$로 놓으면 식 (9.3)에 의하여

$$\frac{\Delta y}{\Delta x}=\frac{f(2+\Delta x)-f(2)}{\Delta x}=\frac{(2+\Delta x)^2-2^2}{2+\Delta x-2}=\frac{4+4\Delta x+(\Delta x)^2-4}{\Delta x}$$

$$=4+\Delta x$$

(2) 미분계수(또는 순간변화율)

함수 $y=f(x)$에 대하여 x의 미소변화에 대한 y의 변화율을 구하는 방법을 생각해 보자.

x의 값이 x_1에서 x_2까지 변화할 때, 식 (9.2)에서 $x_2=\Delta x+x_1$, $\Delta y=f(x_2)-f(x_1)=f(x_1+\Delta x)-f(x_1)$이므로 평균변화율 식 (9.3)은 다음과 같이 쓸 수 있다.

$$\frac{\Delta y}{\Delta x}=\frac{f(x_1+\Delta x)-f(x_1)}{\Delta x} \tag{9.4}$$

앞 식에서 $\Delta x\to 0$으로 했을 때, 이것이 일정한 값에 수렴(어떤 값에 일치하지는 않지만 그에 한없이 가까이 다가가는 과정)하면, 평균변화율의 극한값(極限値), 즉

$$\lim_{\Delta x\to 0}\frac{\Delta y}{\Delta x}$$

를 이 함수 $y=f(x)$의 $x=x_1$에서, 즉 극한과정을 통하여 얻은 변화율을 **순간변화율**(瞬間變化率)이라 하며, 이 순간변화율이 바로 **미분** 또는 **미분계수**(微分係數)이다. 함수 $y=f(x)$의 $x=x_1$에서의 미분계수를 다음과 같은 기호 $f'(x_1)$, $y'_{x=x_1}$, $\left(\frac{dy}{dx}\right)_{x=x_1}$ 등으로 나타낸다. 그리고 이 때 함수 $y=f(x)$는 $x=x_1$에서 미분가능하다고 한다.

미분한 것을 ′(prime)으로 표현한 것은 Newton이 고안한 것으로 현재까지 이용되고 있다. 흔히 우리나라에서는 $f'(a)$를 '에프 다시 에이'라고 읽지만 사실은 **'에프 프라임 에이' 라고 읽어야 정확하다.** '에프 다시 에이'에서의 '다시'는 실제로는 '대쉬(dash)'로서, 다른 뜻도 많지만 문장기호로서는 '−'라는 기호를 가리킨다.

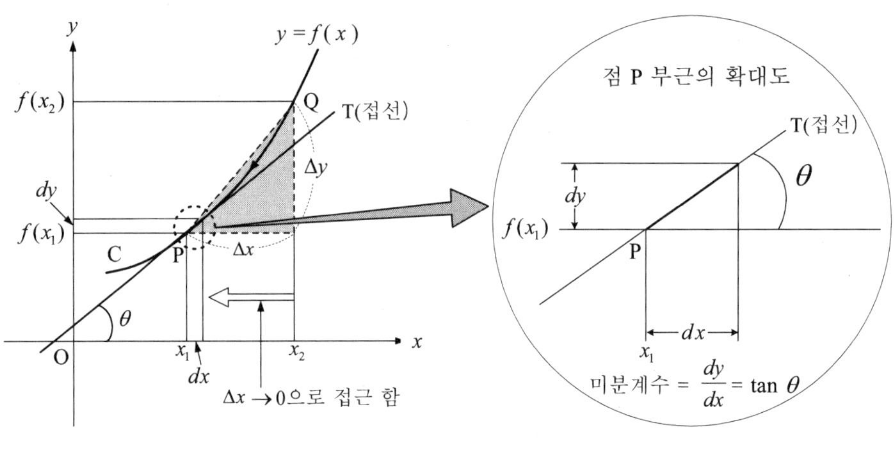

그림 9.8 미분계수(또는 순간변화율)의 그림 해

▌ 미분계수의 정의 ▌

함수 $y=f(x)$의 $x=x_1$에서의 미분계수는

$$f'(x_1)=\lim_{\Delta x\to 0}\frac{\Delta y}{\Delta x}=\lim_{\Delta x\to 0}\frac{f(x_1+\Delta x)-f(x_1)}{\Delta x} \tag{9.5}$$

이 **미분계수의 기하학적 의미**를 살펴보면 다음과 같다.

그림 9.8을 보면 식 (9.4)의 평균변화율

$$\frac{\Delta y}{\Delta x}=\frac{f(x_1+\Delta x)-f(x_1)}{\Delta x}$$

는 할선 PQ의 기울기와 같음을 알 수 있다.

그림 9.8에서 정점 P와 점 Q가 곡선 C위의 서로 다른 두 점일 때 직선 PQ를 C의 **할선**(割線, secant)이라 한다. P를 고정하고 점 Q를 C에 따라 점 P에 한없이 접근시키면 일반적으로 할선 PQ는 극한으로 하나의 정직선(定直線, define line) PT에 접근한다. 이 직선 PT는 점 P에서의 C의 **접선**(接線, tangent)이라 하고, 점 P는 **접점**(接點, tangent point)이다.

이 정의에 의하면 도함수를 다음과 같이 해석할 수 있으며, 또 이것은 미적분을 기하학(幾何學, geometry)에 이용하는 모든 응용에 기본이 되는 점이기도 하다. 따라서, 접선 PT의 기울기는 $\Delta x\to 0$일 때의 식 (9.4)의 극한값 $f'(x_1)$과 같다. 이상의 것을 요약하면 **미분계수의 기하학적 의미**는 다음과 같다(그림 9.8 참고).

> 곡선 $y=f(x)$ 위의 점 $P(x_1,\ y_1)$에서의 접선 PT가 x축의 양의 방향과 이루는 각(角)을 θ라고 하면, $f'(x_1)$는 점 P에서의 접선의 기울기(gradient)(접선 PT기울기)이고 $f'(x_1)=\tan\theta$가 성립

▌ 기하학적 의미란?

이따금 '기하학적'이란 용어에 낯선 학생들이 있다. 중학생용 수학책에 나오듯이, 수학은 크게 **대수학**(代數學, algebra)과 **기하학**(幾何學, geometry)으로 나누어져 있고 대수학은 인도나 아라비아에서 즐겨 사용되었고 기하학은 그리스에서 주로 애용되었다.

풀이방법에 있어서 **대수학**은 말 그대로 주로 **수와 식을 중심**(도형을 수로 대신함)으로, 특히 미지수는 기호(대수학의 기호화, 예를 들면 피타고라스의 정리)로 나타내어지게 되었고, **기하학**은 일종

의 **도형과 작도**를 주로 다루므로, 도해(圖解)를 이용한 방식으로 풀이한 함수상의 한 점에서의 '접선의 기울기'란 의미를 기하학적 의미라고 부르는 것이다. '기학적 의미'라는 말 자체를 좀 더 쉽게 말하자면 '그림을 통한 이해'라는 뜻이므로, 그림 9.8을 시각적으로 머릿속에 담아놓으면 편하다.

「곡선의 기울기」라는 **표현은 명확하지 않다.** 왜냐하면 한 곡선은 각 지점에서 각기 다른 기울기를 갖게 되므로 한 곡선은 실제로 무한히 많은 기울기(slope)를 갖기 때문이다. 그러므로 「주어진 지점에서의 곡선의 기울기」라는 것이 완전한 표현이며, 이것은 그 점에서 위치한 곡선의 아주 작은 부분의 기울기인 것이다. 즉, 「곡선 위의 그 점에서 탄젠트(tangent)의 값」인 것이다. 대부분의 수학책들의 경우 **그 점에서의 접선(接線, tangent line)의 기울기**라고 나타내고 있다.

예제 9-4

$f(x)=x^3$일 때, $x=2$에서의 미분값은 얼마인가?

풀이

식 (9.5)에 주어진 함수와 $a=2$를 대입하여 구하면 다음과 같다.

$$\begin{aligned} f'(2) &= \lim_{\Delta x\to 0}\frac{f(2+\Delta x)-f(2)}{\Delta x} = \lim_{\Delta x\to 0}\frac{(2+\Delta x)^3-2^3}{\Delta x} \\ &= \lim_{\Delta x\to 0}\frac{2^3+3\cdot 2^2\cdot\Delta x+3\cdot 2\cdot(\Delta x)^2+(\Delta x)^3-2^3}{\Delta x} \\ &= \lim_{\Delta x\to 0}\{3\cdot 2^2+3\cdot 2\cdot\Delta x+(\Delta x)^2\} \\ &= 3\cdot 2^2=12 \end{aligned}$$

(3) 도함수

곡선의 접선을 구하는 문제와 물체의 속도를 구하는 문제는 모두 같은 형태의 극한을 포함한다. 이 특별한 형태의 극한을 **도함수**라고 하며, 과학이나 공학에서는 **변화율**(變化率)로 이해되며, 화학에서는 반응률, 경제학에서는 한계비용 등으로 나타난다.

함수 $f(x)=x^2$에 대하여 $x=a$에서의 미분계수 $f'(a)$는

$$\begin{aligned} f'(a) &= \lim_{\Delta x\to 0}\frac{(a+\Delta x)^2-a^2}{\Delta x} = \lim_{\Delta x\to 0}\frac{a^2+2a\Delta x+(\Delta x)^2-a^2}{\Delta x} \\ &= \lim_{\Delta x\to 0}(2a+\Delta x)=2a \end{aligned} \tag{9.6}$$

이다. 이를테면 미분계수 $f'(-1)$, $f'(0)$, $f'(1)$ 및 $f'(2)$는 식 (9.6)의 a에 각각 -1, 0, 1 및 2를 대입하면 다음 표를 얻을 수 있고 그들의 관계는 그림 9.9와 같다. 즉,

표 9.1 임의의 실수 a와 미분계수 $f'(a)$의 관계

a	-1	0	1	2
$f'(a)=2a$	-2	0	2	4

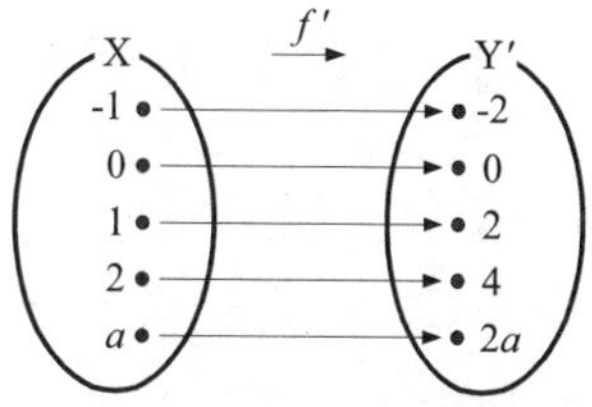

그림 9.9 미분계수의 대응함수

함수 $f(x)=x^2$의 $x=a$에서의 미분계수 $f'(a)=2a$에서 a는 임의의 실수를 나타내므로 a를 변수로 보면, $f'(a)=2a$는 a의 함수이다. 여기서 a를 x로 바꾸어 쓰면 함수 $f(x)=x^2$에서 $f'(x)=2x$가 유도된 셈이다. 일반적으로 함수 $y=f(x)$에서 x의 각각의 값 a에 각각의 미분계수 $f'(a)$를 대응시키는 함수를 주어진 함수 $f(x)$의 도함수라고 하며, 기호 $f'(x)$로 나타낸다.

▌ 도함수의 정의 ▌

함수 $y=f(x)$의 도함수는

$$f'(x) = \lim_{\Delta x \to 0} \frac{\Delta y}{\Delta x} = \lim_{\Delta x \to 0} \frac{f(x+\Delta x)-f(x)}{\Delta x} \tag{9.7}$$

함수 $y=f(x)$가 주어졌을 때, 도함수 $f'(x)$를 구하는 과정을 함수 $f(x)$를 x에 관하여 미분한다고 하며, 이것은 "**도함수를 구한다**"는 뜻이며, 그 계산법을 **미분법**(微分法, differentiation)이라고 한다.

독립변수(獨立變數)가 x이고 종속변수(從屬變數)가 y임을 나타내는 전통적인 기호 $y=f(x)$를 사용하는 경우에, 도함수를 나타내는 다음과 같은 몇 개의 기호들이 있다.

$$f'(x),\ y',\ \frac{dy}{dx},\ \frac{df(x)}{dx},\ \frac{d}{dx}f(x),\ D_x y,\ Df(x),\ \text{및}\ D_x f(x)$$

기호 D와 $\frac{d}{dx}$는 미분법의 연산을 나타내므로 **미분연산자**(微分演算子, differential operator)라 부른다. 그리고 $\frac{dy}{dx}$는 "x에 대한 y의 도함수"라 읽는다.

기호 $\frac{dy}{dx}$는 라이프니츠(Leibniz, 독일 철학자, 수학자 1646~1716)에 의하여 1684년에 출판한 미적분학에 소개되어 라이프니츠 기호라 하고 간단히 $f'(x)$의 다른 표현방법으로 간주한다. 이 기호를 사용하여 특정한 수 a에서 도함수 $\frac{dy}{dx}$의 값을 나타내려면 $f'(a)$와 같은 의미로 기호 $\left.\frac{dy}{dx}\right|_{x=a}$ 또는 $\left.\frac{dy}{dx}\right]_{x=a}$를 사용한다.

▌ 도함수의 기하학적 의미

도함수 $f'(x)$는 $y=f(x)$의 그래프 위의 임의의 점 $(x,\ f(x))$에서의 **접선의 기울기**를 의미한다. 그리고 $f(x)$의 도함수가 존재하면 함수 $f(x)$는 **미분가능**(微分可能)하다라고 하며, 다음 정리에서 알 수 있는 바와 같이 **함수의 연속성**(連屬性)을 뜻한다.

▌ 정리(定理, Theorem) ▌

$x=a$에서 $f'(x)$가 존재하면 $f(x)$는 $x=a$에서 연속이다.

[증명] $x \neq a$에 대해서 다음의 **항등식**(恒等式, identity)을 생각하자.

$$f(x)=\frac{f(x)-f(a)}{x-a}(x-a)+f(a)$$

이 식의 양변에 $x \to a$일 때의 극한을 취하면 다음 식이 된다.

$$\lim_{x \to a} f(x)=f'(a)\cdot(a-a)+f(a)=f(a)$$

정의에 의하여 이 식은 함수 $f(x)$가 $x=a$에서 연속임을 뜻한다.

주어진 함수의 도함수를 구하는 과정은 다음 **4단계계산법**(四段階計算法, four-step rule)으로 요약할 수 있다.

1. $y=f(x)$에 x대신에 $x+\Delta x$를, y대신에 $y+\Delta y$를 대입한다.
2. Δy를 x와 Δx의 항으로 나타내기 위하여 1의 결과에서 $y=f(x)$를 빼낸다.
3. 2의 양변을 Δx로 나눈다.
4. Δx가 0에 접근할 때의 3의 극한값을 구한다.

예제 9-5

$y=\dfrac{1}{x+1}$일 때 (1) x의 임의의 값에 대한, (2) $x=2$에 대한 $\dfrac{dy}{dx}$를 구하여라.

▌풀이

(1) 4단계계산법에 따라서

1. $y+\Delta y=\dfrac{1}{x+\Delta x+1}$

2. $\Delta y=\dfrac{1}{x+\Delta x+1}-\dfrac{1}{x+1}=\dfrac{x+1-(x+\Delta x+1)}{(x+\Delta x+1)(x+1)}=\dfrac{-\Delta x}{(x+\Delta x+1)(x+1)}$

3. $\dfrac{\Delta y}{\Delta x}=\dfrac{1}{\Delta x}\,\dfrac{-\Delta x}{(x+\Delta x+1)(x+1)}=-\dfrac{1}{(x+\Delta x+1)(x+1)}$

4. $\dfrac{dy}{dx} = \lim\limits_{\Delta x \to 0} \dfrac{\Delta y}{\Delta x} = \lim\limits_{\Delta x \to 0}\left(-\dfrac{1}{(x+\Delta x+1)(x+1)}\right) = -\dfrac{1}{(x+1)^2}$

(2) (1)의 4에 $x=2$를 대입하면 다음과 같다.

$$\frac{dy}{dx} = -\frac{1}{(x+1)^2} = -\frac{1}{(2+1)^2} = \frac{1}{9}$$

예제 9-6

도함수의 정의에 의하여 다음 함수를 미분하여라.

(1) $f(x)=x^2$　　　　(2) $f(x)=\dfrac{1}{x}$

▌풀이

(1) $$f'(x) = \lim_{\Delta x \to 0} \frac{f(x+\Delta x)-f(x)}{\Delta x} = \lim_{\Delta x \to 0} \frac{(x+\Delta x)^2 - x^2}{\Delta x}$$
$$= \lim_{\Delta x \to 0} \frac{x^2+2x\Delta x+(\Delta x)^2-x^2}{\Delta x} = \lim_{\Delta x \to 0}(2x+\Delta x) = 2x$$

(2) $$f'(x) = \lim_{\Delta x \to 0} \frac{f(x+\Delta x)-f(x)}{\Delta x} = \lim_{\Delta x \to 0} \frac{\frac{1}{(x+\Delta x)} - \frac{1}{x}}{\Delta x}$$
$$= \lim_{\Delta x \to 0} \frac{\frac{x-(x+\Delta x)}{x(x+\Delta x)}}{\Delta x} = \lim_{\Delta x \to 0} \frac{-\Delta x}{\Delta x \cdot x(x+\Delta x)} = \lim_{\Delta x \to 0} \frac{-1}{x(x+\Delta x)}$$
$$= \frac{-1}{x(x+0)} = -\frac{1}{x^2}$$

미분값과 도함수의 관계를 확실히 이해하기 위하여 [예제 9-4]를 ① 도함수를 먼저 구하고 ② 마지막 단계에서 숫자를 대입하는 방식으로 다시 풀어보자.

예제 9-7

$f(x)=x^3$일 때, $x=2$에서의 미분값은 얼마인가?

▌풀이

$$f'(x) = \lim_{\Delta x \to 0} \frac{f(x+\Delta x)-f(x)}{\Delta x} = \lim_{\Delta x \to 0} \frac{(x+\Delta x)^3 - x^3}{\Delta x}$$
$$= \lim_{\Delta x \to 0} \frac{x^3+3\cdot x^2\cdot \Delta x+3\cdot x\cdot(\Delta x)^2+(\Delta x)^3-x^3}{\Delta x}$$
$$= \lim_{\Delta x \to 0}\{3\cdot x^2+3\cdot x\cdot \Delta x+(\Delta x)^2\}$$
$$= 3x^2$$

마지막 식에 $x=2$를 대입하면 $x=2$에서의 미분값으로 $3x^2=3\cdot 2^2=12$를 얻는다.

도함수를 구하고 또 대입하는 두 단계의 과정을 거치므로 조금은 번잡하게 보이지만 실제로는 이 방법이 더 좋다. 왜냐하면 여러 종류의 함수에 대한 도함수가 공식화되어 있으므로 일일이 도함수를 직접 구하지 않아도 이 공식을 쓴다면 보다 빠르고 간편하게 구할 수 있는 장점이 있기 때문이다. 즉, 우리가 보통 미분을 한다는 것은 이러한 공식들을 적용해서 도함수를 구한다는 뜻이지, 일일이 도함수를 직접 구한다는 것이 아니다.

예를 들면, 함수가 $f(x)=x^n$인 경우 그 도함수는 $f'(x)=nx^{n-1}$로 공식화 되어있으므로, 앞의 [예제 9-7]의 x^3에 대하여 도함수를 적용하고 $x=2$를 대입하면 바로 다음의 결과 $f'(2)=3x^{3-1}=3x^2=3\cdot 2^2=12$를 얻을 수 있다.

▌도함수 $f'(x)$와 미분계수 $f'(a)$

만약 함수 $f(x)=x^3$에서 미분계수 $f'(1)$, $f'(2)$, $f'(3)$을 구하고자 할 때 미분계수의 정의를 써서 일일이 구하는 것보다는 먼저 도함수 $f'(x)=3x^2$을 구한 다음, 이 도함수에 $x=1, 2, 3$을 다음과 같이 대입하여 구하는 것이 효율적이다.

$$f'(1)=3\cdot 1^2=3,\ f'(2)=3\cdot 2^2=12,\ f'(3)=3\cdot 3^2=27$$

h만 변화하면 y의 값은 $f(x+h)$가 되므로, x의 변화에 대한 y의 변화율은[그림 9.8]

$$\frac{f(x+h)-f(x)}{h}$$

때문에 h가 미소일 때의 y의 변화율은 $h\to 0$의 극한값(極限値)이 된다. 이 극한값이 존재하면 이것을 $\dfrac{dy}{dx}$ 인 **기호**(記號)를 쓴다(읽는 법은 $dy\,dx$). 즉,

$$\frac{dy}{dx}=\lim_{h\to 0}\frac{f(x+h)-f(x)}{h} \quad \cdots \text{ 미분계수의 정의} \tag{9.8}$$

$\dfrac{dy}{dx}$를 x에 있어 $f(x)$의 **미분계수**(微分係數)라 한다. 또 미분계수는 보통 x의 함수가 된다. 이것을 **도함수**(導函數)라 부른다[$f(x)$에서 도출(導出)된 함수라는 뜻].

함수 $f(x)$에 대해 어떤 x의 값에서 식 (9.8)의 극한값이 존재할 때, $f(x)$는 x로 **미분가능**(微分可能)하다라고 한다. [그림 9.10 (a)]에 x로 미분 가능한 함수 (b)에 미분 가능하지 않은 함수의 예를 나타낸다. x에서 미분 가능한 함수는 x로 연속이 아니면 안 된다(함수의 연속에 대해서는 5.1.3항 참조).
매우 직관적으로 말하면, x에서 미분가능이란 x에서 x축에 연직이 아닌 접선 1개는 반드시 긋고, 그러나 두 개는 긋지 않는다는 함수이다.
이 장에서는 특히, 끊어지지 않는 한 미분 가능한 함수만을 생각한다.

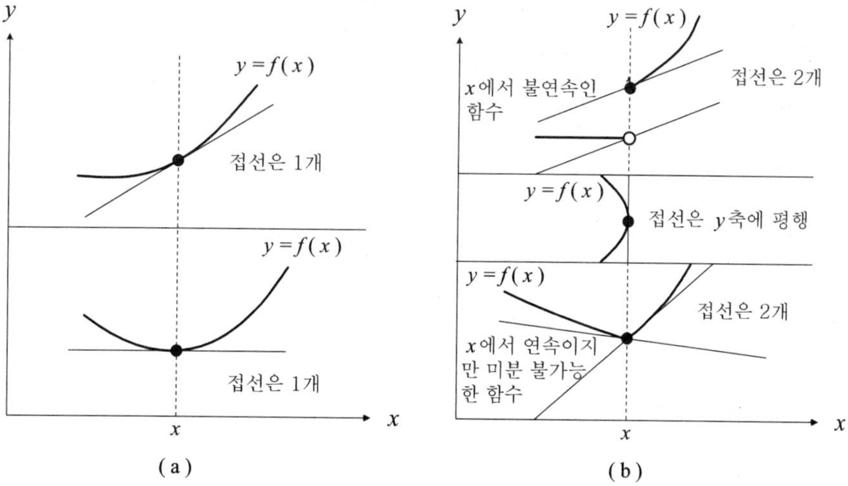

그림 9.10 x에서 (a)는 미분 가능, (b)는 미분 불가능한 함수

9.1.3 미분계수의 의미

그림 9.8에서와 같이 Δx가 미소(微小)일 때, 점 $P(x_1, f(x_1))$와 $Q(x_2, f(x_2))$와의 사이에는 직선으로 볼 수 있다. 따라서 dy/dx는 P에서의 접선의 경사를 나타낸다(9.6.1항 참조). x축과의 경사각을 θ라 하면

$$\frac{dy}{dx} = f'(x) = \tan\ \theta \left(-\frac{\pi}{2} < \theta < \frac{\pi}{2}\right)$$

또 Δx가 미소일 때, 앞에서 서술한 대로 미소부분도 미분이라 부르면 Δx는 x의 미분 dx, $f(x_2)-f(x_1)$는 y의 미분 dy. 따라서, $dy = \tan\ \theta dx = \frac{dy}{dx}dx = f'(x)dx$이다.

이 식은 x가 dx만 변화했을 때 y의 변화 dy를 주는 식으로 미분을 응용할 때 매우 중요한 식이다.

예 $y=2x^4$이면 $dy=8x^3dx$

> dy/dx는 전술한대로 분수가 아니고 한 기호이므로 [$dydx$로 읽고], y'는 [y다시]라고 읽는다. 때에 따라 형상에서 분수와 같이 취급해도 되고, 그렇게 하는 것이 알기 쉽고 편리한 경우가 많다.

예제 9-8

$y=x^2$인 곡선 위에서 $x=0.5$의 점에서의 접선의 경사각 α를 구하여라.

풀이

$\tan\alpha=f'(x)$

[예제 6]에 의해 $f'(0.5)=\dfrac{d}{dx}(x^2)=2x=2\times0.5=1$

따라서, $\tan\alpha=f'(x)=1$ 이므로 $\alpha=\tan^{-1}(1)=\pi/4\ (=45^\circ)$이다.

9.2 도함수(미분계수) 구하는 법 - 미분법

9.2.1 기본함수의 도함수와 미분법에 관한 정리

간단한 함수 $f(x)$의 도함수는 앞 절[식 (9.7)]에서와 같이 정의(定意)에 의해서 구할 수 있지만, 그러한 계산은 지루하고 복잡한 함수가 되어 번거롭거나 어떤 극한을 계산할 때 상당한 기교를 필요로 할 것이다. 그러나 다행이도 정의를 직접 사용하지 않고 도함수를 구하는 여러 가지 방법이 있다. 이러한 공식들을 나타내는 기본함수의 도함수와 미분법에 관한 정리가 있고, 이들을 이용하면 얼마든지 복잡한 함수의 계산이라도 간단히 미분 가능하다.

표 9.2 [A] 기본함수의 도함수(다음 공식에서 $y=f(x)$의 도함수를 y'로 나타낸다)

함 수		도 함 수	비 고
상수	1. $y=c$	$y'=0$	c은 상수
거듭제곱(멱,冪)	2. $y=x^n$	$y'=nx^{n-1}$	n은 실수
분수함수	3. $y=\frac{a}{x}$	$y'=-\frac{a}{x^2}$	$x\neq0$
무리함수	4. $y=\sqrt{ax}$	$y'=\frac{a}{2\sqrt{ax}}$	$a>0,\ x>0$
삼각함수	5. $y=\sin x$	$y'=\cos x$	
	6. $y=\cos x$	$y'=-\sin x$	
	7. $y=\tan x$	$y'=\sec^2 x$	
	8. $y=\sec x$	$y'=\sec x\tan x$	
	9. $y=\csc x$	$y'=-\csc x\cot x$	
	10. $y=\cot x$	$y'=-\csc^2 x$	
로그함수	11. $y=\log x$	$y'=\frac{1}{x}$	$x>0$
	12. $y=\log_a x$	$y'=\frac{1}{x\log a},\ \frac{1}{x}\log_a e$	$a>0,\ x>0$ $a\neq1$
지수함수	13. $y=e^x$	$y'=e^x$	
	14. $y=a^x$	$y'=a^x\log a$	$a>0$

표 9.3 [B] 미분법에 관한 정리(다음 공식에서 u와 v는 미분 가능한 x의 임의의 함수를 나타낸다)

함 수			도 함 수	비 고
상수배		1. $y=cu(x)$	$y'=cu'(x)$	c는 상수
사칙	합·차	2. $y=u(x)\pm v(x)$	$y'=u'(x)\pm v'(x)$	복부호동순
	곱	3. $y=u(x)v(x)$	$y'=u'(x)v(x)+u(x)v'(x)$	
	몫(상)	4. $y=\frac{u(x)}{v(x)}$	$y'=\frac{u'(x)v(x)-u(x)v'(x)}{[v(x)]^2}$	$v(x)\neq0$
합성함수		5. $y=f(u),\ u=g(x)$	$y'=\frac{dy}{du}\cdot\frac{du}{dx}=f'(u)g'(x)$	연쇄법칙 (chain rule)
역함수		6. $y=f(x),\ x=g(y)$	$y'=1/\frac{dx}{dy},\ f'(x)=\frac{1}{g'(y)}$	$\frac{dx}{dy}\neq0,$ $g'(y)\neq0$
매개변수 (t)		7. $y=f(t),\ x=g(t)$	$y'=\frac{dy}{dx}=\frac{dy}{dt}\Big/\frac{dx}{dt}$	$\frac{dx}{dt}\neq0$

삼각법(三角法)에서는 각을 재기 위하여 두개의 다른 단위 **도**(度, degree)와 **라디안**[radian, **호도**(弧度)]를 사용한다. 정의에 의하면 1라디안은 원호의 길이가 반경과 같을 때 그 원호에 대한 원의 중심각이다. 그러므로 **평각**(平角, straight angle : 한 점에서 그어져 나간 두 직선이 만나 하나의 일직선을 이룰 때 만드는 각, 즉 180°를 말한다)을 라디안으로 나타내면 다음과 같다.

$$180^\circ = \pi \text{ 라디안}$$

응용부문에서는 주로 도를 사용하지만 이론적인 연구에서는 라디안을 사용하는 것이 편리하다. 따라서 미적분학에서 각은 거의 라디안을 사용한다.

1) 음함수의 미분법

$y=f(x)$와 같은 방정식에서 y는 어떤 영역 R에서 x의 **양함수**(陽函數, implicit function)로 정의된다고 말한다. 예를 들면, $y=2x+5$에서 변수 y는 x의 함수로 명확하게 나타난다. 그러나 어떤 함수는 방정식에 의해서만 만족된다. 예를 들면, $y=\frac{1}{x}$(양함수)는 방정식 $xy=1$(**음함수**, 陰函數, explicit function)에 의하여 x의 함수 y가 $f(x, y)=0$과 같이 암시적으로 정의된다. 이러한 경우는 음함수를 양함수로 나타내어 도함수를 구할 수 있지만, 그러나 y를 x의 함수로 나타내는 것이 불편하거나 또는 나타낼 수 없을 때 이러한 과정을 사용할 수 없다. 따라서 이와 같은 음함수의 도함수는 다음 법칙에 따라 구한다.

(1) 법칙(rule)

y를 x의 함수의 함수라 생각하고 방정식 $F(x, y)=0$의 각 항을 x에 관하여 미분함으로써 음함수의 도함수를 구할 수 있다.

위 법칙을 적용할 때, 다음의 성질이 이용된다.

① 변수가 같은 경우 : $\frac{d}{dx}x^n = nx^{n-1}$

② 변수가 다른 경우 : $\frac{d}{dx}y^n = ny^{n-1}\frac{dy}{dx}$ (y가 x의 함수일 때)

예제 9-9

다음과 같이 주어진 식의 $\frac{dy}{dx}$를 구하여라.

(1) $x^3+y^3-3xy=0$

(2) $x^3y^3-y=x$

(3) $x^{1/2}+y^{1/2}=9$

풀이

주어진 식의 양변을 앞의 법칙을 적용하여 x에 대하여 미분하고 dy/dx에 관하여 풀면 다음과 같다.

(1) $\frac{d}{dx}(x^3+y^3-3xy)=\frac{d}{dx}(0) \Rightarrow \frac{d}{dx}(x^3)+\frac{d}{dx}(y^3)-\frac{d}{dx}(3xy)=0 \Rightarrow$

$3x^2+3y^2\frac{dy}{dx}-3(y+x\frac{dy}{dx})=0 \Rightarrow 3(y^2-x)\frac{dy}{dx}=3(y-x^2)$

$\therefore \frac{dy}{dx}=\frac{y-x^2}{y^2-x}, \quad y^2-x\neq 0$

(2) $\frac{d}{dx}(x^3y^3-y)=\frac{d}{dx}(x) \Rightarrow \frac{d}{dx}(x^3y^3)-\frac{d}{dx}(y)=1$

$3x^2y^3+x^3(3y^2)\frac{dy}{dx}-\frac{dy}{dx}=1 \Rightarrow (3x^3y^2-1)\frac{dy}{dx}=1-3x^2y^3$

$\therefore \frac{dy}{dx}=\frac{1-3x^2y^3}{3x^3y^2-1}, \quad 3x^3y^2-1\neq 0$

(3) $\frac{d}{dx}(x^{1/2}+y^{1/2})=\frac{d}{dx}(9) \Rightarrow \frac{d}{dx}(x^{1/2})+\frac{d}{dx}(y^{1/2})=0$

$\frac{1}{2}x^{1/2-1}+\frac{1}{2}y^{1/2-1}\frac{dy}{dx}=0 \Rightarrow \frac{1}{2\sqrt{x}}+\frac{1}{2\sqrt{y}}\frac{dy}{dx}=0$

$\frac{dy}{dx}=-\frac{\sqrt{y}}{\sqrt{x}}=-\sqrt{\frac{y}{x}}, \quad x\neq 0$

우리는 함수 $y=f(x)$에 대하여 도함수 $\frac{dy}{dx}$는 x에 대한 y의 변화율을 나타냈음을 배웠다. 이 개념은 물리학(속도, 가속도 및 힘), 화학(반응률과 압축률), 생물학(성장률), 경제학(한계비용), 사회학(유언비어 확산율) 및 다른 과학분야에서 다루어진다. 다른 과학분야로는 어떤 수리기술자(토목공학)는 댐에서 수문을 통하여 단위 시간당 흐르는 물의 비율(유량)을 알고자 하는 데 관심을 갖고, 어떤 도시공학자는 도시 중심으로부터 거리가 멀어짐에 따른 도시 내의 인구밀도에 대한 변화율에 흥미를 가지며, 기상학자들은 높이의 변화에 따른 대기압의 변화율을 알고자한다. 그리고 지질학자(지질학)들은 용해된 상태로 시작한 바위가 주위의 바위들로부터 열의 전도에 의하여 냉각하는 비율에 관심을 갖기도 한다. 이러한 것들은 단순한 수학적 개념인 **도함수의 특별한 경우**이다.

기본함수의 도함수(A1, A2, A5 및 A6)와 미분법의 규칙(B1～B4)을 이용해 아래의 예제를 풀어라.

예제 9-10

다음의 함수를 미분하여라(단 a, b 및 c는 상수).

(1) $y = ax^3 + 3bx^2 - 2c$　　(2) $y = 1/x^3$　　(3) $y = x\sqrt{x}$

풀이

(1) A1, A2, B1, B2에 의해

$$y' = \frac{dy}{dx} = \frac{d}{dx}(ax^3 + 3bx^2 - 2c) = 3ax^2 + 6bx$$

(2) $y = x^{-3}$으로 고친다. A2에 의해

$$y' = \frac{dy}{dx} = \frac{d}{dx}(x^{-3}) = -3x^{(-3-1)} = -3x^{-4} \text{ 또는 } -\frac{3}{x^4}$$

(3) $y = x\sqrt{x} = x \cdot x^{1/2} = x^{3/2}$로 고친다. A2에 의해

$$y' = \frac{dy}{dx} = \frac{d}{dx}(x^{3/2}) = \frac{3}{2}x^{\frac{3}{2}-1} = \frac{3}{2}x^{\frac{1}{2}} \text{ 또는 } \frac{3}{2}\sqrt{x}$$

예제 9-11

다음의 함수를 미분하여라.

(1) $y = (2x+1)(x^2+1)$　　(2) $y = x\sin x$

풀이

(1) A5, B3에 의해 $u = 2x+1$, $v = x^2+1$, $u' = 2$, $v' = 2x$

$$y' = \frac{dy}{dx} = \frac{d}{dx}(2x+1)(x^2+1) = 2(x^2+1) + (2x+1)2x = 6x^2 + 2x^2 + 2$$

(2) A5, B3에 의해 $u = x$, $v = \sin x$, $u' = 1$, $v' = \cos x$

$$y' = \frac{dy}{dx} = \frac{d}{dx}(x\sin x) = (x)'\sin x + x(\sin x)' = \sin x + x(\cos x)$$

예제 9-12

(1) $(uvw)' = u'vw + uv'w + uvw'$을 증명하고, (2) $y = (x-1)(x+2)(x^2+5)$의 도함수를 구하여라.

풀이

(1) **[증명]** B3을 두 번 이용하면

$(uvw)' = [(uv)w]' = (uv)'w + (uv)w' = u'vw + uv'w + uvw'$ **[증명 끝]**

(2)

$$\begin{aligned} y' = \frac{dy}{dx} &= \frac{d}{dx}(x-1)(x+2)(x^2+5) = (x-1)'(x+2)(x^2+5) \\ &\quad + (x-1)(x+2)'(x^2+5) + (x-1)(x+2)(x^2+5)' \\ &= (x+2)(x^2+5) + (x-1)(x^2+5) + (x-1)(x+2)2x \\ &= 9x^3 + 3x^2 + 6x + 5 \end{aligned}$$

예제 9-13

(1) $\tan x = \sin x / \cos x$을 이용해서 $\tan x$를 미분하고,

(2) $y' = \dfrac{dy}{dx} = \dfrac{d}{dx}\left(\dfrac{x}{x^2+1}\right)$의 도함수를 구하고 $x=2$에서의 변화율을 구하여라.

▌풀이

(1) $u = \sin x$, $v = \cos x$라 하면, A5, A6, B4에 의해

$$\frac{d}{dx}\tan x = \frac{d}{dx}\left(\frac{\sin x}{\cos x}\right) = \frac{(\sin x)'\cos x - \sin x(\cos x)'}{\cos^2 x} = \frac{\cos^2 x + \sin^2 x}{\cos^2 x}$$

$\sin^2 x + \cos^2 x = 1$이므로

$$\frac{d}{dx}\tan x = \frac{1}{\cos^2 x} \quad \text{또는} \quad = \sec^2 x$$

(2)
$$y' = \frac{dy}{dx} = \frac{d}{dx}\left(\frac{x}{x^2+1}\right) = \frac{(x)'(x^2+1) - x(x^2+1)'}{(x^2+1)^2} = \frac{x^2+1-x(2x)}{(x^2+1)^2}$$

$$= \frac{x^2+1-2x^2}{(x^2+1)^2} = \frac{1-x^2}{(x^2+1)^2}$$

$$y'_{x=2} = \frac{1-2^2}{(2^2+1)^2} = \frac{1-4}{5^2} = -\frac{3}{25} \quad (x=2\text{에서의 변화율})$$

다음으로 미분에 필수적인 B5, B6 및 B7의 사용법은 예제를 통하여 증명하겠다. 항상 반복적으로 연습(練習)하는 습관이 필요하다.

2) B5(합성함수)의 사용방법

예제 9-14

다음 함수를 미분하여라.

(1) $y = \sqrt{1+x^2}$　　　　(2) $y = (2x^2+1)^5$

▌풀이

(1) y를, $f(u)$, $g(x)$가 A1~A14의 무엇인가가 되도록 분해한다.

즉 $y = \sqrt{u} = u^{1/2}$, $u = 1 + x^2$로 치환하면

$$\frac{dy}{du} = \frac{d}{du}(u^{1/2}) = \frac{1}{2}u^{1/2-1} = \frac{1}{2}u^{-1/2}, \quad \frac{du}{dx} = \frac{d}{dx}(1+x^2) = 2x$$

따라서, $\dfrac{dy}{dx} = \dfrac{dy}{du}\cdot\dfrac{du}{dx} = \dfrac{1}{2}u^{-1/2}\cdot 2x = u^{-1/2}\cdot x$

u를 x로 치환하여

$$\frac{dy}{dx} = x(1+x^2)^{-1/2} \quad \text{또는} \quad \frac{x}{\sqrt{1+x^2}}$$

(2) $y = u^5$, $u = 2x^2 + 1$로 치환하고 각각 u와 x로 미분한 다음, 연쇄법칙 이용

$$\frac{dy}{du}=\frac{d}{du}(u^5)=5u^{5-1}=5u^4,\quad \frac{du}{dx}=\frac{d}{dx}(2x^2+1)=4x$$

따라서, $\frac{dy}{dx}=\frac{dy}{du}\cdot\frac{du}{dx}=5u^4\cdot 4x$

u를 x로 치환하여 정리하면 다음을 얻는다.

$$\frac{dy}{dx}=5\,(2x^2+1)^4\cdot 4x=20x(2x^2+1)^4$$

예제 9-15

$\sinh x=\frac{1}{2}(e^x-e^{-x})$, $\cosh x=\frac{1}{2}(e^x+e^{-x})$, $\tanh x=\frac{\sinh x}{\cosh x}$를 쌍곡선함수(雙曲線函數, hyperbolic functions)라 하고, 각각 hyperbolic sine, hyperbolic cosine 및 hyperbolic tangent라 부른다. $(\sinh x)'=\cosh x$, $(\cosh x)'=\sinh x$, $(\tanh x)'=1/\cosh^2 x$을 증명하여라.

▎풀이

먼저, A13에 의해 $(e^x)'=e^x$ 다음으로 $y=e^{-x}$의 미분계수를 구한다.

즉 $y=e^u$, $u=-x$로 하면 B5에 의해 $(e^{-x})'=-e^{-x}$

따라서 $(\sinh x)'=\frac{d}{dx}\sinh x=\frac{d}{dx}\left(\frac{1}{2}(e^x-e^{-x})\right)=\frac{1}{2}(e^x+e^{-x})=\cosh x$

같은 방법으로 $(\cosh x)'=\sinh x$, $(\tanh x)'$는 규칙 B4로 구할 수 있다.
각자 도출하여라.

$\cosh x$로 표현되는 곡선을 **현수선**(懸垂線)이라 한다. 이러한 곡선의 예로는 현수교의 주케이블 및 가선(架線) 등이 있다.

예제 9-16

$-1.5\leq x\leq 1.5$의 범위에서 $\cosh x$, $\sinh x$의 그래프를 그려라.

▎풀이

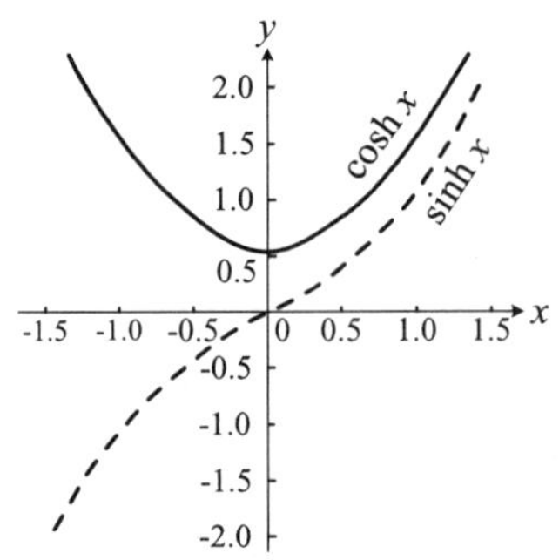

그림 9.11 cosh x (실선)와 sinh x (파선)의 그래프

예제 9-17

$\frac{d}{dx}\log_e y = \frac{1}{y}\frac{dy}{dx}$ (로그미분이라 한다. 중요한 수법)을 증명하여라.

풀이

B5 및 A11에 의해

$$\frac{d}{dx}\log_e y = \frac{d\log_e y}{dy}\,\frac{dy}{dx} = \frac{1}{y}\,\frac{dy}{dx}$$

예제 9-18

로그미분을 응용해서 $y = x^x$을 미분하여라(단, $x > 0$).

풀이

주어진 식 양변에 자연로그 $\ln y = \ln x^x = x\ln x$를 취한 다음 미분하면

$$\text{좌변} = \frac{d}{dx}\ln y = \frac{1}{y}\frac{dy}{dx}, \quad \text{우변} = \frac{d}{dx}x\ln x = \ln x + x\frac{1}{x} = \ln x + 1$$

좌변=우변이므로, 즉 $\frac{1}{y}\frac{dy}{dx} = \ln x + 1$ ($\ln x = \log_e x$)

따라서, 앞 식을 정리하면

$$\frac{dy}{dx} = y' = y(\ln x + 1) = x^x(\ln x + 1)$$

3중 이상의 합성함수의 미분도 같다. 예를 들면, 3중의 경우는

$y = y(u(v(x)))$, 즉 $y = y(u)$, $u = u(v)$, $v = v(x)$일 때는

$$\frac{dy}{dx} = \frac{dy}{du}\cdot\frac{du}{dv}\cdot\frac{dv}{dx}$$

예제 9-19

$y = \sqrt{1 + k\sin^2 x}$을 미분하여라(단, k는 상수).

풀이

$y = u^{1/2}$, $u = 1 + kv^2$, $v = \sin x$로 두면

(예제 9-18의 3중 함수 미분 참고)

$$y' = \frac{dy}{dx} = \frac{dy}{du}\cdot\frac{du}{dv}\cdot\frac{dv}{dx} = \frac{d}{du}(u^{1/2})\cdot\frac{d}{dv}(1 + kv^2)\cdot\frac{d}{dx}(\sin x)$$

$$= \frac{1}{2}(u^{-1/2})\cdot 2kv\cdot\cos x$$

$$= (1 + k\sin^2 x)^{-1/2}k\sin x\cos x$$

3) B6(역함수)의 사용방법

예제 9-20

$y = \mathrm{Sin}^{-1} x$[y는 주치(主値)]를 미분하여라(3.5절 참조).

풀이

주어진 함수를 미분하려면 우선 이 함수를 다음과 같은 형으로 나타낸다.

$$\sin y = x, \quad -\frac{1}{2}\pi < y < \frac{1}{2}\pi$$

앞 식을 y에 대하여 미분하고 $\frac{dy}{dx} = 1/\frac{dx}{dy}$ 를 이용한다.

$$\cos y = \frac{dx}{dy} \quad \text{또는} \quad \frac{dy}{dx} = 1/\frac{dx}{dy} = \frac{1}{\cos y}$$

삼각법에 의하면, $\cos y$에 대하여 다음 식을 얻는다.

$$\sin^2 y + \cos^2 y = 1 \Rightarrow \cos^2 y = 1 - \sin^2 y \Rightarrow$$
$$\cos y = \sqrt{1 - \sin^2 y} = \sqrt{1 - x^2}$$

여기서 $\cos y$는 $-\frac{1}{2}\pi$과 $\frac{1}{2}\pi$사이(y는 주치로 제4사분면과 제1사분면의 각이므로)에 있는 y의 모든 값에 대하여 양수(陽數)이므로 근호(根號)의 부호는 양(陽, +)을 취한다. 즉, 주어진 함수는 $x = \sin y$의 역함수이므로 따라서 $\cos y$을 대입하여 정리하면

$$\frac{dy}{dx} = \frac{1}{\cos y} = \frac{1}{\sqrt{1 - \sin^2 y}} = \frac{1}{\sqrt{1 - x^2}}$$

4) B7(매개변수)의 사용방법

예제 9-21

$a = 1$로, $\theta = 0 \sim 2\pi$의 범위인 사이클로이드(Cycloid)의 매개방정식을 구하고 그 그래프를 그려라.

풀이

반경 a인 원 위의 점 P가 원점에서 출발하여 x축 위를 굴러간다고 하자.
반경 CP가 θ 라디안(rad)만큼 회전하였을 때 이 원은 점 A까지 굴러가며, $OA =$ 호 AP의 길이 $= a\theta$가 된다.
따라서 그림 9.12에서 점 P에 대한 다음 좌표를 얻는다.

$$x = a\theta - a\sin\theta = a(\theta - \sin\theta), \quad y = a - a\cos\theta = a(1 - \cos\theta)$$
$$\therefore \; x = a(\theta - \sin\theta), \quad y = a(1 - \cos\theta)$$

이것이 **사이클로이드(Cycloid)의 매개방정식**이다.

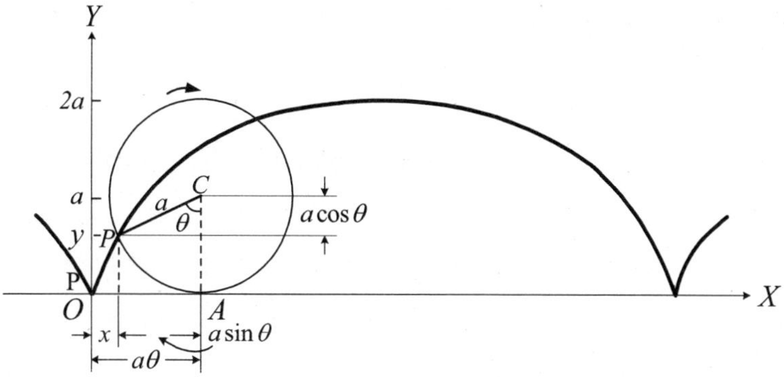

그림 9.12 Cycloid의 그래프

점과 같은 모양의 물체[**질점**(質點)이라고 한다. 예를 들면, 물방울]가 상부의 한 점에서 굴러 떨어질 때, 최단시간으로 한 점에 도달하는 곡선은 양점(兩点)을 지나는 **사이클로이드**가 된다.

예제 9-22

원이 직선 위를 미끄러지지 않고 굴러갈 때, 그 원주(圓周)위의 한 점을 이은 곡선을 사이클로이드라고 한다(그림 9.12 참조). 원의 구른 각을 θ라고 하고, 이것을 매개변수(媒介變數, parameter)로 하면, 사이클로이드의 방정식은 $x=a(\theta-\sin\theta)$, $y=a(1-\cos\theta)$로 나타낸다(a는 원의 반경, 직선을 x축으로 하고, $\theta=0$ 인 점을 원점으로 한다). 이 곡선 위의 한 점 P(x, y)에서의 x축과의 경사 dy/dx를 구하여라.

풀이

$$x' = dx/d\theta = d/d\theta[a(1-\sin\theta)] = a(1-\cos\theta)$$

$$y' = dy/d\theta = d/d\theta[a(1-\cos\theta)] = a\sin\theta$$

따라서,

$$dy/dx = \frac{dy/d\theta}{dx/d\theta} = y'/x' = a\sin\theta/a(1-\cos\theta) = \sin\theta/(1-\cos\theta)$$

9.3 고계도함수

우리가 위치함수 [$s=s(t)$]를 미분함으로써 **속도**(速度, velocity)함수 [$v(t)$]를 얻을 수 있었던 것과 마찬가지로, 우리는 속도함수를 미분함으로써 **가속도**(加速度, acceleration)함수 [$a(t)$]를 얻을 수 있다. 이것을 살펴보는 다른 방법은 우리가 위치함수를 두 번 연속해서 미분함으로써 가속도 함수를 얻을 수 있다는 것이다. 즉, 속도함수는 위치함수 $y=f(x)$의 도함수 $f'(x)$이고, 가속도 함수는 이 속도함수 $f'(x)$를 다시 미분한 함수, 즉 $f(x)$를 두 번 미분한 함수이고 이를 2계도함수(2계미분계수)라 하고, 다음과 같은 기호로 나타낸다.

$$\frac{d^2y}{dx^2},\quad \frac{d^2f(x)}{dx^2},\quad y'',\quad f''(x),\quad \frac{d^2}{dx^2}f(x),\quad D_x^2y,\quad D^2f(x),\quad \text{및}\quad D_x^2f(x)$$

일반적으로 2계도함수를 **변화율의 변화율**로 설명할 수 있다. 이것에 대해 가장 잘 알려진 예는 위에서 설명한 가속도이며, 위치함수의 2계도함수이다. 즉

$$a(t)=v'(t)=s''(t)\quad \text{또는}\quad a=\frac{dv}{dt}=\frac{ds^2}{dt^2}=\frac{d}{dx}\left(\frac{ds}{dt}\right)$$

우리는 임의의 양의 정수로 계의 도함수를 정의할 수 있다. 마찬가지로 2계도함수의 도함수는 3계도함수이다. 3계도함수의 도함수는 4계도함수이고 4계도함수 이상은 $f''''(x)$가 되어 번거로워지므로, $f^{(4)}(x)$, $y^{(4)}$(또는 $f^{(IV)}(x)$, $y^{(IV)}$) 등으로 쓰는 게 좋다. 일반적으로 n계도함수를 다음과 같은 기호로 나타낸다.

$$\frac{d^ny}{dx^n},\quad \frac{d^nf(x)}{dx^n},\quad y^{(n)},\quad f^{(n)}(x),\quad \frac{d^n}{dx^n}f(x),\quad D_x^ny,\quad D^nf(x),\quad \text{및}\quad D_x^nf(x)$$

도함수는 가능한 분수식으로 쓰고, 2계 이상의 도함수를 통틀어서 $f(x)$의 **고계도함수**(高階導函數, higher derivatives)라 한다.

예 $y=x^3-2x^2-3x+5$에 대한 1계, 2계, 3계도함수 등을 구하면 다음과 같다.

$y'=3x^2-4x-3,\quad y''=6x-4,\quad y'''=6,\quad y^{(4)}=y^{(5)}=\ \cdots\ =0$

y가 3차방정식이므로 이상의 결과로부터 4계도함수 이상은 모두 0으로 나타난다.

9.4 도함수의 활용

9.4.1 함수의 증감

[그림 9.13 (a)와 (b)]에 나타난 바와 같이, 함수 $y=f(x)$ 의 $x=a$ 부근에서의 움직임(이후 $f(x)$ 의 증감(增減)은 x의 증가에 따라 증가 또는 감소를 뜻한다)은 $f'(x)$의 부호에 따라 다르다.

일반적으로 $f'(x)>0$는 함수 $f(x)$의 그래프 위의 점 $(x, f(x))$에서의 접선의 기울기이므로, 도함수 $f'(x)$의 양(+)과 음(−)에 따라 다음과 같이 말할 수 있다.

함수 $f(x)$가 어떤 구간에서 미분가능하고 그 구간에서

(1) 항상 $f'(x)>0$이면 함수 $f(x)$는 그 구간에서 증가한다.

(2) 항상 $f'(x)<0$이면 함수 $f(x)$는 그 구간에서 감소한다.

(3) 항상 $f'(x)=0$일 때는 함수 $f(x)$는 상수이다.

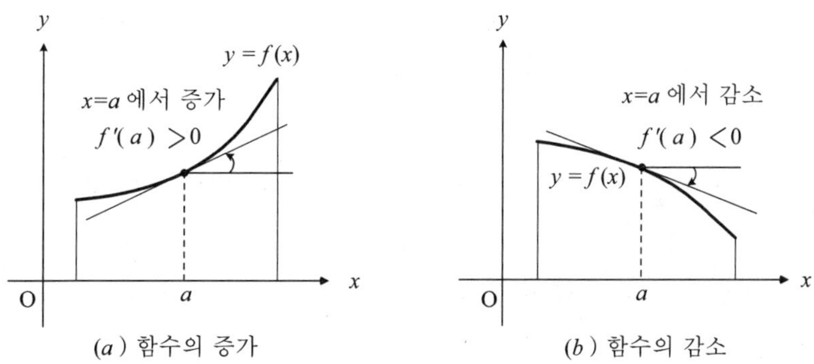

그림 9.13 x가 증가할 때 함수의 증감과 $f'(a)$의 +와 −의 증감

예제 9-23

다음 각 함수의 증감을 조사하여라.

(1) $f(x)=x^2$의 $x=1, 0, -1$에서 (2) $f(x)=\dfrac{1}{x^2}$

풀이

(1) $f'(x)=\dfrac{d}{dx}(x^2)=2x$이므로 $f'(1)=2>0$이고, $f'(0)=0$이며,

$f'(-1)=-2<0$이다.

따라서 함수 $f(x)=x^2$은 $x=1$에서 증가상태에 있고, $x=0$에서는 증가나 감소상태도 아니며, $x=-1$에서는 감소상태에 있다.

(2) $f'(x) = \frac{d}{dx}(x^{-2}) = -2x^{-3} = -\frac{2}{x^3}$ 이므로

$x > 0$일 때 $f'(x) < 0$, $x < 0$일 때 $f'(x) > 0$

따라서 구간 $(0, \infty)$에서 감소, 구간 $(-\infty, 0)$에서 증가한다.

9.4.2 함수의 극대 · 극소 및 최대 · 최소

(1) 함수의 극대 · 극소

미분에 있어서 가장 중요한 응용의 하나는 미분되어지는 것에 대한 값이 어떤 조건 아래서 **극대**(極大, relative maximum) 또는 **극소**(極小, relative minimum)가 되는가를 찾아내는 것이다. 공학적인 문제들의 경우 이러한 것은 매우 중요한데, 예를 들면 수력발전 시 자유제트의 속도와 날개의 이동속도사이에 동력(動力, power)을 최대로 발생할 수 있는 조건을 찾아낸다든가 또는 임금을 최저로 할 수 있는 조건을 찾아내는 일 등이 있다.

함수 $f(x)$가 구간 $[a, b]$에서 연속이고(그림 9.14 참고)

① 변수 x가 증가하면서 $x = a$를 지날 때 $f(x)$가 증가상태에서 감소상태로 변하면 $f(x)$는 $x = a$에서 극대가 된다고 하고 $f(a)$를 극대값이라 한다($y = -x^2$).

② 변수 x가 증가하면서 $x = a$를 지날 때 $f(x)$가 감소상태에서 증가상태로 변하면 $f(x)$는 $x = a$에서 극소가 된다고 하고 $f(a)$를 극소값이라 한다($y = x^2$).

③ 극대값과 극소값을 통틀어 **극값**(極値, extreme value)이라고 한다.

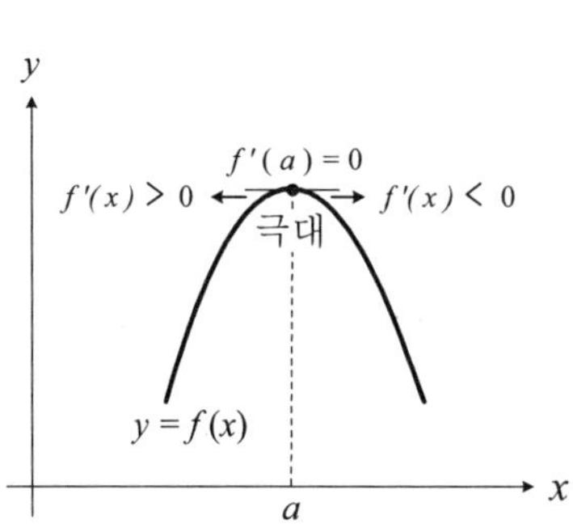

(a) 함수 $f(x)$의 극대 그래프

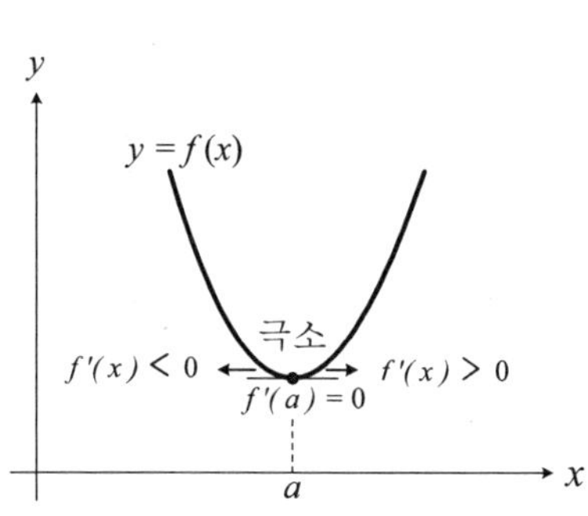

(b) 함수 $f(x)$의 극소 그래프

그림 9.14 함수 $f(x)$ 가 $x = a$에서 극소 또는 극대가 될 때의 그래프

(2) $f'(x)$에 의한 극값의 판정

함수 $y=f(x)$가 $x=a$에서 미분가능하고 $x=a$에서 극값을 가지면 $f'(a)=0$이다.
그림 9.14의 $x=a$의 좌우에서 $f'(x)$의 부호의 변화를 조사하여

① 양(+)에서 음(−)으로 변하면 $f(x)$는 $x=a$에서 극대이고,

② 음(−)에서 양(+)으로 변하면 $f(x)$는 $x=a$에서 극소이다.

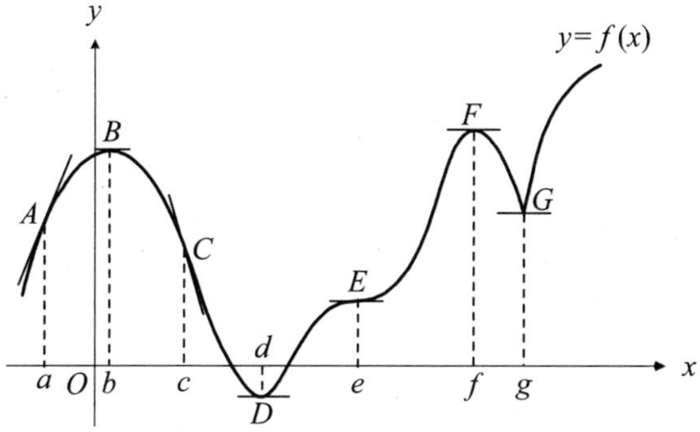

그림 9.15 x의 증가에 따른 함수의 극대와 극소

그림 9.15에서 함수 $f(x)$는 점 A에서 B까지는 증가하고, 점 B에서 D까지는 감소하며 다시 점 D에서 F까지는 증가한다. 곡선의 기울기 $f'(x)=0$이 되는 점 B, D, E 및 F에서 함수 $f(x)$는 **정류**(停留, stationary)라 하고 이 식을 만족하는 점을 **정류점**(停留點, stationary point)이라 한다.

또한 이 그림에서 $f'(x)=0$이 되는 것은 $y=f(x)$ 위의 x축 위의 점 b, d, e, f 및 g인 점에서 접선이 x축에 평행한 경우이다.

$y=f(x)$는 점 $B(x=b)$와 $F(x=f)$에서 극대가 되고 점 $D(x=d)$와 $G(x=g)$에서 극소가 된다. 그러나 점 $E(x=e)$에서는 $f'(x)=0$이 되지만 $x=e$의 좌우에서 $f'(x)$의 부호(+)가 바꾸지 않으므로 극값을 가지는 것이 아니며, 점 $G(x=g)$에서는 $f'(e)$가 존재하지 않으나 $x=g$의 좌우에서 $f'(x)$의 부호(+)가 바뀌므로 $x=g$에서 최소가 된다.

따라서 $f'(x)=0$으로 하는 x의 값에서 반드시 극값을 가지는 것도 아니고(점 E), $f'(x)=0$으로 하는 x의 값 이외에서는 극값을 갖지 않는 것도 아니다. 다만 극대・극소가 되는 x의 값은 $f'(x)=0$으로 하는 x의 값과 밀접한 관계가 있을 뿐이다.

예제 9-24

쉽게 풀 수 있는 문제를 예로 들어보자.

$y=x^2-x$일 때 이 함수가 극대를 가지는지 극소를 가지는지 알아보아라.

풀이

주어진 함수를 미분한 후 0으로 놓으면

$$\frac{dy}{dx}=2x-1=0 \quad \Rightarrow \quad 2x-1=0, \quad \therefore \quad x=\frac{1}{2}$$

그러므로 $x=\frac{1}{2}$일 때 이에 대응하는 y의 값은 극대가 아니면 극소가 될 것이다.

따라서 $x=\frac{1}{2}$을 본식에 대입하면 다음과 같다.

$$y=\left(\frac{1}{2}\right)^2-\frac{1}{2}=\frac{1}{4}-\frac{1}{2}=\frac{1-2}{4}=-\frac{1}{4} \quad \text{또는} \quad -0.25$$

그러면 $y=-\frac{1}{4}$이란 값이 극대인가 극소인가? 이것을 알기 위해서는 x보다 약간 큰 수를, 즉 $x=0.6$을 본 식에 대입시켜 정리하면 다음과 같다.

$$y=(0.6)^2-0.6=0.36-0.6=-0.24$$

이 때 구한 -0.24는 -0.25보다는 큰 값이다. 그러므로 $y=-0.25$는 극소가 된다. 그리고 주어진 곡선의 그래프를 그린 다음 계산으로 구한 결과와 비교하면 다음과 같다.

먼저 $y=x^2-x$에 x값을 대입하여 구한 결과 y는 다음 표에 주어졌다.

x	-2	-1	0	$\frac{1}{2}$	1	2	3
y	6	2	0	$-\frac{1}{2}$	0	2	6

위의 표를 이용하여 그림을 오른쪽에 나타내었다.

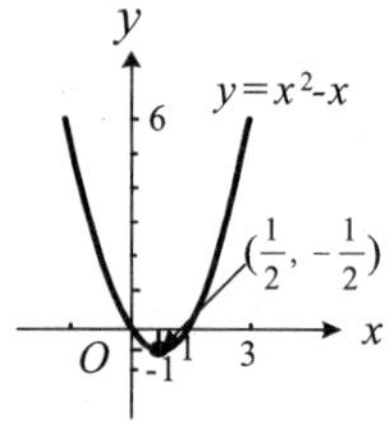

예제 9-24 그림 극값

예제 9-25

함수 $f(x)=2x^3-3x^2+6x+8$의 극값을 조사하여라.

풀이

$f(x)$가 극값을 가지면 $f'(x)=0$로 하는 x의 값이 반드시 존재한다.

$f'(x)$를 구하면 다음과 같다.

$$f'(x)=6x^2-6x+6=6(x^2-x+1)=6\left[\left(x-\frac{1}{2}\right)^2-\frac{1}{4}+1\right]$$

$$=6\left[\left(x-\frac{1}{2}\right)^2+\frac{3}{4}\right]$$

이 식에서 $\left(x-\frac{1}{2}\right)^2 \geq 0$이므로 $f'(x)>0$

$\therefore$ $f(x)$는 극값을 갖지 않는다.

예제 9-26

함수 $f(x)=x^3-3x+1$의 극값을 구하고, 그 그래프를 그려라.

풀이

먼저 $f'(x)=0$으로 하는 x의 값을 구해 보자.

$f(x)=x^3-3x+1$의 도함수는 $f'(x)=3x^2-3=3(x^2-1)=3(x+1)(x-1)$

앞 식에 $f'(x)=0$의 근은 $x=-1$, $x=1$이다.

다음에 $x=-1$, $x=1$의 좌우에서 $f'(x)$의 부호를 조사해보면 다음과 같다.

$x<-1$일 때 $f'(x)>0$

$-1<x<1$일 때 $f'(x)<0$

$x>1$일 때 $f'(x)>0$

이것을 표로 작성하면 아래 표와 같으며 이 표를 증감표라 한다.

x	$-\infty$	$\cdots$	-1	$\cdots$	1	$\cdots$	$+\infty$
$f'(x)$		+	0	-	0	+	
$f(x)$	$-\infty$	↗	3	↘	-1	↗	$+\infty$
			(극대)		(극소)		

이 표에 의하면 $\boldsymbol{x=-1}$일 때 극대, $\boldsymbol{x=1}$일 때 극소라는 것을 알 수 있으며, 극대값과 극소값은 $x=-1$과 $x=1$을 함수 $f(x)=x^3-3x+1$에 대입하면 각각 다음과 같다.

$$f(-1)=(-1)^3-3\cdot(-1)+1$$

$$=-1+3-1=3$$

$$f(1)=(1)^3-3\cdot(1)+1=1-3+1=-1$$

이 결과로부터 극대값은 3이고 극소값은 -1이며, 함수 $y=f(x)=x^3-3x+1$을 그리면 오른쪽 그림과 같다.

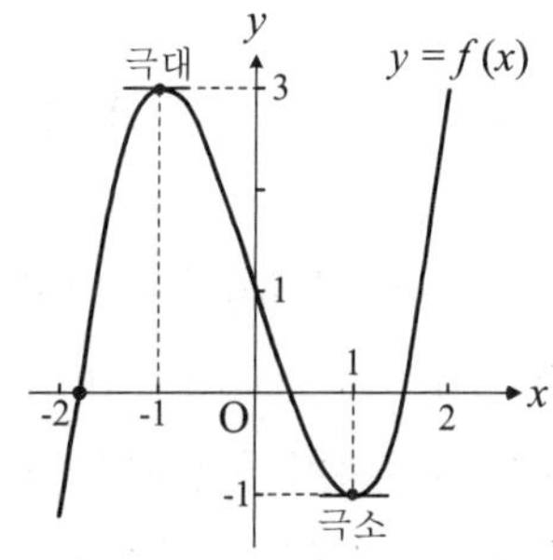

예제 9-26 그림 극대 · 극소

(3) 함수의 최대 · 최소

실제 미분학의 중요한 응용들 중에는 어떤 일을 하는데 있어서 최적의 방법을 찾는 최적화 문제들이 있다. 이 들 중에서 생산가격을 최소화하기 위한 깡통의 모양은 무엇인가? 우주왕복선의 최대 가속도는 무엇인가? 기침을 할 때 가장 빠르게 공기를 배출하는 기관의 반지름은 무엇인가?

이러한 실제 문제들은 함수의 **최대**(最大, abosolute maximum)**값** 또는 **최소**(最小, abosolute minimum)**값**을 구해야 하는 문제로 나타난다.

함수 $f(x)$가 폐구간 $[a, b]$(또는 $a \leqq x \leqq b$) 에서 연속일 때, $f(x)$의 최대값과 최소값은 다음과 같이 구한다.

① 주어진 구간에서 취할 수 있는 가장 큰 값을 함수 **$f(x)$의 최대값**

② 주어진 구간에서 취할 수 있는 가장 작은 값을 함수 **$f(x)$의 최소값**

다항함수 $f(x)$가 폐구간 $[a, b]$에서 극값을 가질 때, $[a, b]$에서 함수 $f(x)$의 최대값을 구하려면 극대값, $f(a)$와 $f(b)$ 중에서 최대인 것을 취하면 된다. 함수 $f(x)$의 최소값을 구하려면, 극소값, $f(a)$와 $f(b)$ 중에서 최소인 것을 취하면 된다.

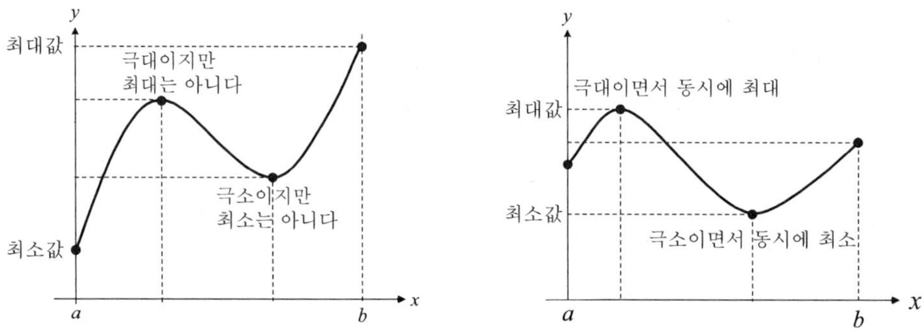

그림 9.16 함수 $f(x)$의 극대·극소와 최대·최소의 관계

또한 **구간이 폐구간이 아닐 때는 최대값 또는 최소값이 존재하지 않을 경우도 있으므로 유의해야 한다.** 구간이 반폐구간 $(a, b]$일 때에는 $f(a)$가 존재하지 않고, 반폐구간 $[a, b)$일 때에는 $f(b)$가 존재하지 않으며, 개구간 (a, b)(또는 $a < x < b$)일 때에는 $f(a)$와 $f(b)$가 존재하지 않는다는 점에도 주의하라.

또 함수의 극값이 되는 곳은 몇 개라도 있을 수 있으므로 최대·최소와 구별되어야 한다. 구간 $[a, b]$에서는 함수값 $f(a)$와 $f(b)$를 극값과 비교해서 최대·최소를 정하여야 한다. $f(b)$와 같이 극대값과 최대값이 일치할 때도 있다.

예제 9-27

구간 $[-2, 4]$에서 함수 $f(x)=2x^3-3x^2-12x$의 최대값과 최소값을 구하여라.

풀이

$f(x)=2x^3-3x^2-12x$의 도함수는

$f'(x)=6x^2-6x-12=6(x^2-x-2)=6(x+1)(x-2)$

앞 식에 $f'(x)=0$의 근은 $x=-1$, $x=2$이다.

다음에 $x=-1$, $x=2$의 좌우 $[-2, 4]$ 구간에서 $f'(x)$의 부호를 조사해보면 다음과 같다.

$x < -1$ 일 때, $f'(x) > 0$

$-1 < x < 2$ 일 때, $f'(x) < 0$

$x > 2$ 일 때, $f'(x) > 0$

이것을 표로 작성하면 아래와 같으며 이 표를 증감표라 한다.

x	-2	$\cdots$	-1	$\cdots$	2		4
$f'(x)$		+	0	-	0	+	
$f(x)$	-4	↗	7	↘	-20	↗	32
					(최소)		(최대)

이 표에 의하면 $x=4$ 일 때 최대값 32, $x=2$ 일 때 최소값 -20이라는 것을 알 수 있으며, 최대값과 최소값은 $x=4$ 와 $x=2$ 를 함수 $f(x)=2x^3-3x^2-12x$에 대입하면 각각 다음과 같다.

$$f(4) = 2\cdot(4)^3-3\cdot(4)^2-12\cdot 4 = 128-48-48 = 32$$

$$f(2) = 2\cdot(2)^3-3\cdot(2)^2-12\cdot 2 = 16-12-24 = -20$$

이 결과로부터 최대값은 32이고 최소값은 -20이며, 함수 $f(x)=2x^3-3x^2-12x$를 그리면 오른쪽 그림과 같다.

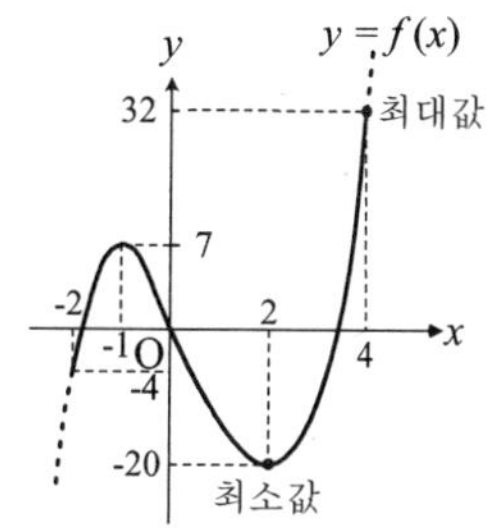

예제 9-27 그림
최대 · 최소

9.4.3 곡선의 오목 · 볼록[요철(凹凸)]과 변곡점 (f''는 f에 어떤 정보를 주는가?)

그림 9.17의 곡선을 함수 $y=f(x)$의 그래프라 하고, $f(x)$는 그 변역내(變域內)의 모든 x의 값에 대하여 1계와 2계도함수를 가진다 하자. 한 점 P가 곡선을 따라 x가 증가하는 쪽으로 A에서 B까지 움직일 때 접선의 기울기는 증가한다. 이 때 호 AB(또는 CD)가 현 AB(또는 CD)보다 아래쪽에 있으면 곡선 $y=f(x)$는 **위로 오목**(concave upward, 凹)(또는 **아래로 볼록**)하다고 한다.

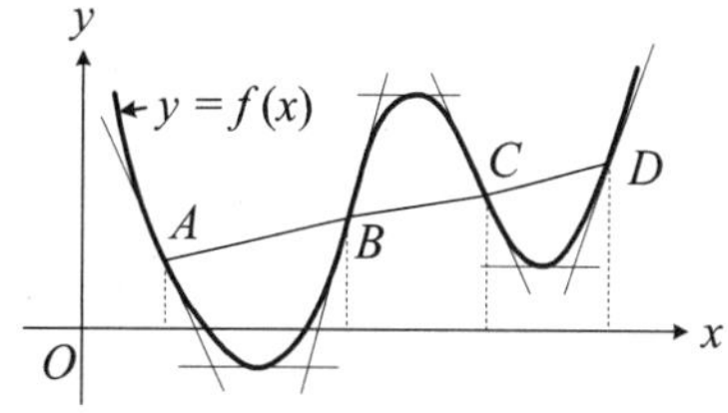

그림 9.17 곡선의 오목 · 볼록과 변곡점

또 B에서 C까지는 접선의 기울기함수가 감소하며 호 BC는 현 BC 보다 위쪽에 있으면 곡선 $y=f(x)$는 **아래로 오목**(concave upward, 凸)(또는 **위로 볼록**)하다고 한다. 곡선이 오목한 방향을 바꾸는 점 B를 그 곡선의 **변곡점**(變曲點, inflection point)이라 하며 반대로 볼록에서 오목한 방향으로 바뀌는 점 C도 변곡점이다. 즉, 곡선의 모양이 변하게 하는 점을 말한다.

함수의 변화율은 그 도함수에 의해서 표시되므로 기울기함수 $f'(x)$의 변화율은 2계도함수 $f''(x)$에 의해서 표시된다. 따라서 다음과 같이 **곡선의 오목과 볼록 판정**이 가능하다.

① $y=f(x)$는 $f''(a)>0$이면 $x=a$에서 위로 오목(아래로 볼록)하다.

② $y=f(x)$는 $f''(a)<0$이면 $x=a$에서 아래로 오목(위로 볼록)하다.

③ $y=f(x)$는 $f''(a)=0$이고 x가 a를 지나 증가할 때 $f''(x)$의 부호가 바뀌면, $x=a$에서 변곡점을 가진다.

앞에서 설명한 ①과 ②항에 대하여 $y=f(x)$의 그래프가 곡선이 될 때, $x=a$ 부근에서 곡선은([그림 9.18], 이하 凹凸은 그래프의 위로 향하고 있다) f''의 부호에 따라 f'의 증감여부가 다음과 같이 결정된다.

$f''(x)>0$ 이라면 凹 ($x=a$부근에서 $f'(x)$은 항상 증가하므로)

$f''(x)<0$ 이라면 凸 ($x=a$부근에서 $f'(x)$은 항상 감소하므로)

▌ 변곡점을 구하는 법 ▌

앞에서 3항에 대하여 설명한 바와 같이 그림 9.19의 $x=a$에서 곡선이 볼록(凸)에서 오목(凹)으로 또는 오목(凹)에서 볼록(凸)으로 변하는 점을 **변곡점**이라 한다.

① $x=a$가 변곡점이 될 때에는 $f''(a)=0$ (이 식에서 a를 구한다.)

② a의 전후로 $f''(a)$의 부호가 변하면 a는 변곡점

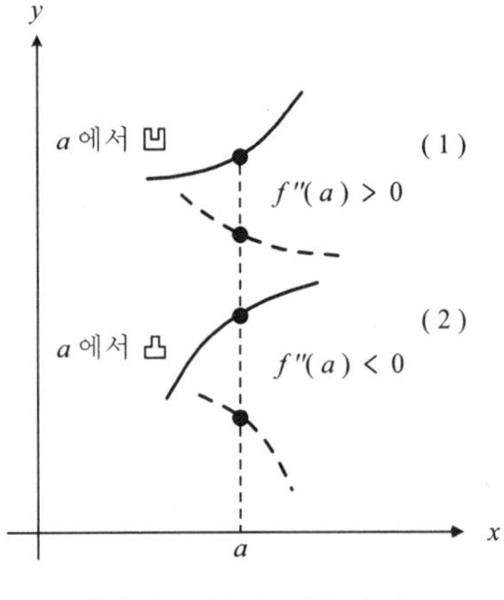

그림 9.18 함수의 요철과 $f''(a)$의 +, − 요철은 그래프의 위쪽방향으로 향하고 있다.

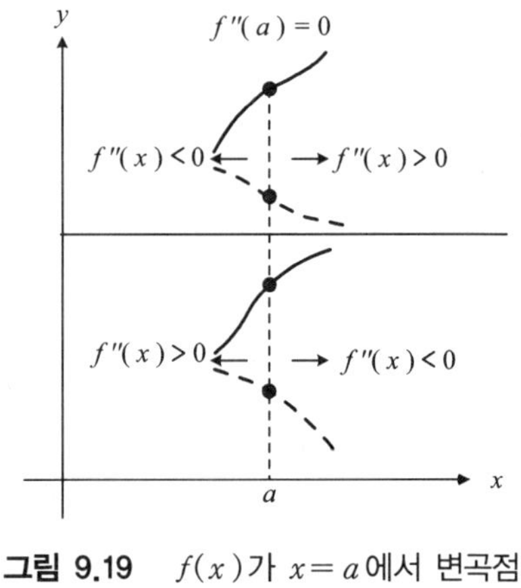

그림 9.19 $f(x)$가 $x=a$에서 변곡점이 될 때의 그래프

예제 9-28

구간 $(0, \infty)$에서 곡선 $y=\ln x$의 오목(凹)과 볼록(凸)을 조사하여라.

풀이

주어진 곡선 $y=\ln x$의 1계 및 2계도함수를 구하면 다음과 같다.

$$y'=\frac{1}{x},\quad y''=\left(\frac{1}{x}\right)'=(x^{-1})'=(-1)x^{-1-1}=-\frac{1}{x^{-2}}$$

구간 $(0, \infty)$ 즉 $(0 < x < \infty)$일 때 $y'' < 0$

따라서, 곡선 $y=\ln x$는 구간 $(0, \infty)$에서 위로 볼록(아래로 오목)하다(위 그림).

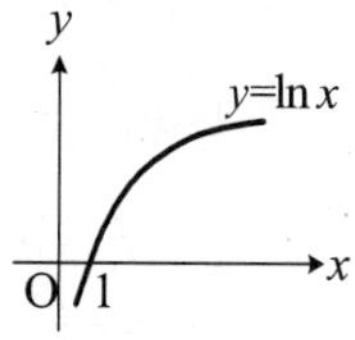

예제 9-28 그림

예제 9-29

곡선 $y=x^3-6x^2+12$의 변곡점을 구하여라.

풀이

$y'=3x^2-12x$, $y''=6x-12$이므로 $y''=0$이라 두면 $x=2$를 얻는다. x가 2를 지나 증가하면 곡선은 아래로 오목$(y''<0)$한데서 위로 오목$(y''>0)$한 방향으로 바뀌어지므로 $x=2$를 원식에 대입하면 $y=(2)^3-6\cdot(2)^2+12=8-24+12=-4$, 따라서 변곡점은 점 $(2, -4)$이다.

주의(注意, note)

변곡점은 때로는 $f''(x)$를 정의할 수 없는 점에서 존재하는 경우가 있다.

예를 들면, 곡선 $y=x^{1/3}$(오른쪽 그림 9.20)에서 이 함수를 미분하면 $y'=\frac{1}{3}x^{-2/3}$, $y''=\frac{2}{9}x^{-5/3}$이다.

$x<0$이면 $y''>0$, $x>0$이면 $y''<0$임을 알 수 있다.

이것은 점 $(0, 0)$이 변곡점임을 뜻한다. 왜냐하면, x가 0을 지나 증가할 때 곡선은 위로 오목한데서 아래로 오목한 방향으로 변하기 때문이다.

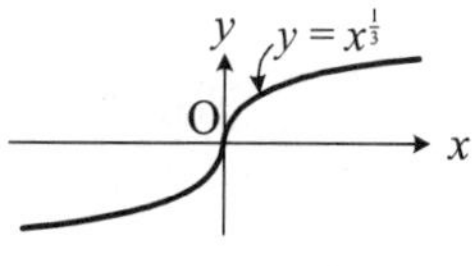

그림 9.20 오목과 볼록

반면에 곡선 $y=x^4$(그림 9.21)에서 이 함수를 두 번 미분하면 $y'=4x^3$, $y''=12x^2$이다. $x<0$이면 $y''>0$, $x>0$이면 $y''>0$임을 알 수 있다. 이것은 점 $(0, 0)$이 변곡점이 아니라는 것을 뜻한다. 왜냐하면, 점 $(0, 0)$은 y에 대하여 $y''=0$이지만 $x=0$의 좌우에서 y''의 부호가 바뀌지 않고 항상 증가하기 때문이다.

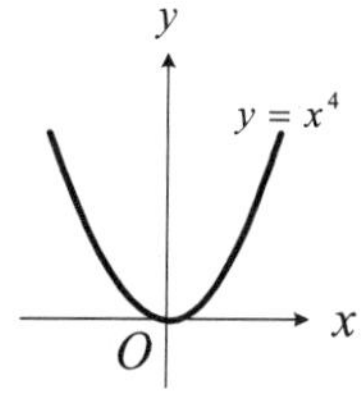

그림 9.21 오목 · 볼록

곡선은 극소점에서는 위로 오목하고 극대점에서는 아래로 오목한 것이 보통이므로 극대, 극소를 판정하는 또 다른 방법으로 다음과 같은 판정법도 있다.

① $f'(a) = 0$이고 $f''(a) < 0$이면 $f(x)$는 $x = a$에서 극대가 된다.

② $f'(a) = 0$이고 $f''(a) > 0$이면 $f(x)$는 $x = a$에서 극소가 된다.

$f''(a) = 0$이거나 $f''(a)$이 존재하지 않는 경우 9.4.2항에서 주어진 방법을 써야 한다.

주의(注意, note)

① $f''(a) = 0$일 때는 보통 무엇이라 말할 수 없다.

② 최대 · 최소를 논할 때는 x의 범위(폐구간!)를 지정해야 한다.

③ 최대 · 최소와 극대 · 극소는 반드시 일치하지 않는다. [그림 9.16]을 보아라.

9.4.4 극대와 극소의 응용

기하학(幾何學, geometry)이나 또는 응용분야에서 어떤 양의 극대값과 극소값을 구해야하는 문제를 만나게 된다. 일반적으로 다음과 같은 과정을 통하여 구할 수 있다.

① 극대나 극소가 될 양을 하나의 변수로 나타낸다.

② ①에서 결정된 함수를 미분하고, 그 도함수를 0으로 놓는다.

③ ②를 풀어서 변수의 값을 구하고, 관찰이나 다른 적당한 방법으로 그 값이 주어진 양을 극대로 하느냐, 극소로 하느냐를 결정한다.

예제 9-30

합이 12가 되고, 그들 각각의 제곱의 합이 최소(最小)가 되는 두 수를 구하여라.

풀이

두 수 중 하나의 함수를 x로 놓으면 나머지 수는 $12 - x$라 하고 그 제곱의 합을 y라 하자. 앞에서 설명한 과정을 단계별로 계산하면 다음과 같다.

① $y = x^2 + (12 - x)^2 = x^2 + 144 - 24x + x^2 = x^2 + 144 - 24x + x^2 = 2x^2 - 24x + 144$

② 앞 식을 미분하면 $y' = 4x - 24 = 0$, $x = 6$

③ y'를 다시 미분하면 $y'' = 4 > 0$이므로 위로 오목(또는 아래로 볼록)이고 $x = 6$에서 최소가 된다. 나머지 수는 $12 - 6 = 6$이 된다.

따라서 두 수는 각각 6과 6이다.

경우에 따라서는 문제를 분석해 나갈 때 두 개 이상의 변수를 쓰면 더 명확해지는 수가 있다. 그러나 어떤 경우에서든지 **극대나 극소가 될 양은 미분하기 전에 하나의 변수**로 나타내어야 한다.

9.4.5 기울기의 변화

재차(再次) 미분을 하는 과정으로 돌아가서, 도대체 무슨 목적으로 두 번 미분을 하는 것인가 알아보자. 이미 9.3절에서 배운 바와 같이 변하는 변량(變量)이 거리와 시간일 때 두 번 미분을 하면 움직이는 물체의 가속도를 얻는다. 그리고 곡선의 기하학적 의미로 볼 때 $\frac{dy}{dx}$는 곡선의 기울기(slope)임을 알고 있다. 그러면 기하학적으로 볼 때 $\frac{d^2y}{dx^2}$은 무엇을 의미하는가? 간단히 말하면 이것은 **기울기의 변화율**(단위 거리 당)을 나타낸다. 즉, 이 변화율은 곡선의 어느 지점에서 접선의 기울기가 변하는 양상을 나타낸다. 또한 x가 증가할 때 곡선의 기울기가 증가하는지 감소하는지를 나타내며, 쉽게 이야기하면 오른쪽으로 갈수록 곡선이 굽어 올라가든지 또는 굽어 내려가는지를 나타낸다.

그림 9.22에서 보는 바와 같이 기울기가 일정한 상수일 때를 생각해 보면 여기에서 $\frac{dy}{dx}$는 일정한 값이다. 그러나 그림 9.23에서와 같은 경우에는 x가 증가함에 따라 기울기 자체가 자꾸만 커지고 있다. 그러므로 $\frac{d}{dx}\left(\frac{dy}{dx}\right)$, 즉 $\frac{d^2y}{dx^2}$는 양$(+)$이 된다.

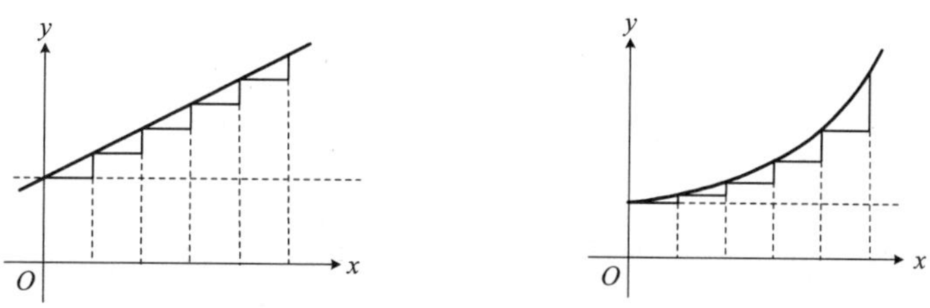

그림 9.22와 9.23 함수 $f(x)$의 기울기의 변화

그러나 그림 9.24의 경우와 같이 오른쪽으로 갈수록 기울기가 점점 작아지면 곡선은 위로 올라가고 있을지라도 기울기는 점점 감소하고 있으므로 $\frac{d^2y}{dx^2}$는 음$(-)$이 된다.

그러면 지금부터 '0으로 놓아서' 얻어진 값이 극대인지 극소인지를 가려내는 방법을 이야기 하자(0으로 놓을 수 있는 식을 구하는 방법과 같이). 어떤 함수를 미분한 후에, 그 결과를 다시 한 번 더 미분하여, 이 두 번째 미분한 결과가 $+$인지 $-$인지를 보는 것이다.

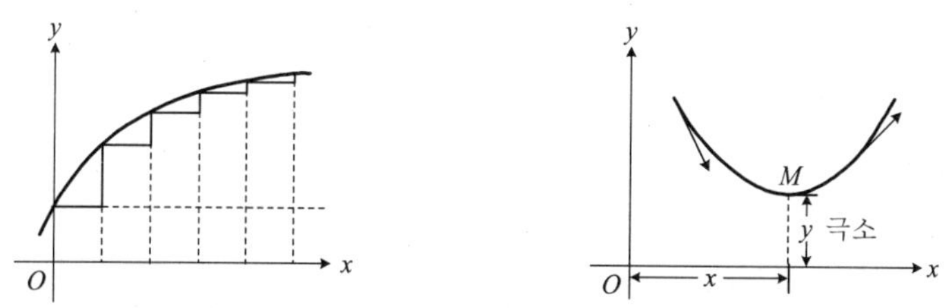

그림 9.24와 9.25 함수 $f(x)$의 기울기의 변화

$\frac{d^2y}{dx^2}$가 양(+)이 되면 y의 값은 **극소**(極小)이며, $\frac{d^2y}{dx^2}$가 음(−)이 되면 y의 값은 **극대**(極大)가 된다. 그 이유는 아주 명백한 사실인데 그림 9.25처럼 하나의 극소점을 가지는 곡선을 생각해보자. 이 곡선은 위로 오목하며, 여기에서 y의 극소점을 M이라고 나타내었다. M의 왼쪽에서는 곡선이 내려오고 기울기는 −이며, M이 가까워질수록 그 −의 정도가 줄어든다. M의 오른쪽에서는 곡선이 위로 올라가면서 기울기가 점점 커진다. 점 M을 통과하면서 기울기의 변화, 즉 $\frac{d^2y}{dx^2}$가 +가 된다. 즉, x가 우측으로 증가하면서 감소해가던 기울기(− 기울기)가 M을 기점으로 증가해가는 기울기로 바뀐다.

그림 9.26처럼 하나의 극대점을 가지는 곡선을 생각해 볼 때 이 곡선은 아래로 오목하며, 여기에서 y의 극대점을 M이라고 표시하였다. 이 곡선이 왼쪽에서 오른쪽으로 점 M을 통과할 때 올라가던 기울기(+ 기울기)는 내려가는 기울기(− 기울기)로 바뀐다. 즉, 이 경우에는 기울기의 변화 $\frac{d^2y}{dx^2}$가 −가 된다. 이와 같이 곡선 위에서 오목한 방향을 바꾸는 점을 이미 9.4.3항에서도 설명한바 있는 곡선의 변곡점이라 한다.

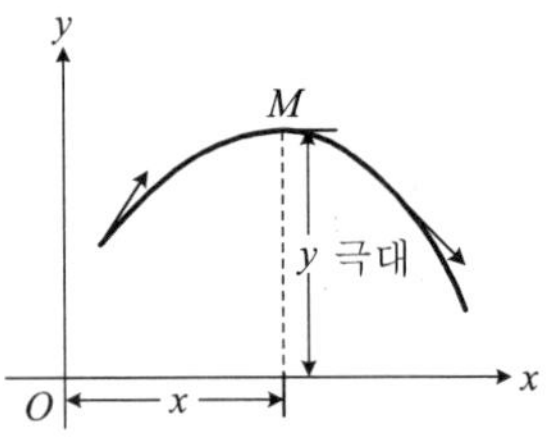

그림 9.26 변곡점

9.4.2항의 예제를 가지고 극대 또는 극소를 구했던 풀이를 위의 방법으로 증명해 보라. 그리고 다음의 문제 풀이를 공부하면서 극대 및 극소를 구하는 방법을 익히기 바란다.

예제 9-31

다음 주어진 식들의 극대값과 극소값을 구하고 극대값인지 극소값인지 확인하여라.

(1) $y=4x^2-9x-6$ (2) $y=6+9x-4x^2$

풀이

(1) 주어진 함수를 미분한 후 0으로 놓으면 $\frac{dy}{dx}=8x-9=0,\ x=\frac{9}{8}$

이 값을 본식에 대입하면 다음과 같다.

$$y=4\left(\frac{9}{8}\right)^2-9\left(\frac{9}{8}\right)-6=\frac{81}{16}-\frac{81}{8}-6=\frac{81-162-96}{16}=-\frac{177}{16}$$

또는 -11.0625

다시 한 번 미분하면 $\frac{d^2y}{dx^2}=8>0$이므로 주어진 함수 $y=4x^2-9x-6$는 극소값을 갖는다.

(2) 주어진 함수를 미분한 후 0으로 놓으면 $\frac{dy}{dx}=9-8x=0,\ x=\frac{9}{8}$

이 값을 본식에 대입하면 다음과 같다.

$$y=6+9\left(\frac{9}{8}\right)-4\left(\frac{9}{8}\right)^2=6+\frac{81}{8}-\frac{81}{16}=\frac{96+162-81}{16}=\frac{177}{16}$$

또는 11.0625

다시 한 번 미분하면 $\frac{d^2y}{dx^2} = -8 < 0$ 이므로 주어진 함수 $y=6+9x-4x^2$는 극대값을 갖는다.

예제 9-32

다음 함수 $y=x^2-x$가 극대를 가지는 지 극소를 가지는 지 알아보고 극대값과 극소값을 구하여라.

풀이

주어진 함수를 미분한 후 0으로 놓으면

$$\frac{dy}{dx} = 2x-1=0 \quad ⇨ \quad 2x-1=0$$

$$\therefore \quad x=\frac{1}{2}$$

$x=\frac{1}{2}$을 본식에 대입하면 다음과 같다.

$$y=\left(\frac{1}{2}\right)^2-\frac{1}{2}=\frac{1}{4}-\frac{1}{2}=\frac{1-2}{4}=-\frac{1}{4} \quad \text{또는} \quad -0.25$$

다시 미분하면 $\frac{d^2y}{dx^2}=2 > 0$, 즉 양(+)의 값이므로 주어진 함수 $y=x^2-x$는 극소값을 갖는다. 이 결과는 9.4.2항의 예제의 결과와 일치한다.

예제 9-33

다음 함수 $f(x)=x^3-3x+1$의 극대와 극소를 구하고 극대값인지 극소값인지 확인하여라.

풀이

먼저, $f'(x)=0$으로 하는 x의 값을 구해 보자.

$f(x)=x^3-3x+1$의 도함수는 $f'(x)=3x^2-3=3(x^2-1)=3(x+1)(x-1)$

앞 식에서 $f'(x)=0$의 근은 $x=-1$, $x=+1$이다.

다시 한 번 미분하면 $f''(x)=6x$

$x=+1$일 때는 $f''(1)=6\cdot(1)=6$이므로 $f''(x)$는 양의 값이다.

그러므로 $x=+1$일 때 극소이며 극소값은

$$f(1)=(1)^3-3\cdot(1)+1=1-3+1=-1$$

그러나 $x=-1$일 때는 $f''(-1)=6\cdot(-1)=-6$이므로 $f''(x)$는 음의 값이다.

그러므로 $x=-1$일 때 극대이며 극대값은

$$f(-1)=(-1)^3-3\cdot(-1)+1=-1+3+1=3$$

이 결과는 9.4.2항의 [예제 9-26]의 결과와 일치한다.

9.4.6 평균값의 정리

폐구간에서 연속인 함수가 미분가능하면 아주 중요한 성질을 가진다. 여기서는, 미분적분학에서 아주 중요한 정리 중에 하나인 평균값의 정리를 소개하겠다. 이 결과는 그래프로 이해하기는 쉽다. 평균값의 정리는 매우 중요해서 그 내용을 알아보기 전에 흔히 **롤의 정리**(Rolle's theorem)라 부르는 특별한 경우에 대하여 알아보자. 이 정리는 여러 분야에서 많이 적용된다.

1) 롤의 정리

롤의 정리의 아이디어는 아주 간단하다. x축 위에 두 점 A와 B가 그림 9.27에 나타난 바와 같이 연속인 곡선으로 연결되고, 이 곡선이 A와 B사이의 각 점에서 수직인 접선을 가지지 않으면 점 P에서의 접선이 x축에 평행인 점 P가 A와 B사이의 어디에선가 적어도 하나는 반드시 존재한다. 이 사실은 기하학적으로 분명하다. 그림 9.27에서 이 조건에 만족하는 주어진 함수의 그래프에는 접선이 수평하게 되는 점이 최소한 하나는 있다. 수평직선을 갖는 점에서 $f'(x)=0$이므로 $f'(c)=0$이 되는 점, 이것은 점 c가 개구간 $(a,\ b)$ 안에 적어도 하나 존재한다는 것이다. 이 정리는 프랑스의 수학자 Michel Rolle(1652~1719)에 의해서 다항식에 대하여 증명하였다. 이 정리의 결론은 다음 정리와 같이 말할 수 있다.

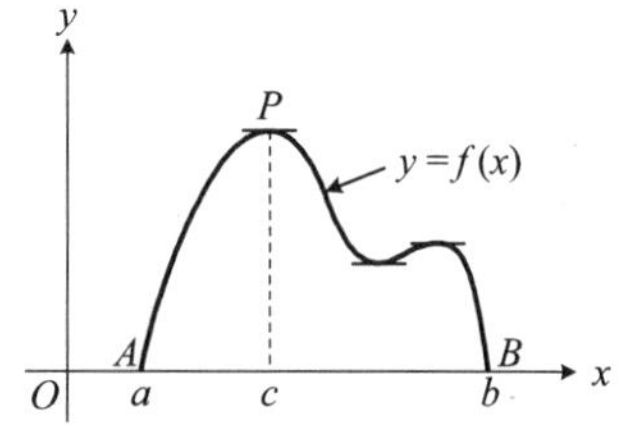

그림 9.27 롤의 정리

▌롤의 정리▐

함수 $f(x)$가 폐구간 $[a,\ b]$에서 연속이고, 개구간 $(a,\ b)$에서 미분 가능하며 $f(a)=f(b)$이면, $f'(c)=0$을 만족하는 점 c가 개구간 $(a,\ b)$ 안에 적어도 하나 존재한다.

예제 9-34

폐구간 $[0,1]$에서 $f(x)=x^3-3x^2+2x+2$에 대하여 롤의 정리의 결론을 만족하는 c값을 구하여라.

▌풀이

우선 정리의 가정이 만족된다는 것을 보이자.
함수 $f(x)$는 [다항식이고 모든 다항식은 모든 구간에서 연속이고 미분 가능하므로] 모든 x에 대하여 미분 가능하고 연속이다. 또한 $f(0)=0-0+0+2=2$ 그리고 $f(1)=(1)^3-3(1)^2+2(1)+2=1-3+2+2=2$ 이므로 $f(0)=f(1)=2$ 이다. 주어진 식을 x에 대하여 미분하면 $f'(x)=3x^2-6x+2$ 이므로 이 식의 해에 해당하는 c를 대입하고 이 값을 구해야 한다.

$$f'(c)=3c^2-6c+2=0$$

앞 식은 c에 대한 2차방정식이므로 해 c는 근의 공식을 이용하면 다음과 같다.

$$c=\frac{-b\pm\sqrt{b^2-4ac}}{2a}=\frac{-(-6)\pm\sqrt{(-6)^2-4(3)(2)}}{2(3)}=\frac{1\pm\sqrt{36-24}}{6}=1\pm\frac{\sqrt{3}}{3}$$

따라서 $c=1+\frac{\sqrt{3}}{3}\approx 1.577\ 35$는 주어진 구간 $[0, 1]$에서 벗어나고, $c=1-\frac{\sqrt{3}}{3}\approx 0.422\ 65$는 구간에 속하므로 $c=1-\frac{\sqrt{3}}{3}$가 만족하는 값이다.

2) 평균값의 정리(law of the mean)

그림 9.28과 그림 9.29는 롤의 정리에서 본 것과 기하학적으로 닮은 경우이다. A와 B를 연결한 곡선이 연속이고, A와 B사이의 각 점에서 수직인 접선을 가지지 않으면 점 P에서의 접선이 현(弦, chord) AB와 평행인 어떤 점 P가 A와 B사이의 곡선 위에 반드시 존재한다. 롤의 정리에서의 조건 $f(a)=f(b)$를 제거하면 롤의 정리를 일반화한 다음의 **평균값의 정리**를 얻는다.

함수 $f(x)$가 폐구간 $[a, b]$에서 연속이고, 개구간 (a, b)에서 미분 가능하면

$$f'(c)=\frac{f(b)-f(a)}{b-a} \tag{9.9}$$

또는

$$f(b)-f(a)=f'(c)(b-a) \tag{9.10}$$

를 만족하는 점 $x=c$가 (a, b) 내에 적어도 하나는 존재한다.

3) 평균값의 정리의 기학학적인 해석

이 정리를 증명하기 전에 우선 기하학적인 해석을 통하여 이 정리가 합당하다는 것을 알아보자. 그림 9.28과 9.29는 두 미분 가능한 함수의 그래프 위의 두 점 $A(a, f(a))$와 $B(b, f(b))$가 나타난다. 할선 AB의 기울기 m_{AB}는 식 (9.9)의 우변과 같은 다음 식으로 나타낸다.

$$m_{AB}=\frac{f(b)-f(a)}{b-a} \tag{9.11}$$

그리고 식 (9.9)의 좌변 $f'(c)$는 점 $(c, f(c))$에서의 접선의 기울기이므로, 점 $P(c, f(c))$을 지나는 접선의 기울기와 할선 AB의 기울기는 같다는 사실을 뜻한다. 다시 말해서, 할선 AB와 평행한 접선을 갖는 점 P가 적어도 하나 이상 존재함을 말한다(그림 9.29 참조).

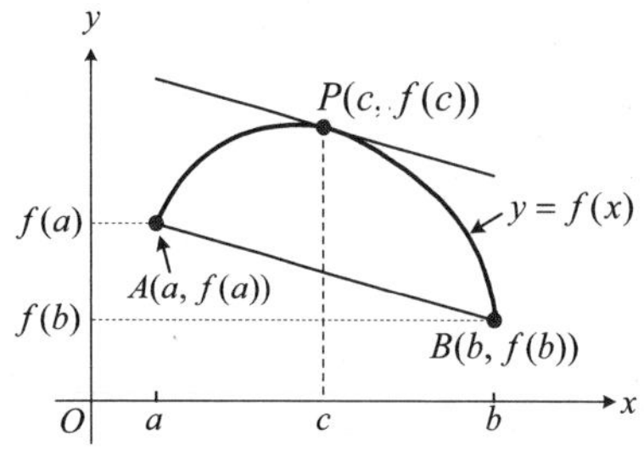

그림 9.28 평균값 정리의 기하학적 해석

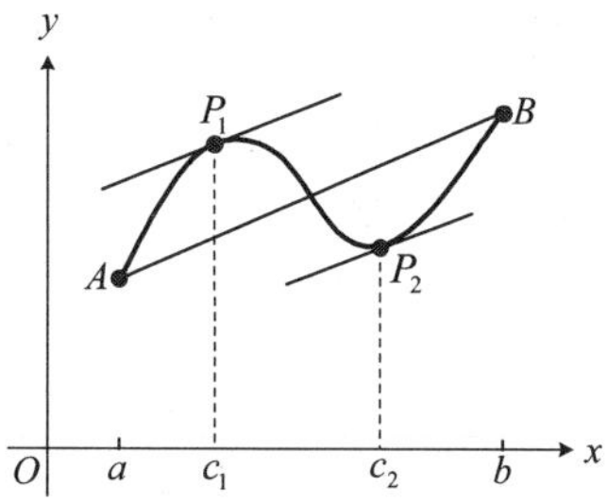

그림 9.29 평균값 정리의 기하학적 해석

예제 9-35

폐구간 [0, 2]에서 $f(x)=x^3-x^2-x+1$에 대하여 평균값 정리의 결론을 만족하는 c값을 구하여라.

풀이

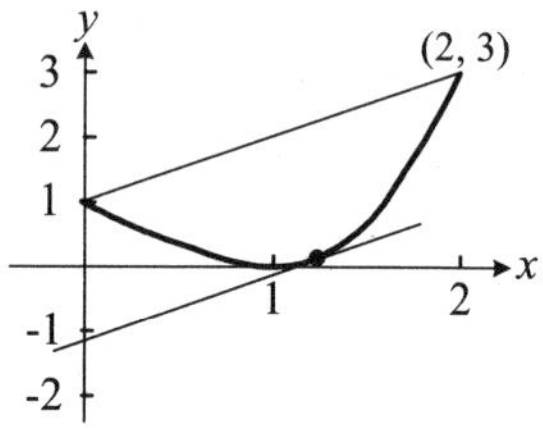

예제 9-35 그림 평균값 정리

우선 정리의 가정이 만족된다는 것을 보이자.
함수 $f(x)$는 [다항식이고 모든 다항식은 모든 구간에서 연속이고 미분 가능하므로] [0, 2]에서 연속이고 (0, 2)에서 미분 가능하다.
또한 $f(0)=0-0-0+1=1$ 그리고 $f(2)=(2)^3-(2)^2-2+1=8-4-2+1=3$이므로 $f(0)=1$이고 $f(2)=3$이다. 따라서 평균값의 정리에 의해서

$$f'(c)=\frac{f(b)-f(a)}{b-a}=\frac{f(2)-f(0)}{2-0}=\frac{3-1}{2-0}=\frac{2}{2}=1$$

주어진 식을 x에 대하여 미분하면 $f'(x)=3x^2-2x-1$ 이므로 이 식에 해에 해당하는 c를 대입하고 이 값을 구해야 한다.

$f'(c)=3c^2-2c-1=1$ 또는 $3c^2-2c-2=0$

앞 식은 c에 대한 2차방정식이므로 해 c는 근의 공식을 이용하면 다음과 같다.

$$c=\frac{-b\pm\sqrt{b^2-4ac}}{2a}=\frac{-(-2)\pm\sqrt{(-2)^2-4(3)(-2)}}{2(3)}=\frac{2\pm\sqrt{4+24}}{6}$$

$$=\frac{2\pm2\sqrt{7}}{6}=\frac{1\pm\sqrt{7}}{3}$$

따라서 $c=\frac{1+\sqrt{7}}{3}\approx1.215\ 27$은 주어진 구간 [0, 2]에 있고 $\frac{1-\sqrt{7}}{3}\approx-0.548\ 58$은 구간에 벗어나므로 $c=\frac{1+\sqrt{7}}{3}$가 만족하는 값이다.

예제 9-35 그림 $y=f(x)$의 구간 [0, 2]에서 곡선의 양 끝점을 연결하는 할선과 $x=\frac{1+\sqrt{7}}{3}$에서 접선의 그래프를 나타내었다.

예제 9-36

$f(x)=(1/3)x^3-(3/2)x^2+2x+1$의 (1) 증가 · 감소의 범위 (2) 오목과 볼록(요철 또는 凹凸)의 범위 (3) 극대 · 극소의 x 및 극대값 · 극소값 (4) 변곡점 x와 그 곳에서의 $f(x)$를 구하여라. (5) 또 이것을 기초로 하여 $f(x)$의 그래프를 그려라.

풀이

$f'(x)=x^2-3x+2=(x-1)(x-2)$, $f''(x)=2x-3$

(1) $f'(x)>0$의 범위는 $x<1$ 및 $x>2$
따라서 이 범위에서 $f(x)$는 증가
$f'(x)<0$의 범위는 $1<x<2$
따라서 이 범위에서 $f(x)$는 감소

(2) $f''(x)>0$의 범위는 $x>3/2$
따라서 이 범위에서 $f(x)$는 위로 오목 凹
$f''(x)<0$의 범위는 $x<3/2$
따라서 이 범위에서 $f(x)$는 아래로 오목 凸

(3) 극값이 될 때에는 $f'(a)=0$
따라서 $a=1$ 및 2에서 극값이 된다.

[극대 · 극소의 판정]

① $a=1$일 경우 : $f''(1)<0$, 따라서 극대이므로 극대값은 $f(1)=\frac{11}{6}$

$$f(1)=\frac{1}{3}(1)^3-\frac{3}{2}(1)^2+2(1)+1=\frac{1}{3}-\frac{3}{2}+2+1=\frac{2-9+18}{6}=\frac{11}{6}$$

② $a=2$일 경우 : $f''(2)>0$, 따라서 극소이므로 극소값은 $f(2)=\frac{5}{3}$

$$f(2)=\frac{1}{3}(2)^3-\frac{3}{2}(2)^2+2(2)+1=\frac{8}{3}-6+4+1=\frac{8-3}{3}=\frac{5}{3}$$

(4) 변곡점이 될 때에는 $f''(a)=0$, 따라서 $a=3/2$
②로부터 이 a값 전후에서 $f''(x)$는 부호가 변한다.
따라서 $a=3/2$에서 변곡점이 되고, $f(3/2)=7/4$

(5) 그래프는 예제 9-36 그림과 같다.

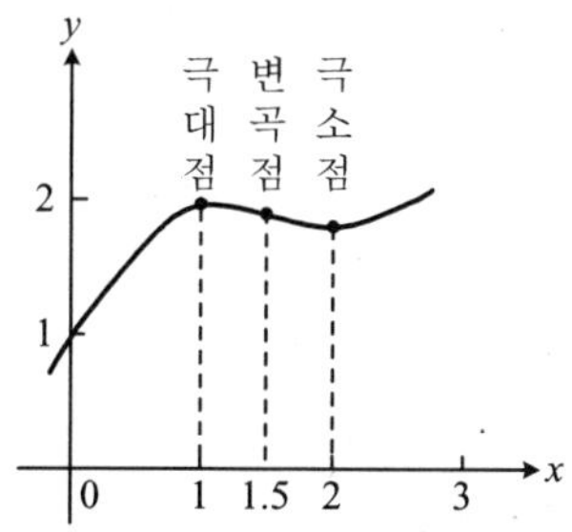

예제 9-36 그림 함수의 그래프

예제 9-37

[예제 9-37 그림]과 같이 직경 D의 큰 원에서 단면계수 W가 최대(극소)가 되는 직사각형의 교량재를 제작하기 위해서는, 폭 x와 높이 y를 어떻게 결정하면 좋은가? 단, 단면계수는 $W = axy^2$(a는 무차원 상수, $a > 0$)이다.

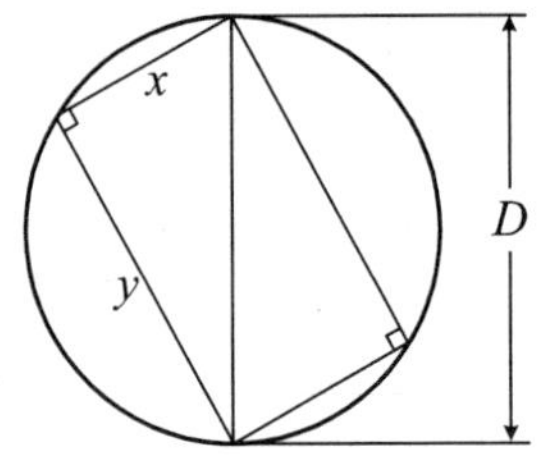

예제 9-37 그림
원재에서 각재 자를 때의 모든 양

▌풀이

예제 9-37 그림에서 $D^2 = x^2 + y^2$ 따라서 $y^2 = D^2 - x^2$

단면계수는 $W = axy^2$이므로

$$W = axy^2 = ax(D^2 - x^2) = axD^2 - ax^3 \qquad ①$$

W가 최대가 되는 x와 y를 구하려면 식 ①을 x에 대하여 미분, 즉 $dW/dx = 0$를 풀면 된다.

$$dW/dx = d/dx[axD^2 - ax^3)] = aD^2 - 3ax^2 = a(D^2 - 3x^2) = 0$$

앞 식에서 $a \neq 0$ 이므로 $D^2 - 3x^2 = 0$이어야 한다.

따라서 이 식을 풀면 $x = \pm D/\sqrt{3}$ $x > 0$(= 폭)이므로 −부호를 제외하면 $x = D/\sqrt{3}$이다. 이 때 W가 최대가 되는 값은 이 x값을 식 ①에 대입하여 정리하면 $W = \frac{2}{3\sqrt{3}}aD^3$을 구할 수 있다.

[증명]

$x = D/\sqrt{3}$을 식 ①에 대입하면 다음과 같다.

$$W = axD^2 - ax^3 = a(D/\sqrt{3})D^2 - a(D/\sqrt{3})^3$$

$$= aD^3/\sqrt{3} - aD^3/3\sqrt{3} = (3aD^3 - aD^3)/3\sqrt{3}$$

$$= \frac{2}{3\sqrt{3}}aD^3$$

예제 9-38

[그림 9.30 (a)]에 의해, 상자형 암거(box culvert) 등을 지중에 건설하기 위해 강철판으로 토류벽을 만들고, 지중굴착을 하는 경우,

(1) 철판배후에 작용하는 주동토압에 의해, 철판벽에 발생하는 최대 모멘트 M_{max}와 그의 작용위치(지표면에서의 깊이) z_m를 구하여라.

단, H : 지표면에서의 굴착 깊이

γ : 지반의 단위중량

K_A : 지반의 주동토압계수,

p_z : 깊이 z에서 토압의 강도(응력, AB의 단위길이에 작용하는 하중), $p_z = \gamma K_A z$

또 철판의 휨 모멘트는 철판선단의 버팀보의 위치(A)와 굴착저면(B)을 지점으로 하고, B에서 위의 토압을 하중으로 하는 단순보로 가정해서 구하기로 한다. 또 지점 A의 반력은 $R_A = \dfrac{\gamma K_A H^2}{6}$가 되는 것을 이용하여라.

(2) 사질지반에 깊이 $H=3.6$ m까지 지하 굴착한다. 이 지반의 성질이 $\gamma=1.8$ tf/m^3, 내부마찰각 $\phi = 30^{\circ}$, $K_A=0.33$ 일 때, 최대 휨 모멘트 $M_{\max}$ (tf/m)와, 그 지표면에서의 작용위치 z_m[m]을 구하여라.

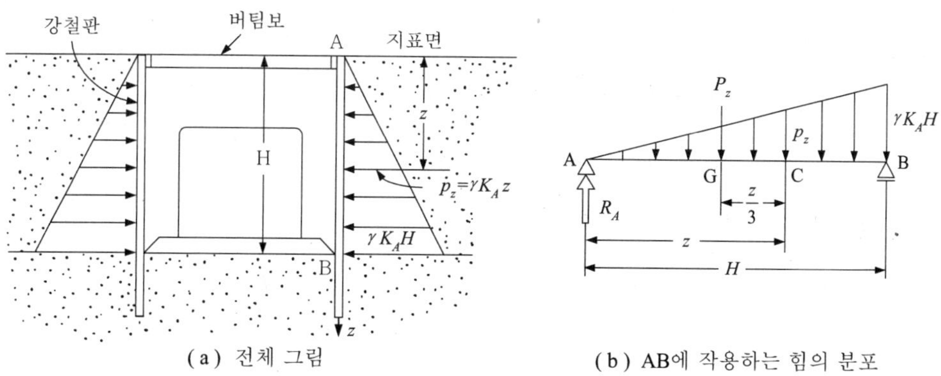

그림 9.30 강철판에 의한 토류벽에 미치는 토압의 모멘트

▌풀이

(1) [그림 9.30 (b)] 참조

점 A에서 임의거리 z의 점 C의 회전 휨 모멘트를 검토한다.

지점 A의 반력은

$$R_A = \frac{\gamma K_A H^2}{6}$$

이다. 한편 AC 사이의 하중의 집중하중(합력) P_z는

$$P_z = \frac{p_z \cdot z}{2} = \frac{\gamma K_A z \cdot z}{2} = \frac{\gamma K_A z^2}{2}$$

따라서, 점 C의 회전 모멘트(시계방향으로 +부호로 한다)는 다음과 같다.

$$M_z = R_A \cdot z - P_z \cdot \frac{z}{3} = \frac{\gamma K_A H^2 z}{6} - \frac{\gamma K_A z^3}{6}$$

[주의]

9.15.3항 [예제 9-149]에 의해 (a) AC사이의 집중하중 P_z는 $P_z = \frac{1}{2} p_z z$가 되고, 또 (b) P_z의 작용점 G는 A에서 $\frac{2}{3} AC = \frac{2}{3} z$, 즉 C에서 $\frac{1}{3} z$에 있다. 그래서 P_z에 의한 C의 회전 모멘트(반시계방향이므로 −부호)는 위 M_z의 식 중간 제 2항과 같이 된다.

M_z의 극대값을 구하기 위해 M_z를 z로 미분한다.

$$\frac{dM_z}{dz} = \frac{\gamma K_A H^2}{6} - \frac{3\gamma K_A z^2}{6} = \frac{\gamma K_A}{6}(H^2 - 3z^2)$$

M_z가 극값이 되는 깊이는

$$\frac{dM_z}{dz} = 0$$

이고 이 때 $z^2 = \frac{H^2}{3}$ 이다. 따라서, $z = \frac{H}{\sqrt{3}}$ ($z > 0$, 이것을 z_m로 한다)가 되고,

$$M_z = \frac{\gamma K_A H^3}{9\sqrt{3}}$$ (이하 이 값을 $M_{\max}$로 한다)

여기서, d^2M_z/dz^2의 정부(正負 또는 +, −)를 조사해 이 z의 값이 M_z의 극대값인지 극소값 중에서 어느 쪽인지를 판정할 수 있다. 그러나 여기서는 표 9.4와 같은 증감표를 만들어 조사해보자.

표 9.4 점 C의 회전모멘트 증감

z의 범위	$z < z_m$	$z = z_m$	$z > z_m$
$\frac{dM_z}{dz}$	+	0	−
M_z	↗	$M_{\max}$	↘

이 표에서 $M_{\max}$는 M_z의 극대값이라는 것을 알 수 있다. 그래서 다른 극대값이 없으므로 $M_{\max}$는 최대값이다.

따라서, 최대 휨 모멘트 $M_{\max}$의 작용 위치 z_m은

$$z_m = \frac{H}{\sqrt{3}}$$

최대 휨 모멘트 $M_{\max}$는

$$M_{\max} = \frac{\gamma K_A H^3}{9\sqrt{3}}$$

(2) 주어진 값을 z_m과 $M_{\max}$의 식에 대입하면,

$$z_m = \frac{H}{\sqrt{3}} = \frac{3.6}{\sqrt{3}} = 1.2\sqrt{3} = 2.078 \approx 2.08 \text{ m}$$

$$M_{\max} = \frac{\gamma K_A H^3}{9\sqrt{3}} = \frac{1.8 \times 0.33 \times 3.6^3}{9\sqrt{3}}$$

$$= 1.778 \approx 1.78 \text{ tf} \cdot \text{m} = 1.78 \times 10^3 \text{ kgf} \cdot \text{m}$$

9.5 미분의 응용 - 부정형의 극한과 로피탈의 법칙

9.5.1 로피탈 법칙의 기원

로피탈(L'Hôpital) **법칙**은 프랑스의 귀족이고 아마추어 수학자인 로피탈(L'Hôpital, 1661~1704)의 이름을 따서 명칭이 부여되었다. 그는 1696년 최초의 미적분교과서로 여겨지는 「무한소의 해석」을 출간하였다. 이 책을 통하여 $\frac{0}{0}$꼴의 부정형에 대한 극한값을 구하는 규칙인 로피탈 법칙이 세상에 알려지기 시작하였다.

9.5.2 로피탈 법칙

9.1.1항에서 배운 방법에 따라 함수의 극한을 구할 때는 각 항의 극한값이 0이나 ∞로 되어 주어진 함수의 극한을 쉽게 구할 수 없는 경우가 있다. 즉, $x \to a$ 또는 $x \to \infty$일 때 함수 $\frac{f(x)}{g(x)}$, $f(x)g(x)$, $f(x)-g(x)$, $\{f(x)\}^{g(x)}$ 등의 각 항의 극한이 $\frac{0}{0}$, $\frac{\infty}{\infty}$, $0 \cdot \infty$, $\infty-\infty$, 0^0, ∞^0, 1^∞ 등의 형태가 되면 이 함수의 극한이 무엇인지 판단할 수 없다. 이러한 꼴을 **부정형**(不定形, indeterminate form)이라 한다. 이와 같이 극한이 부정형이 되는 경우에, 미분을 이용하여 이 함수들의 극한을 구하는 방법에 대하여 알아보자.

부정형의 극한을 나타내는 **로피탈 법칙**은 두 함수 $f(x)$, $g(x)$가 $x=a$의 근방(가능한 a는 제외)에서 연속이고, 그 구간에서 미분가능하며 또 $g'(x) \neq 0$이면 $f(a)=0$, $g(a)=0$이거나 $f(x) \to \pm\infty$, $g(x) \to \pm\infty$라고 가정하자(다시 말하면 부정형 $\frac{0}{0}$꼴, $\frac{\infty}{\infty}$꼴이라 하자). 우변의 극한값 $\lim_{x \to a} \frac{f'(x)}{g'(x)}$이 존재(또는 ∞이거나 $-\infty$)하기만 하면 $\lim_{x \to a} \frac{f(x)}{g(x)} = \lim_{x \to a} \frac{f'(x)}{g'(x)}$이 성립한다.

두 함수 $f(x)$, $g(x)$가 모든 양의 x에 대하여 연속이요 미분 가능하고 $f(x)/g(x)$가 $x \to \infty$일 때, 부정형 $\frac{0}{0}$꼴을 취하면 이 때에도 로피탈(L'Hôpital) 법칙이 적용된다.

$$\lim_{n \to \infty} \frac{f(x)}{g(x)} = \lim_{n \to \infty} \frac{f'(x)}{g'(x)}$$

로피탈 법칙은 주어진 조건을 만족하는 경우 함수의 몫의 극한은 도함수의 몫의 극한과 같다는 것을 뜻한다. 이 법칙을 사용하기 전에 $f(x)$, $g(x)$의 **극한 조건을 확인하는 것**이 매우 중요하다.

다음은 여러 가지 형태의 부정형 꼴들의 극한에 관한 예를 들어 설명한다.

1) 부정형 $\frac{0}{0}$ 꼴의 극한값

일반적으로 $x \to a$일 때 $f(x) \to 0$이고 $g(x) \to 0$이면 $\lim_{x \to a} \frac{f(x)}{g(x)}$ 형태의 극한은 존재할 수도 존재하지 않을 수도 있으며, 이러한 형태의 극한을 부정형 $\frac{0}{0}$ 꼴이라 한다. 9.1.1항에서 이러한 꼴의 극한을 구하는 방법을 다루었다. 유리함수인 경우 공통인수를 소거하면 극한을 구할 수 있다. 이러한 꼴들은 처음에는 모두 $\frac{0}{0}$ 꼴이지만, 극한이 존재할 수도 존재하지 않을 수도 있음을 다음 예제를 통하여 알아보자.

예제 9-39

다음 함수의 극한 값을 구하여라.

(1) $\lim_{x \to 1} \frac{x^2-1}{x-1}$　　(2) $\lim_{x \to 1} \frac{x-1}{x^2-1}$　　(3) $\lim_{x \to 1} \frac{x-1}{x^2-2x-1}$

풀이

(1) $\lim_{x \to 1} \frac{x^2-1}{x-1}$ 은 $x=1$일 때 $\frac{0}{0}$ 꼴이 되어 정의되지 않으므로 인수 분해하여 공통인수를 약분해서 구한다.

$$\lim_{x \to 1} \frac{x^2-1}{x-1} = \lim_{x \to 1} \frac{(x+1)(x-1)}{x-1} = \lim_{x \to 1}(x+1) = 1+1 = 2$$

(2) $\lim_{x \to 1} \frac{x-1}{x^2-1}$ 도 $x=1$일 때 $\frac{0}{0}$ 꼴이 되어 정의되지 않으므로 인수 분해하여 공통인수를 약분해서 구한다.

$$\lim_{x \to 1} \frac{x-1}{x^2-1} = \lim_{x \to 1} \frac{x-1}{(x+1)(x-1)} = \lim_{x \to 1} \frac{1}{x+1} = \frac{1}{1+1} = \frac{1}{2}$$

(3) $\lim_{x \to 1} \frac{x-1}{x^2-2x-1}$ 도 $x=1$일 때 $\frac{0}{0}$ 꼴이 되어 정의되지 않으므로 인수 분해하여 공통인수를 약분해서 구한다.

$$\lim_{x \to 1} \frac{x-1}{x^2-2x-1} = \lim_{x \to 1} \frac{x-1}{(x-1)^2} = \lim_{x \to 1} \frac{1}{x-1} = \frac{1}{1-1} = \frac{1}{0} = \infty$$

(존재하지 않음)

여기서 $\frac{0}{0}$ 꼴이라는 표현은 수학적으로 뜻이 없다. 이것은 단지 분모와 분자가 모두 0에 접근하고 있다는 것을 뜻한다.

로피탈 법칙을 적용한 결과 다시 부정형이 분수식이면 그 과정을 반복할 수 있다. 예를 들면, $\lim_{x \to 0} \frac{x^3-5x^2}{x^3+2x^2}$ 는 $\frac{0}{0}$ 꼴이므로 로피탈 법칙을 반복해서 적용하면

$$\lim_{x\to 0}\frac{x^3-5x^2}{x^3+2x^2}=\lim_{x\to 0}\frac{3x^2-10x}{3x^2+4x}=\lim_{x\to 0}\frac{6x-10}{6x+4}=\frac{-10}{4}=-\frac{5}{2}$$

부정형 $\frac{0}{0}$의 꼴을 확인하지 않고 무분별하게 로피탈 법칙을 사용하면 잘못된 극한값을 얻을 수 있다. 이 점에 특히 유의해야 하며 다음 문제를 통하여 알아보자.

예제 9-40

다음 등식에서 잘못된 부분을 찾아라.

$$\lim_{x\to 0}\frac{x^2}{e^x-1}=\lim_{x\to 0}\frac{2x}{e^x}=\lim_{x\to 0}\frac{2}{e^x}=\frac{2}{e^0}=\frac{2}{1}=2$$

풀이

[예제 9-40 그림]에서 극한값은 근사적으로 0임을 알 수 있으므로 2는 극한값이 아니다. 첫 번째 극한 $\lim_{x\to 0}\frac{x^2}{e^x-1}$은 $\lim_{x\to 0}\frac{x^2}{e^x-1}=\frac{0}{e^0-1}=\frac{0}{1-1}=\frac{0}{0}$이므로 부정형 $\frac{0}{0}$ 꼴이며, 함수 $f(x)=x^2$과 $g(x)=e^x-1$은 로피탈 법칙의 가정을 만족한다. 따라서 첫 번째 등식 $\lim_{x\to 0}\frac{x^2}{e^x-1}=\lim_{x\to 0}\frac{2x}{e^x}$는 성립한다. 그러나 그 다음 등식 $\lim_{x\to 0}\frac{2}{e^x}=\frac{2}{e^0}=\frac{2}{1}=2$으로 계산한 것은 잘못된 결과이다. 실제로 x 대신 0을 넣은 극한은 $\lim_{x\to 0}\frac{2x}{e^x}=\frac{0}{e^0}=\frac{0}{1}=0$이어서 부정형 $\frac{0}{0}$ 꼴이 아니므로 다음 단계에서 로피탈 법칙을 적용할 수 없다. 따라서 올바른 계산은 첫 번째 등식에서 x 대신 0을 넣은 결과로 다음과 같다.

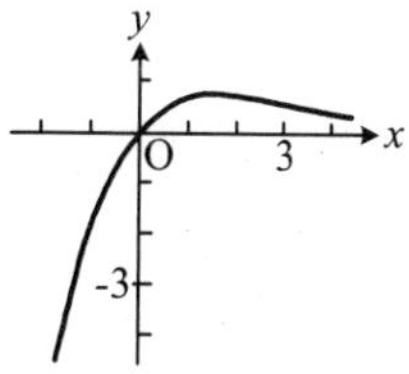

예제 9-40 그림

$$\lim_{x\to 0}\frac{x^2}{e^x-1}=\lim_{x\to 0}\frac{\frac{d}{dx}x^2}{\frac{d}{dx}(e^x-1)}=\lim_{x\to 0}\frac{2x}{e^x}=\frac{0}{e^0}=\frac{0}{1}=0$$

2) 부정형 $\frac{\infty}{\infty}$ 꼴의 극한값

두 함수 $f(x)$, $g(x)$가 일반적으로 $x\to a$일 때 $f(x)\to\pm\infty$이고 $g(x)\to\pm\infty$이면

$$\lim_{n\to a}\frac{f(x)}{g(x)}$$

형태의 극한은 존재할 수도 존재하지 않을 수도 있으며, 이러한 형태의 극한을 부정형 $\frac{\infty}{\infty}$ 꼴이라

한다. 9.1.1항에서 유리함수를 포함한 함수들에 대하여 분모의 최고 차수를 분자분모를 나눔으로써 이러한 형태의 극한 구하는 방법을 배웠다. 로피탈의 법칙은 이러한 형태의 부정형 $\frac{\infty}{\infty}$ 꼴의 극한을 구하기 위해서 사용할 수 있다. 이러한 꼴은 다음의 예제를 통하여 알아보자.

예제 9-41

다음 함수 $\lim_{x\to\infty}\frac{e^x}{x^2}$ 을 구하여라.

풀이

$x\to\infty$ 일 때 $e^\infty\to\infty$, $x^2\to\infty$ 이므로 부정형 $\frac{\infty}{\infty}$ 꼴

따라서 로피탈 법칙을 적용하면

$$\lim_{x\to\infty}\frac{e^x}{x^2}=\lim_{x\to\infty}\frac{\frac{d}{dx}(e^x)}{\frac{d}{dx}(x^2)}=\lim_{x\to\infty}\frac{e^x}{2x}$$

$x\to\infty$ 일 때 $\lim_{x\to\infty}e^x=e^\infty=\infty$, $\lim_{x\to\infty}2x=\infty$ 이므로 아직도 부정형 $\frac{\infty}{\infty}$ 꼴이므로 한 번 더 로피탈 법칙을 적용하면

$$\lim_{x\to\infty}\frac{e^x}{x^2}=\lim_{x\to\infty}\frac{e^x}{2x}=\lim_{x\to\infty}\frac{e^x}{2}=e^\infty=\infty \text{ (극한값 없음)}$$

부정형 $\frac{\infty}{\infty}$ 꼴에서의 극한과 마찬가지로 부정형 $\frac{0}{0}$ 꼴의 극한도 같은 결과를 보여 준다는 것을 다음 예제를 통하여 알아보자.

예제 9-42

다음 함수의 극한 값을 구하여라.

(1) $\lim_{x\to\infty}\frac{x^2+1}{x^3+5}$ (2) $\lim_{x\to\infty}\frac{x^3+5}{x^2+1}$ (3) $\lim_{x\to\infty}\frac{2x^2+3x-5}{x^2+4x-11}$

풀이

(1) $\lim_{x\to\infty}\frac{x^2+1}{x^3+5}$ 은 $x\to\infty$ 일 때 $\frac{\infty}{\infty}$ 꼴이 되어 정의되지 않으므로 분모에 있는 x 의 최고차의 항 x^3 으로 분모와 분자를 나누어 정리하면

$$\lim_{x\to\infty}\frac{x^2+1}{x^3+5}=\lim_{x\to\infty}\frac{(x^2+1)\left(\frac{1}{x^3}\right)}{(x^3+5)\left(\frac{1}{x^3}\right)}=\lim_{x\to\infty}\frac{\frac{1}{x}+\frac{1}{x^3}}{\frac{x^3}{x^3}+\frac{5}{x^3}}=\frac{0+0}{1+0}=\frac{0}{1}=0$$

(2) $\lim_{x\to\infty}\frac{x^3+5}{x^2+1}$ 은 $x\to\infty$ 일 때 $\frac{\infty}{\infty}$ 꼴이 되어 정의되지 않으므로 분모에 있는 x 의

최고차의 항 x^2으로 분모와 분자를 나누어 정리하면

$$\lim_{x\to\infty}\frac{(x^3+5)\left(\frac{1}{x^2}\right)}{(x^2+1)\left(\frac{1}{x^2}\right)}=\lim_{x\to\infty}\frac{x+\frac{5}{x^2}}{1+\frac{1}{x^2}}=\frac{\infty+\frac{1}{\infty}}{1+\frac{1}{\infty}}=\frac{\infty+0}{1+0}=\infty$$

(극한값 없음)

(3) $\lim_{x\to\infty}\frac{2x^2+3x-5}{x^2+4x-11}$ 은 $x\to\infty$일 때 $\frac{\infty}{\infty}$꼴이 되어 정의되지 않으므로 분모에 있는 x의 최고차의 항 x^2으로 분모와 분자를 나누어 정리하면

$$\lim_{x\to\infty}\frac{2x^2+3x-5}{x^2+4x-11}=\lim_{x\to\infty}\frac{(2x^2+3x-5)\left(\frac{1}{x^2}\right)}{(x^2+4x-11)\left(\frac{1}{x^2}\right)}=\lim_{x\to\infty}\frac{2+\frac{3}{x}-\frac{5}{x^2}}{1+\frac{4}{x}-\frac{11}{x^2}}$$

$$=\frac{2+\frac{1}{\infty}-\frac{1}{\infty}}{1+\frac{1}{\infty}-\frac{1}{\infty}}=\frac{2+0-0}{1+0-0}=2$$

여기서도 $\frac{\infty}{\infty}$꼴이라는 표현은 수학적으로 뜻이 없다. 이것은 단지 분모와 분자가 모두 ∞에 접근하고 있다는 것을 뜻한다. 앞에서 다룬 $\frac{0}{0}$꼴이나 $\frac{\infty}{\infty}$꼴과 다른 형태의 부정형 외에 살펴보아야 할 부정형은 앞에서도 나타난 바와 같이 $0\cdot\infty$, $\infty-\infty$, 0^0, ∞^0, 1^∞꼴들이다. 이들 각각을 자세히 살펴보면 왜 부정형인지 알 수 있다. 이러한 형태의 극한을 구하려면 로피탈 법칙을 사용하여 $\frac{0}{0}$꼴이나 $\frac{\infty}{\infty}$꼴의 부정형으로 바꾸어야 한다.

3) 부정형 $0\cdot\infty$ 꼴의 극한값

두 함수 $f(x)$, $g(x)$가 일반적으로 $x\to a$(또는 $x\to\pm\infty$)일 때 $f(x)\to 0$이고 $g(x)\to 0$이면 두 함수의 곱 $f(a)\cdot g(a)$는 정의되지 않으며 이러한 형태의 극한을 부정형 $0\cdot\infty$꼴이라 한다. $x\to a$(또는 $x\to\pm\infty$)일 때 $f(x)\cdot g(x)$는 곱의 분수식

$$f(x)\cdot g(x)=\frac{f(x)}{\frac{1}{g(x)}}\quad\text{또는}\quad\frac{g(x)}{\frac{1}{f(x)}}$$

로 변형하고 주어진 극한을 구하려면 $\frac{0}{0}$꼴 또는 $\frac{\infty}{\infty}$꼴로 바꾸어 로피탈 법칙을 적용한다. 다음 예제를 통하여 알아보기로 하자.

예제 9-43

$\lim_{x \to \infty} xe^{-x}$의 값을 구하여라.

| 풀이

함수 $\lim_{x \to \infty} xe^{-x}$는 $x \to \infty$일 때 $\infty \cdot e^{-\infty} = \infty \cdot \frac{1}{\infty} = \infty \cdot 0$, 부정형 $0 \cdot \infty$ 꼴이므로 $f(x) = x$, $g(x) = e^{-x}$로 놓으면($f(x) \cdot g(x) = \frac{f(x)}{1/g(x)}$를 이용)

$$\lim_{x \to \infty} xe^{-x} = \lim_{x \to \infty} \frac{f(x)}{1/g(x)} = \lim_{x \to \infty} \frac{x}{1/e^{-x}} = \lim_{x \to \infty} \frac{x}{e^x} = \frac{\infty}{e^\infty} = \frac{\infty}{\infty}$$

이므로 $x \to \infty$일 때 $\frac{\infty}{\infty}$으로 바뀌었으므로 로피탈 법칙을 적용하여 극한을 구하면

$$\lim_{x \to \infty} xe^{-x} = \lim_{x \to \infty} \frac{x}{e^x} = \lim_{x \to \infty} \frac{\frac{d}{dx}x}{\frac{d}{dx}e^x} = \lim_{x \to \infty} \frac{1}{e^x} = \frac{1}{e^\infty} = \frac{1}{\infty} = 0$$

4) 부정형 $\infty - \infty$ 꼴의 극한값

두 함수 $f(x)$, $g(x)$가 일반적으로 $x \to a$(또는 $x \to \pm\infty$)일 때 모두 한없이 증가하면 두 함수의 차(差) $f(a) - g(a)$는 정의되지 않으며, 부정형 $\infty - \infty$ 꼴이라 한다. 이런 경우에는 함수의 차를 몫(또는 분수식)으로 바꾸고(예를 들면, 공통분모를 사용하거나 유리화나 또는 공통인수를 인수 분해함으로써) 부정형 $\frac{0}{0}$ 꼴 또는 $\frac{\infty}{\infty}$ 꼴에 로피탈 법칙을 적용하면 극한을 구할 수 있다.

예제 9-44

$\lim_{x \to 0} (\csc x - \cot x)$의 값을 구하여라.

| 풀이

$$\lim_{x \to 0} (\csc x - \cot x) = \lim_{x \to 0} \left(\frac{1}{\sin x} - \frac{\cos x}{\sin x} \right) = \left(\frac{1}{\sin 0} - \frac{\cos 0}{\sin 0} \right)$$
$$= \frac{1}{0} - \frac{1}{0} = \infty - \infty$$

이 형태는 부정형 $\infty - \infty$ 꼴이므로 다음과 같이 공통분모 $\sin x$로 정리하여 극한을 구한다.

$$\lim_{x \to 0} (\csc x - \cot x) = \lim_{x \to 0} \left(\frac{1}{\sin x} - \frac{\cos x}{\sin x} \right) = \lim_{x \to 0} \frac{1 - \cos x}{\sin x}$$
$$= \frac{1 - \cos 0}{\sin 0} = \frac{1 - 1}{0} = \frac{0}{0}$$

이 형태는 부정형 $\frac{0}{0}$ 꼴이므로 로피탈 법칙을 적용하면 다음과 같이 극한을 구할 수 있다.

$$\begin{aligned}\lim_{x\to 0}(\csc x - \cot x) &= \lim_{x\to 0}\left(\frac{1}{\sin x} - \frac{\cos x}{\sin x}\right) = \lim_{x\to 0}\frac{1-\cos x}{\sin x} \\ &= \lim_{x\to 0}\frac{\frac{d}{dx}(1-\cos x)}{\frac{d}{dx}\sin x} = \lim_{x\to 0}\frac{-(-\sin x)}{\cos x} \\ &= \frac{\sin 0}{\cos 0} = \frac{0}{1} = 0\end{aligned}$$

경우에 따라서는 부정형의 극한에서 로피탈 법칙을 여러 번 사용할 것이 요구된다. 각 단계마다 가정을 주의 깊게 확인하여 원래의 문제 자체를 잊지 않도록 한다.

5) 부정형 0^0, ∞^0, 1^∞ 꼴의 극한값

두 함수 $f(x)$, $g(x)$가 일반적으로 $x \to a$(또는 $x \to \pm\infty$)일 때

① $f(x) \to 0$, $g(x) \to 0$일 때 : 부정형 0^0꼴

② $f(x) \to \infty$, $g(x) \to 0$일 때 : 부정형 ∞^0꼴

③ $f(x) \to 1$, $g(x) \to \pm\infty$일 때 : 부정형 1^∞꼴

위의 세 가지 경우는 $y = [f(x)]^{g(x)}$로 놓고, 양변에 자연로그를 취하면 다음과 같이 변형된다.

$$\ln y = \ln[f(x)]^{g(x)} = g(x)\ln f(x)$$

또는 함수를 지수함수형태로 다음과 같이 나타낼 수 있다.

$$[f(x)]^{g(x)} = e^{\ln f(x)^{g(x)}} = e^{g(x)\ln f(x)}$$

이러한 두 방법은 함수를 미분할 때 사용하였으며, 두 방법 모두에서 $g(x)\ln f(x)$가 부정형 $0 \cdot \infty$로 바뀌었다는 것을 다음 예제들을 통하여 알아보자.

예제 9-45

$\lim_{x\to 0^+} x^x$의 값을 구하여라(부정형 0^0꼴).

| 풀이

함수 x^x는 $x \to 0^+$일 때 부정형 0^0이 된다. 그러므로 $y = x^x$로 놓고 양변에 자연로그를 취하면 $\ln y = \ln x^x = x\ln x$이 되고 $x \to 0^+$이면 $\ln x = \ln 0^+ \to -\infty$ ($\because \ln 0^+ = t$로 놓고 양변에 자연로그를 취하면 $e^{\ln x} = e^{\ln 0^+} = 0^+ = e^t = e^{-\infty}$)

따라서 바로 앞 식에서 로그를 모두 소거하면 그 앞 식을 얻는다. 그러므로 $\lim_{x\to 0^+} \ln y = \lim_{x\to 0^+} \ln x^x = \lim_{x\to 0^+} x\ln x = 0\cdot\infty$, 이러한 형태는 부정형 $0\cdot\infty$꼴이다. 따라서 로피탈의 법칙을 적용하면 다음과 같이 극한을 구할 수 있다

$$\lim_{x\to 0^+} \ln y = \lim_{x\to 0^+} x\ln x = \lim_{x\to 0^+} \frac{\ln x}{\frac{1}{x}} = \lim_{x\to 0^+} \frac{\frac{d}{dx}\ln x}{\frac{d}{dx}\left(\frac{1}{x}\right)} = \lim_{x\to 0^+} \frac{\frac{1}{x}}{-\frac{1}{x^2}}$$

$$= \lim_{x\to 0^+}\left(-\frac{x^2}{x}\right) = \lim_{x\to 0^+}(-x) = 0$$

이고, 따라서 구하고자 하는 극한값은 처음에 주어진 식에 로그를 취하였으므로 이제는 원상태로 돌려주기 위하여 자연지수함수를 취하여 다음과 같이 변환하면 $e^{\ln y} = y \to y = e^{\ln y}$이다. 따라서 주어진 함수의 극한값은 다음과 같다.

$$\lim_{x\to 0^+} y = \lim_{x\to 0^+} e^{\ln y} = e^0 = 1$$

▌ 자연지수함수의 정의 ▌

밑이 e인 지수함수 $y = f(x) = e^x$를 **자연지수함수**(自然指數函數, natural exponential function)이라 한다. 여기서 **밑**이란 자연로그 $\ln x = \log_e x$에서 실수 e인 무리수를 말한다.

앞에서 정의한 무리수 e는 [예제 9-47]을 통해 극한으로 정의된 식이라는 것에 주목하자.

예제 9-46

$\lim_{x\to\infty} (x+1)^{\frac{2}{x}}$를 구하여라(부정형 ∞^0꼴).

▌풀이

이 극한은 $\lim_{x\to\infty} (x+1)^{\frac{2}{x}} = \infty^{\frac{1}{\infty}} = \infty^0$ 이므로 부정형 ∞^0꼴이다. $x\to\infty$일 때 극한값을 예제 9-46 그림을 그려보면 1 근처에 있음을 알 수 있다.

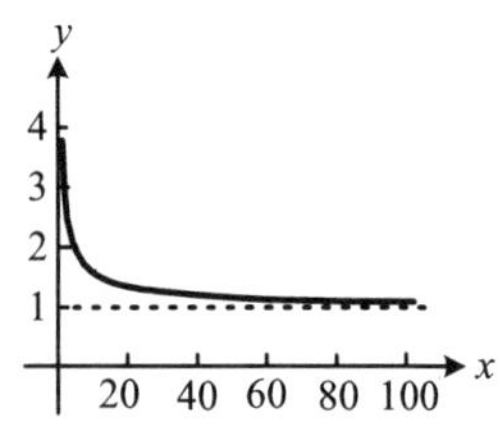

예제 9-46 그림

$y = (x+1)^{\frac{2}{x}}$로 치환하고 양변에 자연로그를 취하면 $\ln y = \ln (x+1)^{\frac{2}{x}} = \frac{2}{x}\ln(x+1)$이고 극한을 취한다.

$$\lim_{x\to\infty} \ln y = \lim_{x\to\infty} \ln (x+1)^{\frac{2}{x}} = \lim_{x\to\infty} \frac{2}{x}\ln(x+1) = \frac{1}{\infty}\ln\infty = 0\cdot\infty$$

또는 $\lim_{x\to\infty} \frac{2\ln(x+1)}{x} = \frac{\infty}{\infty}$ 이므로 극한은 다음과 같이 로피탈 법칙을 적용하면

$$\lim_{x\to\infty} \ln y = \lim_{x\to\infty} \frac{2\ln(x+1)}{x} = \lim_{x\to\infty} \frac{\frac{d}{dx}\{2\ln(x+1)\}}{\frac{d}{dx}x}$$

$$= \lim_{x\to\infty} \frac{2(x+1)^{-1}}{1} = \frac{1}{\infty} = 0$$

따라서 주어진 함수의 극한값은 바로 앞의 예제와 마찬가지로 다음과 같은 자연지수함수로 변환하여 구한다.

$$\lim_{x\to\infty} y = \lim_{x\to\infty} e^{\ln y} = e^0 = 1$$

예제 9-47

$\lim_{n\to\infty}\left(1+\frac{1}{n}\right)^n$를 구하여라(부정형 1^∞꼴).

풀이

$\lim_{n\to\infty}\left(1+\frac{1}{n}\right)^n = \left(1+\frac{1}{\infty}\right)^\infty = (1+0)^\infty = 1^\infty$이므로 이 함수는 부정형 1^∞꼴이다.

따라서 $y=\left(1+\frac{1}{n}\right)^n$로 치환하여 양변에 자연로그를 취하면 $\ln y = \ln\left(1+\frac{1}{n}\right)^n$ $= n\ln\left(1+\frac{1}{n}\right)$이므로 극한을 취하면

$$\lim_{n\to\infty} \ln y = \lim_{n\to\infty} n\ln\left(1+\frac{1}{n}\right) = \lim_{n\to\infty} \frac{\ln\left(1+\frac{1}{n}\right)}{\frac{1}{n}} = \frac{\ln\left(1+\frac{1}{\infty}\right)}{\frac{1}{\infty}}$$

$$= \frac{\ln(1+0)}{0} = \frac{0}{0} \text{꼴이므로}$$

다음과 같이 로피탈 법칙을 적용하면 극한은 다음과 같다.

$$\lim_{n\to\infty} \ln y = \lim_{n\to\infty} \frac{\ln\left(1+\frac{1}{n}\right)}{\frac{1}{n}} = \lim_{n\to\infty} \frac{\frac{d}{dn}\ln\left(1+\frac{1}{n}\right)}{\frac{d}{dn}\left(\frac{1}{n}\right)}$$

$$= \lim_{n\to\infty} \frac{\left(1+\frac{1}{n}\right)^{-1}\left(-\frac{1}{n^2}\right)}{-\frac{1}{n^2}} = \lim_{n\to\infty} \frac{1}{1+\frac{1}{n}}$$

$$= \frac{1}{1+\frac{1}{\infty}} = \frac{1}{1+0} = \frac{1}{1} = 1$$

따라서 주어진 함수의 극한값은 앞의 예제와 마찬가지로 다음과 같은 자연지수함수로 변환하여 구한다.

$$\lim_{n\to\infty} y = \lim_{n\to\infty} e^{\ln y} = e^1 = e$$

9.5.3 극한값 e의 정의

무한수열 $\left\{\left(1+\frac{1}{n}\right)^n\right\}(n=1, 2, \cdots)$의 값은 $n=1$일 때 2, $n=10$일 때 2.593 42 ⋯ , $n=$ 10 000일 때 2.718 143 ⋯ , $n \to \infty$ 일 때 2.718 281 8 ⋯ 에 한없이 가까워진다는 것이 잘 알려져 있고, 이 극한 값을 e라 하면 $e = 2.718\ 281\ 828\ 4 \cdots$ 이고, 이 값은 실수(무리수)인 것도 알려져 있다.

일반적으로 x가 실수일 때

$$\lim_{x \to \infty}\left(1+\frac{1}{x}\right)^x = e$$

위의 식에서 $\frac{1}{x}=h$로 놓으면 $x \to \infty$ 이면 $h=\frac{1}{x}=\frac{1}{\infty}=0$이므로 $\lim_{h \to 0}(1+x)^{\frac{1}{x}}=e$를 얻는다.

$$\therefore \quad \lim_{x \to \infty}\left(1+\frac{1}{x}\right)^x = e, \quad \lim_{x \to 0}(1+x)^{\frac{1}{x}} = e$$

실수 e를 정의하는 과정에서 $y=e^x$의 그래프는 당연히 $y=2^x$와 $y=3^x$의 그래프 사이에 위치한다는 것을 알 수 있다. 이 결과는 실제로 그래프를 그려보든지 아니면 $2 < e\,(\approx 2.718) < 3$이므로 직관적으로 알 수 있다.

9.6 도형으로의 응용, 접선, 법선 및 곡률

9.6.1 접선

일반적으로 함수 $y=f(x)$를 나타내는 곡선 C위에 일정한 점 P를 잡고, 또 따로 동점(動點) Q를 생각하자[9.1.2항 그림 9.8 참조]. 점 Q가 곡선을 따라 점 P에 한없이 가까워질 때, 직선 $\overline{QP}$가 점 P를 지나는 일정한 직선 L에 한없이 가까워지면, 이 때 호(弧) QP를 거의 직선으로 본다. 이 직선 L을 점 Q에 있어서 이 곡선 C의 **접선**(接線, tangent line)이라 하고 점 P를 **접점**(接點, point of tangency)이라 한다.

1) 엄밀히 Q가 점 P에 한없이 가까워질 때 직선 QP가 갖는 극한의 직선을 P의 접선이라 한다.

점 P의 좌표를 $P(x_1, f(x_1))$로 하면, 9.1.2항에서 이미 서술한 바와 같이, 접선의 x축에 대한 경사는 $f'(x_1)$이다. 따라서, 접선 방정식은 $(y-f(x_1))/(x-x_1)=f'(x_1)$을 정리하면

$$y-f(x_1)=f'(x_1)(x-x_1) \quad \text{또는} \quad y=f'(x_1)(x-x_1)+f(x_1)$$

2) 곡선이 $x=x_1$에서 x축에 수직이 되는 점의 접선 방정식은 물론 $x=x_1$이다.

앞의 **2)** 에서 x절편이 x_1이고 y축에 평행한 직선의 방정식이 $x=x_1$이므로 접선방정식은 $x=x_1$이다.

9.6.2 법선

곡선 위의 한 점에서의 **법선**(法線)이란, 이 점에서의 접선에 수직인 직선이다. 7.3.3항에서 $P(x_1, f(x_1))$에서의 **법선 방정식**은 $f'(x_1)\neq 0$일 때

$$y-f(x_1)=-\frac{(x-x_1)}{f'(x_1)} \quad \text{또는} \quad y=-\frac{(x-x_1)}{f'(x_1)}+f(x_1)$$

위의 방정식은 다음과 같이 구한다.

접선과 점 $P(x_1, f(x_1))$에서 직교(直交)하는(수직으로 만나는) 직선인 법선의 방정식에서 기울기 $f_n'(x_1)$는 접선기울기 $f'(x_1)$와 법선의 기울기를 곱하면, 즉 $f'(x_1)\cdot f_n'(x_1)=-1$과 같다. 따라서 $f_n'(x_1)$는 $f_n'(x_1)=-\dfrac{1}{f'(x_1)}$ 이므로 법선방정식은 이 값을 접선방정식의 기울기 대신 대입하면 얻을 수 있다.

$f'(x_1)=0$이 되는 점에서는 곡선이 x축에 수평이 된다. 이 때 법선의 방정식은 물론 $x=x_1$

예제 9-48

포물선 $y=4x-x^2$에 대하여 다음을 구하여라.

(1) 포물선 위의 점 $P(1,\ 3)$에서의 접선과 법선방정식

(2) x축에 평행한 접선방정식

▌풀이

(1) $f(x)=4x-x^2$으로 놓으면, 한 번 미분하면 $f'(x)=4-2x$을 얻으며 이 식에 $x=1$을 대입하여 정리하면 다음과 같다.

$$\therefore\ f'(1)=4-2\cdot 1=4-2=2$$

따라서 구하는 접선방정식은 $y-f(x_1)=f'(x_1)(x-x_1)$을 이용하면

$$y-3=2\cdot(x-1)\ \Rightarrow\ y=2\cdot(x-1)+3=2x-2+3=2x+1$$

$$\therefore\ y=2x+1$$

또 접선의 기울기가 2이므로 법선의 기울기는 $-1/2$이다.

그러므로 기울기가 $-1/2$이고 점 $P(1,\ 3)$을 지나는 직선의 방정식은

$$y-3=-\frac{1}{2}\cdot(x-1)\ \Rightarrow$$

$$y=-\frac{1}{2}\cdot(x-1)+3=-\frac{1}{2}x+\frac{1}{2}+3=-\frac{1}{2}x+\frac{7}{2}$$

$$\therefore\ y=-\frac{1}{2}x+\frac{7}{2}$$

(2) x축에 평행한 접선 기울기는 0이므로 구하는 x좌표는

$$f'(x)=4-2x=0\ \Rightarrow\ x=2$$

이 때 접점의 y좌표는 $y=4\cdot 2-(2)^2=8-4=4$

따라서, 구하는 접선 방정식은 $y-f(x_1)=f'(x_1)(x-x_1)$을 이용하면 다음과 같다.

$$y-f(x_1)=f'(x_1)(x-x_1)\ \Rightarrow\ y-4=0\cdot(x-2)\ \Rightarrow\ y=4$$

예제 9-49

현수선(懸垂線) $y=A\exp(x/L)+\exp(-x/L)/2=A\cosh(x/L)\ (A,\ L>0)$의 한 점 $P(x_0,\ y_0)\ (x_0>0)$에서 아래 방향으로 W의 힘이 작용하고 있다. P에서 현수선에 작용하는 장력 T와 법선 방향의 힘 N을 구하여라.

▌풀이

$T,\ N$은 W의 접선 및 법선 방향의 분력(分力)이다. N과 W와의 각 θ는

$$\tan\theta=\left(\frac{dy}{dx}\right)_{x=x_0}=\frac{A}{L}\sinh\left(\frac{x_0}{L}\right) \tag{9.12}$$

(9.2절 [예제 9-15] 참조) 그래서

$$T=W\sin\theta,\quad N=W\cos\theta$$

θ는 제1사분면의 각이다. 위의 미분계수를 y_0'로 간단히 나타내면, 이 식은 식 (9.12)를 이용하면 다음과 같다.

$$T=Wy_0'/\sqrt{1+y_0'^2},\quad N=W/\sqrt{1+y_0'^2}$$

9.6.3 호의 길이의 미분

s를 평면곡선(平面曲線) $x=f(u)$, $x=g(u)$ 위의 어떤 시점(始點) $P_0(u_0)$에서 점 $P(u)$까지 측정된 호의 길이라 하고 u가 증가할 때 s도 증가한다고 하자. 호의 길이 s는 분명히 u의 함수이고 그림 9.31을 참고하면 u에 관한 s의 도함수는 다음의 관계식

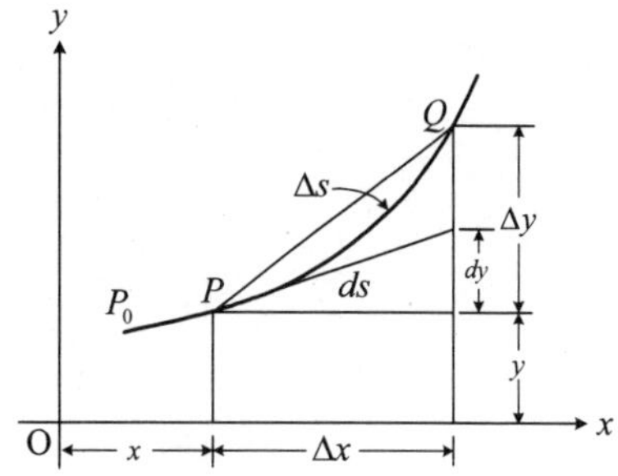

그림 9.31 호의 길이의 미분

$$\frac{\Delta s}{\Delta u}=\frac{\Delta s}{PQ}\cdot\frac{\overline{PQ}}{\Delta u}=\frac{\Delta s}{PQ}\cdot\frac{\sqrt{(\Delta x)^2+(\Delta y)^2}}{\Delta u}$$
$$=\frac{\Delta s}{PQ}\cdot\sqrt{\left(\frac{\Delta x}{\Delta u}\right)^2+\left(\frac{\Delta y}{\Delta u}\right)^2}$$

에서 구할 수 있다. 즉, Δu가 0에 접근할 때 $\Delta s/\sqrt{PQ}$는 1에 접근하므로

$$\frac{ds}{du}=\sqrt{\left(\frac{dx}{du}\right)^2+\left(\frac{dy}{du}\right)^2} \tag{9.13}$$

이 된다.

식 (9.13)의 양변에 du를 곱하면, 호의 길이에 대한 미분,

$$ds=\sqrt{(dx)^2+(dy)^2} \tag{9.14}$$

을 얻는다. 즉, ds는 dx, dy을 두 변으로 하는 직각삼각형의 **빗변**(90° 각을 마주보고 있는 삼각형의 변)으로 생각할 수 있다.

9.6.4 곡률

1) 곡률이란?

곡률(曲率, curvature)은 평면 곡선이 급한 곡선인지 완만한 곡선인지를 나타내는 양이다[그림 9.32]. 즉, 곡률은 “곡선의 굽은 정도”를 말하며, 직선의 곡률은 곡률반경이 무한대 이므로 0(=1/∞)이다. 또한 곡률은 궤도나 도로의 곡선, 특히 클로소이드(clothoid) 곡선 및 댐의 월류부(越流部)의 단면[여수로(余水路), spillway] 등 토목구조물(土木構造物)에는 기본이 되는 중요한 개념이다.

$y = f(x)$	凹 일 때 $\kappa > 0$	凸 일 때 $\kappa < 0$
급한 곡선 곡률 $\lvert\kappa\rvert$ 대 곡률반경 소		
완만한 곡선 곡률 $\lvert\kappa\rvert$ 소 곡률반경 대		

그림 9.32 $|\varkappa|$ 의 대소 및 $\varkappa$ 의 정부(正負 또는 +와 −)

이하 곡률은 $\varkappa$(그리스 문자 카파(kappa)로 읽는다)로 나타내겠다. 곡선이 凹일 때 $\varkappa > 0$, 凸일 때 $\varkappa < 0$이다. 급할 때 $|\varkappa|$는 크고, 완만할 때 $|\varkappa|$는 작다.

2) 곡률의 정의와 계산식

$P(x, y)$, $Q(x+\Delta x, y+\Delta y)$를 곡선 $y=f(x)$ 위의 두 점이라 하자. [그림 9.33]와 같이 평면 곡선 위 접선이 미소간격의 두 점 P와 Q사이에 있는 곡선에 따른 호 PQ의 거리 Δs를 그릴 때, 접선은 각 $\Delta\theta$만큼 회전한 것이다. 따라서 호 PQ를 Δs로 나타내면 $\dfrac{\Delta\theta}{\Delta s}$는 P, Q사이의 호 PQ의 **평균곡률**(平均曲率)이라 하며 다음과 같이 정의된다.

곡선 위의 한 점 P에서의 **곡률** $\varkappa$는 Q가 P에 접근할 때, 호 PQ의 평균곡률의 극한의 절대값이다. 즉,

$$\varkappa = \left| \lim_{\Delta s \to 0} \frac{\Delta\theta}{\Delta s} \right| = \left| \frac{d\theta}{ds} \right|$$

을 점 P에서의 이 곡선의 곡률이라 한다.

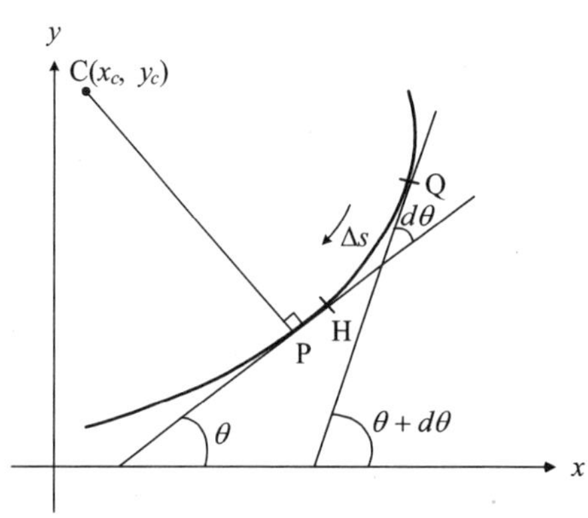

그림 9.33 곡률 $\varkappa$를 정의하기 위한 그림

P에서 접선이 x축과 이루는 각을 θ, 곡선 위의 한 점 Q에서의 경사각을 $\theta + d\theta$로 나타낸다.

곡선 방정식을 $y = f(x)$로 하면, κ는 식 (9.15)로 구할 수 있다.

$$\kappa = \frac{|y''|}{[1+(y')^2]^{3/2}} \tag{9.15}$$

$1/|\kappa|$가 **곡률반경**(曲率半徑, ρ)이며 후술된다.

식 (9.15)를 구하는 간편한 공식을 얻으려면 $\frac{d\theta}{ds}$을 **미분의 비**(比, ratio)로서 계산한다.

그림 9. 33으로부터 $\tan\theta = y' \left(= \frac{dy}{dx}\right)$이므로 앞 식의 양변을 x에 관하여 미분하면 다음과 같다. $\sec^2\theta \frac{d\theta}{dx} = \frac{d}{dx}(y') = y''$, 이 식을 $\frac{d\theta}{dx}$에 대하여 정리하면

$$\frac{d\theta}{dx} = \frac{y''}{\sec^2\theta} = \frac{y''}{1+\tan^2\theta} = \frac{y''}{1+(y')^2}$$

여기서 $\sec^2\theta = 1+\tan^2\theta = 1+(y')^2$이고 양변에 dx를 곱하면 다음 식을 얻는다.

$$d\theta = \frac{y''dx}{[1+(y')^2]} \tag{9.16}$$

그런데 곡선 위의 점 P에서부터 잰 호 PQ의 길이를 s라 하고 P와 Q의 좌표의 차이를 dx, dy라 하면 호 PQ의 길이의 미분 ds은 다음과 같다.

$$ds = [(dx)^2+(dy)^2]^{1/2} = \left[(dx)^2\left\{1+\left(\frac{dy}{dx}\right)^2\right\}\right]^{1/2} = [1+(y')^2]^{1/2}dx \tag{9.17}$$

식 (9.16)과 식 (9.17)을 κ의 정의식 $\kappa = d\theta/ds$에 대입하면, κ를 구하는 식 (9.15)를 얻는다.

$$\kappa = \left|\frac{d\theta}{ds}\right| = \frac{\frac{y''dx}{[1+(y')^2]}}{[1+(y')^2]^{1/2}dx} = \frac{|y''|}{[1+(y')^2]^{3/2}}$$

기울기 y'이 매우 작을 때는 κ는 근사적으로 $|y''|$으로 주어진다. 공학이나 물리학에서 사용하는 많은 공식에서는 이 근사값을 사용한다.

▌ 곡률원에 대하여 ▌

[그림 9.33]과 같이 곡선 위의 세 점 Q, H 및 P를 지나는 원을 생각하자. Q, H가 한없이 P에 가까워질 때, 이 원이 가는 극한의 원을 곡률원이라 부른다. 결국 곡률원이란, 점 P에서 곡선에 접하고, 주어진 점 P에서의 곡선으로 나타나는 원이다. 그래서 곡률원의 반경이 점 P에 있어 **곡률반경**(앞에서 기술한 $1/|\kappa|$)이다.

3) 곡률중심(곡률원의 중심)

곡선 $y=f(x)$ 위의 임의의 점 $P(x,\ y)$에서 접선 L과 곡률 $\varkappa$를 가진다고 하자. 그림 9.34에 나타난 바와 같이 이 곡선은 ① 점 P에서 L에 접하고, ② L에 대하여 곡선과 같은 쪽(곡선의 凹쪽)에 있으며, 그리고 ③ 곡률이 $\varkappa\,(\varkappa>0)$인 원을 작도하자. 이 원을 주어진 원의 점 P에서의 **곡률원**(曲率圓), 이 원의 중심 점 C을 **곡률중심**(曲率中心), 이 원의 반경 ρ을 **곡률반경**(曲率半徑)이라 한다.

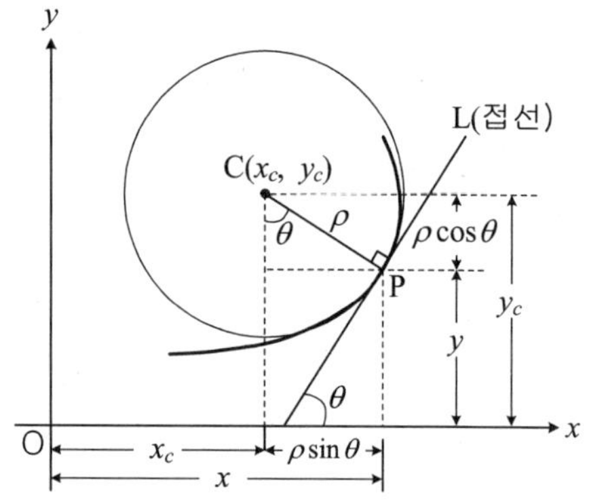

그림 9.34 곡률중심의 좌표

곡률의 기울기가 양(陽, +, $y'>0$)이고 위로 오목($y''>0$)한 경우에 대한 곡률중심 C의 좌표 $(x_c,\ y_c)$를 구하자. 곡률중심의 좌표 C는 P에서의 법선으로 P에서 곡률반경 ρ의 거리에 있다(이것 이외의 경우에도 아래 식 (9.18)이 성립한다. 그 결과는 다음과 같다.

$$\begin{cases} x_c = x - \dfrac{[1+(y')^2]\,y'}{|y''|} \\ y_c = y + \dfrac{1+(y')^2}{|y''|} \end{cases} \tag{9.18}$$

구하는 방법

그림 9.34에서 PC와 y축과의 각을 θ라 하면, 곡률중심 C의 좌표 $(x_c,\ y_c)$는

$$x_c = x - \rho\sin\theta \quad ①$$
$$y_c = y + \rho\cos\theta \quad ②$$

식 (9.15)에서 $\rho=\dfrac{1}{\varkappa}=\dfrac{[1+(y')^2]^{3/2}}{|y''|}$이고 $\tan\theta=y'\left(=\dfrac{dy}{dx}\right)$인 관계식과 그림을 이용하면 $ds\cos\theta=dx$ ⇨ $\cos\theta=\dfrac{dx}{ds}$, 여기서 ds는 9.6.3항의 식 (9.14)로부터

$$ds=\sqrt{(dx)^2+(dy)^2}=\sqrt{(dx)^2\left(1+\left(\frac{dy}{dx}\right)^2\right)}=\sqrt{1+\left(\frac{dy}{dx}\right)^2}\,dx=\sqrt{1+(y')^2}\,dx$$

$$\cos\theta=\frac{dx}{ds}=\frac{dx}{\sqrt{1+(y')^2}\,dx}=\frac{1}{\sqrt{1+(y')^2}}$$

$$\therefore\ \cos\theta=\frac{1}{\sqrt{1+(y')^2}} \quad ③$$

$ds \sin\theta = dy \;\Rightarrow\; \sin\theta = \dfrac{dy}{ds}$, 여기서 ds는 9.6.3항의 식 (9.14)로부터

$$ds = \sqrt{(dx)^2+(dy)^2} = \sqrt{(dy)^2\left(\left(\frac{dx}{dy}\right)^2+1\right)} = \sqrt{\frac{1}{(y')^2}+1}\;dy = \frac{y'}{\sqrt{1+(y')^2}dy}$$

$$\sin\theta = \frac{dy}{ds} = \frac{y'dy}{\sqrt{1+(y')^2}\,dy} = \frac{y'}{\sqrt{1+(y')^2}}$$

$$\therefore\ \sin\theta = \frac{y'}{\sqrt{1+(y')^2}} \qquad ④$$

식 ④와 ρ의 식을 식 ①에 대입하여 정리하면

$$x_c = x - \rho\sin\theta = x - \frac{[1+(y')^2]^{3/2}}{|y''|}\cdot\frac{y'}{\sqrt{1+(y')^2}} = x - \frac{[1+(y')^2]y'}{|y''|}$$

$$y_c = y + \rho\cos\theta = y + \frac{[1+(y')^2]^{3/2}}{|y''|}\cdot\frac{1}{\sqrt{1+(y')^2}} = y + \frac{1+(y')^2}{|y''|}$$

한편, 곡률중심의 좌표는 결국 식 (9.18)과 같다는 것을 증명하였다. (단, 거기서는 | | 기호는 붙이지 않았다. 왜라고 생각하는가?)

예제 9-50

다음곡선의 주어진 점에서 곡률반경과 곡률을 구하여라.

(1) $3y = x^3 : \left(1,\ \dfrac{1}{3}\right)$ (2) $y^2 = x^3 : \left(\dfrac{1}{4},\ \dfrac{1}{8}\right)$

풀이

(1) 주어진 곡선을 한 번 미분하면 $y' = \dfrac{3}{3}x^2 = x^2$, 한 번 더 미분하면 $y'' = 2x$

곡률반경 $\rho = \dfrac{1}{\kappa} = \dfrac{[1+(x^2)^2]^{3/2}}{2x} = \dfrac{[1+1]^{3/2}}{2\cdot 1} = 2^{3/2}\cdot 2^{-1} = 2^{\frac{1}{2}} = \sqrt{2}$

곡률 $\kappa = \dfrac{1}{\rho} = \dfrac{1}{\sqrt{2}}$

(2) 주어진 곡선을 한 번 미분하면

$$2yy' = 3x^2 \;\Rightarrow\; y' = \frac{3x^2}{2y},\quad y' = \frac{3x^2}{2y} = \frac{3\cdot(1/4)^2}{2\cdot 1/8} = \frac{3/16}{1/4} = \frac{3}{4}$$

다시 미분하면 $2y'y' + 2yy'' = 2(y')^2 + 2yy'' = 6x \;\Rightarrow\; y'' = \dfrac{6x-2(y')^2}{2y}$

$$y'' = \frac{6x-2(y')^2}{2y} = \frac{6\cdot(1/4)-2\cdot(3/4)^2}{2\cdot(1/8)} = \frac{3/2-9/8}{1/4}$$
$$= \frac{(12-9)/8}{1/4} = \frac{3\cdot 4}{8} = \frac{3}{2}$$

곡률반경 $\rho = \dfrac{1}{\kappa} = \dfrac{[1+(3/4)^2]^{3/2}}{3/2} = \dfrac{2}{3}\left[1+\dfrac{9}{16}\right]^{3/2} = \dfrac{2}{3}\left(\dfrac{16+9}{16}\right)^{3/2}$

$$= \frac{2}{3}\left(\frac{5^2}{4^2}\right)^{3/2} = \frac{2}{3}\left(\frac{5}{4}\right)^3 = \frac{125}{96}$$

곡률 $\varkappa = \frac{1}{\rho} = \frac{96}{125}$

9.7 함수의 전개

공학(工學)에서는 변수의 어떤 범위(통상은 좁은 범위)에서의 함수의 상황이나 근사값 등을 문제로 할 때, 함수를 전개하는 수법이 있다. 이 수법은 복잡하고 번거로운 문제도 매우 쉽게 해결할 수 있다.

이 절의 함수 $f(x)$는 몇 번이라도 미분할 수 있는 함수로 한다.

▌ 전개식의 사용방법에 주의 ▌

여기서 설명하는 전개식은 모두 무한급수(無限級數, infinite series)로 취급한다. 그러나 그렇게 하기 위해서는 Taylor 전개의 h나 Maclaurin 전개와 이항전개의 x는 각각의 함수로 결정된 범위[수렴역(收斂域)]에 있는 것이 필요하다. 또, **전개식을 처음의 2, 3항만으로 계산해도 좋은 것은 $|h|$나 $|x|$가 충분히 작을 때**에 한한다. 수렴역의 결정이나, 어느 정도의 h나 x라면 2, 3항으로 잘라도 좋은가의 판정은 난해하므로 생략한다.

위의 상자 안에서는 수렴역이 무한히 넓은 함수도 있다(예 : $\sin x$, $\cos x$, e^x). 이 경우는 $|x| < \infty$라 쓰기도 한다.

▌ Taylor의 정리 ▌

Taylor (Brook Taylor, 영국의 수학자, 1685～1731)가 1715년에, 또, **Maclaurin의 정리**는 Maclaurin (Colin Maclaurin, 영국의 수학자(스코틀랜드 출생), 1698～1746)이 1742년에(단, Euler 스위스의 수학자 · 물리학자가 1732년에 이미 발표했다고도 한다) 증명했다. **이항정리**(二項定理, binomial theorem)는 오래 전 Stifel (Stifel, M 독일 수학자, 1486～1567)에 의해 1544년에 만들어진 것으로 알려졌다.

9.7.1 멱급수

여기서는 급수의 항들이 변수 x에 관한 함수로 이루어진 **급수**(級數, series)에 대하여 알아보려고 한다. 이러한 급수를 공부하는 이유는 급수를 사용하여 복잡한 함수들을 나타낼 수 있기 때문이다. 이러한 급수는 초월함수의 미분과 적분, 그리고 미분방정식의 해 등을 공부하는데 응용된다. 응용분야에서 많은 함수[예를 들면, 베셀함수(Bessel)]들이 **급수**로 정의된다.

1) 수열과 급수

일정한 규칙에 의하여 이루어진 수의 계열을 **수열**(數列, sequence)이라한다. 예를 들면 1, 4, 9, 16, 25, … 는 제 n번째의 항이 n^2으로 나타나는 규칙을 갖는 **무한수열**이고 이것은 수열 $\langle u_n \rangle$ 또는 $\{u_n\}$으로 나타낸다. 그리고 수열의 각 수를 수열의 **항**(項)이라 하고, 처음부터 차례로 제1항, 제2항, 제2항, … , 제 n항, … 이라고 한다. 또 제 n항을 n의 식으로 나타낸 것을 이 수열의 **일반항**이라고 한다. 이 수열의 일반항은 n^2이다.

다음 식 (9.19)와 같이 나타낸 수열의 합을 급수라 한다. 즉, 수열 $u_1, u_2, u_3, \cdots\cdots, u_n, \cdots\cdots$ 에 관하여 대응하는 급수는

$$u_1 + u_2 + u_3 + \cdots\cdots + u_n + \cdots\cdots \tag{9.19}$$

이다. 항의 수가 유한인 급수를 **유한급수**, 항의 수가 무한인 급수를 **무한급수**[식 (9.19)]라 하고 $\sum_{k=1}^{\infty} u_k$로도 쓴다.

급수의 일반항은 n을 포함하는 식으로 되며, 여기서 $n=1, 2, 3, \cdots$ 로 두면 급수의 제1항, 제2항, 제3항, … 을 얻는다.

예제 9-51

어떤 수열의 n번째 항이 $u_n = n / (2n-1)$으로 주어질 때 무한급수를 구하여라.

❙ 풀이

$$u_1 = \frac{1}{2(1)-1} = 1,\quad u_2 = \frac{2}{2(2)-1} = \frac{2}{3},\quad u_3 = \frac{3}{2(3)-1} = \frac{3}{5},\ \cdots$$

$u_n = \dfrac{n}{2n-1}$, $u_{n+1} = \dfrac{n+1}{2(n+1)-1} = \dfrac{n+1}{2n+1}$ 으로 계산되고, 이에 따른 무한급수는 다음과 같다.

$$1 + \frac{2}{3} + \frac{3}{5} + \cdots + \frac{n}{2n-1} + \frac{n+1}{2n+1} + \cdots$$

여기서는 일반항이 상수와 변수 x^n 또는 $(x-a)^n$의 곱으로 되어 있는 급수를 다룬다. 이 급수의 각 항은 x 또는 $(x-a)$의 멱으로 되어 있으므로 **멱급수**(冪級數, power series 또는 **거듭제곱 급수**)라고 한다.

정의대로 계수 a_n이 상수일 때 멱급수는 다음과 같이 쓸 수 있다.

$$\sum_{n=0}^{\infty} c_n x^n = c_0 + c_1 x + c_2 x^2 + c_3 x^3 + \cdots$$

또는

$$\sum_{n=0}^{\infty} c_n (x-a)^n = c_0 + c_1 (x-a) + c_2 (x-a)^2 + c_3 (x-a)^3 + \cdots$$

와 같은 형태로 주어진 무한급수를 말한다. 여기서 x는 변수이고, c_n은 상수로 멱급수의 계수라 한다.

2) 멱급수의 수렴판정법

멱급수가 수렴하는 모든 x의 값을 그 멱급수의 **수렴구간**(收斂區間)이라 한다. 이 수렴구간은 항상 0을 포함하며 그 구간은 다음에서 설명하는 바와 같이 **비율판정법**(比率判定法, ratio test)으로 구한다.

이 방법은 절대수렴 판정에 널리 쓰이며, 이웃한 두 항의 비를 이용하여 얻은 수열의 극한을 조사하여 급수의 수렴여부를 판정할 수 있다. 또한 이 방법은 멱급수 및 광범위한 급수들에 적용될 수 있으며 급수의 수렴에 가장 많이 이용되는 방법이다.

(1) 정리 비율판정법

급수 $\sum_{n=1}^{\infty} a_n$에 대하여 $\lim_{n\to\infty} \left| \dfrac{a_{n+1}}{a_n} \right| = R$일 때 다음이 성립한다.

① $R < 1$이면, 주어진 급수 $\sum_{n=1}^{\infty} a_n$는 절대수렴한다(따라서 수렴한다).

② $R > 1$이거나 $R = \infty$이면, 주어진 급수 $\sum_{n=1}^{\infty} a_n$는 발산한다.

③ $R = 1$이면 이 방법으로는 주어진 급수 $\sum_{n=1}^{\infty} a_n$의 수렴과 발산을 판정할 수 없다.

예제 9-52

급수 $\sum_{n=1}^{\infty} (-1)^n \dfrac{n^3}{3^n}$이 절대수렴함을 보여라.

▌풀이

$a_n = (-1)^n \dfrac{n^3}{3^n}$ 이라 놓고, 비율판정법을 이용하기 위하여 다음을 계산한다.

$$\left|\frac{a_{n+1}}{a_n}\right| = \left|\frac{(-1)^{n+1}(n+1)^3/3^{n+1}}{(-1)^n n^3/3^n}\right| = \left|\frac{(n+1)^3}{3^{n+1}} \cdot \frac{3^n}{n^3}\right|$$

$$= \frac{(n+1)^3}{3^n \cdot 3} \cdot \frac{3^n}{n^3} = \frac{1}{3}\left(\frac{n+1}{n}\right)^3 = \frac{1}{3}\left(1+\frac{1}{n}\right)^3$$

$$\therefore\ R = \lim_{n\to\infty}\left|\frac{a_{n+1}}{a_n}\right| = \lim_{n\to\infty}\frac{1}{3}\left(1+\frac{1}{n}\right)^3 = \frac{1}{3}\left(1+\frac{1}{\infty}\right)^3 = \frac{1}{3} < 1$$

그러므로 비율판정법에 의하여 주어진 급수는 절대수렴한다.
따라서 수렴한다.

예제 9-53

급수 $\displaystyle\sum_{n=1}^{\infty}\frac{n^n}{n!}$ 의 수렴성을 조사하여라.

▌풀이

$a_n = \dfrac{n^n}{n!}$ 이라 놓으면 모든 n에 대하여 $a_n > 0$ 이므로 절대값을 사용할 필요가 없다.

$n \to \infty$ 일 때

$$\frac{a_{n+1}}{a_n} = \frac{(n+1)^{n+1}/(n+1)!}{n^n/n!} = \frac{(n+1)^{n+1}}{(n+1)!} \cdot \frac{n!}{n^n}$$

$$= \frac{(n+1)(n+1)^n}{(n+1)n!} \cdot \frac{n!}{n^n} = \left(\frac{n+1}{n}\right)^n = \left(1+\frac{1}{n}\right)^n \to e > 1$$

그러므로 비율판정법에 따라 $R = e > 1$ 이므로 주어진 급수는 발산한다.

예제 9-54

급수 $\dfrac{1!}{10} + \dfrac{2!}{10^3} + \dfrac{3!}{10^5} + \cdots + \dfrac{n!}{10^{2n-1}} + \cdots$ 의 수렴여부를 판정하라.

▌풀이

비율판정법을 이용하기 위하여 $\displaystyle\lim_{n\to\infty}\frac{a^{n+1}}{a^n}$ 을 계산하면 다음과 같다.

$$R = \lim_{n\to\infty}\frac{a_{n+1}}{a_n} = \lim_{n\to\infty}\frac{(n+1)!/10^{2n+1}}{n!/10^{2n-1}} = \lim_{n\to\infty}\frac{(n+1)!}{10^{2n+1}} \cdot \frac{10^{2n-1}}{n!}$$

$$= \lim_{n\to\infty}\frac{(n+1)n!}{10^{2n}\cdot 10} \cdot \frac{10^{2n}}{10n!} = \lim_{n\to\infty}\frac{n+1}{100} = \infty$$

따라서 비율판정법에 의하여 $R = \infty$ 이므로 주어진 급수는 발산한다.

예제 9-55

조화급수 $\displaystyle\sum_{n=1}^{\infty}\frac{1}{n}$ 에 비율판정법을 적용하여 수렴과 발산을 설명하여라.

▌풀이

비율판정법을 이용하면

$$R = \lim_{n\to\infty}\left|\frac{a_{n+1}}{a_n}\right| = \lim_{n\to\infty}\frac{1/(n+1)}{1/n} = \lim_{n\to\infty}\frac{n}{n+1} = \lim_{n\to\infty}\frac{1}{1+1/n} = 1$$

따라서 이 급수는 비율판정법으로 수렴, 발산을 설명할 수 없다. 따라서 다른 판정법이 필요하게 된다.

(2) 비율판정법

무한히 나열된 수의 합, 즉 무한급수(無限級數, infinite series)는

① $1+1+1+1+\cdots$와 같이 그 합이 ∞로 발산하는 경우

② $1-1+1-1+\cdots$와 같이 그 합이 계속 진동하는 경우

③ $1+\frac{1}{2}+\frac{1}{4}+\frac{1}{8}+\cdots$처럼 어떤 수로 수렴하는 경우

로 구별된다. 이미 잘 알려진 기하급수

$$a+ar+ar^2+\cdots+ar^n+ar^{n+1}+\cdots \quad (\text{단, } |r|<1)$$

에서 연속하는 항의 비가

$$\left|\frac{ar^{n+1}}{ar^n}\right| = |r| < 1$$

일 때 수렴하는 것을 이용하면 임의의 무한급수 $x_0+x_1+x_2+x_3+\cdots$ 가 수렴하기 위한 조건은

$$\lim_{x\to\infty}\left|\frac{x^{n+1}}{x^n}\right| < 1 \tag{9.20}$$

로 되고 이것을 **비율판정법**(比率判定法, ratio test)이라고 한다. 이와 비슷한 방법으로 $\lim_{n\to\infty}\sqrt[n]{|x_n|} < 1$이 만족되면 역시 무한급수는 수렴한다(증명은 생략한다).

▌ 정리 ▌

임의의 멱급수 $\sum_{n=0}^{\infty} c_n(x-a)^n$은 반드시 다음 세 가지 중의 어느 하나를 만족한다.

① 한 점 $x=a$일 때만 수렴한다.

② 모든 실수 x에 대하여 수렴한다.

③ 어떤 양수 R이 존재하며 $|x-a|<R$이면 수렴하고, $|x-a|>R$이면 발산한다.

③의 경우 수렴하는 구간의 길이의 절반, 즉 a에서 수렴구간의 끝점까지의 거리 R(양수)을 멱급수의 **수렴반경**이라 한다. 편의상 ①의 경우는 멱급수의 수렴구간이 한 점 a로 구성되었으므로 $R=0$이라 하고, ②의 경우 멱급수의 **수렴구간**은 멱급수가 수렴하는 모든 x값으로 구성된 구간, 즉 $(-\infty, \infty)$로 $R=\infty$이다. ③의 경우 부등식 $|x-a|<R$, 즉 $a-R<x<a+R$로 고쳐 쓸 수 있으며 이 구간에서 수렴하므로 수렴반경은 R이다. x가 구간의 끝점, 즉 $x=a\pm R$일 때 멱급수는 한쪽 또는 양쪽 끝점에서 수렴하거나 양쪽 끝점에서 발산할 수도 있다. 따라서 ③의 경우 가능한 수렴구간은 $(a-R,\ a+R)$ $(a-R,\ a+R]$ $[a-R,\ a+R)$ $[a-R,\ a+R]$ 중의 하나이다.

멱급수가 큰 비중을 차지하는 이유는 수학, 물리학 및 화학 등에서 나오는 가장 중요한 함수들 중 일부가 멱급수로 표현되기 때문이다.

예제 9-56

다음 급수의 수렴구간을 구하여라.

$$x-\frac{x^2}{2}+\frac{x^3}{3}-\cdots+(-1)^{n-1}\frac{x^n}{n}+\cdots$$

풀이

비율판정법으로 식 (9.20)을 이용하면,

$$\lim_{x\to\infty}\left|\frac{a^{n+1}}{a^n}\right|=\lim_{x\to\infty}\left|\frac{x^{n+1}}{n+1}\cdot\frac{n}{x^n}\right|=\lim_{x\to\infty}\left|\frac{n}{n+1}\cdot x\right|$$

$$=\lim_{x\to\infty}\left|\frac{1}{1+1/n}\cdot x\right|=|x|$$

따라서 이 급수는 x의 절대값이 1보다 작으면 수렴하고, x의 절대값이 1보다 크면 발산한다. (1) $x=1$ 또는 (2) $x=-1$일 때에는 비율판정법으로 판정할 수 없으므로 이에 대응하는 다음과 같은 두 개의 급수는 다른 방법으로 판정하여야 한다.

(1) $x=1$을 주어진 식에 대입하면 다음의 **교대급수**[양(+)의 항과 음(−)의 항이 교대로 나타나는 급수를 말한다]를 얻는다.

$$1-\frac{1}{2}+\frac{1}{3}-\frac{1}{4}+\cdots+(-1)^{n-1}\frac{1}{n}+\cdots$$

[설명]

이 급수는 **교대급수판정법**(交代級數判定法, alternating series test)에 의하여 수렴 여부를 알아본다.

이 급수는 다음과 같은 교대급수이다.

$$x_n=\frac{1}{n},\quad x_{n+1}=\frac{1}{n+1}$$

앞의 급수는 ① 모든 n에 대하여 $\frac{1}{n}>\frac{1}{n+1}$이고 ② $\lim_{x\to\infty}\frac{1}{n}=0$이므로 교대급수판정법의 수렴조건에 만족하므로 이 판정법에 의하여 이 급수는 수렴한다.

(2) $x = -1$ 을 주어진 식에 대입하면 다음의 **조화급수**(調和函數 : 각 항의 역수(逆數)가 등차수열을 이루는 급수)의 각항에 -1을 곱한 것과 같은 수열을 얻는다.

$$-1-\frac{1}{2}-\frac{1}{3}-\frac{1}{4}-\cdots-\frac{1}{n}+\cdots \Rightarrow -\left(1+\frac{1}{2}+\frac{1}{3}+\frac{1}{4}+\cdots+\frac{1}{n}+\cdots\right)$$

조화급수 $1+\frac{1}{2}+\frac{1}{3}+\frac{1}{4}+\cdots+\frac{1}{n}+\cdots$ 이 발산하는가?

[설명]

특정한 급수에 대하여 부분합 s_2, s_4, s_8, s_{16}, s_{32}, $\cdots$ 을 고려하여 그것이 점점 커지는 것을 보여주는 것이 편리하다.

$$s_1 = 1$$

$$s_2 = 1+\frac{1}{2}$$

$$s_4 = 1+\frac{1}{2}+\left(\frac{1}{3}+\frac{1}{4}\right) > 1+\frac{1}{2}+\left(\frac{1}{4}+\frac{1}{4}\right) = 1+\frac{1}{2}+\frac{1}{2} = 1+\frac{2}{2}$$

$$s_8 = 1+\frac{1}{2}+\left(\frac{1}{3}+\frac{1}{4}\right)+\left(\frac{1}{5}+\frac{1}{6}+\frac{1}{7}+\frac{1}{8}\right)$$
$$> 1+\frac{1}{2}+\left(\frac{1}{4}+\frac{1}{4}\right)+\left(\frac{1}{8}+\frac{1}{8}+\frac{1}{8}+\frac{1}{8}\right) = 1+\frac{1}{2}+\frac{1}{2}+\frac{1}{2} = 1+\frac{3}{2}$$

$$s_{16} = 1+\frac{1}{2}+\left(\frac{1}{3}+\frac{1}{4}\right)+\left(\frac{1}{5}+\cdots+\frac{1}{8}\right)+\left(\frac{1}{9}+\cdots+\frac{1}{16}\right)$$
$$> 1+\frac{1}{2}+\left(\frac{1}{4}+\frac{1}{4}\right)+\left(\frac{1}{8}+\cdots+\frac{1}{8}\right)+\left(\frac{1}{16}+\cdots+\frac{1}{16}\right)$$
$$= 1+\frac{1}{2}+\frac{1}{2}+\frac{1}{2}+\frac{1}{2} = 1+\frac{4}{2}$$

같은 방법으로 $s_{32} = 1+\frac{5}{2}$, $s_{64} = 1+\frac{6}{2}$, $\cdots$

일반적으로 $s_{2^n} > 1+\frac{n}{2}$, $n \to \infty$ 일 때 부등호의 우측 항이 ∞ 이므로 $s_{2^n} \to \infty$ 로 되어 수열 $\{s_n\}$은 발산한다. 그러므로 조화급수(調和級數, harmonic series)는 발산한다. 따라서 (2) 주어진 급수에 $x = -1$ 을 곱한 수열은 조화급수의 각 항에 -1을 곱한 것과 같으므로 발산한다. 따라서 주어진 급수의 수렴구간은 $-1 < x \leqq 1$이다.

조화급수라는 명칭은 **배음**(倍音, overtone) 또는 **음악의 화성학**(和聲學)**에서 유래**되었다. 악기의 진동하는 현의 배음의 파장은 현의 기본파장의 1/2, 1/3, 1/4 … 에 해당하는 값이다. 첫 번째 값 이후에 나오는 모든 값들은 이웃 값의 조화평균(調和平均)이다. 조화평균이라는 명칭 또한 음악에서 유래하였다.

3) 함수의 멱급수 전개

주어진 함수를 멱급수로 나타내는 것이 응용분야에서 편리한 때가 많다. 보다 더 일반적인 문제로 어떤 함수들이 멱급수 표현을 가지며 그러한 표현을 어떻게 구할 수 있는가에 관하여 공부하고자 한다.

여기에서는 기하급수를 조작변형하거나, 그러한 급수를 미분 또는 적분함으로써 어떤 형태의 함수들을 멱급수의 합으로 나타내는 방법을 공부한다. 알고 있는 함수를 무한대의 항들의 합으로 나타내려고 하는 이유가 무엇인지 궁금할 것이다. 나중에 이러한 방법들이 적분하기 어려운 함수를 적분하거나 미분방정식을 풀 때 그리고 다항식으로 함수를 근사 접근시킬 때 유용하다는 것을 알게 될 것이다.(과학자들은 그들이 다루는 함수들을 간단히 하기 위하여 이 방법을 사용하며 전산학자들은 계산기나 컴퓨터로 이 함수들을 나타내기 위하여 이 방법들을 사용한다).

멱급수를 구하는 한 가지 방법으로서 $\sin x$를 보기로 설명하고자 한다. 이 방법에서는 멱급수가 존재하는 것을 가정하고(본 9.7절 참고) 멱급수의 계수를 구하게 된다. 따라서 $\sin x$에 대한 멱급수를

$$\sin x = a_o + a_1 x + a_2 x^2 + \cdots + a_n x^n + \cdots \tag{9.21}$$

의 형태로 쓰고, 급수 식 (9.21)이 수렴구간에서 항등식이 되도록 계수 a_n을 구한다. 멱급수의 수렴구간은 원점을 포함하고 있으므로 식 (9.21)은 $x=0$일 때 성립하여야 한다. 급수 식 (9.21)에 $x=0$을 대입하면 좌변은 $\sin x = 0$이고 우변은 a_o 이외의 모든 항이 x를 포함하고 있으므로 $0 = a_o$의 관계식을 얻는다. 따라서 급수 식 (9.21)이 $x=0$에서 성립하려면 $a_o = 0$이어야 한다. 다음에는 식 (9.21)을 항별 미분하면

$$\cos x = a_1 + 2a_2 x + 3a_3 x^2 + \cdots \tag{9.22}$$

이 되는데 이 과정은 '**멱급수는 항별로 미분하거나 적분할 수 있다는 정리**'에 의하여 정당화 할 수 있다. 여기에 $x=0$을 대입하면 $1 = a_1$을 얻는다. 다시 한 번 미분해서 $x=0$을 대입하면 다음과 같이 된다.

$$-\sin x = 2a_2 + 3\cdot 2a_3 x + 4\cdot 3a_4 x^2 + \cdots \tag{9.23}$$

$$0 = 2a_2 \quad \Rightarrow \quad a_2 = 0$$

이 과정을 되풀이해서 식 (9.20)의 도함수를 계속하여 계산하고, 다시 $x=0$을 대입하면 다음과 같다.

$$-\cos x = 3\cdot 2a_3 + 4\cdot 3\cdot 2a_4 x + \cdots ,$$

$$-\cos 0 = -1 = 3!a_3 \quad \Rightarrow \quad a_3 = -\frac{1}{3!};$$

$$\sin x = 4 \cdot 3 \cdot 2a_4 + 5 \cdot 4 \cdot 3 \cdot 2a_5 x + \cdots, \tag{9.24}$$

$$\sin x = \sin 0 = 0 = 4 \cdot 3 \cdot 2a_4$$

$$0 = a_4 \quad \Rightarrow \quad a_4 = 0$$

$$\cos x = 5 \cdot 4 \cdot 3 \cdot 2a_5 + \cdots,$$

$$\cos x = \cos 0 = 1 = 5!a_5 \quad \Rightarrow \quad a_5 = \frac{1}{5!} \cdots$$

여기에서 얻어진 계수를 식 (9.21)에 대입하면 다음의 멱급수를 얻는다.

$$\sin x = x - \frac{x^3}{3!} + \frac{x^5}{5!} + \cdots \tag{9.25}$$

독자는 더 이상 계산하지 않아도 그 다음의 항들이 어떻게 될지 쉽게 추측할 수 있을 것이다. 함수 $\sin x$에 대한 멱급수는 모든 x에 대하여 수렴한다.

이런 식으로 얻어진 급수를 **맥클로린 급수**(Maclaurin series) 또는 **원점주위에 대한 테일러 급수**(Taylor series)라고 한다. 일반적으로 Taylor급수는 $(x-a)$의 멱급수이며 a는 상수이다. 식 (9.21)의 우변에 x대신 $(x-a)$를 넣어서 표시할 수 있고, 계수 a_n은 식 (9.21)을 미분한 후 $x=0$ 대신 $x=a$를 대입하여 계속 구할 수 있다.

4) 한 급수의 변수에 다른 급수를 대입하는 방법

예제 9-57

함수 e^{-x^2}에 대한 급수를 구하여라.

풀이

주어진 함수에 대한 급수를 구하려면 e^x에 대한 급수는 9.7.3항의 표 9.5에서 이미 알고 있으므로 x대신 $-x^2$을 대입하면 된다.

$$e^{-x^2} = 1 - x^2 + \frac{(-x^2)^2}{2!} + \frac{(-x^2)^3}{3!} + \cdots$$
$$= 1 - x^2 + \frac{x^4}{2!} - \frac{x^6}{3!} + \cdots.$$

9.7.2 Taylor 급수

예를 들어 $x=0.01$일 때, 다음과 같은 식을 계산한다고 가정한다.

$$\frac{1}{e^x-1}$$

위 식에 $x=0.01$을 넣고 직접계산은 계산기가 없다면 거의 포기해야 할 것이다. 그러나 이 때 다음 그래프에서 본 바와 같이, x가 0에서 가까운 값이라면 $e^x \cong 1+x$(e^x의 Maclaurin 전개)로 놓을 수 있으므로 주어진 식은 대략

$$\frac{1}{e^x-1} \cong \frac{1}{(1+x)-1} = \frac{1}{x} = \frac{1}{0.01} = 100$$

으로 간단히 얻어진다.

오른쪽 그림 9.35에 나타난 바와 같이, e^x와 $1+x$의 그래프는 '전체적으로는' 전혀 다르지만 'x가 0에 가까운 곳에서는' 두 그래프가 거의 일치한다. 따라서 앞의 문제처럼 $x=0.01$로서 0에 가까운 값이라면 굳이 e^x를 계산하지 않더라도 아주 좋은 근사값을 구할 수 있다.

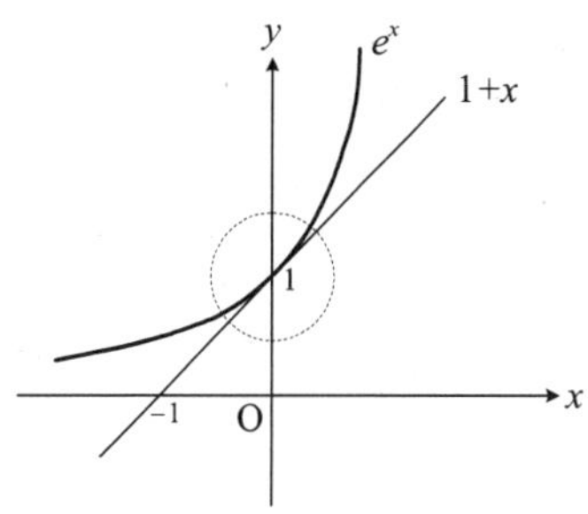

그림 9.35 Taylor 급수의 응용

만약 이 근사값보다 더 정확한 값을 얻고자 한다면 어떻게 해야 할까? 이런 경우에는 앞의 근사식에 새로운 항을 계속 추가함으로써 점점 더 좋은 근사식을 만들어 내는 방법이 바로 Taylor 급수의 식이며, 다음과 같이 얻을 수 있다.

일반적으로 함수 $f(x)$가 어떤 수렴구간 내에서 다음과 같은 형의 급수로 전개된다고 하자.

$$f(x)=c_0+c_1(x-a)+c_2(x-a)^2+\cdots+c_n(x-a)^n+\cdots, \quad |x-a|<R \qquad (9.26)$$

여기서 a는 임의의 상수이고, c_0, c_1, $\cdots$, c_n, $\cdots$ 은 결정해야할 상수(常數)이다. 각 계수 c_n을 f로 나타내도록 하자. 식 (9.26)에 $x=a$를 대입하면 $(x-a)=a-a=0$, 즉 첫 항 뒤에 오는 모든 항은 0이므로 $f(a)=c_0$이다.

식 (9.26)에 있는 급수를 항별로 미분하면

$$f'(x)=c_1+2c_2(x-a)+3c_3(x-a)^2+4c_4(x-a)^3+\cdots, \quad |x-a|<R \qquad (9.27)$$

이다. 식 (9.27)에 $x=a$를 대입하면 첫 항 c_1만 빼고 이 항 뒤에 오는 모든 항은 0이므로 $f'(a)=c_1$이다.

식 (9.27)의 양변을 미분하면

$$f''(x)=c_2+2\cdot 3c_3(x-a)+3\cdot 4c_4(x-a)^2+\cdots,\quad |x-a|<R \tag{9.28}$$

이다. 다시 식 (9.28)에 $x=a$를 대입하면 $f''(a)=2c_2$를 얻는다. 한 번 더 이 과정을 적용하여 보자. 식 (9.28)을 미분하면

$$f'''(x)=2\cdot 3c_3+2\cdot 3\cdot 4c_4(x-a)+3\cdot 4\cdot 5c_4(x-a)^2+\cdots,\quad |x-a|<R \tag{9.29}$$

식 (9.29)에 $x=a$를 대입하면 $f'''(a)=2\cdot 3c_3=3!\,c_3$이므로 이제 계수에 대한 형태를 알 수 있다. 앞에서와 같이 계속해서 미분하고 $x=a$를 대입하면 $f^{(n)}(a)=2\cdot 3\cdot 4\cdot\cdots\cdot nc_n=n!\,c_n$을 얻는다. n번째의 계수 c_n에 관하여 앞의 방정식을 풀면

$$c_n=\frac{f^{(n)}(a)}{n!}$$

를 얻게 된다. $0!=1$이라 하고 $f^{(0)}=f$라 하면 앞 식은 $n=0$인 경우에도 성립한다. 따라서 다음 정리를 얻는다.

[정리]

함수 f가 a에서 멱급수로 전개되면, 즉

$$f(x)=\sum_{n=0}^{\infty}c_n(x-a)^n,\quad |x-a|<R \tag{9.30}$$

이면, 그 멱급수의 계수들은

$$c_n=\frac{f^{(n)}(a)}{n!}$$

로 주어진다.

c_n에 대한 식을 대입함으로써 함수 f가 a에서(또는 a를 중심으로) 멱급수로 전개식을 갖는다면 다음 형태가 된다는 것을 알 수 있다.

$$\begin{aligned} f(x) &= \sum_{n=0}^{\infty}\frac{f^{(n)}(a)}{n!}(x-a)^n \\ &= f(a)+f'(a)(x-a)+\frac{f''(a)}{2!}(x-a)^2+\cdots+\frac{f^{(n)}(a)}{n!}(x-a)^n+\cdots \end{aligned} \tag{9.31}$$

식 (9.31)의 급수를 a에서의 **Taylor 급수**(또는 **Taylor 전개**)라 한다. 이 이름은 영국의 수학자 Brook Taylor(1685~1731)의 이름을 따서 붙인 것이다.

식 (9.31)에 $x = a + h$로 놓고 대입하면 다른 형의 Taylor 급수를 얻는다. 즉,

$$f(a+h) = f(a) + \frac{f'(a)}{1!}h + \frac{f''(a)}{2!}h^2 + ,\cdots, + \frac{f^n(a)}{n!}h^n + \cdots \tag{9.32}$$

Taylor 급수는 그림 9.36과 같이 함수 $f(a)$가 있는 경우(점 K에서) 어떤 점 a을 생각했을 때 그곳에서 조금 벗어난 점 $a+h$에서 f 값(점 P에서), 즉 $f(a+h)$을 a에서의 함수값 $f(a)$ 및 그 도함수의 값으로 전개되는 것을 말한다. 식 (9.32)는 **Taylor 급수의 일반형**이다.

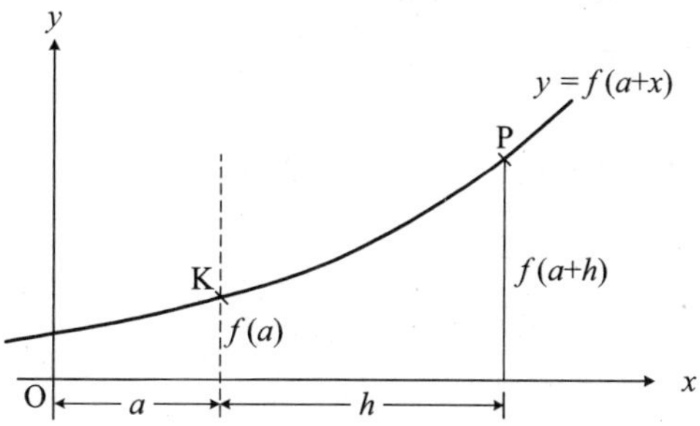

그림 9.36 Taylor 급수

예제 9-58

점 $c = 1$에서 로그함수 $f(x) = \ln x$의 Taylor 급수를 구하여라.

풀이

$f(1) = \ln 0 = 0$이다. 또 $k = 1, 2, \cdots$ 에 대하여 $f^{(k)}(x) = (-1)^{k+1}(k-1)!\,x^{-k}$ 이므로 $f^{(k)}(1) = (-1)^{k+1}(k-1)!$이다.

따라서 구하는 Taylor 급수는 다음과 같다.

$$\sum_{k=1}^{\infty} \frac{(-1)^{k+1}}{k}(x-1)^k = (x-1) - \frac{(x-1)^2}{2} + \frac{(x-1)^3}{3} - \frac{(x-1)^4}{4} + \cdots$$

위의 Taylor 멱급수에 $x = 0$을 대입하여 정리하면

$$(0-1) - \frac{(0-1)^2}{2} + \frac{(0-1)^3}{3} - \frac{(0-1)^4}{4} - \cdots = -1 - \frac{1}{2} - \frac{1}{3} - \frac{1}{4} - \cdots$$

이므로 [예제 9-56]에 의하면 이 멱급수(조화급수)는 명백히 $x = 0$에서 합이 $-\infty$로 발산한다. 이 멱급수의 수렴반지름을 구하기 위하여 $a_n = \frac{(x-1)^n}{n}$ 라고 놓으면 $n \to \infty$ 일 때,

$$\left|\frac{a_{n+1}}{a_n}\right| = \left|\frac{(x-1)^{n+1}/n+1}{(x-1)^n/n}\right| = \left|\frac{(x-1)^{n+1}}{n+1} \cdot \frac{n}{(x-1)^n}\right|$$

$$= |x-1| \frac{n}{n+1}$$

$$\therefore \ R = \lim_{n\to\infty}\left|\frac{a_{n+1}}{a_n}\right| = \lim_{n\to\infty}|x-1|\frac{n}{n+1} = |x-1|\lim_{n\to\infty}\frac{1}{1+\frac{1}{n}}$$
$$= |x-1| < 1$$

이 되어 비율판정법에 의하여 Taylor 급수의 식은 수렴하고 수렴반지름은 $R=1$이고, 수렴공간은 $|x-1|<1$이므로 정리하면

$$-1 < x-1 < 1 \quad \rightarrow \quad -1+1 < x < 1+1 \quad \rightarrow \quad 0 < x < 2$$

따라서 수렴반지름은 $R=1$이고 수렴구간은 $(0,\ 2]$임을 알 수 있다.

예제 9-59

점 0에서의 $f(x)=e^x$의 Taylor 급수를 구하여라.

풀이

모든 x에 대하여 $f^{(n)}(x)=e^x$이므로 $f^{(n)}(0)=e^0=1$이다. 따라서 중심 $a=0$에서의 f의 Taylor 급수는

$$\sum_{n=0}^{\infty}\frac{f^{(n)}(0)}{n!}(x-0)^n = \sum_{n=0}^{\infty}\frac{e^0}{n!}x^n = \sum_{n=0}^{\infty}\frac{x^n}{n!} = 1+x+\frac{1}{2!}x^2+\frac{1}{3!}x^3+\cdots \quad (9.33)$$

이 된다. 이 급수의 수렴반지름을 구하기 위하여 $a_n = x^n/n!$라고 놓으면 $n\to\infty$일 때,

$$\left|\frac{a_{n+1}}{a_n}\right| = \left|\frac{x^{n+1}/(n+1)!}{x_n/n!}\right| = \left|\frac{x^{n+1}}{(n+1)!}\cdot\frac{n!}{x_n}\right|$$
$$= \left|\frac{x^n\cdot x}{(n+1)\cdot n!}\cdot\frac{n!}{x_n}\right| = \frac{|x|}{n+1}$$

$$\therefore \ \lim_{n\to\infty}\left|\frac{a_{n+1}}{a_n}\right| = \lim_{n\to\infty}\frac{|x|}{n+1} = |x|\lim_{n\to\infty}\frac{1}{n+1} = |x|\frac{1}{\infty}$$
$$= |x|(0) = 0 < 1$$

이 되어 비율판정법에 의하면 모든 실수 x에 대하여 Taylor 급수 식 (9.33)은 수렴하고 수렴반지름은 $R=\infty$이다. 그러나 이 급수가 수렴하는 함수는 아직 알 수 없다.

9.7.3 Maclaurin 급수

맥클로린 급수(Maclaurin series)는 하나의 독립변수 x에 대한 **Taylor 급수의 특별한 경우**이며, 식 (9.31)의 $a=0$의 부근에서 $f(x)$의 전개이고, 이것은 가장 많이 사용된다. 또한 Taylor 급수 식 (9.32)에서 $a=0$, 더욱이 h 대신에 x로 치환하면 얻을 수 있다.

$$f(x) = \sum_{n=0}^{\infty}\frac{f^{(n)}(0)}{n!}x^n$$
$$= f(0)+\frac{f'(0)}{1!}x+\frac{f''(0)}{2!}x^2+\frac{f'''(0)}{3!}x^3+,\cdots,+\frac{f^{(n)}(0)}{n!}x^n+\cdots \quad (9.34)$$

이 급수는 Taylor 급수의 특별한 경우이지만 스코틀랜드(Scotland)의 수학자 Colin Maclaurin (1698~1746)이 1742년에 그의 미적분학 교재에서 그들을 대중화시켰기 때문에 그의 영예를 기리기 위하여 이름을 따서 붙인 것이다.

식 (9.34)와 같은 전개식을 얻기 위해서는 $f(x)$와 $f(x)$의 모든 계수의 도함수가 $x=0$에서 존재하여야 함에 유의해야 한다. 따라서 $\ln x$, $\cot x$, $\sqrt{x^3}$과 같은 함수는 Maclaurin 급수를 가지지 못한다.

Maclaurin 급수를 사용하여 Taylor 급수를 얻는 방법

많은 경우에는 이미 기억하고 있는 Maclaurin 급수에서 Taylor 급수를 얻을 수가 있다.

예제 9-60

함수 $\ln x$의 $x=1$에 대한 Taylor 급수를 구하여라.

풀이

함수 $\ln x$의 $x=1$에 대한 Taylor 급수를 구하려면 우선 다음과 같이 쓴다.

$$\ln x = \ln[1+(x-1)]$$

9.7.3항의 표 9.5에 나타난 $\log_e(1+x) = \ln(1+x)$의 Maclaurin 전개식에서 x 대신 $(x-1)$을 대입하면 다음의 결과를 얻는다.

$$\ln x = \ln[1+(x-1)] = (x-1) - \frac{1}{2}(x-1)^2 + \frac{1}{3}(x-1)^3 - \frac{1}{4}(x-1)^4 + \cdots$$

예제 9-61

함수 $\cos x$의 $x=\frac{3\pi}{2}$에 대한 급수는 9.7.3항의 표에 나타난 $\sin x$의 Maclaurin 전개식에서 x 대신 $(x-3\pi/2)$을 대입하여 다음과 같이 구할 수 있다.

풀이

$$\cos x = \cos\left[\frac{3\pi}{2} + \left(x - \frac{3\pi}{2}\right)\right] = \sin\left(x - \frac{3\pi}{2}\right) \text{ (환원관계, reduction relation)}$$

$$= \left(x-\frac{3\pi}{2}\right) - \frac{1}{3!}\left(x-\frac{3\pi}{2}\right)^3 + \frac{1}{5!}\left(x-\frac{3\pi}{2}\right)^5 - \cdots$$

예제 9-62

$f(x) = \sin x$와 $\cos x$를 Maclaurin 전개하여라.

풀이

(1) 우선 $f(x) = \sin x$에 대하여 Maclaurin 전개하면

$$f(x) = \sin x \qquad f'(x) = \cos x$$

$$f''(x) = -\sin x \qquad f'''(x) = -\cos x$$

$$f^{(4)}(x) = \sin x$$

$f(0) = \sin 0° = 0$ $\qquad f'(0) = \cos 0° = 1$

$f''(0) = -\sin 0° = 0$ $\qquad f'''(0) = -\cos 0° = -1$

$f^{(4)}(0) = \sin 0° = 0$ ⋯ **도함수는 네 번째마다 같은 결과가 반복**되므로,

따라서, 식 (9.34)에 위 결과를 대입하여 정리하면 다음 식을 얻는다.

$$f(x) = \sin x = f(0) + \frac{f'(0)}{1!}x + \frac{f''(0)}{2!}x^2 + \frac{f'''(0)}{3!}x^3 + , \cdots$$
$$= x - \frac{1}{3!}x^3 + \frac{1}{5!}x^5 - \frac{1}{7!}x^7 + \cdots = \sum_{n=0}^{\infty}(-1)^n \frac{x^{2n+1}}{(2n+1)!}$$

(2) $\cos x$도 $\sin x$와 같이 직접계산해도 되지만 바로 위에서 얻은 결과를 이용하여 다음과 같이 미분하는 것이 더 쉽다.

$$\cos x = \frac{d}{dx}\sin x = \frac{d}{dx}\left(x - \frac{1}{3!}x^3 + \frac{1}{5!}x^5 - \frac{1}{7!}x^7 + \cdots\right)$$
$$= 1 - \frac{3x^2}{3!} + \frac{5x^4}{5!} - \frac{7x^6}{7!} + \cdots = 1 - \frac{x^2}{2!} + \frac{x^4}{4!} - \frac{x^6}{6!} + \cdots$$
$$= \sum_{n=0}^{\infty}(-1)^n \frac{x^{2n}}{(2n)!}$$

기본적인 함수 $\frac{1}{1-x}$, $\sin x$, $\cos x$, $\tan x$, e^x 및 $\log(1+x)$의 Maclaurin 전개는 자주 사용된다(응용 예는 9.12.4항). 그 전개식 중 처음 몇 개의 항을 나타내면 다음 표 9.5와 같다.

표 9.5 기본적인 함수의 Maclaurin 전개식

기본적인 함수의 Maclaurin 전개	수렴구간
$\frac{1}{1-x} = \sum_{n=0}^{\infty} x^n = 1 + x + x^2 + x^3 + x^4 + \cdots$	$\lvert x \rvert < 1$
$\sin x = \sum_{n=0}^{\infty}(-1)^n \frac{x^{2n+1}}{(2n+1)!} = x - \frac{1}{3!}x^3 + \frac{1}{5!}x^5 - \frac{1}{7!}x^7 + \cdots$	모든 x
$\cos x = \sum_{n=0}^{\infty}(-1)^n \frac{x^{2n}}{(2n)!} = 1 - \frac{1}{2!}x^2 + \frac{1}{4!}x^4 - \frac{1}{6!}x^6 + \cdots$	모든 x
$\tan x = x + \frac{1}{3}x^3 + \frac{2}{15}x^5 + \frac{17}{315}x^7 + \cdots$	$\lvert x \rvert < \frac{\pi}{2}$
$e^x = \sum_{n=0}^{\infty} \frac{x^n}{n!} = 1 + x + \frac{1}{2!}x^2 + \frac{1}{3!}x^3 + \frac{1}{4!}x^4 + \cdots$	모든 x
$\log_e(1+x) = \sum_{n=0}^{\infty}(-1)^{n-1}\frac{x^n}{n} = x - \frac{1}{2}x^2 + \frac{1}{3}x^3 - \frac{1}{4}x^4 + \cdots$	$-1 < x \le 1$

※ 모든 x는 $\lvert x \rvert < \infty$와 같은 의미를 갖는다.

특히 $|x| \ll 1$ ($\ll$는 매우 작다는 기호) 때문에, x^2 이상이 1에 비해 무시할 수 있을 때, 각각 다음과 같이 근사할 수 있다.

$$\sin x \approx x, \quad \cos x \approx 1, \quad \tan x \approx x, \quad e^x \approx 1+x, \quad \log_e(1+x) \approx x$$

이것은 중요한 근사식(近似式)이다(응용 예는 9.15.1항 참조).

각은 라디안으로 계산하지 않으면 안 된다(9.2.1항 참조).

예제 9-63

$\sin 2''$, $\cos 3''$, $\tan 4''$의 근사값을 구하여라.

풀이

각각의 각을 라디안으로 계산해야 하므로 이것으로 고치면(2.4절 참조)

$$1^{\circ} \cdot \frac{60'}{1^{\circ}} \cdot \frac{60''}{1'} = 3600'' \quad \text{그리고} \quad 360^{\circ} = 2\pi\,\text{rad}$$

$$\Rightarrow \quad 1^{\circ} = \frac{\pi}{180}\,\text{rad} = 3600''$$

$$3600'' : 2'' = \frac{\pi}{180}\,\text{rad} : x \quad \Rightarrow \quad x = \frac{2\pi}{180}\,\text{rad}/3600 = 9.7 \times 10^{-6}$$

나머지도 같은 방법으로 계산하면

$$2'' = 9.70 \times 10^{-6}\,\text{rad} \qquad \therefore \ \sin 2'' = \sin(9.70 \times 10^{-6}\,\text{rad}) = 9.70 \times 10^{-6}$$

$$3'' = 1.45 \times 10^{-5}\,\text{rad} \qquad \therefore \ \cos 3'' = \cos(1.45 \times 10^{-5}\,\text{rad}) = 1.0$$

$$4'' = 1.94 \times 10^{-5}\,\text{rad} \qquad \therefore \ \tan 4'' = \tan(1.94 \times 10^{-5}\,\text{rad}) = 1.94 \times 10^{-5}$$

Taylor 급수가 중요한 한 가지 이유는 지금까지 우리가 적분할 수 없었던 함수들을 적분할 수 있게 해준다는 것이다. 실제로 뉴턴(Newton)은 적분이 어려운 함수를 멱급수로 전개한 후 항별 적분을 이용하여 적분하였다는 것을 한 예로, 그는 면적을 구하기 위해 면적을 급수로 표현한 다음 각 급수 항을 모두 합하는 방법으로 함수를 적분한 바 있다.

9.7.4 이항급수

이제 이항함수 $(1 \pm x)^n$의 Maclaurin 급수에 대하여 알아보기로 하자. 흔히 이항함수 $(1 \pm x)^n$의 Maclaurin 급수를 **이항급수**(二項級數, binomial series)라고 한다.

임의의 두 실수 a, b와 양의 정수 k에 대하여 **이항전개**(二項展開, binomial expansion)식은

$$\begin{aligned}(a+b)^k &= a^k + ka^{k-1}b + \frac{k(k-1)}{2!}a^{k-2}b^2 + \cdots + kab^{k-1} + b^k \\ &= \sum_{n=0}^{k}\binom{k}{n}a^{k-n}b^n\end{aligned} \tag{9.35}$$

이고, 여기서 기호 $\binom{k}{n}$는 $(a+b)^k$의 전개식에서 나타나는 수 값의 계수들이기 때문에 **이항계수**(二項係數, binomial coefficient)라 하고, 이항계수는 $\binom{k}{0}=1$이고 $n=1, 2, \cdots, k$에 대하여

$$\binom{k}{n} = \frac{k(k-1)(k-2)\cdots(k-n+1)}{n!}$$

이다. 특히 $a=1$이고 $b=x$이면 **이항전개식**은

$$(1+x)^k = \sum_{n=0}^{k}\binom{k}{n}x^n \tag{9.36}$$

이 된다. Newton은 식 (9.36)의 지수를 양의 정수 k에 국한시키지 않고 모든 실수로 확장시켰는데, 이 경우 식 (9.36)은 무한급수로 표현되는 하나의 함수가 된다, 이를 위하여 먼저 $k\in \mathrm{R}$일 때 함수 $f(x)=(1+x)^k$의 0에서의 Taylor 급수를 구해보자. $f(0)=(1+0)^k=1$이고 $n=1, 2, \cdots$에 대하여 $f^{(n)}(x)=k(k-1)\cdots(k-n+1)(1+x)^{k-n}$이므로 $f^{(n)}(0)=k(k-1)\cdots(k-n+1)$이다. 따라서 $f(x)=(1+x)^k$의 0에서의 Taylor 급수는

$$f(x)=(1+x)^k = \sum_{n=0}^{\infty}\frac{f^{(n)}(0)}{n!}x^n = \sum_{n=0}^{\infty}\frac{k(k-1)\cdots(k-n+1)}{n!}x^n$$

이 되는데, 이 급수를 **이항급수**(二項級數, binomial series)라고 한다. 이항급수의 일반항을 a_n이라고 하면, $n\to\infty$일 때

$$\begin{aligned}\left|\frac{a_{n+1}}{a_n}\right| &= \left|\frac{k(k-1)\cdots(k-n+1)(k-n)x^{n+1}/(n+1)!}{k(k-1)\cdots(k-n+1)x^n/n!}\right| \\ &= \left|\frac{k(k-1)\cdots(k-n+1)(k-n)x^{n+1}}{(n+1)!}\cdot\frac{n!}{k(k-1)\cdots(k-n+1)x^n}\right| \\ &= \left|\frac{k(k-1)\cdots(k-n+1)(k-n)x^n\cdot x}{(n+1)n!}\cdot\frac{n!}{k(k-1)\cdots(k-n+1)x^n}\right| \\ &= \frac{|k-n|}{n+1}|x| = \frac{|1-k/n|}{1+1/n}|x| \to |x|\end{aligned}$$

이므로, 비율판정법에 의하여 이항급수는 $|x|<1$이면 수렴하고, $|x|>1$이면 발산함을 알 수 있다.

[정리(이항급수)] 임의의 실수 k에 대하여 $|x|<1$이면

$$(1+x)^k = 1+kx+\frac{k(k-1)}{2!}x^2+\frac{k(k-1)(k-2)}{3!}x^3+\cdots = \sum_{n=0}^{k}\binom{k}{n}x^n \qquad (9.37)$$

이다. 여기서 $\binom{k}{0}=1$이고, $n\geq 1$에 대하여 $\binom{k}{n}=\frac{k(k-1)(k-2)\cdots(k-n+1)}{n!}$이다.

이항급수는 $|x|<1$일 때 항상 수렴하지만, 양 끝점 $x=\pm 1$에서도 수렴하는지는 k에 따라 달라진다. 실제로 $-1<k\leq 0$이면 그 급수는 $x=1$에서만 수렴하고, $k>0$이면 양 끝점 $x=\pm 1$에서 수렴한다는 것은 알려져 있다. k가 양의 정수이고 $n>k$이면 항상 $\binom{k}{n}=0$이다. 이것은 k가 양의 정수이면 **이항전개(또는 이항정리)** 식 (9.36)은 곧 **이항급수**가 됨을 의미한다.

이항정리를 기억하면 식 (9.36)은 식 (9.35)에서 $a=1$이고 $b=x$를 넣고 전개하였을 때 처음 나오는 항들과 같다. 다만 이항정리와 이항급수와의 차이는 이항급수의 경우에는 k가 음수이거나 분수가 될 수 있고, 이 때 전개식은 무한급수이다. 이 때 비율판정법을 해보면 이항급수는 $|x|<1$이면 수렴함을 알 수 있다.

예제 9-64

$\frac{1}{(1+x)^2}$을 멱급수로 전개하라.

풀이

$\frac{1}{(1+x)^2}$을 멱급수로 전개하기 위하여 주어진 식을 $(1+x)^{-2}$로 다시 쓰면 $k=-2$이므로 이 값을 이항급수에 이용한다. 이 때 이항계수는

$$\binom{-2}{n}=\frac{(-2)(-3)(-4)\cdots(-2-n+1)}{n!}=(-1)^n(n+1)$$

이므로 $|x|<1$인 모든 x에 대하여

$$\frac{1}{(1+x)^2} = (1+x)^{-2}=\sum_{n=0}^{\infty}\binom{-2}{n}x^n=\sum_{n=0}^{\infty}(-1)^n(n+1)x^n = 1-2x+3x^2-4x^3+\cdots$$

이항정리의 응용범위는 매우 넓다. $f(x)=(1\pm x)^n$의 Maclaurin 정리는 다음과 같다. 즉,

$$(1\pm x)^n=1\pm nx+\frac{n(n-1)}{2!}x^2+\cdots+(-1)^m\frac{n(n-1)\cdots(n-m+1)}{m!}x^m+\cdots$$

예제 9-65

함수 $\dfrac{1}{(1+x)}$에 대한 멱급수를 구하여라.

▌풀이

주어진 식을 $(1+x)^{-1}$로 다시 쓰면 $k=-1$이므로 이 값을 이항급수 식 (9.37)에 대입하여 다음과 같이 구할 수 있다.

$$\frac{1}{1+x} = (1+x)^{-1} = 1 - x + \frac{(-1)(-2)}{2!}x^2 + \frac{(-1)(-2)(-3)}{3!}x^3 + \cdots$$
$$= 1 - x + x^2 - x^3 + \cdots$$

▌ x의 수렴역(收斂域) ▌

① n가 양의 정수일 때 : $(1+x)^n$는 도중에 잘려서 n차 다항식이 된다. (2장 Pascal의 삼각형 참조) x는 어떤 값이어도 된다.

② 그 이외의 수일 때 : $|x| < 1$

예제 9-66

$(a+bx)^n$의 이항전개의 공식을 만들고 수렴역을 명시하여라.

▌풀이

( ) 내의 제1항을 1로 하지 않으면 안 된다. 즉,

$$(a+bx)^n = \left[a\left\{1+\left(\frac{bx}{a}\right)\right\}\right]^n = a^n\left[1+\left(\frac{bx}{a}\right)\right]^n$$
$$= a^n\left[\left(1+\frac{n}{1!}\left(\frac{bx}{a}\right)+\frac{n(n-1)}{2!}\left(\frac{bx}{a}\right)^2+\cdots\right.\right.$$
$$\left.+\frac{n(n-1)\cdots(n-m+1)}{m!}\left(\frac{bx}{a}\right)^m+\cdots\right]$$

수렴역은 $|bx/a| < 1$, 즉 $|x| < |a/b|$

예제 9-67

$(1+x+x^2)^n$을 x^2까지 이항(二項)전개 하여라. 단, x는 작아서 x^3 이하의 항을 무시할 수 있는 것으로 한다. 또 x의 수렴역도 구하여라.

▌풀이

이것을 $(1+x+x^2)^n = 1+n(x+x^2)$로 그냥 넘겨서는 안 된다. 다음의 $(x+x^2)^2$ 항에서도 x^2가 나오기 때문이다. 결국 $(x+x^2)$항으로 묶어서 이항전개하면

$$[1+(x+x^2)]^n = 1+n(x+x^2)+\frac{n(n-1)}{2}[(x+2x^2)]^2+\cdots$$
$$= 1+n(x+x^2)+\frac{n(n-1)}{2}(x^2+2x^3+\cdots)+\cdots$$
$$= 1+nx+nx^2+\frac{n(n-1)}{2}x^2+\cdots$$
$$= 1+nx+\frac{2nx^2+n^2x^2-nx^2}{2}+\cdots$$
$$= 1+nx+\frac{nx^2+n^2x^2}{2}+\cdots$$
$$= 1+nx+\frac{n(n+1)}{2}x^2+\cdots$$

수렴역은 $|x+x^2|<1$, 즉 $-1<x+x^2<1$이 되는 x의 범위이다.

① 이항정리의 일반식에서 x에 해당하는 식은 $(x+x^2)$이므로 $x+x^2<1$이 되는 x의 범위는 다음과 같다 : $x^2+x-1=0$이 되는 2차 방정식의 해는 근의 공식에 대입하면 다음과 같다 ($a=1$, $b=1$, $c=-1$).

$$x=\frac{-1\pm\sqrt{1^2-4(1)\cdot(-1)}}{2\cdot 1}=\frac{-1\pm\sqrt{1+4}}{2}=\frac{-1\pm\sqrt{5}}{2}=\frac{\pm\sqrt{5}-1}{2}$$

앞 식으로부터 두 근 $-(\sqrt{5}+1)/2$ 및 $(\sqrt{5}-1)/2$를 구한다.

따라서, x의 범위는 $-(\sqrt{5}+1)/2<x<(\sqrt{5}-1)/2$

② $-1<x+x^2$에 대해 $x^2+x+1=(x+1/2)^2-1/4+1=(x+1/2)^2+3/4$로 항상 >0 [이 2차 방정식의 판별식은 −(부, 負)이고, 동시에 x^2의 계수는 >0이기 때문이라고 해도 된다]

즉, x^2+x은 x가 어떤 값이라도 >-1

따라서 x의 수렴역은 $-(\sqrt{5}+1)/2<x<(\sqrt{5}-1)/2$가 된다.

①과 ② 둘 다 $y=x^2+x$의 그래프를 그려서 x의 범위를 확인하여라.

※ 앞의 두 개의 예제는 초보자가 자주 틀리는 경우이므로 주의가 필요하다.

예제 9-68

다음의 현수선(懸垂線)(9.2절, [예제 9-15] 참조) $y=A(e^{x/L}+e^{-x/L})/2$를 x^2까지 Maclaurin 전개하고, $y=ax^2+bx+c$의 a, b 및 c를 결정하여라.

❙풀이

$e^{x/L}$ 및 $e^{-x/L}$을 x^2까지 Maclaurin 전개(앞의 9.7.3항의 표 9.5에서 x 대신 x/L과 $-x/L$을 각각 대입하여 정리하면 각각 다음과 같다.

$$e^{x/L}=1+\frac{1}{1!}\left(\frac{x}{L}\right)+\frac{1}{2!}\left(\frac{x}{L}\right)^2+\cdots,\quad e^{-x/L}=1-\frac{1}{1!}\left(\frac{x}{L}\right)+\frac{1}{2!}\left(\frac{x}{L}\right)^2+\cdots$$

앞의 두 식을 주어진 y의 식에 대입하여 정리하면 다음과 같다.

$$y=A(e^{x/L}+e^{-x/L})/2$$

$$= A\left\{1+\frac{1}{1!}\left(\frac{x}{L}\right)+\frac{1}{2!}\left(\frac{x}{L}\right)^2+1-\frac{1}{1!}\left(\frac{x}{L}\right)+\frac{1}{2!}\left(\frac{x}{L}\right)^2\right\}/2 \quad (\rightarrow 2!=2\times 1=2)$$

$$= A\left\{1+1+\frac{1}{2}\left(\frac{x}{L}\right)^2+\frac{1}{2}\left(\frac{x}{L}\right)^2\right\}/2 = A\left\{2+\left(\frac{x}{L}\right)^2\right\}/2 = A\left\{1+\frac{1}{2}\left(\frac{x}{L}\right)^2\right\}$$

따라서 앞 식의 y와 주어진 2차방정식 $y=ax^2+bx+c$과 계수를 서로 비교하면

$$y = A\left\{1+\frac{1}{2}\left(\frac{x}{L}\right)^2\right\} = A+\frac{A}{2L^2}x^2 = ax^2+bx+c$$

즉, $a=\frac{A}{2L^2}$, $b=0$, $c=A$

예제 9-69

함수 $f(x)$가 $f(x)=A_0+A_1x+A_2x^2+A_3x^3+,\cdots,+A_nx^n+\cdots$의 형으로 전개된다고 가정해서, Maclaurin의 정리를 이끌어내라(Maclaurin 자신이 유도해낸 방법).

풀이

먼저 함수 $f(x)$에 $x=0$을 대입하면 $f(0)=A_0$

그리고 $f(x)$을 미분하고 $x=0$을 대입하면

$$f'(x)=A_1+2A_2x+3A_3x^2+\cdots \quad \therefore\ f'(0)=A_1 \Rightarrow A_1=\frac{f'(0)}{1!}$$

또 $f''(x)$을 미분하고 $x=0$을 대입하면

$$f''(x)=2A_2+2\cdot 3A_3x+\cdots \qquad \therefore\ f''(0)=2A_2 \Rightarrow A_2=\frac{f''(0)}{2!}$$

이하, 다시 미분해서 $x=0$을 대입하여 정리하면 다음과 같다.

$$f''(0)=2\cdot 3A_3=3!A_3 \Rightarrow A_3=\frac{f'''(0)}{3!}$$

$$\vdots$$

$$f^n(0)=n!A_n \Rightarrow A_n=\frac{f^{(n)}(0)}{n!}$$

여기서 A_0, A_1, A_2, $\cdots$, A_n를 주어진 함수 $f(x)$에 대입하면 Maclaurin 정리는 다음과 같이 얻을 수 있다.

$$f(x)= A_0+A_1x+A_2x^2+A_3x^3+,\cdots,+A_nx^n+\cdots$$

$$= f(0)+\frac{f'(0)}{1!}x+\frac{f''(0)}{2!}x^2+\frac{f'''(0)}{3!}x^3+,\cdots,+\frac{f^{(n)}(0)}{n!}x^n+\cdots$$

$$f(x)= (1+x)^n=f(0)+\frac{f'(0)}{1!}x+\frac{f''(0)}{2!}x^2+,\cdots,+\frac{f^{(m)}(0)}{m!}x^m+\cdots$$

$$= 1+\frac{n}{1!}x+\frac{n(n-1)}{2!}x^2+,\cdots,$$

$$+(-1)^m\frac{n(n-1)\cdots(n-m+1)}{m!}x^m+\cdots$$

예제 9-70

$f(x)=(1+x)^n$에 Maclaurin의 정리를 응용하여 이항정리를 유도해라.

풀이

$$f(x)=(1+x)^n,\ f'(x)=n(1+x)^{n-1},\ f''(x)=n(n-1)(1+x)^{n-2}\cdots,$$
$$f^{(m)}(x) = n(n-1)(n-2)\cdots(n-m+1)(1+x)^{n-m}$$

앞에서 얻어진 식들에 $x=0$을 대입하여 정리하면, 이항정리가 얻어진다.

$$f(0)=(1+0)^n=1,\ f'(0)=n(1+0)^{n-1}=n(1)^{n-1}=n,$$
$$f''(0)=n(n-1)(1+0)^{n-1}=n(n-1)(1)^{n-1}=n(n-1)$$
$$\vdots$$
$$\begin{aligned} f^{(m)}(0) &= n(n-1)(n-2)\cdots(n-m+1)(1+x)^{n-m} \\ &= n(n-1)(n-2)\cdots(n-m+1)(1+0)^{n-m} \\ &= n(n-1)(n-2)\cdots(n-m+1) \end{aligned}$$
$$\begin{aligned} f(x) &= (1+x)^n=f(0)+\frac{f'(0)}{1!}x+\frac{f''(0)}{2!}x^2+,\cdots,+\frac{f^{(m)}(0)}{m!}x^m+\cdots \\ &= 1+\frac{n}{1!}x+\frac{n(n-1)}{2!}x^2+,\cdots, \\ &\qquad +(-1)^m\frac{n(n-1)\cdots(n-m+1)}{m!}x^m+\cdots \end{aligned}$$

9.7.5 복소수, Euler 공식과 드 므아브르(de Moivre) 정리

1) 복소수

실수에 관한 사칙연산의 정의에 의하면 어떤 수이든지 그 제곱은 양수가 된다. 간단한 다항식(多項式)의 해를 구하는데 익숙해질 무렵, 실수의 개념만으로는 해석이 불가능한 경우의 예들을 접하게 된다. 따라서 $x^2+1=0$이라는 간단한 방정식은 $x^2=-1$로 변형하여 볼 때, 제곱해서 음수가 되는 수를 구하는 경우이므로 결국 이에 대한 답은 존재하지 않는다. 즉, 잘 알고 있는 바와 같이 이 식은 실수해를 갖지 않는다. 따라서 위 식과 같은 방정식의 해를 구하기 위해서는 기지(旣知)의 실수개념을 확장하여 다음과 같은 새로운 수의 개념을 도입하여 이를 이용하는 길을 택하였으며, 이 선택에서 허수가 탄생하게 되었다. 허수의 기본단위 i는 "$i\equiv\sqrt{-1}$ 로 정의되며, 따라서 위 식의 해답은 $x=\pm i$이다.

독자는 이미 대수학에서 허수와 복소수를 배웠을 것이다. 이차방정식

$$az^2+bz+c=0 \tag{9.38}$$

의 일반해는 다음의 근의 공식에 의하여 주어진다.

$$z=\frac{-b\pm\sqrt{b^2-4ac}}{2a} \tag{9.39}$$

만일 **판별식**(判別式, discriminant) $D=b^2-4ac$가 음수이면, 음수의 제곱근을 알아야 z값을 알 수 있다. 양수만이 제곱근을 가잘 수 있으므로 **허수**(虛數, imaginary number)라고 불리는 특별한 수를 도입하기 전에는 $D<0$일 때 식 (9.39)를 사용할 수 없다. 기호로 허수의 기본단위 $i=\sqrt{-1}$을 쓰고 $i^2=-1$로 이해한다면

$$\sqrt{-16}=\sqrt{16}\sqrt{-1}=4i,\ \sqrt{-3}=\sqrt{-1}\sqrt{3}=i\sqrt{3},\ i^3=i^2\cdot i=(-1)\cdot i=-i$$

는 허수가 되지만

$$i^2=-1,\ \sqrt{-2}\sqrt{-8}=i\sqrt{2}\cdot i\sqrt{8}=i^2\sqrt{2\cdot 8}=-4,\ i^{4n}=1$$

은 **실수**(實數, real number)이다. 또한 식 (9.39)에서 실수와 허수의 조합이 나온다. 보통 복소수의 표기에는 z가 사용되고 있다. 예를 들면, 방정식

$$z^2-2z+2=0$$

의 풀이는 근의 공식 (9.39)에 대입하여 정리하면 다음과 같다.

$$z=\frac{-(-2)\pm\sqrt{2^2-4(1)\cdot(2)}}{2\cdot(1)}=\frac{2\pm\sqrt{-4}}{2}=\frac{2\pm 2i}{2}=1\pm i$$

실수나 허수 또는 이들의 조합으로 이루어진 수를 우리들은 **복소수**(複素數, complex number)라고 부른다. $i+3$, $2i$ 및 $2+2\sqrt{3}\,i$는 모두 **복소수**이다.

일단 새로운 종류의 수를 숫자 체계에 도입한 이상 신기한 문제들이 생긴다. 도대체 $\sin i$, e^{ix} 및 $\ln(1+i)$ 등이 무슨 의미가 있을까? 좀 더 공부하면 차차 알게 되겠지만 이러한 식이 수학은 물론 물리(物理), 화학(化學) 및 공학(工學)의 문제에서 다루어진다.

처음에는 음수의 제곱근을 택하는 것은 사람들에게 매우 불안하게 느껴졌다. 이러한 수는 아무 의미도 없고 실제의 세계와 아무 연관도 없다고 믿었기 때문에 허수라고 불렀다. 왜냐하면 아무런 실용적 가치가 없었기 때문이다. 그렇지만 복소수는 여러 응용분야에서 매우 중요하다. 특히 이공학적(理工學的) 문제 중에는 복소해석학적인 방법에 의하여 처리되고 해결되는 것들이 많이 있다. 예를 들면, 전기공학자의 경우 복소수를 모를 때 매우 불리할 것이다. 왜냐하면 역학적이나 전기적인 체계에서 복소수를 사용하면 진동에 관한 문제가 매우 간단해진다. 또한 복소수는 물리학의 여러 분야에서 다루는 미분방정식을 풀 때 유용하다. 더구나 복소함수를 다루는 수학분야는 고도로 발달하여 유체역학(토목공학자), 열전도론 및 양자역학 및 많은 응용분야에서 중요한 역할을 한다.

순수수학이나 응용수학을 막론하고 **거의 모든 수학분야에서 복소수를 사용**하고 있다.

(1) 복소수의 실수부와 허수부

일반적으로 한 복소수는 $5+3i$같이 두 항의 합으로 되어 있으며 그림 9.37에 나타내었다. 복소수의 실수항(i를 포함하지 않은 항)을 실수부(實數部)라 하고, 나머지 항에서 i의 계수를 복소수의 허수부(虛數部)라고 부른다. 복소수 $5+3i$에서 5는 실수부이고 3은 허수부이다. 어떤 **복소수의 허수부는 허수가 아님에 유의**하라.

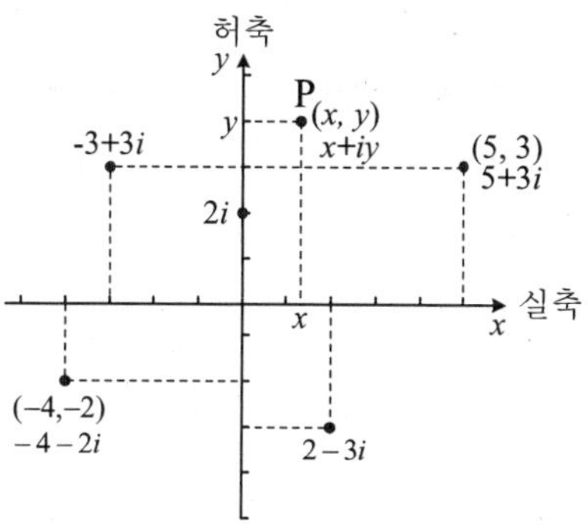

그림 9.37 복소수의 그래프

대수학에서는 복소수 z는 실수 x, y의 순서쌍 (x, y)이며 이것을 다음과 같은 기호로 쓴다.

$$z=(x, y)=x+iy=x+yi$$

특히 $y=0$일 때 iy가 영(零, zero)이 되므로 $x+iy$는 곧 실수(實數, real number) x가 된다. 따라서 복소수는 특수한 경우 실수를 포함하고 있다. 또한 x를 복소수 $z(=x+iy)$의 실수부, y를 z의 허수부라 하고 다음과 같이 나타낸다.

$$\text{Re } z=\text{Re}(x+iy)=x, \quad \text{Im } z=\text{Im}(x+iy)=y$$

예 $\text{Re}(4, -3)=\text{Re}(4-3i)=4$와 $\text{Im}(4, -3)=\text{Im}(4-3i)=-3$.

$\text{Re}(\sqrt{2}+4i)=\text{Re}(\sqrt{2}, 4i)=\sqrt{2}$와 $\text{Im}(\sqrt{2}+4i)=\text{Im}(\sqrt{2}, 4i)=4$.

$\text{Re}(0+7i)=\text{Re}(0, 7i)=0$와 $\text{Im}(0+7i)=\text{Im}(0, 7i)=7$.

$\text{Re}(-4+0i)=\text{Re}(-4, 7i)=-4$와 $\text{Im}(-4+0i)=\text{Im}(-4, 0i)=0$.

(2) 복소평면

복소수는 기하학적인 표현이 용이하다. 복소평면은 평면의 점을 가지고 복소수를 해석기하학적으로 나타낸 것이다. 이것은 응용에서는 매우 중요하다. 이러한 착상(着想)은 매우 단순하고 자연스럽다. 두 개의 서로 직교하는 좌표축, 즉 x축을 **실축**(實軸, real axis) 또는 수평축이라 부른다. 왜냐하면 실수축 위에 있는 임의의 점은 $z=x+0i=x$꼴의 실수이기 때문이다. y축은 **허축**(虛軸, imaginary axis)이라 부르는 수직축을 택한다. 왜냐하면 허수축 위에 있는 점은 $z=0x+yi=yi$ 꼴의 순허수이기 때문이다. 그러나 허축이라고 해서 iy를 그리는 것이 아니라 그저 y를 그릴 뿐이다. 양축 위에 같은 길이의 단위를 취한다(그림 9.37). 이것을 **직교좌표계**[直交座標系, Cartesian

(또는 rectangular, orthogonal) coordinate system]라 부른다. 이제 $z=(x, y)=x+iy=x+yi$는 기하학적으로 xy평면에 있는 좌표 x, y를 갖는 점 $P(x, y)$로서 표시한다. 복소수가 기하학적 목적으로 사용하기 위하여 이와 같은 방법으로 표시된 xy 평면을 **복소평면** 또는 **Argand 도**(圖)(Argand diagram)라고 한다.

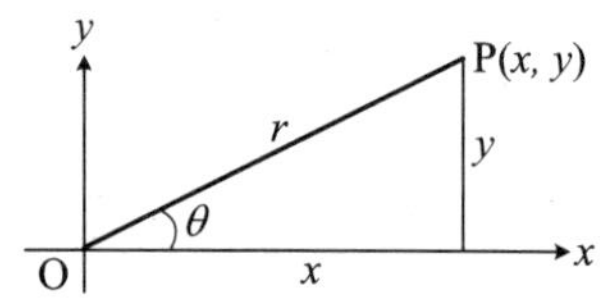

그림 9.38 극좌표 (r, θ)

복소수를 $x+iy$의 형태로 나타낼 때 직각형식(直角形式, rectangular form)이라고 한다. 그 이유는 복소평면 위에서 점을 나타내는 직각좌표가 x와 y이기 때문이다. 해석기하에서 배운 바와 같이 점의 위치를 명시하는데 직각좌표 (x, y) 대신에 극좌표 (r, θ)를 사용할 수도 있다. 이들 간의 상호관계는 그림 9.38로부터 다음과 같이 나타낼 수 있다.

$$\begin{cases} x=r\cos\theta \\ y=r\sin\theta \end{cases} \tag{9.40}$$

따라서

$$x+iy=r\cos\theta+ir\sin\theta=r(\cos\theta+i\sin\theta) \tag{9.41}$$

위에서 마지막 식을 복소수의 **극형식**(極形式, polar form)이라고 한다. 뒤에서[식 (9.52)] 알겠지만 $\cos\theta+i\sin\theta$는 $e^{i\theta}$의 형태로 쓸 수 있다. 따라서 복소수의 극형식은 다음과 같이 편리한 형태로 쓸 수 있다.

$$x+iy=r(\cos\theta+i\sin\theta)=re^{i\theta} \tag{9.42}$$

복소수의 극형식 $re^{i\theta}$는 직각형식 $x+iy$보다 사용하기 훨씬 편리한 때가 있다.

예 그림 9.39에서 점 A는 $(1, \sqrt{3})$ 또는 $1+\sqrt{3}\,i$로 표기할 수 있다. 또한 극형식을 사용하면 점 A는 (r, θ)의 값을 써서 $(2, \pi/3)$로 나타낼 수도 있다. 주의할 점은 r의 값이 항상 양이라는 점이다. 따라서 식 (9.42)에 의하여 다음을 얻는다.

$$1+i\sqrt{3}=2\left(\cos\frac{\pi}{3}+i\sin\frac{\pi}{3}\right)=2e^{i\pi/3}$$

(3) 라디안(radian)과 도(度, degree)

그림 9.39에서 각도 $\pi/3$는 라디안으로 나타낸 것이다. 미적분을 배운 이래 독자는 각도를 도(°)로 측정하지 말고 라디안(rad)으로 재는 것이 편리한 것을 알 것이다. 예를 들면, 간단한 미분공식 $(d/dx)\sin x=\cos x$는 x가 라디안으로 나타날 때만 성립한다. 이와 같이 많은 공식이 라디안으로만 성립하기 때문에 이 단위를 쓰도록 권해지고 있다. 그렇지만 전기회로에 관한 문제를 풀 때와 같이 복소수 계산에 도를 쓰는 것이 편리할 때가 많다. 따라서 언제 도를 써도 좋고, 언제는 안

되는지를 아는 것이 중요하다. 일반적으로 각도를 재어서 이들을 더하거나 빼고, 이 결과의 sin, cos, tan 등을 계산할 때에는 도를 사용해도 좋다. 예를 들면, 그림 9.39에서 $\theta = \pi/3$ 대신 $\theta = 60°$라고 하면, $\sin(\pi/3 - \pi/4) = \sin(\pi/12) = 0.2588$ 대신 $\sin(60° - 45°) = \sin 15° = 0.2588$이 되어 같은 결과를 얻는다. 주의할 점은 도의 기호(°)가 없을 때에는 라디안을 의미한다는 점이다. 즉, sin 2에서 2는 2rad, 즉 115° 가량 된다.

그렇지만 공식에서는 라디안을 써야 한다. 예를 들면, θ가 아주 작을 때 $\sin\theta \approx \theta$로 근사시킬 수 있는 것은 **라디안을 사용할 때에만 성립**하고 도(°)를 사용하면 안 된다.

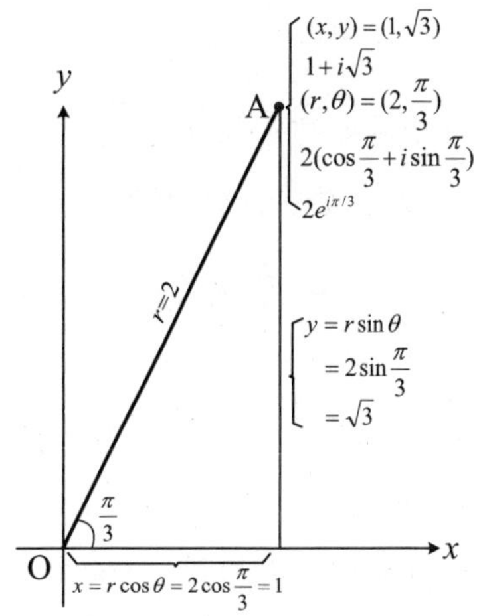

그림 9.39 복소수의 극형식

또한 $\int_0^1 dx/(1+x^2) = \arctan 1 = \pi/4 = 0.785$의 경우 $\arctan 1(=\tan^{-1}1)$은 각도가 아니고 적분값이다. 따라서 계산기의 도(°) 모드(mode)로 읽은 값 45라고 답하면 틀린다. 즉, 역삼각함수의 값은 결과가 각도가 아닌 이상, 항상 라디안으로 읽어야 한다.

(4) 용어와 기호

한 점을 명시하는 데 두 좌표가 필요해도, 점을 한 개의 문자(예를 들면, 그림 9.38에서는 P, 그림 9.39에서는 A 등)로 나타내는 것이 보통이다. 벡터를 공부한 독자는 벡터가 여러 개의 성분을 가지고 있어도 $\boldsymbol{V}$와 같이 한 문자로 나타내는 것을 알 것이다. 복소수의 경우에도, 실제로는 한 쌍을 나타내지만 문자 하나로 나타내는 것이 상례여서 다음과 같이 쓴다.

$$z = x + iy = r(\cos\theta + i\sin\theta) = re^{i\theta} \tag{9.43}$$

여기서 z는 복소수, x는 복소수 z의 실수부, y는 복소수 z의 허수부이다. 극형식의 d양수 r은 z를 나타내는 벡터의 길이, 즉 z의 **크기**(magnitude) 또는 **절대값**(modulus), $|z|$, θ는 z의 **편각**(偏角, argument)이라고 하며 arg z[또는 편각(偏角, ampletude), amp z]로 표시한다. 기호로는 다음과 같다.

$$r = |z| = \text{mod}\, z = \sqrt{x^2 + y^2} \tag{9.44}$$

그림 9.40에 도시한 바와 같이 z의 **극형식**(極形式, polar form)에서 θ는 $\theta + 2n\pi$ (n은 정수)로 대체할 수 있으며, 여기서 θ의 값, 즉 arg z는 각기 2π의 정수배 만큼의 차를 갖는 무한히 많은 실수값 중에서 한 값을 취할 수 있다. 이 값은 방정식

$$\tan\theta = \frac{y}{x} \quad (9.45)$$

에 의해서 결정되나, 보통은 점 z가 놓여있는 사분면을 가지고 구할 수 있다. 만일 $z \neq 0$ 이면

$$z = r[\cos(\theta + 2n\pi) + i\sin(\theta + 2n\pi) \quad (9.46)$$
$$(n = 0,\ \pm 1,\ \cdots)$$

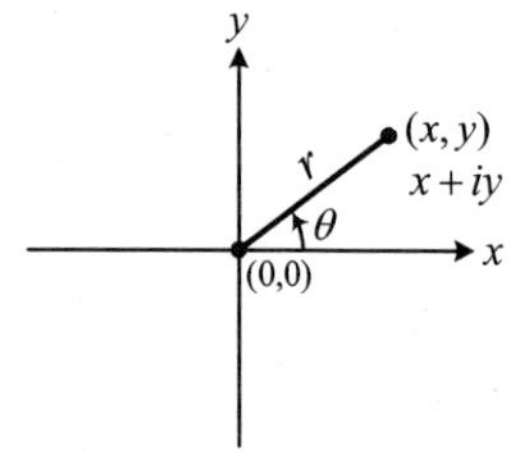

그림 9.40 복소수의 극형식

이다. 여기서 r은 z의 절대값이고 θ는 arg z의 임의의 특수한 값이다. 만일 $z=0$ 이면 θ는 정의되지 않는다. 이중 $-\pi < \theta \leqq \pi$에 놓인 arg z의 θ값을 z의 **주편각**(主偏角, [principal argument)이라고 하며, Arg z로 나타낸다. 기하학적으로 arg z는 라디안으로 잰 각(角)으로서 $z \neq 0$ 일 때 z가 원점으로부터의 유향선분(有向線分)일 때 양의 실축을 두 점 $(0, 0)$과 (x, y)로 표시되는 선분까지 회전시킴으로써 얻을 수 있다. 즉, **반시계방향으로 회전하면 양의 arg z**가 되고, **시계방향으로 회전하면 음의 arg z**가 된다. 따라서 복소수의 편각은 다음과 같이 쓸 수 있다.

$$\theta = \arg z = \operatorname{Arg} z + 2k\pi, \quad k = 0, \pm 1, \pm 2, \pm 3, \cdots \quad (9.47)$$

흔히 $\theta = \arctan(y/x)$ 라고 쓰지만 θ의 값은 공식이라기보다는 그림에서 구해야 한다. 이러한 것은 다음의 예제를 통하여 분명히 알 수 있다.

허수는 제곱을 하지 않으면 숨겨져 있지만 제곱을 하면 음수가 등장한다. 그리고 4제곱하면 음수가 아닌 양수로 바뀐다. 허수로는 대소(大小) 관계는 알 수 없고, 순환하는 방향성을 알 수 있다는 게 특징이다.

예제 9-71

복소수 $z = -1 - i$를 극형식으로 나타내어라.

풀이

예제 9-71 그림에 의하면 주어진 복소수는 제3사분면에 놓여 있으며 $x = -1$, $y = -1$ 그리고 $r = |z| = \sqrt{x^2 + y^2} = \sqrt{(-1)^2 + (-1)^2} = \sqrt{2}$ 이다. 편각 θ의 값은 일반적으로

$$\theta = \arg z = \frac{5\pi}{4} + 2n\pi, \quad (9.48)$$

의 형태로 쓸 수 있는데, n은 정수(양이나 음의 정수)이므로 θ의 값은 무한히 많이 있을 수 있다. 여기서

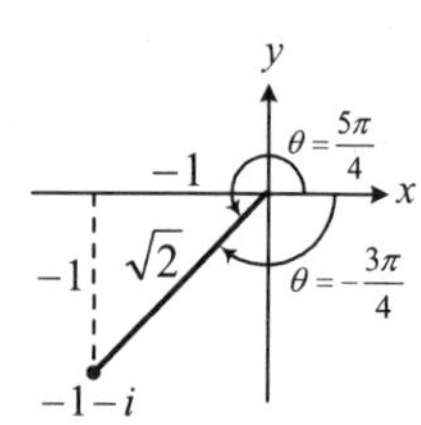

예제 9-71 그림
편각과 절대값

Arg $z = 5\pi/4$이다. 가끔 각도 $5\pi/4$를 **주각도**(主角度, principal angle)라고 부른다. 그러나 이것은 미적분학에서 arc tan 1 의 주치 $\pi/4$ 와는 다르다. 복소수의 각도는 이 수를 나타내는 점과 같은 사분면에 있어야 한다. $n=1$ 을 식 (9.48)에 대입하면

$$\theta = \arg z = \arg(-1-i) = \frac{5\pi}{4} + 2\pi = \frac{5\pi}{4}$$

이것은 양의 실축으로부터 $5\pi/4$의 반시계방향의 회전을 나타내며 "+"부호를 나타낸다. 같은 방법으로 $n=-1$을 식 (9.48)에 대입하면

$$\theta = \arg z = \arg(-1-i) = \frac{5\pi}{4} - 2\pi = \frac{5\pi - 8\pi}{4} = -\frac{3\pi}{4}$$

이것은 양의 실축으로부터 $3\pi/4$의 시계방향의 회전을 나타내며 "−"부호를 나타낸다. 이 예제에서는 식 (9.48)의 아무 각도라도 괜찮다. 따라서 $5\pi/4$나 $-3\pi/4$는 마찬가지다. 그러면 복소수 $z=-1-i$는 극형식으로 나타내면 다음과 같은 결과를 얻는다.

$$z = -1-i = \sqrt{2}\left[\cos\left(\frac{5\pi}{4} + 2n\pi\right) + i\sin\left(\frac{5\pi}{4} + 2n\pi\right)\right]$$
$$= \sqrt{2}\left(\cos\frac{5\pi}{4} + i\sin\frac{5\pi}{4}\right) = \sqrt{2}\, e^{5i\pi/4}.$$

[물론 $z=\sqrt{2}\,(\cos 225^o + i\sin 225^o)$로도 쓸 수 있다.]

(5) Euler의 공식

변수 x가 실수일 때는 이미 9.7.3항에서 배운 바와 같이 $\sin x$와 $\cos x$에 대한 멱급수는 다음과 같다.

$$\sin x = x - \frac{1}{3!}x^3 + \frac{1}{5!}x^5 - \frac{1}{7!}x^7 + \cdots \tag{9.49}$$

$$\cos x = x - \frac{1}{2!}x^2 + \frac{1}{4!}x^4 - \frac{1}{6!}x^6 + \cdots$$

변수 x가 실수인 경우 e^x의 Maclaurin 전개는 다음 식과 같다(9.7.3항 표 9.5 참고).

$$e^x = 1 + \frac{1}{1!}x + \frac{1}{2!}x^2 + \frac{1}{3!}x^3 + \cdots + \frac{1}{n!}x^n + \cdots$$

지금 이것은 변수가 허수(虛數)(허수에 대해서는 7.5.3항 참조)일 경우에도 성립한다고 가정한다. 지수함수 e^x에서 허수에 대해서도 변수 x에 $i\theta$를 대입한다. 여기서 $i=\sqrt{-1}$, $i^2=-1$, $i^3=i^2\cdot i=-i$, $i^4=i^2\cdot i^2=(-1)\cdot(-1)=1$, $i^5=i^4\cdot i=i, i^6=i^4\cdot i^2=i^2=-1$ [이하의 i의 거듭제곱(누승, 累乘)은 독자가 계산하여라]인 것을 고려해서, $e^{i\theta}$를 실수부와 허수부로 분리하면 다음 식과 같다.

$$e^{i\theta} = 1 + i\theta + \frac{(i\theta)^2}{2!} + \frac{(i\theta)^3}{3!} + \frac{(i\theta)^4}{4!} + \frac{(i\theta)^5}{5!} + \cdots$$
$$= 1 + i\theta - \frac{\theta^2}{2!} - i\frac{\theta^3}{3!} + \frac{\theta^4}{4!} + i\frac{x^5}{5!} + \cdots \tag{9.50}$$
$$= 1 - \frac{1}{2!}\theta^2 + \frac{1}{4!}\theta^4 - \cdots + i\left(\theta - \frac{1}{3!}\theta^3 + \frac{1}{5!}\theta^5 - \cdots\right)$$

이 급수는 절대수렴하므로 항을 재배열할 수 있다. 위의 두 식 (9.49)와 (9.50)을 비교하면 식 (9.50)의 마지막 줄은 식 (9.49)와 같이 실수부는 $\cos\theta$의 전개, 허수부는 $\sin\theta$의 전개임을 알 수 있으므로 $e^{i\theta}=\cos\theta+i\sin\theta$임을 알 수 있다.

같은 방법으로 e^{-ix}도 실수부와 허수부로 분리하면 다음 식과 같다.

$$\begin{aligned} e^{-i\theta} &= 1-i\theta+\frac{(-i\theta)^2}{2!}+\frac{(-i\theta)^3}{3!}+\frac{(-i\theta)^4}{4!}+\frac{(-i\theta)^5}{5!}+\cdots \\ &= 1-i\theta+(-i)^2\frac{\theta^2}{2!}+(-i)^3\frac{\theta^3}{3!}+(-i)^4\frac{\theta^4}{4!}+(-i)^5\frac{\theta^5}{5!}+\cdots \\ &= 1-i\theta-\frac{\theta^2}{2!}+i\frac{\theta^3}{3!}+\frac{\theta^4}{4!}-i\frac{\theta^5}{5!}+\cdots \\ &= 1-\frac{1}{2!}\theta^2+\frac{1}{4!}\theta^4-\cdots-i\left(\theta-\frac{1}{3!}\theta^3+\frac{1}{5!}\theta^5-\cdots\right) \end{aligned} \tag{9.51}$$

이 급수도 절대수렴하므로 항을 재배열할 수 있다. 앞의 두 식 (9.49)와 (9.51)을 비교하면 식 (9.51)의 마지막 줄은 실수부는 식 (9.49)와 같이 $e^{-i\theta}=\cos\theta-i\sin\theta$이다. 즉, 식 (9.50)과 (9.51)을 정리하면 다음과 같은 유용한 공식을 얻는다.

$$\boxed{e^{i\theta}=\cos\theta+i\sin\theta,\quad e^{-i\theta}=\cos\theta-i\sin\theta} \tag{9.52}$$

이 식을 **Euler의 공식**(1748)이라 부른다.

Euler의 공식의 $\theta=\pi$ 또는 $180°$를 대입하면 $e^{i\pi}=\cos\theta+i\sin\theta=\cos\pi+i\sin\pi=-1+0i=-1$이 되는데 다시 정리하면 $e^{i\pi}+1=0$ 식을 얻는다.

이 식에는 수학에서 가장 중요한 다섯 가지의 상수 (0, 1, e, i, π)와 세 가지의 연산(덧셈, 곱셈, 지수셈)이 간략한 형태로 포함되어 있다고 하여, 수학의 전 분야를 통틀어 가장 경이로운 공식으로 알려져 있다.

따라서 식 (9.43)과 같이 임의의 복소수를 다음과 같이 쓸 수 있다.

$$z=x+iy=r(\cos\theta+i\sin\theta)=re^{i\theta} \tag{9.53}$$

식 (9.51)과 (9.52)를 사용하는 보기를 몇 가지 들겠는데 그래프를 이용하면 빨리 풀 수 있다.

Euler 공식은 복소수에 의한 지수함수(복소지수함수) 및 실수각도에 의한 삼각함수를 밀접하게 관련시켜 주고 있다. 즉, 복소수를 삼각함수로 또는 그 반대로 나타내는데 매우 유용한 공식이다.

예제 9-72

다음 복소수의 값들을 구하여라.

(1) $2e^{i\pi/6}$ (2) $e^{i\pi}$ (3) $3e^{-i\pi/2}$ (4) $e^{2n\pi i}$

▌풀이

(1) 복소수 $2e^{i\pi/6}$는 $re^{i\theta}$의 형태로 보아 비교하면 $r=2$, $\theta=\pi/6$이다. 따라서 예제 9-72 그림 1에서 $x=\sqrt{3}+i$, $y=1$이므로 $x+iy=\sqrt{3}+i$, 그러므로 $2e^{i\pi/6}=\sqrt{3}+i$이다.

(2) 복소수 $e^{i\pi}$는 $re^{i\theta}$의 형태로 보아 비교하면 $r=1$, $\theta=\pi$이다. 따라서 예제 9-72 그림 2에서 $x=-1$, $y=0$이므로 $x+iy=-1+0i$, 그러므로 $e^{i\pi}=-1$이다. $r=1$, $\theta=-\pi$, $\pm3\pi$, $\pm5\pi$, $\cdots$ 일 때에도 똑같은 결과를 얻는다. 즉, $e^{i\pi}=-1$, $e^{3\pi i}=-1$ 등이다.

(3) 복소수 $3e^{-i\pi/2}$는 $re^{i\theta}$의 형태로 보아 비교하면 $r=3$, $\theta=-\pi/2$이다. 따라서 예제 9-72 그림 3에서 $x=0$, $y=3$이므로 $3e^{-i\pi/2}=x+iy=0-3i=-3i$이다.

(4) 복소수 $e^{2n\pi i}$는 $re^{i\theta}$의 형태로 보아 비교하면 $r=1$, $\theta=2n\pi=n(2\pi)$이다. 즉, θ는 2π의 정수배이다. 따라서 예제 9-72 그림에서 $x=1$, $y=0$이므로 $e^{2n\pi i}=x+iy=1+0i=1$이다.

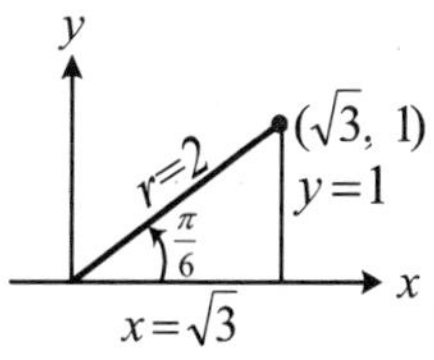

예제 9-72 그림 1

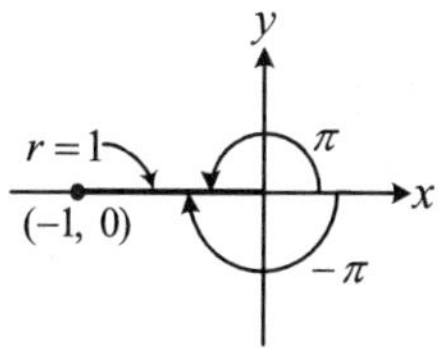

예제 9-72 그림 2

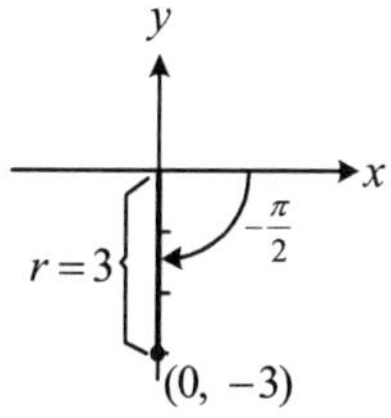

예제 9-72 그림 3

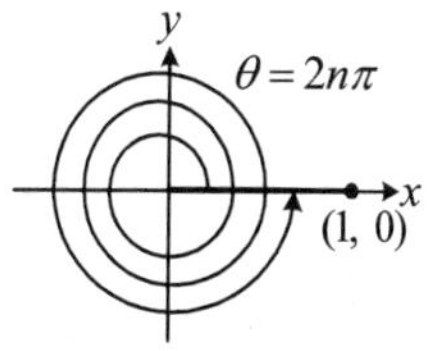

예제 9-72 그림 4

(6) 복소수의 곱셈과 나눗셈

두 복소수의 곱셈과 나눗셈을 생각하여 보자. 이 때는 다음과 같이 복소수의 극형식을 쓸 수 있다. 두 복소수 z_1, $z_2(z_1z_2\neq0)$를

$$z_1=r_1(\cos\theta_1+i\sin\theta_1)\quad(|z_1|=r_1,\ \arg(z_1)=\theta_1)$$

$$z_2=r_2(\cos\theta_2+i\sin\theta_2)\quad(|z_2|=r_2,\ \arg(z_2)=\theta_2)$$

라고 할 때, z_1과 z_2와의 곱을 생각하면

$$\begin{aligned}z_1z_2&=r_1r_2(\cos\theta_1+i\sin\theta_1)(\cos\theta_2+i\sin\theta_2)\\&=r_1r_2(\cos\theta_1\cos\theta_2+i\sin\theta_1\cos\theta_2+i\sin\theta_2\cos\theta_1+i^2\sin\theta_1\sin\theta_2)\\&=r_1r_2\{(\cos\theta_1\cos\theta_2-\sin\theta_1\sin\theta_2)+i(\sin\theta_1\cos\theta_2+\cos\theta_1\sin\theta_2)\}\\&=r_1r_2\{\cos(\theta_1+\theta_2)+i\sin(\theta_1+\theta_2)\}\end{aligned}$$

$$\therefore \quad z_1 z_2 = r_1 r_2 \{\cos(\theta_1 + \theta_2) + i\sin(\theta_1 + \theta_2)\}$$

따라서 $z_1 z_2$의 절대값은 $r_1 r_2$이고, 편각은 $\theta_1 + \theta_2$인 복소수임을 나타낸다. 곧 다음과 같이 말할 수 있다.

두 복소수의 곱의 절대값은 각 복소수의 절대값의 곱과 같고, 그 편각은 각 복소수의 편각의 더한 것(합, 合)과 같다. 즉,

$$|z_1 z_2| = |z_1| \cdot |z_2|, \ \arg(z_1 z_2) = \theta_1 + \theta_2 = \arg(z_1) + \arg(z_2) \tag{9.54}$$

다음에는 z_1을 z_2로 나누는 나눗셈을 생각하면

$$\begin{aligned}
\frac{z_1}{z_2} &= \frac{r_1(\cos\theta_1 + i\sin\theta_1)}{r_2(\cos\theta_2 + i\sin\theta_2)} = \frac{r_1}{r_2} \cdot \frac{(\cos\theta_1 + i\sin\theta_1)(\cos\theta_2 - i\sin\theta_2)}{(\cos\theta_2 + i\sin\theta_2)(\cos\theta_2 - i\sin\theta_2)} \\
&= \frac{r_1}{r_2} \cdot \frac{(\cos\theta_1\cos\theta_2 + \sin\theta_1\sin\theta_2) + i(\sin\theta_1\cos\theta_2 - \cos\theta_1\sin\theta_2)}{\cos^2\theta_2 + \sin^2\theta_2} \\
&= \frac{r_1}{r_2} \cdot \frac{\{\cos(\theta_1 - \theta_2) + i\sin(\theta_1 - \theta_2)\}}{1} \\
&= \frac{r_1}{r_2} \cdot \{\cos(\theta_1 - \theta_2) + i\sin(\theta_1 - \theta_2)\}
\end{aligned}$$

$$\therefore \quad \frac{z_1}{z_2} = \frac{r_1}{r_2}\{\cos(\theta_1 - \theta_2) + i\sin(\theta_1 - \theta_2)\}$$

따라서 $\dfrac{z_1}{z_2}$의 절대값은 $\dfrac{r_1}{r_2}$이고, 편각은 $\theta_1 - \theta_2$인 복소수임을 나타낸다. 곧 이 경우에도 다음과 같이 말할 수 있다.

두 복소수의 나누기(몫)의 절대값은 각 복소수의 절대값의 몫과 같고, 그 편각은 각 복소수의 편각을 뺀 것(차, 差)과 같다. 즉,

$$\left|\frac{z_1}{z_2}\right| = \frac{|z_1|}{|z_2|}, \ \arg\left(\frac{z_1}{z_2}\right) = \theta_1 - \theta_2 = \arg(z_1) - \arg(z_2) \tag{9.55}$$

지금까지는 두 복소수를 곱하거나 나눌 때 극형식을 이용하였지만 Euler 공식을 사용하는 것이 더 편리할 때가 많다. 두 멱급수에서 허수의 지수를 가질 때 다음의 법칙을 얻는다.

$$e^{i\theta_1} e^{i\theta_2} = e^{i(\theta_1 + \theta_2)} \tag{9.56}$$

$$\frac{e^{i\theta_1}}{e^{i\theta_2}} = e^{i(\theta_1 - \theta_2)}$$

어떤 복소수든지 $re^{i\theta}$의 형태로 나타낼 수 있으므로 다음의 결과를 얻는다.

$$z_1 z_2 = r_1 e^{i\theta_1} r_2 e^{i\theta_2} = r_1 r_2 e^{i(\theta_1+\theta_2)} \tag{9.57}$$

$$\frac{z_1}{z_2} = \frac{r_1 e^{i\theta_1}}{r_2 e^{i\theta_2}} = \frac{r_1}{r_2} e^{i(\theta_1-\theta_2)}$$

두 복소수를 곱할 때에는 절대값들은 서로 곱하고 편각들은 더한다. 두 복소수를 나눌 때에는 절대값들은 나누고 편각들은 뺀다.

예제 9-73

두 복소수 $z_1 = 2\left(\cos\frac{\pi}{3} + i\sin\frac{\pi}{3}\right)$, $z_1 = 3\left(\cos\frac{\pi}{6} + i\sin\frac{\pi}{6}\right)$에 대한 (1) 곱과 (2) 몫을 $x+yi$의 꼴로 나타내어라.

▌풀이

(1) 두 복소수의 곱

z_1에서 $r_1 = 2$, $\theta_1 = \frac{\pi}{3}$이고, z_2에서 $r_2 = 3$, $\theta_2 = \frac{\pi}{6}$이다.

절대값 $|z_1 z_2| = |z_1| \cdot |z_2| = r_1 \cdot r_2 = 2 \cdot 3 = 6$

편각 $\arg(z_1 z_2) = \arg(z_1) + \arg(z_2) = \theta_1 + \theta_2 = \frac{\pi}{3} + \frac{\pi}{6} = \frac{2+1}{6}\pi = \frac{\pi}{2}$

$$\therefore\ z_1 z_2 = r_1 r_2 \{\cos(\theta_1+\theta_2) + i\sin(\theta_1+\theta_2)\} = 6\left(\cos\frac{\pi}{2} + i\sin\frac{\pi}{2}\right)$$
$$= 6(0+i) = 6i$$

(2) 두 복소수의 몫

절대값 $\left|\frac{z_1}{z_2}\right| = \frac{|z_1|}{|z_2|} = \frac{r_1}{r_2} = \frac{2}{3}$

편각 $\arg\left(\frac{z_1}{z_2}\right) = \arg(z_1) - \arg(z_2) = \theta_1 - \theta_2 = \frac{\pi}{3} - \frac{\pi}{6} = \frac{2-1}{6}\pi = \frac{\pi}{6}$

$$\therefore\ \frac{z_1}{z_2} = \frac{|z_1|}{|z_2|} = \frac{r_1}{r_2}\{\cos(\theta_1-\theta_2) + i\sin(\theta_1-\theta_2)\}$$
$$= \frac{2}{3}\left(\cos\frac{\pi}{6} + i\sin\frac{\pi}{6}\right) = \frac{2}{3}\left(\frac{\sqrt{3}}{2} + \frac{1}{2}i\right) = \frac{\sqrt{3}}{3} + \frac{1}{3}i$$

18세기 최대의 천재 수학자라고 할 수 있으며 수학의 역사상 Euler (Leonhard Euler, 1707~1783)만큼 다양한 업적을 이룬 사람도 드물다. 그는 스위스의 수학자이고, 1707년 스위스의 바젤에서 목사의 아들로 태어났다. 그의 아버지는 일찍부터 그에게 수학을 가르쳐 주었고, 오일러는 자연스럽게 수학 연구에 몰두할 수 있게 되었다. 그는 우리가 현재 일상적으로 쓰는 있는 몇 가지 기호, 즉 삼각 함수의 생략기호인 사인(sin), 코사인(cos), 탄젠트(tan) 등을 비롯하여 함수 $f(x)$, 자연로그의 밑 e, 수열의 합 Σ, 허수단위를 나타내는 i 등의 기호를 창안하여 처음으로 사용한 사람이기도 하다. 물론 앞의 경이로운 Euler 공식도 그의 공식에 의하여 유도된 결과이다. 또한 수학뿐만 아니라 물리학 및 천문학 등의 여러 분야도 연구했다.

Euler는 수학적 재능도 뛰어났지만 엄청난 노력가이기도 했다. 몸을 아끼지 않고 연구에 전념한 결과 일찍이 20대에 한 쪽 눈의 시력을 잃게 되었으며, 60대에 이르러서는 남은 한쪽 눈마저 실명하게 되었다. 하지만 이러한 시련에 대하여 Euler 자신은 그다지 크게 괘념하지 않았다고 한다. 한 쪽 눈을 잃었을 때 그는 "한 눈으로 보니 오히려 더 또렷하게 보인다."라고 말했으며, 두 눈을 모두 잃었을 때 주위 사람들은 "Euler는 실명한 이후로 사고력과 상상력이 더 깊어졌다"고 말하기도 했다. 그도 그럴 것이 그의 최대 업적으로 평가받기도 하는 몇 가지 연구는 두 눈을 모두 잃은 후에 이루어졌기 때문이다. 오일러의 수학에 관한 연구는 통권 73권 886책에 달하는 논문의 집대성이었다. 그리고 스위스 역사상 가장 위대한 수학자 오일러의 초상이 스위스의 10프랑 지폐에 실려 있다.

(7) 지수함수와 삼각함수의 복소수표현

이미 지수함수 e^x는 9.7.3항에서 멱급수로 정의된 바 있으며 다음과 같이 복소수 z로 정의하여 적용할 경우 모든 값에 대하여 수렴하는 것을 알려졌다. 그러나 4장의 지수의 성질을 이용하면 다음과 같이 쓸 수 있다.

$$e^z = e^{x+iy} = e^x e^{iy} = e^x(\cos y + i\sin y) \tag{9.58}$$

주어진 값 z에 대하여 e^x값을 계산하려면 무한급수보다 이것이 더 편리하다. 예를 들면, 예제 9-73 그림에서 다음과 같게 된다.

$$e^{2-i\pi} = e^2 e^{-i\pi} = e^2\{\cos(-\pi) + i\sin(-\pi)\} = e^2(-1+0i) = -e^2$$

복소수의 지수함수와 실수각도의 삼각함수는 서로 밀접한 관계가 있는 것을 이미 Euler 공식 (9.52)에서 배웠다. 그러나 이 관계식은 다른 형태로 쓸 수 있다. 주어진 Euler 공식 (9.52)와 그 식에서 θ를 $-\theta$로 대치한 공식을 쓰고 $\cos(-\theta)=\cos(\theta)$, $\sin(-\theta)=-\sin(\theta)$를 이용하면 다음 식들을 얻는다.

$$e^{i\theta} = \cos\theta + i\sin\theta, \quad e^{-i\theta} = \cos\theta - i\sin\theta \tag{9.59}$$

식 (9.59)의 두 식을 더하면 다음 식과 같고

$$e^{i\theta} + e^{-i\theta} = \cos\theta + i\sin\theta + \cos\theta - i\sin\theta = 2\cos\theta \Rightarrow \cos\theta = \frac{e^{i\theta}+e^{-i\theta}}{2}$$

두 식을 빼면 다음 식을 얻을 수 있다.

$$e^{i\theta} - e^{-i\theta} = \cos\theta + i\sin\theta - (\cos\theta - i\sin\theta) = 2i\sin\theta \Rightarrow \sin\theta = \frac{e^{i\theta}-e^{-i\theta}}{2i}$$

$$\cos\theta = \frac{e^{i\theta}+e^{-i\theta}}{2},\ \sin\theta = \frac{e^{i\theta}-e^{-i\theta}}{2i} \tag{9.60}$$

적분을 계산할 때에는 삼각함수의 곱보다 지수함수의 곱이 다루기 쉬우므로 위의 공식이 더욱 유용하다.

지금까지는 실수 각도에 대한 삼각함수를 논했으나 e^z과 마찬가지로 복소수 z에 대한 $\sin z$와 $\cos z$도 멱급수로 정의할 수 있다. 그러면 e^{iz}의 급수와 비교하여 Euler 공식을 유도하고, 식 (9.60)에서 θ를 z로 대치한 공식을 얻게 된다. 그러나 실제로는 식 (9.60)에서 θ를 z로 바꾸어 놓고 이들을 $\sin z$와 $\cos z$의 정의식으로 간주하는 것이 더 편리하다. 즉,

$$\cos z = \frac{e^{iz}+e^{-iz}}{2},\ \sin z = \frac{e^{iz}-e^{-iz}}{2i} \tag{9.61}$$

나머지 삼각함수들은 $\tan z = \sin z/\cos z$와 같이 보통 정의되어 있는 대로 정의될 수 있다.

예제 9-74

$\cos i$를 계산하여라.

풀이

식 (9.61)의 $\cos z$에 $z=i$을 대입하여 정리하면 다음과 같다.

$$\cos i = \frac{e^{i\cdot i}+e^{-i\cdot i}}{2} = \frac{e^{i^2}+e^{1}}{2} = \frac{e^{-1}+e^{1}}{2} = \frac{e^{-1}}{2}+\frac{e}{2} = \frac{1}{2e}+\frac{e}{2}$$

$$= \frac{1}{2\cdot 2.718\ 3} + \frac{2.718\ 3}{2} = 1.543\cdots\ (e=2.718\ 281\ 828)$$

예제 9-75

$\sin\left(\frac{\pi}{2}+i\ln 2\right)$를 계산하여라.

풀이

식 (9.61)의 $\sin z$에 $z=\pi/2+i\ln 2$을 대입하여 정리하면 다음과 같다.

$$\sin\left(\frac{\pi}{2}+i\ln 2\right) = \frac{e^{i(\pi/2+i\ln 2)}-e^{-i(\pi/2+i\ln 2)}}{2i}$$

$$= \frac{e^{i\pi/2}e^{i^2\ln 2}-e^{-i\pi/2}e^{-i^2\ln 2}}{2i} = \frac{e^{i\pi/2}e^{-\ln 2}-e^{-i\pi/2}e^{\ln 2}}{2i}$$

식 (9.52)의 $e^{ix}=\cos x+i\sin x$, $e^{-ix}=\cos x-i\sin x$에서 $x=\frac{\pi}{2}$를 대입하면

$$e^{i\frac{\pi}{2}} = \cos\frac{\pi}{2}+i\sin\frac{\pi}{2} = 0+i=i,\quad e^{-i\frac{\pi}{2}} = \cos\frac{\pi}{2}-i\sin\frac{\pi}{2} = 0-i=-i$$

이다. 또한 $\ln x$의 정의를 이용하면 $e^{\ln 2}=2$, $e^{-\ln 2}=1/e^{\ln 2}=1/2$이다. 따라서

$$\sin\left(\frac{\pi}{2}+i\ln 2\right) = \frac{(i)(1/2)-(-i)(2)}{2i} = \frac{(1/2+2)i}{2i} = \frac{(5/2)i}{2i} = \frac{5}{4}$$

앞의 두 예제에서 본 바와 같이 **복소수의 사인(sin)이나 코사인(cosine)은 1보다 클 수 있다.** 실수의 x에 대하여서는 $|\sin x| \leq 1$, $|\cos x| \leq 1$이 되지만 z가 복소수일 때는 $\sin z$와 $\cos z$는 어떤 값이든지 계산될 수 있다.

정의의 식 (9.61)을 사용하여, 삼각함수에 관한 항등식이나 미적분 공식이 θ를 z로 바꾸어 놓았을 때에도 성립함을 알 수 있다.

예제 9-76

$\sin^2 z + \cos^2 z = 1$임을 증명하여라.

▎풀이

식 (9.61)의 $\sin z$와 $\cos z$를 각각 제곱하여 더하면

$$\sin^2 z = \left(\frac{e^{iz} - e^{-iz}}{2i}\right)^2 = \frac{e^{2iz} - e^{iz}e^{-iz} - e^{-2iz}}{4i^2} = \frac{e^{2iz} - 2 - e^{-2iz}}{-4}$$

$$\cos^2 z = \left(\frac{e^{iz} + e^{-iz}}{2}\right)^2 = \frac{e^{2iz} + e^{iz}e^{-iz} + e^{-2iz}}{4} = \frac{e^{2iz} + 2 + e^{-2iz}}{4}$$

$$\therefore \quad \sin^2 z + \cos^2 z = \frac{e^{2iz} - 2 - e^{-2iz}}{-4} + \frac{e^{2iz} + 2 + e^{-2iz}}{4}$$

$$= \frac{2}{4} + \frac{2}{4} = \frac{4}{4} = 1$$

예제 9-77

정의의 식 (9.61)을 사용하여 $\frac{d}{dz}\sin z = \cos z$임을 증명하여라.

▎풀이

식 (9.61)에서 $\sin z = \dfrac{e^{iz} - e^{-iz}}{2i}$

$$\frac{d}{dz}\sin z = \frac{d}{dz}\left(\frac{e^{iz} - e^{-iz}}{2i}\right) = \frac{ie^{iz} - (-i)e^{-iz}}{2i} = \frac{e^{iz} + e^{-iz}}{2} = \cos z$$

(8) 드 무아브르(de Moivre)의 정리

드 무아브르 정리는 프랑스의 수학자 아브라함 드 무아브르[Abraham de Mooivre (1667~1754)]가 1730년에 제시했지만 1710년 동안에 이미 많은 사람들에게 알려졌으며 다음과 같은 이유로 중요한 정리이다. **대수학의 기본 진행과정은 거듭제곱과 근호풀이와 함께, 덧셈, 뺄셈, 곱셈과 나눗셈(가감승제, 加減乘除)의 네 가지 연산**(**사칙연산**, 四則演算, four fundamental arithmetic operations)이다. 드 무아브르 정리는 거듭제곱과 근호풀이를 복소수에 적용될 수 있도록 해준다.

복소수의 곱하기나 나누기에 관한 공식 (9.57)을 이용하면 임의의 정수 n에 대하여 **드 무아브르의 정리**를 얻는다.

$$z^n = (re^{i\theta})^n = r^n e^{in\theta} \tag{9.62}$$

즉, 어떤 복소수의 n차 멱수를 구하려면 절대값을 n제곱하고 각도를 n배로 곱하면 된다. $r=1$인 경우는 특히 흥미로운데 이때에는 다음과 같다.

$$(e^{i\theta})^n = (\cos\theta + i\sin\theta)^n = \cos n\theta + i\sin n\theta \tag{9.63}$$

절대값이 1인 n개의 복소수 $\cos\theta_1 + i\sin\theta_1$, $\cos\theta_2 + i\sin\theta_2$, ⋯ , $\cos\theta_n + i\sin\theta_n$이 있을 때 앞 복소수의 곱셈에서 계산한 $(\cos\theta_1 + i\sin\theta_1)(\cos\theta_2 + i\sin\theta_2) = \cos(\theta_1+\theta_2) + i\sin(\theta_1+\theta_2)$, 여기에 다시 $\cos\theta_3 + i\sin\theta_3$을 곱하고 바로 앞 식을 대입하여 정리하면

$$\begin{aligned}
&(\cos\theta_1 + i\sin\theta_1)(\cos\theta_2 + i\sin\theta_2)(\cos\theta_3 + i\sin\theta_3)\\
&\quad= \{\cos(\theta_1+\theta_2) + i\sin(\theta_1+\theta_2)\}(\cos\theta_3 + i\sin\theta_3)\\
&\quad= \cos(\theta_1+\theta_2)\cos\theta_3 + i\sin(\theta_1+\theta_2)\cos\theta_3\\
&\qquad + i\cos(\theta_1+\theta_2)\sin\theta_3 + i^2\sin(\theta_1+\theta_2)\sin\theta_3\\
&\quad= \cos(\theta_1+\theta_2)\cos\theta_3 + i\sin(\theta_1+\theta_2)\cos\theta_3\\
&\qquad + i\cos(\theta_1+\theta_2)\sin\theta_3 - \sin(\theta_1+\theta_2)\sin\theta_3\\
&\quad= \cos(\theta_1+\theta_2)\cos\theta_3 - \sin(\theta_1+\theta_2)\sin\theta_3\\
&\qquad + i\{\sin(\theta_1+\theta_2)\cos\theta_3 + \cos(\theta_1+\theta_2)\sin\theta_3\}\\
&\quad= \cos(\theta_1+\theta_2+\theta_3) + i\sin(\theta_1+\theta_2+\theta_3)
\end{aligned}$$

이 된다. 이러한 방법으로 계속 계산을 하면, 결국

$$\begin{aligned}
&(\cos\theta_1 + i\sin\theta_1)(\cos\theta_2 + i\sin\theta_2)\times\cdots\times(\cos\theta_n + i\sin\theta_n)\\
&\quad= \cos(\theta_1+\theta_2+\cdots+\theta_n) + i\sin(\theta_1+\theta_2+\cdots+\theta_n)
\end{aligned}$$

여기서, $\theta_1 = \theta_2 = \cdots = \theta_n = \theta$로 놓으면, 다음 정리가 성립한다.

$$\boxed{(\cos\theta + i\sin\theta)^n = \cos n\theta + i\sin n\theta}$$

이것을 **드 무아브르의 정리**(de Moivre's theorem, 1730)라 한다. 이 정리는 n이 0 또는 음의 정수일 때도 성립한다. 곧, 임의의 정수에 대하여 성립한다. 이 식을 이용하면 $\sin 2\theta$, $\cos 2\theta$, $\sin 3\theta$ 등에 관한 공식을 구할 수 있다.

복소수 z의 n차근, $z^{1/n}$은 n차 멱을 하였을 때 z가 되는 수를 말한다.

e^{ix}가 지수의 법칙(4장 참조)에 따른다고 하면 $(e^{ix})^n = e^{inx}$, 따라서 Euler의 공식에 의해

$$(\cos x + i \sin x)^n = \cos nx + i \sin nx$$

이것이 **드 무아브르의 정리**(1730)이다.

De Moivre(드 무와브르)는 프랑스에서 태어나 영국에서 활약(1667~1754)하였다.

예제 9-78

다음 각 값을 구하여라.

(1) $\left(\cos \frac{\pi}{3} + i \sin \frac{\pi}{3}\right)^6$

(2) $(\cos 10^\circ + i \sin 10^\circ)^{12}$

(3) $(1+i)^{10}$

(4) $(1+\sqrt{3}\,i)^{-10}$

풀이

밑이 극형식이 아닌 것은 먼저 극형식으로 고친다.

(1) $\left(\cos \frac{\pi}{3} + i \sin \frac{\pi}{3}\right)^6 = \cos 6 \cdot \frac{\pi}{3} + i \sin 6 \cdot \frac{\pi}{3} = \cos 2\pi + i \sin 2\pi = 1 + 0i = 1$

(2)
$$\begin{aligned}(\cos 10^\circ + i \sin 10^\circ)^{12} &= \cos 120^\circ + i \sin 120^\circ \\ &= \cos(180^\circ - 60^\circ) + i \sin(180^\circ - 60^\circ) \\ &= -\cos 60^\circ + i \sin 60^\circ = -\frac{1}{2} + \frac{\sqrt{3}}{2} i\end{aligned}$$

(3)
$$\begin{aligned}(1+i)^{10} &= \left\{\sqrt{2}\left(\cos \frac{\pi}{4} + \sin \frac{\pi}{4}\right)\right\}^{10} = (\sqrt{2})^{10}\left(\cos \frac{10}{4}\pi + i \sin \frac{10}{4}\pi\right) \\ &= 2^5\left\{\cos\left(2\pi + \frac{2}{4}\pi\right) + i \sin\left(2\pi + \frac{2}{4}\pi\right)\right\} = 2^5\left(\cos \frac{1}{2}\pi + i \sin \frac{1}{2}\pi\right) \\ &= 32(0+i) = 32i\end{aligned}$$

(4)
$$\begin{aligned}(1+\sqrt{3}\,i)^{-10} &= \left\{2\left(\cos \frac{\pi}{3} + \sin \frac{\pi}{3}\right)\right\}^{-10} \\ &= 2^{-10}\left\{\cos\left(-\frac{10}{3}\pi\right) + i \sin\left(-\frac{10}{3}\pi\right)\right\} \\ &= \frac{1}{2^{10}}\left\{\cos\left(\frac{2}{3}\pi\right) + i \sin\left(\frac{2}{3}\pi\right)\right\} \\ &= \frac{1}{2^{10}}\left\{\cos\left(\pi - \frac{1}{3}\pi\right) + i \sin\left(\pi - \frac{1}{3}\pi\right)\right\} \\ &= \frac{1}{2^{10}}\left(-\cos \frac{\pi}{3} + i \sin \frac{\pi}{3}\right) \\ &= \frac{1}{2^{10}}\left(-\frac{1}{2} + \frac{\sqrt{3}}{2} i\right) = -\frac{1}{2^{11}}(1 - \sqrt{3}\,i)\end{aligned}$$

9.8 편미분 및 전미분

9.8.1 2개 이상의 변수의 함수와 연속성

이제까지는 1변수함수에 대해서만 미적분과 그 응용을 생각하여 왔다. 실제 세계에 있어서 자연과학이나 공학 또는 일상생활에서 많이 볼 수 있는 수량들은 하나의 변수가 다른 두 개 또는 그 이상의 변수에 의해서 결정된다. 본 장에서도 두 개 이상의 독립변수의 함수에 대하여 같은 원리를 여러 응용분야에 적용하고, 미적분학의 기본 개념들을 그러한 함수들에까지 확장시켜 보기로 한다. 예를 들면 반경 r와 높이 h인 직원추의 부피는

$$V=\frac{1}{3}\pi r^2 h$$

즉, r와 h가 결정되면 부피는 결정된다. 이 때 V를 r와 h의 함수라고 한다.

일반적으로 두 개의 독립변수 x, y의 값에 대응해서 제3의 변수 z의 값이 정해질 때 z를 x, y의 함수라 하고 이것을

$$z=f(x,\ y),\ z=\phi(x,\ y),\ z=\psi(x,\ y),\ z=F(x,\ y)$$

등의 기호로서 나타내고 $x=a.\ y=b$일 때 함수 $f(x,\ y)$의 값을 $f(a\ ,\ b)$로서 나타낸다. 예를 들면, $f(x,\ y)=x^2-3xy+2y-5$의 $x=2\ ,\ y=1$에서의 값은 $f(2,\ 1)=2^2-3\cdot 2\cdot 1+2\cdot 1-5=4-6+2-5=-11$이다.

D가 실수의 한 영역일 때, D 내에 있는 수(數)의 각 **쌍**(双, pair) $(x,\ y)$에 대하여 z의 실수값을 하나 또는 하나 이상 얻도록 세 변수 x, y 및 z이 관계되어 있을 때 z를 영역(領域, domain) D에서 정의된 **2변수함수**라고 한다. 수의 쌍 $(x,\ y)$를 평면위의 점의 직교좌표라고 생각하면 정의역은 그 좌표평면의 한 영역이라고 생각할 수 있다. 즉, 함수 $z=\sqrt{4-x^2-y^2}$의 **정의역**(定義域, domain of definition)은 원 $x^2+y^2=4$ 위나 또는 안에 있는 점의 좌표를 나타내는 수의 쌍 전체로 이루어진다. 함수의 대응하는 영역은 $0\leqq z\leqq 2$이다.

같은 방법으로 n개의 수 $(x_1,\ x_2,\ \cdots\ ,x_n)$에 대하여 실수 y가 결정되는 대응을 ***n*** **변수함수**라 하며 $y=f(x_1,\ x_2,\ \cdots\ ,x_n)$와 같이 쓴다.

본 장에서는 주로 연속함수에 대해서만 생각하기로 한다. 2변수함수에 관한 연속성도 역시 직접 값을 대입하는 특징으로서 다음과 같이 정의될 수 있다. 2변수 이상의 함수에 대하여서도 마찬가지의 정의가 적용된다.

2개의 독립변수의 함수 $f(x, y)$가 $x=a$, $y=b$와 그 근방의 값에 대하여 정의되고, 또 x와 y가 각각의 극한값 a와 b에 어떻게 접근하더라도 $\lim_{(x, y)\to(a, b)} f(x, y)=f(a, b)$ 또는 $\lim_{\substack{x\to a \\ y\to b}} f(x, y)=f(a, b)$일 때 $f(x, y)$는 영역 D의 $x=a$. $y=b$에서 연속(連續, continuous)이라고 한다.

2변수함수는 주어진 함수값을 취하는 점들을 연결하여 만든 등위곡선들로 시각화할 수 있다. 일기예보에서 많이 사용하는 어떤 시간의 대기압은 경도와 위도의 함수이고 밀리바(millibar, mb) 또는 헥토파스칼(hectopascal, hPa)에 의해 측정된다(1 mb = 1 hPa). 여기서 등위곡선은 **등압선**(等壓線, isobar : 기압이 같은 지점을 연결한 선)이라 불린다. 지표면에서 공기의 이동으로 인하여 일어나는 바람은 고기압(高氣壓, high atmosphere pressure : 주위보다 상대적으로 기압이 높은) 지역에서 저기압(低氣壓, low atmosphere pressure : 주위보다 상대적으로 기압이 낮은) 지역으로 등압선을 가로질러 가려는 경향이 있고 등압선이 가장 촘촘한 곳에서 제일 강하다.
다른 등위곡선의 예로는 수심이 같은 지점끼리 연결한 **등심선**(等深線, isobath), 일정한 높이의 점들을 연결한 **등고선**(等高線, contour line) 및 같은 온도의 지점끼리 연결한 **등온선**(等溫線, isothermal) 등이 있다.

2변수함수의 극한

1변수함수에서 $\lim_{x\to a} f(x)=L$은 x가 a에 접근함에 따라서 $f(x)$가 L에 접근한다는 것을 뜻했다. 특히 x가 a에 접근할 때 왼쪽이나 오른쪽에서 접근할 때 어느 쪽에서 접근하더라도 함수의 오른쪽이나 왼쪽의 극한은 일치해야 한다는 것을 알고 있다.

2변수함수에서도 같은 개념으로 극한을 정의하는데, 정의역의 점 (x, y)가 점 (a, b)에 점점 접근함에 따라 이에 대응하는 값 $f(x, y)$가 L에 접근하는 경우, L을 (a, b)에서의 함수 $z=f(x, y)$의 극한이라 하고

$$\lim_{(x, y)\to(a, b)} f(x, y)=L \quad \text{또는} \quad (x, y)\to(a, b)\text{일 때 } f(x, y)\to L$$

로서 나타낸다. a, b 및 L 중의 어느 것도 무한대로 되는 경우에 극한값의 뜻을 확장하는 것은 한 변수의 경우와 똑같다.

여기서 주의할 바는 x, y가 각각 a, b에 접근하는 방법은 무수히 많고 또 접근하는 방법에 따라서 $f(x, y)$의 극한값은 그 방법 여하에 불구하고 z가 항상 동일한 극한값 L을 취하는 경우

이다. 그러므로 $x \to a$와 $x \to b$의 어느 것을 먼저 취하는가에 따라서 일반적으로 x와 y와의 상호관계에 따라서 $f(x, y)$의 극한값이 상이(相異)한 경우가 있으나 이 경우에는 $f(x, y)$의 극한값은 존재치 않는다. 이러한 결과는 [예제 9-80]을 통하여 확인해보자.

예제 9-79

$\lim_{(x, y) \to (1, 2)} (x^2y^3 - x^3y^2 + 3x + 2y)$를 구하여라.

풀이

주어진 예제는 점(1, 2)에서 함수 $f(x, y) = x^2y^3 - x^3y^2 + 3x + 2y$의 극한값을 구하는 문제이고 이 함수는 다항식이므로, 이것은 모든 점에서 연속이다. 따라서 극한은 직접 대입해서 구할 수 있다.

$$\begin{aligned}\lim_{(x, y) \to (1, 2)} (x^2y^3 - x^3y^2 + 3x + 2y) &= 1^2 \cdot 2^3 - 1^3 \cdot 2^2 + 3 \cdot 1 + 2 \cdot 2 \\ &= 8 - 4 + 3 + 4 = 11\end{aligned}$$

예제 9-80

2변수함수 $f(x, y) = \dfrac{x^2 - y^2}{x^2 + y^2}$의 $(0, 0)$에서의 극한이 존재하는가?

풀이

우선 점 (x, y)이 x축을 따라 $(0, 0)$에 가까워지면, $y = 0$이므로 $x \neq 0$인 모든 x에서 $f(x, 0) = \dfrac{x^2}{x^2} = 1$이다. 따라서 x축을 따라 $(x, y) \to (0, 0)$이면 $f(x, y) \to 1$ ($f(x, y)$는 1에 가까워진다)

$$\lim_{x \to 0}\left[\lim_{y \to 0} \frac{x^2 - y^2}{x^2 + y^2}\right] = \lim_{x \to 0}\left(\frac{x^2}{x^2}\right) = 1$$

다음 $x = 0$으로 놓고 y축을 따라 접근하여 보자. 그러면 $y \neq 0$인 모든 y에 대해서 $f(0, y) = -\dfrac{y^2}{y^2} = -1$이다. 따라서 y축을 따라 $(x, y) \to (0, 0)$이면 $f(x, y) \to -1$ ($f(x, y)$는 -1에 가까워진다)

$$\lim_{y \to 0}\left[\lim_{x \to 0} \frac{x^2 - y^2}{x^2 + y^2}\right] = \lim_{y \to 0}\left(-\frac{y^2}{y^2}\right) = -1$$

주어진 함수 f는 두 개의 다른 직선을 따라 다른 극한을 가지므로 주어진 극한은 존재하지 않는다.

9.8.2 편도함수(편미분계수)

일반적으로 f가 두 변수 독립변수 x, y의 함수일 때, 예를 들면 $y=b$(b는 상수)로 y를 고정하고 x만 변화시킨다고 가정하자. 그러면 하나의 변수 x만의 함수인 $g(x)=f(x, b)$를 생각할 수 있다. 만일 g가 a에서 도함수를 가지면, 그것을 (a, b)에서 x에 관한 f의 **편도함수**[偏導函數, partial derivative 또는 **편미분계수**(偏微分係數, partial differential coefficient)]라 하고, $f_x=(a, b)$로 나타낸다. 그러므로 $g(x)=f(x, b)$인 경우

$$f_x(a, b)=g'(a) \tag{9.64}$$

도함수의 정의(9.1.2 항)에 의하여 $g'(a) = \lim_{h\to 0}\dfrac{g(a+h)-g(a)}{h}$ 임을 알고 있다. 따라서 등식 (9.64)는

$$f_x(a, b)=\lim_{h\to 0}\frac{g(a+h, b)-g(a, b)}{h} \tag{9.65}$$

가 된다. 이와 마찬가지로 (a, b)에서 y에 관한 f의 편도함수 $f_y=(a, b)$는 x를 $x=a$로 고정시키고 함수 $G(y)=f(a, y)$의 b에서의 도함수를 구함으로써 얻을 수 있다. 즉,

$$f_y(a, b)=\lim_{h\to 0}\frac{g(a, b+h)-g(a, b)}{h} \tag{9.66}$$

이제 식 (9.65)와 (9.66)에서 (a, b)의 변화를 허용하면, f_x와 f_y는 2변수함수가 된다.

f가 2변수함수이면, 그것의 **편도함수** f_x와 f_y는 다음과 같은 식으로 정의되는 x와 y의 함수이다.

$$f_x(x, y)=\lim_{h\to 0}\frac{g(x+h, y)-g(x, y)}{h} \tag{9.67}$$

$$f_y(x, y)=\lim_{h\to 0}\frac{g(x, y+h)-g(x, y)}{h}$$

예제 9-81

함수 $=x^2+y^2$에 대하여 f_x와 f_y를 편미분의 정의를 이용하여 구하여라.

풀이

$$f_x(x, y)=\lim_{h\to 0}\frac{\{(x+h)^2+y^2\}-(x^2+y^2)}{h}=\lim_{h\to 0}\frac{x^2+2xh+h^2+y^2-x^2-y^2}{h}$$

$$=\lim_{h\to 0}\frac{2xh+h^2}{h}=\lim_{h\to 0}(2x+h)=2x$$

$$f_y(x,\ y) = \lim_{h\to 0}\frac{\{x^2+(y+h)^2\}-(x^2+y^2)}{h} = \lim_{h\to 0}\frac{x^2+y^2+2yh+h^2-x^2-y^2}{h}$$

$$= \lim_{h\to 0}\frac{2yh+h^2}{h} = \lim_{h\to 0}(2y+h) = 2y$$

또 f_x의 정의에서 y는 변하지 않으므로 y를 상수로 놓고 주어진 함수 $f(x,\ y)$를 x만의 함수로 생각하여 1변수함수의 미분법을 써서 f_x를 구할 수 있다. 이와 같은 방법으로 $f_x(x,\ y)=2x$를 얻는다. 같은 방법으로 $f_y(x,\ y)=2y$을 구할 수 있다.

일반적으로 2변수함수 $z=f(x,\ y)$의 변수 x에 관한 편도함수는 변수 y를 상수로 보고 $z=f(x,\ y)$를 x에 관한 1변수함수로 생각하여 x에 관해 미분한다.

예제 9-82

함수 $f(x,\ y)=xy$에 대하여 $f_x=(1,\ 2)$와 $f_y=(1,\ 2)$을 구하여라.

풀이

$$f_x(1,\ 2) = \lim_{h\to 0}\frac{(1+h)\cdot 2-1\cdot 2}{h} = \lim_{h\to 0}\frac{2+2h-2}{h} = \lim_{h\to 0}\frac{2h}{h} = 2$$

$$f_y(1,\ 2) = \lim_{h\to 0}\frac{1\cdot(2+h)-1\cdot 2}{h} = \lim_{h\to 0}\frac{2+h-2}{h} = \lim_{h\to 0}\frac{h}{h} = 1$$

2변수함수 $z=f(x,\ y)$의 편도함수를 나타내는 데 여러 가지 기호가 사용된다. 예를 들면 f_x대신 f_1 또는 D_1f(첫 번째 변수에 관하여 미분했음을 나타내기 위하여) 또는 $\frac{\partial f}{\partial x}$로 쓸 수 있다. 여기서 $\frac{\partial f}{\partial x}$는 미분(微分, differential)들의 비로 해석하면 안 된다.

2변수함수 $z=f(x,\ y)$에 대한 편도함수는 다음과 같이 표기한다.

$$f_x(x,\ y) = f_x = \frac{\partial f}{\partial x} = \frac{\partial}{\partial x}f(x,\ y) = \frac{\partial z}{\partial x} = f_1 = D_1f = D_xf$$

$$f_y(x,\ y) = f_y = \frac{\partial f}{\partial y} = \frac{\partial}{\partial y}f(x,\ y) = \frac{\partial z}{\partial y} = f_2 = D_2f = D_yf$$

여기서 $\frac{\partial y}{\partial x}$는 round dy by round dx로 읽거나 또는 partial derivative of y with respect to x로 읽거나 또는 partial dy by dx로 읽는 반면에 $\frac{dy}{dx}$는 dy by dx로 읽거나 또는 derivative of y with respect to x로 읽는다).

편도함수를 계산하기 위해서 해야 할 것은, x에 관한 편도함수는 y를 고정함으로써 얻어지는

1변수함수 g의 **보통의 도함수**라는 사실을 식 (9.64)로부터 기억해야 한다. 따라서 다음과 같은 **2변수함수 $z=f(x, y)$의 편도함수 구하는 법**을 다음과 같이 정한다.

① f_x를 구하기 위해서는 y를 상수로 본 1변수함수 $f(x, y)$를 x에 관하여 미분한다.
② f_y를 구하기 위해서는 x를 상수로 본 1변수함수 $f(x, y)$를 y에 관하여 미분한다.

편미분이란 주어진 독립변수를 제외하고는 모두 상수(常數)처럼 보고 미분하는 것을 말한다.

예제 9-83

$z=x^2+y^2$의 편미분계수를 구하여라.

▌풀이

$$\frac{\partial z}{\partial x}=\frac{\partial}{\partial x}(x^2+y^2)=2x\,,\quad \frac{\partial z}{\partial y}=\frac{\partial}{\partial y}(x^2+y^2)=2y$$

2개 이상의 변수의 함수, 예를 들면 두 독립변수 x, y의 2변수함수 z을 생각하자.

$$z=f(x, y) \tag{9.68}$$

하나의 변수(예를 들면 x 또는 y)를 착안해서 미분하는 것, 즉 앞 식에서 y를 고정하면 z는 x만의 함수가 되고 $\partial z/\partial x$로 나타낸다. 같은 모양으로 x를 고정해 놓음으로 y만의 함수가 되고 $\partial z/\partial y$로 나타낸다. 이와 같이 x 또는 y에 관한 z를 미분하는 것을 **편미분**(偏微分)이라 한다. 그 도함수를 **편도함수**[偏導函數, 또는 **편미분계수**(偏微分係數)]라 한다.
$\frac{\partial z}{\partial x}$, $\frac{\partial z}{\partial y}$ (간단히 z_x, z_y 등으로도 쓴다)라는 기호로 사용한다(∂는 역시 d라고 읽는다).

19세기까지는 편미분의 기호에도 ∂가 아니라, d라고 썼다고 한다. 초보자 중에서는 편미분일 때도 d라고 쓰는 사람이 있으나 현재는 규칙 위반이다.

편미분 계수라는 것은, 다변수함수 $z=f(x, y, \cdots)$에서 착안한 변수가 미소변화 할 때의 z의 변화율이다. 예를 들면, x가 dx만 미소변화 할 때의 변화율이 $\partial z/\partial x$이고, 그 때의 z의 **미소변화**(微小變化)는 $(\partial z/\partial x)dx$이다.

편도함수의 기하학적 의미

두 변수 x, y의 함수를 z라 하고 $z=f(x, y)$로 나타내자. 함수 $y=f(x)$를 2차원 평면 위의 곡선으로 간주할 수 있는 것과 같이 $z=f(x, y)$도 기하학적으로 해석하면 편리하다. 직교 좌표계에서 x, y 및 z성분을 사용하면 x, y의 값이 주어졌을 때 방정식 $z=f(x, y)$는 z의 값을 결정하고 따라서 3차원 공간에서 한 점 (x, y, z)를 주게 된다. 주어진 방정식의 조건을 만족하는 점들은 일반적으로 3차원 공간 내의 어떤 곡면을 결정해 준다(그림 9.41 참고).

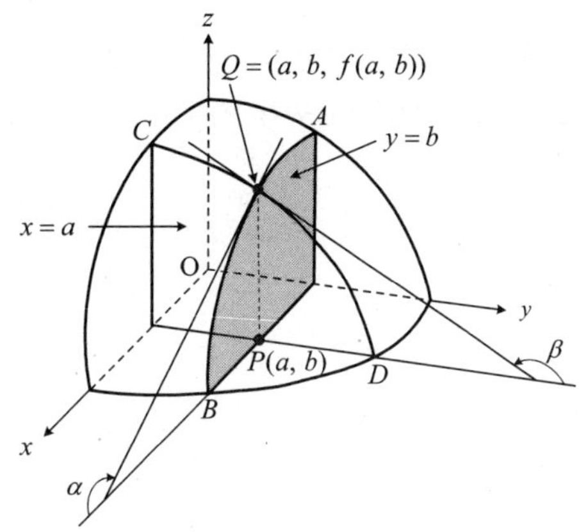

그림 9.41 편도함수의 기하학적 의미

이제 점 $P(a, b)$에서 함수 $f(x, y)$의 편도함수의 기하학적 의미에 대하여 살펴보자. 함수 $z=f(x, y)$의 그래프가 그림 9.41과 같은 곡면의 방정식이라 하자.

이번에는 y가 일정인 평면과 곡면이 교차하는 것을 생각하자. 이 곡면 위 임의의 한 점 $Q(a, b, f(a, b))$를 지나고 xz평면과 평행인 평면 $y=b$로 곡면을 자르면, 한 곡선 AQB를 얻는다. 곡면 $z=f(x, y)$와 평면 $y=b$를 동시에 만족하는 점들은 이 두 면들은 교차하는 곡선 위에 있다. 한 점이 이 곡선을 따라 움직이면, z와 x좌표는 변하지만 y는 변하지 않고 일정하므로 기울기에 대하여 dz/dx로 쓸 수도 있다. 그렇지만 실제로 z는 두 변수 x, y의 함수인데 y의 값은 b로 임시 고정되어있다는 것을 나타내기 위하여 $\partial z/\partial x$ 또는 z_x로 나타낸다. 따라서 점 $P(a, b)$에서 함수 $f(x, y)$의 x에 관한 편도함수 z_x는 곡선 AQB의 점 Q에서의 **접선의 기울기** 또는 **함수 $f(x, b)$의 변화율**을 의미한다. 곡선 CQD에 대해서도 같은 방법으로 생각하여, 다음과 같은 편도함수의 기하학적 의미를 얻는다.

$\frac{\partial}{\partial x} f(a, b) = \tan\alpha$: 점 Q에서의 곡선 AQB에 대한 접선의 기울기

$\frac{\partial}{\partial y} f(a, b) = \tan\beta$: 점 Q에서의 곡선 CQD에 대한 접선의 기울기

9.8.3 고계편도함수(고계편미분계수)의 표기법

함수 $z=f(x, y)$의 편도함수는 일반적으로 두 변수 x, y의 함수이므로 이것을 다시 편미분할 수 있다. 이 편도함수가 존재하면 이것을 z의 2계편도함수라 하고 각각 다음과 같이 나타낸다.

$$\frac{\partial}{\partial x}\left(\frac{\partial z}{\partial x}\right)=\frac{\partial^2 z}{\partial x^2}=z_{xx}=\frac{\partial^2 f}{\partial x^2}=f_{xx}$$

$$\frac{\partial}{\partial x}\left(\frac{\partial z}{\partial y}\right)=\frac{\partial^2 z}{\partial x\partial y}=z_{yx}=\frac{\partial^2 f}{\partial x\partial y}=f_{yx}$$

$$\frac{\partial}{\partial y}\left(\frac{\partial z}{\partial x}\right)=\frac{\partial^2 z}{\partial y\partial x}=z_{xy}=\frac{\partial^2 f}{\partial y\partial x}=f_{xy}$$

$$\frac{\partial}{\partial y}\left(\frac{\partial z}{\partial y}\right)=\frac{\partial^2 z}{\partial y^2}=z_{yy}=\frac{\partial^2 f}{\partial y^2}=f_{yy}$$

위에서 나타낸 4개의 도함수 가운데 보통은 세 가지만 서로 다르다. 이것은 그 도함수들이 연속인 x, y의 모든 값에 대하여 z_{yx}와 z_{xy}는 일치함을 보일 수 있기 때문이다(예제 9-84 참고).

따라서 2변수함수 $f(x, y)$의 연속인 2계도함수가 존재하면 2계편도함수는 다음의 3가지이다.

$$\frac{\partial^2 f}{\partial x^2},\quad \frac{\partial^2 f}{\partial x\partial y},\quad \frac{\partial^2 f}{\partial y^2}$$

$f_{xy}\left(\text{또는 } \dfrac{\partial^2 f}{\partial y\partial x}\right)$의 표기법은 우선 x에 관하여 미분한 다음 y에 관하여 미분하는 것이고, 반면에 f_{yx}는 반대의 순서로 미분하는 것이다.

예제 9-84

$z=x^3y+4xy^2$에 대한 2계편도함수 z_{xx}, z_{xy}, z_{yy}와 z_{yx}를 구하여라.

▮풀이

우선 z_{xx}는 $z_x=\dfrac{\partial z}{\partial x}$를 구한 다음, 다시 x로 편미분하고, z_{xy}는 $z_{xy}=\dfrac{\partial}{\partial y}\left(\dfrac{\partial z}{\partial x}\right)$이므로 $z_x=\dfrac{\partial z}{\partial x}$를 구한 다음에 y로 편미분하여 계산한다.

$$z_x=\frac{\partial z}{\partial x}=\frac{\partial}{\partial x}(x^3y+4xy^2)=3x^2y+4y^2$$

$$z_{xx}=\frac{\partial}{\partial x}\left(\frac{\partial z}{\partial x}\right)=\frac{\partial}{\partial x}(3x^2y+4y^2)=6x$$

$$z_{xy}=\frac{\partial}{\partial y}\left(\frac{\partial z}{\partial x}\right)=\frac{\partial}{\partial y}(3x^2y+4y^2)=3x^2+8y$$

같은 방법으로 우선 z_{yy}는 $z_y=\frac{\partial z}{\partial y}$를 구한 다음, 다시 y로 편미분하고, z_{yx}는 $z_{yx}=\frac{\partial}{\partial x}\left(\frac{\partial z}{\partial y}\right)$이므로 $z_x=\frac{\partial z}{\partial y}$를 구한 다음에 x로 편미분하여 계산한다.

$$z_y=\frac{\partial z}{\partial y}=\frac{\partial}{\partial y}(x^3y+4xy^2)=x^3+8xy$$

$$z_{yy}=\frac{\partial}{\partial y}\left(\frac{\partial z}{\partial y}\right)=\frac{\partial}{\partial y}(x^3+8xy)=8x$$

$$z_{yx}=\frac{\partial}{\partial x}\left(\frac{\partial z}{\partial y}\right)=\frac{\partial}{\partial x}(x^3+8xy)=3x^2+8y$$

앞의 결과로부터 $z_{xy}=z_{yx}$ 임을 주목하자.

위와 같은 성질이 있기 때문에 **여러 가지 변수에 관한 고계편도함수는 그것이 연속일 때에는 각 변수에 관하여 어떤 순서로 미분하더라도 같은 결과를 얻는다.** 프랑스의 수학자 클레로(A. Clairaut, 1713~1765)의 정리는 $f_{xy}=f_{yx}$라고 주장할 수 있는 조건을 제시한다. 증명하는 방법의 한 예로 다음 관계를 얻는다.

$$\frac{\partial^3 z}{\partial x^3}=\frac{\partial}{\partial x}\left(\frac{\partial^2 z}{\partial x^2}\right)=\frac{\partial^3 z}{\partial x\partial x^2}=z_{xxx}=f_{xxx}(x,\ y)$$

$$\begin{aligned}\frac{\partial^3 z}{\partial x^2\partial y}&=\frac{\partial}{\partial x}\left(\frac{\partial^2 z}{\partial x\partial y}\right)=\frac{\partial}{\partial x}\left(\frac{\partial^2 z}{\partial y\partial x}\right)=\frac{\partial^3 z}{\partial x\partial y\partial x}\\&=\frac{\partial^2}{\partial x\partial y}\left(\frac{\partial z}{\partial x}\right)=\frac{\partial^2}{\partial y\partial x}\left(\frac{\partial z}{\partial x}\right)=\frac{\partial^3 z}{\partial y\partial x^2}\\&=z_{yxx}=z_{xyx}=z_{xxy}=f_{yxx}(x,\ y)=f_{xyx}(x,\ y)=f_{xxy}(x,\ y)\end{aligned}$$

$$\begin{aligned}\frac{\partial^3 z}{\partial x\partial y^2}&=\left(\frac{\partial^2}{\partial x\partial y}\right)\frac{\partial z}{\partial y}=\left(\frac{\partial^2}{\partial y\partial x}\right)\frac{\partial z}{\partial y}=\frac{\partial^3 z}{\partial y\partial x\partial y}\\&=\frac{\partial}{\partial y}\left(\frac{\partial^2 z}{\partial x\partial y}\right)=\frac{\partial}{\partial y}\left(\frac{\partial^2 z}{\partial y\partial x}\right)=\frac{\partial^3 z}{\partial y^2\partial x}\\&=z_{yyx}=z_{xyy}=z_{yyx}=f_{yyx}(x,\ y)=f_{xyy}(x,\ y)=f_{yyx}(x,\ y)\end{aligned}$$

$$\frac{\partial^3 z}{\partial y^3}=\frac{\partial}{\partial y}\left(\frac{\partial^2 z}{\partial y^2}\right)=\frac{\partial^3 z}{\partial y\partial y^2}=z_{yyy}=f_{yyy}(x,\ y)$$

따라서 2변수함수는 다음과 같은 4가지 서로 다른 3계편도함수를 가짐을 알 수 있다. 즉,

$$\frac{\partial^3 z}{\partial x^3},\quad \frac{\partial^3 z}{\partial x^2\partial y},\quad \frac{\partial z^3}{\partial x\partial y^2},\quad \frac{\partial^3 z}{\partial y^3}$$

이 그것이다. 2계 이상의 편도함수를 총칭하여 z에 관한 **고계편도함수**(高階偏導函數)라고 부른다.

일반적으로 미분의 순서를 다음과 같이 바꾸어도 된다. 즉, 클레로의 정리를 이용하여 함수들이 연속이면 $f_{xxy}=f_{xyx}=f_{yxx}$ 임을 밝힐 수 있다.

예제 9-85

함수 $z=f(x, y)=x^3y-e^{xy}$가 주어졌을 때 다음과 같은 3계도함수를 구하라.

$$z_{xxx},\ z_{xxy},\ z_{xyy} \text{ 및 } z_{yyy}$$

풀이

$$\begin{aligned}
z_{xxx} &= \frac{\partial^3 z}{\partial x^3}=\frac{\partial^2}{\partial x^2}\left(\frac{\partial z}{\partial x}\right)=\frac{\partial^2}{\partial x^2}\frac{\partial}{\partial x}(x^3y-e^{xy})=\frac{\partial}{\partial x}\frac{\partial}{\partial x}(3x^2y-ye^{xy})\\
&= \frac{\partial}{\partial x}(6xy-y^2e^{xy})=6y-y^3e^{xy}\\
z_{xxy} &= \frac{\partial^3 z}{\partial x^2\partial y}=\frac{\partial^2}{\partial x^2}\left(\frac{\partial z}{\partial y}\right)=\frac{\partial^2}{\partial x^2}\frac{\partial}{\partial y}(x^3y-e^{xy})\\
&= \frac{\partial}{\partial x}\frac{\partial}{\partial x}(x^3-xe^{xy})=\frac{\partial}{\partial x}(3x^2-e^{xy}-xye^{xy})\\
&= 6x-ye^{xy}-ye^{xy}-xy^2e^{xy}=6x-2ye^{xy}-xy^2e^{xy}\\
z_{xyy} &= \frac{\partial^3 z}{\partial x\partial y^2}=\frac{\partial^2}{\partial y^2}\left(\frac{\partial z}{\partial x}\right)=\frac{\partial^2}{\partial y^2}\frac{\partial}{\partial x}(x^3y-e^{xy})\\
&= \frac{\partial}{\partial y}\frac{\partial}{\partial y}(3x^2y-ye^{xy})=\frac{\partial}{\partial y}(3x^2-e^{xy}-xye^{xy})\\
&= -xe^{xy}-xe^{xy}-x^2ye^{xy}=-2xe^{xy}-x^2ye^{xy}\\
z_{yyy} &= \frac{\partial^3 z}{\partial y^3}=\frac{\partial^2}{\partial y^2}\left(\frac{\partial z}{\partial y}\right)=\frac{\partial^2}{\partial y^2}\frac{\partial}{\partial y}(x^3y-e^{xy})=\frac{\partial}{\partial y}\frac{\partial}{\partial y}(x^3-xe^{xy})\\
&= \frac{\partial}{\partial y}(-x^2e^{xy})=-x^3e^{xy}
\end{aligned}$$

여기서 주어진 3계편도함수는 연속이므로 $z_{xxy}=z_{xyx}=z_{yxx}$이고, $z_{yyx}=z_{yxy}=z_{xyy}$이다.

9.8.4 전미분

1) 1변수함수의 미분

미분 가능한 1변수함수 y가 x만의 함수, 즉 $y=f(x)$에 대하여 미분 dx를 독립변수로 정의한다. 즉, dx는 임의의 실수값으로 주어질 수 있다. 9.1.3항에 서술한 대로 x가 dx만큼 미소변화하면 y도 미소변화하고, 이 때 y의 미분 dy는 다음과 같이 정의된다(9.1.3항 참조).

$$dy = f'(x)dx \tag{9.69}$$

그림 9.42는 Δy와 dy사이의 관계를 보여준다.

Δy는 x가 $dx = \Delta x$만큼 변하였을 때 곡선 $y = f(x)$의 높이의 변화를 나타내고, dy는 x가 $dx = \Delta x$만큼 변하였을 때 접선의 높이 변화를 나타낸다.

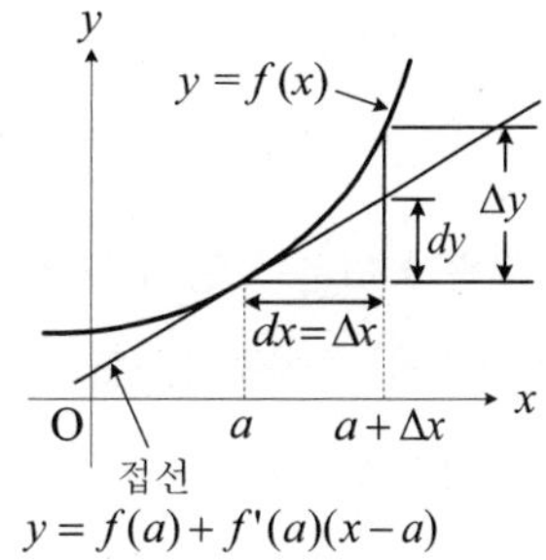

그림 9.42 Δy와 dy사이의 관계

2) 2변수함수의 미분(전미분)

이를 2변수함수로 확장하여 보자. 2변수함수 $z = f(x, y)$에 대하여 미분 dx와 dy를 독립변수로 정의하자. 즉, dx와 dy는 임의의 값으로 주어질 수 있다. 이 때 x방향으로 dx, y방향으로 dy만큼 미소변화 하였을 때 보통 미분 dz는 다음과 같이 정의된다.

$$dz = f_x(x, y)dz + f_y(x, y)dy = \frac{\partial z}{\partial x}dx + \frac{\partial z}{\partial y}dy \tag{9.70}$$

이 경우에 미분 dz는 z의 **전미분**(全微分, total differential) 또는 **미분**(微分, differential)이라고 부른다[식 (9.69)와 비교하여라]. 이것은 다음과 같이 생각하면 이해하기 쉽고 빠르다.

한 변의 길이가 각각 dx, dy인 직사각형을 생각했을 때 x방향의 증분 dx에 대한 z의 증분은 $\frac{\partial z}{\partial x}dx$, y방향의 증분 dy에 대한 z의 증분은 $\frac{\partial z}{\partial y}dy$이다. 이 직사각형(변의 길이가 각각 dx, dy)을 밑변으로 갖는 그림 9.43과 같은 입체를 생각했을 때, dx, dy가 둘 다 작으면 상측(上側)의 면을 평면으로 생각해도 좋다(그러나 dx, dy가 비교적 크면 이것은 곡면으로 되어 버린다).

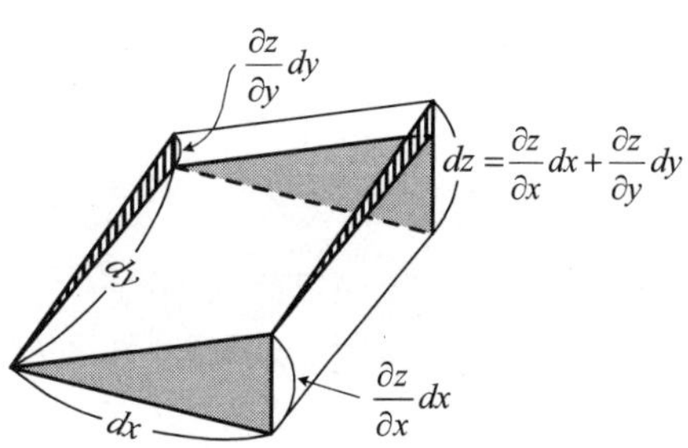

그림 9.43 2변수함수의 전미분

따라서 dz는 그림에 나타난 바와 같이 $\frac{\partial z}{\partial x}dx$와 $\frac{\partial z}{\partial y}dy$의 합이라고 생각하면 된다.

때때로 표기법 df가 dz대신 사용되기도 한다. 이것은 후술(10장)되는 계통오차(系統誤差)의 계산 등에 응용되는 중요한 식이다.

만약 식 (9.70)에서 $dx = \Delta x = x - a$, $dy = \Delta y = y - b$로 취하면, z의 미분은

$$dz = f_x(a, b)(x - a) + f_y(a, b)(y - b)$$

이다. 따라서, 미분 기호를 사용하면 선형근사식은 다음과 같이 쓸 수 있다. 즉,

$$f(x,\ y) \approx f(a,\ b) + f_x(a,\ b)(x-a) + f_y(a,\ b)(y-b)$$
$$\approx f(a,\ b) + dz$$

그림 9.43은 그림 9.42에 상응하는 3차원 모양으로, 이것은 미분 dz와 증분 $\varDelta z$에 대한 기하학적 해석을 보여준다. 즉, dz는 접평면의 높이 변화를 나타내고, 반면 $\varDelta z$는 $(x,\ y)$가 $(a,\ b)$에서 $(a+\varDelta x,\ b+\varDelta y)$까지 변할 때의 곡면 $z=f(x,\ y)$의 높이 변화를 나타낸다.

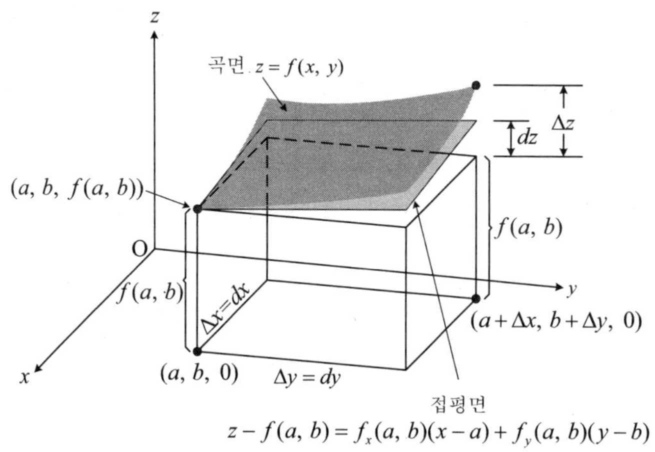

그림 9.44 미분 dz와 증분 $\varDelta z$에 대한 기하학적 해석

예제 9-86

(1) $z=f(x,\ y)=x^2+3xy-y^2$일 때 미분 dz를 구하여라.

(2) x가 2에서 2.05, y가 3에서 2.96까지 변할 때 변할 때 $\varDelta z$와 dz의 값을 비교하여라.

▌풀이

(1) 식 (9.70)에 의하여

$$dz = \frac{\partial z}{\partial x}dx + \frac{\partial z}{\partial y}dy = \frac{\partial}{\partial x}(x^2+3xy-y^2)dx + \frac{\partial}{\partial y}(x^2+3xy-y^2)dy$$
$$= (2x+3y)dx + (3x-2y)dy$$

(2) dz는 $x=2,\ dx=\varDelta x=0.05,\ y=3,\ dy=\varDelta y=-0.04$이므로 다음과 같이 얻는다.

$$dz = (2x+3y)dx + (3x-2y)dy$$
$$= [(2(2)+3(3)]0.05 + [3(2)-2(3))(-0.04)] = 13 \cdot 0.05 = 0.65$$

반면에 z의 증분 $\varDelta z$는

$$\begin{aligned}\Delta z &= f(x+\Delta x, y+\Delta y)-f(x,\ y)\\ &= (x+\Delta x)^2+3(x+\Delta x)(y+\Delta y)-(y+\Delta y)^2-(x^2+3xy-y^2)\\ &= (2+0.05)^2+3(2+0.05)(3-0.04)-(3-0.04)^2-(2^2+3(2)(3)-3^2)\\ &= 13.6449-13=0.6449\end{aligned}$$

가 되어 $\Delta z \approx dz$임을 확인할 수 있으나 dz를 계산하는 것이 더 쉽다는 것을 알 수 있다.

3) 다변수함수의 미분

앞에서 논한 두 독립변수함수에 대한 결과는 변수의 수가 두개 이상의 함수에 대하여서도 쉽게 연장할 수 있다. 가령 $u=f(x,\ y,\ z,\ \cdots)$라면 본 9.7.4항에서 서술한 대로 $x,\ y,\ z,\ \cdots$ 가 각각 $dx,\ dy,\ dz,\ \cdots$ 만큼 미소변화하면, u도 미소변화하고 그 양 du는 정의에 따라서

$$du=\frac{\partial u}{\partial x}dx+\frac{\partial u}{\partial y}dy+\frac{\partial u}{\partial z}dz+\ \cdots \tag{9.71}$$

이고 u의 편도함수는 모두 연속이고 $dx,\ dy,\ dx,\ \cdots$ 가 모두 작을 때 du는 Δu에 대한 좋은 근사값이 된다.

예제 9-87

$u=xy^2z^3$에 대한 전미분을 구하여라.

풀이

식 (9.71)을 이용하면

$$\begin{aligned}du &= \frac{\partial u}{\partial x}dx+\frac{\partial u}{\partial y}dy+\frac{\partial u}{\partial z}dz\\ &= \frac{\partial}{\partial x}(xy^2z^3)dx+\frac{\partial}{\partial y}(xy^2z^3)dy+\frac{\partial}{\partial z}(xy^2z^3)dz\\ &= y^2z^3dx+2xyz^3dy+3xy^2z^2dz\end{aligned}$$

1변수함수에 대하여 적용되는 일반적인 미분연산이 다변수(多變數)의 함수에도 적용된다는 것을 쉽게 알 수 있다. 예를 들면, u가 x와 y의 미분가능한 함수이면 $z=\tan u$에 대하여 다음과 같다.

$$\frac{\partial z}{\partial x}=\frac{\partial}{\partial x}\tan u=\sec^2 u\frac{\partial u}{\partial x} \text{ 와 } \frac{\partial z}{\partial y}=\sec^2 u\frac{\partial u}{\partial y}$$

따라서

$$dz = \frac{\partial z}{\partial x}dx + \frac{\partial z}{\partial y}dy = \sec^2 u \frac{\partial u}{\partial x}dx + \sec^2 u \frac{\partial u}{\partial x}dy$$
$$= \sec^2 u \left\{ \frac{\partial u}{\partial x}dx + \frac{\partial u}{\partial x}dy \right\} = \sec^2 u\, du$$

이며, 식 (9.70)에 의하면, 이것은 다음 식을 뜻한다.

$$dz = \sec^2 u\, du$$

예제 9-88

직육면체의 치수가 정확도 0.2 cm로서 75 cm, 60 cm 및 40 cm로 측정되었다. 전미분을 이용하여 이러한 측정으로부터 이 상자의 부피가 계산될 때 최대허용오차를 계산하여라.

풀이

직육면체의 세모서리의 길이를 x, y 및 z로 하면 그 부피는 $\forall = xyz$이므로 그 미분이

$$d\forall = \frac{\partial \forall}{\partial x}dx + \frac{\partial \forall}{\partial y}dy + \frac{\partial \forall}{\partial z}dz$$
$$= \frac{\partial}{\partial x}(xyz)\,dx + \frac{\partial}{\partial y}(xyz)\,dy + \frac{\partial}{\partial z}(xyz)\,dz$$
$$= yz\,dx + xz\,dy + xy\,dz$$

이다. $|\Delta x| \le 0.2$, $|\Delta y| \le 0.2$ 및 $|\Delta z| \le 0.2$이므로 최대 허용오차를 구하기 위하여 $dx = 0.2$, $dy = 0.2$ 및 $dz = 0.2$ 그리고 $x = 75$, $y = 60$ 및 $z = 40$을 대입하면,

$$\Delta\forall \approx d\forall = yz\,dx + xz\,dy + xy\,dz$$
$$= (60)(40)(0.2) + (75)(40)(0.2) + (75)(60)(0.2) = 1\,980$$

그러므로 각 길이의 측정에서 단지 0.2 cm의 오차는 계산된 부피에서 1 980 cm^3나 되는 오차를 일으킬 수 있다. 이것은 큰 오차처럼 보이지만, 상자부피의 약 1%밖에 해당되지 않는다. 즉,

$$1\,980/(75 \cdot 60 \cdot 40) \times 100(\%) = 1.1\%$$

예제 9-89

x에 dx, y에 dy의 오차가 있다. $s = (x^2 + y^2)^{1/2}$의 오차를 구하는 식을 도출하여라.

풀이

먼저, s의 전미분의 식을 쓴다.

$$ds = \frac{\partial s}{\partial x}dx + \frac{\partial s}{\partial y}dy \qquad (9.72)$$

다음으로 각 편미분계수를 구한다.

미분의 규칙(9.2절) 표 9.5 B5에 의해 $s = u^{1/2}$, $u = x^2 + y^2$로 두면

$$\frac{\partial s}{\partial x}=\frac{\partial s}{\partial u}\frac{\partial u}{\partial x}=\frac{\partial u^{1/2}}{\partial u}\frac{\partial(x^2+y^2)}{\partial x}=\frac{1}{2}u^{-1/2}\cdot 2x=\frac{1}{u^{1/2}}\cdot x=\frac{x}{s}$$

같은 방법으로

$$\frac{\partial s}{\partial y}=\frac{\partial s}{\partial u}\frac{\partial u}{\partial y}=\frac{\partial u^{1/2}}{\partial u}\frac{\partial(x^2+y^2)}{\partial y}=\frac{1}{2}u^{-1/2}\cdot 2y=\frac{1}{u^{1/2}}\cdot y=\frac{y}{s}$$

오차를 계산하는 경우는, $u^{-1/2}$을 x, y로 나타내는 것보다 s로 나타내는 것이 계산에 편리하다. 왜냐하면, 통상 s는 이미 알고 있기 때문이다. 이러한 편미분 계수를 식 (9.72)에 대입하면 다음과 같은 ds을 구하는 식이 계산된다.

$$ds=\frac{\partial s}{\partial x}dx+\frac{\partial s}{\partial y}dy=\frac{x}{s}dx+\frac{y}{s}dy$$

9.8.5 연쇄법칙(함수의 함수를 미분하는 법)

1변수함수에 대한 **연쇄법칙**(連鎖法則, chain rule)은 합성함수의 미분법에 대한 법칙을 제공한다는 것을 상기하자. 만약 $y=f(x)$이고 $x=g(t)$이며 f와 g가 미분가능한 함수이면, t에 관한 합성함수 $y=f(g(t))$는 t에 관하여 간접적으로 미분가능함수이고

$$\frac{dy}{dt}=\frac{dy}{dx}\frac{dx}{dt} \tag{9.73}$$

이 성립한다.

1변수 이상의 함수에 대하여 여러 가지 형태의 연쇄법칙이 있으며, 그 각각은 합성함수의 미분법에 대한 법칙을 하나씩 제공한다. 첫 번째의 방법은 $z=f(x, y)$인 경우를 다루고, 각각의 변수 x와 y는 변수 t의 변수이다. 이것은 z가 t의 간접적인 함수로 일종의 합성함수임을 뜻한다. 즉, $z=f(g(t), h(t))$이고 연쇄법칙은 t의 함수로서의 z의 미분법에 대한 공식을 제공한다. 2변수함수 f가 미분가능하다고 하자. 9.8.3항의 클레로의 정리로부터 이것은 편도함수 f_x와 f_y가 연속임을 뜻한다.

1) 연쇄법칙 (경우 1)

2변수함수 $z=f(x, y)$가 x와 y에 관하여 미분가능한 함수라고 하고, t의 함수 $x=g(t)$와 $y=h(t)$가 모두 t에 관하여 미분가능한 함수라고 가정하자. 그러면 z는 t의 함수가 되며

$$\frac{dz}{dt}=\frac{\partial f}{\partial x}\frac{dx}{dt}+\frac{\partial f}{\partial y}\frac{dy}{dt} \tag{9.74}$$

이다(증명은 생략).

2변수함수는 $z=f(x, y)$로 나타내어 종종 $\frac{\partial f}{\partial x}$ 대신에 $\frac{\partial z}{\partial x}$로 쓰기도 하므로 연쇄법칙은 다음과 같은 형태로 나타낼 수 있다.

$$\frac{dz}{dt}=\frac{\partial z}{\partial x}\frac{dx}{dt}+\frac{\partial z}{\partial y}\frac{dy}{dt} \tag{9.75}$$

이는 미분 $dz=\frac{\partial z}{\partial x}dx+\frac{\partial z}{\partial y}dy$와 유사한 형태임을 주목하자.

예제 9-90

$x=\sin 2t, y=\cos t$이고, $z=x^2y+3xy^4$일 때 $t=0$에서 $\frac{dz}{dt}$를 구하여라.

풀이

연쇄법칙을 이용하면

$$\begin{aligned}\frac{dz}{dt} &= \frac{\partial}{\partial x}(x^2y+3xy^4)\frac{d}{dt}(\sin 2t)+\frac{\partial}{\partial y}(x^2y+3xy^4)\frac{d}{dt}(\cos t)\\ &= (2xy+3y^4)(2\cos 2t)+(x^2+12xy^3)(-\sin t)\end{aligned}$$

여기서 x, y를 다시 t에 대한 함수로 나타낼 필요는 없다. 예를 들면 $t=0$에서 dz/dt는 $x=\sin 0=0$이고 $y=\cos 0=1$이므로

$$\begin{aligned}\left.\frac{dz}{dt}\right|_{t=0} &= (2xy+3y^4)(2\cos 2t)+(x^2+12xy^3)(-\sin t)\\ &= (2(0)(1)+3(1)^4)(2\cos 0)+((0)^2+12(0)(1)^3)(-\sin 0)\\ &= (0+3)(2)+(0+0)(0)=6\end{aligned}$$

[예제 9-90]의 도함수 $\frac{dz}{dt}$는 점 (x, y)가 **매개변수방정식** $x=\sin 2t, y=\cos t$에 의해 그려지는 곡선 C 위를 따라 움직일 때 t에 관한 z의 변화율로 해석할 수 있다(그림 9.45 참조). 특히 $t=0$일 때 점 (x, y)는 $(\sin 0, \cos 0)\rightarrow(0, 1)$이므로, $dz/dt=6$은 곡선 C를 따라 움직일 때 그 위의 점 $(0, 1)$을 통과하는 시점에서의 증가율이 6이라는 말이다. 예를 들면, $z=T(x, t)=x^2y+3xy^4$이 점 (x, y)에서 온도를 나타낸다면, 합성함수 $z=T(\sin 2t, \cos t)$는 곡선 C 위에 있는 점들의 온도를 나타내고, 도함수 dz/dt는 시간에 따라 곡선 C를 따라 움직일 때 C 위에서 변하는 온도의 변화율을 나타낸다.

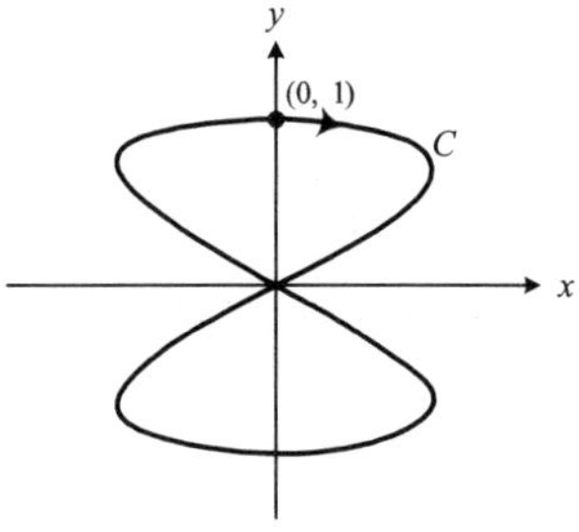

그림 9.45

$x=\sin 2t,\ y=\cos t$

이제 다음 상황을 생각해 보자. 2변수함수 $z=f(x, y)$에서 x, y가 변수 s와 t의 함수

$x=g(s,\ t)$, $y=h(s,\ t)$이면, 합성함수 $z=f(g(s,\ t),\ h(s,\ t))$는 s와 t의 2변수함수가 된다. 따라서 t를 고정(상수)하고 s에 대하여 미분하면 편도함수 $\partial z/\partial s$이고, s를 고정(상수)하고 t에 대하여 미분하면 편도함수 $\partial z/\partial t$이 된다. 그러면 연쇄법칙(경우1)을 적용하면 다음을 얻을 수 있다.

2) 연쇄법칙 2 (경우 2)

2변수함수 $z=f(x,\ y)$가 x와 y에 관하여 미분가능한 함수라고 하고, 이 때 함수 $x=g(s,\ t)$와 $y=h(s,\ t)$가 모두 s, t에 관하여 미분가능한 함수라고 가정하자. 그러면

$$\frac{\partial z}{\partial s}=\frac{\partial z}{\partial x}\frac{\partial x}{\partial s}+\frac{\partial z}{\partial y}\frac{\partial y}{\partial s}\ ,\quad \frac{\partial z}{\partial t}=\frac{\partial z}{\partial x}\frac{\partial x}{\partial t}+\frac{\partial z}{\partial y}\frac{\partial y}{\partial t} \tag{9.76}$$

예제 9-91

$z=e^x\sin y$, $x=st^2$, $y=s^2t$일 때 $\dfrac{\partial z}{\partial s}$와 $\dfrac{\partial z}{\partial t}$를 구하여라.

풀이

주어진 함수 $x=st^2$와 $y=s^2t$를 z에 대입하여 정리하면

$$z=e^x\sin y=e^{st^2}\sin(s^2t)$$

이 된다. 이 함수로부터 $\dfrac{\partial z}{\partial s}$와 $\dfrac{\partial z}{\partial t}$를 구할 수 있지만, 연쇄법칙(경우2)을 적용하면 다음과 같이 쉽게 구해진다.

$$\begin{aligned}\frac{\partial z}{\partial s} &= \frac{\partial z}{\partial x}\frac{\partial x}{\partial s}+\frac{\partial z}{\partial y}\frac{\partial y}{\partial s}=\frac{\partial}{\partial x}(e^x\sin y)\frac{\partial}{\partial s}(st^2)+\frac{\partial}{\partial y}(e^x\sin y)\frac{\partial}{\partial s}(s^2t)\\ &= (e^x\sin y)(t^2)+(e^x\cos y)(2st)=t^2e^{st^2}\sin(s^2t)+2ste^{st^2}\cos(s^2t)\\ \frac{\partial z}{\partial t} &= \frac{\partial z}{\partial x}\frac{\partial x}{\partial t}+\frac{\partial z}{\partial y}\frac{\partial y}{\partial t}=\frac{\partial}{\partial x}(e^x\sin y)\frac{\partial}{\partial t}(st^2)+\frac{\partial}{\partial y}(e^x\sin y)\frac{\partial}{\partial t}(s^2t)\\ &= (e^x\sin y)(2st)+(e^x\cos y)(s^2)=2ste^{st^2}\sin(s^2t)+s^2e^{st^2}\cos(s^2t)\end{aligned}$$

연쇄법칙 2에는 3가지 유형의 변수가 있다. s와 t는 **독립변수**이고 x와 y는 **중간변수**이며, z는 **종속변수**이다. 식 (9.76)은 각각의 중간변수에 대한 하나의 항이 들어 있으며, 이들 항 각각은 식 (9.73)의 1차원 연쇄법칙과 유사하다.

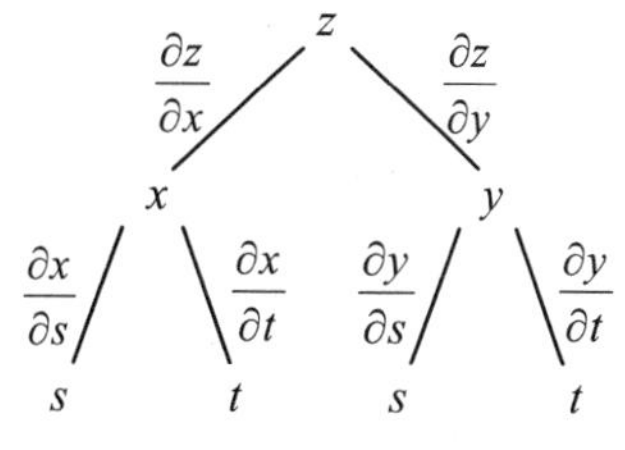

그림 9.46 연쇄법칙 나무그림

연쇄법칙을 기억하기 위하여 그림 9.46의 나무그림을 그리는 것이 도움이 된다. z가 x, y의 함수임을 알 수 있도록

종속변수 z로부터 중간변수 x, y까지 가지로 연결한다. 또 x, y로부터 독립변수 s, t까지 가지로 연결한다. 그리고 각각의 가지에 대응하는 편도함수를 쓰자. $\frac{\partial z}{\partial s}$를 구하기 위하여 z부터 s까지 각각의 경로를 따라 편도함수를 곱하고, 다시 이들을 합한다. 즉,

$$\frac{\partial z}{\partial s} = \frac{\partial z}{\partial x}\frac{\partial x}{\partial s} + \frac{\partial z}{\partial y}\frac{\partial y}{\partial s}$$

마찬가지로 $\frac{\partial z}{\partial t}$는 z부터 s까지 각각의 경로를 이용하여 구할 수 있다.

예제 9-92

평면 위에서 직각좌표를 x, y, 극좌표를 r, θ라고 하면 이들 사이에는 다음과 같은 관계식이 성립한다.

$$x = r\cos\theta,\ y = r\sin\theta \tag{9.77}$$

또는

$$r = \sqrt{x^2+y^2},\ \ \theta = \tan^{-1}\frac{y}{x} \tag{9.78}$$

가령 $\partial\theta/\partial x$를 구하고 싶다고 하자.

풀이

만일 $y = f(x)$라면 dy/dx는 dx/dy의 역수이므로 이번에도 $\partial\theta/\partial x$를 계산할 때 $\partial x/\partial\theta$의 역수로 구하면 안 된다. $\theta = \tan^{-1}(y/x)$에서는 다음을 얻고

$$\begin{aligned}\frac{\partial\theta}{\partial x} &= \frac{\partial}{\partial x}\tan^{-1}\frac{y}{x} = \frac{1}{1+(y/x)^2}\frac{d}{dx}\left(\frac{y}{x}\right) = \frac{1}{1+y^2/x^2}(-1)\frac{y}{x^2} \\ &= -\frac{1}{(x^2+y^2)/x^2}\cdot\frac{y}{x^2} = -\frac{x^2}{(x^2+y^2)}\cdot\frac{y}{x^2} = -\frac{y}{r^2}\end{aligned} \tag{9.79}$$

$x = r\cos\theta$에서는 다음과 같이 된다.

$$\frac{\partial x}{\partial\theta} = \frac{\partial}{\partial\theta}r\cos\theta = -r\sin\theta = -y \tag{9.80}$$

이 두 도함수는 역수관계에 있지 않다. 따라서 그 이유를 주의 깊게 살펴보아야 한다. $\partial\theta/\partial x$는 $(\partial\theta/\partial x)_y$를 의미하고 $\partial x/\partial\theta$는 $(\partial x/\partial\theta)_r$을 의미한다. 괄호 밖의 아래 첨자의 의미는, 즉 한 경우는 y를 고정(상수)시켰고 다른 경우에는 r고정(상수)시켰음을 나타낸다. 그러므로 두 도함수는 서로 역수가 아니다. 그러나 $(\partial\theta/\partial x)_y$와 $(\partial x/\partial\theta)_y$는 서로 역수관계이다. 직접 $(\partial x/\partial\theta)_y$를 구하려면 x를 θ와 y의 함수로 나타내어야 한다. 즉, 식 (9.77)을 이용하여 정리하면 $r = y/\sin\theta$을 얻고, 이 식을 식 (9.77)의 $x = r\cos\theta$에 대입하면 $x = y\cos\theta/\sin\theta = y\cot\theta$에서 다음을 얻는다.

$$\begin{aligned}\left(\frac{\partial x}{\partial\theta}\right)_y &= \frac{\partial}{\partial\theta}(y\cot\theta)_y = y(-\csc^2\theta) = -\frac{y}{\sin^2\theta} = -\frac{y}{(y/r)^2} \\ &= -\frac{y}{(y^2/r^2)} = -\frac{r^2}{y}\end{aligned} \tag{9.81}$$

이 식은 식 (9.79)의 $\partial\theta/\partial x$에 대한 역수이다.

일반적으로 $\partial u/\partial v$와 $\partial v/\partial u$는 서로 역수가 아니다. 그러나 u, v 이외의 다른 변수들은 고정(상수)되었으면 역수가 된다.

9.8.6 음함수의 미분

1) 1변수의 음함수

두 개의 변수 x, y간에 하나의 관계

$$f(x,\ y)=0 \tag{9.82}$$

가 존재할 때 y를 x의 **음함수**(陰函數, implicit function)라 한다. 음함수는 때에 따라 x에 관한 함수 y 한 개 또는 여러 개를 통해 변형이 가능한 경우도 있다. 이 경우에 y는 일반적으로 다가함수(多價函數)로 된다. 예를 들면, $f(x,\ y)=x^2+y^2-r^2=0$ 인 관계가 있을 때 앞 식에서 y를 x에 대하여 풀면

$$y=\pm\sqrt{r^2-x^2}$$

으로 되어 2가함수이다. 여기서 두 개의 함수 $f(x)=\sqrt{r^2-x^2}$ 와 $g(x)=-\sqrt{r^2-x^2}$ 가 결정되어 전구간(全區間) $(-r,\ r)$의 내부에 있어서 x의 연속함수이고 또한 그 곳에서 미분가능하다. 이 때 f와 g의 그래프는 각각 원 $x^2+y^2=r^2$의 상부 반원과 하부 반원이다(그림 9.47).

또한 이 구간의 내부에서 한 끝에 접근할 때의 미분계수를 구하여 보면 존재치 않는다. 이와 같이 미분계수가 존재치 않는 곳은 곧 $f_y(x,\ y)=0$로 되는 곳이다.

일반적으로 $f(x,\ y)$가 간단한 함수일 때에는 음함수 $f(x,\ y)$는 $f_y(x,\ y)\neq 0$인 점 $(x,\ y)$의 근방에서는 y는 x의 1가함수이고 더욱이 미분가능하게 된다.

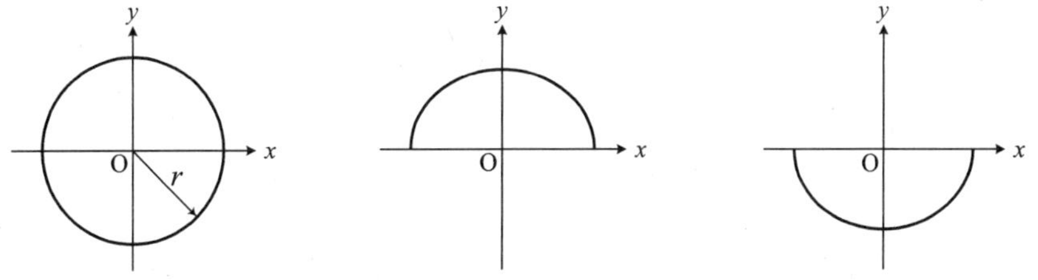

(a) $x^2+y^2=r^2$ (b) $f(x)=\sqrt{r^2-x^2}$ (c) $g(x)=-\sqrt{r^2-x^2}$

그림 9.47 음함수의 미분

식 (9.82)의 양변에 연쇄법칙(경우 1)을 적용하여 x에 관하여 미분하면

$$\frac{d}{dx}f(x,\ y)=0$$

즉,

$$\frac{df}{dx}=\frac{\partial f}{\partial x}\frac{dx}{dx}+\frac{\partial f}{\partial y}\frac{dy}{dx}=0$$

그러나 $\frac{dx}{dx}=1$이므로 앞 식을 정리하면

$$\frac{\partial f}{\partial x}+\frac{\partial f}{\partial y}\frac{dy}{dx}=0 \quad \text{또는} \quad f_x+f_y\frac{dy}{dx}=0$$

여기서 f_x, f_y는 각각 $\frac{\partial f}{\partial x}$, $\frac{\partial f}{\partial y}$이고 $f_x(x,\ y)$, $f_y(x,\ y)$를 줄여서 쓴 것이다. 그러나 $\frac{\partial f}{\partial y}(=f_y)\neq 0$이면 $\frac{dy}{dx}$에 관하여 풀면 다음 식을 얻는다.

$$\frac{dy}{dx}=-\frac{\frac{\partial f}{\partial x}}{\frac{\partial f}{\partial y}}=-\frac{f_x}{f_y} \tag{9.83}$$

예제 9-93

다음 방정식 $x^3+y^3=6xy$에 대한 $\frac{dy}{dx}$를 음함수미분법으로 구하여라.

| 풀이

주어진 방정식을 y에 대해 풀어 y를 변수 x의 구체적인 함수를 찾아낼 수 없으므로 음함수미분법으로 나타내어 $\frac{dy}{dx}$를 구한다.

주어진 식은 다음과 같이 쓸 수 있다.

$$f(x,\ y)=x^3+y^3-6xy=0$$

따라서 식 (9.83)에 의하여 다음과 같이 구한다.

$$\begin{aligned}\frac{dy}{dx}&=-\frac{f_x}{f_y}=-\frac{\frac{\partial}{\partial x}(x^3+y^3-6xy)}{\frac{\partial}{\partial y}(x^3+y^3-6xy)}=-\frac{3x^2-6y}{3y^2-6x}=-\frac{3(x^2-2y)}{3(y^2-2x)}\\&=-\frac{x^2-2y}{y^2-2x}\end{aligned}$$

주의(注意, note)

$f(x,\ y)$가 실제로 y를 포함할 때에는 f_y는 항상 0으로 되는 경우는 없으므로 $\frac{dy}{dx}$는 일반적으로 식 (9.83)에 의하여 결정된다. 그런데 특히, $f_y=0$와 같은 x, y의 값에 대해서는 $\frac{dy}{dx}$는 유한확정치(有限確定値)를 갖지 않는다. 다시 2계도함수를 구하는데 있어서는 식 (9.83)에서부터

$$\frac{d^2y}{dx^2} = -\frac{d}{dx}\left(\frac{f_x}{f_y}\right) = -\frac{f_y\frac{d}{dx}f_x - f_x\frac{d}{dx}f_y}{f_y^2}$$

$$= -\frac{f_y\left(f_{xx} - f_{xy}\frac{dy}{dx}\right) - f_x\left(f_{xy} + f_{yy}\frac{dy}{dx}\right)}{f_y^2}$$

앞 식에 식 (9.83)을 대입하면 다음과 같은 식이 얻어진다.

$$\frac{d^2y}{dx^2} = -\frac{f_{xx}f_y^{\ 2} - 2f_{xy}f_xf_y + f_{yy}f_x^2}{f_y^3}$$

2) 2변수의 음함수

함수 $f(x, y, z)$가 x, y, z의 함수인 경우

$$f(x, y, z) = 0 \tag{9.84}$$

인 관계가 존재할 때 함수 z를 x와 y와의 음함수라 한다. 식 (9.84)에 의하여 결정되는 함수를 $z=\phi(x, y)$라 하면 이것을 식 (9.84)의 z로 바꾸어 놓으면 **항등식**(恒等式, identity)이 얻어진다. 지금 y를 상수라 보고 z를 x만의 함수라 생각하여 식 (9.84)의 양변을 다음과 같이 연쇄법칙을 이용하여 x에 관하여 미분하면 다음과 같다.

$$\frac{df}{dx} = \frac{\partial f}{\partial x}\frac{\partial x}{\partial x} + \frac{\partial f}{\partial y}\frac{\partial y}{\partial x} + \frac{\partial f}{\partial z}\frac{\partial z}{\partial x} = 0$$

그러나 $\frac{\partial}{\partial x}(x) = 1$이고 $\frac{\partial}{\partial x}(y) = 0$이므로

$$\frac{\partial f}{\partial x} + \frac{\partial f}{\partial z}\frac{\partial z}{\partial x} = 0 \quad \text{또는} \quad f_x + f_z\frac{\partial z}{\partial x} = 0$$

이다. 만약 $\frac{\partial f}{\partial z}(=f_z) \neq 0$이면 $\frac{\partial z}{\partial x}$에 대하여 풀면 식 (9.85)에 있는 첫 번째 공식을 얻는다.

같은 방법으로 구하면

$$\frac{\partial f}{\partial y} + \frac{\partial f}{\partial z}\frac{\partial z}{\partial y} = 0 \quad \text{또는} \quad f_y + f_z\frac{\partial z}{\partial y} = 0$$

가 얻어진다. 만약 $\frac{\partial f}{\partial z}(=f_z) \neq 0$이면 $\frac{\partial z}{\partial y}$에 대하여 풀면 식 (9.85)에 있는 두 번째 공식을 얻는다. 따라서 $f_z \neq 0$인 곳에서는

$$\frac{\partial z}{\partial x} = -\frac{\frac{\partial f}{\partial x}}{\frac{\partial f}{\partial z}} == -\frac{f_x}{f_z}, \quad \frac{\partial z}{\partial y} = -\frac{\frac{\partial f}{\partial y}}{\frac{\partial f}{\partial z}} = -\frac{f_y}{f_z} \tag{9.85}$$

▌ 항등식 ▌

[식에 포함된 문자에 어떤 값을 넣어도 언제나 성립하는 등식]

등호(=)로 연결한 등식에서 그 중의 각각의 문자, 즉 미지수에 어떠한 수를 넣어도 등식이 성립할 때, 그 등식은 **항등식**이라 한다. 예를 들면, $a+b=b+a$ 식에서 a와 b가 어떤 값을 가져도 항상 양변이 같고, $2x=x+x$ 식에서 미지수 x에 어떤 값을 넣어도 항상 양변이 같은 경우이다. 이와 달리 **방정식**은 미지수의 특정한 값에 따라 참이 되기도 하고 거짓이 되기도 한다.

예제 9-94

다음 방정식 $x^3+y^3+z^3+6xyz=1$ 에 대한 $\frac{\partial z}{\partial x}$ 와 $\frac{\partial z}{\partial y}$ 를 구하여라.

▌풀이

주어진 식은 다음과 같이 쓸 수 있다.

$$f(x, y, z)=x^3+y^3+z^3+6xyz-1=0$$

따라서 식 (9.84)에 의하여 다음과 같이 구한다.

$$\frac{\partial z}{\partial x}=-\frac{f_x}{f_z}=-\frac{\frac{\partial}{\partial x}(x^3+y^3+z^3+6xyz-1)}{\frac{\partial}{\partial z}(x^3+y^3+z^3+6xyz-1)}=-\frac{3x^2+6yz}{3z^2+6xy}$$

$$=-\frac{3(x^2+2yz)}{3(z^2+2xy)}=-\frac{x^2+2yz}{z^2+2xy}$$

$$\frac{\partial z}{\partial y}=-\frac{f_y}{f_z}=-\frac{\frac{\partial}{\partial y}(x^3+y^3+z^3+6xyz-1)}{\frac{\partial}{\partial z}(x^3+y^3+z^3+6xyz-1)}=-\frac{3y^2+6xz}{3z^2+6xy}$$

$$=-\frac{3(y^2+2xz)}{3(z^2+2xy)}=-\frac{y^2+2xz}{z^2+2xy}$$

다시 식 (9.84)을 각각 x 또는 y에 관하여 미분하여서 $\frac{\partial^2 z}{\partial x^2}$ 또는 $\frac{\partial^2 z}{\partial y^2}$ 를 구할 수 있다. 이 형식은 식 (9.83)으로부터 추정할 수 있다.

다음의 연립방정식 $f(x, y, z)=0$, $g(x, y, z)=0$에 의하여 y, z가 다 같이 x의 함수일 때에 x에 관한 도함수를 구하려면 첫째 앞의 두 식을 x에 관하여 미분하여

$$\frac{\partial f}{\partial x}+\frac{\partial f}{\partial y}\frac{\partial y}{\partial x}+\frac{\partial f}{\partial z}\frac{\partial z}{\partial x}=0$$

$$\frac{\partial g}{\partial x}+\frac{\partial g}{\partial y}\frac{\partial y}{\partial x}+\frac{\partial g}{\partial z}\frac{\partial z}{\partial x}=0$$

이 얻어지므로 이들을 연립방정식을 풀어서 $\frac{dy}{dx}$, $\frac{dz}{dx}$ 를 구하면 좋다.

이것에는 행렬식(行列式)을 이용하면 편리하다. 즉,

$$\Delta = \begin{vmatrix} \dfrac{\partial f}{\partial y} & \dfrac{\partial f}{\partial z} \\ \dfrac{\partial g}{\partial y} & \dfrac{\partial g}{\partial z} \end{vmatrix} \neq 0$$

이면

$$\frac{dy}{dx} = -\frac{\begin{vmatrix} \frac{\partial f}{\partial x} & \frac{\partial f}{\partial z} \\ \frac{\partial g}{\partial x} & \frac{\partial g}{\partial z} \end{vmatrix}}{\Delta}, \quad \frac{dz}{dx} = -\frac{\begin{vmatrix} \frac{\partial f}{\partial y} & \frac{\partial f}{\partial x} \\ \frac{\partial g}{\partial y} & \frac{\partial g}{\partial x} \end{vmatrix}}{\Delta}$$

함수는 $y = y(x)$ 라는 형(양함수, 陽函數)이 아니라 $f(x, y) = 0$ 라는 형(음함수, 陰函數)으로 쓰는 경우가 있다(5.1.1항 참조). 이 때 전미분을 응용하면 양함수로 바꾸지 않고 직접 음함수에서 y' 를 구할 수가 있다.

이제 $z = f(x, y)$로 두면 $dz = f_x dx + f_y dy$.이다. 그러나 x 와 y 는 $f(x, y) = 0$이라는 관계이므로 z는 x, y에 상관없이 항상 0으로 일정하다. 따라서 $dz = 0$, 즉

$$\frac{dy}{dx} = -\frac{f_x}{f_y} \quad \text{(음함수의 미분 공식)}$$

예제 9-95

$x^2/a^2 - y^2/b^2 = 1$ 위의 점 $P(x, y)$에서 경사(傾斜) dy/dx를 음함수의 미분공식에 의해 구하여라.

▌풀이

주어진 식은 $f(x, y) = x^2/a^2 - y^2/b^2 - 1 = 0$

그러므로 $f_x = \dfrac{\partial f}{\partial x} = \dfrac{\partial}{\partial x}(x^2/a^2 - y^2/b^2 - 1) = 2x/a^2$

$$f_y = \frac{\partial f}{\partial y} = \frac{\partial}{\partial y}(x^2/a^2 - y^2/b^2 - 1) = -2y/b^2$$

음함수의 미분공식 (9.83)에 앞 식들을 대입하여 정리하면 다음과 같다.

$$\frac{dy}{dx} = -\frac{f_x}{f_y} = -\frac{2x/a^2}{-2y/b^2} = \frac{b^2 x}{a^2 y}$$

예제 9-96

$r = \sqrt{x^2 + y^2 + z^2}$ 일 때, $\dfrac{\partial^2}{\partial x^2}\dfrac{1}{r} + \dfrac{\partial^2}{\partial y^2}\dfrac{1}{r} + \dfrac{\partial^2}{\partial z^2}\dfrac{1}{r}$ 을 구하여라. 단, 계산결과를 간단하게 하기 위해 이 식은 $\nabla^2(1/r)$로 쓰도록 한다.

▌풀이

먼저, 미분의 규칙(9.2절 표 9.3) B5에 의해 1계 편미분계수를 구한다.

$u = x^2 + y^2 + z^2$ 로 두면, $1/r = u^{-1/2}$

따라서, $\frac{\partial}{\partial x}\frac{1}{r} = \frac{d}{du}\frac{1}{r} \cdot \frac{\partial u}{\partial x} = -\frac{1}{2}u^{-3/2} \cdot 2x = -\frac{1}{2}\left(\frac{1}{r}\right)^3 \cdot 2x = -\frac{x}{r^3}$

$1/r$은 u의 1변수함수이므로, $d(1/r)/du$와 d를 이용한다. 한편, u는 x, y, z와 다변수함수의 편미분이므로 ∂를 이용한다.

다음으로 2계 편미분계수를 위의 결과나 미분의 규칙 B4, B5를 이용해서 구한다. 사전에 $\partial r/\partial x = \partial u^{1/2}/\partial x = x/r$ 또는 $\partial r^3/\partial x = 3rx$(이런 식은 스스로 확인하여라)이라는 것을 계산하면 된다. 그러면

$$\frac{\partial^2}{\partial x^2}\frac{1}{r} = \frac{\partial}{\partial x}\left(\frac{\partial}{\partial x}\frac{1}{r}\right) = \frac{\partial}{\partial x}\left(-\frac{x}{r^3}\right) = -\frac{r^2 - 3x^2}{r^5}$$

y, z에 관한 2계 편미분계수도 똑같이 구할 수 있다.

$$\frac{\partial^2}{\partial y^2}\frac{1}{r} = \frac{r^2 - 3y^2}{r^5}, \quad \frac{\partial^2}{\partial z^2}\frac{1}{r} = -\frac{r^2 - 3z^2}{r^5}$$

위의 결과로부터 바로 해를 다음과 같이 구할 수 있다.

$$\nabla^2\frac{1}{r} = 0$$

이렇게 복잡한 미분을 할 때는 항상 차원에 주의해서 착오를 방지해야 한다.

1. 이 식은 질점의 중력(重力)포텐셜의 문제에 나온다. 보통 f가 $f(x, y, z)$인 3변수함수일 때 $\nabla^2 f = 0$을 Laplace(프랑스, 1749~1827)의 방정식이라 한다.
2. 미분연산자 ∇는 del(또는 nabla)라고 읽는다. Laplace 연산자 ∇^2(nabla squared라고 읽는다)는 Δ(delta라고 읽는다)라고도 쓰고, Laplacian이라고도 부른다. $\nabla^2 f$는

   $$\nabla^2 f = \frac{\partial^2 f}{\partial x^2} + \frac{\partial^2 f}{\partial y^2} + \frac{\partial^2 f}{\partial z^2}$$

   이다. f가 2변수함수 $f(x, y)$일 때는 $\nabla^2 f$의 마지막 항은 없어진다. $\nabla^2 f$인 식은 막(膜)이나 와이어의 진동, 기둥의 비틀림, 물질의 확산 및 열전도 등의 문제에 나타낸다. 또 $\nabla^4 f$ ($\Delta\Delta f$ 라고도 쓴다)인 기호가 있고, 예를 들면 2변수의 경우 $\nabla^4 f = \frac{\partial^4 f}{\partial x^4} + 2\frac{\partial^4 f}{\partial x^2 \partial y^2} + \frac{\partial^4 f}{\partial y^4}$ 인 식이, 판(板)이나 교량의 진동(振動) 문제(問題) 등에 나타난다.

9.9 적분법

이미 9장 앞에서 말한 바와 같이 $\int$(적분 또는 integral이라고 읽는다)이라는 신비로운 기호는 「합을 구하기」(summation)의 옛 영국문자의 머리글자 S를 길게 잡아 늘려 쓴 것에 불과하며 「… 의 합」 또는 「동일한 양(量)들의 합」이라는 뜻이다. 그러므로 $\int$은 합(合, summation)을 나타내는 기호 Σ(sigma)와 의미가 매우 유사하다. 그러나 이 두 기호를 사용함에 있어서 수학을 다루는 사람들은 이들의 의미를 명확히 구별하여 사용하고 있는데 기호 Σ는 일반적으로 유한한 양들을 합하는 경우 총합을 구하는데 사용되며, 기호 $\int$는 무수히 많은 아주 미세한 크기의 작은 양들을 합하여 전체를 만드는 경우 극한합(極限合, limit-sum)을 나타내는데 기호적으로는 $\int = \lim \sum$과 같이 쓸 수 있다. 그러므로 $\int dy = y$, $\int dx = x$를 뜻한다.

어떤 것의 전체는 작은 부분들이 많이 모여 이루어져 있다고 생각할 수 있으며 그 부분의 크기가 작으면 작을수록 전체를 이루는 작은 부분들의 수는 한층 더 많아진다. 10 cm 크기의 노끈은 10개의 작은 토막으로 이루어져 있다고 생각할 수 있으며 이 때 각 노끈 토막의 길이가 1 cm가 된다. 또 100개의 작은 토막으로 되어 있다고 생각할 수 있고 이 때 토막의 길이가 $\frac{1}{10}$ cm가 된다. 또한 10 000 000개의 토막으로 되어 있다고 생각할 때는 각 토막의 길이는 $\frac{1}{1\,000\,000}$ cm가 된다. 이러한 생각을 무한히 확장하면 전체라는 것은 한없이 작은 크기의 원소들이 무한히 많이 모여서 이루어진 결과라고 생각할 수 있다.

이러한 것은 사실이다. 그러나 이러한 식으로 생각하는 것은 도대체 무슨 의미가 있는 것일까? 도대체 하나의 전체를 왜 직접적으로 생각하지 않는가? 이러한 의문에 대한 답은 어떤 큰 것을 하나로 계산하는 것이 무수히 많은 작은 부분들의 합을 어림잡아 계산하지 않고는 불가능한 경우가 너무나 많기 때문이다. 그러므로 **적분**(積分, integration)은 전체를 손쉽게 계산할 수 있게 해준다. 그렇지 않고는 직접적으로 전체의 크기를 측정할 수 없다.

우리가 이미 잘 알고 있는 예로서 무수히 많은 부분들을 합하는 두 개의 간단한 경우를 보기로 들어보자.

우선 다음 무한수열의 합을 생각해 보자.

$$1 + \frac{1}{2} + \frac{1}{4} + \frac{1}{8} + \frac{1}{16} + \frac{1}{32} + \frac{1}{64} + \cdots$$

앞의 수열과 같이 항이 한없이 증가되는 수열의 마지막 각 항들은 전항(前項)의 반이 된다. 이 수열을 무한개의 항으로 전개시켰을 때 총합은 얼마인가? 그 합이 2가 된다는 것을 누구든지 알 수 있다. 한 개의 직선을 예로 이것을 그려보자. 1 cm로 시작해 보면 1 cm, $\frac{1}{2}$ cm, $\frac{1}{4}$ cm, $\frac{1}{8}$ cm, … 이렇게 계속 길이가 반으로 줄어드는 것을 그림 9.48로 나타난다.

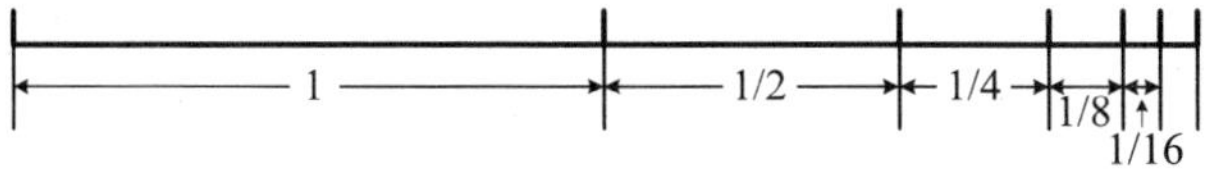

그림 9.48 무한수열

이러한 전개과정 중 어느 한 항에서 생각해보면 전체를 합하여 2 cm가 되려면 언제나 한 선분의 길이가 모자라며, 그 모자라는 선분의 길이는 언제나 마지막 항으로 부가되어 합해진 선분의 길이와 똑같다. 그러므로 1, $\frac{1}{2}$, $\frac{1}{4}$을 합하면 $1\frac{3}{4}$이 되어 2까지는 $\frac{1}{4}$이 모자라고, 더 계속해서 $\frac{1}{64}$까지 합하면 $1\frac{63}{64}$이 되어 아직도 2까지는 $\frac{1}{64}$이 모자란다는 것을 알 수 있다. 그러므로 모자라는 부분은 마지막으로 합해진 항의 크기와 언제나 똑같다. 그러므로 무한개의 항을 합하면 실제로 한없이 2 cm에 가까워진다. 우리가 선분으로 나타낼 수 없을 정도로 아주 작은 수(數)를 택할 수 있을 때에만 실제적으로 그렇게 될 수 있지만 적어도 10번째 항 이후부터가 될 것이므로, 이 때 11번째 항은 $\frac{1}{1\,024}$이 된다. 전자계산기라도 계산할 수 없을 정도로 계속 합한다고 하더라도 약 20항 정도까지 밖에 계속할 수는 없을 것이다. 그리고 18항 째 선분의 크기는 현미경으로도 볼 수 없으므로 무한개의 항을 계속 합한다는 것은 실제로 매우 어려운 일이다. 그렇지만 적분은 이 전체를 구하는 과정이 쉽고 간단하다. 앞으로 배우겠지만 적분학은 무한개의 항을 합하여 얻어진 결과의 정확한 크기를 알 수 있게 해주며, 이러한 경우 적분학은 끝없이 힘들여 계산하지 않으면 안 되는 일을 빠르고 쉽게 할 수 있도록 해준다. 그러면 이 적분을 어떻게 하는지 그 방법에 대하여 알아보자.

곡선과 곡선의 기울기

곡선의 기울기에 대한 좀 기초적인 문제를 생각해 보자. 어떤 곡선식을 미분한다는 것은 그 곡선의 기울기(또는 각점에서의 기울기)를 구하는 의미라는 것을 알고 있다. 그러면 기울기가 주어진다면 그 곡선식을 재구성할 수 있는 미분의 역 과정을 어떻게 해낼 수 있을까?

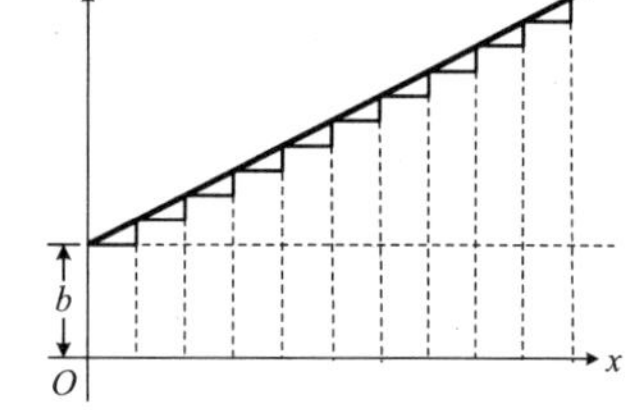

그림 9.49 단순 직선방정식

그림 9.49와 같이 아주 단순한 직선의 방정식이 $y=ax+b$로 주어졌다.

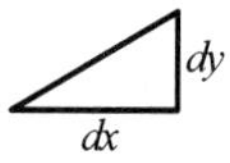

여기서 b는 $x=0$일 때 y의 절편(최초 높이)이며, a는 도함수 $\frac{dy}{dx}$와 같은 것으로 이 직선의 기울기이다. 즉 이 직선의 기울기는 상수이므로 일정하다. 따라서 이 직선의 기울기가 어느 점에서나 오른쪽 그림과 같은 삼각형들의 밑변 dx에 대한 높이 dy의 비는 언제나 똑같다. dx와 dy들이 각각 일정한 크기를 가지고 있다고 가정하고 dx가 10개 모여

10 cm가 된다고 하면 다음과 같은 10개의 작은 삼각형들이 된다.

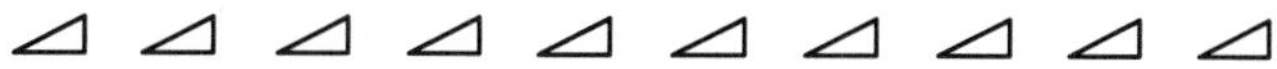

이것을 근거로 하여 곡선을 다시 구성해야 한다면 $\dfrac{dy}{dx} = a$ 라는 자료만 가지고 시작해야 한다. 어떻게 무엇을 해야 할 것인가? 작은 dx와 dy들은 일정한 크기라고 간주하면 기울기가 모두 같은 10개의 작은 삼각형들을 그릴 수 있고 이들을 모두 차례차례 일렬로 붙여 놓으면 다음 그림 9.50과 같이 이어지며 이 직선의 기울기는 정확하게 $\dfrac{dy}{dx} = a$이다. dy와 dx를 일정하게 잡든지 또는 무한히 작게 잡더라도 그 결과는 마찬가지로 $\dfrac{dy}{dx} = a$가 된다. 또 y를 모든 dy의 합으로 해도 같은 결과를 얻는다. 그러나 남은 문제는 이 직선의 시점을 어디에 놓아야 할 것인가? 하는 것이다. 원점인 O에서 시작할까? 그렇지 않으면 그 보다 훨씬 위에서 시작하여야 할까? 우리가 알고 있는 정보는 단지 기울기에 관한 것뿐이므로 원점 O으로부터 얼마나 위에서 시작해야하는지는 전혀 알 수 없다. 따라서 실제 최초의 높이는 결정할 수 없다. 그러나 최초의 높이에 관계없이 기울기는 일정하므로 이 직선이 원점 O으로부터 C의 높이에서 시작한다고 가정하면 구하려고 하는 식은 다음과 같이 된다.

$$y = ax + C$$

앞 식에서 이 식에 더해진 상수 C는 $x = 0$일 때 y의 특정한 값이라는 것을 알려준다.

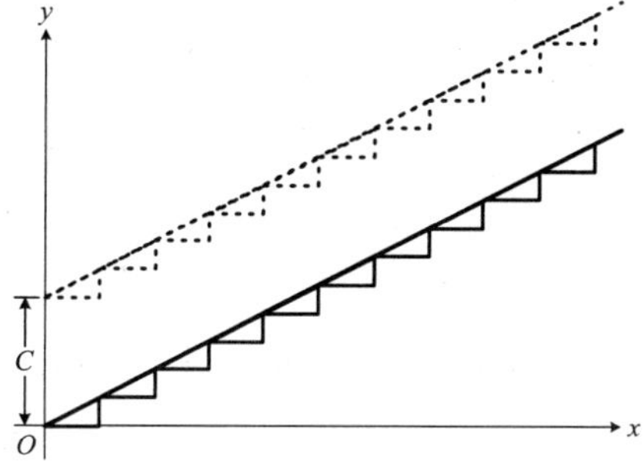

그림 9.50 기울기가 일정한 작은 삼각형들을 차례로 붙인 모양

다음의 예로 좀 더 어려운 비선형(非線型) 문제로 기울기가 일정하지 않고 점차 커지는 경우(곡선)를 생각해 보자. x가 증가함에 따라 기울기가 점점 더 커지는 경우이며 다음과 같은 식으로 나타내었다.

$$\frac{dy}{dx} = ax$$

구체적인 예로 앞 식에 $a=\frac{1}{5}$을 넣으면 다음 식이 된다.

$$\frac{dy}{dx}=\frac{1}{5}x$$

앞 식에 x의 여러 값들을 넣어서 각각에 대한 기울기를 몇 개 구해 보고 이에 해당하는 기울기의 형을 다음 표 9.6과 같이 그려보는 것이 좋다.

표 9.6 곡선에서 각 x값에 대한 기울기의 형태

$x=0$,	$\frac{dy}{dx}=0$		$x=3$,	$\frac{dy}{dx}=0.6$	
$x=1$,	$\frac{dy}{dx}=0.2$		$x=4$,	$\frac{dy}{dx}=0.8$	
$x=2$,	$\frac{dy}{dx}=0.4$		$x=5$,	$\frac{dy}{dx}=1.0$	

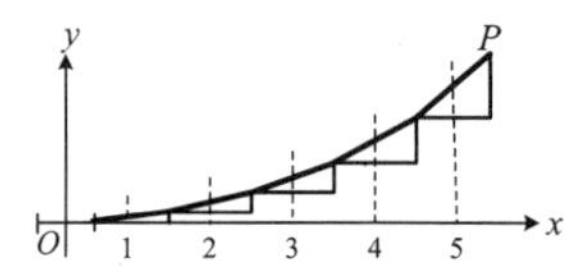

그림 9.51

이 삼각형들을 모아서 밑변의 중간점이 일정간격 우측으로 배열되도록 모서리와 모서리를 이어서 연결하면 그림 9.51과 같이 된다. 물론 이 때 매끈한 곡선이 그려지지 않고 개략적인 모양만 나타난다.

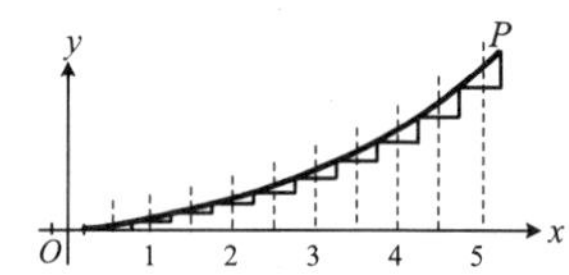

그림 9.52

단위 길이를 그림 9.51의 반으로 잡고 삼각형의 수를 2배로 해서 그리면 그림 9.52와 같으며 이 그림은 전 그림보다 한층 더 사실에 근사한 곡선이 됨을 알 수 있다. 그러나 조금 더 완전한 곡선을 그리려면 dx와 이에 대응되는 dy는 각각 그 크기를 한없이 작게 잡고, 이들의 개수는 한없이 많게 해야 한다.

그러면 y의 값은 어떻게 정해지는가? 곡선의 어떤 점 P에서 y의 값은 0에서부터 P까지의 높이에 이르는 모든 작은 dy들의 합이 될 것이다. 즉, $\int dy=y$가 된다. 그리고 dy는 각각 $\frac{1}{5}x\cdot dx$들의 합이 되어 다음과 같이 쓸 수 있다.

$$y=\int\frac{1}{5}x\cdot dx$$

여기서 x가 상수였다면 $\int\frac{1}{5}x\cdot dx$는 $\frac{1}{5}x\int dx$ 또는 $\frac{1}{5}x^2$과 같게 되었을 것이다. 그러나 x는 0에서부터 시작되어 점점 증가하여 점 P인 x의 특정한 값까지 포함된 것이다. 그러므로 0에서부터 그 점까지 x의 평균은 $\frac{1}{2}x$가 된다. 그러므로

$$y = \int \frac{1}{5} x \cdot dx = \frac{1}{10} x^2$$

이 된다.

그러나 앞의 예에서와 같이 여기서도 미지의 상수 C를 더해주지 않으면 안 된다. 왜냐하면 $x=0$일 때, 즉 원점으로부터 얼마나 떨어진 높이에서 이 곡선이 시작되는지를 모르기 때문이다. 그러므로 그림 9.53에 나타낸 곡선의 식은 다음과 같이 쓸 수밖에 없을 것이다.

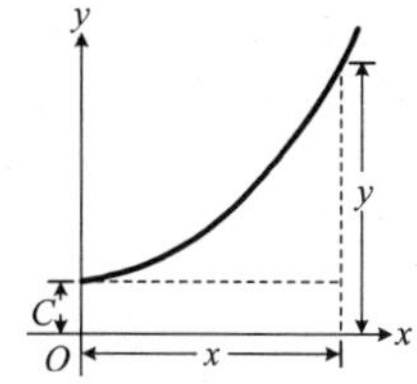

그림 9.53

$$y = \frac{1}{10} x^2 + C$$

9.9.1 적분은 미분의 역과정

미분이란 y가 x의 함수일 때 주어진 함수의 도함수 $\frac{dy}{dx}$를 구하는 과정이다. 그의 역과정, 즉 주어진 함수를 도함수로 가지는 함수를 구하는 것을 **역미분법**(逆微分法)이라 하고 그 구한 함수를 주어진 함수의 **역도함수**(逆導函數)라 한다.

어떠한 수학적 계산의 경우와 마찬가지로 미분과정은 역순으로 전개될 수 있다. 예를 들면, $y=x^4$을 미분하면 $\frac{dy}{dx}=4x^3$이 되는데, 이 때 $4x^3$은 x^4의 x에 관한 도함수이다. 그리고 $\frac{dy}{dx}=4x^3$에서 시작하여 미분을 역으로 전개하면 $y=x^4$이 되므로 x^4은 $4x^3$의 역도함수이다. 그러나 여기에 흥미로운 점이 있다. 즉, 다음 식들에서 볼 때 x^4, x^4+a, x^4+c, x^4+미지의 상수, 이중의 어느 것을 미분해도 $\frac{dy}{dx}=4x^3$을 얻는 다는 사실이다. 그러나 적분하면 모두 상수만큼의 차이 밖에 없다. 그러므로 도함수 $\frac{dy}{dx}$로부터 y를 역으로 구할 때는 **언제나 상수를 더해 주어야 한다는 사실**을 명심해야 한다. 이 때의 상수를 **적분상수**(積分常數, constant of integration)라고 하며 이 값은 어떤 또 다른 방법으로 확인될 때까지는 미지의 값으로 남게 된다. 그러므로 x^n을 미분하면 nx^{n-1}이 되며, $\frac{dy}{dx}=nx^{n-1}$을 역순으로 전개하면 $y=x^n+C$가 되며, 이 때 C는 미지의 적분상수가 된다.

x의 거듭제곱을 다룰 때 미분의 역과정은 거듭제곱한 지수에 1을 더하고(지수+1), 이 증가된 지수로 나눈 후[1/(지수+1)] 적분상수를 더해주면 된다.

그러므로 다음의 경우, 미분의 역과정은 아래와 같다.

$$\frac{dy}{dx} = x^n \quad \Rightarrow \quad y = \frac{1}{n+1} x^{n+1} + C$$

$y = ax^n$을 미분하면

$$\frac{dy}{dx} = anx^{n-1}$$

이 되며 $\frac{dy}{dx} = anx^{n-1}$로부터 시작하여 역 과정을 전개하면

$$y = ax^n$$

이 되는 것은 너무나 당연하다. 그러므로 곱해지는 상수를 취급할 때는 적분되어진 결과에 상수를 단순히 곱해주면 된다. 그러므로

$$\frac{dy}{dx} = 4x^2$$

이라면 역순으로 전개하면 다음 식이 된다.

$$y = \frac{4}{3}x^3$$

그러나 이것만으로는 완전하지 못하다. 다음 식

$$y = ax^n + C$$

로부터 출발할 경우 C는 상수항이고, 이때도 역시 다음과 같은 식을 얻게 된다.

$$\frac{dy}{dx} = anx^{n-1}$$

그러므로 미분의 역 과정을 전개하면 확실한 값은 모르지만 미지의 적분상수를 더해주어야 한다.

이러한 미분의 역과정을 **적분**(積分, integration)이라고 한다. 이것은 dy 또는 $\frac{dy}{dx}$에 관한 표현만이 주어졌을 때 전체의 크기 y를 구하는 것이다. 지금까지는 가능하면 dy 또는 dx를 동시에 써서 하나의 미분계수로 생각하여 사용해 왔으나 앞으로는 아주 흔히 이들을 분리시켜 하나씩 사용해야 할 것이다.

$\frac{dy}{dx} = x^2$이라는 간단한 경우를 예를 들면 이것을 $dy = x^2dx$와 같이 써놓고 수학적인 일들을 한다는 것이다.

여기에서 보면 y를 이루고 있는 한 개의 요소는 x를 이루고 있는 한 개의 요소에다 x^2을 곱한 것과 같다는 것을 의미하는 하나의 **미분방정식**(微分方程式, differential equation)이다. 우리가 원하는 것은 적분(integral), 즉 어떤 것의 합이고 전체이므로 양변 항을 각각 합하라는 지시를 상징해주는 적절한 기호를 넣어 주어야 한다. 그러므로 다음과 같은 식이 된다.

$$\int dy = \int x^2 dx$$

(앞의 식은 「integral dy는 integral x^2dx와 같다」라고 읽는다)

우리는 아직도 적분을 수행하지 않았다. 적분하라는 지시만을 써놓은 것에 불과하다. 자, 그러면 적분을 시도해보자. 많은 사람들이 이것을 할 수 있는데 우리라고 못할 리가 없다. 앞 식에서 왼쪽 항은 매우 간단하다. y를 구성하고 있는 모든 요소들을 합하면 y 그 자체가 된다. 그러므로 다음과 같이 쓸 수 있다.

$$y = \int x^2 dx$$

그러나 이 식의 오른쪽 항을 적분하려면 적분해야 하는 것이 모두 dx들만이 아니라 x^2dx라는 것이 전체라는 것을 알아야 한다. 그리고 이것은 $x^2\int dx$와도 같지 않은데 그것은 x^2이 상수가 아니기 때문이다. x가 정해짐에 따라 dx의 약간이 x^2의 큰 값에 의해 곱해지며 dx의 약간이 x^2의 아주 작은 값들에 의해 곱해지는 것이다. 그러므로 적분과정은 미분의 역과정이란 것을 생각해야 한다. 이 역과정의 방법은 바로 앞에서 x^n을 예로 든 바와 같이 「거듭제곱 지수에 1을 더하고, 이 증가된 지수로 나눈다」, 즉 x^2dx는 적분하면 $y=\frac{1}{3}x^3$이 된다. 이것을 식에 넣고 반드시 적분상수 C를 더하는 것을 잊어서는 안 된다. 그러므로

$$y=\frac{1}{3}x^3 + C$$

이 결과는 실제로 적분한 것인데, 이 과정이 얼마나 쉬운 일인가?

1) 부정적분의 정의

함수 $F(x)$가 구간 $[a, b]$에 있어서 미분가능일 때는 $F(x)$를 미분하여 그의 도함수 $F'(x)$를 얻는다. 지금 $F'(x)$를 $f(x)$라고 놓을 때, $F(x)$를 함수 $f(x)$의 **부정적분**(不定積分, indefinte intgral)이라 하고 그 들의 관계를 다음과 같이 나타낸다.

$$\int f(x)dx = F(x) + C \quad (\text{단, } C\text{는 임의의 상수})$$

여기서 $\int$는 **적분기호**(積分記號, integral sign), 적분이 되는 함수 $f(x)$를 **피적분함수**(被積分函數, integrand), x를 **적분변수**(積分變數, integral variable, C를 **적분상수**(積分常數, integration constant) 그리고 $F(x)+C$를 $f(x)$의 임의의 **부정적분** 또는 **역도함수**(逆導函數,

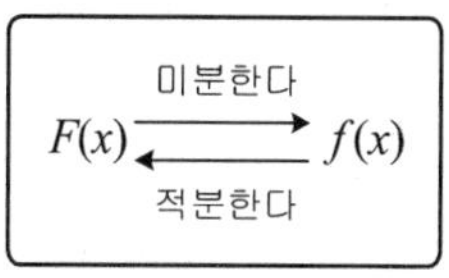

그림 9.54

antiderivartive)이라 한다(그림 9.55). 그리고 dx는 x가 적분변수임을 확인시켜주는 역할을 하며 x에 관하여 적분한다는 뜻이다.

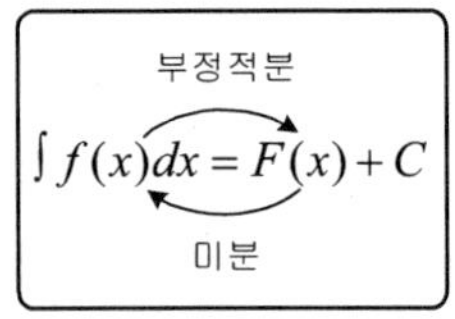

그림 9.55

$f(x)$의 부정적분 $F(x)$를 정의함에 있어서 하나의(an)라는 표현은 꼭 하나(the)에 있지 않고 여러 개 있음을 강조하는 것에 주목하라(그림 9.54).

함수 $f(x)$의 부정적분 $F(x)$를 구하는 것을 $f(x)$를 **적분한다**(integrate)라고 하며, $f(x)$의 부정적분 $F(x)$를 다음과 같은 기호로 나타낸다.

$$\int f(x)\,dx,\quad \int f\,dx,\quad \int f$$

2) 부정적분과 도함수

(1) $\int\left\{\frac{d}{dx}f(x)\right\}dx = F(x) + C$ (단, C는 적분상수)

(2) $\frac{d}{dx}\left\{\int f(x)dx\right\} = F(x)$

(1) 먼저 미분을 하고 나중에 적분을 하면 ➡ (원래의 식) + C(단, C는 적분상수)
(2) 적분을 먼저하고 나중에 미분을 하면 ➡ 원래의 식

부정적분과 도함수와는 서로 역인 관계가 있다. 미분법의 공식을 역으로 쓰면 도함수에서 최초의 함수, 즉 그의 부정적분이 곧 구해진다. 예를 들면, $\sin x$의 도함수 $(\sin x)'$는 $(\sin x)' = \cos x$ 이고, 역으로 $\sin x$는 $\cos x$의 부정적분, 즉 $\int \cos x\,dx = \sin x + C$이다. 그리고 $(x^{n+1})' = (n+1)x^n$이고, 역으로 $\int x^n dx = \frac{1}{n+1}x^{n+1} + C$이다.

3) 미분과 적분사이의 관계

$F'(x) = f(x)$일 때 $\int f(x)\,dx = F(x) + C$ (단, C는 적분상수)

예 $(4x)' = 4$이므로 $\int 4\,dx = 4\int dx = 4\int 1dx = 4(x + C_1) = 4x + 4C_1 = 4x + C$

앞 식에서 $4C_1$도 임의의 상수이므로 이것을 상수 C로 바꾸어 놓은 것이다.

$(x^5)' = 5x^4$이므로 $\int 5x^4 dx = 5\int x^4 dx = x^5 + C$

예제 9-97

다음 부정적분을 구하여라.

(1) $\int 7\,dx$ (2) $\int 6x^3dx$ (3) $\int \sqrt[3]{x}\,dx$

(4) $\int \frac{1}{\sqrt{x}}\,dx$ (5) $\int (3x^2+6x-2)dx$ (6) $\int (x^2+xt)dt$

(7) $\int (t+1)(t-1)dt$

풀이

(1) $(7x)'=7$ 이므로 $\int 7\,dx=7\int 1\,dx=7x+C \quad (n=0)$

(2) $\left(\frac{3}{2}x^4\right)'=6x^3$ 이므로 $\int 6x^3dx=6\int x^3dx=6\frac{x^{3+1}}{3+1}+C=\frac{3}{2}x^4+C$
$(n=3)$

(3) $\left(\frac{3}{4}x^{4/3}\right)'=\sqrt[3]{x}$ 이므로 $\int \sqrt[3]{x}\,dx=\int x^{1/3}dx=\frac{x^{\frac{1}{3}+1}}{\frac{1}{3}+1}+C=\frac{3}{4}x^{\frac{4}{3}}+C$
$\left(n=\frac{1}{3}\right)$

(4) $(2\sqrt{x})'=(2x^{\frac{1}{2}})'=\frac{1}{\sqrt{x}}$ 이므로

$$\int \frac{1}{\sqrt{x}}\,dx=\int x^{-\frac{1}{2}}dx=\frac{x^{-\frac{1}{2}+1}}{-\frac{1}{2}+1}+C=\frac{x^{\frac{1}{2}}}{\frac{1}{2}}+C=2\sqrt{x}+C$$

$\left(n=-\frac{1}{2}\right)$

(5) $(x^3+3x^2-2x)'=3x^2+6x-2$ 이므로 $(n=2,\ 1,\ 0)$

$$\begin{aligned}\int (3x^2+6x-2)dx &= 3\int x^2dx+6\int xdx-2\int dx\\ &=3\left(\frac{x^{2+1}}{2+1}+C_1\right)+6\left(\frac{x^{1+1}}{1+1}+C_2\right)-2(x+C_3)\\ &=x^3+3C_1+3x^2+6C_2-2x-2C_3=x^3+3x^2-2x+C\end{aligned}$$

여기서 $3C_1+6C_2-2C_3$도 임의의 상수이므로 이것을 상수 C로 바꾸어 놓은 것임.

(6) $\int (x^2+xt)dt=x^2\int dt+x\int tdt=x^2t+x\frac{t^{1+1}}{1+1}+C=x^2t+\frac{1}{2}xt^2+C$

$(n=1)$ (적분변수는 t이므로 2개의 문자 x와 t에서 t 이외의 문자는 상수로 보고 적분한다)

(7) $$\begin{aligned}\int (t+1)(t-1)dt &= \int (t^2-1)dt=\int t^2dt-\int dt=\frac{t^{2+1}}{2+1}-t+C\\ &=\frac{t^3}{3}-t+C\end{aligned}$$

$\int 1\,dx$는 일반적으로 $\int dx$로, $\int \frac{1}{x^2}\,dx$는 $\int \frac{dx}{x^2}$ 로도 쓴다.

9.10 적분계산의 기본

적분의 계산은 복잡하고 특별한 연구를 필요로 하는 경우가 많다. 그 중에는 적분할 수 없는(결과를 유한개의 기본 함수에서는 절대로 나타낼 수 없는 것)것도 있다. 따라서 시중에 나와 있는 수

표 9.7 A. 기본함수의 부정적분[직접적분법(直接積分法)](a, b, n는 상수, 4. 이하 a는 $a\neq 0$)

피적분함수(被積分函數)		부정적분(不定積分)(C는 적분상수)	비고
상수(常數)	1. $f(x)=a$	$F(x)=ax+C$	a는 상수
거듭제곱(멱, 冪)	2. $f(x)=x^n$	$F(x)=\dfrac{1}{n+1}x^{n+1}+C$	$n\neq -1$
분수함수 (分數函數)	3. $f(x)=\dfrac{1}{x}$	$F(x)=\log\mid x\mid+C$	2(멱)에서 $n=-1$
	4. $f(x)=\dfrac{1}{ax+b}$	$F(x)=\dfrac{1}{a}\log\mid ax+b\mid+C$	
지수함수 (指數函數)	5. $f(x)=e^{ax}$	$F(x)=\dfrac{1}{a}e^{ax}+C$	
	6. $f(x)=a^{bx}$	$F(x)=\dfrac{a^{bx}}{b\cdot\log a}+C$	$a>0,\ a\neq 1$
로그함수 (로그函數)	7. $f(x)=\log ax$	$F(x)=x\log ax-x+C$	
	8. $f(x)=\log_b ax$	$F(x)=\dfrac{x\log ax-x}{\log b}+C$	
삼각함수 (三角函數)	9. $f(x)=\sin ax$	$F(x)=-\dfrac{1}{a}\cos ax+C$	
	10. $f(x)=\cos ax$	$F(x)=\dfrac{1}{a}\sin ax+C$	
	11. $f(x)=\tan ax$	$F(x)=-\dfrac{1}{a}\log\mid\cos ax\mid+C$	
	12. $f(x)=\cot ax$	$F(x)=\dfrac{1}{a}\log\mid\sin ax\mid+C$	
	13. $f(x)=\sec ax$	$F(x)=\dfrac{1}{a}\log\left\lvert\tan\left(\dfrac{ax}{2}+\dfrac{\pi}{4}\right)\right\rvert+C$	
	14. $f(x)=\csc ax$	$F(x)=\dfrac{1}{a}\log\left\lvert\tan\dfrac{ax}{2}\right\rvert+C$	

설명 : 상수에 대하여 $f(x)$가 a이므로 $\int f(x)dx=F(x)+C$에 대입하여 정리하면 $\int a\,dx=ax+C$, 여기서 $F(x)$를 $f(x)$의 **부정적분**이라 한다.

표 9.8 B. 적분의 규칙

1) **상수배**의 부정적분 : $\int kf(x)dx = k\int f(x)dx$ (단, k는 상수)

2) **합 · 차**의 부정적분 : $\int [(f(x) \pm g(x)]dx = \int f(x)dx \pm \int g(x)dx$ (복호동순)

3) **부분적분** 공식 : $\int f(x)g'(x)dx = f(x)g(x) - \int f'(x)g(x)dx$

4) **치환적분법** : $u = g(x)$로 놓고 변수를 x로 바꾸면, $du = g'(x)dx$이므로

$\int f(u)du = \int f(g(x))g'(x)dx$

x에서 적분을 했다면, 변수를 u로 반드시 치환할 것

5) **분자의 도함수가 분모**인 부정적분

임의의 연속함수 $f(x)$에 대하여 $f(x) \neq 0$이라면

$\int \frac{f'(x)}{f(x)}dx = \log|f(x)| + C = \ln|f(x)| + C$ (단, C는 적분상수)

학공식집을 활용한다. 그러나 그것만으로 안 되는 것이 현실에서 나타나기도 한다. 그 때는 수치적분(數値積分, 9.13절)을 활용하여[또는 특수한 수표(數表)에 의해] 수치적으로 (식이 아니라) 구해야 한다. 단, 이것이 사용되기 위해서도 기초적인 계산 능력은 갖추고 있지 않으면 안 되므로 여기서 그것에 대하여 설명하겠다.

부정적분은 미분의 역연산이므로 9.2절의 역으로 하면 되지만, 실제 계산에서 편리하도록 바꾸어 적으면 다음과 같다. 그럼 다음의 역삼각함수는 모두 주치를 갖는 것으로 한다.

표 9.7과 표 9.8을 직접 사용하여 구할 수 있는 적분도 많이 있으나, 그렇지 못한 경우도 많다. 그러나 적당한 변환을 한 다음 이들 공식을 사용하면 적분을 구할 수 있는 경우가 많다. 다음 내용은 표 9.8의 3)~5) 적분의 변형에 관한 기본방법을 공부하는데 그 목적이 있다.

3) 부분적분 공식

$\int xe^{2x}dx$와 같이 피적분함수가 **두 함수의 곱**으로 표시되어 있고, 바로 부정적분을 구할 수 없는 경우에 부분적분법을 사용된다. **부분적분법을 쓰는 이유는 주어진 적분식보다 더 간편한 적분형태를 얻기 위해서**이다.

모든 미분법에는 그에 대응되는 적분법이 있다. 예를 들면, 적분의 치환법은 미분에서의 연쇄법칙으로 유도되었으며 부분적분법은 미분에서의 곱셈법칙에 대응하는 적분법칙이다.

만약, $f(x)$와 $g(x)$가 미분 가능한 함수일 때 곱셈법칙은

$$\frac{d}{dx}[f(x)g(x)] = f(x)g'(x) + f(x)'g(x)$$

이다. 이 식의 양변을 부정적분으로 나타내면

$$\int \frac{d}{dx}[f(x)g(x)]dx = \int f(x)g'(x)dx + \int f(x)'g(x)\,dx$$

가 된다. 좌변의 적분은 $f(x)g(x)$ 이므로, 이 식을 다시 정리하면

$$\int f(x)g'(x)dx = f(x)g(x) - \int f'(x)g(x)dx \tag{9.86}$$

이 식을 **부분적분법**(部分積分法, integration of parts)이라 한다. 여기서 $\boldsymbol{f(x)}$는 **미분하기 쉬운 것**으로, $\boldsymbol{g'(x)}$는 **적분하기 쉬운 것**으로 택한다.

$f(x)$: 로그함수나 다항함수, $\log x$(또는 $\ln x$), x, x^2, x^2, …

$g'(x)$: 삼각함수나 지수함수, $\sin x$, $\cos x$, e^2, …

식 (9.86)의 부분적분법을 조금 더 기억하기 쉽게 $u=f(x)$와 $v=g(x)$로 치환하여 각각 미분하면 $du=f'(x)dx$와 $dv=g'(x)dx$가 되므로 이것을 식 (9.86)에 대입하면 다음과 같다.

$$\int u\,dv = uv - \int v\,du \tag{9.87}$$

예제 9-98

$\int x\sin x\,dx$를 구하고 그 결과를 확인하라.

풀이

(1) 주어진 적분의 식은 두 함수의 곱이므로 부분적분법을 이용하면

$u=x$, $dv=\sin x\,dx$라 놓으면 $du=dx$, $v=-\cos x+C=-\cos x$

이므로 부분적분(적분 상수 C는 생략한다)을 다음과 같이 적용한다.

$$\begin{aligned}\int x\sin x\,dx &= \int u\,dv = uv - \int v\,du \\ &= x(-\cos x) - \int(-\cos x)dx = -x\cos x + \int \cos x\,dx \\ &= -x\cos x + \sin x + C\end{aligned}$$

주어진 적분의 마지막함수 $-x\cos x+\sin x+C$를 미분하면 $-\cos x+x\sin x+\cos x=x\sin x$가 되어 원래의 적분식과 같으므로 부분적분법이 참이라는 것을 확인할 수 있다.

(2) u와 dv를 잘못 선택할 경우

(1)에서 u와 dv를 바꾸어 선택한 결과를 확인하라.

$u=\sin x$, $dv=x\,dx$라 놓으면 $du=\cos x\,dx$, $v=\frac{1}{2}x^2$

이므로 부분적분(적분 상수 C는 생략한다)을 적용하면

$$\int x\sin x\,dx = \int u\,dv = uv - \int v\,du = \frac{1}{2}x^2\sin x - \int \frac{1}{2}x^2\cos x\,dx$$
$$= \frac{1}{2}x^2\sin x - \frac{1}{2}\int x^2\cos x\,dx + C$$

가 된다. 이 식이 잘못된 것은 아니지만 $\int x^2\cos x\,dx$는 원래의 적분 $\int x\sin x\,dx$보다 훨씬 복잡하고 어렵다.

예제 9-99

$\int \ln x\,dx$를 구하고 그 결과를 확인하라.

풀이

이 부정적분을 구하기 위하여 부분적분법을 사용하는 게 효과적이다. 자연로그의 도함수는 간단한 분수함수이므로 $f(x)=\ln x$, $g'(x)=1$로 두고 식 (9.86)에 적용하면 훨씬 쉬워진다. 또는 식 (9.87)를 적용하기 위해 $u=\ln x$, $dv=dx$라 두면 $du=\frac{1}{x}dx$, $v=x$이므로 부분적분에 의하여

$$\int \ln x\,dx = uv - \int v\,du = x\ln x - \int x\frac{1}{x}\,dx = x\ln x - x + C$$

주어진 적분의 마지막 함수 $x\ln x - x + C$를 미분하면 $\ln x + x\cdot\frac{1}{x} - 1 = \ln x$가 되어 원래의 적분식과 같으므로 부분적분법이 참이라는 것을 확인할 수 있다.

부분적분을 쓰는 이유가 한 번 시행하면 더 간편한 적분 식을 얻기 위함이다. 예제 9-98의 풀이 (1)에서 보면 $\int x\sin x\,dx$에서 시작하여 보다 더 간편한 $\int \cos x\,dx$를 얻었다. 그러나 풀이 (2)에서는 $u=\sin x$, $dv=x\,dx$를 선택하여 결과를 얻은 적분식이 주어진 적분식보다 복잡한 적분식을 얻게 되었다.
그러므로 u와 dv를 선택할 때는 $dv=g'(x)dx$에서 v를 쉽게 구하고, $\int v\,du$가 $\int u\,dv$보다 더 쉽게 적분되도록 $u=f(x)$를 선택해야 한다.

예제 9-100

$\int t^2e^t\,dt$를 구하고 그 결과를 확인하라.

풀이

e^t는 미분이나 적분을 하더라도 변하지 않지만 t^2은 미분하면 차수가 낮아져 더 간단해지므로 $u=t^2$, $dv=e^t dt$라 놓으면 $du=2t\,dt$, $v=e^t$가 된다. 부분적분 공식을 이용하면

$$\int t^2e^t\,dt = uv - \int v\,du = t^2e^t - \int 2t\,e^t\,dt = t^2e^t - 2\int te^t\,dt \qquad ①$$

적분 식 ①에서 $\int te^t dt$은 원래의 적분식보다 간단해졌지만 여전히 답을 얻을 수 없으므로 $\int te^t dt$에 한 번 더 부분적분 공식을 사용해야 한다.
따라서 $u=t$, $dv=e^t dt$라 놓으면 $du=1$, $v=e^t$가 되므로

$$\int te^t dt = te^t - \int e^t dt = te^t - e^t + C \qquad ②$$

식 ②를 얻는다. 식 ②를 식 ①에 대입하여 정리하면

$$\begin{aligned}\int t^2 e^t dt &= t^2e^t - 2(te^t - e^t + C_1) = t^2e^t - 2te^t + 2e^t - 2C_1 \\ &= t^2e^t - 2te^t + 2e^t + C\end{aligned}$$

이 된다. 여기서 $C=-2C_1$이다.
주어진 적분의 마지막 함수 $t^2e^t - 2te^t + 2e^t + C$를 미분하면
$2te^t - t^2e^t - 2e^t - 2te^t + 2e^t = t^2e^t$가 되어 원래의 적분식과 같으므로 부분적분법이 참이라는 것을 확인할 수 있다.

예제 9-101

$\int e^x \sin x dx$를 구하고 그 결과를 확인하라.

풀이

이 문제에서는 e^x나 $\sin x$를 미분해서 더 간단해지지는 않는다. 먼저 $u=e^x$, $dv=\sin x$라 놓자. 이 때 $du=e^x dx$, $v=-\cos x$이므로 부분적분법을 이용하면

$$\begin{aligned}\int e^x \sin x dx &= e^x(-\cos x) - \int(-\cos x)e^x dx \\ &= -e^x \cos x + \int e^x \cos x dx\end{aligned} \qquad ①$$

부분적분법으로부터 새로 얻은 적분 $\int e^x \cos x dx$는 원래의 적분과 같은 형태이다.
한 번 더 부분적분법을 적용하면 원래의 적분을 얻는다. 즉 $u=e^x$, $dv=\cos x dx$로 놓으면 $du=e^x dx$, $v=\sin x$가 되고

$$\int e^x \cos x dx = e^x \sin x - \int e^x \sin x dx \qquad ②$$

가 된다. 언뜻 보면 아무것도 변한 것 같지 않으나 식 ②의 우변의 적분 $\int e^x \sin x dx$은 식 ①의 좌변의 적분 $\int e^x \sin x dx$과 같다. 식 ②를 식 ①에 대입하면

$$\int e^x \sin x dx = -e^x \cos x + e^x \sin x - \int e^x \sin x dx$$

를 얻는다. 따라서 오른쪽에 있는 $\int e^x \sin x dx$를 왼쪽으로 이항하면

$$2\int e^x \sin x dx = -e^x \cos x + e^x \sin x$$

가 되어 양변을 2로 나누고 적분상수를 더하면 원래의 적분을 구할 수 있다.

$$\int e^x \sin x dx = \frac{1}{2}e^x(\sin x - \cos x) + C$$

주어진 적분의 마지막 함수 $\frac{1}{2}e^x(\sin x - \cos x) + C$를 미분하면

$$\frac{1}{2}e^x(\sin x - \cos x) + \frac{1}{2}e^x(\cos x - (-\sin x)) = \frac{1}{2}e^x \sin x + \frac{1}{2}e^x \sin x$$

$$= e^x \sin x$$

가 되어 원래의 적분식과 같으므로 부분적분법이 참이 라는 것을 확인할 수 있다.

예제 9-102

부분적분을 응용해서 $\int x \cos(ax)\, dx$를 구하여라.

풀이

9.10절 표 9.8 B3에서 $g'(x) = \cos(ax)$, $f(x) = x$로 두면 $g(x) = \frac{1}{a}\sin(ax)$, $f'(x) = 1$이므로 해는 다음 식 $\int f(x)g'(x)dx = f(x)g(x) - \int f'(x)g(x)dx$을 이용하면

$$\begin{aligned}\int f(x)g'(x)dx &= \int x \cos x(ax)dx = \frac{1}{a}x\sin(ax) - \int \frac{1}{a}\sin(ax)dx \\ &= \frac{1}{a}x\sin(ax) - \frac{1}{a}\left(-\frac{1}{a}\cos(ax)\right) \\ &= \frac{1}{a}x\sin(ax) + \frac{1}{a^2}\cos(ax)\end{aligned}$$

4) 치환적분법

9.10절 표 9.7의 부정적분 표에 나온 적분공식으로는 다음과 같은 적분을 구할 수 없다.

$$\int 2x\sqrt{1+x^2}\,dx$$

이 적분을 구하기 위하여 변수 x를 새로운 변수 u로 바꾸어 $u = 1 + x^2$으로 하면 u의 미분은 $du = 2x\,dx$이다. 이들을 원래의 식에 대입한 다음 적분하면 해를 구할 수 있다.

치환적분법은 부정적분을 계산하기 위한 능력을 넓히는데 매우 유용하다. 우리가 이미 보아 왔던 것처럼, 도함수를 계산할 때 연쇄법칙을 이용하는 함수들이 많았다. 치환적분은 피적분함수가 연쇄법칙을 사용한 미분인지를 파악하는데 필요한 과정을 제공한다. 일반적으로 피적분함수의 한 부분이 피적분함수의 한 부분이 피적분함수의 또 다른 부분의 도함수인 경우 연쇄법칙미분이 나타날 수 있다. 이 개념을 검증하기 위하여, 다음 과정을 살펴보자. 일반적으로 $\int f(g(x))g'(x)\,dx$ 형태의 적분을 풀 때는 언제나 이 방법을 이용할 수 있다.

만일 $F' = f$이면

$$\int F'(g(x))g'(x)\,dx = F(g(x)) + C \qquad ③$$

이다. 왜냐하면 연쇄법칙에 의하여 $\frac{d}{dx}[F(g(x))]=F'(g(x))\frac{dg(x)}{dx}=F'(g(x))g(x)$가 성립하기 때문이다. 만일 $u=g(x)$와 같은 **변수변환**이나 **치환**을 이용하면 식 (3)으로부터

$$\int F'(g(x))g'(x)\,dx=F(g(x))+C=F(u)+C=\int F'(u)du$$

가 된다. 또는 $F'=f$로 나타냄으로써

$$\int f(g(x))g'(x)\,dx=\int f(u)du$$

를 얻는다. 그러므로 다음의 치환 법칙을 얻는다.

함수 $u=g(x)$가 미분가능하고, $F'(u)=f(u)$이면 다음 식이 성립한다(그 치역이 구간 I이며 함수 f가 구간 I 위에서 연속이면).

$$\int f(g(x))g'(x)\,dx=\int f(u)du \qquad ④$$

적분법에 대한 치환법칙은 미분법에 대한 연쇄법칙으로부터 유도되었다. 실제로 $u=g(x)$로 치환하면 $du=g'(x)dx$를 얻으므로 이것은 식 ④에서 좌변과 우변 적분기호의 마지막에 있는 dx와 du를 그냥 미분하는 것과 마찬가지이므로 치환법칙을 기억하는데 많은 도움이 된다.

그러므로 치환법칙은 적분 안에 있는 dx와 du를 마치 미분인 것처럼 취급할 수 있다.

예제 9-103

$\int x^3\cos(x^4+2)\,dx$를 구하여라.

풀이

$u=x^4+2$로 놓고 양변을 u에 대하여 미분하면 $du=4x^3dx$이며, 이 식에서 상수 4를 제외하면 x^3dx가 원래의 적분 안에 있으므로 이 치환은 적절하다.

따라서 $x^3dx=\frac{1}{4}du$와 치환 법칙으로부터

$$\int x^3\cos(x^4+2)\,dx=\int \cos u\cdot\frac{1}{4}du=\frac{1}{4}\int\cos u\,du=\frac{1}{4}\sin u+C$$
$$=\frac{1}{4}\sin(x^4+2)+C$$

을 얻는다. 마지막 단계에서는 u를 원래의 변수 $x(\rightarrow x^4+4)$로 되돌려 놓아야 한다. **치환법칙에서 제일 중요한 핵심은 상대적으로 복잡한 수식의 적분을 보다 간단한 적분으로 수식을 바꾸고자 하는 것**이다. 이 때 원래의 변수 x를 x의 함수인 새로운 변수 u로 어떻게 바꾸어 주느냐에 따라 해를 얻는데 지름길이 된다. [예제 9-103]에서 주어진 적분을 보다 더 간단한 적분형태 $\frac{1}{4}\int\cos u\,du$로 변하게 된 것은 x^4+2를 u로

바꿈으로써 가능하였고 또한 해도 쉽게 얻을 수 있었다. 이것은 u의 미분(상수는 무시함)이 피적분함수의 인자 x^3로 나타나 있기 때문에 가능했다. 이와 같이 치환법칙을 사용할 때 올바른 치환 식을 찾는다는 것은 약간의 기술이 필요하다. 만일 처음 생각한 치환 식으로 문제 해결이 잘 안된다면 다른 치환 식으로 여러 번 시도해보고 적절한 식을 찾는 것이 바람직하다.

예제 9-104

다음에 주어진 부정적분을 구하여라.

(1) $\int \tan x\,dx$ (2) $\int \sqrt{2x+1}\,dx$ (3) $\int (3x+2)^4 dx$

(4) $\int \sin(4x+3)\,dx$ (5) $\int \sin x \cos 2x\,dx$

풀이

(1) $\tan x = \dfrac{\sin x}{\cos x}$이므로 $\int \tan x\,dx = \int \dfrac{\sin x}{\cos x}dx$이다. 이로부터 $u=\cos x$로 치환하면 적절하며, 이 식의 양변을 u로 미분하면 $du=-\sin x\,dx$이므로 $\sin x$는 피적분함의 인자이기 때문이다. 그러면 $\sin x\,dx = -du$이므로 구하는 적분은 아래와 같다.

$$\begin{aligned}\int \tan x\,dx &= \int \frac{\sin x}{\cos x}dx = \int \frac{1}{u}(-du) = -\int \frac{1}{u}du \\ &= -\ln|u| + C = -\ln|\cos x| + C\end{aligned}$$

한편 $-\ln|\cos x| = \ln|\cos x|^{-1} = \ln\left(\dfrac{1}{|\cos x|}\right) = \ln|\sec x|$이므로, 또는 표 9.7의 A9 $\sin x = -(\cos x)'$인 것을 이용하고 B5를 적용한다. 즉, $\tan x = \dfrac{\sin x}{\cos x}$이고 B5에 의하면 $\int \dfrac{f'(x)}{f(x)}dx = \log_e|f(x)| + C = \ln|f(x)| + C$이므로

$$\begin{aligned}\int \tan x\,dx &= \int \frac{\sin x}{\cos x}dx = -\int \frac{(\cos x)'}{\cos x}dx = -\ln|\cos x| + C \\ &= -\ln|\cos x| + C\end{aligned}$$

[예제 9-104]의 결과는 다음과 같이 정리된다 $\left(\sec x = \dfrac{1}{\cos x}\right)$.

$$\int \tan x\,dx = \ln|\sec x| + C$$

(2) **[풀이 1]** $u=2x+1$로 놓고 이 식의 양변을 u에 대하여 미분하면 $du=2dx$이므로 $dx=\dfrac{1}{2}du$이다. 그러므로 치환법칙으로부터

$$\begin{aligned}\int \sqrt{2x+1}\,dx &= \int \sqrt{u}\cdot\frac{1}{2}du = \frac{1}{2}\int u^{\frac{1}{2}}du = \frac{1}{2}\left(\frac{u^{\frac{1}{2}+1}}{1/2+1} + C_1\right) \\ &= \frac{1}{2}\cdot\frac{2}{3}u^{\frac{3}{2}} + \frac{1}{2}C_1 = \frac{1}{3}(2x+1)^{\frac{3}{2}} + C\end{aligned}$$

[풀이 2] $u=\sqrt{2x+1}$로 놓을 수 있다. 이 식의 양변을 u로 미분하면

$$du=\frac{1}{2}(2x+1)^{-\frac{1}{2}}2dx=\frac{1}{\sqrt{2x+1}}dx=\frac{1}{u}dx$$이므로 $dx=udu$이다.

그러므로 치환법칙을 이용하면 다음과 같다.

$$\int\sqrt{2x+1}\,dx=\int u\cdot udu=\int u^2du=\frac{u^{2+1}}{2+1}+C=\frac{1}{3}(2x+1)^{\frac{3}{2}}+C$$

두 결과로부터 풀이 1과 풀이 2는 같다는 것을 확인할 수 있다.

(3) $u=3x+2$로 놓고 이 식의 양변을 u에 대하여 미분하면 $du=3dx$이므로 $dx=\frac{1}{3}du$이다. 그러므로 치환법칙으로부터

$$\begin{aligned}\int(3x+2)^4dx &= \int u^4\cdot\frac{1}{3}du=\frac{1}{3}\int u^4\cdot du=\frac{1}{3}\left(\frac{u^{4+1}}{4+1}\right)+C\\ &=\frac{1}{15}(3x+2)^5+C\end{aligned}$$

(4) $u=4x+3$으로 놓고 이 식의 양변을 u에 대하여 미분하면 $du=4dx$이므로 $dx=\frac{1}{4}du$이다. 그러므로 치환법칙으로부터

$$\begin{aligned}\int\sin u\cdot\frac{1}{4}du &= \frac{1}{4}\int\sin u\,du=-\frac{1}{4}\cos u+C\\ &= -\frac{1}{4}\cos(4x+3)+C\end{aligned}$$

(5) 3.7.3항의 2배각 공식에 의하면 $\cos 2x=2\cos^2 x-1$이므로 $u=\cos x$로 놓고 이 식의 양변을 u에 대하여 미분하면 $du=-\sin x\,dx$이므로 $\sin x\,dx=-du$이다.

$$\begin{aligned}\int\sin x\cos 2x\,dx &= \int\sin x(2\cos^2-1)\,dx=\int(2u^2-1)(-du)\\ &=-2\int u^2du+\int du=-2\frac{u^{2+1}}{2+1}+u+C\\ &=u-\frac{2}{3}u^3+C=\cos x-\frac{2}{3}\cos^3 x+C\end{aligned}$$

5) 분자의 도함수가 분모일 경우 : $\frac{f'(x)}{f(x)}$의 부정적분

임의의 연속함수 $f(x)$에 대하여 $f(x)\neq 0$이라면

$$\int\frac{f'(x)}{f(x)}dx=\log|f(x)|+C=\ln|f(x)|+C$$ (단, C는 적분상수)

[증명]

$u=f(x)$라 놓고 양변을 u에 대하여 미분하면 $du=f(x)'dx$, 따라서

$$\int \frac{f'(x)}{f(x)}dx = \int \frac{1}{f(x)}f'(x)dx = \int \frac{1}{u}du = \ln|u| + C = \log_e|f(x)| + C$$
$$= \ln|f(x)| + C$$

이다. 이 증명의 또 다른 방법으로, 피적분함수를 구하기 위하여 우리는 $\frac{d}{dx}\ln|f(x)|$를 직접 계산할 수 있다.

분모의 도함수가 분자일 경우에는 이 공식을 이용하여 적분한다.

예제 9-105

다음의 부정적분을 구하여라.

(1) $\int \frac{(x^2+1)}{x^3+3x+2}dx$ (2) $\int \frac{dx}{x\ln x}$ (3) $\int \tan x\,dx$

▎풀이

(1) $(x^3+3x+2)' = 3x^2+3 = 3(x^2+1)$이므로

$$\int \frac{(x^2+1)}{x^3+3x+2}dx = \frac{1}{3}\int \frac{(x^3+3x+2)'}{x^3+3x+2}dx = \frac{1}{3}\ln|x^3+3x+2| + C$$

(2) $(\ln x)' = \frac{1}{x}$

$$\int \frac{dx}{x\ln x} = \int \frac{(\ln x)'}{\ln x}dx = \ln|\ln x| + C$$

(3) $\tan x = \frac{\sin x}{\cos x}$이며, A9 $\sin x = -(\cos x)'$인 것을 이용하고 B5를 적용한다.

B5에 의하면 $\int \frac{f'(x)}{f(x)}dx = \log_e|f(x)| + C = \ln|f(x)| + C$이므로

$$\int \tan x\,dx = \int \frac{\sin x}{\cos x}dx = -\int \frac{(\cos x)'}{\cos x}dx = -\ln|\cos x| + C$$
$$= -\ln|\cos x| + C$$

A9 $\sin x = -(\cos x)'$인 것을 이용해서 B5를 사용한다. 즉, $\tan x = \frac{\sin x}{\cos x}$ 이므로

$$\int \tan x\,dx = \int \frac{\sin x}{\cos x}dx = -\int \frac{(\cos x)'}{\cos x}dx = -\log_e|\cos x|$$

표 9.7 기본함수의 부정적분(A1~A14)과, 표 9.8 적분의 규칙(B1~B5)을 이용해 정적분 문제를 풀면 다음과 같다.

예제 9-106

$\int e^x dx = e^x$를 이용해서 A5를 증명하여라.

풀이

B4를 이용하여 $ax = t$로 놓고 양변에 $\frac{1}{a}$를 곱한 $x = \frac{t}{a}$을 미분하면, $dx = \frac{1}{a}dt$

이 결과를 A5의 좌변에 대입하여 정리하고 t대신 ax로 바꾼다.

$$\int e^{ax}dx = \int e^t \cdot \frac{1}{a}dt = \frac{1}{a}\int e^t dt = \frac{1}{a}e^t + C = \frac{1}{a}e^{ax} + C$$

예제 9-107

(1) 다음의 부정적분 $\int \frac{dx}{\sqrt{1-x^2}}$를 구하고, (2) 이 결과를 이용해서 $\int \frac{dx}{\sqrt{a^2-x^2}}$를 구하여라(단, $a > 0$).

풀이

(1) B4에 의하여 $x = \sin\theta\ (-\pi/2 < \theta < \pi/2)$로 놓고 미분하면 $dx = \cos\theta\, d\theta$가 되고, $1 - x^2 = 1 - \sin^2\theta = \cos^2\theta$이므로 이들을 각각 주어진 식에 대입하여 정리하면

$$\int \frac{dx}{\sqrt{1-x^2}} = \int \frac{\cos\theta d\theta}{1-\sin^2\theta} = \int \frac{\cos\theta d\theta}{\sqrt{\cos^2\theta}} = \int \frac{\cos\theta d\theta}{\cos\theta}$$

$$= \int d\theta = \theta = \sin^{-1}x\ [x = \sin\theta \to \theta = \sin^{-1}(x)]$$

(2) 분모를 변형하면 $\sqrt{a^2-x^2} = \sqrt{a^2(1-x^2/a^2)} = a\sqrt{1-(x/a)^2}$

$t = x/a$로 하고 미분하면 $dx = a\,dt$

따라서 이 계산 결과를 x/a 대신 t로 치환하여 (1)에 넣고 정리하면

$a\sqrt{1-(x/a)^2} = a\sqrt{1-t^2}$ 이므로 앞에서 얻은 (1)의 결과를 적용하여 적분한 다음 마지막 계산과정에서 원래의 변수 t 대신 x/a로 반드시 치환해야 한다.

$$\int \frac{a dt}{a\sqrt{1-t^2}} = \int \frac{dt}{\sqrt{1-t^2}} = \sin^{-1}t = \sin^{-1}\left(\frac{x}{a}\right)\text{이다.}$$

예제 9-108

$\int \tan x dx$를 구하여라.

풀이

A9 $\sin x = -(\cos x)'$인 것을 이용해서 B5를 사용한다.

즉, $\tan x = \frac{\sin x}{\cos x}$이므로

$$\int \tan x dx = \int \frac{\sin x}{\cos x}dx = -\int \frac{(\cos x)'}{\cos x}dx = -\log_e|\cos x|$$

9.11 정적분의 계산

정적분 $\int f(x)dx$는 함수이지만 정적분 $\int_a^b f(x)dx$는 실수이다.

9.11.1 정적분의 계산

도형의 세분(細分)하여 면적을 구하는 방법으로는 여러 가지가 있다. 다각형과 같은 직선도형의 면적은 쉽게 구할 수 있으나 곡선의 길이, 곡선으로 된 평면도형의 면적을 구하려면 극한의 개념을 사용해야 한다.

주어진 평면도형(平面圖形)의 면적이나 입체도형(立體圖形)의 체적을 구할 때, 주어진 도형을 충분히 작은(직사각형, 원기둥 등) 기본도형으로 나누어서 그것으로부터 기본도형 하나하나의 면적이나 체적의 합으로 근사값을 구하고 이 근사값의 극한값으로 근사도형의 면적이나 체적을 구하는 방법을 **구분구적법**(區分求積法, measuration by parts)이라고 한다. 이 방법은 어떤 양[면적(직사각형, 원 및 삼각형), 체적 및 수압강도 등)을 구하는데 사용한다.

여기서는 적분과 관계가 깊은 방법을 생각하여 보자.

예제 9-109

직선 $y=kx$와 x축 및 직선 $x=a$로 둘러싸인 도형의 면적을 구하여라. 단 $a>0$, $k>0$이다.

풀이

$x=a$에서 $y=kx=ak$이므로

삼각형의 면적 = 밑변 × 높이 ÷ 2 = $a \times ak \div 2 = \dfrac{ka^2}{2}$

1) 구분구적법의 계산 방법

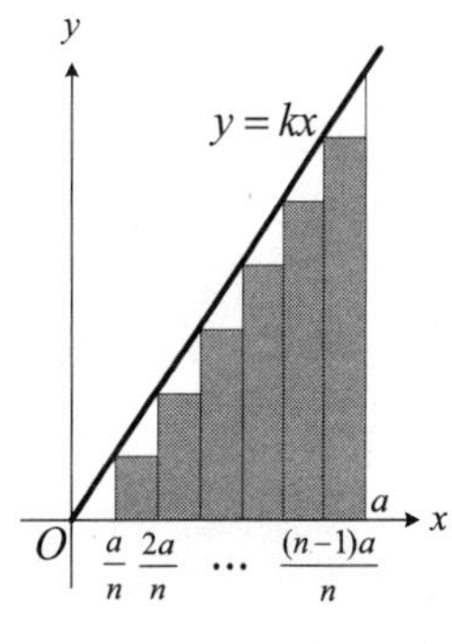

그림 9.56 구분구적법

위의 예제를 다른 방법으로, 다음과 같이 생각하여 보자.

우선, 구간 $[0, a]$에서 n등분한 분점을 지나서 x축에 수직인 선분으로써 구하는 도형의 면적을 n개로 나눈다. 그리고 n등분한 각 구간의 길이를 Δx라 하면 $\Delta x=\dfrac{a}{n}$이다.

다음에 각 구간의 왼쪽 끝에 대응하는 곡선 위의 점의 y좌표를 왼쪽부터 차례로 $y_0,\ y_1,\ \cdots,\ y_{n-1}$이라 하면

$$y_0=0,\ \ y_1=k\left(\frac{a}{n}\right),\ \ y_2=k\left(\frac{2a}{n}\right),\cdots\cdots,\ \ y_{n-1}=k\left\{\frac{(n-1)a}{n}\right\}$$

이 때, 각 구간에 속하는 면적을 Δx, 즉 $\frac{a}{n}$를 밑변으로 하는 직사각형의 면적을 근사값으로 한다. 직사각형의 각 면적은 밑변×높이 (y_i)이고 이 때, 왼쪽 끝의 직사각형은 없으므로 그 근사값은 0(영, 零)이다.

이들 근사값의 합을 S_n이라 하면, 다음을 계산할 수 있다.

$$\begin{aligned} S_n &= y_0\Delta x+y_1\Delta x+y_2\Delta x+\cdots\cdots+y_{n-1}\Delta x \\ &=\frac{a}{n}\left[0+k\left(\frac{a}{n}\right)+k\left(\frac{2a}{n}\right)+\cdots\cdots+k\left(\frac{(n-1)a}{n}\right)\right] \\ &=\frac{a}{n}\left\{\frac{ka}{n}\{1+2+\cdots\cdots+(n-1)\}\right\}=\frac{ka^2}{n^2}\{1+2+\cdots\cdots+(n-1)\} \\ &=\frac{ka^2}{n^2}\cdot\frac{1}{2}n(n-1)=\frac{ka^2}{2n^2}(n^2-n)=\frac{ka^2}{2}\left(\frac{n^2}{n^2}-\frac{n}{n^2}\right) \\ &=\frac{ka^2}{2}\left(1-\frac{1}{n}\right) \end{aligned}$$

$$\therefore\ \ S=\lim_{n\to\infty}S_n=\lim_{n\to\infty}\frac{ka^2}{2}\left(1-\frac{1}{n}\right)=\frac{ka^2}{2}$$

즉, 이것은 후술되는 식 (9.88)에서 구한 결과와 같다.

이상에서와 같이 어떤 도형의 면적 S을 구하려면 먼저 그 도형을 n등분으로 세분하여, 각 부분의 면적의 합 S_n을 구하고, 다음에 분할을 한없이 작게 한 후 그들 합의 극한값 $S=\lim_{n\to\infty}S_n$을 구하면 그것이 최초 도형의 면적이다. 이러한 방법이 앞에서 설명한 **구분구적법**이다.

예제 9-110

포물선 $y=x^2$과 x축 그리고 직선 $x=1$로 둘러싸인 도형의 면적을 구분구적법에 의하여 구하여라.

❙ 풀이

[풀이 1]

그림 9.57과 같이 구간 $[0,\ 1]$을 위로 n등분한 각 분점에서 수선을 세워 직사각형을 만들면 각 분점 사이의 길이는 $\frac{1}{n}$이고 각 분점의 x좌표는 다음과 같다.

$$0=\frac{0}{n},\ \frac{1}{n},\ \frac{2}{n},\ \frac{3}{n},\ \cdots,\ \frac{n}{n}=1$$

오른쪽 그림에서 각 직사각형의 밑변은 모두 다 $\frac{1}{n}$로 같고, 높이 y는 $x=\frac{1}{n}, \frac{2}{n}, \frac{3}{n}, \cdots, \frac{n}{n}$을 각각 $y=x^2$에 대입하여 정리하면

$$\left(\frac{1}{n}\right)^2, \left(\frac{2}{n}\right)^2, \left(\frac{3}{n}\right)^2, \cdots, \left(\frac{n}{n}\right)^2$$

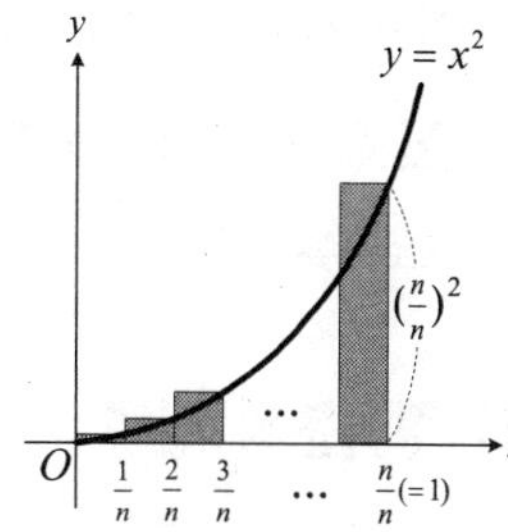

그림 9.57 구분구적법 (위로 n등분)

이들 직사각형의 각 면적은 밑변×높이이므로 각 면적의 합을 S_n이라고 하면

$$S_n = \frac{1}{n}\cdot\left(\frac{1}{n}\right)^2+\frac{1}{n}\cdot\left(\frac{2}{n}\right)^2+\frac{1}{n}\cdot\left(\frac{3}{n}\right)^2+\cdots+\frac{1}{n}\cdot\left(\frac{n}{n}\right)^2$$
$$= \frac{1}{n^3}(1^2+2^2+3^2+\cdots+n^2) = \frac{1}{n^3}\frac{n(n+1)(2n+1)}{6}$$

따라서, 구하는 면적을 S라 하면 앞 식에서 $S=\lim_{n\to\infty} S_n$는 $n\to\infty$이면 $S=\frac{\infty}{\infty}$가 부정형이 되어 구할 수 없으므로 분자와 분모를 각각 n^3으로 나누어 주면 극한을 구할 수 있다.

$$S = \lim_{n\to\infty} S_n$$
$$= \lim_{n\to\infty}\frac{n(n+1)(2n+1)}{6n^3} = \lim_{n\to\infty}\frac{\frac{n}{n}\left(\frac{n+1}{n}\right)\left(\frac{2n+1}{n}\right)}{6n^3/n^3}$$
$$= \lim_{n\to\infty}\frac{1\left(1+\frac{1}{n}\right)\left(2+\frac{1}{n}\right)}{6} = \frac{1(1+0)(2+0)}{6} = \frac{2}{6} = \frac{1}{3}$$

[풀이 2]

그림 9.58과 같이 아래로 n등분한 직사각형을 만들고 이들의 면적의 합을 S_n'이라고 하면

$$S_n' = \frac{1}{n}\cdot\left(\frac{1}{n}\right)^2+\frac{1}{n}\cdot\left(\frac{2}{n}\right)^2+\frac{1}{n}\cdot\left(\frac{3}{n}\right)^2+\cdots+\frac{1}{n}\cdot\left(\frac{n-1}{n}\right)^2$$
$$= \frac{1}{n^3}\{1^2+2^2+3^2+\cdots+(n-1)^2\} = \frac{1}{n^3}\frac{n(n-1)(2n-1)}{6}$$

같은 방법으로 구하는 면적을 S라 하면

$$S = \lim_{n\to\infty} S_n'$$
$$= \lim_{n\to\infty}\frac{n(n-1)(2n-1)}{6n^3}$$
$$= \lim_{n\to\infty}\frac{\frac{n}{n}\left(\frac{n-1}{n}\right)\left(\frac{2n-1}{n}\right)}{6n^3/n^3}$$
$$= \frac{1\left(1-\frac{1}{n}\right)\left(2-\frac{1}{n}\right)}{6} = \frac{1(1-0)(2-0)}{6}$$
$$= \frac{2}{6} = \frac{1}{3}$$

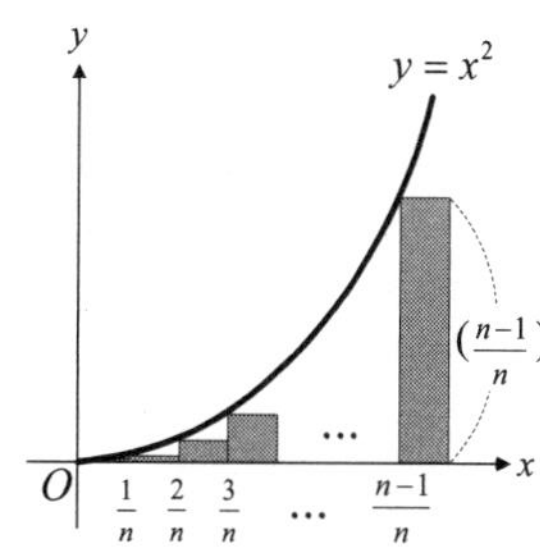

그림 9.58 구분구적법 (아래로 n등분)

① $S=\lim_{n\to\infty} S_n$ 또는 $S=\lim_{n\to\infty} S_n'$중 어느 한 경우에 대하여 해를 구하면 된다.

② $\sum_{k=1}^{n}$은 곡선 위로 n등분(그림 9.57)한 것이고, $\sum_{k=0}^{n-1}$은 곡선 아래로 n등분(그림 9.58)한 것이므로 주목하라.

2) 정적분의 정의

앞의 방법은 일반 연속함수 $f(x)$에 대하여 적용할 수 있다.

연속함수 $f(x)$가 폐구간 $[a, b]$에서 $f \geq 0$인 경우, 그림 9.59의 면적 S를 **구분구적법**으로 구해보자.

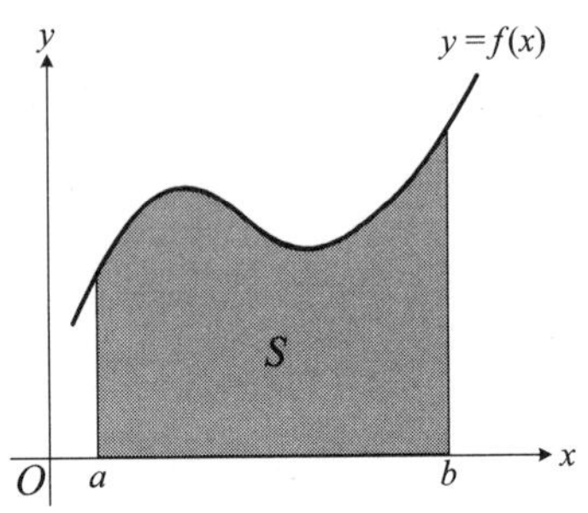

그림 9.59 정적분

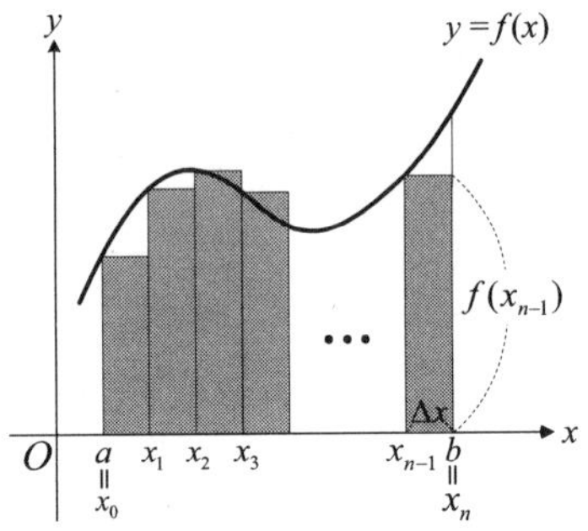

그림 9.60 정적분

폐구간 $[a, b]$를 n등분하고, 각 구간의 끝점과 분점을 차례로

$$a=x_0,\ x_1,\ x_2,\ \cdots,\ x_{n-1},\ x_n=b$$

라 하고, 등분한 각 소구간의 길이 $\Delta x=\dfrac{b-a}{n}$라 하면 Δx는 직사각형의 밑변의 길이이고, x축 분할부분 직사각형의 높이 $f(x_k)$는 각각 다음과 같다.

$$f(x_0),\ f(x_1),\ \cdots,\ f(x_{n-2}),\ f(x_{n-1})$$

따라서 이들 n개 직사각형의 면적의 합 S_n을 생각하여 보자.

$$S=\lim_{n\to\infty} S_n$$

여기서, $S_n=f(x_0)\Delta x+f(x_1)\Delta x+\cdots+f(x_{n-1})\Delta x=\sum_{k=0}^{n-1} f(x_k)\Delta x\ \ (x_0=a)$

$$x_k=a+k\Delta x,\ (k=0,\ 1,\ 2,\ \cdots,\ n-1)$$

함수 $f(x)$가 폐구간 $[a, b]$에서 연속인 경우는 **분할**(分割, partition)의 수를 한없이 크게 할 때 면적의 합 S_n은 다음과 같은 일정한 값에 수렴하게 될 것이다.

여기서 $n \to \infty$일 때, 즉 $\Delta x \to 0$일 때, S_n을 곡선 $y = f(x)$와 연직선, $x = a$, $x = b$ 및 x축으로 둘러싸인 도형의 면적 S에 가까워진다.

$$S = \lim_{n \to \infty} S_n = \lim_{n \to \infty} \sum_{k=0}^{n-1} f(x_k)\Delta x$$

따라서, 일반적으로 함수 $y=f(x)$가 폐구간 $[a, b]$에서 연속일 때 위에서와 같이

$$S_n = \sum_{k=0}^{n-1} f(x_k)\Delta x$$

라 놓으면, 다음과 같은 극한값이 존재한다.

$$\lim_{n \to \infty} S_n = \lim_{n \to \infty} \sum_{k=0}^{n-1} f(x_k)\Delta x$$

이 극한값을 $f(x)$의 $x = a$에서 $x = b$까지의 **정적분**(定積分, definte intgral : **적분의 하한과 상한에 대한 범위가 정해져 있는 적분**)이라 하고 기호 $\int_a^b f(x)\,dx$로 나타낸다. 즉,

$$S = \int_a^b f(x)\,dx = \lim_{n \to \infty} \sum_{k=0}^{n-1} f(x_k)\Delta x \tag{9.88}$$

정적분 $\int_a^b f(x)\,dx$에서도 $f(x)$를 **피적분함수**(被積分函數, integrand), x를 **적분변수**(積分變數, integral variable, a를 **정적분의 하한(아래끝)**, b를 **상한(위끝)**이라 한다. 또 $f(x)$의 $x = a$에서 $x = b$까지의 정적분을 구하는 것을 함수 $f(x)$를 a에서 b까지 적분한다고 한다. 이를테면, 앞에서 직선 $y = kx\{= f(x)\}$의 $x = 0$부터 $x = 0$까지의 정적분은

$$\int_a^b f(x)\,dx = \int_0^a kx\,dx = k\left[\frac{x^2}{2}\right]_0^a = k\left[\frac{a^2}{2} - 0\right] = \frac{ka^2}{2}$$

이다. 식 (9.88)을 유도할 때 각 구간의 왼쪽 끝에서의 함수값을 생각하였으나 S_n 대신에 각 구간의 오른쪽 끝에 있는 함수값(그림 9.61 참조)을 써서

$$\begin{aligned} S_n' &= f(x_1)\Delta x + f(x_2)\Delta x + \cdots + f(x_n)\Delta x \\ &= \sum_{k=1}^{n} f(x_k)\Delta x \quad (x_n = b) \end{aligned}$$

를 생각하면

$$S_n' - S_n = [f(b) - f(a)]\Delta x$$
$$= \frac{1}{n}(b-a)[f(b) - f(a)]$$

이 식으로부터 $\lim_{n\to\infty}(S_n' - S_n) = 0$, 즉 $y=f(x)$, 구간 $[a, b]$에서 x축으로 둘러싸인 도형의 면적 S는

$$S = \lim_{n\to\infty} S_n' = \lim_{n\to\infty} S_n$$

(어느 방법을 택해도 그 결과는 같다)

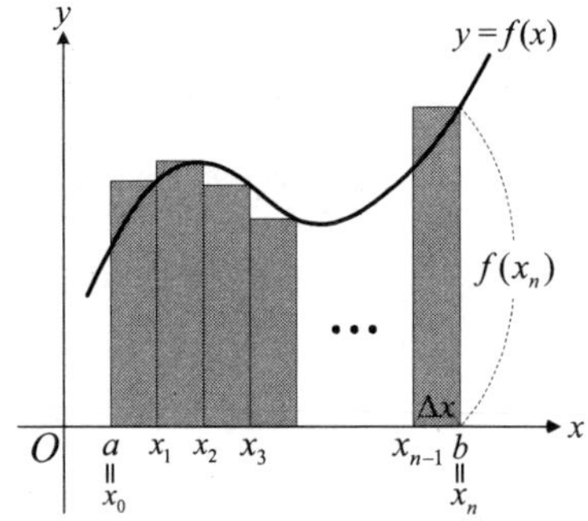

그림 9.61 정적분

따라서 다음 관계가 성립한다.

$$\int_a^b f(x)\,dx = \lim_{n\to\infty}\sum_{k=1}^{n} f(x_k)\Delta x = \lim_{n\to\infty}\sum_{k=0}^{n-1} f(x_k)\Delta x$$

함수 $f(x)$가 구간 $[a, b]$에서 연속이면 이 경우의 분할에 대한 리만의 극한은 항상 동일한 값으로 존재한다는 사실은 알려져 있으며 다음 식과 같다.

$$\int_a^b f(x)\,dx = \lim_{n\to\infty}\sum_{k=1}^{n} f(x_k)\Delta x$$

위의 정의에서 나타낸 합 $\sum_{k=1}^{n} f(x_k)\Delta x$를 독일의 수학자 리만(Bernhard Riemann, 1826~1866)의 이름을 따서 **리만 합**(Riemann sum)이라고 한다.

또 **정적분 $\int_a^b f(x)\,dx$는 결국 하나의 실수**(實數, real number)이다. 이 수는 피적분함수 $f(x)$와 a, b만으로 정해지므로 적분변수 x와 무관한 값으로 얻어지기 때문에 변수 기호는 x 대신에 다음과 같이 어떤 문자를 사용해도 적분결과는 변하지 않는다.

$$\int_a^b f(x)\,dx = \int_a^b f(t)\,dt = \int_a^b f(r)\,dr$$

3) 정적분과 도함수

일반적으로 정적분의 값을 구하려면 앞에서의 정의와 같이, 구분구적법에 의하여 수열의 합의 극한값 $\lim_{n\to\infty}\sum_{k=1}^{n} f(x_k)\Delta x$를 구해야 하므로 계산한다는 것은 일반적으로 대단히 복잡하므로 어렵고 힘든 일이다. 이 복잡한 계산을 피하기 위하여 먼저 정적분과 도함수의 관계를 알아보자.

연속 함수 $f(t)$의 구간 $[a, x]$에 있어서의 정적분 $\int_a^x f(t)\,dt$는 x의 함수이므로

$$\int_a^x f(t)\,dt = S(x)$$

라 놓는다. $f(t) \geqq 0$ 인 경우에는 $S(x)$는 곡선

$$y = f(x) \quad ①$$

와 t축 사이의 구간 $[a, x]$에 있어서의 면적과 같다. 지금

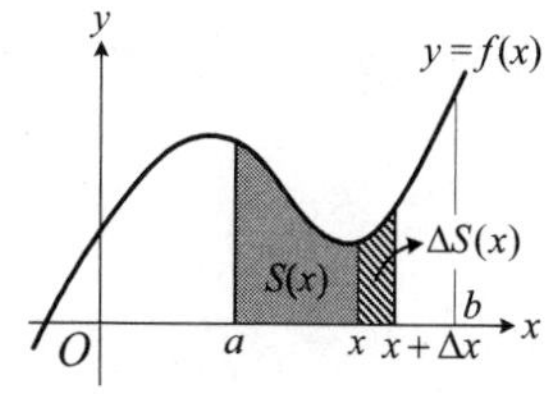

그림 9.62 정적분

$$\Delta x > 0 \text{ 일 경우 } \Delta S(x) = S(x+\Delta x) - S(x)$$

라 놓으면 $\Delta S(x)$는 곡선 식 ①과 t축 사이의 구간 $[x, x+\Delta x]$에 있는 부분의 면적과 같다. 이 구간에서의 함수 $f(x)$의 최대값을 $M(x)$, 최소값을 $m(x)$라 하면

$$m \cdot \Delta x \leqq \Delta S(x) \leqq M \cdot \Delta x \quad ②$$

$\Delta x < 0$ 일 경우에도 마찬가지로 적용하면

$$M \cdot \Delta x \leqq \Delta S(x) \leqq m \cdot \Delta x \quad ③$$

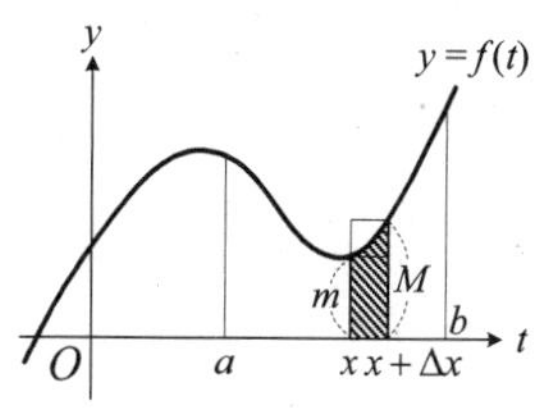

그림 9.63 정적분

부등식 ②와 ③의 양변을 Δx로 나누면

$$m \leqq \frac{\Delta S(x)}{\Delta x} \leqq M \quad ④$$

식 ④에서 $\Delta x \to 0$ 이면 $m(x) \to f(x)$, $M(x) \to f(x)$이므로 $\Delta x \to 0$ 일 때의 극한값을 취하면

$$f(x) \leqq \lim_{\Delta x \to 0} \frac{\Delta S(x)}{\Delta x} = S'(x) \leqq f(x) \qquad \therefore \frac{d}{dx} S(x) = S'(x) \leqq f(x)$$

$$\therefore S'(x) = f(x)$$

즉, $$\frac{d}{dx} \int_a^x f(t)\,dt = f(x) \quad ⑤$$

이 식은 적분에 관한 중요한 성질로서 그 응용할 수 있는 경우는 다양하다. 그 구체적인 응용은 다음 9.11.2항에서 다시 다루기로 하자.

9.11.2 정적분과 부정적분의 관계(적분학의 기본정리)

앞으로 설명하게 되는 것은 정적분과 부정적분 사이의 관계를 조사하면 정적분을 쉽게 구할 수 있다.

식 ⑤에서 $S(x)$는 $f(x)$의 부정적분 중 하나가 된다는 것을 알 수 있다. 그러므로 $f(x)$의 부정적분 중의 하나를 $F(x)$라 하면

$$S(x)=F(x)+C \quad (C\text{는 적분상수}) \qquad ⑥$$

즉, $\int_a^x f(t)\,dt=F(x)+C$

여기서 $x=a$라 놓으면 $S(a)=F(a)+C$이고, $S(a)=\int_a^a f(t)\,dt=0$이므로

$$F(a)+C=0\,,\ \text{즉}\ C=-F(a) \qquad ⑦$$

식 ⑦을 ⑥에 대입하면 $S(x)=F(x)-F(a)$, 즉

$$\int_a^x f(t)\,dt=F(x)-F(a)$$

앞 식에서 $x=b$로 놓고 대입하면 다음과 같다.

$$\int_a^b f(t)\,dt=F(b)-F(a)$$

또 정적분에서 변수는 어떤 문자를 사용해도 관계없으므로

$$\int_a^b f(x)\,dx=F(b)-F(a)$$

예 $f(x)=2x+1$의 부정적분 중의 1개는 x^2+x이므로 구간 $[1,\ 3]$에 대하여 적분하면

$$\int_1^3 (2x+1)\,dx=\left[2\cdot\frac{x^{1+1}}{1+1}+x\right]_1^3=[x^2+x]_1^3=(3^2+3)-(1^2+1)=12-2=10$$

주의(注意, note)

$f(x)$의 부정적분 중의 하나를 $F(x)$라 하면 $\int f(x)\,dx=F(x)+C$ (C는 적분상수)

그러므로 $\int_a^b f(x)dx=[F(b)+C]-[F(a)+C]=F(b)-F(a)$

따라서 정적분을 구하려면, 그 부정적분에 있어서의 적분상수 C는 $C=0$으로 생각하여 계산하면 된다. 앞 식의 우변에서 $F(b)-F(a)$를 $[F(x)]_a^b$로도 나타낸다.

이상의 설명한 내용을 정리하면 $\int f(x)\,dx=F(x)+C$이라면

$$\int_a^b f(x)dx=[F(x)]_a^b=F(b)-F(a) \qquad (9.89)$$

9.11.3 정적분의 성질

정적분 $\int_a^b f(x)dx$는 $a<b$인 가정아래서 내려진 것이다. n개의 분할 $b=x_n<x_{n-1}<\cdots<x_1<x_0=a$에 대하여 같은 극한 합을 만들었다면 각 Δx_k는 음수가 될 것이다. 그러나 $a>b$일 경우에도 a에서 b까지의 적분은 적분구간 a와 b가 서로 바뀌는 경우 Δx는 $\frac{b-a}{n}$에서 $\frac{a-b}{n}$로 바뀌는 차이가 있다. 그러므로

$$\int_a^b f(x)dx=-\int_b^a f(x)dx$$

만일 $a=b$이면 $\Delta x=0$이므로 따라서

$$\int_a^b f(x)dx=\int_a^a f(x)dx=0$$

이제 적분 계산을 간단히 할 수 있게 해주는 적분의 몇 가지 기본성질을 소개한다. 함수 f와 g는 연속함수라고 가정한다.

1) 적분의 기본성질

① 상수에 대하여 $\int_a^b C dx=C(b-a)$ (C는 임의 상수)

② 상수에 대하여 $\int_a^b Cf(x)dx=C\int_a^b f(x)dx$ (C는 임의 상수)

③ 합과 차에 대하여 $\int_a^b [f(x)\pm g(x)]dx=\int_a^b f(x)dx\pm\int_a^b g(x)dx$ (복호동순)

성질 ①은 상수함수의 정적분이 구간 $[a, b]$의 길이에 상수 C배한 것을 뜻한다. 만일 $C>0$이고 $a<b$라면 $C(b-a)$는 그림 9.64에 회색으로 나타낸 직사각형의 면적이기 때문에 이 사실은 당연하다.

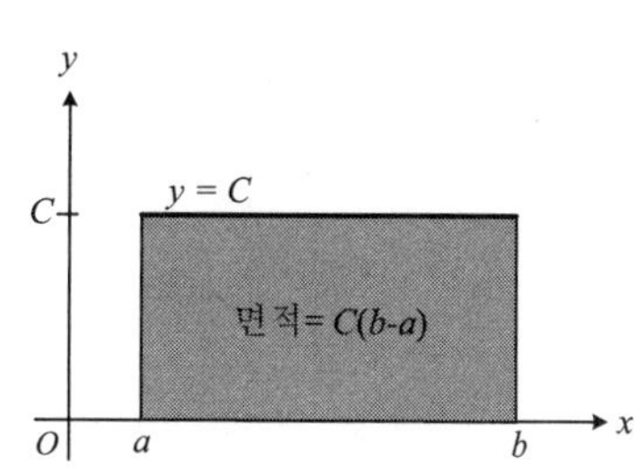

그림 9.64 $\int_a^b C dx=C(b-a)$

성질 ②는 성질 ①과 비슷한 방법으로 나타낼 수 있다. 함수에 상수배한 것의 정적분은 그 함수의 정적분의 상수배한 것과 같다는 것을 뜻한다. 즉, 상수(함수는 제외)는 적분기호 앞으로 나올 수 있다.

[증명]

C가 상수일 때

$$\int_a^b Cf(x)dx = [CF(x)]_a^b = CF(b) - CF(a) = C[F(b) - F(a)]$$

$$\int_a^b Cf(x)dx = C[F(x)]_a^b = C[F(b) - F(a)]$$

따라서 $\int_a^b Cf(x)dx = C\int_a^b f(x)dx$

성질 ③에서 합의 정적분은 정적분의 합이라는 것을 나타낸다. 양수를 갖는 함수들에 대하여 $f(x)+g(x)$ 아래의 면적은 $f(x)$ 아래의 면적에 $g(x)$ 아래의 면적을 합한 것을 나타내고 있으며 그림 9.65에 표시하였다. 이 때 수직선들의 높이는 모두 똑같게 하면 된다. 그리고 차의 정적분은 $f(x)-g(x)=f(x)+(-g(x))$로 나타내고 합의 성질을 이용함으로써 차의 성질을 증명할 수 있다.

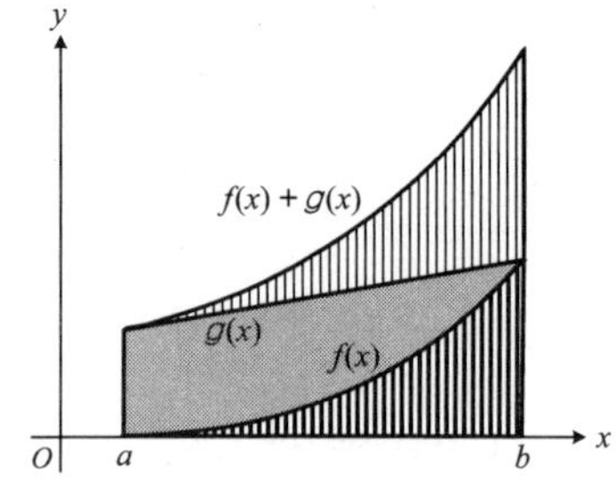

그림 9.65

$$\int_a^b [f(x)+g(x)]dx = \int_a^b f(x)dx + \int_a^b g(x)dx$$

[증명]

C가 상수일 때(성질 ③)

$$\int f(x)dx = F(x) + C_1, \quad \int g(x)dx = G(x) + C_2$$

$$\int [f(x) \pm g(x)]dx = \int f(x)dx \pm \int g(x)dx = F(x) \pm G(x) + C$$

$$\begin{aligned}\int_a^b [f(x) \pm g(x)]dx &= [F(x) \pm G(x)]_a^b = [F(b) \pm G(b)] - [F(a) \pm G(a)] \\ &= [F(b) - F(a)] - [F(b) - G(a)] \\ &= \int_a^b f(x)dx \pm \int_a^b g(x)dx \text{ (복호동순)}\end{aligned}$$

예제 9-111

적분의 성질을 이용하여 $\int_0^1 (4+3x^2)dx$를 구하여라.

풀이

실제로 적분의 **성질** ②와 ③을 이용하면

$$\int_0^1 (4+3x^2)dx = \int_0^1 4\,dx + \int_0^1 3x^2 dx = \int_0^1 4dx + 3\int_0^1 x^2 dx$$

성질 ①에 의해서 $\int_0^1 4\,dx = 4\int_0^1 dx = 4(1-0) = 4$ 이고, 기본함수 부정적분 표 9.7 A2에 의하여 $\int_0^1 x^2 dx = \frac{1}{3}[x^3]_0^1 = \frac{1}{3}(1-0) = \frac{1}{3}$ 을 구하였으므로 이들로부터 다음 식을 얻는다.

$$\int_0^1 (4+3x^2)dx = \int_0^1 4dx + 3\int_0^1 x^2 dx = 4 + 3 \cdot \frac{1}{3} = 5$$

예제 9-112

다음의 정적분을 구하여라.

(1) $\int_0^3 x^3 dx$ (2) $\int_1^3 (x^2-4x+3)dx$ (3) $\int_0^{\pi/2} x\cos x\,dx$

(4) $\int_0^1 xe^x dx$ (5) $\int_1^e \ln \sqrt[x]{x}\ dx$ (6) $\int_0^2 \frac{x}{x+1}dx$

풀이

(1) $\int_1^2 x^3 dx = \left[\frac{x^{3+1}}{3+1}\right]_0^2 = \frac{1}{4}[x^4]_0^2 = \frac{1}{4}(2^4-1^4) = \frac{1}{4}(16-1) = \frac{15}{4}$

(2)
$$\begin{aligned}\int_1^3 (x^2-4x+3)dx &= \int_1^3 x^2 dx + 4\int_1^3 x\,dx + 3\int_1^3 dx \\ &= \frac{1}{3}[x^3]_1^3 - 4\cdot\frac{1}{2}[x^2]_1^3 + 3[x]_1^3 \\ &= \frac{1}{3}[3^3-1^3] - 4\cdot\frac{1}{2}[3^2-1^2]_1^3 + 3[3-1]_1^3 \\ &= \frac{1}{3}[27-1] - 2[9-1] + 3[3-1] = \frac{26}{3} - 16 + 6 \\ &= \frac{26-48+18}{3} = -\frac{4}{3}\end{aligned}$$

(3) $u=x$, $dv=\cos x\,dx$로 놓으면 $du=dx$, $v=e^x$이므로 부분적분에 의하여

$$\begin{aligned}\int_0^{\pi/2} x\cos x\,dx &= [x\sin x]_0^{\pi/2} - \int_0^{\pi/2} 1\cdot \sin x\,dx \\ &= \left[\frac{\pi}{2}\sin\frac{\pi}{2}\right] - 0 - [-\cos x]_0^{\pi/2} \\ &= \frac{\pi}{2} + \cos\frac{\pi}{2} - \cos 0 = \frac{\pi}{2} - 1\end{aligned}$$

(4) $u=x$, $dv=e^x dx$로 놓으면 $du=dx$, $v=\sin x$이므로 부분적분에 의하여

$$\int_0^1 xe^x dx = [xe^x]_0^1 - \int_0^1 e^x \cdot 1\,dx = e^1 - 0 - [e^x]_0^1$$
$$= e - (e^1 - e^0)e - e + 1 = 1$$

(5) 주어진 적분 $\int_1^e \ln \sqrt[x]{x}\, dx = \int_1^e \ln x^{\frac{1}{x}} dx = \int_1^e \frac{1}{x} \ln x\, dx = \int_1^e \ln x \frac{1}{x}\, dx$로 정리하면 $u = \ln x$로 놓으면 $du = \frac{1}{x} dx$이고 변수를 치환했으므로 적분구간도 바꾸어 주면, 즉 $u = \ln x$에 $x \to 1$일 때, $u \to \ln 1 = 0$ $x \to e$일 때 $u \to \ln e = \log_e e = 1$

$$\therefore \int_1^e \ln \sqrt[x]{x}\, dx = \int_1^e \ln x \frac{1}{x}\, dx = \int_0^1 u\, du = \frac{1}{2}[u^2]_0^1 = \frac{1}{2}(1^2 - 0) = \frac{1}{2}$$

(6) $u = x + 1$로 놓으면 $du = dx$이고 변수를 치환했으므로 적분구간도 바꾸어 주면, 즉 $u = x + 1$에 $x \to 0$일 때 $u \to 1$, $x \to 2$일 때 $u \to 2 + 1 = 3$

$$\therefore \int_0^2 \frac{x}{x+1} dx = \int_1^3 \frac{u-1}{u} du = \int_1^3 \left(1 - \frac{1}{u}\right) du = \int_1^3 du - \int_1^3 \frac{1}{u}\, du$$
$$= [u]_1^3 - (\ln|u|)_1^3 = 3 - 1 - (\ln 3 - \ln 1) = 2 - \ln 3$$

예제 9-113

정적분 $\int_1^2 (3x^2 - 2x + \sqrt{x} - 1)\, dx$을 구하여라.

풀이

$$\int_1^2 (3x^2 - 2x + \sqrt{x} - 1)\, dx = \left(3\frac{x^{2+1}}{2+1} - 2\frac{x^{1+1}}{1+1} + \frac{2}{3}x^{3/2} - x\right)_1^2$$
$$= \left(x^3 - x^2 + \frac{2}{3}x^{3/2} - x\right)_1^2$$
$$= (2^3 - 2^2 + \frac{2}{3} \cdot 2^{3/2} - 2) - (1^3 - 1^2 + \frac{2}{3} \cdot 1^{3/2} - 1)$$
$$= 8 - 4 + \frac{2}{3} \cdot 2\sqrt{2} - 2 - (1 - 1 + \frac{2}{3} - 1)$$
$$= 2 + \frac{1}{3} + \frac{2}{3} \cdot 2\sqrt{2} = \frac{7 + 4\sqrt{2}}{3}$$

다음 합의 구간 성질은 구간이 서로 만나는 선분인 두 부분의 구간이 그림 9.66에서와 같이 $x = C$에서 하나로 합칠 수도 있고, 나누어서 두 개 이상의 구간으로 나누어질 수도 있다. 그 선분의 면적은 0(零)이므로 주어진 구간의 면적은 두 구간의 각각 면적의 합과 같다.

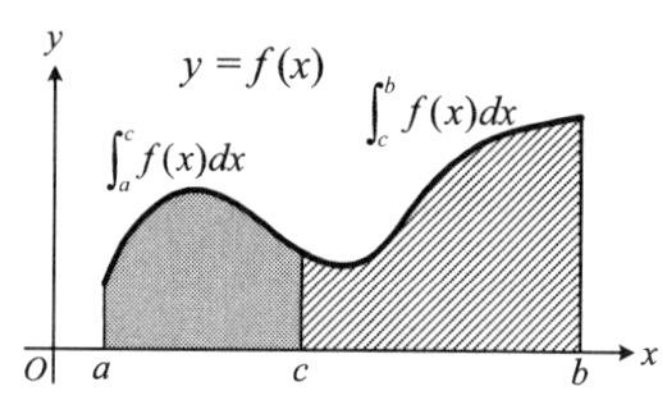

그림 9.66

$$\int_a^b f(x)\,dx = \int_a^c f(x)\,dx + \int_b^c f(x)\,dx$$

합의 구간의 성질

함수 $f(x)$가 a, b 사이의 임의의 점 c에 대하여 적분 가능한 경우

$$\int_a^c f(x)dx + \int_c^b f(x)dx = \int_a^b f(x)dx$$

일반적으로 이 식을 증명하는 것은 복잡하지만, $f(x) \geq 0$이고 $a \leqq c \leqq b$인 경우 성질 4는 그림 9.66과 같이 기하학적으로 설명할 수 있다. 즉, $x=a$로부터 $x=c$까지 $y=f(x)$ 아래의 면적에 $x=c$로부터 $x=b$까지의 $y=f(x)$ 아래의 면적을 더한 것은 $x=a$로부터 $x=b$까지의 면적과 같다.

[설명]

$\int f(x)dx = F(x) + C$라 하면

$$\begin{aligned}\int_a^c f(x)dx + \int_c^b f(x)dx &= [F(x)]_a^c + [F(x)]_c^a = \{F(c)-F(a)\} + \{F(b)-F(c)\} \\ &= F(b)-F(a) = \int_a^b f(x)dx\end{aligned}$$

성질 ①~④는 $a < b$이거나 $a > b$인 어느 경우에도 성립한다.

예제 9-114

$\int_0^8 f(x)dx = 12$, $\int_0^6 f(x)dx = 8$일 때 다음의 정적분을 구하여라.

(1) $\int_6^8 f(x)dx$ (2) $\int_6^6 f(x)dx$ (3) $\int_8^0 f(x)dx$ (4) $\int_0^6 f(x)dx$

풀이

(1) 합의 구간의 성질 4에 의하여

$$\int_0^6 f(x)dx + \int_6^8 f(x)dx = \int_0^8 f(x)dx \Rightarrow \int_6^8 f(x)dx = \int_0^8 f(x)dx - \int_0^6 f(x)dx$$

$$\therefore \int_6^8 f(x)dx = 12 - 8 = 4$$

(2) $\int_6^6 f(x)dx = [F(x)]_6^6 = F(6) - F(6) = 0$

(3) $\int_8^0 f(x)dx = -\int_0^8 f(x)dx = -12$

(4) $\int_0^6 2f(x)dx = 2\int_0^6 f(x)dx = 2 \cdot 8 = 16$

$a \leqq c \leqq b$일 때, 식 (9.89)이나 그림 9.66에서 다음의 관계가 성립한다.

$$\int_a^a f(x)dx = 0, \quad \int_a^b f(x)dx = -\int_b^a f(x)dx, \quad \int_a^c f(x)dx + \int_c^b f(x)dx = \int_a^b f(x)dx \tag{9.90}$$

2) 정적분으로 표시된 함수의 미분

적분은 미분의 역연산(逆演算)이므로 정적분과 미분사이의 관계는 다음과 같다.

함수 $y = f(x)$가 폐구간 $[a, b]$에서 연속일 때, (단, $a \leqq c \leqq b$)

$$\frac{d}{dx}\int_a^x f(t)dt = f(x), \quad \frac{d}{dx}\int_x^a f(t)dt = -f(x) \tag{9.91}$$

$f(t)$의 변수 t는 적분변수 t와 같아야 하고 적분구간의 하한(아래 끝) a가 어떤 상수이어도 결과는 같다.

[증명]

$\int f(x)\,dx = F(x) + C$라 하면 $\int_a^x f(t)dt = [F(t)]_a^x = F(x) - F(a)$

$\therefore \; \frac{d}{dx}\int_a^x f(t)dt = \frac{d}{dx}\{F(x) - F(a)\} = F'(x) - 0 = f(x)$

정적분으로 표시된 함수의 미분은 함수 f를 적분한 후 이 식을 다시 미분할 경우 원래의 함수 f를 얻게 된다. 따라서 미분과 적분은 서로 역연산관계가 있음을 알려주고 있다.

예 $\frac{d}{dx}\int_1^x (t^2 + 2t + 1)\,dt = x^2 + 2x + 1$

위 결과는 주어진 식을 식 (9.91)과 비교하여 $f(t)$의 t대신에 x를 대입한다.

이 식을 순서대로 적분한 다음 미분해보기로 하자.

$$\begin{aligned}\frac{d}{dx}\int_1^x (t^2 + 2t + 1)\,dt &= \frac{d}{dx}\left[\frac{t^3}{3} + 2\frac{t^2}{2} + t\right]_1^x = \frac{d}{dx}\left[\frac{x^3}{3} + x^2 + x - \frac{1}{3} - 1 - 1\right] \\ &= \left[\frac{3x^2}{3} + 2x + 1\right] = x^2 + 2x + 1\end{aligned}$$

계산한 결과는 같다는 것을 확인할 수 있다. 그러나 주의할 점은 직접 식 (9.91)을 이용할 수 있는 꼴인지를 반드시 확인해야 한다. 연습문제에서 확인하라.

3) 짝함수(우함수)와 홀함수(기함수)의 적분법

적분 상한과 하한의 절대값이 같고 부호는 다른 경우 다음의 정적분의 성질을 이용하여 정적분의 값을 구할 수 있다.

함수 $f(x)$가 폐구간 $[-a, a]$에서 연속이고 적분가능하다고 하자.

(1) 모든 실수 x에 대하여 $f(-x)=f(x)$ 일 때, 짝함수(우함수)

$$\int_{-a}^{a} f(x)\,dx = 2\int_{0}^{a} f(x)\,dx$$

(2) 모든 실수 x에 대하여 $f(-x)=-f(x)$ 일 때, 홀함수(기함수)

$$\int_{-a}^{a} f(x)\,dx = 0$$

[설명]

짝함수와 홀함수는 이미 5.2.3항에서 공부한 바 있다.

먼저, 짝함수와 홀함수에 관한 몇 가지 사실을 복습해보자. 구간 $[-a, a]$에서 수식으로는 x나 $-x$ 때의 함수의 값이 똑같으면 $f(-x) = f(x)$ 이고 $f(x)$는 짝함수이다.

따라서 표 9.9의 왼쪽 그림에서와 같이 $-a$에서 0까지의 그래프 $(x<0)$는 0에서 a까지의 그래프 $(x>0)$와 y축을 중심으로 대칭임을 보여준다. 또 수식으로는 x나 $-x$ 때의 함수의 값이 서로 반대 부호이면 $f(-x)=-f(x)$ 이고 $f(x)$는 홀함수이다. 이 경우에는 $-a$부터 0까지의 그래프 $(x<0)$는 표 9.9의 오른쪽 그림에서와 같이 0에서 a까지의 그래프 $(x>0)$를 취하여 x축으로 대칭시키고 다시 y축으로 대칭시킨 것과 같음을 알 수 있다.

다음 함수 $y=2x^2+x-1$는 구간 $[-3, 3]$에서 짝함수도 홀함수도 아니다. 지금 설명한 함수와 같이 꼭 짝함수 또는 홀함수일 필요는 없다.

만일 $f(x)$가 구간 $[-a, a]$에서 짝함수이면 앞의 (1) 짝함수에서 설명한 바와 같이

$$\int_{-a}^{a} f(x)\,dx = 2\int_{0}^{a} f(x)\,dx$$

이다. 직관적으로 이것은 $-a$에서 0까지 $y=f(x)$의 아래면적과 0에서 a까지 $y=f(x)$의 아래면적이 정확히 같기 때문이다.

마찬가지로 만일 $f(x)$가 구간 $[-a, a]$에서 홀함수이면 이 때 앞의 (2)에서 설명한 바와 같이 $\int_{-a}^{a} f(x)\,dx=0$ 이다. 이것은 $-a$에서 0까지 결정된 면적은 0에서 a까지의 면적에 **음수**(陰數, negative)를 곱한 값과 같기 때문이다.

다음의 표 9.9는 짝함수와 홀함수의 정적분과 관련된 내용을 정리한 것이다.

표 9.9 짝함수와 홀함수의 정적분

(1) 짝함수(우함수)	(2) 홀함수(기함수)
① $f(-x)=f(x)$	① $f(-x)=-f(x)$
② $y=f(x)$ 의 그래프는 y축에 대하여 대칭, 즉 $x \geq 0$일 때 그래프를 알고 y축에 대칭만 시키면 얻는다.	② $y=f(x)$ 의 그래프는 원점에 대하여 대칭, 즉 $x \geq 0$일 때 주어진 그래프를 원점 중심으로 180° 회전시키면 얻는다.
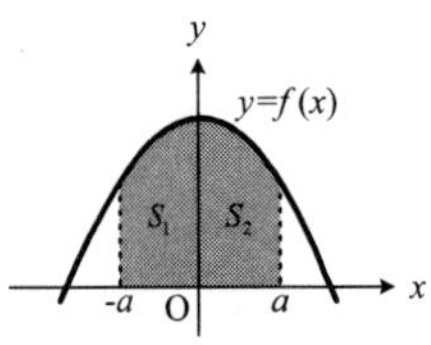 **그림** $S_1=S_2=S$	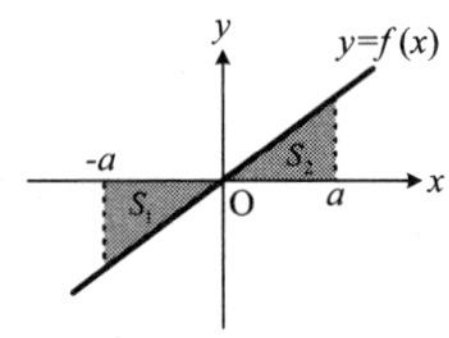 **그림** $-S_1=S_2=S$
③ $\int_{-a}^{a} f(x)\,dx=S_1+S_2=S+S=2S$	③ $\int_{-a}^{a} f(x)\,dx=-S_1+S_2=-S+S=0$
④ 지수가 짝수차 (x^2, x^4, x^4-3x^2+1)만, 지수함수 e^x+e^{-x}, 절대기호가 포함된 함수 $\lvert x \rvert$, $\sin x$, … 등 그리고 상수항은 포함해도 됨	④ 지수가 홀수차 (x, x^3, x^5-2x)만, $\sin x$, $\tan x$, … 등 그리고 상수항은 없음

x의 짝 멱수는 짝함수이고 홀 멱수는 홀함수이다. 사실은 짝함수, 홀함수의 이름은 여기에서 유래되었다. 두 함수의 곱에 대하여는 다음 규칙이 적용된다. 짝함수와 홀함수의 곱이나, 홀함수와 홀함수의 곱은 짝함수가 된다. 반면에 짝함수와 홀함수의 곱은 홀함수이다. 어떤 함수는 짝함수이며, 어떤 함수는 홀함수이다. 그러나 e^x와 같이 어떤 함수는 짝함수도 홀함수도 아니다. 일반적으로 함수는 다음과 같이 짝함수와 홀함수의 합으로 쓸 수 있다.

$$f(x)=\frac{1}{2}[f(x)+f(-x)]+\frac{1}{2}[f(x)-f(-x)]$$

앞 식에서 우변의 첫 항은 짝함수, 둘째 항은 홀함수이다. 예를 들면

$$e^x=\frac{1}{2}[e^x+e^{-x}]+\frac{1}{2}[e^x-e^{-x}]=\cosh x+\sinh x$$

에서 $\cosh x$는 짝함수, $\sinh x$는 홀함수이다.

예제 9-115

다음의 정적분을 구하여라.

(1) $\int_{-1}^{1}(2x^5-x^3+3x)\,dx$ (2) $\int_{-\pi/2}^{\pi/2}\cos x\,dx$ (3) $\int_{-1}^{1}x e^{x^2}\,dx$

▌풀이

(1) $f(x)=2x^5-x^3+3x$라 놓고 x대신 $-x$로 치환하여 정리하면

$$f(-x)=2(-x)^5-(-x)^3+3(-x)=-2x^5+x^3-3x=-(2x^5-x^3+3x)$$
$$=-f(x)$$

따라서 f는 홀함수(기함수)이므로 구간 $[-1,\ 1]$에서 원점에 대하여 대칭이다.

$$\therefore\ \int_{-1}^{1}(2x^5-x^3+3x)\,dx=0$$

(2) $f(x)=\cos x$라 놓고 x대신 $-x$로 치환하여 정리하면

$f(-x)=\cos(-x)=-\cos x$이고 f는 구간 $[-\pi/2,\ \pi/2]$에서 짝함수(우함수)이므로 y축에 대하여 대칭이다.

$$\int_{-\pi/2}^{\pi/2}\cos x\,dx=2\int_{0}^{\pi/2}\cos x\,dx=2[\sin x]_{0}^{\pi/3}=2(\sin\frac{\pi}{3}-\sin 0^o)$$
$$=2(\sin 60^o-0)=2\cdot\frac{\sqrt{3}}{2}=\sqrt{3}$$

(3) $f(x)=xe^{x^2}$라 놓고 x대신 $-x$로 치환하여 정리하면

$f(-x)=-x\,e^{(-x)^2}=-x\,e^{x^2}=-f(x)$ 이므로 f는 홀함수(기함수)이다.

$$\therefore\ \int_{-1}^{1}xe^{x^2}dx=0$$

9.11.4 부분적분 공식(규칙 B3)을 정적분에서 사용

9.10절 표 9.8 적분의 규칙 B3의 3) 부분적분 공식에서 우변의 $f(x)g(x)$는 정적분에서 사용하려면 $[f(x)g(x)]_a^b$의 형태로 나타난다. 즉, 9.10절의 식 (9.86)을 정적분 식으로 나타내면 다음과 같다.

$$\int_a^b f(x)g'(x)dx=[f(x)g(x)]_a^b-\int_a^b f'(x)g(x)dx \tag{9.92}$$

식 (9.92)의 부분적분법을 조금 더 기억하기 쉽게 $u=f(x)$와 $v=g(x)$로 치환하여 각각 미분하면 $du=f'(x)dx$와 $dv=g'(x)dx$가 되므로 이것을 식 (9.92)에 대입하면 다음과 같다.

$$\int_a^b u\,dv=[u\,v]_a^b-\int_a^b v\,du \tag{9.93}$$

예를 들어 설명하면 다음과 같다.

예 $\int_0^{\pi/2} x \cos x \, dx$를 **부분적분**(部分積分)으로 구한다.

$f=x$, $g'=\cos x$라 하면 $f'=1$, $g=\sin x$이므로

$$\begin{aligned}\int_0^{\pi/2} x \cos x \, dx &= [f(x)g(x)]_0^{\pi/2} - \int_0^{\pi/2} f'(x)g(x) \\ &= (x \sin x)_0^{\pi/2} - \int_0^{\pi/2} \sin x \, dx \\ &= \left(\frac{\pi}{2} \sin \frac{\pi}{2} - 0 \cdot \sin 0\right) - (-\cos x)_0^{\pi/2} \\ &= \frac{\pi}{2} - 0 + \cos \frac{\pi}{2} - \cos 0 \\ &= \frac{\pi}{2} - 1\end{aligned}$$

여기서, $\sin \frac{\pi}{2} = \sin 90° = 1$, $\sin 0° = 0$, $\cos \frac{\pi}{2} = \cos 90° = 0$, $\cos 0° = 1$

9.11.5 이상적분

지금까지 정적분

$$\int_a^b f(x) dx \qquad (9.94)$$

를 정의할 때 적분의 한계는 유한(有限)이고, 피적분함수 $f(x)$는 구간 $[a, b]$ $(a \leqq c \leqq b)$의 모든 x값에 대하여 연속이라고 가정하였다. 이 조건 중의 적어도 하나가 만족되지 않을 때 적분을 **이상적분**(異常積分, improper integration)이라 한다. 이상적분은 본질적으로 유한인 폐구간(또는 닫힌구간)에서 정의된 연속함수의 정적분에 극한을 이용하여 새로운 적분의 의미를 다음과 같이 정의한다.

1) 적분한계가 무한인 경우의 적분

적분한계 중의 적어도 하나가 무한(無限)인 정적분은 극한값이 존재할 때에 한하여, 다음과 같은 관계식으로 정의한다.

(1) f가 구간 $[a, \infty)$ (→반개구간)에서 정의된 연속함수일 때

$$\int_a^{\infty} f(x) dx = \lim_{t \to \infty} \int_a^t f(x) dx,$$

(2) f가 구간 $(-\infty, b]$(→반개구간)에서 정의된 연속함수일 때

$$\int_{-\infty}^{b} f(x)dx = \lim_{t \to -\infty} \int_{t}^{b} f(x)dx,$$

(3) f가 구간 $(-\infty, \infty)$(→개구간)에서 정의된 연속함수일 때

$$\int_{-\infty}^{\infty} f(x)dx = \int_{-\infty}^{a} f(x)dx + \int_{a}^{\infty} f(x)dx$$

여기서 a는 임의의 실수이다.

위의 각 식에서 우변의 극한값이 존재할 때 이상적분은 **수렴**(收斂)**한다**(converge)고 하고, 극한값이 존재하지 않으면 적분은 **발산**(發散)**한다**(diverge)고 한다.

위에서 설명한 이상적분 $\int_{0}^{\infty} e^{-x^2} dx$는 확률과 통계에서 매우 중요한 응용 가운데 하나인 **확률분포**(確率分布)에 자주 사용하게 된다.

예제 9-116

다음 이상적분이 수렴하는지, 발산하는지를 조사하여라.

(1) $\int_{-\infty}^{0} e^x dx$ (2) $\int_{1}^{\infty} \frac{dx}{x}$

(3) $\int_{0}^{\infty} \cos x\, dx$ (4) $\int_{0}^{\infty} e^{-ax} dx \ (a > 0)$

풀이

(1) $$\int_{-\infty}^{0} e^x dx = \lim_{a \to -\infty} \int_{a}^{0} e^x dx = \lim_{a \to -\infty} [e^x]_a^0 = \lim_{a \to -\infty} (e^0 - e^a)$$
$$= \lim_{a \to -\infty} (1 - e^a) = 1$$

극한값이 존재하므로 이상적분은 수렴한다.

(2) $$\int_{1}^{\infty} \frac{dx}{x} = \lim_{b \to \infty} \int_{1}^{b} \frac{dx}{x} = \lim_{b \to \infty} [\ln|x|]_1^b = \lim_{b \to \infty} (\ln b - \ln 1)$$
$$= \lim_{b \to \infty} (\ln b - 0) = \infty$$

극한값이 존재하지 않으므로 이상적분은 발산한다.

(3) $$\int_{0}^{\infty} \cos x\, dx = \lim_{b \to \infty} \int_{0}^{b} \cos x\, dx = \lim_{b \to \infty} [\sin x]_0^b = \lim_{b \to \infty} (\sin x - \sin 0)$$
$$= \lim_{b \to \infty} (\sin x) = \text{극한값 없음}$$

극한값이 존재하지 않으므로 이상적분은 발산한다.

(4) $$\lim_{t \to \infty} \int_{0}^{t} e^{-ax} dx = \lim_{t \to \infty} \left[-\frac{1}{a} e^{-ax}\right]_0^t = -\frac{1}{a} \lim_{t \to \infty} [e^{-ax}]_0^t$$
$$= -\frac{1}{a} \lim_{t \to \infty} (e^{-at} - e^0) = -\frac{1}{a} \lim_{t \to \infty} (e^{-at} - 1)$$
$$= \frac{1}{a} \lim_{t \to \infty} (1 - e^{-at}) = \frac{1}{a}\left(1 - \frac{1}{\infty}\right) = \frac{1}{a}$$

$\because \int_0^{\infty} e^{-ax}dx = \frac{1}{a}(a>0)$, e^{-ax}는 단조감소함수이므로

$\lim_{t\to\infty}(e^{-ax}) = e^{-\infty} = \frac{1}{e^{-\infty}} = \frac{1}{\infty} = 0$ (4.1절 예제 4-6 참조)

극한값이 존재하므로 이상적분은 수렴한다.

2) 피적분함수가 불연속인 경우의 적분 (불연속에 대해서는 5.1.3항을 참조)

적분구간의 한 끝 또는 중간에서 피적분함수 $f(x)$가 불연속이거나 무한대가 되는 경우(불연속에 대하여는 5.1.3항 참조)이다. 즉, $f(x)$가 $x=b$ 또는 $x=a$를 제외하고 구간 $[a, b]$의 모든 x값에 대하여 연속이면 적분 식 (1)은 극한값이 존재할 때 한하여 다음 관계식으로 정의한다.

(1) f가 구간 $[a, b)$(→ 반개구간)에서 정의된 연속함수이고 $x\to b^-$일 때, $|f(x)|\to\infty$이면

$$\int_a^b f(x)\,dx = \lim_{t\to b^-}\int_a^t f(x)\,dx \tag{9.95}$$

(2) f가 구간 $(a, b]$(→ 반개구간)에서 정의된 연속함수이고 $x\to a^+$일 때, $|f(x)|\to\infty$이면

$$\int_a^b f(x)\,dx = \lim_{t\to a^+}\int_t^b f(x)\,dx \tag{9.96}$$

기호 $x\to b^-$는 x가 b보다 작은 값(왼쪽)에서부터 b에 접근함을 뜻하고, 마찬가지로 $x\to a^+$는 x가 a보다 큰 값(오른쪽)에서부터 a에 접근함을 뜻한다.

앞의 각 식에서 우변의 극한값이 존재할 때 이상적분은 **수렴**(收斂)**한다**(converge)고 하고, 극한값이 존재하지 않으면 적분은 **발산**(發散)**한다**(diverge)고 한다.

예제 9-117

다음 이상적분이 수렴하는지, 발산하는지를 조사하여라.

(1) $\int_0^1 \frac{1}{\sqrt{x}}\,dx$ (2) $\int_{-1}^0 \frac{dx}{x^2}$

풀이

(1) $\int_0^1 \frac{1}{\sqrt{x}}\,dx = \lim_{t\to 0^+}\int_t^1 \frac{dx}{\sqrt{x}} = \lim_{t\to 0^+}\int_t^1 \frac{1}{x^{1/2}}\,dx = \lim_{t\to 0^+}\int_t^1 x^{-\frac{1}{2}}\,dx$

$= \lim_{t\to 0^+}\left[\frac{x^{-1/2+1}}{-1/2+1}\right]_t^1 = \lim_{t\to 0^+} 2\left[x^{\frac{1}{2}}\right]_t^1 = \lim_{t\to 0^+} 2\left(1^{\frac{1}{2}} - t^{\frac{1}{2}}\right)$

$= 2(1-0) = 2$ $\left(\because \sqrt[n]{0} = 0 \to 0^{\frac{1}{n}} = 0\right)$

극한값이 존재하므로 이상적분은 수렴한다.

(2) $\displaystyle\int_{-1}^{0}\frac{dx}{x^2} = \lim_{t\to 0^-}\int_{-1}^{t}\frac{dx}{x^2} = \lim_{t\to 0^-}\int_{-1}^{t}x^{-2}dx = \lim_{t\to 0^-}\left[\frac{x^{-2+1}}{-2+1}\right]_{-1}^{t}$

$$= \lim_{t\to 0^-}[-x^{-1}]_{-1}^{t} = \lim_{t\to 0^-}\left[-\frac{1}{x}\right]_{-1}^{t}$$

$$= \lim_{t\to 0^-}\left[-\frac{1}{t}-\left(-\frac{1}{-1}\right)\right] = \lim_{t\to 0^-}\left(-\frac{1}{t}-1\right) = \left(-\frac{1}{0^-}-1\right) = \infty$$

극한값이 존재하지 않으므로 이상적분은 발산한다.

(3) f가 구간 (a, b) (→ 개구간)의 한 점 c를 제외하고(한 점 c에서 불연속인 경우를 제외하고) 구간 (a, b)의 모든 x값에 대하여 연속이며, $x \to c$일 때 $|f(x)| \to \infty$이면 적분 (1)은 다음 관계식으로 정의된다.

$$\int_a^b f(x)\,dx = \int_a^c f(x)\,dx + \int_c^b f(x)\,dx \tag{9.97}$$

여기서 우변의 적분들은 각각 위의 식 (9.95)와 (9.96)의 방법으로 계산한다.

예제 9-118

$\displaystyle\int_{-1}^{1}\frac{dx}{x^2}$ 의 값을 구하여라.

▌풀이

[풀이 1]

피적분함수 $1/x^2$은 $x \to 0$일 때 무한히 증가(→ ∞)하므로(그림 9.67 참조), 적분을 두 개의 부분으로 나누어 쓰면 다음과 같다.

$$\int_{-1}^{1}\frac{dx}{x^2}\,dx = \int_{-1}^{0}\frac{dx}{x^2} + \int_{0}^{1}\frac{dx}{x^2}$$

앞 적분 식에서 우변의 첫 번째 적분은 [예제 9-117]의 (1)번과 같으므로 그 결과는 ∞이고, 두 번째 적분은

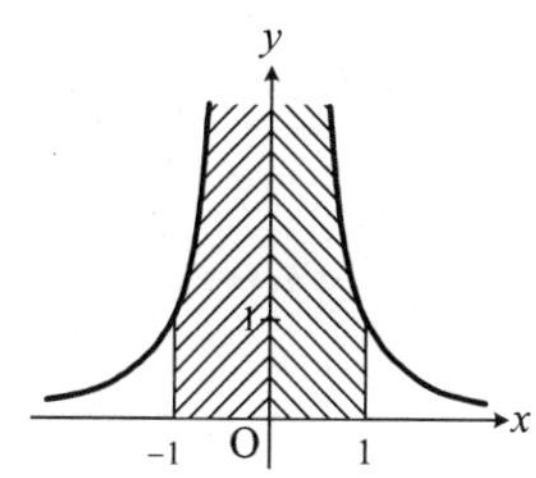

그림 9.67 이상적분

$$\int_0^1\frac{dx}{x^2} = \lim_{t\to 0^+}\int_t^1\frac{dx}{x^2} = \lim_{t\to 0^+}\int_t^1 x^{-2}dx = \lim_{t\to 0^+}\left[\frac{x^{-2+1}}{-2+1}\right]_t^1 = \lim_{t\to 0^+}[-x^{-1}]_t^1$$

$$= \lim_{t\to 0^+}\left[-\frac{1}{x}\right]_t^1 = \lim_{t\to 0^+}\left[-\left(\frac{1}{1}-\frac{1}{t}\right)\right] = \lim_{t\to 0^+}\left(\frac{1}{t}-1\right) = \infty$$

$$\therefore \int_{-1}^{1}\frac{dx}{x^2}\,dx = \int_{-1}^{0}\frac{dx}{x^2} + \int_0^1\frac{dx}{x^2} = \infty + \infty = \infty$$

극한값이 존재하지 않으므로 이상적분은 발산한다.

[풀이 2]

위의 적분은 보통의 정적분으로 계산하면 다음과 같다.

$$\int_{-1}^{1}\frac{dx}{x^2}=\int_{-1}^{1}x^{-2}dx=\left[\frac{x^{-2+1}}{-2+1}\right]_{-1}^{1}=-\left[\frac{1}{x}\right]_{-1}^{1}=-\left[\frac{1}{1}-\left(\frac{1}{-1}\right)\right]$$
$$=-(1+1)=-2$$

이것은 피적분함수 $1/x^2$가 항상 양(陽)이므로 모순된 결과이다.

예 우물의 비정상상태 이론의 기본 식에서 Theis의 비평형방정식은 양수시험에서 대수층의 형상계수인 저류계수 S와 전도계수 T(투수계수 × 대수층의 두께)를 구하는 적분은 다음과 같다.

$$s=\frac{Q}{4\pi T}\int_{u}^{\infty}\frac{e^{-u}}{u}du=\frac{Q}{4\pi T}W(u)$$

여기서 s는 지하수위 강하량, Q는 지하수 양수량, u는 무차원 변수 그리고 $W(u)$는 우물함수(well function)이다.

이 적분은 기본함수에서는 절대로 나타나지 않고, 후술되는 수치적분도 특별한 공부(工夫)가 필요하다. 다행스럽게도 우물함수 $W(u)$의 적분값은 Wenzel에 의해 계산되어 이미 수표(數表)로 만들어져 있다. 따라서 이용자는 u를 구한 다음, 이 수표로부터 적분의 값을 얻을 수 있다(이 적분에서 $(-)$를 붙인 것을 **적분지수함수**라고 한다).

예제 9-119

$\int_{0}^{1}\frac{dx}{\sqrt{1-x}}$ $(x<1)$를 계산하여라.

풀이

피적분함수는 $x\to 1$에서 불연속이고 무한대.

$$\int_{0}^{1}\frac{dx}{\sqrt{1-x}}=\lim_{t\to 1^-}\int_{0}^{t}\frac{dx}{\sqrt{1-x}}=\lim_{t\to 1^-}\int_{0}^{t}(1-x)^{-\frac{1}{2}}dx$$
$$=\lim_{t\to 1^-}\left[\left(\frac{(1-x)^{-1/2+1}}{-1/2+1}\right)(-1)\right]_{0}^{t}=\lim_{t\to 1^-}\left[-2(1-x)^{\frac{1}{2}}\right]_{0}^{t}$$
$$=\lim_{t\to 1^-}\left[-2(1-t)^{\frac{1}{2}}+2(1-0)^{\frac{1}{2}}\right]=0+2=2$$

예제 9-120

$\int_{-1}^{1}\frac{dx}{x}$를 구하여라. [$f(x)=\frac{1}{x}$에 대하여는 5장 그림 5.3(a) 참조]

풀이

피적분함수는 $x=0$에서 불연속, 동시에 x가 0에 가까워져서 $\pm\infty$가 된다. 따라서,

$$\begin{aligned}\int_{-1}^{1}\frac{dx}{x} &= \int_{-1}^{1}\frac{1}{x}\,dx = \int_{-1}^{0}\frac{1}{x}\,dx + \int_{0}^{1}\frac{1}{x}\,dx \\ &= \lim_{t\to 0^-}\int_{-1}^{t}\frac{1}{x}\,dx + \lim_{t\to 0^+}\int_{t}^{1}\frac{1}{x}\,dx \\ &= \lim_{t\to 0^-}[\ln|x|]_{-1}^{t} + \lim_{t\to 0^+}[\ln|x|]_{t}^{1} \\ &= \lim_{t\to 0^-}[\ln|t| - \ln|-1|] + \lim_{t\to 0^+}[\ln|1| - \ln|t|] \\ &= \lim_{t\to 0^-}[\ln|t| - 0] + \lim_{t\to 0^+}[0 - \ln|t|] = -\infty + (-\infty) = -\infty\end{aligned}$$

극한값이 존재하지 않으므로 이상적분은 발산한다.

9.12 정적분의 응용

이 절에서는 정적분의 여러 가지 성질을 알아본다. 정적분을 이용하여 곡선으로 둘러싸인 부호를 갖는 면적, 입체의 체적 그리고 다양한 힘에 의하여 행하여진 일을 계산함으로써 정적분의 응용에 관하여 설명하고자 한다. 공통된 주제는 곡선 아래와 x축 위에 있는 영역의 면적을 구하는데 사용했던 9.11절의 방법과 유사하며 다음에 설명되는 일반적인 방법이다. 즉, 하나의 양 S를 수많은 작은 부분으로 나눈다. 그 다음 나누어진 각각의 작은 부분을 정적분의 정의에서와 같이 $f(x_i)\Delta x$ 형태의 양으로 근사하고 이를 합하여(리만 합) S를 근사시킨다. 다음 단계로 근사된 S에 극한을 취해 적분으로 나타낸다. 마지막으로 이 적분을 미분적분학의 기본정리 또는 중점법칙을 이용하여 구한다. 또한 이 절에서는 새로운 응용을 공부하면서 여러 분야에서 공통적으로 사용되는 정적분의 역할을 이해할 수 있을 것이다.

중요한 것은 실제의 문제에서 어떻게 적분이라는 것을 사용할 것인가? 어떻게 식을 세울 것인가? 이러한 사고(思考)의 기본은 이미 이 장의 처음에 서술했다.

9.12.1 면적

면적을 구하는 문제는 생각보다 훨씬 더 중요할 수 있다. 주택의 앞뜰에 잔디 씨를 심고자할 때 어느 정도의 양이 필요할 것인가? 이나 거실바닥을 나무소재로 바꾸고자 할 때 어느 정도의 양이면 될 것과 같은 명백한 예제가 존재한다. 또한 무작위 사상에 대한 확률과 송유관을 흐르는 기름의 체적을 알기 위하여 관의 통수면적이 어떻게 해석되는지도 이에 속한다.

1) 평면형(平面形)의 면적(面積)

(1) 곡선과 x축 사이의 면적

구분구적법의 정적분에서 배운 바와 같이, 정적분의 정의를 응용하여 여러 가지의 도형의 곡선 아래에 놓인 영역의 면적을 구할 수 있다. 그 응용의 하나로서 평면상의 주어진 연속곡선과 x축 그리고 두 직선 $x=a$와 $x=b$으로 둘러싸인 부분의 면적을 생각하여 보자.

지금 구하는 면적 S가 폐구간 $[a, b]$ 위에서 연속곡선 L, 즉 $y=f(x)$에 의하여 싸인 부분일 때 그 면적[x축의 상하(上下) 위치에 따라 +, −의 부호를 붙인다]은 정적분의 정의에서 배운 바와 같이

$$S=\int_a^b f(x)\,dx \tag{9.98}$$

이다. 이것이 곧 이 경우에 대한 **면적(面積)의 정의**(定義)이다.

위에서 설명한 정적분과 도형의 면적 S와의 관계는 다음 표 9.10과 같이 정리할 수 있다.

[설명] 표 9.10 ②의 경우에서와 같이 구간 $[a, b]$에서 $f(x)\leqq 0$이면 $-f(x)\geqq 0$이고, 곡선 $y=-f(x)$는 $y=f(x)$와 x축에 대하여 대칭이므로 구하는 면적 S는 정적분의 정의에 의하여

$$S=\int_a^b\{-f(x)\}\,dx=-\int_a^b f(x)\,dx$$

③의 경우에서와 같이 구간 $[a, c]$에서 $f(x)\geqq 0$이면 ① 경우, 구간 $[c, b]$에서 $f(x)\leqq 0$이면 ②의 경우이므로 곡선이 x축의 상하로 걸쳐 있어 $f(x)$의 절대값의 정적분, 즉 x축의 상하면적 S_1, S_2를 따로 구하여 그들을 더한다. 따라서 구하는 면적 S는 다음과 같다.

$$S=S_1+S_2=\int_a^c f(x)\,dx+\int_c^b\{-f(x)\}\,dx=\int_a^c f(x)\,dx-\int_c^b f(x)\,dx$$

$S=S_1+S_2$를 절대값 기호(| |)를 써서 하나의 식으로 다음과 같이 나타낼 수 있다.

$$\begin{aligned}S&=S_1+S_2=\int_a^c f(x)\,dx+\int_c^b\{-f(x)\}\,dx=\int_a^c |f(x)|\,dx-\int_c^b |f(x)|\,dx\\&=\int_a^b |f(x)|\,dx\end{aligned}$$

표 9.10 연속곡선 $y=f(x)$, x축 및 구간 $[a, b]$에 둘러싸인 도형의 면적

① 구간 $[a, b]$에서 $f(x) \geqq 0$ 인 경우	② 구간 $[a, b]$에서 $f(x) \leqq 0$ 인 경우	③ 구간 $[a, b]$에서 $f(x) \geqq 0$ 또는 $f(x) \leqq 0$ 인 경우
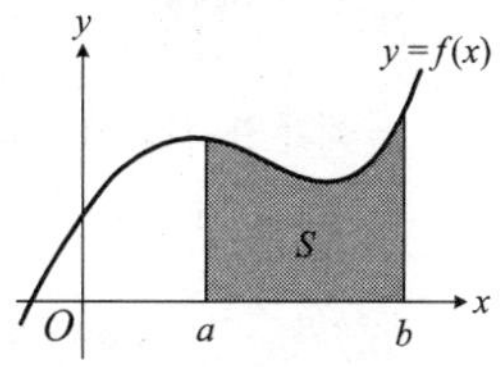	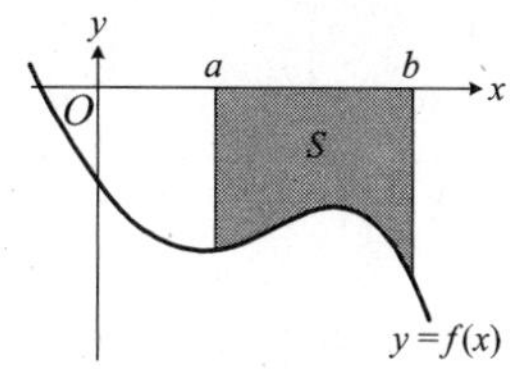	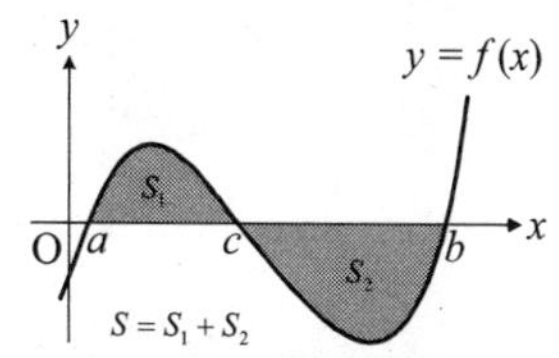
$S = \int_a^b y\,dx$ $= \int_a^b f(x)\,dx$	$S = -\int_a^b y\,dx$ $= -\int_a^b f(x)\,dx$	$S = S_1 + S_2$ $= \int_a^b \mid y \mid dx = \int_a^b \mid f(x) \mid dx$ $= \int_a^c f(x)\,dx + \int_c^b \{-f(x)\}\,dx$
면적 S가 x축 위쪽에	면적 S가 x축 아래쪽에	면적 S가 x축 위와 아래쪽 모두에

예제 9–121

주어진 포물선과 x축에 둘러싸인 부분의 면적을 구하여라.

(1) $y=(x+1)(3-x)$　　　(2) $y=x^2-1$

풀이

(1) $y=(x+1)(3-x)$의 그래프는 곡선과 x축과의 교점의 좌표가 $(x+1)(3-x)=0$의 **근**(根, root)이다. 이것을 풀면 $x=-1$, $x=3$에서 x축과 만나고, 구간 $[-1, 3]$에서 $y \geqq 0$ 이므로 구하는 면적 S는

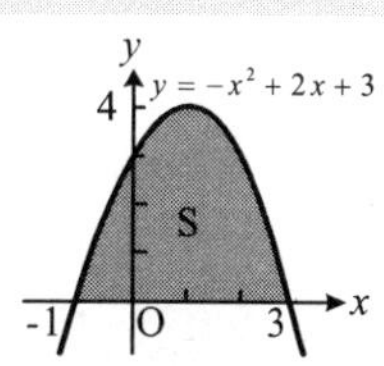

예제 9–121(1) 그림

$$
\begin{aligned}
S &= \int_{-1}^{3} (x+1)(3-x)\,dx = \int_{-1}^{3} (3+2x-x^2)\,dx \\
&= \left[3x + 2\cdot\frac{x^{1+1}}{1+1} - \frac{x^{2+1}}{2+1}\right]_{-1}^{3} \\
&= \left[3x + x^2 - \frac{1}{3}x^3\right]_{-1}^{3} \\
&= \left[3(3)+3^2-\frac{1}{3}(3)^3\right] - \left[3(-1)+(-1)^2-\frac{1}{3}(-1)^3\right] \\
&= 9+9-9+3-1-\frac{1}{3} = 11-\frac{1}{3} = \frac{33-1}{3} = \frac{32}{3}
\end{aligned}
$$

(2) 주어진 포물선의 식은 $y=x^2-1=(x+1)(x-1)$ 이므로 이 그래프는 곡선과 x축과의 교점의 좌표가 $(x+1)(x-1)=0$의 근이다. 이것을 풀면 $x=-1$, $x=1$에서 x축과 만나고, 구간 $[-1, 1]$에서 $y \leqq 0$ 이므로 구하는 면적 S는

$$S = -\int_{-1}^{1}(x+1)(x-1)\,dx = -\int_{-1}^{1}(x^2-1)\,dx$$
$$= -\left[\frac{1}{3}x^3 - x)\right]_{-1}^{1}$$
$$= -\left\{\left[\frac{1}{3}(1)^3-1)\right]-\left[\frac{1}{3}(-1)^3-(-1)\right]\right\}$$
$$= -\left\{-\frac{2}{3}-\left(-\frac{1}{3}+1\right)\right\} = -\left\{-\frac{2}{3}-\frac{2}{3}\right\} = \frac{4}{3}$$

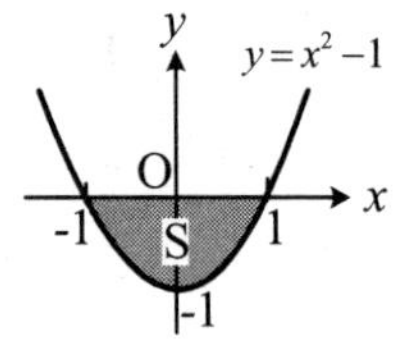

예제 9-121(2) 그림

예제 9-122

곡선 $y=x(x-1)(x-2)$과 x축에 둘러싸인 부분의 면적을 구하여라.

풀이

주어진 포물선의 식은 $y=x(x-1)(x-2)=x^3-3x^2+2x$ 이므로 이 그래프는 x축과의 교점의 좌표가 $x(x-1)(x-2)=0$의 근이다. 이것을 풀면 $x=0$, $x=1$, $x=2$에서 x축과 만나고, 구간 $[0,\ 1]$에서 $y\geq 0$, 구간 $[1,\ 2]$에서 $y\leq 0$이다. 따라서 구하는 면적을 S라고 하면

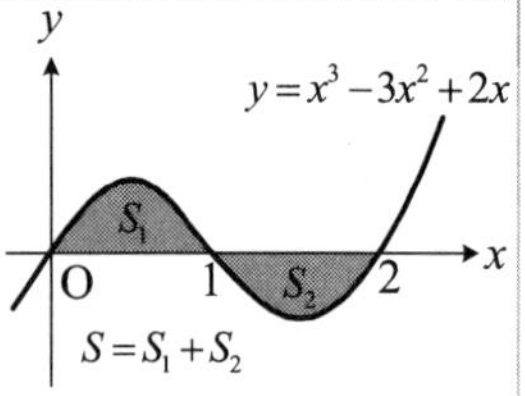

예제 9-122 그림

$$S = S_1+S_2 = \int_0^1 x(x-1)(x-2)\,dx - \int_1^2 x(x-1)(x-2)\,dx$$
$$= \int_0^1 (x^3-3x^2+2x)\,dx - \int_1^2 (x^3-3x^2+2x)\,dx$$
$$= \left[\frac{1}{4}x^4-x^3+x^2\right]_0^1 - \left[\frac{1}{4}x^4-x^3+x^2\right]_1^2$$
$$= \left(\frac{1}{4}-1+1\right) - \left\{\left[\frac{1}{4}(2)^4-(2)^3+(2)^2\right]-\left[\frac{1}{4}-1+1\right]\right\}$$
$$= \frac{1}{4}-\left(4-8+4-\frac{1}{4}\right) = \frac{1}{4}+\frac{1}{4} = \frac{2}{4} = \frac{1}{2}$$

예제 9-123

구간 $[0,\ 2\pi]$에서 $y=\sin x$와 x축으로 둘러싸인 부분의 면적을 구하여라.

풀이

주어진 싸인 그래프는 구간 $[0,\ 2\pi]$에서 x축과의 교점의 좌표가 $x=0,\ \pi,\ 2\pi$이므로 구간 $[0,\ \pi]$에서 $y\geq 0$, 구간 $[\pi,\ 2\pi]$에서 $y\leq 0$이다. 따라서 구하는 면적 S는

$$S = S_1+S_2 = \int_a^b |\ f(x)\ |\ dx$$
$$= \int_0^{\pi} \sin x\,dx + \int_{\pi}^{2\pi}(-\sin x)\,dx$$
$$= [-\cos x]_0^{\pi} + [-(-\cos x)]_{\pi}^{2\pi}$$
$$= [-(\cos\pi - \cos 0) + [\cos 2\pi - \cos\pi)]$$
$$= [-(-1-1) + [1-(-1)] = 2+2 = 4$$

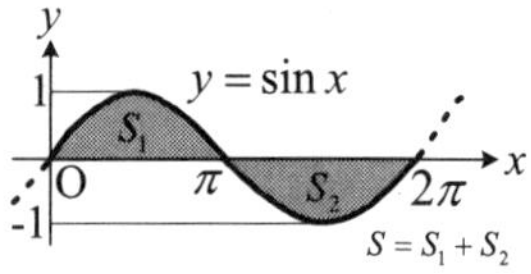

예제 9-123 그림

(2) 극좌표(極座標)에 의한 면적

그림 9.68에 나타난 동경선(動徑線 radial line) $\theta=\alpha$, $\theta=\beta$ 및 곡선 $r=f(\theta)$로 둘러싸인 부분의 면적 AOB를 생각하자. 여기서 $f(\theta)$는 연속이고 **1가함수**(一價函數)이다.

O를 지나는 동경선으로 각 AOB를 n등분하고 등분된 각을 $d\theta$라 하면, 그 면적은 OPQ와 같은 n개의 면적증분(面積增分)으로 나누인다. 이 면적증분의 각각은 **부채꼴**[**선형**(扇形), sector] OPP'와 같은 **면적소**(面積素, area element) dS와 근사적으로 같으므로 2.4.2항의 부채꼴의 면적 $S=\frac{1}{2}r^2\theta$에 의하여 $dS=\frac{1}{2}r^2 d\theta$임을 알 수 있다.

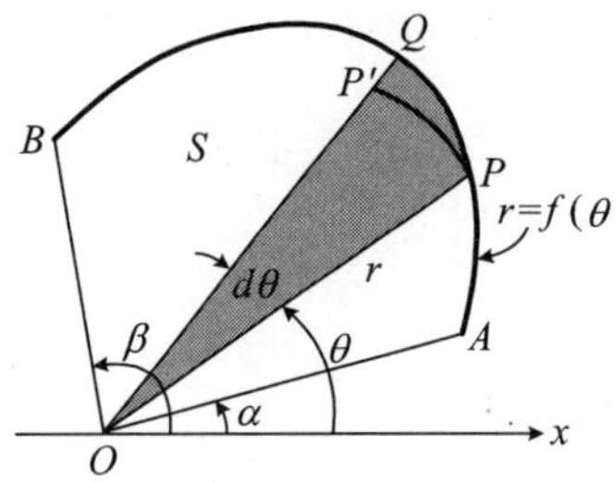

그림 9.68 극좌표에 의한 면적의 계산원리

따라서 적분의 기본정리에 의하여 부채꼴의 면적 S는 다음 식과 같다.

$$S=\frac{1}{2}\int_{\alpha}^{\beta}[f(\theta)]^2 d\theta=\frac{1}{2}\int_{\alpha}^{\beta}r^2 d\theta \tag{9.99}$$

예제 9-124

4엽장미선 $r=a\cos 2\theta$의 1엽(한 잎)의 면적을 구하여라.

풀이

θ가 $-\frac{1}{4}\pi$에서 $\frac{1}{4}\pi$까지 변한다면 장미(薔薇, rose)의 1엽이 만들어진다. 따라서 이 적분의 하한과 상한 그리고 식 (9.99)를 사용하면, 1엽(한 잎)의 면적 S는 다음과 같다(그림 9.69).

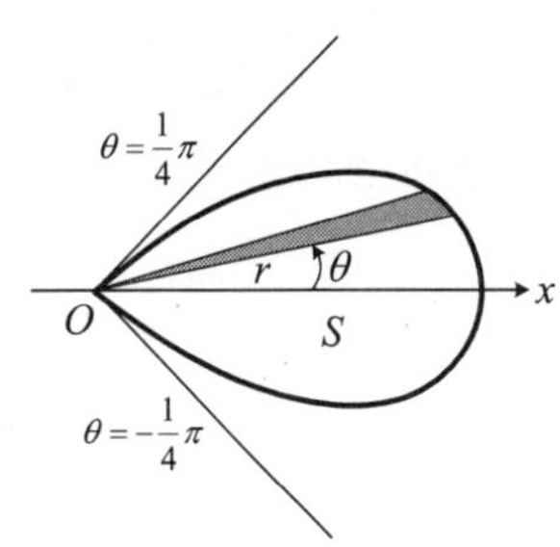

그림 9.69 1엽장미 면적

$$\begin{aligned}
S &= \frac{1}{2}\int_{\alpha}^{\beta}r^2 d\theta=\frac{1}{2}\int_{-\pi/4}^{\pi/4}a^2\cos^2 2\theta d\theta \\
&=\frac{1}{2}a^2\int_{-\pi/4}^{\pi/4}\frac{1}{2}(1+\cos 4\theta)\,d\theta \\
&=\frac{1}{4}a^2\left[\theta+\frac{1}{4}\sin 4\theta\right]_{-\pi/4}^{\pi/4} \\
&=\frac{1}{4}a^2\left\{\left[\frac{\pi}{4}+\frac{1}{4}\sin\pi\right]-\left[-\frac{\pi}{4}+\frac{1}{4}\sin(-\pi)\right]\right\} \\
&=\frac{1}{4}a^2\left(\frac{\pi}{4}+0+\frac{\pi}{4}-0\right)=\frac{1}{4}a^2\left(\frac{2\pi}{4}\right)=\frac{1}{4}a^2\left(\frac{\pi}{2}\right)=\frac{1}{8}a^2\pi
\end{aligned}$$

※ $\cos^2 2\theta=\frac{1}{2}(1+\cos 4\theta)$

[3.7.3항의 2배각 공식 참조, $\cos^2\theta=\frac{1}{2}(1+\cos 2\theta)$]

[주의] 위의 예제에서 곡선은 극좌표축에 관하여 대칭이므로 0에서 $\frac{1}{4}\pi$까지 적분한 결과를 2배하여도 같은 해를 얻는다. 즉,

$$S = \frac{1}{2}\int_{-\pi/4}^{\pi/4} a^2 \cos^2 2\theta d\theta = \frac{1}{2}\cdot 2a^2\int_0^{\pi/4}\frac{1}{2}(1+\cos 4\theta)d\theta$$

$$= \frac{1}{2}a^2\left[\theta + \frac{1}{4}\cos 4\theta\right]_0^{\pi/4} = \frac{1}{2}a^2\left(\frac{\pi}{4}+\frac{1}{4}\sin\pi\right) = \frac{1}{2}a^2\left(\frac{\pi}{4}+0\right) = \frac{1}{8}a^2\pi$$

9.12.2 평면곡선의 길이(호의 길이)

곡선의 길이란 무엇을 뜻하는가? 자로 잴 수 있는 직선과는 달리, **곡선의 길이**(곡선의 길이를 **호(弧)의 길이**(arc length)라 한다.)는 어떻게 재어야 하는가? 그림 7.70의 곡선은 이에 꼭 맞춘 한 가닥의 실의 길이를 자로 재면 될 것이라고 생각할 수도 있겠지만, 만약 복잡한 곡선이 주어 질 경우에는 아주 정확하게 이 길이를 재는 것이 어려울 것이다. 따라서 이런 방법으로는 조금의 오차도 없는 정확한 길이를 얻는다는 것은 불가능할 것이다. 이제 도형의 면적이나 입체의 체적에 대한 개념을 정의할 때처럼 곡선의 길이에 대한 개념을 정확히 어떻게 정의해야 하는지 알아보기로 하자.

그림 9.70 곡선의 길이

직선에서 잘라낸 유한한 부분을 **선분**(線分, segment)이라 하고, 곡선에서 잘라낸 유한한 부분을 **호**(arc)라고 한다. 주어진 곡선 자체가 유한한 길이를 가진다면 그 곡선 자체는 하나의 호이다. 호의 길이를 정의하기 위하여 어떻게 접근해가야 할까? 선분의 길이는 자로 잴 수 있으므로 호를 선분으로 근사시키는 것으로 출발하여 보자. 실제로 여러 개의 선분으로 연결된 꺾은 선(polygonal line)의 길이는 단순히 각 선분의 길이의 합으로 쉽게 구해진다. 따라서 호를 꺾은 선으로 근사하여 얻은 길이는 꺾은 선에 들어 있는 선분의 개수를 점차 무한히 늘려나감으로써 호의 길이가 될 것이며, 여기서 적분이라는 개념이 도입된다(그림 9.71 참조).

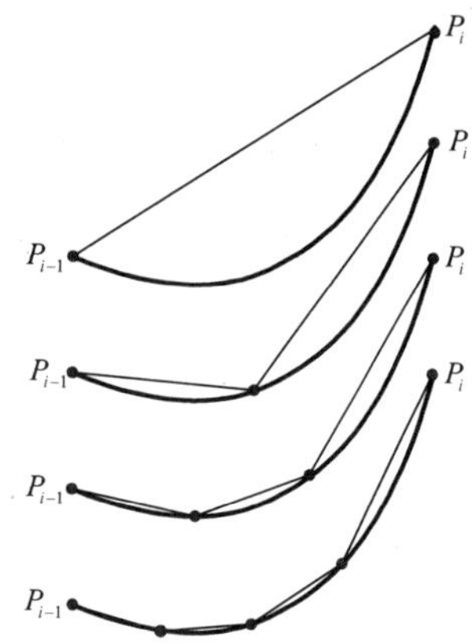

그림 9.71
P_{i-1}과 P_i를 잇는 호의 확대

폐구간 $[a, b]$에서 정의된 연속함수 $y=f(x)$가 나타내는 한 곡선 C의 길이 L을 구해보기로 하자. 호의 길이를 정의하는 과정은 면적이나 체적을 정의하는데 사용된 절차와 똑같다는 점에 주목하여라. 먼저 폐구간 $[a, b]$를 n등분하여 각 끝점들을 $x_0, x_1, \cdots, x_n$이라고 하면 각 소구

간의 폭 Δx는

$$\Delta x = x_i - x_{i-1} = \frac{b-a}{n}$$

이다. 이제 $y_i = f(x_i)$라 두면 점 $P_i(x_i, y_i)$는 곡선 C위에 있는데, $P_0, P_1, \cdots, P_n$를 이어 얻은 꺾은 선은 곡선 C를 근사한다(그림 9.72 참조). 따라서 이 꺾은 선의 길이는 L의 근사값이 되고, 이것은 n이 증가함에 따라 더 좋은 근사값이 된다. 이상을 정리하면 다음과 같은 정의를 얻는다.

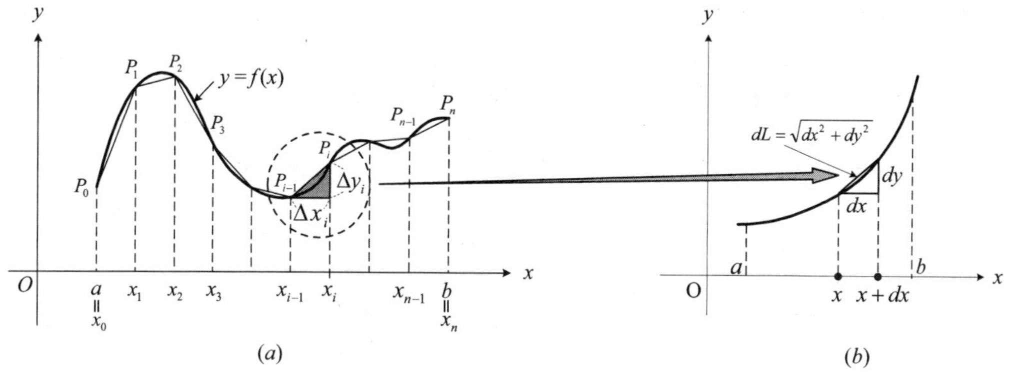

그림 9.72 (a) 곡선의 길이와 (b) 길이요소

1) 꺾은 선 길이의 정의

폐구간 $[a, b]$에서 연속함수 $y = f(x)$로 나타낸 곡선 C의 길이 L은 곡선을 근사하는 꺾은 선 길이의 극한은 다음과 같다.

$$L = \lim_{n\to\infty} \sum_{i=1}^{n} |P_{i-1}P_i| \tag{9.100}$$

식 (9.100)으로 주어진 호의 길이의 정의는 계산상으로는 매우 불편하고 번거롭지만, $f(x)$가 연속인 도함수를 가지는 경우에는 L을 적분형식으로 나타낼 수 있다. 이런 함수 $f(x)$가 미분 가능하고 $f'(x)$가 연속인 **매끄러운 함수**(smooth function)라고 한다. 왜냐하면 x가 작게 변할 때 그곳에서의 기울기 $f'(x)$도 작게 변하기 때문이다. 매끄러운 함수의 곡선은 **매끄러운 곡선**(smooth curve)이라 부른다.

이제 매끄러운 곡선에서 $\Delta y_i = y_i - y_{i-1}$이라 놓으면

$$|P_{i-1}P_i| = \sqrt{(x_i - x_{i-1})^2 + (y_i - y_{i-1})^2} = \sqrt{(\Delta x)^2 + (\Delta y_i)^2}$$

이다. 폐구간 $[x_i, x_{i-1}]$ 위에서 $f(x)$에 대하여 **평균값의 정리**(9.4.5항 참조)를 적용하면

$$\Delta y_i = f(x_i) - f(x_{i-1}) = f'(x_i^*)(x_i - x_{i-1}) = f'(x_i^*)\Delta x$$

즉, $\Delta y_i = f'(x_i^*)\Delta x$를 만족하는 x_i^*가 개구간 (x_{i-1}, x_i) 안에 존재한다. 그러므로

$$\begin{aligned} |P_{i-1}P_i| &= \sqrt{(\Delta x)^2 + (\Delta y_i)^2} = \sqrt{(\Delta x)^2 + [f'(x_i^*)\Delta x)^2]} \\ &= \sqrt{1+[f'(x_i^*)]^2}\sqrt{(\Delta x)^2} = \sqrt{1+[f'(x_i^*)]^2}\,\Delta x \quad (\Delta x > 0\text{이므로}) \end{aligned}$$

따라서 정의에서의 식 (9.100)에 의해

$$L = \lim_{n\to\infty}\sum_{i=1}^{n} |P_{i-1}P_i| = \lim_{n\to\infty}\sum_{i=1}^{n}\sqrt{1+[f'(x_i^*)]^2}\,\Delta x$$

이고, 이 식은 정적분의 정의에 의해

$$\int_a^b \sqrt{1+[f'(x)]^2}\,dx$$

로 나타냄을 알 수 있다. 도함수 $f'(x)$가 연속일 때는 $g(x) = \sqrt{1+[f'(x)]^2}$도 연속이기 때문에 이 적분은 존재한다. 그러므로 다음 정리를 얻는다.

2) 호의 길이 공식

$f'(x)$이 폐구간 $[a, b]$ 위에서 연속이면 곡선 $y = f(x)$ $(a \le x \le b)$의 길이는 다음과 같다.

$$L = \int_a^b \sqrt{1+[f'(x)]^2}\,dx \tag{9.101}$$

도함수에 대하여 라이프니츠의 기호를 사용하면 호의 길이의 공식은 다음과 같이 쓸 수 있다.

$$L = \int_a^b \sqrt{1+\left(\frac{dy}{dx}\right)^2}\,dx \tag{9.102}$$

예제 9-125

두 점 $(1, 1)$, $(4, 8)$ 사이의 반 3차포물선(semicubical parabola) $y^2 = x^3$의 호의 길이를 구하여라(예제 9-125 그림).

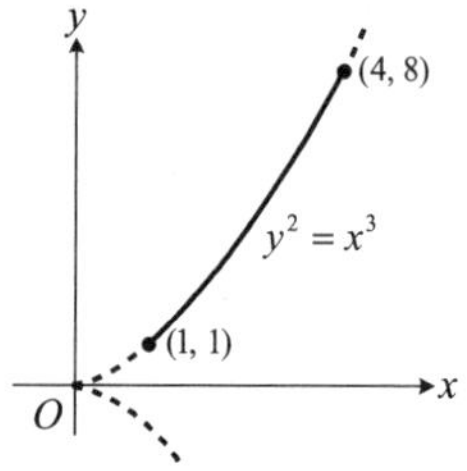

예제 9-125 그림

❙ 풀이

곡선의 상부는 $y^2 = x^3 \Rightarrow y = x^{\frac{3}{2}}$이고, 이 식을 y에 대하여 미분하면 $\dfrac{dy}{dx} = \dfrac{3}{2}x^{\frac{3}{2}-1} = \dfrac{3}{2}x^{\frac{1}{2}}$이므

로 호의 길이 공식 (9.101)에 앞 식을 대입하여 정리하면

$$L=\int_1^4\sqrt{1+\left(\frac{dy}{dx}\right)^2}\,dx=\int_1^4\sqrt{1+\left(\frac{3}{2}x^{\frac{1}{2}}\right)^2}\,dx=\int_1^4\sqrt{1+\frac{9}{4}x}\,dx \qquad ①$$

위의 적분은 치환적분법(9.10절 참조)으로 푼다. 여기서 $u=1+\frac{9}{4}x$로 놓고 미분하면 $du=\frac{9}{4}dx \rightarrow dx=\frac{4}{9}du$이고, 변수를 치환하였으므로 적분 구간도 변경하면 $x=1$일 때 $u=1+\frac{9}{4}x=1+\frac{9}{4}\cdot 1=\frac{13}{4}$, $x=4$일 때 $u=1+\frac{9}{4}x=1+\frac{9}{4}\cdot 4$ $=10$ 이므로 이 결과를 식 ①에 대입하고 정리하면

$$\begin{aligned}L&=\int_1^4\sqrt{1+\left(\frac{dy}{dx}\right)^2}\,dx=\int_{\frac{13}{4}}^{10}\sqrt{u}\left(\frac{4}{9}du\right)=\frac{4}{9}\left[\frac{u^{\frac{1}{2}+1}}{\frac{1}{2}+1}\right]_{\frac{13}{4}}^{10}\\&=\frac{4}{9}\cdot\frac{2}{3}\left[10^{\frac{3}{2}}-\left(\frac{13}{4}\right)^{\frac{3}{2}}\right]=\frac{8}{27}\left[10\cdot 10^{\frac{1}{2}}-\frac{13}{4}\cdot\left(\frac{13}{4}\right)^{\frac{1}{2}}\right]\\&=\frac{8}{27}\left[10\cdot 10^{\frac{1}{2}}-\frac{13}{4}\cdot 13^{\frac{1}{2}}\cdot\left(\frac{1}{4}\right)^{\frac{1}{2}}\right]\\&=\frac{80\sqrt{10}}{27}-\frac{8}{27}\left(\frac{13}{4}\cdot\frac{1}{2}\cdot 13^{\frac{1}{2}}\right)=\frac{80\sqrt{10}-13\sqrt{13}}{27}\end{aligned}$$

한 곡선의 방정식이 $x=g(y)$ $(c\le x\le d)$이고 $g'(y)$가 연속이면 식 (9.101) 또는 (9.102)에서 x와 y를 서로 바꾸어 줌으로써 그 길이 공식은 다음과 같이 바뀐다.

$$L=\int_c^d\sqrt{1+[g'(y)]^2}\,dy=\int_c^d\sqrt{1+\left(\frac{dx}{dy}\right)^2}\,dy \qquad (9.103)$$

예제 9-126

(0, 0), (1, 1)까지 포물선 $y^2=x$의 호의 길이를 구하여라.

풀이

$x=y^2 \Rightarrow y=x^{\frac{3}{2}}$, 미분하면 $\frac{dx}{dy}=2y$이므로 이 식을 호의 길이 공식 (9.103)에 대입하면 다음과 같다.

$$L=\int_0^1\sqrt{1+\left(\frac{dx}{dy}\right)^2}\,dy=\int_0^1\sqrt{1+(2y)^2}\,dy=\int_0^1\sqrt{1+4y^2}\,dy$$

삼각치환 $y=\frac{1}{2}\tan\theta$라 놓고 미분하면 $dy=\frac{1}{2}\sec^2\theta d\theta$이고 $\sqrt{1+4y^2}=\sqrt{1+4\left(\frac{1}{2}\tan\theta\right)^2}=\sqrt{1+\tan^2\theta}=\sec\theta$이다. 치환하였으므로 적분 구간도 같이 변경하면 $y=0$일 때 $0=\frac{1}{2}\tan\theta \rightarrow \tan\theta=0$으로부터 $\theta=\tan^{-1}(0)=0$이고,

$y=1$일 때 $1=\frac{1}{2}\tan\theta \rightarrow \tan\theta=2$로부터 $\theta=\tan^{-1}(2)=\alpha$라 하자. 그러면

$$L=\int_0^{\alpha}\sec\theta\cdot\frac{1}{2}\sec^2\theta d\theta=\frac{1}{2}\int_0^{\alpha}\sec^3\theta d\theta \qquad ①$$

앞의 적분에서 마지막 적분 $\int\sec^3 x dx$은 부분적분법(9.10절 참조)을 이용하면 다음과 같이 구할 수 있다.

> **[부분적분법]** $\int u dv=uv-\int v du$ 이용
>
> $u=\sec x,\ dv=\sec^2 x dx$라고 놓으면
> $du=\sec x\tan x dx,\ v=\tan x$이다.
>
> $$\begin{aligned}\int\sec^3 x dx &= \sec x\tan x-\int\sec x\tan^2 x dx\\ &= \sec x\tan x-\int\sec x(\sec^2 x-1)dx\\ &= \sec x\tan x-\int\sec^3 x dx+\int\sec x dx\end{aligned}$$
>
> $(1+\tan^2 x=\sec^2 x)$

앞 식의 오른쪽의 적분 $\int\sec^3 x dx$은 왼쪽의 적분과 같으므로 왼쪽으로 이항하고 적분하면

$$2\int\sec^3 x dx=\sec x\tan x+\int\sec x dx=\sec x\tan x+\ln|\sec x+\tan x|)+C$$

$$\int\sec^3 x dx=\frac{1}{2}(\sec x\tan x+\ln|\sec x+\tan x|)+C$$

앞의 결과를 식 ①에 대입하여 정리하면

$$\begin{aligned}L &= \frac{1}{2}\int_0^{\alpha}\sec^3\theta d\theta=\frac{1}{2}\cdot\frac{1}{2}[\sec\theta\tan\theta+\ln|\sec\theta+\tan\theta|]_0^{\alpha}\\ &= \frac{1}{4}\{\sec\alpha\tan\alpha+\ln|\sec\alpha+\tan\alpha|-(\sec 0\tan 0+\ln|\sec 0+\tan 0|)\}\\ &= \frac{1}{4}\{\sec\alpha\tan\alpha+\ln|\sec\alpha+\tan\alpha|-(0+\ln|1+0|)\}\\ &= \frac{1}{4}(\sec\alpha\tan\alpha+\ln|\sec\alpha+\tan\alpha|)\end{aligned} \qquad ②$$

(위의 적분 결과는 적분표에 있는 공식을 이용하여 구할 수도 있다)

이제 $\tan\alpha=2$, $\sec^2\alpha=1+\tan^2\alpha=1+2^2=5$이므로 $\sec\alpha=\sqrt{5}$ 이고, L은 $\tan\alpha=2$와 $\sec\alpha=\sqrt{5}$ 를 식 ②에 대입하고 다음과 같이 계산하면 얻을 수 있다.

$$L=\frac{1}{4}(\sec\alpha\tan\alpha+\ln|\sec\alpha+\tan\alpha|)=\frac{1}{4}(\sqrt{5}\cdot 2+\ln|\sqrt{5}+2|)$$

$$\therefore\ L=\frac{\sqrt{5}}{2}+\frac{\ln(\sqrt{5}+2)}{4}\quad(\approx 0.4789)$$

식 (9.101)과 (9.103)에서 근호가 있기 때문에 호의 길이의 계산이 매우 어렵거나 심지어 명확한 값을 구하는 것이 불가능한 경우가 있는데, 이 경우에는 때때로 곡선의 길이를 근사값으로 구하는 것으로 만족해야만 한다.

3) 호의 길이함수

주어진 곡선 위의 특정한 시점에서 임의의 다른 점까지 호의 길이를 재는 함수를 알고있다면 여러 가지로 유용하다는 것을 알게 될 것이다. 이제 $a \le x \le b$에서 매끄러운 곡선 C의 방장식이 $y = f(x)$로 주어졌을 때, 시점 $P_0(a,\ f(a))$로부터 $Q(x,\ f(x))$까지 곡선 C를 따라 잰 거리를 $s(x)$라 하면 s는 x의 함수이고 **호의 길이함수**(arc length function)라 불리며, 식 (9.101)에 의해

$$s(x) = \int_a^x \sqrt{1 + [f'(t)]^2}\, dt \tag{9.104}$$

여기서, x가 두 가지 의미를 갖지 않도록 적분변수를 t로 바꾸어 놓은 것이다.

피적분함수가 연속이므로 미적분학의 기본정리를 사용하여 위 식을 미분하면

$$\frac{ds}{dx} = \sqrt{1 + [f'(x)]^2} = \sqrt{1 + \left(\frac{dy}{dx}\right)^2} \tag{9.105}$$

식 (9.105)는 x에 관한 s의 변화율은 항상 1 이상이며, 주어진 곡선의 접선 기울기 $f'(x)$가 0이면 1이라는 것을 보여주고 있다. 호의 길이함수 미분은 식 (9.105)의 양변에 dx를 곱하면

$$ds = \sqrt{1 + \left(\frac{dy}{dx}\right)^2}\, dx \tag{9.106}$$

이고, 이 식은 흔히 대칭형으로 양변을 제곱하여 정리한

$$(ds)^2 = (dx)^2 + (dy)^2 \tag{9.107}$$

으로 쓴다. 이 식의 기하학적인 뜻은 그림 9.73에서 잘 나타난다. 또 이로부터 식 (9.102)와 (9.103)을 쉽게 유도할 수 있다. 식 (9.107)의 우변에 dx를 공통인수로 분해하여 양변을 제곱하면 식 (9.106)을 얻고, 만약 $L = \int ds$로 쓴다면 이것은 곧 식 (9.102)로 나타낼 수 있다. 마찬가지로 식 (9.107)의 우변에 dy를 공통인수로 분해하여 양변을 제곱하면

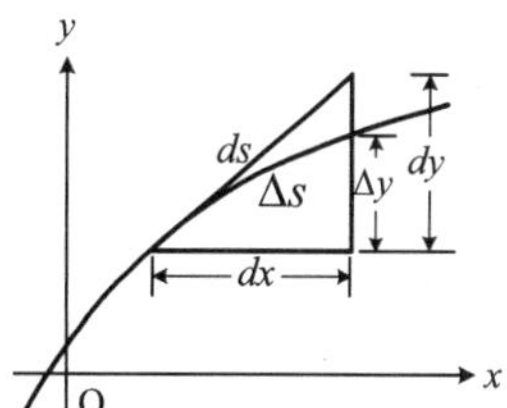

그림 9.73 식 (9.107)의 기하학적 의미

$$ds = \sqrt{1 + \left(\frac{dx}{dy}\right)^2}\, dy$$

를 얻어 이것은 곧 식 (9.103)을 나타낸다.

예제 9-127

곡선 $y=x^2-\frac{1}{8}\ln x$에서 시점 $P_0(1,\ 1)$로부터 호의 길이함수를 구하여라.

풀이

$y=f(x)=x^2-\frac{1}{8}\ln x$라 놓고 x에 대하여 미분하면 $f'(x)=2x-\frac{1}{8x}$, 이 식을 식 (9.101)의 형태로 만들기 위하여 양변을 제곱한 다음 양변에 1을 더하고 완전제곱꼴로 정리하면

$$\begin{aligned}1+[f'(x)]^2 &= 1+\left(2x-\frac{1}{8x}\right)^2=1+4x^2-\frac{1}{4}-\frac{1}{4}+\frac{1}{64x^2}\\ &=4x^2+\frac{1}{2}+\frac{1}{64x^2}=\left(2x+\frac{1}{8x}\right)^2\end{aligned}$$

그리고 위 식 양변에 제곱근을 취하면 $\sqrt{1+[f'(x)]^2}=2x+\frac{1}{8x}$ 이므로, 구하는 호의 길이의 함수 $s(x)$는 앞 식 우변 항의 변수 x를 t로 바꾸고 적분구간을 하한 1과 상한 x까지를 식 (9.104)에 넣은 후 정리하면 아래와 같고 그 그래프는 예제 9-127 그림 1과 같다.

$$\begin{aligned}s(x) &= \int_1^x\sqrt{1+[f'(t)]^2}\,dt=\int_1^x\left(2t-\frac{1}{8t}\right)dt=\left[t^2+\frac{1}{8}\ln t\right]_1^x\\ &=x^2+\frac{1}{8}\ln x-\left(1+\frac{1}{8}\ln 1\right)=x^2+\frac{1}{8}\ln x-1\end{aligned}$$

$$\therefore\ s(x)=x^2+\frac{1}{8}\ln x-1$$

예를 들면, [예제 9-127]의 곡선 위의 $(1,\ 1)$로부터 $(3,\ f(3))$까지 호의 길이 $s(x)=s(3)$은 아래와 같고, 그래프는 예제 9-127 그림 2와 같다.

$$s(3)=3^2+\frac{1}{8}\ln 3-1=9+\frac{1}{8}\ln 3-1=8+\frac{1}{8}\ln 3\approx 8.137\ 3$$

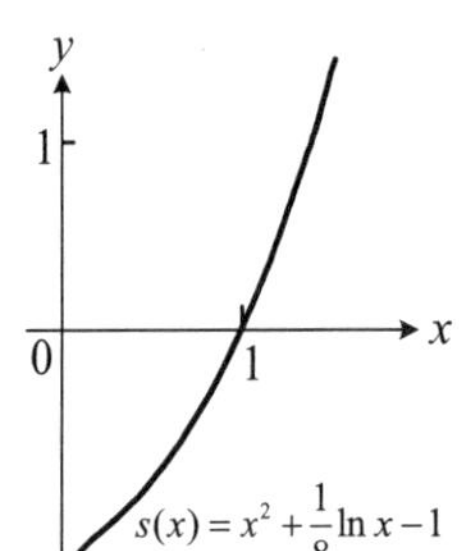

예제 9-127 그림 1 호의 길이

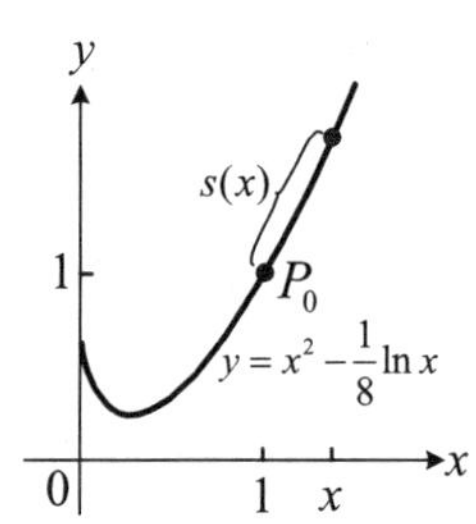

예제 9-127 그림 2 호의 길이함수

9.12.3 체적

여기서는 입체도형의 체적을 구하는 방법에 대하여 알아보기로 한다. 원기둥, 구 및 원뿔 등과 같이 기존의 알고 있는 입체도형의 체적은 간단한 공식으로 쉽게 구할 수 있지만, 이들을 제외한 일반적인 입체도형은 체적을 정의하는 방법부터가 문제이다. 그러나 체적이 무엇을 뜻하는지에 대한 직관적인 개념을 가지고 있을지라도 체적에 대한 정확한 정의를 얻기 위해서는 영역의 면적을 구할 때와 마찬가지로 미분적분학을 이용하면 입체도형의 체적 개념도 정확히 정의된다.

먼저 그림 9.74 (a)에서 주어진 **주면체**(柱面體, cylinder) 또는 **직각주면체**(7.9.1항 3차원직각좌표계 참조)를 생각해 보자. 주면체는 합동이고 서로 평행인 밑면 B_1과 윗면 B_2 그리고 B_1과 B_2를 연결하는 수직선분 위의 모든 점들로 이루어져 있다. 만일 밑면(base)의 면적이 A이고 B_1에서 B_2까지의 거리, 즉 높이가 h이면 주면체의 체적은 간단히 $\forall = Ah$로 정의되는데, 특히 그림 9.74 (b)와 같이 반경이 r인 원을 밑면으로 하는 주면체는 원기둥이며, 그 체적은 $\forall = Ah = \pi r^2 h$가 되고, 그림 9.74 (c)처럼 밑면이 가로 l, 세로 w인 직사각형이면, 그 주면체를 직육면체라 하고, 그 체적은 $\forall = Ah = lwh$가 된다.

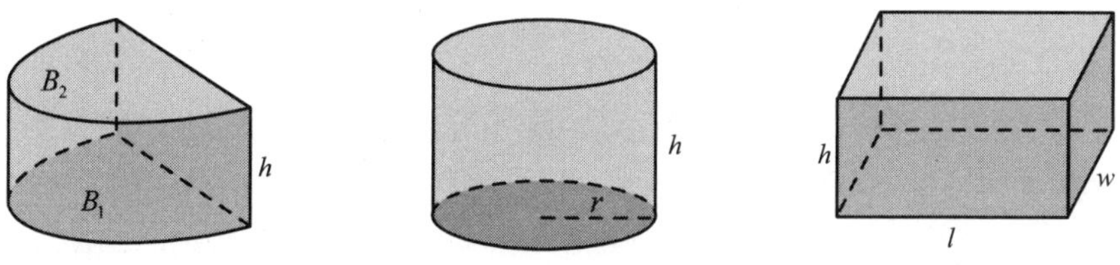

(a) 주면체 $\forall = Ah$　(b) 원기둥 $\forall = \pi r^2 h$　(c) 직육면체 $\forall = lwh$

그림 9.74 기존에 알고 있는 입체도형의 체적

이제 주면체가 아닌 입체 S에 대하여 이 S의 체적을 구하려고 정적분을 이용할 때 근사하는 리만의 합을 어떻게 구성해야 할까? 하나의 방법은 영역의 면적을 구할 때와 마찬가지로, 입체를 한없이 많은 수의 평행하고 같은 간격의 작은 조각들로 잘라 각각의 조각을 주면체로 근사시키는 것이다. 그러면 근사시킨 주면체의 체적을 쉽게 구할 수 있는데, 이들 체적을 모두 합하여 얻은 리만 합이 원래의 체적의 근사값이 될 것이고 자르는 조각들의 개수를 한없이 증가 ($n \to \infty$일 때) 시키면 극한 과정을 통하여 입체 S의 정확한 체적을 얻을 수 있다. 따라서 리만 합의 극한이 정적분임을 알고 있으므로 다음의 정의를 얻는다.

1) 체적(體積, volume) $\forall$의 정의

$x=a$와 $x=b$ 사이에 놓인 입체도형을 S라고 하자. 점 x를 지나고 x축에 수직인 평면 P_x에 있는 S의 절단면의 면적을 $A(x)$라 하면 S의 체적 $\forall$은 다음과 같다.

$$\forall = \lim_{n\to\infty}\sum_{i=1}^{n} A(x_i^*)\Delta x = \int_a^b A(x)\,dx \tag{9.108}$$

여기서, $A(x)$는 연속함수이다.

[주] 체적 공식 $\forall = \int_a^b A(x)\,dx$를 이용할 때, $A(x)$는 임의의 점 x에서 입체를 x축에 수직으로 얇게 잘라낸 임의의 절단면(切斷面, cross section)의 면적이라는 것을 반드시 기억하라. 절단면이란 입체도형 S가 평면과 만나서 생기는 영역을 말한다.
주면체의 경우 절단면의 면적은 주면체의 밑변과 윗면이 합동이고 서로 평행이므로 항상 일정하다. 즉, 모든 점 x에 대하여 $A(x)=A$이다. 그래서 체적의 정의대로 $\forall = \int_a^b A(x)\,dx = [Ax]_a^b = Ab - Aa = A(b-a) = Ah$가 되고, 결국 체적 $\forall = Ah$를 얻게 된다.

예제 9-128

반경(= 반지름)이 r인 구(球, sphere)의 체적을 구하여라.

풀이

그림 9.75에서와 같이 구의 중심이 원점에 있도록 잡으면 평면 P_x에 의하여 잘려진 구의 절단면은 반경 y가 피타고라스의 정리 $(r^2 = x^2 + y^2)$에 의하여 $y=\sqrt{r^2-x^2}$인 원이 된다. 따라서 절단면의 면적은

$$A(x) = \pi y^2 = \pi(r^2 - x^2)$$

이다. 적분 하한 $a=-r$, 적분 상한 $b=r$인 경우에 체적의 정의를 이용하면

$$\begin{aligned}\forall &= \int_{-r}^{r} A(x)\,dx = \int_{-r}^{r} \pi(r^2-x^2)\,dx \\ &= 2\pi\int_0^r (r^2-x^2)\,dx = 2\pi\left[r^2x - \frac{x^3}{3}\right]_0^r \\ &= 2\pi\left(r^3 - \frac{r^3}{3} - 0\right) = 2\pi\left(\frac{3r^3 - r^3}{3} - 0\right) \\ &= \frac{4}{3}\pi r^3\end{aligned}$$

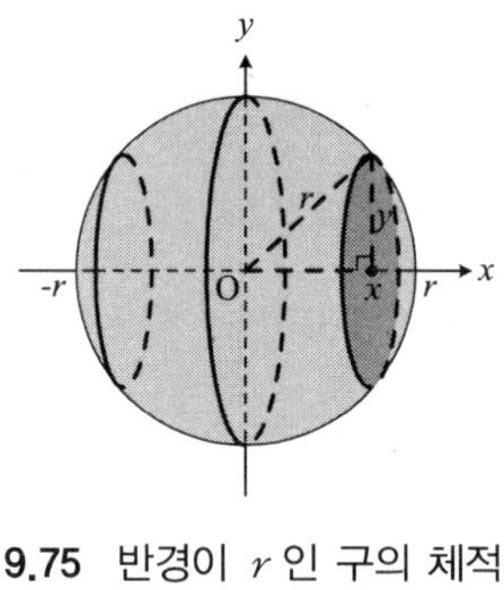

그림 9.75 반경이 r인 구의 체적

예제 9-129

밑면의 반경이 R이고 높이가 h인 거꾸로 세워진 직원뿔의 체적을 구하여라.

풀이

그림 9.76과 같이 정점(頂点)이 원점, 축이 z축이 되도록 직교좌표계를 만든다. 이 직원뿔의 밑면에서 평행인 평면으로 자르면 직원뿔과 평면과 만나는 면의 밑면과 닮았다. 높이 z에서의 얇은 원판의 반경 r은 두 직원뿔이 비례관계가 성립하므로, 즉 $r:R = z:h$이다. 이 관계를 정리하면 $r = R(z/h)$가 되므로 이 얇은 원판의 면적

$$A(z)\text{는 } A(z)=\pi r^2=\pi\left(\frac{R}{h}\right)^2\cdot z^2$$

얇은 판의 두께를 dz라 하면, 그 체적은 밑면적 × 높이이므로

$$A(z)\,dz=\pi\left(\frac{R}{h}\right)^2\cdot z^2dz$$

따라서, 직원뿔의 체적 $\forall$는 앞 식을 다음과 같이 적분하면 구할 수 있다.

$$\forall=\int_0^h A(z)\,dz=\int_0^h \pi\left(\frac{R}{h}\right)^2\cdot z^2dz=\pi\left(\frac{R}{h}\right)^2\int_0^h z^2dz$$

$$=\pi\left(\frac{R^2}{h^2}\right)\left[\frac{z^3}{3}\right]_0^h=\pi\left(\frac{R^2}{h^2}\right)\frac{h^3}{3}=\frac{1}{3}\pi R^2 h$$

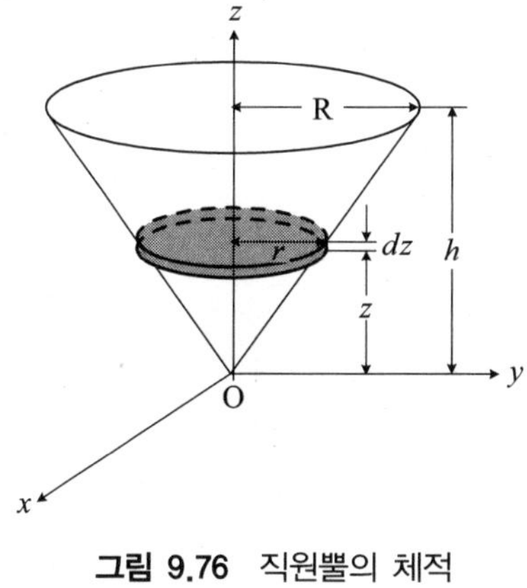

그림 9.76 직원뿔의 체적

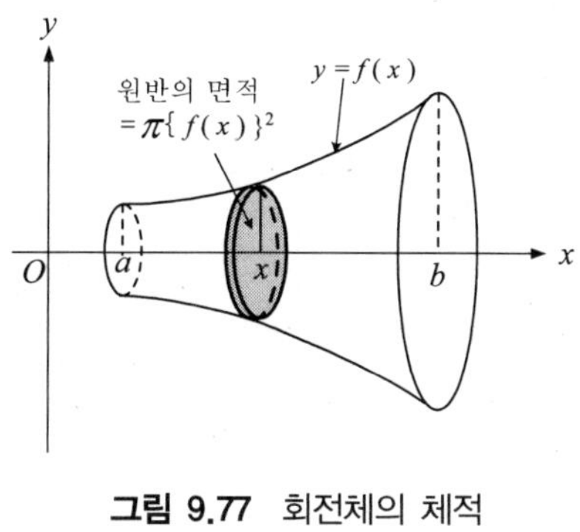

그림 9.77 회전체의 체적

2) 회전체의 체적

x축 또는 y축과 평행인 직선 또는 평면곡선에서 그 평면 내의 직선을 중심축으로 하여 한 영역을 360° 회전시켜서 생기는 공간도형을 **회전체**(回轉體, solid of revolution)라고 한다. 일반적으로 회전체의 체적은 식 (109 (a))를 적용하면 구할 수 있으며, 절단면의 면적을 제대로 구하는 게 문제 해결의 핵심이다.

그림 9.77에서 함수 $y=f(x)$는 폐구간 $[a,\ b]$에서 연속이고 항상 $f(x)\geq 0$ 또는 $f(x)\leq 0$

인 $f(x)$의 그래프와 x축 및 두개의 직선 $x=a$와 $x=b$로 둘러싸인 영역을 xy 평면 내의 곡선 방정식, x축을 중심으로 회전시킬 때 회전체의 체적 $\forall$는 다음과 같다.

$$\forall = \int_a^b \pi[f(x)]^2 dx = \pi \int_a^b [f(x)]^2 dx = \pi \int_a^b y^2 dx \qquad (9.109)(a)$$

$x=g(y)$를 xy 평면 내의 곡선의 방정식, y축을 중심으로 회전시킬 때, $g(y)$의 그래프와 y축 및 두 개의 직선 $y=c$와 $y=d$로 둘러싸인 회전체의 체적 $\forall$는 아래와 같다(그림 9.77을 반시계방향으로 90° 회전).

$$\forall = \int_c^d \pi[g(y)]^2 dy = \pi \int_c^d [g(y)]^2 dy = \pi \int_c^d x^2 dy \qquad (9.109)(b)$$

예제 9-129의 직원뿔의 체적 공식은 이 방법으로도 구할 수 있다. 독자가 도출하여라.

예제 9–130

밑단면이 원형으로 측면의 방정식이 $y=R\{1-(x/l)^2\}$인 술통(樽)의 $x=-a$에서 a까지의 체적 $\forall$를 구하여라(단, R, l은 상수이고, $a<l$).

풀이

식 (9.109) (a)에 의하여

$$\begin{aligned}\forall &= \pi\int_a^b y^2 dx = \int_{-a}^{a} \pi R^2 \left\{1-\left(\frac{x}{l}\right)^2\right\}^2 dx = \pi R^2 \int_{-a}^{a} \left\{1-2\left(\frac{x}{l}\right)^2+\left(\frac{x}{l}\right)^4\right\}^2 dx \\ &= \pi R^2 \left\{[x]_{-a}^{a} - \frac{2}{l^2}\left[\frac{x^3}{3}\right]_{-a}^{a} + \frac{1}{l^4}\left[\frac{x^5}{5}\right]_{-a}^{a}\right. \\ &= \pi R^2 \left\{a-(-a)-\frac{2}{l^2}\left\{\frac{a^3}{3}-\left(\frac{(-a)^3}{3}\right)\right\}+\frac{1}{l^4}\left\{\frac{a^5}{5}-\left(\frac{(-a)^5}{5}\right)\right\}\right. \\ &= \pi R^2 \left\{2a-\frac{4}{3l^2}a^3+\frac{2}{5l^4}a^5\right\} = 2\pi R^2 a\left(1-\frac{2a^2}{3l^2}+\frac{a^4}{5l^4}\right)\end{aligned}$$

예제 9–131

그림 9.78(a)에서와 같이 구간 [0, 2]에서 곡선 $y=\sqrt{x}$의 아래 부분에 대하여 x축을 중심으로 회전시켜 얻은 회전체의 부피를 구하여라.

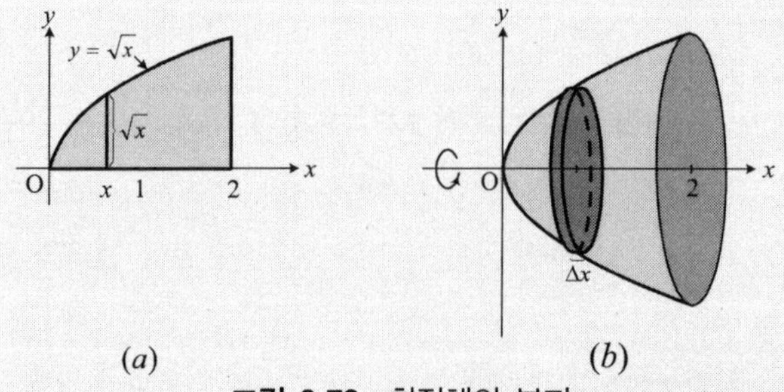

그림 9.78 회전체의 부피

▌풀이

주어진 영역과 회전체의 그래프[그림 9.78 (b)]를 정확히 그리는 것은 단면이 원판이 된다는 사실을 이해하는데 많은 도움을 준다. 그러면 절단면 P_x는 반경이 $\sqrt{x}$ 인 원이므로, 절단면의 면적은 $A(x) = \pi(\sqrt{x})^2 = \pi x$가 된다. 따라서 두께가 Δx인 원판인 근사주면체의 체적 ∀은 $\forall = A(x)\Delta x = \pi x \Delta x$가 되고, $x=0$과 $x=1$ 사이의 입체도형의 체적은 다음과 같은 정적분[식 (9.109) (a)]으로 구해진다.

$$\forall = \pi\int_0^2 y^2\,dx = \pi\int_0^2 (\sqrt{x})^2\,dx = \pi\int_0^2 x\,dx = \pi\left[\frac{x^2}{2}\right]_0^2 = \pi\left(\frac{2^2}{2} - 0\right) = 2\pi$$

3) 추대(錐台)의 체적 공식

추대의 체적공식은 응용측량(應用測量)이나 토공량(土工量) 등의 계산에 널리 이용된다. 이것을 이끌어내 보겠다.

(1) 추체(錐体)

추체는 그림 9.79와 같이, 평면(밑면) 위의 폐곡선 C(다각형이어도 된다)의 점 P와 평면 밖의 점 O(정점, 頂点)를 직선으로 연결하고, P를 C에 이어 한 바퀴 돌렸을 때 생기는 뾰족한 송곳 같은 입체도형을 말한다.

추체를 밑면에 평행한 평면으로 자른 단면은 C와 닮았다. 따라서 이 단면의 크기는 점 O로부터의 연직거리(鉛直距離) z에 비례한다. 따라서 면적 A는 z^2에 비례(比例)한다.

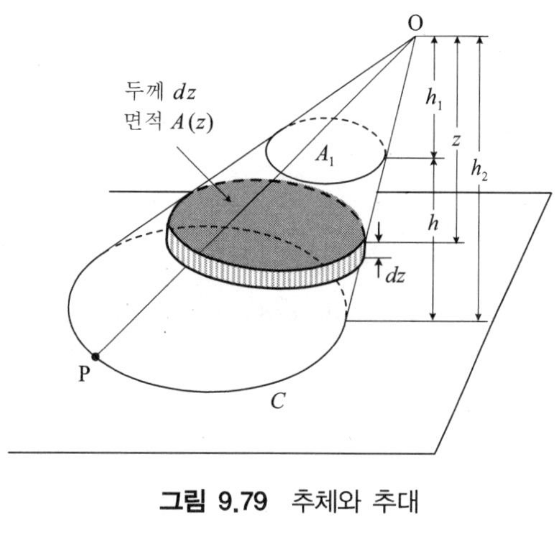

그림 9.79 추체와 추대

(2) 추대(錐台)

추대는 위의 단면과 밑면 사이의, 대(台)와 같은 부분을 말한다. 이 체적은 말할 것도 없이 추대를 밑면에 평행인 미소부분[면적 $A(z)$, 두께 dz]에서 자르고, 그 체적 $[A(z)\,dz]$을 밑면에서 윗면까지를 합하면 된다. 점 O에서 미소부분까지의 연직거리를 z, 윗면까지를 h_1, 밑면까지를 h_2, 추대의 높이를 h, $h = h_2 - h_1$으로 한다. 또 윗면의 면적을 A_1으로 하면, 잘린 단면 이 C와 닮은꼴이므로 다음 식으로 정리된다.

$$A(z) = A_1\left(\frac{z}{h_1}\right)^2 \tag{9.110}$$

따라서 추대의 체적 $\forall$는 아래와 같다.

$$\begin{aligned}\forall &= \int_{h_1}^{h_2} A(z)\,dz = \int_{h_1}^{h_2} A_1\left(\frac{z}{h_1}\right)^2 dz = A_1\int_{h_1}^{h_2}\left(\frac{z}{h_1}\right)^2 dz = A_1\left[\frac{z^3}{3{h_1}^2}\right]_{h_1}^{h_2} \\ &= A_1\left\{\frac{1}{3h_1^2}(h_2^3 - h_1^3)\right\} = A_1\frac{(h_2 - h_1)(h_2^2 + h_1h_2 + h_1^2)}{3h_1^2} \\ &= \frac{h}{3}A_1\frac{h_1^2 + h_1h_2 + h_2^2}{h_1^2}\end{aligned} \tag{9.111}$$

그럼 식 (9.110)에서 $z = h_2$로 하면 $A_2 = A(h_2)$이므로 정리하면

$$A(z) = A_1\left(\frac{z}{h_1}\right)^2 \;\rightarrow\; A(h_2) = A_2 = A_1\left(\frac{h_2}{h_1}\right)^2 \;\rightarrow\; \frac{h_2}{h_1} = \sqrt{\frac{A_2}{A_1}}$$

$$\therefore\; h_2 = \frac{h_1\sqrt{A_2}}{\sqrt{A_1}}$$

추대의 체적 공식은 다음 과정을 통하여 얻는다. 먼저 식 (9.111)에서 분모 h_1^2로 분자를 나누고, 앞 식은 식 (9.111)을 변환하는 과정에서 대입하면 구할 수 있다.

$$\begin{aligned}\forall &= \frac{h}{3}A_1\frac{h_1^2 + h_1h_2 + h_2^2}{h_1^2} = \frac{h}{3}A_1\left\{1 + \frac{h_2}{h_1} + \left(\frac{h_2}{h_1}\right)^2\right\} = \frac{h}{3}A_1\left(1 + \sqrt{\frac{A_2}{A_1}} + \frac{A_2}{A_1}\right) \\ &= \frac{h}{3}\left(A_1 + A_1\cdot\sqrt{\frac{A_2}{A_1}} + A_1\cdot\frac{A_2}{A_1}\right)\end{aligned}$$

$$\forall = \frac{h}{3}(A_1 + \sqrt{A_1A_2} + A_2) \tag{9.112}$$

> C는 원 · 다각형뿐만 아니라, 어떠한 형태의 폐곡선이라도 좋다. 또 추체에서는 $A_1 = 0$이다. 예제 9-129는 C가 원추체(원뿔), 즉 $A_1 = 0$, $A_2 = \pi R^2$인 경우이다.

예제 9-132

거의 추대(錐台)처럼 보이는 저수지(貯水池, reservoir)가 있다. 이 저수지의 수표면 면적은 2.0 km^2, 밑면(바닥) 면적은 1.2 km^2, 수표면에서 밑면(바닥)까지의 수심은 120 m이다. 이 저수지의 용적을 m^3 단위로 구하여라.

풀이

식 (9.112)에 $A_1 = 2.0\ \text{km}^2$, $A_2 = 1.2\ \text{km}^2$, $h = 0.120\ \text{km}$를 넣고 구하면

$$\forall = \frac{h}{3}(A_1 + \sqrt{A_1 A_2} + A_2) = \frac{0.12}{3}(2.0 + \sqrt{2.0 \cdot 1.2} + 1.2) = 0.189\ 97\ \text{km}^3$$

$\therefore \forall = 0.19\ \text{km}^3$, 계산된 $\forall$의 단위 km^3을 m^3으로 바꾸면 다음과 같다.

$$\forall = 0.19\ \text{km}^3 \cdot \frac{1{,}000^3\ \text{m}^3}{1\ \text{km}^3} = 1.9 \times 10^8\ \text{m}^3$$

$\therefore \forall = 1.9 \times 10^8\ \text{m}^3$

9.12.4 클로소이드(Clothoid)

클로소이드란 기준점에서 곡률(曲率, curvature, 곡률반경의 역수)이 곡선의 길이(진행거리)에 비례해서 점진적으로 커지는 곡선[즉, 곡률반경(곡률의 역수)이 곡선(호)의 길이에 반비례(反比例)하고 일정하게 증가하는 성질을 갖는 곡선]이며 일종의 **나선곡선**(螺線曲線)으로 **오일러의 나선곡선**(Euler spiral curve)이라 부르기도 한다.

클로소이드는 자동차 도로(道路)의 **완화곡선**(緩和曲線, transition cirves)에서 사용되는 중요한 곡선이다. 또한 일정한 속도로 달리는 자동차가 일정한 회전각으로 핸들조작을 일정하게 할 경우, 이 차의 앞바퀴가 그리는 운동궤적이 클로소이드가 된다. 이 곡선에서는 자동차의 핸들을 돌리는 각속도(角速度)가 일정해지고, 주행(走行)의 안전이 지켜진다(그림 9.80).

완화곡선의 정의

차량이 직선부에서 곡선부 사이 또는 곡선반경이 현저히 다른 두 개의 서로 인접한 곡선 사이에

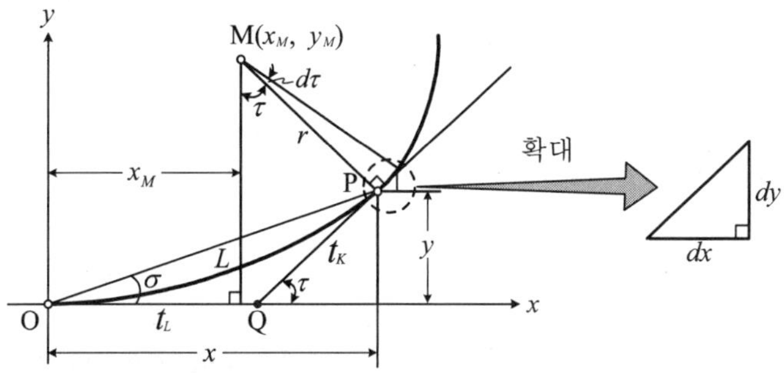

그림 9.80 단위 크로소이드의 모든 양 $t_L = OQ$, $t_K = QP$

원심력의 변화를 곡선의 길이에 따라 점진적으로 일정하게 변하도록 설치하는 곡선을 **완화곡선**이라 한다.

클로소이드의 방정식을 $y=f(x)$로 해서 이것을 결정해보자.

클로소이드 곡선의 시점인 기준점 O에서 곡선 위의 종점인 점 P까지의 클로소이드 곡선의 길이를 L, 원곡선의 곡률반경을 R, 접선의 경사각(접선각, 接線角)을 τ라 하면, 클로소이드의 정의에 따라 곡선의 반경은 곡선의 길이에 반비례하므로 $\frac{1}{R}=C\cdot L$(C=상수), $C=\frac{1}{A^2}$이라 하면 $\frac{1}{R}=\frac{1}{A^2}L$이므로 클로소이드의 기본 방정식은 다음과 같다.

$$R\cdot L=A^2 \tag{9.113}$$

여기서, A는 **클로소이드 매개변수**(길이의 차원을 가진 상수), R은 곡률반경, L은 완화곡선길이이다.

R과 L은 길이의 단위이므로 좌변은 m^2의 단위가 된다. 우변이 A^2이므로 A는 길이의 단위를 갖는 계수라 할 수 있다. 원에 있어서 R이 정해지면 원의 크기가 정해지는 것과 같이 클로소이드에 있어서 A가 정해지면 클로소이드의 크기가 정해진다. 하나의 클로소이드 위 각 점에서의 곡률반경 R과 완화곡선길이 L은 클로소이드 위의 장소에 따라 모두 다르지만 R과 L의 곱은 언제나 일정한 값 A^2이어야 한다. 그러므로 R, L 및 A 중에서 두 가지가 정해지면 클로소이드의 크기와 그 점의 위치가 정해지며 따라서 다른 하나의 요소도 구할 수 있다. 또한 단위의 요소가 하나 주어지면 이것을 기초로 단위 클로소이드 표를 작성할 수 있으며 그들을 A배하면 구하려는 클로소이드요소가 얻어진다.

식 (9.113)의 양변을 A^2으로 나누어 다시 쓰면

$$\frac{R}{A}\cdot\frac{L}{A}=1 \tag{9.114}$$

여기서 $\frac{R}{A}=r$, $\frac{L}{A}=l$이라 하면 식 (9.114)는 다음 식 (9.115)와 같다. 이것에서 $R=A\cdot r$, $L=A\cdot l$이므로 매개변수 A인 클로소이드의 요소 중에서 길이의 단위를 가진 것(R, L, X, Y, X_M 및 T_L 등)은 모두 단위 클로소이드 요소(r, l, x, y, x_M 및 t_L 등)에 A배 하면 구해진다. 그리고 모든 단위 클로소이드 요소는 소문자(小文字)를 사용하며 단위가 없는 요소(τ, σ 및 $\frac{\Delta r}{r}$ 등)는 그대로 계산한다.

$$r\cdot l=1 \tag{9.115}$$

식 (9.115)와 같이 매개변수 A를 단위(單位, 1), 즉 $A=1$인 경우를 단위 클로소이드라 하며 x, y도 A를 단위로 해서 나타낸다. 또한 실제 클로소이드의 길이의 차원을 갖는 양은, 단위 클로

소이드에 대응하는 양을 A배 하면 얻어진다. 그러면 곡률반경의 정의(또는 $dl = rd\tau \to d\tau = dl/r = l dl$)에 의해(9.6.4항) $\frac{1}{r} = \frac{d\tau}{dl} = l$ 이다.

따라서, 초기조건 $\tau = 0$ 이면 $l = 0$ 이므로 앞 식을 $d\tau = l\,dl$ 로 정리하여 적분하면 $\tau = \int_0^\tau l\,dl = \frac{l^2}{2} + C$, 초기조건을 대입하면 $0 = 0 + C \to C = 0$ 이므로 적분결과는 $\tau = \int_0^\tau l dl = \frac{l^2}{2}$ 이다.

따라서, $\frac{dy}{dx} = \tan\tau = \tan\left(\frac{l^2}{2}\right) = \frac{\sin(l^2/2)}{\cos(l^2/2)}$ 에서 l 을 매개변수로 하여 정리하면

$$\frac{dy}{dx} = \frac{dy/dl}{dx/dl} = \frac{\sin(l^2/2)}{\cos(l^2/2)}$$

이므로 앞 식으로부터

$$\frac{dx}{dl} = \cos\left(\frac{l^2}{2}\right),\ \frac{dy}{dl} = \sin\left(\frac{l^2}{2}\right) \tag{9.116}$$

와 같이 가정(假定)하였다. 그래서 점 P의 좌표 x, y는 매개변수 l 에 의해 식 (9.116)을 적분하면

$$x = \int_0^l \cos\left(\frac{l^2}{2}\right) dl\ ,\ y = \int_0^l \sin\left(\frac{l^2}{2}\right) dl \tag{9.117}$$

이 적분은 기본함수로 나타낼 수 없을 뿐만 아니라 적분공식집(積分公式集)에서도 잘 나오지 않는다. 그러면 이 적분을 어떻게 하는 것이 가장 좋은 방법인가? 다음의 3가지 방법, ① 특수한 수표(數表) 이용, ② 수치적분(數値積分) 적용, ③ Maclaurin 전개를 이용 중에서 적절한 방법을 결정해야 한다. 다행히 현재의 도로설계에서는 l^2은 작다. 따라서 식 (9.117)의 적분은 방법 ③ Maclaurin 전개를 이용하여 계산해 보자(전개식은 처음의 4개의 항만을 나타낸다. 9.7.3항 참조하여 $\cos x$와 $\sin x$의 식에서 x 대신 $l^2/2$을 대입하고 다시 전개).

$$\begin{aligned}\cos\left(\frac{l^2}{2}\right) &= 1 - \frac{1}{2!}\left(\frac{l^2}{2}\right)^2 + \frac{1}{4!}\left(\frac{l^2}{2}\right)^4 - \frac{1}{6!}\left(\frac{l^2}{2}\right)^6 + \cdots \\ &= 1 - \frac{1}{2}\left(\frac{l^2}{2}\right)^2 + \frac{1}{24}\left(\frac{l^2}{2}\right)^4 - \frac{1}{720}\left(\frac{l^2}{2}\right)^6 + \cdots\end{aligned}$$

$$\begin{aligned}\sin\left(\frac{l^2}{2}\right) &= \frac{l^2}{2} - \frac{1}{3!}\left(\frac{l^2}{2}\right)^3 + \frac{1}{5!}\left(\frac{l^2}{2}\right)^5 - \frac{1}{7!}\left(\frac{l^2}{2}\right)^7 + \cdots \\ &= \frac{l^2}{2} - \frac{1}{6}\left(\frac{l^2}{2}\right)^3 + \frac{1}{120}\left(\frac{l^2}{2}\right)^5 - \frac{1}{504\,0}\left(\frac{l^2}{2}\right)^7 + \cdots\end{aligned}$$

앞의 두 식을 식 (9.117)의 x좌표와 y좌표를 나타내는 식에 각각 대입하여 적분하면(여기서 적분변수 l이 두 가지 의미를 갖지 않도록 이 변수를 u로 바꾸어 놓은 것이다)

$$x = \int_0^l \cos\left(\frac{u^2}{2}\right)du = \int_0^l \left\{1 - \frac{1}{2}\left(\frac{u^2}{2}\right)^2 + \frac{1}{24}\left(\frac{u^2}{2}\right)^4 - \frac{1}{720}\left(\frac{u^2}{2}\right)^6 + \cdots\right\}du$$

$$= \int_0^l \left(1 - \frac{1}{8}u^4 + \frac{1}{384}u^8 - \frac{1}{46\ 080}u^{12} + \cdots\right)du$$

$$= \left[u - \frac{1}{40}u^5 + \frac{1}{3\ 456}u^9 - \frac{1}{599\ 040}u^{13} + \cdots\right]_0^l$$

$$= l - \frac{1}{40}l^5 + \frac{1}{3\ 456}l^9 - \frac{1}{599\ 040}l^{13} + \cdots$$

$$y = \int_0^l \sin\left(\frac{u^2}{2}\right)du = \int_0^l \left\{\frac{u^2}{2} - \frac{1}{6}\left(\frac{u^2}{2}\right)^3 + \frac{1}{120}\left(\frac{u^2}{2}\right)^5 - \frac{1}{504\ 0}\left(\frac{u^2}{2}\right)^7 + \cdots\right\}du$$

$$= \int_0^l \left\{\frac{u^2}{2} - \frac{1}{48}u^6 + \frac{1}{3\ 840}u^{10} - \frac{1}{645\ 020}u^{14} + \cdots\right\}du$$

$$= \left[\frac{u^3}{6} - \frac{1}{336}u^7 + \frac{1}{42\ 240}u^{11} - \frac{1}{7\ 741\ 440}u^{15} + \cdots\right]_0^l$$

$$= \frac{1}{6}l^3 - \frac{1}{336}l^7 + \frac{1}{42\ 240}l^{11} - \frac{1}{7\ 741\ 440}l^{15} + \cdots$$

얻으며, 결국 x좌표와 y좌표는 정리하면 다음 식과 같다.

$$x = l - \frac{1}{40}l^5 + \frac{1}{3\ 456}l^9 - \frac{1}{599\ 040}l^{13} + \cdots \tag{9.118}$$

$$y = \frac{1}{6}l^3 - \frac{1}{336}l^7 + \frac{1}{42\ 240}l^{11} - \frac{1}{7\ 741\ 440}l^{15} + \cdots \tag{9.119}$$

이러한 식은 l이 큰 값에는 사용하지 않는다. 그 때는 방법 ②를 이용한다. 그 결과 곡선은 그림 9.81과 같은 예쁜 나선이 되며, 그 나선을 **코르뉴(Cornu) 나선**(螺線)이라 부른다.

단위 클로소이드의 모든 양은 l의 함수로, **단위 클로소이드 표**라는 표에 주어져 있다.

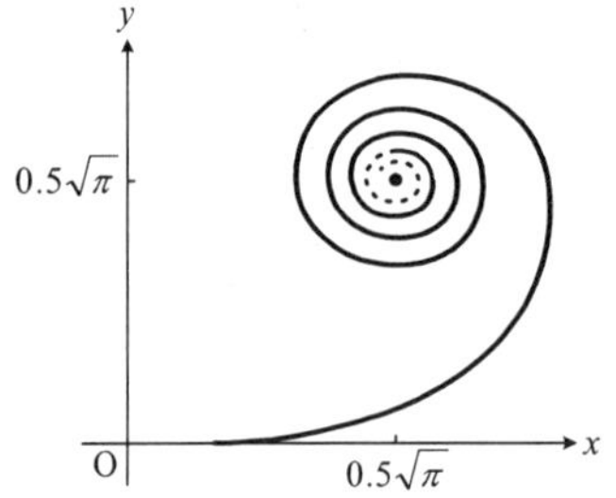

점$(0.5\sqrt{\pi},\ 0.5\sqrt{\pi})$에서 말린다. 클로소이드를 이 곡선의 원점부근, 제3상한에서 이 곡선의 점대칭곡선이 나타난다.

그림 9.81 코르뉴(Cornu) 나선

예제 9-133

곡률반경 $R = 80\ \text{m}$, 완화곡선의 길이 $L = 20\ \text{m}$인 두 가지가 주어져 있는 경우 클로소이드의 각 요소를 구하여라.

▮풀이

식 (9.113)으로부터 $A^2 = R \cdot L = 80 \times 20 = 1\ 600\ \text{m}^2 \rightarrow A = 40\ \text{m}$

$l = \dfrac{L}{A} = \dfrac{20}{40} = 0.5$를 인수로 해서 x와 y좌표는 식 (9.118)과 (9.119)를 이용하여 구하면

$$\begin{aligned} x &= l - \frac{1}{40}l^5 + \frac{1}{3\,456}l^9 - \frac{1}{599\,040}l^{13} + \cdots \\ &= 0.5 - \frac{1}{40}(0.5)^5 + \frac{1}{3\,456}(0.5)^9 - \frac{1}{599\,040}(0.5)^{13} + \cdots \\ &= 0.5 - 0.000\,781\,3 + 0.000\,000\,6 - 2.037\,8 \times 10^{-10} + \cdots \\ &= 0.499\,219\,3 \end{aligned}$$

$$\begin{aligned} y &= \frac{1}{6}l^3 - \frac{1}{336}l^7 + \frac{1}{42\,240}l^{11} - \frac{1}{7\,741\,440}l^{15} + \cdots \\ &= \frac{1}{6}(0.5)^3 - \frac{1}{336}(0.5)^7 + \frac{1}{42\,240}(0.5)^{11} - \frac{1}{7\,741\,440}(0.5)^{15} + \cdots \\ &= 0.020\,833\,3 - 0.000\,023\,3 + 1.156\,0 \times 10^{-8} + 3.942\,6 \times 10^{-12} + \cdots \\ &= 0.020\,810\,1 \end{aligned}$$

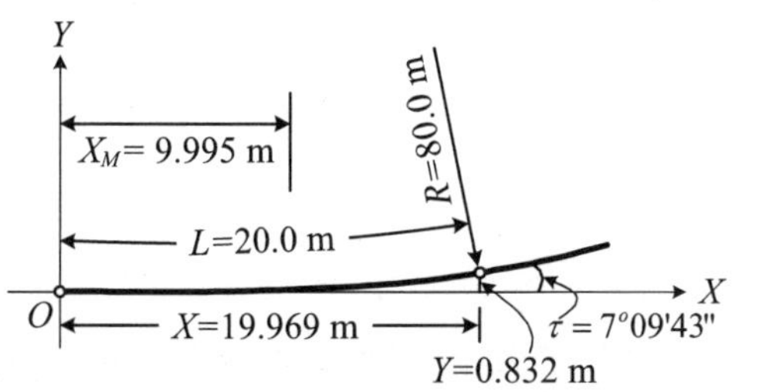

예제 9-133 그림 클로소이드의 각 요소

다음에 X 및 Y는 x 및 y를 각각 A배 하여 구하면

$$X = Ax = 40 \times 0.499\,219\,3 = 19.969\ \text{m}$$
$$Y = Ay = 40 \times 0.020\,810\,1 = 0.832\ \text{m}$$
$$X_M = X - R\sin\tau$$

여기서 τ는

$$\tau = \frac{l^2}{2} = \frac{1}{2}\left(\frac{L}{A}\right)^2 = \frac{L^2}{2A^2} = \frac{L^2}{2RL} = \frac{L}{2R}$$

$$\therefore\ \tau = \frac{L}{2R} = \frac{20}{2 \cdot 80} = 0.125\,\text{rad} \cdot \frac{360^\circ}{2\pi\,\text{rad}} = 7.162\ 0^\circ \text{ 또는 } 7^\circ 9' 43''$$

따라서

$$X_M = X - R\sin\tau = 19.969 - 80 \cdot \sin 7.162^\circ = 19.969 - 9.974 = 9.995\ \text{m}$$

$$x_M = \frac{X_M}{A} = \frac{9.995}{40} = 0.249\,870\ \text{m}$$

$$\tan\sigma = \frac{y}{x} \rightarrow \sigma = \tan^{-1}\left(\frac{0.020\,810\,1}{0.499\,219\,3}\right) = 2.387\,0^{\circ} \text{ 또는 } 2^{\circ}23'13''$$

가 얻어진다. 그러므로 예제 9-133 그림의 점 P의 위치($R=80$ m, $L=20$ m)가 결정된다.
앞에서 구한 $l=0.5$를 인수로 해서 단위 클로소이드 표에서 $x=0.499\,219$, $y=0.020\,810$ 및 $x_M=0.249\,870$을 찾을 수 있다.

9.13 정적분의 근사값(수치적분)

전절에서와 같이 다음 정적분은 미적분학의 기본 정리를 이용하여 구하면 편리하다

$$S = \int_a^b f(x)\,dx \tag{9.120}$$

그러나 이 방법은 피적분함수 $f(x)$의 부정적분 $F(x)$를 초등함수 등과 같이 잘 알려진 함수로 나타낼 수 있을 때에는 편리하게 쓸 수 있다. 특히, 부정적분을 초등함수로 나타낼 수 없는 경우에 정적분을 정확하게 구할 수 없으므로 이 방법을 적용하기가 쉽지 않다. 다음과 같은 두 가지가 이에 해당되는 경우이다.

첫 번째 경우는 식 (9.120)을 구하기 위하여 예를 들면, $\int_0^1 e^{-x^2}dx$나 $\int_{-1}^1 \sqrt{1+x^3}\,dx$ 같은 식은 적분을 정확하게 구하는 데 미적분학의 기본정리를 쓸 수 없다. 왜냐하면 e^{-x^2}의 부정적분은 유한개의 초등함수를 이용하여 나타낼 수가 없으므로, 즉 부정적분 $F(x)$를 구하기가 곤란하여 적분을 할 수 없다.

두 번째 경우는 적분하려는 함수가 과학 실험 중 실험기기에 나타난 수 값을 읽거나 또는 자료수집 등을 통하여 얻은 정보 자체가 자료로 구성되어 있어서 하나의 함수식으로 나타내기 불가능한 경우이다. 더구나 실제로 토목(건설)작업에서는 함수가 식이 아니라, 자료값[수(數) 값)으로 주어진 경우가 많다.

위의 두 경우 모두 요구되는 것이 바로 정적분의 근사값, 수치적분(數値積分)이 위력을 발휘한다. 수치적분이란 식 (9.120)과 같은 정적분(定積分)의 수치계산을 말한다. 여기서 a와 b는 주어진 것이고 $f(x)$는 해석적으로 수식으로 주어지거나, 실험적으로 수 값의 표로 주어진 함수이다. 기하학

적으로 S는 a와 b사이의 곡선 아랫부분의 면적이다.

이것은 기술자에게 필수적인 도구이다. 수치적분에는 수많은 방법이 있지만, 여기서는 가장 간단하면서도 유효한 두 가지 방법 1) **사다리꼴 공식**(제형공식)과 2) **Simpson 공식**에 대하여 서술하겠다.

9.13.1 정적분의 근사값(수치적분)을 구하는 두 가지 방법

1) 사다리꼴(제형, 梯形) 공식(trapezoidal rule)

(1) 사다리꼴 공식의 원리

그림 9.82와 같은 그래프의 $x=a$에서 b까지의 정적분 S를 구해보자.

① 기선(基線) Ox에 연직(鉛直)인 몇 개의 종선(縱線, 또는 세로줄) y_0, y_1, y_2, $\cdots$, y_n으로 도형을 n개의 작은 조각으로 분할한다.

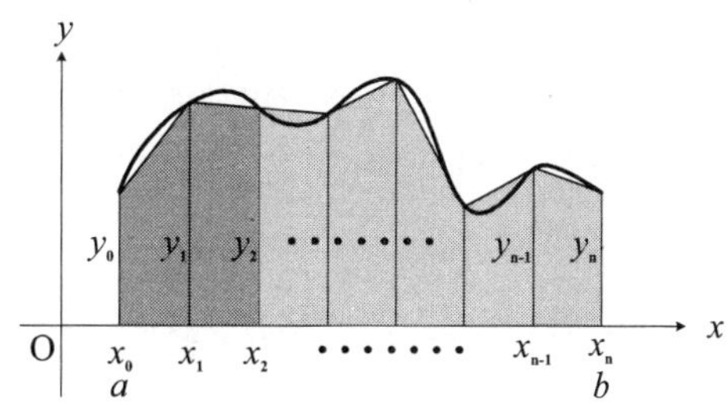

그림 9.82 사다리꼴 공식의 원리

② 인접하는 종선의 끝점들인 두 점을 차례로 직선으로 근사(近似)시켜 연결하고, 각 조각으로 분할한 부분을 사다리꼴(또는 제형)로 보고 그 면적을 계산한다(양끝에서는 삼각형이 되는 경우도 있다).

③ n개의 면적을 사다리꼴 공식을 이용하여 모두 더하면 전면적 S가 구해진다.

일반식은 다음과 같은 식의 근사값을 사다리꼴 공식으로 구한다.

$$S=\int_a^b y(x)\,dx$$

적분구간 a와 b사이를 n개의 구간으로 나누고 $x_0=a$, $x_n=b$로 치환한다.

x_0에서 y_0, x_1에서 y_1, $\cdots$, x_i에서 y_i, $\cdots$, x_n에서 y_n, 종선들 사이의 간격이 $h_i=x_i-x_{i-1}$ $(i=1, 2, 3, \cdots, n)$인 자료가 있을 때, n개의 사다리꼴(제형) 면적의 합으로

$$\frac{1}{2}h_1(y_0+y_1)+\frac{1}{2}h_2(y_1+y_2)+\cdots+\frac{1}{2}h_n(y_{n-1}+y_n) \tag{9.121}$$

을 얻는다. 따라서 식 (9.121)의 근사값인 적분은 사다리꼴 공식에 의해 다음 식 (9.122)을 얻는다.

$$S=\int_a^b y(x)\,dx \approx \frac{1}{2}\{h_1(y_0+y_1)+h_2(y_1+y_2)+\cdots+h_n(y_{n-1}+y_n)\} \tag{9.122}$$

만약 적분구간 a와 b사이를 n개의 등 구간으로 나누면 $h=h_1=\cdots=h_n=\dfrac{b-a}{n}$ 이므로

$$S=\int_a^b y(x)\,dx \approx h\left(\frac{1}{2}y_0+y_1+y_2+\cdots+y_{n-1}+\frac{1}{2}y_n\right) \qquad (9.123)\ (a)$$

또는

$$S=\int_a^b y(x)\,dx \approx \frac{h}{2}(y_0+2y_1+2y_2+\cdots+2y_{n-1}+y_n) \qquad (9.123)\ (b)$$

이 공식이 사다리꼴이라는 이름이 붙여진 것은 $y \geq 0$인 경우를 나타내는 그림 9.82를 보면 알 수 있는데, i번째 소구간 위에 차지하는 사다리꼴의 면적은

$$h_i\left(\frac{y_{i-1}+y_i}{2}\right)=\frac{h_i}{2}(y_{i-1}+y_i)$$

이므로 전 구간에 걸친 사다리꼴의 면적을 모두 더하면 사다리꼴 공식 (9.122)의 오른쪽 항을 얻는다. 도형의 경계선이 어떤 특정한 곡선의 형태이어서 직선보다는 포물선으로 근사하는 것이 더 적절한 경우에는 다음에서 서술하는 심프슨 공식을 적용한다.

측량(測量)에서는 이 방법을 **지거(支距)법**, 간격 h_i를 **지거**(또는 offset)라고도 한다.

> 일반적으로 분할하는 수 n이 많을수록 정도(精度)가 더 좋은 근사값을 얻을 수 있다는 것은 기하학적(幾何學的)으로 명백하다. 그러나 작업량이나 시간도 같이 증가한다. 요구되는 결과의 정도를 감안하고, 쓸데없는 작업을 하지 않도록 잘 판단해야 한다. 이러한 주의는 다음의 Simpson 방법에서도 적용된다.

예제 9-134

10개의 구간을 이용한 사다리꼴의 공식을 써서 $\int_0^{10} x^2\,dx$를 구하여라.

풀이

여기서 $h=\dfrac{b-a}{n}=\dfrac{10-0}{10}=1$

주어진 방정식 $y=x^2$에 횡좌표 $x=0,1,2,\cdots,10$을 차례로 대입하면 이에 대응하는 종좌표 $y=0,1,4,\cdots,100$을 얻는다. 따라서 이 값들을 식 (9.123) (a)에 대입하여 정리하면 다음의 근사값을 얻는다.

$$\int_0^{10} x^2\,dx \approx 1\cdot\left(0+1+4+9+16\cdots+81+\frac{1}{2}\cdot 100\right)=335$$

적분으로 정확한 값을 구하면 다음과 같다.

$$\int_0^{10} x^2 dx = \frac{1}{3}[x^3]_0^{10} = \frac{1}{3}(10^3 - 0) = \frac{1\ 000}{3} = 333\frac{1}{3}$$

따라서 위의 결과들에 대한 상대오차는 $\dfrac{\left|333\frac{1}{3} - 335\right|}{333\frac{1}{3}} \times 100\% = 5\%$ 이다.

구간수를 10개에서 20개로 증가하면 h는 0.5로 계산되고 그 근사값은 $333\frac{3}{4}$ 이고, 이에 대한 상대오차는 $\dfrac{\left|333\frac{3}{4} - 335\right|}{333\frac{3}{4}} \times 100\% = 3.7\%$ 이므로 다소 감소($5 - 3.7 = 1.3\%$) 하였다. 그러므로 구간의 수가 증가함으로써 오차는 감소하고 정확한 값으로 조금 더 가까워짐을 알 수 있다.

예제 9-135

$n = 4$ 로 하여, 사다리꼴의 공식을 써서 $\int_0^2 \sqrt{1+x^3}\, dx$ 의 근사값을 구하여라.

풀이

여기서 $h = \dfrac{b-a}{n} = \dfrac{2-0}{4} = 0.5$

주어진 방정식 $y = \sqrt{1+x^3}$ 에 횡좌표 $x = 0,\ \frac{1}{2},\ 1,\ \frac{3}{2},\ 2$을 차례로 대입하면 이에 대응하는 종좌표 $y = 1,\ 1.061,\ 1.414,\ 2.092,\ 3$을 얻는다. 따라서 이 값들을 식 (9.123) (a)에 대입하면 다음의 근사값을 얻는다.

$$\int_0^2 \sqrt{1+x^3}\, dx \approx \frac{1}{2}(0.5 + 1.061 + 1.414 + 2.092 + 1.5) = 3.284.$$

구간수 n을 4개에서 20개로 증가하면 h는 0.1로 계산되고 더 정밀한 근사값 3.243을 얻는다.

2) Simpson 공식

종선의 끝점들을 차례로 현(弦)으로 연결하여 사다리꼴을 만드는 대신, 그 끝점들을 포물선의 호(弧)로 연결하여 사다리꼴 공식보다 정도가 좋으며 더욱 정밀한 근사값을 얻을 수 있다. 이 공식은 충분히 정도가 좋고 간단하기 때문에 실용적인 중요성이 크므로 널리 사용되고 있다. 이 근사값을 구하는 방법은 다음 정리에 의하여 결정된다. 이 공식은 영국의 수학자 심프슨(Tomas Simpson, 1710~1761)의 이름을 따서 **심프슨 공식**이라 부른다.

(1) Prismoidal 정리(Prismoidal theorem)

포물선과 3개의 직선 $x = a$, $x = b$ 및 x축으로 둘러싸인 부분의 면적은 **Prismoidal 공식(각주 공식**, 角柱公式)

$$S=\frac{h}{3}(y_0+4y_1+y_2) \tag{9.124}$$

에 의하여 구할 수 있다. 여기서 $h=\frac{1}{2}(b-a)$이고, y_0, y_1, y_2는 $x=a$, $x_1=\frac{1}{2}(a+b)$, $x=b$에 관한 각각의 종선이다.

이 공식은 각종 토목공사 시행 시에 땅깎기(절토)와 흙쌓기(성토)의 체적, 즉 절토량과 성토량을 구하는데 사용되며, 특히 양단면 사이가 불규칙하지 않고 측면이 평면일 때 체적을 구하기에 편리한 방법이다.

[증명]

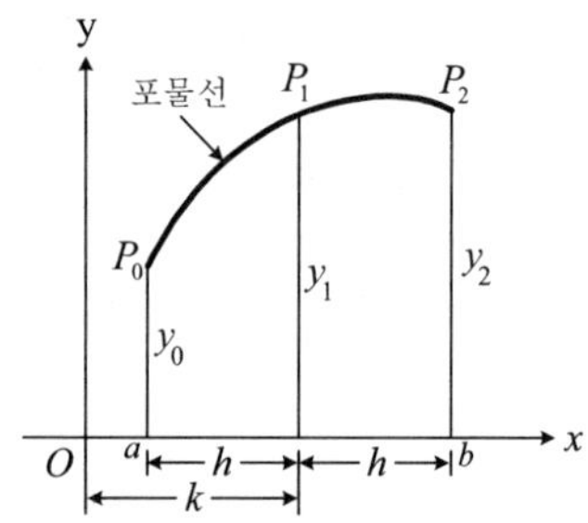

그림 9.83 Prismoidal 공식의 원리

그림 9.83에 나타난 포물선의 방정식은

$$y=A+B(x-k)+C(x-k)^2 \tag{9.125}$$

로 쓸 수 있다. 그러면 포물선, x축, $x=a$, $x=b$로 둘러싸인 부분의 면적 S은 다음과 같다.

$$S=\int_{k-h}^{k+h}[A+B(x-k)+C(x-k)^2]dx$$

위의 적분에서 $x-k=t$로 치환하고 x로 미분하면 $dx=dt$, 또한 이에 따른 적분구간도 다음과 같이 변경한다. 즉, $x\to k-h$, $t\to k-h-k\to -h$ 그리고 $x\to k+h$, $t\to k+h-k\to h$이므로 적분구간이 $k-h$에서 $k+h$까지가 $-h$에서 h까지로 바뀌어 이 값으로 치환하여 적분하면

$$\begin{aligned} S &= \int_{-h}^{h}[A+Bt+Ct^2]dt=\left[At+\frac{B}{2}t^2+\frac{C}{3}t^3\right]_{-h}^{h} \\ &=A\{h-(-h)\}+\frac{B}{2}\{h^2-(-h)^2\}+\frac{C}{3}\{h^3-(-h)^3\} \\ &=2Ah+0+\frac{2C}{3}h^3=\frac{h}{3}(6A+2Ch^2) \end{aligned}$$

$$\therefore\ S=\frac{h}{3}(6A+2Ch^2) \tag{9.126}$$

결국 $6A+2Ch^2$은 그림 9.83에서 주어진 포물선이 3점 P_0, P_1 및 P_2 P_0, P_1 및 P_2를 지나므로 x좌표 $x=k-h$, k 및 $k+h$와 y좌표 y_0, y_1 및 y_2를 식 (9.125)에 대입하면 구할 수 있다.

$$y_0=A+B(k-h-k)+C(k-h-k)^2=A-Bh+Ch^2$$
$$y_1=A+B(k-k)+C(k-k)^2=A$$
$$y_0=A+B(k+h-k)+C(k+h-k)^2=A+Bh+Ch^2$$

앞 식에서 $y_0+4y_1+y_2$를 구하려면 y_1만 4배 한 후 모두 더하면 다음 식을 얻는다.

$$y_0+4y_1+y_2=A-Bh+Ch^2+4A+A+Bh+Ch^2=6A+2Ch^2 \quad (9.127)$$

따라서 포물선으로 둘러싸인 면적, 즉 포물선 아랫부분의 면적은 식 (9.127)을 (9.126)에 대입하면

$$S=\frac{h}{3}(y_0+4y_1+y_2)$$

와 같으며 이 결과로부터 Prismoidal 공식은 증명되었다.

이제 그림 9.82에 나타낸 부분의 면적을 폭이 $h=\dfrac{b-a}{n}$인 n\{ n은 반드시 우수(짝수), 지거 수는 기수(홀수)\}개 등간격의 소구간을 수직인 평행단면으로 나누어 각각을 차례로 각주로 가정하고, 그 2개씩을 1조로 취하여 각주(Prismoidal) 공식을 적용하면 면적은 $\int_a^{x_2} y(x)\,dx \approx \frac{h}{3}(y_0+4y_1+y_2)$이므로 차례로 다음 구간의 면적도 마찬가지로 적용하면 다음 식을 얻는다.

$$\int_{x_2}^{x_4} y(x)\,dx \approx \frac{h}{3}(y_2+4y_3+y_4)$$
$$\int_{x_4}^{x_6} y(x)\,dx \approx \frac{h}{3}(y_4+4y_5+y_6)$$
$$\vdots$$
$$\int_{x_{n-2}}^{b} y(x)\,dx \approx \frac{h}{3}(y_{n-2}+4y_{n-1}+y_n)$$

위 식에서 좌변항의 모든 합은 $\int_a^b y(x)\,dx$이고 우변항의 모든 합은

$$\frac{h}{3}(y_0+4y_1+y_2)+\frac{h}{3}(y_2+4y_3+y_4)+\cdots s+\frac{h}{3}(y_{n-2}+4y_{n-1}+y_n)$$

을 얻는다. 이 식을 간단히 정리하면 다음의 근사공식(近似公式),

$$\int_a^b y(x)\,dx \approx \frac{h}{3}(y_0+4y_1+2y_2+4y_3+2y_4+\cdots+2y_{n-2}+4y_{n-1}+y_n) \quad (9.128)$$

또는

$$\frac{h}{3}[y_0+y_n+4(y_1+y_3+,\cdots,+y_{n-1})+2(y_2+y_4+,\cdots,+y_{n-2})]$$

을 얻으며, 이 식을 **Simpson 공식**(simpson's formula)**의 일반형**이라 한다. 여기서는 $y \geq 0$인 경우만 다루었으나, 이 심프슨 공식은 어떠한 연속함수에서도 성립한다. 특히 이 공식에서 각 y의 계수(가중치, 加重値)들은 처음과 끝만 1이고 나머지 홀수 첨자들은 4, 짝수 첨자들은 모두 2(또는 양끝만 1이고, 다음에는 4와 2를 차례로 바꿈, 마지막에서 두 번째는 4), 즉 y의 계수가 1, 4, 2, 4, 2, 4, 2, ⋯ , 4, 2, 4, 1의 유형임에 주목하라.

예제 9-136

$n=4$로 하여, Simpson 공식을 써서 $\int_0^2 \sqrt{1+x^3}\,dx$의 근사값을 구하여라.

풀이

[예제 9-135]에서 얻은 구간간격 $h=0.5$, 종좌표 $y=1,\ 1.061,\ 1.414,\ 2.092,\ 3$을 식 (9.128)에 대입하면

$$\begin{aligned}\int_0^2 \sqrt{1+x^3}\,dx &\approx \frac{h}{3}(y_0+4y_1+2y_2+4y_3+y_5)\\ &= \frac{0.5}{3}(1+4\cdot 1.061+2\cdot 1.414+4\cdot 2.092+3)\\ &= \frac{9.72}{3}=3.240\end{aligned}$$

이 경우에 Simpson 공식으로 구한 근사값이 사다리꼴 공식으로 구한 근사값 3.284보다 더 정밀함을 알 수 있다. 구간 수 n을 4개 대신 20개를 사용하면 h는 0.1로 계산되고 더 정밀한 근사값은 3.241을 얻는다.

예제 9-137

그림 9.84와 같이 절벽의 면적 A를, (1) 사다리꼴 공식과 (2) Simpson 공식에 의해 m^2의 단위로 소수 첫째자리까지 구하여라.

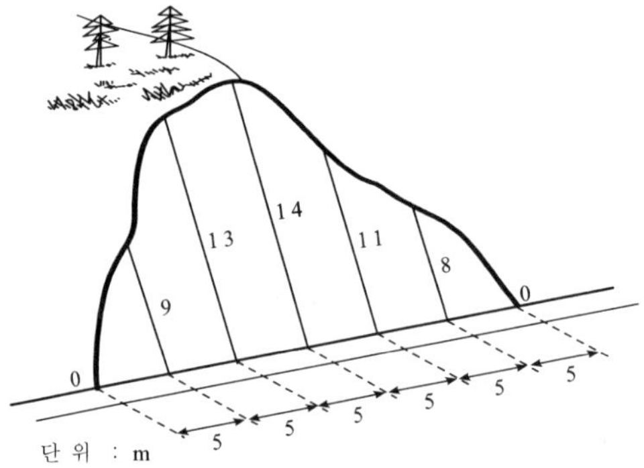

그림 9.84 절벽의 면적

❙ 풀이

그림 9.84의 자료에 의하면 절벽의 면적에 대한 각 구간이 $h=5$인 등 간격이므로

(1) 사다리꼴 공식은 식 (9.123)(b)에 의해서

$$A=\frac{5}{2}\cdot(0+2\cdot 9+2\cdot 13+2\cdot 14+2\cdot 1+2\cdot 8+0)=275.0\ (\mathrm{m}^2)$$

(2) Simpson 공식은 식 (9.128)에 의하여

$$A=\frac{5}{3}\cdot(1\cdot 0+4\cdot 9+2\cdot 13+4\cdot 14+2\cdot 11+4\cdot 8+1\cdot 0)=286.7\ (\mathrm{m}^2)$$

방법 (1)과 (2)의 결과를 비교하여라. 어느 쪽이 정도가 더 좋다고 생각하는가? 그림 9.84를 관찰해서 이유를 생각해 보아라.

9.13.2 수치적분의 응용 예

토목(건설)공사를 행하기 위해서는 체적을 산정할 필요가 있다. 여기서는 체적(體積)과 유량(流量)의 산정에 대한 수치적분의 응용 중에서 (1) **등고선법**과 (2) **점고법**에 대하여 알아보자. 저수지 용량의 산정에는 (1)이 사용되고 정지작업(整地作業)을 행할 때와 같이 넓은 면적의 토공량(土工量) 산정에는 (1)과 (2)가 사용된다.

1) 체적의 계산

정확한 체적(토공량)의 계산은 토목(건설)공사에서 가장 중요한 것 중의 하나이다. 도로공사에서의 절토량과 성토량, 일정한 지반고까지 성토하여야 하는 댐의 축조 등 많은 경우에서의 토공량은 공사비의 증감과 공사기간 등에 중대한 영향을 준다. 또한 야적된 석탄의 체적이나 저수지의 저수용량(貯水容量)과 같은 체적의 계산도 필요하게 된다. 이러한 체적의 계산에는 어느 경우에서나 계산을 필요로 하는 실제적인 지형모형이 계산에서 사용되는 기하학적 모형과 일치한다는 가정아래 이루어지므로 계산된 체적은 단지 근사값에 불과하다. 토목공사에서 사용하는 체적계산에는 다음과 같이 몇 가지 방법이 있다.

(1) 등고선법(等高線法)

저수지의 용량 및 댐에서의 토취량(土取量) 및 토사량(土砂量) 등 넓은 부지에 대해 토공량을 구하기 위하여 지형도 위의 등고선을 이용하여 체적을 산정하는 방법이고 각종 토목공사의 설계 및 시공에 이용할 수 있다. **등고선법은 지형을 정량적으로 나타낼 때 가장 대표적인 방법**이며 대부분의

기술자들은 이 방법을 사용하고 있다. 그러나 최근에는 컴퓨터의 발전에 따라 **수치표고모형**(數値標高模型, digital elevation model, DEM)과 3차원 입체모형의 기법이 개발되어 그 이용과 활용성이 증대하고 있다. **등고선**(等高線)이란 그림 9.85와 같이 토지를 동일한 표고로 연결된 곡선이고, 같은 간격의 수평선으로 절단하였을 때 절단된 선이 투영면상에 정사 투영된 곡선이다.

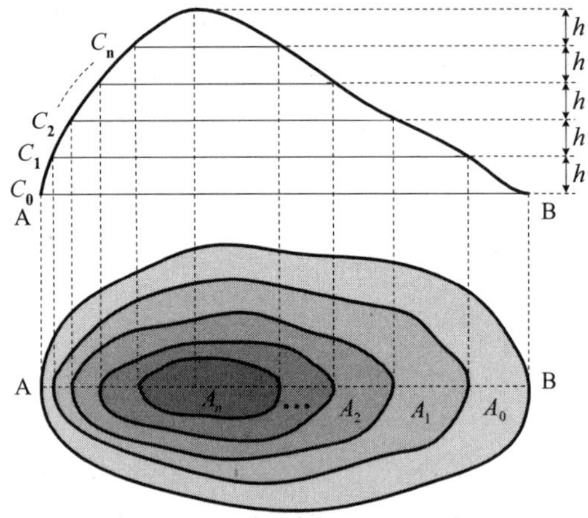

그림 9.85 산의 단면과 등고선

그림 9.85와 같은 산의 체적 $\forall$를 구해보자. 적분에서 체적을 구하는 방법이 등고선법이다. 먼저 C_0, C_1, C_2, ⋯ , C_n로 둘러싸인 면적을 각각 A_0, A_1, A_2, ⋯ , A_n을 구한다. 각 등고선 사이의 간격을 h_1, h_2, ⋯ , h_n로 했을 때, 그 체적은 다음과 같은 여러 방법으로 구할 수 있다.

① 양단면 평균법[사다리꼴(제형)공식의 응용]

양단면 평균법(兩斷面平均法)은 도로공사에서 단면도를 이용하여 체적(토공량)을 구할 때 가장 많이 사용하는 방법으로 양쪽 끝 두 단면 사이의 지형은 등 경사의 지형으로 가정하고 두 단면의 평균과 두 단면 사이의 거리를 곱하여 체적을 구하는 가장 간단한 방법이다. 이 방법은 철도 및 운하 등과 같이 선형을 따라 절토량(切土糧)과 성토량(盛土糧)을 구할 때에도 많이 사용하는 방법이다.

지금 그림 9.86과 같은 두 단면의 면적을 각각 A_0, A_1, 두 단면사이 등고선의 간격이 h로 등간격인 경우, 각 등고선 구간의 체적, $\forall_1$는 다음 식과 같다.

$$\forall_1 = \frac{A_0 + A_1}{2} h = \frac{h}{2}(A_0 + A_1) \tag{9.129}$$

만일 규모가 큰 경우 전체적(전토공량)을 구하기 위해서는 각 단면 $\forall_i (i=2,\ 3,\ \cdots,\ n)$사

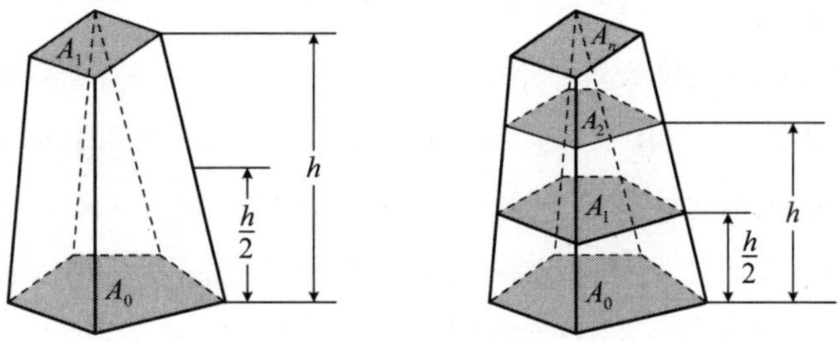

그림 9.86 양단면 평균법의 체적

이의 간격이 일정하고 각 구간의 단면이 연속적으로 있다면 이때의 체적은 식 (9.129)과 마찬가지로 적용하면

$$\forall_2 = \frac{h}{2}(A_1 + A_2)$$
$$\vdots$$
$$\forall_n = \frac{h}{2}(A_{n-1} + A_n)$$

이 된다. 따라서 전체적(전토공량) $\sum \forall_i$는 식 (9.130)과 같이 구할 수 있다.

$$\begin{aligned}\sum \forall_i = \forall &= \left\{\frac{h}{2}(A_0 + A_1) + \frac{h}{2}(A_1 + A_2) + \cdots + \frac{h}{2}(A_{n-1} + A_n)\right\} \\ &= h\left\{\frac{A_0 + A_n}{2} + (A_1 + A_2 + \cdots + A_{n-1})\right\} \\ &= \frac{h}{2}\{A_0 + A_n + 2(A_1 + A_2 + \cdots + A_{n-1})\}\end{aligned} \tag{9.130}$$

이 식은 다음의 각주 공식의 경우보다 약간 큰 값을 갖는 경향이 있는데, 간단하므로 실제 토공량 산정에 널리 이용되고 있다.

② 중앙단면법

중앙단면법(中央斷面法)은 체적을 구하기 위해 토체(土體)의 중앙단면 만을 이용한다.

그림 9.87에서 단면적 A_1과 A_2의 중앙에 위치한 단면을 A_m이라 가정할 때 체적 $\forall$는 다음과 같이 구할 수 있다.

$$\forall = A_m h \tag{9.131}$$

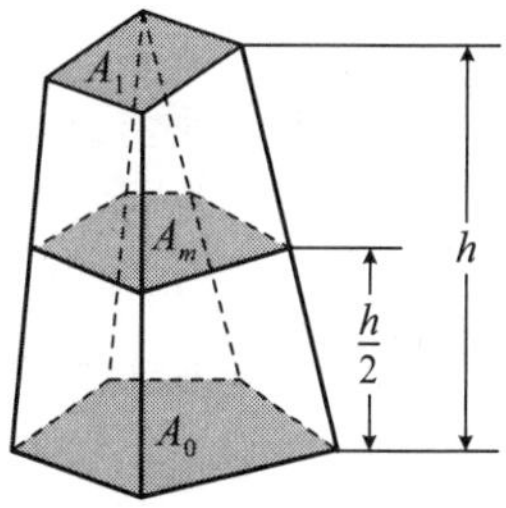

그림 9.87 중앙단면법의 체적

중앙단면법은 ①이나 ③의 경우에 비하여 가장 작은 값을 갖는 경향이 있지만, 양단면 평균법과 같이 매우 간단하게 체적을 산정할 수 있어 많이 사용하고 있는 방법이다. 체적산정결과는 ①, ③ 및 ②순의 크기로 작은 값이 나타난다.

③ 각주 공식(Simpson 공식의 응용)

각주(角柱, primoidal) **공식**에 의한 방법은 체적에 대한 심프슨 제1법칙이라 부르기도 하며 면적계산에서 사용했던 공식을 그대로 적용한다. 다만 면적계산에서 사용했던 높이 y 대신에 체적측량에서는 단면적 A를 사용하는 것만 다를 뿐이다.

일반적으로 어떤 노선의 전체적(전토공량)을 구할 때는 중심선에 수직인 평행단면으로 절단하여 각각을 각주로 가정하고, 3개의 연속된 단면에서 차례로 2개씩 1조로 해서 더하여 아래의 산정방법을 적용하면 된다. 이 공식은 체적을 산정하는 방법으로 등고선법 중 가장 많이 쓰인다.

그림 9.88에서와 같이 등고선의 간격 h가 등 간격이고, 식 (9.128)을 적용하면 첫 구간의 체적, $\forall_1$는 다음 식과 같다

$$\forall_1 = \frac{h}{3}(A_0 + 4A_1 + A_2)$$

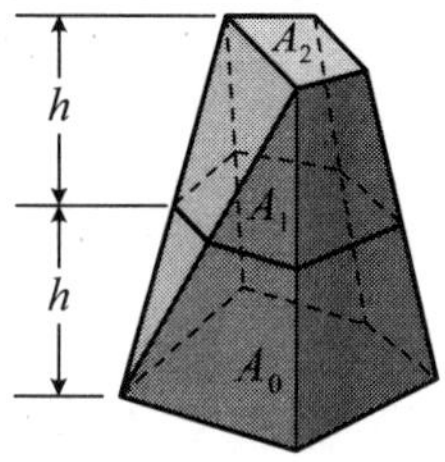

그림 9.88 각주의 체적

같은 방법으로 만일 각 단면 $\forall_i (i = 2, 3, \cdots, n)$ 사이의 간격이 일정하고 n개의 단면이 연속적으로 있다면 이때의 다음의 체적은 앞 식과 마찬가지로 차례로 적용하면

$$\forall_2 = \frac{h}{3}(A_2 + 4A_3 + A_4)$$

$$\vdots$$

$$\forall_n = \frac{h}{3}(A_{n-2} + 4A_{n-1} + A_n)$$

따라서, 전체적(전토공량) $\sum \forall_i$는 식 (9.132)와 같은 근사공식을 구할 수 있다.

$$\sum \forall_i = \forall \approx \frac{h}{3}(A_0 + 4A_1 + 2A_2 + 4A_3 + 2A_4 + \cdots + 2A_{n-2} + 4A_{n-1} + A_n) \quad (9.132)\ (a)$$

또는

$$\frac{h}{3}[A_0 + A_n + 4(A_1 + A_3 + , \cdots , + A_{n-1}) + 2(A_2 + A_4 + , \cdots , + A_{n-2})] \quad (9.132)\ (b)$$

이 공식은 n이 짝수일 경우에만 사용할 수 있으며, 만약에 홀수일 경우는 마지막 구간, 즉 정상 부근에서 등 간격이 되지 않는 부분의 체적은 9.12.2항의 추대의 체적공식으로 구하고, 방법 ①과 ③의 각각 결과에 더하는 방법도 있다.

각주 공식에 의해 산정된 체적은 양단면 평균법이나 중앙단면법에 비해 정확한 체적을 산정할 수 있다.

④ 추대 공식의 응용

이것은 각 등고선마다 서로 인접하는 두 개의 등고선 사이의 체적을 추대공식 9.12.3항의 식

(9.112)를 이용하여 구하며 각 등고선 구간에 해당하는 체적은 다음과 같이 차례로 나타내면

$$\forall_1 = \frac{h}{3}(A_0 + \sqrt{A_0 A_1} + A_1)$$

$$\forall_2 = \frac{h}{3}(A_1 + \sqrt{A_1 A_2} + A_2)$$

$$\vdots$$

$$\forall_n = \frac{h}{3}(A_{n-1} + \sqrt{A_{n-1} A_n} + A_n)$$

가 된다. 따라서 전체적(전토공량) $\sum \forall_i$는 식 (9.133)과 같은 근사공식을 구할 수 있다.

$$\sum \forall_i = \forall \approx \frac{h}{3} \quad (A_0 + A_n + 2(A_1 + A_2 + A_3 + \cdots + A_{n-1}) + (\sqrt{A_0 A_1} + \sqrt{A_1 A_2} + \sqrt{A_2 A_3} + \cdots + \sqrt{A_{n-1} A_n}\,) \qquad (9.133)$$

① 각 방법에서 등고선 안의 면적은, 평면도형으로 사다리꼴 공식 또는 Simpson 공식으로 계산하던지, 또는 **구적기**(求積器, planimeter, 경계가 불규칙한 토지의 면적을 자동으로 측정하는 기구)로 측정하는 등 자기의 뜻대로 공부할 것

② 사다리꼴 공식의 기본이 되는 $n=1$(즉 A_0, A_1만으로 $\forall = \frac{h}{2}(A_0 + A_1)$의 경우를 **양단면 평균법**, 또 Simpson 공식의 기본이 되는 $n=2$(즉 A_0, A_1, A_2만으로 $\forall = \frac{h}{3}(A_0 + 4A_1 + A_2)$의 식을 **Prismoidal 공식**이라 부르고 있다.

예제 9-138

다음 그림에서 (1) 양단면 평균법 (2) 중앙단면법 (3) 각주 공식에 따라 체적을 구하고 비교하여라.

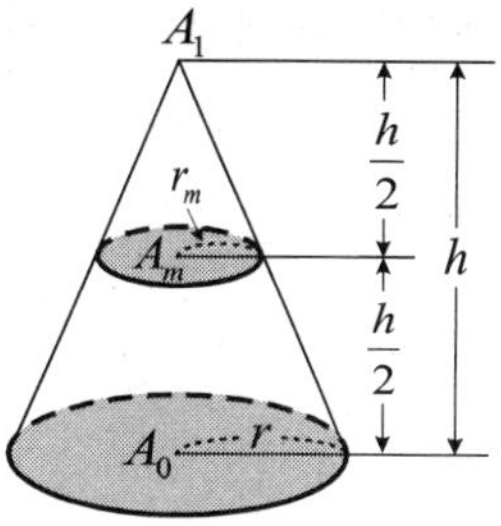

예제 9-138 그림
원뿔의 체적

풀이

단면의 반지름은 바닥 면으로부터 위로 높이가 증가함에 따라 일정한 비율로 감소하므로 바닥 면으로부터 높이가 $\frac{h}{2}$인 곳에서의 단면적 A_m과 바닥면의 단면적 A_0사이의 관계는 다음과 같이 구할 수 있다.

[예제 9-138 그림] 원뿔의 꼭지점에서 높이 h인 원뿔과 $\frac{h}{2}$인 원뿔은 닮았으므로 비례관계가 성립, 즉

$$h : r = \frac{h}{2} : r_m \rightarrow r_m = \frac{h}{2} r \frac{1}{h} = \frac{r}{2}$$

$$\therefore r_m = \frac{r}{2} \qquad ①$$

원뿔 바닥면의 면적 A_0은

$$A_0 = \pi r^2 \qquad ②$$

이고 바닥에서 $\frac{h}{2}$ 위 중앙단면의 면적 A_m은 식 ①과 ②를 이용하면

$$A_m = \pi r_m^2 = \pi\left(\frac{r}{2}\right)^2 = \frac{1}{4}\pi r^2 = \frac{1}{4}A_0 \qquad ③$$

(1) 양단면 평균법, $V_{양단면}$

$$V_{양단면} = \frac{h}{2}(A_0 + A_1) = \frac{h}{2}(A_0 + 0) = \frac{1}{2}A_0 h \ \rightarrow \ 과대$$

(2) 중앙단면법, $V_{중앙단면}$: 식 ③을 이용

$$V_{중앙단면} = A_m h = \frac{1}{4}A_0 h \ \rightarrow \ 과소$$

(3) 각주 공식, $V_{각주}$: 식 (9.132) (a)에서 h 대신 $\frac{h}{2}$로 대입

$$V_{각주} = \frac{h}{6}(A_0 + 4A_m + 2A_1) = \frac{h}{6}\left(A_0 + 4 \cdot \frac{A_0}{4} + 0\right) = \frac{2h}{6}A_0 = \frac{1}{3}A_0 h$$

→ 적정함

$$\therefore V_{중앙단면}\left(=\frac{1}{4}A_0 h\right) < V_{각주}\left(=\frac{1}{3}A_0 h\right) < V_{양단면}\left(=\frac{1}{2}A_0 h\right)$$

(2) 점고법(点高法)

점고법은 도로, 공항 및 댐과 같은 토목공사가 수반되는 어느 지역(매립공사, 땅고르기[정지(整地)] 등의 택지 조성공사, 토취장(土取場) 및 토사장(土捨場)의 용량계산 등]에서, 미리 정해진 기준면(수평)에서 지표면까지 넓은 면적의 토공량을 계산할 때 등에 사용된다.

지형도상에서 이 지역을 직사각형 구획으로 나누고, 각 정점(측점)의 높이를 기준면에서 측정하고 시공기면(施工基面)을 결정한다. 일반적으로 양단면이 평면으로 되어 있다면 어떠한 주체에서도 그 체적은 양단면의 중심점 사이의 거리(높이)에 수직면적을 곱한 것과 같다. 따라서 그림 9.89와 같은 직사각형 각주에서 측점의 높이를 h_1, h_2, h_3 및 h_4라고 하면, 중심축의 길이는 $h = \frac{(h_1 + h_2 + h_3 + h_4)}{4}$로 되므로 그 수직단면에서 어떤 사각형(구형, 矩形)의 면적을 A로 하면 그 체적, 즉 토공량 $\forall$는

$$\forall = \frac{A \cdot (h_1 + h_2 + h_3 + h_4)}{4} \qquad (9.134)$$

여기서는 직각 삼각형 각주와 삼각형 각주의 밑면적이다, 이것을 전 지역에 걸쳐서 모두 합하면 필요한 전토공량(全土工量)이 산정된다.

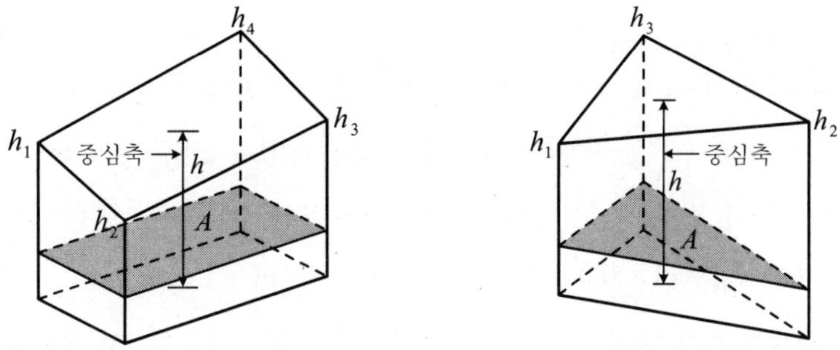

(a) 직사각형 각주의 체적　　　　(b) 삼각형 각주의 체적

그림 9.89 직사각형과 삼각형의 체적 계산

한 구획의 사각형의 크기는 소요정확도 및 토지의 상황에 따라 적당히 변경하지 않으면 안 된다. 더욱 정밀을 요할 때는 사각형을 삼각형으로 나누어 다음과 같은 삼각형 각주공식을 적용하면 된다.

일반적으로는 지표면을 삼각형의 구획으로 나눌 때, 한 구획 내 삼각형 각주에서 그 수직단면적의 삼각형 면적을 A로 하면 그 체적[토공량(土工量)] $\forall$는 다음과 같다.

$$\forall = \frac{A \cdot (h_1 + h_2 + h_3)}{3} \tag{9.135}$$

건물부지의 땅고르기, 토취장 및 토사장의 용량관측과 같이, 넓은 면적의 체적(토공량)을 산정할 경우, 위의 기본공식을 이용하면 매우 적합하다.

※ 실제의 계산 예는 9장 끝의 연습문제 9.57을 참조할 것

▌ 주의 ▌

이 방법은 구획 내의 지표면이 거의 평면(경사라고 해도, 소규모의 凹凸이 있어도 된다)으로 간주할 수 있을 정도라는 가정에 기초한다. 따라서 구획의 크기도 그렇게 선정해야 한다.

예제 9-139

凹지(地)에 저수지를 축조한다. 각 등고선으로 둘러싸인 면적(단위 $10^3\ m^2$)은 다음과 같다.

수표면의 면적…100, 등심선 10m로 둘러싸인 면적…90, 20m…65, 30m…45, 40m…35.

저수용량 $\forall$를 ① 사다리꼴(제형)공식(평균단면법), ② Simpson 공식(Primoidal 공식), ③ 추대공식의 3가지 방법으로, m^3의 단위로 유효숫자 3자리까지 구하여라.

풀이

등고선간격 h는 10 m이므로

① 사다리꼴(제형) 공식 : 식 (9.130)에 의해 구하면

$$\forall = 10\times\left\{\frac{100+35}{2}+(90+65+45)\right\}\times10^3 = 2.675\times10^6\ \mathrm{m}^3$$

② 수심이 4등분 되어 있으므로 Simpson 공식이 사용된다. 식 (9.128)을 이용하면

$$\forall = \frac{10}{3}\times(1\cdot100+4\cdot90+2\cdot65+4\cdot45+1\cdot35)\times10^3 = 2.683\times10^6\ \mathrm{m}^3$$

③ 추대공식 : 각 등고선 사이의 체적을 $\forall_1$, $\forall_2$, $\forall_3$ 및 $\forall_4$라 하면,

$$\forall_1 = 10\times(100+\sqrt{100\cdot90}+90)\times10^3/3 = 9.50\times10^5$$

$$\forall_2 = 10\times(90+\sqrt{90\cdot65}+65)\times10^3/3 = 7.71\times10^5$$

$$\forall_3 = 10\times(65+\sqrt{65\cdot45}+45)\times10^3/3 = 5.47\times10^5$$

$$\forall_4 = 10\times(45+\sqrt{45\cdot35}+35)\times10^3/3 = 3.99\times10^5$$

따라서, 각 등고선 사이의 체적을 모두 더하면

$$\begin{aligned}\forall &= \sum_{i=1}^{4}(\forall_1+\forall_2+\forall_3+\forall_4)\\ &= \sum_{i=1}^{4}(9.50\times10^5+7.71\times10^5+5.47\times10^5+3.99\times10^5)\\ &= 26.70\times10^5 = 2.67\times10^6\ \mathrm{m}^3\end{aligned}$$

위의 결과에서 저수용량 $\forall$가 구해지지만 각 방법에 따른 계산결과는 약간 다르게 나타났다. 그 이유가 무엇인지 생각해 보아라.

2) 유량의 계산

하천이나 관로의 횡단면에 단위시간동안 흐르는 물 등 액체의 양을 **유량**(流量)이라 한다.

그림 9.90 (a)와 같은 하천의 횡단면이 있다. 이것을 미소단면으로 나누고 그 면적을 dA, 그 단면에서의 유속을 V라고 하면, V는 일반적으로 미소단면 위치에 따라 다르다. 따라서, 횡단면 전체에 흐르는 유량 Q는 다음 식과 같다.

$$Q = \int_A V\,dA$$

여기서, 적분은 횡단면 전체에 걸친 것이다.

실제의 계산은 수치적분에 의하며 그 방법은 다음과 같다.

> 이 식에서 알 수 있듯이, $\dim[Q] = \dim(\text{유속})\cdot\dim(\text{면적}) = [LT^{-1}L^2] = [L^3T^{-1}]$

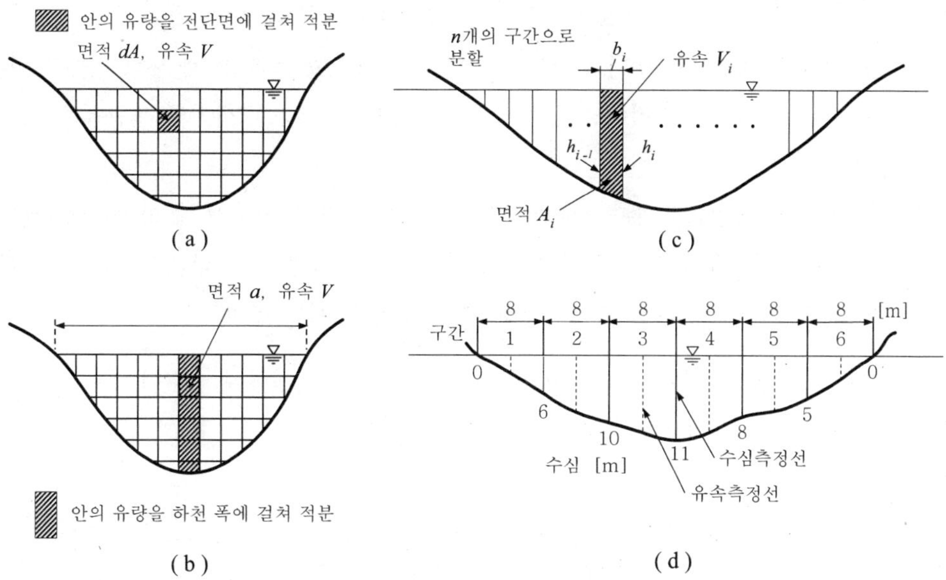

(a), (b)는 기본원리, (c)는 계산방법, (d)는 실제 예

그림 9.90 유량의 계산

(1) 그림 9.90 (b)와 같이 횡단면을 그물모양(網目)(면적 a)로 나누고, 각 그물모양 내의 유속 V를 측정하고, 그 소단면의 유량 aV를 산정한다. 이것을 종방향으로 하나의 소단면(그림의 사선부)을 따라 수치적분하고, 그 소단면 내의 유량을 계산한다. 이것을 횡방향으로 수치적분하면 전유량(全流量)이 계산된다.

이 방법은 수치적분으로 유량을 구하는 것이 기본이지만 매우 크게 변화하므로 실용적인 방향이 아니다. 그래서 보통은 다음의 방법을 쓴다.

(2) 횡단면을 그림 9.90(c)와 같이 종방향으로 n개의 구간으로 나눈다. i번째의 구간의 유량을 Q_i, 이 구간의 평균유속을 V_i, 면적을 A_i로 하면 $Q_i = V_i A_i$, 여기서 A_i는 구간 양쪽 끝의 수심 h_{i-1}, h_i와 구간의 폭(幅) b_i에서 사다리꼴(제형) 공식으로 구한다.

$$A_i = \frac{1}{2} b_i (h_{i-1} + h_i)$$

따라서 전유량 Q는 다음 식과 같다.

$$Q = A_1 V_1 + A_2 V_2 + \cdots + A_n V_n = \sum_{i=1}^{n} A_i V_i \tag{9.136}$$

앞 식을 **연속방정식**(連續方程式 continuity equation)이라 한다.

평균유속을 결정하는 다음과 같은 몇 가지 방법이 있다.

① 1점법 : 구간의 중심선 위에서, 수면으로부터 수심 H의 0.6배 만큼 아래에 있는 $0.6H$

지점의 점유속 $V_{0.6}$을 측정하고 $V = V_{0.6}$을 평균유속으로 하는 방법

② 2점법 : 같은 방법으로 수면으로부터 각각 수심의 $0.2H$와 $0.8H$배 만큼 아래에 있는 점유속 $V_{0.2}$, $V_{0.8}$을 측정하고 산술평균 $[V = (V_{0.2} + V_{0.8})/2]$하여 평균유속으로 하는 방법

③ 3점법 : 같은 방법으로 수면으로부터 각각 수심의 $0.2H$, $0.6H$ 및 $0.8H$배 만큼 아래에 있는 점유속 $V_{0.2}$, $V_{0.6}$ 및 $V_{0.8}$을 각각 측정하고 다음과 같이 산술평균 $[V = (V_{0.2} + 2V_{0.6} + V_{0.8})/4]$ 하여 평균유속으로 하는 방법

미국지질조사국(U.S., Geological Survey)에서는 다년간의 경험에 의하여 소단면의 평균유속 결정에 1점법이 사용되도록 권장하고 있다.

예제 9-140

어떤 하천(河川)에서 그림 9.90 (d)와 같은 방법으로 측정한 결과(2점법) 표 9.11을 얻었다. 이때 유량 Q를 구하여라. 단, 수심과 구간간격의 단위는 m, 유속은 m/s를 단위로 하고, Q는 m^3/s의 소수점 이하 첫째자리까지로 한다.

표 9.11 2점법에 의한 유속측정 자료

구간	1	2	3	4	5	6
$V_{0.2}$	0.5	1.5	2.2	2.0	1.7	0.6
$V_{0.8}$	0.3	0.6	1.0	0.9	0.7	0.4

풀이

각 소구간의 평균 유속 $V_1 \sim V_6$는 2점법 공식 $V_1 = (V_{0.2} + V_{0.8})/2$을 이용한다.

$$V_1 = (0.5 + 0.3)/2 = 0.4 \text{ m/s}, \quad V_2 = (1.5 + 0.6)/2 = 1.1 \text{ m/s}$$

$$V_3 = (2.2 + 1.0)/2 = 1.6 \text{ m/s}, \quad V_4 = (2.0 + 0.9)/2 = 1.5 \text{ m/s}$$

$$V_5 = (1.7 + 0.7)/2 = 1.2 \text{ m/s}, \quad V_6 = (0.6 + 0.4)/2 = 0.5 \text{ m/s}$$

또 각 소구간의 면적은

$$A_1 = 1/2 \times 8 \times (0 + 6) = 24 \text{ m}^2 \quad A_2 = 1/2 \times 8 \times (6 + 10) = 64 \text{ m}^2$$

$$A_3 = 1/2 \times 8 \times (10 + 11) = 84 \text{ m}^2 \quad A_4 = 1/2 \times 8 \times (11 + 8) = 76 \text{ m}^2$$

$$A_5 = 1/2 \times 8 \times (8 + 5) = 52 \text{ m}^2 \quad A_6 = 1/2 \times 8 \times (5 + 0) = 20 \text{ m}^2$$

따라서, 전구간에서의 유량 Q는 연속방정식 (9.135)로부터 다음과 같이 계산된다.

$$Q = \sum_{i=1}^{6} A_i V_i = 24 \times 0.4 + 64 \times 1.1 + 84 \times 1.6 + 76 \times 1.5 + 52 \times 1.2 + 20 \times 0.5$$

$$= 400.8 \text{ m}^3/\text{s}$$

9.14 미분 · 적분의 응용 – 간단한 미분방정식

(이 절은 9.15절 다음에 읽어도 좋다)

미분 · 적분학적 생각은 간단히 면적이나 체적을 구하기 위한 것뿐만 아니라, 자연현상의 모든 면에서 응용하게 된다. 그래서 이제까지 서술한 개념이나 수법이 활용되지 않으면 안 된다. 이러한 내용은 다음 예제로 설명하고자 한다.

예제 9-141

[수리학(水理學)의 초보적인 문제]

정지해 있는 물의 수압 p는 수심 h와 어떤 관계가 있는가? 미분 · 적분학 개념에 의해 이끌어내어라. 단, 물의 밀도를 ρ, 중력가속도를 g라고 한다(1.3.6항 예제 1-14에서 수압이 수심에 비례한다는 것에 대한 증명).

풀이

그림 9.91과 같이 수심 h인 지점에 얇은 기둥 모양의 요소를 생각하는 경우, 이 미소기둥요소의 각 면에 작용하는 정수압으로 인한 힘은 (1) 수평방향으로 작용하는 힘과 (2) 연직방향으로 작용하는 힘으로 나누어 생각할 수 있다.

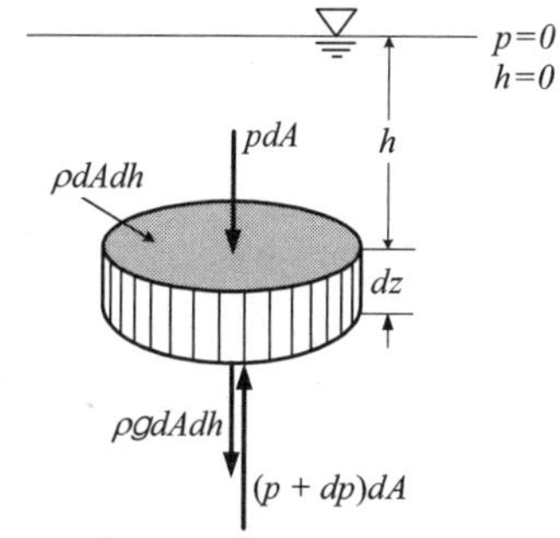

그림 9.91 정수압계산의 원리

(1) 연직방향으로 작용하는 힘

이 미소요소의 두께는 dh, 상하면(윗면과 아랫면)은 수평이고, 면적도 미소면적 dA로 한다. 그러면 이 요소에 작용하는 힘은 정수압에 의한 힘과 중력이며 이것은 다음과 같이 구한다.

① 정수압(淨水壓)에 의한 힘

윗면의 정수압을 p로 한다. 윗면에서 힘(정수압 × 면적) F_1은 위에서 아래로 작용하고 그 크기는 $F_1 = p \times \text{면적} = p\,dA$

아랫면에서는 수심이 dh 정도 깊어지므로 정수압은 $p + dp$가 되고, 작용하는 힘 F_2는 아래에서 위로 작용하고, 그 크기는 $F_2 = (p + dp) \times \text{면적} = (p + dp)dA$이다.

따라서 이 두 힘의 차이 $F_1 - F_2 = dF\{dF = (p + dp)\,dA - p\,dA = dp\,dA\}$ 만큼 위로 $dp\,dA$의 힘 dF, **부력(浮力, buoyant force)**이 작용한다.

② 중력(重力)

이 미소기둥요소의 질량은 $dm = \rho \times d\forall$(미소요소체적 $= dA\,dh$) $= \rho\,dA\,dh$이다. 따라서 아래로 작용하는 힘은 $dF_g = dW = dm \cdot g = \rho g\,dA\,dh$이다.

정수(淨水)이므로 앞의 ① 정수압과 ② 중력의 두 개의 힘은 평형을 이룬다.

(2) 수평방향으로 작용하는 힘

측면(側面)에 작용하는 정수압(靜水壓)은 크기가 모두 같고 서로 평형을 이루고 있으므로 수평방향으로 작용하는 힘이 상쇄된다. 그러므로 미소요소에 작용하는 순수한 힘은 연직방향으로 작용하는 힘만 생각할 수 있다.

따라서 (1) 연직장향에 작용하는 힘으로부터 $dF = dF_g$이므로

$$dp\,dA = \rho g\,dA\,dh = \gamma\,dA\,dh$$

즉, 앞 식에서 dA가 공통이므로 이 식을 dA로 모두 나누면

$$dp = \rho g\,dh = \gamma\,dh \tag{9.137}$$

여기서 γ는 물의 단위중량, ρ와 g가 수심(水深) h와 관계가 없다면, 식 (9.137)은 다음과 같이 바로 적분할 수 있다.

$$\int_A dp = p = \int_A \rho g dh = \rho g h + C \;\rightarrow\; \therefore\;\; p = \rho g h + C \qquad ①$$

여기서 적분상수 C를 결정해야 한다. C는 [어떤 수심 h에서 정수압 p가 어떤 값을 갖는가?] 라는 조건으로부터 정한다. 여기에서는 수면 ($h=0$) 에서 정수압 $p=0$(계기압력, 計器壓力)이라는 **초기조건**(初期條件)을 사용한다. 그러면 이 조건을 식 ①에 대입하여 정리하면 적분상수 C는 다음이 된다.

$$0 = 0 + C \;\rightarrow\; C = 0$$

따라서 $C=0$을 식 ①에 넣고 정리하면 수심과 정수압의 관계는 다음과 같다.

$$p = \rho g h = \gamma h \tag{9.138}$$

즉, 정수압은 수심에 비례하므로 수심이 증가하면 정수압도 같이 증가하고, 동시에 밀도(密度) 및 중력가속도(重力加速度) g에 비례한다. 같은 수심이라도 수은에서의 밀도 ρ가 물의 약 13.6배 크므로 압력은 13.6배 크게 되고, 달(月)로 간다면 중력가속도 g가 지구상의 약 1/6이므로 압력도 1/6로 감소하게 된다.

예제 9-142

어떤 재료로 높이 H인 원기둥을 만들려고 한다. 그림 9.92와 같이 원기둥의 윗면(반경 a)에

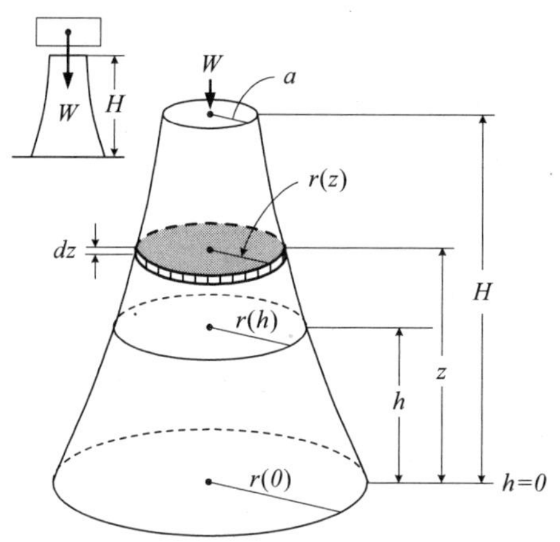

그림 9.92 예제 9-142의 설명도

하중(荷重) W가 작용할 때, 이 원기둥(圓柱)의 각 단면에 미치는 압력 p가 지상으로부터 임의의 높이 h에 상관없이 일정도록 하고 싶다. 원기둥의 반경 r을 높이에 따라 어떻게 바꾸면 되겠는가? 즉, 함수 $r=r(h)$를 구하여라. 단, 원기둥의 밀도 ρ는 일정하므로 재료는 압축되지 않는 것으로 하고 중력가속도는 g로 나타낸다.

풀이

① $r(h)$에 대한 방정식을 세우기 위해 압력 p는 다음과 같다고 생각한다.

$$p=\frac{\text{높이 } h\text{인 단면에 작용하는 힘}}{h\text{의 단면적}}=\frac{G(h)}{\pi\{r(h)\}^2}=\text{일정} \tag{9.139}$$

그러나 p는 원기둥 윗면의 하중 W에 의한 압력도 작용하고 있으므로, 식 (9.139)에 의해

$$p=\frac{G(h)}{\pi\{r(h)\}^2}=\frac{W}{\pi a^2} \tag{9.140}$$

한편, 높이 h의 단면에 작용하는 힘 $G(h)$은

$$G(h)=w(h)+W \tag{9.141}$$

여기서 $w(h)$는 h보다 윗부분의 중량이고 W는 하중이다. 다음으로 $w(h)$를 구한다. 이것을 얻는데, 높이[$z(z>h)$]인 부분을 미소부분[두께 dz, 반경 $r(z)$]으로 나누고, 그 질량 $(m=\rho\forall)$ $\rho\pi\{r(z)\}^2dz$를 h에서 H까지 적분하고, 이것에 g를 곱하면 된다(z축은 지면에서 위쪽 방향이다). 즉,

$$w(h)=g\int_h^H\rho\pi\{r(z)\}^2dz \tag{9.142}$$

식 (9.141)을 $w(h)=G(h)-W$로 다시 쓰고, 이 식은 식 (9.139)의 분모를 좌변으로 이항한 식과 (9.142)를 대입해서 정리하면, 아래와 같다.

$$\int_h^H g\rho\pi\{r(z)\}^2\,dz=p\cdot\pi\{r(h)\}^2-W \tag{9.143}$$

이 식이 $r(h)$를 구하는 방정식이다.

② 식 (9.143)을 풀기 위하여 이 식을 변수 h로 미분한다. 여기에는 9.11.3항 정적분의 성질에서 식 (9.91)의 제2식을 응용한다.

[주의] 식 (9.91)을 응용할 때, 여기서는 h가 식 (9.91)의 x에, z가 t에 해당한다는 것에 주의하여라.

식 (9.143)을 h로 미분하면, 좌변과 우변은 각각 다음과 같다.

$$\text{좌변 : }\frac{d}{dh}\int_h^H\rho g\pi\{r(z)\}^2\,dz=-\rho g\pi\{r(h)\}^2$$

$$\text{우변 : }\frac{d}{dh}(p\cdot\pi\{r(h)\}^2-W)=p\pi\frac{d}{dh}\{r(h)\}^2$$

좌변 = 우변이므로

$$-\rho g\{r(h)\}^2=p\frac{d}{dh}\{r(h)\}^2 \tag{9.144}$$

이것은 미분계수 중에서 구해지는 함수(미지함수, 未知函數)를 포함한 방정식이다.

이러한 방정식을 미분방정식(微分方程式)이라 한다.

[주의] 예제 9-141의 식 (9.137)도 본래는 $dp/dh=\rho g$ 인 수심 h 에 따른 압력(정수압) $p(h)$를 구하는 **미분방정식**이다.

식 (9.144)에서 $r(h)$를 구하는 과정은 다음과 같다.

식 (9.144)의 좌변에서 $X=\{r(h)\}^2$로 두면 이 식은 $-\rho g X=p\dfrac{dX}{dh}$이 되어 적분을 쉽게 하기 위하여 변수를 분리하고 편의상, 우변과 좌변을 바꾸면 다음과 같다.

$$\frac{dX}{X}=-\frac{\rho g}{p}\,dh \tag{9.145}$$

먼저 식 (9.145)의 좌변을 적분한다. 9.10절 표 9.7의 공식 A3(또는 A4에서 $a=1,\ \ b=0$)을 이용하면

$$\int\frac{dX}{X}=\log\ e|X|$$

앞 식에 $X=\{r(h)\}^2$을 대입하면. 즉

$$\int\frac{d\{r(h)]^2}{\{r(h)\}^2}=\ln\{r(h)\}^2 \qquad ①$$

이 된다. 한편, 식 (9.145)의 우변을 적분하면

$$-\int\frac{\rho g}{p}\,dh=-\frac{\rho g}{p}\int dh=-\frac{\rho g}{p}\,h+C\ \ (C\text{는 적분상수}) \qquad ②$$

따라서, 식 (9.145)의 적분결과에서 식 ① = ②이므로

$$\ln\{r(h)\}^2=-\frac{\rho g}{p}\,h+C \tag{9.146}$$

식 (9.146)에서 양변에 지수(exp)를 취한 후 제곱근을 씌우면 바로

$$\{r(h)\}^2=\exp\left(-\frac{\rho g}{p}\,h+C\right)\ \rightarrow\ r(h)=\exp\left(-\frac{\rho g}{p}\,h+C\right)^{\frac{1}{2}}$$

즉, $r(h)=\exp\left(-\dfrac{\rho g}{2p}\,h+\dfrac{C}{2}\right)=\exp\left(-\dfrac{\rho g}{2p}\,h\right)\exp\left(\dfrac{C}{2}\right)=A\ \exp\left(-\dfrac{\rho g}{2p}\,h\right)$

여기서 $A=e^{c/2}$(여기서 A는 적분상수이다)이다. 따라서

$$r(h)=A\ \exp\left(-\frac{\rho g}{2p}\,h\right) \tag{9.147}$$

③ 다음으로 적분상수 A는 초기조건으로 구한다. 초기조건으로, 원기둥의 정상(頂上 또는 꼭대기, $h=H$)에서의 반경 a, 즉 $r(H)=a$와 식 (9.147)에 $h=H$를 대입하면

$$r(H)=a=A\ \exp\left(-\frac{\rho g}{2p}\,H\right) \tag{9.148}$$

이 된다. 식 (9.148)에서 상수 A에 대하여 정리하면

$$A=a\ \exp\left(-\frac{\rho g}{2p}\,H\right)^{-1}=a\ \exp\left(\frac{\rho g}{2p}\,H\right) \tag{9.149}$$

식 (9.149)을 식 (9.147)에 대입하면

$$r(h)=a\ \exp\left(\frac{\rho g}{2p}\,H\right)\exp\left(-\frac{\rho g}{2p}\,h\right)=a\ \exp\left(\frac{\rho g}{2p}(H-h)\right)$$

이고, 식 (9.140)에 의해 p를 W와 a로 나타내면 식 (9.144)의 해, 식 (9.147)은

$$r(h) = a\exp\left(\frac{\rho g}{2 \cdot W/\pi a^2}(H-h)\right) = a\exp\left(\frac{\rho g \cdot \pi a^2}{2W}(H-h)\right) \tag{9.150}$$

이 된다.

④ 마지막으로 식 (9.150)의 우변 식의 지수 (exp) 안에서 $(H-h)$의 계수의 의미를 부여한다. 그 계수는 계수의 단위를 정리하면 길이의 역수로 나타나, 즉 dim (계수) $=[L^{-1}]$에 착안해서,

$$h_0 = H - \frac{2W}{\rho g \pi a^2} \tag{9.151}$$

로 놓으면 이 계수의 의미가 이해하기 쉬워진다. 즉, 식 (9.150)은 식 (9.152)가 된다.

$$r(h) = a\exp\left(\frac{H-h}{H-h_0}\right) \tag{9.152}$$

여기서, h_0는 $r(h)$가 a의 $e(=2.718\cdots)$배가 되는 높이를 나타낸다. 즉, 식 (9.150)에서 $r(h) = a\exp(1)$가 되는 높이가 h_0라 했으므로 h 대신 h_0를 대입하여 정리하면

$$\exp\left(\frac{\rho g \pi a^2}{2W}(H-h)\right) = \exp(1)$$

앞 식의 양변에서 지수 (exp)를 각각 소거하면

$$\frac{\rho g \pi a^2}{2W}(H-h) = 1$$

앞 식을 정리하면 식 (9.151)을 얻을 수 있다.

식 (9.151)에서 다음을 알 수 있다 : h_0가 작을수록 기둥은 위로 향해 천천히 좁아지고, 커질수록 갑자기 좁아진다. 또 식 (9.151)에서 알 수 있듯이, h_0는 밀도 ρ가 클수록, 또 윗면에 작용하는 하중 W가 작을수록 높아진다. 이것은 예상되는 결과이다. 그러면 원기둥의 밑면의 반경은 식 (9.152)에서 $h=0$을 대입하면 얻을 수 있다. 즉,

$$r(0) = a\exp\left(\frac{H-0}{H-h_0}\right) = a\exp\left(\frac{H}{H-h_0}\right)$$

9.15 구조역학에서의 응용

앞 절에서 기술한 내용을 바탕으로 계속해서, 미분 · 적분을 통하여 특히 토목(土木)[또는 건설(建設)]공학(工學)에서 응용하는 예에 대해 서술하겠다.

9.15.1 처짐과 처짐각의 계산

하중(荷重, load)을 받아 처진 구조물에서 처짐곡선 위에 있는 어떤 특정한 점의 **선변위**(線變位)를 **처짐**(deflection)이라고 하며, 그 점의 접선과 부재축의 원위치와 이루는 **각변위**(角變位)를 **기울기** 또는 **처짐각**(slope)이라 한다.

처짐을 계산하는 방법은 여러 가지가 있으나 여기서는 가장 기본적이고 기하학적인 방법에 속하는 이중적분법(보와 기둥에 적용됨)에 대하여 다음 예제를 통하여 알아보기로 하자.

예제 9-143

그림 9.93과 같이 등분포하중 w(보의 단위 길이 당 하중)를 받는 길이 l인 단순보 AB에서 지점 A로부터 x의 거리인 점 C의 처짐각 θ 및 처짐 y를 나타내는 일반식을 구하여라. 휨강성 EI는 일정하다. 단, 보의 위치가 점 C인 단면에서의 휨모멘트를 M_x라고 하면

$$M_x = \frac{1}{2}wx(l-x) \tag{9.153}$$

보의 중립축에 관한 단면 2차 모멘트(9.15.2항 참조)를 I, 보 재료의 탄성계수를 E라고 하면,

$$\frac{d^2y}{dx^2} = -\frac{M_x}{EI} \tag{9.154}$$

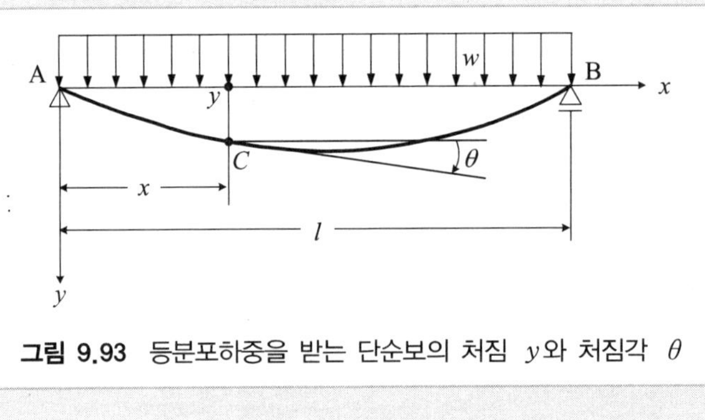

그림 9.93 등분포하중을 받는 단순보의 처짐 y와 처짐각 θ

풀이

휘어진 보에서 어떤 점의 처짐각 θ는 매우 작기 때문에 다음 관계가 성립한다. 따라서(9.7.3항 참조)

$$\frac{dy}{dx} = \tan\,\theta \approx \theta \tag{9.155}$$

다음으로 식 (9.153)을 식 (9.154)에 대입하면

$$\frac{d^2y}{dx^2} = -\frac{M_x}{EI} = -\frac{wx(l-x)}{2EI} \tag{9.156}$$

식 (9.155)와 식 (9.156)에서 $\theta = \theta(x)$인 함수가 구해진다. 즉,

$$\theta = \frac{dy}{dx} = \int \frac{d^2y}{dx^2}\,dx = \int -\frac{wx(l-x)}{2EI}\,dx = -\frac{w}{2EI}\int (lx - x^2)dx$$

$$= -\frac{w}{2EI}\left(\frac{lx^2}{2} - \frac{x^3}{3}\right) + C_1 \tag{9.157}$$

이 결과는 하중을 받아서 휘어진 보에서 어떤 점에서 단면의 기울기(slope) 또는 처짐각을 나타낸다. 여기에서 어떤 점의 기울기란 그 점의 접선과 수평선이 이루는 각을 말한다.

또한 이 식을 x에 대하여 적분하면 다음의 처짐을 나타내는 식 $y = y(x)$가 얻어진다.

$$y = \int \left\{-\frac{w}{2EI}\left(\frac{lx^2}{2} - \frac{x^3}{3}\right) + C_1\right\}dx = -\frac{w}{2EI}\int\left(\frac{lx^2}{2} - \frac{x^3}{3}\right)dx + \int C_1\,dx$$

$$= -\frac{w}{2EI}\left(\frac{lx^3}{6} - \frac{x^4}{12}\right) + C_1x + C_2 \tag{9.158}$$

여기서 C_1과 C_2는 구해야 할 적분상수이다.

[적분상수 C_1과 C_2의 결정]

경계조건(境界條件)은 다음과 같이 지점 A, B에서의 조건(이것을 단점(端点)에서의 조건)으로 정의하고 다음과 같이 적용한다.

① 지점 A에서는 $x=0$, $y=0$이므로 이 값들을 식 (9.158)에 대입하면

$$y=0 = -0+0+0+C_2 \quad \rightarrow \quad C_2 = 0$$

$\therefore$ $C_2 = 0$ 을 얻는다.

② 지점 B에서는 $x = l$, $y = 0$

다시 ⓐ와 같은 방법으로 식 (9.158)에 대입하면

$$y = 0 = -\frac{w}{2EI}\left(\frac{l^4}{6} - \frac{l^4}{12}\right) + C_1 l + C_2 = -\frac{w}{2EI}\left(\frac{2l^4 - l^4}{12}\right) + C_1 l$$

$$-\frac{w}{2EI}\left(\frac{2l^4 - l^4}{12}\right) + C_1 l = 0 \quad \rightarrow \quad C_1 = \frac{wl^3}{24EI}$$

$\therefore$ $C_1 = \dfrac{wl^3}{24EI}$ 를 얻는다.

최종적으로 x에 있어 처짐각 θ와 처짐(또는 처짐량) y는 앞에서 계산한 C_1, C_2를 각각 식 (9.157)과 식 (9.158)에 대입하면, 각각 다음 식이 계산된다.

각변위 : 처짐각 θ의 계산

$$\theta = -\frac{w}{2EI}\left(\frac{lx^2}{2} - \frac{x^3}{3}\right) + C_1 = -\frac{w}{2EI}\left(\frac{lx^2}{2} - \frac{x^3}{3}\right) + \frac{wl^3}{24EI}$$

$$= -\frac{w}{24EI}\left(\frac{12lx^2}{2} - \frac{12x^3}{3}\right) + \frac{wl^3}{24EI} = \frac{w}{24EI}(4x^3 - 6lx^2 + l^3)$$

선변위 : 처짐(또는 처짐량) y의 계산

$$y = -\frac{w}{2EI}\left(\frac{lx^3}{6} - \frac{x^4}{12}\right) + C_1 x + C_2 = -\frac{w}{2EI}\left(\frac{lx^3}{6} - \frac{x^4}{12}\right) + \frac{wl^3}{24EI}x$$

$$= -\frac{wx}{24EI}(2lx^2 - x^3) + \frac{wl^3}{24EI}x = \frac{wx}{24EI}(x^3 - 2lx^2 + l^3)$$

위 결과를 정리하면 아래와 같다.

$$\theta = \frac{w}{24EI}(4x^3 - 6lx^2 + l^3)$$

$$y = \frac{wx}{24EI}(x^3 - 2lx^2 + l^3)$$

또한 이 보의 중앙점의 처짐은 $x = \frac{l}{2}$을 바로 위 식에 대입하면 구할 수 있다.

$$y = \frac{wx}{24EI}(x^3 - 2lx^2 + l^3) = \frac{w}{24EI}\left(\frac{l}{2}\right)\left\{\left(\frac{l}{2}\right)^3 - 2l\left(\frac{l}{2}\right)^2 + l^3\right\}$$

$$= \frac{wl}{48EI}\left(\frac{l^3}{8} - \frac{l^3}{2} + l^3\right) = \frac{wl^4}{48EI}\left(\frac{1-4+8}{8}\right) = \frac{5wl^4}{384EI}$$

9.15.2 단면 1차 및 2차 모멘트의 계산 [그림 9.94]

물체의 중심(重心, center of gravity)(또는 무게중심)은 중력에 관한 그 물체의 모든 중량이 집중(集中)된다고 가정되는 특정의 한 점의 좌표를 말하며, 이 점을 통하여 지구의 중심(中心)으로 향하게 된다. 만일 그 물체의 두께가 같고 균질한 평면도형이라면 무게중심은 **도심(圖心, centroid)**이 된다. 즉, 그 평면을 대표할 수 있는 **기하학적(幾何學的) 중심**(中心)이 된다. 이 점의 좌표를 단면의 도심이라고 한다.

원의 도심은 그 원의 중심(中心)이고 직사각형, 마름모, 평행사변형의 도심은 각 대각선의 교점(交點)이며 삼각형의 도심은 각 꼭지점과 대응변의 2등분점을 연결하는 선의 교점이다.

구조물 내부에 생기는 응력(應力), 변형(變形) 및 안정(安定) 등의 모든 문제를 연구하려면, 구조물을 구성하는 부재의 길이 외에 단면의 특성[단면의 형상(形狀), 단면형(斷面形) 등]과 작용하는 힘 및 모멘트의 작용면과의 관계가 특히 중요한 것이다. 그러므로 여기서는 단면의 특성을 나타내는 도심, 단면 1차, 2차 모멘트에 대하여 알아보기로 한다. 이것은 구조물을 해석할 때 토목(土木)이나 건축(建築)의 재료의 강도 등의 계산에서 중요한 개념이다.

1) 단면 1차 모멘트(G) 및 도심(C)

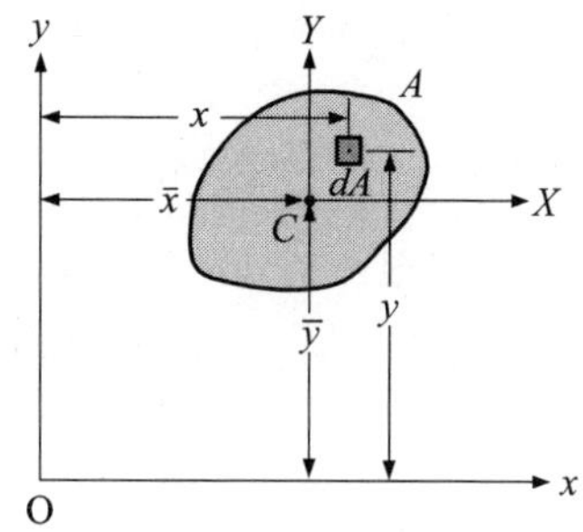

그림 9.94 단면 1차 모멘트 G와 도심 C

그림 9.94의 하나의 평면도형의 직교좌표계 $(x,\ y)$에 대하여 미소면적 dA에서 x축까지의 거리 y을 곱한 값 ydA을 전단면적 A에 대해 적분한 값을 x축에 대한 **단면 1차 모멘트**(the first moment of an area), G_x라 하고, 같은 방법으로 미소면적 dA에서 y축까지의 거리 x을 곱한 값 xdA을 전단면적 A에 대해 적분한 값을 y축에 대한 단면 1차 모멘트, G_y라 하며 다음 식 (9.159)와 같이 정의된다.

$$G_x = \int_A ydA = A \cdot \overline{y}, \quad G_y = \int_A xdA = A \cdot \overline{x} \tag{9.159}$$

정의에서 알 수 있듯이 단면 1차 모멘트의 **차원**(次元, dimension)이 [면적×거리] $= L^3$, 즉 $\dim(G) = L^3$(1장 참조)이므로 단위는 cm^3, m^3, in^3 및 ft^3 등으로 나타낸다. 기준이 되는 좌표축의 위치에 따라 거리가 음(−)이 될 수도 있으므로 그 값은 양(+) 또는 음(−)이 될 수 있다.

다음으로 도형의 전단면적을 A로 할 때, 좌표가 다음과 같이 되는 점 $C(\overline{x},\ \overline{y})$을 이 도형의 **도심**(圖心, centroid)이라 한다.

$$\overline{x} = \frac{G_y}{\int dA} = \frac{G_y}{A} = \frac{\int xdA}{A}, \quad \overline{y} = \frac{G_x}{\int dA} = \frac{G_x}{A} = \frac{\int ydA}{A} \tag{9.160}$$

여기서 $\int_A dA = A$이고, $\overline{x}$와 $\overline{y}$는 각각 y축과 x축에서 도심까지의 거리이다(G의 아래첨자 x, y을 잘못 이해하지 않도록 주의!).

만약 기준 축 x축과 y축이 이 단면의 도심을 통과하면 $\overline{x} = 0$, $\overline{y} = 0$이다. 따라서 단면의 도심이 지나는 임의의 축 $(\overline{x},\ \overline{y})$에 대한 단면 1차 모멘트는 식 (9.160)을 이용하면 다음 식과 같다.

$$G_{\overline{x}} = 0, \quad G_{\overline{y}} = 0 \tag{9.161}$$

단면 1차 모멘트의 여러 계산방법을 생각해 볼 수 있으나, 여기서는 다음과 같은 방법으로 구하는 것을 생각해보자.

① G_x의 계산 [그림 9.95 (a)]와 같이 도형을 x축에 평행한 횡방향으로 잘라서, 미소폭의 면적요소로 나눈다. x축에서 거리 y의 면적요소의 폭을 dy, 길이를 l로 하면 그 면적 dA는

$l\,dy$. 여기서 l은 y함수로 $l=l(y)$이다. 따라서 식 (9.159)를 이용하면

$$G_x=\int_A y\,dA=\int_{y_1}^{y_2} y\,l(y)\,dy \tag{9.162}$$

여기서 y_1은 도형에서 y의 최소값, y_2는 최대값이다.

② G_y의 계산 : G_x와 같이 도형을 y축에 평행한 종방향으로 잘라서 생기는 미소폭의 면적요소의 길이를 $m(x)$으로 하면[그림 9.95 (b)],

$$G_y=\int_A x\,dA=\int_{x_1}^{x_2} x\,m(x)\,dx \tag{9.163}$$

여기서, x_1는 도형에서의 x의 최소값, x_2은 최대값이다.

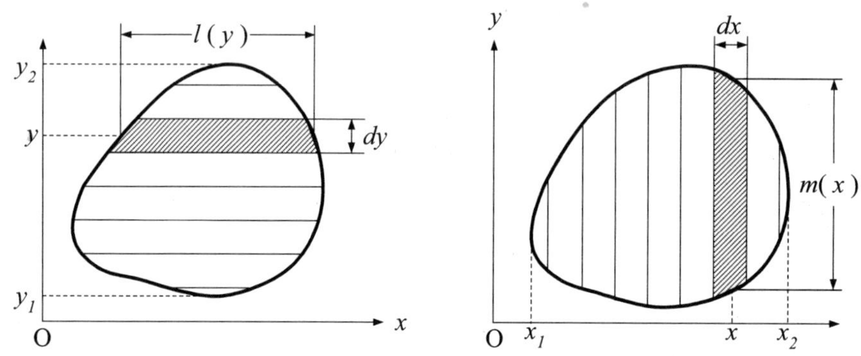

그림 9.95 단면 1차 및 2차 모멘트의 계산

2) 단면 2차 모멘트(I)

구조물의 부재단면에 일어나는 응력(應力)을 계산할 때 $\int_A r^2 dA$라는 형(型)을 가진 항(項)의 적분값이 포함되는 경우가 있다. 여기서 r는 임의의 축으로부터 미소면적 dA까지의 거리이다. 이 $\int_A r^2 dA$를 **면적의 관성모멘트**라고 부른다. 그러나 면적은 질량이 없는 양이기 때문에 단면 2차 모멘트라고 하는 것이 더 적절한 표현이라 할 수 있다. 단면 2차 모멘트는 사실은 평형문제를 포함하고 있지 않으므로 **정력학**(靜力學, statics)과는 관계가 없고 **재료역학**(材料力學, mechanics of material)에서 필요한 개념이다. 정력학은 정지상태 또는 등속운동상태에 있는 강체의 평형을 다루는 학문이고, 재료력학은 응용역학의 한 분야로서 여러 가지 재료들로 만들어진 물체들이 여러 종류의 하중을 받을 때 그 물질들의 거동(변형 및 응력상태 등)을 다루는 학문이다.

단면(斷面) 2차 모멘트(second moment of an area)는 **관성(慣性)모멘트**(moment of inertia of an area)라고도 하며 앞에서 설명한 바와 같이 평면을 구성하는 각각의 축에서 미소면적 dA에 이르는 거리를 제곱한 값에 dA을 곱하여 전단면적(全斷面積)에 대하여 적분한 것을 말한다. 단면 2차 모멘트는 주로 보의 휨공식에서 휨강성을 결정짓는데 사용한다. 단면의 도심을 통과하는 도심축 (X, Y)에 대한 단면 2차 모멘트 I_x, I_y는 그림 9.94, 9.95 및 식 (9.164)와 같이 정의된다.

$$I_x = \int_A y^2 dA, \quad I_y = \int_A x^2 dA \tag{9.164}$$

정의에서 알 수 있듯이 단면 2차 모멘트의 차원은 [면적×거리의 제곱] $= L^4$, 즉 $\dim(I) = L^4$을 적분하기 때문에 그 값은 항상 양(陽, +)이고 단위는 cm^4, m^4, in^4 및 ft^4 등으로 나타낸다.

① I_x의 계산 : 단면 1차 모멘트의 계산과 똑같이 생각하면, 식 (9.164)에서

$$I_x = \int_{y_1}^{y_2} y^2 l(y)\, dy \tag{9.165}$$

② I_y의 계산 : 같은 방법으로

$$I_y = \int_{x_1}^{x_2} x^2 m(x)\, dx \tag{9.166}$$

3) 이상(以上 또는 앞)의 적분에 대한 계산방법

① 적분 공식·규칙에서 직접 계산하는 방법
② 수치적분(9.13절)에 의한 방법이나 ①에서는 할 수 없는 경우
③ 보다 단순한 방법. 1)의 적분 식 (9.159)나, 2)의 식 (9.164)를 그대로 합하여 근사(近似)시키는 방법. 도형을 n개의 미소부분으로 나누어, i번째의 부분의 면적을 A_i, 그 좌표를 $(x_i,\ y_i)$라 하면

$$G_x = \sum y_i A_i, \quad G_y = \sum x_i A_i, \quad I_x = \sum y_i^2 A_i, \quad I_y = \sum x_i^2 A_i$$

여기서, $\sum$는 $i=1$에서 n까지 총합(總合)하라는 것을 뜻한다.

예제 9-144

다음 예제 9-144 그림과 같은 포물선 $y^2 = x$로 둘러싸인 단면 OAB의 도심을 구하여라. 위치의 단위는 미터(m)이다.

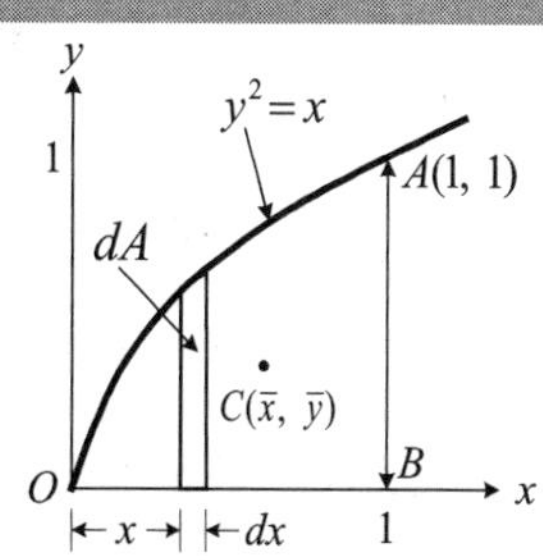

예제 9-144 그림 도심 계산

▌풀이

주어진 그림에서 미소면적요소 $dA = ydx = \sqrt{x}\,dx$이고 $y = \sqrt{x}$ [1사분면만 나타내므로 −(음)값은 제거]

dA의 중심좌표는 $\left(x,\ \dfrac{y}{2}\right)$, 즉 $\left(x,\ \dfrac{\sqrt{x}}{2}\right)$이다.

포물선의 면적

$$A=\int dA=\int_0^1 \sqrt{x}\,dx=\left.\frac{x^{\frac{3}{2}}}{\frac{3}{2}}\right|_0^1=\frac{2}{3}\text{ m}^2$$

도심의 좌표 $(\bar{x},\ \bar{y})$, $\bar{x}$와 $\bar{y}$는 각각 y축과 x축에서 도심까지의 거리

$$\bar{x}=\frac{\int x\,dA}{A}=\frac{\int_0^1 (x)(\sqrt{x}\,dx)}{\frac{2}{3}}$$

$$=\frac{3}{2}\int_0^1 x^{\frac{3}{2}}dx=\frac{3}{2}\left.\frac{x^{\frac{5}{2}}}{\frac{5}{2}}\right|_0^1=\frac{3}{2}\cdot\frac{2}{5}=\frac{3}{5}\text{ m}$$

$$\bar{y}=\frac{\int y\,dA}{A}=\frac{\int_0^1\left(\frac{\sqrt{x}}{2}\right)(\sqrt{x}\,dx)}{\frac{2}{3}}=\frac{3}{2}\int_0^1\left(\frac{x}{2}\right)dx$$

$$=\frac{3}{2}\cdot\frac{1}{2}\cdot\left.\frac{x^2}{2}\right|_0^1=\frac{3}{2}\cdot\frac{1}{2}\cdot\frac{1}{2}=\frac{3}{8}\text{ m}$$

따라서 포물선 단면 OAB의 도심은 $C\left(\frac{3}{5}\text{ m},\ \frac{3}{8}\text{ m}\right)$이다.

예제 9-145

[그림 9.96]의 △AOH 의 단면 1차, 2차 모멘트 및 도심의 좌표를 구하여라.

단, ∠AHO =90°, 또 ∠AOH= θ, $\overline{\text{OH}}=b$, $\overline{\text{AH}}=h$로 한다.

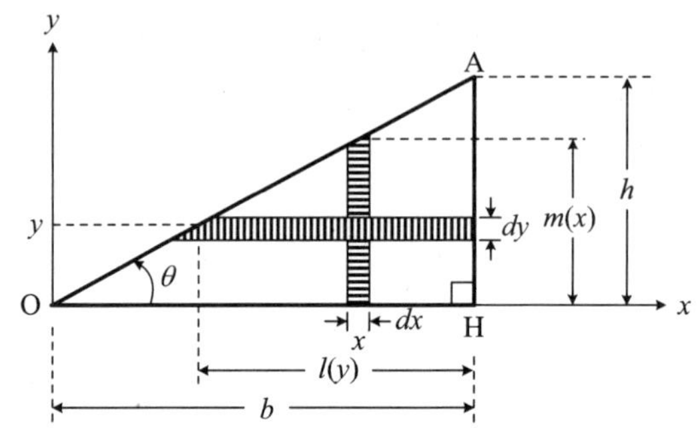

그림 9.96 삼각형단면의 1차 및 2차 모멘트의 계산

❙ 풀이

3)의 ①에 의해 적분할 수 있다. [그림 9.96]에서

$$l(y)\tan\theta=h-y \quad ⇨ \quad l(y)=\frac{h-y}{\tan\theta}=\frac{h-y}{h/b}=\frac{b}{h}(h-y)$$

$$x\tan\theta=m(x) \quad ⇨ \quad m(x)=x\tan\theta=\frac{h}{b}x\ \left(\because\ \tan\theta=\frac{h}{b}\right)$$

따라서 식 (9.162), (9.163), (9.165) 및 (9.166)에서 단면 1차, 2차 모멘트는

$$G_x = \int_0^h y\frac{b}{h}(h-y)dy = \frac{b}{h}\left[\int_0^h yhdy - y^2dy\right] = \frac{b}{h}\left[h\left(\frac{y^2}{2}\right)_0^h - \left(\frac{y^3}{3}\right)_0^h\right]$$

$$= \frac{b}{h}\left[\frac{h^3}{2} - \frac{h^3}{3}\right] = \frac{b}{h}\left(\frac{3h^3-2h^3}{6}\right) = \frac{bh^2}{6}$$

$$G_y = \int_0^b x\frac{h}{b}xdx = \frac{h}{b}\int_0^b x^2dx = \frac{h}{b}\left(\frac{x^3}{3}\right)_0^b = \frac{h}{b}\left(\frac{b^3}{3}\right) = \frac{b^2h}{3}$$

$$I_x = \int_0^h y^2\frac{b}{h}(h-y)dy = \frac{b}{h}\left[\int_0^h y^2hdy - y^3dy\right] = \frac{b}{h}\left[h\left(\frac{y^3}{3}\right)_0^h - \left(\frac{y^4}{4}\right)_0^h\right]$$

$$= \frac{b}{h}\left[\frac{h^4}{3} - \frac{h^4}{4}\right] = \frac{b}{h}\left(\frac{4h^4-3h^4}{12}\right) = \frac{bh^3}{12}$$

$$I_y = \int_0^b x^2\frac{h}{b}xdx = \frac{h}{b}\int_0^b x^3dx = \frac{h}{b}\left(\frac{x^4}{4}\right)_0^b = \frac{h}{b}\left(\frac{b^4}{4}\right) = \frac{b^3h}{4}$$

또 도심 C의 좌표 $(\bar{x}, \bar{y})$는 △AOH 의 면적 A가 $A = bh/2$이므로 식 (9.160)에 의해

$$\bar{x} = \frac{G_y}{A} = \frac{b^2h/3}{bh/2} = \frac{2}{3}b, \quad \bar{y} = \frac{G_x}{A} = \frac{bh^2/6}{bh/2} = \frac{1}{3}h$$

예제 9-146

다음 그림과 같은 직사각형 단면의 (1) 단면 1차 모멘트 G_x와 G_y, (2) 도심 $C(\bar{x}, \bar{y})$을 구하여라.

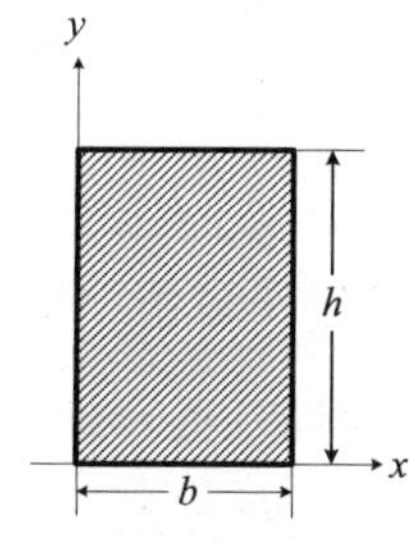

문제 9-146 그림

▮풀이

(1) 단면 1차 모멘트

x축에 대한 단면 1차 모멘트는 G_x는 식 (9.159)를 이용하고, 문제 9-146 그림 1로부터 $dA = bdy$이므로

$$G_x = \int_A ydA = \int_0^h ybdy = b\int_0^h ydy$$

$$= b\left(\frac{y^2}{2}\right)_0^h = b\left(\frac{h^2}{2} - 0\right)_0^h$$

$$= \frac{bh^2}{2}$$

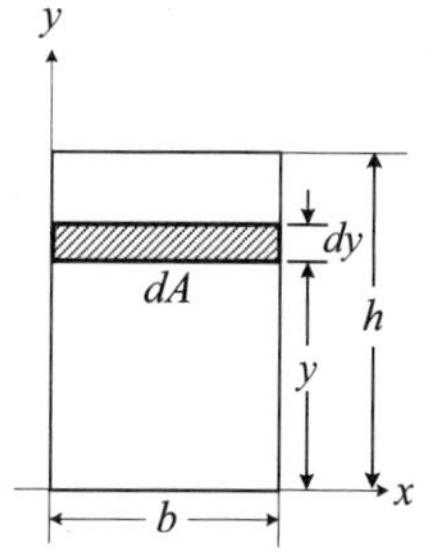

문제 9-146 그림 1

그리고 y축에 대한 단면 1차 모멘트는 G_y도 식 (9.159)를 이용하고, 문제 9-146 그림 2로부터 $dA = hdx$이므로

$$G_y = \int_A x\,dA = \int_0^b x\,h\,dx = h\int_0^b x\,dx$$
$$= h\left(\frac{x^2}{2}\right)_0^b = h\left(\frac{b^2}{2} - 0\right)_0^b$$
$$= \frac{b^2 h}{2}$$

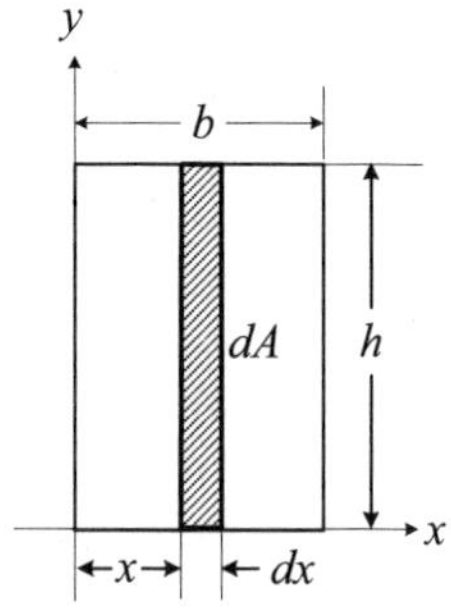

문제 9-146 그림 2

(2) 도심 C의 좌표 $(\bar{x},\ \bar{y})$는 식 (9.160)과 (1)의 결과 G_x, G_y를 이용하고, 문제 9-146 그림 3으로부터 면적 A가 $A = bh$이므로,

$$\bar{x} = \frac{G_y}{A} = \int_0^h \frac{x\,dA}{A} = \frac{1}{A}\int_0^h x\,dA$$
$$= \frac{b^2h/2}{bh} = \frac{b}{2}$$
$$\bar{y} = \frac{G_x}{A} = \int_0^b \frac{y\,dA}{A} = \frac{1}{A}\int_0^b y\,dA$$
$$= \frac{bh^2/2}{bh} = \frac{h}{2}$$
$$\therefore\ C(\bar{x},\ \bar{y}) = C\left(\frac{b}{2},\ \frac{h}{2}\right)$$

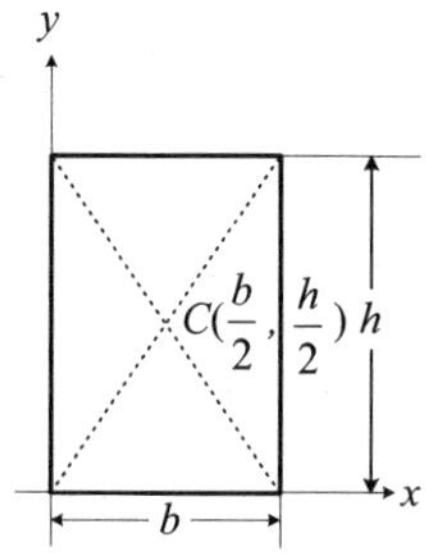

문제 9-146 그림 3

[별해] 이 문제는 직접 적분을 하지 않고도 다음과 같이 해를 구할 수 있다. 즉, 이 직사각형은 x축과 y축에 대칭한 단면이므로, 이 단면의 도심은 두 대각선의 교점 $C(\ ) = C\left(\frac{b}{2},\ \frac{h}{2}\right)$['문제 9-146 그림 3'을 참고]임을 알 수 있다. 단면 1차 모멘트 G_x, G_y는 면적 × (기준 축에서 면적의 도심까지 거리, 각각 $\bar{y}$, $\bar{x}$)이므로 (2)에서 구한 $\bar{x}$, $\bar{y}$을 이용하여 다음과 같이 구한다.

$$G_x = A \cdot \bar{y} = bh \cdot \frac{h}{2} = \frac{bh^2}{2}$$
$$G_y = A \cdot \bar{x} = bh \cdot \frac{b}{2} = \frac{b^2h}{2}$$

9.15.3 단순보에 작용하는 집중하중(합력)의 계산

[그림 9.97]과 같이 단순보 AB에 **하중**(荷重)이 분포하고 있다. 이 하중의 **집중하중**(集中荷重)(합력, 合力) P의 크기와 P의 작용점 G의 위치를 구한다.

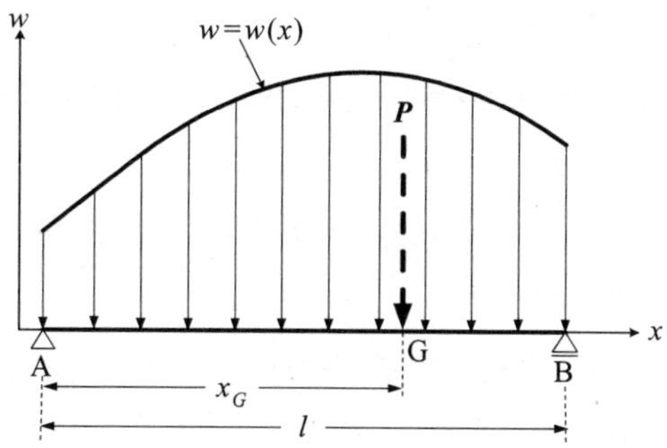

그림 9.97 단순보에 작용하는 하중분포의 집중하중 P와 작용점 G의 위치

A에서 거리 x인 보 단위길이에 작용하는 하중 w는 x의 함수이다. 이 분포함수를 $w=w(x)$로 한다. $\dim(w)=\dim(\text{힘})\cdot L^{-1}$이다.

보의 미소부분 dx에 의한 하중은 $w(x)\,dx$이다. 따라서 보의 전길이 $\overline{\mathrm{AB}}$를 l로 하면,

$$P=\int_0^l w(x)\,dx \tag{9.167}$$

또 A에서 G까지의 거리를 x_G라고 하면, 전하중에 의한 A의 회전 모멘트와 P가 보의 한(1)점 G에 집중해서 작용하는 모멘트 $P\cdot x_G$와는 같기 때문에 다음 식이 성립한다.

$$\int_0^l w(x)x\,dx=P\cdot x_G$$

따라서

$$x_G=\frac{1}{P}\int_0^l w(x)x\,dx \tag{9.168}$$

여기서 x_G는 **하중도**(荷重圖)(하중도란 하중분포를 표현한 [그림 9.97]과 같은 그림을 말한다. 9.4.5항 예제 9-38의 [그림 9.30] (b)나 [그림 9.98]은 그 예이다. 종방향의 많은 화살표는 $w(x)$의 크기에 비례하여 나타내었다)를 하나의 도형으로 보았을 때 도심(9.15.2항 참조)의 x좌표가 된다.

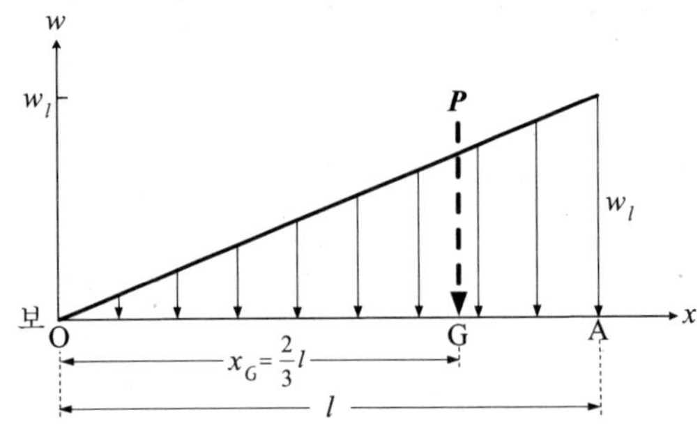

그림 9.98 단순보에 작용하는 등변분포하중의 집중하중 P와 작용점 G의 위치

예제 9-147

하중(荷重)이 $w(x)=w_l \cdot (x/l)$(w_l는 $x=l$에서 w의 값)인 분포를 하는 분포하중을 등변분포하중(等邊分布荷重)이라 한다(하중도는 [그림 9.98]과 같은 삼각형이 된다). 이 등변분포하중에 대한 집중하중 P와 작용점의 위치 x_G를 구하라.

▌풀이

집중하중 P는 식 (9.167)에 의해

$$P=\int_0^l w(x)dx=\int_0^l w_l\frac{x}{l}\,dx=\frac{w_l}{l}\int_0^l x\,dx=\frac{w_l}{l}\left(\frac{x^2}{2}\right)_0^l=\frac{w_l}{l}\cdot\frac{l^2}{2}$$
$$=\frac{1}{2}w_l l$$

또 작용점의 위치 x_G는 식 (9.168)과 바로 앞의 계산 결과 P를 이용하면

$$x_G=\frac{1}{P}\int_0^l w(x)x\,dx=\frac{1}{P}\int_0^l w_l\frac{x}{l}\,x\,dx=\frac{1}{(1/2)w_l l}\,\frac{w_l}{l}\int_0^l x^2dx$$
$$=\frac{2}{l^2}\left(\frac{x^3}{3}\right)_0^l=\frac{2}{l^2}\,\frac{l^3}{3}=\frac{2}{3}\,l$$

$\therefore$ 집중하중 : $P=\frac{1}{2}w_l l$, 작용점의 위치 : $x_G=\frac{2}{3}\,l$

등변분포하중에서 집중하중 P가 $(1/2)\,w_l l$이 되고, 또 x_G가 $w(x)=0$의 점에서 $(2/3)\,l$의 거리(距離)에 있다는 것을 9.4절 예제 9-38에서 이용하고 있다.

연 습 문 제

9.1 다음 함수의 극한값을 구하여라.

(1) $\lim_{x\to 1}(x^2-3x)$ (2) $\lim_{x\to -3}\frac{x^2+x-5}{x+3}$

(3) $\lim_{x\to 0}\frac{x^2+2x}{3x}$ (4) $\lim_{x\to -\infty}\left(1+\frac{1}{x^2}\right)$

(5) $\lim_{x\to -1}\frac{-5}{(x+1)^2}$ (6) $\lim_{x\to 0}\left(\frac{1-\sqrt{1-x}}{x}\right)$

(7) $\lim_{x\to -3}\frac{x^3-27}{x-3}$ (8) $\lim_{x\to -3}\frac{2x+3}{2x^2+4}$

(9) $\lim_{x\to\infty}(x^3-2x^2+3x-4)$ (10) $\lim_{x\to 0}\frac{1}{x}\left(\frac{1}{x+1}-1\right)$

(1) -2 (2) -5

(3) $\frac{2}{3}$ (4) 1

(5) $-\infty$ (6) $\frac{1}{2}$

(7) 27 (8) 0

(9) ∞ (10) -1

9.2 다음 각 함수의 주어진 구간에서의 평균변화율을 구하여라.

(1) $y=2x^2-3x+4$ $[-1, 3]$

(2) $y=x^3$ $[2, 2+\Delta x]$

(1) 1

(2) $12+6(\Delta x)+(\Delta x)^2$

9.3 구(球, sphere)의 반경 r이 15.24 cm일 때의 반경에 관한 구의 체적 변화율을 4단계 계산법을 이용하여 구하여라.

$r=15.24$ cm일 때 그의 체적은 반경이 매 cm 증가에 $4\pi\cdot 15.24=$ 2 918.64 1 cm^3율로 증가

9.4 도함수의 정의에 의하여 다음 함수를 미분하여라.

(1) $f(x) = x^3$ (2) $f(x) = \sqrt{x}$

답 (1) $3x^2$

(2) $\frac{1}{2\sqrt{x}}$

9.5 다음과 같이 주어진 식의 $\frac{dy}{dx}$를 구하여라.

(1) $x^{1/2} + y^{1/2} = 9$ (2) $y^3 + y^2 - 5y - x^2 = -4$

(3) $xy = 4$

답 (1) $-\sqrt{\frac{y}{x}}$, $x \neq 0$

(2) $\frac{2x}{3y^2 + 2y - 5}$, $y \neq 1$ 또는 $y \neq -\frac{5}{3}$

(3) $\frac{dy}{dx} = -\frac{y}{x}$, $x \neq 0$

9.6 다음의 함수를 미분하여라(미분 공식 A2, B1, B2의 연습).

(1) $y = 1/x^4$ (2) $y = \sqrt[4]{x}$

(3) $y = 1/\sqrt[3]{x}$ (4) $y = 1/\sqrt[3]{x^2}$

(5) $y = 3x^2 + 2x - 1$ (6) $y = ax^4 - b(x^2 + c)^2$ (a, b, c는 상수)

답 (1) $-\frac{4}{x^5}$ (2) $\frac{1}{4\sqrt[4]{x^3}}$

(3) $-\frac{1}{3x\sqrt[3]{x}}$ (4) $-\frac{2}{3x\sqrt[3]{x^2}}$

(5) $6x + 2$ (6) $4(a-b)x^3 - 4bcbx$

9.7 다음 함수를 미분하여라(미분법의 규칙 B3, B4의 연습).

(1) $y = x^2 \cos x$ (2) $y = e^x / x$

(3) $y = (\ln x)/(1+x)$ (4) $y = x^2 \sin x \cos x$

(5) $y = \cot x$ (6) $y = \log_{10} x$

답 (1) $2x \cos x - x^2 \sin x$ (2) $\frac{(x-1)e^x}{x^2}$

(3) $\frac{1 + x - x\ln x}{x(1+x)^2}$ (4) $x \sin 2x + x^2 \cos 2x$

(5) $-\operatorname{cosec}^2 x$ (6) $\frac{\log_{10} x}{x}$

9.8 다음 관계를 미분하여라(a는 상수, 미분법의 규칙 B5의 연습).

(1) $y=\sin(ax)$　　(2) $y=\cos^2 x$

(3) $y=\sin(x^2)$　　(4) $y=\sqrt{ax^2+bx+c}$

(5) $y=1/\sqrt[3]{1+x^3}$　　(6) $y=\ln(a^2+x^2)^{1/2}$

(7) $y=e^{ax}$　　(8) $y=\exp(-ax^2)$

(9) $y=e^{-a\sin 2x}$　　(10) $y=\ln(1+\sqrt{1+x^2})$

(11) $y=\sqrt{1-a^2\sin^2 x}$ $(a^2<1)$　　(12) $y=\sqrt{\sin^{-1}x}$ $(0<x<\pi/2)$

답 (1) $a\cos(ax)$　　(2) $-\sin(2x)$

(3) $2x\cos(x^2)$　　(4) $\dfrac{2ax+b}{2\sqrt{ax^2+bx+c}}$

(5) $-x^2(1+x^3)^{-4/3}$　　(6) $\dfrac{x}{a^2+x^2}$

(7) ae^{ax}　　(8) $-2ax\exp(-ax^2)$

(9) $-2a\cos(2x)e^{-a\sin 2x}$　　(10) $\dfrac{\sqrt{1+x^2}-1}{x\sqrt{1+x^2}}$

(11) $\dfrac{a^2\sin(2x)}{2\sqrt{1-a^2\sin^2 x}}$　　(12) $\dfrac{1}{2\sqrt{(1-x^2)\sin^{-1}x}}$ $\left(0<x<\dfrac{\pi}{2}\right)$

9.9 로그미분을 이용해서 다음을 미분하여라(a는 상수).

(1) $y=(x+1)(x+2)(x+3)$

(2) $y=a^x\ (a>0)$

(3) $y=x^{1/x}\ (x>0)$

답 (1) $\left(\dfrac{1}{x+1}+\dfrac{1}{x+2}+\dfrac{1}{x+3}\right)(x+1)(x+2)(x+3)$

(2) $(\ln a)a^x$

(3) $\dfrac{1-\ln x}{x^2}x^{1/x}$

9.10 다음 함수를 미분하여라(미분법의 규칙 B6의 연습).

(1) $y=\cos^{-1}x$

(2) $y=\tan^{-1}x$ [단, 모두 주치(主値)]

답 (1) $-\dfrac{1}{\sqrt{1-x^2}}$

(2) $\dfrac{1}{1+x^2}$

9.11 다음 함수의 dy/dx을 구해, 매개변수로 나타내어라(단 A, B, a 및 b는 상수, 미분법의 규칙 B7의 연습).

(1) $x=at+t^2$, $y=b-t$

(2) $x=A\sin a\theta$, $y=B\cos b\theta$

(1) $-\dfrac{1}{a+2t}$

(2) $-\dfrac{Bb\sin(b\theta)}{Aa\cos(a\theta)}$

9.12 5장 예 2에서 시간침하곡선[침하량 y (%)와 시간 T와의 관계]가 $y=100\exp(-T/T_0)$ (%)인 식으로 나타내었다. T와 T_0의 단위를 일(日)로 할 때, T일의 침하속도(%/일)를 식으로 나타내어라.

침하속도 $=-\dfrac{100}{T_0}\exp(-T/T_0)$ (%/일)

9.13 사이클로이드(cycloid, 9.2절 예제 9-21 참조)의 한 점 $P[x_p(\theta),\ y_p(\theta)]$ $(\theta>0)$에서 접선 및 법선의 방정식을 써라.

접선의 방정식은 $y=\dfrac{\sin\theta}{1-\cos\theta}(x-x_p(\theta))+y_p(\theta)$

법선의 방정식은 $y=-\dfrac{1-\cos\theta}{\sin\theta}(x-x_p(\theta))+y_p(\theta)$

9.14 (1) 함수 $f(x)=x^3$의 $x=1,\ 0,\ -1$에서 증가상태와 감소상태를 조사하여라.

(2) ① 함수 $f(x)=2^x$와 ② $f(x)=\left(\dfrac{1}{2}\right)^x$의 증감을 조사하여라.

(1) 모든 구간에서 증가함수

(2) ① 구간 $(-\infty,\ \infty)$에서 증가, ② 구간 $(-\infty,\ \infty)$에서 감소

9.15 함수 $f(x)=1+3x-x^3$의 극값을 구하고, 그 그래프를 그려라.

극대값은 3이고, 극소값은 -1

9.16 $-2\leqq x\leqq 2$에서 함수 $f(x)=-x^3+3x^2+9x-1$의 최대값과 최소값을 구하고, 그 그래프를 그려라.

최대값은 21이고, 최소값은 -6

9.17 합이 10이 되고, 그들 각각의 제곱의 합이 최소(最小)가 되는 두 수를 구하여라.

두수는 각각 5와 5

9.18 N이라는 수는 어떤 두수의 합으로 되어있다. 한수의 제곱의 3배에 다른 한수의 제곱의 2배를 더한 것이 최소(最小)가 될 때 두 수를 구하여라.

두수는 각각 0.4 N과 0.6 N

9.19 $f(x) = \exp(-ax^2)$ $(a > 0)$에 대하여, (1) 증가・감소의 범위, (2) 凹凸의 범위와 변곡점의 x좌표, (3) 극대・극소의 x및 $f(x)$의 극대값・극소값을 구하여라.

(1) 증가의 범위는 $x < 0$, 감소의 범위는 $x > 0$

(2) 凹의 범위는 $x < -\frac{1}{\sqrt{2a}}$ 및 $x > \frac{1}{\sqrt{2a}}$, 凸의 범위는 $-\frac{1}{\sqrt{2a}} < x < \frac{1}{\sqrt{2a}}$

따라서 변곡점의 x좌표는 $x = -\frac{1}{\sqrt{2a}}$ 및 $\frac{1}{\sqrt{2a}}$

(3) $x = 0$에서 극대, 극대값은 1, 극소값은 없다.

9.20 다음 부정형 함수의 극한을 구하고 부정형의 어떤 꼴인지 분류하라. 필요한 경우는 로피탈 법칙을 이용하라.

(1) $\lim_{x \to \infty} \frac{x^2}{e^x}$ (2) $\lim_{x \to 0} \frac{\tan x}{x}$

(3) $\lim_{x \to 0} (1 - \sin x)^{\frac{1}{x}}$ (4) $\lim_{x \to \infty} (x - \ln x)$

(5) $\lim_{x \to \infty} x^{\frac{1}{x}}$ (6) $\lim_{x \to \infty} \sin 3x \cot 2x$

(1) $0\left(\frac{\infty}{\infty}\right)$ (2) $1\left(\frac{0}{0}\right)$

(3) $\frac{1}{e}(1^\infty)$ (4) $\infty(\infty - \infty)$

(5) $1(\infty^0)$ (6) $\frac{3}{2}(0 \cdot \infty)$

9.21 곡선 $y = x^3 - 3x$ 위의 점 (2, 2)을 지나는 접선방정식과 법선방정식을 구하여라.

$y = 9x - 16$, $y = -\frac{1}{9}x + \frac{20}{9}$

9.22 다음곡선의 주어진 점에서 곡률반경 ρ과 곡률 κ을 구하여라.

(1) $y = \sin x$: $\left(\dfrac{1}{2}\pi,\ 1\right)$

(2) $y = e^x$: $(0,\ 1)$

(1) 1, 1

(2) $2\sqrt{2}$, $\dfrac{\sqrt{2}}{4}$

9.23 다음의 타원 식 위의 점 A(3, 12/5)에서 접선과 법선의 방정식을 구하여라.

$$\frac{x^2}{25} + \frac{y^2}{9} = 1$$

접선의 방정식 : $y = -\dfrac{9}{20}x + \dfrac{15}{4}$

법선의 방정식 : $y = \dfrac{20}{9}x - \dfrac{64}{15}$

9.24 곡선 $y = (1/3)x^3 - (1/2)x^2 + x + 1$ 위의 점 A(0, 1)에서 곡률, 곡률반경 및 곡률중심의 좌표를 구하여라. 또 이 곡선의 그래프를 그리고, 곡률원도 나타내어라.

곡률 $\kappa = -\dfrac{1}{2\sqrt{2}}$

곡률반경 $\rho = 2\sqrt{2}$

곡률중심의 좌표는 $(2,\ -1)$

그래프는 생략

9.25 $y = \cosh x$의 곡선에서, $x = 0$에서의 점 A와 $x = 1$에서의 점 B의 곡률반경을 ρ_A, ρ_B라고 할 때 ρ_B/ρ_A는 얼마가 되는가?

$\cosh^2 1 \approx 2.381$

9.26 급수 $\displaystyle\sum_{n=0}^{\infty} \frac{(-1)^n n!}{e^n}$ 의 수렴, 발산여부를 판정하여라.

비율판정법에 의하여 $R = \infty$ 이므로 주어진 급수는 발산

9.27 급수 $\displaystyle\sum_{n=1}^{\infty} \frac{(2^n+5)}{3^n}$ 의 수렴여부를 판정하여라.

비율판정법에 의하여 $R = \dfrac{2}{3} < 1$ 이므로 주어진 급수는 수렴

9.28 $\cos x$, $\tan x$, e^x, $\ln(a+x)$을 x^4까지 Maclaurin 전개가 9.7.3항 식 (9.34)의 전개식이 되는 것을 증명하여라.

생략

9.29 $x=\frac{\pi}{2}$에서 함수 $f(x)=\sin x$의 Taylor 급수를 구하여라.

$\sum_{n=0}^{\infty}\frac{(-1)^n}{(2n)!}\left(x-\frac{\pi}{2}\right)^{2n}$

9.30 두 복소수 $z_1=6\left(\cos\frac{\pi}{4}+i\sin\frac{\pi}{4}\right)$, $z_1=2\left(\cos\frac{\pi}{12}+i\sin\frac{\pi}{12}\right)$에 대한 (1) 곱과 (2) 몫을 $x+yi$의 꼴로 나타내어라.

(1) $6+6\sqrt{3}\,i$

(2) $\frac{3\sqrt{3}}{2}+\frac{3}{2}i$

9.31 다음 복소수의 값들을 구하여라.

(1) $e^{i\frac{\pi}{2}}$

(2) $e^{-i\pi}$

(3) $e^{i2\pi}$

(1) i

(2) -1

(3) 1

9.32 $\lim_{(x,\ y)\to(2,\ 3)}(2x^2+y^2)$를 구하여라.

17

9.33 다음 함수의 편미분계수를 구하여라.

(1) $z=x^3+3x^2y-2xy^2+4y^3$ (2변수함수)

(2) $R=\sqrt{x^2+y^2+z^2}$ (3변수함수)

(1) $\frac{\partial z}{\partial x}=3x^2+6xy-2y^2$, $\frac{\partial z}{\partial y}=3x^2-4xy+12y^2$

(2) $\frac{\partial R}{\partial x}=\frac{x}{\sqrt{x^2+y^2+z^2}}$, $\frac{\partial R}{\partial y}=\frac{y}{\sqrt{x^2+y^2+z^2}}$, $\frac{\partial R}{\partial z}=\frac{z}{\sqrt{x^2+y^2+z^2}}$

9.34 $f(x, y) = x^3 + x^2y^3 - 2y^2$의 2계편도함수를 구하여라.

$f_{xx} = 6x + 2y^3$, $f_{xy} = 6xy^2$, $f_{yx} = 6xy^2$, $f_{yy} = 6x^2y - 4$

9.35 (1) (r, θ)을 독립변수로 하고 $x = r\sin\theta$의 전미분의 식을 써라.

(2) (a, b, θ)을 독립변수로 하고 $c = (a^2 + b^2 - 2ab\cos\theta)^{1/2}$의 전미분의 식을 써라.

(1) $dx = \sin\theta \cdot dr + r\cos\theta\, d\theta$

(2) $dc = \dfrac{1}{\sqrt{a^2 + b^2 - 2ab\cos\theta}}\{(a - b\cos\theta)da + (b - a\cos\theta)db + ab\sin\theta d\theta\}$

단, 분모를 c로 바꾸어 써도 된다.

9.36 절벽의 정점의 앙각 θ와 절벽 아래까지의 거리 a를 측정했다. 이 때 $\theta = 30°$, $a = 120$ m, a에서 오차 $da = 0.5$ m, θ에서 오차가 $d\theta = 1'$이다. 절벽의 높이와 그것으로 인하여 발생하는 오차를 구하여라.

69.3 m, 0.34 m ($d\theta = 1'$를 rad로 고칠 것)

9.37 x에 dx, y에 dy의 오차가 있을 때, $s = (x^2 + y^2)^{-\frac{1}{2}}$의 오차를 구하여라.

$ds = -s^3(xdx + ydy)$

9.38 다음 부정적분을 구하여라.

(1) $\int dx$ (2) $\int x^2 dx$

(3) $\int 6x^5 dx$ (4) $\int x\sqrt{x}\, dx$

(5) $\int \dfrac{(2x+1)^2}{x} dx$ (6) $\int (3x^2 + 2x) dx$

(7) $\int (x+t)^2 dx$ (8) $\int \dfrac{x^3+1}{x+1} dx$

(1) $x + C$ (2) $\dfrac{x^3}{3} + C$

(3) $x^6 + C$ (4) $\dfrac{2}{5}x^{\frac{5}{2}} + C$

(5) $2x^2 + 4x + \log|x| + C$ (6) $x^3 + x^2 + C$

(7) $x^2t + xt^2 + \dfrac{t^3}{3} + C$ (8) $\dfrac{t^3}{3} - t + C$

9.39 다음 부정적분을 구하고 그 결과를 확인하여라.

(1) $\int x^2 \sin x\, dx$ (2) $\int \ln(x+2)\, dx$

(3) $\int x \cos(ax+b)\, dx \,(a \neq 0)$ (4) $\int te^{at} dt$

(1) $-x^2 \cos x + 2x \sin x + 2\cos x + C$

(2) $(x+2)\log(x+2) - x + C$

(3) $\frac{1}{a} x \sin(ax+b) + \frac{1}{a^2} \cos(ax+b)\, dx + C$

(4) $\frac{1}{a} te^{at} - \frac{1}{a^2} e^{at} + C$

계산에서 얻은 부정적분의 결과를 미분하여 원래의 적분의 피적분함수 $f(x)$와 같은지 확인함.

9.40 다음에 주어진 부정적분을 구하여라.

(1) $\int 10^{2x+3} dx$ (2) $\int xe^{x^2} dx$

(3) $\int (1+\sin x)^2 \cos x\, dx$ (4) $\int \frac{x}{\sqrt{1-4x^2}}\, dx$

(5) $\int \cos 5x\, dx$ (6) $\int \sqrt{1+x^2}\, x^5 dx$

(1) $\frac{1}{2\ln 10} 10^{2x+3} + C$

(2) $\frac{1}{2} e^{x^2} + C$

(3) $\frac{1}{3}(1+\sin x)^3 + C$

(4) $-\frac{1}{4}\sqrt{1-4x^2} + C$

(5) $\frac{1}{5} \sin 5x + C$

(6) $\frac{1}{7}(1+x^2)^{\frac{7}{2}} - \frac{2}{5}(1+x^2)^{\frac{5}{2}} + \frac{1}{3}(1+x^2)^{\frac{3}{2}} + C$

9.41 $\sqrt{a^2-x^2}\ (a>0)$을 적분하여라.

[힌트] $x = a\sin\theta\ (-\pi/2 < \theta < \pi/2)$로 놓는다. 삼각함수의 공식(이 경우는 배각공식)을 이용해서, 적분의 공식 A6에서 가져가야 한다.

$\frac{1}{2}\left\{x\sqrt{a^2-x^2} + a^2 \sin^{-1}\left(\frac{x}{a}\right)\right\}$ { $\sin^{-1}(x/a)$는 주치(主値)}

9.42 다음의 부정적분을 구하여라($\frac{f'(x)}{f(x)}$ 의 부정적분 식 이용).

(1) $\int \frac{(x-1)}{x^2-2x+3}\,dx$ (2) $\int \cot x\,dx$

(3) $\int \frac{e^x-e^{-x}}{e^x+e^{-x}}\,dx$ (4) $\int \frac{\sin x}{1-\cos x}\,dx$

(1) $\frac{1}{2}\ln|x^2-2x+3|+C$

(2) $\ln|\sin x|+C$

(3) $\ln|e^x+e^{-x}|+C$

(4) $\ln|1-\cos x|+C$

9.43 다음에 주어진 정적분을 구하여라.

(1) $\int_{-1}^{2} x\,dx$ (2) $\int_{1}^{4} 3\sqrt{x}\,dx$

(3) $\int_{1}^{e} \frac{dx}{x}$ (4) $\int_{0}^{\pi} \sin x\,dx$

(5) $\int_{0}^{1} x^2 e^{2x}\,dx$ (6) $\int_{1}^{3} (x^3-4x)\,dx$

(7) $\int_{1}^{4} x^3 \ln x\,dx$

(1) $\frac{3}{2}$ (2) 14

(3) 1 (4) 2

(5) $\frac{1}{4}[e^2-1]$ (6) 4

(7) $64\ln 4 - 15\frac{15}{16}$

9.44 $\int_{0}^{5} f(x)\,dx = 10$이고 $\int_{5}^{7} f(x)\,dx = 3$일 때 다음의 정적분을 구하여라.

(1) $\int_{6}^{8} f(x)\,dx$ (2) $\int_{6}^{6} f(x)\,dx$

(3) $\int_{8}^{0} f(x)\,dx$ (4) $\int_{0}^{6} f(x)\,dx$

(1) 13

(2) -10

(3) 0

(4) 30

9.45 다음 함수를 구하여라.

(1) $\dfrac{d}{dx}\displaystyle\int_2^x (4t^3 + t^2 - 5t + 1)\,dt$

(2) $\dfrac{d}{dx}\displaystyle\int_0^x e^t \sin t\,dt$

(3) $\dfrac{d}{dx}\displaystyle\int_0^x (x-t)\cos t\,dt$

답 (1) $4x^3 + x^2 - 5x + 1$

(2) $e^x \sin x$

(3) $\sin x$

9.46 다음 정적분의 값을 구하여라.

(1) $\displaystyle\int_{-\pi}^{\pi} \sin x\,dx$ (2) $\displaystyle\int_{-1}^{0}(x^5 + x^3)\,dx - \int_1^0 (x^5 + x^3)\,dx$

(3) $\displaystyle\int_{-2}^{2}(5x^5 - 3x^2 + 5x)\,dx$ (4) $\displaystyle\int_{-\pi}^{\pi}(\sin x + \cos x)\,dx$

답 (1) 0

(2) −16

(3) 0

(4) 0

9.47 다음 이상적분이 수렴하는지, 발산하는지를 조사하여라.

(1) $\displaystyle\int_1^{\infty}\frac{1}{x^2}\,dx$ (2) $\displaystyle\int_1^{\infty}\frac{1}{\sqrt{x}}\,dx$

(3) $\displaystyle\int_0^1 \frac{dx}{x-1}$ (4) $\displaystyle\int_0^{\infty} x e^{-x}\,dx$

답 (1) 1(수렴)

(2) ∞ (발산)

(3) $-\infty$ (발산)

(4) 1

9.48 [문제 그림 9.1]과 같이 $y = x^2/a$와 $y^2 = bx$로 둘러싸인 도형 A의 면적 S을 구하여라(단, a, $b > 0$).

답 양곡선(兩曲線)의 교점의 x좌표가 $(a^2b)^{1/3}$이 된다는 데서, 면적은 $S = \frac{1}{3}ab$

9.49 곡선 $y=x^3-4x^2+3x$과 x축에 둘러싸인 부분의 면적을 구하여라.

$\frac{37}{12}$

9.50 주어진 포물선과 x축에 둘러싸인 부분의 면적을 구하여라.

(1) $y=x^2-2x$

(2) $y=6+x-x^2$

(1) $\frac{4}{3}$

(2) $\frac{125}{6}$

9.51 9.12.1항 2) 극좌표에 의한 부채꼴의 면적을 구하는 식 (9.99)를 증명하여라.

미소각(微小角) $d\theta$의 부채꼴의 면적이, r을 반경으로 하는 원의 면적 πr^2의 $d\theta/2\pi$가 되는 것을 이용한다.

9.52 곡선 $y=a\sqrt{\sin x}$을 x축의 방향으로 1회전시켜서 생기는 회전체의 $x=0$에서 π까지의 체적을 구하여라.

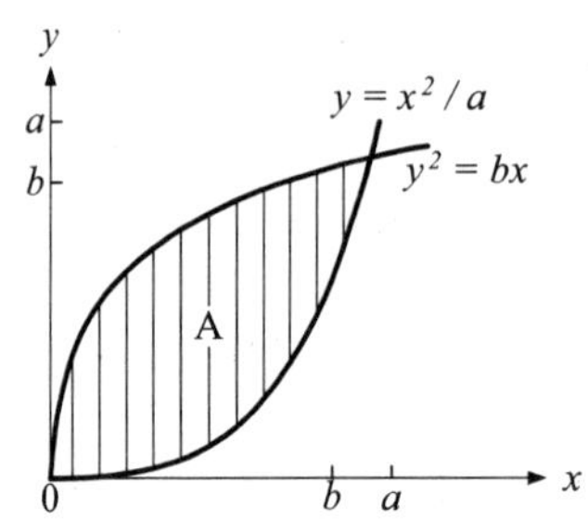

문제 그림 9.1

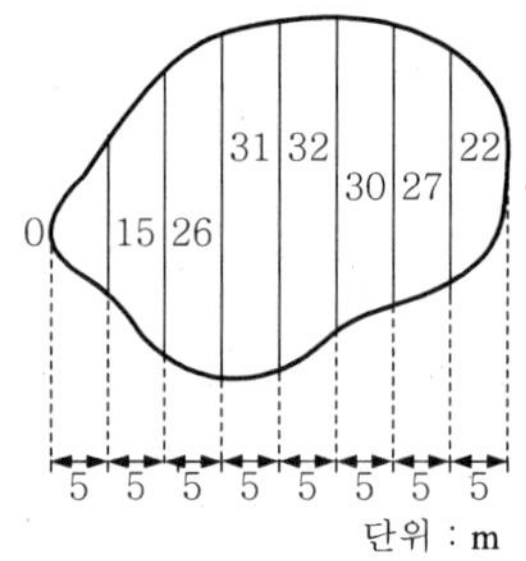

문제 그림 9.2

$2\pi a^2$

9.53 거의 추대(錐대)처럼 보이는 산이 있다. 이 산의 밑면의 면적은 4.8 km^2, 윗면의 면적은 4.0 × 1.04 m^2, 높이는 100 m이다. 이 산의 체적을 단위 m^{3}으로, 유효숫자 2자리까지 구하여라.

1.8 × 10^8 m

9.54 [그림 9.80]을 참조해서, 호의 길이 l부터 tan τ, tan σ[σ를 극각(極角)이라 한다], 곡률중심 M의 좌표 (x_M, y_M)을 구하는 식을 만들라. 또 tan τ에서 짧은 접선길이 t_K, 긴 접선길이 t_L을 구하는 식을 유도하여라.

곡률중심 M의 좌표 (x_M, y_M) : $x_M = x_P - \frac{\gamma \tan \tau}{\sqrt{1+\tan^2 \tau}}$, $y_M = y_P + \frac{\gamma}{\sqrt{1+\tan^2 \tau}}$

짧은 접선길이 t_K

긴 접선 길이 t_L : $t_K = \sqrt{(x_P - t_L)^2 + y_P^2}$, $t_L = x_P - y_P \cot \tau$

9.55 [문제 그림 9.2]와 같은 저수지가 있다. 이 저수지의 면적을 (1) 사다리꼴(제형) 공식과 (2) 심프슨(Simpson) 공식으로 둘 다 m^2의 소수점 아래 1자리까지 구하여라. 또 두 결과를 비교해서 그 차의 원인을 고찰해 보아라.

(1) 사다리꼴 공식 : 935.0 m^2

(2) 심프슨 공식 : 950.0 m^2

9.56 [문제 그림 9.3]은 어떤 산의 지형도에서, 표고(標高) 120 m에서 240 m까지의 등고선을 나타낸다. 등고선 간격은 20 m, 각 등고선으로 둘러싸인 면적은 아래와 같다. 표고 120 m 이상의 산의 체적을 (1) 사다리꼴(제형) 공식과 (2) 심프슨(Simpson) 공식, (3) 추대 공식으로 합하여 모두 다 m^3 단위로 유효숫자 3자리까지 구하여라. 또 그 결과를 비교하여라.

120 m 등고선이 두른 면적 : 54 000 m^2 140 m 등고선이 두른 면적 : 28 000 m^2 160 m 등고선이 두른 면적 : 16 000 m^2 180 m 등고선이 두른 면적 : 10 000 m^2	200 m 등고선이 두른 면적 : 4 800 m^2 220 m 등고선이 두른 면적 : 900 m^2 240 m 등고선이 두른 면적 : 0 m^2

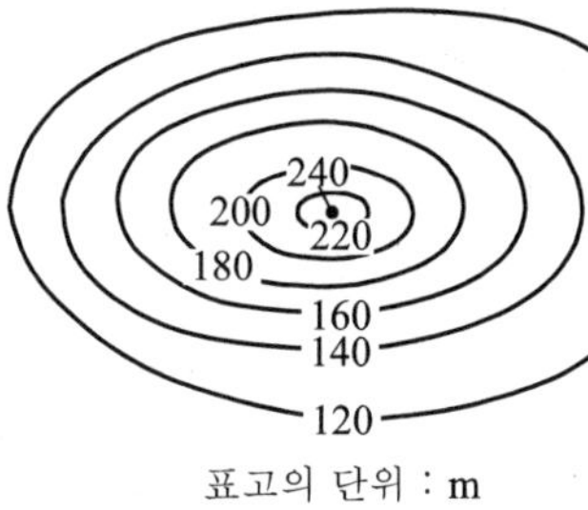

문제 그림 9.3

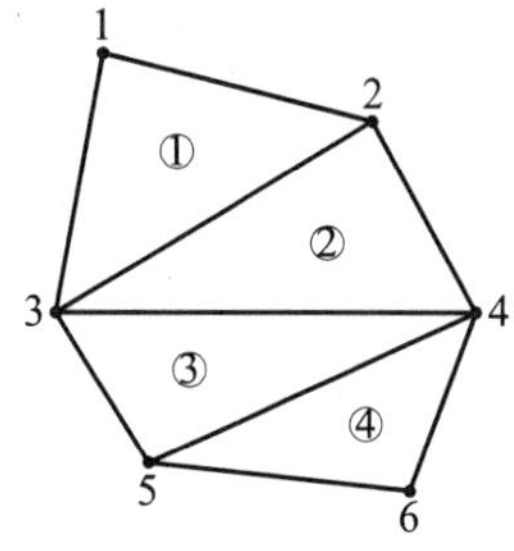

문제 그림 9.4 숫자는 측점 번호

(1) 1.73×10^6 m^3

(2) 1.67×10^6 m^3

(3) 1.70×10^6 m^3

9.57 [문제 그림 9.4]와 같이, 어떤 지역의 지표면을 지형도 위에서 인접하는 삼각형의 구획으로 나누었다. 각 구획의 면적(m^2), 측점의 기준면에서의 높이(m)를 아래 표에 나타내었다. 이 지역의 기준면에서의 총 토공량을 점고법(단위 : m^3)으로 구하여라.

구획	면적(m^2)
①	170
②	180
③	125
④	100

측점	높이(m)	측점	높이(m)
1	3.0	4	4.8
2	4.0	5	4.6
3	3.6	6	5.4

2 380 m^3

9.58 어떤 하천의 횡단면에서 [문제 그림 9.5]와 같은 수심으로, 아래 표와 같은 유속(3점법)을 얻었다. 이 하천에서 흐르는 유량 Q를 구하여라. 단, 수심과 구간 폭은 m, 유속은 m/s를 단위로 한다.

구간	1	2	3	4	5
$V_{0.2}$	0.5	1.3	1.5	1.2	0.4
$V_{0.6}$	0.4	0.9	1.0	0.8	0.2
$V_{0.8}$	0.2	0.6	0.7	0.5	0.1

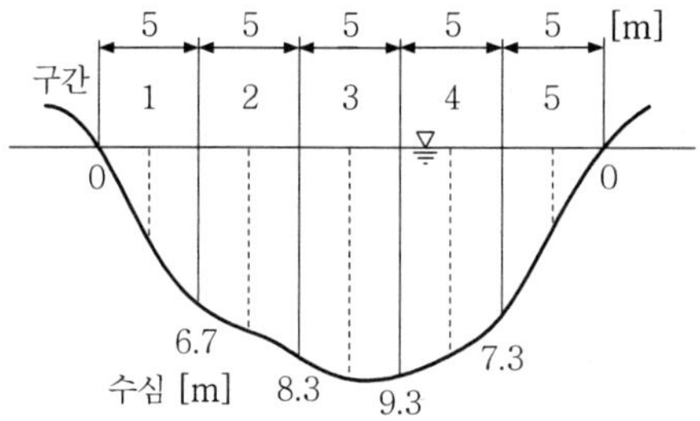

문제 그림 9.5

$Q = 126\ m^3/s$

9.59 윗면의 반경이 1.0 m, 높이가 10 m, 밀도가 2.4 kg/m^3의 원기둥에 1 852 N(0.189 tf)의 하중이 작용하고 있다. 이 h_0와 기둥의 밑면의 반경을 9.14절 예제 144의 결과를 이용해 구하여라. 단, 중력가속도 $g = 9.80\ m/s^2$로 한다.

$h_0 = -40$ m, 밑면의 반경 $r(0) = 1.2$ m

9.60 강철 와이어로 수심 H의 바다에 무게 W의 관측기기를 매달려고 한다. 와이어 단면에 작용하는 장력(張力)을 어떤 수심까지라도 일정하게 하기 위해서는 수심 h와 함께 와이어의 크기를 어떻게 바꿔야 하는가? 단, 와이어의 단면은 원, 수심 H에서 반경은 a, 와이어의 밀도 ρ는 일정, 중력가속도는 g로 하고, 부력(浮力)은 무시한다.

예로 $H=10\ 000$ m, $\rho=8$ kg/m^3, $g=9.80$ m/s^2, $W=490$ N(=50 kgf), $a=2$ cm로 하면 $h_0=53$ m, $r(0)=5.5$ cm를 얻고, 단면에 걸리는 장력은 4.0×10^4 kgf/m^2 또는 4 kgf/cm^2

9.61 [문제 그림 9.6]과 같은 직사각형의 y축에 관한 단면(C)의 1차 및 2차 모멘트를 구하여라.

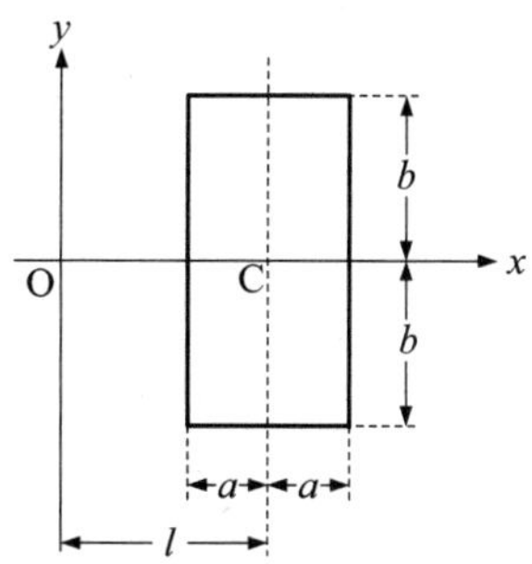

문제 그림 9.6

단면 1차 모멘트 : $Q_y=4abl$

단면 2차 모멘트 : $I_y=\dfrac{4}{3}ab(a^2+3l^2)$

9.62 반경 R인 원 하나의 직경에 관한 단면 2차 모멘트가 $\dfrac{\pi}{4}R^4$인 것을 증명하시오. 단, 적분공식 $\int x^2\sqrt{R^2-x^2}\,dx=\dfrac{1}{8}\left\{x\sqrt{R^2-x^2}(2x^2-R^2)+R^4\sin^{-1}\left(\dfrac{x}{R}\right)\right\}$ (주치)를 사용하여라.

생략

9.63 길이 l의 단순보 AB에 하중이 $w(x)=(w_l/l^2)\cdot x(4l-3x)$인 함수로 분포하고 있다($x$는 끝점 A에서의 거리). 이 분포하중의 집중하중 P와 작용점의 위치 x_G을 구하여라. $l=1$로 해서 $w(x)$의 그래프를 그리고, 어떤 분포하중인가를 관찰하여라.

집중하중, $P=w_l l$, 작용점의 위치, $x_G=\dfrac{7}{12}l$, $w(x)$의 그래프는 생략

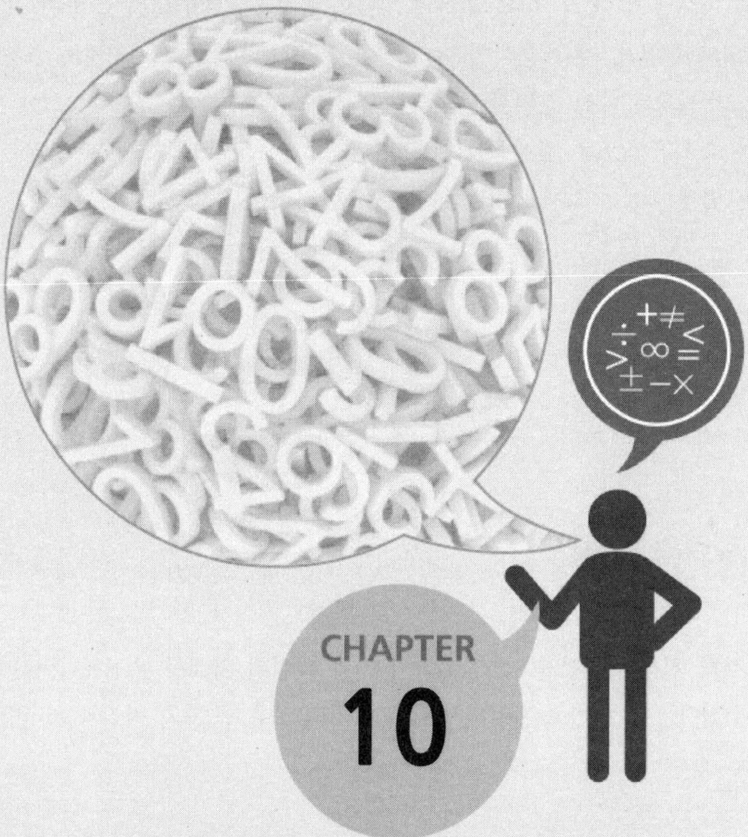

CHAPTER 10

자료의 정리방법

토목공사나 건설공사 **자료**(資料, data)에는 시공 전(조사계획 시)의 각종 측정자료나, 시공시의 시공관리 · 품질관리의 자료 등이 있다. 이러한 자료에서 관측값의 경향이나, 높은 관련성 및 관리상의 문제점을 알아낼 수 있다. 이를 위하여 자료의 통계적 수법(手法) · 처리(處理)가 행하여진다. 그렇게 하기 위하여 먼저, 자료 분석에 여러 가지 통계적 수법으로 처리하여 가능한 확실한 값을 구하고, 또한 그 결과에 대한 신뢰성을 파악해야 한다.

이 장에서는 토목공학(또는 건설공학)에 관련된 자료의 정리방법을 다룬다. 이 방법은 5.5절의 그래프 그리는 법에서 일부 소개했지만, 여기서는 좀 더 일반적으로 많이 사용되고 있는 방법을 기술한다.

10.1 자료와 오차

모집단으로부터 원하는 정보를 얻기 위하여 이와 관련된 자료를 수집해야한다. 자료는 어떠한 절차를 걸쳐 수집하는지, 그리고 자료의 종류와 오차의 종류, 오차의 원인과 처리방법에 대하여 다룰 것이다.

관심의 대상이 되는 수집한 정보나 자료(관측값이나 측정값)의 전체의 집합을 **모집단**(母集團, population)이라 하고, 통계적 처리를 위하여 모집단에서 실제로 추출한 자료(관측값이나 측정값)의 집합을 **표본**(標本, sample), 즉 모집단의 부분집합이다.

10.1.1 자료의 수집

자료란 관심의 대상이 되고 하나 이상의 변수들에 대한 관측값 또는 측정값들의 집합을 뜻한다. 즉, 자료는 변수와 관측값 또는 측정값들의 모임이다. 원하는 정보를 얻기 위한 자료는 분석하는 사람이 분석 목적에 맞는 변수를 설정하고 적절한 자료의 수집방법이나 표본추출방법을 설계하여야 한다. 이 때 자료의 분석목적과 함께 누가, 언제, 어디서, 어떤 수집방법과 표본추출방법을 이용하여 자료를 얻었는지에 대한 정보가 분명히 기술되어야 올바른 자료 분석과 적용이 가능하다. 이러한 정보를 자료의 역사(歷史, history)라 한다. 따라서 자료는 정보를 가진 숫자들의 모임이므로 그 것을 얻는 과정, 즉 역사를 알아야만 올바른 분석 방법을 설정하고 정보의 가치를 분명하게 판단할 수 있다.

예를 들면, 시공회사의 국・내외 수주실적, 투자수익율, 도시인의 월평균수입, 근로자의 일 노동시간, 최근 10년간 우리나라의 연평균 강수량이나 시나 도의 인구수 등에 대한 집합은 모두 자료에 해당된다.

1) 자료의 종류

원자료(原資料, raw data)는 분석자에 의하여 가공하지 않은 순수재료로 사람 또는 물질 등의 어떤 특성이 수치나 성질로 측정(또는 관측)이나 조사되었을 때를 말한다. 이러한 자료를 수집하였을 때 자료 안에 어떠한 형태의 자료가 포함되어있는지를 점검하는 것이 필요하다. 이와 같은 자료는 크게 두 분야 **질적자료**(質的資料, qualitative data)와 **양적자료**(量的資料, qualitative data)로 나눌 수 있다.

(1) 질적자료

질적자료는 다른 용어로 **범주형자료**(範疇型資料, categorical data)라고도 하며, 원칙적으로는 숫자로 나타낼 수 없는 자료를 뜻한다. 예를 들면, 성별(남자, 여자), 교육수준(초등학교, 중학교, 고등학교, 대학교), 혈액형(A, B, AB, O형 등), 지지하는 정당(새누리당, 민주당 등), 자동차 종류(소나타, 리갈, 무소 등) 등을 들 수 있다. 질적자료는 어떤 기준에 의하여 분류하고, 필요에 따라 숫자화 할 수 있다. 가령 성별을 나타낼 때 남자는 1, 여자는 2와 같이 숫자화 할 수는 있지만 이 숫자는 그것이 나타내는 자료의 속성과는 전혀 무관하며, 단지 편의상 정한 약속에 불과하다. 질적자료의 이러한 점이 다음에 설명하는 양적자료와 다른 점이다.

(2) 양적자료

양적자료는 자료 자체가 숫자로 나타나 있으며, 이때의 숫자는 질적자료와는 달리 자료의 속성을 그대로 반영한다. 이 자료는 **이산형자료**(離散型資料, discrete data)와 **연속형자료**(連續型資料, continuous data)로 구분된다.

자료의 수집방법에는 기존의 자료를 수집하는 방법, 실험에 의하는 방법, 측정이나 관측에 의한 방법 및 설문에 의한 방법으로 나눌 수 있다. 때로는 실험(experiment)에 의한 방법과 비실험(non-experiment)에 의한 방법으로 나누기도 하는데 이 경우 자료 수집, 측정이나 관측 및 설문에 의한 방법은 비실험 방법으로 분류된다.

- **이산형자료** : 측정결과가 유한하고 개수를 셀 수 있는 경우
  예를 들어, 도시에 살고 있는 아파트 층수, 농구에서 3점 슛 성공 횟수, 자동차 생산대수 등
- **연속형자료** : 실수 구간 안에의 모든 값을 가질 수 있는 경우
  예를 들어, 신생아 키, 몸무게, 200 mL 우유 용량, 생산라인에서 통과되는 자동차부품의 길이, 전구의 수명 등

10.1.2 오차의 종류

측량(測量, survey)에서는 많은 양의 관측(觀測, observation)과 측정(測定, measurement)이 이루어지며, 좀 더 신뢰성 있는 수치 결과를 얻기 위하여 여러 가지 관측방법들이 사용된다. 관측은 일정한 기준을 가지고 대상물의 요소나 현상을 재거나 추정하는 것을 말한다. 모든 관측에는 필연적으로 **오차(= 관측값 − 참값)**가 발생하고, 모든 관측값에는 오차가 포함되어있다. 따라서 관측값에 포함된 오차들은 여러 가지의 형태로 나타나 어떤 것들은 일정한 크기와 방향으로 발생하여 원인을 알 수 있는 것도 있지만, 어떤 것들은 불규칙하게 발생하여 발생원인을 알 수 없다. 따라서 관측 시 충분히 주의하여 실시해야 하지만 아무리 주의 하여도 제거되지 않는 오차도 있다. 그러므로 측정 전에 어떤 오차가 있는지를 알 필요가 있으며, 이러한 것을 고려한다면 관측으로부터 가장 정확한 성과를 얻을 수 있다. 이러한 관측값에는 여러 가지 원인으로 오차가 생기고, 또한 사실(事實)을 나타내지 않는 경우도 발생하기도 한다. 관측에 의한 오차(관측오차)는 그 **특성에 따라 착오, 계통오차 및 우연오차**로 나룰 수 있으며, **오차의 원인에 따라 기계오차, 자연오차 및 우연오차**로 나눌 수 있다. 그리고 수치오차는 **절단오차**와 **사사오입오차**가 있으며 이 오차의 계산방법에는 **상대오차**와 **절대오차**로 구분할 수 있다. 이러한 오차의 종류와 원인을 규명(糾明)함으로써 오차를 줄일 수 있다.

▌측량이란▐

지구표면에 있는 모든 점의 관계위치를 결정하고, 어떤 부분의 위치 · 모양 · 면적 및 방향 등을 측정하여 이것을 도표나 그림으로 나타내는 기술로, 각종 건설공사의 계획 · 설계 · 시공이나 국토에 관한 조사 · 연구는 이러한 측량의 결과를 바탕으로 하여 이루어진다.

1) 관측오차

측량 작업 시 오차는 특성에 따라 다음과 같이 분류된다.

(1) 착오[錯誤 또는 과실(過失), blunders 또는 mistakes]

관측자의 계기 취급부주의로 인한 과실이나 미숙에 의하여 생기는 오차로서 오차론을 통하여 제거 또는 최소화 할 수 없는 오차이다. 따라서 관측자가 측량과정을 자세히 분석하고 충분히 주의하여 착오가 생길 염려가 있는 작업과정을 여러 번 확인하고 미리 방지하거나 제거하여야 한다. 착오는 자료의 정리단계에서 찾아내어 사용 전에 반드시 제거해야 하며, 조정 단계까지 남아있는 착오는 자료의 조정을 불가능하게 할 수도 있다. 반복관측(또는 줄자의 읽는 위치를 바꾸거나 반드시 같은 측선을 2회 이상 반복하여 얻는 값들을 평균하거나 관측자를 바꾸어 측량하여 그 차이를 점검)으로 차이가 현저하게 나타나는 값을 누락시킴으로써 오차를 제거할 수 있다.

일반적으로 관측값에서 착오를 제거하고 다음 단계로 정오차를 보정해야 한다. 예를 들면, 관측자가 측점을 오인하여 관측, 눈금을 잘못 읽음, 기계를 잘못 다룸, 야장을 잘못 기입 및 **내업**(內業, office work) 시 계산을 잘못하는 경우 등이 있다.

▮ 내업 ▮

외업(外業, field work, 야외에서의 조사 및 측량)의 결과를 갖고 실내에서 계산・조정・정리하고 도면작성 및 성과품을 완성하는 작업으로 일반적으로 실내에서 하는 측량작업의 총칭

(2) 계통오차(系統誤差 systematic errors) 또는 정오차(定誤差, constant errors)

관측(또는 측정) 주위의 조건과 상태의 변화에 따라 일정한 물리적인 법칙 아래 생기는 오차를 말하며 그 발생원인, 크기 및 방향을 알 수 있는 오차이다. 따라서 이 오차는 각각의 측정횟수에 비례하므로 측정결과에 같은 크기로 영향을 미쳐서 모든 측정값과 참값 사이에도 같은 크기의 차이가 발생하기도 한다.

측량작업 시 오차는 발생 원인에 따라 다음과 같이 구분된다.

① **기계오차**(器械誤差, instrumental errors)

이 오차는 관측에 이용된 각종 측정기기의 노후화와 관리소홀로 인한 관측기계의 결함, 오작동 또는 불완전한 조정으로 생기는 오차로서 기계제작의 불량, 기계조정의 불완전 및 눈금의 부정확 등의 측정기기 불완전성에 의하여 발생하게 된다.

이러한 오차를 최소화하기 위하여 관측하기 전에 관측기계에 대한 사전 점검 및 조정(검・교정)

의 가능성의 여부를 판단하고, 조정(調整)·수리(修理) 등으로 보정(補正)하여 보통 제거가 가능하다. 만약 교정할 수 없는 경우에는 이 기계의 보정량 계산과 함께 관측값을 보정한다.

예를 들면, 데오드라이트(theodolite) 또는 토탈스테이션(total station)의 눈금이 균등하게 새겨져 있지 않아 눈금의 부정확, 레벨의 망원경이 광학적으로 불완전, 기포관이 불량에 의한 조정의 불완전하거나 영점보정이 안 되는 경우, 베어링의 마모 그리고 줄자의 표준길이보다 늘어났거나 줄어든 경우(수축팽창) 등에 의하여 발생하게 된다.

② **자연오차**(自然誤差, natural errors)

이 오차는 관측을 실시하고 있는 것과는 직접적으로 관련이 없는 여러 가지 주위환경 조건의 변화에서 생기는 오차이다. 대표적인 원인으로는 주위의 온도, 대기압, 습도, 바람, 중력장의 변화 및 광선의 굴절 등 자연현상의 변화에 따라 생긴다.

오차를 최소화하기 위하여 관측과 동시에 주위환경조건 온도, 습도, 바람 등을 기록하여 이 들 조건 변화에 따른 보정량 계산과 함께 관측값을 보정해야 한다.

예를 들면, 광파측거의(光波測距儀, electro optical distance meter)에서 빛의 속도가 대기 상황의 영향을 받는 경우에 발생한다. 직접거리측량에 많이 사용하는 강철줄자(steel tapes)는 주위온도의 변화의 영향을 받아 신축률이 크다. 이 줄자는 오차의 크기와 방향이 일정하기 때문에 관측 시 정확한 주위온도 측정이 가능하면 보정계산식(강철줄자의 신축률은 온도변화에 대하여 일정 법칙 성립)으로 오차의 양과 방향을 계산하고 보정함으로써 올바른 길이를 얻을 수 있다. 그러므로 줄자를 사용할 때에 사전에 점검해야 한다.

실질적으로 0～50 m의 거리는 표준줄자보다 1 cm 늘어난 50 m의 줄자를 사용하면 실제는 50 m + 1 cm씩 거리를 짧게 관측하는 것이 된다. 이 경우 관측값은 관측할 때마다 1 cm씩 양(陽, +)의 오차가 발생하게 되고 이 값이 계속 누적되므로 누적오차(累積誤差 또는 누차(累差, cumulative errors)라고도 한다. 관측에는 항상 측량기기를 사용하지만 이들 기계의 오차, 즉 기계오차(instrumental errors)의 대부분은 이 오차이다.

③ **개인오차**(個人誤差, personal errors)

이 오차는 관측자의 버릇, 숙련도, 선입관 및 시력의 한계 등에 따라 생기는 오차로서 관측자마다 관측기계의 눈금 읽는 방법이 다르거나 수평 맞추기의 부정확 등에서 발생하며, 다른 오차에 비하여 비교적 작다.

오차를 최소화하기 위하여 관측자의 버릇을 바꾸거나 관측자를 바꾸거나 관측방법을 바꿈으로서 대부분은 제거할 수 있다.

예를 들면, 눈금을 읽을 때나 목표물을 시준 할 때 관측자의 읽는 버릇에 따라 일정한 방향으로 치우쳐져 눈금을 읽는 경우, 시간 측정 시 하나의 현상이 일어나는 시간을 인식하는 정도가 관측자마다 다른 경우, 측량기계 수평 맞출 때 관측자마다 수련도가 다르기 때문에 발생한다.

계통오차(또는 정오차)는 보정의 대상으로서, 보정을 통하여 이 오차를 제거하거나 최소화해야 한다. 그리고 관측 전후의 관측조건 및 관측상태 등의 자료에 의하여 오차의 양과 방향을 계산한다. 실질적인 계통오차의 예는 매우 많으므로 측량이나 오차론에 관련된 참고문헌을 참고하면 도움을 얻을 것이다.

(3) 우연오차[(偶然誤差, accidental or random errors 또는 부정오차(不定誤差)]

이 오차는 착오를 제거하고 모든 계통오차를 **보정**(補整, correction)한 후에도 남아있는 오차이다. 어떤 값을 몇 번이나 측정하면 측정에 아무리 측정기기나 측정조건을 정비해서 아무리 세심한 주의를 하더라도 항상 같은 측정값을 얻을 수 없고 조금씩 서로 다른 측정값을 얻게 된다. 이와 같이 오차의 발생원인, 크기나 방향을 알 수 없으므로 부호와 측정값이 불규칙하게 나타난다. 따라서 이 오차는 보정이 불가능하고, 오차의 원인을 알고 있더라도 계통오차로 처리할 수 없거나 관측 중에 갑자기 주위환경이 불규칙하고 순간적인 조건변화가 측정기기에 영향을 주거나 시력의 불완전 등으로 영향을 받게 된다.

오차의 원인을 모르기 때문에 측량 시 발생한 오차를 제거할 수 없으며, 따라서 충분한 **잉여관측**(剩餘觀測, redundant observations)을 통하여 통계적 기법(평균 및 최소제곱법 등)으로 관측값에 가장 정확할 것 같은 값, **최확값**(最確値, most probable value)을 구한다.

▌최확값 ▌

측량으로 얻어진 값이 다른 어떤 값보다 정확값(참값)에 가까울 확률이 가장 큰 값으로, 최소제곱법의 이론으로 얻어지는 값, 즉 정도가 같은 관측치의 최확값은 어떤 양을 동일한 조건으로 반복하여 측정하였을 때 측정값들의 산술평균한 값이다.

잉여관측의 예에는 한 거리의 반복관측, 삼각형에서 3개의 내각의 관측 및 수준망과 트래버스의 폐합관측 등이 있다. 여기서 **잉여관측**이란 미지수를 결정할 수 있는 최소한의 관측수를 초과하는 관측을 뜻하며, 잉여 관측 횟수를 잉여관측수(剩餘觀測數, number of redundant observations)[또는 자유도(自由度, degree of freedom]라 한다. 즉,

잉여관측수 = 총관측수 －미지수

를 결정할 수 있는 최소 관측수를 뜻한다.

이러한 우연오차가 **조정**(調整, adjustment)의 대상이 되는 오차이다. 이렇게 오차조정이 가능하면 통계적으로 정밀도를 향상시킬 수 있다.

예를 들면, 표척을 읽는 순간에 기포관의 불안전, 트랜싯 사용 시 나사 및 축 등의 미소변위, 순간적인 트랜싯 중심축의 변화, 강철줄자에 의한 거리측량 시 미소하고 돌발적으로 변하는 주위온

도변화, 관측자의 피로와 시력의 불안전에 의한 눈금을 끝수를 정확히 읽을 수 없는 경우 등에 의하여 많이 발생하며, 이들이 중복하여 발생하는 경우도 있다. 우연오차의 크기는 대소(大小)로 나타나지만 관측회수를 반복하면 통상 일정한 범위 내에 들어간다.

▌ 교정(矯正, correction) ▌

교정은 계측기기의 정확성을 객관적으로 증명하는 것이다.
이 과정에서 계측기기가 잘못 셋업되어 있거나 기계적인 오류로 인해 정확성을 입증하지 못할 경우 계측기기를 정확하게 **조정**하기 위한 활동이 **보정**이며 보정이 완료된 후에는 반드시 보정의 적절성을 포함한 계측기기의 정확성을 **교정**을 통해 다시 확인해야 한다.

이와 같이 우연오차는 발생빈도, 크기 및 부호 등을 전혀 알 수 없는 **무작위성 오차**(無作爲性 誤差, random errors)이며 예측할 수도 없으므로 통계학의 **오차론**(誤差論, theory of errors)에서 다루어진다. 오차론이란 여러 번 관측하여 얻은 값으로부터 최확값을 얻는 방법을 연구하는 학문을 뜻한다. 이 경우에 나타나는 우연오차는 측정횟수가 많을 때에는 서로 반대방향의 오차, 양(陽, +)의 오차와 음(陰, −)의 오차가 나타나는 빈도는 거의 같아지며, 전체의 합이 서로 상쇄되어 거의 0에 가까우므로 **상차**(償差, compensating errors)라고도 한다. 또한 작은 오차는 큰 오차보다 많이 나타난다. 이러한 이유 때문에 평균보다 큰 측정값과 작은 측정값이 얻어질 확률이 같게 되고 정규분포를 이루게 되므로 이 오차는 최소제곱법으로 추정이 가능하고 조정할 수 있다. 이 방법은 후술되는 10.3절에서 설명되며 이 방법을 사용하면 최확값을 추정할 수 있다.

우연오차의 처리법은 10.3절에서 기술할 것이다.

지금까지 설명한 관측오차에 대하여 요약하면 다음과 같다.

▌ 착오 ▌

착오는 기계오차, 자연오차 및 개인오차에서 나타날 수 있다. **계통오차**(또는 **정오차**)는 기계오차 또는 자연오차에서 나타날 수 있으며, 이 때 기계를 검교정(calibration)하거나 온도, 습도, 기압 및 중력 등을 보정하여 제거한다. **우연오차**는 기계오차, 자연오차 및 개인오차가 복합되어 나타나며, 착오와 계통오차를 제거해도 남아있는 오차이다.

(4) 선택효과

선택효과란 자료를 수집할 때, 자신도 모르게 특정 군(群 group)의 자료를 모으게 되어버리고, 자료 전체에 치우침이 생기는 것[이 효과는 **앙케이트**(enquete) **조사** 등에서 일어나기 쉽다]을 뜻한다. 이러한 선택효과가 들어가지 않도록 충분한 주의 · 검토가 필요하다. **앙케이트 조사**란 전문가에게 자문하는 형식의 조사를 말하고 간단히 할 수 있는 방법이기 때문에 시장조사 또는 저널리즘에서 여론조사 등에서 종종 이용되고 있다.

그래서 자료는 먼저 (4)의 선택효과에 주의해서 수집하고, 그 다음으로 (2)의 계통오차를 수정하여 올바른 측정값으로 바꾼다. 그래서 이 장의 처음에서 서술한 최확값과 그의 신뢰성을 구하려고 한다. 그리고 (3)의 우연오차의 처리로 넘어가겠다.

2) 수치오차

수치해석에서 **수치오차**(數値誤差, numerical error)는 정확한 수학적 연산과 양을 표시하기 위하여 근사개념을 도입함으로써 발생한다. 여기에는 정확한 수학적 과정을 나타내기 위한 수치적 근사값을 사용할 때 생기는 **절단오차**(切斷誤差, truncation error)와 정확한 수를 나타내기 위한 컴퓨터의 숫자 인식의 한계 때문에 근사값을 사용할 때 생기는 **사사오입 오차**(四捨五入 誤差, 또는 **반올림 오차**, rounding or round-off errors)가 있다. 여기서 결과의 정확한 참값과 근사값과의 관계는 다음과 같이 나타낼 수 있다.

$$\text{참값} = \text{근사값} + \text{절대오차} \tag{10.1}$$

식 (10.1)을 다시 정리하면 절대오차(또는 수치오차)는 참값과 근사값과의 차와 같다는 것을 알 수 있다. 즉, E_t가 오차의 정확한 값을 나타낸다고 하면

$$E_t = \text{참값} - \text{근사값} \tag{10.2}$$

여기서, 아래첨자 t는 참 오차 E_t임을 뜻한다. 이것은 다른 경우들, 즉 간단히 설명한 것처럼 근사 측정오차가 도입된 경우와는 대조된다.

이 개념의 결정은 실험할 때의 값의 크기 정도가 고려되지 않았다는 점이다. 예로, 리벳을 측정할 때는 교량의 측정할 때보다 1 cm의 오차가 더욱 중시된다. 평가하고자 하는 양의 크기를 고려해 넣는 한 방법으로 오차를 참값으로 나누어 주면 다음과 같은 **상대오차**(相對誤差, relative error)가 되는 것이다. 즉,

$$\text{상대오차} = \frac{\text{오차}}{\text{참값}}$$

여기서, 식 (10.2)에 의해 '참오차 = 참값 − 근사값'을 참값으로 나누고 100%를 곱하면 상대오차는 다음 식과 같다.

$$\varepsilon_t = \frac{\text{참오차}}{\text{참값}} \times 100\% \tag{10.3}$$

여기서, ε_t는 **백분율 상대오차**(百分率相對誤差, percent relative error)를 나타낸다.

예제 10-1

교량과 리벳의 길이를 측정하는 과제가 있다고 할 때, 그들의 값으로 각각 9 999 cm와 9 cm를 얻었다고 가정하자. 이 길이의 실제값은 각각 10 000 cm와 10 cm라면 (1) 오차 (2) 백분율 상대오차를 각각의 경우에 대하여 계산하여라.

▌풀이

(1) 교량의 길이 측정에서의 참오차 E_t는 식 (10.2)를 이용하면 다음과 같다.

$$E_t = \text{참값} - \text{근사값} = 10\ 000 - 9\ 999 = 1\ \text{cm}$$

같은 방법으로 리벳의 경우는 아래와 같다.

$$E_t = \text{참값} - \text{근사값} = 10 - 9 = 1\ \text{cm}$$

(2) 교량의 백분율 상대오차는 식 (10.3)으로부터 다음을 얻는다.

$$\varepsilon_t = \frac{\text{참오차}}{\text{참값}} \times 100\% = \frac{1}{10\ 000} \times 100\% = 0.01\%$$

같은 방법으로, 리벳의 경우는 다음과 같다.

$$\varepsilon_t = \frac{\text{참오차}}{\text{참값}} \times 100\% = \frac{1}{10} \times 100\% = 10\%$$

여기서, 두 측정값들은 모두 1 cm의 절대오차를 가지나 상대오차는 리벳의 상대오차(10%)가 교량의 상대오차(0.01%)보다 훨씬 크다.

따라서, 교량의 길이 측정은 정확히 했다고 할 수 있지만, 리벳의 길이 측정은 개선의 소지가 남아 있다고 결론지을 수 있다.

식 (10.2)와 식 (10.3)에서 오차가 참값에 비교되었다는 점을 고려하여 t라는 아래첨자를 E와 ε의 밑에 나타내어 구분하였다. [예제 10-1]에서 우리가 참값을 제시하였지만 대부분 공학의 실제 문제 적용에 있어서 참값은 완전히 알 수 없다. 왜냐하면 대부분의 문제는 해석적인 해가 없기 때문이다. 이러한 상황에서 수치해석에서는 참값에 가장 잘 근접한 값, 즉 근사값 그 자체를 사용하여 오차의 크기인 **근사오차**(近似誤差, approximate error)를 상대적으로 결정하는 것이다. 즉,

$$\varepsilon_a = \frac{\text{근사오차}}{\text{참값}} \times 100\% \tag{10.4}$$

여기서, 아래첨자 a는 오차가 근사값을 기준으로 산정되었다는 것을 뜻한다. 실제상황에서는 식 (10.4)의 오차항을 계산하기 위하여 식 (10.2)는 사용할 수 없다는 것을 주의해야 한다. 수치해석기법에서 부딪히는 문제는 실제값을 모르는 상태에서 근사오차를 결정하는 것이다. 예를 들면, 수치적인 방법으로 해를 구하는 것으로는 이미 6장에서 다룬 반복법이 있다. 이 방법은 백분율 상대오차를 현재의 근사값과 바로 이전에 계산한 근사값과의 차를 현재의 근사값으로 나누어 다음과 같이 나타낸다.

$$\varepsilon_a = \frac{\text{근사값} - \text{이전의 근사값}}{\text{현재의 근사값}} \times 100\% \tag{10.5}$$

식 (10.5)의 계산은 아래와 같은 수렴조건을 만족할 때까지 계속 반복한다.

$$|\varepsilon_t| < \varepsilon_s \tag{10.6}$$

여기서, ε_s는 허용오차에 해당하는 한계값을 나타낸다.

여기에 해당하는 예제는 6.4.2항의 반복법을 참고하여라.

10.1.3 관측값에 대한 오차의 원인과 처리방법

직접거리측량에서 신뢰할 만한 결과를 얻기 위하여서는 매우 주의하여야 한다. 이 측량으로 얻어진 값에는 온도, 처짐 및 다른 요인들에 의해 여러 가지 오차가 포함될 수도 있다. 착오를 가능한 피하여 각종 방법으로 계통오차를 제거하고, 남아있는 우연오차를 합리적으로 취급하여 목적에 맞는 정확도에 해당하는 값을 구해야 한다.

1) 착오의 원인과 보정

측량을 하는 과정에서 발생하는 사람의 실수, **착오**는 논리상의 오차로 취급하지 않으나 관측조건에 따라 그 크기가 매우 클 수도 있으므로 관측값에 중대한 영향을 준다. 이것은 주로 관측자의 계기 취급부주의로 인한 과실이나 미숙, 즉 줄자의 눈금이나 줄자 끝점의 숫자를 잘못 읽거나, 기록을 잘못 하거나 또는 계산을 잘못하여서 발생한다.

모든 관측에는 언제나 오차가 발생하므로 모든 관측값에는 오차가 포함되어 있다. 특히 착오는 측량결과를 다른 방향으로 나타낼 수도 있다. 따라서 같은 측선(測線)을 반드시 2회 이상 반복한 결과를 평균한다거나 관측자를 바꾸어서 측량한다면 오차를 방지할 수 있다.

2) 계통오차(또는 정오차)의 원인과 보정

보통 현장측량에서와 같이 줄자로 직접거리측량을 하는 경우 높은 정밀도를 그다지 필요하지 않는다. 이 때 거리측량은 온도, 처짐 및 기타 요인들에 의해 오차 및 착오가 발생할 수 있으므로 계통오차나 우연오차를 보정해야 정확한 값을 얻을 수 있다. 이 경우 **계통오차의 유형**은 다음과 같다.

① 줄자의 특성값 보정(줄자가 표준길이와 다른 경우)
② 온도보정
③ 경사보정
④ 장력보정
⑤ 처짐보정
⑥ 표고보정
⑦ 줄자가 바람이나 초목에 걸려 일직선이 되도록 당기지 못했을 때

여기서는 줄자의 특성값(상수) 보정에 대하여서만 다룰 것이다.
정확한 실제길이는 다음과 같이 관측 길이와 계통오차의 항으로 나타낼 수 있다.

$$L_D = L\left(1 + \frac{\Delta l}{l}\right) = L + \frac{\Delta l}{l} L = L + \frac{L}{l} \Delta l = L + n \cdot \Delta l = L + \delta_s$$

여기서, L_D는 정확한 길이, L은 관측 길이, l은 줄자의 길이, Δl은 줄자의 상수[또는 특성값, 늘어난 양(+) 또는 줄어든 양(−)], $\frac{\Delta l}{l}$은 줄자 1 m에 대한 보정값, δ_s는 계통오차(또는 상수의 보정값)이다.

이 오차에서 계통오차는 주로 거리의 길이와 관측횟수에 비례하므로 다음 식과 같다.

$$\delta_s = n \cdot \Delta l$$

여기서, δ_s는 계통오차, n는 관측횟수 및 Δl은 1회 측정에 대한 오차이다.

관측의 결과 표준줄자보다 길이가 늘어난 줄자로 거리를 측정하면 측정결과는 실제 거리보다 짧게 나타나므로 양(+)으로 보정해야한다. 반대로 길이가 줄어든 줄자는 실제 거리보다 길게 나타나므로 음(−)으로 보정해야 한다. 즉, **실제길이는 줄자가 긴 것으로 관측했다면 보정값을 더하고, 줄자가 짧은 것으로 관측했다면 뺀다는 것**을 꼭 기억해야 한다.

예제 10-2

길이 20 m의 베줄자(cloth tape)를 이용하여 500 m의 거리를 측량하였다. 이 때 표준줄자와 비교하여 베줄자가 20 m에 대하여 20 mm가 짧다면 정확한 거리는 얼마인가?

풀이

풀이 관측줄자의 실제길이 = 줄자의 길이 + 줄자의 상수 = $l + \Delta l$ = 20 m − 20 mm
500 m의 거리를 20 m의 줄자로 측정하였으므로 측정횟수 n은 다음과 같다.

$$n = \frac{L}{l} = \frac{500\ \text{m}}{20\ \text{m}/1\text{회}} = 25\text{회}$$

계통오차 δ_s는 다음과 같으며, 이 때 줄자의 길이가 짧은 것으로 관측했으므로 음(−)의 값으로 계산된다.

$$\delta_s = n \cdot \Delta l = 25 \cdot (-20\ \text{mm}) \cdot \frac{1\ \text{m}}{1\ 000\ \text{mm}} = -0.5\ \text{m}$$

정확한 거리(보정된 거리) L_D는 다음과 같다.

$$\therefore\ L_D = L + \delta_s = 500\ \text{m} - 0.5\ \text{m} = 499.5\ \text{m}$$

3) 우연오차(또는 부정오차)의 원인과 보정

거리측량과 관련된 계통오차는 앞에서 그에 대한 보정방법을 소개하였고 여기서는 거리측량에서 발생하는 우연오차의 원인과 보정에 대하여 기술한다. 거리측량을 할 때 **우연오차의 유형**은 다음과 같다.

① 부정확한 눈금읽기
② 온도변화
③ 장력변화
④ 눈금의 끝수를 부정확하게 읽기

일정한 양의 우연오차를 포함한 측정기계로 n회 관측한 경우 전 구간의 길이에 대한 우연오차는 관측횟수의 제곱근에 비례한다. 즉,

$$\varepsilon_s = \pm \varepsilon \sqrt{n}\ (\text{mm})$$

여기서, ε_s는 우연오차, ε는 1회 측정에 대한 오차, n는 관측횟수이다.

정확한 거리(보정된 거리) L_D는 다음과 같다.

$$L_D = \text{관측길이} \pm \text{계통오차} \pm \text{우연오차} = L \pm \delta_s \pm \varepsilon_s$$

여기서, L은 관측 길이, δ_s는 계통오차, ε_s는 우연오차이다.

예제 10-3

두 측점 사이의 거리가 180 m인 측선을 20 m의 줄자로 측정하였다. 한 번의 측정에 +5 mm의 계통오차와 ± 5 mm의 우연오차가 발생하였다고 하면 정확한 거리는 얼마인가?

풀이

180 m의 거리를 20 m의 줄자로 측정하였으므로 측정횟수 n은 다음과 같다.

$$n = \frac{L}{l} = \frac{180\ \text{m}}{20\ \text{m}/1\text{회}} = 9\text{회}$$

계통오차(또는 상수의 보정값) δ_s은 다음과 같이 계산된다.

$$\delta_s = n \cdot \Delta l = 9 \cdot (5\ \text{mm}) \cdot \frac{1\ \text{m}}{1\ 000\ \text{mm}} = 0.045\ \text{m}$$

우연오차의 보정값은 다음과 같이 계산된다.

$$\varepsilon_s = \pm\varepsilon\sqrt{n} = \pm 5\sqrt{6} = 12.25\ \text{mm} = 0.012\ \text{m}$$

정확한 거리(보정된 거리) L_D는 다음과 같다.

$$L_D = L + \delta_s \pm \varepsilon_s = 80\ \text{m} + 0.045\ \text{m} \pm 0.012\ \text{m} = 80.045 \pm 0.012\ \text{m}$$

10.1.4 정밀도와 정확도

관측값이 품질을 정량적으로 나타내기 위한 방법으로 정밀도와 정확도가 있다. 이 내용은 이미 1.1.4항에서 과녁 그림 1.1을 통하여 설명한 바 있다. 이 정밀도와 정확도의 개념은 관측값의 오차를 이해하고 해석하는데 무엇보다 더 중요하고, 측정(測定, measurement)이 잘 되고 잘못된 정도를 나타낸다. 종종 **정밀도**(精密度, precision)와 **정확도**(正確度, accuracy)를 같은 뜻으로 사용하기도 하지만, 엄격히 개념상의 차이가 있으므로 주의해서 사용해야한다. 특히 이들에 대한 관측값의 오차를 다룰 때에는 반드시 개념에 맞는 용어를 선택해야한다.

모든 관측에는 언제나 오차가 발생하므로 같은 값을 아무리 반복하여 관측해도 모든 관측값에는 늘 오차가 포함되어 있기 때문에 서로 일치하지 않는다. 같은 값에 대해 관측한 값들 사이의 수치적 차이를 **편차**(discrepancy) 또는 **차이**라고 정의한다. 만약, 반복하여 관측한 값들 사이에 작은 편차가 존재한다면 일반적으로 작은 오차가 존재한다고 생각할 수 있다. 따라서 관측값들은 더 신뢰할 수 있으며 '정밀하다'라고 말할 수 있다.

반대로 반복하여 관측한 값들 사이에 편차가 크다면 편차가 작을 때보다는 관측결과에 대해 신뢰성이 떨어지며, '정밀하지 못하다'라고 할 수 있다. 그러나 **관측한 값들이 정밀하다고 해서 모두 정확한 것은 아니다.**

1) 정밀도

관측에서 **작업의 품질**을 **정밀도**라고 한다. 정밀도는 어떤 값을 결정하기 위하여 실시한 관측들이 얼마나 정교하고 균질하게 수행되었는가, 또는 관측된 값들이 얼마나 서로 가까이 있는가에 대한 **척도**(尺度, scale)로서 전체 관측집단의 편차 크기에 좌우된다. 여기서 **척도**란 자료가 수집될 때 관측(관찰)된 현상에 하나의 값을 할당시키기 위하여 사용되는 **측정의 수준**을 말한다. 이처럼 측정값 또는 오차들이 얼마나 퍼져있는가, 즉 세밀한 정도를 나타내는 것이 정밀도이다. 이것은 우연오차의 정도(精度)를 나타내며 표준편차에 의해 구해진다.

관측값들의 분포가 평균(대표값)주변에 밀집되어있으면(편차가 작으면) 정밀하다고 말하고, 분포가 평균주변에 널리 퍼져있으면(편차가 크면) 정밀하지 못한 것이다. 정밀도는 관측과정과 밀접한 관계가 있으며, 측정장비와 측정방법에 크게 영향을 받는다. 따라서 정밀도는 우연오차와 매우 밀접한 관계가 있는 척도이고 이것을 나타내는 방법으로서 표준편차와 분산이 있다.

2) 정확도

관측에서 **결과의 품질**을 **정확도**라고 한다. 정확도는 관측값이 참값에 얼마나 가까이 있는가를 나타내는 척도로 관측의 정교성이나 균질성과는 아무 관계가 없다. 이것은 우연오차뿐만 아니라 보정되지 않은 계통오차에 의해 발생한 **편의**(偏倚, bias)에 의해 영향을 받는다. 관측값에 대한 정규분포곡선이 오차 0축에 정확히 대칭이라면 비교적 정확한 측량이라고 말할 수 있다. 그러나 현실적으로는 참값을 알 수 없기 때문에, 일반적인 자료 관측에서는 정확도는 알 수 없고, 관측값사이의 일관성을 나타낸 정밀도만 계산할 수 있다. 참값을 모르므로 관측값에서 착오와 계통오차를 제거함으로써 참값에 가까워질 확률을 높일 수 있으며, 착오와 계통오차가 제거되었다면 정확도의 척도로 정밀도를 사용할 수 있다.

▌ 편의 ▌

편의란 실제의 상태와 다르게 나타나는 평균적 차이를 통틀어 나타내는 용어이다. 예를 들어, 추정량의 편의라 함은 추정량의 평균과 매개변수의 참값과의 차이를 뜻한다. 즉, 매개변수 θ와 추정량 $\hat{\theta}$의 기대값, $E(\hat{\theta})$의 차이를 편의라고 한다.

편의 $= E(\hat{\theta}) - \theta$

3) 정밀도와 정확도의 차이

정밀도와 정확도의 개념 차이를 명확히 알기 위해 거리측량을 예로 들면 다음과 같다. 두 점 사이의 거리를 보측, 줄자 그리고 전자파 거리측량기로 5번씩 반복하여 관측하였을 때 그 결과는 다음 표 10.1과 같다.

각 측량방법별 평균은 428 m, 426.14 m 그리고 426.123 m이다.

표 10.1 여러 가지 거리측량의 예

관측번호	보측(p)	줄자(t)	전자파 거리측량기(e)
1	430	426.16	426.123
2	422	426.07	426.114
3	425	426.11	426.119
4	447	426.35	426.155
5	416	426.01	426.104
평균	428	426.14	426.123

표 10.1은 쉽게 알아보게 하기 위하여 그림 10.1에 다시 나타내었다. 이 표에서 보축으로 관측한 관측값은 p로, 줄자는 t로, 전자파 거리측량기는 e로 나타내었다.

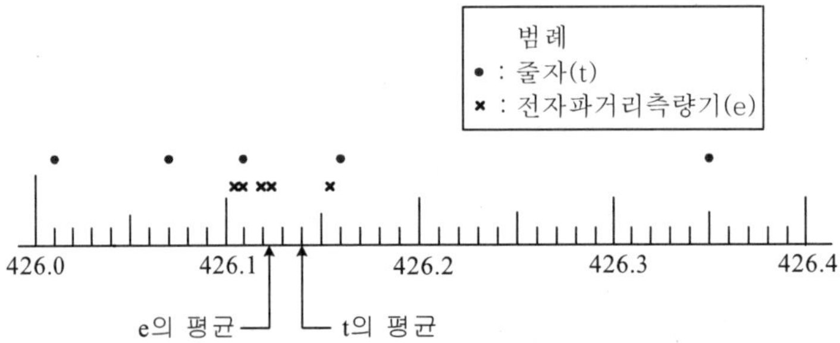

그림 10.1 여러 가지 거리 관측 결과 예

그림 10.1에서 줄자로 측량한 결과(•)와 전자파 거리측량기로 관측한 결과(×)가 서로 비슷하게 보이지만, 전자파 거리측량기의 관측값이 서로 가까이 있는 반면에 줄자의 관측값은 널리 퍼져 있기 때문에 전자가 후자보다 훨씬 작은 편차를 가진다. 이것은 전자파 거리측량기를 이용하는 것이 정밀도가 더 높음을 의미한다.

그러나 전자파 거리측량기를 이용한 관측 결과의 정밀도가 높다고 하여 무조건 전자파 거리측량이 줄자로 관측한 결과보다 더 정확하다고 말할 수는 없다.

예를 들면, 전자파 거리측량기의 반사경 상수가 잘못 입력되었다면 이 계기로 관측한 결과에는 매우 큰 계통오차(또는 정오차)가 포함될 수도 있으므로 비록 정밀하기는 하지만 반사경 상수만큼의 계통오차가 발생된다면 부정확하다고 할 수 있다. 만약, 참값이 430 m라면 표 10.1에 의하여 보측에 의한 거리관측이 정밀하지는 않지만 가장 정확하다. 즉, **세 방법 중에서 정확도가 가장 높다**고 말할 수 있다. 이러한 경우에는 전자파 거리측량이나 줄자측량에서는 계통오차가 발생했음을 알 수 있게 된다.

정밀도와 정확도의 개념은 제1장 그림 1.1과 같은 사격의 결과인 과녁지를 이용하면 보다 쉽게 설명될 수 있다.

어떤 값을 측정할 때 우리가 달성하려는 목표는 그림 1.1 (d)와 같은 정확하고 정밀한 결과이다. 이러한 상황은 정밀한 기계와 숙련된 측량기술자가 신중하게 측정과정을 수행했을 때 이룰 수 있다.

그림 1.1 (a)는 계통오차에 대해 보정하지도 않았을 뿐만 아니라 관측도 부주의하게 수행하여 정확하지도 않고 정밀하지도 않은 결과이다.

그림 1.1 (b)는 정밀하지 않은 측량기와 작업과정이 세밀하지 않아 평균으로는 정확하지만 정밀하지 않은 경우로, 예를 들면, 보측에 능통한 사람에 의해 거리를 관측한 결과이다. 줄자 또는 전자파 거리측량기를 이용하였다면 관측값 사이의 편차를 더 줄일 수 있을 것이다.

그림 1.1 (c)는 일반적으로 관측과정에 계통오차가 포함되었을 때 발생하는 형태로 줄자 길이와 온도에 대한 보정 없이 줄자로 관측한 경우 또는 전자파 거리측량에서 반사경 상수를 잘못 입력하여 얻은 결과는 정밀하지만 정확하지 않은 경우이다. 이러한 경우에는 적절하게 계통오차를 보정함으로써 그림 1.1 (d)와 같은 결과를 얻을 수 있다.

따라서 측량의 경우에도 항상 관측기계를 정확한 조정의 활동을 통하여 보정해서 사용해야 하는 이치와 같은 것이다.

10.2 계통오차의 대처와 전파

지금까지는 대부분 알고자하는 확률변수를 직접 관측하여 관측값에 대한 평균값(최확값)과 정밀도를 분석하는데 초점을 맞추었다. 그러나 구하고자 하는 값이 항상 직접관측이 가능하여 구할 수 있는 것뿐만 아니라 모르는 양을 수학식에 의해 간접적으로 얻는 경우도 자주 발생하므로 이 때 얻어진 값의 정밀도를 계산하는 것이 필요하다. 직접 관측한 값들도 오차를 포함하기 때문에 이 값으로부터 계산된 값에도 항상 오차가 포함되는데 이것을 **오차전파**(誤差傳播, propagation of error)라 한다.

오차의 전파는 오차의 성질에 따라 약간 다르게 나타난다. 측정기기나 측정방법을 연구하고, 계통오차(또는 정오차)의 원인을 찾아 고려할 뿐만 아니라 오차의 원인을 파악하여, 앞 절에서 말한 바와 같이 오차의 제거법이나 측정값의 보정방법을 알아 두면 편리하다.

10.2.1 계통오차(또는 정오차)의 전파

어떤 양 u가 하나 이상의 독립변수를 가진 함수 $u=f(x, y, z, \cdots)$에서 각 양 $x, y, z, \cdots$ 에 내재된 관측오차를 각각 $dx, dy, dz, \cdots$ 으로 하였을 때, 계통오차에 의하여 u에 생기는 오차 du는 Taylor 급수 전개에 의하여 다음과 같이 정리된다.

$$du = \frac{\partial u}{\partial x}dx + \frac{\partial u}{\partial y}dy + \frac{\partial u}{\partial z}dz + \cdots \tag{10.7}$$

단, 식 (10.7)은 함수가 1차인 선형의 경우에만 적용되고, 2차 이상의 비선형함수는 Taylor 급수 전개에 의한 선형화가 필요하다. 여기서는 선형함수의 경우만 다룰 것이다.

u가 x만의 함수(1변수 함수)일 경우, 물론 du는 식 (10.7)에서 x에 관한 1변수 함수이므로 $y, z, \cdots$ 는 소거하면 다음 식과 같다.

$$du = \frac{\partial u}{\partial x}dx \tag{10.8}$$

예제 10-4

○○지역의 토지구획정리사업지구가 완료되어 분양된 어느 직사각형 토지의 한 필지(筆地)는 한 변의 길이가 82.320 m이고 다른 변은 75.870 m로 측정되었다. 만약 줄자의 길이가 3 cm 짧은 길이 30 m의 줄자로 이 토지를 측정하였다면, 이 경우에 전파된 오차를 구하여라.

❙ 풀이

$l = 30$ m, $\Delta l = 3$ cm, $x = 82.320$ m, $y = 75.870$ m으로 주어졌고

함수 $u = x \cdot y = (82.320)(75.870) = 6245.61840 \text{ m}^2$

계통오차 전파식, 식 (10.7)을 이용하여 각 변수에 대한 편미분 계산과정은 다음과 같다.

$$\frac{\partial u}{\partial x} = \frac{\partial}{\partial x}(xy) = y = 75.870 \text{ m}$$

$$\frac{\partial u}{\partial y} = \frac{\partial}{\partial y}(xy) = x = 82.320 \text{ m}$$

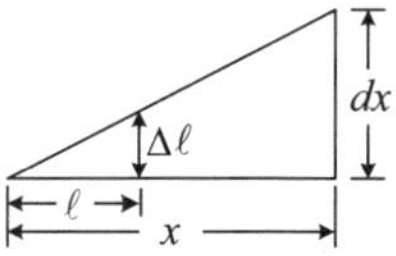

x방향과 y방향의 계통오차 dx와 dy는 다음과 같이 구한다.

$$dx = \frac{\Delta l}{l} \cdot x = \frac{3 \text{ cm}}{30 \text{ m}} \cdot \frac{1 \text{ m}}{100 \text{ cm}} \cdot 82.320 \text{ m} = 0.082 \text{ m}$$

같은 방법으로

$$dy = \frac{\Delta l}{l} \cdot y = \frac{3 \text{ cm}}{30 \text{ m}} \cdot \frac{1 \text{ m}}{100 \text{ cm}} \cdot 75.870 \text{ m} = 0.076 \text{ m}$$

계통오차에 의해 u에 전파되는 오차 du는 다음과 같다.

$$du = \frac{\partial u}{\partial x}dx + \frac{\partial u}{\partial y}dy = (75.870)(0.082) + (82.320)(0.076) = 12.478 \text{ m}^2$$

필지(筆地), **필**(筆)은 구획된 논이나 밭, 임야 및 대지 등을 세는 단위이다. 땅에 대한 소유권이나 건물이 앉은 터를 기준으로 해서 토지 구역경계로 갈라 정한 국토를 등록하는 기본단위이다.

10.2.2 상대오차

x의 계통오차가 dx일 때, dx보다는 dx/x를 보는 것이 정도(精度)가 좋다고 이해할 수 있다. 예를 들면, 같은 $dx = 100$ g의 오차에서도 $x = 1$ kg에 대한 것보다는 1 000 kg에 대한 것이 정도가 좋다고 판단되는 것이다. $\frac{\text{오차}}{\text{참값}}$, 즉 $\frac{dx}{x}$를 **상대오차**(相對誤差, relative error)라고 한다.

식 (10.7)에서

$$\frac{du}{u} = \frac{x\partial u}{u\partial x}\frac{dx}{x} + \frac{y\partial u}{u\partial y}\frac{dy}{y} + \cdots \tag{10.9}$$

dx/x 등의 계수의 $x\partial u/u\partial x$ 등은 측정상 중요한 의미를 갖는다. 이것이 큰 변수의 오차는 du의 오차에 크게 영향을 미치므로, 그 변수는 보다 정도를 좋게 측정해야 한다는 것을 말하는 것이다. 상대오차는 실험할 때 값의 크기의 정도가 고려되어 있고 무차원이므로 측정이나 실험결과에 의한 오차의 비교에 편리한 점이 많다.

예제 10-5

어떤 구조물에 이는 어떤 구(球, sphere)의 반경을 재어서 12.7 cm의 값을 얻었다. 여기서는, 0.05 m의 오차가 있을 가능성이 있다. 이 때 이 구의 체적을 계산함으로써 발생하는 최대오차와 백분율 상대오차를 구하여라.

풀이

구의 체적 $V = \frac{4}{3}\pi r^3$에서 생기는 정확한 최대오차는 반경 r이 12.7에서 $r + dr$이 12.7 ± 0.05로 변할 때의 V의 변화는 ΔV일 것이다. ΔV의 근사값은 dV이므로

$$dV = d\left(\frac{4}{3}\pi r^3\right) = \frac{4}{3}\cdot 3\pi r^2 dr = 4\pi r^2 dr = 4\pi(12.7)^2(\pm 0.05) = \pm 32.258\pi \text{ cm}^3$$

구의 반경이 $r = 12.7$ cm일 때의 체적 V는 다음과 같다.

$$V = \frac{4}{3}\pi r^3 = \frac{4}{3}\pi(12.7)^3 = 2\ 731.177\pi \text{ cm}^3$$

따라서, 상대오차는

$$\frac{dV}{V} = \frac{\pm 32.258\pi \text{ cm}^3}{2\ 731.177\pi \text{ cm}^3} = \pm 0.012$$ 이고 백분율 상대오차는 $\pm 1.2\%$이다.

10.2.3 계통오차의 한계

절대값 계산에 있어서 a와 b가 실수일 때 다음 식이 성립한다.

$$|ab| = |a| \cdot |b|$$

다음과 같은 삼각부등식은 성립하며, 특히 등호는 a와 b만에 대해서는 $ab \geqq 0$일 때만 성립한다.

$$|a+b+\cdots| \leqq |a| + |b| + \cdots$$

식 (10.7)에서 u의 오차 du의 한계는 앞 식을 이용하면 구할 수 있다. 즉,

$$|du| \leqq \left|\frac{\partial u}{\partial x}\right| |dx| + \left|\frac{\partial u}{\partial y}\right| |dy| + \cdots$$

1변수의 경우는 식 (10.8)을 이용하면 다음 식과 같다는 것을 알 수 있다.

$$|du| \leqq \left|\frac{\partial u}{\partial x}\right| |dx|$$

상대오차의 한계도 같은 식에서 알 수 있다.

오차의 한계는 계통오차에 대해서 만의 개념이 아니다. 우연오차에서는 오차의 한계라는 것이 없다.

예제 10-6

어떤 지점에서 중력가속도 g는 진자의 길이 L의 자유진자를 움직이고, 그 진동주기 T를 측정하여 다음 식으로 구해졌다(단, 진폭은 작다고 한다).

$$g = \frac{4\pi^2 L}{T^2}$$

L에 dL, T에 dT의 계통오차가 있을 때, g에 생기는 dg, 상대오차의 식을 만들어라. 또 어떤 양을 보다 정도를 좋게 측정해야 하는가?

풀이

$$\frac{\partial g}{\partial L} = \frac{\partial}{\partial L}\left(\frac{4\pi^2 L}{T^2}\right) = \frac{4\pi^2}{T^2}, \quad \frac{\partial g}{\partial T} = \frac{\partial}{\partial T}\left(\frac{4\pi^2 L}{T^2}\right) = -\frac{8\pi^2 L}{T^3}$$

따라서, $g = f(L, T)$이므로 오차 dg는 식 (10.7)을 이용하고 앞 식을 대입하면 다음과 같다.

$$dg = \frac{\partial g}{\partial L} dL + \frac{\partial g}{\partial T} dT = \frac{4\pi^2}{T^2} dL - \frac{8\pi^2 L}{T^3} dT$$

또 상대오차는 $\frac{dg}{g}$이므로 앞 식의 양변을 g로 나누면 다음과 같이 계산할 수 있다.

$$\frac{dg}{g} = \frac{\frac{\partial g}{\partial L}dL}{g} + \frac{\frac{\partial g}{\partial T}dT}{g} = \frac{\frac{4\pi^2}{T^2}dL}{\frac{4\pi^2 L}{T^2}} + \frac{\frac{-8\pi^2 L}{T^3}dT}{\frac{4\pi^2 L}{T^2}}$$

$$= \frac{dL}{L} - 2\frac{dT}{T}$$

따라서 상대오차는 T가 L보다 크게 영향을 주므로 T는 L보다 정도를 좋게 측정하지 않으면 안 된다. 최악의 경우는 $\frac{dL}{L}$과 $\frac{dT}{T}$이 반대부호를 가지고 있으므로 두 항의 크기가 합해질 때이다. 따라서 이 경우에는 다음과 같은 식을 얻는다.

$$\left|\frac{dg}{g}\right| \text{의 최대값} = \left|\frac{dL}{L}\right| + 2\left|\frac{dT}{T}\right|$$

10.3 다른 측정치가 있는 자료의 처리

10.1~2절에서 서술한 대로, 자료는 선택효과에 주의해서 수집하고 계통오차를 수정하여 올바른 측정값으로 고친다. 그리고 측정 자료에 들어있는 우연오차, 즉 자료의 다른 측정값을 처리해서 자료의 최확값이나 그 신뢰성을 구하거나 품질관리를 위한 자료의 처리를 하거나, 또 자료사이의 상관이나 관계식을 구한다. 이하, 우연오차 처리를 기본적으로 생각할 수 있는 방법을 여기에 서술할 것이다.

▌ 오차론(誤差論, theory of error)과 최소제곱법(method of least squares) ▌

오차론(誤差論, theory of error)과 **최소제곱법**(method of least squares)은 독일의 천재 수학자·천문학자인 가우스(Carl Friedrich Gauβ , 독일, 1777~1855)가 창시한 것이다. 가우스의 오차분포곡선(정규분포곡선)도 그 일부이다. 어려운 환경에서 천재적인 재능으로 대학교수까지 지내게 되는 가우스는 과학사상 가장 위대한 학자 중의 한 명이며, 그를 기리기 위해 그의 이름이 붙은 정리나 공식 등은 50여개에 이르는 것으로 알려졌다. 당시는 물론, 후세까지 그의 업적에 많은 혜택을 받고 있다. 1991년 가우스는 독일연방공화국의 10마르크 지폐 앞면의 인물이 되었다.

10.3.1 직접측정오차의 처리

직접측정(直接測定)이란, 예를 들면 줄자, 트랜싯 및 레벨 등을 이용하여 직접 거리, 각도 및 고저차 등의 측정과 같이 단일량 x의 측정이다. 이것을 n회 측정하면 x_1, x_2, $\cdots$, x_n라는 결과를 얻는다. 여기서 x의 최확값 $\bar{x}$를 구하는데 다음과 같은 과정에 따른다.

$v_i = x_i - \bar{x}$로 놓으면[v_i를 **편차**(偏差, deviation)라고 한다] 그림 10.2 (a)와 같이 된다(이 그림에서 측정값은 점(•) 으로 나타내었다). 여기서 최확값은 다음 식에서 S를 최소로 하는 값을 뜻한다.

$$S = \sum v_i^2 = \sum (x_i - \bar{x})^2 \tag{10.10}$$

이렇게 최확값을 구하는 방법을 **최소제곱법**이라 하며, 이것은 다음과 같이 유도할 수 있다(이하 $\sum = \sum_{i=1}^{n}$). 식 (10.10)에서 S를 최소로 하는 $\bar{x}$는 S를 $\bar{x}$로 미분하여 0으로 놓으면 구할 수 있다(9.4.2항 참조). 즉,

$$\frac{dS}{d\bar{x}} = 0 \tag{10.11}$$

으로 하는 $\bar{x}$를 구하면 된다. 즉,

$$\begin{aligned}\frac{dS}{d\bar{x}} &= \frac{d}{d\bar{x}}\left(\sum (x_i - \bar{x})^2\right) = \sum 2(x_i - \bar{x})(-1) = -2\sum x_i + 2\sum \bar{x} \\ &= -2\sum x_i + 2\bar{x}\sum 1 = -2\sum x_i + 2n\bar{x} = 0 \left(\because \ \sum 1 = n\right)\end{aligned}$$

따라서 앞 식을 정리하면 다음과 같은 식을 얻을 수 있다.

$$\bar{x} = \frac{1}{n}\sum x_i \tag{10.12}$$

식 (10.12)는 x_i의 **산술평균**(算術平均, arithmetic mean)과 같으므로 **평균 = 최확값**이 된다.

> 단, 이 경우는 매회 측정이 같은 정도 또는 같은 가중값으로 된 경우로, 통상 이런 경우가 많다.

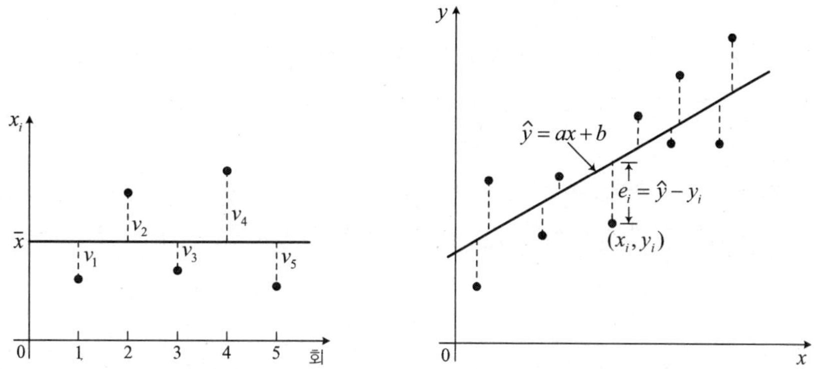

(a) 평균과 자료점간의 편차 (b) 회귀직선과 자료점간의 잔차

그림 10.2 최소제곱법의 분석을 위한 자료의 (a) 산포도 및 (b) 산점도

관측값 x_i의 측정오차의 정도, 즉 각각의 측정의 정도를 나타내는 양 **표준편차**(標準偏差, standard deviation)(또는 **평균제곱근오차**, root mean square error : RMSE) σ_x는 다음 식으로 나타낼 수 있다.

$$\sigma_x = \pm\sqrt{\frac{1}{n-1}\sum(x_i - \bar{x})^2} = \pm\sqrt{\frac{1}{n-1}\sum v_i^2} \tag{10.13}$$

이 식은 편차의 제곱을 산술평균한 값의 제곱근을 RMSE라 하며 그림 10.3에서 나타난 바와 같이 확률밀도함수 전체의 68.27%인 범위가 곧 표준편차 또는 RMSE가 된다. 이 오차는 관측값들 상호간 오차를 의미하게 된다.

표준편차의 의미를 좀 더 알아보기로 하자. 같은 양 x에 대하여 독립적으로 측정한 n개의 자료 $x_1, x_2, x_3, \cdots, x_n$로부터 $\bar{x}$와 σ_x를 얻었다고 한다. 다음에 같은 조건으로 다시 1회의 측정을 하였다면 이 때 측정값은 $\bar{x} \pm \sigma_{\bar{x}}$의 범위, 즉 $\bar{x} - \sigma_{\bar{x}} < x < \bar{x} + \sigma_{\bar{x}}$에 포함될 확률이 68.27 %가 된다는 것을 뜻한다. 이에 대한 좀 더 상세한 설명은 [예제 10-7]을 참고하기 바란다.

또 최확값 $\bar{x}$의 정도를 나타내는 표준편차[또는 최확값(또는 평균)의 평균제곱근오차], 즉 **표준오차**(標準誤差, standard error)는 전 관측의 관측정밀도를 같게 하면 오차전파 식으로부터 다음 식을 얻을 수 있다.

$$\sigma_{\bar{x}} = \pm\sqrt{\frac{1}{n(n-1)}\sum(x_i - \bar{x})^2} = \pm\sqrt{\frac{1}{n(n-1)}\sum v_i^2} \tag{10.14}$$

최확값(또는 평균)의 평균제곱근오차, 즉 표준오차는 관측횟수 n의 제곱근에 반비례한다. 이것은 관측횟수가 표준오차와 어느 정도 좋은가 하는 것을 판단하는 기초가 된다. 즉, 관측정밀도를 높이려면 관측횟수를 증가시켜야하지만 제곱근에 반비례하기 때문에 관측수를 10회부터 100회까지 늘려도 정밀도는 1단계 정도($\frac{1}{\sqrt{10 \cdot 9}} = 0.105 \sim \frac{1}{\sqrt{100 \cdot 99}} = 0.010$) 좋아지므로 관측횟수를 10~20회 정도 늘려서는 정밀도의 향상(0.105~0.05)을 기대할 수 없다. 따라서 보통 관측횟수가 10회 정도로 하는 것은 이러한 이유 때문이다.

이 공식의 산정방법은 여기서는 생략하고 통계학 책을 참고하면 도움을 얻을 수 있다.

예제 10-7

어떤 지역 평지의 경우 두 지점 A로부터 B점까지 거리를 강철줄자를 사용하여 8회 측정한 결과 다음 표와 같은 측정값을 얻었다. 이 자료에 대한 평균, 단 측정의 평균제곱근오차 및 최확값(또는 평균값)의 평균제곱근오차를 구하여라.

관측횟수	관측값 (l) (m)	$v = x_i - \bar{x}$ (mm)	v^2 (mm^2)
1	35.425	0	0
2	35.427	−2	4
3	35.429	−4	16
4	35.426	−1	1
5	35.420	5	25
6	35.423	2	4
7	35.421	4	16
8	35.426	−1	1
합계	$\sum l_i = 283.397$		$\sum v_i^2 = 67$

▎풀이

앞의 표로부터 $\sum l_i = 283.397,\ \sum v_i v_i = 67$

최확값(또는 평균) $= \frac{\sum l_i}{n} = \frac{283.397}{8} = 35.4246 \approx 35.425$ m

단 측정의 평균제곱근오차 : 식 (10.13)으로부터

$$\sigma_x = \pm\sqrt{\frac{1}{n-1}\sum(x_i - \bar{x})^2} = \pm\sqrt{\frac{67}{8-1}} = \pm 3.094 \approx \pm 3.1 \text{ mm}$$

평균값의 평균제곱근오차 : 식 (10.14)로부터

$$\sigma_{\bar{x}} = \pm\sqrt{\frac{1}{n(n-1)}\sum(x_i - \bar{x})^2} = \pm\sqrt{\frac{67}{8(8-1)}} = \pm 1.0938 \approx \pm 1.1 \text{ mm}$$

만일 같은 조건에서 이 구간의 거리를 다시 한 번 측정한다면 그 측정값이 $\bar{x} \pm \sigma_x$, 즉 (35.425 − 3.1)~(35.425 + 3.1)의 범위에 있을 확률이 68.27%임을 뜻한다.

이와 같이 표준편차는 한 개의 양을 여러 번 반복 측정한 경우, 또는 다른 하나의 측정(즉, 단 측정)에 대한 오차의 지표이다. 그러나 이것은 단지 이 표본만을 대표하며 전체 모집단을 대표하는 것이 아니라는 사실을 잊어서는 안 된다.

10.3.2 간접측정 우연오차의 처리

간접측정(間接測定)이란 모르는 양을 직접 구하는 것이 아니고 다른 양을 측정하고 계산하여 모르는 양을 구하는 측정 방법, 즉 두 개의 양 x, y를 측정해서 그 사이의 관계식을 구하는 것을 뜻한다. n개의 측정값의 쌍 (x_1, y_1), $\cdots$, (x_n, y_n)이 얻어졌다고 하자. 여기서 y에만 오차가 있다고 한다. 이제 이 측정값들은 다음과 같은 1차방정식 $\hat{y} = a + bx$이 예상될 때, a, b의 최확값을 구해보자. 여기서 $\hat{y}$(y hat으로 읽는다)는 y의 추정치이다. 이 때 최소제곱법은 정규방정식을 구하기 위하여 다음과 같은 방법으로 적용한다.

각 관측값 (x_i, y_i)과 최소제곱직선위의 점 $(x_i, \hat{y}_i)$까지의 연직거리를 $e_i = y_i - \hat{y}_i = y_i - a - bx_i$라 하면 그림 10.2 (b)와 같이 나타난다. $\hat{y} = \hat{a} + \hat{b}x$는 **적합된 값**(fitted value)이라 부르고, e_i는 점 (x_i, y_i)와 관련된 **잔차**(殘差, residual)라 부른다. 잔차 e_i는 자료의 관측값 y_i와 최소제곱직선에 의하여 예측되어진 적합된 값 $\hat{y}_i$와의 차이이다. 따라서 잔차제곱의 합 $\sum e_i^2$이 최소가 되는 선이 되도록 최소제곱직선을 정의한다.

다음 식에서 잔차제곱의 합 S를 최소로 하는 a, b의 값들을 추정값 $\hat{a}$와 $\hat{b}$로 결정하는 과정에 대하여 설명한다.

$$S = \sum e_i^2 = \sum (y_i - a - bx_i)^2 \tag{10.15}$$

식 (10.15)의 잔차제곱합 S가 최소 되도록 a, b를 결정하기 위한 필요충분조건은 $\frac{\partial S}{\partial a} = 0$와 $\frac{\partial S}{\partial b} = 0$이다. 즉, S를 각각 a와 b로 편미분하여 0으로 놓고 정리하면 다음과 같다.

$$\begin{aligned}\frac{\partial S}{\partial a} = \frac{\partial(\sum e_i^2)}{\partial a} &= \frac{\partial}{\partial a}[\sum (y_i - a - bx_i)^2] = \sum 2(y_i - a - bx_i)(-1) \\ &= 2\sum(-y_i + a + bx_i) = 2(-\sum y_i + \sum a + b\sum x_i) = 0\end{aligned}$$

앞 식을 정리하면 다음 식을 얻는다.

$$\therefore\ an + b\sum x_i = \sum y_i \quad (\because\ \sum a = an)$$

$$\begin{aligned}\frac{\partial S}{\partial b} = \frac{\partial(\sum e_i^2)}{\partial b} &= \frac{\partial}{\partial b}[\sum (y_i - a - bx_i)^2] = \sum 2(y_i - a - bx_i)(-x_i) \\ &= 2\sum(-x_i y_i + ax_i + bx_i^2) = 2(-\sum x_i y_i + a\sum x_i + b\sum x_i^2) = 0\end{aligned}$$

앞 식을 정리하면 다음 식을 얻는다.

$$\therefore\ a\sum x_i + b\sum x_i^2 = \sum x_i y_i$$

따라서, 앞의 두 식을 정리하면 식 (10.16)과 같은 **정규방정식**(正規方程式, normal equation)을 얻는다.

$$\begin{cases} an \quad + b\sum x_i = \sum y_i \\ a\sum x_i + b\sum x_i^2 = \sum x_i y_i \end{cases} \tag{10.16}$$

식 (10.16)에서 상수 a, b는 6장에서 기술한 크래머 법칙[6.1절 식 (3)]을 이용하면 다음과 같이 쉽게 구할 수 있다.

$$D = \begin{vmatrix} n & \sum x_i \\ \sum x_i & \sum x_i^2 \end{vmatrix} = n\sum x_i^2 - (\sum x_i)^2$$

$$D_a = \begin{vmatrix} \sum y_i & \sum x_i \\ \sum x_i y_i & \sum x_i^2 \end{vmatrix} = \sum x_i^2 \sum y_i - \sum x_i \sum x_i y_i$$

$$D_b = \begin{vmatrix} n & \sum y_i \\ \sum x_i & \sum x_i y_i \end{vmatrix} = n\sum x_i y_i - \sum x_i \sum y_i$$

$$a = \frac{D_a}{D} = \frac{\sum x_i^2 \sum y_i - \sum x_i \sum x_i y_i}{n\sum x_i^2 - (\sum x_i)^2}, \quad b = \frac{D_b}{D} = \frac{n\sum x_i y_i - \sum x_i \sum y_i}{n\sum x_i^2 - (\sum x_i)^2} \tag{10.17}$$

여기서, ε_a를 a의 평균오차, ε_b를 b의 평균오차라고 하면 다음 식으로 나타낼 수 있다.

$$\varepsilon_a = \sqrt{\frac{\sum v_i v_i}{n-2} \cdot \frac{\sum x_i x_i}{\Delta}}, \quad \varepsilon_b = \sqrt{\frac{\sum v_i v_i}{n-2} \cdot \frac{n}{\Delta}} \tag{10.18}$$

여기서, Δ는 $\Delta = n\sum x_i^2 - (\sum x_i)^2$이다.

이렇게 구해진 식 $\hat{y} = \hat{a} + \hat{b}x$를 (x, y)의 **회귀식**(回歸式, regression equation), 이 그래프에서 그린 직선을 **회귀직선**(回歸直線, regression straight line)이라 한다. 이 직선의 계산과정은 10.7절에서 자세히 다룰 것이다.

$\sum x_i^2 \neq (\sum x_i)^2$에 주의하라.

즉, 좌변은 x_i^2을 모두 합하라는 의미이고, 우변은 x_i를 합한 다음 그 결과를 제곱하라는 뜻이므로 완전히 다른 결과가 나온다.

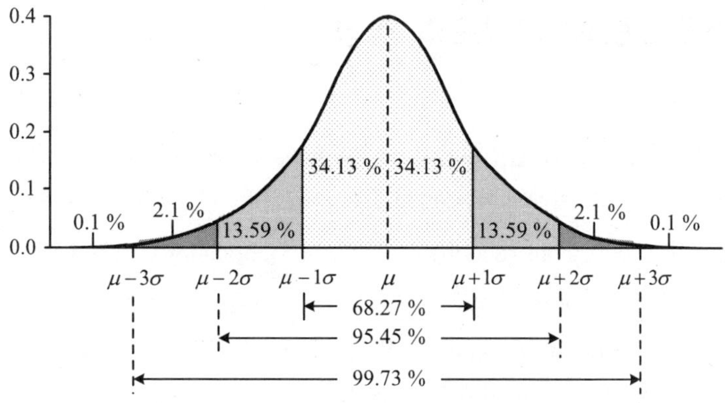

그림 10.3 정규분포곡선(확률밀도함수)

주 1) 2차 이상의 회귀식도 생각해볼 수 있다. 이 때는 $S=\sum(y_i-a-bx_i-cx_i^2)^2$등으로 한다.

주 2) a, b의 표준편차의 공식 산정법은 생략한다.

주 3) 10.4절의 히스토그램에 의해 자료의 개수 n이 많고 계수의 폭을 충분히 작게 하는 경우, 그림 10.3과 같은 매끄러운 곡선이 얻어질 것이다.

우연오차가 나타난 히스토그램은 다음과 같은 식에서 나타난 곡선이 된다.

$$y=f(x)=\frac{1}{\sqrt{2\pi}\,\sigma}e^{-\frac{(x-\mu)^2}{2\sigma^2}},\quad -\infty < x < \infty$$

여기서 $\pi=3.141\,59\cdots$ 이고, $e=2.718\,28\cdots$ 이다. 이것을 **가우스의 오차곡선**(誤差曲線, error curve)이라고 부른다. 초기에 이 곡선은 천문학이나 물리학에서 관측값의 오차를 연구하는 데 많이 사용되어서 불리기도 하였다.

또 이러한 분포를 **정규분포**(正規分布, normal distribution)라고 한다. 이 분포는 $x=\mu$에서 최대값이 되며, 이 곡선은 평균 μ를 지나는 연직축에 대하여 대칭이다. 이 분포의 평균값은 곡선의 최대값을 갖는 x의 값이다. 또 표준편차는 변곡점의 x의 값이다. 정규분포곡선의 면적에서 σ는 그림 10.3과 같이 그래프 상에서 $-1\sigma \leqq \mu \leqq 1\sigma$의 면적이 전면적의 0.6827 (68.23%), 즉 자료의 68.23%는 평균의 한 배 표준편차 범위 안에 포함됨을 뜻한다. 2σ는 이 그래프 상에서 $-2\sigma \leqq \mu \leqq 2\sigma$의 면적이 전면적의 0.9545 (95.45%), 자료의 95.45%는 평균의 두 배 표준편차 범위 안에 포함됨을 뜻한다. 그리고 3σ는 이 그래프 상에서 $-3\sigma \leqq \mu \leqq 3\sigma$의 면적이 전면적의 0.9973 (99.73%)되는 값이고, 자료의 99.73%는 평균의 세 배 표준편차 범위 안에 포함됨을 뜻한다.

10.4 히스토그램과 관리도의 작성

제조공정(製造工程)에서 제품의 품질보증은 옛날부터 공장 생산기술자의 중요한 과제였으나, 이 품질보증의 문제는 다른 모든 분야의 기술자의 관심사이기도 하다. 공학시스템이 설계대로 성능을 발휘하기 위해서는 시공(施工, construction)과 조립(組立, fabrication), 재료(材料, materials)와 솜씨(workmanship)의 질이 최저기준을 만족할 필요가 있으며 이를 위해서는 합격기준을 정하고 **발취검사**(拔取檢査, acceptance sampling programs : 많은 제품이나 재료의 품질을 검사 시, 그중 일부만을 뽑아서 검사하여 전체의 품질을 평가하는 방법)를 실시하는 것이 효율적이다.

예를 들면, 도로포장공사에서는 시공시방서를 만족하는 합격기준이 필요하고 똑같이 하천의 수질오염제어에서는 수질기준치를 확보할 수 있는 검사계획을 세워야 한다.

토목공사에서 시공관리를 경제적, 합리적으로 실시하기 위하여 공사관리(시공관리)에 있어서 각각의 측정자료를 얻고, 품질특성의 적정성을 확인할 필요가 있다. 이런 것 때문에, 품질관리를 하는데 있어 어떤 수법(手法)으로 처리하고 있는지 여기서 언급할 것이다.

품질(品質, quality)이란 일반적으로 제품의 유용성을 정하여 주는 특성 또는 제품이 그 사용 목적을 수행하기 위하여 갖추고 있어야 할 성질이라고 말할 수 있다. 그러나 그 구체적적인 의미는 시대와 더불어 변해가고 있으며, 또한 사용하는 상황에 따라 서로 다른 의미로 해석되는 경우도 많다. 과거에는 품질이란 의미는 제품을 만드는 입장에서 제품품질(製品品質, product quality)에만 국한되었으나 최근에는 그 제품을 사용하는 입장에서 생각하는 제품의 유용성이 강조되고 있다. 따라서 품질이라는 뜻은 제품 자체의 물리・화학적인 제품품질의 의미를 벗어나, 그 제품에 대한 서비스(service)의 질, 즉 은행이나 항공회사에서 행하는 서비스의 질, 소비자에게 제품을 판 후에 고장을 신속히 수리해 주거나 정비해주는 애프터서비스의 질 및 제품을 사용할 때의 적합성, 신뢰성 및 안정성 등도 넓은 의미에서의 품질이란 개념 속에 포함된다.

품질관리(品質管理, quality control ; QC)와 **통계적 품질관리**(統計的 品質管理, statistical quality control : SQC)는 한국공업규격(KS A 3001)에 다음과 같이 정의되어 있다.

> "품질관리란 수요자의 요구에 맞는 품질의 제품을 경제적으로 만들어 내기 위한 모든 수단의 체계이다. 근대적인 품질관리는 통계적 수단을 채택하고 있으므로, 특히 통계적 품질관리라고도 부른다."

통계적 품질관리의 역사는 1920년대에 영국의 통계학자 피셔(R, A, Fisher)에 의하여 체계적으로 연구된 표본을 이용한 통계적 추정과 가설검정은 오늘날의 추측통계학의 기초가 되었으며, 이것이 통계적 품질관리이론의 밑바탕을 이루고 있다.

통계적 품질관리는 소비자가 요구하는 품질의 제품을 경제적으로 만들어 내기 위한 품질관리의 목표를 달성하기 위해 활용되는 통계적 방법의 총칭이라 볼 수 있으나 이것의 범위를 명확히 규정하기에는 어려운 일이다.

품질관리활동에서는 가능하면 육감에 의하여 판단하지 말고, 사실을 객관적으로 나타내는 자료를 합리적인 방법에 의해 구하고, 이를 통계적 수법에 의하여 적절하게 정리하여 정보를 얻어 이 정보에 의하여 판단하는 것이 바람직하다. 한마디로 말하면, **품질관리는 사실을 나타내는 자료에 의한 관리**라고 할 수 있을 것이다.

품질관리(QC) 활동을 전개하는 데 있어서 기본적인 QC 수법으로 알려진 7가지 도구가 있으며 이 도구는 어떤 공정에서도 적용될 수 있다. 이 수법들은 자료를 기초적으로 정리하는 방법으로 널리 쓰이고 있는 것들이고, 품질관리 활동을 수행하는데 있어 가장 필수적인 통계적 방법들이다. **QC 7가지 도구**는 다음과 같다.

① 히스토그램(histogram)
② 특성요인도(cause and effect diagram)
③ 파레토그림(Parato diagram)
④ 체크시이트(cheek sheet)
⑤ 산점도(scatter diagram)
⑥ 층별(stratification)
⑦ 관리도(control chart)

QC 7가지 도구에서 하나의 도구를 독립적으로 사용할 수 는 있으나 서로 연결하고 결합하여 사용하는 것이 더욱 더 바람직하다. 위의 방법들 중 히스토그램(10.4.1항), 산점도(10.4.2항) 및 관리도(10.4.3항)에 대해 간략히 설명하기로 한다.

10.4.1 히스토그램

길이, 무게 및 강도 등과 같이 **계량값 자료**(연속자료)에 대한 각 계급의 도수나 상대도수와 자료(품질)특성을 그 크기에 따라 막대(또는 기둥)로 표현한 것을 **히스토그램**(histogram) 또는 기둥그림표라고 부른다. 이것은 양적자료의 분포를 나타내는데 일반적인 방법이다. 또한 이것을 작성하면 원자료의 정보는 상실되고 계급구간마다 도수나 상대도수로 나타낸다. 이렇게 작성된 히스토그램은 자료의 집단으로부터 정보를 얻을 뿐만 아니라 자료만으로 알아보기 어려웠던 자료가 통계적으로 어떤 값을 중심으로 어떠한 분포형에 근사하는지 알아보고 대략적인 평균이나 산포의 모양이나 크기도 알 수 있다. 그리고 자료가 얻어진 공정이 어느 정도 안정되어있는가에 대한 공정능력을 대체로 판단할 수 있으므로 제품의 품질관리의 원인을 규명하는데 도움을 준다. 안정된 공정은 그 공정에서 얻어진 자료의 히스토그램이 대체적으로 종을 엎어 놓은 것 같은 좌우대칭의 형상인 정규분포곡선(그림 10.3 참조)이다. 시각적인 효과에 있어서 도수분포표나 상대도수분포표보다 자료의 특징이나 분포구조가 쉽게 파악되는 장점이 있다.

❚ 히스토그램의 작성 방법 ❚

1. 모든 관측, 측정 또는 관찰 자료를 많이 모은다.
2. 모든 자료 중에서 이 들이 갖는 범위(= 최대값 − 최소값)를 알기 위하여 최대값과 최소값을 구한다(10.6.3항 참조).
3. 모든 자료가 빠짐없이 겹치지 않고 포함되도록 계급구간을 나누고, 이 구간에 속하는 도수를 세어서(또는 상대도수를 계산) 도수(또는 상대도수)분포표를 작성한다.
4. 수평축(x축)에 계급의 폭을 밑변으로 간격을 표시하고, 연직축(y축)에 도수 또는 상대도수를 나타낸 다음, 각각의 축에 제목과 단위를 명확히 나타내야 한다.
5. 횡축(수평축 또는 가로축)에 자료(품질)특성, 종축(연직축 또는 세로축)에 도수, 비율 또는 백분율의 크기에 따라 연직막대 길이로 나타내고 각각의 계급에 해당되는 직사각형을 붙여서 히스토그램을 작성한다.
6. 마지막으로, 작성된 그림 하단 중앙에 적절한 제목을 붙여야 히스토그램이 완성된다.

예제 10-8

어떤 콘크리트구조물의 품질관리를 위하여 제작된 콘크리트 공시체 20개의 압축강도를 측정하여 얻은 시험 결과는 다음 표와 같다. 이 값을 이용하여 도수분포표를 작성하고, 히스토그램을 도시하여라.

표 10.2 공시체 20개에 대한 압축강도 시험 결과(단위 : kgf/cm^2)

234	244	239	263	243	220	235	269	245	243
227	241	218	259	247	231	231	249	215	240

❚ 풀이

(1) 공시체의 압축강도의 최대치와 최소치
최대치는 269 kgf/cm^2, 최소치는 215 kgf/cm^{2}이다.

(2) 표 10.2의 시험 결과로부터 집단화된 자료의 도수분포표를 작성하면 다음과 같다.

예제 10.8의 도수분포표

계급번호	계급구간	기수표	도수	상대도수
1	215～224	|||	3	0.15
2	225～234	||||	4	0.20
3	235～244	𝍸||	7	0.35
4	245～254	|||	3	0.15
5	255～264	||	2	0.10
6	265～274			1	0.05
		합	20	1.00

(3) 도수분포표를 이용하여 히스토그램을 작성하면 그림 10.4와 같다.

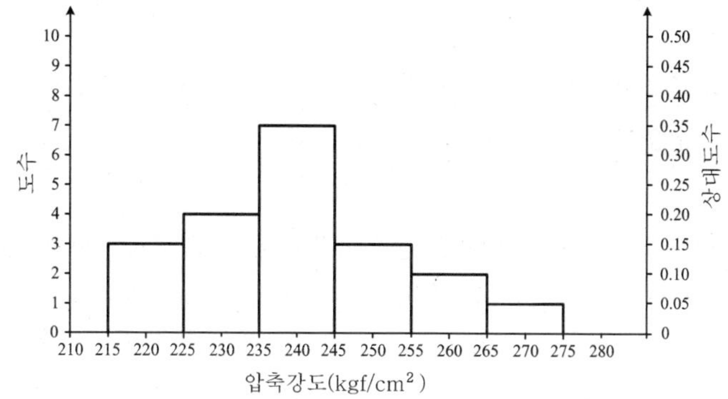

그림 10.4 히스토그램

히스토그램은 직사각형의 면적이 도수나 상대도수에 비례하는데 만일 **직사각형의 밑변의 폭이 서로 다른 경우**에는 자료의 분포에 대한 의미가 전혀 달라져 자료의 특징이 왜곡되므로 히스토그램 작성 시 신중해야 한다.

10.4.2 산점도

실생활에 있어서 통계를 이용하는 많은 경우 변수와 변수사이에 어떤 관계가 있는지 관심의 대상이 된다. 예를 들면, 물시멘트비와 압축강도, 공정온도와 제품강도, 흡연량과 폐암사망율 및 지능지수와 학업성적 사이의 관계 등에 흥미를 갖는 경우가 많다.

이와 같이 서로 대응되는 두 개의 짝으로 된 양적자료의 상호변동관계를 그래프용지의 좌표평면 위에 점들로 나타낸 그림이 **산점도**(散點圖, scatter diagram)이다. 여기서 서로 대응되는 두 개의 짝으로 된 자료란 관련되는 두 변수를 관측(또는 관찰)하여 얻어진 자료를 말하며, 산점도로부터 두 변수 간의 상관관계를 눈으로 대략 짐작할 수 있다. 그러나 그 관계가 구체적으로 어느 정도인지는 알기가 어려우므로 그 관계를 하나의 통계량으로 수량화 하는 데는 보통 **상관계수**(相關係數, correlation coefficient)가 쓰인다. 상관계수를 구하는 과정은 10.8.2항을 참조하기 바란다.

일반적으로 산점도 작성 시 독립변수는 x축에, 종속변수는 y축에 잡아 자료의 짝은 좌표 (x_i, y_i)를 좌표평면 위에 점들로 나타내는 것이다. 그림 10.5는 두 자료 x와 y간의 상관관계를 보여 주고 있다. x가 커지면 y도 커지는 양(陽, plus, +)의 상관이 있다고 하고, x가 커지면 y

는 작아지는 경향이 있으면 음(陰, minus, +)의 상관이 있다고 한다. 이러한 산점도는 두 변수 사이의 선형과 비선형 관계를 나타내는데 유용하게 사용되며 이를 이용하여 문제의 해결 방법 및 방향을 예측할 수 있다.

산점도를 작성한 후 자료 점들이 퍼진 모양으로부터 두 변수 사이에 어떠한 관계가 있는지 파악하기 위해 (1) **방향**, (2) **형태** 및 (3) **강도** 등을 잘 살펴보아야 한다.

(1) 산점도에서 **방향**은 독립변수가 커지면 종속변수도 같이 커지고, 독립변수가 작아지면 같이 작아지는, 즉 같은 방향으로 움직이면 서로 양의 상관관계이고, 독립변수와 종속변수가 서로 반대 방향으로 움직이면 음의 상관관계가 있다. 양의 상관관계의 예로는 콘크리트 밀도와 압축강도, 유역면적과 첨두홍수량, 단단한 점토층의 타격횟수와 축압축강도, 가구당 수입액과 전기소비량, 맥주 제품의 선전비용과 판매량과의 관계, 음의 상관관계로는 파괴에 이르는 재하횟수와 응력범위, 평균 수온과 수조의 평균 용존산소(dissolved oxygen, DO), 자동차의 연식과 중고차의 가격, 한글 문서 작성에 투자한 시간과 오타수 등이 있다.

(2) 산점도에서 상관관계의 **형태**에는 직선(선형), 곡선(비선형), 계절 변동모형, 주기적 변동관계 및 그 구조를 알 수 없는 경우도 있다.

그림 10.5에서 (a), (d), (e), (g) 및 (h)는 두 변수가 직선관계임을 알 수 있고, (c)와 (f)는 양이나 음으로의 방향을 알 수 없으므로 비선형관계라고 할 수 있고, 특히 (c)는 계절적이면서 주기적인 변동관계로 보이며, (f)는 곡선관계임을 알 수 있다. 특히 (k)와 (l)은 도시된 자료 점들이 두 개의 집단으로 **층화**(層化, stratification)되어있어 두 개의 모집단으로부터 얻어진 두 개의 표본자료가 섞여 있는 경우이므로 두 개의 서로 다른 표본으로 취급하고 해석에 유의해야한다. 따라서 이 경우는 층화된 두 개의 집단 각각에 대하여 회귀분석(10.7절 참고)을 해야 한다. (i)는 산점도의 도시된 점들이 단지 원의 내부에 있을 때, 두 개의 회귀직선들[x(독립변수)에 대한 y(종속변수)와 y(독립변수)에 대한 x(종속변수)와의 상관관계]은 서로 직각으로 만나므로 x와 y사이에는 아무런 상관관계가 없다. 그리고 (j)는 하나의 이상점이 나타나는 경우이고 이 점을 제외하면 곡선관계라 할 수 있다. 이상점은 자료 수집 시 다른 모집단의 자료가 혼입되었거나 측정이나 계산의 잘못 및 관측된 자료의 기입 착오 등이 원인이라 생각된다. 이상점이 발견되면 원인을 규명하여 꼭 수정해주어야 한다.

그림 10.5의 분석을 통하여 두 개의 회귀직선[x(독립변수)에 대한 y(종속변수)와 y(독립변수)에 대한 x(종속변수)와의 회귀직선]이 일치하면, 두 변수 사이는 **완전 상관관계**에 있고, 반면에 두 개의 회귀직선이 서로 직각이라면 어떤 상관관계도 없다는 것을 추론할 수 있다.

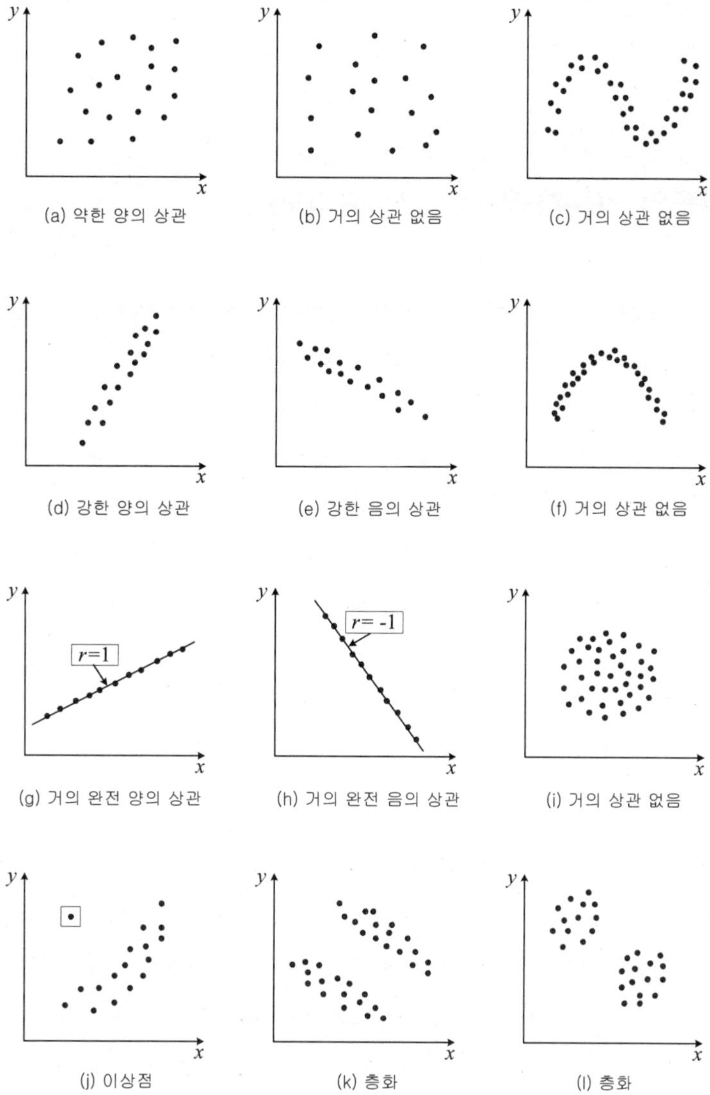

그림 10.5 여러 가지 형태의 산점도와 상관계수 r

(3) **강도**의 측면에서 보면 자료들이 가정된 모형에 어느 정도 밀집되어있는지를 나타내는 데, 여기서 주의할 점은 x축과 y축의 단위를 같게 잡아야한다. 아니면 똑같은 자료도 좌표평면 위에 도시하면 시각적으로 달리 보일 수 있기 때문이다. 그림 (a)~(l)는 모두 같은 단위로 작성되었다고 가정한다.

산점도의 그림 10.5에서 (g)와 (h)가 거의 완전상관 관계, 즉 아주 강한 상관관계를 갖고 있다고 할 수 있고, 다음은 그림 (d)와 (e)가 강한 상관관계를 (a)는 약한 상관관계를 갖고 있다. 이러한 선형관계의 강도는 10.8.2항에서 하나의 수(數) 값인 상관계수로 산정할 것이다. 우리는 이 수 값으로 측정된 자료가 가정된 모형으로부터 얼마나 떨어져 있는지를 산점도를 통하여 확실히 나타낼 수 있다.

10.4.3 관리도의 기본개념($\overline{x} - R$ 관리도)

통계적 품질관리(SQC)는 관리도와 더불어 시작되었다고 할 만큼 **관리도**(管理圖, control chart)는 통계적 품질관리의 중추적인 역할을 담당하고 있다고 할 수 있다.

관리도는 1924년 미국 벨(Bell) 전화연구소에 근무하던 슈와르트(W. A. Shewhart)에 의해 최초로 제안되었다. 그는 똑같은 연속적인 산업생산 공정에서 생산된 제품이라도 일정한 수준의 품질 특성값을 유지하지 못하고 산포가 존재하며, 이것을 관리해야 한다고 주장한데서 시작되었다. 또한 그는 생산된 제품의 품질특성값의 산포관리를 위하여 관리도라는 통계적인 방법을 창안하여 생산 현장에 도입하여 공정의 변동에 따라 일어나는 문제를 관리하고 해결하는데 적용하였다. 즉, 관리도는 연속적인 생산공정에서 제품의 변화를 신속히 탐지하는 통계적인 절차이며, 품질관리 수법 중에서도 가장 중요한 위치를 차지하고 있다고 말할 수 있다.

1) 품질의 산포

일반적으로 생산공정에서 주목표 중의 하나는 생산의 목적이 되는 설계품질에 맞는 균일한 제품을 만들어내는 일이다. 그러나 일정한 공정에서 연속적으로 생산되고 있는 제품이더라도 품질특성치는 일정 수준을 유지해야하나 시간이 흐름에 따라 기계나 공구의 마모에 의하여 또는 자재, 작업 환경 및 작업자 등의 복합적인 요인에 의하여 **산포**(또는 **품질변동**)가 발생하게 된다. 이러한 품질의 산포를 발생시키는 원인을 살펴보면 여러 가지가 있으나 크게 다음과 같은 두 가지 (1) **우연원인**과 (2) **이상원인**으로 분류할 수 있다.

(1) 우연원인(偶然原因, chance cause)

이 원인은 생산조건이 엄격하게 관리된 상태 하에서도 발생되는 어느 정도의 불가피한 변동을 주는 것으로, 작업자 숙련도의 차이, 작업환경의 차이, 식별되지 않을 정도의 원자재 및 생산설비 등의 제반 특성의 차이 등에 의하여 발생되는 것을 말한다. 이 변동을 줄여 품질개선을 달성하기 위해서는 체계적이고 관리적인 접근이 필요하다. 이 원인들은 원래 그 자체가 가지고 있어서 제거하기 어려운 원인들로서 불가피 원인 또는 만성적 원인이라고도 한다. 일반적으로 **우연원인에 의해서만 변동하고 있는 상태를 통계적으로 관리상태**(statistically in control)에 있다고 한다.

(2) 이상원인(異常原因, assignable cause)

이 원인은 작업자의 부주의, 불량 자재나 재료의 사용, 잘못 조정된 기계 및 생산설비상의 이상 등에 의하여 발생되는 변동을 말하며, 이러한 원인들은 만성적으로 존재하는 것이 아니고 산발적으로 발생하여 품질의 변동을 일으키는 원인이다. 이것을 까닭이 있는 원인 또는 우발적 원인이라고도 부른다. 이상원인은 제조공정에서 만성적으로 존재하는 것은 아니고 산발적으로 발생하며 품질의 변동에 크게 영향을 끼치는 요주의 원인으로써 우선적으로 제거해야 한다.

만약 제조공정이 우연원인에 의해서만 관리된다면 이러한 공정으로부터 생산된 제품의 품질은 거의 대부분 허용된 범위 내에서 있을 것이며. 동시에 앞으로 제조될 제품의 품질도 예측 가능할 것이다. 이러한 **우연원인으로만 이루어진 상태의 공정을 관리된 공정** 또는 **안정된 공정**이라고 한다. 그러나 이상원인이 한 가지만 존재하여도 공정은 관리되지 않은 상태로 변화하여, 불량품이 유의할 정도로 가공 또는 생산되어 앞으로 제조될 제품의 품질 또한 예측이 어려워진다[그림 10.6 (b)].

따라서 품질변동의 원인을 조사하여 우연원인과 이상원인으로 구별하여 그 결과 이상원인이 있다면 현장에서 즉시 그것을 제거하여 공정을 안정한 상태로 돌리어 더 이상 재발하지 않도록 조치를 한다. 그리고 우연원인에 대해서는 그대로 유지하거나 더 줄일 수 있도록 생산설비의 개선, 작업방법의 개선, 작업자의 교육과 훈련 및 작업환경의 개선 등을 통하여 점차적으로 품질향상에 꾀하도록 노력해야 한다.

통계적 품질관리는 모집단(생산 공정이나 로트)에서 표본을 추출하여 얻은 표본에서 자료를 얻고, 이 자료에 의한 검사 결과에 의하여 생산되는 제품이 계획대로의 품질이 아니면 생산 공정에 대하여 처리한다.

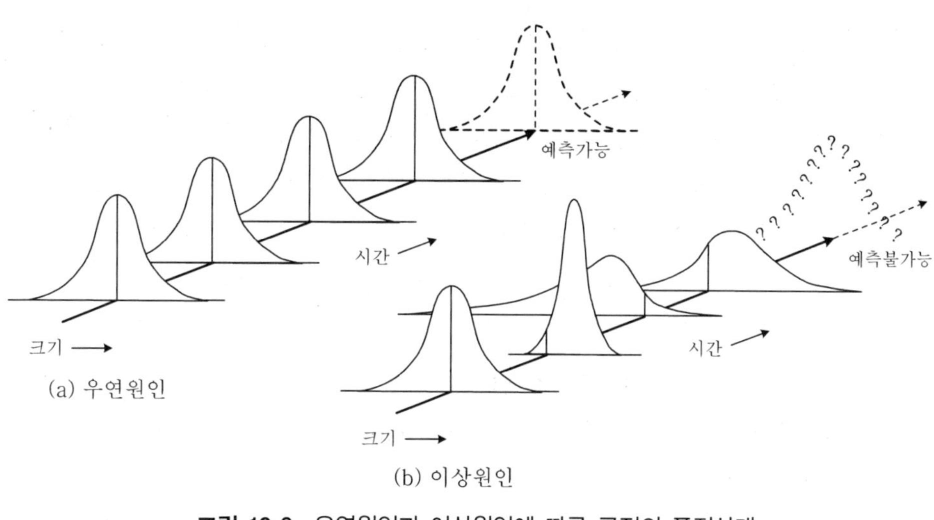

그림 10.6 우연원인과 이상원인에 따른 공정의 품질상태

▌ 로트(lot) ▌

로트(lot)란 같은 조건(같은 공정과 같은 원료 사용)에서 일정기간 동안 생산된 제품, 반제품 또는 원재료들을 전부를 모은 것이다. 예를 들어, 하루 동안 같은 기계에 의해 생산된 건설자재나 전구들의 집합 또는 같은 선반에서 가공된 같은 규격의 나사들의 집합 등이 있다

어떤 제품을 공장에서 만드는 경우에 같은 기계, 같은 재료를 써서 같은 조건에서 작업을 해도 대량으로 생산되는 제품 가운데 몇 개는 규격(規格, specification) 외의 것이 나오고 있다. 이것은 우연히 발생하는 많은 요인이 겹쳐서 생기는 것이다. 자료를 많이 모으면 자료사이에 흩어짐이 생기고, 이것은 일정한 분포를 이루는데, 그 분포를 **정규분포**(正規分布 normal distribution)로 알려져 있다.

2) 관리도

표본에서 얻은 자료에 큰 변동이 생기는 원인은 작업이 작업기준대로 진행되지를 않았는지, 작업기준 그 자체에 잘못이 있지나 않았는지 그리고 원료가 변하지는 않았는지 등을 추구하고 이 들을 수정하여 품질의 수준을 향상시킨다. 이것이 제조공정에서의 품질관리이다.

현장에서 간단하게 제조공정이 통계적 관리상태에 있느냐 없느냐를 살피는 방법으로 **관리도**(管理圖, control chart)의 방법이 있다. 이것은 관리도 위에 한 쌍의 **관리한계선**(管理限界線, control limits)을 설정한다. 이 관리한계선은 통계적인 사고방식에 의하여 결정한다. 이 한계선은 변동값의 모집단분포를 알면, 이 모집단에서의 표본이 이 관리한계선내에 들어갈 확률이 $1-\alpha$가 되는 한계선을 나타내고 있다. 여기서 α는 유의수준을 나타낸다.

변동값 x가 정규분포 한다면 모평균을 μ, 표준편차를 σ라 할 때 $\mu \pm 3\sigma$의 범위에는 자료의 99.7%가 포함되게 된다. 관리도에는 **중심선**(中心線, center line ; CL)을 사이에 두고 상하로 **관리상한**(管理上限, upper control limit ; UCL)과 **관리하한**(管理下限, lower control limit ; LCL)이 다음 그림 10.7에서와 같이 그어져 있다. 이 한계선들이 통계적으로 보아서 이상원인에 의한 변동이 발생하였거나 또는 아닌가를 판단하는 기준으로 사용한다. 그림 10.7 (b)는 제품번호 17과 18번이 이상이 있다고 볼 수 있다. 여기서 CL은 μ에, UCL은 $\mu+3\sigma$에 LCL은 $\mu-3\sigma$에 해당한다. 이러한 관리도에 의한 방법을 **Shewhart의 3σ법**이라고 한다.

공정에 아무런 이상이 없는 관리상태(管理狀態, in control)에 있다고 판정하려면 다음의 두 조건이 만족되어야 한다.

① 자료 점들이 관리한계선을 벗어나지 않아야 한다.

② 자료 점들의 배열에 어떠한 습성(또는 버릇)이 없어야 한다.

앞의 ②의 조건에서 자료 점의 배열에 습성이 있다는 것은 다음과 같은 경우에서 나타난다.

a) 중심선의 한쪽에 런(run)의 길이가 긴 것(6이상)이 나타나거나, 자료 점이 많이 나타난다.
b) 자료 점들이 점점 올라가거나 내려가는 상태, 즉 경향(trend)을 나타내다.
c) 자료 점들이 주기적 일정한 양상으로 상·하로 변동하는 주기성(cycle)을 나타낸다.
d) 자료 점들이 관리한계선에 가까이 접근하여 여러 개 나타난다.
e) 자료 점들이 층화현상이 나타난다.

위의 a)에서 런은 중심선의 한쪽에서 연속적으로 나타나는 자료 점들의 군을 말한다. **런의 길이**란 한쪽에 연속되는 한 런에 포함되어있는 자료 점들의 총수이다. 그림 10.7 (b)에서 런의 수는 모두 11개이고 가장 긴 런의 길이는 6이다. 런의 길이가 너무 길게 나타나는 것은 이상상태이고, 또한 짧은 것만 나타나는 것도 이상하다. 일반적으로 런의 길이가 6 이상이면 길다고 말하고 이상원인이 있다고 생각할 수 있다. d)는 관리상태의 분포로 보았을 때, 자료 점이 관리한계선 가까이 나타날 확률은 아주 작으므로 무엇인가 이상원인이 생겼다고 판단할 수 있다. 마지막으로 e)는 자료 점들이 중심선 근처 ±1 σ 범위 내에서 연속해서 나타나는 경우를 말한다. **자료 점의 배열에 습성이 없다는 것**은 자료 점이 중심선을 중심으로 **무작위(無作爲, random)하게 배열되어 있다는 뜻**이다.

3 σ법에 의하면 도시한 점 (x_i)가 관리한계선(관리상한선 또는 관리하한선)을 넘으면 99.7%의 확률로 공정에 이상이 일어났다고 본다. 단, 0.3%의 확률로 이상이 없는 경우도 있다(정상인 경우도 0.3%는 관리한계선 밖으로 나타날 수 있다).

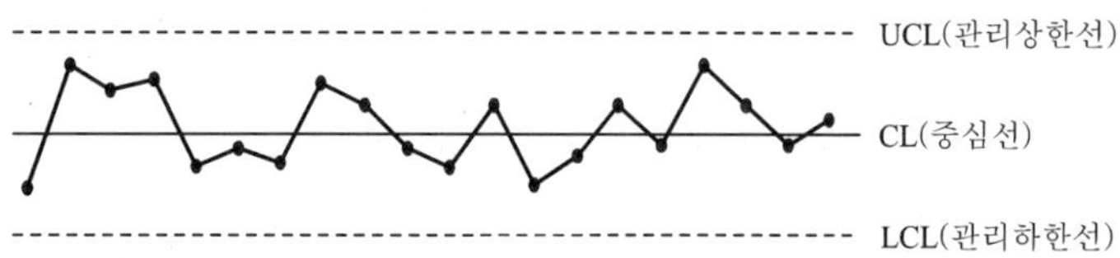

(a) 안정된 공정 상태

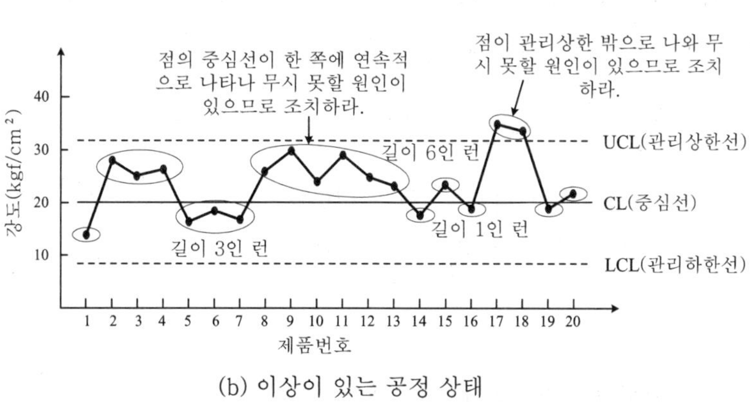

(b) 이상이 있는 공정 상태

그림 10.7 안정된 공정 상태와 이상이 있는 공정 상태 관리도의 예

변동값이 차례로 관리도상에 도시되어 나타날 때 이 점들이 관리한계선 밖에 있느냐, 안쪽에 있느냐에 따라 관리상태를 판단하는 것이 기본이다. **도시된 점이 꼭 한계선상에 있을 때는 한계내로 보는 것**으로 되어 있다.

우리나라에서 관리도법이 쓰이기 시작한 것은 1963년에 **한국공업규격**(Korean Industrial Standards, KS)으로 KS A 3201(관리도법)이 제정되어, KS표시 허가공장을 중심으로 일반 생산 공장에 파급되면서부터 라고 말할 수 있다. KS A 3201은 Shewhart의 3σ 관리도법을 그대로 채택하고 있다. 한국공업규격이 한국산업규격으로 변경되어 KS A 3201규격이 KS A 3201:2001 규격으로 수정되었다.

3) 관리도의 종류

많은 산업 생산 분야에서 기본적으로 작성되는 시간에 따른 꺾은 선 그래프를 **관리도**라고 부르고 공정의 안정성을 연구하는 데 활용된다. 그 기본적인 개념은 확률과 통계량에 의해 대부분의 정상자료가 포함될 기준구간을 정한 후, 그 구간을 벗어난 자료에 대해서는 관리범위를 벗어난 경우로 그 원인을 찾아 규명함으로써 생산제품을 좀 더 안정된 상태로 생산하는데 기여한다는 개념이다.

관리도는 용도에 따라 공정관리용 관리도와 공정해석용 관리도로 분류할 수 있으나 보통 통계량에 의하여 계수형 관리도와 계량형 관리도로 분류한다. 여기서는 계량형 관리도 중에서 ① **평균 $\overline{x}$ 관리도**, ② **범위 R 관리도** 및 두 개의 관리도를 합친 ③ **평균과 범위관리도, $\overline{x}-R$ 관리도**에 대하여 살펴볼 것이다.

(1) $\overline{x}$ 관리도(管理圖)

이 관리도는 **공정의 평균 μ의 변화를 관리**하는 관리도이다. 자료 n개의 측정값을 x_1, x_2, … , x_n이라 하면 다음과 같이 평균 $\overline{x}$와 범위 R는 다음과 같다.

$$\overline{x}=\frac{1}{n}(x_1+x_2+\ \cdots\ +x_n)=\frac{1}{n}\sum_{x=1}^{n}x_i\,,\quad R=\ x\text{의 최소값}-x\text{의 최대값}$$

앞 식들의 분포를 고찰하여 관리한계선들은 어떻게 나타나는지를 살펴보자. 관리한계선은 Shewhart의 3σ법을 이용하면 다음과 같다.

$$\mu\pm3\sigma_{\overline{x}} \tag{10.19}$$

여기서, $\sigma_{\overline{x}}$는 모평균의 표준편차로 $\sigma_{\overline{x}}=\sigma/\sqrt{n}$ 이다.

자료의 개개 측정값 x가 **정규분포**(正規分布, normal distribution, 그림 10.3 참조) $N(\mu,\ \sigma^2)$에 따르는 공정이라면 $\bar{x}$는 평균 μ, 표준편차 $\sigma/\sqrt{n}$ 의 정규분포 $N(\mu,\ \frac{\sigma}{\sqrt{n}})$에 따른다. 따라서 이 식들을 식 (10.19)에 대입하면 $\bar{x}$ 관리도의 3σ 관리한계선은 다음 식과 같다.

- 관리상한 : $UCL = \mu + 3\frac{\sigma}{\sqrt{n}} = \mu + A\sigma$ (a)
- 관리하한 : $LCL = \mu - 3\frac{\sigma}{\sqrt{n}} = \mu - A\sigma$ (b)

(10.20)

여기서 A는 $A = \frac{3}{\sqrt{n}}$ 이다. 앞 식에서 관리상한과 관리하한을 나타내는 선들은 공정 변동에 이상요인의 유무(有無)를 판정하는데 사용된다.

실제로 모집단의 매개변수 μ와 σ는 알 수 없으므로, μ는 각 군들의 평균 $\bar{x}_i$의 평균

$$\bar{\bar{x}} = \frac{\bar{x}_1 + \bar{x}_2 + \cdots + \bar{x}_k}{k} = \frac{\sum \bar{x}_i}{k}$$

으로써 추정하고, σ의 측정값은 다음과 같이 추정한다.

표본에서 얻어지는 범위 R의 기대값 $E(R)$과 표준편차 $SD(R)$는 모집단이 정규분포인 경우에는 다음 식으로 주어진다.

$$E(R) = d_2\sigma \tag{10.21}$$

$$SD(R) = d_3\sigma \tag{10.22}$$

여기서 d_2와 d_3는 표본의 크기에 다라 정해지는 값으로 통계적 품질관리 등의 참고문헌 부록 표에 수록되어 있다. 식 (10.21)에서 d_2는 통상 1보다 크므로 $E(R) = d_2\sigma > \sigma$가 성립하여 $E(R) > \sigma$가 된다. 식 (10.21)로부터 σ의 불편추정값 $\hat{\sigma}$은 다음 식을 이용하면 구할 수 있고 그 과정은 다음과 같다.

$$\hat{\sigma} = \frac{R}{d_2} \tag{10.23}$$

식 (10.23)에 의하여 R로부터 σ의 추정은 n이 10 이상 되면 **정도**(精度, precision)가 떨어진다. 그러므로 예를 들면, $n = 15$ 일 때는 $n = 5$ 일 때는 3개 군으로 나누어 각각의 범위 R_1, R_2 및 R_3을 구한 다음 이 들의 산술평균 $\bar{R} = (R_1 + R_2 + R_3)/3$ 에 $\frac{1}{d_2}$ 을 곱하여 $\hat{\sigma}$을 구하는 것이 바람직하다.

관측값을 k군으로 나누었을 때 k군의 범위 R인 평균 $\bar{R}$의 분포는 R의 분포를 하는 k군의 평균 분포이므로 다음 식으로 나타낼 수 있다.

$$E(\overline{R}) = d_2\sigma \tag{10.24}$$

$$SD(\overline{R}) = \frac{d_3\sigma}{\sqrt{k}} \tag{10.25}$$

여기서, k는 군의 수이다.

σ의 불편 추정값 $\hat{\sigma}$는 식 (10.24)을 이용하면 다음과 같이 얻어진다.

$$E(\overline{R}) = \overline{R} = d_2\hat{\sigma}$$

$$\hat{\sigma} = \frac{\overline{R}}{d_2} \tag{10.26}$$

식 (10.26)에서 각 군 범위의 평균 $\overline{R}$는 다음과 같다.

$$\overline{R} = \frac{\sum R}{k} \tag{10.27}$$

따라서 $\overline{x}$ 관리도의 중심선 CL과 관리한계선에서 관리상한(UCL)과 관리하한(LCL)은 다음과 같다.

- 중심선 : CL = $\overline{\overline{x}}$
- 관리상한 : $UCL = \overline{\overline{x}} + 3\frac{\hat{\sigma}}{\sqrt{n}} = \overline{\overline{x}} + 3\frac{\overline{R}}{\sqrt{n}\,d_2} = \overline{\overline{x}} + A_2\overline{R}$ (10.28)
- 관리하한 : $LCL = \overline{\overline{x}} - 3\frac{\hat{\sigma}}{\sqrt{n}} = \overline{\overline{x}} - 3\frac{\overline{R}}{\sqrt{n}\,d_2} = \overline{\overline{x}} - A_2\overline{R}$

여기서, $A_2 = \frac{3}{d_2\sqrt{n}}$이며 이 값은 표 10.3에 따른다.

$\overline{x}$ 관리도는 그림 10.8과 같다.

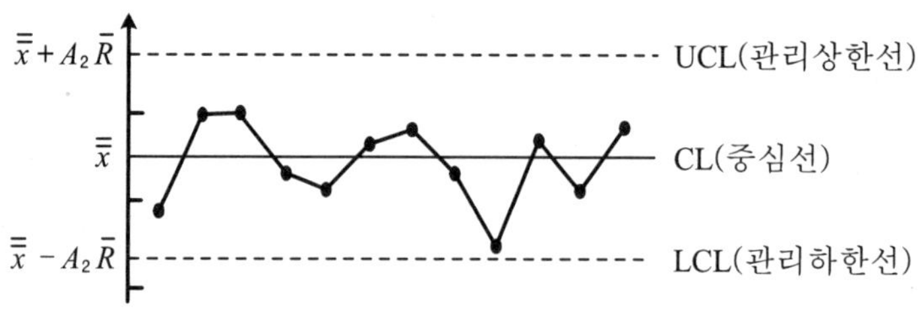

그림 10.8 $\overline{x}$ **관리도**

(2) R 관리도(管理圖)

이 관리도는 범위 R을 계산하여 $\overline{R}$로 공저의 평균(중심선)으로 하고 범위 R을 관리도에 나타내어 산포의 변화, 즉 **표준편차를 관리**한다.

$\overline{x}$ 관리도나 R 관리도에서 UCL과 LCL을 정하는데, 대량의 부품을 생산한다고 가정하고 정상적인 상태에서 제품의 특성값의 변동은 정규분포에 따른다고 가정한다. 자료의 개개 측정값 x가 평균 μ와 분산 σ^2인 정규분포 $N(\mu,\ \sigma^2)$에 따르는 공정에서 크기 n의 시료를 취했을 때 범위 R의 분포의 평균(또는 기대값)과 표준편차는 식 (10.21)과 식 (10.22)에 의하여 다음과 같은 식으로 주어진다.

$$E(R) = d_2\sigma \text{와} \quad SD(R) = d_3\sigma$$

여기서, d_2는 거의 $\sqrt{n}$으로 생각할 수 있고, d_2와 d_3는 표본 수에 따라 다르며, 표 10.3과 같다. $E(R)$은 모표준편차 σ와 비례관계에 있으므로, 이 관계는 σ의 추정에 쓰인다.

따라서 이론적인 R 관리도의 관리한계선은 다음이 된다.

- 관리상한 : $UCL = d_2\sigma + 3d_3\sigma = (d_2 + 3d_3)\sigma$
- 관리하한 : $LCL = d_2\sigma - 3d_3\sigma = (d_2 - 3d_3)\sigma$ (10.29)

그러나 실제로 σ를 모르므로 이를 $\hat{\sigma} = \overline{R}/d_2$로 추정하면 다음과 같은 식으로 R관리도의 중심선 CL과 관리한계선 관리상한(UCL)과 관리하한(LCL)은 다음과 같다.

- 중심선 : $CL = d_2\hat{\sigma} = d_2\left(\dfrac{\overline{R}}{d_2}\right) = \overline{R}$
- 관리상한 : $UCL = (d_2 + 3d_3)\sigma = (d_2 + 3d_3)\dfrac{\overline{R}}{d_2} = \left(1 + 3\dfrac{d_3}{d_2}\right)\overline{R} = D_4\overline{R}$ (10.30)
- 관리하한 : $LCL = (d_2 - 3d_3)\sigma = (d_2 - 3d_3)\dfrac{\overline{R}}{d_2} = \left(1 - 3\dfrac{d_3}{d_2}\right)\overline{R} = D_3\overline{R}$

여기서, $D_4 = 1 + 3\dfrac{d_3}{d_2}$이고 $D_3 = 1 - 3\dfrac{d_3}{d_2}$로 이 값은 표 10.3에 주어졌다.

R 관리도는 다음 그림 10.9와 같다.

건설공사에서 품질관리에 자주 쓰이는 자료는 길이, 온도, 시간, 중량 및 강도(인장강도나 압축강도) 등의 **계량값**(計量値)이다. 이러한 수 값은 연속적으로 변화하는 값으로 관리된다. 이 계량값의 관리도로 $\overline{x} - R$ 관리도가 자주 이용되고 있다. 여기서 작성방법과 그림의 읽는 법은 예를 통하여 설명할 것이다.

표 10.3 군의 크기에 따른 관리도의 계수

군의 크기 n	중심선을 위한 계수		관리한계를 위한 계수		
			$\bar{x}$ 관리도	R 관리도	
	d_2	d_3	A_2	D_3	D_4
2	1.128	0.853	1.880	-	3.267
3	1.693	0.888	1.023	-	2.575
4	2.059	0.880	0.729	-	2.282
5	2.326	0.864	0.577	-	2.114
6	2.534	0.848	0.483	-	2.004
7	2.704	0.833	0.419	0.076	1.924
8	2.847	0.820	0.373	0.136	1.864
9	2.970	0.808	0.337	0.184	1.816
10	3.078	0.797	0.308	0.223	1.777

다른 계수 값이 필요한 경우에는 통상 통계적 품질관리 등의 참고문헌 부록 표에 수록되어 있으므로 참고하기 바란다.

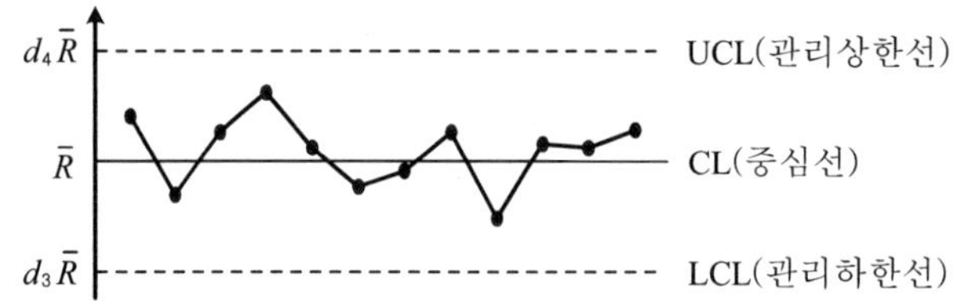

그림 10.9 $\overline{R}$ 관리도

(3) 평균(平均)과 범위(範圍) 관리도(管理圖) [또는 $\bar{x}-R$ 관리도(管理圖)]

공정의 품질은 평균뿐만 아니라 분산에 의해서도 영향을 받는 경우가 일반적이다. 따라서 공정의 평균과 분산을 동시에 관리하는 것이 효율적이다. 이 경우에는 $\bar{x}$ 관리도를 R 관리도에 합쳐서 만든 관리도가 되며, 이것을 $\bar{x}-R$ 관리도라 한다. 이 관리도는 **계량형 관리도에서 가장 많이 사용되는 관리도**이다. 이 계량형 관리도에서는 대개 계량값의 분포로 정규분포를 이용하고 있다. 품질특성이 정규분포이면 이 분포의 특성은 평균과 표준편차에 의하여 완전히 결정되므로 이들 두 통계량을 동시에 관리하게 되면 결국 품질특성의 분포를 관리하는 결과가 된다. $\bar{x}-R$ 관리도에서는 평균을 관리하는 $\bar{x}$ 관리도와 표준편차를 관리하는 R 관리도를 함께 작성하도록 함께 작성하도록 고안되어 있다. $\overline{x}-R$ 관리도의 관리한계는 $\overline{x}$ 관리도와 R 관리도를 개별적으로 사용할 때와 같다. 다만 관측값이 $\overline{x}$ 관리도나 R 관리도 중 어느 하나라도 관리한계선 밖에 도시되는 경우 공정은 이상상태에 있다는 판단을 내리게 된다.

평균과 범위($\overline{x}-R$) 관리도는 앞에서 기술한 (1) $\overline{x}$ 관리도와 (2) R 관리도를 바탕으로 단계별로 작성되는 과정을 다음과 같이 단계별로 설명할 수 있다.

■ 단계 1 : 자료의 수집과 **군**(群, group)을 분리

크기(n) 3~5 정도의 시료를 약 20~25군(k)으로 채취하고 측정하여 자료를 구분한 후 자료표에 기입한다. 자료표에는 품명, 시료의 채취방법 및 측정방법 등과 함께 나중에 원인을 규명할 때 필요하다고 생각되는 사항을 기록한다. 그리고 시료의 크기는 $n \geq 6$ 이면 σ의 추정값 $\hat{\sigma}=\overline{R}/d_2$를 추정 시 효율성이 떨어지므로 시료 하나의 군의 계급 폭의 크기는 $n=5$ 정도가 적절하다.

■ 단계 2 : 자료의 합계 ($\sum x$)를 구한 후 각 군의 평균 $\overline{x}$과 범위 R_j의 계산

평균 $\overline{x}$의 계산 : $\overline{x}=\frac{1}{n}(x_1+x_2+\cdots+x_n)=\frac{1}{n}\sum_{x=1}^{n}x_i$

단, 측정값 x 단위의 소수점 자리수보다 한자리 더 길게 잡는 것이 좋다.

각 군의 범위 계산 : $R_i=\max_{x_{ij}}-\min_{x_{ij}}$(= x의 최대값 − x의 최소값)

$$\overline{x}_1=\frac{1}{5}(x_{11}+x_{12}+\cdots+x_{15}),\quad R_1=\max_{x_{1i}}-\min_{x_{1i}}$$

$$\overline{x}_2=\frac{1}{5}(x_{21}+x_{22}+\cdots+x_{25}),\quad R_2=\max_{x_{2i}}-\min_{x_{2i}}$$

$$\vdots \qquad\qquad \vdots$$

$$\overline{x}_{20}=\frac{1}{5}(x_{201}+x_{202}+\cdots+x_{205}),\quad R_{20}=\max_{x_{20i}}-\min_{x_{20i}}$$

■ 단계 3 : 총 평균 $\overline{\overline{x}}$과 범위 R의 평균 $\overline{R}$의 계산

$$\overline{\overline{x}}=\frac{\overline{x}_1+\overline{x}_2+\cdots+\overline{x}_k}{k},\quad k=\text{군의 개수}$$

$$\overline{R}=\frac{R_1+R_2+\cdots+R_k}{k},\quad k=\text{군의 개수}$$

단, $\overline{\overline{x}}$와 $\overline{R}$도 측정값 x 단위의 소수점 자리수보다 한자리 더 길게 잡는 것이 좋다.

■ 단계 4 : 관리한계선의 계산

$\overline{x}$ 관리도 : 중심선 $CL=\overline{\overline{x}}$, 관리상한 $UCL=\overline{\overline{x}}+A_2\cdot\overline{R}$, 관리하한 $LCL=\overline{\overline{x}}-A_2\cdot\overline{R}$

R 관리도 : 중심선 $CL=\overline{R}$, 관리상한 $UCL=D_4\cdot\overline{R}$, 관리하한 $LCL=D_3\cdot\overline{R}$

- 단계 5 : 관리한계선과 자료의 점의 도시

  그림 10.10과 같은 관리도 용지를 준비하고, $\bar{x}-R$ 관리도의 CL, UCL 및 LCL을 그린 다음 그들을 표기한 후 그 값을 각각의 선 근처에 기입하고, 각 시료군의 평균 $\bar{x}$과 범위 R의 점들을 별개의 점(예를 들면, $\bar{x}$는 •으로 R은 ×로, ⊙, ⊗ 등)을 기입하는 것이 좋다. 관리한계선을 벗어나는 점은 잘 알 수 있도록 표시를 한다.

- 단계 6 : 공정의 관리상태 판정

  공정의 관리상태 판정은 $\bar{x}$ 관리도와 R 관리도를 구분해서 판정을 내린다.

  관리도에 쓰이는 계수는 표 10.3과 같다.

예제 10-9

댐 공사에서 사용할 콘크리트의 품질시험을 위하여 제작된 공시체의 압축강도시험을 하루에 3회, 연속해서 15일간 실시한 결과 다음의 자료가 얻어졌다. 이 자료를 이용하여 $\bar{x}-R$ 관리도를 작성하여라. 흔히 시간 순으로 나누어서 군을 만든다.

표 10.4 15일 동안 압축강도 측정값

일	측정값 [kgf/cm²]			일	측정값 [kgf/cm²]		
1	200	230	240	9	230	241	245
2	242	240	220	10	241	245	250
3	250	245	240	11	243	240	248
4	230	235	225	12	242	249	243
5	231	241	238	13	235	240	247
6	242	245	250	14	232	241	237
7	239	227	238	15	238	235	240
8	225	230	239				

▎풀이

15일 동안 압축강도의 측정값에서 1개의 군을 5일간으로 하면 3개의 군으로 분류되고 1개 군의 5개 자료 중 1일에 대한 평균 $\bar{x}$와 R을 다음과 같이 계산할 수 있다.

$$\bar{x}_{11}=\frac{1}{3}\sum_{j=1}^{3}x_{1j}=\frac{1}{3}(200+230+240)=\frac{670}{3}=223$$

$$R_{11}=x_{13}-x_{11}=240-200=40$$

앞에서 계산한 값은 표 10.5에서 1일의 6째 난과 7째 난에 나타나 있고 나머지도 같은 방법으로 계산하여 표를 완성한다.

표 10.5 평균 $\overline{x}$와 범위 R의 계산

일	x_1	x_2	x_3	$\sum x$	$\overline{x}$	R
1	200	230	240	670	223	40
2	242	240	220	702	234	22
3	250	245	240	735	245	10
4	230	235	225	690	230	10
5	231	241	238	710	237	10
				(3 507)		(92)
6	242	245	250	737	247	8
7	239	227	238	704	235	12
8	225	230	239	694	231	14
9	230	241	245	716	239	15
10	241	245	250	736	245	9
				(7 094)		(150)
11	243	240	248	731	244	8
12	242	249	243	734	245	7
13	235	240	247	722	241	12
14	232	241	237	710	237	9
15	238	235	240	713	238	5
				(10 704)		(191)

3개 군 중 첫 번째 군에 대한 1일에서 5일간의 총 평균 $\overline{\overline{x}}$, 범위 R의 평균 $\overline{R}$, CL, UCL 및 LCL을 구하면 다음과 같다.

1~5일 : $\overline{\overline{x}}=\dfrac{223+234+245+230+237}{5}=233.8(\text{CL}),\quad k=5$

$$\overline{R}=\frac{40+22+10+10+10}{5}=\frac{92}{5}=18.4\ (\text{CL})$$

$$\overline{\overline{x}}\pm A_2\cdot\overline{R}=233.8\pm1.023\times18.4=252.6(\text{UCL})\sim215.0(\text{LCL})$$

$$D_4\cdot\overline{R}=2.575\times18.4=47.4\ (\text{UCL})$$

$$D_3\cdot\overline{R}=0\times18.4=0\ (\text{LCL})$$

같은 방법으로 3개 군 중 두 번째 군에 대한 1일에서 10일간의 총 평균 $\overline{\overline{x}}$, 범위 R의 평균 $\overline{R}$, CL, UCL 및 LCL을 구하면 다음과 같다.

6~10일 : $\overline{\overline{x}}=\dfrac{223+234+\cdots+231+239+245}{10}=236.6(\text{CL}),\quad k=10$

$$\overline{R}=\frac{42+22+\cdots+14+15+9}{10}=\frac{150}{10}=15.0\ (\text{CL})$$

$$\overline{\overline{x}}\pm A_2\cdot\overline{R}=236.0\pm1.023\times15=251.9(\text{UCL})\sim221.3(\text{LCL})$$

$$D_4\cdot\overline{R}=2.575\times15.0=38.6\ (\text{UCL})$$

$D_3 \cdot \overline{R} = 0 \times 15.0 = 0$ (LCL)

같은 방법으로 3개 군 중 세 번째 군에 대한 1일에서 15일간의 총 평균 $\overline{\overline{x}}$, 범위 R의 평균 $\overline{R}$, CL, UCL 및 LCL을 구하면 다음과 같다.

11~15일 : $\overline{\overline{x}} = \dfrac{223+234+\cdots+241+237+238}{15} = 238.1$(CL), $k=15$

$\overline{R} = \dfrac{42+22+\cdots+12+9+5}{15} = \dfrac{191}{15} = 12.7$ (CL)

$\overline{\overline{x}} \pm A_2 \cdot \overline{R} = 233.8 \pm 1.023 \times 12.7 = 251.1$(UCL)~225.1(LCL)

$D_4 \cdot \overline{R} = 2.575 \times 12.7 = 32.7$ (UCL)

$D_3 \cdot \overline{R} = 0 \times 12.7 = 0$ (LCL)

자료의 범위에 대한 관리하한선 LCL은 모두 '0'으로 나타났다.

3개 군에 대한 $\overline{x} - R$ 관리도는 앞에서 구한 결과를 이용하여 그림 10.10과 같이 나타낼 수 있다.

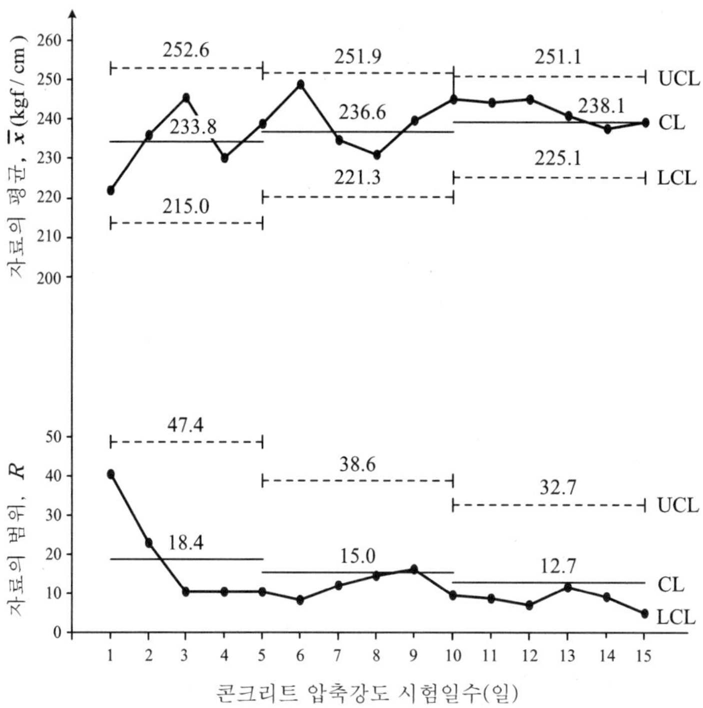

그림 10.10 $\overline{x} - R$ **관리도**

결론적으로 관리상태의 판정은 $\overline{x} - R$ 관리도에서 측정값이 관리한계 내에 있고, 중심선의 양측에 평균하여 나타난다. 따라서 **콘크리트의 품질은 안정한 관리상태에 있다고 판정**된다.

10.5 중심위치의 측정

수집된 자료에 대한 정보를 얻기 위해 조사된 자료를 정리 요약하고 어떻게 그래프로 그릴 것인가가 우리의 관심사이다. 자료를 요약하려면 먼저 자료의 특성을 하나의 숫자로 대표할 수 있는 통계량이 필요하며 이를 대표값(central value)이라 한다. 이들을 표현하는 대표적인 방법으로는 자료들이 어디에 집중되어 있는가, 즉 중심위치를 나타내는 통계량과 자료의 흩어진 정도(10.6절)를 나타내는 통계량을 들 수 있다. 중심위치를 나타내는 통계량으로 평균, 중앙값 및 최빈값이 있다.

히스토그램이 대칭인 경우에는 10.3과 10.4절의 처리방법이 적용되지만, 비대칭인 경우에는 다음과 같이 중앙값 또는 최빈값을 대표값으로 하는 것이 좋은 경우도 있다.

- **통계량**(統計量, statistic) : **표본**(標本, sample)으로부터 계산되는 **표본의 특성값**
  예 : 표본평균, 표본분산 등
- **매개변수**(媒介變數, parameter) : **모집단**(母集團, population)**의 특성을 나타내는 값**
  예 : 모집단평균 또는 모평균 (μ), 모집단분산 또는 모분산 (σ^2) 등

1) 평균 $\overline{x}$ (平均, mean) 또는 산술평균(算術平均, arithmetic mean)

우리가 여기서 다루는 평균은 산술평균을 의미하며 중심위치의 여러 측정 방법 중 **가장 많이 사용되는 대표값**이다. 평균은 관측된 값들을 모두 합한 다음 관측된 값들의 총개수로 나눈 값으로 다음과 같이 통계적으로 정의할 수 있다.

$$평균 = \frac{관측값들의\ 총합}{관측값들의\ 총개수}$$

예를 들면, 국어, 영어 및 수학의 중간시험성적이 각각 80점, 90점 및 96점이라면 관측값들의 총합은 80 + 90 + 97 = 267점이고 관측값들(국어, 영어 및 수학 3과목)의 총 개수는 3이므로 평균은 267 / 3 = 89점이 된다.

이와 같이 평균은 **양적자료에만 사용**되며 이것은 10.3절에서 설명한 바와 같이 n개의 관측값 $x_1, x_2, \cdots, x_n$으로 할 때 다음과 같은 수식으로 나타낼 수 있다.

$$평균 = \frac{x_1 + x_2 + \cdots + x_n}{n}$$

여기서 , n은 표본 자료의 총수이다.

모집단에서 추출한 모집단 일부의 자료조사, 즉 **표본조사**(標本調査, sample survey)를 통하여 얻은 자료의 평균이면 **표본평균**(標本平均, sample mean)이라 부른다. 주어진 자료가 표본일 때는 통상 $\overline{x}$ ('엑스바'라고 읽는다)로 나타낸다. 관심의 집단(모집단)의 특성을 연구하거나 정보를 얻는 데는 모집단 전체를 조사하는 **전수조사**[全數調査, 또는 **국세조사**(國勢調査), census]방법이 바람직하지만, 현실적으로 전수조사방법이 좋은 것만은 아니다. 전수조사는 모집단의 구성요소가 유한모집단이면 가능하지만 무한모집단인 경우에는 불가능하다. 유한모집단의 경우에도 표본조사가 전수조사에 비하여 조사시간이나 비용 등의 경제적인 측면을 고려할 때 많은 것을 절약할 수 있으므로 더 바람직하고 정확한 정보를 얻을 수 있다. 즉, 표본조사를 합리적이고 과학적으로 시행한다면 표본조사는 전수조사보다 더 정확하다. 이러한 내용은 [예제 10-10]을 통하여 살펴보자.

전수조사를 통하여 얻은 자료의 평균이면 **모평균**(母平均, population mean)이라 부르며 주어진 자료가 모집단일 때의 평균은 보통 μ[그리스문자로서 '**뮤**(mu)'라고 읽는다]로 나타내고, 모평균은 모집단의 평균값으로 이해할 수 있는 매개변수이다. 이러한 매개변수는 모집단으로 추출된 일부의 자료인 표본자료로부터 구한다. 즉, 표본평균 $\overline{x}$는 모평균 μ를 추정하기 위하여 사용한다.

우리는 합(合, summation)에 대한 간결한 표시법을 **시그마표시법**(sigma notation)이라 하며 이 표시법은 $\sum$로 쓰게 되는 그리스어의 대문자 sigma를 사용하기 때문이다.

▌ 시그마 표시법 : 합의 기호(Summation symbol), $\sum_{i=1}^{n}$ ▌

$\sum_{i=1}^{n} x_i$는 자료 x_i의 첫 번째 관측값($i=1$)부터 n번째의 관측값($i=n$)까지 합을 의미하며 정의의 식은 다음과 같다.

$$\sum_{i=1}^{n} x_i = x_1 + x_2 + \cdots + x_n$$

이 정의의 식은 가끔 $\sum x$, $\sum x_i$ 및 $\sum_i x_i$로도 나타낸다.

[예 1] $\sum_{i=1}^{n} x_i y_i = x_1 y_1 + x_2 y_2 + \cdots + x_n y_n$

[예 2] $\sum_{i=1}^{n} a x_i = a x_1 + a x_2 + \cdots + a x_n = a(x_1 + x_2 + \cdots + x_n) = a \sum_{i=1}^{n} x_i$

여기서 a는 상수이며 간단히 $\sum ax = a\sum x$이다.

[예 3] $\sum_{i=1}^{n} c = c + c + \cdots + c = c(1+1+\cdots+1) = nc$

여기서 c는 상수이다.

모집단과 표본을 구분하기 위하여 모집단의 자료수를 N, 표본의 자료수를 n이라 하면, 모평균과 표본평균은 다음과 같다.

- 모평균 : $\mu = \dfrac{x_1 + x_2 + \cdots + x_N}{N} = \dfrac{1}{N}\sum_{i=1}^{N} x_i$
- 표본평균 : $\bar{x} = \dfrac{x_1 + x_2 + \cdots + x_n}{n} = \dfrac{1}{n}\sum_{i=1}^{n} x_i$

여기서 x_i는 자료의 i번째 관측값, $\sum_{i=1}^{n}$는 합의 기호이다.

우리가 다루는 대부분의 자료는 표본이므로 앞으로 나오는 설명에서 평균은 $\bar{x}$로 표기하기로 한다. 평균 $\bar{x}$는 10.3절의 주3)과 같은 대칭분포일 때에는 최확값이 된다(그림 10.3).

예제 10-10

한 전구회사에서 생산된 100 000개의 되는 전구의 평균 수명을 알기 위하여 5개의 표본을 추출해서 전구의 수명을 측정한 결과 940, 922, 967, 952 및 949시간으로 나타났다고 가정하자. 이들 값으로부터 전구의 모평균을 추정하여라.

풀이

100 000개의 되는 전구 전체의 수명이 못 쓰게 될 때까지 모두 측정하여 모평균을 구한다면 실제로 사용하거나 팔 전구가 하나도 없게 되므로 조사의 의미가 없거나 현실적으로도 불가능하다. 그러므로 모집단으로부터 표본을 추출하여 표본평균 $\bar{x}$을 구하고 이 값을 모평균 μ의 추정치로 한다.

이 때 표본의 크기 $n = 5$이므로 주어진 표본평균 $\bar{x}$는 다음과 같다.

$$\bar{x} = \frac{x_1 + x_2 + \cdots + x_n}{n} = \frac{1}{5}(940 + 922 + 967 + 952 + 949)$$
$$= \frac{4\ 730}{5} = 946\,(\text{시간})$$

이 표본의 평균수명, 즉 대표값이 모집단에 대하여 일반화하는데 타당한 표본이라면 100 000개의 전구 전체의 모평균 μ를 946 시간으로 추정한다. 따라서 평균은 관측값들의 특성을 하나의 숫자로 나타내는 대표값의 성질을 가지게 되며, 한편으로는 자료의 **중심(中心, center)의 위치**를 나타낸다.

평균은 계산이 간편하고 관측치 하나하나의 값이 모두 반영되는 장점이 있어서 대표값으로 널리 사용되는 이유이다. 그러나 평균은 다른 대부분의 자료값보다 아주 크거나 작은 관측값, 즉 **극단값**(極端值, extreme value)인 **이상점**(異常點, outlier)이 포함되어 있을 때, 이러한 이상점의 직접 영향을 받아서 자료에 따라 대표값으로서의 의미를 올바르게 나타내지 못하는 경우도 있다. 다음의 예를 통하여 이상점의 의미를 살펴보자.

예제 10-11

어느 한 건설회사의 공사담당 직원들의 월급수준을 알아보기 위하여 10명의 월급액수를 조사한 결과 다음 표와 같았다.

표 월급액(단위 : 만원)

243	258	255	261	252
266	238	272	295	1 520

풀이

앞의 표를 이용하여 평균을 구하면 다음과 같다.

$$\bar{x} = \frac{x_1 + x_2 + \cdots + x_n}{n} = \frac{1}{10}(243 + 258 + \cdots + 1\ 520) = \frac{3\ 860}{10} = 386\,(\text{만원})$$

그러나 10명 중 9명의 월급액이 238만 원에서 295만원 사이에 분포되어 있어서 이 계산된 평균보다 작은 월급을 받고 있다. 이 계산된 평균 월급액은 대부분의 자료가 이루는 월급액으로 가까워져 전체를 대표하기보다는 이상점으로 볼 수 있는 큰 값 쪽으로 치우치게 되어 바람직하지 못하므로 이 평균은 자료를 대표하는 중심위치의 통계량이 될 수 없다. 따라서 앞의 표에서 1 520(만원)을 빼고 나머지 자료에 대한 평균을 구하면 다음과 같다.

$$\bar{x} = \frac{x_1 + x_2 + \cdots + x_n}{n} = \frac{1}{9}(243 + 258 + \cdots + 295) = \frac{2\ 340}{9} = 260\,(\text{만원})$$

이 결과에 의하면 후자(이상점을 뺀 경우)는 전자보다 평균이 126만원이나 감소됨을 알 수 있어 1 520만원을 제외하고 구한 평균 260만원이 앞에서 이 월급을 제외하고 계산한 386만원보다는 자료의 중심위치를 훨씬 더 잘 나타내는 통계량이라 할 수 있다.

이와 같이 자료의 극단값, 즉 아주 크거나 작은 값(이상점)이 존재할 때는 그 극단값을 버리고 나머지 자료를 사용하여 구한 평균이 더 좋은 중심위치의 값을 나타내며 더 큰 뜻을 갖는다.

평균은 기하학적으로 전체 자료의 분포가 균형을 이루는 **무게중심**(centroid)에 해당된다.

지금까지 설명한 평균은 이와 같이 이상점에 큰 영향을 받는 대신 다음에 설명하는 중앙값은 이상점에 전혀 영향을 받지 않는 통계량이다.

2) 중앙값 $\tilde{x}$(median)

중앙값은 평균과 같이 중심위치를 나타내는 통계량이다. **자료의 아주 큰 값이나 작은 값, 이상점에 의한 영향을 받는 평균의 단점을 보완**해 주는 **중심위치의 통계량이 중앙값**이다.

표본의 중앙값은 모든 관측 자료를 크기 순으로 가장 작은 값부터 가장 큰 값까지 순서, 즉 **오름차순**(ascending order)으로 나열하여 가장 가운데 놓이는 값(그림 10.11)이고 양적자료에만 사용할 수 있다. 만약 표본 자료 n이 홀수이면 중앙에 위치한 자료값을, 짝수이면 가운데 가장 가깝게 위치한 두 개 자료의 산술평균이 중앙값이 된다. 즉,

n개의 자료가 가장 작은 값부터 가장 큰 값까지 오름차순으로 나열되어 있을 때

- n이 홀수 : 표본 중앙값 $\tilde{x}$은 $\frac{n+1}{2}$번째 위치한 값
- n이 짝수 : 표본 중앙값 $\tilde{x}$은 $\frac{n}{2}$과 $\frac{n}{2}+1$번째 위치한 값들의 평균

예제 10-12

[예제 10-11]에 주어진 자료에 대한 월급액들의 중앙값을 구하여라.

▌풀이

각 직원의 월급액에 대한 10개 자료를 오름차순으로 나열하면 다음과 같다.

238, 243, 252, 255, 258, 261, 266, 272, 295, 1,520 (만원)

$n=10$개이므로 짝수, 표본 중앙값 $\tilde{x}$은 다음과 같다.

$\frac{n}{2}$번째와 $\frac{n}{2}+1$번째 위치한 값들의 평균값은

$$\frac{n}{2}=\frac{10}{2}=5\text{와 } \frac{n}{2}+1=\frac{10}{2}+1=6$$

즉, 주어진 자료의 5번째와 6번째에 위치한 값들의 평균은 다음과 같이 산정한다.

$$\therefore \text{ 중앙값 } \tilde{x}=\frac{258+261}{2}=259.5\,(\text{만원})$$

이 결과로부터 자료에 이상점이 포함되어 있을 때 중앙값이 중심위치를 나타내는 대표값으로 더 적합함을 알 수 있다. **이에 대한 응용**으로는 (1) 학생들을 대상으로 각 과목의 시험문제에 따라 어려운 정도에 대한 순위를 매기도록 한 자료에서 중앙값을 구하면 어려움이 중간정도인 문제수준을 찾을 수 있고, (2) 닭의 무게에 따라 닭살의 질김 정도의 순위를 주어 질긴 정도가 중간인 닭고기의 무게가 얼마인지 찾는 문제 등이 중앙값의 문제이다.

3) 최빈값(mode)

앞에서 소개한 통계량들은 양적자료인 경우에만 중심위치를 측정할 수 있는데 비하여 최빈값은 양적자료나 질적자료에 모두 적용할 수 있는 장점을 지니고 있다. **최빈값**은 자료 중에서 관측횟수가 가장 많은, 즉 가장 자주 나오는 값(도수가 가장 큰 값, 그림 10.11)으로 정의되며 소수 자료의 극단값에 의하여 영향을 받지 않는다. **최빈값을 구하려면 자료를 오름차순으로 나열**해야 한다. 왜냐하면 같은 관측값이 얼마나 자주 발생하는지를 쉽게 알 수 있기 때문이다. 평균과 중앙값이 하나인 것과는 달리 최빈값은 하나 이상일 수도 있고 존재하지 않을 수도 있다([예제 10-11] 표의 월급액

자료).

최빈값은 옷, 신발 및 모자 등을 생산하는 공장에서 계절별로 다양한 크기 또는 치수를 같은 양으로 생산하는 것보다는 가장 소비가 많은 크기(최빈값)를 기준으로 생산량을 조절한다면 상품의 재고가 남지 않는데 큰 도움을 줄 것이다.

예제 10-13

다음과 같이 주어진 자료의 최빈값을 구하여라.

(1) 11명에 대한 10점 만점의 쪽지시험을 실시하여 다음과 같은 자료를 얻었다.

9, 10, 5, 9, 9, 7, 8, 6, 10, 9, 9

(2) 어떤 건설회사에서 현장에 근무하는 사원 들 중에서 회사에 대한 만족도를 조사하기 위하여 13명의 사원을 표본으로 추출하였다. 추출된 사원들의 현장 근무 여건에 대한 만족도를 6단계로 조사하여 불만족이 심한 경우에 '0'으로 매우 만족하는 경우에 '5'로 표기하고 다음과 같은 결과를 얻었다.

5, 1, 4, 0, 1, 5, 3, 2, 4, 2, 4, 3, 2, 0

(3) [예제 10-11]에 주어진 자료에 대한 월급액들의 최빈값을 구하여라.

풀이

(1) 11명에 대하여 쪽지시험을 본 후 이 자료를 오름차순으로 나열하면 다음과 같다.

5, 6, 7, 8, 9, 9, 9, 9, 9, 10, 10

나열된 자료 중에서 관측값 9점이 5회로써 가장 많이 나타나있고 이 자료의 대표값 성질을 가지고 있으므로 최빈값이다.

(2) 13명 현장에 근무하는 사원의 자료를 오름차순으로 나열하면 다음과 같다.

0, 0, 1, 1, 2, 2, 2, 3, 3, 4, 4, 4, 5, 5

나열된 자료 중에서 관측값 2와 4가 각각 3회로써 가장 많이 나타나있으므로 이 자료의 최빈값은 2와 4로 2개가 존재한다. 이와 같이 분명한 두 개의 최빈값을 갖는 자료를 **쌍봉**(雙峰, biomodal) 또는 **쌍봉분포**(雙峰分布, biomodal distribution)라 한다.

(3) [예제 10-11]에 주어진 월급자료를 보면 모든 자료가 각각 한 번씩만 나타나 똑같은 자료가 없으므로 앞에서 정의한 대로 하면 최빈값은 존재하지 않는 것으로 나타났다.

최빈값이 양적자료의 중심위치를 나타내는 통계량으로 쓰이지 않는 이유는 가장 빈도수가 높은 관찰값이 자료 분포의 중심으로부터 멀리 떨어져 대표성이 없기 때문이다. 또한 최빈값은 중앙값과 마찬가지로 수리학적 분석이 어렵기 때문에 양적 자료의 경우 널리 사용되지 않고 있다. 질적자료에서는 최빈값이 대표값으로 잘 쓰인다.

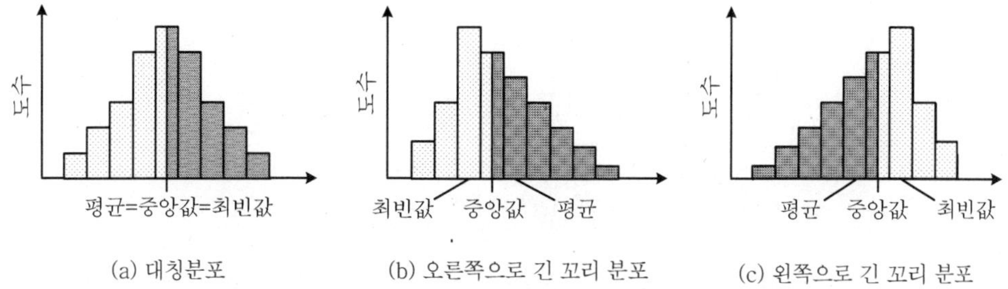

그림 10.11 자료의 분포에 따른 평균, 중앙값 및 최빈값의 위치

그림 10.11은 자료의 분포에 따라 도수를 산정한 다음, 평균, 중앙값 및 최빈값의 위치를 나타낸 것이다. 이 그림의 (a) **대칭분포인 경우, 평균, 중앙값 및 최빈값이 모두 일치한다는 사실에 주목**하라.

10.6 산포도의 측정

자료의 특징 중 가장 중요한 것은 자료마다 같지 않고 서로 다르다는 것이다. 앞 절에서 중심위치의 측정방법은 자료의 중심점을 나타내어 기본적인 자료의 특성을 알 수 있어 중요한 방법이다. 하지만 자료의 근본적인 특성에 대한 충분한 정보를 얻을 수 없으므로 불완전하다고 볼 수 있다. 따라서 자료의 특성을 올바르게 알기 위해서는 중심위치의 측정뿐만 아니라 자료에서 관측값들이 중심위치로부터 어느 정도 퍼져있는가에 대하여 아는 것이 매우 중요하다.

[그림 10.12]는 평균수심만의 정보를 알고 하천을 건너는 것이 얼마나 위험한 일이라는 것을 단적으로 보여주고 있다. 이 때 하천 횡단방향의 평균수심뿐만 아니라 하천의 수심이 평균을 중심으로 거리에 따라 얼마만큼 변하는지를 반드시 알아야 한다. 이와 마찬가지로 통계적 분석에도 자료가 평균과 같은 중심위치에서 얼마만큼 떨어져 있느냐를 측정하는 **측도**(測度, measure)가 필요하며 이 측도를 **산포도**(散布度, measure of dispersion)라고 한다.

자료의 퍼짐의 정도, 산포도를 나타내는 통계량은 분산, 표준편차, 변동계수 및 범위 등이 있다.

도수분포나 히스토그램에서 자료가 흩어져 있는 상황을 수량적으로 알아둘 필요가 있다. 여기서는 그 방법에 대하여 기술한다.

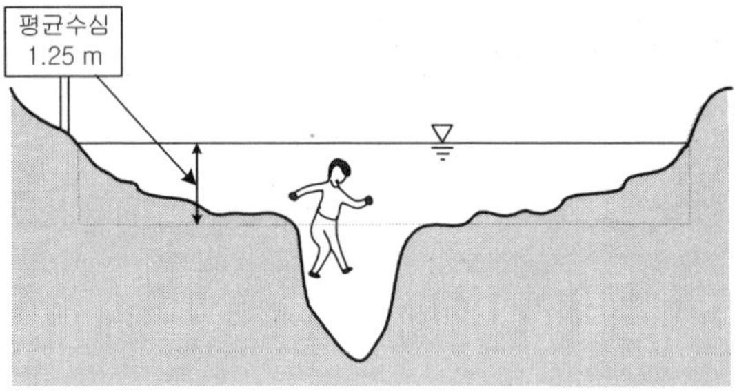

그림 10.12 하천의 평균수심만 알고 건너는 것이 얼마나 위험한가를 보여주는 경우

10.6.1 분산과 표준편차

산포도를 나타내는 통계량 중 가장 널리 쓰이는 것이 **분산**(分散, variance)과 **표준편차**(標準偏差, standard deviation)이다. 분산과 표준편차를 설명하기 전에 다음의 내용을 알아야 한다. 주어진 자료의 값들을 $x_1, x_2, \cdots, x_n$ 이라 하고 자료의 평균을 $\overline{x}$ 라 할 때, 각 자료값과 자료의 평균과의 차이, 즉 **편차**(偏差, deviation) v_i는 $v_i = x_i - \overline{x}$와 같다. 이러한 편차를 하나의 값으로 나타내기 위하여 편차 v_i를 모두 합하면 다음과 같이 항상 결과가 '0'이 되기 때문에 사용할 수 없다.

$$\sum v_i = \sum (x_i - \overline{x}) = \sum x_i - n\overline{x} = \sum x_i - n \cdot \frac{1}{n} \sum x_i = 0 \tag{10.31}$$

따라서, 편차의 합 대신 편차의 제곱의 합을 사용하는 것이 분산과 표준편차이다. 편차 제곱의 합은 자료의 수가 증가하면 무한히 커지기 때문에 그 자체로는 산포의 측도가 될 수 없다. 따라서 편차 제곱의 합을 자료의 수 n으로 나누어 사용하게 되며, 이를 분산이라 한다. 자료가 모집단일 때의 분산을 **모분산**(母分散, population variance)이라 하고, 보통 σ^2(시그마 제곱)이라 표기한다. 반면에 자료가 표본일 때의 분산을 **표본분산**(標本分散, sample variance)이라 부르며 통상 s^2으로 표기한다.

- 모분산 : $\sigma^2 = \dfrac{1}{N} \displaystyle\sum_{i=1}^{N} (x_i - \mu)^2$ (10.32)
- 표본분산 : $s^2 = \dfrac{1}{n-1} \displaystyle\sum_{i=1}^{N} (x_i - \overline{x})^2$ (10.33)

여기서, 표본분산을 계산할 때 n 대신에 $n-1$로 나누면 **불편분산**(不偏分散, unbiased variance)이 된다. 이 때 $n-1$을 **자유도**(自由度, degree of freedom)라고 한다. 모분산 σ^2은 불편추정량이 아니므로 자주 쓰이지는 않는다. 그러나 n이 매우 크면 편차의 제곱의 합을 n으로 나누거나 $n-1$로 나누어도 그 결과는 큰 차이가 없을 것이다.

▌ 자유도의 직관적인 의미 ▌

자료로부터 평균까지의 편차의 합을 구하면 항상 '0'이 된다는 것은 식 (10.31)로부터 알 수 있으며, 이 때 $n-1$개의 자료의 편차만 알면 나머지 하나의 편차는 저절로 계산할 수 있으므로 $n-1$개의 관찰값은 자유롭게 변화할 수 있다는 개념이다.

일반적으로 불편분산이란 표본분산 s^2의 추정량 $\hat{s}^2$의 기대값(또는 평균)이 다음 식과 같이 모분산 σ^2와 일치하는 경우이다.

$$E(\hat{s}^2)=\sigma^2$$

표준편차는 분산의 양의 제곱근으로 정의되며, 모분산이나 표본분산의 단위가 제곱의 형태로 나타나 주어진 단위와 일치하지 않는 단점이 있으므로 주어진 자료와 같은 단위를 가지면서 표본자료의 분포의 정도를 나타낼 수 있도록 하기 위하여 분산에 양의 제곱근을 취한 것이다. 자료가 모집단일 때 **모표준편차**(母標準偏差, population standard deviation), 표본일 때 **표본표준편차**(母標準偏差, sample standard deviation)라 하고 식 (10.32)과 식 (10.33)에 양의 제곱근을 취하여 각각 σ와 s로 표기한다.

- 모표준편차 : $\sigma=\sqrt{\sigma^2}=\sqrt{\dfrac{1}{N}\sum_{i=1}^{N}(x_i-\mu)^2}$ (10.34)
- 표본표준편차 : $s=\sqrt{s^2}=\sqrt{\dfrac{1}{n-1}\sum_{i=1}^{N}(x_i-\bar{x})^2}$ (10.35)

표준편차는 표본에서의 자료들이 분포되어있는 정도를 수치로 나타낸 것, 즉 관찰값들의 평균으로부터 평균거리를 계산한 것으로 만일 모든 관찰값이 같다면 표준편차는 0이 되어 변동이 없다는 것을 뜻하고, 0이 아니면 표준편차가 양수(陽數, positive number)로 점점 커질수록 자료들이 평균으로부터 더 넓게 퍼져 있다는 것을 뜻한다.

예제 10-14

10.4절의 [예제 10-8]을 이용하여 평균, 표준편차 및 불편분산을 구하여라.

▌풀이

10.4절의 [예제 10.8]에서 주어진 자료수가 $n=20$이므로

(1) 평균 $\bar{x}$

$$\bar{x}=\frac{x_1+x_2+\cdots+x_n}{n}=\frac{239+220+\cdots+247+215}{20}\approx 240\ \text{kgf/cm}^2$$

(2) 표본표준편차 또는 표준편차 s와 모표준편차 σ

$$\bar{x}=240,\quad S=(239-240)^2+(220-240)^2+\cdots+(215-240)^2=3\ 483$$

$$s = \sqrt{\frac{1}{n-1}\sum_{i=1}^{n}(x_i - \bar{x})^2} = \sqrt{\frac{S}{n-1}} = \sqrt{\frac{3\ 483}{19}} = 13.54\ (\text{kgf/cm}^2)$$

모표준편차 σ에서 모평균 μ는 표본평균 $\bar{x}$로 모집단 자료의 총수 N은 표본자료의 총수 n으로 대치한다.

$$\sigma = \sqrt{\frac{1}{N}\sum_{i=1}^{N}(x_i - \bar{x})^2} = \sqrt{\frac{S}{N}} = \sqrt{\frac{3\ 483}{20}} = 13.20\ (\text{kgf/cm}^2)$$

(3) 불편분산 s^2

$$s^2 = \frac{1}{n-1}\sum_{i=1}^{n}(x_i - \bar{x})^2 = \frac{S}{n-1} = \frac{3\ 483}{20-1} = 183.32\ (\text{kgf}^2/\text{cm}^4)$$

(4) 여유의 판정

10.4절의 [예제 10-8]의 히스토그램에서 집단화된 자료의 상한 규격치 (S_U)는 계급번호 6에 대한 계급구간 265~274 kgf/cm^2의 중앙값인 270 kgf/cm^2로 하고, 하한 규격치 (S_L)는 계급번호 1에 대한 계급구간 215~224 kgf/cm^2의 중앙값인 220 kgf/cm^2로 해서 히스토그램상에 표기하고, 평균과 불편분산을 이용해 이러한 규격치가 여유를 갖는지 아닌지를 판정할 수 있다(그림 10.13).

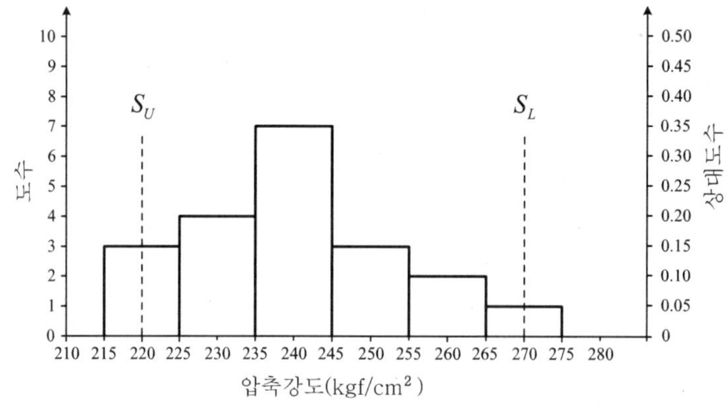

그림 10.13 히스토그램에서의 여유의 판정

여유의 판정방법은 Shewhart의 3σ법에서 제외된 구간을 나타내는 범위로 다음과 같은 식을 이용하여 한다.

$$\frac{|S_U(\text{또는 } S_L) - \bar{x}|}{\sqrt{s^2}} \geq 3\text{이라면 여유를 갖는다.}$$

$S_U = 270\ \text{kgf/cm}^2$, $S_L = 220\ \text{kgf/cm}^2$이므로 이 값들을 앞 식에 대입하면 다음과 같다.

$$\frac{|S_U - \bar{x}|}{\sqrt{s^2}} = \frac{|270 - 240|}{\sqrt{183.32}} = \frac{30}{13.54} \approx 2.2 < 3.0$$

$$\frac{|S_L - \bar{x}|}{\sqrt{s^2}} = \frac{|220 - 240|}{\sqrt{183.32}} = \frac{20}{13.54} \approx 1.5 < 3.0$$

앞의 결과로부터 품질은 규격에 대하여 여유가 없다는 것을 알 수 있다. 따라서 품질관리에서는 규격 내에 들어있지 않은 것에 대한 이상의 원인을 찾을 필요가 있다.

10.6.2 변동계수

변동계수(變動係數, coefficient of variation)는 두 종류의 자료의 산포를 비교할 때 두 종류의 자료값의 차이가 크거나 상대적인 변동 또는 분산도를 측정할 때 유용하게 쓰이며, **표본 변동계수** C_v는 다음과 같은 무차원 지표로 정의된다.

$$C_v = \frac{s}{\bar{x}} \tag{10.36}$$

여기서 s는 표준편차, $\bar{x}$는 산술평균이다. 이 값은 보통 백분율(%)로 나타낸다.

같은 자료라 할지라도 측정단위의 변화에 따라 분산이나 표준편차의 값도 달라진다. 따라서 자료의 측정단위의 변화와 관계없는 산포도의 개념이 필요하게 되며 표준편차를 평균으로 나눈 변동계수가 바로 여기에 해당한다. 예를 들면, 변동계수는 두 하천의 크기가 상당히 차이 나는 경우 유량의 상대적인 변동을 비교할 때나 수문자료에서 흔히 평균이 커지면 표준편차도 증가하는데 이러한 효과를 배제하기 위하여 사용한다.

예제 10-15

추출된 표본 시멘트 한포대가 45 kgf인 20포대의 평균무게는 44.87 kgf이고 표준편차는 1.08 kgf인 반면에 9 kgf인 30포대의 평균무게는 9.05 kgf이고 표준편차는 0.68 kgf로 추정하였다. 따라서 무거운 시멘트포대의 표준편차는 가벼운 포대의 표준편차보다 상대적으로 크기는 하나, 가벼운 포대의 변동이 좀 더 문제가 있는 것처럼 보인다. 두 표본에 대한 변동계수를 구하고 그 결과를 분석하여라.

풀이

(1) 45 kgf 시멘트포대의 변동계수 C_v는 다음과 같다.

$$C_v = \frac{s}{\bar{x}} = \frac{1.08\ \text{kgf}}{44.87\ \text{kgf}} = 0.024 \text{ 또는 } 2.4\%$$

(2) 9 kgf 시멘트포대의 변동계수 C_v는 다음과 같다.

$$C_v = \frac{s}{\bar{x}} = \frac{0.68\ \text{kgf}}{9.05\ \text{kgf}} = 0.075 \text{ 또는 } 7.5\%$$

45 kgf와 9 kgf의 두 포대의 변동계수 C_v는 각각 2.4%와 7.5%로 추정되어 가벼운 포대의 C_v가 무거운 것보다 더 크게 추정되어 가벼운 포대의 자료가 평균을 중심으로 더 퍼져있다고 말할 수 있다.

10.6.3 범위

산포도에서 가장 간단하고 단순한 통계량은 범위이다. **범위**(範圍, range)는 자료를 오름차순으로 나열했을 때 최대값과 최소값과의 차를 말한다. 즉,

범위 = 자료의 최대값 − 자료의 최소값

범위는 **간단히 구할 수 있다는 장점**이 있으며 자료의 크기가 작은 경우에 산포도로 쓰인다. 범위는 극단적인 값만을 나타내므로, 그 사이에 있는 하나 하의 자료들의 분포에 대해서는 전혀 알 수 없거나, 특히 관측값들의 수가 많은 경우나 극단값에 이상점이 있는 자료의 산포도를 측정하면 적절한 통계량의 측도가 될 수 없는 방법이다.

그러나 간단히 구할 수 있다는 장점으로 예를 들면, 기상보고시에 하루의 최고기온과 최저기온의 차를 통하여 기상의 변화폭을 보고하는데 쓰인다. 또한 공장에서 각 생산라인 마다 제품에 대한 측정값들의 범위를 미리 자동화로 설정해두면 이 범위 안에 들어가는 제품을 선별할 수 있는 공정은 제어되어 있다고 말할 수 있다. 그리고 정밀하게 생산되는 의약품 및 향수 등의 제품의 품질관리 등에 유용하게 적용시킬 수 있다.

범위의 불리한 점을 극복하기 위하여, 자료 집합의 평균과 관계는 관찰값의 위치를 고려하는 변동의 측도가 앞에서 설명한 10.6.1항의 분산이다.

예제 10-16

시중에서 판매되는 A와 B 두 청량음료제조회사의 생산제품 1리터(L) 용기에 담겨있는 청량음료의 실제용량을 각각 5개씩 표본을 추출하여 조사한 결과, A와 B회사의 제품은 다음 표와 같다. 두 회사제품의 범위를 구하고 이를 분석하라. 단, 이 경우 각 회사제품의 표본평균은 1 L로 동일하다.

표 두 회사의 청량음료의 실제용량(단위 : L)

A 회사제품	0.95	1.00	0.98	1.12	0.97
B 회사제품	1.06	1.02	0.89	1.14	0.95

▌풀이

청량음료 A회사의 범위 R_A는 $R_A = 1.12 - 0.95 = 0.17$ L이고, B회사의 범위 R_B는 $R_B = 1.14 - 0.89 = 0.25$ L이다. 따라서 B회사의 범위가 A회사의 것보다 크므로, 즉 $R_A < R_B$이므로 B회사의 자료 산포도가 A회사의 자료 것보다도 크다고 할 수 있다. 따라서 A회사의 관측값보다 B회사의 관측값들이 평균을 중심으로 변동이 더 크다는 것을 알려주며, 이는 **A회사의 변동이 작으므로 B회사 제품보다 신뢰할 수 있다**고 하겠다.

10.7 회귀분석

자연현상이나 사회현상의 규명에 있어서 이들과 관련된 변수들 간의 상호관련성의 관계가 관심의 대상이 된다. 이 때 얻어진 자료를 이용하여 각 변수들 간의 관련성의 여부와 그 관계를 찾아낼 수 있다면 한 변수(독립변수)의 변화로부터 다른 변수(종속변수)의 변화를 예측하는데 많은 도움을 줄 수 있다. 이들 두 변수간의 관계를 추정하는 과정을 **회귀**(回歸, regression)이라 하고 이 변수들 간의 함수적 관계식을 **회귀식**(回歸式, regression equation)이라 부른다. 수학적인 과정을 통하여 이러한 회귀식을 구하는 통계적인 분석방법은 **회귀분석**(回歸分析, regression analysis)이라 부른다.

▌회귀 ▌

회귀라는 용어와 이를 통계분석에 처음으로 사용한 사람은 1886년에 영국의 수학자이며 생물학자인 갈톤(Fransis Galton : 1822～1911)으로서, 그는 아버지와 아들 키에 대한 조사에서 아들 키는 유전에 의하여 인간의 평균키로 회귀하려는 경향이 있다고 발표한 바 있다.

관측된 자료들의 곡선을 **적합**(適合, fitting)하는 중요한 목적중의 하나는 **독립변수**(獨立變數, independent variable : 다른 변수에 영향을 주는 변수)로부터 **종속변수**(從屬變數, dependent variable : 다른 변수에 영향을 받는 변수)의 함수관계를 추정하는 것이다. 이 들 변수의 관계가 선형 또는 비선형인가에 따라 회귀분석은 선형회귀분석과 비선형회귀분석으로 나누어진다. 선형이라는 말은 회귀계수나 독립변수로 볼 때에도 선형을 뜻한다. 회귀분석은 독립변수가 1개이고 직선관계인 경우를 **단순회귀분석**(單純回歸分析, simple regression analysis), 2개 이상일 경우인 **중회귀분석**(重回歸分析, multiple regression analysis)으로 구분된다. 단순회귀분석에서 단순이라는 말은 독립변수가 단 1개뿐일 때를 뜻한다.

본 절에서는 가장 자주 쓰이는 형태의 식은 설명변수(또는 독립변수)가 1개이고 설명변수와 종속변수의 관계가 직선인 경우인 **선형회귀식**(線形回歸式, linear regression equation)이며 이것만 다룰 것이다(10.3.2항을 참조할 것).

회귀분석에서 독립변수는 확률변수가 아니라 주어진 값이며, 확률변수인 종속변수를 독립변수의 함수로서 설명하려는 것이 목적이다. 이와 같이 두 변수 사이의 상호 관계를 알아볼 때에 가장 먼저 할 일은 서로 대응하는 자료를 좌표평면 위에 점들로 나타내는 **산점도**(散點圖, scatter diagram)를 그려보는 것이다. 이 때 이 산점도로부터 두 변수의 상호 간에 관계가 직선[直線 또는 선형(線形)], 곡선[曲線 또는 비선형(非線型)] 및 무관계(無關係) 등에서 어떤 관계인지를 대략적으로 파악하여 적절한 모형을 설정하고 문제의 해결 방법 및 방향을 예측하는 것이다.

- **산포도**(散布度, measure of dispersion) : 평균(또는 대표값)과 같은 중심위치에서 주위의 자료들이 어느 정도 흩어져 있는가에 대하여 측정하는 척도
- **산점도**(散點圖, scatter diagram) : 서로 대응하는 자료를 직교좌표평면 위에 점들로 나타내어 관측값들이 얼마만큼 퍼져 있는가를 측정하는 척도

두 개의 좌표 x, y와의 사이에 직선적관계가 확인될 때, 그 직선의 식은 어떻게 될까? 즉, 구하는 직선의 식을 $\hat{y} = a + bx$로 할 때, x, y의 자료에서 a, b를 어떻게 결정할 것인가의 문제로 된다. 그것은 다음 식을 이용하여 S가 최소 즉, $S_{\min}$이 되도록 상수 a, b를 결정하는 것이다(최소제곱법).

$$S_{\min} = \sum(y_i - a - bx_i)^2$$

앞 식에서 a, b는 다음 식으로 계산할 수 있다[식 (10.17) 참조].

$$a = \frac{\sum x_i^2 \sum y_i - \sum x_i \sum x_i y_i}{n\sum x_i^2 - (\sum x_i)^2}, \quad b = \frac{n\sum x_i y_i - \sum x_i \sum y_i}{n\sum x_i^2 - (\sum x_i)^2} \tag{10.37}$$

a, b의 평균오차 ε_a, ε_b에 대하여서는 10.3.2항에서 식 (10.18)을 참조할 것

예제 10-17

댐공사 암반에 대한 그라우팅공사에서 **루젼(lugeon)값**과 시멘트 주입량의 관계는 다음과 같다. X가 독립변수이고 Y가 종속변수일 때, 두 변수사이의 관계식을 구하여라 ($n = 20$).

X (루젼값 L_u)	7	10	21	80	10	12	15	20	30	45	60	20	33	60	150	30	45	40	150	200
Y (시멘트 주입량) [kgf/m]	1	6	15	18	25	25	25	22	25	35	40	55	75	98	60	105	105	350	300	250

루젼(Lugeon)은 1933년 이 방법을 처음으로 공식화한 스위스의 지질학자 Maurice Lugeon의 이름을 따서 붙여졌다. 1 Lugeon은 보링공의 일정구간(보통 5 m)을 packer로 지수(止水)하고 단계적으로 물의 압력을 상승시키면서 물의 주입압 10 kgf/cm^{2}에 도달한 시점에서 보링공 1 m 구간에 대한 1 L/min의 물이 암반 중으로 침투되는 투수도 또는 수리전도도를 말하며, 1.3×10^{-5} cm/s(투수계수 단위)로 표시한다.

▌풀이

자료 X, Y 값의 폭이 크기 때문에, 전대수 그래프를 이용한다(그림 5.13). X, Y에 각각 상용로그를 취하면 $x=\log X$, $y=\log Y$이므로 X, Y를 다음 표와 같이 상용로그로 바꾼 후에 자료들을 정리한다.

표 10.6 회귀직선식의 상수 계산을 위한 과정 ($n=20$)

번호	X	Y	$x=LogX$	$y=LogY$	xy	x^2	y^2
1	7	1	0.845	0.000	0.000	0.714	0.000
2	10	6	1.000	0.778	0.778	1.000	0.606
3	21	15	1.322	1.176	1.555	1.748	1.383
4	80	18	1.903	1.255	2.389	3.622	1.576
5	10	25	1.000	1.398	1.398	1.000	1.954
6	12	25	1.079	1.398	1.509	1.165	1.954
7	15	25	1.176	1.398	1.644	1.383	1.954
8	20	22	1.301	1.342	1.747	1.693	1.802
9	30	25	1.477	1.398	2.065	2.182	1.954
10	45	35	1.653	1.544	2.553	2.733	2.384
11	60	40	1.778	1.602	2.849	3.162	2.567
12	20	55	1.301	1.740	2.264	1.693	3.029
13	33	75	1.519	1.875	2.847	2.306	3.516
14	60	98	1.778	1.991	3.541	3.162	3.965
15	150	60	2.176	1.778	3.869	4.735	3.162
16	30	105	1.477	2.021	2.986	2.182	4.085
17	45	105	1.653	2.021	3.341	2.733	4.085
18	40	350	1.602	2.544	4.076	2.567	6.472
19	150	300	2.176	2.477	5.390	4.735	6.136
20	200	250	2.301	2.398	5.518	5.295	5.750
합계			30.518	32.136	52.318	49.809	58.335

앞의 표로부터 $\sum x_i=30.518$, $\sum y_i=32.136$, $\sum x_i y_i=52.318$, $\sum x_i^2=49.809$, $(\sum x_i)^2=30.518^2=931.379$

여기서 10.3.2항의 식 (10.16)에 의해 정규방정식은 다음과 같다.

$$\begin{cases} an + b\sum x_i=\sum y_i \\ a\sum x_i + b\sum x_i^2=\sum x_i y_i \end{cases} \Rightarrow \begin{cases} 20a+30.518b=32.136 \\ 30.518a+49.809b=52.318 \end{cases} \tag{10.38}$$

식 (10.38)의 해는 식 (10.37)에 의해 다음과 같이 산정된다.

$$a=\frac{\sum x_i^2\sum y_i-\sum x_i\sum x_i y_i}{n\sum x_i^2-(\sum x_i)^2}=\frac{49.809\times 32.136-30.518\times 52.318}{20\times 49.809-931.379}=\frac{4.021}{64.801}=0.062$$

$$b=\frac{n\sum x_i y_i-\sum x_i\sum y_i}{n\sum x_i^2-(\sum x_i)^2}=\frac{20\times 52.318-30.518\times 32.136}{20\times 49.809-931.379}=\frac{65.634}{64.801}=1.013$$

관계식은 $y=a+bx$으로 $\log Y=0.062+1.013\log X$이 된다.

표 10.7 회귀직선식의 평균오차 계산을 위한 과정

번호	y	$\hat{y}$	$v_i=\hat{y}-y_1$	$v_iv_i=v_i^2$
1	0.000000	0.917400	0.917400	0.841622
2	0.778151	1.074254	0.296102	0.087677
3	1.176091	1.400534	0.224443	0.050374
4	1.255273	1.988725	0.733453	0.537953
5	1.397940	1.074254	-0.323686	0.104773
6	1.397940	1.154433	-0.243507	0.059296
7	1.397940	1.252564	-0.145376	0.021134
8	1.342423	1.379078	0.036655	0.001344
9	1.397940	1.557388	0.159448	0.025424
10	1.544068	1.735699	0.191631	0.036722
11	1.602060	1.862212	0.260152	0.067679
12	1.740363	1.379078	-0.361285	0.130527
13	1.875061	1.599302	-0.275759	0.076043
14	1.991226	1.862212	-0.129014	0.016645
15	1.778151	2.265167	0.487016	0.237184
16	2.021189	1.557388	-0.463801	0.215112
17	2.021189	1.735699	-0.285491	0.081505
18	2.544068	1.683901	-0.860167	0.739887
19	2.477121	2.265167	-0.211954	0.044925
20	2.397940	2.391680	-0.006260	0.000039
합계	32.136135	18.347992		3.375863

여기서 a, b의 평균오차 ε_a, ε_b는 표 10.7과 10.3.2항의 식 (10.18)에 의해 각각 계산하면 다음과 같다.

$$\varepsilon_a=\sqrt{\frac{\sum v_iv_i}{n-2}\cdot\frac{\sum x_ix_i}{\Delta}}=\sqrt{\frac{3.376}{20-2}\cdot\frac{49.809}{64.801}}=0.38$$

$$\varepsilon_b=\sqrt{\frac{\sum v_iv_i}{n-2}\cdot\frac{n}{\Delta}}=\sqrt{\frac{3.376}{20-2}\cdot\frac{20}{64.801}}=0.24$$

$\therefore\ \varepsilon_a=0.38,\ \varepsilon_b=0.24$, 즉 $a=0.06\pm0.38,\ b=1.01\pm0.24$이 된다.

단, Δ는 $\Delta=n\sum x_i^2-(\sum x_i)^2=20\cdot49.809-931.379=64.801$이다.

▌ 주의 ▌

평균오차는 유효수자 2자리 수 이내로 하고 해의 숫자는 원칙으로 최종자리수를 평균오차의 최종자리수로 포함시킬 것

예 : 5.231

± 0.017

10.8 상관분석

강도비와 탄성계수, 유역면적과 평균유출량, 신장과 체중, 흡연과 심장병 및 지능지수와 수학성적 등과 같은 측정자료를 이용하여 두 확률변수 사이의 관계가 얼마나 밀접한가를 연구하고 분석하는 방법을 **상관분석**(相關分析, correlation analysis)이라 한다. 상관분석의 주목적은 두 변수 사이의 선형관계가 있고 없음을 알고, 상관관계의 정도를 추론하는 것이므로, 곡선관계의 경우는 의미가 거의 없다. 따라서 두 변수가 구체적으로 어떠한 함수관계가 있는지를 파악하려고 하는 것은 아니다. 상관분석에서는 독립변수와 종속변수 모두가 확률변수 이다.

상관이란 두 자료 x, y의 관련성을 찾는 방법이다. 그것은 **산점도**(散點度, scatter diagram)의 작성, **상관계수**(相關係數, correlation coefficient)의 추정, **회귀식**(回歸式, regression equation)의 산정의 순서로 기술하기로 한다.

10.8.1 산점도의 작성

산점도는 주어진 x, y의 자료를 $x-y$평면에 **도시**(圖示, plot)한 것(그림 10.14)을 말하며, 관측값들이 얼마만큼 퍼져 있는가를 측정하는 측도이다. 산점도에서 두 변수의 관계는 대략적으로 파악할 수 있으며, 이 때 자료 x와 y사이에 직선관계가 성립할 때는 **상관성**이 강하고, 성립하지 않을 경우는 상관성이 약하다고 한다.

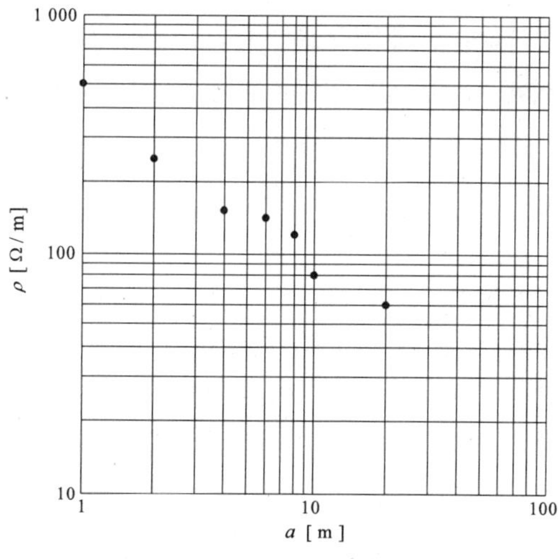

그림 10.14 전기탐사 $\rho-a$ 곡선

10.8.2 상관계수 r의 추정

산점도에서 대략적으로 파악할 수 있는 두 변수의 관계를 하나의 수로 나타내는 방법으로서 영국의 통계학자인 피어슨(Karl Pearson : 1857~1936)은 **표본상관계수**(標本相關係數, sample correlation coefficient)라고 불리는 통계량을 정의하여 이를 이용하여 상관분석이 가능하게 되었다. 상관계수는 두 자료 x와 y사이에 직선관계가 확인됐을 때, 이 관계의 강도를 나타내는 측도이다. 상관계수 r은 다음 식으로 구한다.

$$r = \frac{\sum(x_i - \bar{x}) \cdot (y_i - \bar{y})}{\sqrt{\sum(x_i - \bar{x})^2}\sqrt{\sum(y_i - \bar{y})^2}} = \frac{\sum x_i y_i - n\bar{x}\bar{y}}{\sqrt{(\sum x_i^2 - n\bar{x}^2)}\sqrt{(\sum y_i^2 - n\bar{y}^2)}}$$

또는 (10.39)

$$r = \frac{\sum(x_i - \bar{x}) \cdot (y_i - \bar{y})}{\sqrt{\sum(x_i - \bar{x})^2 \sum(y_i - \bar{y})^2}} = \frac{\sum x_i y_i - n\bar{x}\bar{y}}{\sqrt{(\sum x_i^2 - n\bar{x}^2)(\sum y_i^2 - n\bar{y}^2)}}$$

일반적으로 상관계수의 계산은 자료의 숫자가 많지 않으면 휴대용 계산기로 산정할 수 있으나, 자료의 숫자가 많으면 계산량이 많아지기 때문에 대부분 컴퓨터 프로그램을 작성한 후 개인용 컴퓨터를 이용하여 산정하면 편리하다.

상관계수 r은 다음과 같은 성질을 가지고 있다.

① r은 항상 -1과 1 사이의 값을 갖는다 ($|r| \leq 1$). 특히, 그 값이 $+1$인 경우는 주어진 모든 자료의 기울기가 증가하는(한 변수가 증가하면 다른 변수도 증가) 직선 위에 있을 것이며, 그 값이 -1인 경우는 주어진 모든 자료의 기울기가 감소하는(한 변수가 감소하면 다른 변수도 감소) 직선위에 있을 때이고, 두 경우를 **완전상관**(完全相關, perfect correlation)이라 한다.

② r이 1(또는 -1)에 가까울수록 산점도에서 자료 점들이 어떤 직선 주위에 밀집되어 나타나고, 이 때 x와 y사이에 직선관계가 강하므로 상관성도 강하다.

③ r이 0에 가까울수록 산점도에서 자료 점들이 직선관계가 약하다는 것을 나타내므로 x와 y 사이에 상관성이 없다.

> **상관계수 값이 0에 가깝다는 뜻**은 두 변수 사이의 직선관계(선형관계)만 약하다는 것이지, 반드시 두 변수 사이에 관계가 없다는 것이 아니라는 사실, 즉 곡선관계(예제 10-18 참조) 또는 기타 다른 관계를 나타내는 통계량이 아니라는 사실에 유의하여야 한다.

한편, 두 변수들 사이에 상관관계가 있다고 해서 반드시 인과관계가 있다는 뜻은 아니다. 예를 들면, 직장인들의 봉급과 맥주소비량 사이의 산점도를 그려보면 양의 상관관계로 나타나고 상관계수 r을 추정해도 양의 값을 갖는 것을 알 수 알 수 있다. 그러나 직장인들의 봉급이 오르면 맥주도 많이 소비한다는 뜻은 아닐 것이다. 어쩌면 전반적인 생활수준의 향상으로 봉급도 오르고 맥주소비량도 같이 증가했을지도 모르는 일이다.

이것은 다음 예제 10-18을 통하여 알아보자.

예제 10-18

두 변수에 대한 자료가 아래 표와 같이 주어졌을 때 상관성의 여부를 판단하여라.

표 10.8 상관계수 $r = 0$인 자료

x	y
1	1
1	2
2	4
3	5
4	4
5	3
6	1

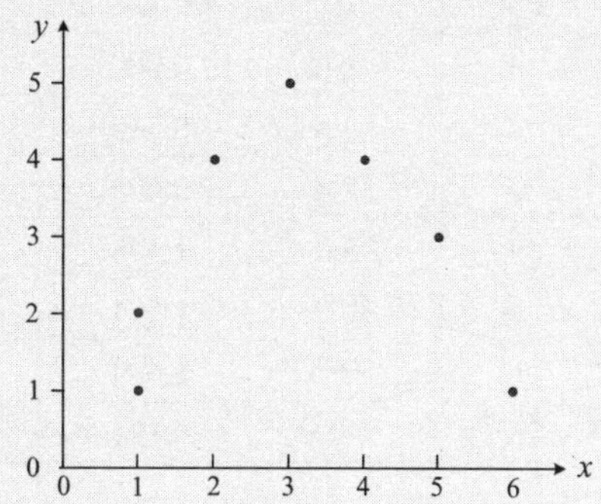

그림 10.15 두 변수 x와 y 사이의 관계

풀이

주어진 표 10.8의 자료를 그림 10.15에 도시한 결과 두 변수 x와 y사이에 곡선(포물선)관계가 뚜렷하지만 표본상관계수의 값은 0으로 나타날 수 있어 두 변수는 직선관계가 아니라는 것을 뜻한다. 따라서 두 변수의 상관성은 거의 없는 것으로 판단되지만 두 변수는 산점도로부터 곡선관계인 2차방정식으로 나타난다는 것을 알 수 있다.

10.8.3 회귀식의 추정

회귀식의 추정은 10.7절의 계산과정과 같다.

예제 10-19

점토지반의 압밀침하량과 경과시간의 관계는 다음과 같다. 이 관계에서 상관계수를 구하여라.

X (압밀시간) [월]	1	3.8	8.0	25.0	35.0	50.0
y (압밀침하량) [cm]	1.40	3.00	4.00	7.10	8.00	9.50

풀이

앞의 표를 그래프에 나타내면 곡선이 되지만(그림 5.8), 압밀시간 X는 자료의 폭이 크므로 상용로그 $x=\log X$를 취하여 반대수지 그래프에 도시하면 직선으로 나타난다(그림 10.16).

(1) 방법 1 : 식 (10.38)의 첫 번째 식을 이용

방법 1을 이용하기 위하여 압밀시간 X를 다음 표에 $x=\log X$로 바꾸고 계산에 필요한 자료에 대한 값들을 정리한다.

표 10.9 방법 1에 의한 상관계수를 얻기 위한 계산

번호	X	$x=\log X$	y	$(x-\bar{x})(y-\bar{y})$	$(x-\bar{x})^2$	$(y-\bar{y})^2$
1	1.0	0.000	1.40	4.185	1.042	16.81
2	3.8	0.580	3.00	1.102	0.194	6.25
3	8.0	0.903	4.00	0.176	0.014	2.25
4	25.0	1.398	7.10	0.604	0.142	2.56
5	30.0	1.544	8.00	1.309	0.274	6.25
6	50.0	1.699	9.50	2.713	0.460	16.00
합계		6.124	33.00	10.089	2.126	50.12

앞 표의 계산결과와 식 (10.38)의 첫 번째 식을 이용하면 상관계수 r을 다음과 같이 계산할 수 있다.

$$\bar{x}=\frac{\sum x_i}{n}=\frac{6.124}{6}=1.020\,6$$

$$\bar{y}=\frac{\sum y_i}{n}=\frac{33.99}{6}=5.50$$

$$\sum(x_i-\bar{x})^2=2.216$$

$$\sum(y_i-\bar{y})^2=50.12,\quad \sum(x_i-\bar{x})\cdot(y_i-\bar{y})=10.088\,7$$

$$\therefore\quad r=\frac{\sum(x_i-\bar{x})\cdot(y_i-\bar{y})}{\sqrt{\sum(x_i-\bar{x})^2\sum(y_i-\bar{y})^2}}=\frac{10.089}{\sqrt{2.216\cdot 50.12}}=0.977$$

(2) 방법 2 : 식 (10.38)의 두 번째 식을 이용

방법 1에서의 정리된 자료를 이용하여 다음 표와 같이 방법 2 계산에 필요한 자료에 대한 값들을 정리한다.

표 10.10 방법 2에 의한 상관계수를 얻기 위한 계산

번호	X	$x=\log X$	y	xy	x^2	y^2
1	1.0	0.000	1.40	0.000	0.000	1.96
2	3.8	0.580	3.00	1.739	0.336	9.00
3	8.0	0.903	4.00	3.612	0.816	16.00
4	25.0	1.398	7.10	9.925	1.954	50.41
5	30.0	1.544	8.00	12.353	2.384	64.00
6	50.0	1.699	9.50	16.149	2.886	90.25
합계		6.124	33.00	43.770	8.337	231.62

앞 표의 계산결과를 이용하고 식 (10.38)의 두 번째 식을 이용하면 상관계수 r을 다음과 같이 계산할 수 있다.

$$\therefore \quad r = \frac{\sum x_i y_i - n\bar{x}\bar{y}}{\sqrt{(\sum x_i^2 - n\bar{x}^2)(\sum y_i^2 - n\bar{y}^2)}}$$

$$= \frac{43.770 - 6 \cdot 1.0206 \cdot 5.50)}{\sqrt{(8.377 - 6 \cdot 1.0206^2)(231.62 - 6 \cdot 5.50^2)}} = 0.977$$

방법 1과 방법 2를 식 (10.38)에 대입하여 얻은 압밀시간과 압밀침하량 사이의 상관계수가 두 방법 모두 $r = 0.977$로 산정되어 같은 결과를 얻었으며, 또한 이 값은 1에 가깝고, 거의 직선관계로 나타났으므로 상관성도 매우 강하다는 것을 뜻한다.

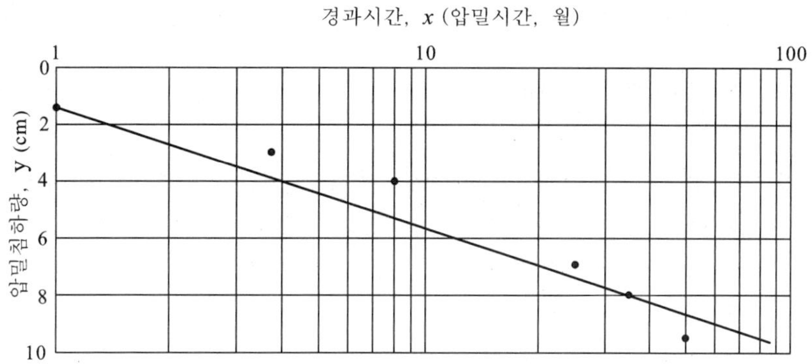

그림 10.16 압밀침하량과 경과시간사이의 관계

연 습 문 제

10.1 어떤 거리를 5회 반복 측정한 값이 각각 50.675 m, 50.671 m, 50.674 m, 50.673 m, 50.677 m일 때 최확값을 구하여라.

답: 최확값 50.674 m(경중률이 같다고 할 수 있으므로 최확값은 측정값들의 산술평균)

10.2 ○○지역의 댐과 공사용 볼트의 길이를 측정하여 각각 9 900 cm와 8.1 cm를 얻었다고 가정하자. 이 길이의 실제값은 각각 10 000 cm와 9 cm이라면 (1) 오차 (2) 백분율 상대 오차를 각각의 경우에 대하여 계산하여라.

답: (1) 100 cm, 0.9 cm
(2) 1%, 10%

10.3 길이 20 m의 베줄자(cloth tape)를 이용하여 1 km의 거리를 측량하였다. 이 때 베줄자가 표준줄자와 비교하여 20 m에 대하여 20 mm가 길다면 정확한 거리는 얼마인가?

답: 1 001.0 m

10.4 두 측점 사이의 거리가 80 m인 측선을 20 m의 줄자로 측정하였다. 한 번의 측정에 +5 mm의 누적오차와 ± 5 mm의 우연오차가 발생하였다고 하면 정확한 거리는 얼마인가?

답: 80.02 ± 0.010 m

10.5 두 점 사이의 거리를 보측, 줄자 그리고 전자파 거리측량기로 5번씩 반복하여 관측하였을 때 그 결과는 다음 문제 10.5 표와 같다. 이 표에서 보축으로 측정한 측정값은 p로, 줄자는 t로, 전자파 거리측량기는 e로 나타내었다. 어느 측량방법이 정밀도가 가장 높은지 설명하여라.

문제 표 10.5 여러 가지 거리측량의 예

관측번호	보측(p)	줄자(t)	전자파 거리측량기(e)
1	541	537.18	537.124
2	533	537.09	537.115
3	536	537.13	537.120
4	558	537.37	537.156
5	527	537.03	537.105

전자파 거리측량기(다른 측량방법에 얻은 결과보다 훨씬 작은 편차를 가진다)

10.6 ○○지역의 토지구획정리사업지구에 대한 어느 직사각형 토지의 한 필지(筆地)는 한 변의 길이가 50.170 m이고 다른 변은 61.090 m으로 측정되었다. 만약 줄자의 길이가 3 cm 짧은 길이 30 m의 줄자로 이 토지를 측정하였다면, 이 토지에 전파된 오차를 구하여라.

6.115 m^2

10.7 어떤 직원추의 높이가 밑면의 반경과 같다고 한다. 이들을 재어서 12.7 cm의 값을 얻었다고 할 때, 여기에 0.05 cm의 오차가 있을 가능성이 있다면 이 때 이 직원추의 체적을 계산함으로써 발생하는 백분율 상대오차를 구하여라.

± 1.2%

10.8 도선의 저항 R은 길이 l에 비례하고 반경 r의 제곱에 반비례한다. 즉, $R = kl/r^2$이다. 여기서, k는 비례상수이다. 만약 길이의 측정에서 상대오차가 5%, 반경의 측정에서 상대오차가 10%라면 최악의 경우 R의 상대오차는 얼마인가?

0.25 또는 25%

10.9 어떤 지역 평지의 경우 두 지점 A로부터 B점까지 거리를 강철줄자를 사용하여 10회 측정한 결과 다음 표와 같은 측정값을 얻었다. 이 자료에 대한 평균, 단측정의 평균제곱근오차 및 최확값(또는 평균값)의 평균제곱근오차를 구하여라.

문제 표 10.9

측정횟수	1	2	3	4	5	6	7	8	9	10
측정값(m)	800.57	800.39	800.37	800.39	800.48	800.49	800.32	800.46	800.47	800.55

800.45 m, $\sigma_x = \pm 0.080$ m, $\sigma_{\bar{x}} = \pm 0.025$ m

10.10 ○○지역에 대한 성토공사에서 성토의 품질관리를 했다. 성토에 사용한 흙의 밀도측정에서 다음과 같은 값을 얻었다. 이러한 값으로부터 도수분포표를 작성하고 히스토그램을 작성하여라.

$\gamma_d\,[\mathrm{t/m^3}]$: 1.97 2.05 2.05 2.09 2.12 2.15 2.01 2.06 2.07 2.10
2.09 2.16 2.02 2.07 2.06 2.11 2.13 2.18 2.03 2.08

(1) 최대치는 2.18 t/m^{3}와 최소치는 1.97 t/m^{3}를 이용하여 도수분포표 작성
1.97~2.00, n = 1, 2.01~2.04, n = 3, 2.05~2.08, n = 7, 2.09~2.12, n = 5, 2.13~2.16, n = 3, 2.17~2.20, n = 1

(2) 도수분포표를 이용하여 히스토그램을 작성

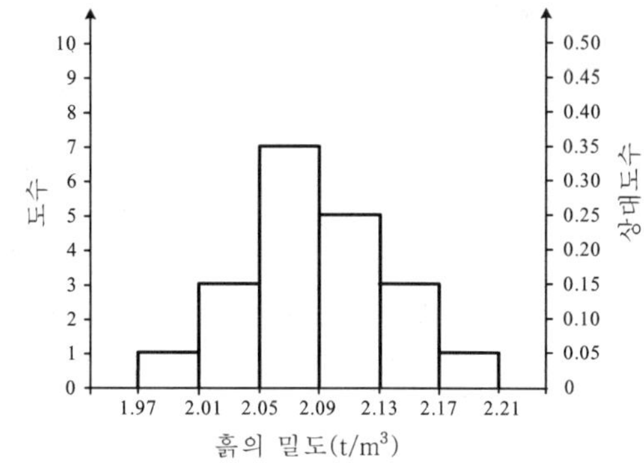

문제 그림 10.10 히스토그램

10.11 콘크리트의 압축강도시험을 하루에 2회, 연속해서 20일 동안 실시한 결과, 문제 표 10.11의 자료가 얻어졌다. 이 자료를 이용하여 $\overline{x}-R$ 관리도를 작성하여라.

문제 표 10.11

일	측정값 [kgf/cm^2]		일	측정값 [kgf/cm^2]	
1	235	240	11	245	250
2	240	245	12	227	232
3	240	248	13	230	235
4	245	241	14	241	243
5	239	230	15	240	241
6	241	238	16	240	230
7	225	235	17	241	225
8	240	220	18	235	239
9	230	240	19	249	242
10	245	242	20	238	231

(1~5일) : $\overline{\overline{x}}=240.6$(CL), $k=5$, $\overline{R}=6.2$ (CL)

$\overline{\overline{x}} \pm A_2 \cdot \overline{R} = 245.1$(UCL)~$236.1$(LCL)

$D_4 \cdot \overline{R}=14.2$ (UCL), $D_3 \cdot \overline{R}=0$ (LCL)

(6~10일) : $\overline{\overline{x}}=238.2(CL)$, $k=10$, $\overline{R}=7.7\,(CL)$

$\overline{\overline{x}} \pm A_2 \cdot \overline{R} = 243.8(UCL) \sim 232.6(LCL)$

$D_4 \cdot \overline{R} = 17.6\,(UCL)$, $D_3 \cdot \overline{R} = 0\,(LCL)$

(11~15일) : $\overline{\overline{x}}=238.4(CL)$, $k=5$, $\overline{R}=6.3\,(CL)$

$\overline{\overline{x}} \pm A_2 \cdot \overline{R} = 243.0(UCL) \sim 233.8(LCL)$

$D_4 \cdot \overline{R} = 14.4\,(UCL)$, $D_3 \cdot \overline{R} = 0\,(LCL)$

(16~20일) : $\overline{\overline{x}}=238.1(CL)$, $k=10$, $\overline{R}=7.0\,(CL)$

$\overline{\overline{x}} \pm A_2 \cdot \overline{R} = 243.2(UCL) \sim 233.0(LCL)$

$D_4 \cdot \overline{R} = 16.0\,(UCL)$, $D_3 \cdot \overline{R} = 0\,(LCL)$

4개 군에 대한 $\overline{x}-R$ 관리도는 생략(10장의 예제 9를 참고)하나, 이 때 측정값이 관리한계(관리상한과 관리하한) 밖으로 많이 나타나 있고, 중심선의 양측에서 한 쪽으로 치우쳐 나타난 경우가 많아 무시 못 할 이상원인이 있는 것으로 판단되므로 조치를 취해야한다. 따라서 콘크리트의 품질은 불안정한 관리상태에 있다고 판정된다.

10.12 ○○팀의 야구선수 갑과 을은 15년 동안 해마다 친 홈런의 수는 각각 다음 표와 같다. 이 두 선수는 평균으로만 보았을 때 어느 선수가 우수하다고 할 수 있는가? 만약 을 선수의 기록 중 마지막 홈런을 빼고 평균을 구하는 경우에는 포함하여 구하는 경우와 비교하여 어느 경우가 대표값으로 쓰는 것이 적합한지 그 이유를 기술하여라.

문제 표 10.12 야구선수갑과 을은 15년 동안 해마다 친 홈런의 수(단위 : 개)

선수 갑	24	22	26	24	18	25	24	23	24	20	26	25	21	27	29
선수 을	10	23	16	36	28	24	22	20	18	32	28	22	33	39	61

$\overline{x}_{갑} = 23.9$개, $\overline{x}_{을} = 27.5$개, $\overline{x}_{을} = 25.1$개(61을 제외), 두 선수의 중앙값은 모두 24개이다. 그러므로 이상점이 있는 경우 대표값은 평균보다 중앙값이 더 적합하다.

10.13 지난달 어느 소도시에서, 12개의 건설회사에 발행된 건축허가 건수는 다음과 같다. 이 자료를 모집단으로 생각하고, 다음 값 (1) 평균, (2) 중앙값 및 (3) 최빈값을 구하여라.

4　0　11　1　3　8　7　5　15　4　7　4

평균 $\mu = 6$건, 중앙값 $\tilde{\mu} = 6$건, 최빈값 7건

10.14 어떤 생태학자의 연구에 의하면 우리하수도를 통하여 나가는 가정용 합성세제에 포함된 인산염은 하천이나 호수의 물을 부영양화 시켜 물고기 등 많은 생물들을 죽게 하고, 호수를 늪지대로 변화시켜 마침내 불모지로 만드는 원인으로 밝혀졌다. 다음 자료는 사용 지침에 의하여 사용한 여러 가지 합성세제의 무작위 표본에 대한 세탁물 1회당 인산염을 나타내었다. 주어진 인산염자료에 대한 다음 값 (1) 평균, (2) 중앙값 및 (3) 최빈값을 구하라.

문제 표 10.14

합성세제 종류	1	2	3	4	5	6	7	8	9	10	11	12	13	14	15
세탁물 1회당 인산염(g)	42	30	29	47	48	34	26	29	29	42	41	31	37	44	35

평균 $\bar{x} = 36.3$ g, 중앙값 $\tilde{x} = 35$ g, 최빈값 $= 29$ g

10.15 자료의 분포에 따라 도수를 산정한 다음, 평균, 중앙값 및 최빈값의 위치를 그림으로 나타내었을 때 이 그림이 (1) 대칭분포, (2) 왼쪽으로 긴 고리 분포 및 (3) 오른쪽으로 긴 꼬리분포인 경우 평균, 중앙값 및 최빈값의 크기를 등호 또는 부등호로 나타내어라.

(1) 평균 = 중앙값 = 최빈값
(2) 평균 < 중앙값 < 최빈값
(3) 최빈값 < 중앙값 < 평균

10.16 다음과 같은 두 종류의 자료가 주어졌다.
(1) 자료 1과 2의 평균, 중앙값 및 최빈값을 구하여라.
(2) 자료 1과 2의 범위를 구하고 그 결과를 비교・분석하라.
(3) 자료 1과 2의 (표본)표준편차와 모표준편차 그리고 불편분산을 구하여라.

문제 표 10.16

자료 1	10	20	30	40	50	60	60	70	80	90	100	110
자료 2	40	50	50	50	60	60	60	60	70	70	70	80

(1) 평균, 중앙값 그리고 최빈값은 자료 1과 2 모두 60
(2) 범위 : 자료 1은 110, 자료 2는 40, 자료 1이 자료 2보다 흩어짐의 정도가 넓다.
(3) 표본표준편차 : 각각 31.6, 11.3
모표준편차 : 각각 30.4, 10.8
불편분산 : 각각 1 000, 127.3

10.17 어느 공장에서 생산되는 건설공사용 볼트 중에서 8개의 표본을 추출하여 직경을 측정한 결과(단위 : cm) 다음과 같은 자료를 얻었다.

2.8, 2.2, 2.5, 2.4, 2.7, 2.5, 2.9, 2.8

이 때 볼트의 직경을 측정한 자료에서 측정단위를 mm로 한 경우의 (1) 변동계수를 각각 구하고 (2) 그 결과를 비교・분석하여라.

볼트 직경의 측정단위를 cm나 mm로 하는 경우, 변동계수는 둘 다 0.092로 계산되어 자료의 측정단위의 변화와 관계없다는 것을 확인

10.18 그라우팅공사에서 루젼값(L_U)과 시멘트주입량[kgf/m]의 관계는 문제 표 10.18과 같이 된다.

(1) 루젼값과 시멘트주입량의 관계식, 회귀직선을 구하여라.

(2) 이 관계식이 성립할 때의 상관계수도 구하여라 ($n=10$).

문제 표 10.18

루전값	3.5	4	4.2	4.5	5.0	5.8	6.1	7.5	8.8	9.5
시멘트 주입량	18	18	20	22	35	40	25	35	70	40

$\hat{y} = -2.961 + 5.987x, \quad r = 0.784$

10.19 ㅇㅇ지역 도로공사에서 연약지반 위에 도로제방 등의 구조물을 축조할 때 성토를 위한 흙의 품질관리를 했다. 다음 표와 같이 성토되는 흙의 밀도측정값에서 평균과 표준편차를 구하여라.

$\gamma_d\,[\mathrm{t/m^3}]$: 1.79 1.81 1.82 1.85 1.79 1.78 1.77 1.89 1.90 1.83

평균 : $\bar{x} = 1.82\ \mathrm{t/m^3}$, 표준편차 : $s = 0.045\ \mathrm{t/m^3}$

10.20 다음 표의 1과 2란은 어느 지방의 일최대기온의 평균(x)과 강우량(y)의 30년 간(1961~1990) 평균값이다. 다음을 계산하라. (1) x에 대한 y의 회귀직선, (2) 결정계수와 상관계수

문제 표 10.20

월	1	2	3	4	5	6	7	8	9	10	11	12
기온 x (℃)	0.4	2.8	8.0	14.8	20.5	24.5	27.9	29.4	25.4	19.5	12.2	3.9
강우량 y (mm)	15.8	17.9	49.9	66.3	72.5	139.4	303.8	180.4	136.7	45.0	35.1	30.0

(1) 회귀직선 $\hat{y} = -14.878 + 6.716x$

(2) 결정계수 $r^2 = 0.650$, 상관계수 $r = 0.806$

10.21 10.7절의 [예제 10.17]에서 상관계수 r을 구하여라.

상관계수 $r = 0.704$

찾아보기

▌아▐

▌자 ▌

▮ 하 ▮

▮ A ~ Z ▮

▌기타▐

전시영

· 한양대학교 공과대학 토목공학과, 공학사
· 한양대학교 대학원 토목공학과, 공학석사
· 한양대학교 대학원 토목공학과, 공학박사
· 원광대학교 공과대학 토목환경공학과 조교수, 부교수, 교수
· 원광대학교 환경건설연구센터장
· 미국 루이지애나 주립대학교 교환교수
· 한국수자원학회 부회장
· 한국수자원학회 전북지회장
· 국토교통부 중앙하천관리위원회 설계자문위원
· 국토교통부 대전, 익산지방국토관리청 설계자문위원
· 전라북도 지방하천관리위원회 설계자문위원
· 전라북도 지방건설심의위원회 위원
· 전주시, 익산시 설계자문위원
· 한국하천협회 자문위원
· 총무처 기술고등고시 출제위원
· 한국산업인력공단 수자원개발기술사 출제위원

저서
· 수리학, 공저, 형설출판사, 2002(개정판, 2005)
· 기초통계학, 공역, 동화기술, 2012

건설공학 기술자를 위한
기초수학 정가 32,000원

인 쇄 2015년 1월 10일 초판 1쇄
발 행 2019년 9월 10일 초판 2쇄
저 자 전시영
발행인 정우용
발행처 도서출판 동화기술
경기도 파주시 광인사길 201(문발동, 파주출판도시)
Tel (031)955-4211~6 donghwapub@nate.com
Fax (031)955-4217 www.donghwapub.co.kr
(등록) 1977년 12월 19일/9-16호

ISBN 978-89-425-1925-5

이 교재는 2014년도 Eco-Green특성화사업 지원에 의하여 제작되었음.